蔡晋 司朝润 周旭 / 编著

AutoCAD快速绘图完全实战技术手册

清华大学出版社
北 京

内容简介

本书根据中文版AutoCAD软件功能和各行业绘图特点，精心设计了250个绘图实例，从不同方面讲解了如何使用AutoCAD进行高效绘图所需的全部知识，以及行业图纸的绘制方法。使读者迅速积累实战经验，提高技术水平，从新手成长为设计高手。

本书分两篇共12章。基础篇从AutoCAD的操作模式出发，分别从快捷键执行命令、单击按钮执行命令、夹点编辑、图形规范、图块、参数化绘图等方面依次介绍如何进行图纸的高效绘制与编辑、共享，以及尺寸的标注、协调与管理等功能，使读者在掌握软件操作的基础上，能百尺竿头更进一步，了解使用何种方法能更快出图；综合应用篇介绍了机械、建筑、室内、电气、园林、给排水这6个AutoCAD应用最多的行业图纸绘制方法和技巧，能极大提升相关专业读者的绘图能力。

本书既可以作为学生提高自身绘图水平的练习手册，也可供各专业老师作为练习出题的题集。对各专业技术人员来说也是一本不可多得的参考和速查手册。

图书在版编目(CIP)数据

AutoCAD 快速绘图完全实战技术手册 / 蔡晋 , 司朝润 , 周旭编著 . —北京：清华大学出版社，2022.1（2023.12 重印）

ISBN 978-7-302-59435-2

Ⅰ . ① A… Ⅱ . ①蔡… ②司… ③周… Ⅲ . ① AutoCAD 软件—教材 Ⅳ . ① TP391.72

中国版本图书馆 CIP 数据核字 (2021) 第 219032 号

责任编辑：陈绿春
封面设计：潘国文
版式设计：方加青
责任校对：徐俊伟
责任印制：丛怀宇

出版发行：清华大学出版社
网　　址：https://www.tup.com.cn, https://www.wqxuetang.com
地　　址：北京清华大学学研大厦 A 座　　**邮　　编：**100084
社 总 机：010-83470000　　**邮　　购：**010-62786544
投稿与读者服务：010-62776969，c-service@tup.tsinghua.edu.cn
质 量 反 馈：010-62772015，zhiliang@tup.tsinghua.edu.cn
印 装 者：三河市龙大印装有限公司
经　　销：全国新华书店
开　　本：188mm×260mm　　**印　　张：**23.25　　**字　　数：**707 千字
版　　次：2022 年 1 月第 1 版　　**印　　次：**2023 年 12 月第 2 次印刷
定　　价：88.00 元

产品编号：055371-01

关于AutoCAD

AutoCAD是Autodesk公司开发的计算机辅助绘图和设计软件，被广泛应用于机械、建筑、电子、航天、石油化工、土木工程、冶金、气象、纺织、轻工业等领域。在我国，AutoCAD已成为工程设计领域应用最广泛的计算机辅助设计软件之一。

在国内市场，AutoCAD软件在各项领域得到了迅速的发展，使产品的设计及制造的周期和成本在很大程度上缩减，并使企业的市场竞争能力得到了很大的加强。目前AutoCAD已经成为国内工程技术人员不可或缺的必备工具。

本书内容

本书是一本中文版AutoCAD的案例教程。全书结合250个操作案例，让读者在绘图实践中轻松掌握AutoCAD的高效绘图操作和部分专业的技术精髓。总的来说，本书的具体内容安排如下。

基础篇

- 第1章：正确的命令执行方式是提高绘图效率的关键。本章主要介绍AutoCAD 中那些适合通过输入快捷键来执行的命令。
- 第2章：主要介绍AutoCAD 中那些适合通过单击按钮以及键盘、鼠标配合操作来执行的命令。
- 第3章：主要介绍各图形上夹点对象的操作方法，对图形上的夹点进行操作可以得到许多不同的效果，掌握这些技巧将大幅提高图形的编辑修改能力。
- 第4章：主要介绍图层和图层特性的设置，以及对象特性的修改等内容，帮助读者建立起图纸的规范、管理性思维。
- 第5章：主要介绍图块的使用，包括动态块、属性块等，活用这些图块内容，对处理大量重复的符号类图形尤其有用。
- 第6章：介绍图形的参数化。参数化后的图纸可真正做到牵一发而动全身，一改俱改，对于企业图纸的规范化或部分常用零件的标准化来说，都大有裨益。

综合应用篇

- 第7章：讲解AutoCAD在机械设计中的具体应用，以及绘图和设计技巧。
- 第8章：讲解AutoCAD在建筑设计中的具体应用，以及绘图和设计技巧。
- 第9章：讲解AutoCAD在室内设计中的具体应用，以及绘图和设计技巧。
- 第10章：讲解AutoCAD在电气设计中的具体应用，以及绘图和设计技巧。
- 第11章：讲解AutoCAD在园林设计中的具体应用，以及绘图和设计技巧。

- 第12章：讲解AutoCAD在给排水设计中的具体应用和技巧。

本书特色

（1）角度新颖，写法创新。与大多数“从入门到精通”类AutoCAD图书不同，本书在结构上从实际的绘图角度出发，从小到一个简单的命令该使用何种执行方式、大到图纸在绘制之前的布局构思，无一不是以绘图“准确、高效”为目的。

（2）实战演练，逐步精通。本书共包括250个实战案例，均是AutoCAD的经典绘图练习，以及从一线设计工作中提炼出来的大量图纸实例。而且每个实战在绘制前，都有相关的绘图分析和介绍，可以帮助读者提高识图、绘图能力，快步迈向高手行列。

（3）灵活通用，不拘一格。本书并无特别限定的AutoCAD版本，但要注意的是“第6章参数化绘图”需要AutoCAD 2010或更高版本才能执行，而其他章节读者可使用任何版本的AutoCAD软件来进行练习操作。

本书作者

本书由沈阳航空航天大学的蔡晋、西北工业大学的司朝润和航空工业规划院的周旭编著。

由于作者水平有限，书中错误、疏漏之处在所难免。在感谢您选择本书的同时，也希望您能够把对本书的意见和建议告诉我们。

配套资源和技术支持

本书的配套素材和赠送素材请用微信扫描下面的相关二维码进行下载，如果在下载的过程中碰到问题，请联系陈老师，联系邮箱：chenlch@tup.tsinghua.edu.cn。

如果在使用过程中碰到问题，请用微信扫描技术支持的二维码，联系相关的技术人员进行解决。

配套素材

赠送素材

技术支持

作者

2022年1月

基础篇

第1章 快捷键作图技法

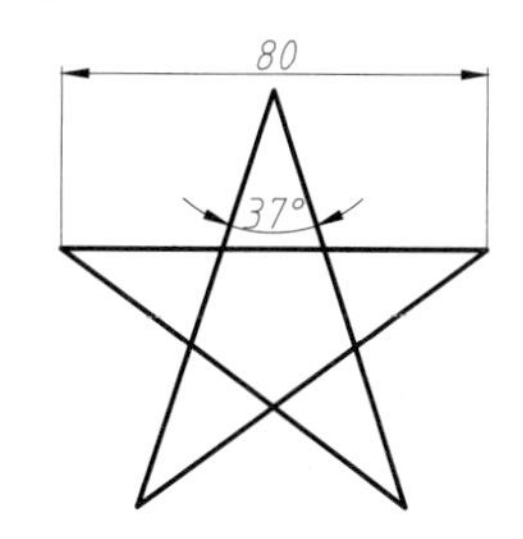

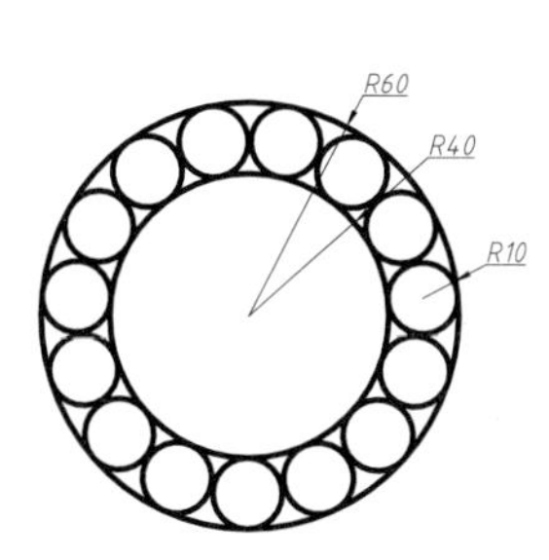

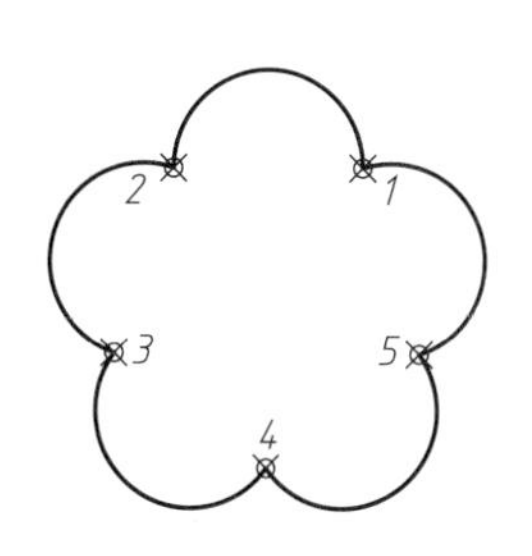

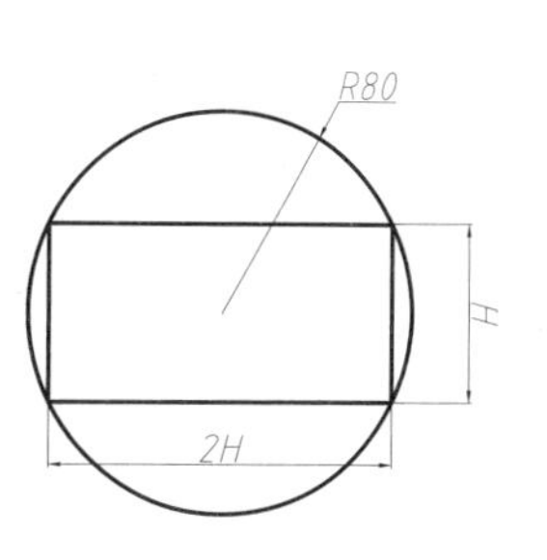

第2章 单击按钮绘图

第3章 夹点编辑

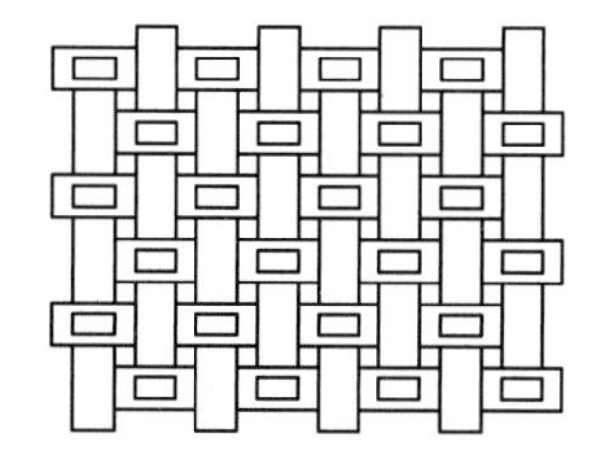

第4章 图形规范

第5章 图块

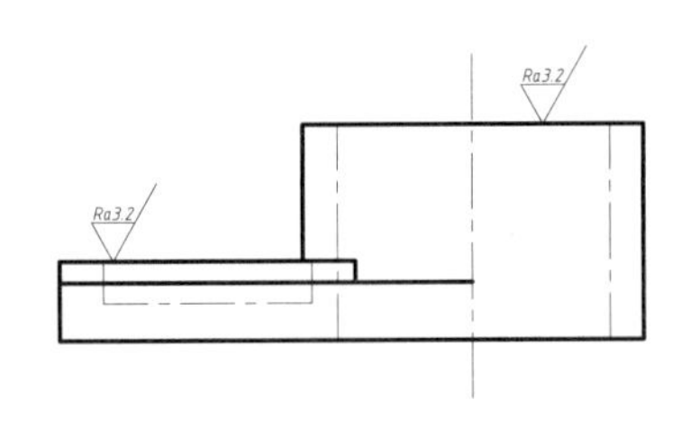

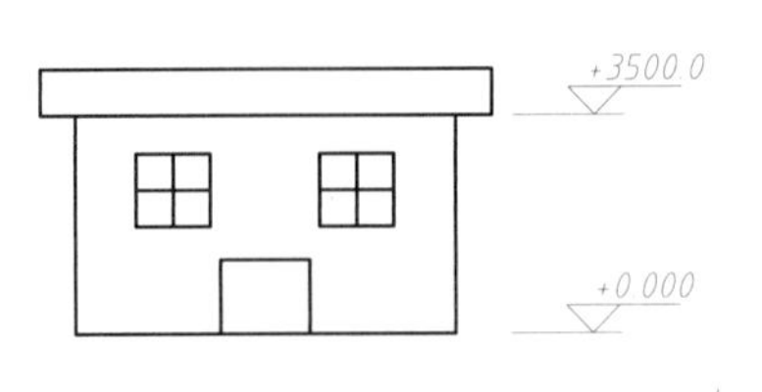

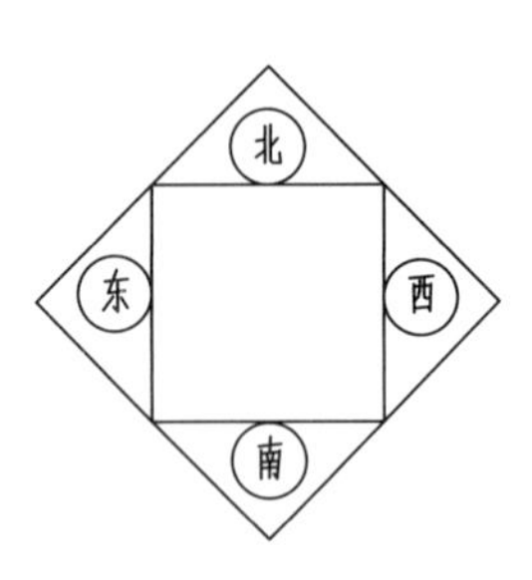

第6章 参数化绘图

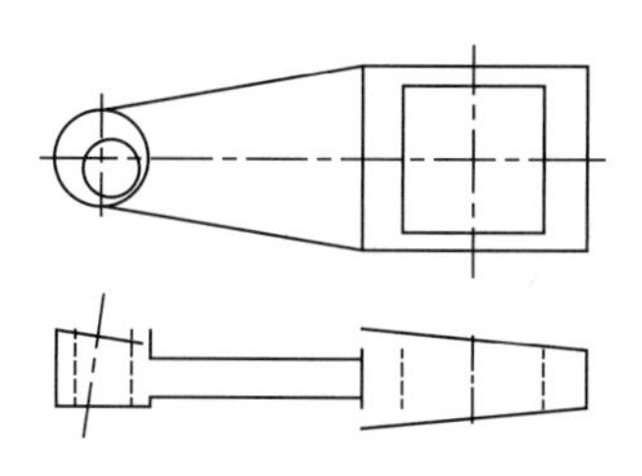
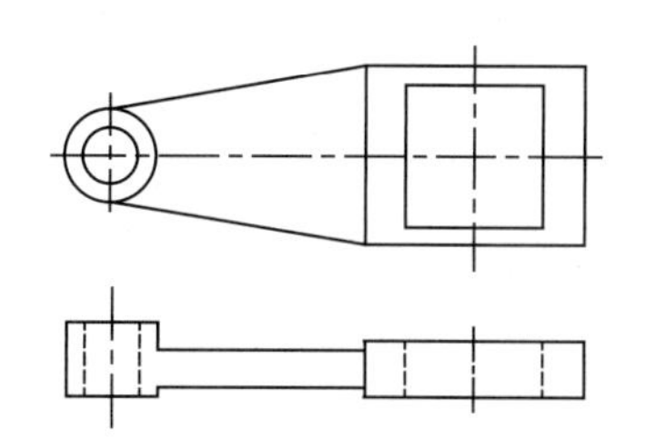
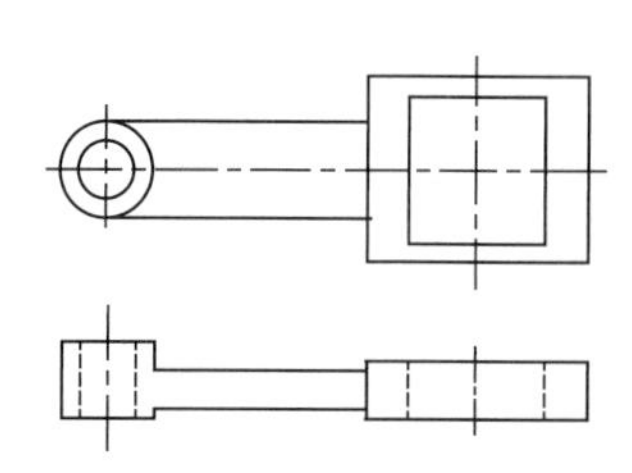

综合应用篇

第7章 机械图纸绘图技法

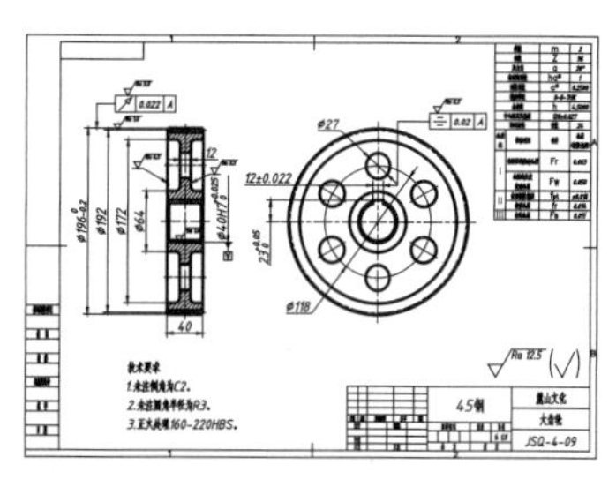
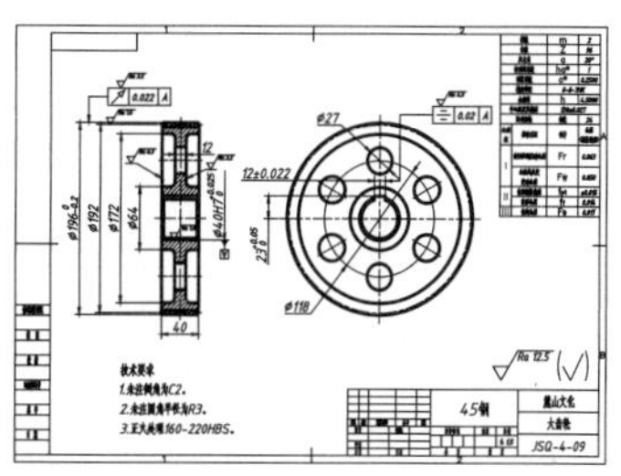

第8章　建筑图纸绘图技法

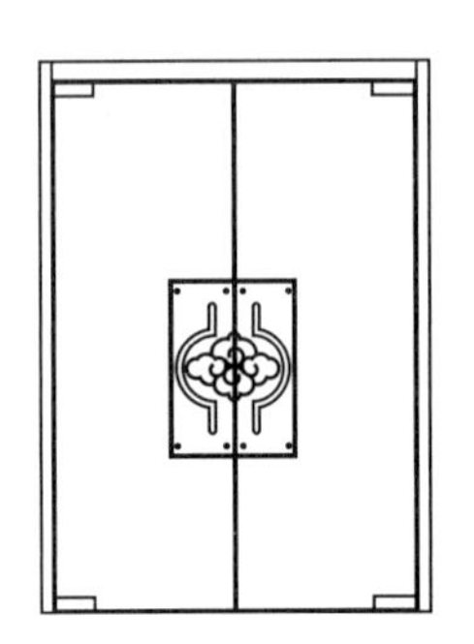
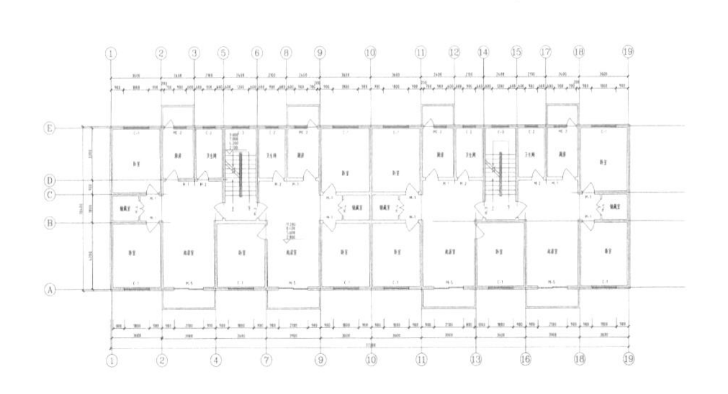

第9章　室内设计绘图技法

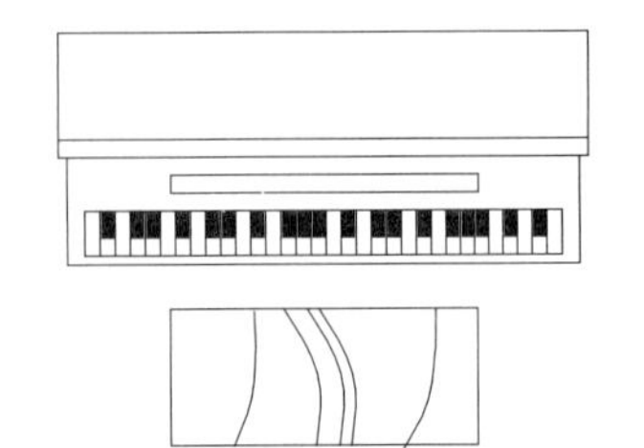
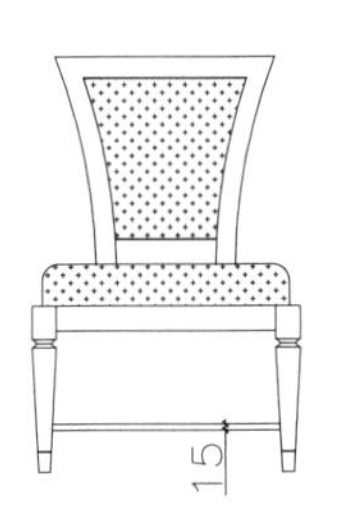

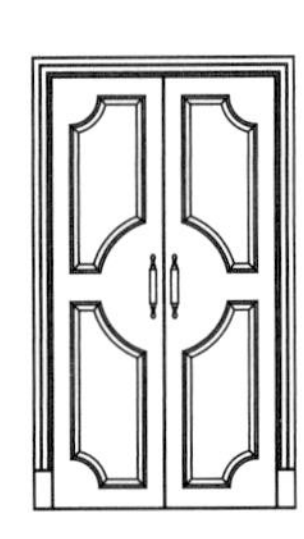

第10章　电气设计绘图技法

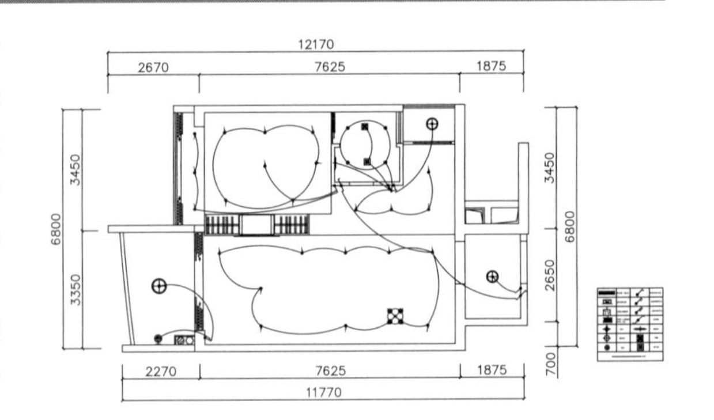

第11章 园林设计绘图技法

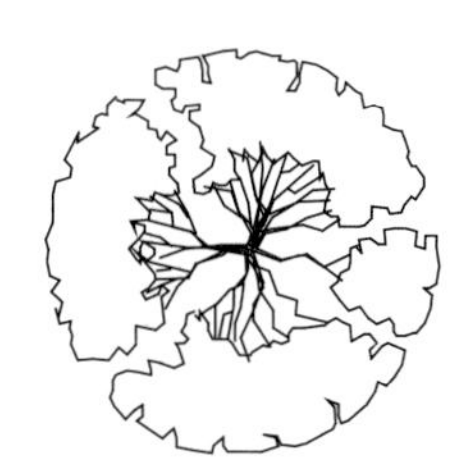
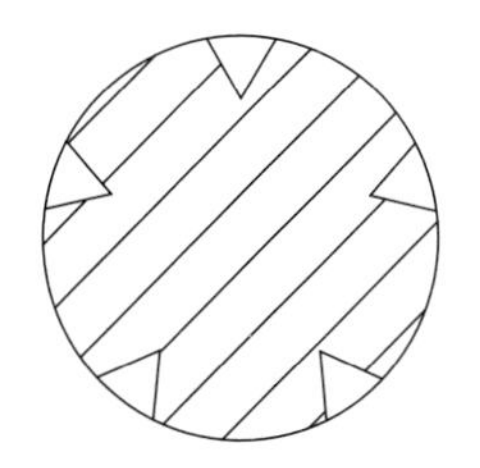
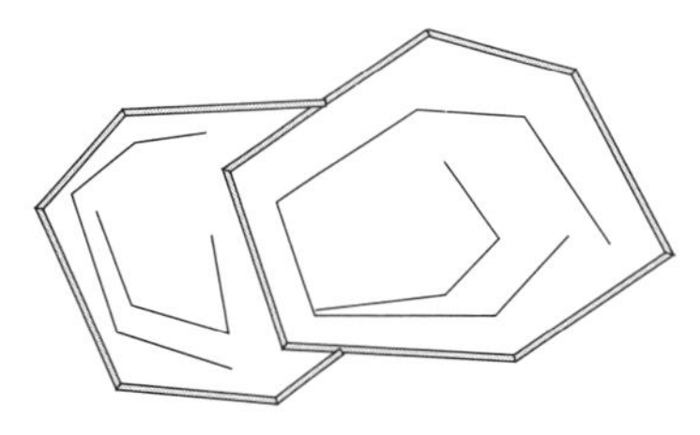

第12章 给排水设计绘图技法

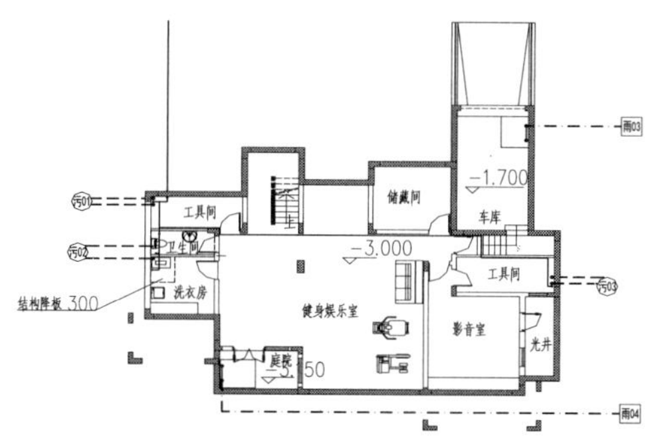

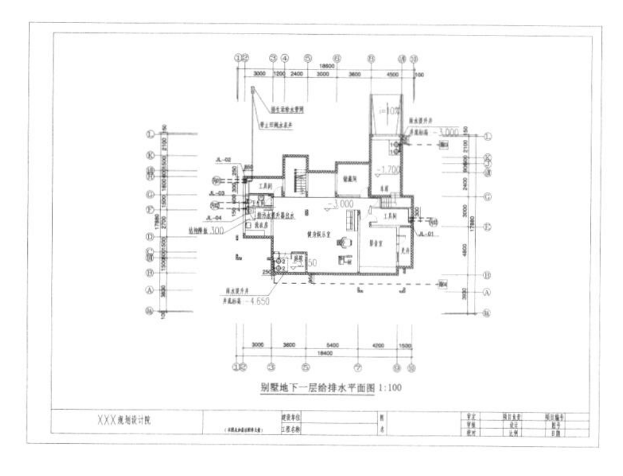

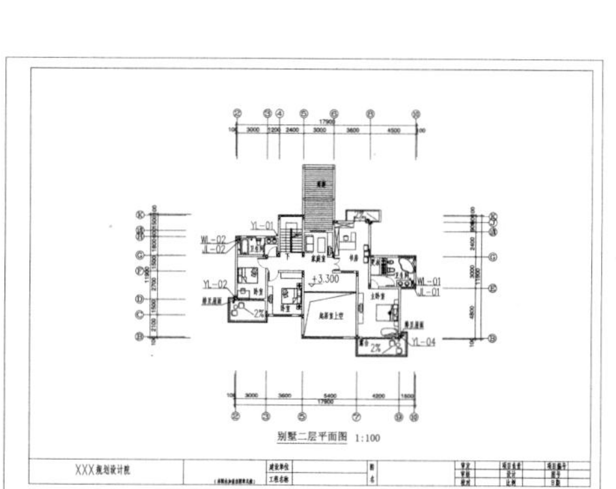

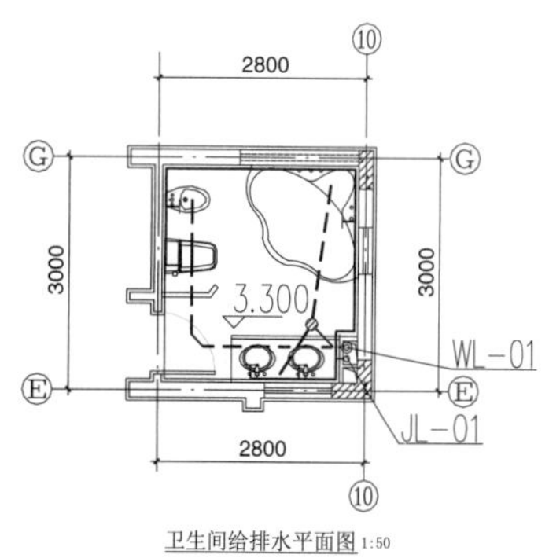

基础篇

第1章 快捷键作图技法

快捷命令是AutoCAD为了提高绘图速度定义的快捷方式，它用一个或者几个简单的字母来代替常用的命令，使我们不用去记忆完整的、长长的命令，也不必为了执行一个命令，在菜单、面板和工具栏上寻寻觅觅。所以要提高绘图速度，掌握快捷键作图技法是必要的。通过本章的练习，读者将会对AutoCAD常用的快捷键有一个全面的了解，并对快捷键作图有一个深刻的认识。

1.1 哪些命令适合快捷键操作

AutoCAD提供的命令有很多，而最常用的仅其中的20%左右。绘图者可根据自己的绘图需求，将一些基本的命令，如直线、圆和矩形等命令记住。

1.2 绘图类

本小节通过24个实战练习，来介绍AutoCAD中一些简单命令的快捷键，如直线、圆、圆弧和构造线等。这些命令本身并不复杂，但却是绘图的主要工具。

实战001 L——快速绘线

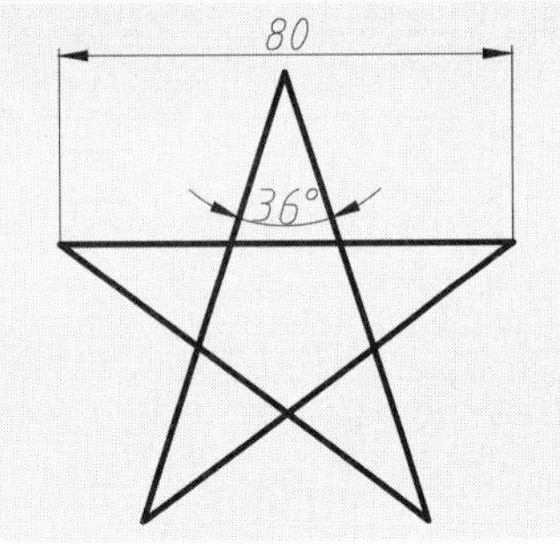

【直线】是最常用的绘图命令之一，只要指定了起点和终点，就可绘制出一条直线，而只要不退出命令，便可以一直进行绘制。因此制图时应先分析图形的构成和尺寸，尽量一次性将线性对象绘出，减少【直线】命令的重复调用，这样将大幅提高绘图效率。

难度：☆

及格时间：0′40″

优秀时间：0′20″

读者自评： / / / / / /

01_ 在命令行输入L执行【直线】命令，在空白处单击，接着将光标向右上角移动，与水平延伸线夹角成72°，然后输入线段长度80，如图1-1所示。

02_ 直接向右下角移动光标，与水平延伸线夹角为72°时输入线段长度80，效果如图1-2所示。

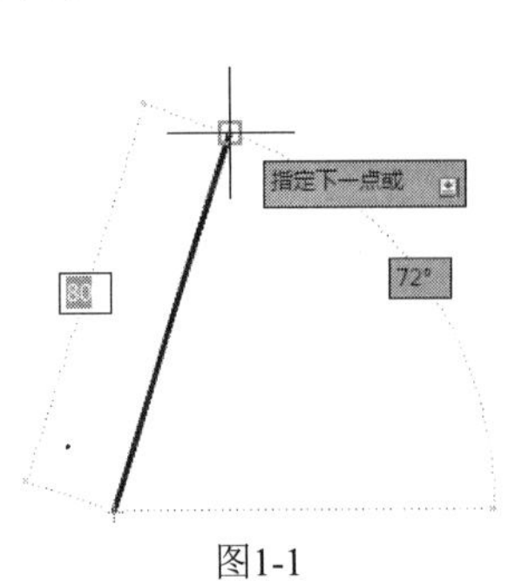

图1-1

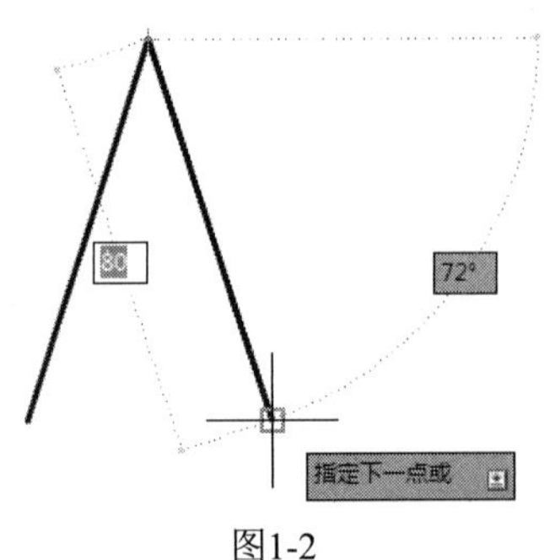

图1-2

如无特殊说明，本书在绘图前均默认为先新建空白文档，再执行相关的操作。

03_向左上移动光标至与水平成144°，然后输入线段长度为80，效果如图1-3所示。

04_水平向右移动光标，然后输入线段长度为80，效果如图1-4所示。

05_最后将两线段的端点连接，效果如图1-5所示。

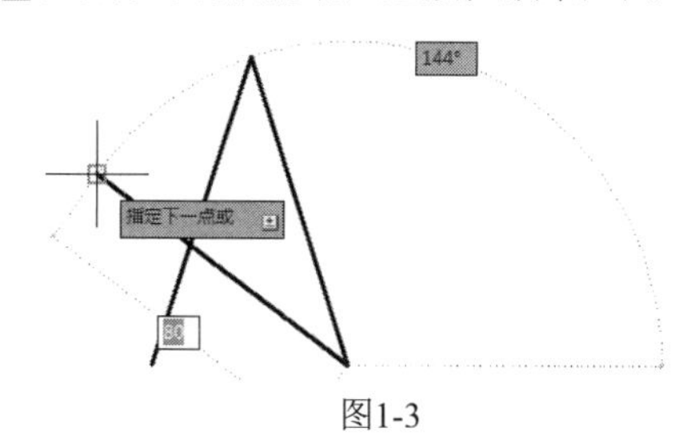

图1-3

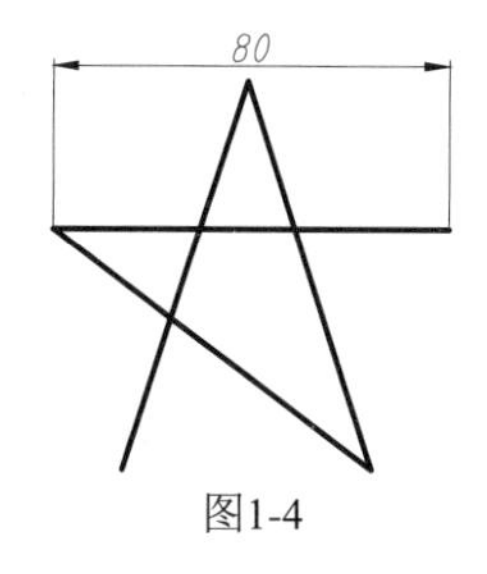

图1-4

图1-5

实战002 C——快速绘圆

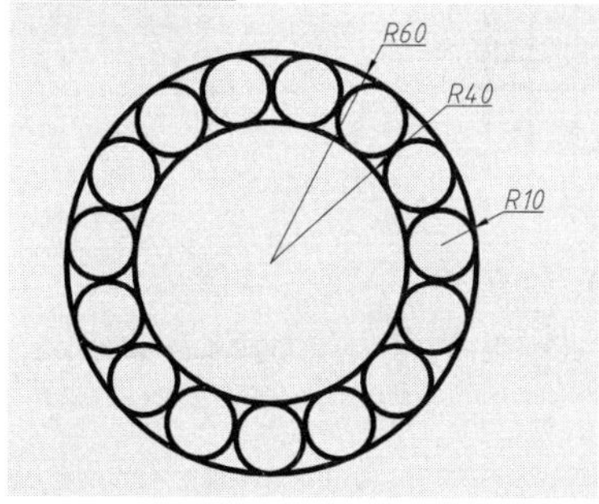

【圆】命令的执行方式较为丰富，以适应各种不同的绘图需要，如指定圆心和半径绘圆、指定相切对象绘圆等。因此在执行【圆】命令之前，应先判断所绘圆与其他图形对象的关系，将正确的图形一步到位绘好，减少出错、修改的次数。

难度：☆☆

及格时间：0′50″

优秀时间：0′25″

读者自评：　/　/　/　/　/　/

01_ 在命令行输入C执行【圆】命令，任意指定一点为圆心，输入半径分别为60和40，绘制同心圆如图1-6所示。

02_ 按空格键再次执行绘圆命令，输入2P，捕捉两圆的象限点绘制半径为10的圆，效果如图1-7所示。

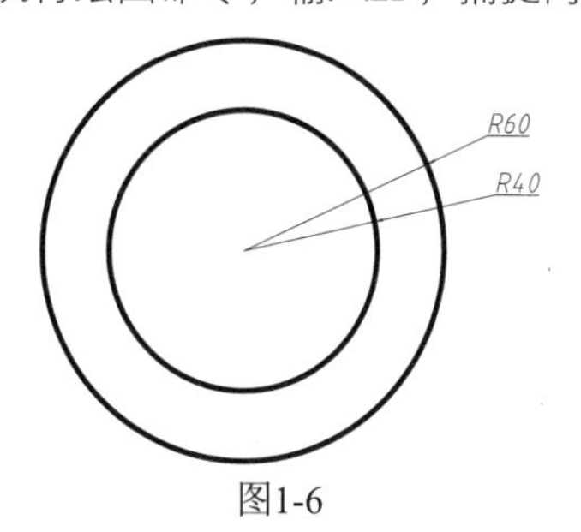

图1-6

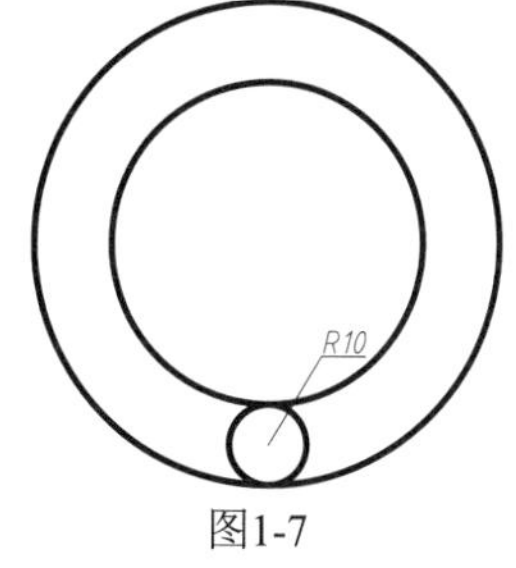

图1-7

03_ 在【默认】选项卡中，单击【修改】命令面板中的【环形阵列】按钮，选择小圆为阵列对象，大圆圆心为中心点，然后设置阵列参数如图1-8所示。最终阵列图形效果如图1-9所示。

图1-8

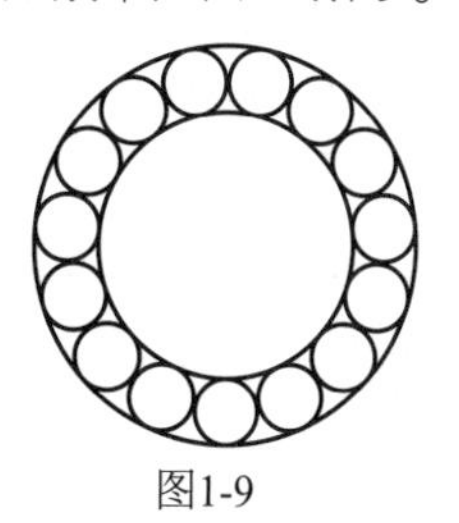

图1-9

实战003 A——快速绘制圆弧

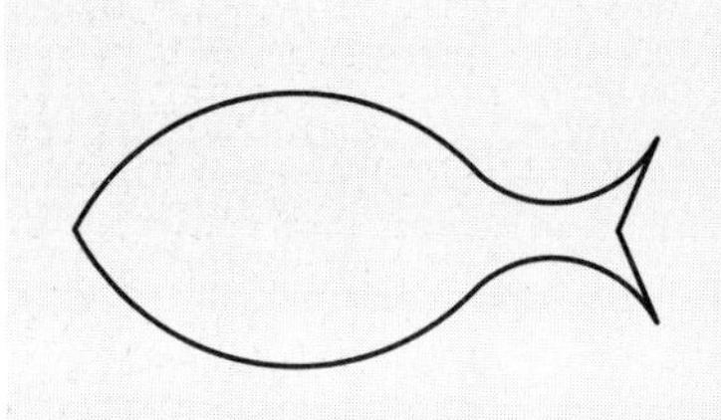

如果需要绘制一些不规则的图形，很多人都会使用【样条曲线】命令来绘制。然而使用【样条曲线】命令绘图不仅很难控制，也很难得到光顺的曲线效果，其实正确的方法应该是使用【圆弧】命令来进行绘制。

难度：☆☆

及格时间：1'00"

优秀时间：0'30"

读者自评： / / / / / /

01_ 打开“第1章/实战003 快速绘制圆弧.dwg”素材文件，其中已经绘制好了一些简单的辅助线，读者亦可参考该尺寸自行绘制，如图1-10所示。

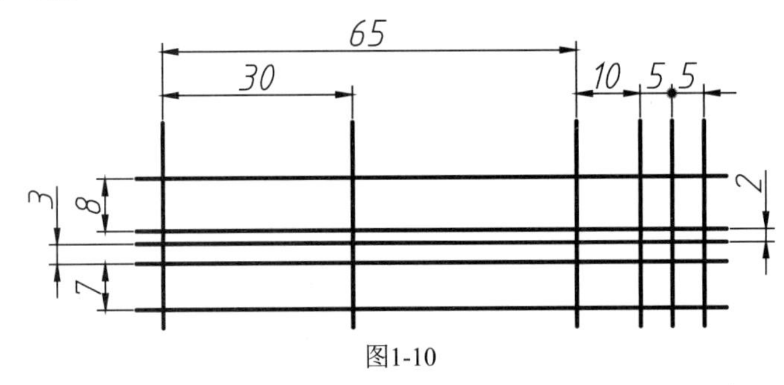

图1-10

02_ 在命令行输入A执行【圆弧】命令，单击选择如图1-11所示的A、B、C三点，绘制一条圆弧。

03_ 继续使用相同方法绘制，选择圆弧右端点C为起始点，指定另外的D、E两点，绘制圆弧，如图1-12所示。

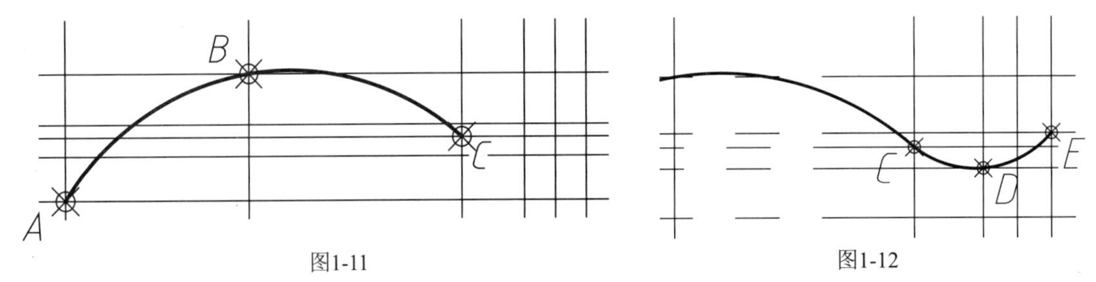

图1-11　　图1-12

04_ 在命令行输入L执行【直线】命令，将圆弧端点E与中心线上的F点相连，如图1-13所示。

05_ 在命令行输入MI执行【镜像】命令，选择除中心线以外的线条及鱼图形的一半，然后以中心线为镜像线，镜像图形，最终效果如图1-14所示。

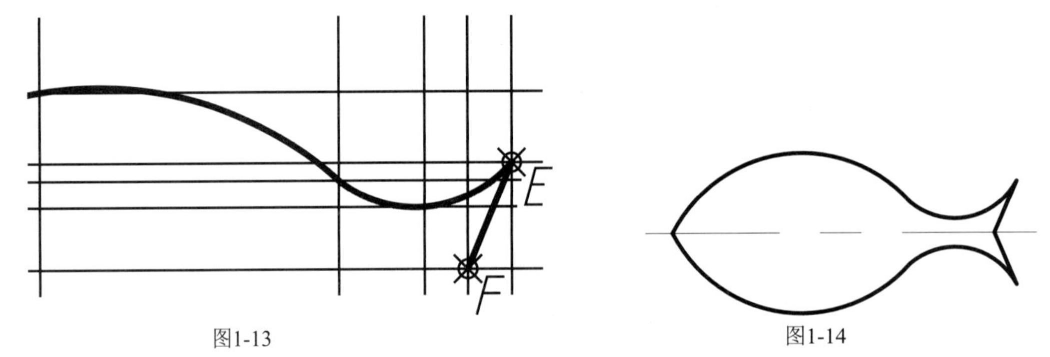

图1-13　　图1-14

实战004 A+C——指定圆心绘制圆弧

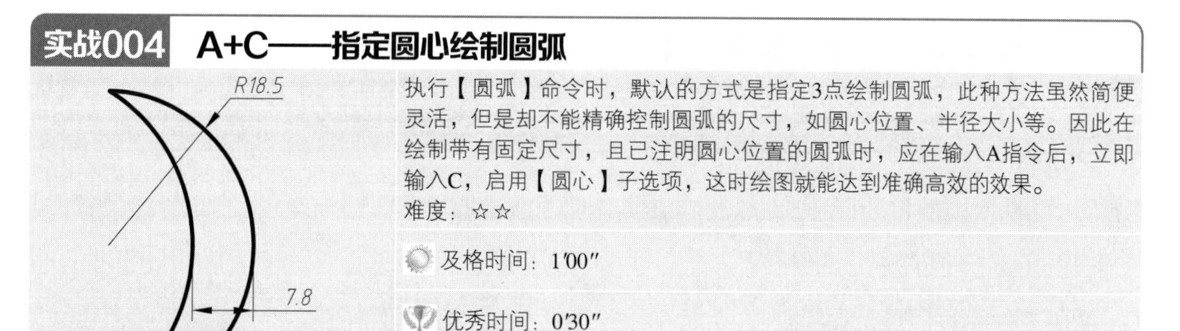

执行【圆弧】命令时，默认的方式是指定3点绘制圆弧，此种方法虽然简便灵活，但是却不能精确控制圆弧的尺寸，如圆心位置、半径大小等。因此在绘制带有固定尺寸，且已注明圆心位置的圆弧时，应在输入A指令后，立即输入C，启用【圆心】子选项，这时绘图就能达到准确高效的效果。

难度：☆☆

及格时间：1′00″

优秀时间：0′30″

读者自评： / / / / / /

01_ 打开“第1章/实战004 指定圆心绘制圆弧.dwg”素材文件，已经绘制好了交叉中心线，如图1-15所示。

02_ 绘制圆弧。在命令行输入A执行【圆弧】命令，紧接着输入C启用【圆心】子选项，然后选择B点为圆心，再沿着竖直中心线向下拖动光标，待延伸线与竖直中心线重合时输入半径值18.5，如图1-16所示。

03_ 接着向上拖动光标点，保持与竖直中心线的平行，然后在延伸线附近单击一点，即可绘制出第一段圆弧，如图1-17所示。

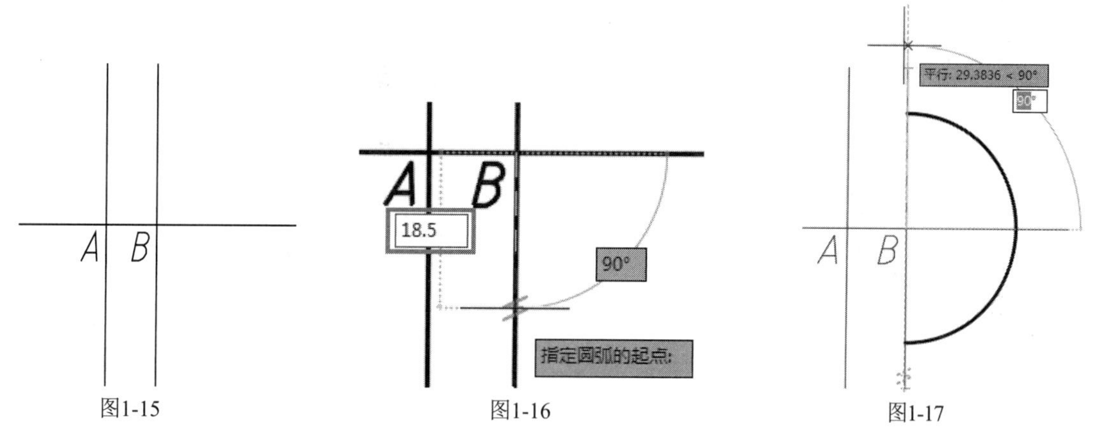

图1-15　　图1-16　　图1-17

操作技巧　使用该方法绘制圆弧，要注意圆弧的起始方向。AutoCAD中圆弧绘制的默认方向是逆时针方向，因此推荐从下端开始绘制，同本例一样。如果颠倒顺序，则会得到错误的图形。

04_ 仍使用相同方法绘制圆弧。圆心选择A点，圆弧两端与第一段圆弧两端相交，结果如图1-18所示。

05_ 在命令行输入TR执行【修剪】命令，将图中多余的中心线删除，最终效果如图1-19所示。

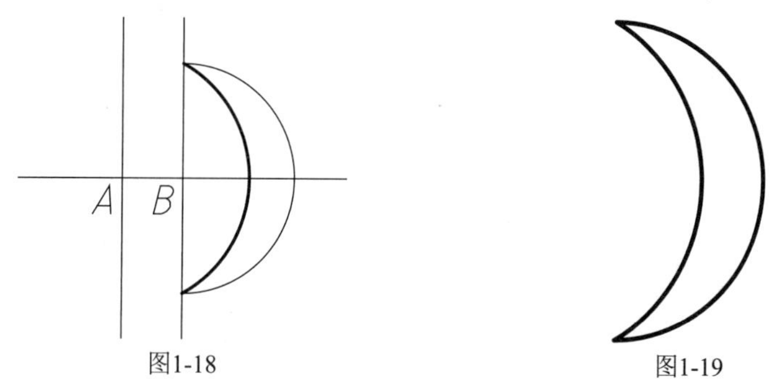

图1-18　　图1-19

实战005 A+E——指定端点绘制圆弧

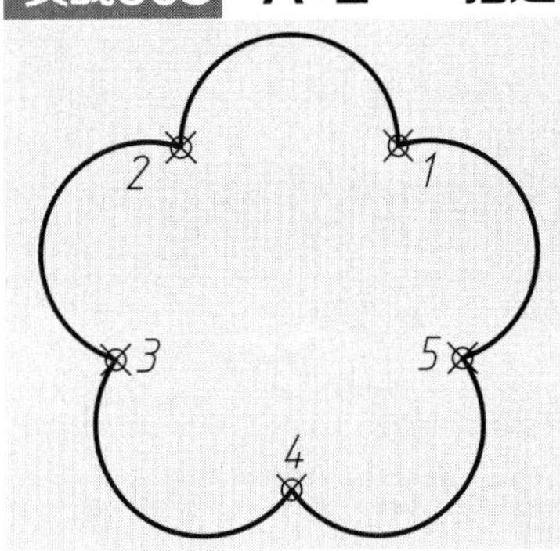

本例为一个经典考题，梅花图形由5段首尾相接的圆弧组成，每段圆弧的包含角都为180°，且给出了各圆弧的起点和端点，但圆弧的圆心却是未知的。绘制此例的关键便是要学会利用指定起点和端点来绘制圆弧，同时使用【两点之间的中点】这个临时捕捉命令来确定圆心，只有掌握了这两个方法才能绘制得既快且准，否则极为麻烦。

难度：☆☆☆☆

及格时间：1′00″

优秀时间：0′30″

读者自评： / / / / / /

01_ 打开“实战005 指定端点绘制圆弧”素材文件，素材中已经创建好了5个点，如图1-20所示。

02_ 绘制第一段圆弧。在命令行输入A执行【圆弧】命令，然后根据命令行提示选择点1为第一段圆弧的起点，接着输入E，启用【端点】子选项，再指定点2为第一段圆弧的端点，如图1-21所示。

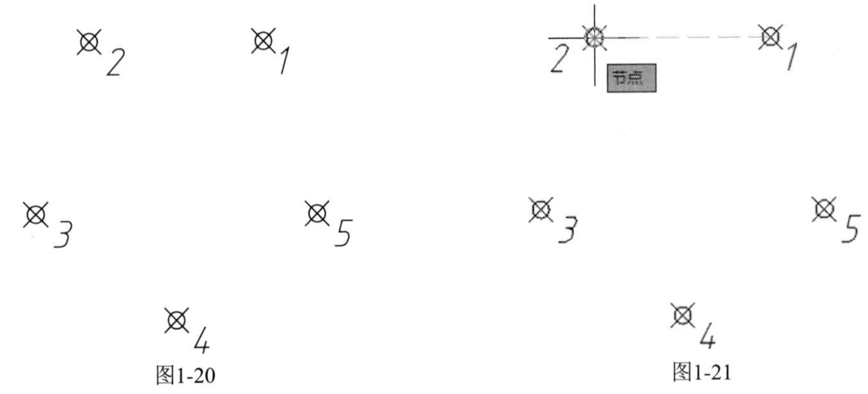

图1-20　　图1-21

03_ 指定了圆弧的起点和端点后，命令行会提示指定圆弧的圆心，此时按住Shift键然后右击，在弹出的临时捕捉菜单中选择【两点之间的中点】选项，接着分别捕捉点1和点2，即可创建如图1-22所示的第一段圆弧。

04_ 接着使用相同的方法，以点2和点3为起点和端点，然后捕捉这两点之间的中点为圆心，创建第二段圆弧，以此类推，即可绘制梅花图案，如图1-23所示。

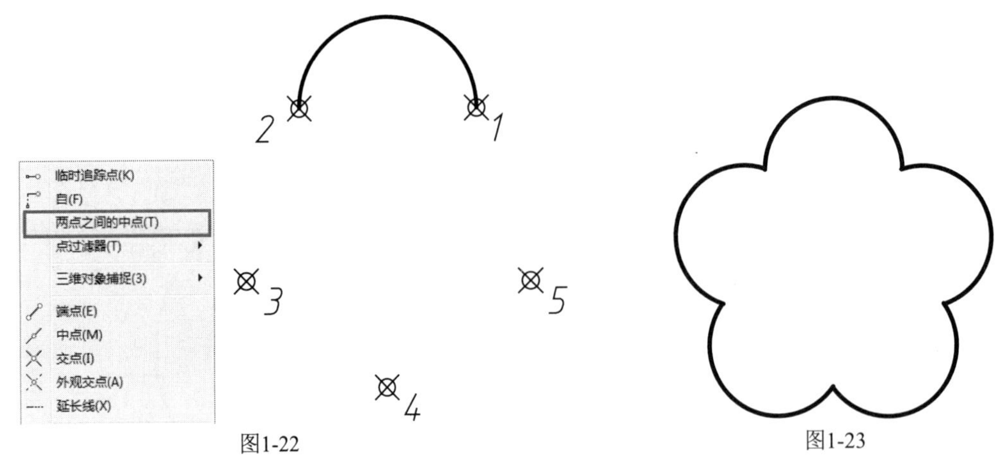

图1-22　　图1-23

实战006　XL——巧用构造线绘制图形

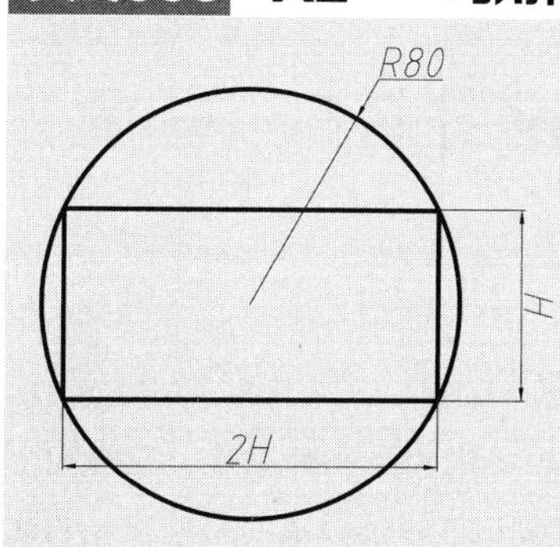

【构造线】工具按钮一般处于隐藏位置，单击起来并不方便，因此通常输入XL快捷键来启用该命令。构造线通常用做辅助线，结合其他命令可以得到很好的效果。本例中的图形是一个典型的绘图考题，看似简单，可是如果不能熟练地运用绘图技巧的话，则只能借助数学知识来求出角度与边的对应关系，这无疑大大增加了工作量。

难度：☆☆

及格时间：00′40″

优秀时间：0′20″

读者自评：　/　/　/　/　/　/

01_ 在命令行输入C执行【圆】命令，绘制一个半径为80的圆，如图1-24所示。

02_ 在命令行输入XL执行【构造线】命令，捕捉圆心为构造线上一点，然后输入相对坐标（@2，1）指定另一点，绘制辅助线，如图1-25所示。

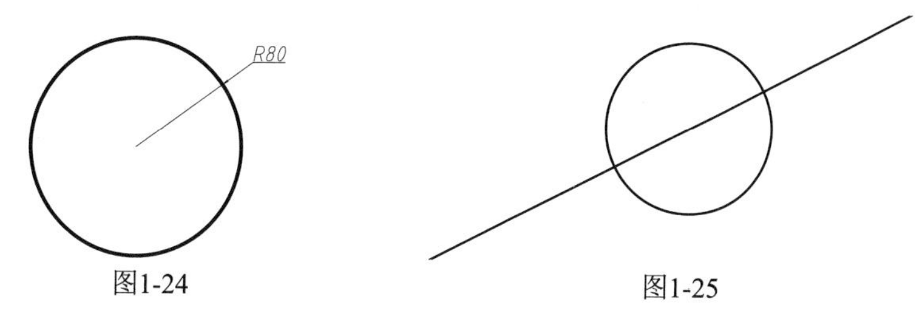

图1-24　　图1-25

03_ 捕捉构造线与圆的交点，分别绘制一条水平直线和竖直直线，结果如图1-26所示。

04_ 使用相同方法绘制对侧的两条线段，即可得到圆内的矩形，其比例满足条件，结果如图1-27所示。

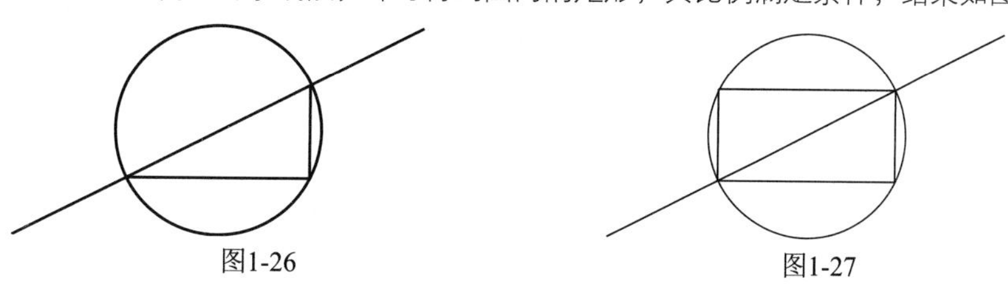

图1-26　　图1-27

实战007　XL+H——水平构造线绘制投影图

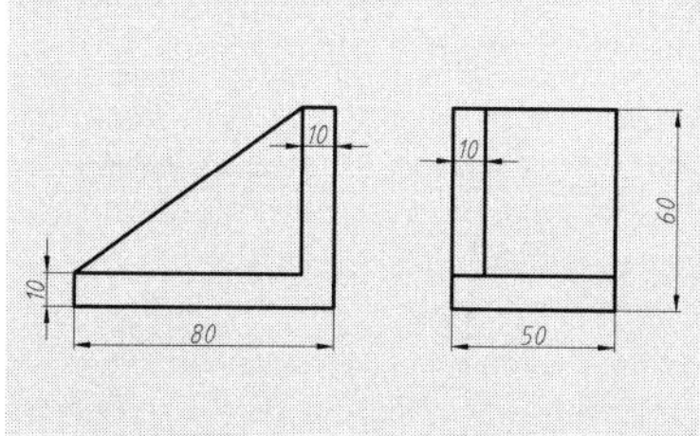

构造线是真正意义上的“直线”，可以向两端无限延伸。构造线在控制草图的几何关系、尺寸关系方面，有着极其重要的作用，如用作确保三视图中“长对正、高平齐、宽相等”的辅助线。本例中的三角架双视图，图形比较简单，仅由几根简单的线段组成，在绘制时可以先绘制其主视图，然后使用构造线做出水平投影线，再根据投影关系补画侧视图，便可以达到准确高效的目的。图形越复杂，该方法的作用越明显。

难度：☆☆

及格时间：1′40″

优秀时间：0′50″

读者自评：　/　/　/　/　/　/

01_ 在命令行输入L执行【直线】命令，绘制三角架的正视图，如图1-28所示。

02_ 在命令行输入XL执行【构造线】命令，然后在命令行输入H，接着单击图形最下端的水平线段，即可绘制水平构造线线；连续单击尺寸10和最上端处的水平线段，即可绘制出其他的水平构造线，如

图1-29所示。

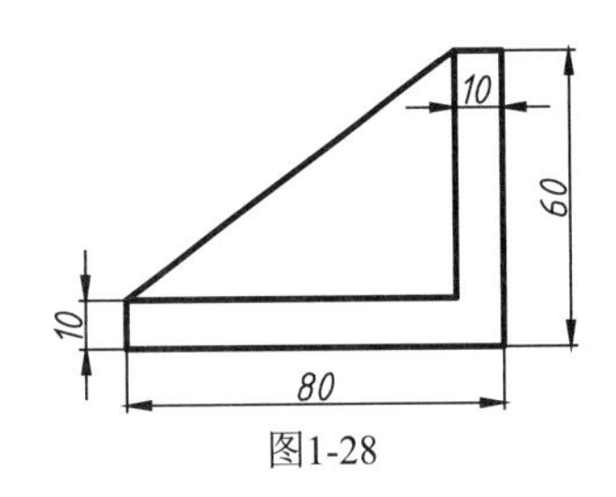

图1-28

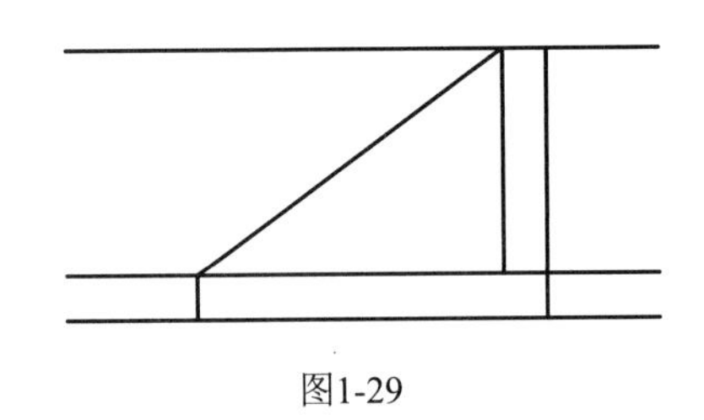

图1-29

操作技巧

使用构造线绘制投影用的基准线时，一定要注意总共有多少投影线。一般来说，正视图上有多少同类的线段，就需要绘制多少同类投影线。比如本例图1-28上总共有3条水平线段，因此就需要绘制3条水平构造线来作为投影线。

03_ 利用3条水平构造线，便可准确、快速地绘制三脚架左视图，如图1-30所示。

04_ 在命令行输入E执行【删除】命令，将图中构造线删除。最终图形效果如图1-31所示。

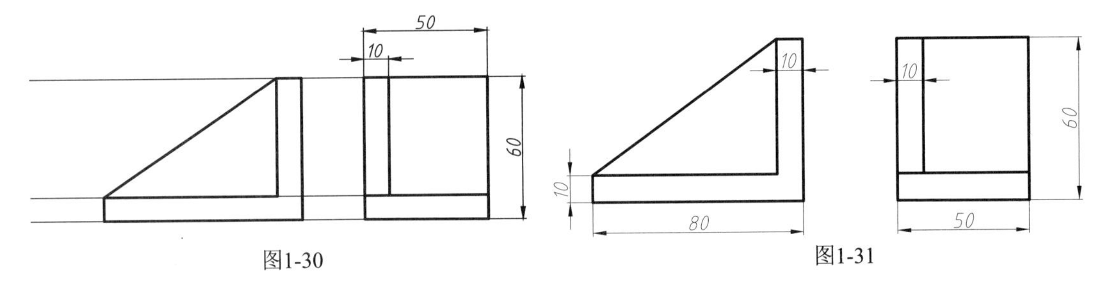

图1-30　　图1-31

实战008　XL+V——竖直构造线绘制投影图

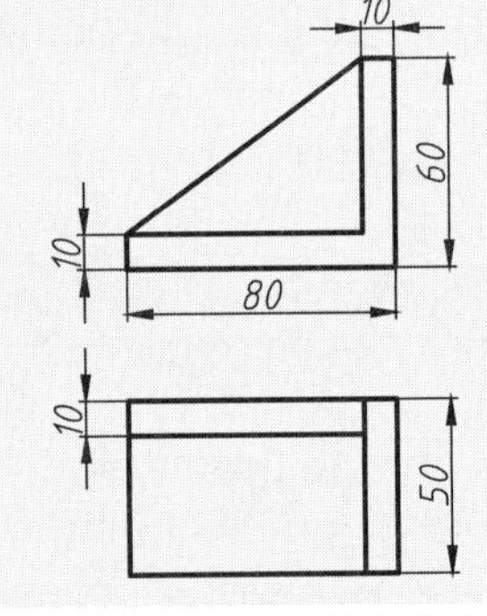

上面的例子中已经介绍了通过构造线绘制出水平基准线，从而完成横向投影视图绘制的方法。本例便接着介绍如何使用构造线绘制出竖直基准线，来完成垂直方向上的投影视图绘制。

难度：☆☆

及格时间：1′40″

优秀时间：0′50″

读者自评：/ / / / / /

01_ 在命令行输入L执行【直线】命令，绘制三角架的正视图，如图1-32所示。

02_ 在命令行输入XL执行【构造线】命令，然后在命令行输入V，以正视图上的3条竖直线段为对象，绘制出3条竖直的构造线，结果如图1-33所示。

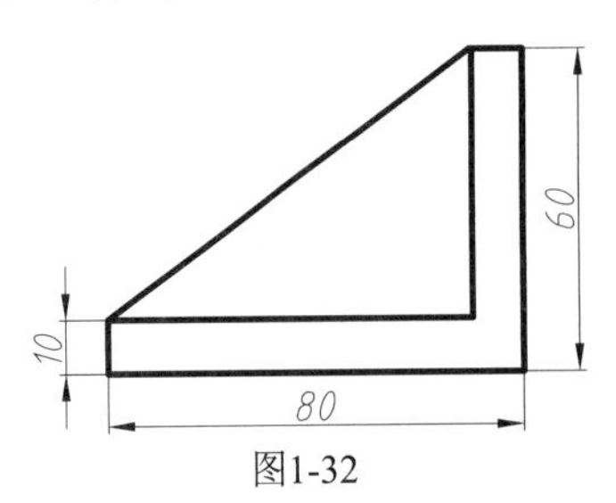

图1-32

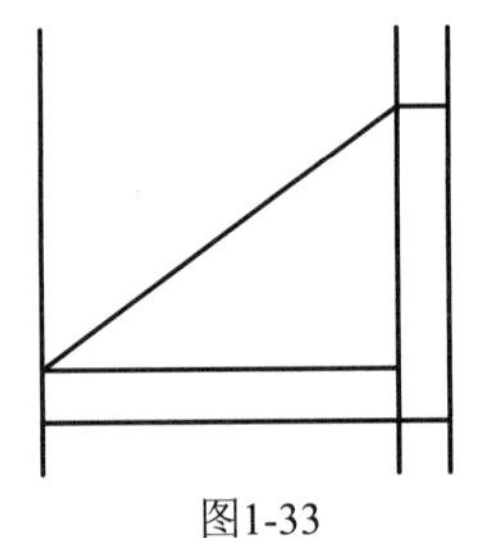

图1-33

03_ 利用两条基准线，便可准确、快速地绘制三脚架俯视图，如图1-34所示。

04_ 在命令行输入E执行【删除】命令，将图中构造线删除。最终图形效果如图1-35所示。

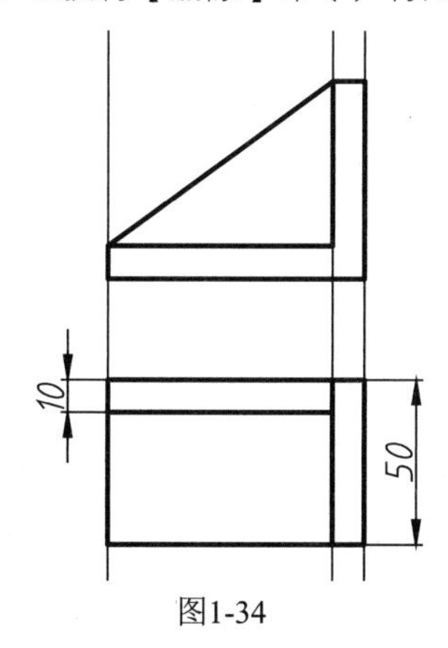

图1-34

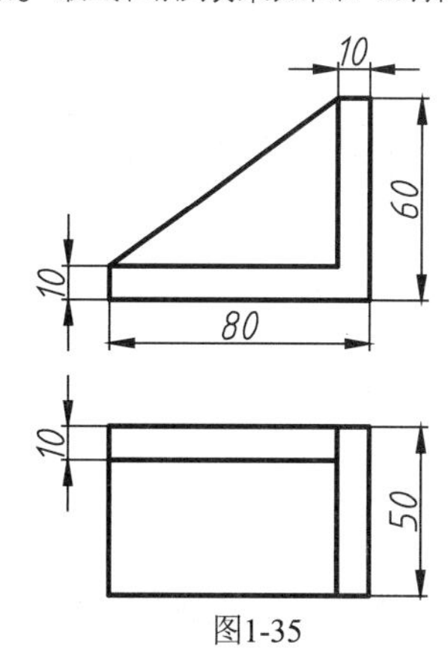

图1-35

实战009　XL+A——绘制任意角度线

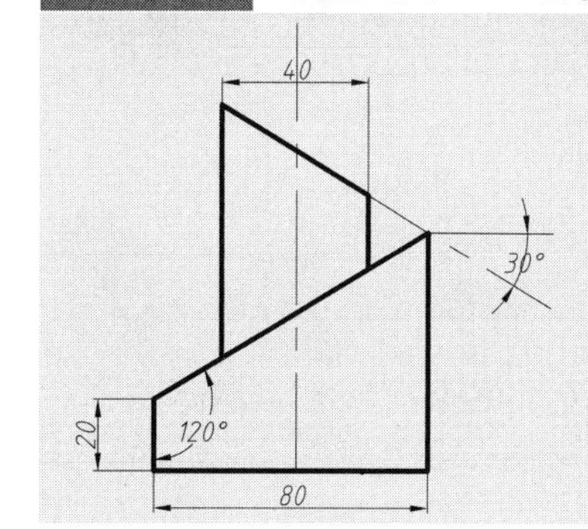

除了使用构造线绘制水平或竖直的基准线外，还可以在执行命令后输入A启用【角度】子选项，创建特定角度的参考线。如本例的两堆叠梯形，图形元素数量很少，但仍需灵活使用构造线命令方便快捷地绘制，否则通过执行【直线】命令，再输入角度的方式，会增加键盘上的操作量，这一点读者可自行比较。

难度：☆☆

及格时间：2′00″

优秀时间：1′00″

读者自评：　/　/　/　/　/　/

01_ 在命令行输入L执行【直线】命令，绘制如图1-36所示的两条线段。

02_ 在命令行输入XL执行【构造线】命令，接着输入A，输入角度为30°，然后捕捉尺寸20竖直线段的上端点，放置构造线，如图1-37所示。

03_ 在命令行输入L执行【直线】命令，捕捉尺寸80水平线段的右端点为起点，然后垂直向上拖动光标，捕捉构造线的交点为终点，如图1-38所示。

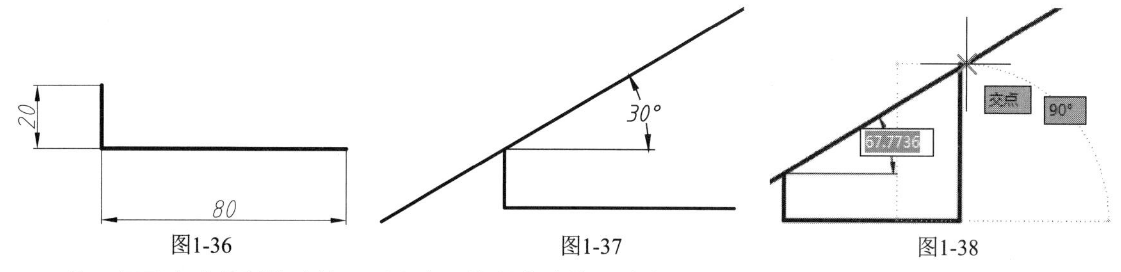

图1-36　图1-37　图1-38

04_ 使用相同方法绘制构造线，以上步骤绘制直线的上端点为起点，角度设置为-30°，绘制如图1-39所示的构造线。

05_ 以【实战008】中所学的方法，执行【构造线】命令，绘制如图1-40所示的3条竖直构造线。

06_ 在命令行输入TR执行【修剪】命令，将图中多余的线条修剪。最终图形效果如图1-41所示。

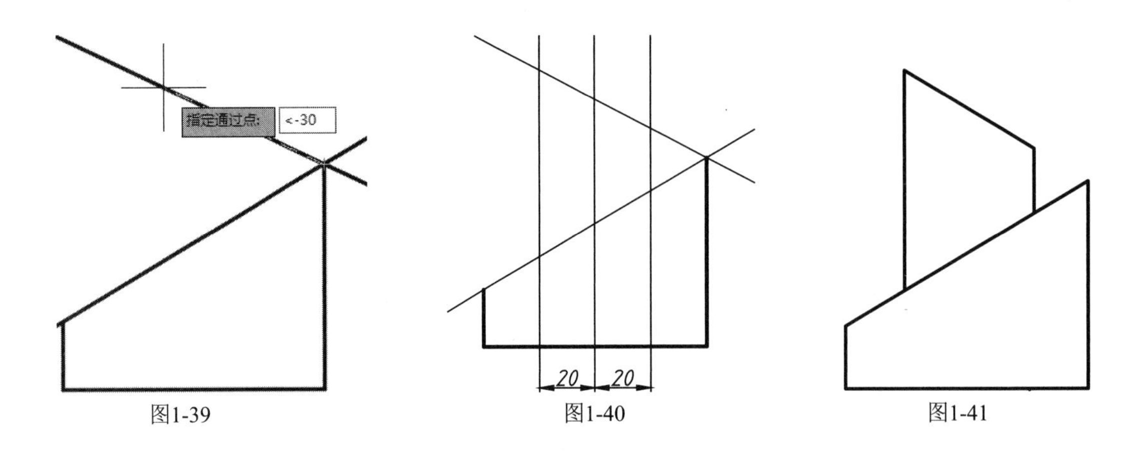

图1-39　　图1-40　　图1-41

实战010 XL+B——绘制角平分线

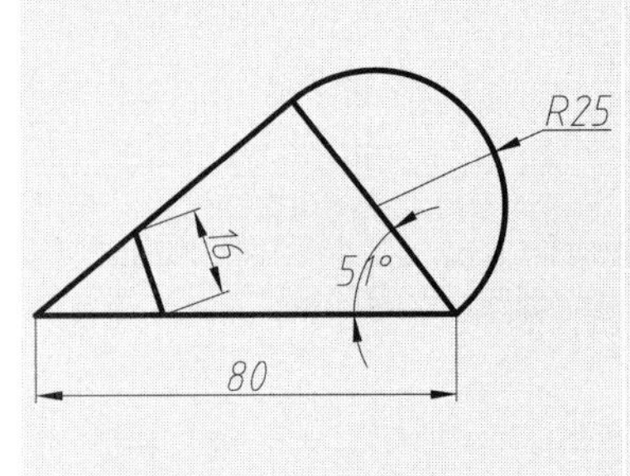

除了绘制一些基准线、辅助线外，构造线另外一个使用频率比较高的功能就是用来绘制角平分线。在AutoCAD中，使用构造线来绘制角平分线是最快速也是最方便的方法，否则使用其他命令来进行绘制的话，只能是事倍功半。如本例图形中长度为16的线段，只能通过创建角平分线，然后向两侧偏置的方法进行绘制，不然无法得到正确的图形。

难度：☆☆

及格时间：3′00″

优秀时间：1′30″

读者自评：/ / / / / /

01_ 绘制一条长度为80的线段，接着以线段右端为圆心，绘制一个半径为50的圆，如图1-42所示。

02_ 在命令行输入L执行【直线】命令，以80线段左端为起点，然后按住Shift键并右击，在弹出的临时捕捉快捷菜单中选择【切点】选项，如图1-43所示。

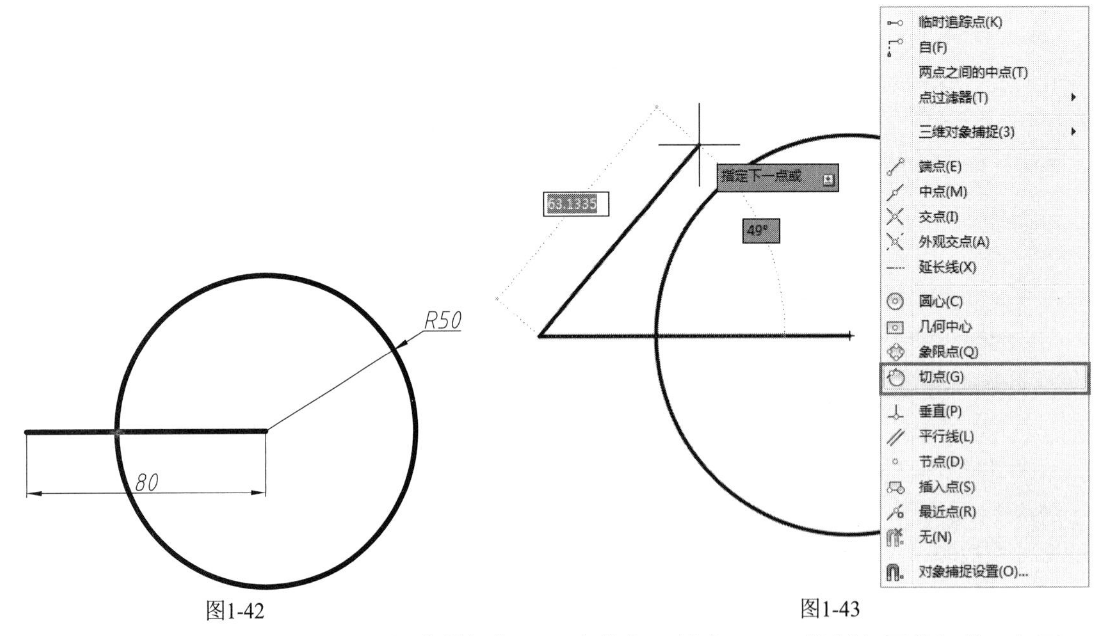

图1-42　　图1-43

03_ 接着将指针移到大圆上，出现切点捕捉标记，在此位置单击，即可绘制与圆的切线，如图1-44所示。

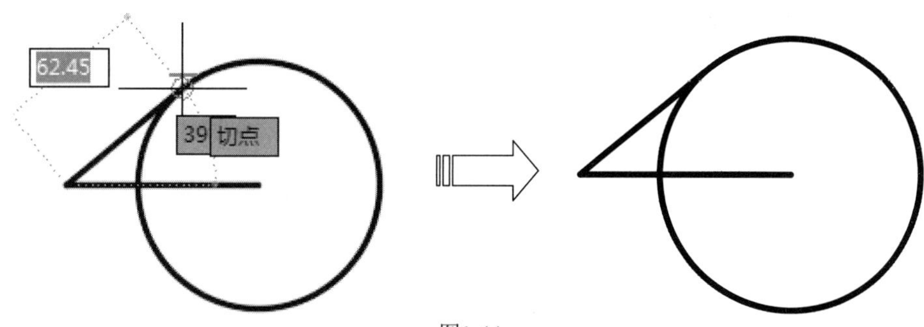

图1-44

04_ 在命令行输入L执行【直线】命令，连接圆心和切点1，如图1-45所示。

05_ 在命令行输入A执行【圆弧】命令，以上一步中所绘制的线段中点为圆心，绘制半圆，如图1-46所示。

06_ 在命令行输入E执行【删除】命令，将多余的图形删除，如图1-47所示。

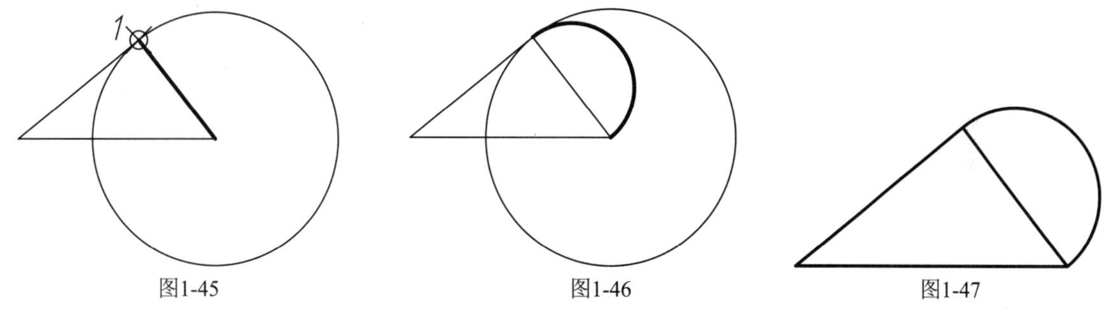

图1-45　　图1-46　　图1-47

07_ 绘制角平分线。在命令行输入XL执行【构造线】命令，接着输入B，选择角顶点3，然后选择点1和点2，即可得到如图1-48所示的角平分线。

08_ 偏移角平分线。在命令行输入O执行【偏移】命令，将平分线向上和向下平移8，如图1-49所示。

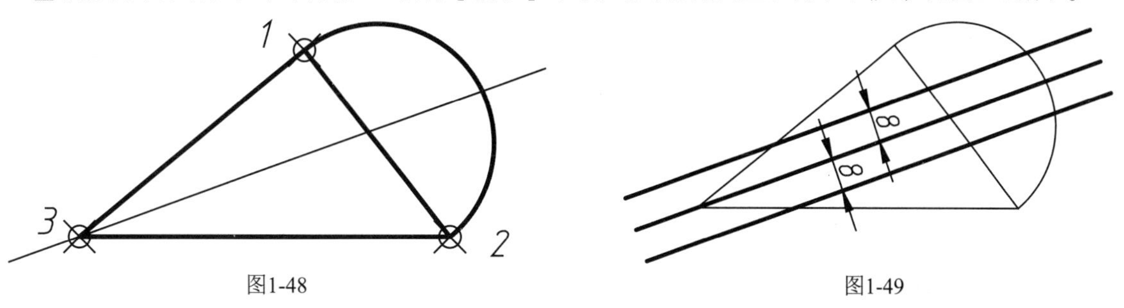

图1-48　　图1-49

09_ 在命令行输入L执行【直线】命令，连接点4和点5，如图1-50所示。

10_ 在命令行输入E执行【删除】命令，删除图中多余的线条。最终图形效果如图1-51所示。

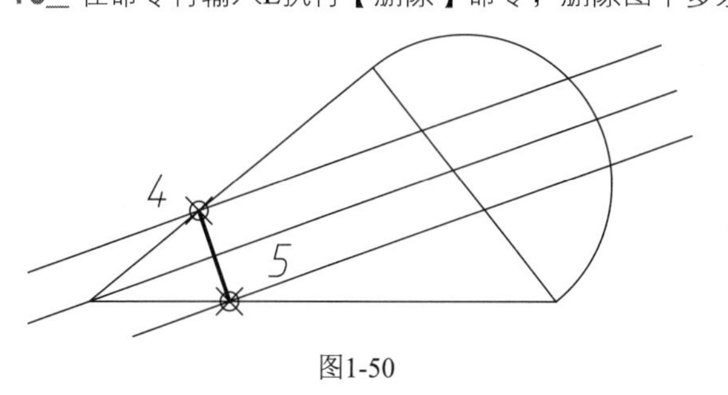

图1-50

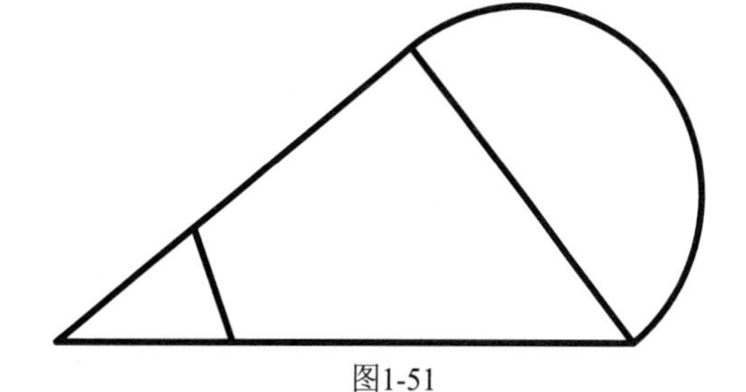

图1-51

实战011 XL+O——绘制基准平行线

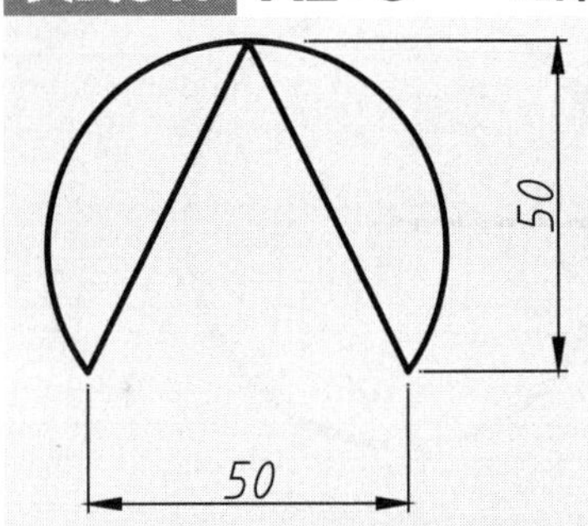

本图由一个圆弧和两条直线组成，元素虽然少，然而如果不会熟练运用AutoCAD中的辅助线绘制图形，效率将会大大降低。本例介绍借助构造线的偏移选项绘制此图。

难度：☆☆

及格时间：1′40″

优秀时间：0′50″

读者自评： / / / / / /

01_ 在命令行输入L执行【直线】命令，绘制一条长度为50的线段，如图1-52所示。

02_ 在命令行输入XL执行【构造线】命令，接着输入O，选择上步绘制的50线段为偏移对象，然后输入偏移距离50，向上偏移得到如图1-53所示的构造线。

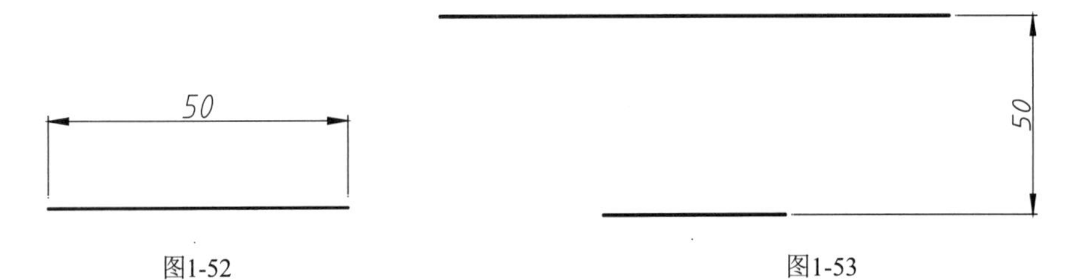

图1-52　　图1-53

03_ 在命令行输入A执行【圆弧】命令，连接图中的1、2、3点，如图1-54所示。

04_ 绘制两条线段，连接点1和点2、点2和点3，如图1-55所示。

05_ 在命令行输入E执行【删除】命令，删除图中多余的线条。最终图形效果如图1-56所示。

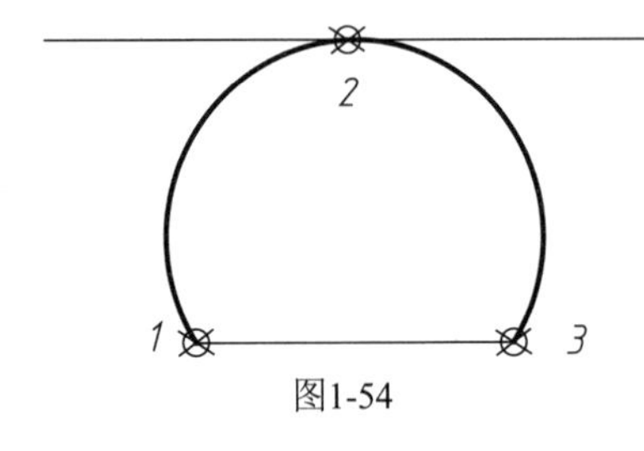

图1-54

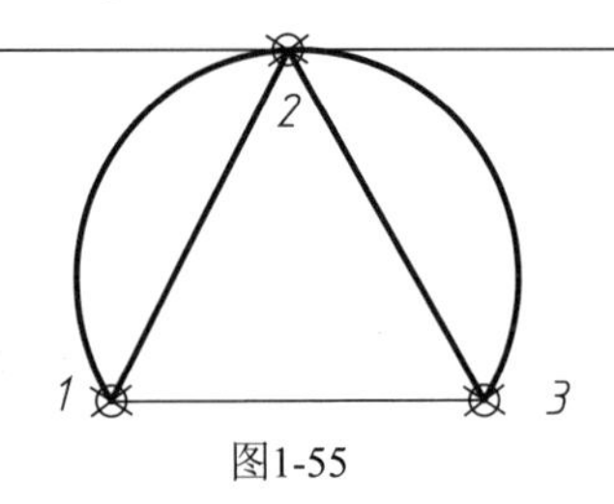

图1-55

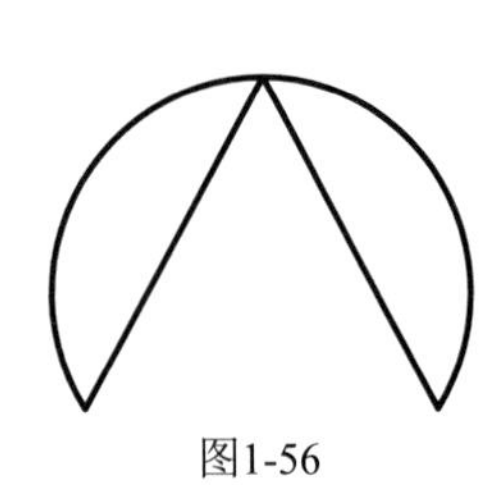

图1-56

实战012 EL——快速绘制椭圆

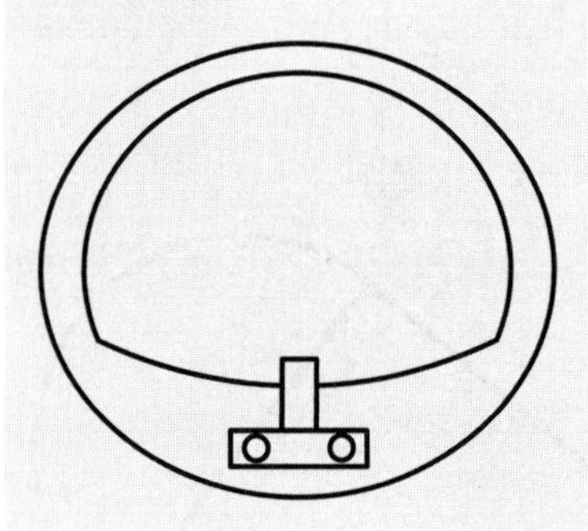

椭圆是到两定点（焦点）的距离之和为定值的所有点的集合，与圆相比，椭圆的半径长度不一，形状由定义其长度和宽度的两条轴决定，较长的称为长轴，较短的称为短轴。在建筑或室内绘图中，很多图形都会使用椭圆来造型，比如地面拼花、室内吊顶等。本例中的洗脸盘图形，便是由椭圆、椭圆弧、圆和直线组成的，而灵活掌握椭圆画法，便可快速绘制此图。

难度：☆☆☆

及格时间：4′00″

优秀时间：2′00″

读者自评： / / / / / /

01_ 在命令行输入L执行【直线】命令，绘制如图1-57所示的直线图形。

02_ 在命令行输入C执行【圆】命令，绘制如图1-58所示的两个圆。

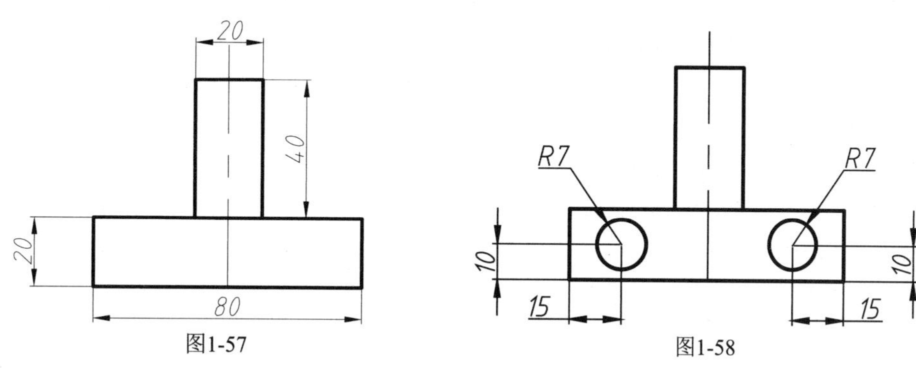

图1-57　　图1-58

03_ 在命令行输入O执行【偏移】命令，将底线向上偏移70和110，如图1-59所示。

04_ 在命令行输入EL执行【椭圆】命令，接着输入C，选择中心线交点为圆心，绘制椭圆，如图1-60所示。

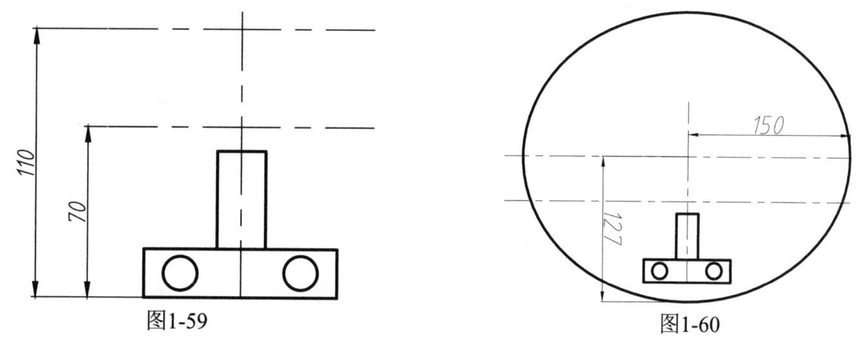

图1-59　　图1-60

05_ 继续执行【椭圆】命令，在命令行输入EL后接着输入A，然后选择上步中所绘椭圆的圆心，接着分别指定起始点和端点为点1和点2，如图1-61所示。

06_ 在命令行输入A执行【圆弧】命令，连接图中的1、2、3点，绘制圆弧，如图1-62所示。

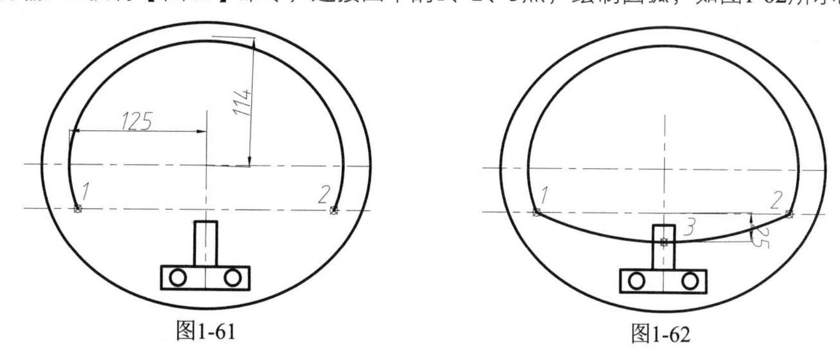

图1-61　　图1-62

07_ 在命令行输入E执行【删除】命令和在命令行输入TR执行【修剪】命令，将图中多余的线条修剪和删除。最终图形效果如图1-63所示。

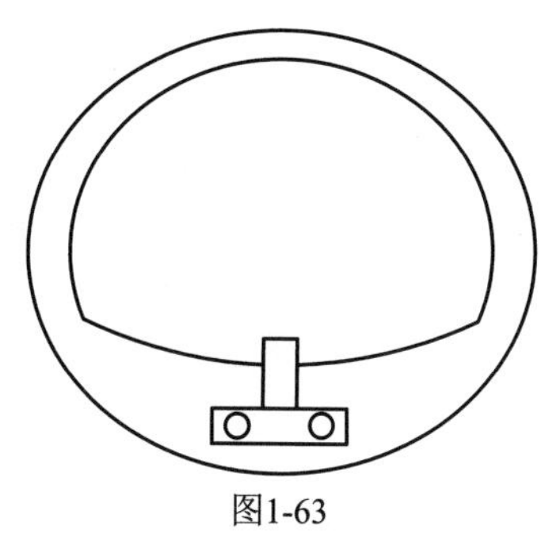
图1-63

实战013 REC——快速绘制矩形

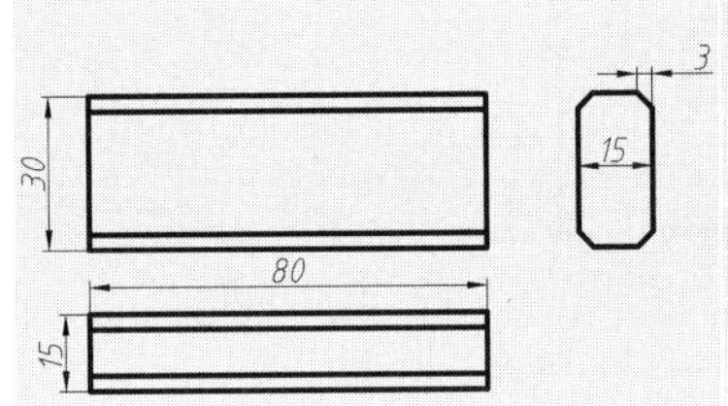

矩形就是通常说的长方形，是通过输入矩形的任意两个对角位置确定的。如本例中所绘制的方头平键图形，在机械制图中较为常见，虽然外观上均由直线组成，但灵活使用矩形来进行绘制，则要方便得多。

难度：☆☆

及格时间：2′40″

优秀时间：1′20″

读者自评：/ / / / / /

01_ 在命令行输入REC执行【矩形】命令，绘制一个长为80，宽为30的矩形，如图1-64所示。

02_ 在命令行输入L执行【直线】命令，绘制两条线段，构成方头平键的正视图，如图1-65所示。

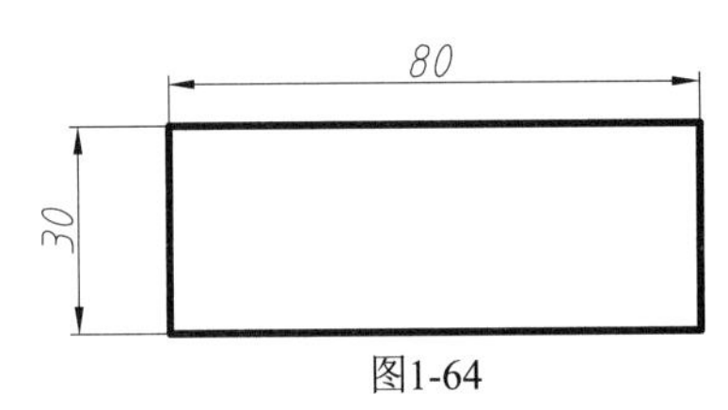

图1-64

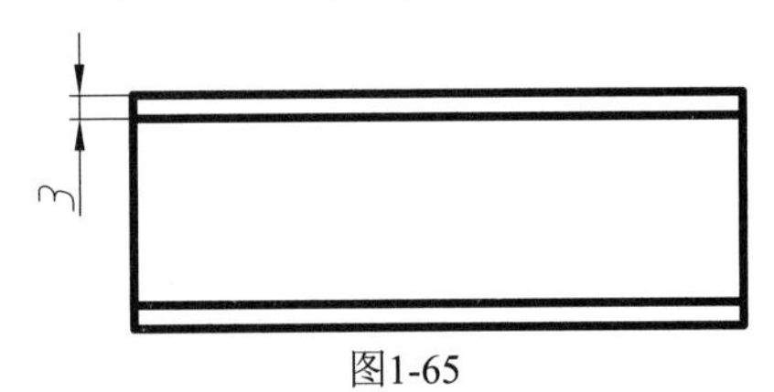

图1-65

03_ 在命令行输入REC执行【偏移】命令，输入C，设置两个倒角距离均为3，然后绘制长为15，宽为30的矩形，如图1-66所示。

04_ 使用相同方法，绘制余下的俯视图，如图1-67所示。

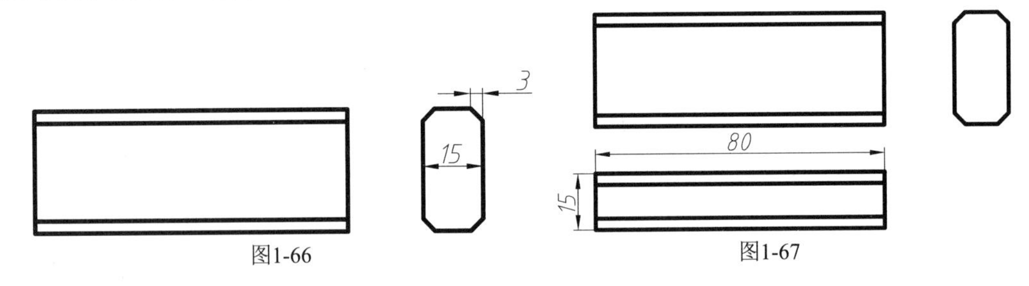

图1-66

图1-67

实战014 POL——快速绘制正多边形

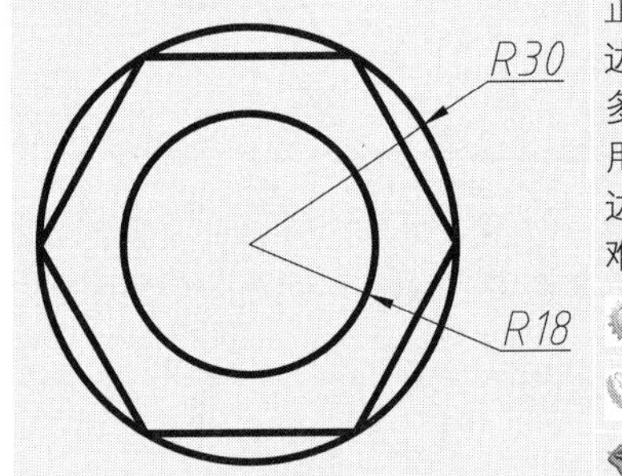

正多边形是由3条或3条以上长度相等的线段、首尾相接形成的闭合图形，其边数范围值在3~1024之间。一些常见的生活物品，如螺母、螺钉，便具有多边形的外形。本例中所绘制的图形包含两个圆和一个正六边形，如果不使用正多变形命令绘制，则会牵涉到繁琐的计算。因此本例介绍如何运用正多边形命令，来快速绘制此图。

难度：☆☆

及格时间：1′00″

优秀时间：0′30″

读者自评：/ / / / / /

01_ 在命令行输入C执行【圆】命令，绘制一个半径为30的圆，如图1-68所示。

02_ 在命令行输入POL执行【正多边形】命令，设置侧面数为6，然后指定圆心为多边形的中心，接着在命令行输入I，启用【内接于圆】子选项，最后在圆上单击一点，即可得到如图1-69所示的多边形。

03_ 使用相同方法，绘制一个半径为18的圆，最终图形效果如图1-70所示。

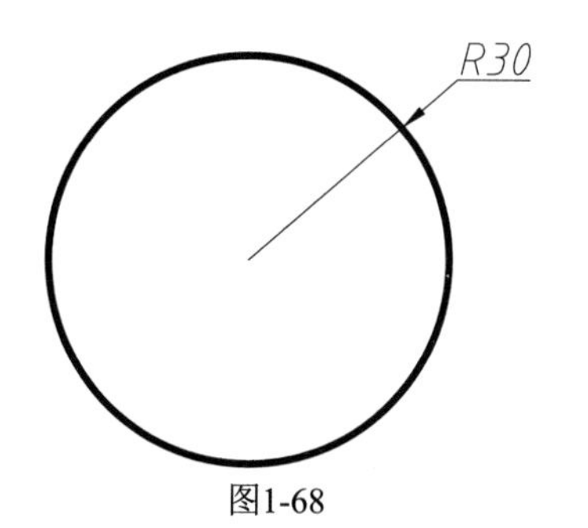

图1-68

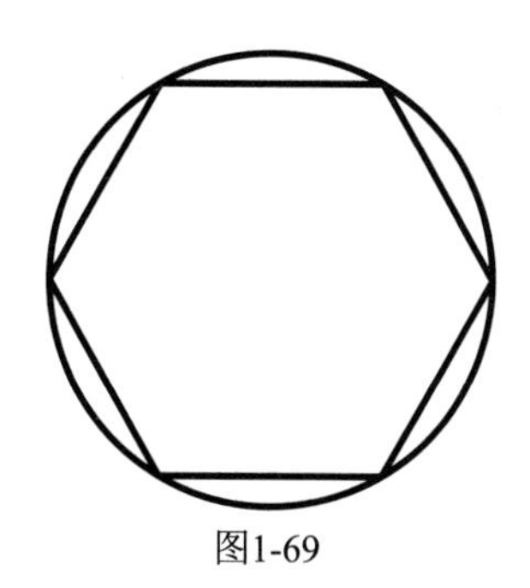
图1-69

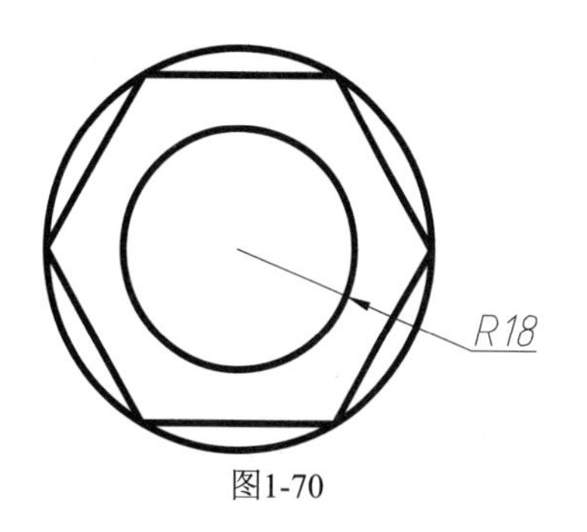

图1-70

实战015　PL+W——绘制带宽度的线

使用【多段线】命令可以生成由若干条直线和圆弧首尾相连而成的复合线，同时还可以通过命令中的“线宽（W）”子选项修改其线宽，从而得到比较复杂的图形。如本例中的弯钩加箭头图形，看似元素很多，但其实只用到了【多段线】命令。

难度：☆☆

及格时间：2′00″

优秀时间：1′00″

读者自评：/ / / / / /

01_ 在命令行输入PL执行【多段线】命令，接着输入W设置线宽，起点线宽为0，端点线宽为10，如图1-71所示。

02_ 继续上一步，在命令行输入A进入圆弧选项，再次输入A设置角度为180°，在右侧捕捉到水平线，输入距离50，如图1-72所示。

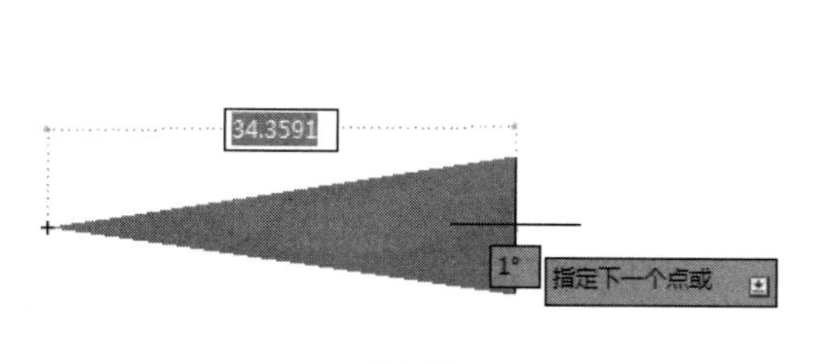

图1-71

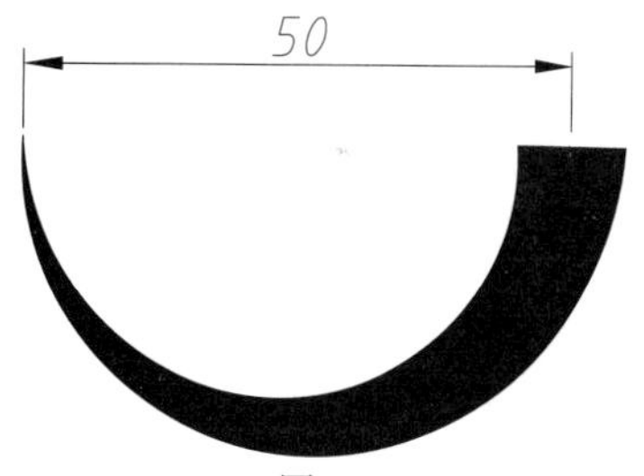

图1-72

03_ 进入第二段的设置。在命令行输入W设置起点、端点宽度均为5，输入L设置长度为8，如图1-73所示。

04_ 进入第三段的设置。在命令行输入W设置起点宽度为15，端点宽度为0，输入L设置长度为10，如图1-74所示。

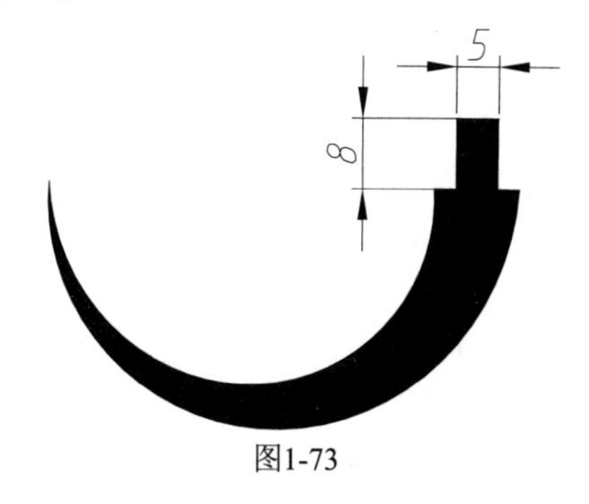

图1-73

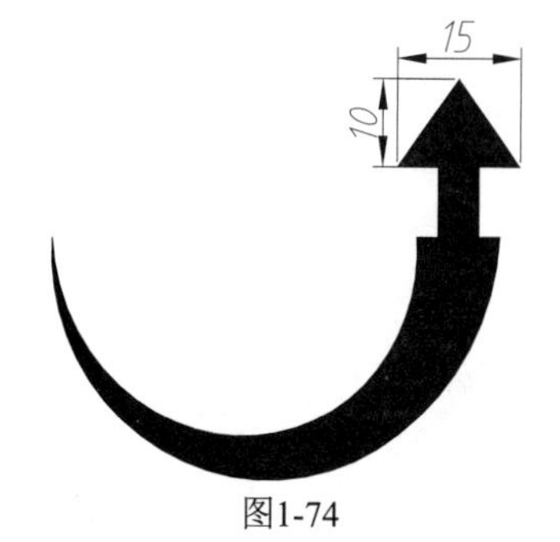

图1-74

实战016 PL+A——绘制连续相切圆弧

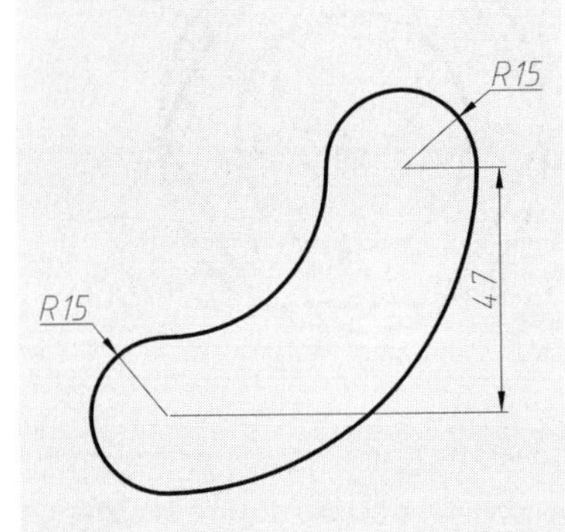

执行【多段线】命令，除了获得最为明显的线宽效果外，还可以选择其“圆弧（A）”子选项，创建与上一段直线（或圆弧）相切的圆弧。如本例的腰果图形，由4段圆弧彼此相切而成，直接使用【圆弧】命令进行绘制的话，会较为麻烦。因此这类图形应首选【多段线】命令，即可快捷绘制此图，避免修剪、计算等繁琐的工作。

难度：☆☆

及格时间：1′00″

优秀时间：0′30″

读者自评：/ / / / / /

01_ 在命令行输入L执行【直线】命令，在命令行输入O执行【偏移】命令，绘制三条中心线，如图1-75所示。

02_ 在命令行输入PL执行【多段线】命令，选择中心交点为起点，输入A绘制圆弧，光标斜上方捕捉到45°，设置长度为50，如图1-76所示。

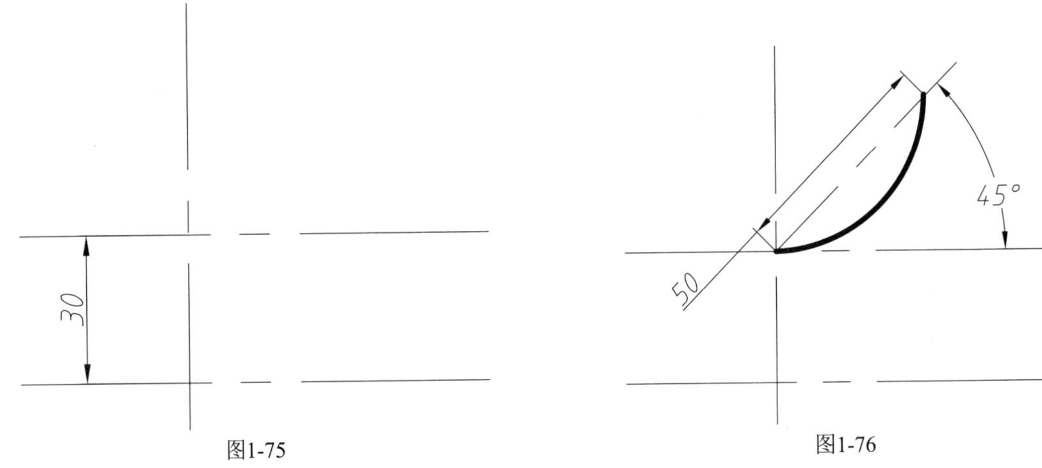

图1-75　　图1-76

03_ 水平向右移动光标，输入长度30，如图1-77所示。

04_ 拖动光标，选择点1，绘制圆弧，如图1-78所示。

05_ 拖动光标，选择点2，绘制圆弧，如图1-79所示。

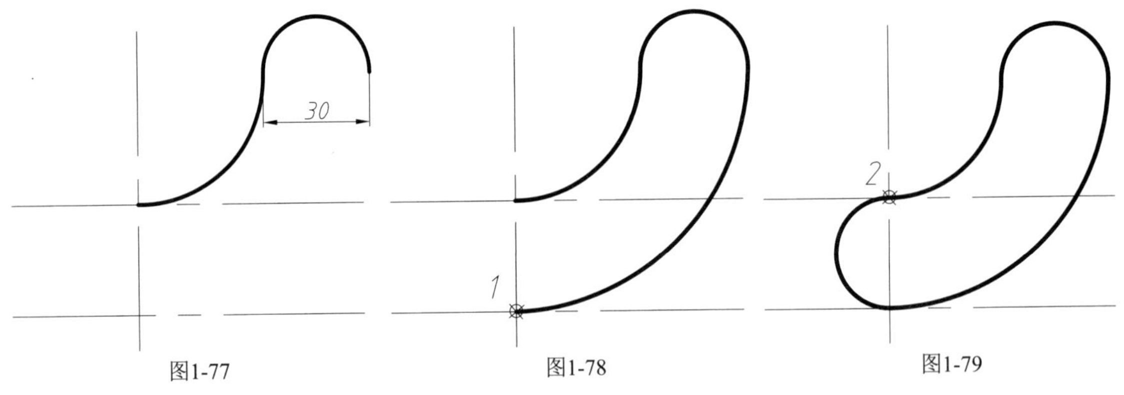

图1-77　　图1-78　　图1-79

实战017　SPL——绘制样条曲线

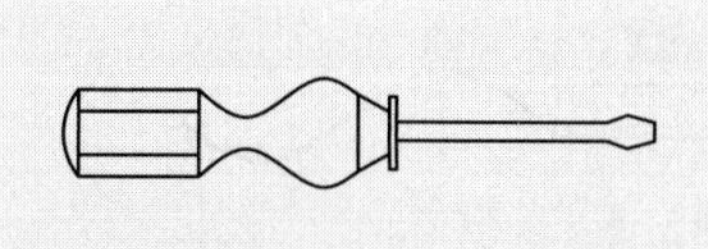

【样条曲线】是经过或接近一系列给定点的平滑曲线，它能够自由编辑，以及控制曲线与点的拟合程度。在景观设计中，常用来绘制水体、流线形的园路及模纹等；在建筑制图中，常用来表示剖面符号等图形；在机械产品设计领域则常用来表示某些产品的轮廓线或剖切线。本例的螺丝刀图形，涉及较多命令，尤其中间连接部分的曲线过渡，能否灵活运用样条曲线便是成功绘制此图的关键，下面介绍此图的绘制过程。

难度：☆☆☆

及格时间：6′00″

优秀时间：3′00″

读者自评：　/　/　/　/　/　/

01_ 在命令行输入L执行【直线】命令，绘制两条中心线，接着在命令行输入REC执行【矩形】命令，绘制长为170，宽为120的矩形，继续在命令行输入L执行【直线】命令，绘制两条直线，如图1-80所示。

02_ 在命令行输入O执行【偏移】命令，将竖直中心线向左偏移106，如图1-81所示。

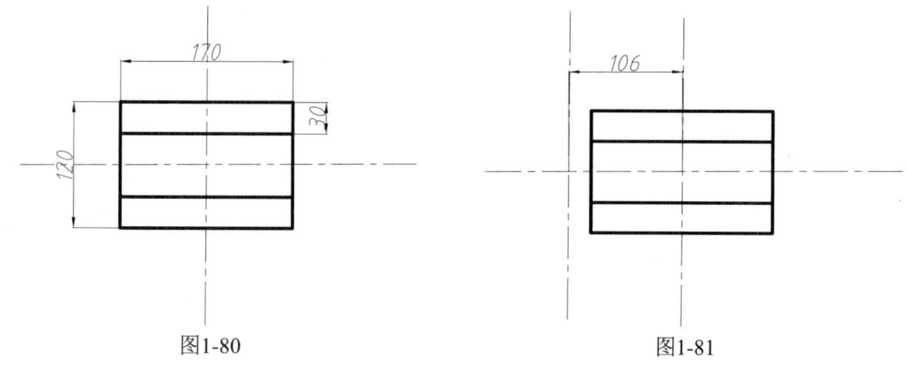

图1-80　　图1-81

03_ 在命令行输入A执行【圆弧】命令，连接点1、2、3，绘制圆弧，如图1-82所示。

04_ 在命令行输入O执行【偏移】命令，绘制三条竖直中心线，将初始竖直中心线分别向右偏移155、265和310，如图1-83所示。

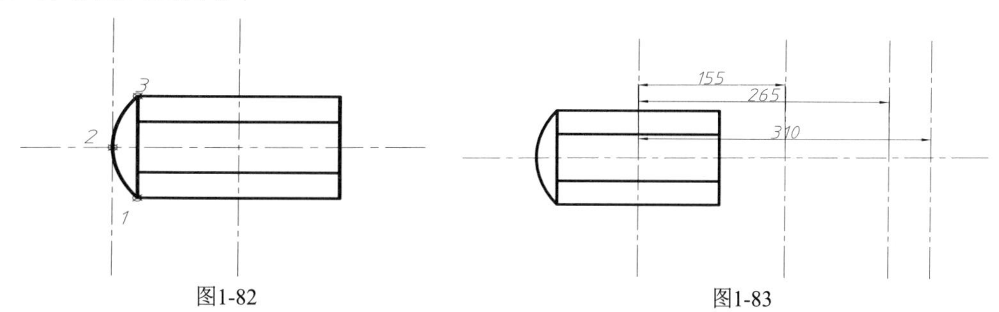

图1-82　　图1-83

05_ 使用相同的方法，绘制三条水平中心线，将原初始水平中心线分别向下偏移22、52和74，如图1-84所示。

06_ 在命令行输入SPL执行【样条曲线】命令，连接点4、5、6和7，构成曲线，如图1-85所示。

07_ 在命令行输入E执行【删除】命令，删除图中多余的中心线，如图1-86所示。

08_ 在命令行输入MI执行【镜像】命令，选择曲线，然后以水平中心线为镜像线，镜像图形，如图1-87所示。

09_ 在命令行输入L执行【直线】命令，绘制一个梯形，注意捕捉的角度为61°，长度为50，如图1-88所示。

10_ 继续在命令行输入L执行【直线】命令，绘制一个长为10，宽为100的矩形，如图1-89所示。

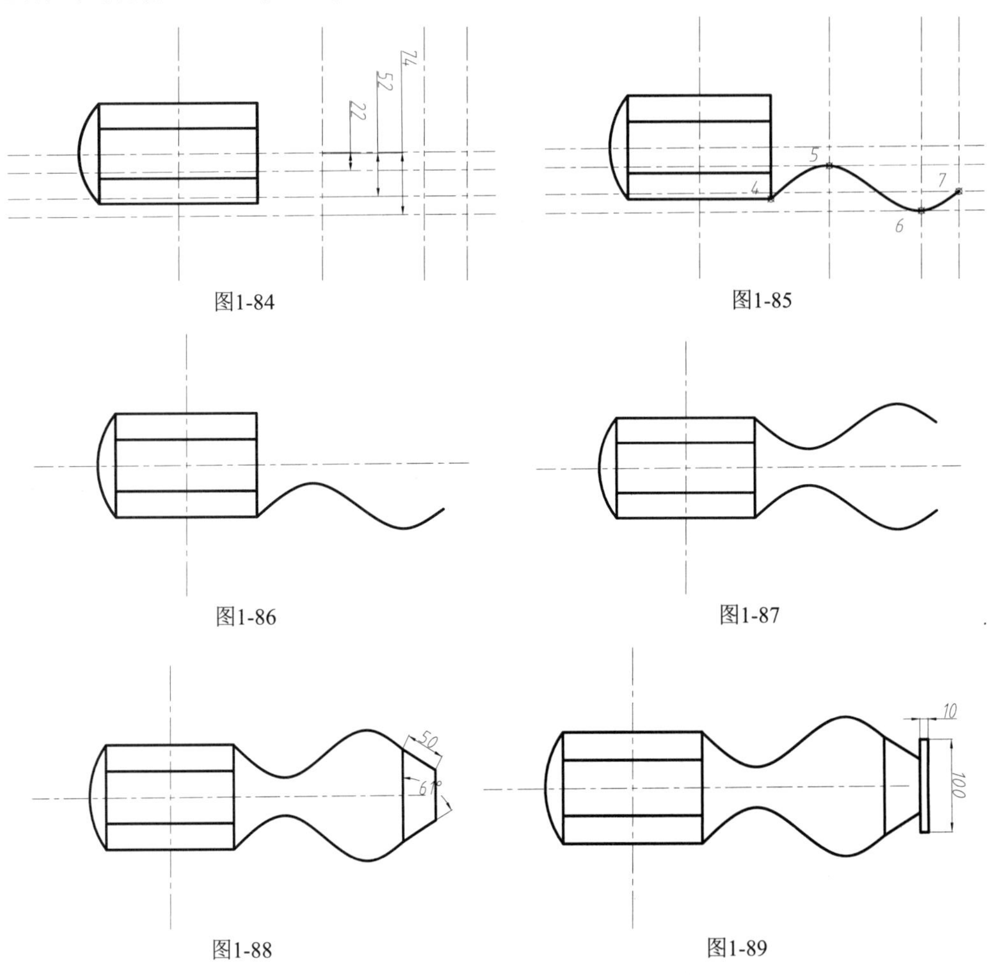

图1-84 图1-85

图1-86 图1-87

图1-88 图1-89

11_ 继续在命令行输入L执行【直线】命令，绘制螺丝刀头图形的一半，如图1-90所示。

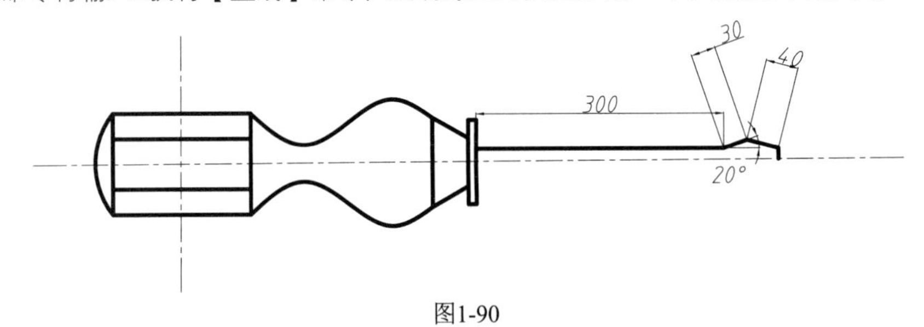

图1-90

12_ 在命令行输入MI执行【镜像】命令，选择上步中绘制的图形，然后以水平中心线为镜像线，镜像图形，最终效果如图1-91所示。

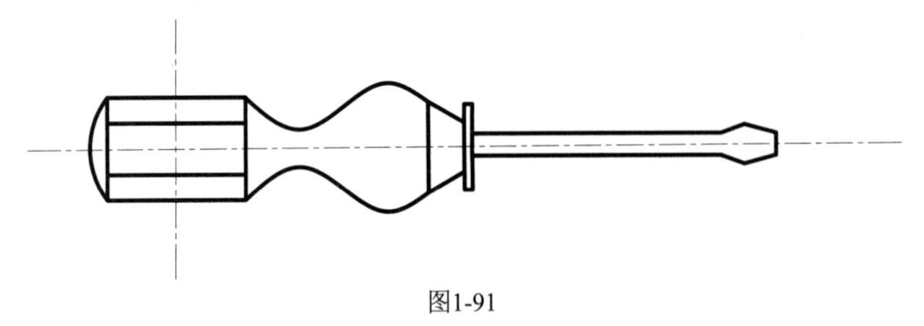

图1-91

实战018 ML——多线绘制墙体

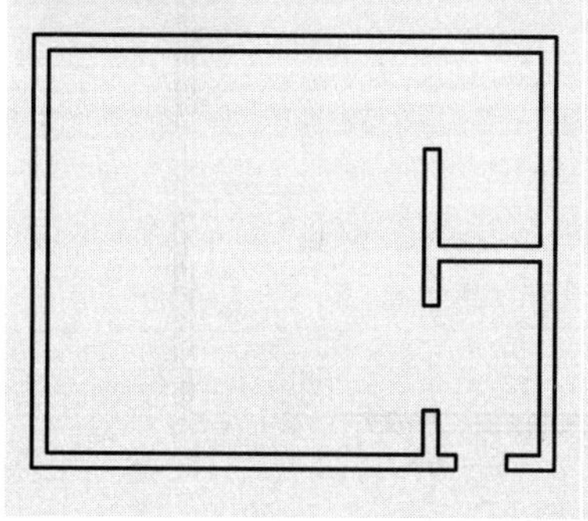

【多线】是一种由多条平行线组成的组合图形对象，它可以由1~16条平行直线组成。【多线】在实际工程设计中的应用非常广泛，如建筑、室内平面图中常用来绘制墙体。墙体图形常由由简单的直线组成，看似元素很少，但直接通过【直线】命令来绘制，会有大量的修剪和删除工作，因此本例介绍如何运用【多线】命令快捷绘制此图。

难度：☆☆

及格时间：5′00″

优秀时间：2′50″

读者自评： / / / / / /

01_ 在命令行输入L执行【直线】命令，绘制两条线段，长度分别为100和80，如图1-92所示。

02_ 绘制5条线段。在命令行输入O执行【偏移】命令，选择初始水平线段，分别向上偏移10、30、40、60和80，如图1-93所示。

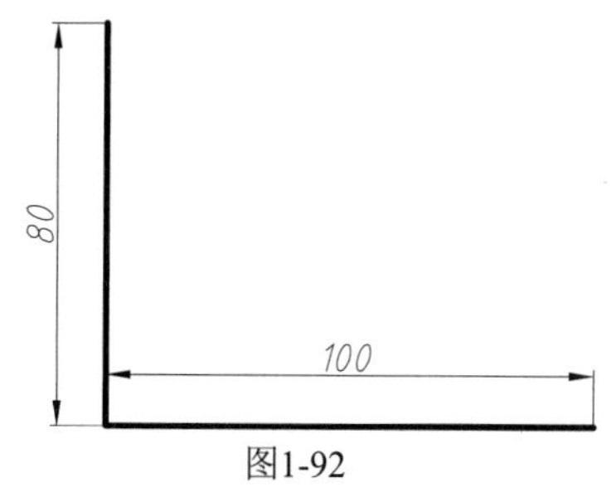

图1-92

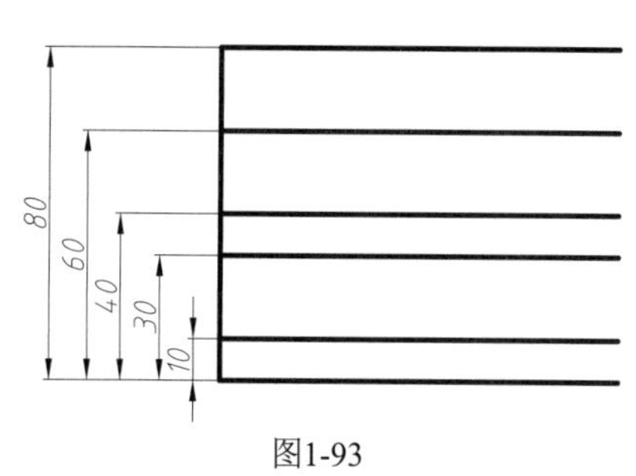

图1-93

03_ 绘制4条线段。在命令行输入O执行【偏移】命令，选择初始竖直线段，分别向右偏移77、82、92和100，如图1-94所示。

04_ 在命令行输入E执行【删除】命令，在命令行输入TR执行【修剪】命令，将多余的线条修剪和删除，如图1-95所示。

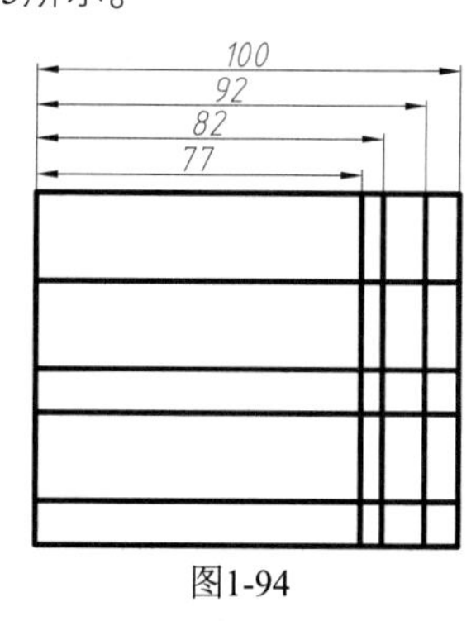

图1-94

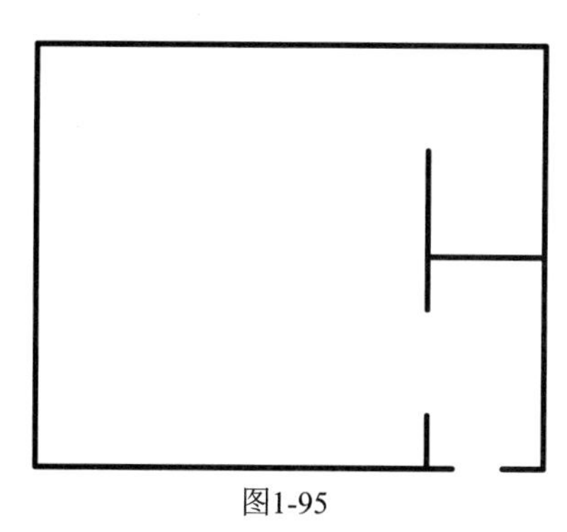

图1-95

05_ 在命令行输入ML执行【多线】命令，接着输入J，再输入Z，设置正对类型为无，然后输入S，设置比例为3，最后连接点1、2、3、4、5和6，如图1-96所示。

06_ 使用相同的方法绘制其他墙体，如图1-97所示。

07_ 在命令行输入E执行【删除】命令，删除初始线段，如图1-98所示。

08_ 双击线段，弹出【多线编辑工具】对话框，选择其中的【T形合并】选项，如图1-99所示。

09_ 继续上一步。选择多线，编辑图形，效果如图1-100所示。

10_ 在命令行输入L执行【直线】命令，闭合墙体线段，效果如图1-101所示。

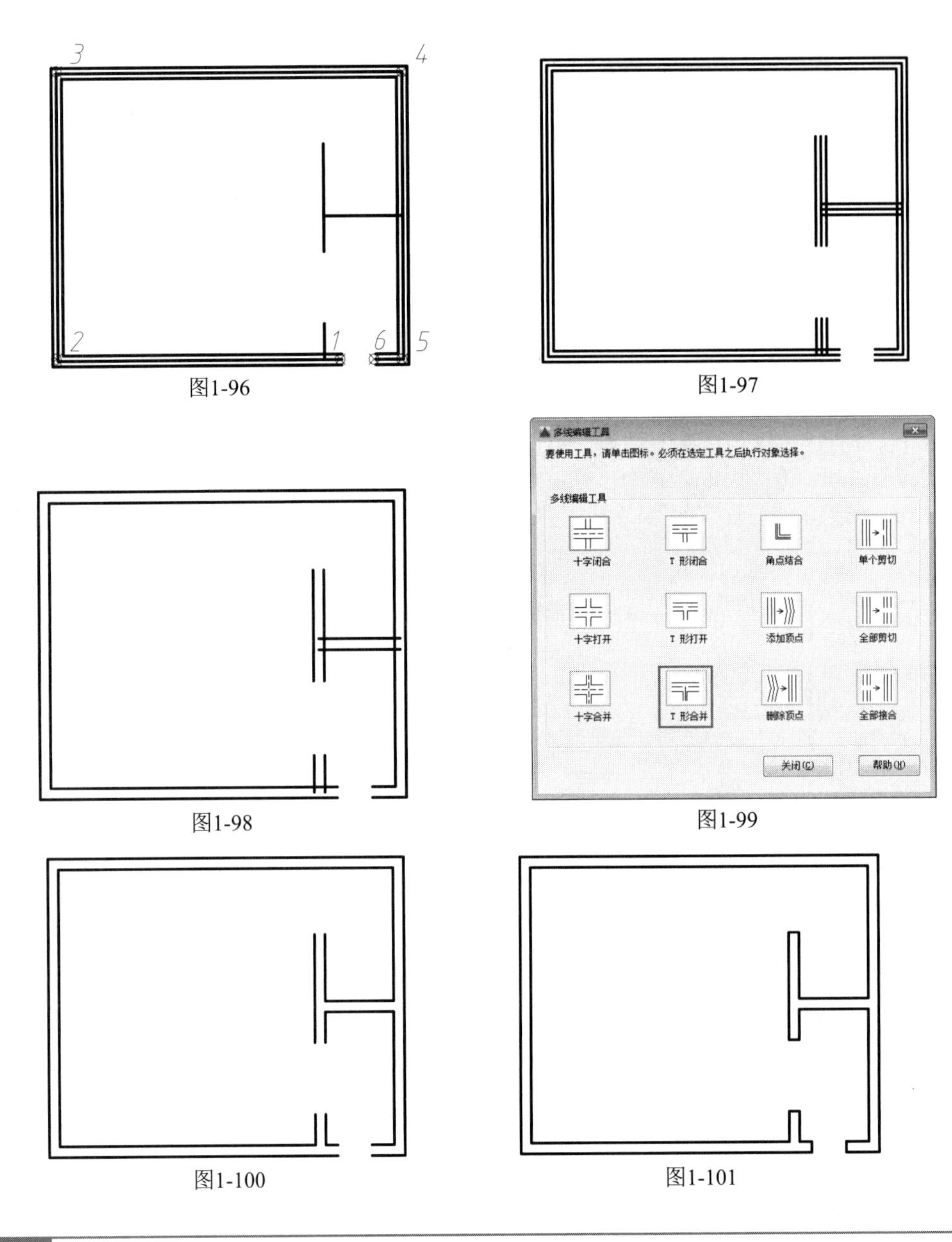

图1-96

图1-97

图1-98

图1-99

图1-100

图1-101

实战019 REG——面域与布尔操作

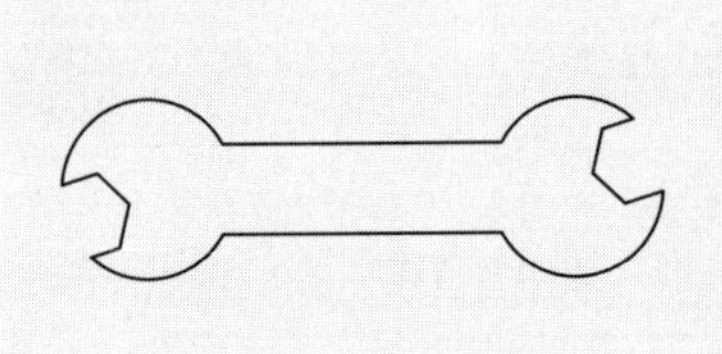

【面域】是具有一定边界的二维闭合区域，它是一个面对象，内部可以包含孔特征。而通过选择自封闭的对象或者端点相连构成的封闭对象，都可以快速创建面域。在三维建模状态下，面域也可以用作构建实体模型的特征截面，再通过布尔运算，便可以得到三维建模用的草图。

难度：☆☆☆

及格时间：4'00"

优秀时间：2'00"

读者自评：/ / / / / /

01_ 在命令行输入REC执行【矩形】命令，绘制一个长为100，宽为20的矩形，如图1-102所示。

02_ 在命令行输入C执行【圆】命令，绘制两个半径为20的圆，如图1-103所示。

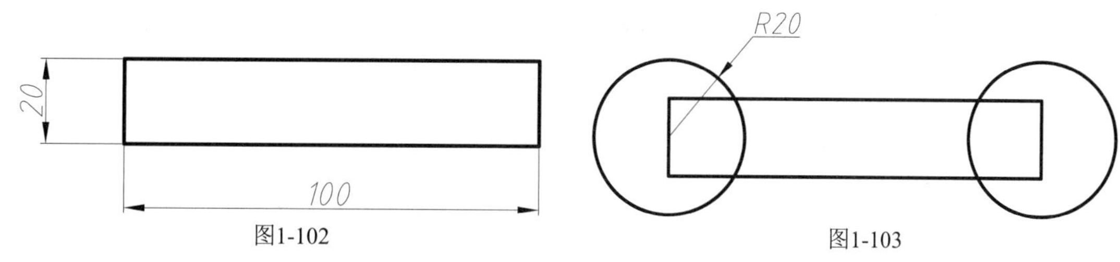

图1-102　　　　图1-103

03_ 在命令行输入XL执行【构造线】命令，确定中心点，捕捉到与水平成5°，如图1-104所示。

04_ 在命令行输入POL执行【正多边形】命令，设置侧面数为6，绘制两个正六边形，如图1-105所示。

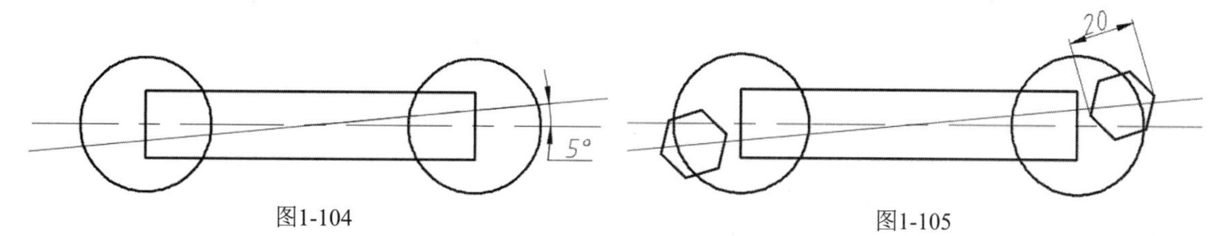

图1-104　　　　图1-105

05_ 在命令行输入E执行【删除】命令，删除图中的辅助线，如图1-106所示。

06_ 在命令行输入REG执行【面域】命令，依次选择矩形、多边形和圆。在命令行输入UNI执行【并集】命令，依次选择矩形和圆，并集运算结果，如图1-107所示。

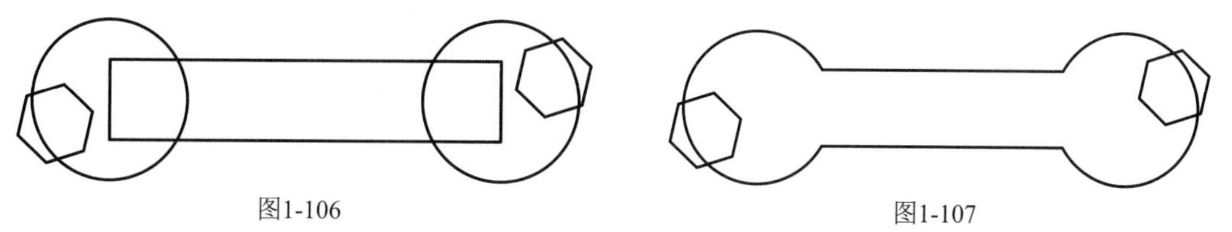

图1-106　　　　图1-107

07_ 在命令行输入SU执行【差集】命令，选择并集主体后右击，再选择两个多边形，最终效果如图1-108所示。

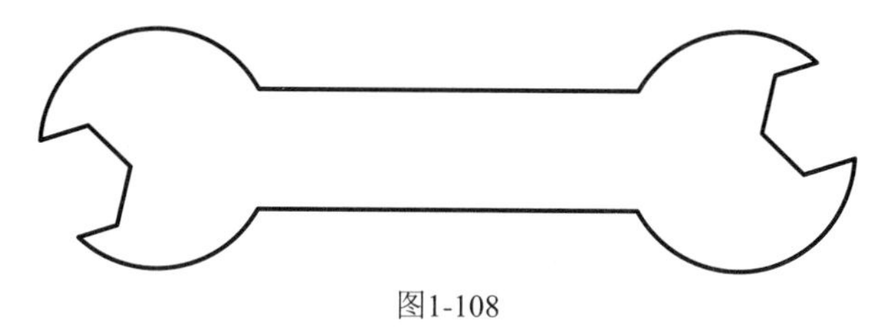

图1-108

操作技巧　布尔运算是数学上的一种逻辑运算，用在AutoCAD绘图中，能极大地提高绘图的效率。需要注意的是，布尔运算的对象只包括实体和共面的面域，普通的线条图形对象无法使用布尔运算。通常的布尔运算包括并集、交集和差集3种，如图1-109所示。

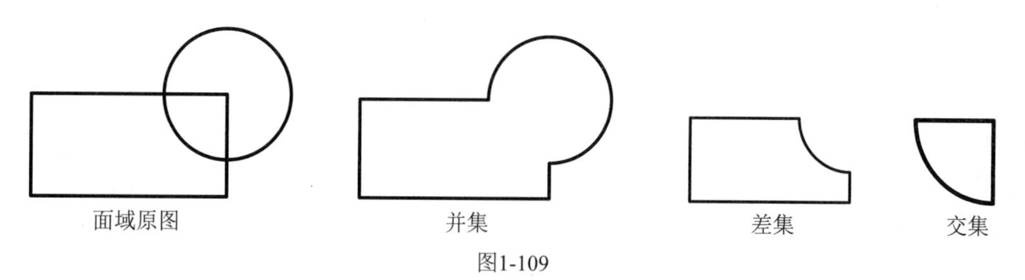

图1-109

实战020 DIV——定数等分绘制棘轮

很多机械图形往往都具备一些特定的规律，像棘轮、齿轮这类图形，其外齿均匀分布在外圆上。因此能否运用好AutoCAD中的等分功能，便是绘制此类图形的关键。本例便通过绘制的简单棘轮图形，来介绍如何使用【定数等分】命令。

难度：☆☆

及格时间：2′00″

优秀时间：1′00″

读者自评： / / / / / /

01_ 在命令行输入C执行【圆】命令，绘制3个圆，半径分别为90、60和40，如图1-110所示。

02_ 设置点样式。选择【格式】菜单中的【点样式】命令，在弹出的对话框中选择“X”样式，如图1-111所示。

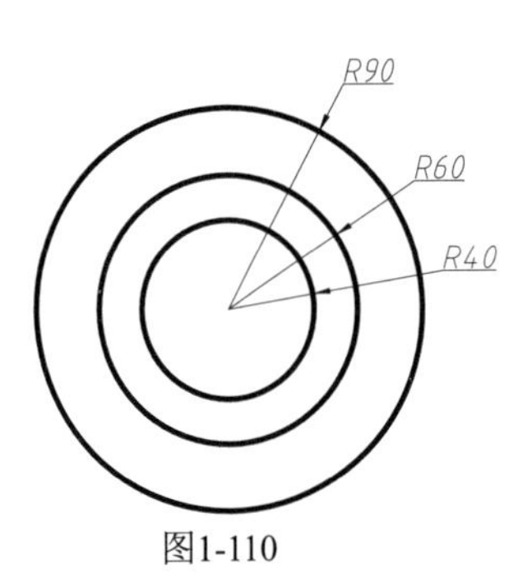

图1-110

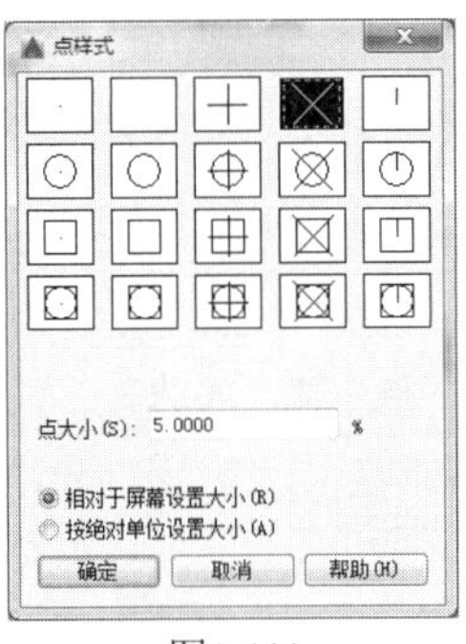

图1-111

03_ 在命令行输入DIV执行【定数等分】命令，选取R90的圆，设置线段数目为12，如图1-112所示。

04_ 使用相同的方法等分R60的圆，如图1-113所示。

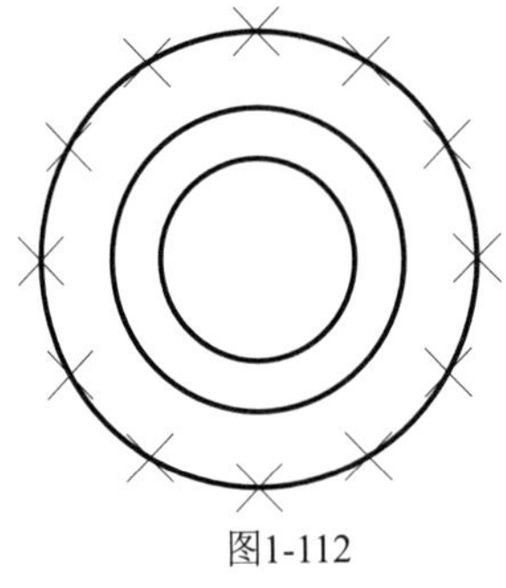

图1-112

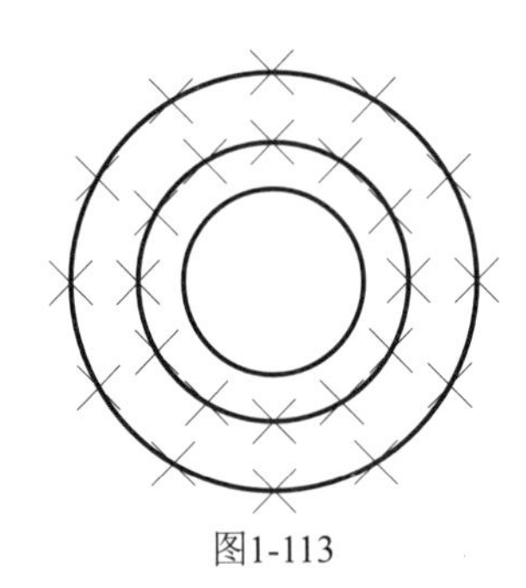

图1-113

05_ 在命令行输入L执行【直线】命令，连接3个等分点，如图1-114所示。

06_ 在命令行输入E执行【删除】命令，删除图中多余的线条，最终效果如图1-115所示。

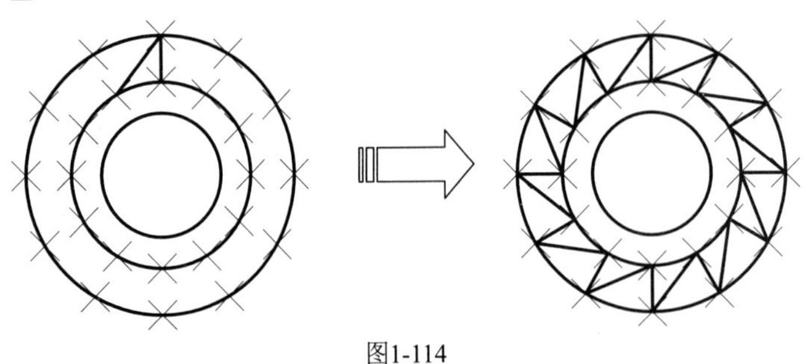

图1-114

图1-115

实战021　ME——定距等分绘制楼梯

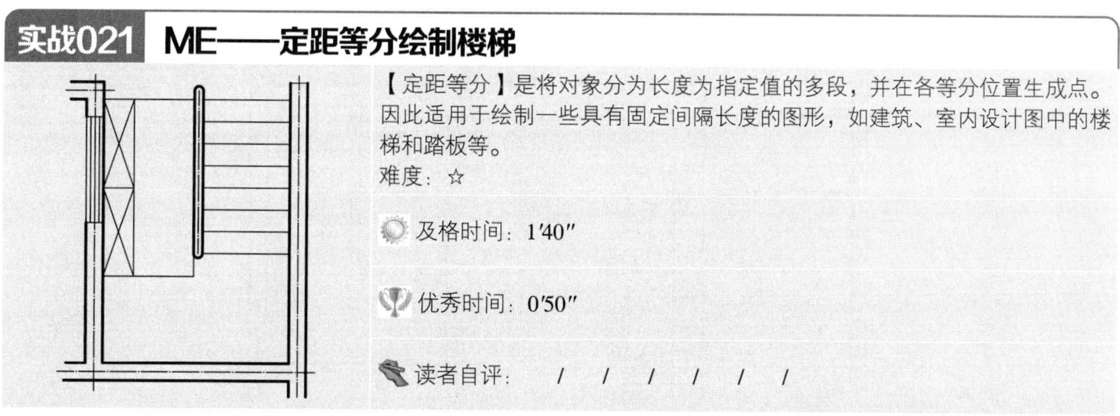

【定距等分】是将对象分为长度为指定值的多段，并在各等分位置生成点。因此适用于绘制一些具有固定间隔长度的图形，如建筑、室内设计图中的楼梯和踏板等。

难度：☆

及格时间：1′40″

优秀时间：0′50″

读者自评：　/　/　/　/　/　/

01_ 打开“第1章/实例021定距等分绘制楼梯.dwg”素材文件，其中已绘制好了楼梯间墙体图形，如图1-116所示。

02_ 设置点样式。在命令行输入DDPTYPE执行【点样式】命令，弹出【点样式】对话框，根据需要选择需要的点样式，如图1-117所示。

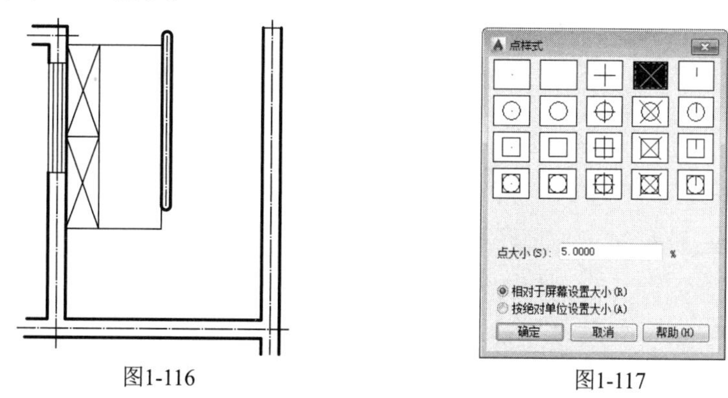

图1-116　　　　图1-117

03_ 执行定距等分。单击【绘图】面板中的【定距等分】按钮，将楼梯口左侧的直线段按每段250mm长进行等分，结果如图1-118所示，命令行操作如下。

```
命令: _measure                          //执行【定距等分】命令
选择要定距等分的对象:                    //选择素材直线
指定线段长度或 [块(B)]: 250             //输入要等分的距离
                                        //按Esc键退出
```

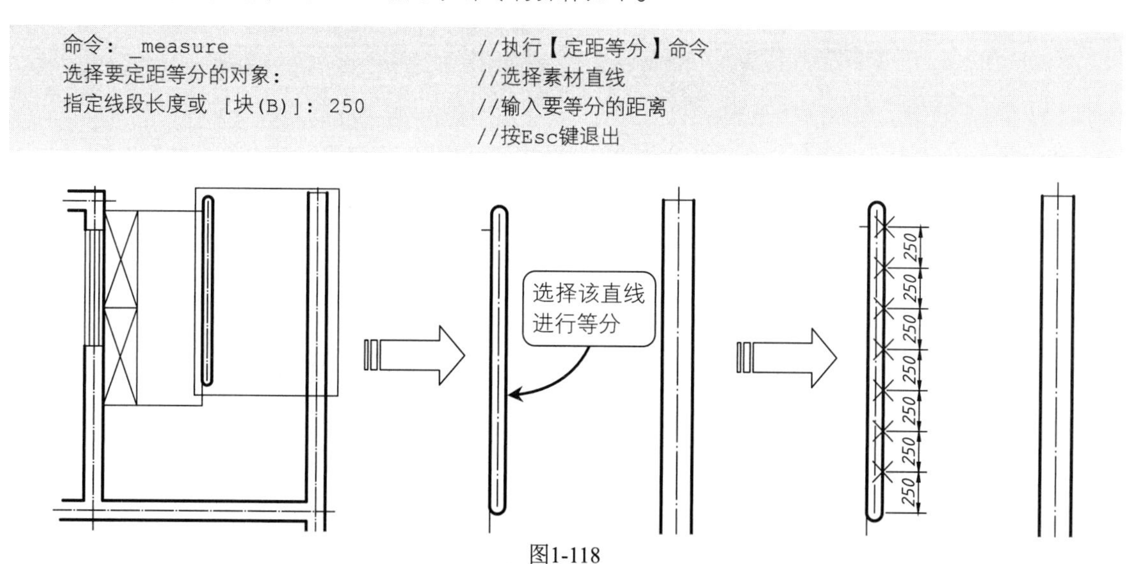

图1-118

04_ 在【默认】选项卡中，单击【绘图】面板中的【直线】按钮，以各等分点为起点向右绘制直线，结果如图1-119所示。

05_ 将点样式重新设置为默认状态，即可得到楼梯图形，如图1-120所示。

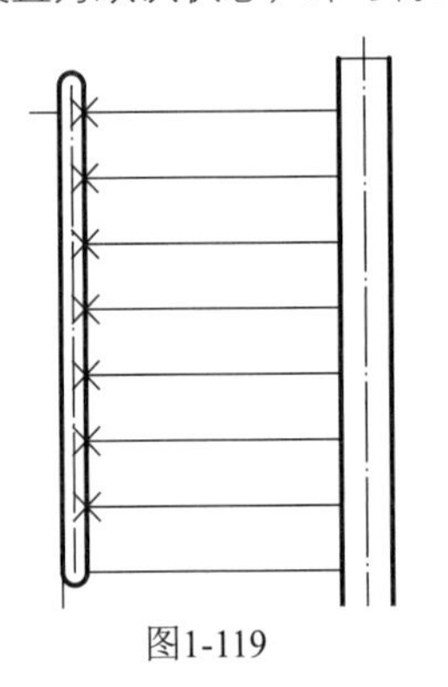

图1-119

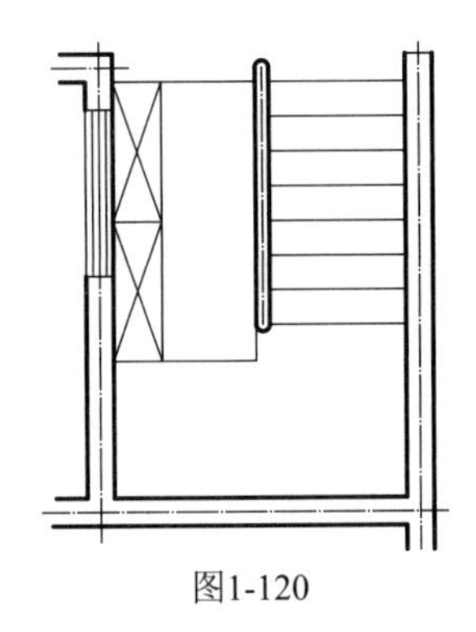

图1-120

实战022 LE——快速引线标注倒角

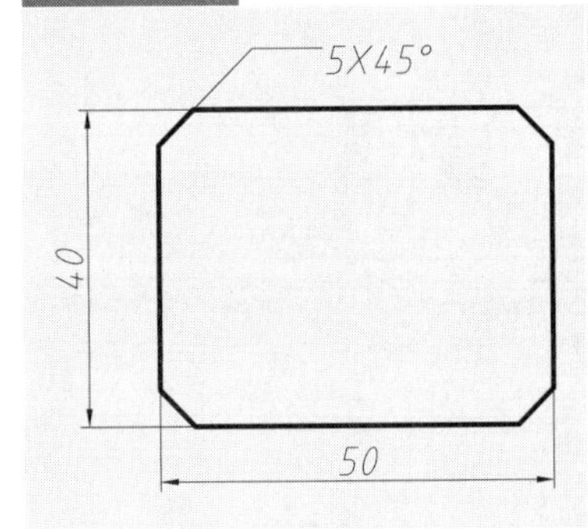

【快速引线】命令是AutoCAD中常用的引线标注命令，相对于【多重引线】来说，【快速引线】是一种形式较为自由的引线标注，其转折次数可以设置，注释内容也可设置为其他类型。因此【快速引线】非常适用于标注机械图上的倒角部分，否则只能使用【直线】+【多行文字】的命令来手动添加标注，无疑要麻烦得多。

难度：☆☆

及格时间：1′40″

优秀时间：0′50″

读者自评：/ / / / / /

01_ 在命令行输入REC执行【矩形】命令，在命令行输入C设置倒角距离均为5，绘制长为50，宽为40的矩形，如图1-121所示。

02_ 在命令行输入LE执行【引线】命令，接着在命令行输入S，弹出【引线设置】对话框，设置箭头为“无”，如图1-122所示。

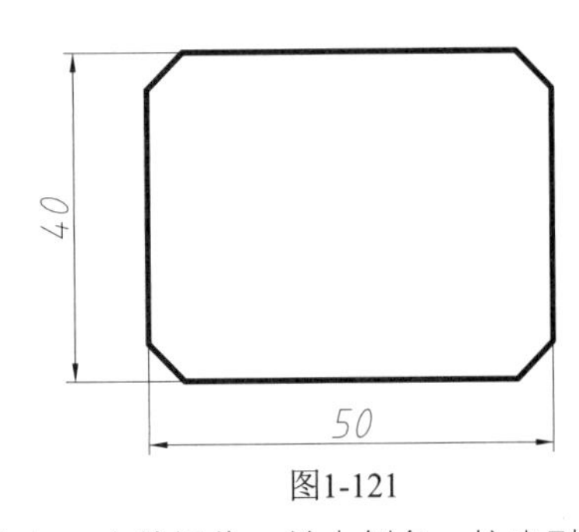

图1-121

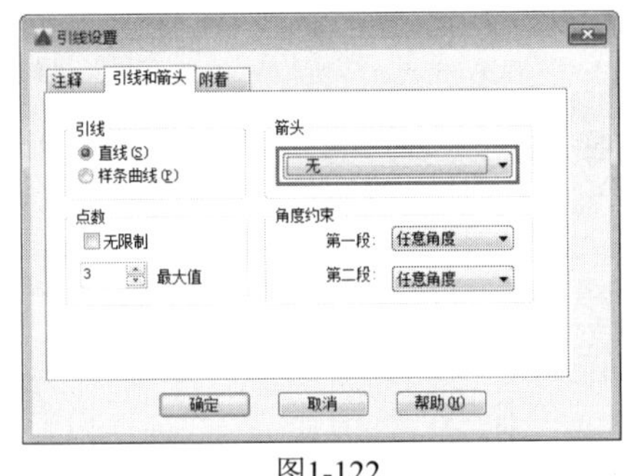

图1-122

03_ 继续上一步的操作，单击倒角，拉出引线，设置文字“5×45°”，最终效果如图1-123所示。

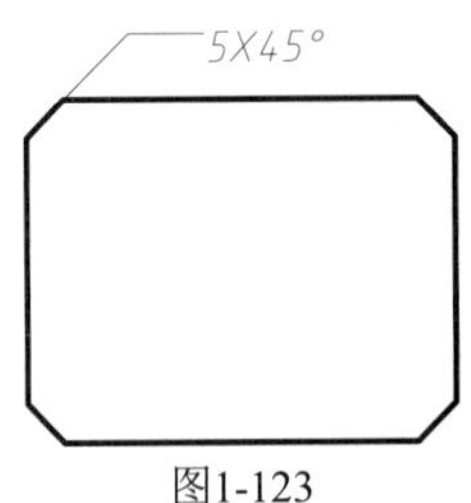

图1-123

实战023　T——多行文字注释图形

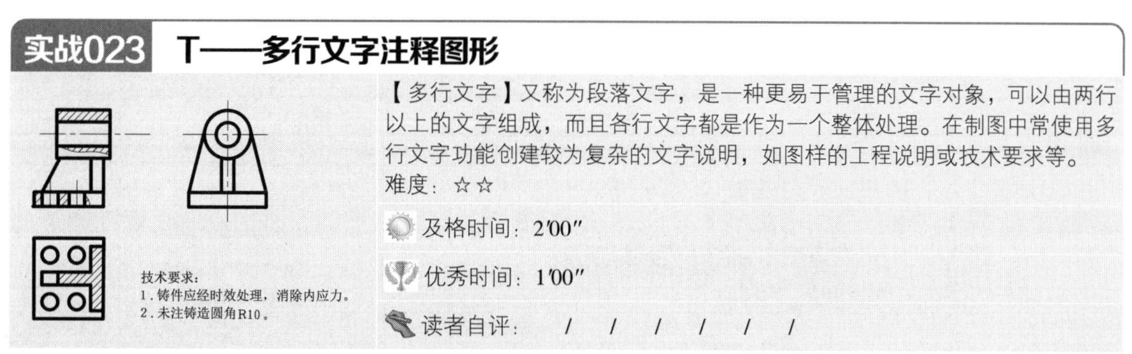

【多行文字】又称为段落文字，是一种更易于管理的文字对象，可以由两行以上的文字组成，而且各行文字都是作为一个整体处理。在制图中常使用多行文字功能创建较为复杂的文字说明，如图样的工程说明或技术要求等。

难度：☆☆

及格时间：2′00″

优秀时间：1′00″

读者自评：　/　/　/　/　/　/

01_ 打开“第1章/实例023 多行文字注释图形.dwg”素材文件，如图1-124所示。

02_ 在命令行输入T执行【创建多行文字】命令，单击向右下拖动，确定多行文字的范围，如图1-125所示。

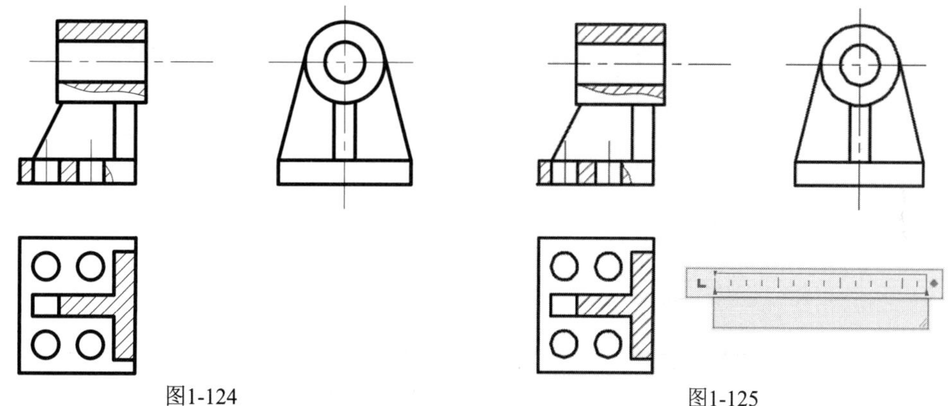

图1-124　　　　图1-125

03_ 在文本框内输入文字，每输入一行单击Enter键输入下一行，输入结果如图1-126所示。

04_ 接着选中文字，然后在【样式】面板中修改文字高度为6，如图1-127所示。

图1-126　　　　图1-127

05_ 单击Enter键执行修改，修改文字高度后的效果如图1-128所示。

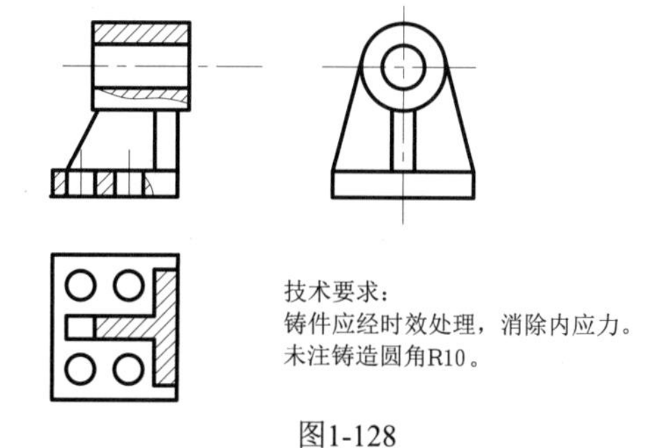

图1-128

06_ 双击已经创建好的多行文字，选中“技术要求”下面的2行说明文字，如图1-129所示。

07_ 单击【段落】面板中的【项目符号和编号】按钮，在下拉列表中选择【以数字标记】选项，如图1-130所示。

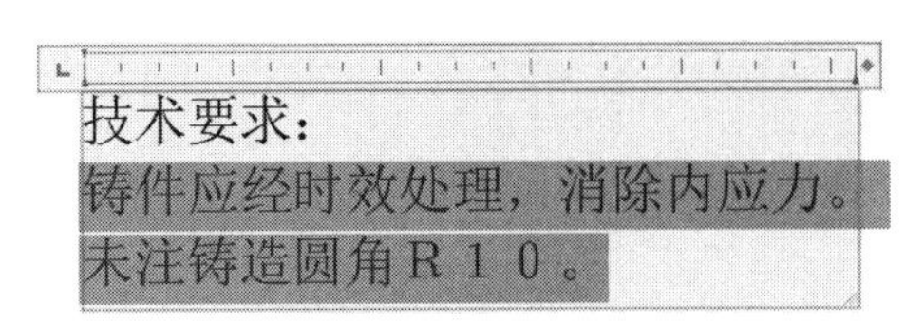

图1-129

图1-130

08_ 在文本框中可以预览到编号效果，如图1-131所示。

09_ 接着调整文字的对齐标尺，减少文字的缩进量，如图1-132所示。

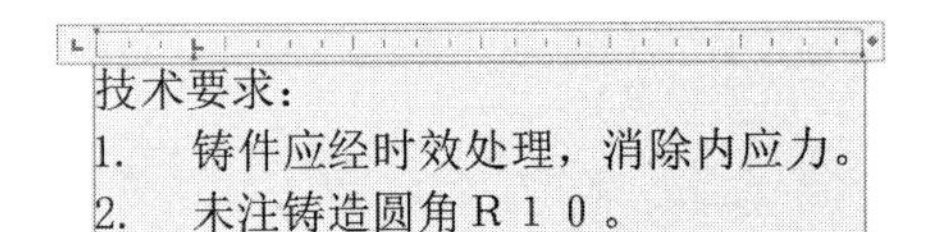

图1-131

技术要求：
1. 铸件应经时效处理，消除内应力。
2. 未注铸造圆角R10。

图1-132

10_ 按Ctrl+Enter组合键完成多行文字编号的创建，最终效果如图1-133所示。

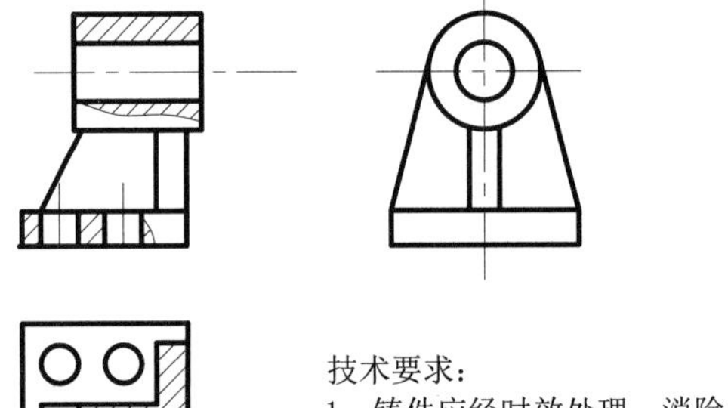

图1-133

实战024 DT——单行文字注释图形

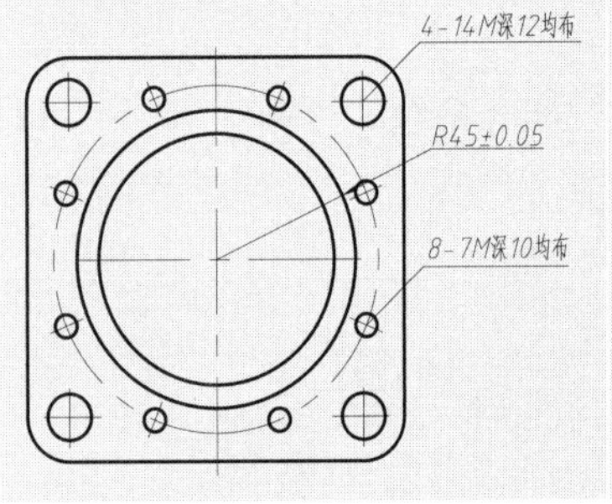

单行文字是将输入的文字以“行”为单位作为一个对象来处理。单行文字输入完成后，可以不退出命令，直接在另一个要输入文字的地方单击，同样会出现文字输入框。因此在创建内容比较简短的文字标注时，如图形标签、名称、时间等，使用单行文字标注的方法，可以大大节省时间。

难度：☆☆

及格时间：2′00″

优秀时间：1′00″

读者自评：/ / / / / /

01_ 打开“第1章/实例024单行文字注释图形.dwg”素材文件，如图1-134所示。

02_ 在命令行输入L执行【直线】命令，绘制文字注释的指示线，如图1-135所示。

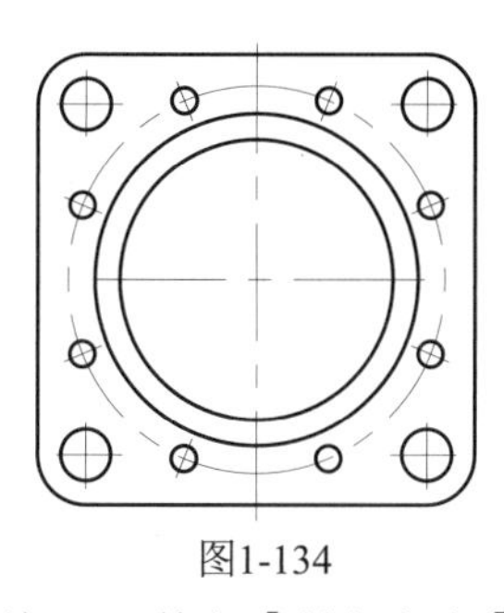

图1-134

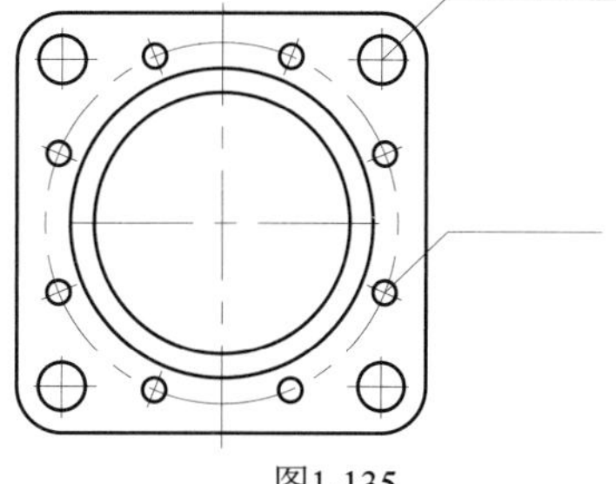

图1-135

03_ 在命令行输入DT执行【单行文字】命令，设置文字高度为8，标注单行文字注释对象，如图1-136所示。

04_ 在命令行输入DIMR执行【半径标注】命令，标注圆，然后双击半径数，改为“R45%%P0.05”，如图1-137所示。

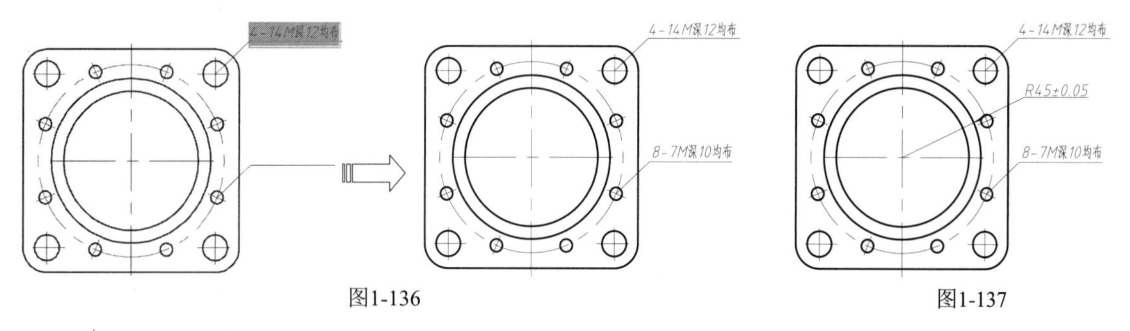

图1-136　　图1-137

1.3 编辑类

为了创建图形的更多细节特征以及提高绘图的效率，AutoCAD提供了许多编辑命令，如【镜像】【缩放】【修剪】等。本节讲解这些命令的使用方法，以进一步提高读者绘制复杂图形的能力。

实战025 B——创建图块标注粗糙度

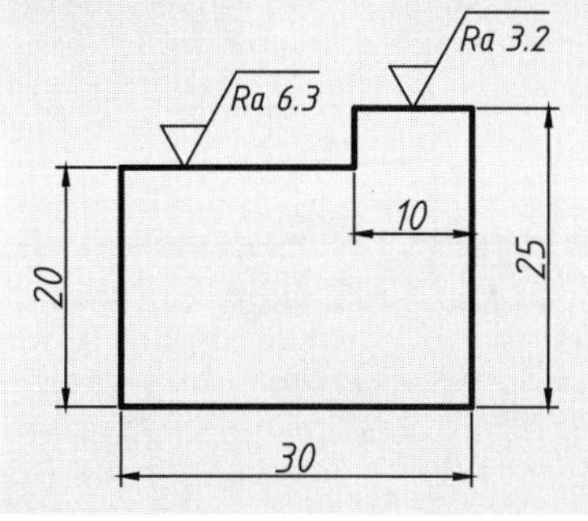

在绘制图形时，如果图形中有大量相同或相似的内容，或者所绘制的图形与已有的图形文件相同，可以把要重复绘制的图形创建成块（如粗糙度、基准符号、标高、风玫瑰等），并根据需要为块创建属性，指定块的名称、用途及设计者等信息。这样在需要时就可以直接插入它们，从而提高绘图效率。本例详细介绍创建粗糙度符号图块的过程。

难度：☆☆☆☆

及格时间：5′00″

优秀时间：2′50″

读者自评：/ / / / / /

01_ 在命令行输入L执行【直线】命令，绘制基础图形，如图1-138所示。

02_ 在命令行输入L执行【直线】命令，在空白处绘制粗糙度图形，如图1-139所示。

03_ 在命令行输入ATT，弹出【属性定义】对话框，设置标记为Ra3.2，提示为“粗糙度值”，默认为Ra6.3，单击【确定】按钮，如图1-140所示。

04_ 拖动光标，设置文字的范围在粗糙度图形的内部，如图1-141所示。

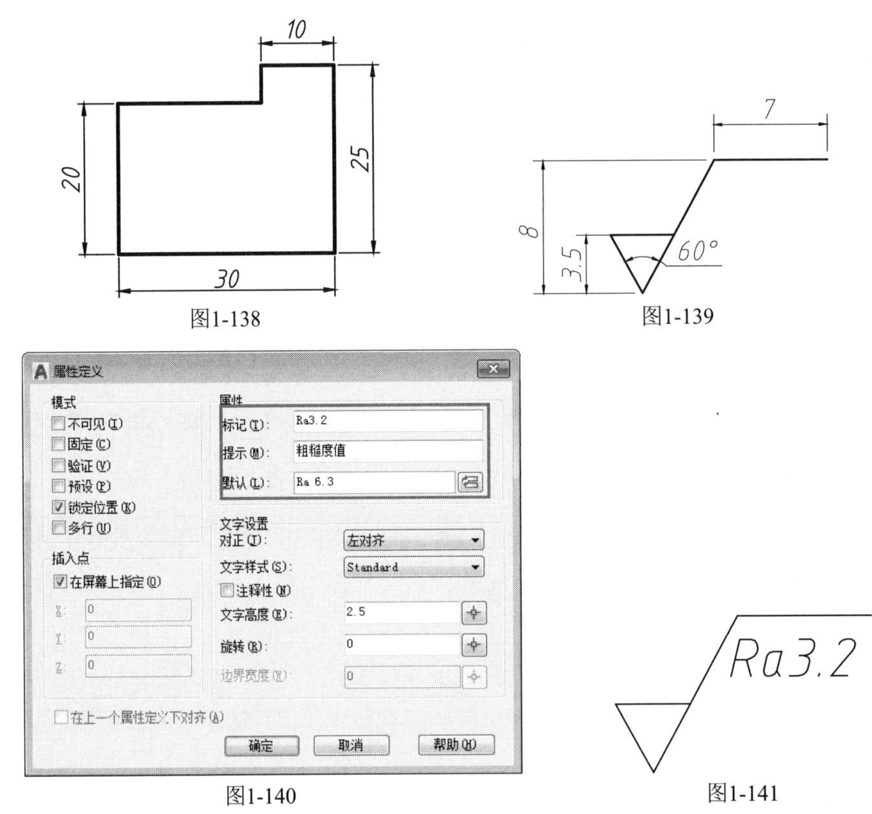

图1-138

图1-139

图1-140

图1-141

05_ 在命令行输入B执行【创建图块】命令，弹出【块定义】对话框，单击其中的【选择对象】按钮，接着选中粗糙度图形和其上文字，然后右击返回对话框；单击【拾取点】按钮，选中粗糙度图形下端点，然后右击，输入名称：粗糙度，如图1-142所示。

06_ 单击【块】面板中的【插入】按钮，如图1-143所示。

图1-142

图1-143

07_ 接着在【插入】列表中选择刚刚创建的【粗糙度】图块，移动到基础图形上单击，在弹出的【编辑属性】对话框中修改粗糙度值为6.3，如图1-144所示。

08_ 使用相同的方法，将【编辑属性】对话框中的粗糙度值设置为Ra3.2，如图1-145所示。

09_ 单击Enter键，最终图形如图1-146所示。

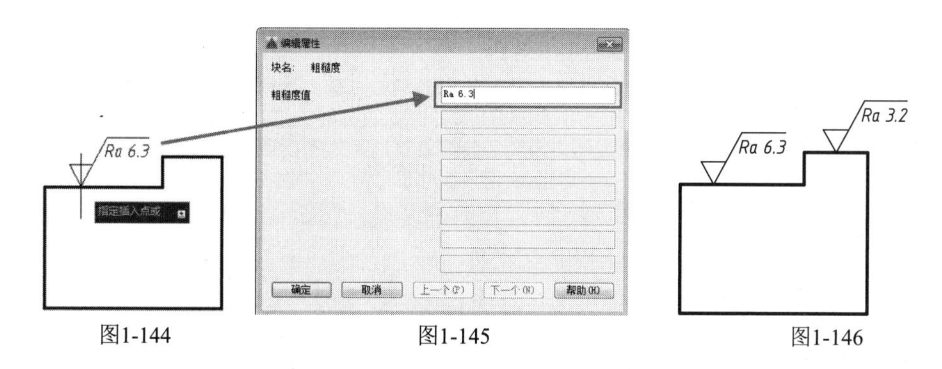

图1-144　　图1-145　　图1-146

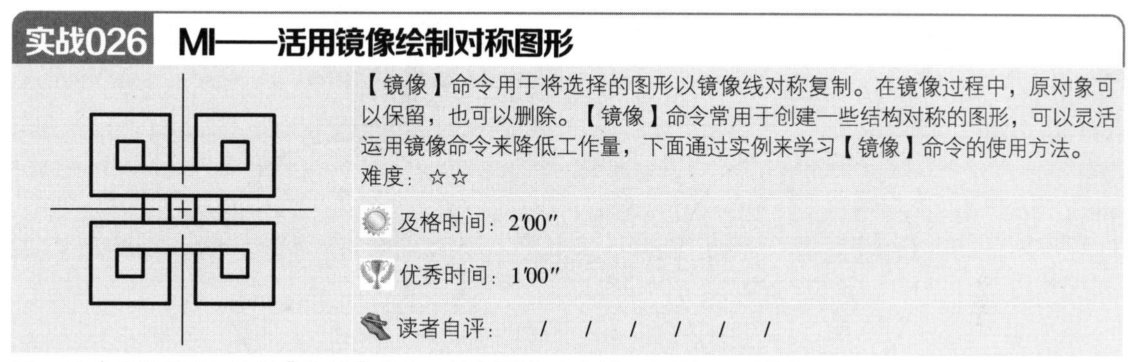

实战026 MI——活用镜像绘制对称图形

【镜像】命令用于将选择的图形以镜像线对称复制。在镜像过程中，原对象可以保留，也可以删除。【镜像】命令常用于创建一些结构对称的图形，可以灵活运用镜像命令来降低工作量，下面通过实例来学习【镜像】命令的使用方法。

难度：☆☆

及格时间：2′00″

优秀时间：1′00″

读者自评：/ / / / / /

01_ 在命令行输入L执行【直线】命令，绘制两条中心线，如图1-147所示。

02_ 在命令行输入O执行【偏移】命令，将水平中心线依次向上偏移5、10、10和10，如图1-148所示。

03_ 使用同样的方法把竖直中心线向左偏移5、10、10和10，如图1-149所示。

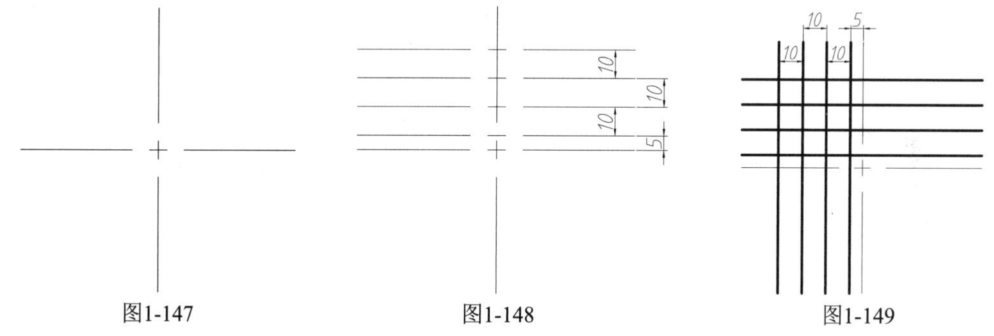

图1-147　　图1-148　　图1-149

04_ 在命令行输入TR执行【修剪】命令，右击空白处，然后对图形进行修剪，如图1-150所示。

05_ 单击【修改】面板中的【镜像】按钮，选择轮廓线图形，以竖直中心线为镜像线，镜像图形；使用同样的方法，以水平中心线为镜像线，进行第二次镜像，最终效果如图1-151所示。

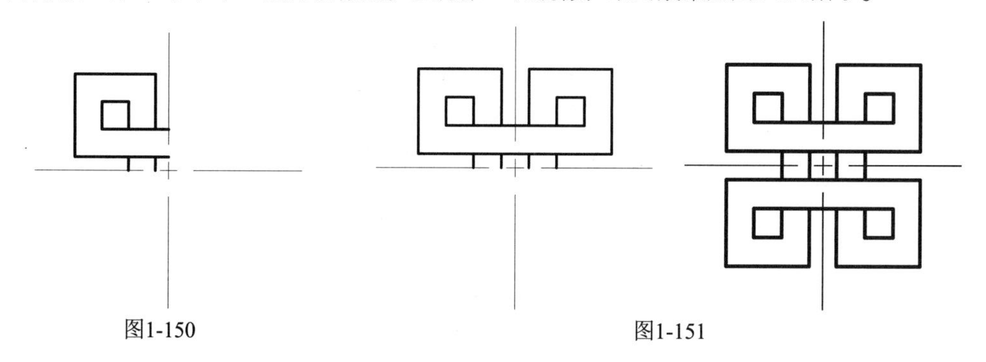

图1-150　　图1-151

实战027 SC——特殊大小的缩放操作

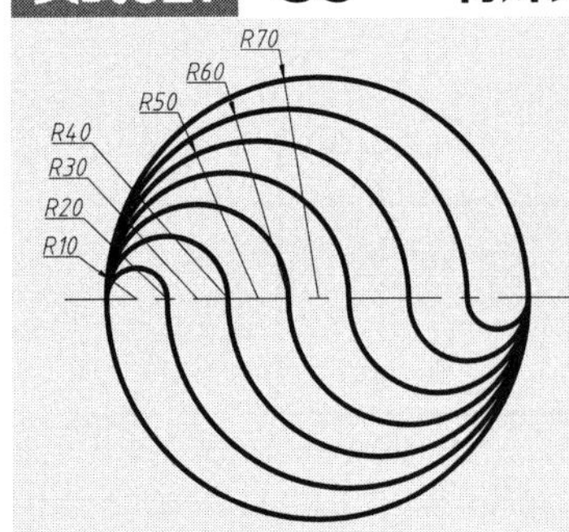

【缩放】是将已有的图形对象以基点为参照，进行等比缩放。在绘图时，遇到等比例关系的图形，可以直接运用缩放命令绘制图形，减少工作量。本例中的图形是一个经典绘图试题，如果使用常规思路通过绘制圆弧来求解，会非常麻烦，而使用【缩放】命令则要简单得多。

难度：☆☆☆

及格时间：2′00″

优秀时间：1′00″

读者自评： / / / / / /

01_ 在命令行输入L执行【直线】命令，在命令行输入C执行【圆】命令，快速绘制一条中心线和一个半径为70的圆，如图1-152所示。

02_ 绘制一个半径为10的半圆弧，与大圆内切，如图1-153所示。

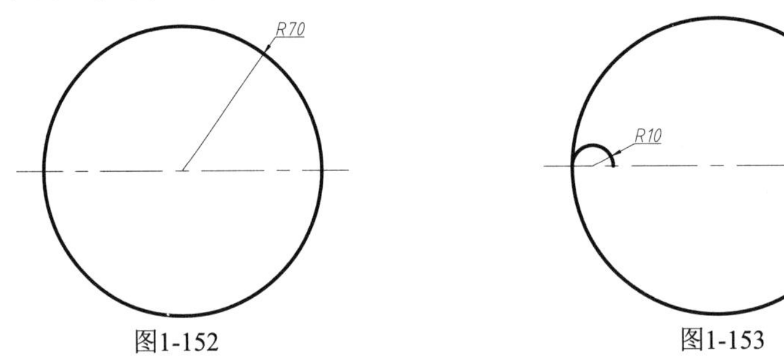

图1-152　　图1-153

03_ 在命令行输入SC执行【缩放】命令，选择半圆弧，选择点1为基点，接着在命令行输入C设置为复制、比例为2，确认放大图形。使用相同的方法放大半圆弧，比例依次为3、4、5和6，如图1-154所示。

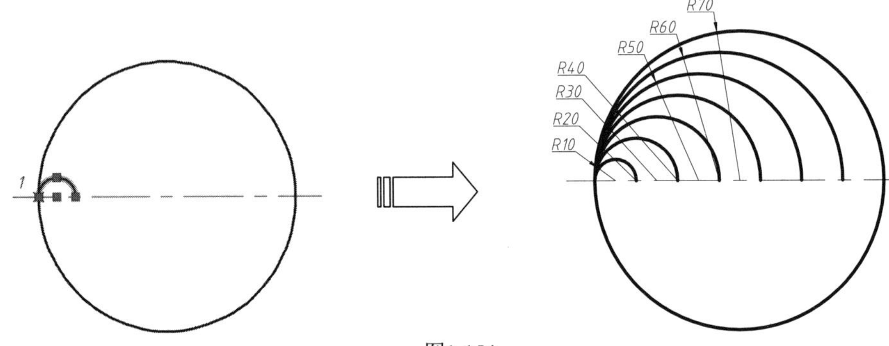

图1-154

04_ 同理绘制下半部分图形，最终效果如图1-155所示。

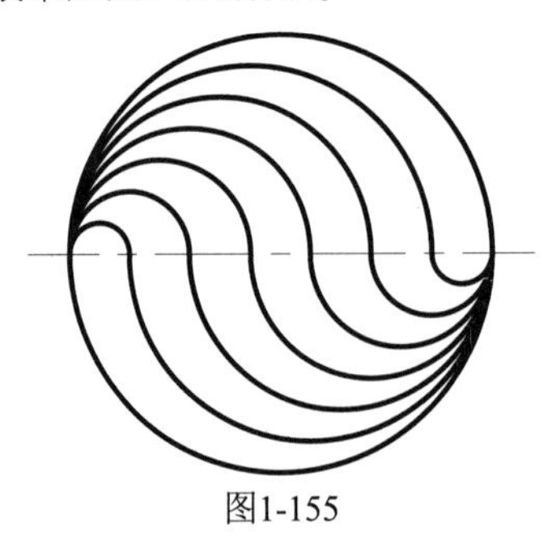

图1-155

实战028　TR——修剪的快速调用

【修剪】命令用于将指定的切割边去裁剪所选定的对象，切割边和被切割的对象可以是直线、圆弧、圆、多段线和样条曲线等。使用该工具时，需要首先选择修剪边界，修剪的对象必须与修剪边界相交，才可修剪。

难度：☆☆☆

及格时间：2′20″

优秀时间：1′10″

读者自评：/ / / / / /

01_ 在命令行输入C执行【圆】命令，绘制一个半径为35的圆，接着在命令行输入POL执行【正多边形】命令，设置侧面数为3，绘制内接于圆的正三角形，如图1-156所示。

02_ 在命令行输入ARC执行【圆弧】命令，依次选择点1、点2（圆心）和点3，如图1-157所示。

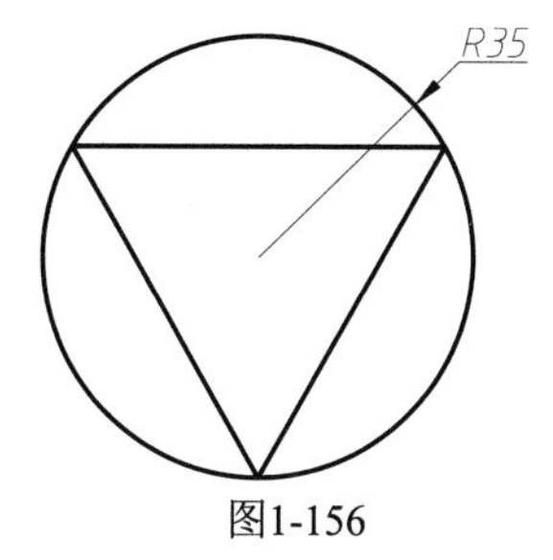

图1-156

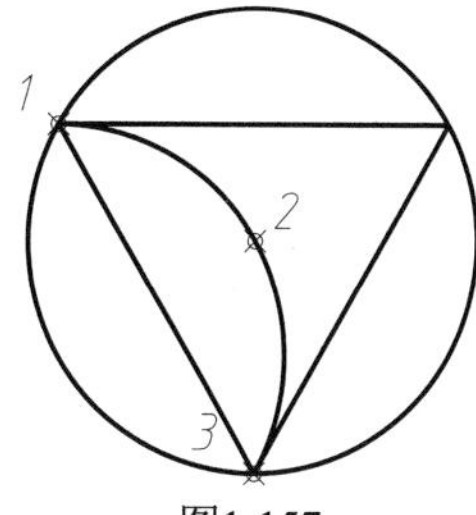

图1-157

03_ 使用相同的方法绘制圆弧，如图1-158所示。

04_ 在命令行输入POL执行【正多边形】命令，设置侧面数为3，绘制内接于圆的正三角形，如图1-159所示。

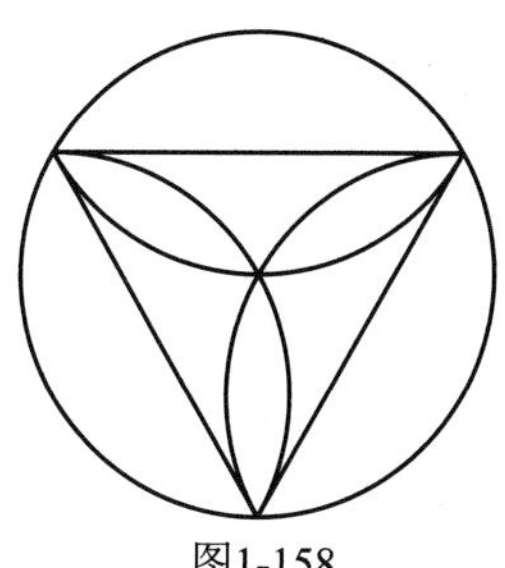

图1-158

图1-159

05_ 在命令行输入TR执行【修剪】命令，右击，将三角形中多余的线段删除，如图1-160所示。

06_ 在命令行输入ARC执行【圆弧】命令，依次选择点4、点2（圆心）和点5，如图1-161所示。

07_ 使用相同的方法绘制圆弧，最终效果如图1-162所示。

图1-160

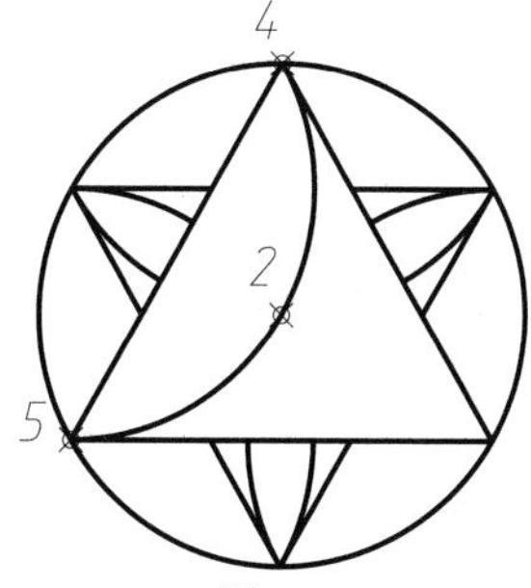

图1-161

图1-162

实战029 M——快速指定基点移动图形

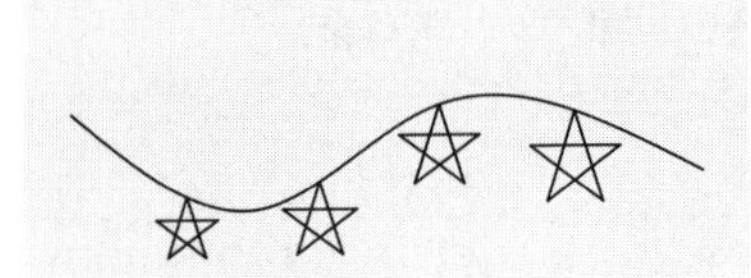

【移动】命令是将图形从一个位置平移到另一个位置，移动过程中图形大小、形状和角度都不会改变。【移动】命令操作需要确定平移对象、基点、起点和终点，多用于将错位的图形移动到正确位置，弥补错误，使其方便绘图。

难度：☆☆

及格时间：0′40″

优秀时间：0′20″

读者自评： / / / / / /

01_ 打开“第1章/实例029 快速指定基点移动图形.dwg”素材文件，如图1-163所示。

02_ 在命令行输入M执行【移动】命令，框选右端五角星，右击后选择基点为五角星顶点，移动到曲线点上，如图1-164所示。

图1-163　　图1-164

03_ 使用相同的方法移动图形，最后删除样式点，最终效果如图1-165所示。

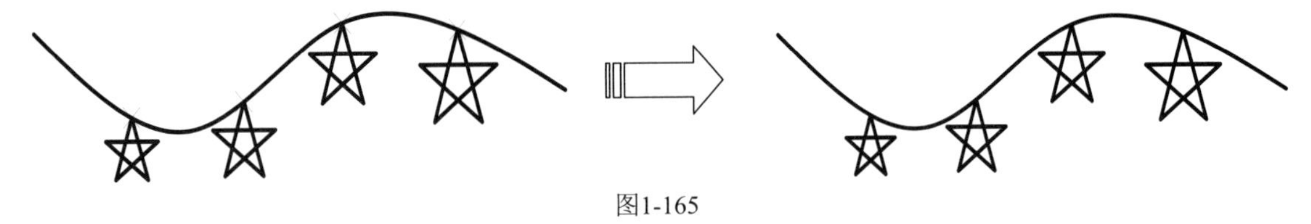

图1-165

实战030 CO——快速指定基点复制图形

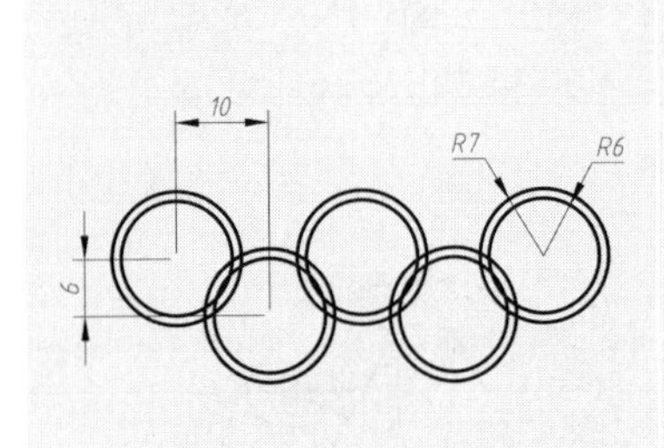

【复制】命令和【移动】命令类似，只不过它在平移图形的同时，会在源图形位置处创建一个副本，所以【复制】命令需要确定的参数仍然是平移对象、基点和终点。【复制】命令多用于有多个相同的对象时，通过复制快速得到多个相同的图形。

难度：☆☆

及格时间：1′40″

优秀时间：0′50″

读者自评： / / / / / /

01_ 在命令行输入C执行【圆】命令，绘制两个圆，其半径分别为6和7，如图1-166所示。

02_ 在命令行输入CO执行【复制】命令，选择两圆，然后选择基点为圆心，移动光标水平向右移动，移动距离为10，如图1-167所示。

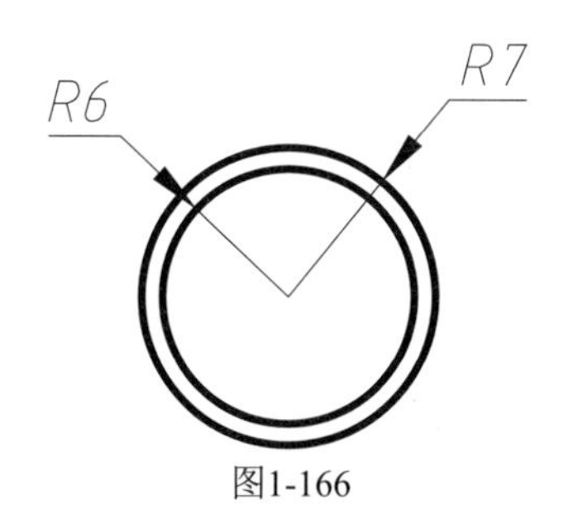

图1-166

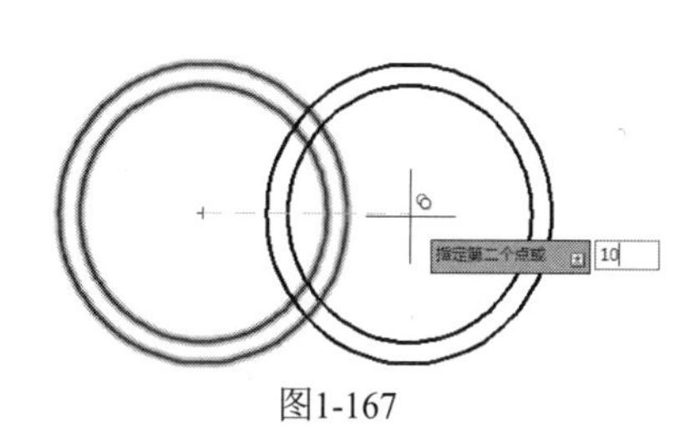

图1-167

03_ 继续使用相同的办法，复制左端的两圆，向右移动的距离分别为20、30和40，如图1-168所示。

04_ 在命令行输入M执行【移动】命令，选择中间相交的圆，然后选择圆心为基点，向下移动6，如图1-169所示。

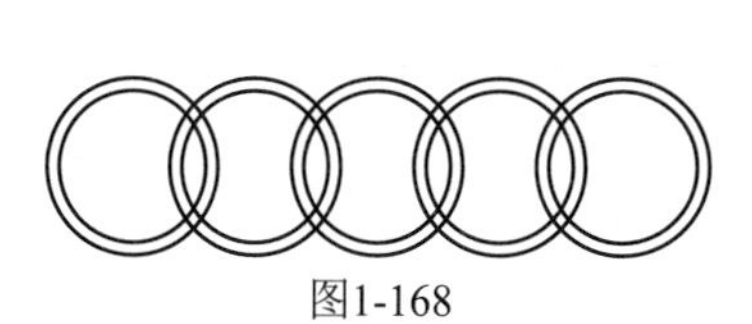

图1-168

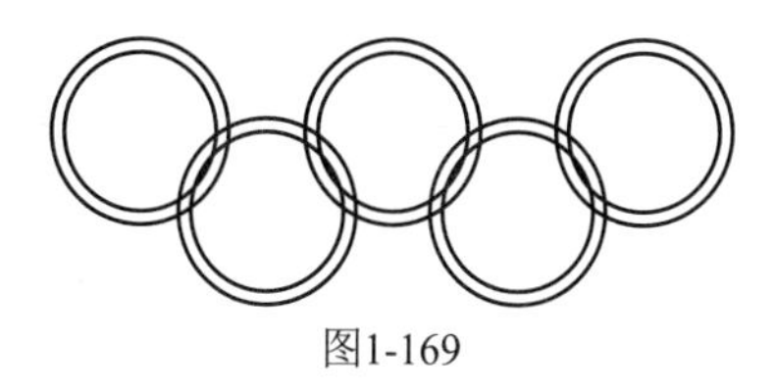

图1-169

实战031　O——用偏移创建平行对象

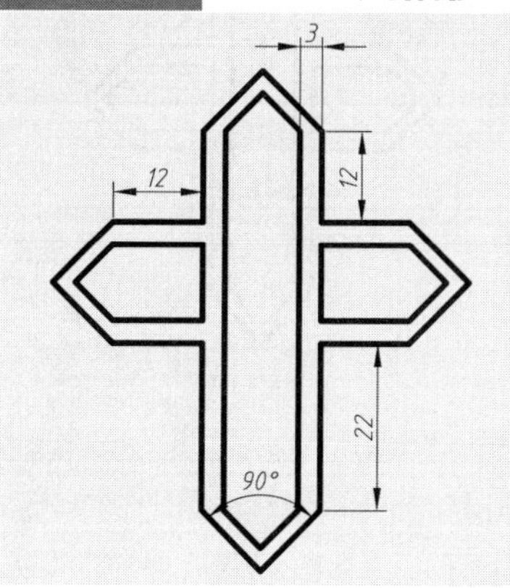

偏移是一种特殊的复制对象的方法，它是根据指定的距离或通过点，建立一个与所选对象平行的形体，从而使对象数量得到增加。灵活运用【偏移】能够快速生成等间距的、具有平行特性的对象，如平行直线、平行曲线、同心圆等。绘图上经常将【偏移】和【修剪】命令配合使用，很多时候只需用直线绘制基本的中心线，然后使用【偏移】和【修剪】命令就可以完成大部分复杂图形的绘制。

难度：☆☆

及格时间：4′00″

优秀时间：2′00″

读者自评：　/　/　/　/　/　/

01_ 在命令行输入L执行【直线】命令，绘制两条中心线，如图1-170所示。

02_ 在命令行输入O执行【偏移】命令，将竖直中心线向左偏移5、8和20；将水平中心线向上偏移5、8和20，向下偏移30，如图1-171所示。

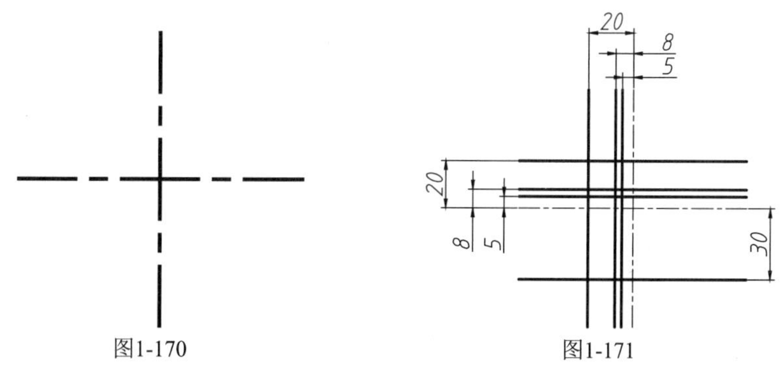

图1-170　　图1-171

03_ 在命令行输入L执行【直线】命令，选择细实线和粗实线的交点为起始点，拖动光标捕捉到与水平线成45°，端点分别交于水平和竖直中线，如图1-172所示。

04_ 在命令行输入E执行【删除】命令，在命令行输入TR执行【修剪】命令，将多余的线条修剪掉，如图1-173所示。

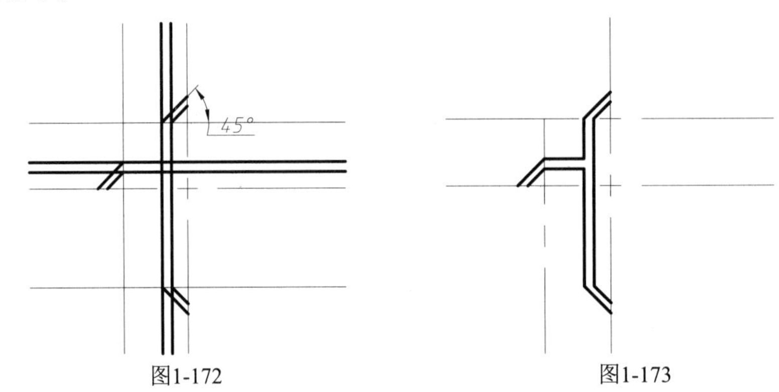

图1-172　　图1-173

05_ 在命令行输入MI执行【镜像】命令，选择镜像对象，镜像图形。第一次镜像线为水平中心线，第二次镜像线为竖直中心线，如图1-174所示。

06_ 在命令行输入E执行【删除】命令，在命令行输入TR执行【修剪】命令，将多余的线条修剪掉，如图1-175所示。

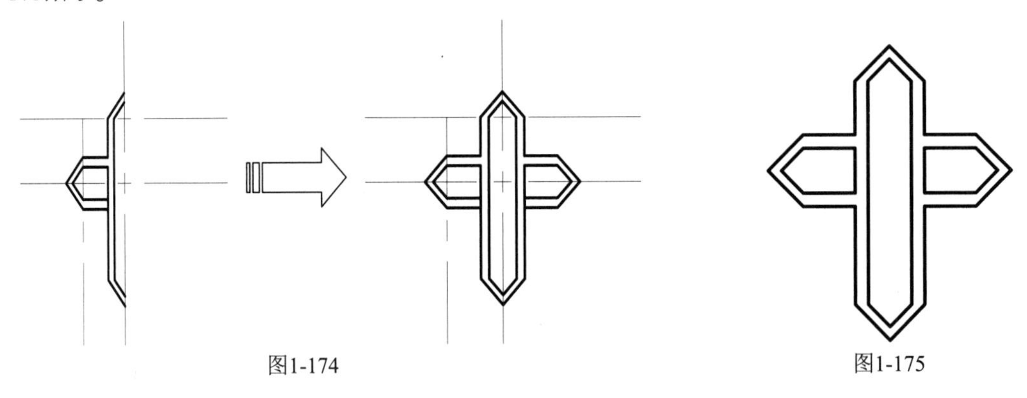

图1-174　　图1-175

实战032 RO——特殊角度的旋转操作

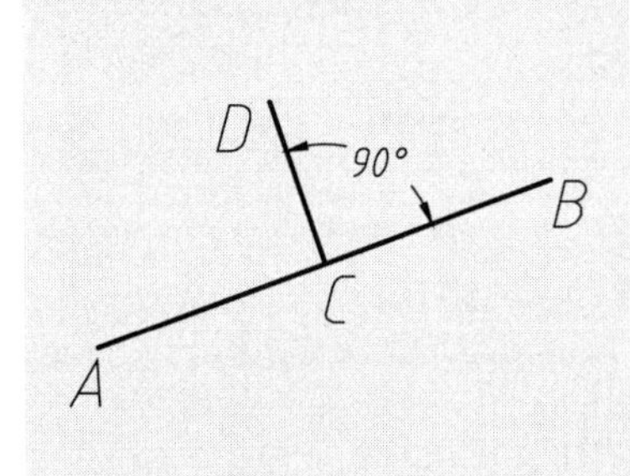

【旋转】命令是将图形对象围绕着一个固定的点（基点）旋转一定的角度。在命令执行过程中，需要确定的参数有旋转对象、基点位置和旋转角度。默认的旋转方向为逆时针方向，输入负的角度时则按顺时针方向旋转对象。如本例中要将直线CD修改为垂直于直线AB，就可以通过执行两次【旋转】命令来完成。

难度：☆☆

及格时间：2′00″

优秀时间：1′00″

读者自评：/ / / / / /

01_ 打开“第1章/实例032 特殊角度的旋转操作.dwg”素材文件，如图1-176所示，其中已绘制好了两条直线：AB、CD。

02_ 通过观察素材图形可知，直线AB与水平的夹角未知，所以不能直接通过输入角度的方法将直线CD旋转为直线AB的垂线，这时就可以先将直线CD旋转至AB重合的位置，然后再旋转90°，即可使得CD垂直于AB。

03_ 在命令行输入RO执行【旋转】命令，选择直线CD为旋转对象，指定点C为基点，然后在命令行输入R执行【参照】命令，再分别指定C、D两点为参照对象，直线CD便会随光标位置进行旋转，将其调整到与直线AB重合的位置，如图1-177所示。

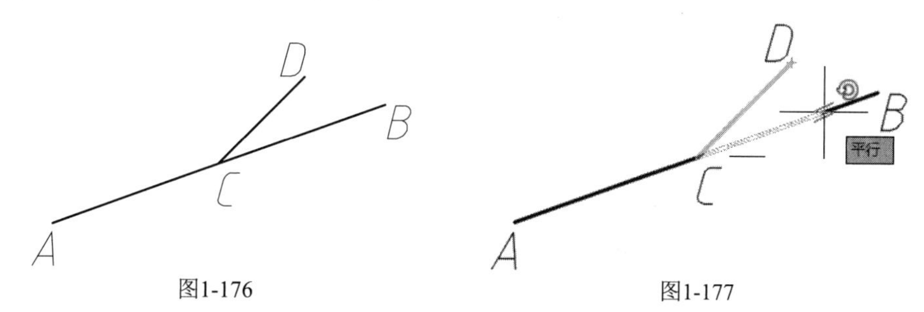

图1-176　　图1-177

04_ 此时直线CD已经与直线AB重合，再次执行【旋转】命令，即可通过输入角度值的方法将直线CD旋转至与直线AB成90°夹角的位置。

05_ 单击Enter键重复执行【旋转】命令，仍然选择直线CD为旋转对象、点C为基点，然后输入角度值90，即可使得CD垂直于AB，如图1-178所示。

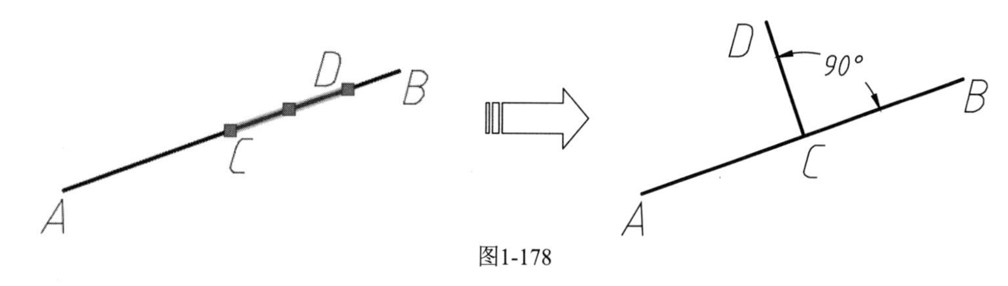

图1-178

实战033　E——灵活选择进行删除

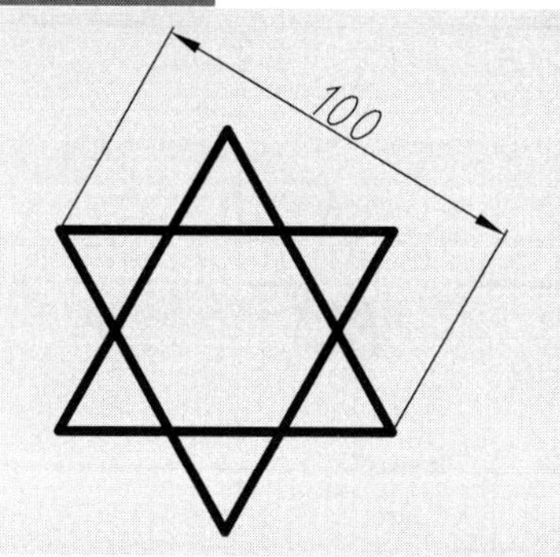

【删除】是最常用、也是使用频率最高的命令之一。在绘图过程中，常常需要绘制一些辅助线，然后需要用删除命令将辅助线删除。因此【删除】命令的使用关键便是快速调用和准确选择要删除的对象，尽量避免出现误删的情况。

难度：☆

及格时间：0′40″

优秀时间：0′20″

读者自评：/ / / / / /

01_ 在命令行输入C执行【圆】命令，在命令行输入POL执行【正多边形】命令，绘制一个半径为50的圆，一个内接于圆的正六边形，如图1-179所示。

02_ 在命令行输入L执行【直线】命令，连接各个端点，绘制成一个六角星，如图1-180所示。

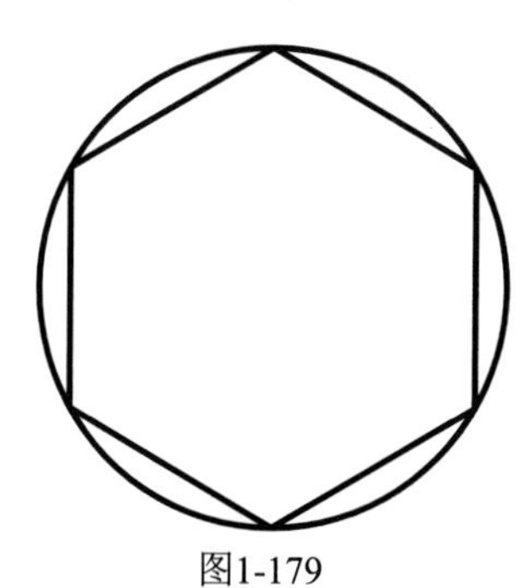

图1-179

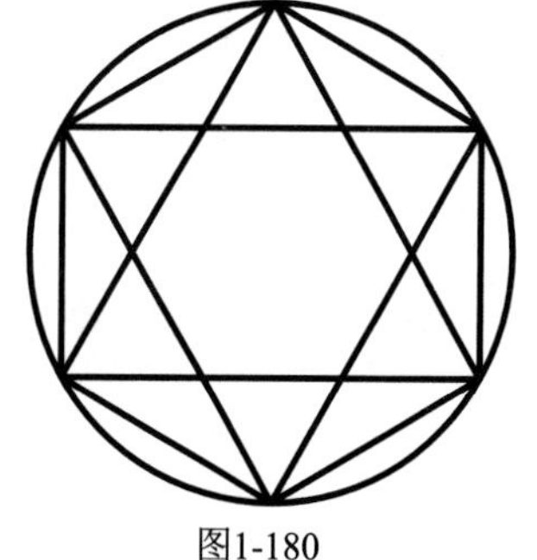

图1-180

03_ 在命令行输入E执行【删除】命令，选择作为辅助线的圆和六边形，然后右击删除图形，最终效果如图1-181所示。

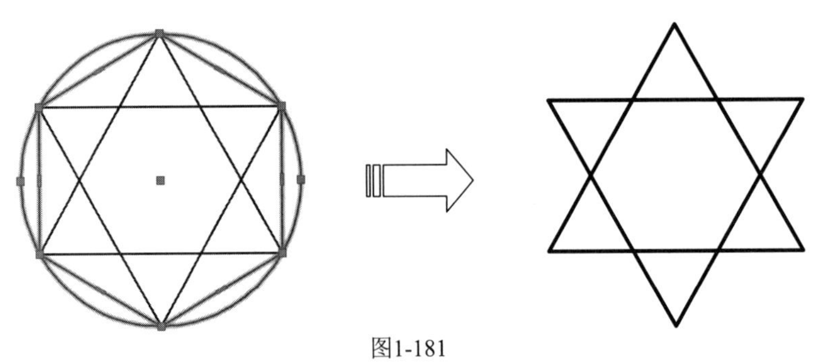

图1-181

实战034 EX——延伸的快速调用

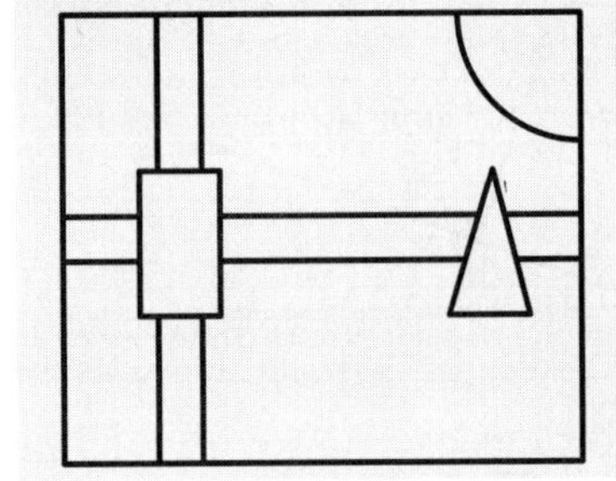

【延伸】命令是将没有和边界相交的部分延伸补齐。绘图过程中，需要设置的参数有延伸边界和延伸对象两类，可以根据延伸对象原有的属性进行延伸，也可根据边界的位置限定范围，本例就是结合这两种情况的很好案例。

难度：☆☆

及格时间：1′20″

优秀时间：0′40″

读者自评： / / / / / /

01_ 打开“第1章/实例034 延伸的快速调用.dwg”素材文件，如图1-182所示。

02_ 在命令行输入EX执行【延伸】命令，命令行提示选择延伸边界和延伸对象，如图1-183所示。

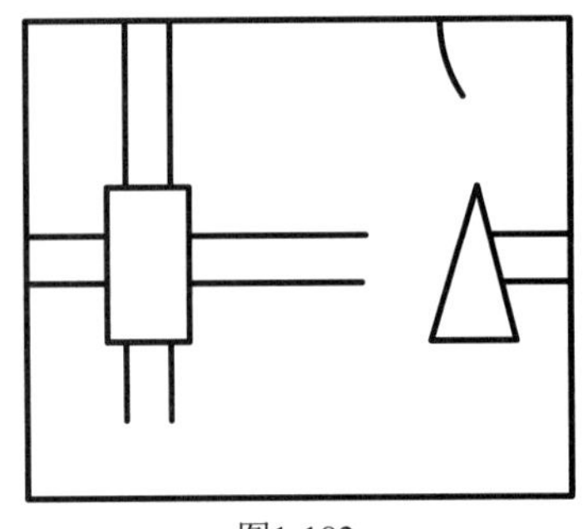

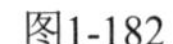

图1-182

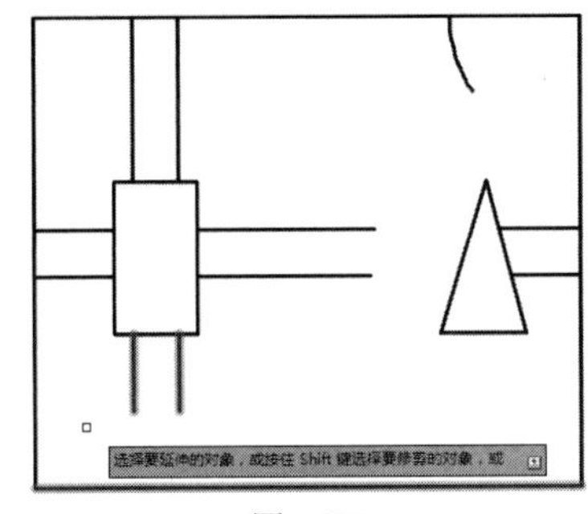

图1-183

03_ 在要延伸的对象上单击，继续使用相同的方法延伸水平未靠边的线段，如图1-184所示。

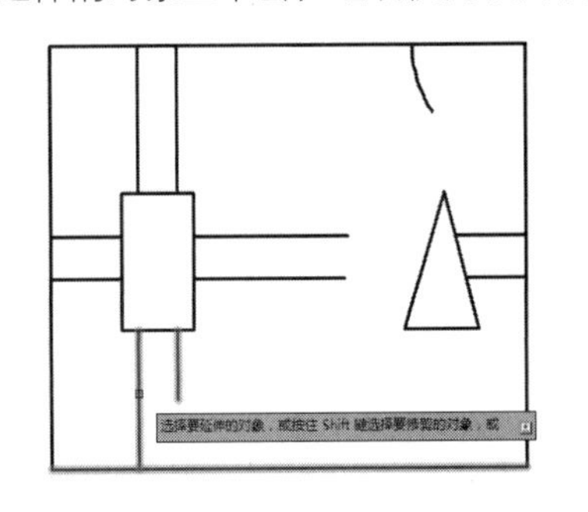

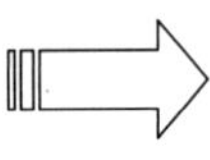

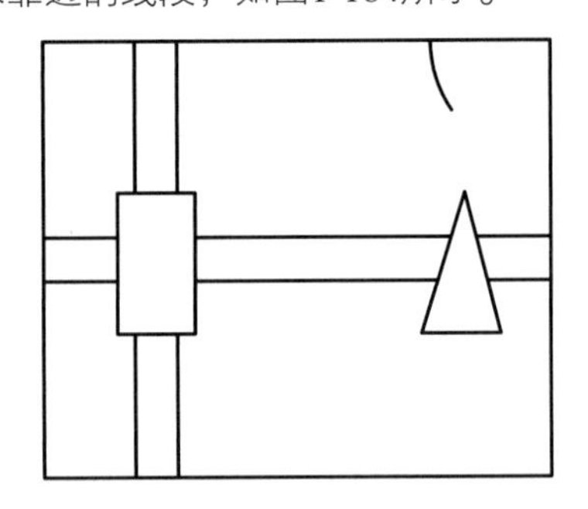

图1-184

04_ 同理可以延伸圆弧，在命令行输入EX执行【延伸】命令，选择延伸对象和延伸边界，选择好后右击确认，最后选择延伸圆弧，如图1-185所示。

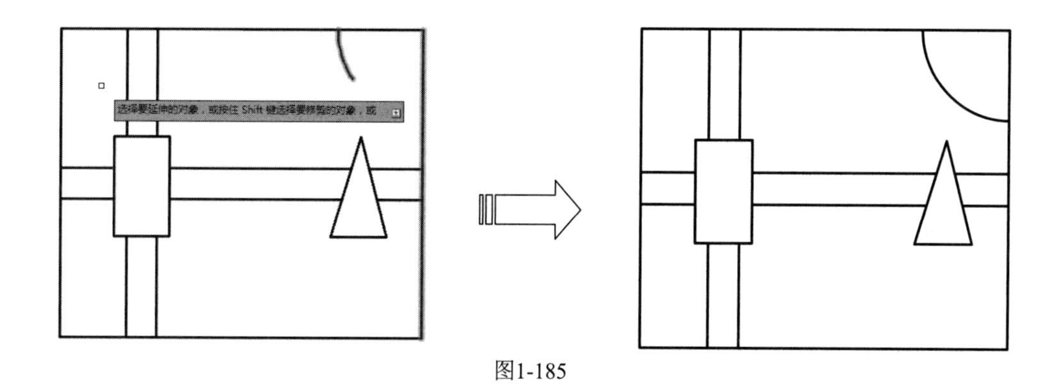

图1-185

实战035 BR——打断图形

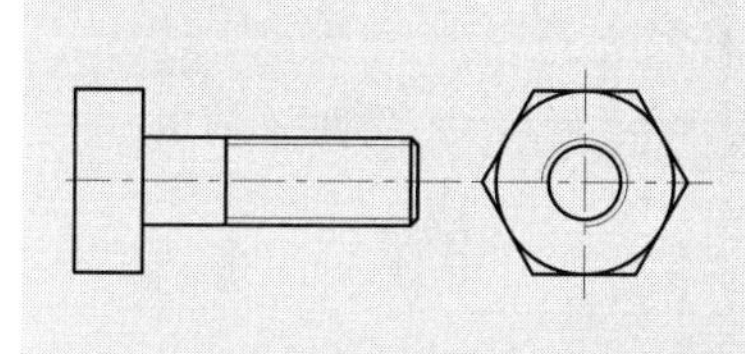

【打断】命令是在线条上创建两个打断点，以将线条断开。默认情况下，系统会以选择对象时的拾取点作为第一个打断点，但此方法往往不能精确选择坐标点，如果不希望以拾取点为第一个打断点，则可在命令行中选择【第一点】选项，重新指定第一个打断点，再指定第二个打断点。

难度：☆☆

及格时间：2′00″

优秀时间：1′00″

读者自评： / / / / / /

01_ 打开“第1章/实例035打断图形.dwg”素材文件，如图1-186所示。

02_ 在命令行输入BR执行【打断】命令，选择打断对象，然后输入F，依次选择点1、点2打断图形，如图1-187所示。

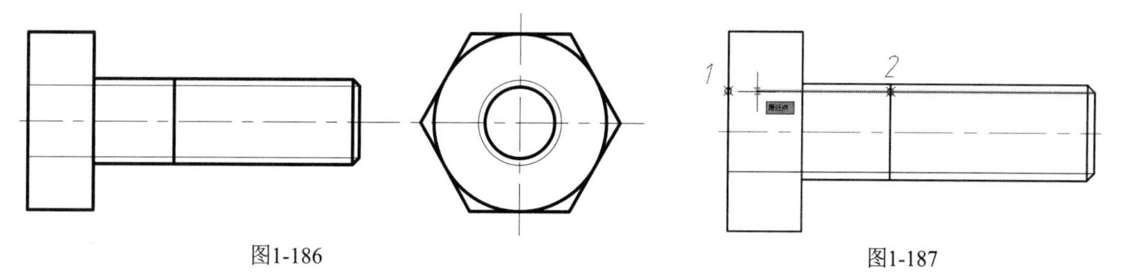

图1-186 图1-187

03_ 使用相同的方法编辑图形，编辑右视图时，打断点依次选择点3、点4，如图1-188所示。

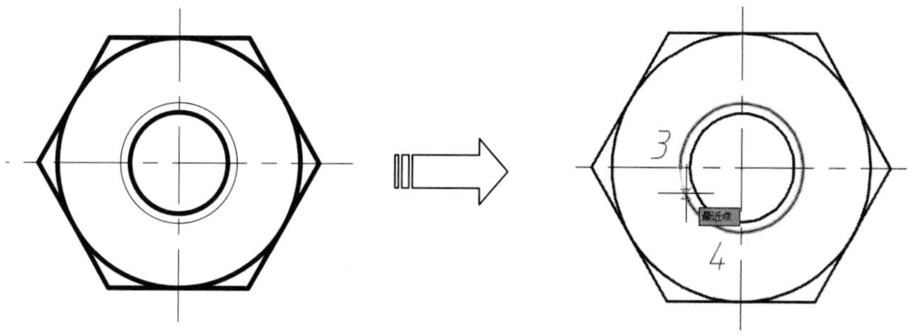

图1-188

操作技巧 **AutoCAD按逆时针方向，删除圆上第一点到第二点之间的部分。**

04_ 修改图形后，最终效果如图1-189所示。

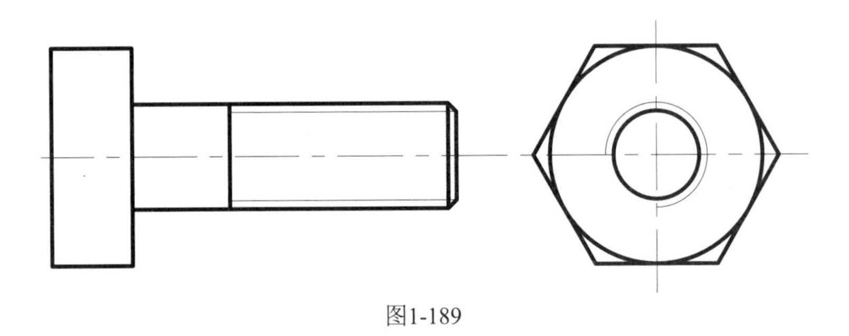

图1-189

实战036 S——拉伸图形

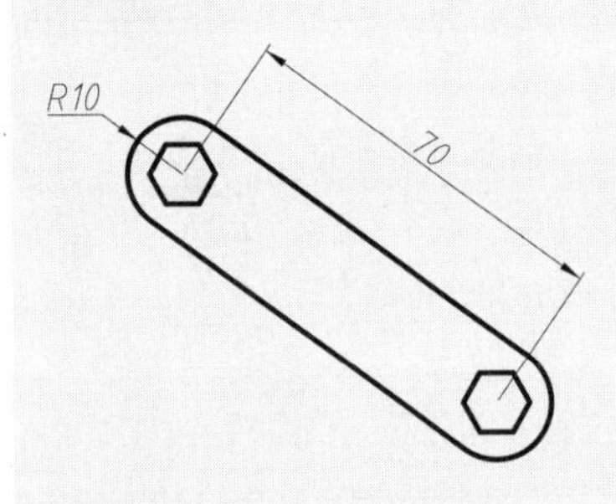

【拉伸】命令可将图形的一部分沿指定方向拉伸。执行该命令需要选择拉伸对象、拉伸基点和第二点（确定拉伸方向和距离）。【拉伸】命令的使用窍门是其拉伸基点可以不选择在对象上，在图形空白处任意指定一点，然后准确指定第二点，即可快速修改图形。

难度：☆☆

及格时间：1′00″

优秀时间：0′30″

读者自评：/ / / / / /

01_ 打开“第1章/实例036 拉伸图形.dwg”素材文件，如图1-190所示。

02_ 在命令行输入S执行【拉伸】命令，框选拉伸的对象，如图1-191所示。

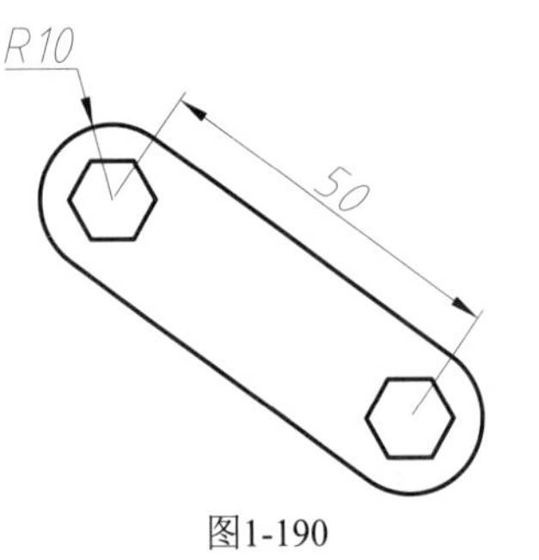

图1-190

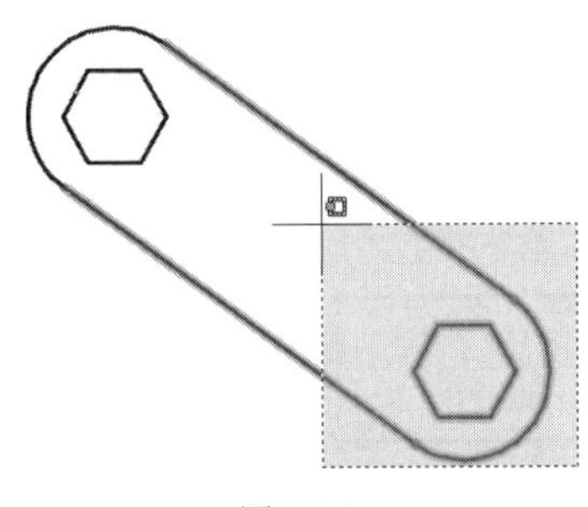

图1-191

03_ 右击确认拉伸对象，然后选择圆心为拉伸基点，输入拉伸距离为20，单击Enter键确认，拉伸效果如图1-192所示。

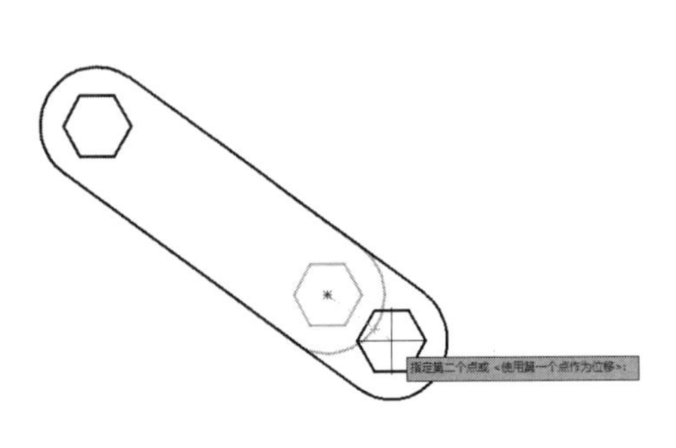

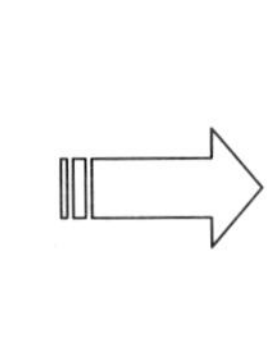

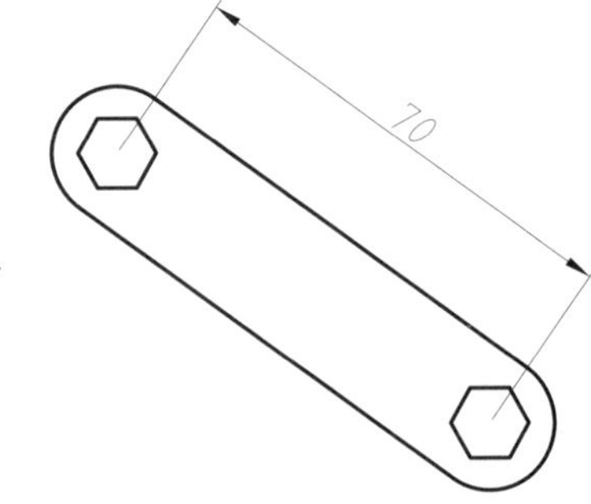

图1-192

拉伸遵循以下原则：①通过单击选择和窗口选择获得的拉伸对象将只被平移，不被拉伸。②通过交叉选择获得的拉伸对象，如果所有夹点都落入选择框内，图形将发生平移。③如果只

有部分夹点落入选择框，图形将沿拉伸位移拉伸。④如果没有夹点落入选择窗口，图形将保持不变。

实战037　H——填充图形

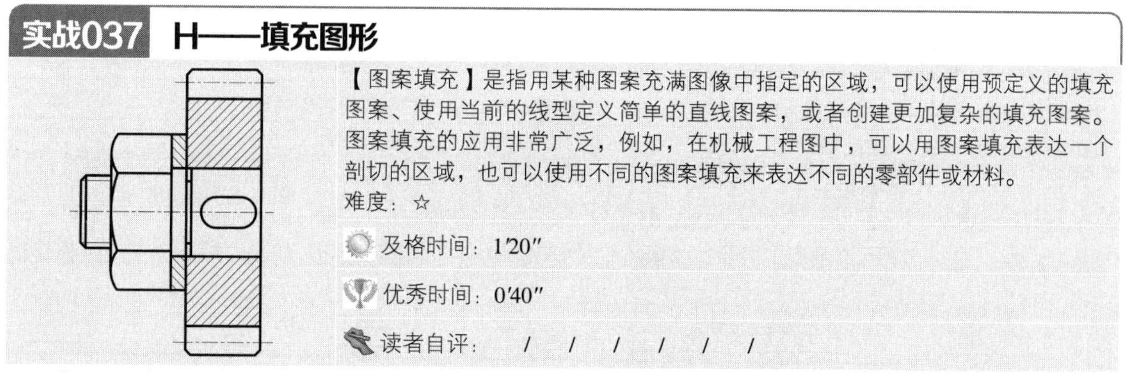

01_ 打开“第1章/实例037 填充图形.dwg”素材文件，如图1-193所示。

02_ 在命令行输入H执行【图案填充】命令，拾取填充区域内的一点并单击，如图1-194所示。

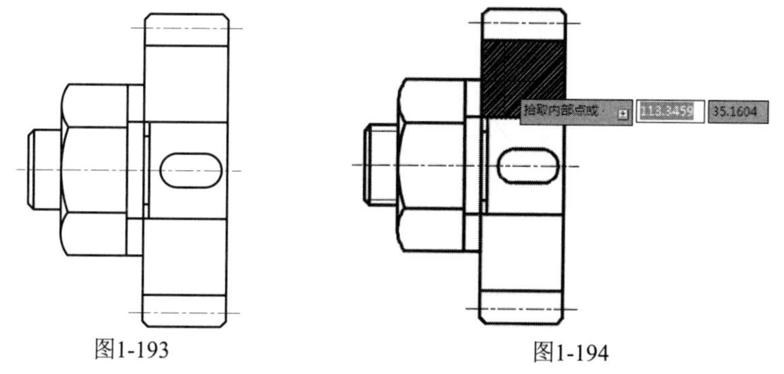

图1-193　　图1-194

03_ 在【图案填充创建】选项卡的【特性】面板中设置填充比例为10，如图1-195所示。

04_ 单击Enter键获得填充图形。使用相同的方法填充下面的区域，如图1-196所示。

05_ 在命令行输入H执行【填充】命令，在【图案填充创建】选项卡的【特性】面板中设置填充比例为10、角度为270°，单击Enter键获得填充图形，最终效果如图1-197所示。

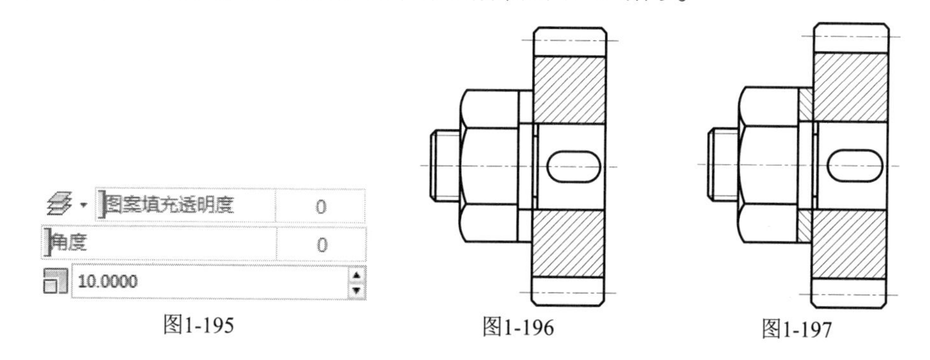

图1-195　　图1-196　　图1-197

同一个部件相隔的剖面或断面应使用相同的剖面线，而相邻部件的剖面线应用方向不同或间距不同的剖面线表示。

实战038 F——创建圆角

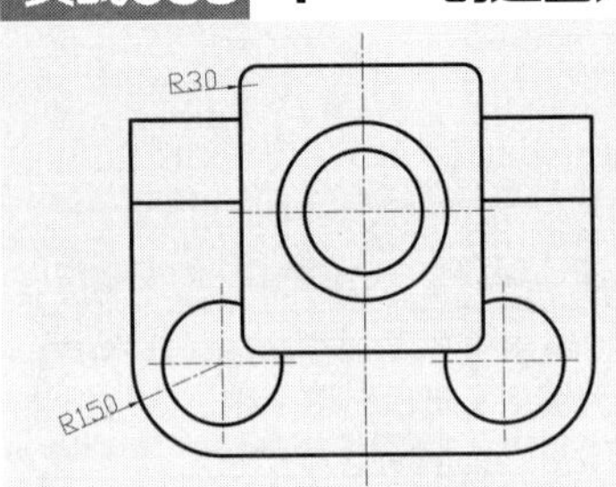

【圆角】命令是将两条相交的直线通过一个圆弧光滑地连接起来。【圆角】命令的使用分为两步，第一步确定圆角半径大小；第二步选定两条需要圆角的边。

难度：☆☆

及格时间：1′20″

优秀时间：0′40″

读者自评： / / / / / /

01_ 打开“第1章/实例038 创建圆角.dwg”素材文件，如图1-198所示。

02_ 在命令行输入F执行【圆角】命令，接着在命令行输入R并设置圆角半径为150，然后选择两条相交的直线，如图1-199所示。

03_ 使用相同的方法编辑右边的圆角，效果如图1-200所示。

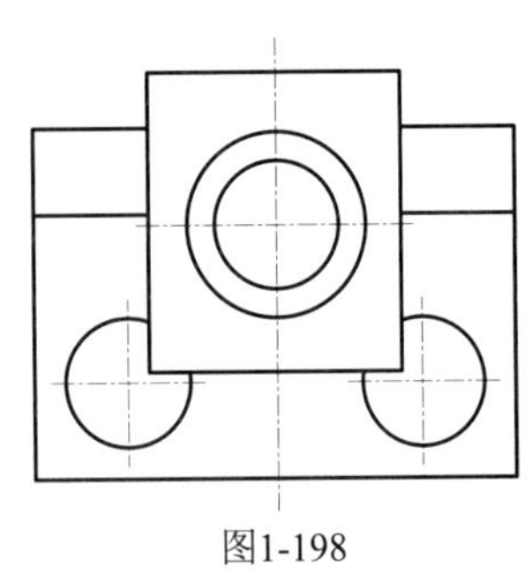
图1-198

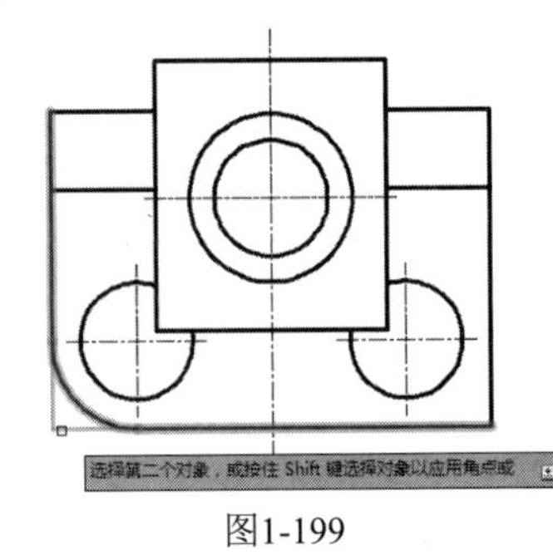

图1-199

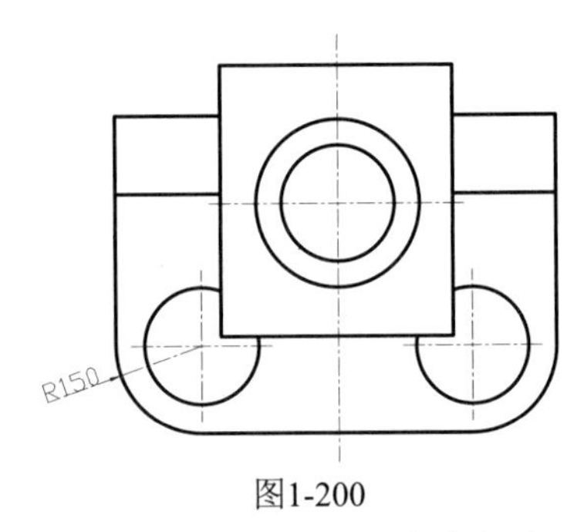

图1-200

04_ 使用相同的办法，在命令行输入F执行【圆角】命令，接着在命令行输入R并设置圆角半径为30，再在命令行输入M设置为多选，一次为多个对象设置圆角，如图1-201所示。

05_ 修改矩形的4个角为圆角，最终效果如图1-202所示。

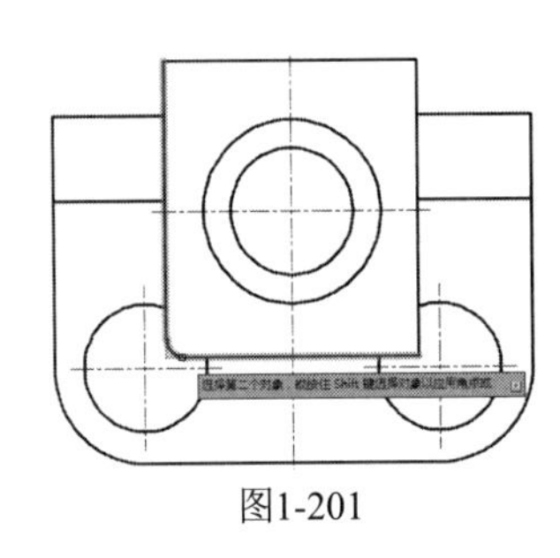
图1-201

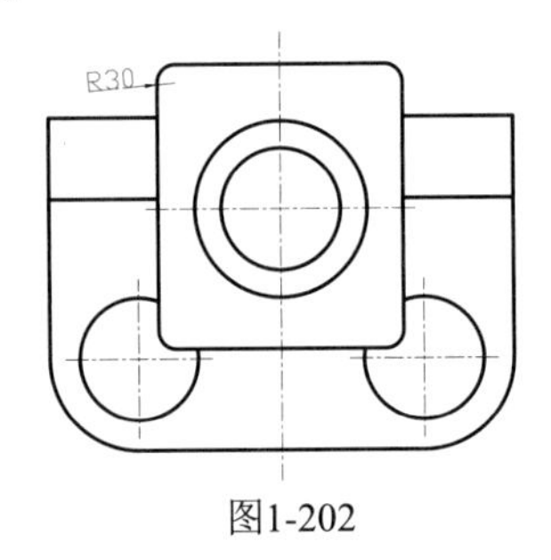

图1-202

实战039 CHA——创建倒角

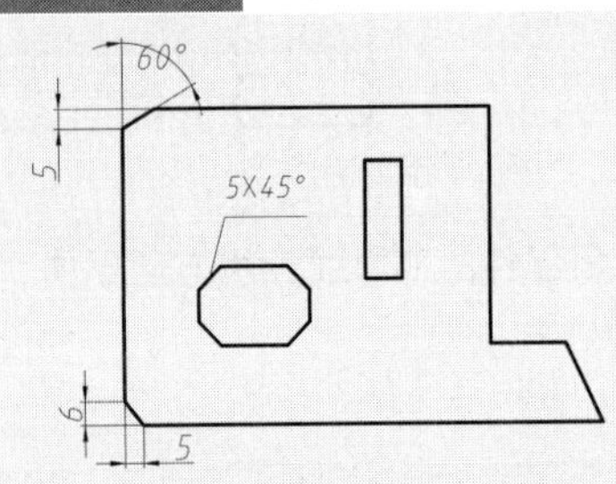

【倒角】命令与【圆角】命令相似，它是将两条相交的直线通过一个斜线连接起来。【倒角】命令的使用分为两步，第一步确定倒角大小或倒角距离与相关角度；第二步选定两条需要倒角的边。

难度：☆☆

及格时间：2′00″

优秀时间：1′00″

读者自评： / / / / / /

01_ 打开“第1章/实例039 创建倒角.dwg”素材文件，如图1-203所示。

02_ 在命令行输入CHA执行【倒角】命令，输入D设置距离，第一个倒角距离为5，第二个倒角距离为

6，然后依次选择直线1、直线2，如图1-204所示。

03_ 倒角后的效果如图1-205所示。

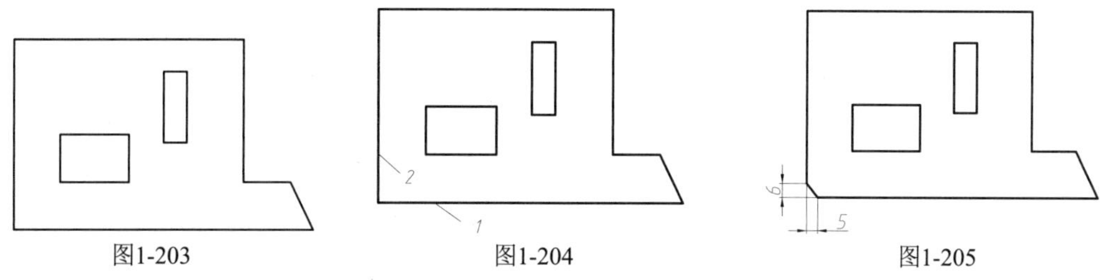

图1-203　　图1-204　　图1-205

04_ 在命令行输入CHA执行【倒角】命令，在命令行输入A设置角度，设置第一个倒角距离为5，角度为60°，然后依次选择直线2、直线3，如图1-206所示。

05_ 使用相同的方法，在命令行输入CHA执行【倒角】命令，在命令行输入D并设置第一个和第二个倒角的距离为5，然后在命令行输入M设置为多选，一次为多个对象设置倒角，最终效果如图1-207所示。

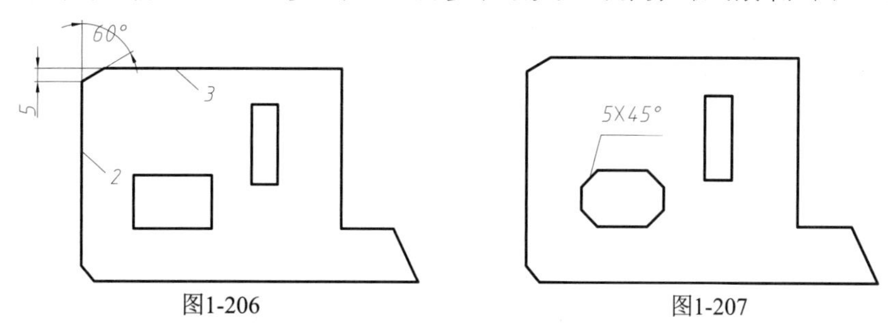

图1-206　　图1-207

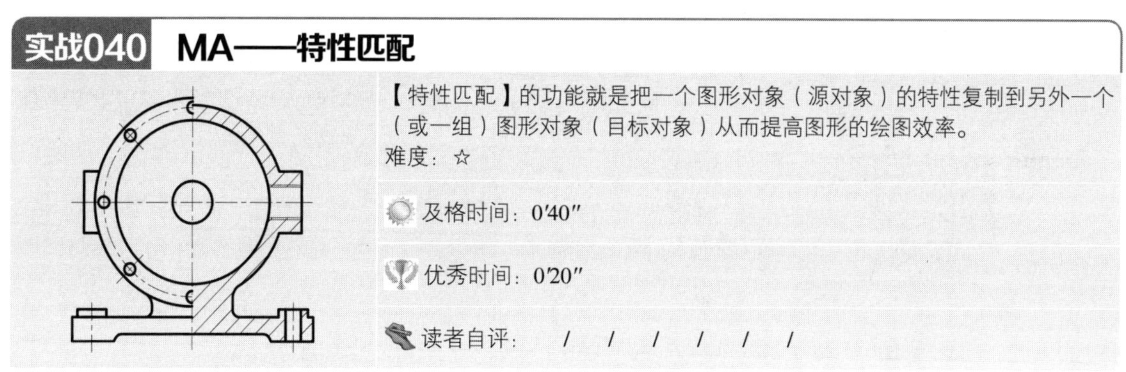

实战040　MA——特性匹配

【特性匹配】的功能就是把一个图形对象（源对象）的特性复制到另外一个（或一组）图形对象（目标对象）从而提高图形的绘图效率。

难度：☆

及格时间：0′40″

优秀时间：0′20″

读者自评：　/　/　/　/　/　/

01_ 打开“第1章/实例040 特性匹配.dwg”素材文件，如图1-208所示。

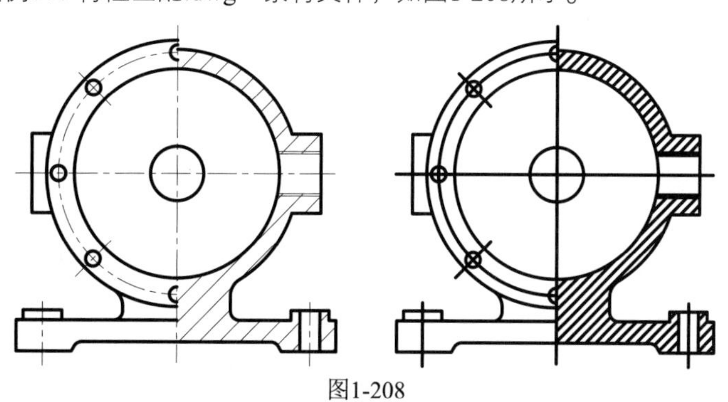

图1-208

02_ 在命令行输入MA执行【特性匹配】命令，选择左侧填充图案为源对象，然后选择右侧填充图案为目标对象，如图1-209所示。

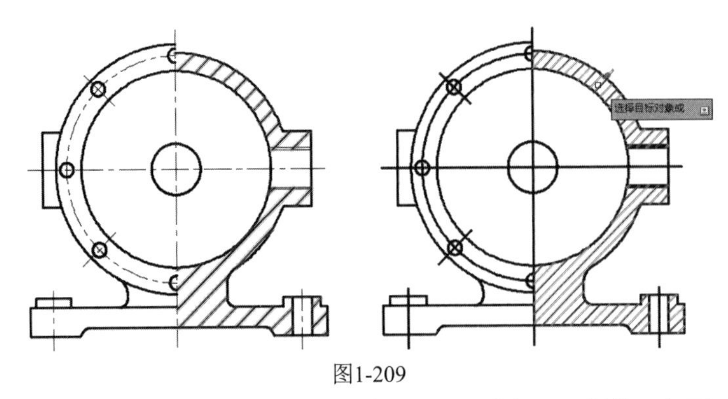

图1-209

03_ 使用相同的方法，将右侧图形与左侧图形不同的地方一一进行匹配操作，如图1-210所示。

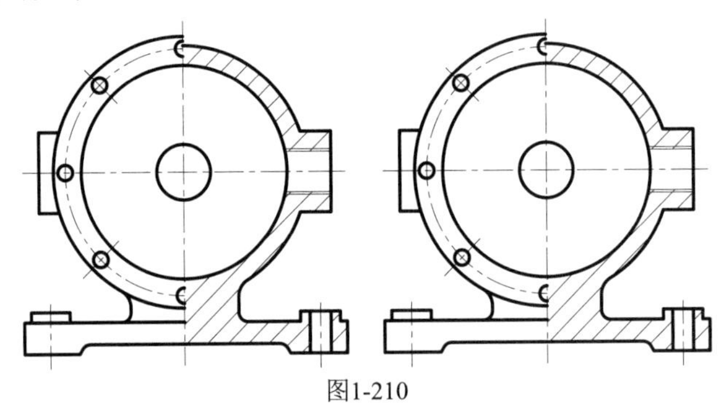

图1-210

实战041 J——将零散线条合并为整线

【合并】命令用于将独立的图形对象合并为一个整体。它可以将多个对象进行合并，包括圆弧、椭圆弧、直线、多线段、样条曲线等。如本例中的图形，如果不先合并就直接操作的话，就会走许多弯路。

难度：☆

及格时间：1′00″

优秀时间：0′30″

读者自评： / / / / / /

01_ 打开“第1章/实例041 将零散线条合并为整线.dwg”素材文件，如图1-211所示。

02_ 在命令行输入J执行【合并】命令，选择五角星的线段，然后右击使之成为整线，如图1-212所示。

03_ 在命令行输入O执行【偏移】命令，把合并后的五角星分别向外和向内偏移10，如图1-213所示。

图1-211

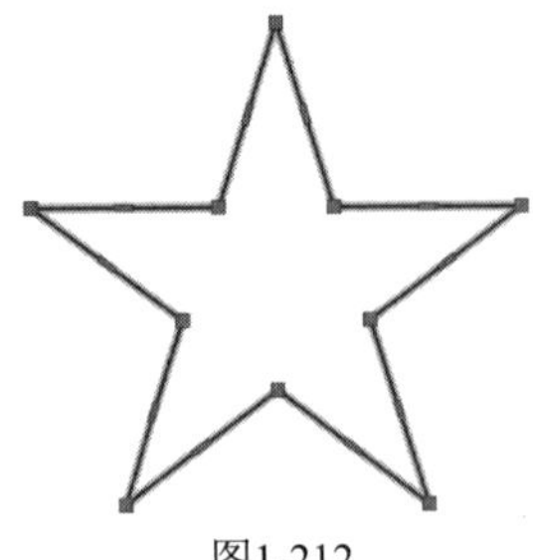

图1-212

图1-213

实战042　X——分解图形进行快速编辑

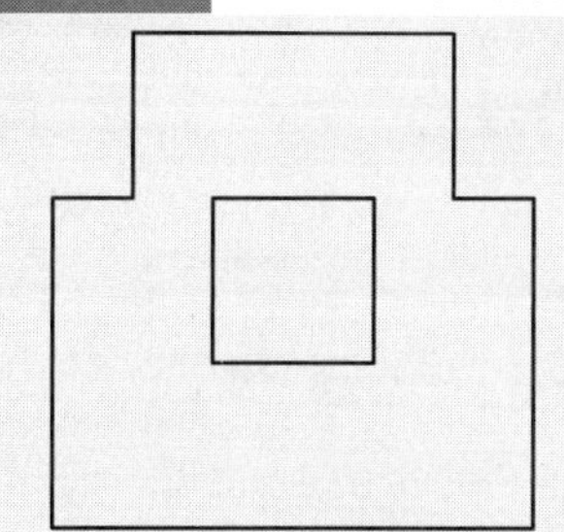

对于由多个对象组成的组合对象，例如矩形、多边形、多段线、块、阵列等，如果需要对其中的单个对象进行编辑操作，就需要使【分解】命令将这些对象分解成单个的图形对象，然后再使用编辑工具进行编辑。

难度：☆

及格时间：0'20"

优秀时间：0'10"

读者自评：/ / / / / /

01_ 打开“第1章/实例042 分解图形进行快速编辑.dwg”素材文件，如图1-214所示。

02_ 图形由3个完整的矩形组成，不能进行修剪，在命令行输入X执行【分解】命令，选择矩形后右击进行分解，如图1-215所示。

03_ 在命令行输入TR执行【修剪】命令，将多余的线段修剪删除，如图1-216所示。

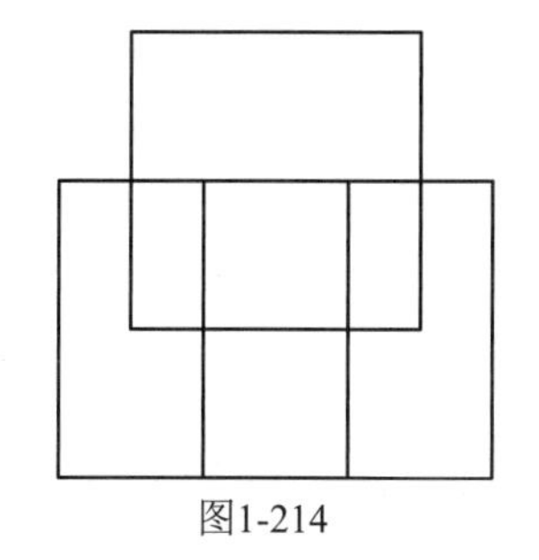

图1-214

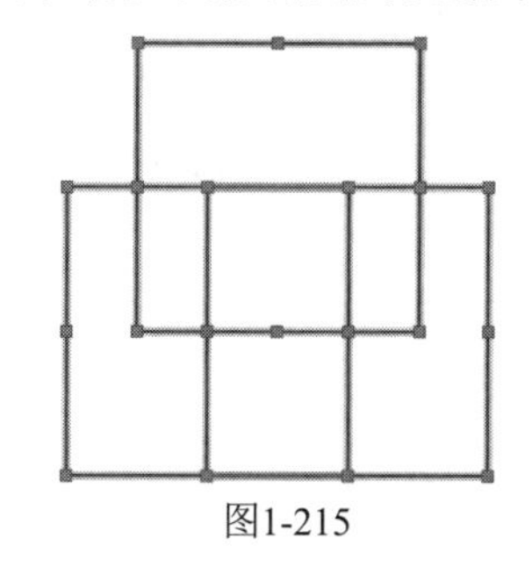

图1-215

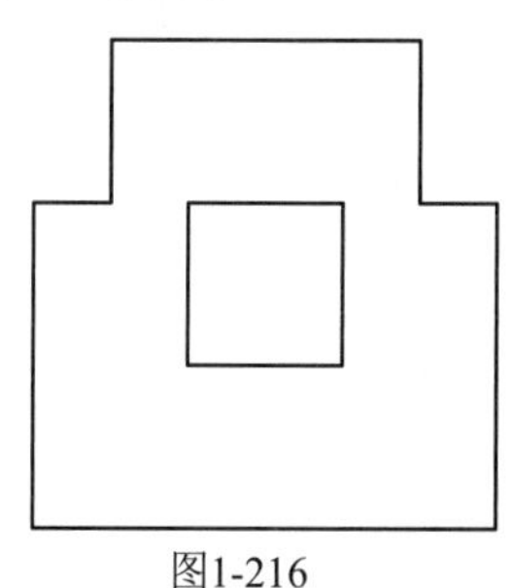

图1-216

实战043　LEN——拉长线段快速得到中心线

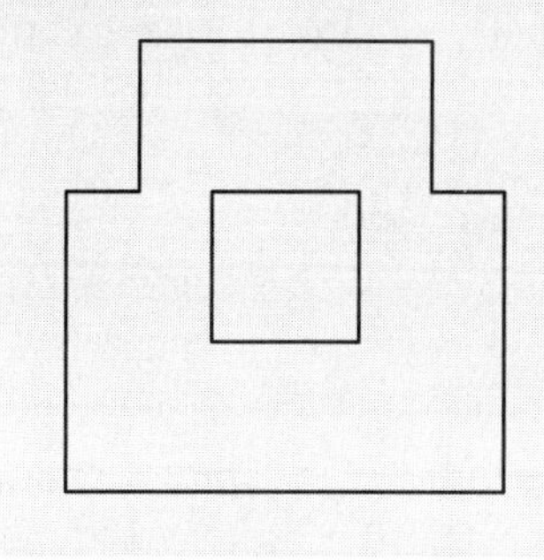

【拉长】命令可以改变原图形的长度，把原图形变长或缩短。通过指定一个长度增量、角度增量（对于圆弧）、总长度来进行修改。大部分图形（如圆、矩形）均需要绘制中心线，而在绘制中心线的时候，通常需要将中心线延长至图形外，且伸出长度相等。如果一根根去拉伸中心线的话，就略显麻烦，这时就可以使用【拉长】命令来快速延伸中心线，使其符合设计规范。

难度：☆☆

及格时间：0'20"

优秀时间：0'10"

读者自评：/ / / / / /

01_ 打开“第1章/实战043 拉长线段快速得到中心线.dwg”素材文件，如图1-217所示。

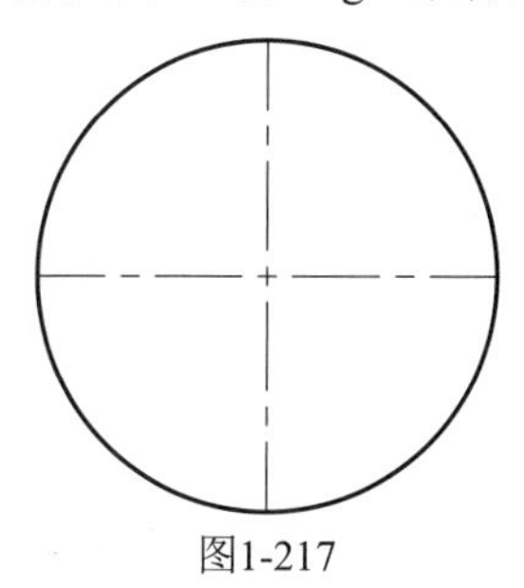

图1-217

02_ 在命令行输入LEN执行【拉长】命令。

03_ 在2条中心线的各个端点处单击，向外拉长3个单位，如图1-218所示。命令行操作如下。

```
命令: len  lengthen
选择对象或 [增量(DE)/百分数(P)/全部(T)/动态(DY)]:DE↙ //选择“增量”选项
输入长度增量或 [角度(A)] <0.5000>: 3↙              //输入每次拉长增量
选择要修改的对象或 [放弃(U)]:
选择要修改的对象或 [放弃(U)]:
选择要修改的对象或 [放弃(U)]:
选择要修改的对象或 [放弃(U)]:                       //依次在两中心线4个端点附近单击，完成拉长
选择要修改的对象或 [放弃(U)]: ↙                    //单击Enter键结束拉长命令
```

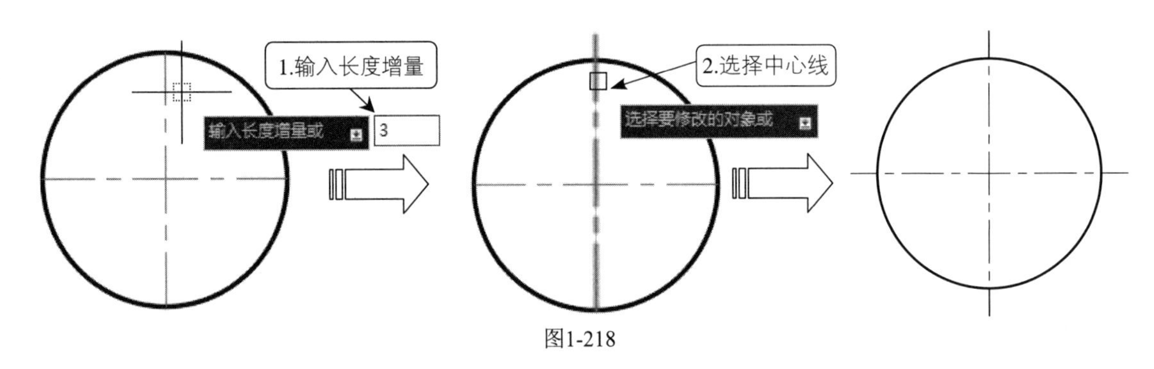

图1-218

实战044 AL——快速对齐二维图形

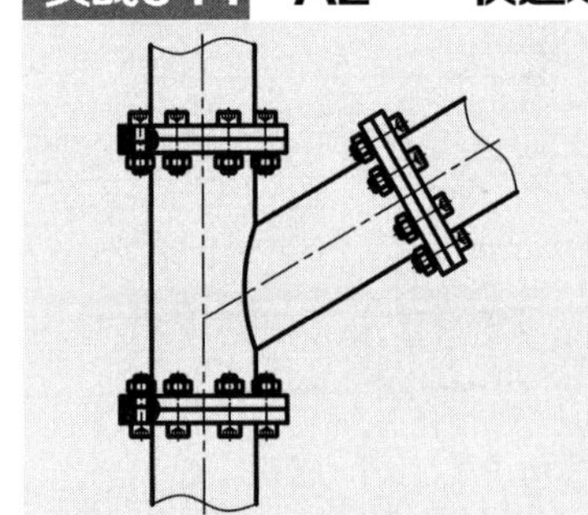

在AutoCAD中，经常需要对已经绘制好的图形进行移动。除了前面已经介绍过的【移动】命令之外，还可以通过【对齐】命令来达到更为灵活的操作效果（如两目标对象之间大小不一致，在移动过程中会进行缩放）。

难度：☆☆

及格时间：0'20"

优秀时间：0'10"

读者自评： / / / / / /

01_ 打开“第1章/实战044 快速对齐二维图形.dwg”素材文件，其中已经绘制好了一三通管和装配管，但图形比例不一致，如图1-219所示。

02_ 在命令行输入AL执行【对齐】命令。

03_ 选择整个装配管图形，然后根据三通管和装配管的对接方式，如图1-220所示，分别指定对应的两对对齐点（1对应2、3对应4）。

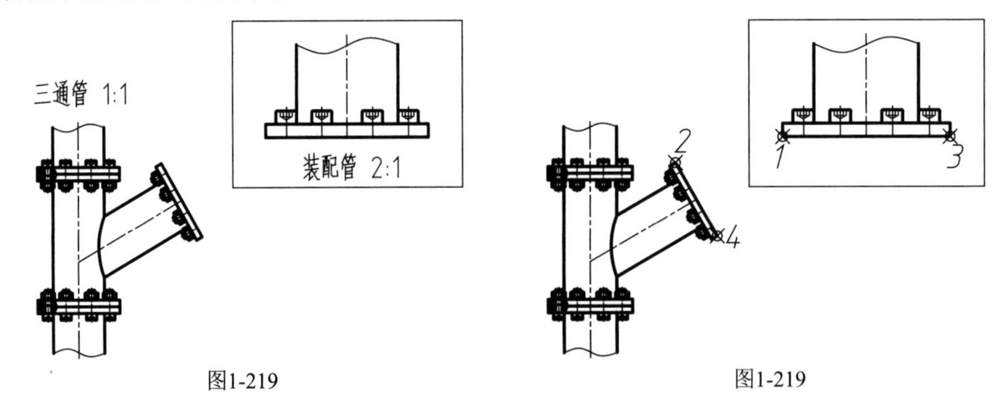

图1-219　　图1-219

04_ 两对对齐点指定完毕后，单击Enter键，命令行提示“是否基于对齐点缩放对象”，输入Y，选择

“是”，再单击Enter键，即可将装配管对齐至三通管中，效果如图1-221所示。命令行提示如下。

```
命令: _align                                          //调用【对齐】命令
选择对象: 指定对角点: 找到 1 个
选择对象: 1                                           //选择整个装配管图形
指定第一个源点:                                       //选择装配管上的点1
指定第一个目标点:                                     //选择三通管上的点2
指定第二个源点:                                       //选择装配管上的点3
指定第二个目标点:                                     //选择三通管上的点4
指定第三个源点或 <继续>:↙                             //单击Enter键完成对齐点的指定
是否基于对齐点缩放对象? [是(Y)/否(N)] <否>: Y↙        //输入Y执行缩放，单击Enter键完成操作
```

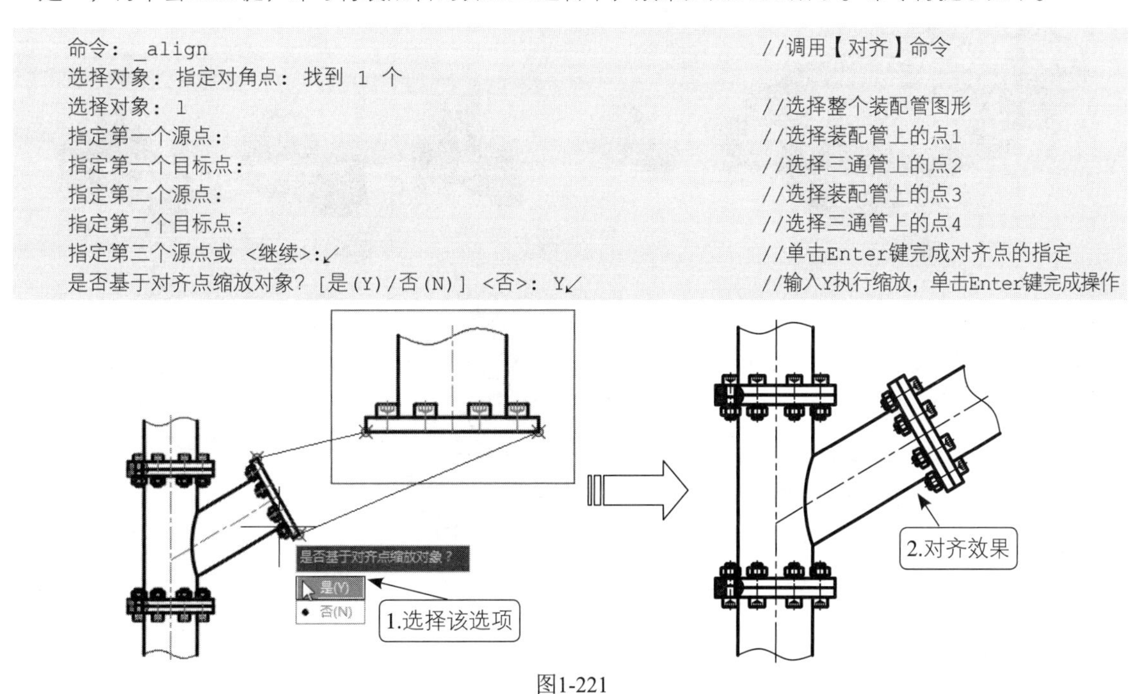

图1-221

实战045　AL——快速对齐三维图形

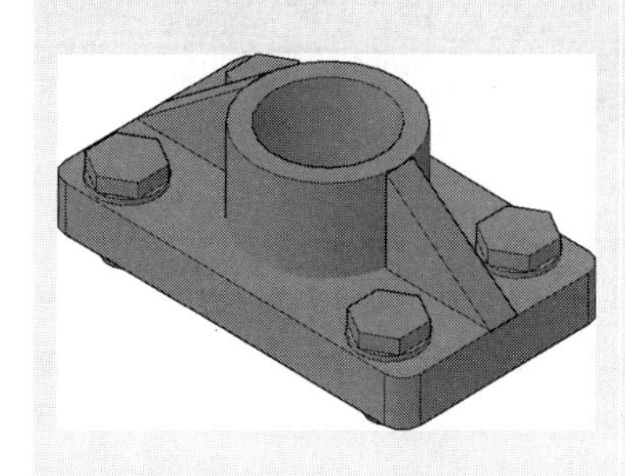

【对齐】命令可以使当前的对象与其他对象对齐，既适用于二维对象，也适用于三维对象，尤其对于三维对象来说价值更大。在对齐二维对象时，可以指定1对或2对对齐点（源点和目标点），而在对齐三维对象时则需要指定3对对齐点。

难度：☆☆

及格时间：0′20″

优秀时间：0′10″

读者自评：　/　/　/　/　/　/

01_ 打开“第1章/实战045快速对齐三维图形.dwg”素材文件，如图1-222所示。

02_ 在命令行输入AL执行【对齐】命令，选择螺栓为要对齐的对象，此时命令行提示如下。

```
命令:AL ALIGN                        //执行【对齐】命令
选择对象: 找到 1 个                  //选中螺栓为要对齐对象
选择对象:                            //右击结束对象选择
指定第一个源点:                      //选择螺栓上的A点
指定第一个目标点:                    //选择底座上的A'点
指定第二个源点:                      //选择螺栓上的B点
指定第二个目标点:                    //选择螺栓上的B'点
指定第三个源点或 <继续>:             //选择螺栓上的C点
正在检查 528 个交点...
指定第三个目标点:                    //选择螺栓上的C'点
```

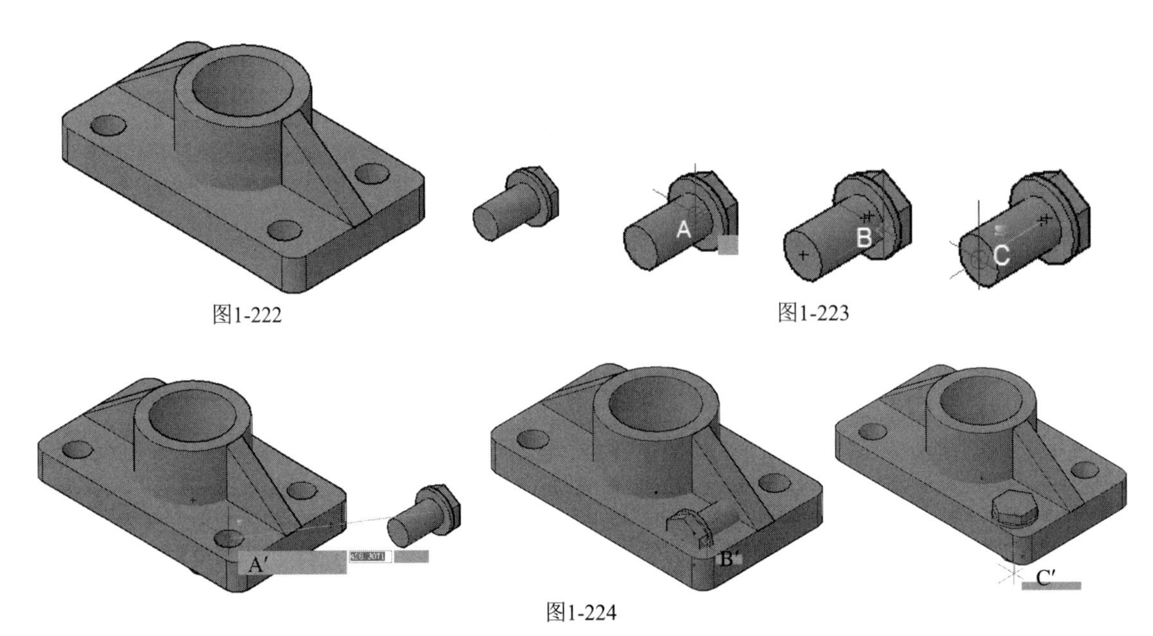

图1-222　　图1-223

图1-224

03_ 通过以上操作即可完成对螺栓的三维对齐，效果如图1-225所示。

04_ 复制螺栓实体图形，重复以上操作完成所有位置螺栓的装配，如图1-226所示。

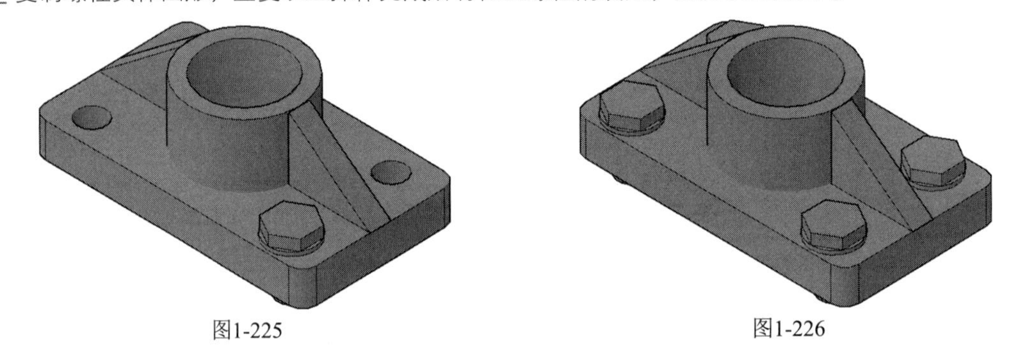

图1-225　　图1-226

实战046 CLA——组合图形

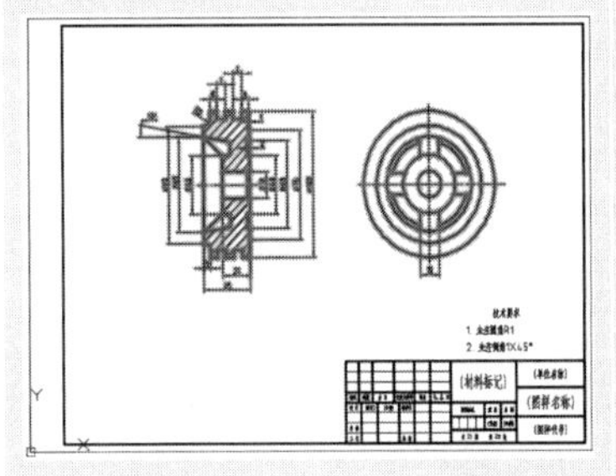

在命令行输入CLA执行【对象编组】命令，可以将众多的图形对象进行分类编组，编辑成多个单一对象组，用户只需将光标放在对象组上，该对象组中的所有对象就会突出显示，单击就可以完全选择该组中的所有图形对象。在对大量图形进行操作时，该命令可以起到事半功倍的效果。

难度：☆☆

及格时间：0′20″

优秀时间：0′10″

读者自评：　/　/　/　/　/　/

01_ 打开“\第1章\实战046组合图形.dwg”素材文件。

02_ 在命令行输入CLA执行【对象编组】命令，弹出如图1-227所示的【对象编组】对话框。

03_ 在【编辑名】文本框中输入【图标框】，作为新组名称，如图1-228所示。

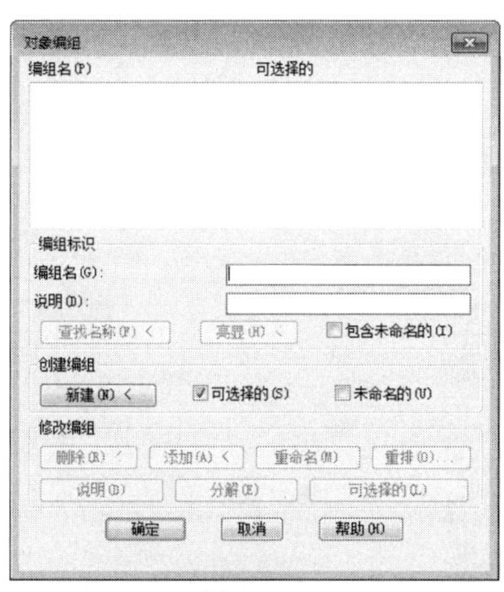

图1-227

图1-228

04_ 单击 新建(N) < 按钮，返回绘图区，选择如图1-229所示的图框，作为编组对象。

05_ 单击Enter键，返回【对象编组】对话框，在对话框中创建一个名为【图标框】的对象组，如图1-230所示。

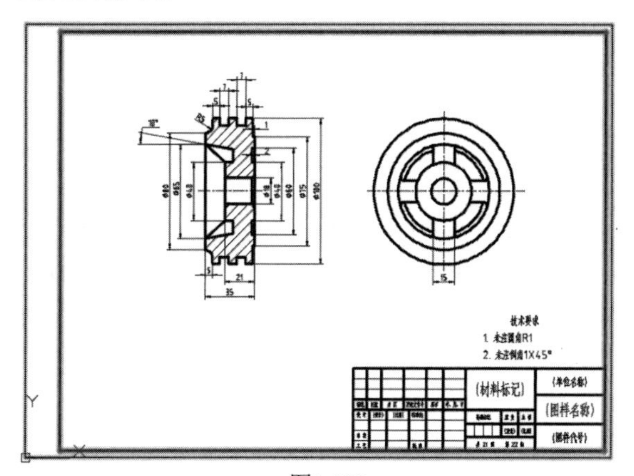

图1-229

图1-230

06_ 在【编组名】文本框内输入【明细表】，然后单击 新建(N) < 按钮，返回绘图区，选择如图1-231所示的明细表，将其编辑成单一组。

07_ 单击Enter键，返回对话框，创建结果如图1-232所示。

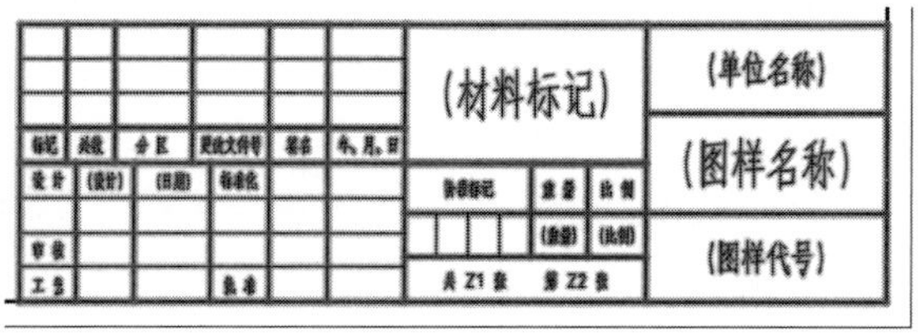

图1-231

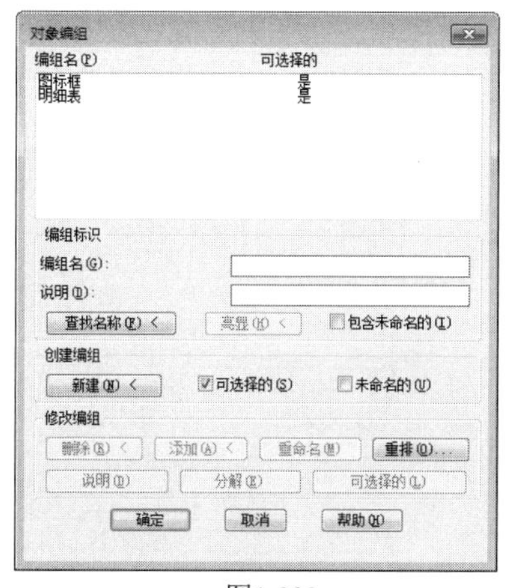

图1-232

08_ 在【编组名】文本框内输入【零件图】，然后单击 新建(N) < 按钮，返回绘图区，选择如图1-233所示的图形，将其编辑成单一对象组。

09_ 单击Enter键，返回对话框，创建如图1-234所示的结果。

10_ 单击【对象编组】对话框中的 确定 按钮，结果在当前图形文件中，创建了3个对象组，如图1-234所示，以后可以通过单击同时选择某组中的所有对象。

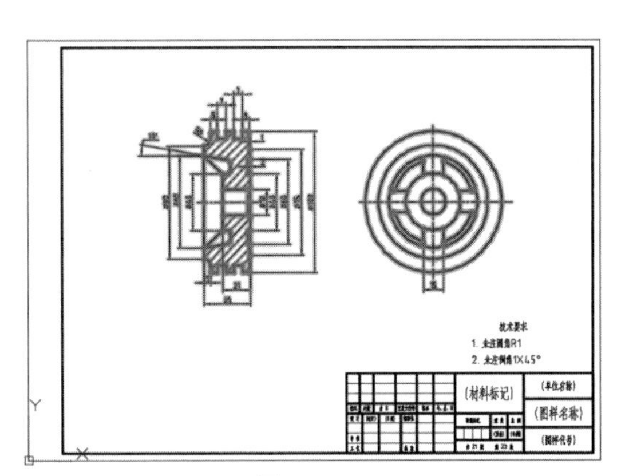

图1-233

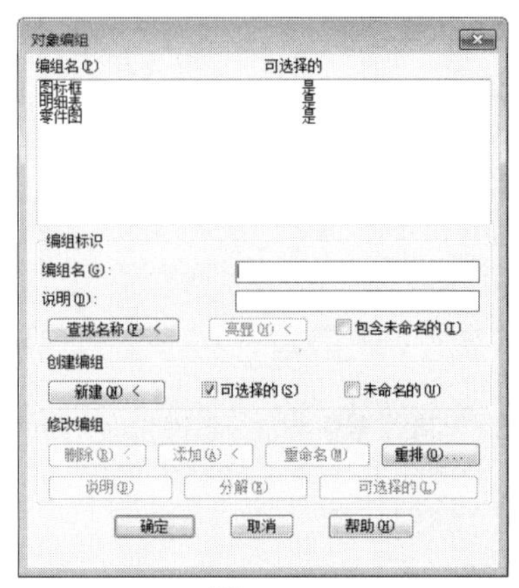

图1-234

1.4 系统操作类

一般新建绘图文件后，针对个人习惯的工作空间，可以对绘图环境的某些参数和界面进行设置，定义自己喜好的操作界面不仅可以减少工作疲劳，而且可以提高绘图效率。另外，尺寸标注是一项重要的内容，它可以准确、清楚地反映对象的大小以及关系。针对尺寸标注，各行各业甚至某个公司都有一套自己的格式标准，所以在对图形进行标注前，应先了解图形的类型，设置好标注的格式。

实战047 OP——开启选项对话框

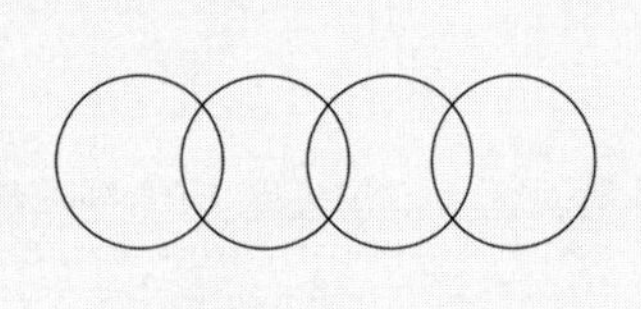

AutoCAD启动后，用户可以在其默认的绘图环境中绘图，但是有时为了保证图形文件规范性、图形的准确性与绘图的效率，往往需要在绘制图形前对绘图环境和系统参数进行设置，使其更符合自己的习惯，从而提高绘图效率。本例通过一个小例子简单介绍了【选项】对话框对绘图环境的设置。

难度：☆☆

及格时间：0′40″

优秀时间：0′20″

读者自评： / / / / / /

01_ 打开“第1章/实例047开启选项对话框.dwg”素材文件，如图1-235所示。

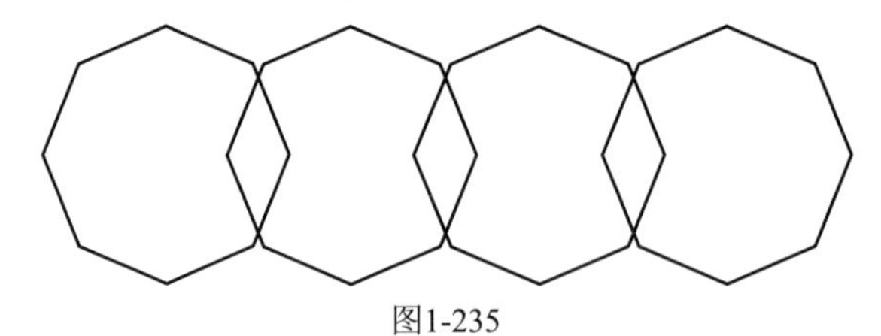
图1-235

02_ 在命令行输入OP执行【选项】命令，弹出【选项】对话框，选择【显示】选项卡，在【显示精度】栏中设置【圆弧和圆的平滑度】为1000，接着设置光标大小为100，如图1-236所示。

图1-236

03_ 单击【确定】按钮后，多边形变成了圆形，光标直线伸展到窗口边缘，最终效果如图1-237所示。

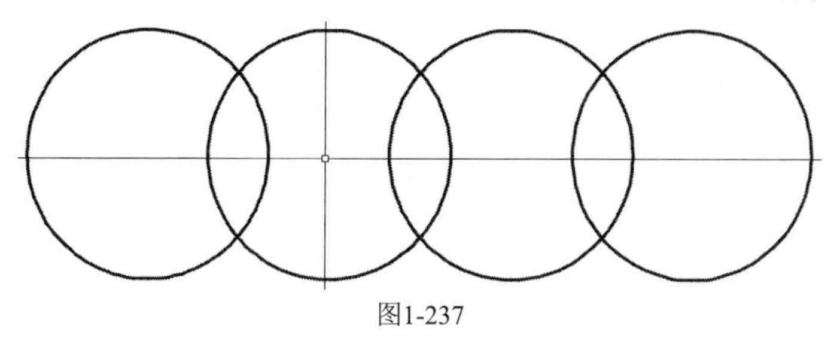

图1-237

实战048　D——快速创建标注样式

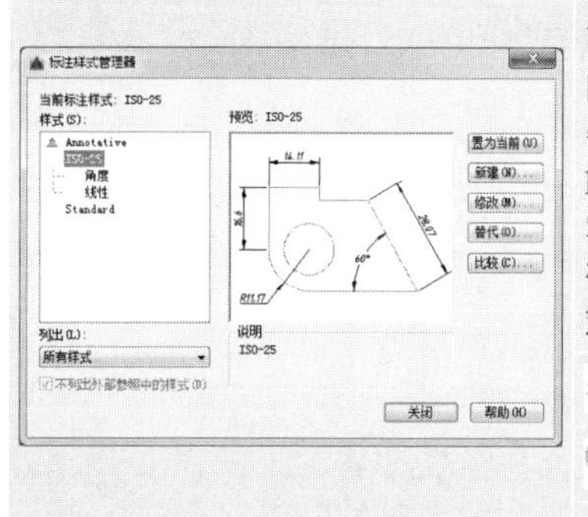

尺寸标注样式是一组尺寸参数设置的集合，用以控制尺寸标注中各组成部分的格式和外观。在标注尺寸之前，应首先根据相关要求设置尺寸样式。用户可以根据需要，利用【标注样式管理器】设置多个尺寸样式，以便标注尺寸时灵活应用这些设置，并确保尺寸标注的标准化。而由于【标注样式管理器】的按钮一般都隐藏于标注面板的扩展菜单下，因此建议通过输入快捷键D来打开【标注样式管理器】，这样可以节省很多不必要的操作。同时应记牢【修改标注样式】对话框中各选项卡的作用，这样就能快速准确地找到正确的标注修改方法。

难度：☆☆

及格时间：4′00″

优秀时间：2′00″

读者自评：/ / / / / /

01_ 打开AutoCAD，创建一个新的空白图形文件。

02_ 在命令行输入D执行【标注样式】命令，弹出如图1-238所示的【标注样式管理器】对话框，单击【新建】按钮，在弹出的【创建新标注样式】对话框的“新样式名”文本框中输入“ISO-25”，然后单击【继续】按钮，弹出如图1-239所示的对话框，单击【确定】命令。

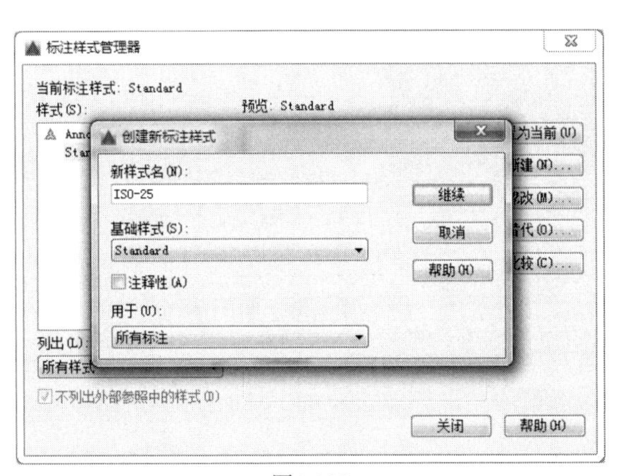

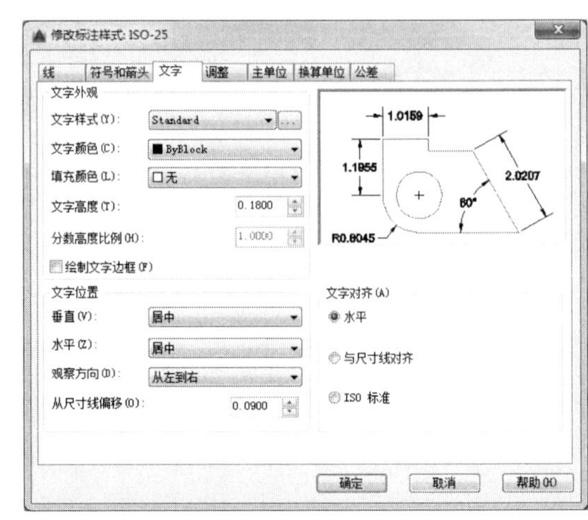

图1-238　　图1-239

03_ 返回【标注样式管理器】对话框，选择“ISO-25”，单击【新建】按钮，在【用于】下拉菜单中选择“线性标注”选项，如图1-240所示，同样的方法，创建“角度标注”，最终效果如图1-241所示。

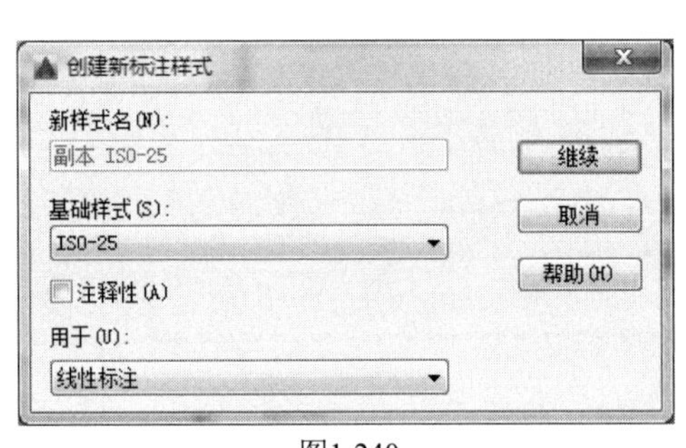

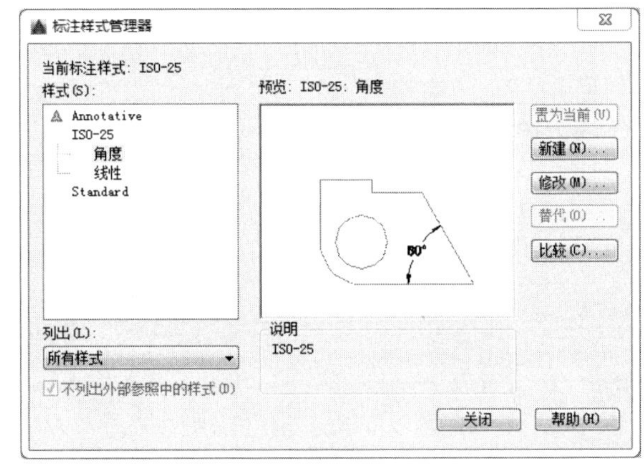

图1-240　　图1-241

04_ 选择“ISO-25”，单击【修改】按钮，将对话框中的“线”“符号和箭头”“文字”“调整”“主单位”和“公差”修改成如图1-242所示。

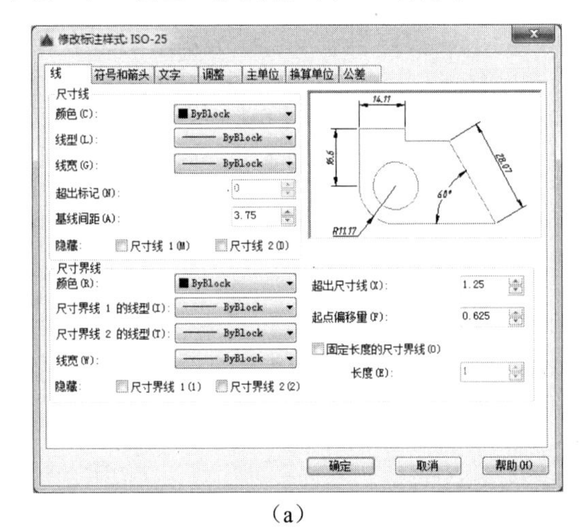

（a）　　（b）

图1-242

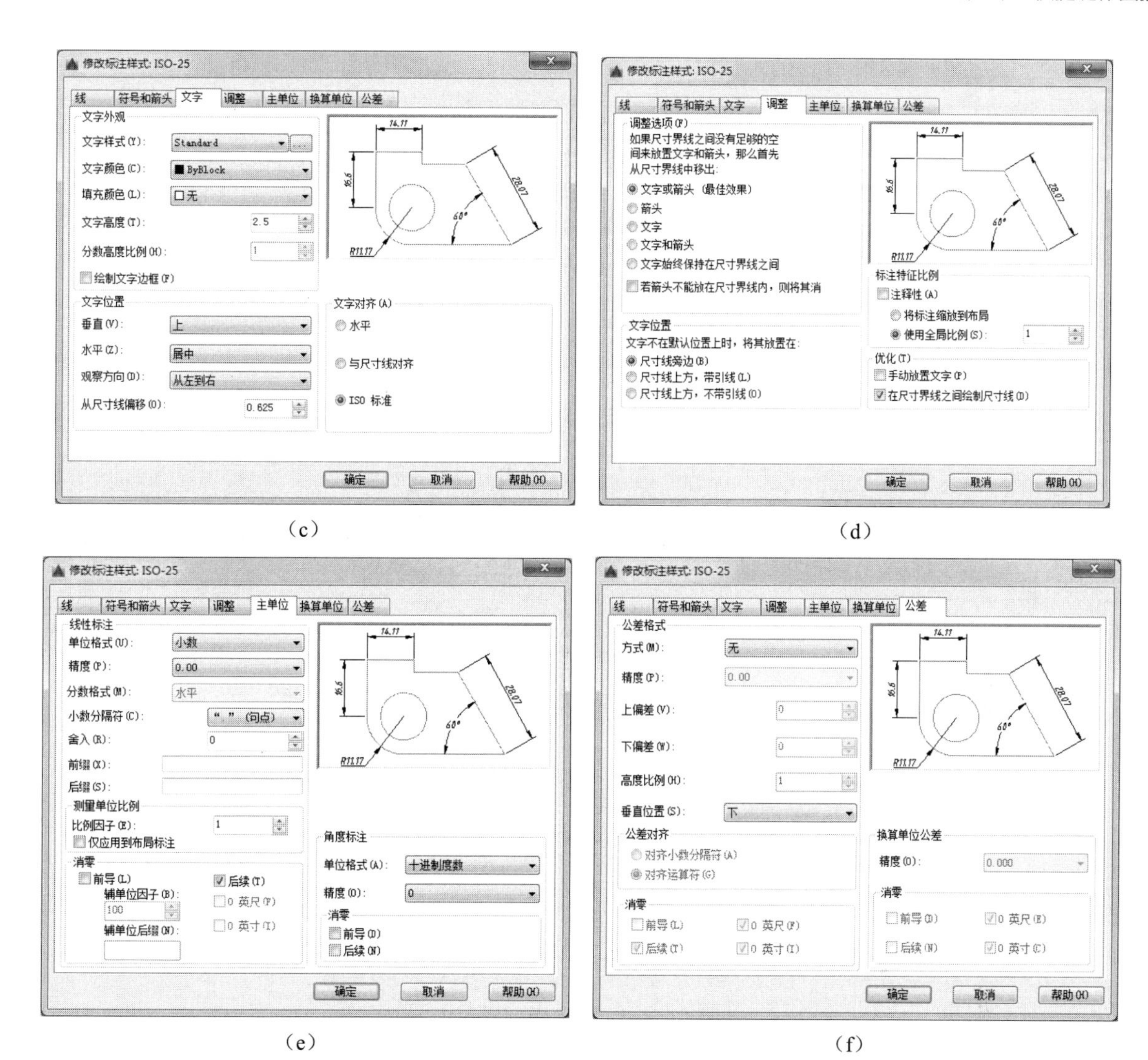

（c）　（d）

（e）　（f）

续图1-242

05_ 在【标注样式管理器】对话框中选择“线性”，单击【修改】按钮，将弹出对话框中的“文字”修改成如图1-243所示。使用同样的方法修改角度，修改效果如图1-244所示。

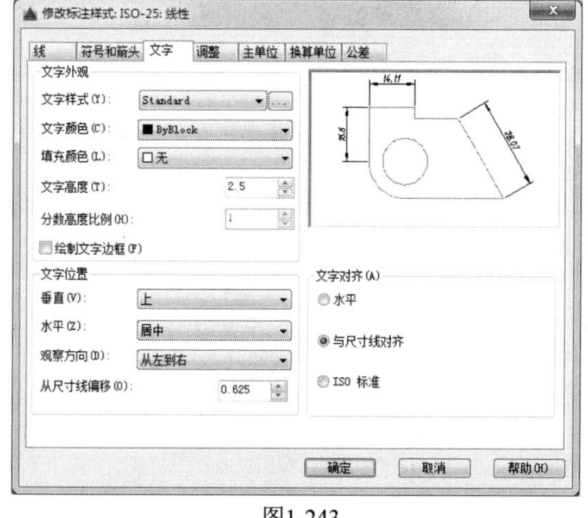

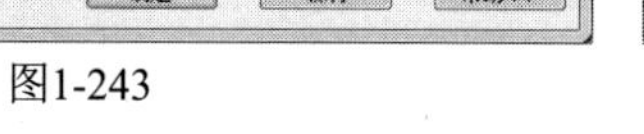

图1-243

图1-244

实战049 Z——实时缩放视图

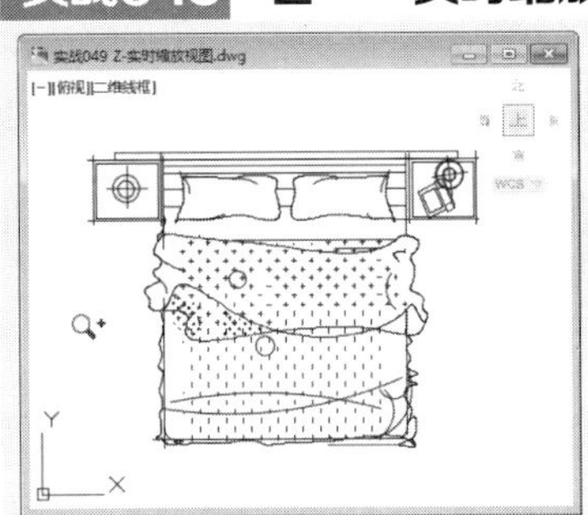

在AutoCAD中，可以借助鼠标滚轮的滚动来缩放视图，虽然使用方便，但仍有其缺点。有时通过滚动得到的视图不是太大就是太小，无法精确得到所需的视图效果。这时就可以使用【实时缩放】命令来帮助用户快速放大或缩小视图，达到满意的效果。

难度：☆☆

及格时间：10′00″

优秀时间：5′00″

读者自评： / / / / / /

01_ 启动AutoCAD，打开素材文件“第1章/实例049 实时缩放视图.dwg”，如图1-245所示，并不能分辨出图形为何物。

02_ 向后滚动鼠标滚轮，即可观察到视图在实时缩小，如图1-246所示。反之向前滚动鼠标便是视图放大，供用户看清图形的细节。

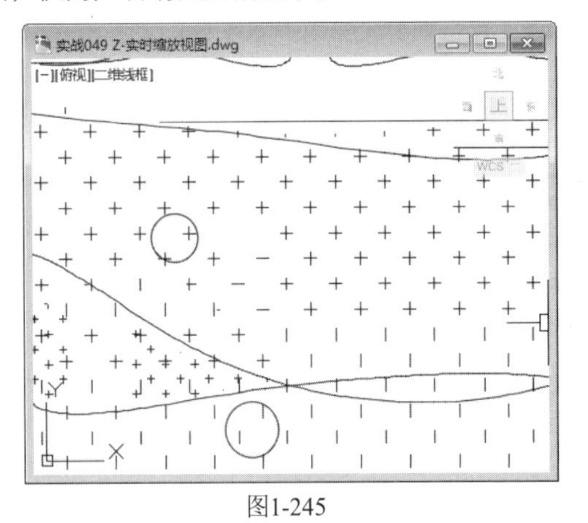

图1-245

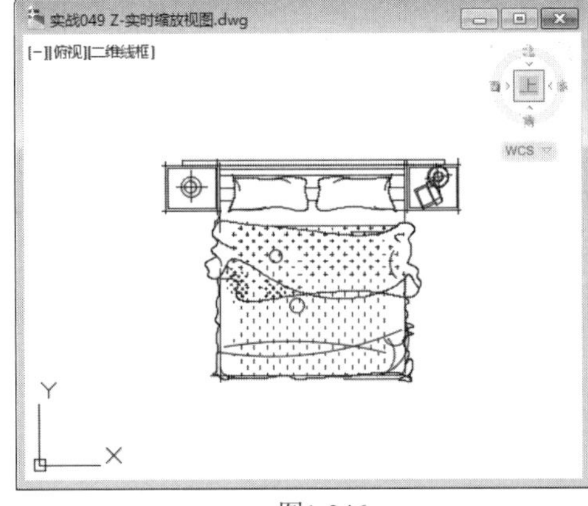

图1-246

03_ 在命令行输入Z执行【视图缩放】命令，然后直接单击Enter键确认，即可快速执行【实时缩放】子命令，此时光标图像变为🔍。

04_ 按住鼠标左键，向上拖动鼠标，待光标变为🔍+时为放大视图；向下拖动鼠标，待光标变为🔍-时为缩小视图。此时即可根据需要灵活调整视图大小，如图1-247所示。

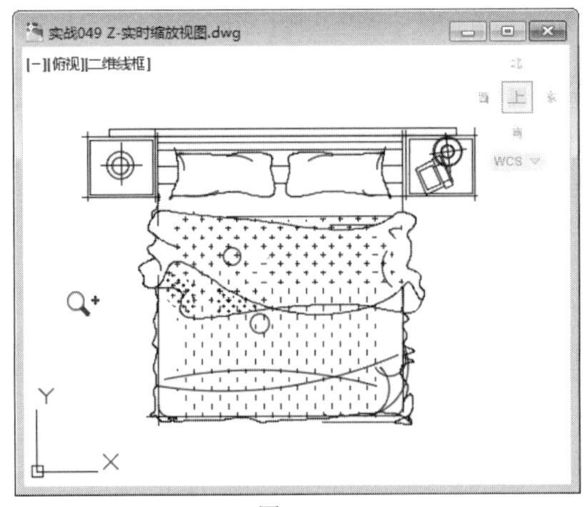

图1-247

实战050　+V——创建多视口浏览图形

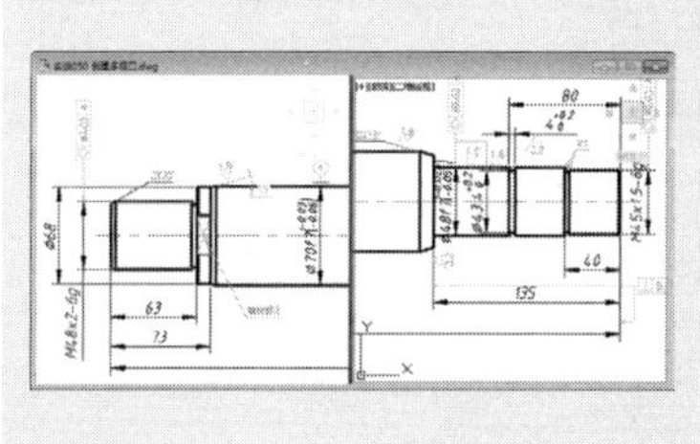

相较于手工绘图来说，AutoCAD软件无疑要便利许多。但AutoCAD也并不是完美无缺的，相对于手绘来说它有一项十分明显的缺点，即显示区域太小，不能首尾兼顾。无论是何种版本的AutoCAD，虽然可以通过视图移动、缩放等操作来浏览图形，但它的显示范围始终只有计算机屏幕那么大，因此对于大型图纸来说，只能窥豹一斑。本例便介绍如何创建多视口，来尽量减轻这种视图影响。

难度：☆☆

及格时间：10′00″

优秀时间：5′00″

读者自评：/ / / / / /

01_ 打开“第1章/实战050 创建多视口浏览图形.dwg”素材文件，其中已经绘制好了一长径比很大的杆件，如图1-248所示。

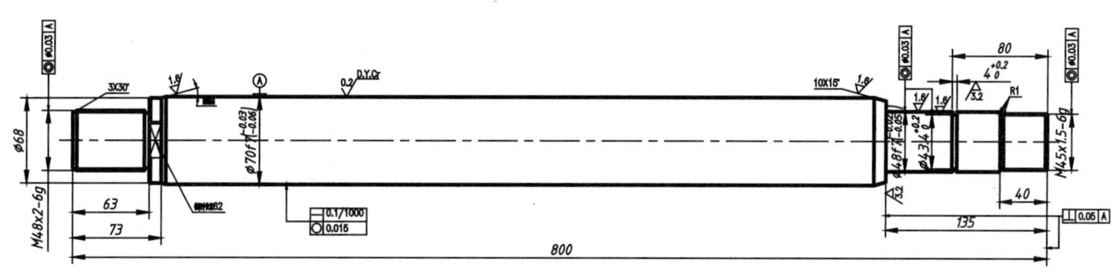

图1-248

02_ 在浏览该图形时，就会发生首尾不能兼顾的情况。如果杆件的左右两端在绘制或标注时，需要互相参照，但使用AutoCAD却始终只能显示一个视口，不是左端便是右端，且需要不停地在左右两端进行切换，如图1-249所示，这样无疑会极大地减缓绘图效率。

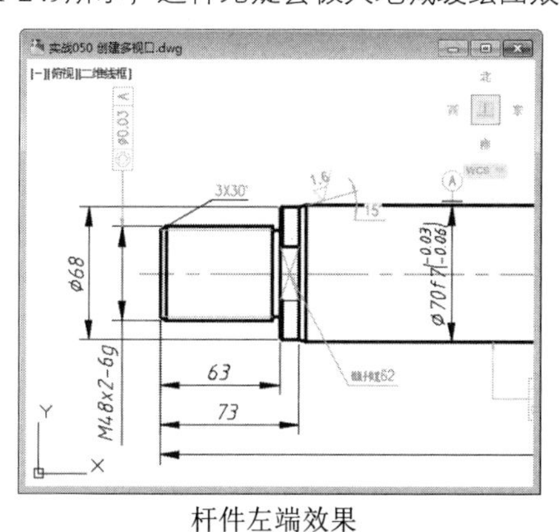

杆件左端效果

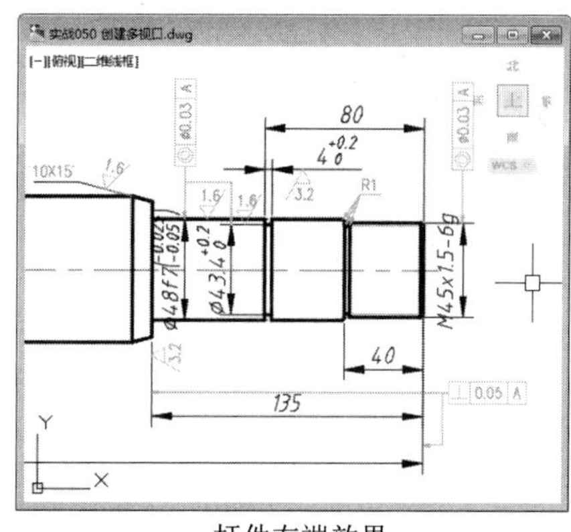

杆件右端效果

图1-249

03_ 此时可以在命令行中输入+V，然后忽略命令行提示，直接单击Enter键，弹出【视口】对话框，切换至其中的“新建视口”选项卡，如图1-250所示。

04_ 在“标准视口”框中提供了AutoCAD自带的若干视图方案，根据本例为水平方向长杆的特点，选择“两个：垂直”视口选项，在右侧的预览框中可以看到新建的视口布局效果，如图1-251所示。

05_ 单击“确定”按钮，返回绘图区，即可观察到原来单独的视口被一分为二，如图1-252所示。

06_ 在任意视口内单击，即可将操作锁定至该视口，对此视口执行的任意操作均不会影响其他视口。分别在两侧视口中调整视图大小，即可得到分别显示左、右两端细节的视图，如图1-253所示。

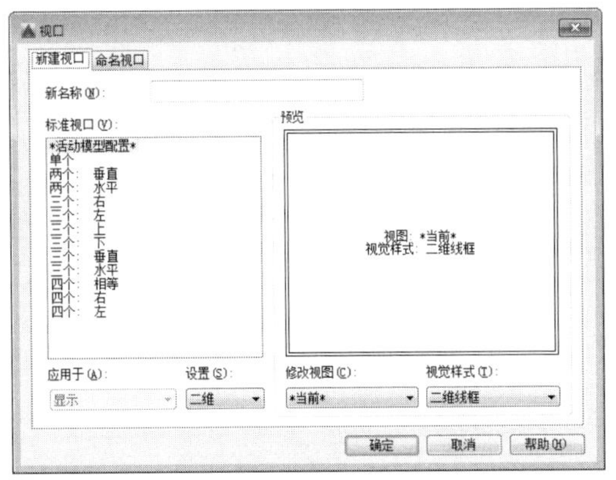

图1-250

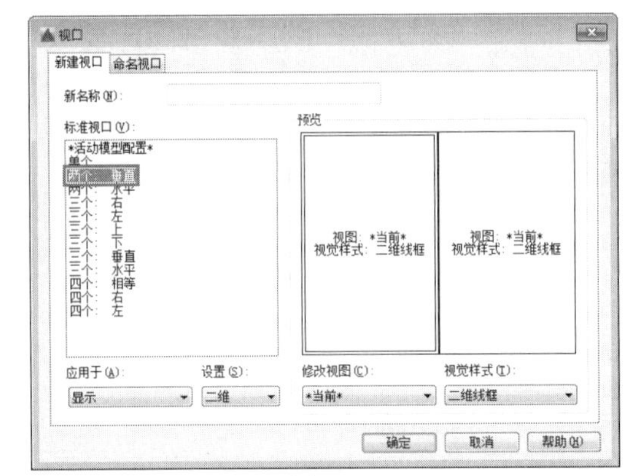

图1-251

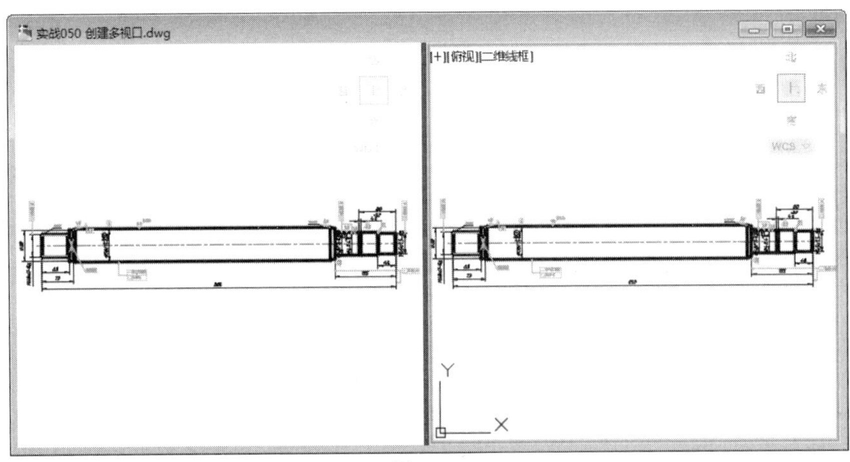

图1-252

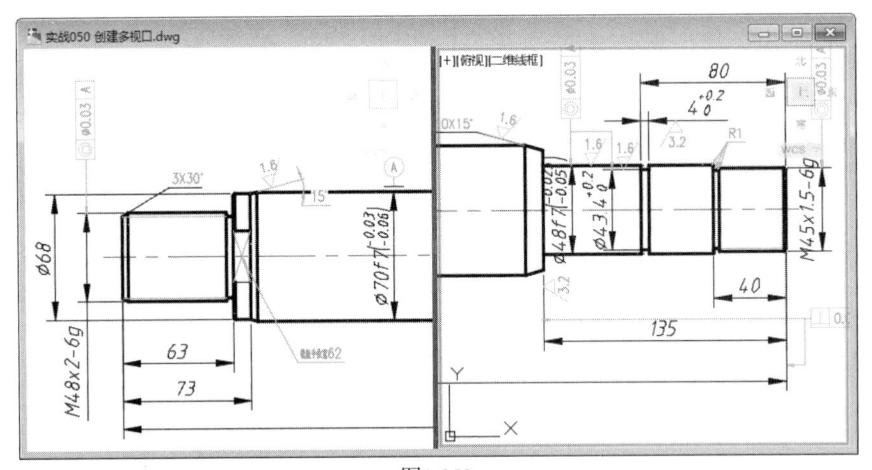

图1-253

07_ 选择菜单栏中的【视图】|【视口】|【合并】选项，即可合并视图，还原默认的单视口效果。

1.5 综合实战

熟悉以上绘图、编辑操作命令后，接下来就需要将上述所学知识综合运用到绘制图形中来，通过灵活运用各个命令绘制图形往往能起到事半功倍的效果。

实战051　快捷键绘制小鱼图形

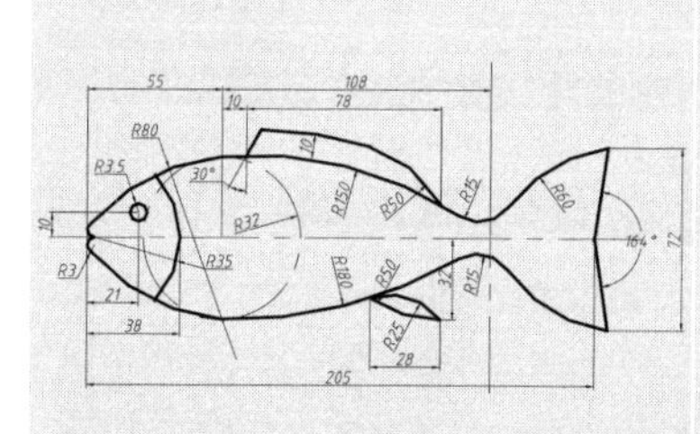

小鱼图形的绘制涉及大量的【圆】【直线】【圆弧】等命令的调用，而这类命令又是AutoCAD主要的绘图命令，因此具有丰富的快捷键调用方法。本例便结合本章所学的快捷键知识，完全用快捷键的方式绘制该图形。

难度：☆☆☆☆

及格时间：10′00″

优秀时间：5′00″

读者自评：/ / / / / /

01_ 以附赠的样板“快捷键绘制小鱼图形.dwt”作为基础样板，新建空白文件。

02_ 设置【中心线】图层为当前图层，在命令行输入L执行【直线】命令，绘制一条水平中心线和两条竖直中心线，其中竖直中心线相距205，如图1-254所示。

03_ 绘制鱼唇。在命令行输入O执行【偏移】命令，按如图1-255所示尺寸对中心线进行偏移。

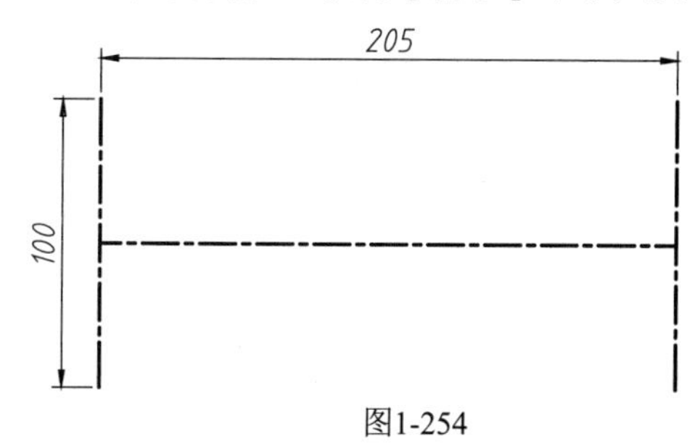

图1-254

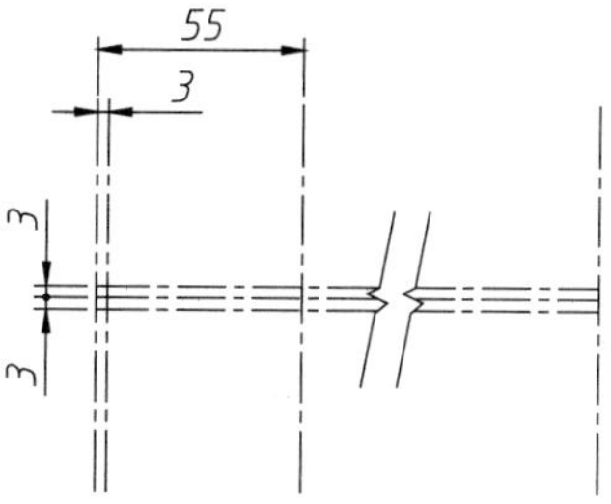

图1-255

04_ 以偏移所得的中心线交点为圆心，分别绘制两个R3的圆，如图1-256所示。

05_ 绘制Ø64辅助圆。在命令行输入C执行【圆】命令，以另一条辅助线的交点为圆心，绘制如图1-257所示的圆。

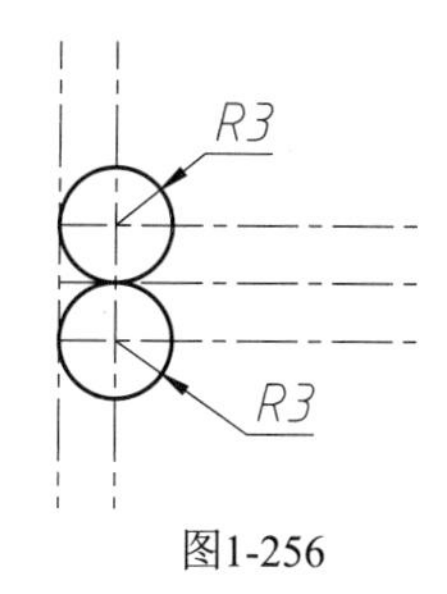

图1-256

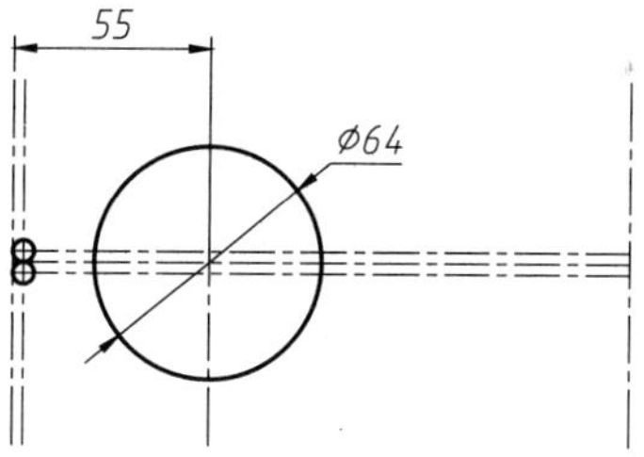

图1-257

06_ 绘制上侧鱼头。在【绘图】面板中单击【相切、相切、半径】按钮，分别在上侧的R3圆和Ø64辅助圆上单击一点，输入半径为80，结果如图1-258所示。

07_ 在命令行输入TR执行【修剪】命令，修剪掉多余的圆弧部分，并删除偏移的辅助线，得到鱼头的上侧轮廓，如图1-259所示。

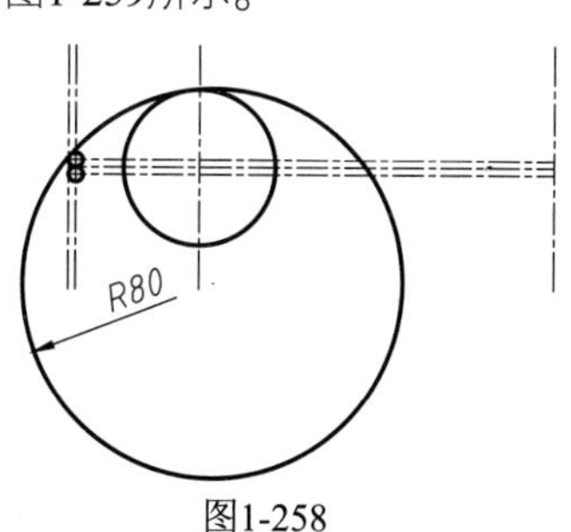

图1-258

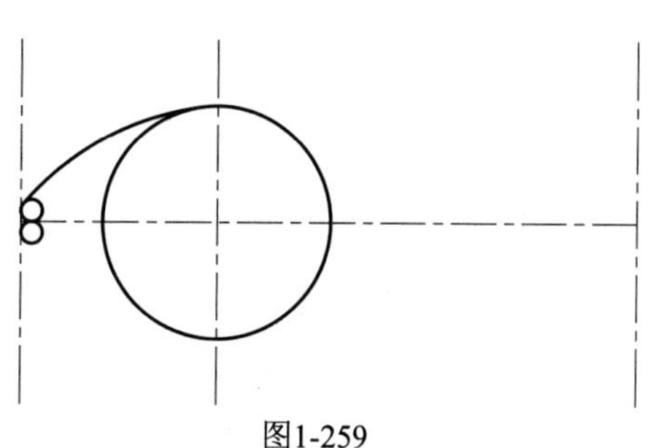

图1-259

08_ 绘制鱼背。在命令行输入O执行【偏移】命令，将Ø64辅助圆的中心线向右偏移108，效果如图1-260所示。

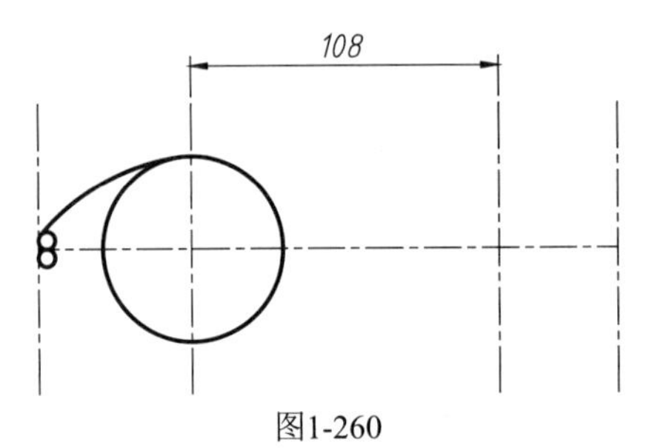

图1-260

09_ 在命令行输入A执行【圆弧】命令，以所得的中心线交点A为起点、鱼头圆弧的端点B为终点，绘制半径为150的圆弧，如图1-261所示。

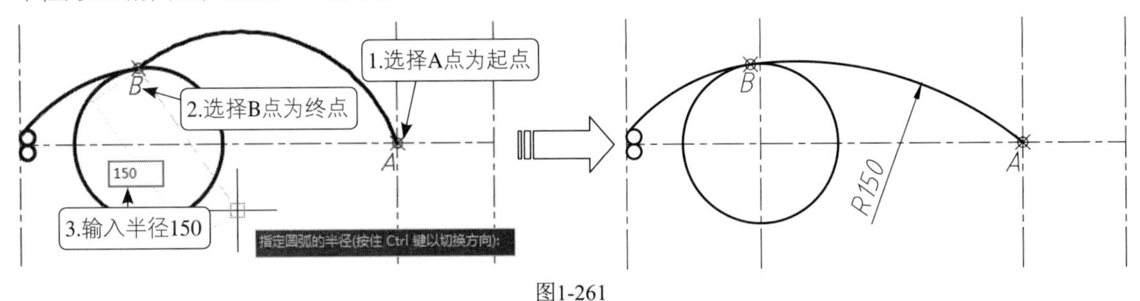

图1-261

10_ 绘制背鳍。在命令行输入O执行【偏移】命令，将鱼背弧线向上偏移10，得到背鳍轮廓，如图1-262所示。

11_ 再次执行【偏移】命令，将Ø64辅助圆的中心线向右偏移10和75，效果如图1-263所示。

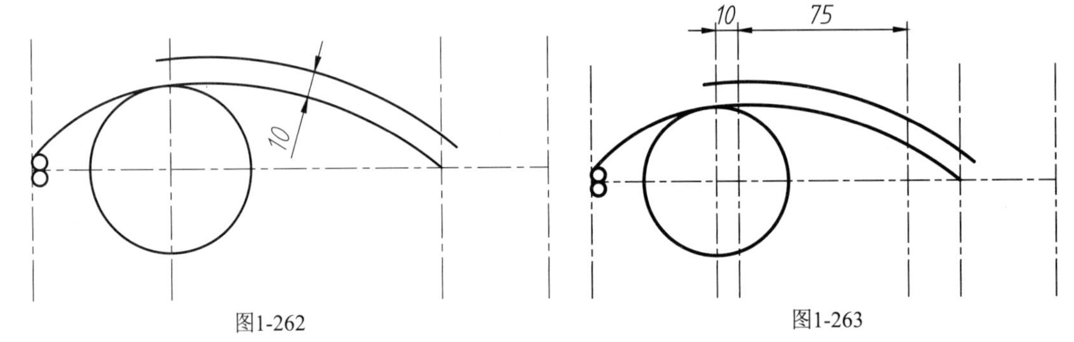

图1-262　　图1-263

12_ 在命令行输入L执行【直线】命令，以C点为起点，向上绘制一角度为60°的斜线，相交于背鳍的轮廓线，如图1-264所示。

13_ 在命令行输入C执行【圆】命令，以D点为圆心，绘制一半径为50的圆，如图1-265所示。

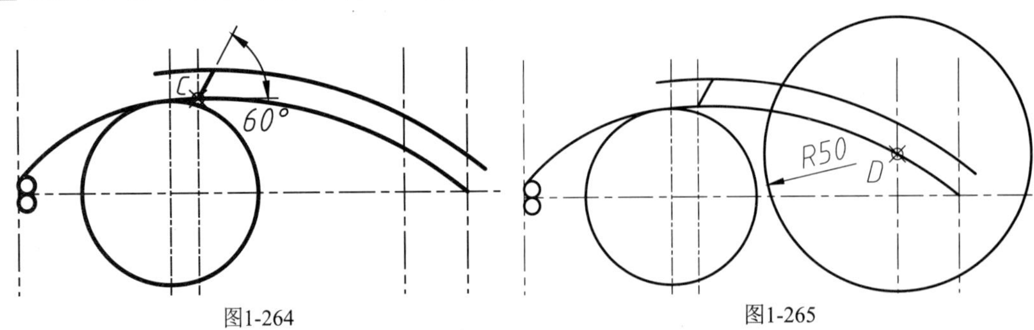

图1-264　　图1-265

14_ 再将背鳍的轮廓线向下偏移50，与上步所绘制的R50圆得到一个交点E，如图1-266所示。

15_ 以交点E为圆心，绘制一个半径为50的圆，即可得到背鳍尾端的R50圆弧部分，如图1-267所示。

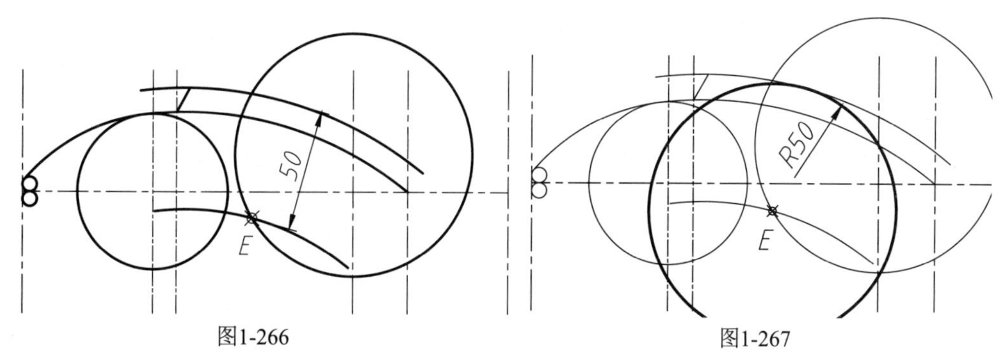

图1-266　　图1-267

16_ 在命令行输入TR执行【修剪】命令，将多余的圆弧修剪掉，并删除多余辅助线，得到如图1-268所示的背鳍图形。

17_ 绘制鱼腹。在命令行输入A执行【圆弧】命令，然后按住Shift键再右击，在弹出的快捷菜单中选择“切点”选项，如图1-269所示。

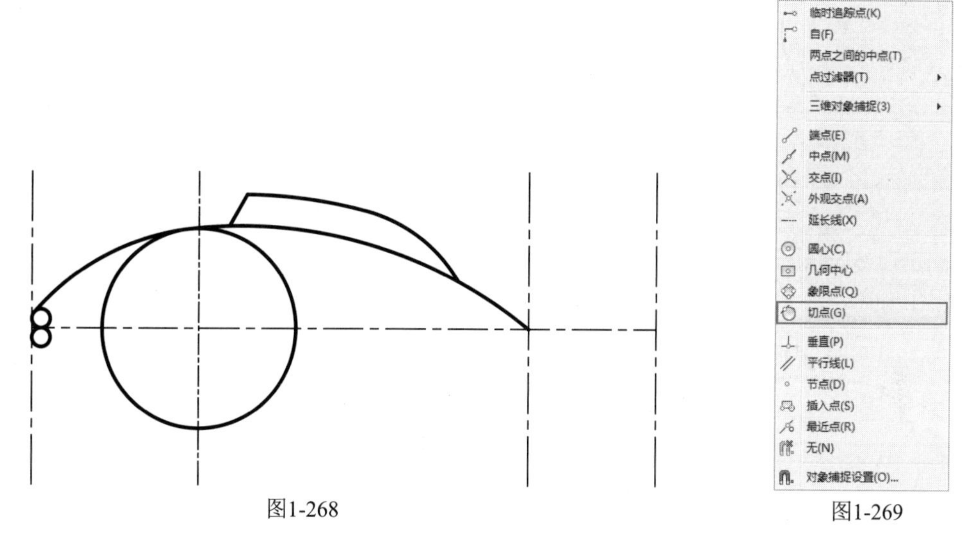

图1-268　　图1-269

18_ 在辅助圆上捕捉切点F，以该点为圆弧的起点；然后捕捉辅助线的交点G，以该点为圆弧的端点，接着输入半径180，得到鱼腹圆弧，如图1-270所示。

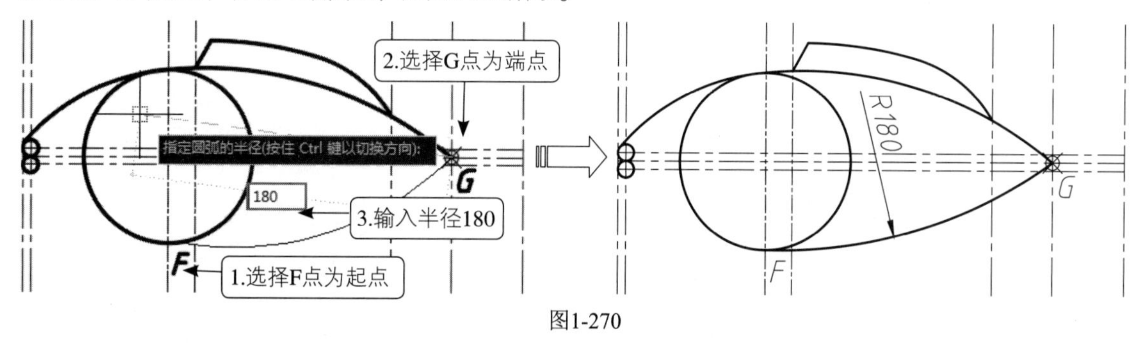

图1-270

19_ 绘制下侧鱼头。在命令行输入L执行【直线】命令，然后按相同方法，分别捕捉下鱼唇与辅助圆上的切点，绘制一条公切线，如图1-271所示。

20_ 绘制腹鳍。在命令行中输入O执行【偏移】命令，然后按如图1-272所示尺寸重新偏移辅助线。

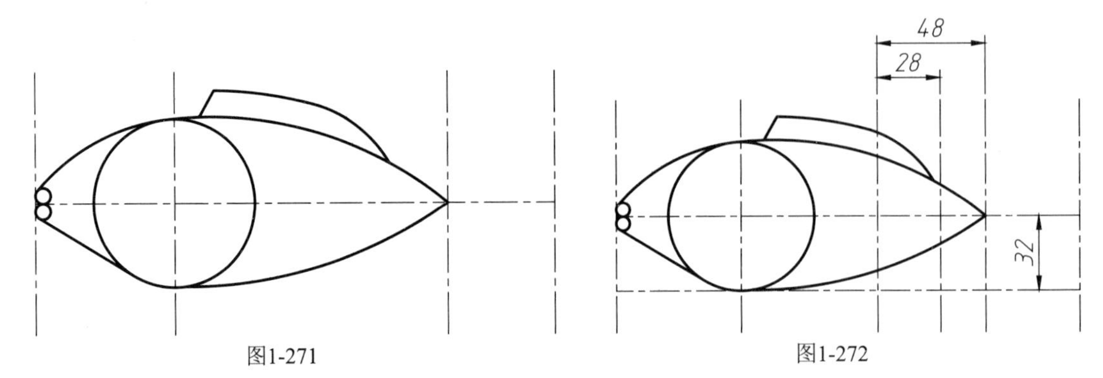

图1-271　　图1-272

21_ 在命令行输入A执行【圆弧】命令，以H点为起点、K点为端点，输入半径50，绘制如图1-273所示的圆弧。

22_ 在命令行输入C执行【圆】命令，以K点为圆心，绘制一半径为20的圆，如图1-274所示。

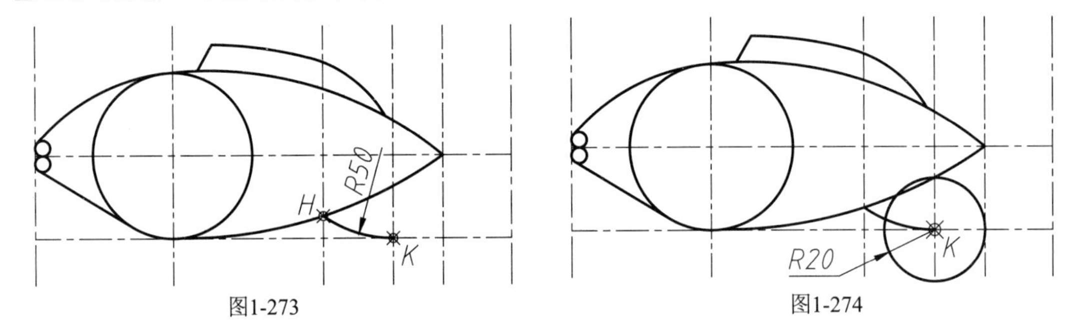

图1-273　　图1-274

23_ 在命令行输入O执行【偏移】命令，将鱼腹的轮廓线向下偏移20，与上步所绘制的R20圆得到一个交点L，如图1-275所示。

24_ 以交点L为圆心，绘制一个半径为20的圆，即可得到腹鳍上侧的R20圆弧部分，如图1-276所示。

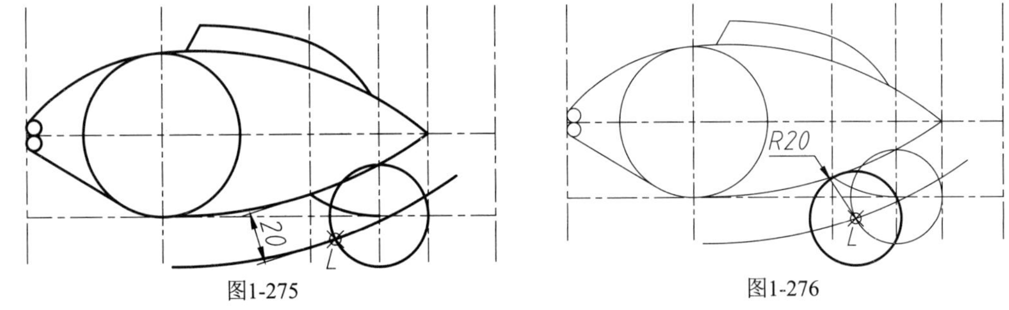

图1-275　　图1-276

25_ 在命令行输入TR执行【修剪】命令，将多余的圆弧修剪掉，并删除多余辅助线，得到如图1-277所示的腹鳍图形。

26_ 绘制鱼尾。在命令行输入O执行【偏移】命令，将水平中心线向上下两侧各偏移36，如图1-278所示。

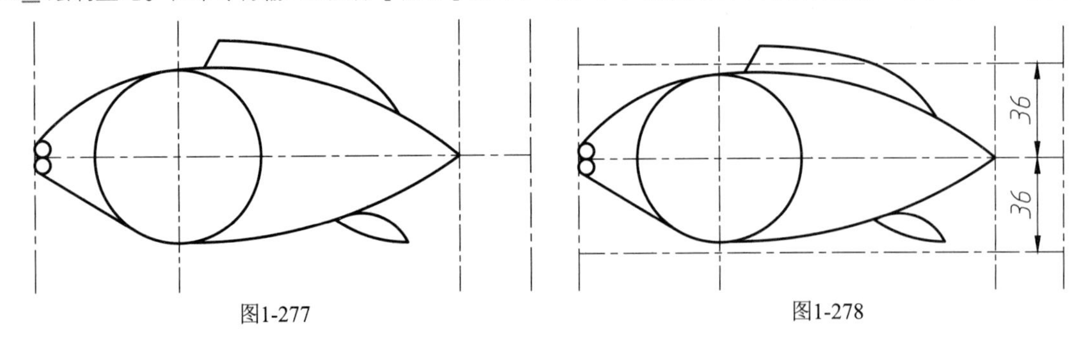

图1-277　　图1-278

27_ 在命令行输入RAY执行【射线】命令，以中心线的端点M为起点，分别绘制角度为82°、-82°的两条射线，如图1-279所示。

28_ 在命令行输入A执行【圆弧】命令，以交点N点为起点、交点P为端点，输入半径为60，绘制如图1-280所示的圆弧。

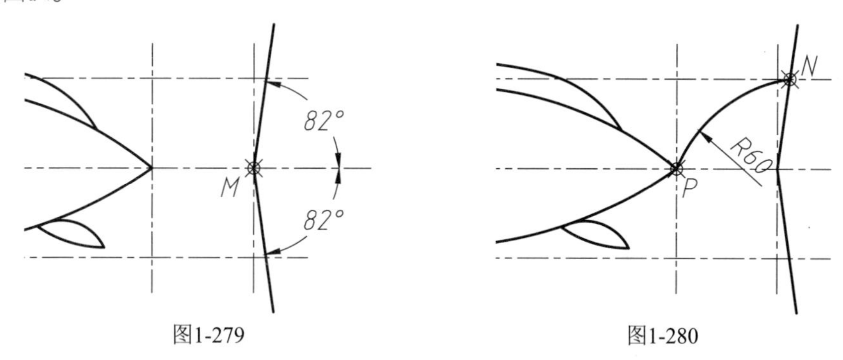

图1-279　　图1-280

29_ 以相同方法，绘制下侧的鱼尾，然后在命令行输入TR执行【修剪】命令和在命令行输入E执行【删除】命令，修剪多余的辅助线，效果如图1-281所示。

30_ 在命令行输入F执行【圆角】命令，然后输入倒圆半径为15，对鱼尾和鱼身进行倒圆，效果如图1-282所示。

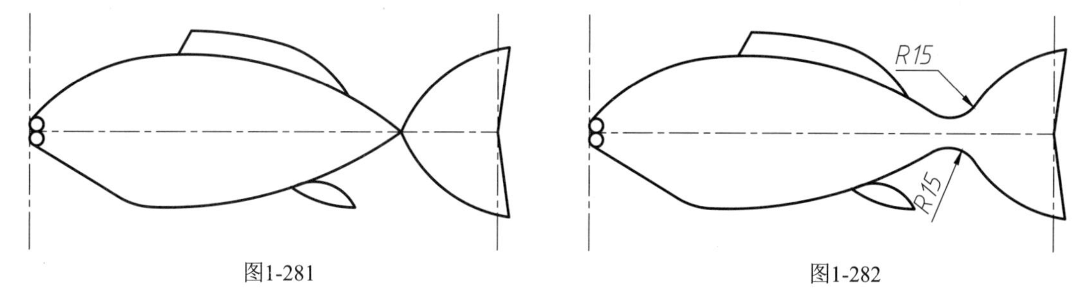

图1-281　　图1-282

31_ 绘制鱼眼。将水平中心线向上偏移10，再将左侧竖直中心线向右偏移21，以所得交点为圆心，绘制一直径为7的圆，即可得到鱼眼，如图1-283所示。

32_ 绘制鱼鳃。以中心线的左侧交点为圆心，绘制一半径为35的圆，然后修剪鱼身之外的部分，即可得到鱼鳃，如图1-284所示。

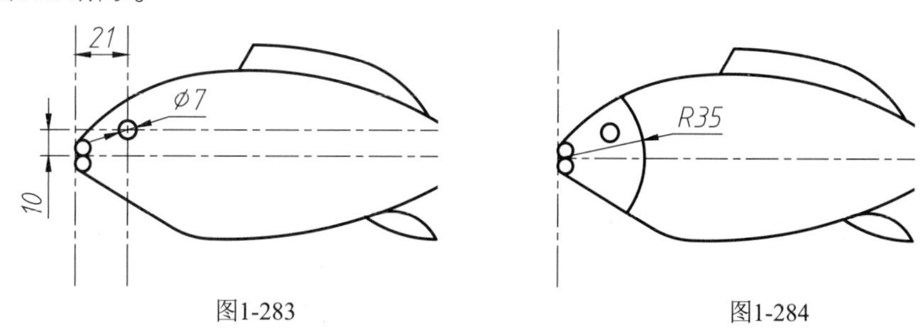

图1-283　　图1-284

33 删除多余辅助线，即可得到最终的鱼形图，如图1-285所示。

本例综合应用到了【圆弧】【圆】【直线】【偏移】【修剪】等诸多绘图与编辑命令，对读者理解并掌握AutoCAD的绘图方法，有极大帮助。

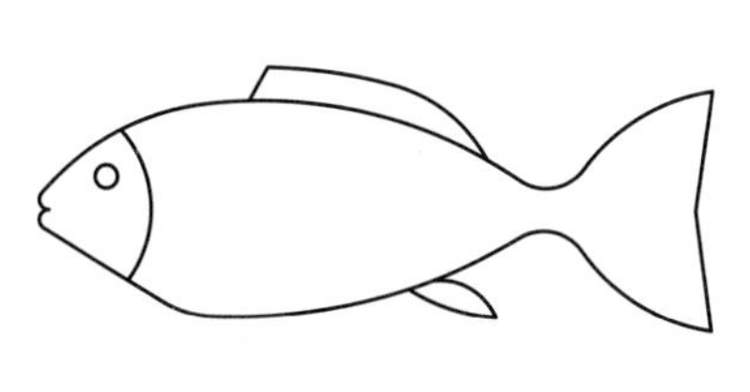

图1-285

实战052 快捷键绘制房子图形

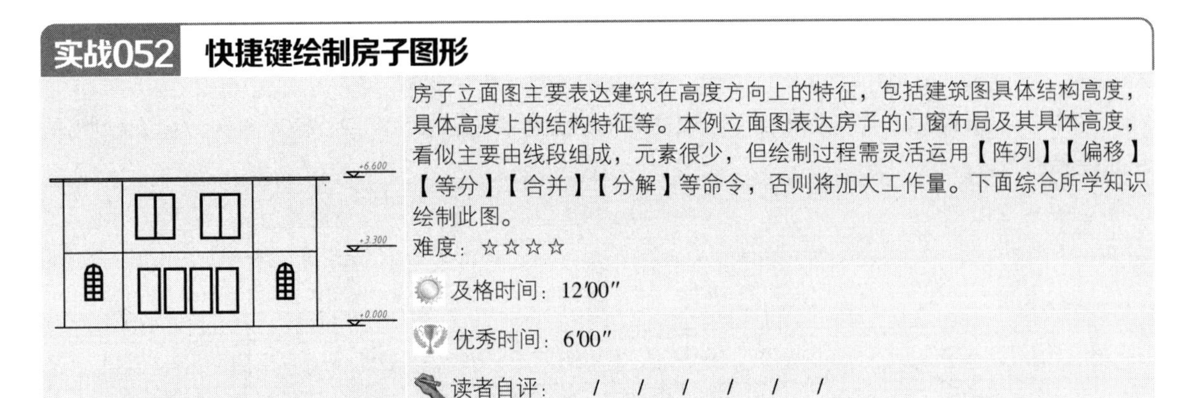

房子立面图主要表达建筑在高度方向上的特征，包括建筑图具体结构高度，具体高度上的结构特征等。本例立面图表达房子的门窗布局及其具体高度，看似主要由线段组成，元素很少，但绘制过程需灵活运用【阵列】【偏移】【等分】【合并】【分解】等命令，否则将加大工作量。下面综合所学知识绘制此图。

难度：☆☆☆☆

及格时间：12′00″

优秀时间：6′00″

读者自评：/ / / / / /

01_ 以附赠样板“标准制图样板.dwt”作为基础样板，新建空白文件。

02_ 设置【细实线】图层为当前图层，在命令行输入XL执行【构造线】命令，绘制7条构造线，3条水平，4条竖直，如图1-286所示。

03_ 设置【轮廓线】图层为当前图层，在命令行输入L执行【直线】命令，绘制第一层大致轮廓，如图1-287所示。

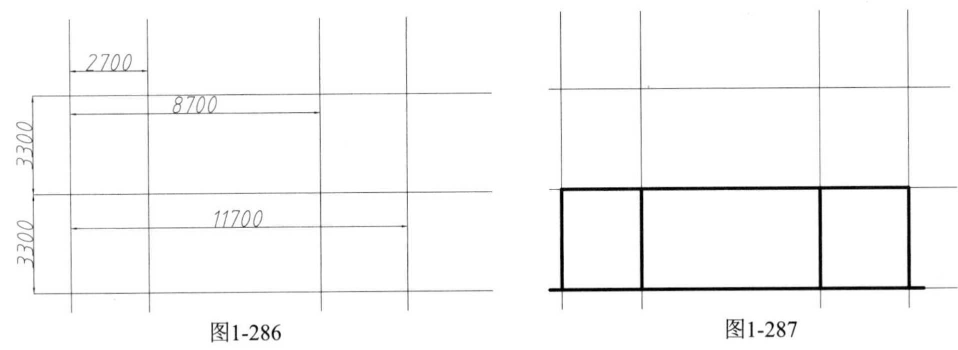

图1-286　　图1-287

04_ 绘制窗户。在命令行输入O执行【偏移】命令，使地面的直线向上偏移1200，接着在命令行输入TR执行【修剪】命令，剪裁掉右侧的部分线段，效果如图1-288所示。

05_ 在命令行输入O执行【偏移】命令，将1200高的线段继续向上偏移1200，接着在命令行输入L执行【直线】命令，捕捉偏移线段的中心点，连接偏移线段如图1-289所示。

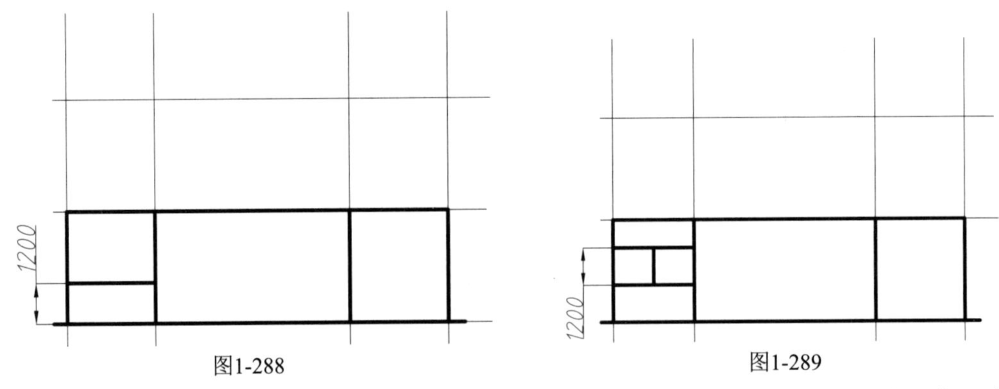

图1-288　　图1-289

06_ 在命令行输入O执行【偏移】命令，让连接线往两边偏移400，接着在命令行输入F执行【圆弧】命令，连接点1和点2，绘制半径为400的半圆，如图1-290所示。

07_ 在命令行输入TR执行【修剪】命令，删除多余的线条，图1-291所示。

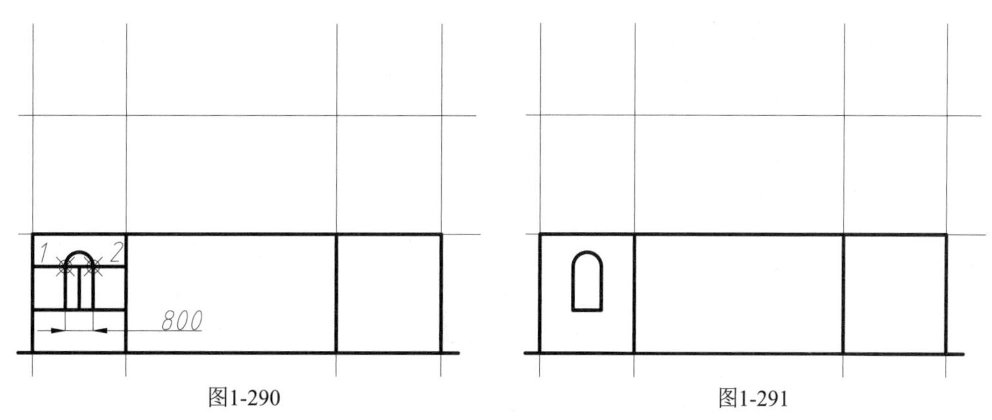

图1-290　　图1-291

08_ 在命令行输入J执行【合并】命令，选择窗户线条，右击将其合并，如图1-292所示。

09_ 在命令行输入O执行【偏移】命令，设置偏移距离为60，选择窗户线条，单击区域内一点，如图1-293所示。

10_ 在命令行输入L执行【直线】命令，绘制窗户的对称轴和矩形的上边界，然后在命令行输入O执行【偏移】命令，使绘制的图形偏移30，如图1-294所示。

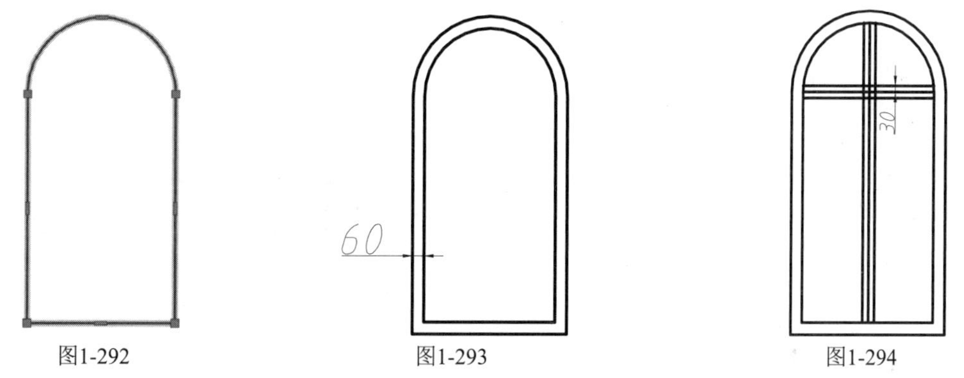

图1-292　　图1-293　　图1-294

11_ 在命令行输入ddptype执行【点样式】命令，弹出【点样式】对话框，设置点的样式，如图1-295所示。

12_ 在命令行输入X执行【分解】命令，把内边的矩形分解。然后在命令行输入DIV执行【定数等分】命令，把左边的直线分为4部分，如图1-296所示。

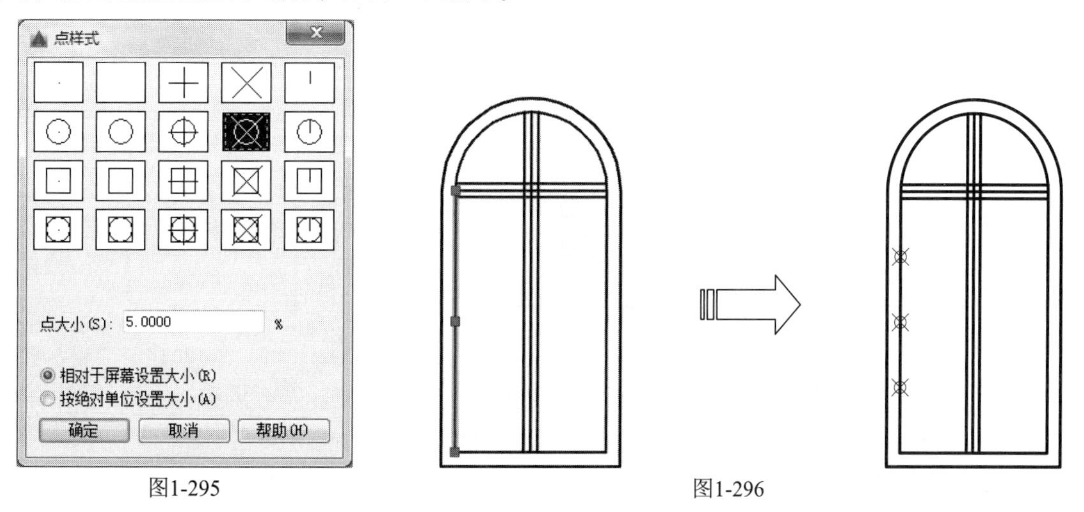

图1-295　　图1-296

13_ 在命令行输入CO执行【复制】命令，复制水平直线到各个等分点，这样就得到了一个窗户，如图1-297所示。

14_ 绘制右窗户辅助线。在命令行输入L执行【直线】命令，绘制右窗户的中心线，如图1-298所示。

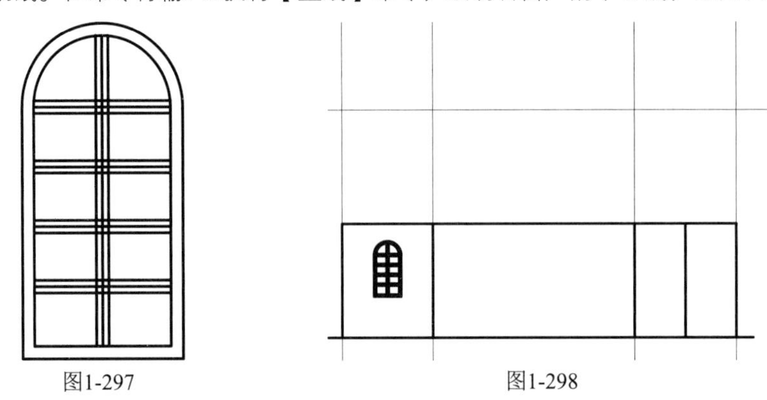

图1-297　　图1-298

15_ 在命令行输入CO执行【复制】命令，复制左窗户，水平移动到右边矩形的正中间，然后在命令行输入E执行【删除】命令去除辅助线，如图1-299所示。

16_ 在命令行输入O执行【偏移】命令，让中间左边的竖直轴线往右偏移700和1700；让底边轴线往上偏移600和2600，得到新的辅助线，如图1-300所示。

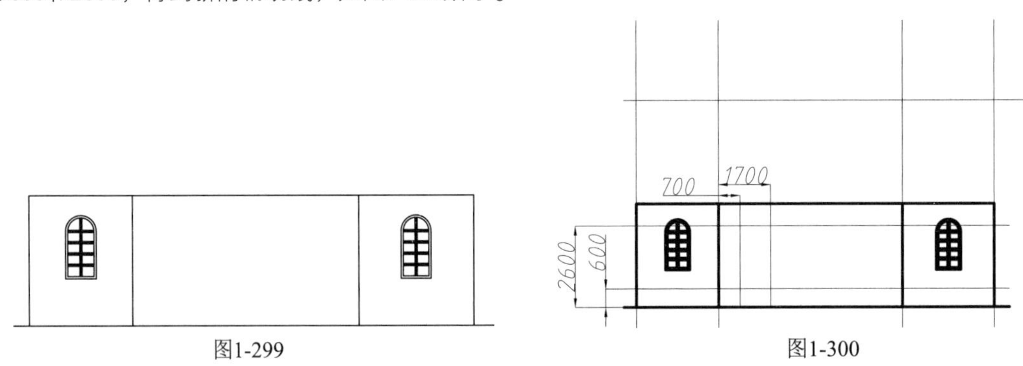

图1-299　　图1-300

17_ 在命令行输入REC执行【矩形】命令，根据辅助线绘制一个1000×2000的矩形，如图1-301所示。

18_ 在命令行输入AR执行【矩形阵列】命令，选择对象矩形，如图1-302所示。

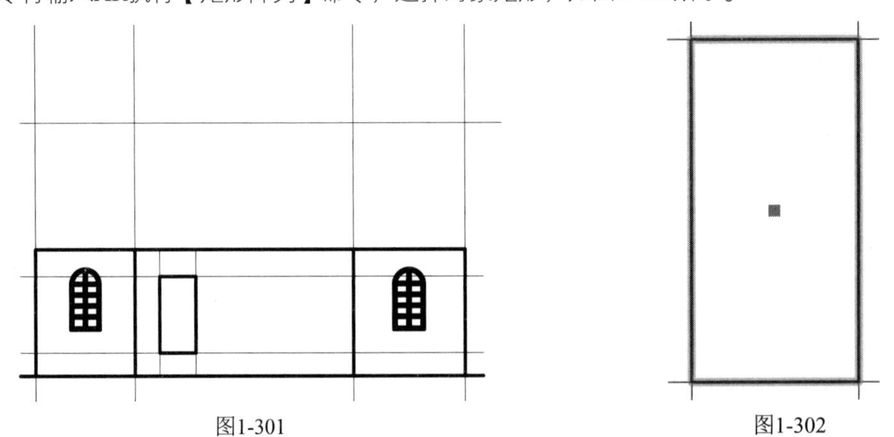

图1-301　　图1-302

19_ 在“阵列创建”面板设置参数，列数为4、行数为1和介于1200等，如图1-303所示。

列数:	4	行数:	1	级别:	1
介于:	1200	介于:	3000	介于:	1
总计:	3600	总计:	3000	总计:	1
列		行 ▾		层级	

图1-303

20_ 在命令行输入E执行【删除】命令，删除辅助线，如图1-304所示。

21_ 在命令行输入O执行【偏移】命令，让4个矩形都往里偏移60，得到底层的全部窗户，如图1-305所示。

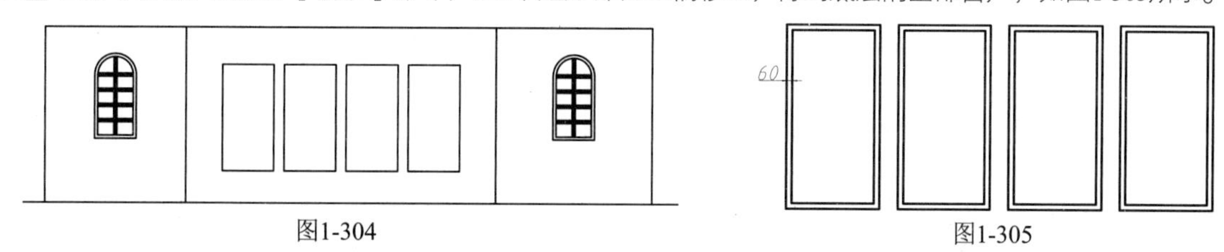

图1-304　　图1-305

22_ 绘制二层的窗户。在命令行输入O执行【偏移】命令，让中间左边竖直轴线向右偏移600、2400、3000和3600；让中间两条水平轴线分别向上偏移600和700，如图1-306所示。

23_ 在命令行输入REC执行【矩形】命令，根据辅助线绘制一个1800×2000的矩形，如图1-307所示。

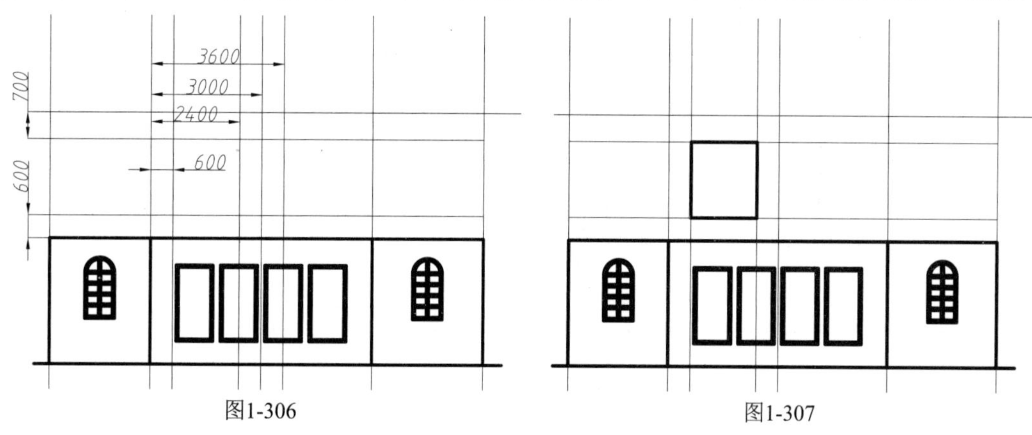

图1-306　　图1-307

24_ 在命令行输入O执行【偏移】命令，让矩形往里偏移60，如图1-308所示。

25_ 在命令行输入L执行【直线】命令，连接偏移矩形的上下两边的中点；然后在命令行输入O执行【偏移】命令，让连接线往两边各偏移30，如图1-309所示。

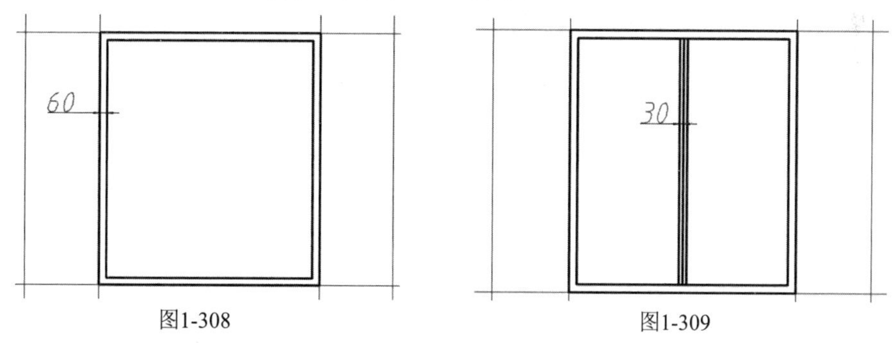

图1-308　　图1-309

26_ 在命令行输入CO执行【复制】命令，复制一个大窗户到开间的右边对应位置；然后在命令行输入E执行【删除】命令，消除辅助线，如图1-310所示。

27_ 窗户绘制完后，在命令行输入L执行【直线】命令，补全轮廓；在命令行输入O执行【偏移】命令，将二层的最外边的两条竖直线段往外偏移600，如图1-311所示。

28_ 在命令行输入EX执行【延伸】命令，让屋面线延伸到两条偏移线。在命令行输入O执行【偏移】命令，让屋面线向下偏移100，得到顶层的屋面板，最终效果如图1-312所示。

29_ 在命令行输入TR执行【修剪】命令，删除多余的线条，如图1-313所示。

30_ 采用同样的方法使得中间的竖直线条往外偏移600，然后修剪线条，如图1-314所示。

31_ 在命令行输入L执行【直线】命令，绘制一个标高符号，如图1-315所示。

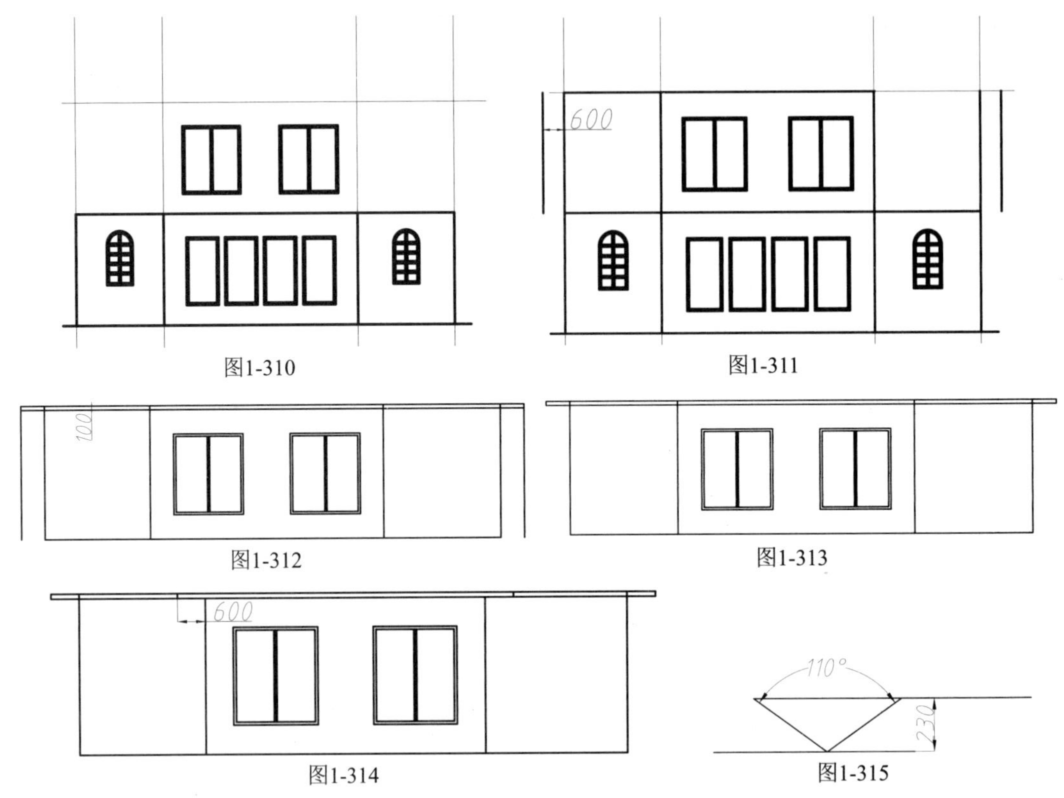

图1-310　图1-311

图1-312　图1-313

图1-314　图1-315

32_ 在命令行输入CO执行【复制】命令，把标高符号复制到各个位置，如图1-316所示。

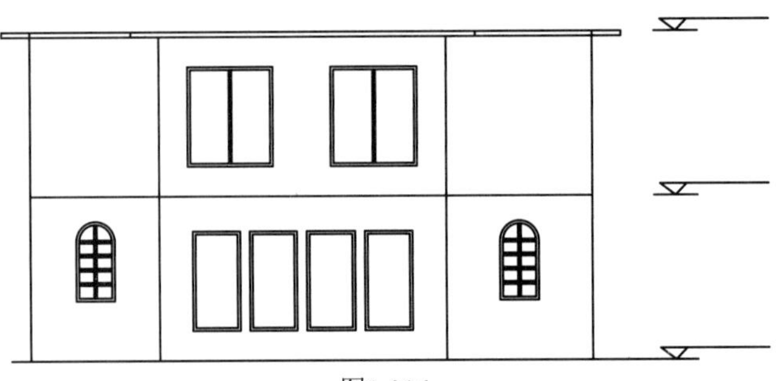

图1-316

33_ 在命令行输入T执行【多行文字】命令，在标高符号上标出具体的标高数字；在图形的正下方框选文字范围，输入“1:100”，最后在命令行输入L执行【直线】命令，在文字下方绘制一条线宽为0.3mm的直线，这样就全部绘制好了。最终效果如图1-317所示。

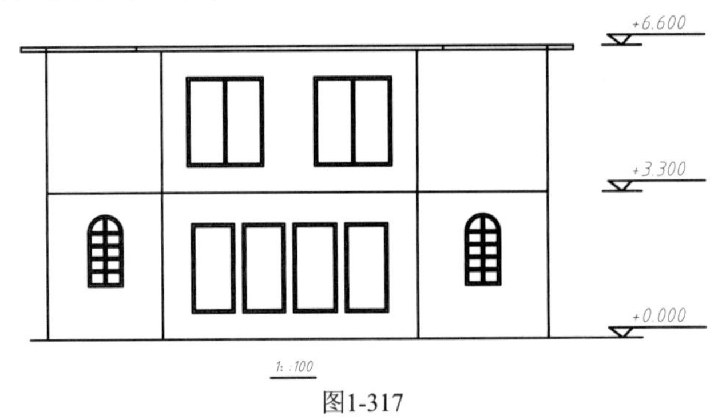

图1-317

实战053　快捷键绘制楼梯

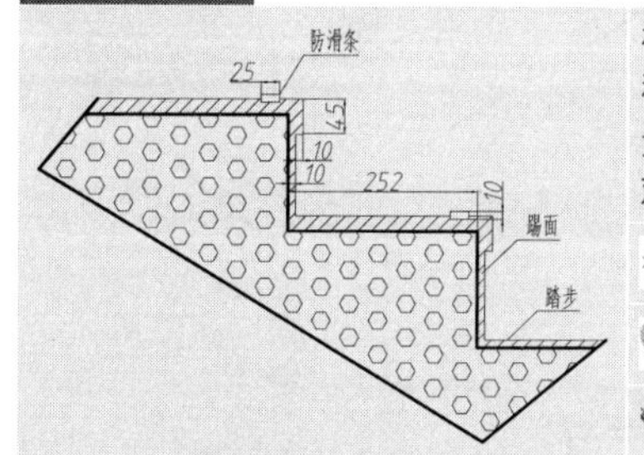

楼梯作为楼层之间的连接结构，是层式建筑物必备的结构之一。绘制此图过程中，巧妙运用【合并】【构造线】【偏移】等命令将大大降低绘图工作量，下面详细介绍绘图过程。

难度：☆☆☆

及格时间：6′00″

优秀时间：3′00″

读者自评：/ / / / / /

01_ 以附赠样板“标准制图样板.dwt”作为基础样板，新建空白文件。

02_ 设置【细实线】图层为当前图层，在命令行输入XL执行【构造线】命令，绘制一条竖直构造线和一条水平构造线；在命令行输入O执行【偏移】命令，将水平构造线向上偏移150，竖直构造线偏移252，如图1-318所示。

03_ 设置【轮廓线】图层为当前图层，输入L执行【直线】命令，根据构造线绘制出楼梯踏步线，如图1-319所示。

04_ 在命令行输入O执行【偏移】命令，把斜线向下偏移100，再把原斜线删除，如图1-320所示。

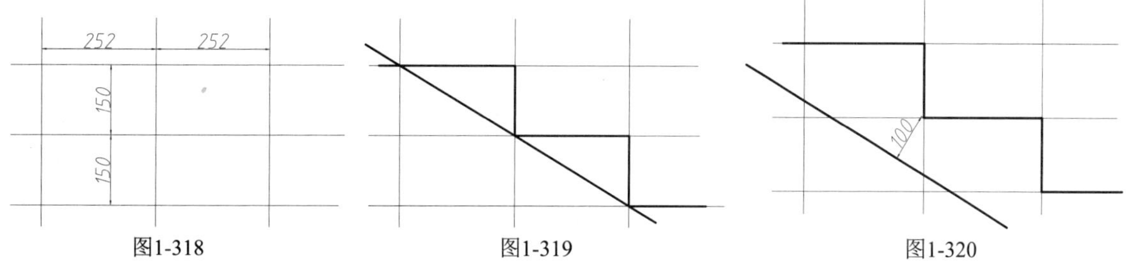

图1-318　　图1-319　　图1-320

05_ 在命令行输入J执行【合并】命令，将楼梯踏步线合并，然后在命令行输入O执行【偏移】命令，依次向外偏移10，偏移两次，如图1-321所示。

06_ 在命令行输入REC执行【矩形】命令，绘制防滑条，在命令行输入L执行【直线】命令，绘制楼梯辅助线，如图1-322所示。

07_ 在命令行输入E执行【删除】命令和在命令行输入TR执行【修剪】命令，将图中多余的线条修剪，如图1-323所示。

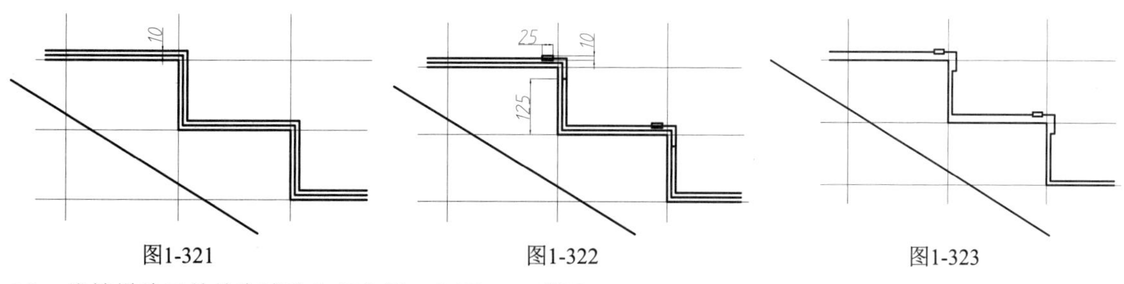

图1-321　　图1-322　　图1-323

08_ 将楼梯外层的轮廓线改为细实线，如图1-324所示。

09_ 在命令行输入H执行【图案填充】命令，拾取填充范围里面的一点，设置参数，如图1-325所示。

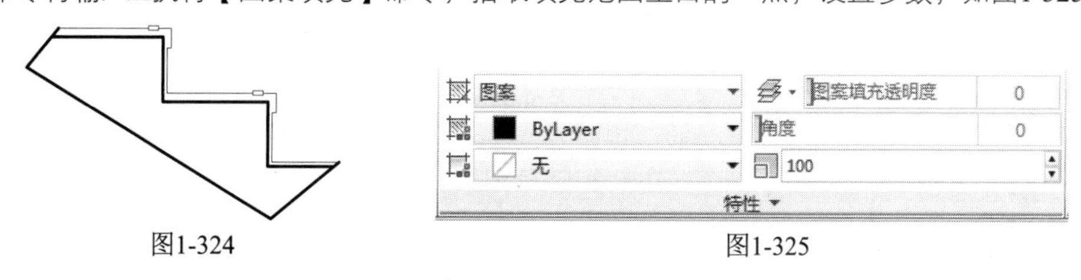

图1-324　　图1-325

10_ 选择正确的图案，填充效果如图1-326所示。

11_ 在命令行输入DIM执行【尺寸标注】命令，对图形一一进行尺寸标注，效果如图1-327所示。

12_ 在命令行输入LE执行【引线】命令，在命令行输入MT执行【多行文字】命令标注图形，最终效果如图1-328所示。

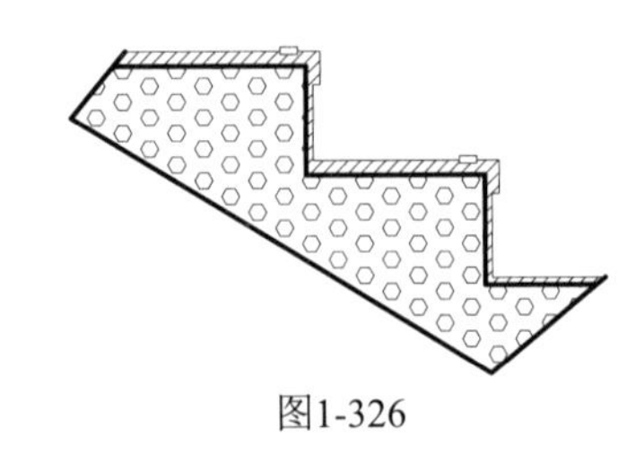

图1-326

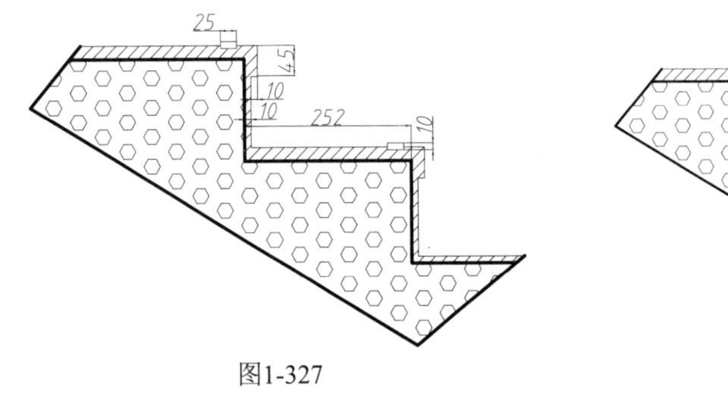

图1-327

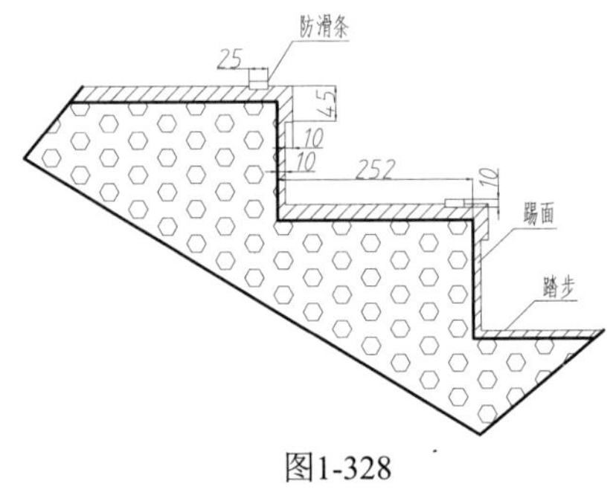

图1-328

实战054 快捷键绘制弹簧零件

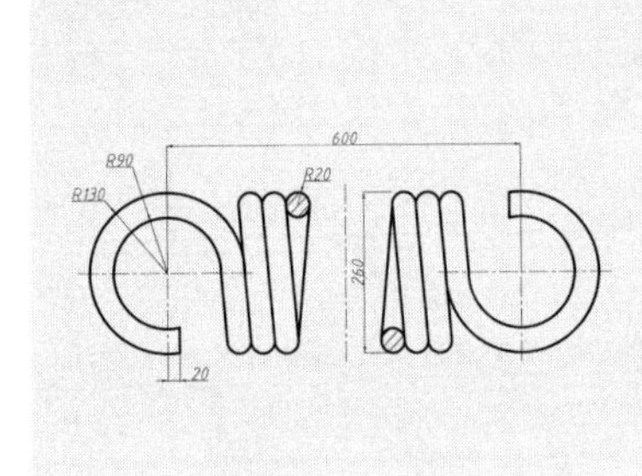

弹簧是一种利用弹性来工作的机械零件。用弹性材料制成的零件在外力作用下发生形变，除去外力后又恢复原状。通过弹簧零件的绘制，主要综合练习【直线】【偏移】【打断】【图案填充】和【镜像】命令，在绘制过程中需要注意对象的捕捉。

难度：☆☆☆

及格时间：6′00″

优秀时间：3′00″

读者自评： / / / / / /

01_ 以附赠样板“标准制图样板.dwt”作为基础样板，新建空白文件。

02_ 设置【中心线】图层为当前图层，在命令行输入L执行【直线】命令，绘制两条中心线，如图1-329所示。

03_ 设置【轮廓线】图层为当前图层，在命令行输入C执行【圆】命令，绘制两个圆，其半径分别为90、130，如图1-330所示。

04_ 在命令行输入O执行【偏移】命令，把竖直中心线向右偏移20，如图1-331所示。

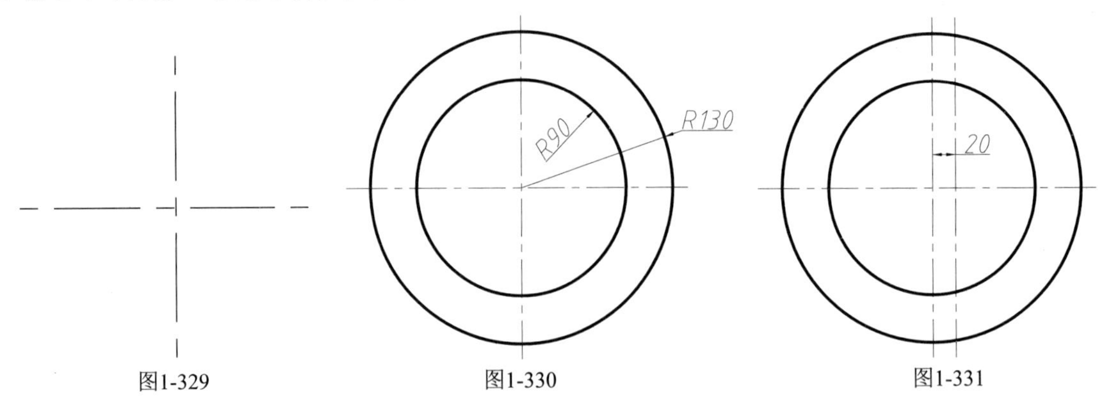

图1-329　　图1-330　　图1-331

05_ 在命令行输入TR执行【修剪】命令，删除多余的线段；在命令行输入L执行【直线】命令，闭合线段，如图1-332所示。

06_ 在命令行输入O执行【偏移】命令，将竖直中心线向右偏移120和140，将水平中心线向上偏移110，向下偏移110和130，如图1-333所示。

07_ 在命令行输入C执行【圆】命令，以中心线交点为圆心绘制两个半径为20的圆，如图1-334所示。

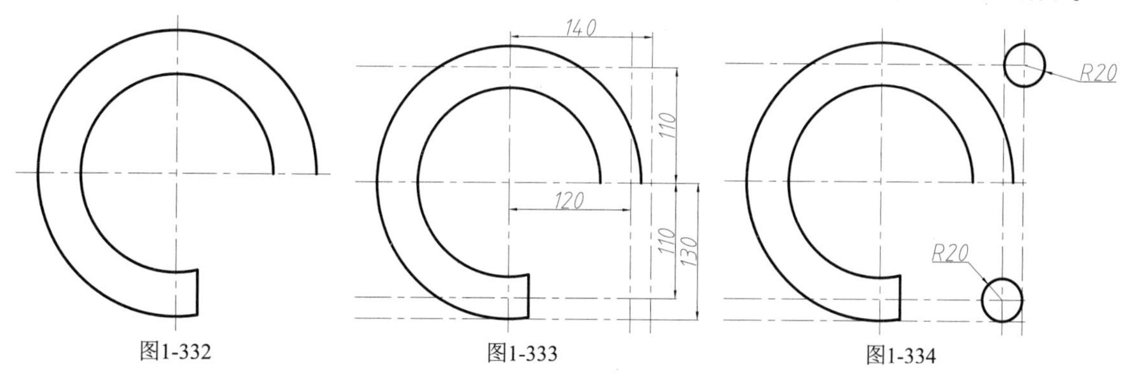

图1-332　　图1-333　　图1-334

08_ 在命令行输入L执行【直线】命令，选择水平中心线与圆的交点为起点，接着按住Ctrl+鼠标右键选择执行【切点】命令，捕捉小圆上的切点为直线的端点，如图1-335所示。

09_ 在命令行输入AR执行【矩形阵列】命令，选择对象为上一步中的两圆，设置参数3列、1行、介于40等，如图1-336所示。

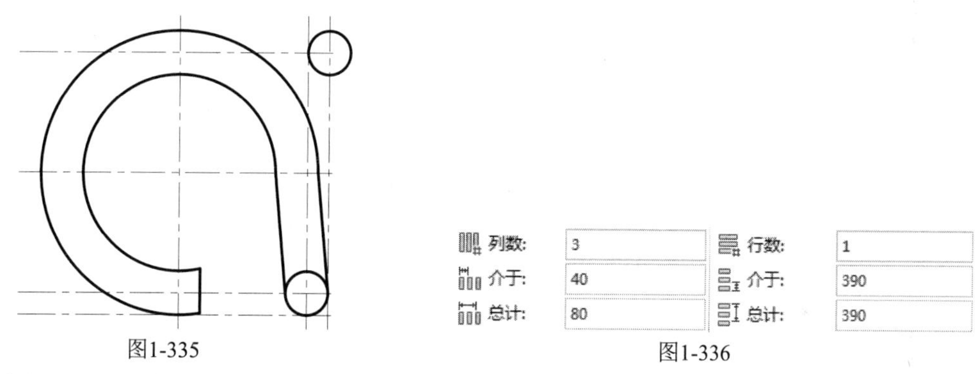

图1-335　　图1-336

10_ 确定阵列后，效果如图1-337所示。

11_ 在命令行输入L执行【直线】命令，使用前面相同的方法，绘制切线，效果如图1-338所示。

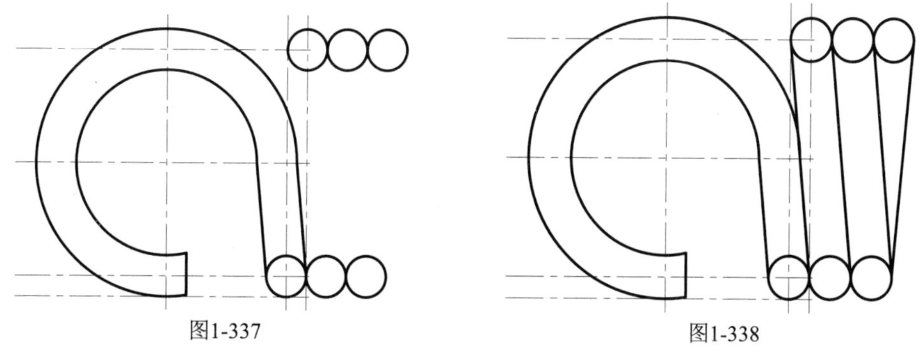

图1-337　　图1-338

12_ 在命令行输入TR执行【修剪】命令，修剪并删除多余线段，效果如图1-339所示。

13_ 在命令行输入O执行【偏移】命令，将竖直中心线向右偏移300，在命令行输入MI执行【镜像】命令，将图形镜像，效果如图1-340所示。

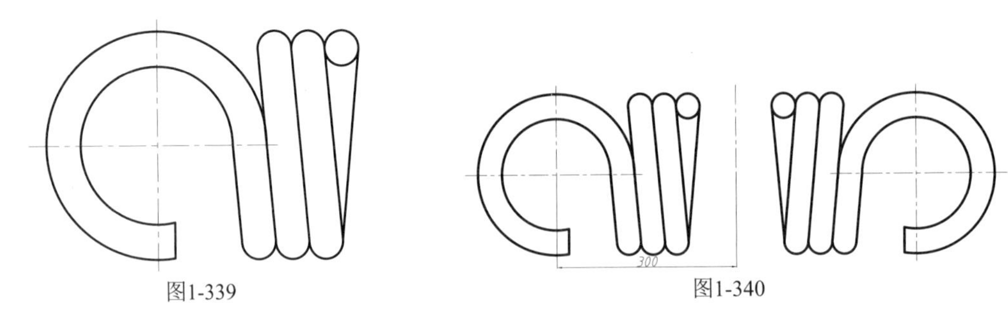

图1-339　　图1-340

14_ 继续在命令行输入MI执行【镜像】命令，将右侧弹簧沿水平中心线进行镜像，并删除源对象，如图1-341所示。

15_ 设置【剖面线】图层为当前图层，在命令行输入H执行【图案填充】命令，对弹簧的剖切截面进行图案填充，效果如图1-342所示。

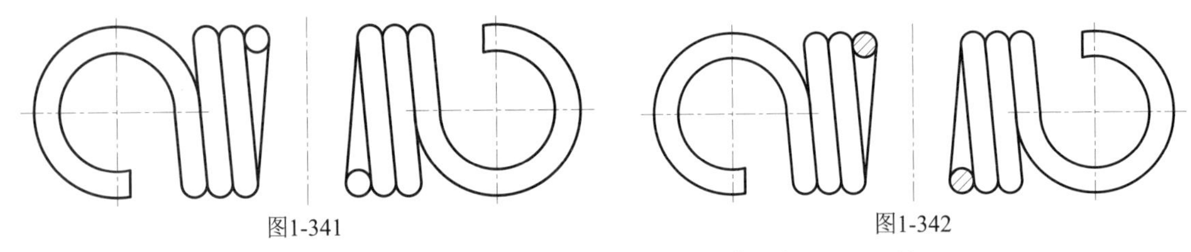

图1-341　　图1-342

16_ 设置【标注线】图层为当前图层，对图形进行标注，最终效果如图1-343所示。

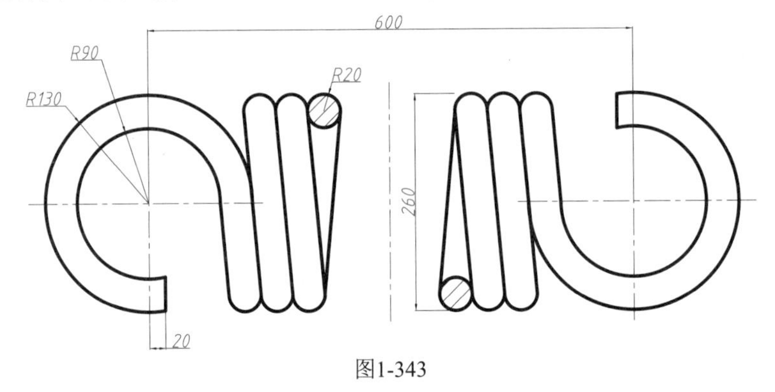

图1-343

实战055 快捷键绘制球轴承

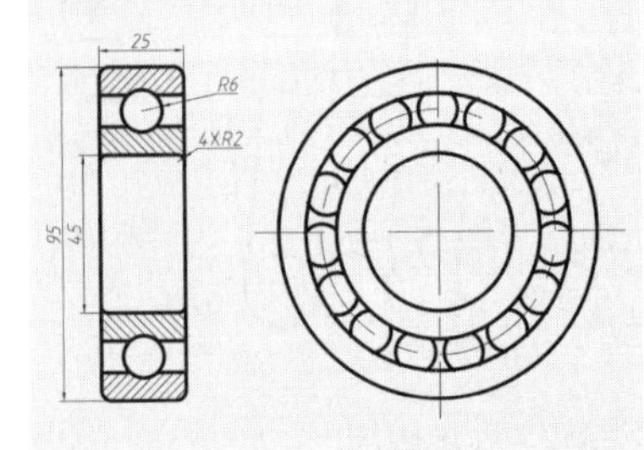

球轴承是滚动轴承的一种，球滚珠装在内钢圈和外钢圈的中间，能承受较大的载荷。球轴承图形由多个圆和线段组成，绘制过程灵活运用【分解】【偏移】【阵列】等命令能大大减少工作量。

难度：☆☆☆

及格时间：6′00″

优秀时间：3′00″

读者自评：　/　/　/　/　/　/

01_ 以附赠样板“标准制图样板.dwt”作为基础样板，新建空白文件。

02_ 设置【轮廓线】图层为当前图层，在命令行输入REC执行【矩形】命令，接着输入F设置倒角为3，绘制长为95、宽为25的矩形，如图1-344所示。

03_ 在命令行输入O执行【偏移】命令，将上端线段向下依次偏移8、9和8，如图1-345所示。

04_ 在命令行输入EX执行【延伸】命令，选择两端直线和偏移直线，右击后，选择的水平线段往两边延伸，如图1-346所示。

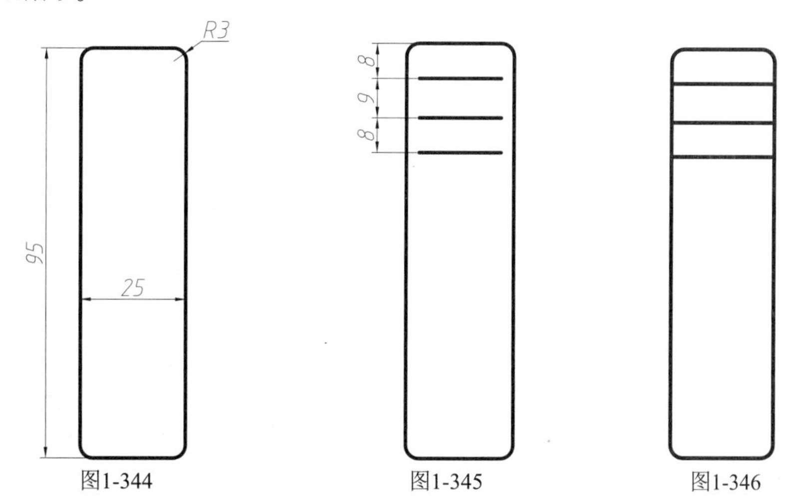

图1-344　图1-345　图1-346

05_ 在命令行输入F执行【圆角】命令，设置圆角半径为2，对轮廓线进行圆角，如图1-347所示。

06_ 在命令行输入C执行【圆】命令，以偏移的第一条线段中心为圆心，绘制半径为6的圆；然后在命令行输入M执行【移动】命令，将圆向下移动4.5，如图1-348所示。

07_ 在命令行输入TR执行【修剪】命令，删除多余的线条，如图1-349所示。

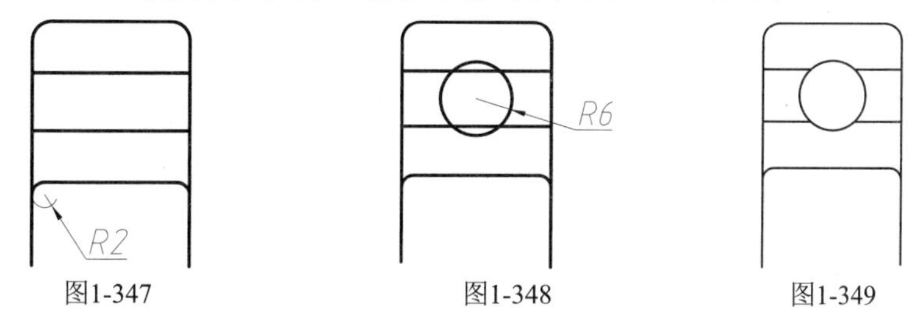

图1-347　图1-348　图1-349

08_ 设置【中心线】图层为当前图层，绘制一条水平对称线，然后在命令行输入MI执行【镜像】命令，镜像之前绘制的图形，如图1-350所示。

09_ 设置【剖面线】图层为当前图层，在命令行输入H执行【图案填充】命令，设置比例为15，其他参数不变，对图形进行填充，如图1-351所示。

10_ 继续上一步相同的操作，将填充角度设置为270°，填充图形，如图1-352所示。

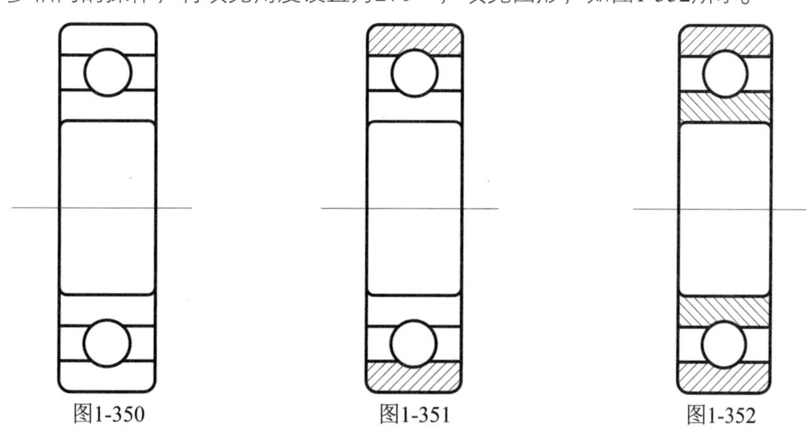

图1-350　图1-351　图1-352

11_ 单击中心线，将中心线向右拉长，然后在命令行输入O执行【偏移】命令，将中心线向上偏移

30.5、35、39.5、47.5，向下偏移35，在命令行输入L执行【直线】命令，在右边绘制一条竖直中心线，如图1-353所示。

12_ 设置【轮廓线】图层为当前图层，在命令行输入C执行【圆】命令，以点1为圆心，绘制多个与中心线相切的圆，如图1-354所示。

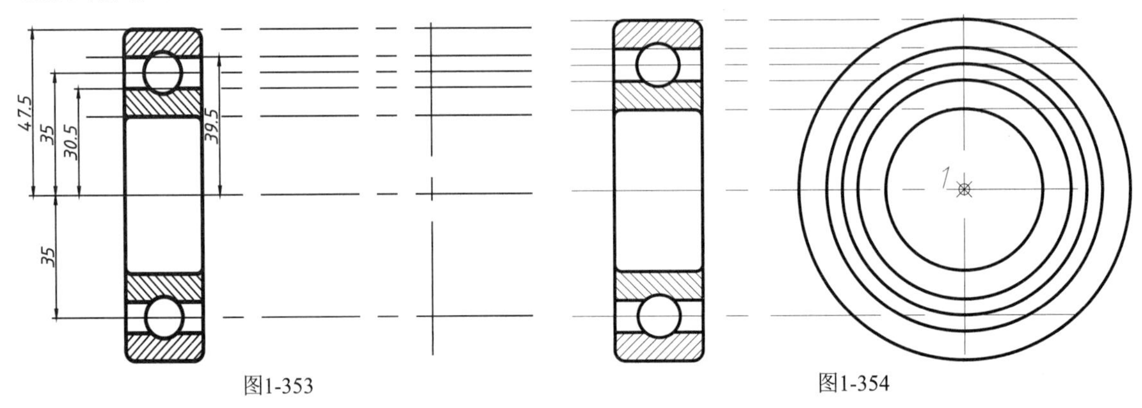

图1-353　　图1-354

13_ 在命令行输入C执行【圆】命令，以点2为圆心，绘制半径为6的圆，如图1-355所示。

14_ 在命令行输入TR执行【修剪】命令，删除多余的线条，如图1-356所示。

15_ 在命令行输入AR执行【阵列】命令，设置项目总数为15，角度为360°，选择修剪后的两端圆弧，以大圆的圆心为中心点，进行环形阵列，效果如图1-357所示。

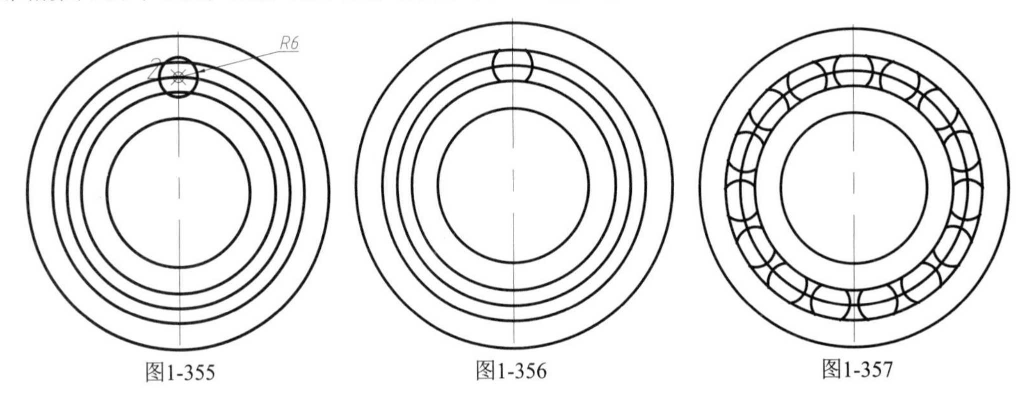

图1-355　　图1-356　　图1-357

16_ 在命令行输入E执行【删除】命令，删除之前偏移的辅助线，效果如图1-358所示。

17_ 设置【中心线】图层为当前图层，将中心线的位置和长度调整好，最终效果如图1-359所示。

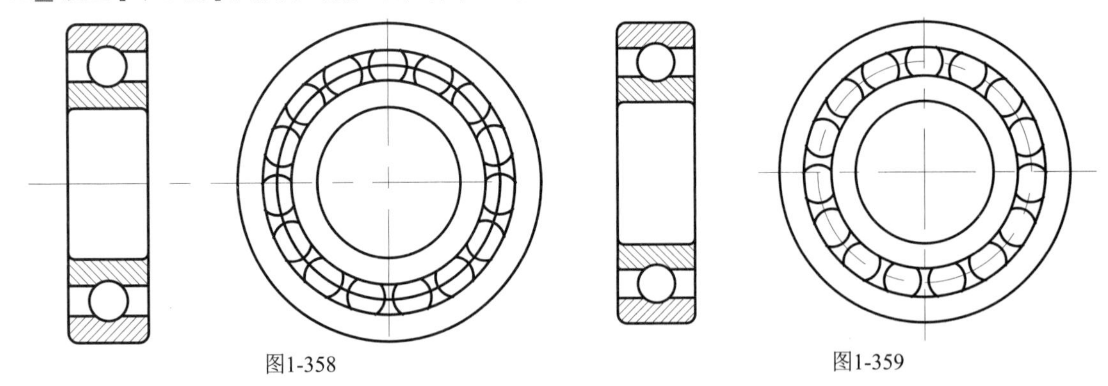

图1-358　　图1-359

实战056　快捷键绘制调节盘

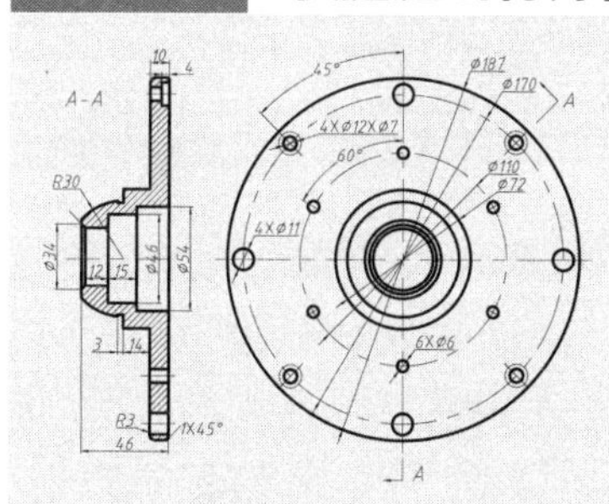

调节盘是机械工程中运用较多的零件之一，主要起到定位和控制装置的作用。在绘制调节盘过程中，先画出一个视图，然后利用“高平齐”的规则画另一个图，以减少尺寸的输入。另外，巧用【修剪】【圆角】【偏移】命令，能减少绘制工作量。

难度：☆☆☆☆☆

及格时间：12′00″

优秀时间：6′00″

读者自评：　/　/　/　/　/　/

01_ 以附赠样板“标准制图样板.dwt”作为基础样板，新建空白文件。

02_ 设置【中心线】图层为当前图层，在命令行输入L执行【直线】命令，绘制两条中心线，如图1-360所示。

03_ 设置【轮廓线】图层为当前图层，在命令行输入C执行【圆】命令，绘制多个圆，其半径分别为15、17、36、55、85、93.5，如图1-361所示。

04_ 设置【细实线】图层为当前图层，在命令行输入L执行【直线】命令，绘制两条辅助线，如图1-362所示。

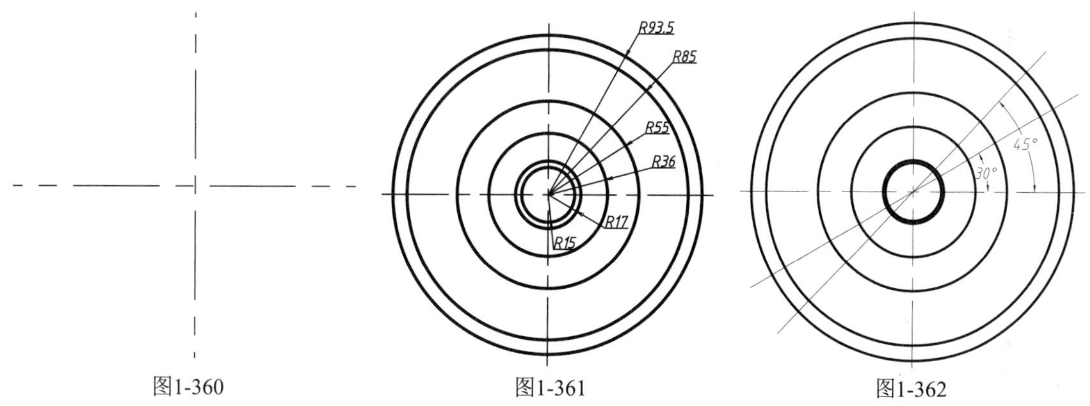

图1-360　　图1-361　　图1-362

05_ 设置【轮廓线】图层为当前图层，在命令行输入C执行【圆】命令，以点1为圆心，绘制半径为5.5的圆；以点2为圆心，绘制两个圆，其半径分别为3.5和6，如图1-363所示。

06_ 在命令行输入ARRAY执行【阵列】命令，选择上一步中的圆形，以大圆圆心为中心点，设置项目数为4，极轴阵列结果如图1-364所示。

07_ 在命令行输入C执行【圆】命令，绘制两个半径为3的圆，如图1-365所示。

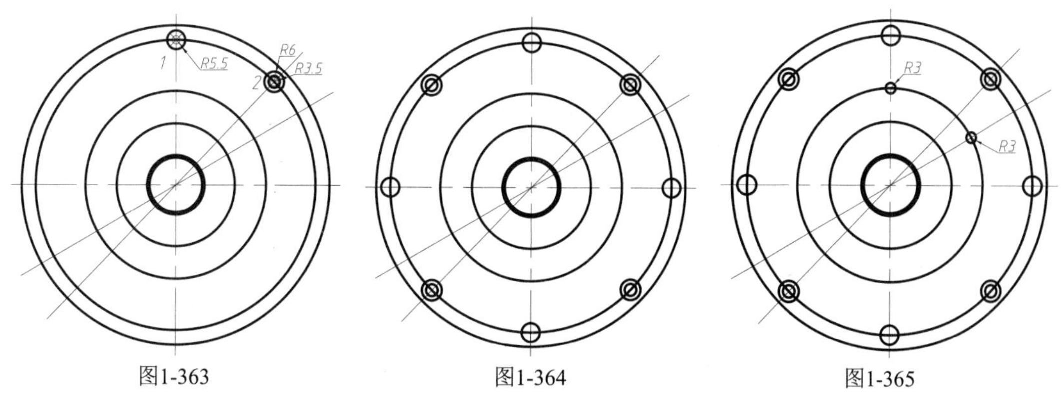

图1-363　　图1-364　　图1-365

08_ 在命令行输入MI执行【镜像】命令，以竖直和水平中心线为镜像线，镜像半径为3的圆，如图1-366所示。

09_ 设置【中心线】图层为当前图层，在命令行输入L执行【直线】命令，补全中心线，如图1-367所示。

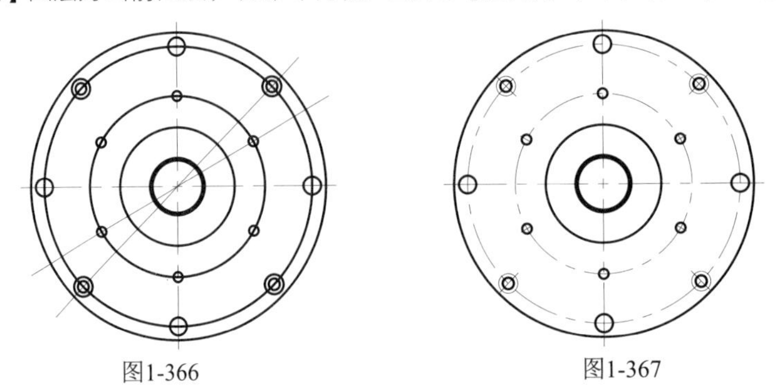

图1-366　　图1-367

10_ 设置【中心线】图层为当前图层，在命令行输入L执行【直线】命令，绘制与主视图对齐的水平中心线，效果如图1-368所示。

11_ 设置【轮廓线】图层为当前图层，在命令行输入L执行【直线】命令，绘制一条竖直轮廓线，效果如图1-369所示。

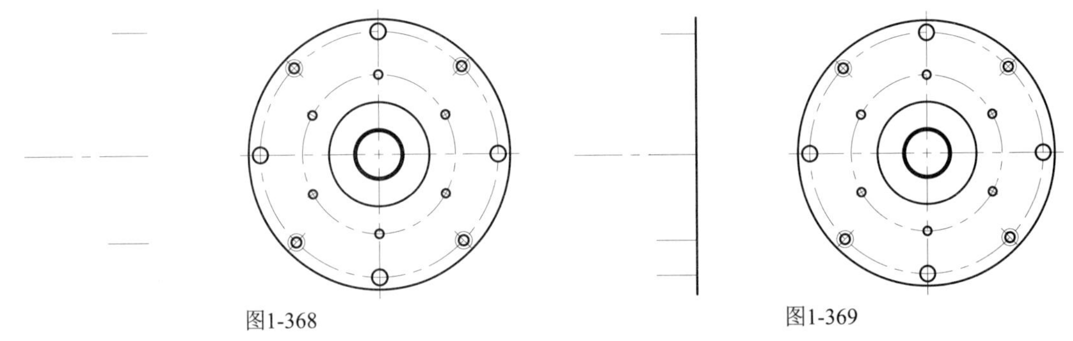

图1-368　　图1-369

12_ 在命令行输入O执行【偏移】命令，将轮廓线向左偏移10、24、27、46，将水平中心线向上下偏移29、36、93.5，效果如图1-370所示。

13_ 在命令行输入C执行【圆】命令，以偏移24的直线与中心线的交点为圆心绘制R30的圆，效果如图1-371所示。

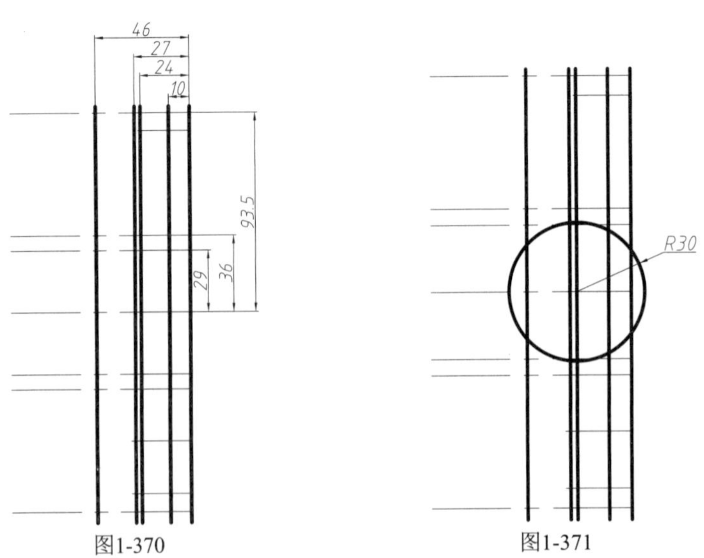

图1-370　　图1-371

14_ 在命令行输入TR执行【修剪】命令，在命令行输入E执行【删除】命令，删除多余的线条，如图1-372所示。

15_ 在命令行输入F执行【圆弧】命令，设置圆角半径为3，在左上和左下创建圆角；在命令行输入CHA执行【倒角】命令，设置距离为1、角度为45°，在右上和右下创建倒角，如图1-373所示。

16_ 在命令行输入L执行【圆弧】命令，根据三视图“高平齐”的原则，绘制螺纹孔和沉孔的轮廓线，如图1-374所示。

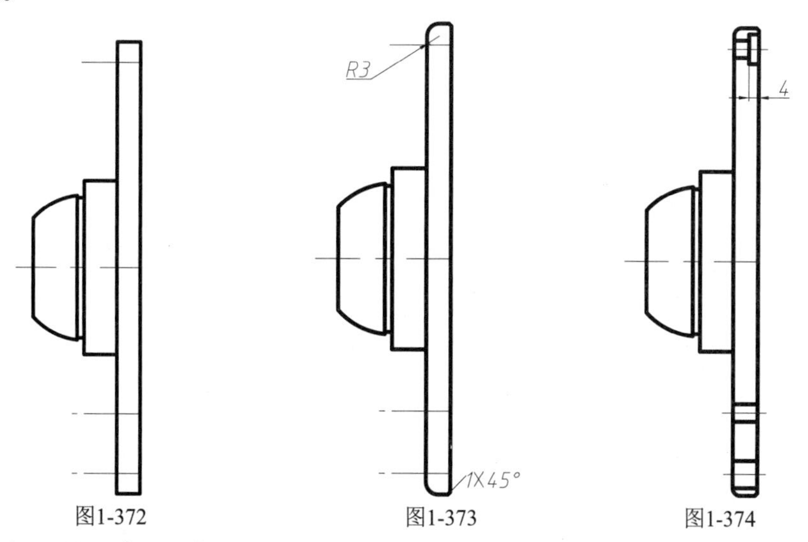

图1-372　图1-373　图1-374

17_ 在命令行输入O执行【偏移】命令，将水平中心线向上、下各偏移15、23、27；将最左端的轮廓线向右偏移14、29，如图1-375所示。

18_ 在命令行输入TR执行【修剪】命令，修剪多余的线条，如图1-376所示。

19_ 在命令行输入CHA执行【倒角】命令，设置倒角距离为2、角度为45°，如图1-377所示。

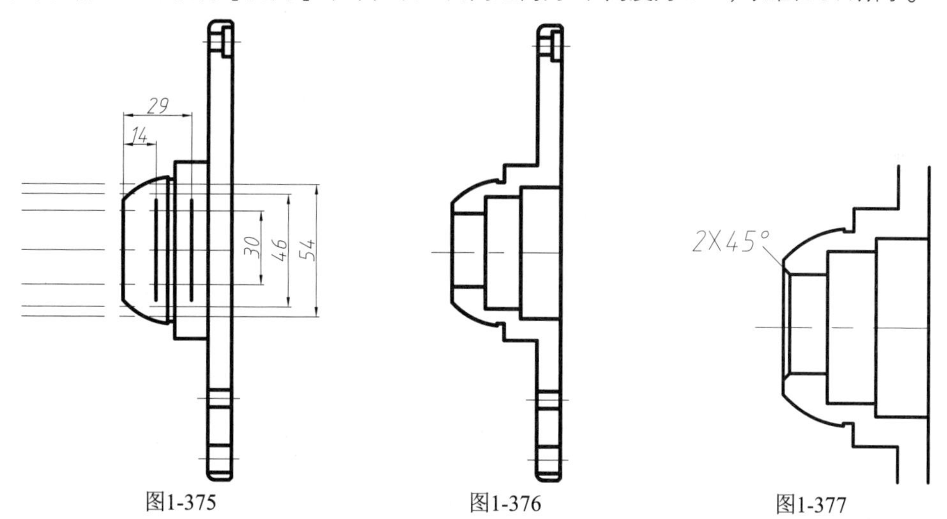

图1-375　图1-376　图1-377

20_ 设置【中心线】图层为当前图层，在命令行输入L执行【直线】命令，绘制与侧视图对齐的水平中心线，如图1-378所示。

21_ 设置【轮廓线】图层为当前图层，以大圆为圆心，绘制两个与上一步中心线相切的圆，如图1-379所示。

22_ 删除绘制的两条中心辅助线，设置【图层】为【剖面线】，在命令行输入H执行【填充图案】命令，设置比例为20，填充剖面线，如图1-380所示。

23_ 在命令行输入DIM执行【标注】命令，标注各线性尺寸，如图1-381所示。

24_ 双击各直径尺寸，在尺寸值前添加直径符号，如图1-382所示。

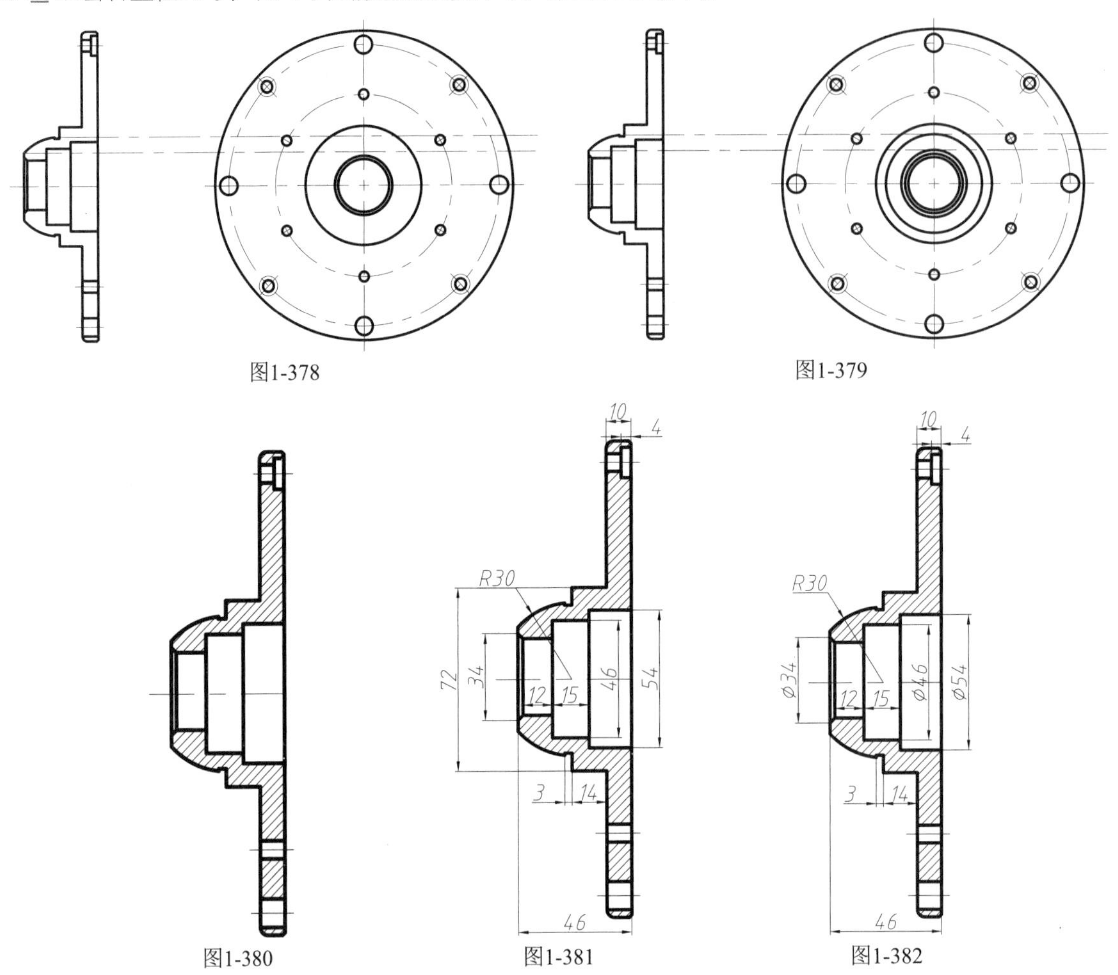

图1-378　图1-379

图1-380　图1-381　图1-382

25_ 在命令行输入DDI执行【直径标注】命令，对圆弧和圆进行标注，如图1-383所示。

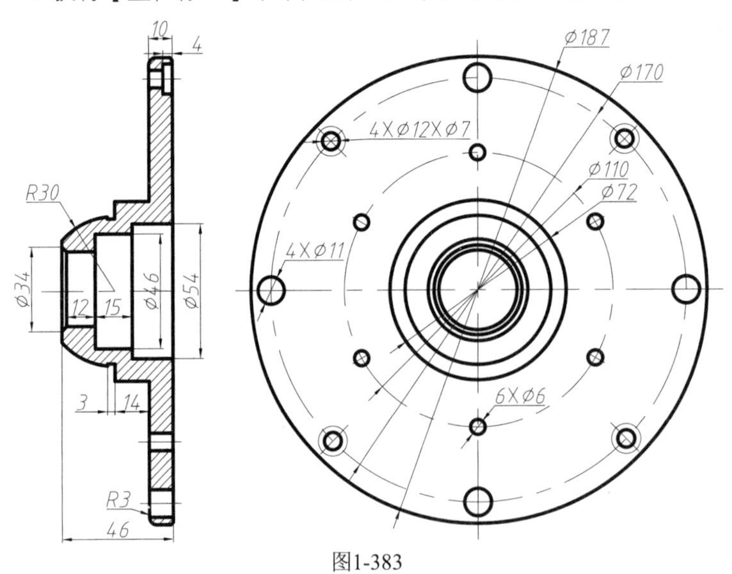

图1-383

26_ 在命令行输入DAN执行【角度标注】命令，在命令行输入ML执行【多重引线】命令，对角度和倒角进行标注，如图1-384所示。

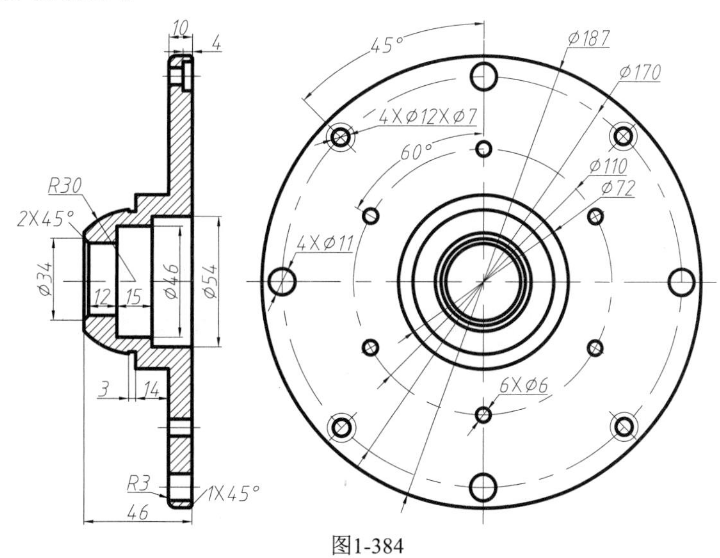

图1-384

27_ 在命令行输入PL执行【多段线】命令，通过设置【线宽】选项绘制剖切箭头，并在命令行输入MT执行【多行文字】命令，输入剖切序号，最终效果如图1-385所示。

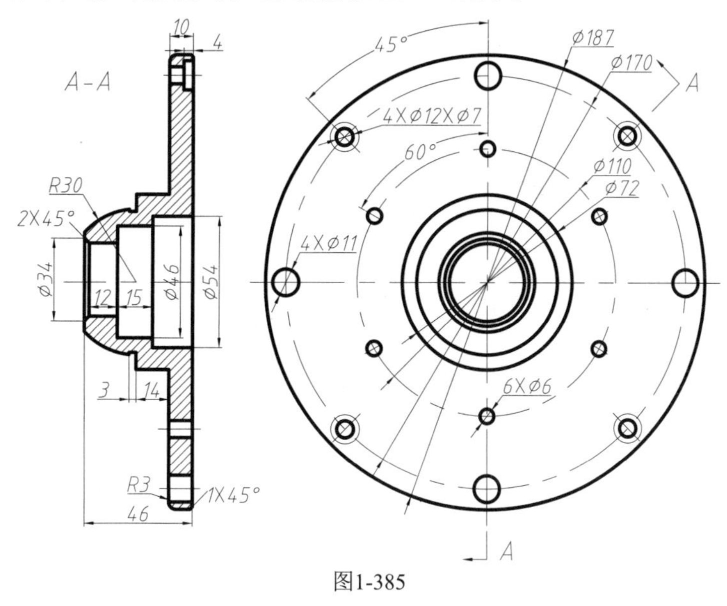

图1-385

第2章 单击按钮绘图

AutoCAD为用户提供了丰富的绘图功能，每一个绘图命令都对应它的命令按钮，所以要想提高AutoCAD的绘图水平，了解和熟悉单击按钮绘图是非常必要的。通过本章的学习，用户将会对AutoCAD的命令按钮绘制图形有个全面的了解和认识，并能熟练使用常用的绘图命令。

2.1 适合按钮操作的命令

在众多的AutoCAD绘图命令中，有小部分命令是可以用单个键盘按键或其他一步操作就能代替的，但也有很多命令的快捷键相对较长且难记，在工作时用这些命令的快捷键，往往不能提高效率，此时绘图员最好通过面板或工具栏上相应的按钮来激活命令。

2.2 绘图类

本小节介绍AutoCAD中较为简单命令的按钮，如直线、圆、圆弧等，下面将通过一些实战进行讲解。

实战057 快速绘制多点

点是所有图形中最基本的图形对象，可以用来作为捕捉和偏移对象的参考点。由于在AutoCAD中，点在默认情况下仅显示为一个小圆点，因此绘制点前需要先设置好点样式，使其清晰可见。绘制点最常用的方法就是手动输入，但是如果要绘制大量的点，那效率自然大打折扣，这时就可以考虑直接通过复制点坐标的方式来一次性创建大量的点，这种方法相比手动绘制来说，更为简单高效。

难度：☆☆

及格时间：0'40"

优秀时间：0'20"

读者自评：/ / / / / /

01_ 单击【实用工具】面板中的【点样式】按钮［点样式...］，弹出对话框，选择点的样式，如图2-1所示。

02_ 新建一个记事本文档，输入点的坐标，X和Y坐标用英文逗号隔开，如图2-2所示。

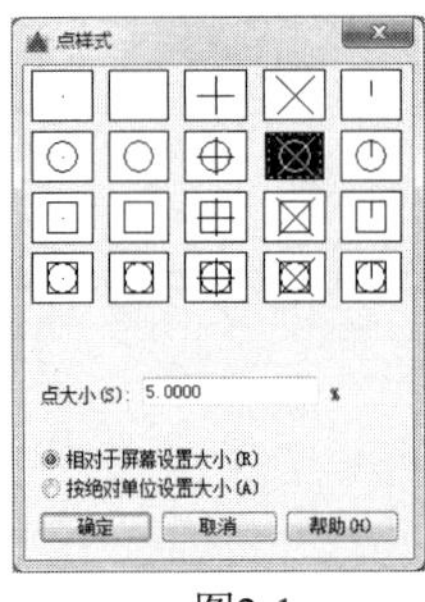

图2-1

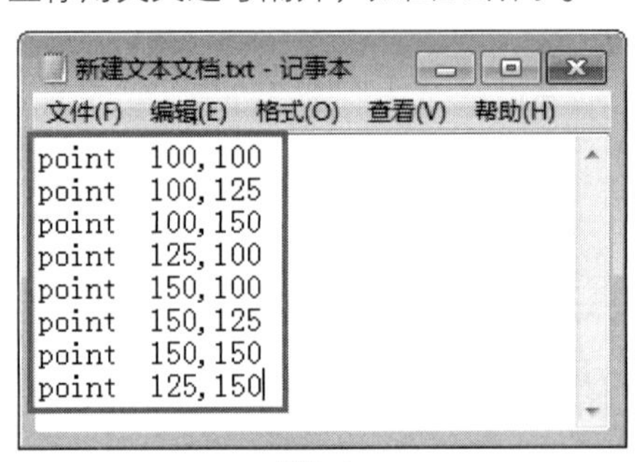

图2-2

除了通过新建文本文档输入数据外，还可以通过新建Excel、Word文档输入数据。

03_ 复制坐标数据，单击【绘图】面板中的【多点】按钮，接着在命令行中粘贴坐标点数据，如图2-3所示。

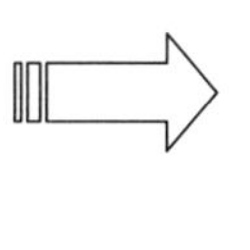

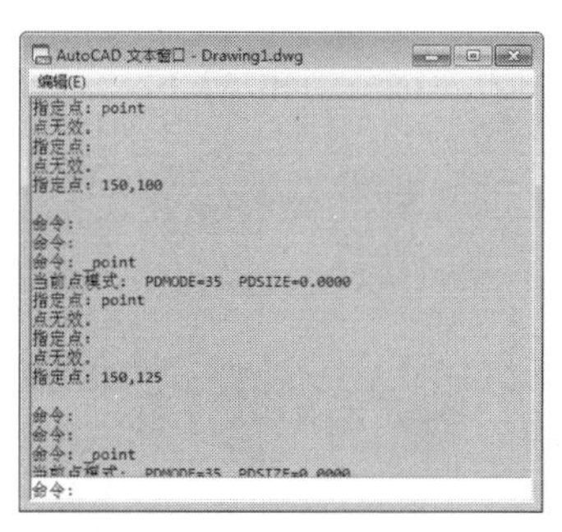

图2-3

04_ 单击Enter键，即可在指定坐标处得到最终的点图形，如图2-4所示。

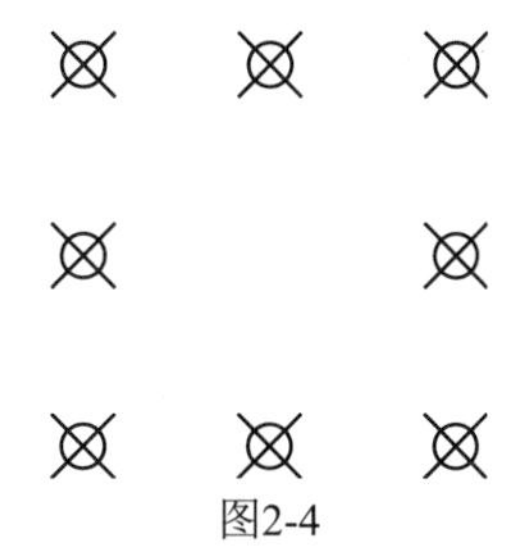

图2-4

实战058　创建定数等分点

在AutoCAD中，可以使用【定数等分】命令将绘图区中指定的对象以用户指定的数量进行等分，并在等分位置自动创建点。由于【定数等分】最终创建的点数量与对象的绝对大小没有直接关系，因此该命令非常适用于绘制一些平行或辐射状的图形。

难度：☆☆

及格时间：0′40″

优秀时间：0′20″

读者自评：　/　/　/　/　/　/

01_ 打开"第2章/实战058 创建定数等分点.dwg"素材文件，如图2-5所示。

02_ 在【默认】选项卡中单击【绘图】面板中的【定数等分】按钮，如图2-6所示，执行【定数等分】命令。

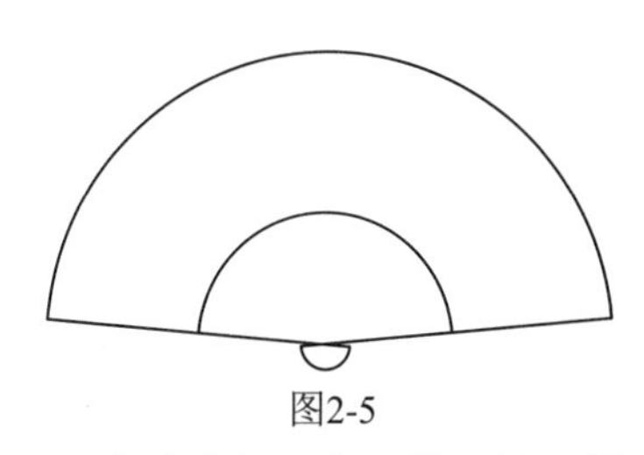

图2-5

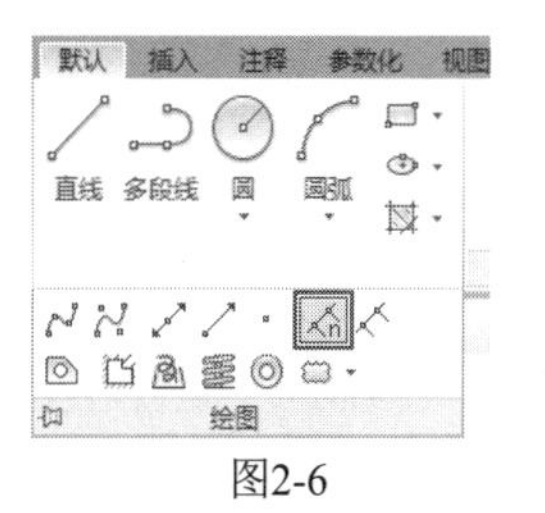

图2-6

03_ 根据命令行提示，依次选择两条圆弧，输入项目数20，单击Enter键完成定数等分，如图2-7所示。

04_ 在命令行输入L执行【直线】命令，绘制连接直线；单击【实用工具】面板中的【点样式】按钮点样式...，将点样式设置为初始点样式，最终效果如图2-8所示。

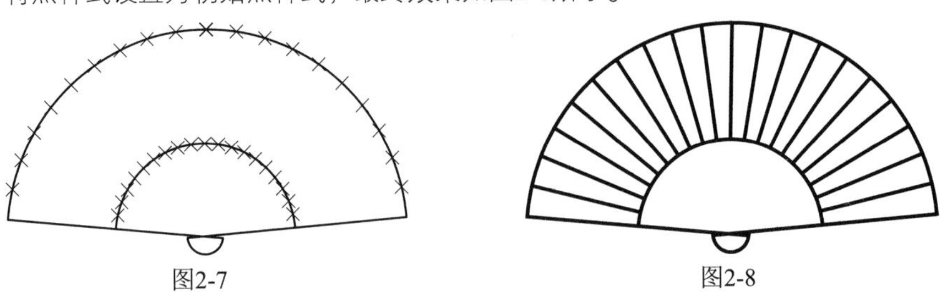

图2-7　　图2-8

实战059 创建定距等分点

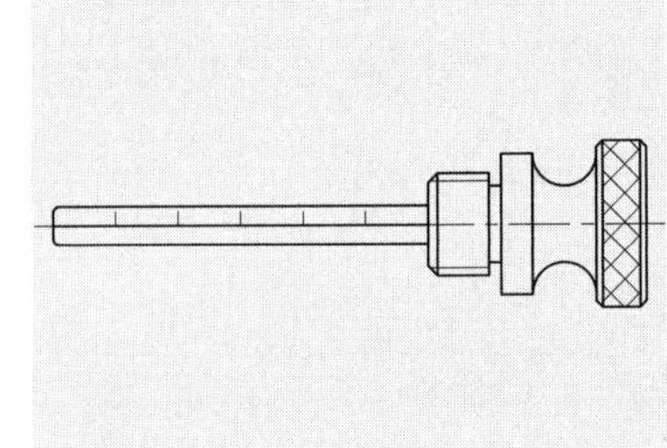

【定距等分】是指在指定的对象上按用户指定的长度进行等分，每一个等分位置都将自动创建点。基于【定距等分】的这种特性，使得它非常适用于绘制一些具有等距特征的对象，如楼梯、齿轮等。此类图形也可以使用【偏移】【阵列】等命令来进行绘制，这些方法各有利弊，读者可自行使用不同方法进行绘制，从中选择最适合自己的一种。

难度：☆☆

及格时间：0′40″

优秀时间：0′20″

读者自评：/ / / / / /

01_ 打开“第2章/实战059 创建定距等分点.dwg”素材文件，其中已经绘制好了油标的图形，如图2-9所示。

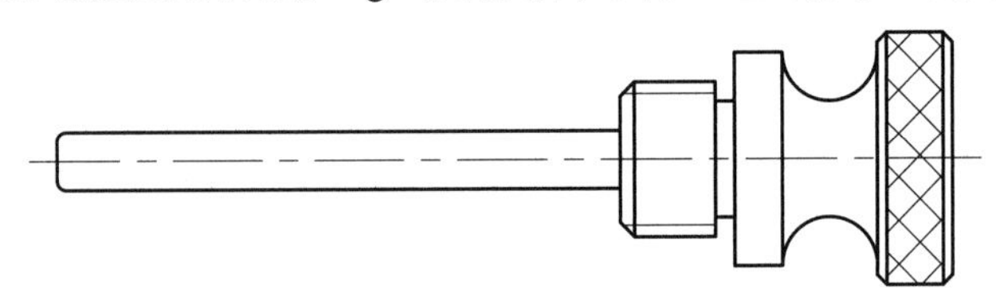

图2-9

02_ 在命令行输入L执行【直线】命令，沿着油标中心线绘制一条辅助线作为刻度线，如图2-10所示。

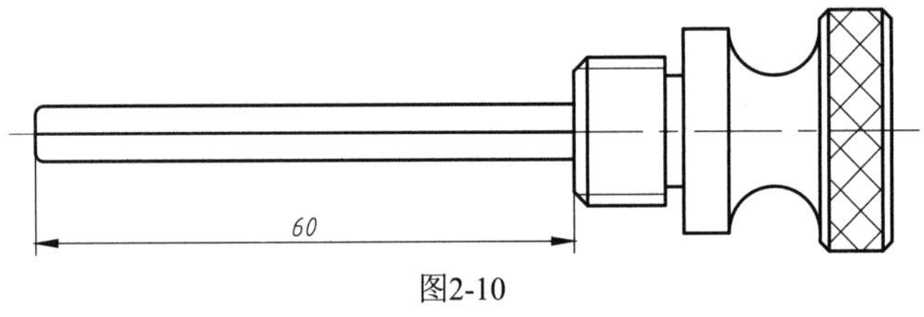

图2-10

03_ 在【默认】选项卡中单击【实用工具】面板中的【点样式】按钮点样式...，弹出【点样式】对话框，选择如图2-11所示。

04_ 在【默认】选项卡中单击【绘图】面板中的【定距等分】按钮，将步骤02绘制好的刻度线按每段10mm长进行分段，如图2-12所示。命令行操作如下。

```
命令：ME                              //执行【定距等分】命令
选择要定数等分的对象：                //选择直线
输入线段长度或 [块(B)]：10            //输入等分的距离
                                      //单击Esc键退出
```

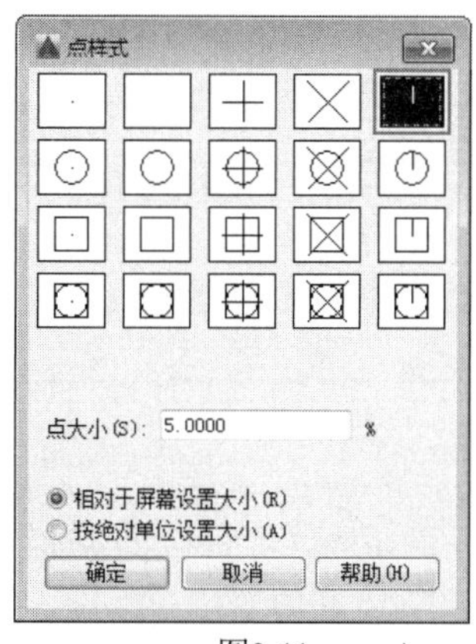

图2-11

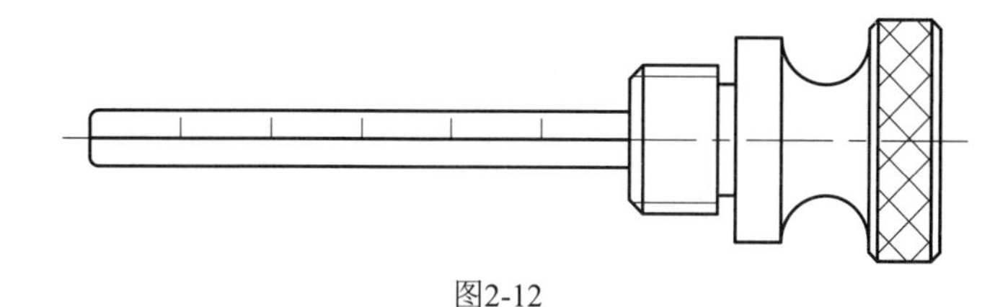

图2-12

操作技巧

有时会出现总长度不能被每段长度整除的情况。如图2-13所示，已知总长500的线段AB，要求等分后每段长150，则该线段不能被完全等分。AutoCAD将从线段的一端（选取对象时单击的一端）开始，每隔150绘制一个定距等分点，到接近B点的时候剩余50，则不再继续绘制。如果在选取AB线段时单击线段右侧，则会得到如图2-14所示的等分结果。

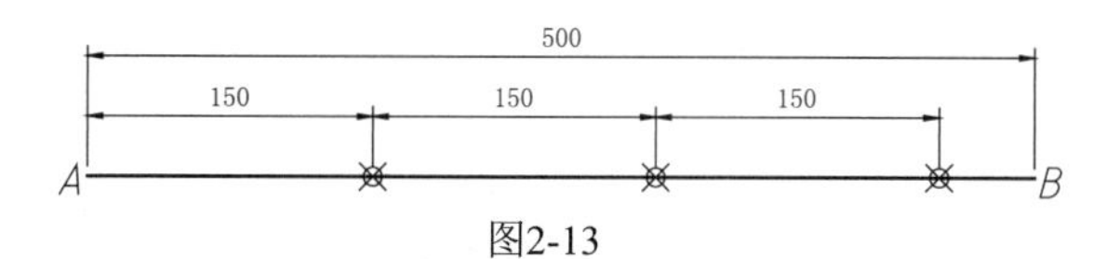

图2-13

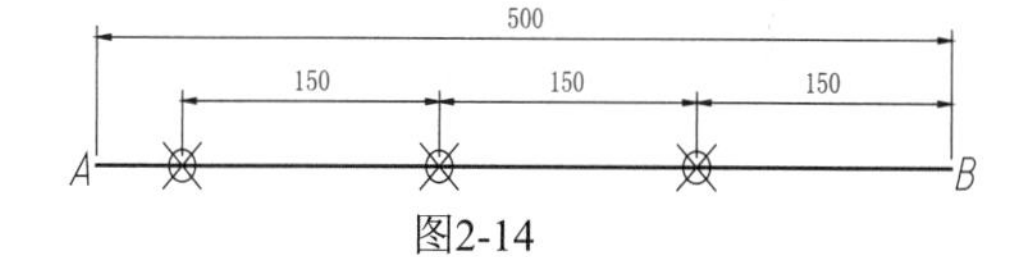

图2-14

实战060 绘制椭圆

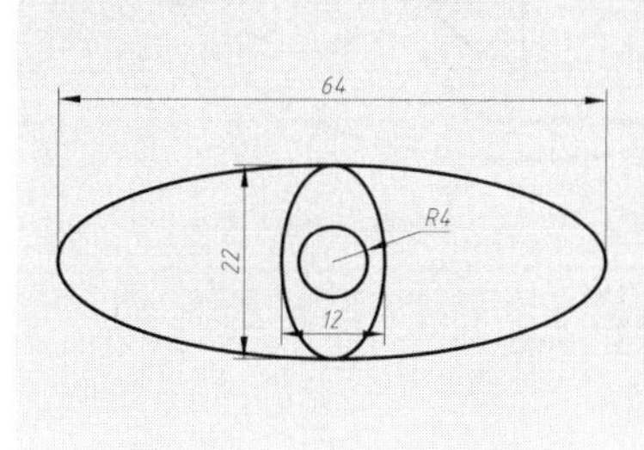

椭圆是特殊样式的圆，是到两定点（焦点）的距离之和为定值的所有点的集合。在AutoCAD中执行【椭圆】命令绘制椭圆，先确定椭圆的中心点，然后确定长轴和短轴的端点。本例绘制的图形是一个眼睛的简图，由三个圆组成，下面详细介绍绘图过程。

难度：☆☆

及格时间：0′50″

优秀时间：0′25″

读者自评： / / / / / /

01_ 单击【绘图】面板中的【椭圆】按钮，绘制长轴为64、短轴为22的椭圆，如图2-15所示。

02_ 使用相同的方法，绘制长轴为22、短轴为12的同心椭圆，如图2-16所示。

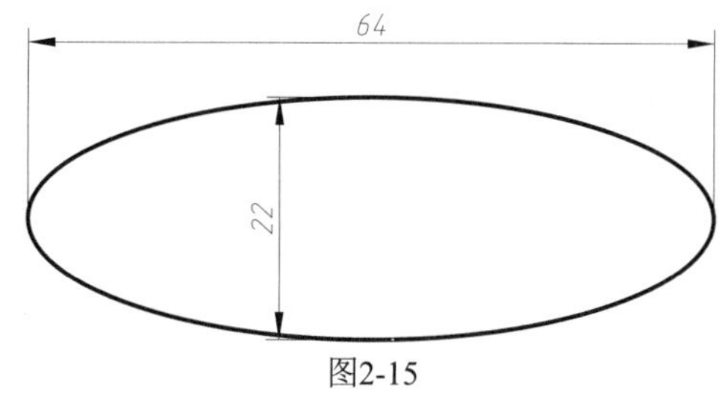

图2-15

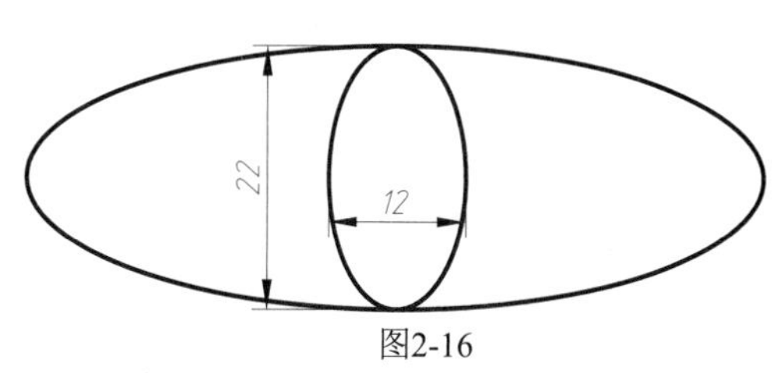

图2-16

03_ 单击【绘图】面板中的【圆】按钮，绘制一个半径为4的同心圆，最终图形效果如图2-17所示。

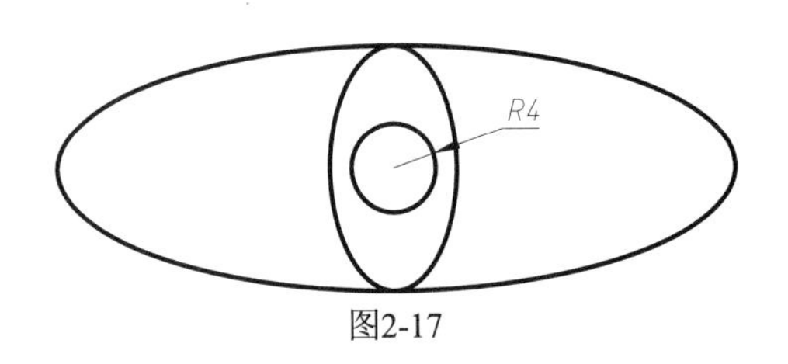

图2-17

实战061 绘制椭圆弧

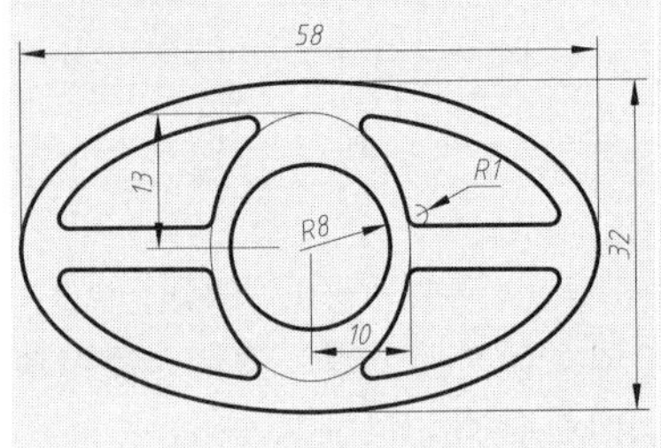

椭圆弧是椭圆的一部分，绘制椭圆弧需要确定的参数是椭圆弧所在椭圆的两条轴及椭圆弧的起点和终点角度。因此在绘制椭圆弧时需要注意椭圆的整体位置。本图由3个圆和椭圆弧组成，下面详细介绍绘图过程。

难度：☆☆☆

及格时间：3′00″

优秀时间：1′50″

读者自评： / / / / / /

01_ 单击【绘图】面板中的【椭圆】按钮，绘制长轴为58、短轴为32的椭圆，如图2-18所示。

02_ 使用相同的方法，同圆心绘制长轴为26、短半轴为10的椭圆；单击【绘图】面板中的【圆】按钮，同圆心绘制一个半径为8的圆，如图2-19所示。

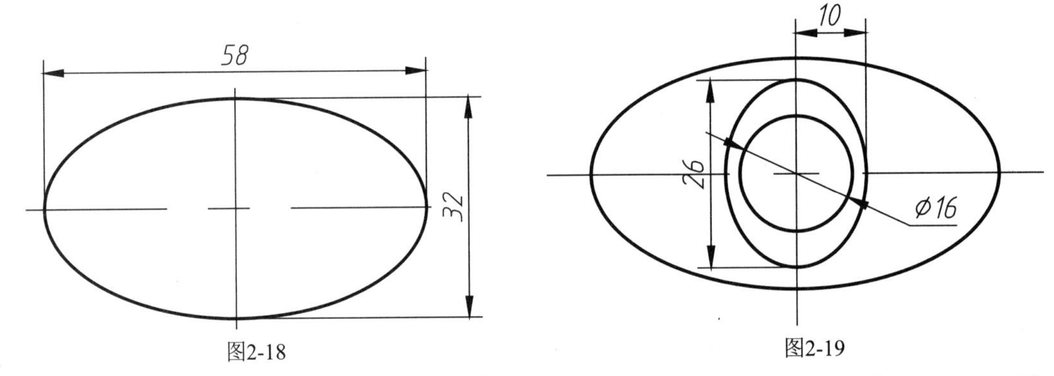

图2-18　　图2-19

03_ 单击【绘图】面板中的【椭圆弧】按钮，绘制长半轴为26、短半轴为13的四分之一圆弧，如图2-20所示。

04_ 单击【修改】面板中的【偏移】按钮，将中心线向上偏移2，如图2-21所示。

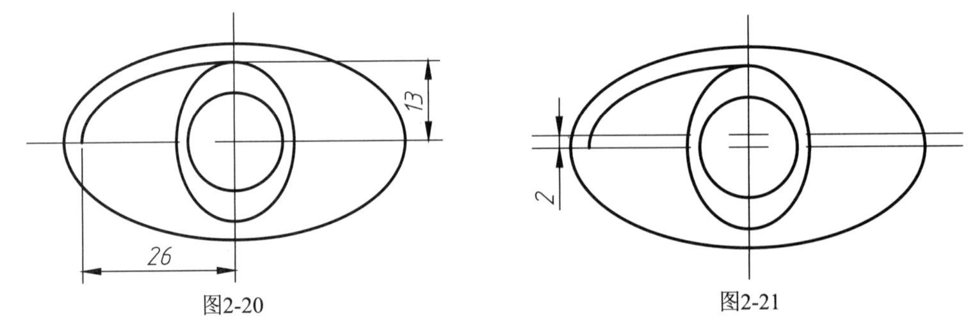

图2-20　　图2-21

05_ 将偏移直线的【图层】改为【轮廓线】；单击【修改】面板中的【修剪】按钮，对图形进行修剪，如图2-22所示。

06_ 单击【修改】面板中的【圆角】按钮，输入R设置圆角半径为1，对图形进行圆角，如图2-23所示。

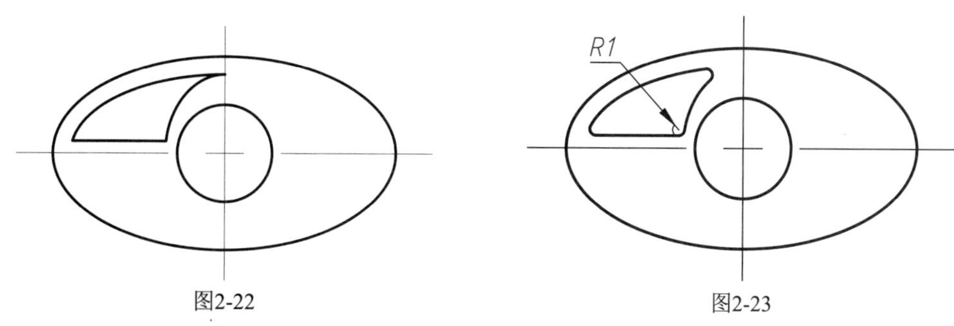

图2-22　　图2-23

07_ 单击【修改】面板中的【镜像】按钮，以竖直中心线和水平中心线为镜像线，对图形进行两次镜像，最终效果如图2-24所示。

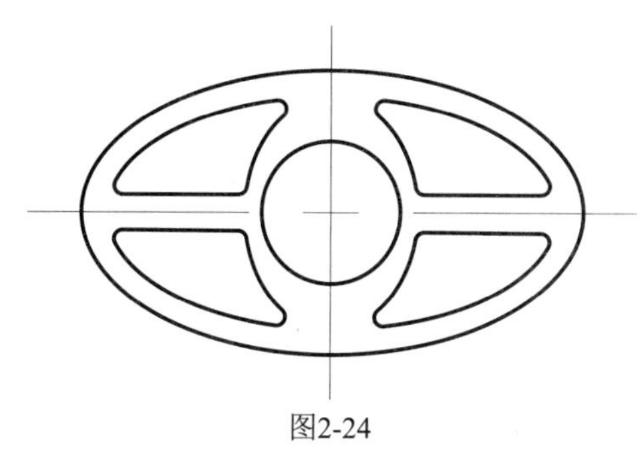

图2-24

实战062　绘制拟合样条曲线

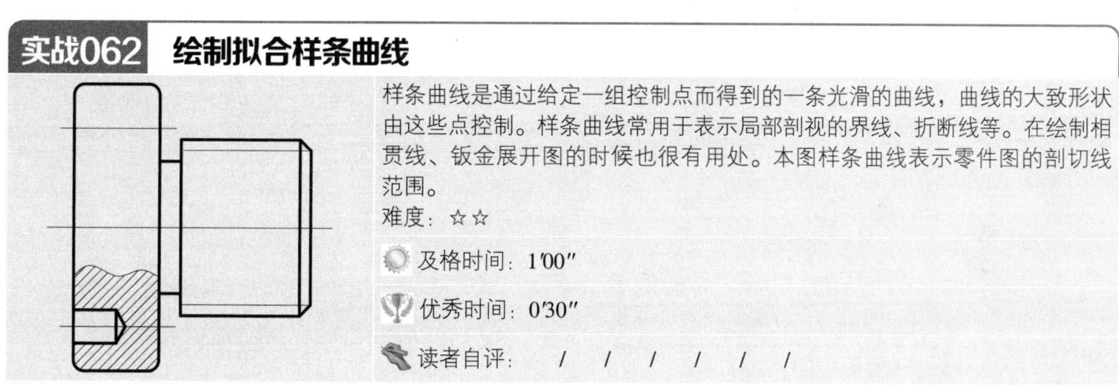

样条曲线是通过给定一组控制点而得到的一条光滑的曲线，曲线的大致形状由这些点控制。样条曲线常用于表示局部剖视的界线、折断线等。在绘制相贯线、钣金展开图的时候也很有用处。本图样条曲线表示零件图的剖切线范围。

难度：☆☆

及格时间：1′00″

优秀时间：0′30″

读者自评：/ / / / / /

01_ 打开"第2章/实战062 绘制拟合样条曲线.dwg"素材文件，如图2-25所示。

02_ 单击【绘图】面板中的【样条曲线拟合】按钮，绘制样条曲线，如图2-26所示。

03_ 在命令行输入H执行【图案填充】命令，对图形进行图案填充，表示图形的剖面，如图2-27所示。

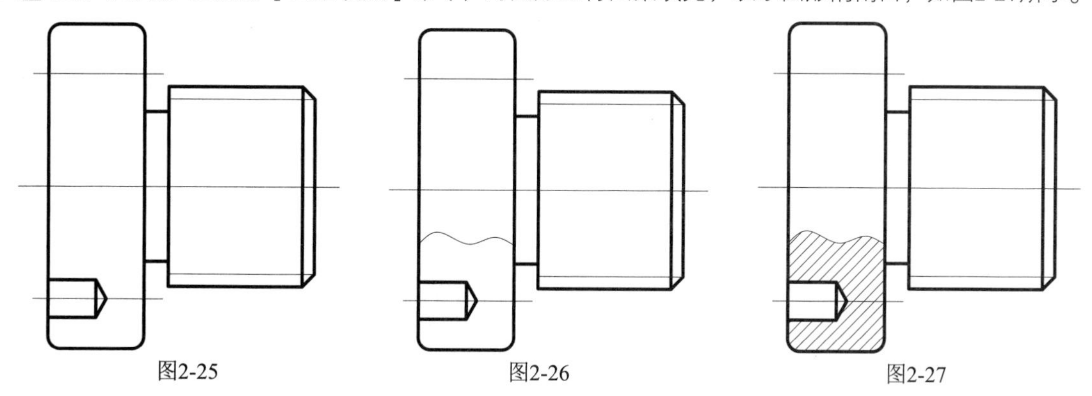

图2-25　　图2-26　　图2-27

实战063 绘制圆环

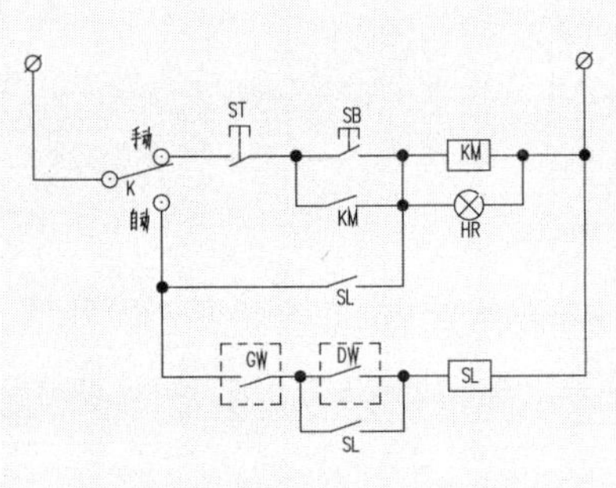

圆环是由同一个圆心、不同直径的两个同心圆组成的，控制圆环的参数是圆心、内直径和外直径。默认情况下，所绘制的圆环为填充的实心图形，另外，当内外直径相同时，绘制的圆环为简单的圆轮廓线；当内直径为0时，绘制的圆环就为圆区域全部填充的圆饼。因此使用【圆环】命令可以快速创建大量实心或空心的圆，经常在绘制电路图时使用，较【圆】命令要方便快捷。本例即通过【圆环】命令来完善某液位自动控制器的电路图。

难度：☆☆

及格时间：3′00″

优秀时间：1′50″

读者自评： / / / / / /

01_ 打开“第2章/实战063绘制圆环.dwg”素材文件，素材文件内已经绘制好了一完整的电路图，如图2-28所示。

02_ 设置圆环参数。在【默认】选项卡中，单击【绘图】面板中的【圆环】按钮，指定圆环的内径为0，外径为4，然后在各线交点处绘制圆环，单击Enter键结束命令，结果如图2-29所示。

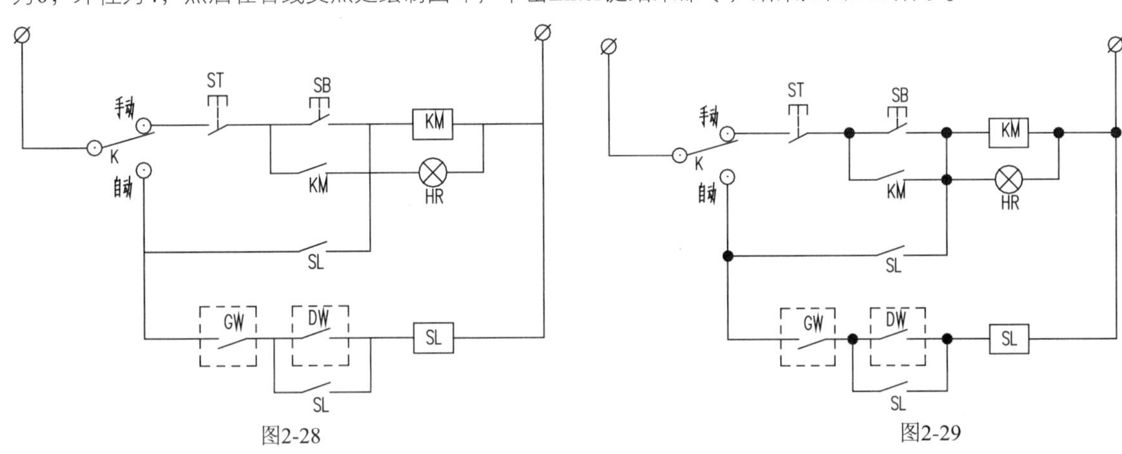

图2-28　　图2-29

实战064 绘制正多边形

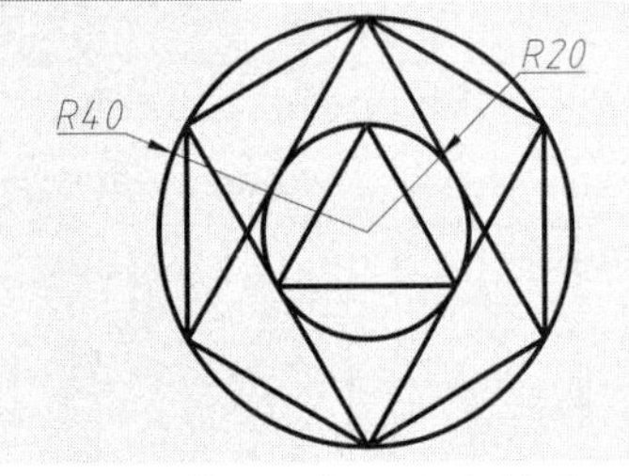

正多边形是各边长和各内角都相等的多边形。运用正多边形命令直接绘制正多边形提高绘图效率，且易保证图形的准确。

难度：☆☆

及格时间：0′40″

优秀时间：0′20″

读者自评： / / / / / /

01_ 单击【绘图】面板中的【圆】按钮，绘制一个半径为20和一个半径为40的圆，如图2-30所示。

02_ 单击【绘图】面板中的【正多边形】按钮，设置侧面数为6，选择中心为圆心，端点在圆上，如图2-31所示。

03_ 使用相同方法，设置侧面数为3，在小圆中绘制一个正三角形，最后利用【直线】命令连接各个端点，如图2-32所示。

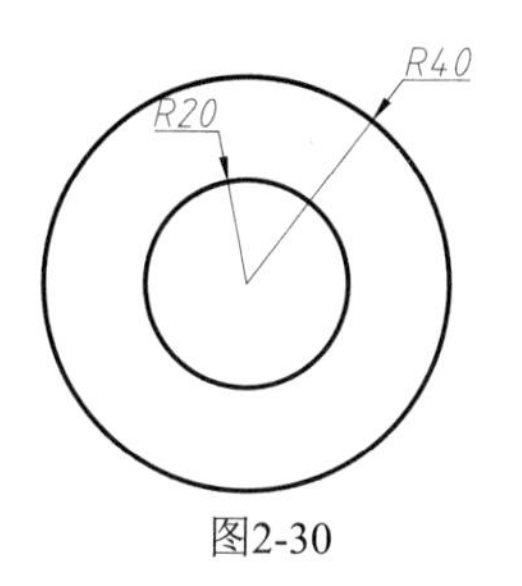

图2-30

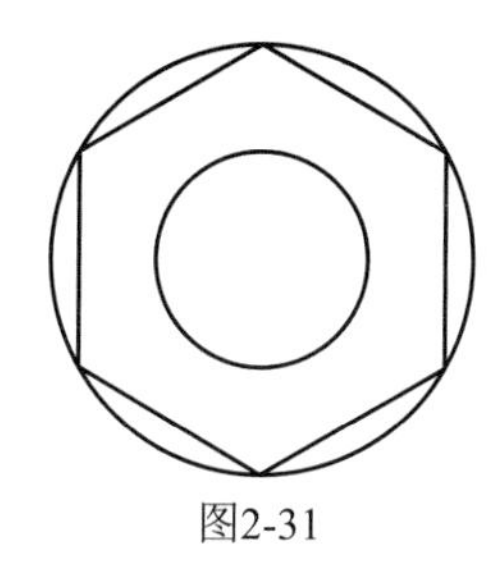
图2-31

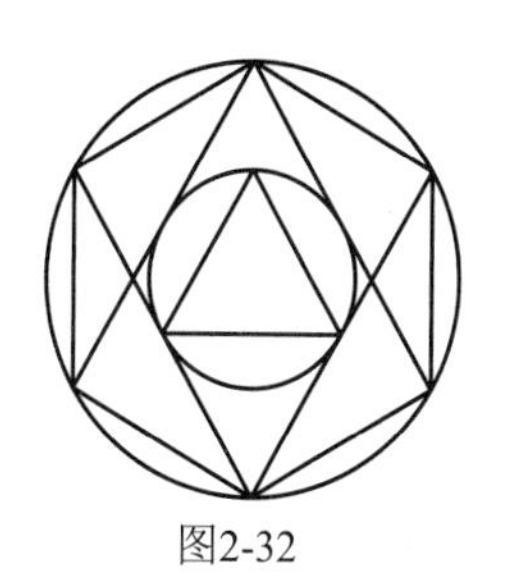
图2-32

2.3 编辑类

编辑类命令是在基础图形上进行复制、转换、修剪等操作，下面将通过一些实战进行讲解。

实战065 矩形阵列

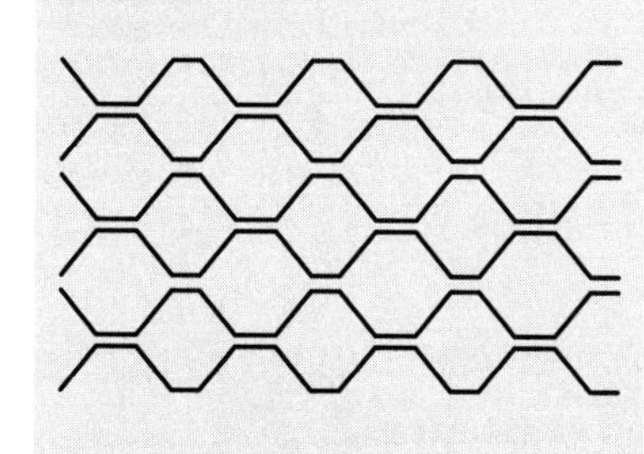

矩形阵列是在行和列两个线性方向创建源对象的多个副本。绘图过程先确定源对象，然后设置行和列方向的阵列间距与个数。如果希望阵列的图形往相反的方向复制，则需要在列间距或行间距前加“-”符号。本例是瓷砖的简图，通过运用矩形阵列命令可大幅降低工作量。

难度：☆☆

及格时间：2′40″

优秀时间：1′20″

读者自评：　/　/　/　/　/　/

01_ 执行【直线】命令，绘制瓷砖的一半轮廓线，如图2-33所示。

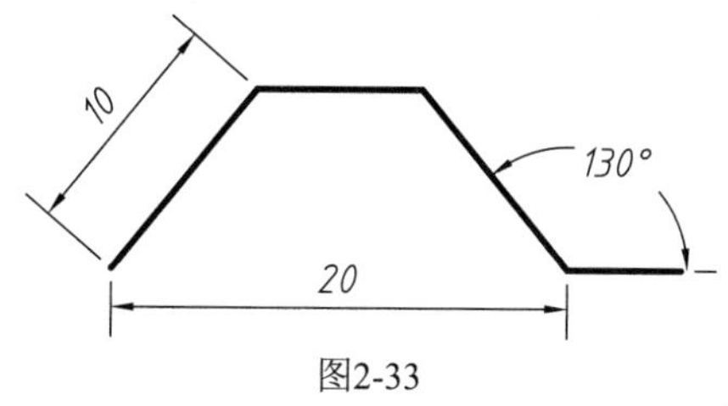

图2-33

02_ 单击【修改】面板中的【偏移】按钮，将上端水平直线向上偏移1，如图2-34所示。

03_ 单击【修改】面板中的【镜像】按钮，以上一步中偏移线作为镜像线，镜像瓷砖轮廓线，如图2-35所示。

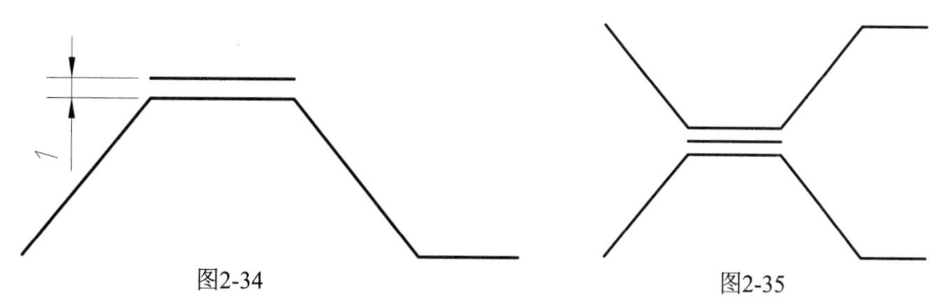

图2-34　　图2-35

04_ 删除偏移直线，然后单击【修改】面板中的【矩形阵列】按钮，选择瓷砖轮廓线进行矩形阵列，设置参数，如图2-36所示。

05_ 单击Enter键，最终效果如图2-37所示。

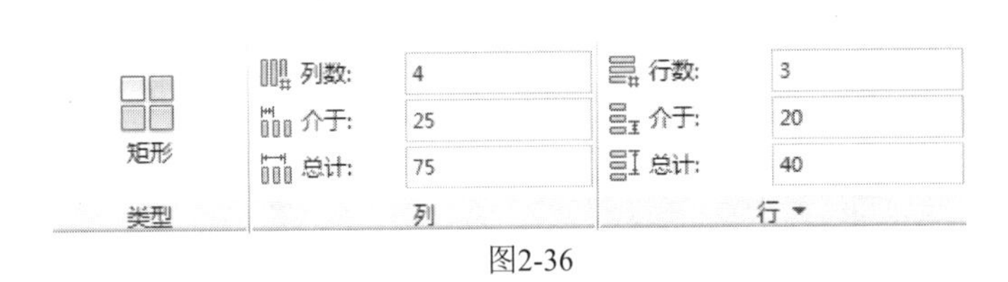

图2-36

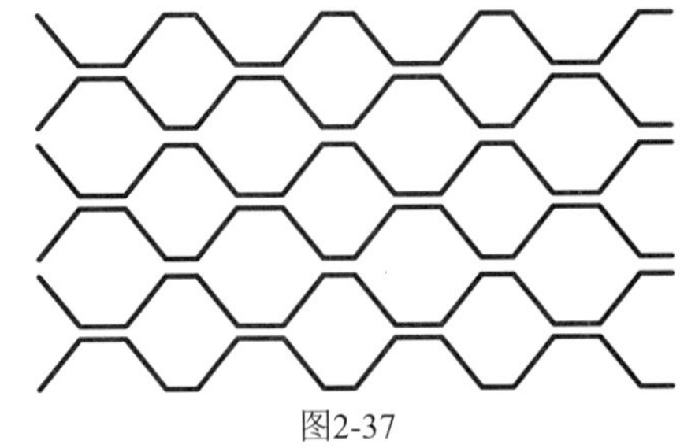

图2-37

实战066 环形阵列

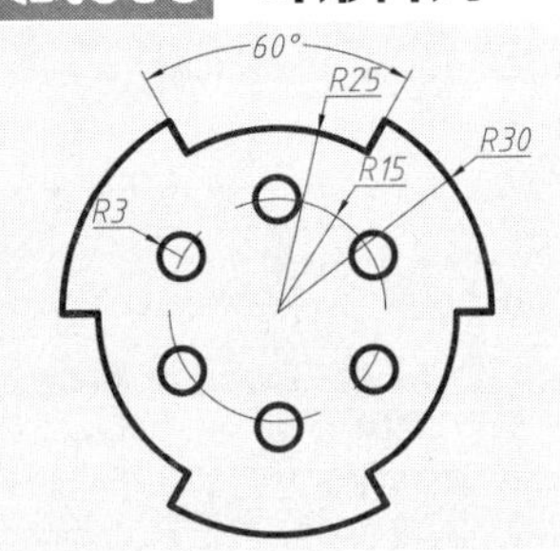

环形阵列是以某一点为中心点进行环形复制，阵列结果是阵列对象沿圆周均匀分布。绘图过程先确定源对象，然后确定环形阵列的基点与个数。本例就结合图形的特点，灵活运用环形阵列，提高绘图速度。

难度：☆☆

及格时间：4′00″

优秀时间：2′00″

读者自评：/ / / / / /

01_ 执行【直线】和【圆】命令，绘制两条中心线和一个半径为15的圆，如图2-38所示。

02_ 在命令行输入C执行【圆】命令，绘制半径为30和25的圆，如图2-39所示。

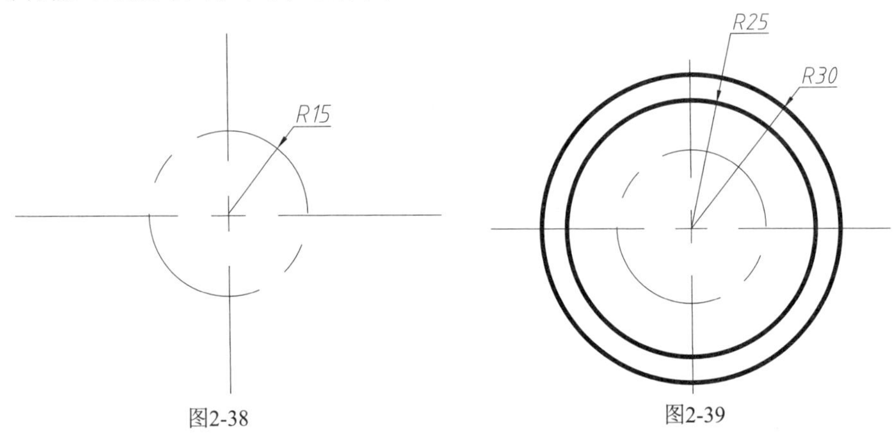

图2-38 图2-39

03_ 继续执行【圆】命令，以小圆与竖直中心线的交点为圆心，绘制一个半径为3的圆，如图2-40所示。

04_ 在命令行输入L执行【直线】命令，绘制两条斜线，与水平线夹角为60°，如图2-41所示。

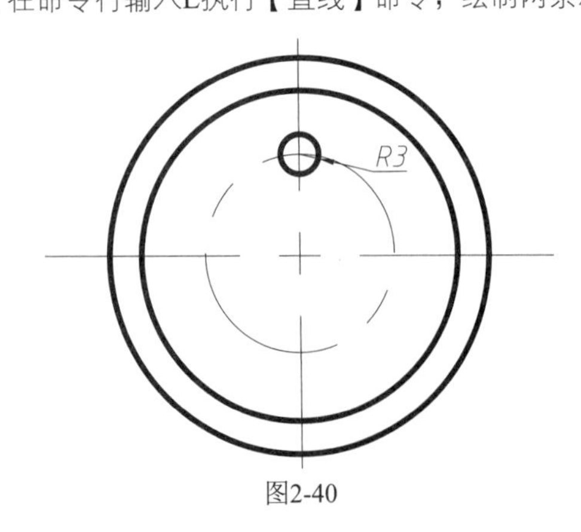

图2-40

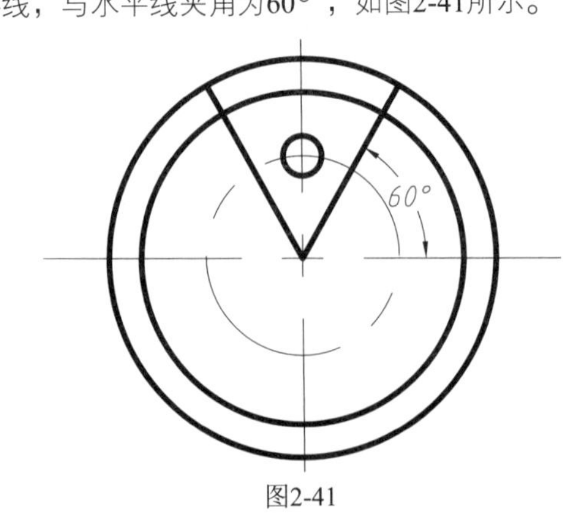

图2-41

05_ 在命令行输入TR执行【修剪】命令，修剪多余的直线，如图2-42所示。

06_ 单击【修改】面板中的【圆环阵列】按钮，选择小圆为阵列对象，以大圆心为基点进行环形阵列，设置项目数为6，如图2-43所示。

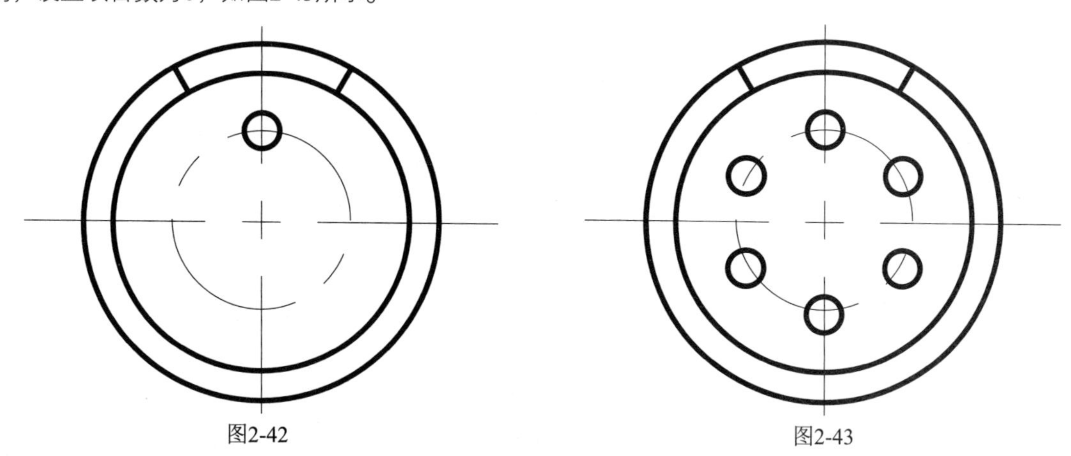

图2-42　　图2-43

07_ 使用同样的方法阵列两斜线，项目数为3，如图2-44所示。

08_ 执行【修剪】命令，修剪多余的直线，最终效果如图2-45所示。

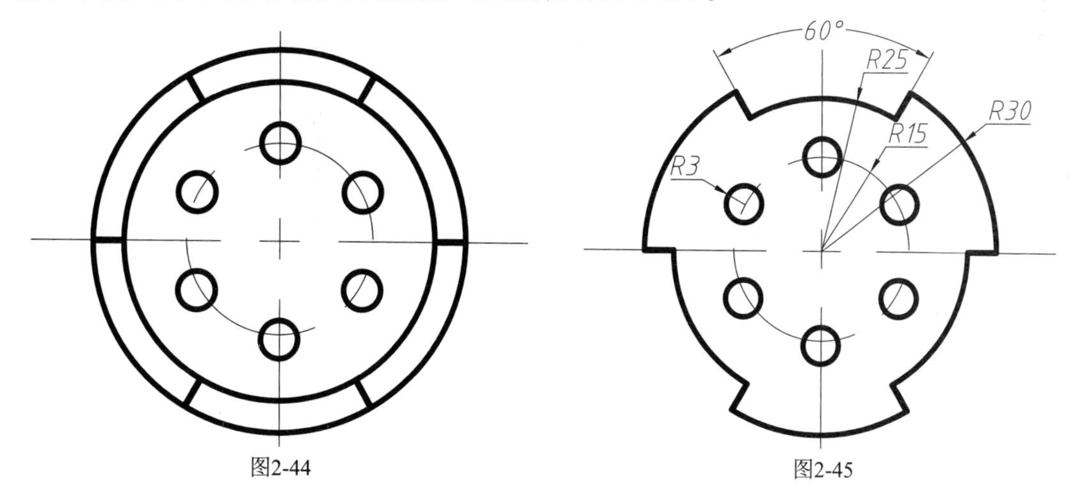

图2-44　　图2-45

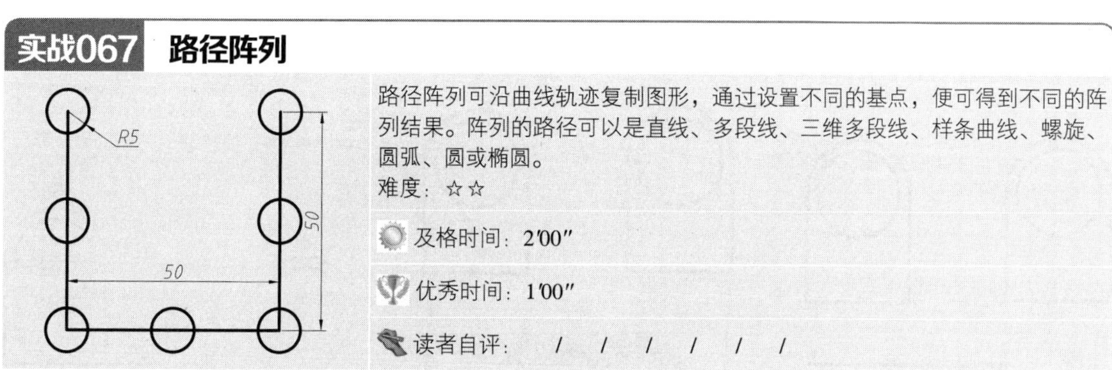

实战067　路径阵列

路径阵列可沿曲线轨迹复制图形，通过设置不同的基点，便可得到不同的阵列结果。阵列的路径可以是直线、多段线、三维多段线、样条曲线、螺旋、圆弧、圆或椭圆。

难度：☆☆

及格时间：2′00″

优秀时间：1′00″

读者自评：/ / / / / /

01_ 执行【圆】和【直线】命令，绘制图形如图2-46所示。

02_ 单击【修改】面板中的【合并】按钮，将所有直线对象合并成整体。

03_ 单击【修改】面板中的【路径阵列】按钮，选择圆为阵列对象，直线为阵列路径，设置参数，如图2-47所示。

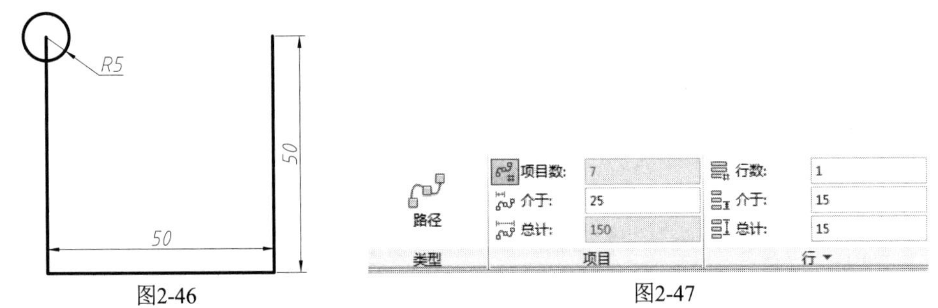

图2-46　　图2-47

04_ 单击Enter键，即可得到最终效果，如图2-48所示。

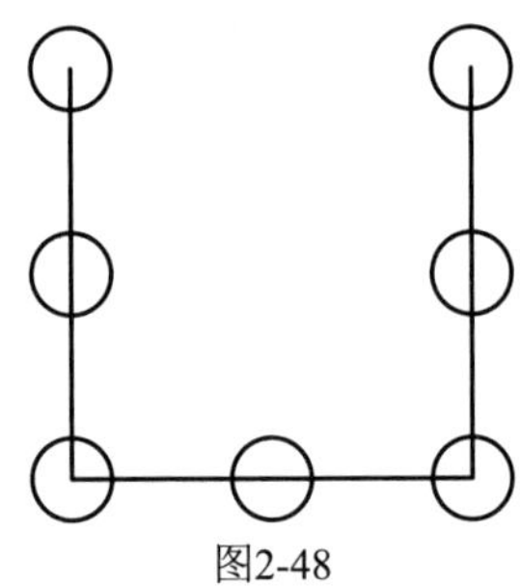

图2-48

实战068 对齐图形

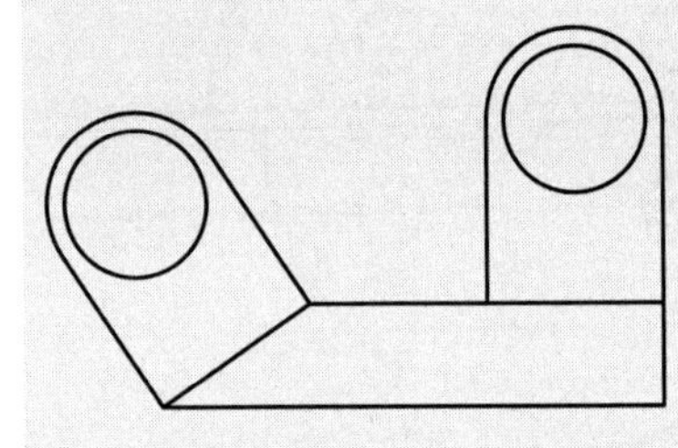

对齐命令在操作的过程中，一般需要在源对象上拾取3个用于对齐的源点，在目标对象上拾取相应的3个对齐目标点，但是当前两点已经将图形对齐，用户也可以直接回车进行下一步操作，不需要指定第三点。

难度：☆☆

及格时间：2′20″

优秀时间：1′10″

读者自评：/ / / / / /

01_ 打开“第2章/实战068 对齐图形.dwg”素材文件，如图2-49所示。

02_ 单击【修改】面板中的【对齐】按钮，选择对象为左边的吊耳图形，然后选择对应点为吊耳图形的下端点与斜线的端点，对齐两点后单击Enter键，设置基于对齐点缩放对象，如图2-50所示。

03_ 使用相同的方法对齐另一个吊耳，最终效果如图2-51所示。

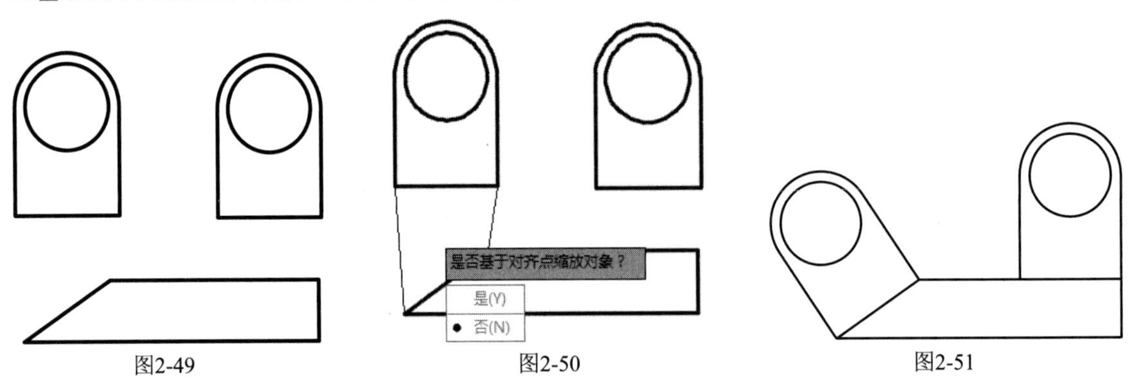

图2-49　　图2-50　　图2-51

实战069 图形次序

AutoCAD图纸如同一个或者多个透明的图纸上下重叠，在相对复杂的图形中，图形交错，线条重叠，用户往往不能轻易选中所需的图形，这时就可以使用前置命令，将图形至于图层顶层便于操作。

难度：☆☆

及格时间：0'40"

优秀时间：0'20"

读者自评：/ / / / / /

01_ 打开“第2章/实战069图形次序.dwg”素材文件，其中已经绘制好了一市政规划的局部图，图中可见道路、文字等被河流隐藏，如图2-52所示。

02_ 前置道路。选中道路的填充图案，以及道路上的各线条，接着单击【修改】面板中的【前置】按钮，结果如图2-53所示。

图2-52

图2-53

03_ 前置文字。此时道路图形被置于河流之上，符合实际情况，但道路名称被遮盖，因此需将文字对象前置。单击【修改】面板中的【将文字前置】按钮，即可完成操作，结果如图2-54所示。

04_ 前置边框。完成上述步骤操作后，图形边框被置于各对象之下，因此为了打印效果可将边框置于最高层，结果如图2-55所示。

图2-54

图2-55

实战070 打断于点

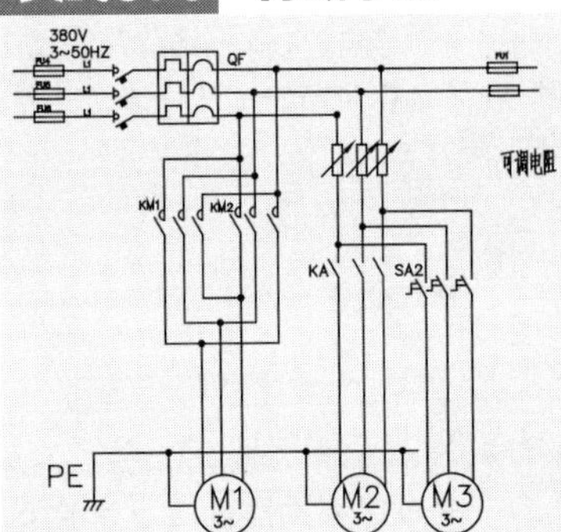

【打断于点】命令是指把原本是一个整体的线条分离成两段，创建出间距效果。被打断的线条只能是单独的线条，不能打断组合形体。【打断于点】命令可以用来为文字、标注等创建注释空间，尤其适用于修改由大量直线、多段线等线性对象构成的电路图。本例便通过【打断于点】命令的灵活使用，为某电路图添加电器元件。

难度：☆☆

及格时间：1′40″

优秀时间：0′50″

读者自评： / / / / / /

01_ 打开“第2章/实战070打断于点.dwg”素材文件，其中绘制好了一简单电路图和一孤悬在外的电器元件（可调电阻），如图2-56所示。

02_ 在【默认】选项卡中，单击【修改】面板中的【打断】按钮，选择可调电阻左侧的线路作为打断对象，可调电阻的上、下两个端点作为打断点，打断效果如图2-57所示。

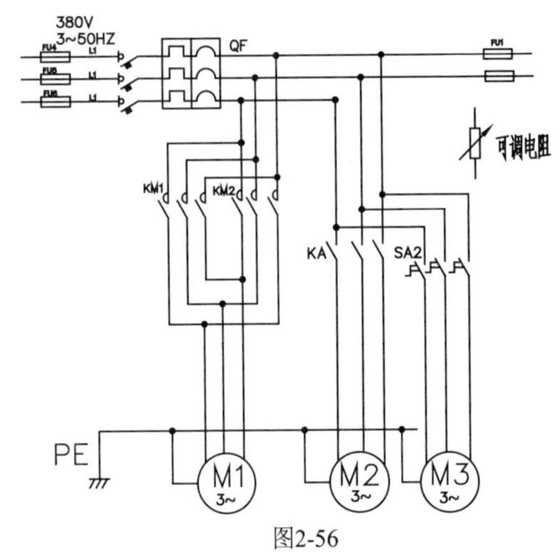

图2-56

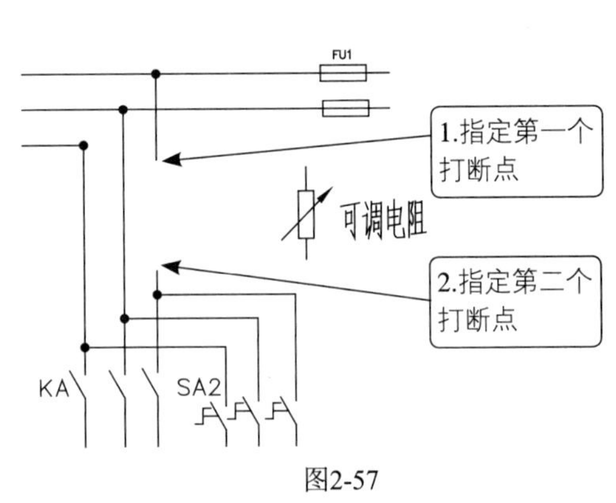

图2-57

03_ 按相同方法打断剩下的两条线路，效果如图2-58所示。

04_ 单击【修改】面板中的【复制】按钮，将可调电阻复制到打断的3条线路上，如图2-59所示。

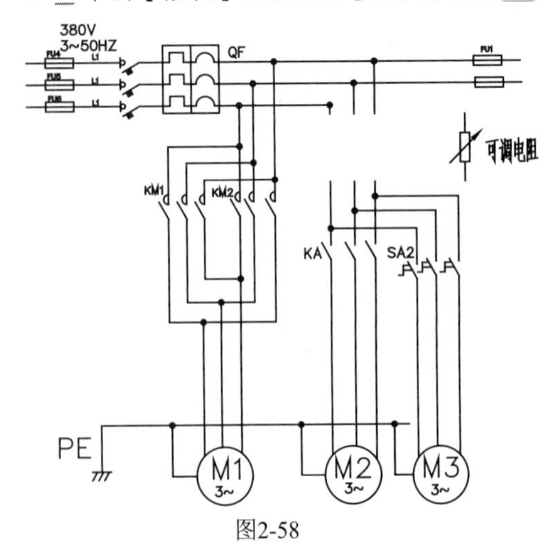

图2-58

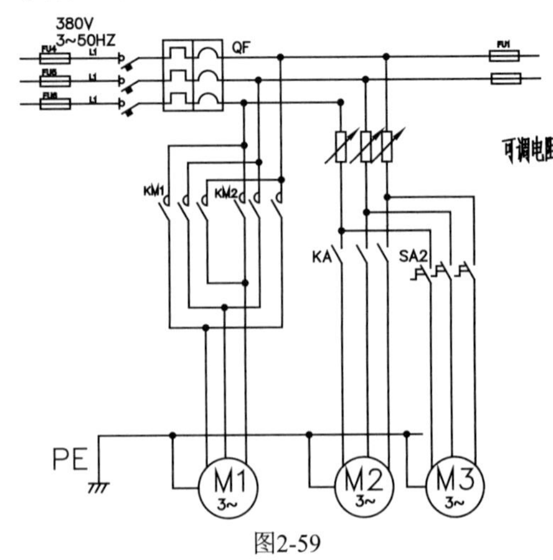

图2-59

2.4 图形注释类

一般新建绘图文件后，针对个人习惯的工作空间，可以对绘图环境的某些参数和界面进行设置，定义自己喜好的操作界面不仅可以减少工作疲劳，而且可以提高绘图效率。另外，尺寸标注是一项重要的内容，它可以准确、清楚地反映对象的大小以及关系。针对尺寸标注，各行各业甚至各个公司都有一套自己的格式标准，所以在对图形进行标注前，应先了解图形的类型，设置好标注的格式。

实战071 智能标注

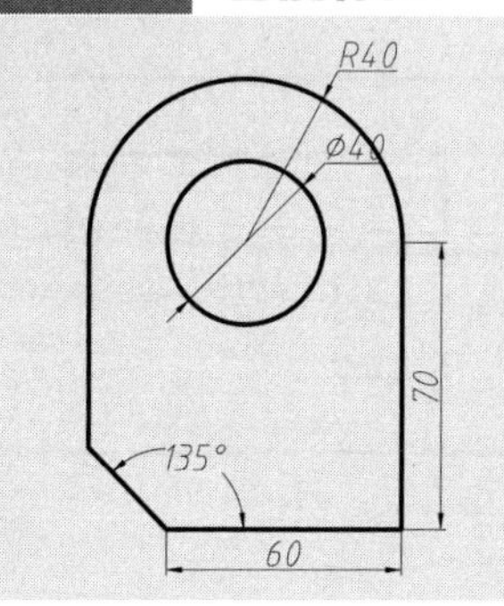

智能标注可以根据选定的对象类型自动创建相应的标注。可自动创建的标注类型包括垂直标注、水平标注、对齐标注、角度标注、半径标注、直径标注、折弯半径标注、基线标注和连续标注等，下面通过本例简单介绍智能标注的使用方法。

难度：☆☆

及格时间：0'40"

优秀时间：0'20"

读者自评： / / / / / /

01_ 打开“第2章/实战071 智能标注.dwg”素材文件，如图2-60所示。

02_ 单击【注释】面板中的【标注】按钮，将光标移动到圆形上，光标变为小矩形时单击左键，然后对圆形进行标注，如图2-61所示。

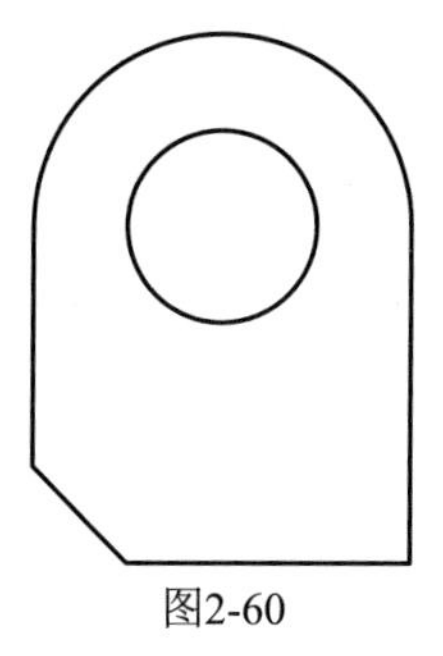

图2-60

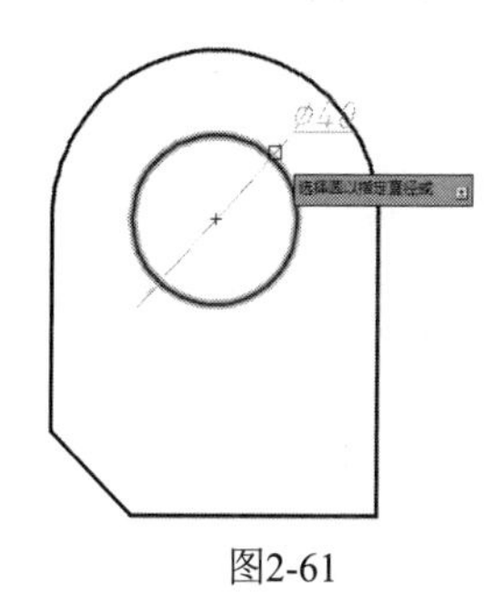

图2-61

03_ 使用相同的方法标注圆弧，如图2-62所示。

04_ 执行【标注】命令，将光标移动到右侧竖线上，光标变为小矩形时单击，标注直线。同理，标注下端直线，如图2-63所示。

05_ 使用相同的方法，先选择下端水平线，再选择斜线，标注夹角角度，最终效果如图2-64所示。

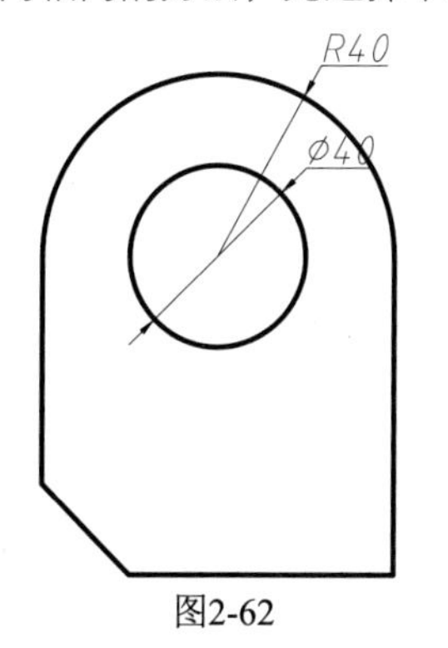

图2-62

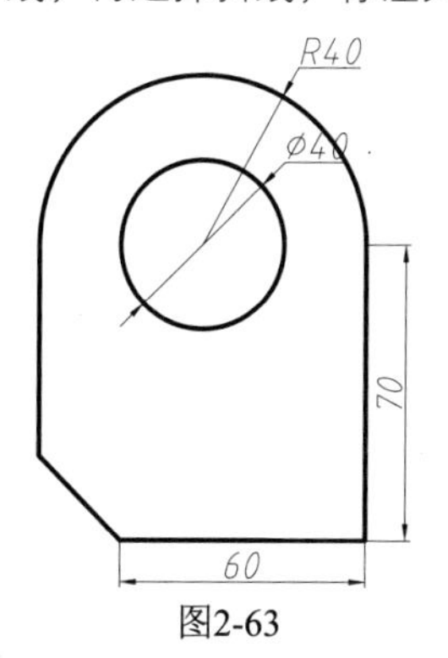

图2-63

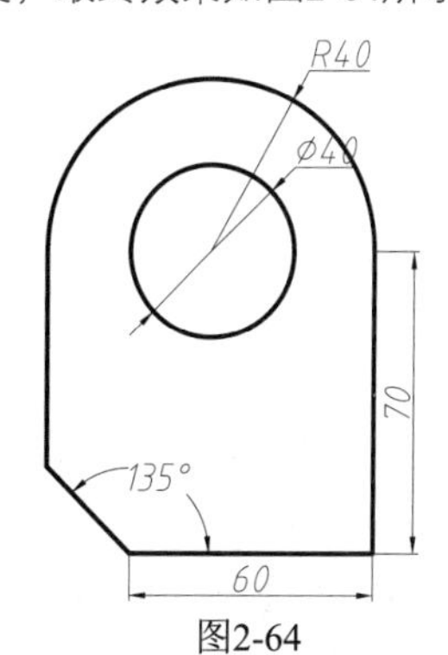

图2-64

实战072 线性标注

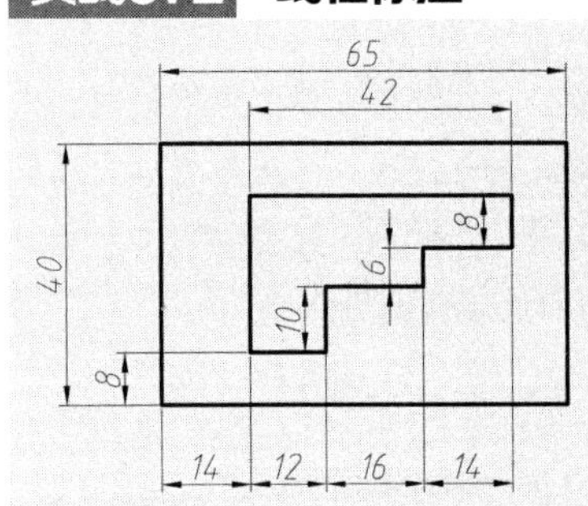

线性标注用于标注任意两点之间的水平或竖直方向的距离。在标注时，【线性标注】命令可以选择通过【指定原点】或者【选择对象】进行标注，【指定原点】命令是指定尺寸界线的两端点，【选择对象】则是选择对象之后，系统以对象的两个端点作为两条尺寸界线的端点。

难度：☆☆

及格时间：2′00″

优秀时间：1′00″

读者自评： / / / / / /

01_ 打开“第2章/实战072 线性标注.dwg”素材文件，如图2-65所示。

02_ 单击【注释】面板中的【线性标注】按钮⊢⊣，对图形水平线进行标注，如图2-66所示。

03_ 使用相同的方法，对图形的竖直线进行标注，最终效果如图2-67所示。

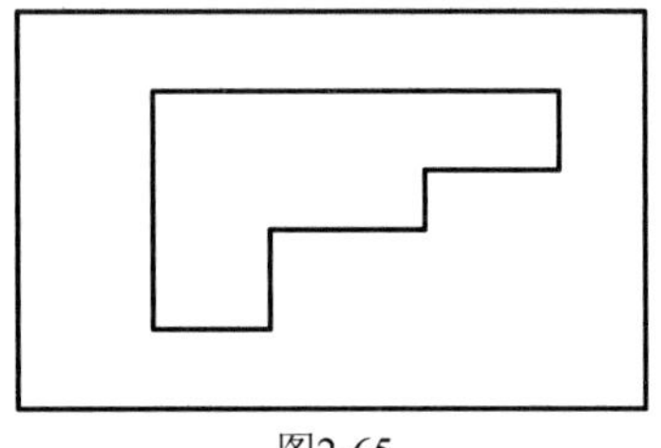

图2-65

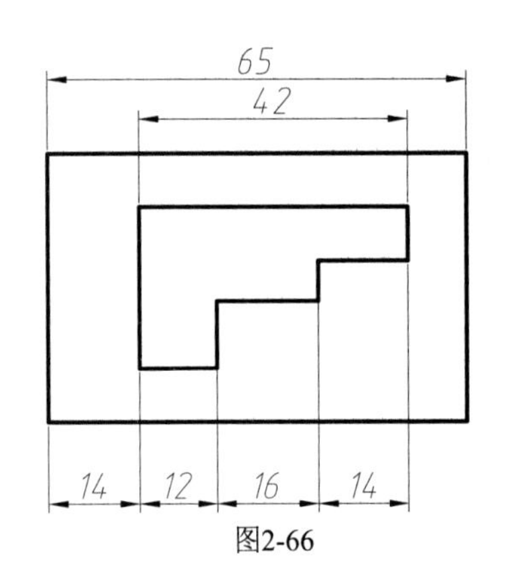

图2-66

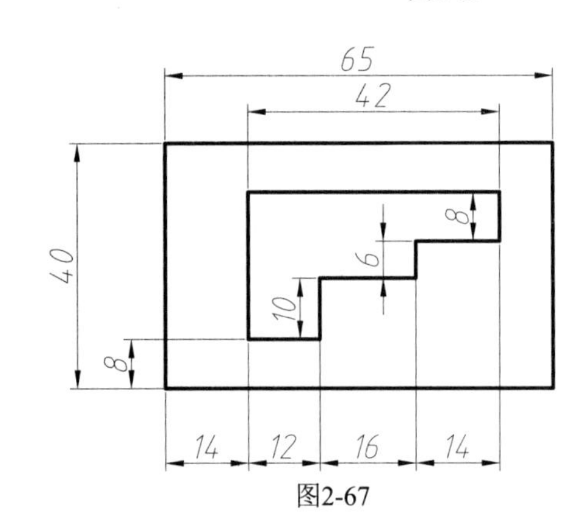

图2-67

实战073 角度标注

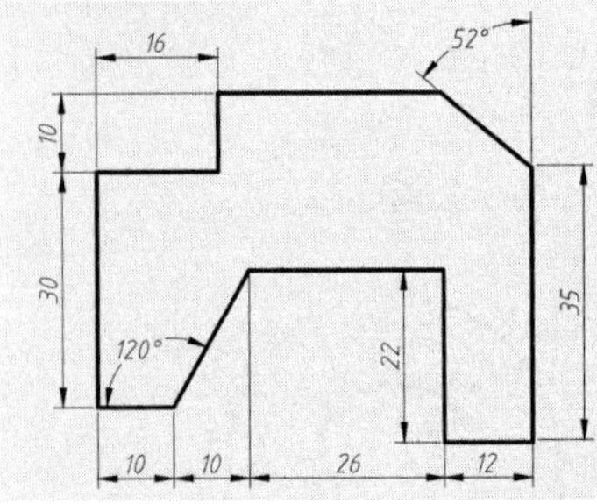

【角度标注】命令可以标注两条相交直线间的角度，还可以标注3个点之间的夹角和圆弧的圆心角。

难度：☆☆

及格时间：2′00″

优秀时间：1′00″

读者自评： / / / / / /

01 打开“第2章/实战073 角度标注.dwg”素材文件，如图2-68所示。

02 单击【注释】面板中的【线性标注】按钮⊢⊣，对图形进行线性标注，如图2-69所示。

03 单击【注释】面板中的【角度标注】按钮△，选择相邻的直线，对夹角进行标注，最终效果如图2-70所示。

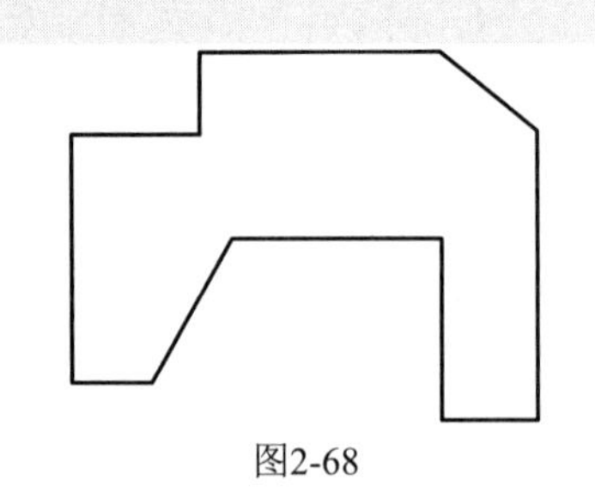

图2-68

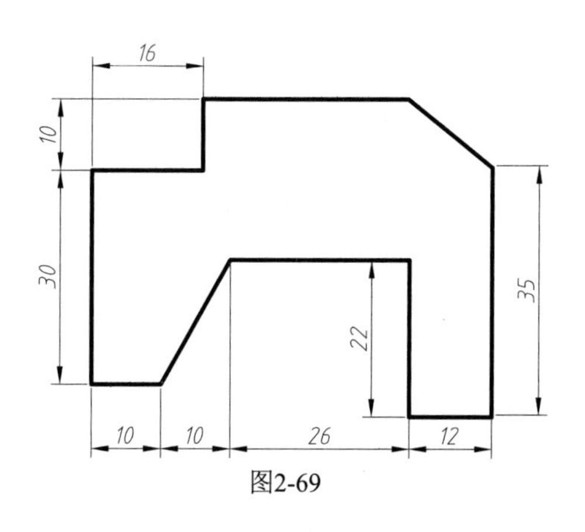

图2-69

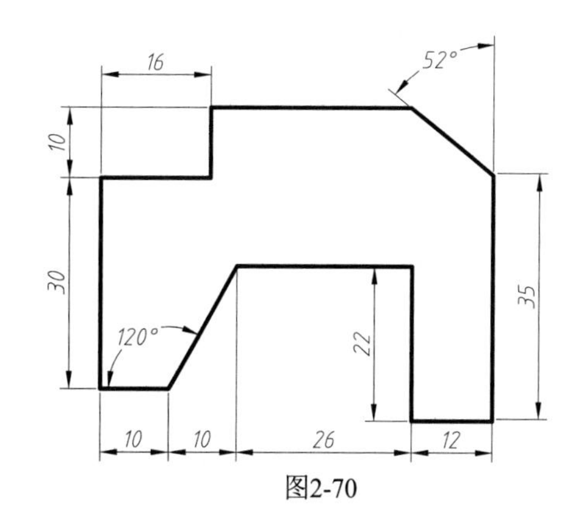

图2-70

实战074　对齐标注

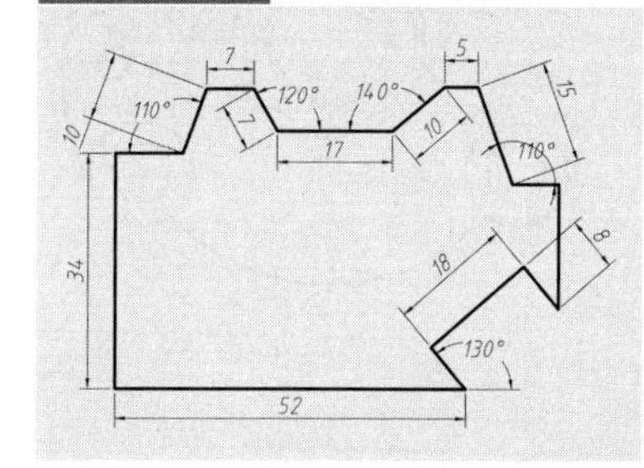

当标注对象为倾斜的直线线形时，可使用【对齐标注】。对齐标注可以创建与指定位置或对象平行的标注。【对齐标注】的方法与【线性标注】的方法类似。

难度：☆☆

及格时间：2′40″

优秀时间：1′20″

读者自评：　/　/　/　/　/　/

01_ 打开“第2章/实战074 对齐标注.dwg”素材文件，如图2-71所示。

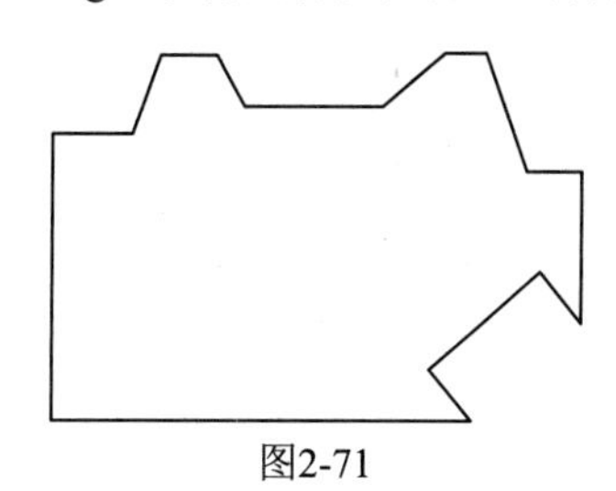
图2-71

02_ 执行【线性标注】命令 和【角度标注】命令 对图形进行标注，如图2-72所示。

03_ 单击【注释】面板中的【对齐标注】按钮 ，对斜线依次标注，最终效果如图2-73所示。

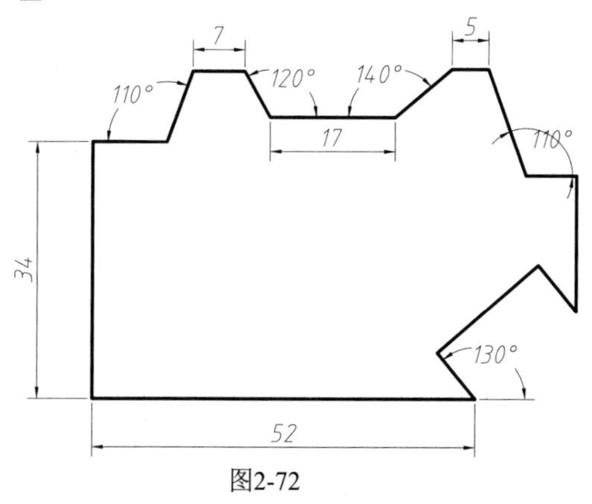

图2-72

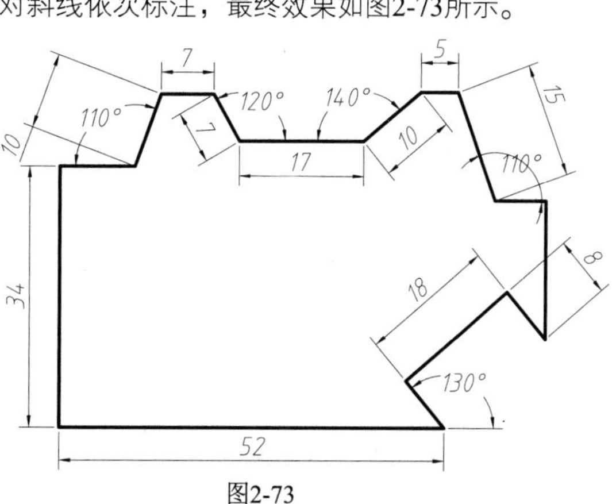

图2-73

实战075 标注半径和直径

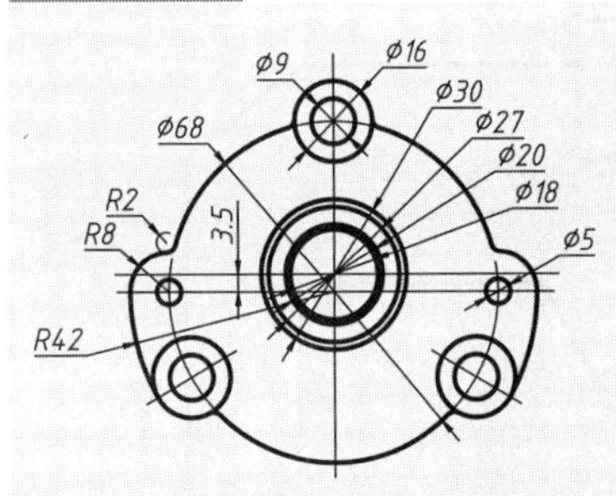

当标注对象为圆弧或圆时，需创建半径和直径标注。一般情况下，整圆或大于半圆的圆弧应标注直径尺寸，小于或等于半圆的圆弧应标注半径尺寸。默认情况下，系统自动在标注值前添加尺寸符号，包括半径符号“R”和直径符号“ø”。

难度：☆☆

及格时间：2′40″

优秀时间：1′20″

读者自评： / / / / / /

01_ 打开“第2章/实战075 标注半径和直径.dwg”素材文件，如图2-74所示。

02_ 执行【线性标注】命令，对两条水平中心线的距离进行标注，如图2-75所示。

03_ 单击【注释】面板中的【直径标注】按钮，对图形中的整圆依次标注直径，如图2-76所示。

04_ 单击【注释】面板中的【半径标注】按钮，对图形中的圆弧和圆角依次标注半径，最终效果如图2-77所示。

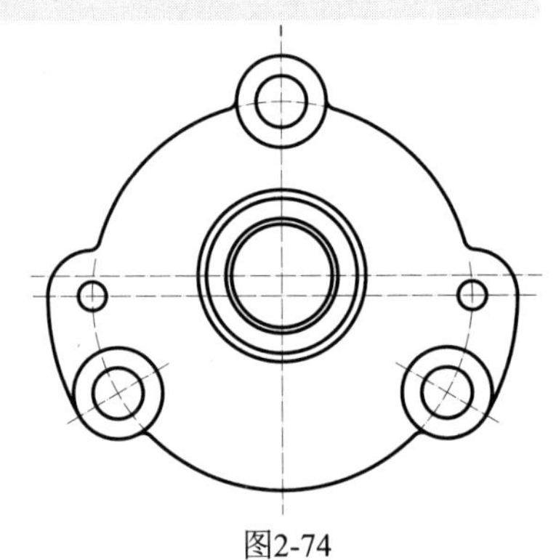

图2-74

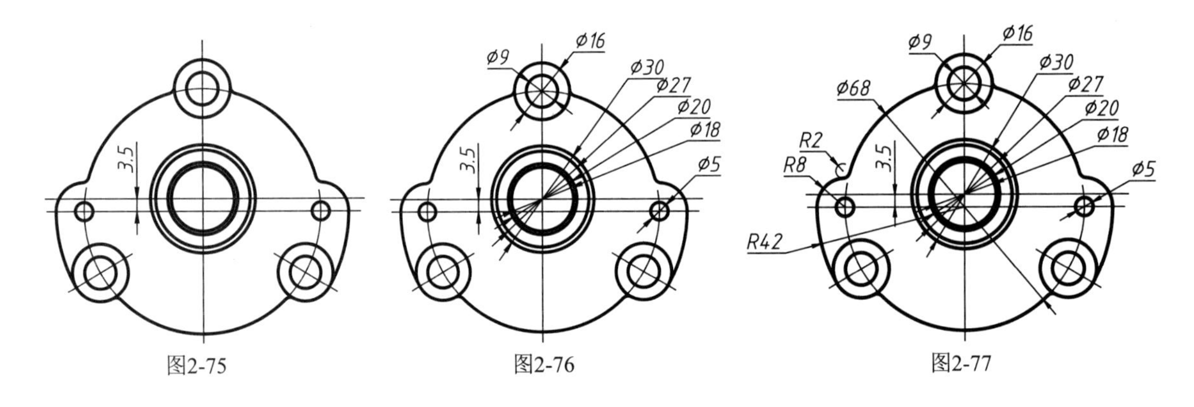

图2-75　　图2-76　　图2-77

实战076 弧长标注

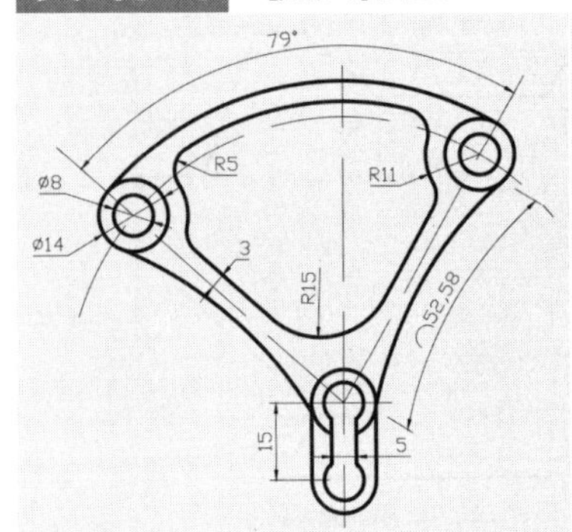

【弧长标注】命令用于标注圆弧、椭圆弧或者其他弧线的长度。标注方法类似于直线的标注。

难度：☆☆

及格时间：2′40″

优秀时间：1′20″

读者自评： / / / / / /

01_ 打开“第2章/实战076 弧长标注.dwg”素材文件，如图2-78所示。

02_ 执行【对齐标注】命令、【角度标注】命令、【直径标注】命令和【半径标注】命令对图形进行标注，如图2-79所示。

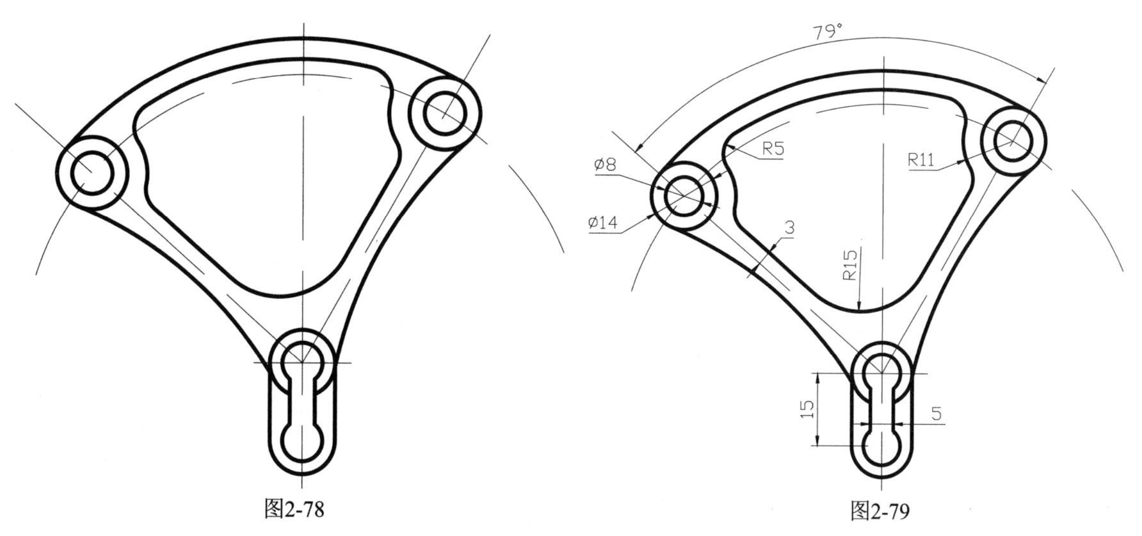

图2-78　　　　图2-79

03_ 单击【标注】面板中的【弧长标注】按钮，选择右边的圆弧，对圆弧进行标注，如图2-80所示。

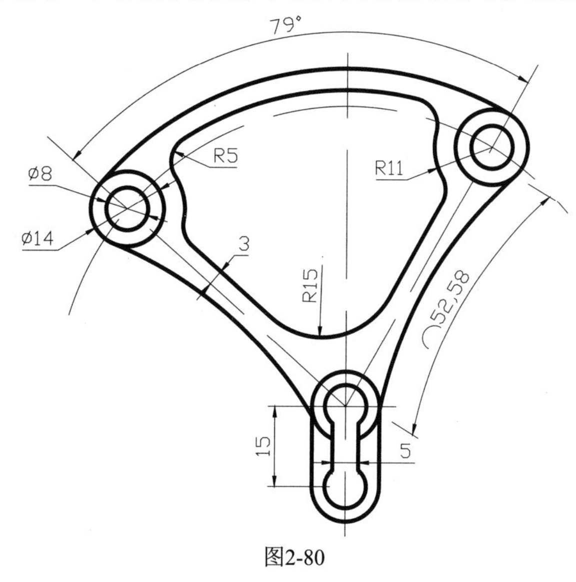

图2-80

实战077 折弯标注

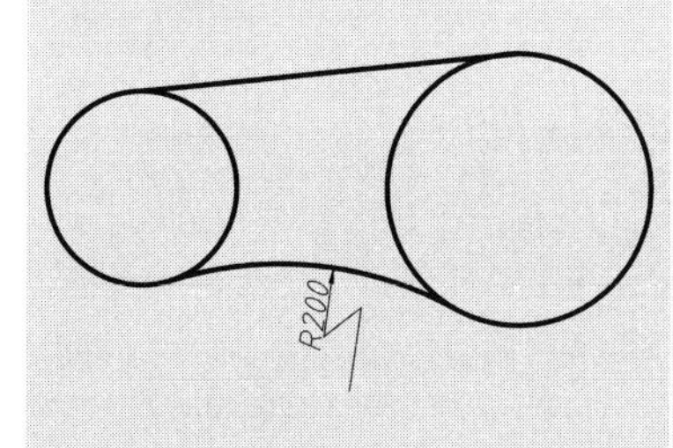

当圆弧半径相对于图形尺寸较大时，半径标注的尺寸线相对于图形显得过长，这时便可以使用折弯标注，该标注方式与半径标注的方式基本相同，但需要指定一个位置代替圆或圆弧的中心。

难度：☆

及格时间：0′30″

优秀时间：0′15″

读者自评：/ / / / / /

01_ 打开“第2章/实战077 折弯标注.dwg”素材文件，如图2-81所示。

02_ 单击【标注】面板中的【折弯标注】按钮，先选择圆弧，然后选择一个代替圆弧或圆心的位置点，最后选择折弯线的位置，如图2-82所示。

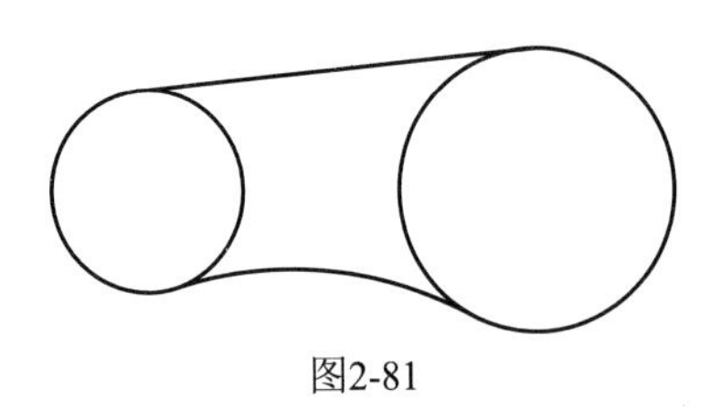
图2-81

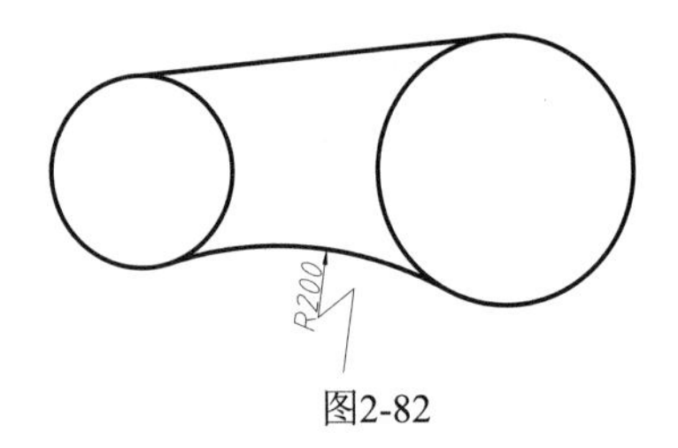

图2-82

实战078 连续标注

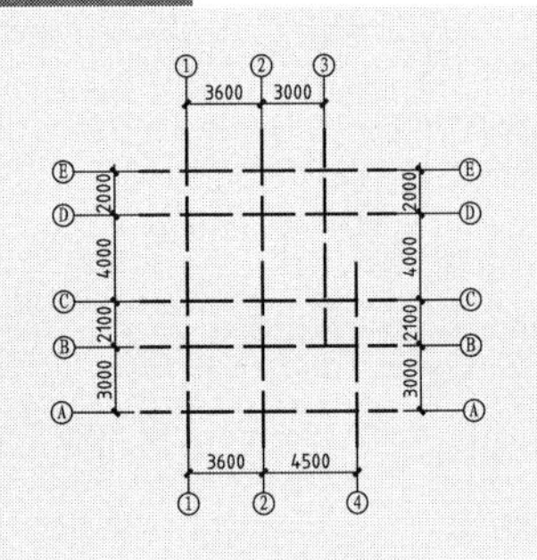

使用【连续标注】必须首先创建一条线性标注，然后系统默认将上一个尺寸界线终点作为下一个标注的起点，用户此时只需不断选择第二条尺寸界线的原点即可。

难度：☆

及格时间：2′00″

优秀时间：1′00″

读者自评： / / / / / /

01_ 打开“第2章/078连续标注.dwg”素材文件，如图2-83所示。

02_ 标注第一个竖直尺寸。在命令行输入DLI执行【线性标注】命令，为轴线添加第一个尺寸标注，如图2-84所示。

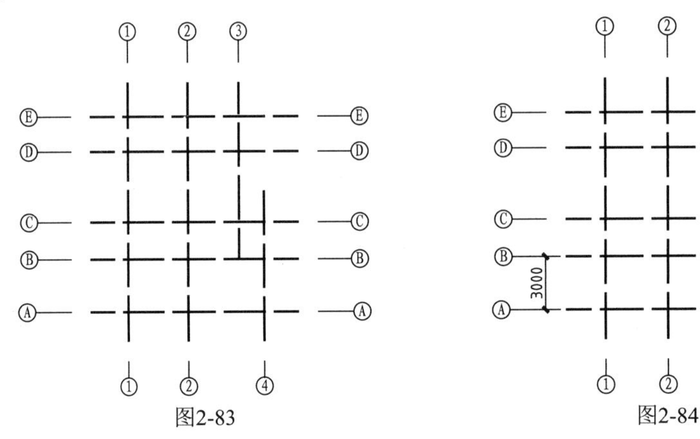

图2-83　　图2-84

03_ 在【注释】选项卡中单击【标注】面板中的【连续】按钮，执行【连续标注】命令，命令行提示如下。

```
命令：DCO↙        DIMCONTINUE                          //执行【连续标注】命令
选择连续标注                                          //选择标注
指定第二条尺寸界线原点或 [放弃(U)/选择(S)] <选择>:     //指定第二条尺寸界线原点
标注文字 = 2100
指定第二条尺寸界线原点或 [放弃(U)/选择(S)] <选择>:
标注文字 = 4000                    //单击Esc键退出绘制，完成连续标注的结果如图2-85所示
```

04_ 用上述相同的方法继续标注轴线，结果如图2-86所示。

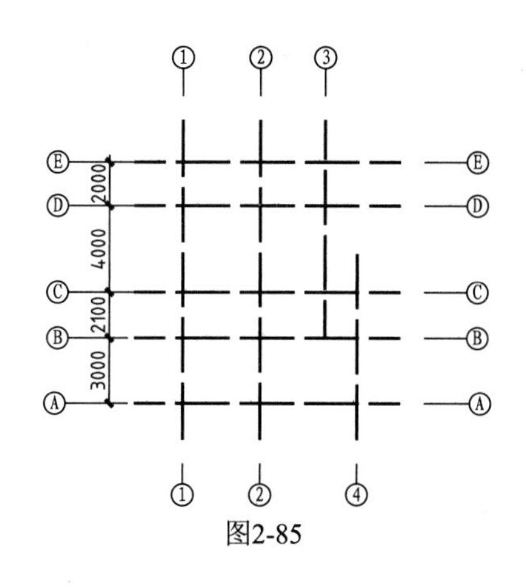

图2-85

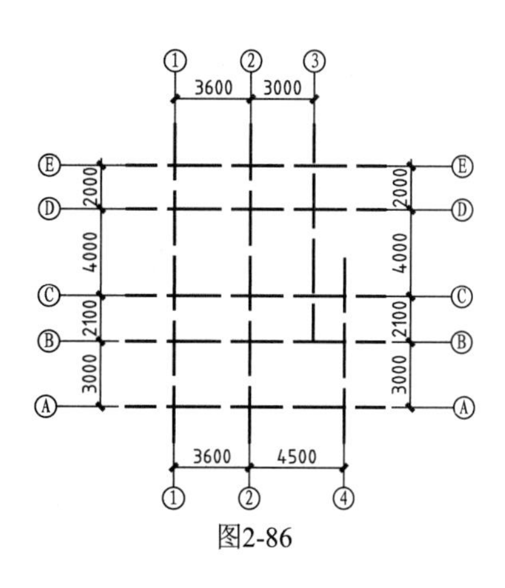

图2-86

实战079　基线标注

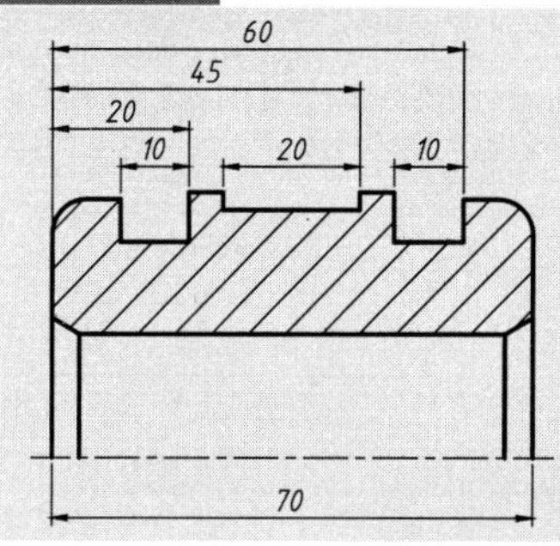

基线标注是以已有线性尺寸界线为基准的一系列尺寸标注，即以某一个线性标注尺寸界限为其他标注的第一条尺寸界线，依次创建多个尺寸标注。基线标注前，必须创建一个线性尺寸标注作为其他标注的基线，确定基线后，根据用户的第二条尺寸线生成尺寸标注。

难度：☆

及格时间：2′00″

优秀时间：1′00″

读者自评：　/　/　/　/　/　/

01_ 打开“第2章/实战079基线标注.dwg”素材文件，其中已绘制好一活塞的半边剖面图，如图2-87所示。

02_ 标注第一个水平尺寸。单击【注释】面板中的【线性】按钮，在活塞上端添加一个水平标注，如图2-88所示。

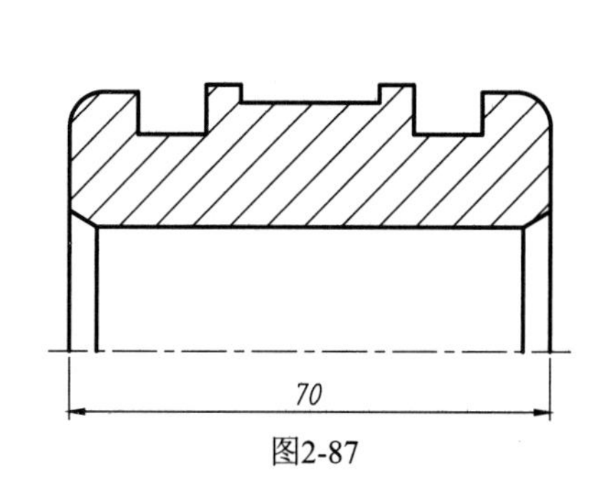

图2-87

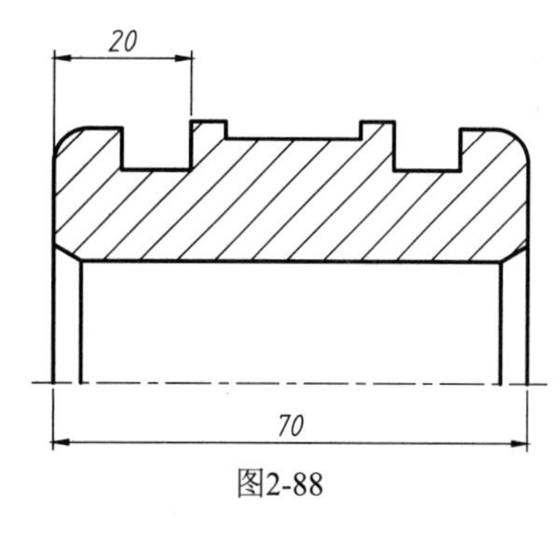

图2-88

如果图形为对称结构，在绘制剖面图时可以选择只绘制半边图形，如图2-88所示。

03_ 标注沟槽定位尺寸。切换至【注释】选项卡，单击【标注】面板中的【基线】按钮，系统自动以上步创建的标注为基准，依次选择活塞图上各沟槽的右侧端点，用作定位尺寸，如图2-89所示。

04_ 补充沟槽定型尺寸。退出【基线】命令，重新切换到【默认】选项卡，再次执行【线性标注】命令，依次将各沟槽的定型尺寸补齐，如图2-90所示。

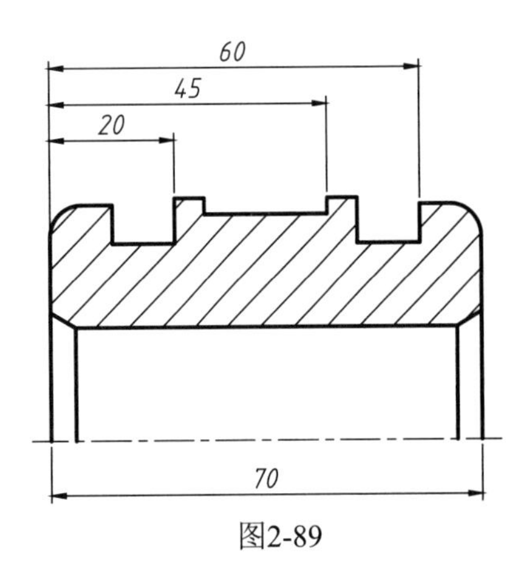

图2-89

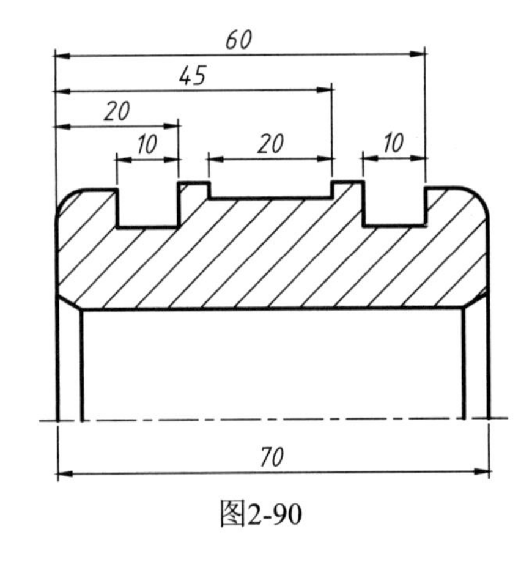

图2-90

实战080 打断标注

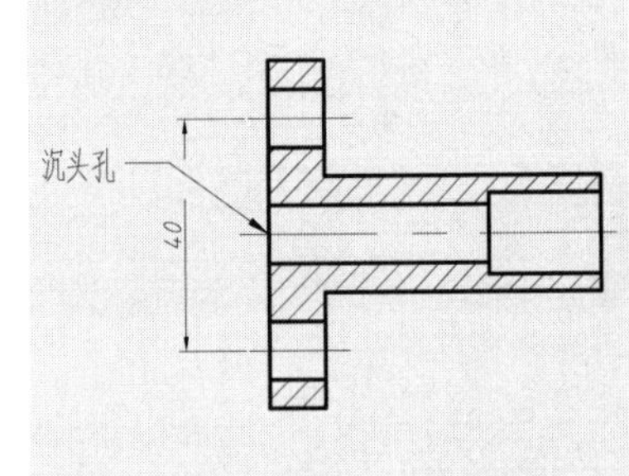

为了使图形尺寸结构清晰，在标注线交叉的位置可以使用标注打断。默认情况下，用于在标注相交位置自动生成打断，打断的距离不可控制。若需要控制打断距离，便可选择【手动】，用户可以指定两点，将两点之间的标注线打断。

难度：☆☆

及格时间：2′00″

优秀时间：1′00″

读者自评： / / / / / /

01_ 打开“第2章/实战080 打断标注.dwg”素材文件，如图2-91所示。

02_ 选择【菜单栏】中的【标注】|【打断标注】命令，在引线标注和尺寸之间创建打断，如图2-92所示。

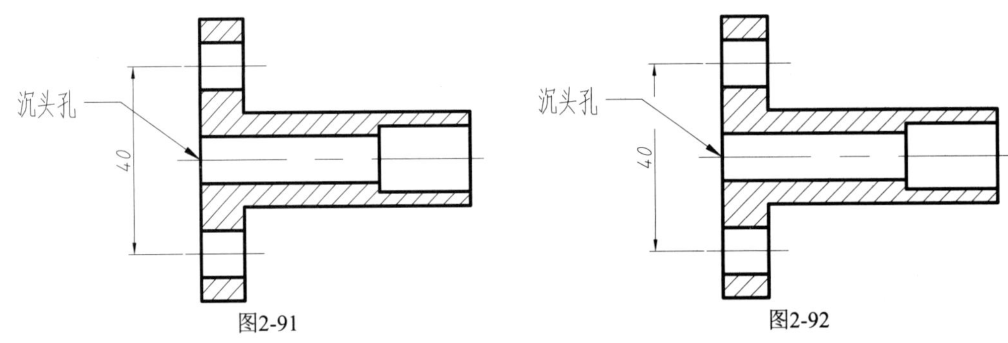

图2-91　　图2-92

命令行中“自动”是默认选项，用于在标注相交位置自动生成打断，打断的距离不可控制；“手动”为选择项，需要用户指定两个打断点，将两点之间的标注线打断；“删除”选项是用于删除已创建的打断。

实战081 形位公差

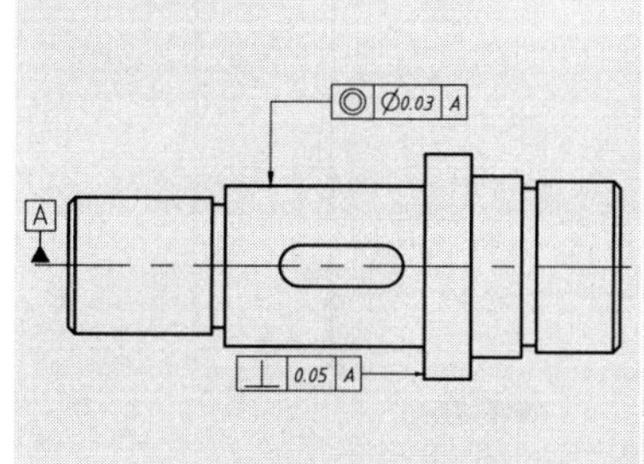

通常情况下，形位公差的标注主要由公差框格和指引线组成，而公差框格内又主要包括公差代号、公差值、基准代号。实际加工出的零件不仅有尺寸误差，而且还有形状上的误差和位置上的误差，绘制图纸时，就需要利用形位公差表示出来。

难度：☆☆

及格时间：4′00″

优秀时间：2′00″

读者自评：　/　/　/　/　/　/

01_ 打开“第2章/实战081形位公差.dwg”素材文件，如图2-93所示。

02_ 单击【绘图】面板中的【矩形】【直线】按钮，绘制基准符号，并添加文字，如图2-94所示。

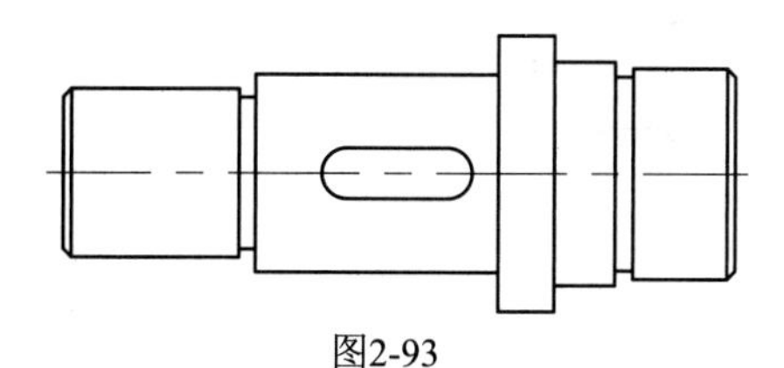

图2-93

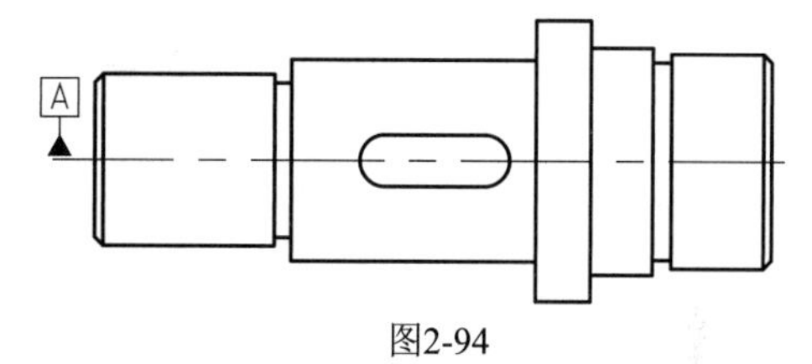

图2-94

03_ 选择【标注】|【公差】命令，弹出【形位公差】对话框，选择公差类型为【同轴度】，然后输入公差值Ø0.03和公差基准A，如图2-95所示。

04_ 单击【确定】按钮，在要标注的位置附近单击，放置该形位公差，如图2-96所示。

05_ 单击【注释】面板中的【多重引线】按钮，绘制多重引线指向公差位置，如图2-97所示。

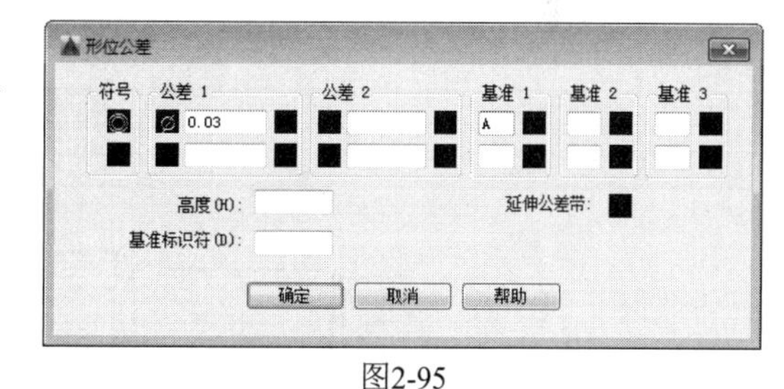

图2-95

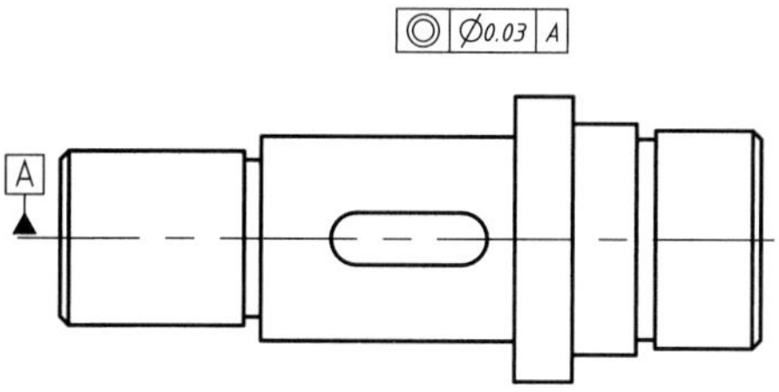

图2-96

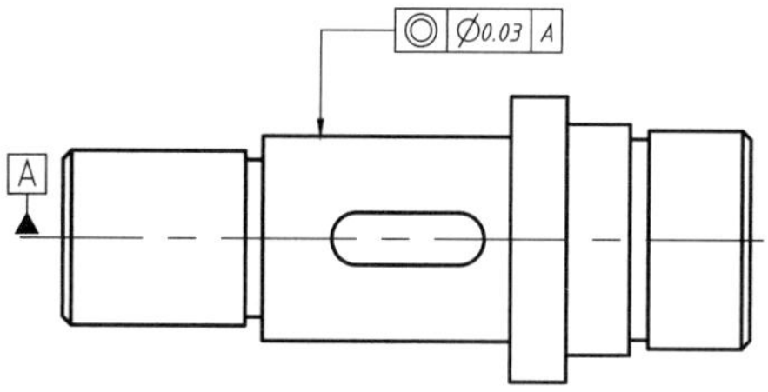

图2-97

06_ 执行【快速引线】命令，快速绘制形位公差。在命令行输入LE并单击Enter键，利用快速引线标注形位公差，命令行操作如下。

```
命令: LE                                //执行【快速引线】命令
QLEADER
指定第一个引线点或 [设置(S)] <设置>:    //选择【设置】选项，弹出【引线设置】对话框，设置类型为【公差】，
                                          如图2-98所示，单击【确定】按钮，继续执行以下命令行操作
指定第一个引线点或 [设置(S)] <设置>:    //在要标注公差的位置单击，指定引线箭头位置
指定下一点:                             //指定引线转折点
指定下一点:                             //指定引线端点
```

07_ 在需要标注形位公差的地方定义引线，如图2-99所示。定义之后，弹出【形位公差】对话框，设置公差参数，如图2-100所示。

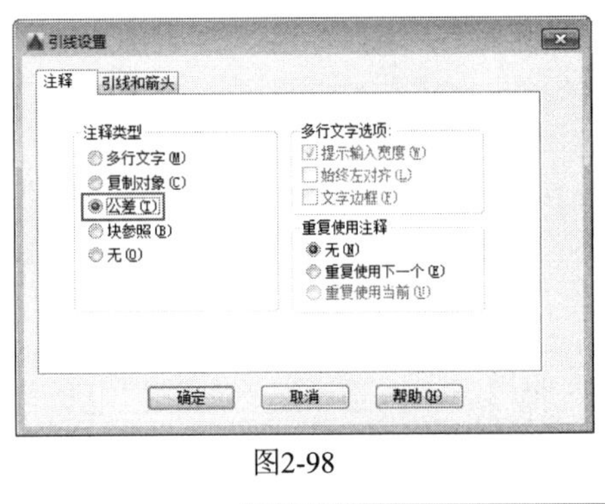

图2-98

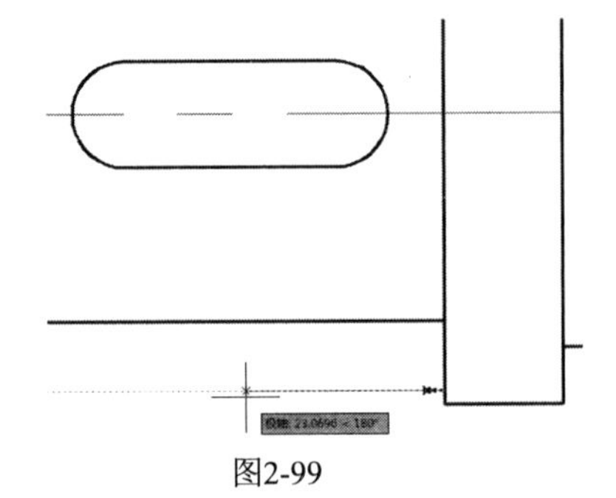

图2-99

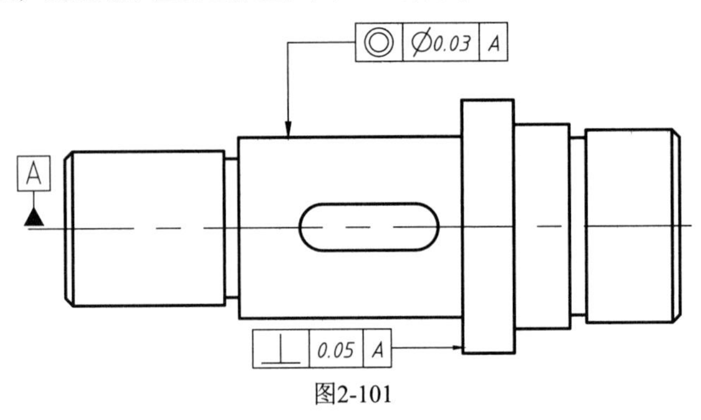

图2-100

08_ 单击【确定】按钮，创建的形位公差标注如图2-101所示。

图2-101

实战082 创建文字样式

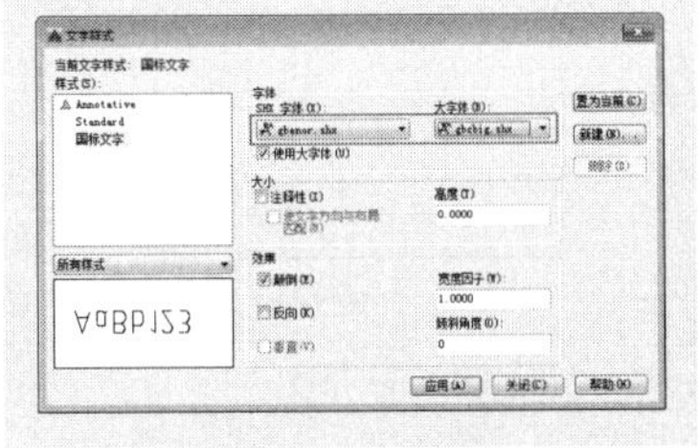

文字样式是同一类文字的格式设置的集合，包括字体、字高、显示效果等。文字样式既要根据国家制图标准要求，又要根据实际情况来设置。

难度：☆☆

及格时间：4′00″

优秀时间：2′00″

读者自评：/ / / / / /

01_ 单击【快速访问】工具栏中的【新建】按钮，新建图形文件。

02_ 在【默认】选项卡中单击【注释】面板中的【文字样式】按钮，弹出【文字样式】对话框，如图2-102所示。

03_ 单击【新建】按钮，弹出【新建文字样式】对话框，系统默认新建【样式1】样式名，在【样式名】文本框中输入“国标文字”，如图2-103所示。

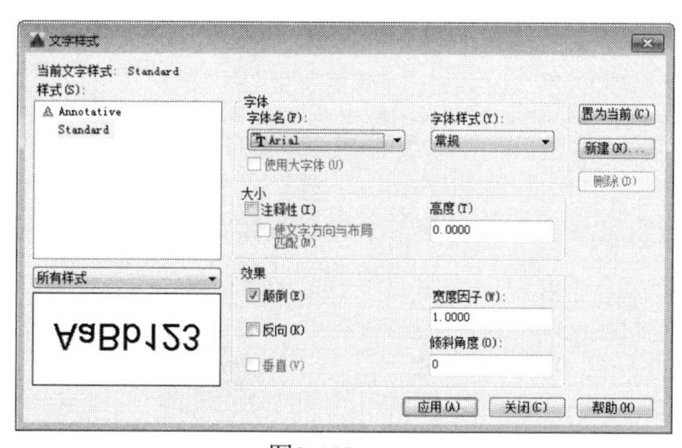

图2-102　　　　图2-103

04_ 单击【确定】按钮，在样式列表框中新增【国标文字】文字样式，如图2-104所示。

05_ 在【字体】选项组下的【字体名】列表框中选择【gbenor.shx】字体，勾选【使用大字体】复选框，在大字体复选框中选择【gbcbig.shx】字体。其他选项保持默认，如图2-105所示。

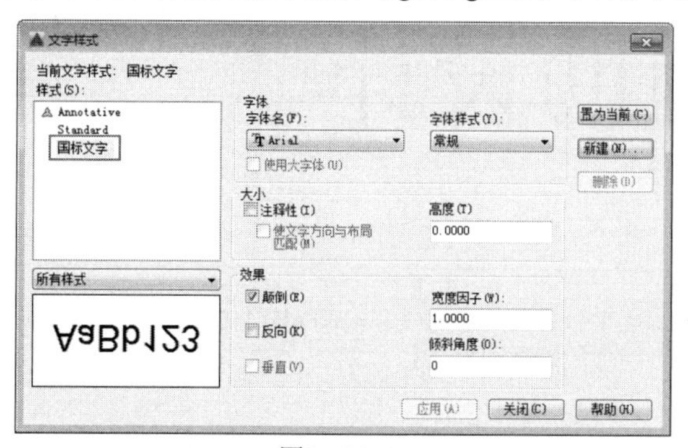

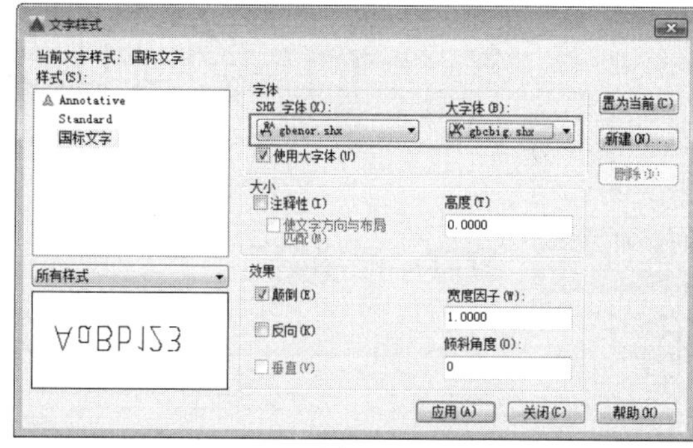

图2-104　　　　图2-105

06_ 单击【应用】按钮，然后单击【置为当前】按钮，将【国标文字】置于当前样式。

07_ 单击【关闭】按钮，完成【国标文字】的创建。创建完成的样式可用于【多行文字】、【单行文字】等文字创建命令，也可以用于标注、动态块中的文字。

实战083　应用文字样式

计算机辅助设计

在创建的多种文字样式中，只能有一种文字样式作为当前的文字样式，系统默认创建的文字均按照当前文字样式。因此要应用文字样式，首先应将其设置为当前文字样式。

难度：☆☆

及格时间：4′00″

优秀时间：2′00″

读者自评：/　/　/　/　/　/

01_ 打开“第2章/实战083 应用文字样式.dwg”素材文件，如图2-106所示，且文件中已预先创建好了多种文字样式。

计算机辅助设计

图2-106

02_ 默认情况下，Standard文字样式是当前文字样式，用户可以根据需要更换为其他的文字样式。

03_ 选择该文字，然后在【注释】面板的【文字样式控制】下拉列表框中选择要置为当前的文字样式即可，如图2-107所示。

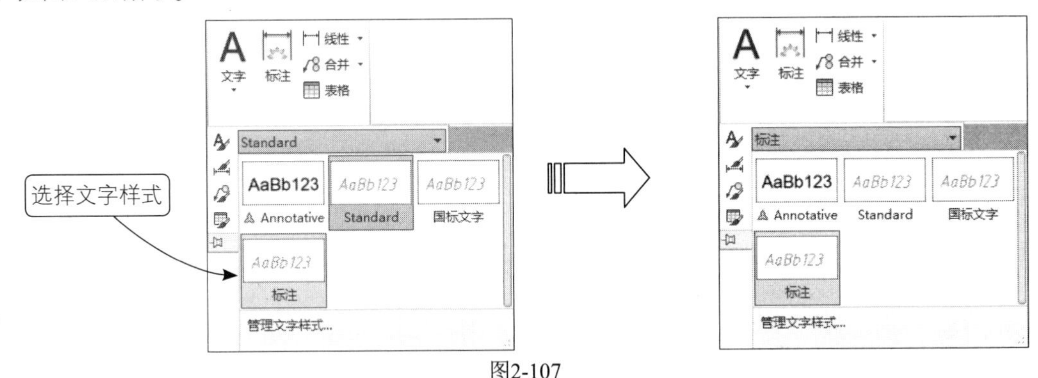

图2-107

04_ 素材中的文字对象即时更改为【标注】样式下的效果，如图2-108所示。

计算机辅助设计

图2-108

实战084 文字中添加编号

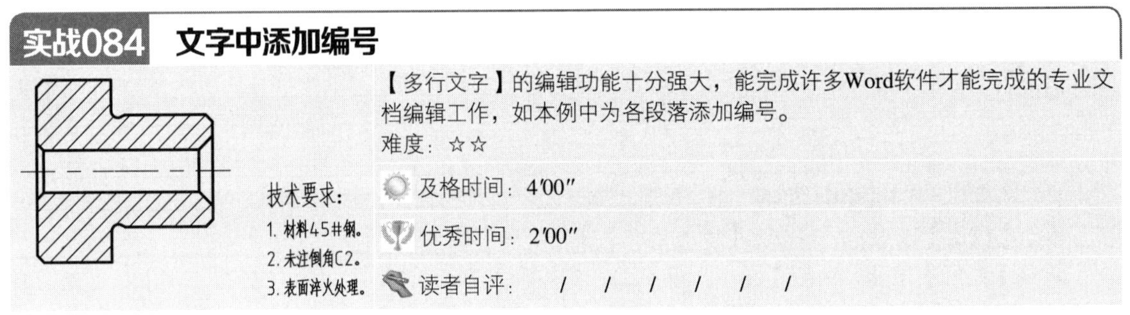

【多行文字】的编辑功能十分强大，能完成许多Word软件才能完成的专业文档编辑工作，如本例中为各段落添加编号。

难度：☆☆

及格时间：4′00″

优秀时间：2′00″

读者自评： / / / / / /

01_ 启动AutoCAD，打开“第2章/实战084文字中添加编号.dwg”素材文件。

02_ 双击已经创建好的多行文字，进入编辑模式，打开【文字编辑器】选项卡，然后选中“技术要求”下面的3行说明文字，如图2-109所示。

03_ 在【文字编辑器】选项卡中单击【段落】面板中的【项目符号和编号】按钮，在下拉列表中选择编号方式为【以数字标记】选项，如图2-110所示。

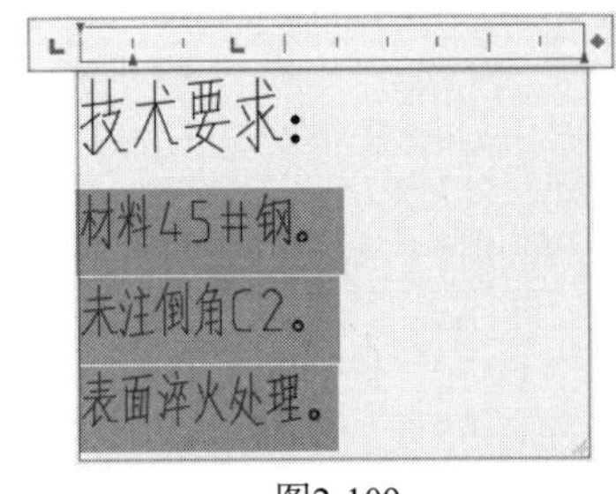

图2-109

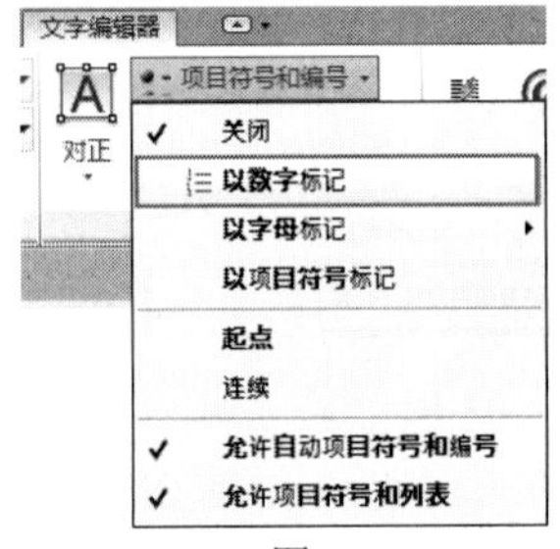

图2-110

04_ 在文本框中可以预览到编号效果如图2-111所示。

05_ 接着调整文字的对齐标尺，减少文字的缩进量，如图2-112所示。

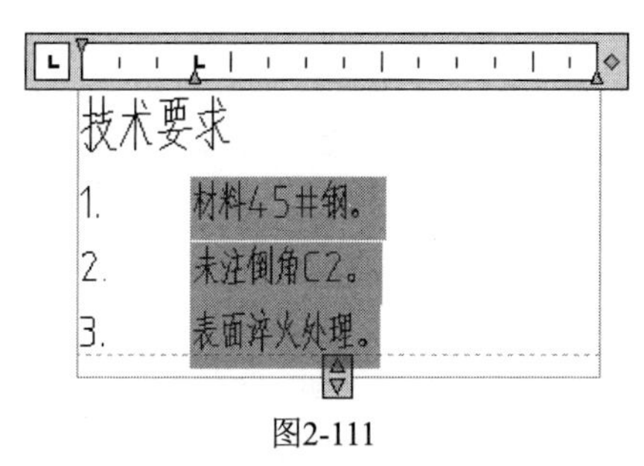

图2-111

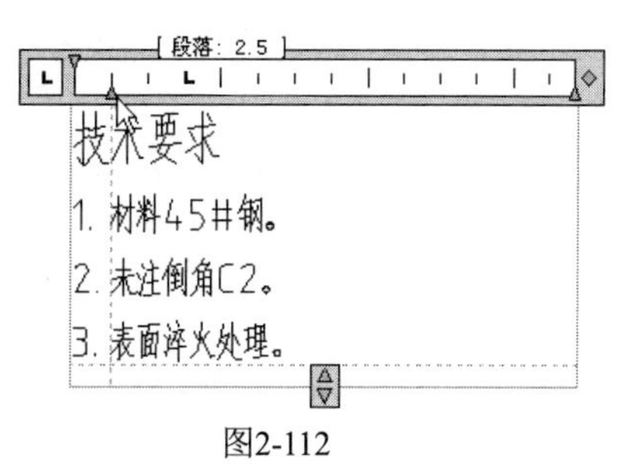

图2-112

06_ 单击【关闭】面板中的【关闭文字编辑器】按钮，或按Ctrl+Enter组合键完成多行文字编号的创建，最终效果如图2-113所示。

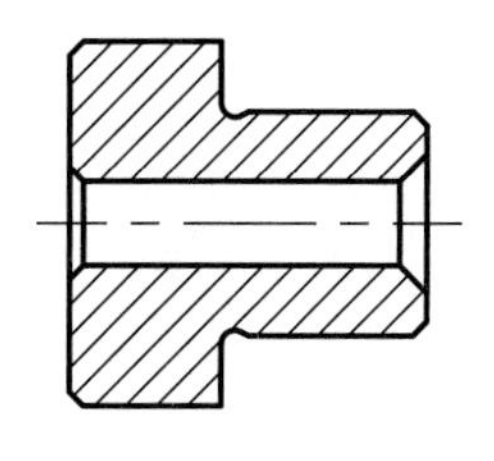

图2-113

实战085 堆叠文字创建尺寸公差

通过输入分隔符号，可以创建堆叠文字。堆叠文字在机械绘图中应用很多，可以用来创建尺寸公差、分数等。

难度：☆☆

及格时间：4′00″

优秀时间：2′00″

读者自评：/ / / / / /

01_ 打开"第2章/实战085 堆叠文字创建尺寸公差.dwg"素材文件，如图2-114所示，已经标注好了所需的尺寸。

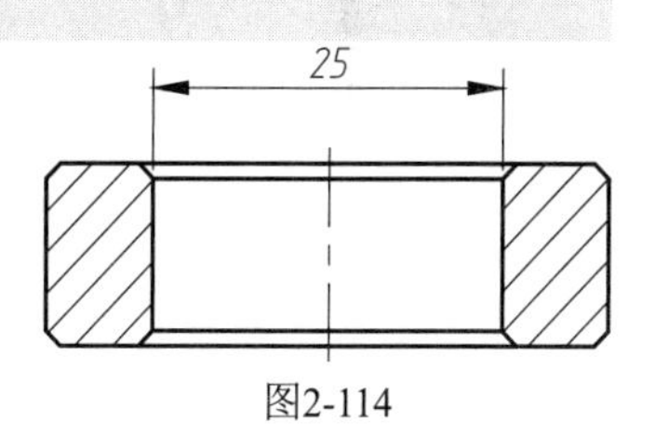

图2-114

02_ 添加直径符号。双击尺寸25，打开【文字编辑器】选项卡，然后将鼠标移动至25之前，输入"%%25"，为其添加直径符号，如图2-115所示。

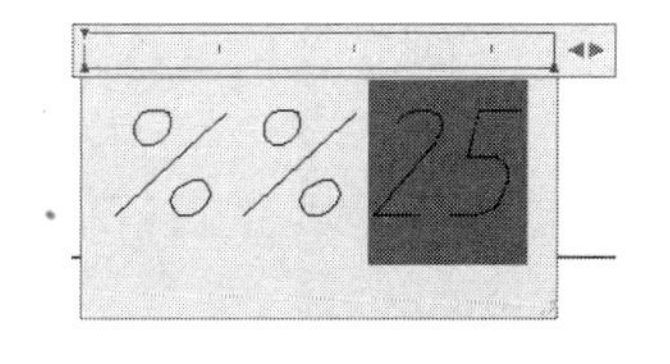

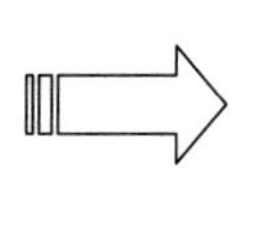

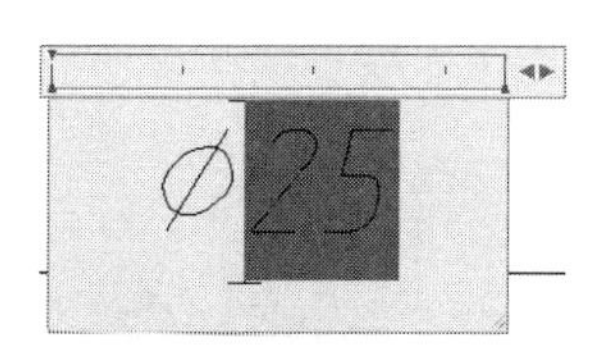

图2-115

03_ 输入公差文字。再将鼠标移动至25的后方，依次输入"K7 +0.006^-0.015"，如图2-116所示。

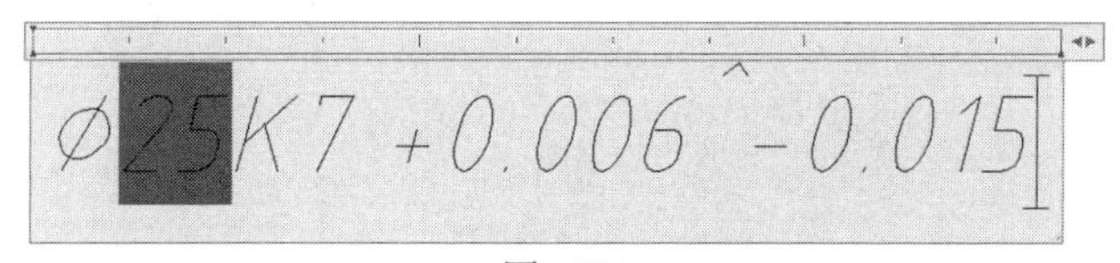

图2-116

04_ 创建尺寸公差。接着按住鼠标左键，向后拖移，选中"+0.006^-0.015"文字，然后单击【文字编辑器】选项卡【格式】面板中的【堆叠】按钮，即可创建尺寸公差，如图2-117所示。

图2-117

05_ 在【文字编辑器】选项卡中单击【关闭】按钮，退出编辑环境，得到修改后的图形如图2-118所示。

操作技巧 **除了本例用到的“^”分隔符号，还有“/”“#”2个分隔符，分隔效果如图2-119所示。需要注意的是，这些分隔符号必须是英文格式的符号。**

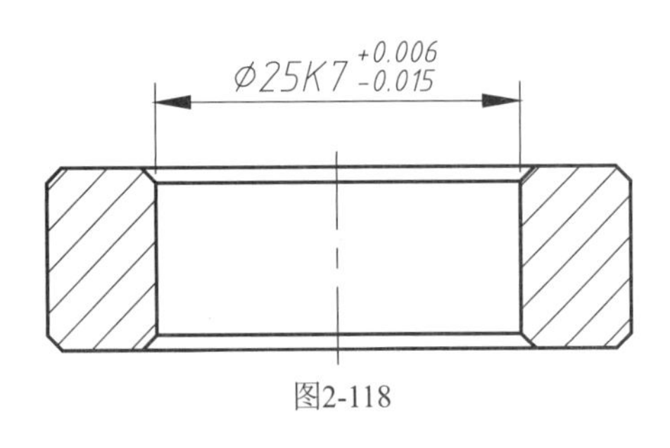

图2-118

图2-119

实战086 添加文字背景

为了使文字清晰地显示在复杂的图形中，用户可以为文字添加不透明的背景。

难度：☆☆

及格时间：4′00″

优秀时间：2′00″

读者自评： / / / / / /

01_ 打开“第2章/实战086 添加文字背景.dwg”素材文件，如图2-120所示。

02_ 双击文字，弹出【文字编辑器】选项卡，单击【样式】面板中的【遮罩】按钮，弹出【背景遮罩】对话框，设置参数如图2-121所示。

03_ 单击【确定】按钮关闭对话框，文字背景效果如图2-122所示。

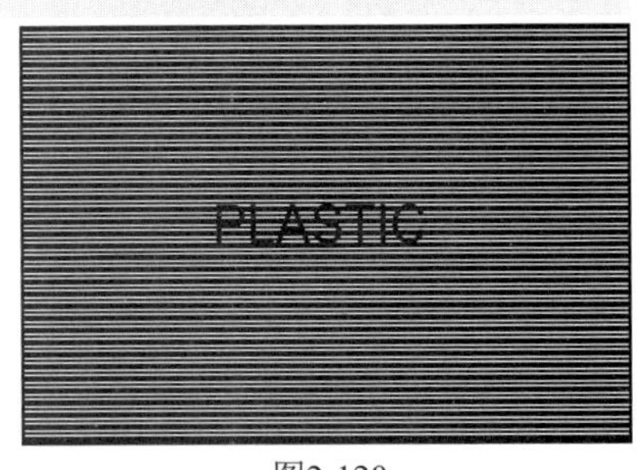

图2-120

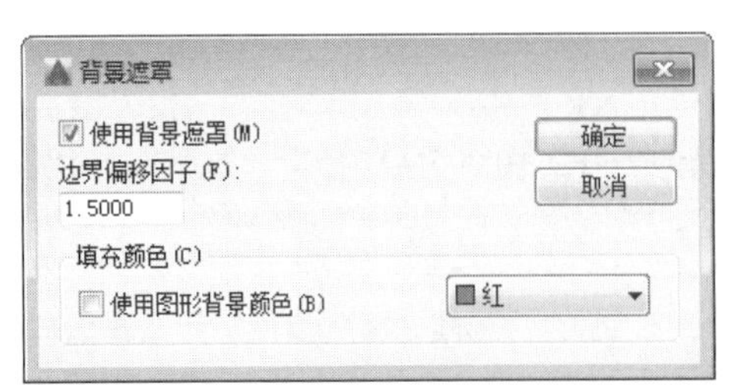

图2-121

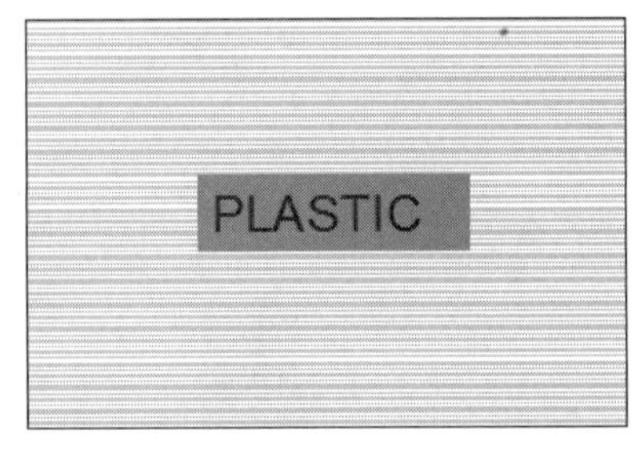

图2-122

实战087　对齐多行文字

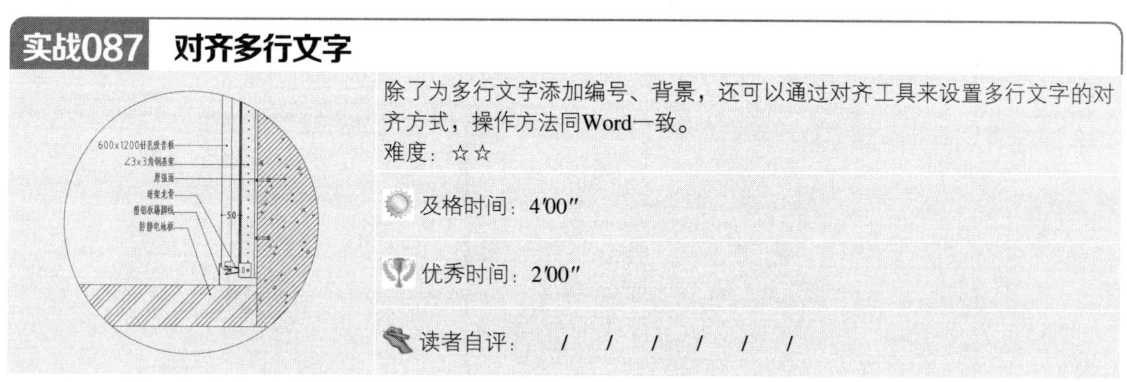

除了为多行文字添加编号、背景，还可以通过对齐工具来设置多行文字的对齐方式，操作方法同Word一致。

难度：☆☆

及格时间：4′00″

优秀时间：2′00″

读者自评：/ / / / / /

01_ 打开“第2章/实战087 对齐多行文字.dwg”素材文件，如图2-123所示。

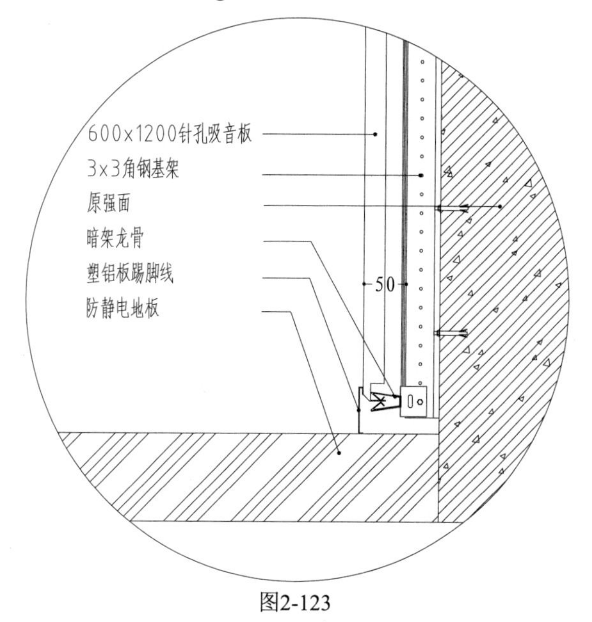

图2-123

02_ 选中多行文字，然后在命令行输入ED并单击Enter键，弹出【文字编辑器】选项卡，进入文字编辑模式。

03_ 选中各行文字，然后单击【段落】面板中的【右对齐】按钮，文字调整为右对齐，如图2-124所示。

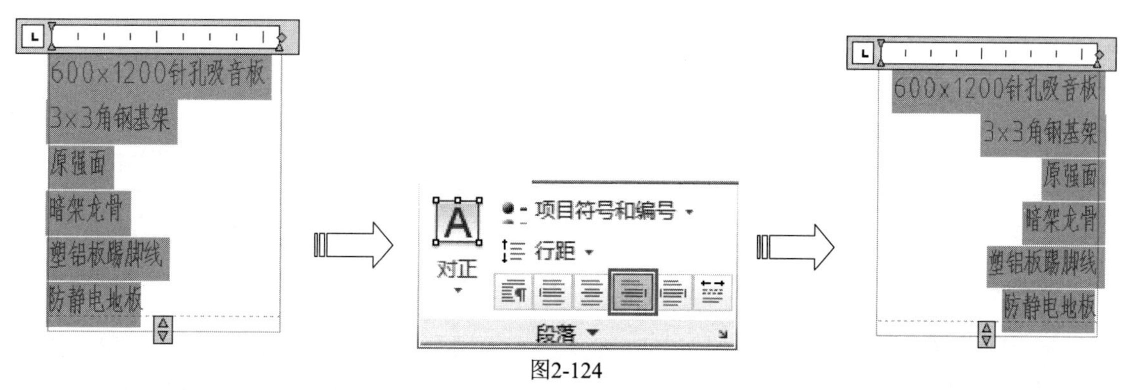

图2-124

04_ 在第二行文字前单击，将光标移动到此位置，然后单击【插入】面板中的【符号】按钮，在选项列表中选择【角度】符号，添加角度符号。

05_ 单击【文字编辑器】选项卡中的【关闭文字编辑器】按钮，完成文字的编辑。最终效果如图2-125所示。

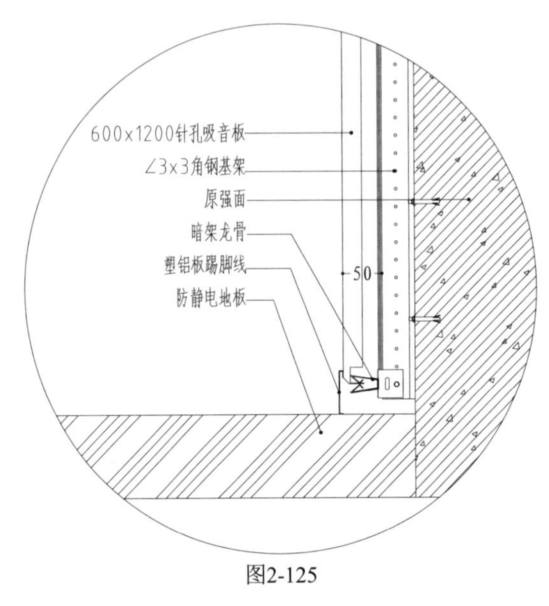

图2-125

实战088 创建表格样式

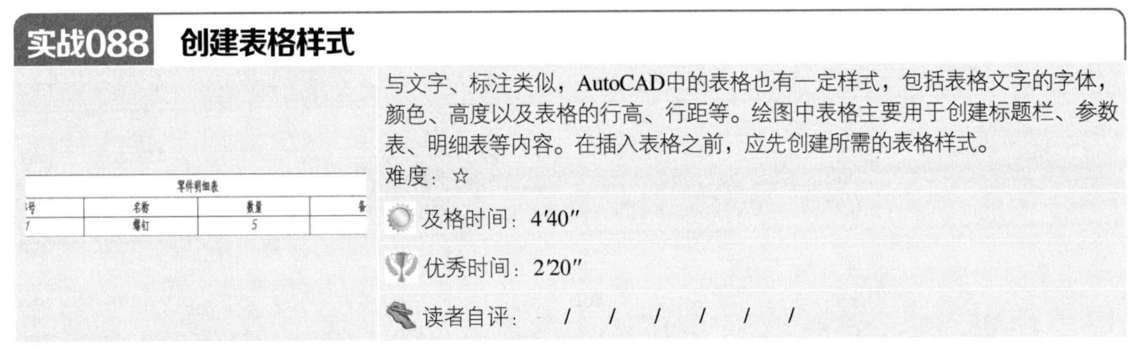

与文字、标注类似，AutoCAD中的表格也有一定样式，包括表格文字的字体，颜色、高度以及表格的行高、行距等。绘图中表格主要用于创建标题栏、参数表、明细表等内容。在插入表格之前，应先创建所需的表格样式。

难度：☆

及格时间：4′40″

优秀时间：2′20″

读者自评： / / / / / /

01_ 单击【注释】面板中的【表格样式】，弹出【表格样式】对话框，如图2-126所示。

02_ 单击【新建】按钮，弹出【创建新的表格样式】对话框，设置样式名为“表格”，如图2-127所示。

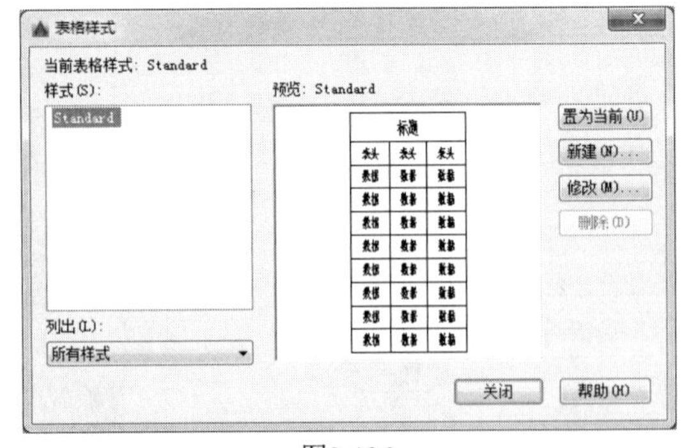

图2-126

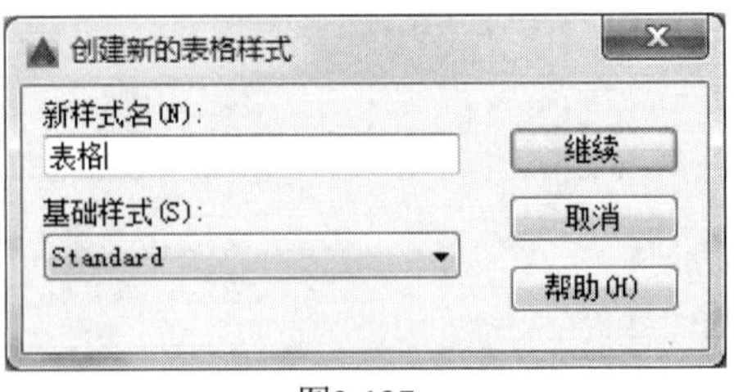

图2-127

03_ 弹出【修改表格样式】对话框，在该对话框的【单元样式】选项卡的【文字】选项卡中，设置字高为10，在【边框】选项卡中设置所有边框颜色为【蓝色】，并单击【所有边框】按钮，如图2-128所示。

04_ 单击【确定】按钮，弹出【表格样式】对话框，单击【置为当前】按钮，如图2-129所示。

图2-128

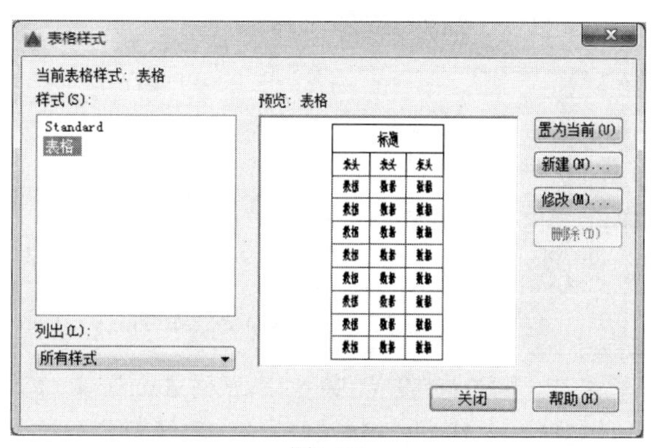

图2-129

05_ 单击【注释】面板中的【表格】按钮，弹出【插入表格】对话框，设置【列数】为4，【列宽】为100，【数据行数】为2，【行高】为2，如图2-130所示。

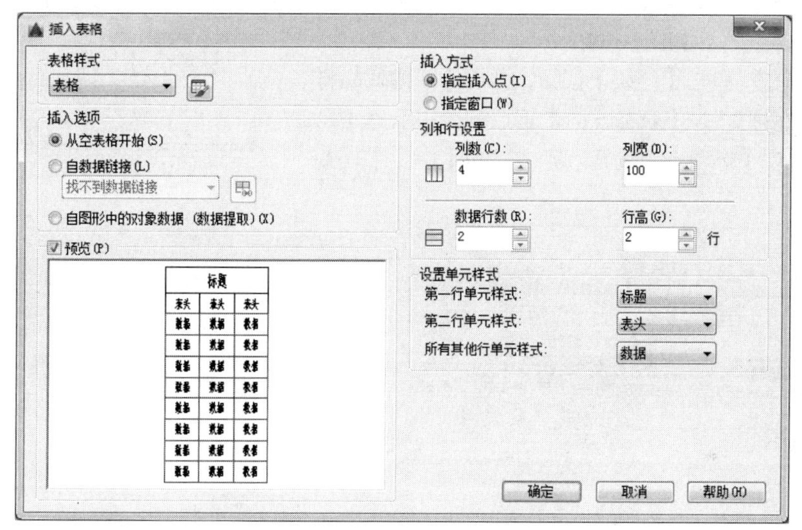

图2-130

06_ 完成上一步后，确定表格位置，在表格中输入文字，如图2-131所示。

	A	B	C	D
1	零件明细表			
2	序号	名称	数量	备注
3	1	螺钉	5	
4	2	钢板	1	

图2-131

07_ 单击Enter键，完成表格对象的创建，最终效果如图2-132所示。

零件明细表			
序号	名称	数量	备注
1	螺钉	5	
2	钢板	1	

图2-132

实战089 创建表格

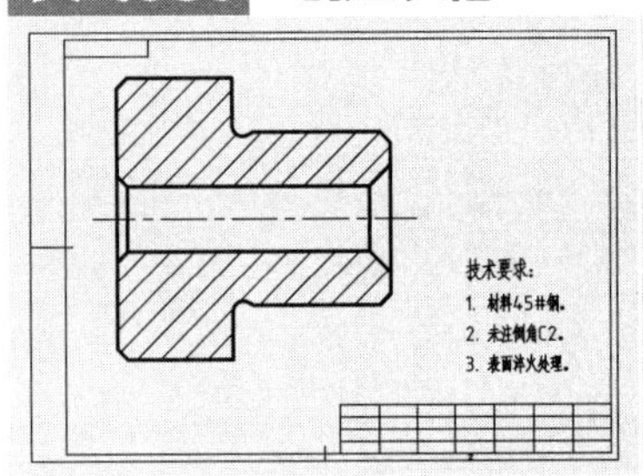

在AutoCAD中可以使用【表格】工具创建表格，也可以直接使用直线进行绘制。如要使用【表格】工具创建，则必须先创建它的表格样式。

难度：☆☆

及格时间：4′00″

优秀时间：2′00″

读者自评：/ / / / / /

01_ 打开“第2章/实战089 创建表格.dwg”素材文件，如图2-133所示，其中已经绘制好了一零件图。

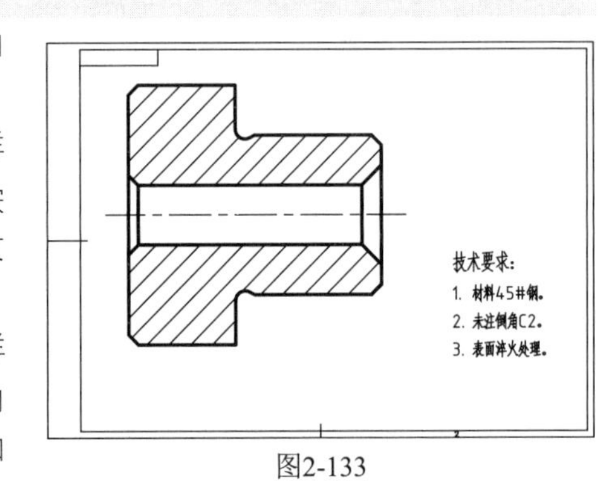

图2-133

02_ 在【默认】选项卡中，单击【注释】面板中的【表格样式】按钮，弹出【表格样式】对话框，单击【新建】按钮，弹出【创建新的表格样式】对话框，在【新样式名】文本框中输入“标题栏”，如图2-134所示。

03_ 设置表格样式。单击【继续】按钮，弹出【新建表格样式：标题栏】对话框，在【表格方向】下拉列表中选择【向上】；并在【常规】选项卡中设置对齐方式为【中上】，如图2-135所示。

图2-134

图2-135

04_ 切换至选择【文字】选项卡，设置【文字高度】为4；单击【文字样式】右侧的按钮，在弹出的【文字样式】对话框中修改文字样式为：“宋体”，如图2-136所示；【边框】选项卡保持默认设置。

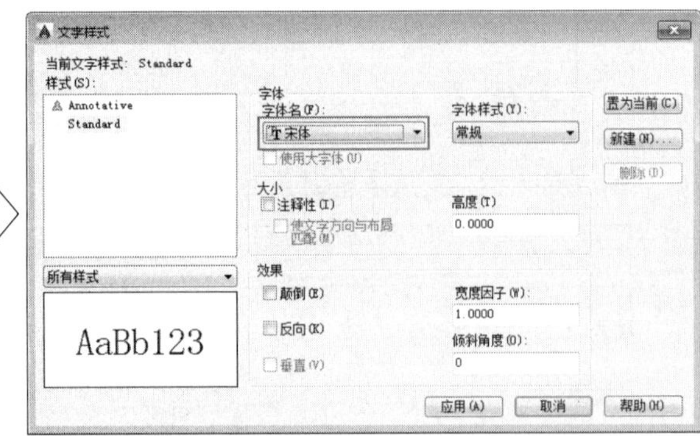

图2-136

05_ 单击【确定】按钮，返回【表格样式】对话框，选择新创建的“标题栏”样式，然后单击【置为当前】按钮，如图2-137所示。单击【关闭】按钮，完成表格样式的创建。

06_ 返回绘图区，在【默认】选项卡中，单击【注释】面板中的【表格】按钮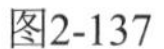，如图2-138所示，执行【创建表格】命令。

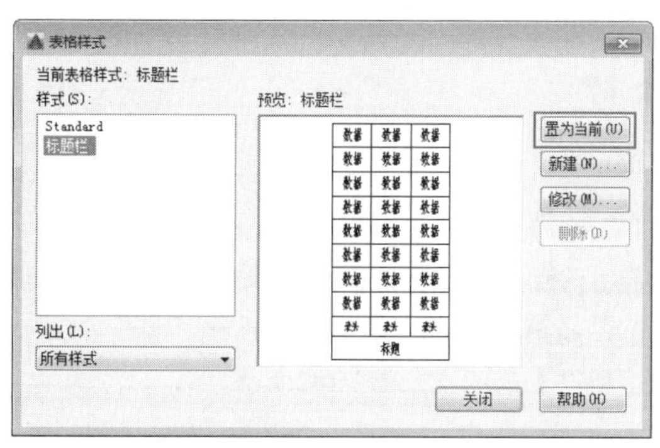

图2-137

图2-138

07_ 弹出【插入表格】对话框，选择插入方式为【指定窗口】，然后设置【列数】为7，【数据行数】为2，设置所有行的单元样式均为【数据】，如图2-139所示。

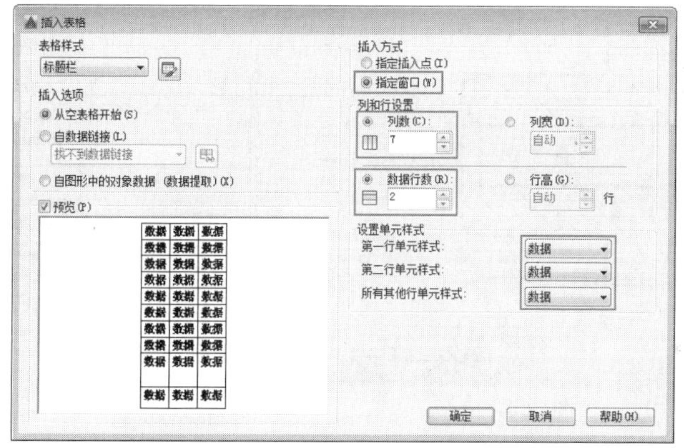

图2-139

08_ 单击【插入表格】对话框中的【确定】按钮，然后在绘图区单击确定表格左下角点，向上拖动指针，在合适的位置单击确定表格右下角点，生成的表格如图2-140所示。

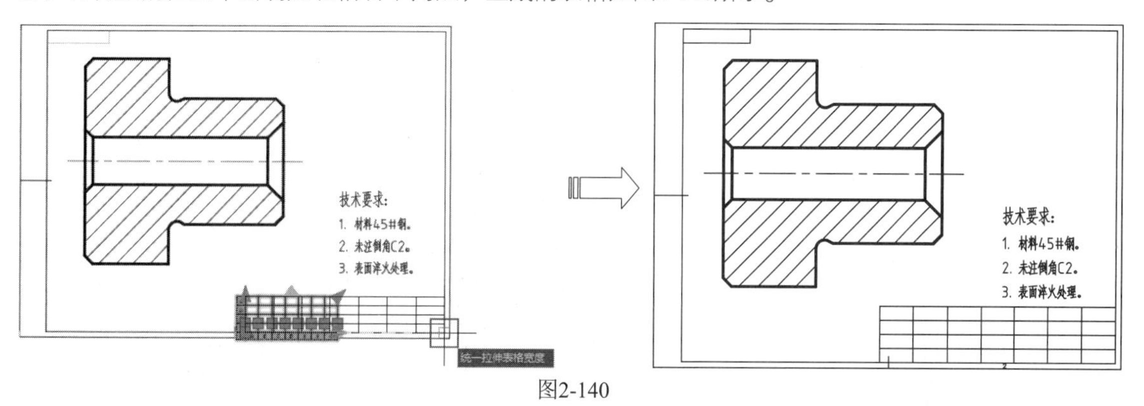

图2-140

操作技巧　在设置行数的时候需要看清楚对话框中输入的是【数据行数】，这里的数据行数是应该减去标题与表头的数值，即“最终行数=输入行数+2”。

实战090 调整表格行高

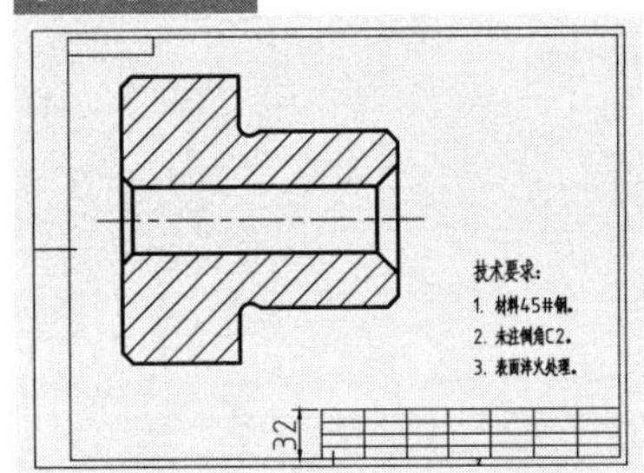

在AutoCAD中创建表格后，用户可以随时根据需要调整表格的高度，以达到设计的要求。

难度：☆☆

及格时间：4′00″

优秀时间：2′00″

读者自评：/ / / / / /

01_ 延续【实战089】进行操作，也可以打开“第2章/实战089 创建表格-OK.dwg”素材文件。

02_ 由于在上例中的表格是手动创建的，因此尺寸难免不精确，这时就可以通过调整行高来进行调整。

03_ 在表格的左上方单击，使表格呈现全选状态，如图2-141所示。

04_ 在空白处右击，在弹出的快捷菜单中选择【特性】选项，如图2-142所示。

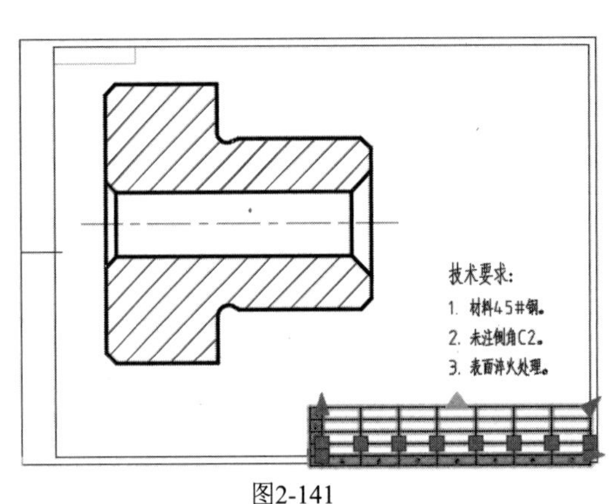

图2-141

重复'.ZOOM(R)
最近的输入
剪贴板
隔离(I)
表格样式
均匀调整列大小
均匀调整行大小
删除所有特性替代
输出...
表指示器颜色...
更新表格数据链接
将数据链接写入外部源
添加选定对象(D)
选择类似对象(T)
全部不选(A)
子对象选择过滤器
快速选择(Q)...
快速计算器
查找(F)...
特性(S)
快捷特性

图2-142

05_ 弹出该表格的特性面板，在【表格】栏的【表格高度】文本框中输入32，即每行高度为8，如图2-143所示。

06_ 单击Enter键确认，关闭特性面板，表格变化效果如图2-144所示。

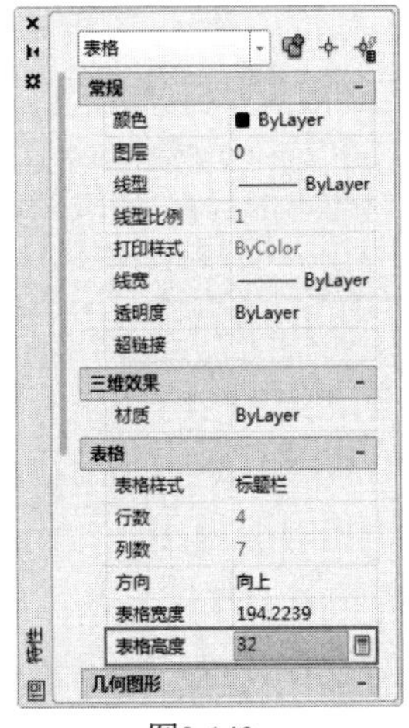

图2-143

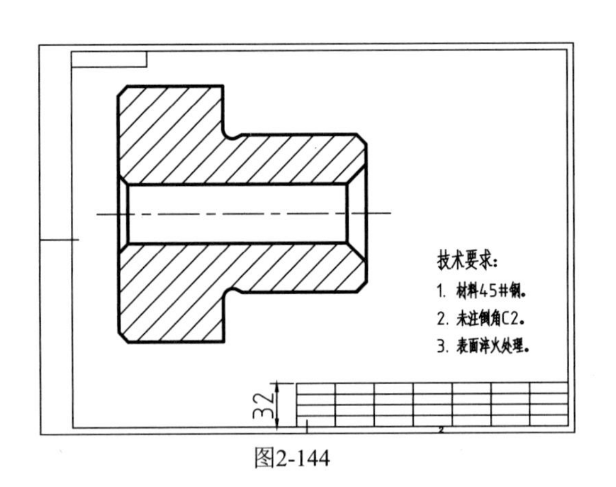

图2-144

实战091　调整表格列宽

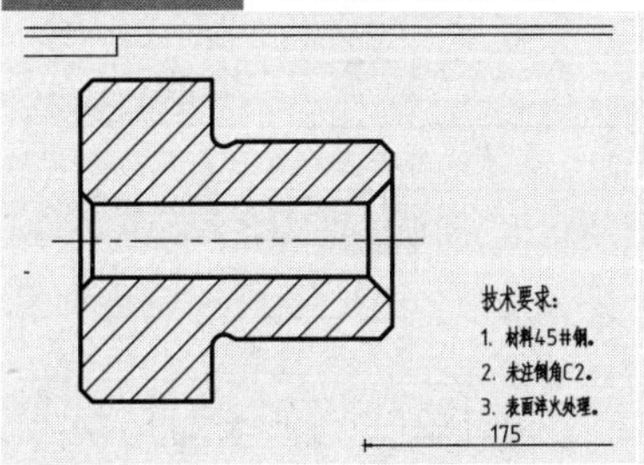

在AutoCAD中除了可以调整行高，还可以随时调整列宽，方法与上例相似。因此在创建表格时并不需要在一开始就很精确。

难度：☆☆

及格时间：4′00″

优秀时间：2′00″

读者自评：　/　/　/　/　/　/

01_ 延续【实战090】进行操作，也可以打开“第2章/实战090 调整表格行高-OK.dwg”素材文件。

02_ 同行高一样，原始列宽也是手动拉伸所得，因此可以通过相同方法来进行调整。

03_ 在表格的左上方单击，使表格呈现全选状态，接着在空白处右击，在弹出的快捷菜单中选择【特性】选项。

04_ 弹出该表格的特性面板，在【表格】栏的【表格宽度】文本框中输入175，即每列宽25，如图2-145所示。

05_ 单击Enter键确认，关闭特性面板，接着将表格移动至原位置，表格变化效果如图2-146所示。

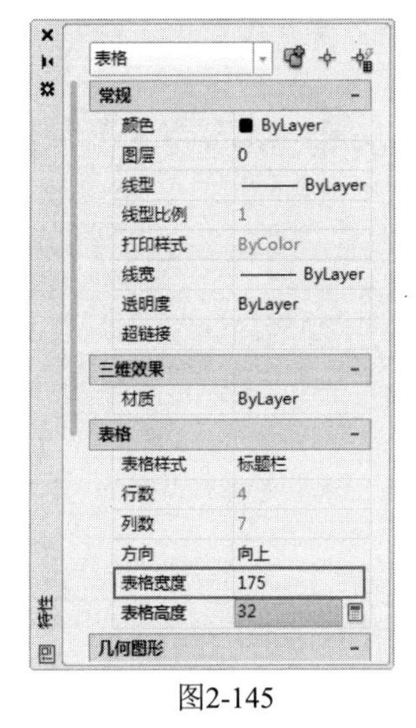

图2-145

图2-146

实战092　合并单元格

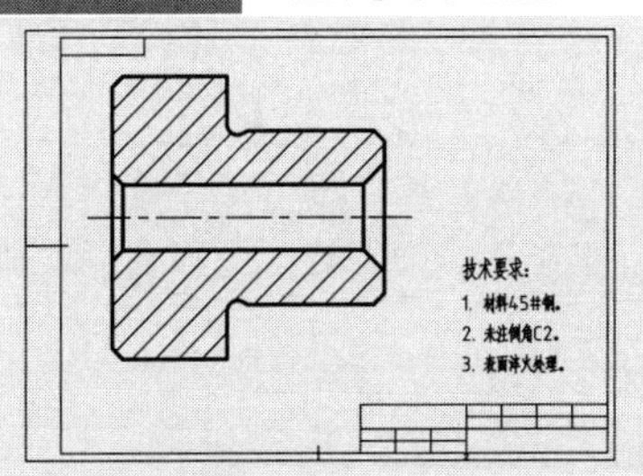

AutoCAD 表格操作与Office软件类似，如需进行合并操作，只需选中单元格，然后在【表格单元】选项卡中单击相关按钮即可。

难度：☆☆

及格时间：4′00″

优秀时间：2′00″

读者自评：　/　/　/　/　/　/

01_ 延续【实战 091】进行操作，也可以打开“第2章/实战091 调整表格列宽-OK.dwg”素材文件。

02_ 标题栏中的内容信息较多，因此它的表格形式也比较复杂，本例参考如图2-147所示的标题栏进行编辑。

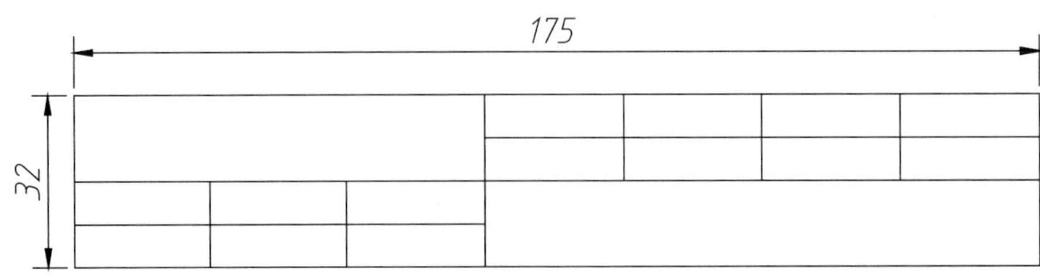

图2-147

03_ 在素材文件的表格中选择左上角的六个单元格（A-3、A-4；B-3、B-4；C-3、C-4），如图2-148所示。

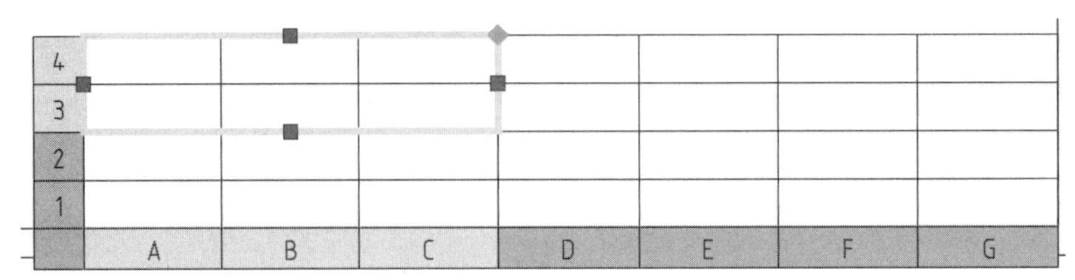

图2-148

04_ 选择单元格后，功能区中自动弹出【表格单元】选项卡，在【合并】面板中单击【合并单元】按钮，然后在下拉列表中选择【合并全部】，如图2-149所示。

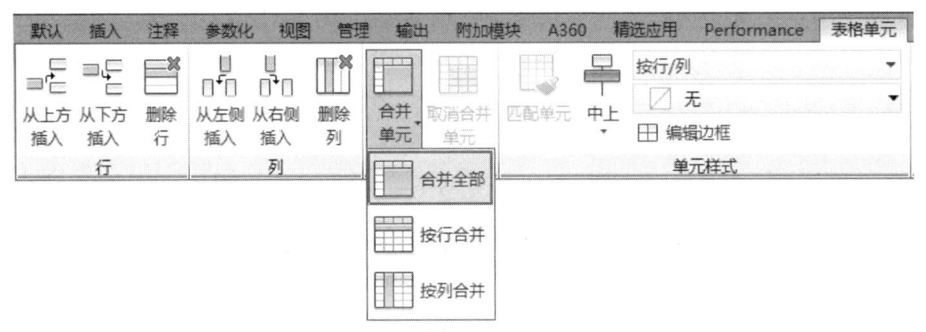

图2-149

05_ 执行上述操作后，按Esc键退出，完成合并单元格的操作，效果如图2-150所示。

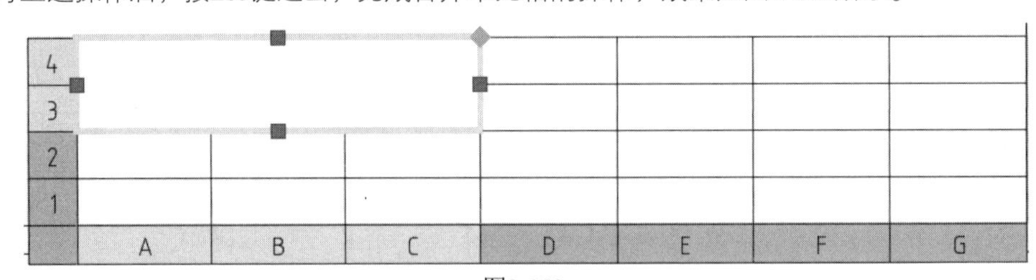

图2-150

06_ 按相同方法，对右下角的8个单元格（D-1、D-2；E-1、E-2；F-1、F-1；G-1、G-2）进行合并，效果如图2-151所示。

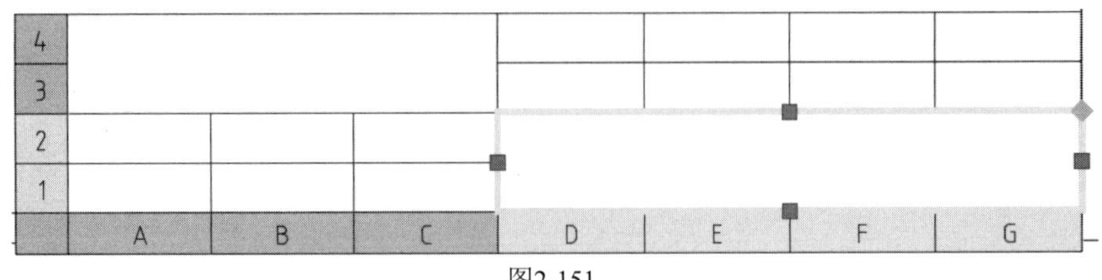

图2-151

实战093　表格中输入文字

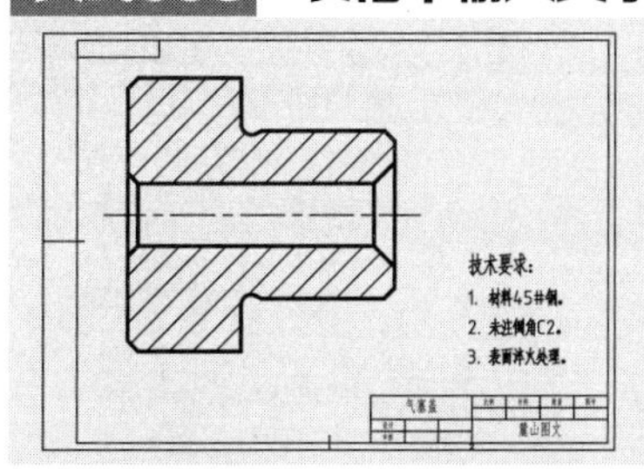

表格创建完毕之后，即可输入文字，输入方法同Office软件，输入时要注意根据表格信息调整字体大小。

难度：☆☆

及格时间：4′00″

优秀时间：2′00″

读者自评：/ / / / / /

01_ 延续【实战 092】进行操作，也可以打开“第2章/实战092 合并单元格-OK.dwg”素材文件。

02_ 典型标题栏的文本内容如图2-152所示，本例便按此进行输入。

零件名称			比例	材料	数量	图号
设计			公司名称			
审核						

图2-152

03_ 在左上角大单元格内双击鼠标左键，功能区中弹出【文字编辑器】选项卡，且单元格呈现可编辑状态，然后输入文字“气塞盖”，如图2-153所示。可以在【文字编辑器】选项卡中的【样式】面板中输入字高为8，如图2-154所示。

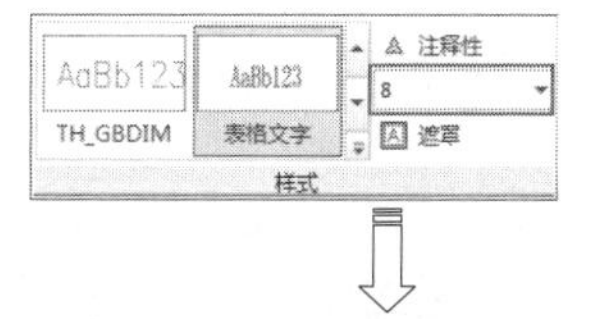

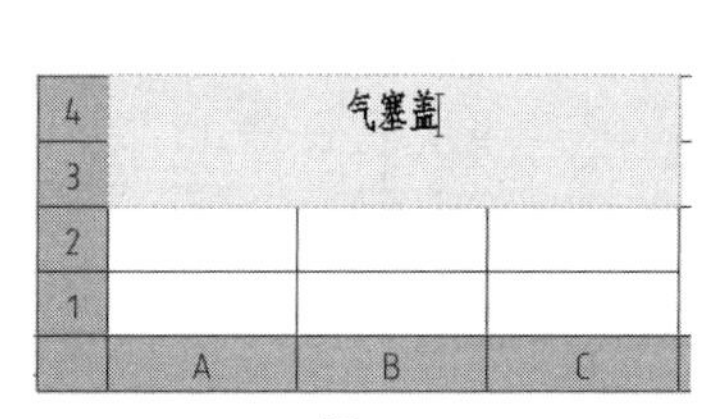

图2-153

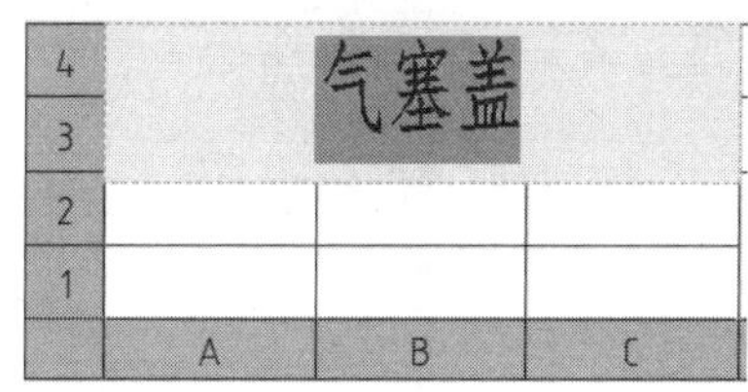

图2-154

04_ 接着按键盘上的方向键“→”，自动移至右侧要输入文本的单元格（D-4），然后在其中输入“比例”，字高默认为4，如图2-155所示。

	A	B	C	D	E	F	G
4	气塞盖			比例			
3							
2							
1							

图2-155

05_ 按相同方法，输入其他单元格内的文字，最后单击【文字编辑器】选项卡中的【关闭】按钮，完成文字的输入，最终效果如图2-156所示。

气塞盖			比例	材料	数量	图号
设计			麓山图文			
审核						

图2-156

实战094 插入行

XX工程项目部					
工程名称					图号
子项名称					比例
设计单位		监理单位			设计
建设单位		制图			负责人
施工单位		审核			日期

在AutoCAD中，使用【表格单元】选项卡中的【插入行】按钮，可以让用户根据需要添加表格的行。

难度：☆☆

及格时间：4′00″

优秀时间：2′00″

读者自评：/ / / / / /

01_ 打开“第2章/实战 094 插入行.dwg”素材文件，如图2-157所示，其中已经创建好了一表格。

工程名称					图号
子项名称					比例
设计单位		监理单位			设计
建设单位		制图			负责人
施工单位		审核			日期

图2-157

02_ 表格的第一行应该为表头，因此可以通过【插入行】命令来新添加一行。

03_ 选择表格的最上一行，功能区中弹出【表格单元】选项卡，在【行】面板中单击【从上方插入】按钮，如图2-158所示。

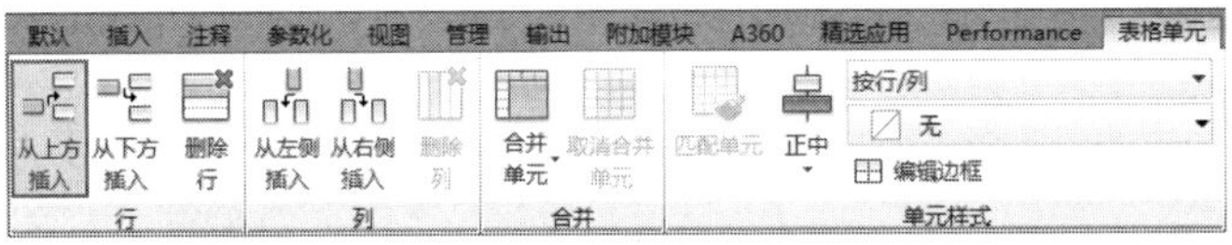

默认 插入 注释 参数化 视图 管理 输出 附加模块 A360 精选应用 Performance 表格单元

从上方插入 从下方插入 删除行 | 从左侧插入 从右侧插入 删除列 | 合并单元 取消合并单元 | 匹配单元 正中 按行/列 无 编辑边框

行 列 合并 单元样式

	A	B	C	D	E	F
1	工程名称					图号
2	子项名称					比例
3	设计单位		监理单位			设计
4	建设单位		制图			负责人
5	施工单位		审核			日期
6						

图2-158

04_ 执行上述操作后，即可在所选行上方新添加一行，样式与所选行一致。按Esc键退出【表格单元】选项卡，完成行的添加，效果如图2-159所示。

工程名称					图号
子项名称					比例
设计单位		监理单位			设计
建设单位		制图			负责人
施工单位		审核			日期

图2-159

05_ 全选新插入的行，然后在【表格单元】选项卡的【合并】面板中选择【合并全部】，合并该行，效果如图2-160所示。

06_ 双击合并后的行，进入编辑状态后输入“XX工程项目部”，设置【字高】为20，即创建表头，最终效果如图2-161所示。

工程名称					图号
子项名称					比例
设计单位		监理单位			设计
建设单位		制图			负责人
施工单位		审核			日期

图2-160

XX工程项目部					
工程名称					图号
子项名称					比例
设计单位		监理单位			设计
建设单位		制图			负责人
施工单位		审核			日期

图2-161

实战095　删除行

XX工程项目部					
工程名称					图号
子项名称					比例
设计单位		监理单位			设计
建设单位		制图			负责人
施工单位		审核			日期

在AutoCAD中，使用【表格单元】选项卡中的【删除行】按钮，可以让用户根据需要删除表格的行。

难度：☆☆

及格时间：4′00″

优秀时间：2′00″

读者自评：　/　/　/　/　/　/

01_ 延续【实战 094】进行操作，也可以打开“第2章/实战 094 插入行-OK.dwg”素材文件。

02_ 可见表格中的最后一行多余，因此可以选中该行，功能区中弹出【表格单元】选项卡，在其中的【行】面板中单击【删除行】按钮，如图2-162所示。

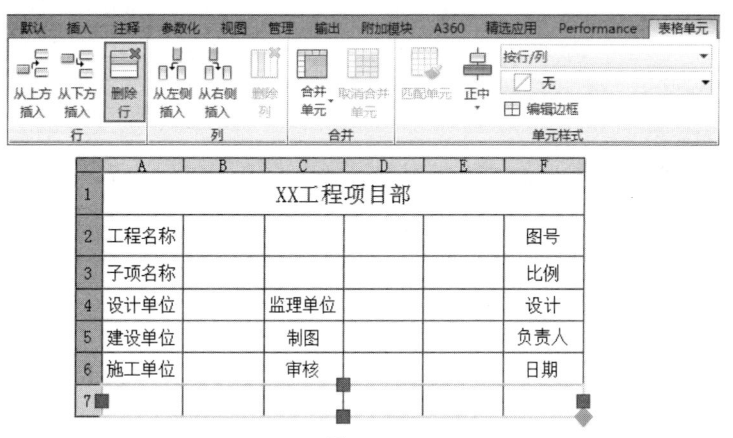

图2-162

03_ 执行上述操作后，所选的行即被删除，接着按Esc键退出【表格单元】选项卡，完成操作，效果如图2-163所示。

XX工程项目部					
工程名称					图号
子项名称					比例
设计单位		监理单位			设计
建设单位		制图			负责人
施工单位		审核			日期

图2-163

实战096 插入列

XX工程项目部						
工程名称					图号	
子项名称					比例	
设计单位		监理单位			设计	
建设单位		制图			负责人	
施工单位		审核			日期	

在AutoCAD中，使用【表格单元】选项卡中的【插入列】按钮，可以让用户根据需要增加表格的列。

难度：☆☆

及格时间：4′00″

优秀时间：2′00″

读者自评： / / / / / /

01_ 延续【实战 095】进行操作，也可以打开“第2章/实战 095删除行-OK.dwg”素材文件。

02_ 可见表格中的最右侧缺少一列，因此可以选中当前表格中的最右列（列F），功能区中弹出【表格单元】选项卡，在其中的【列】面板中单击【从右侧插入】按钮，如图2-164所示。

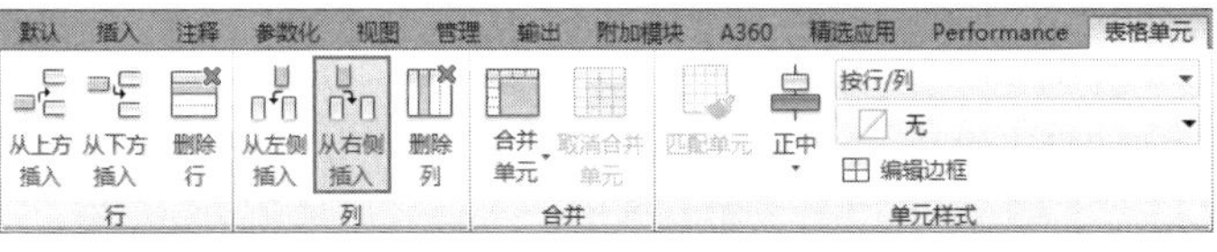

	A	B	C	D	E	F
1	XX工程项目部					
2	工程名称					图号
3	子项名称					比例
4	设计单位		监理单位			设计
5	建设单位		制图			负责人
6	施工单位		审核			日期

图2-164

03_ 执行上述操作后，即可在所选列右侧新添加一列，样式与所选列一致。执行上述操作后，按Esc键退出【表格单元】选项卡，完成列的添加，效果如图2-165所示。

XX工程项目部						
工程名称					图号	
子项名称					比例	
设计单位		监理单位			设计	
建设单位		制图			负责人	
施工单位		审核			日期	

图2-165

实战097 删除列

XX工程项目部					
工程名称				图号	
子项名称				比例	
设计单位		监理单位		设计	
建设单位		制图		负责人	
施工单位		审核		日期	

在AutoCAD中，使用【表格单元】选项卡中的【删除列】按钮，可以让用户根据需要删除表格的列。

难度：☆☆

及格时间：4′00″

优秀时间：2′00″

读者自评： / / / / / /

01_ 延续【实战 096】进行操作，也可以打开“第2章/实战 096 插入列-OK.dwg”素材文件。

02_ 可见表格中间多出了一列（列D或列E），选中该多出的列，然后在【表格单元】选项卡的【列】面板中单击【删除列】按钮，如图2-166所示。

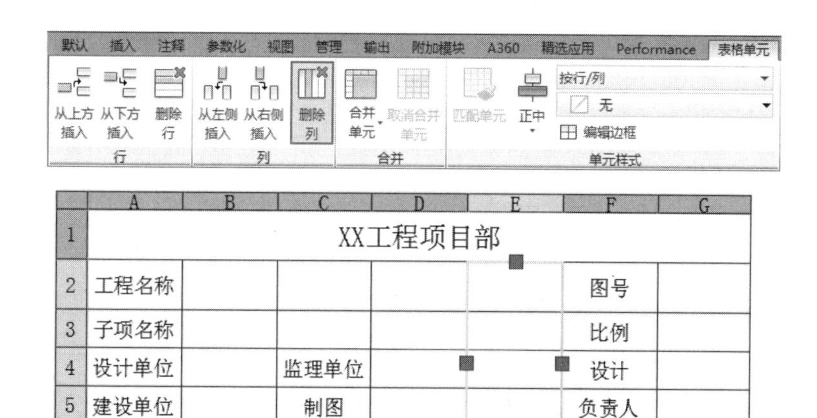

	A	B	C	D	E	F	G
1	XX工程项目部						
2	工程名称					图号	
3	子项名称					比例	
4	设计单位		监理单位			设计	
5	建设单位		制图			负责人	
6	施工单位		审核			日期	

图2-166

03_ 执行上述操作后，所选的列即被删除，接着按Esc键退出【表格单元】选项卡，完成操作，效果如图2-167所示。

XX工程项目部					
工程名称				图号	
子项名称				比例	
设计单位		监理单位		设计	
建设单位		制图		负责人	
施工单位		审核		日期	

图2-167

实战098　表格中插入图块

迎春花	
玫瑰	
银杏	
垂柳	

在AutoCAD 中，表格中除了输入文字，还可以在其中插入图块，用来创建图纸中的具体图例表格。

难度：☆☆

及格时间：4′00″

优秀时间：2′00″

读者自评：/ / / / / /

01_ 打开“第2章/实战 098 表格中插入图块.dwg”素材文件，如图2-168所示，其中已经创建好了一个表格。如果直接使用【移动】命令将图块放置在表格上，效果并不理想。因此本例将直接使用表格中的插入块命令来进行输入。

迎春花	
玫瑰	
银杏	
垂柳	

图2-168

02_ 选中要插入块的单元格。单击“迎春花”右侧的空白单元格（B1），选中该单元格之后，弹出【表格单元】选项卡，单击【插入】面板中的【块】按钮，如图2-169所示。

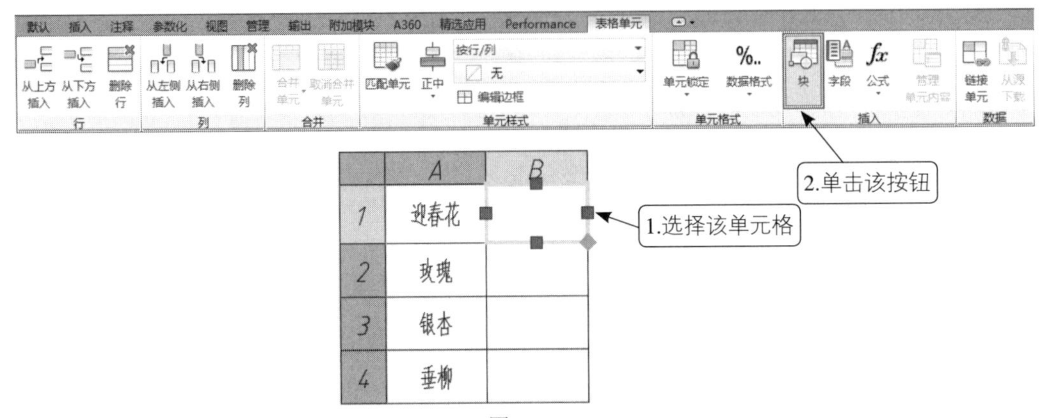

图2-169

03_ 弹出【在表格单元中插入块】对话框，然后在对话框的【名称】下拉列表中浏览到要插入的块文件“迎春花”，在【全局单元对齐】下拉列表中选择对齐方式为【正中】，如图2-170所示。

04_ 在对话框的右下角中可以预览到块的图形，选择块名单击【确定】按钮，即可退出对话框完成插入，如图2-171所示。

05_ 按相同方法，将其余的块插入至表格中，最终效果如图2-172所示。

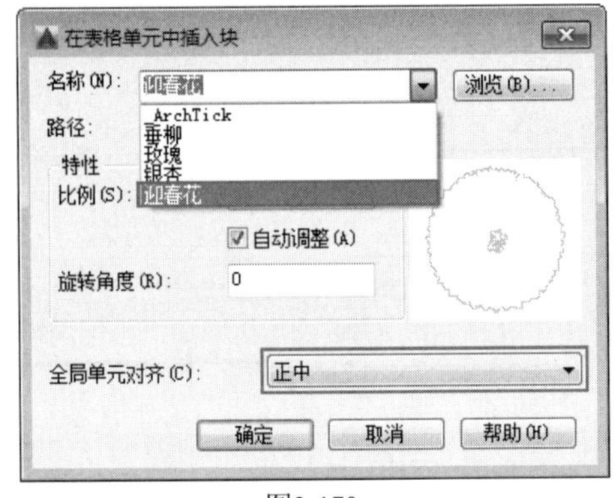

图2-170

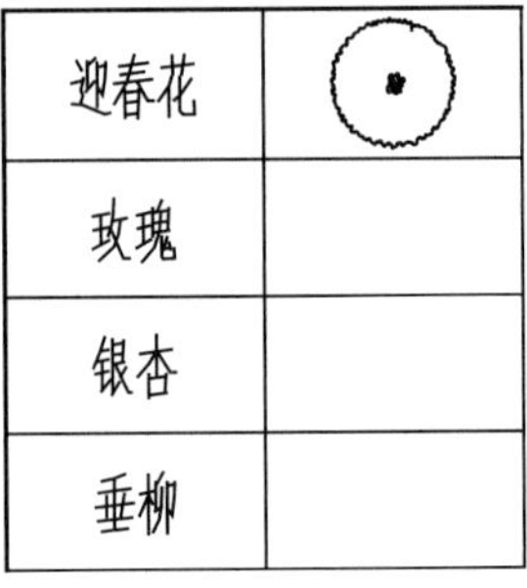

图2-171

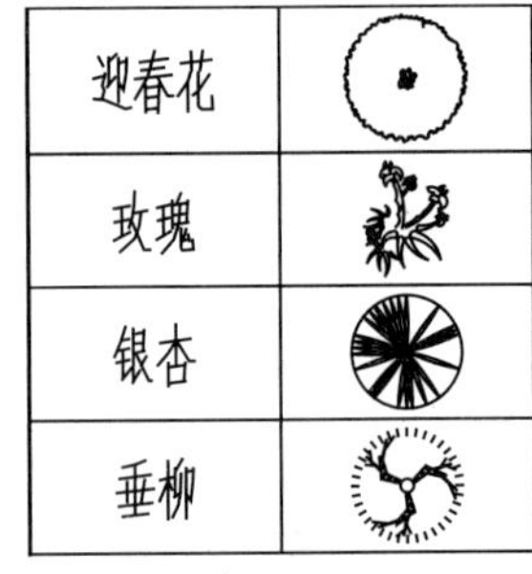

图2-172

操作技巧 **在表格单元中插入块时，块可以自动适应单元的大小，也可以调整单元以适应块的大小，并且可以将多个块插入到同一个表格单元中。**

实战099 表格中插入公式

材料明细表

序号	名称	材料	数量	单重(kg)	总重(kg)
1	活塞杆	40Cr	1	7.6	7.6
2	缸头	QT-400	1	2.3	2.3
3	活塞	6020	2	1.7	3.4
4	底端法兰	45	2	2.5	5.0
5	缸筒	45	1	4.9	4.9

在AutoCAD 中如果遇到了复杂的计算，用户可以使用表格中自带的公式功能进行计算，效果同Excel。

难度：☆☆

及格时间：4'00"

优秀时间：2'00"

读者自评： / / / / / /

01_ 打开“第2章/实战 099 表格中插入公式.dwg”素材文件，如图2-173所示，其中已经创建好了一材料明细表。

材料明细表					
序号	名称	材料	数量	单重（kg）	总重（kg）
1	活塞杆	40Cr	1	7.6	
2	缸头	QT-400	1	2.3	
3	活塞	6020	2	1.7	
4	底端法兰	45	2	2.5	
5	缸筒	45	1	4.9	

图2-173

02_ “总重”一栏仍为空白，而“总重 = 单重 × 数量”，因此可以通过在表格中创建公式来进行计算，一次性得出该栏的值。

03_ 选中“总重”下方的第一个单元格（F3），选中之后，在弹出的【表格单元】选项卡中单击【插入】面板中的【公式】按钮，然后在下拉列表中选择【方程式】选项，如图2-174所示。

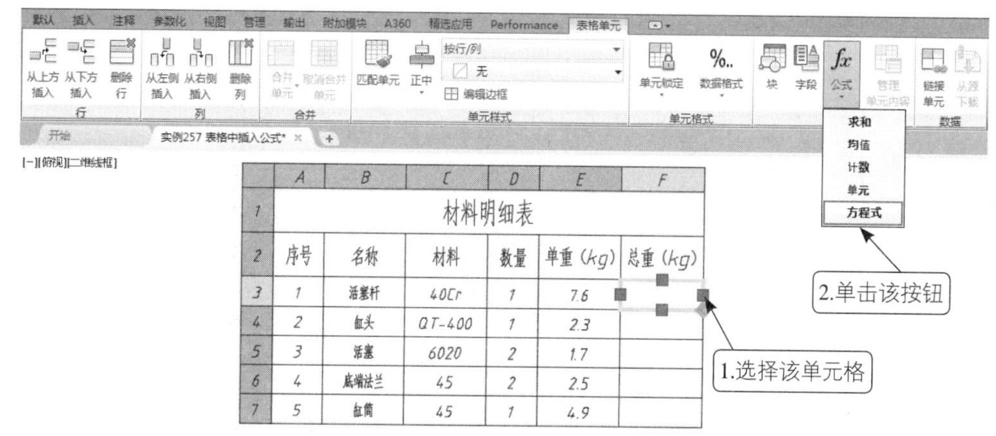

图2-174

04_ 选择【方程式】选项后，将激活该单元格，进入文字编辑模式，并自动添加一个“=”符号。接着输入与单元格标号相关的运算公式（=D3*E3），如图2-175所示。

操作技巧　注意乘号使用数字键盘上的“*”号。

05_ 单击Enter键，得到方程式的运算结果，如图2-176所示。

	A	B	C	D	E	F
1	材料明细表					
2	序号	名称	材料	数量	单重（kg）	总重（kg）
3	1	活塞杆	40Cr	1	7.6	=D3*E3
4	2	缸头	QT-400	1	2.3	
5	3	活塞	6020	2	1.7	
6	4	底端法兰	45	2	2.5	
7	5	缸筒	45	1	4.9	

图2-175

材料明细表					
序号	名称	材料	数量	单重（kg）	总重（kg）
1	活塞杆	40Cr	1	7.6	7.6
2	缸头	QT-400	1	2.3	
3	活塞	6020	2	1.7	
4	底端法兰	45	2	2.5	
5	缸筒	45	1	4.9	

图2-176

06_ 按相同方法，在其他单元格中插入公式，得到最终的计算结果如图2-177所示。

如果修改方程所引用的单元格，运算结果也随之更新。此外，可以使用Excel中的方法，直接拖动单元格，将输入的公式按规律赋予其他单元格，即从本例的步骤05一次性操作至步骤06，操作步骤如下。

材料明细表					
序号	名称	材料	数量	单重（kg）	总重（kg）
1	活塞杆	40Cr	1	7.6	7.6
2	缸头	QT-400	1	2.3	2.3
3	活塞	6020	2	1.7	3.4
4	底端法兰	45	2	2.5	5.0
5	缸筒	45	1	4.9	4.9

图2-177

07_ 选中已经输入了公式的单元格，然后单击右下角的按钮◆，如图2-178所示。

	A	B	C	D	E	F
1	材料明细表					
2	序号	名称	材料	数量	单重（kg）	总重（kg）
3	1	活塞杆	40Cr	1	7.6	7.6
4	2	缸头	QT-400	1	2.3	
5	3	活塞	6020	2	1.7	
6	4	底端法兰	45	2	2.5	
7	5	缸筒	45	1	4.9	

单击并拖动以自动填充单元。
右键单击以查看自动填充选项。

图2-178

08_ 将其向下拖动覆盖至其他的单元格，如图2-179所示。

09_ 单击确定覆盖，即可将F3单元格的公式按规律覆盖至F4～F7单元格，效果如图2-180所示。

	A	B	C	D	E	F
1	材料明细表					
2	序号	名称	材料	数量	单重（kg）	总重（kg）
3	1	活塞杆	40Cr	1	7.6	7.6
4	2	缸头	QT-400	1	2.3	
5	3	活塞	6020	2	1.7	
6	4	底端法兰	45	2	2.5	
7	5	缸筒	45	1	4.9	

7.6

图2-179

材料明细表					
序号	名称	材料	数量	单重（kg）	总重（kg）
1	活塞杆	40Cr	1	7.6	7.6
2	缸头	QT-400	1	2.3	2.3
3	活塞	6020	2	1.7	3.4
4	底端法兰	45	2	2.5	5.0
5	缸筒	45	1	4.9	4.9

图2-180

实战100 修改表格底纹

材料明细表					
序号	名称	材料	数量	单重（kg）	总重（kg）
1	活塞杆	40Cr	1	7.6	7.6
2	缸头	QT-400	1	2.3	2.3
3	活塞	6020	2	1.7	3.4
4	底端法兰	45	2	2.5	5.0
5	缸筒	45	1	4.9	4.9

表格创建完成之后，可以随时对表格的底纹进行编辑，用以创建特殊的填色。

难度：☆☆

及格时间：4′00″

优秀时间：2′00″

读者自评： / / / / / /

01_ 延续【实战 099】进行操作，也可以打开“第2章/实战 099 表格中插入公式-OK.dwg”素材文件。

02_ 选择第一行“材料明细表”为要添加底纹的单元格，使该行呈现选中状态，如图2-181所示。

	A	B	C	D	E	F
1	材料明细表					
2	序号	名称	材料	数量	单重（kg）	总重（kg）
3	1	活塞杆	40Cr	1	7.6	7.6
4	2	缸头	QT-400	1	2.3	2.3
5	3	活塞	6020	2	1.7	3.4
6	4	底端法兰	45	2	2.5	5.0
7	5	缸筒	45	1	4.9	4.9

图2-181

03_ 功能区中弹出【表格单元】选项卡，然后在【单元样式】面板的【表格单元背景色】下拉列表中选择颜色为【黄】，如图2-182所示。

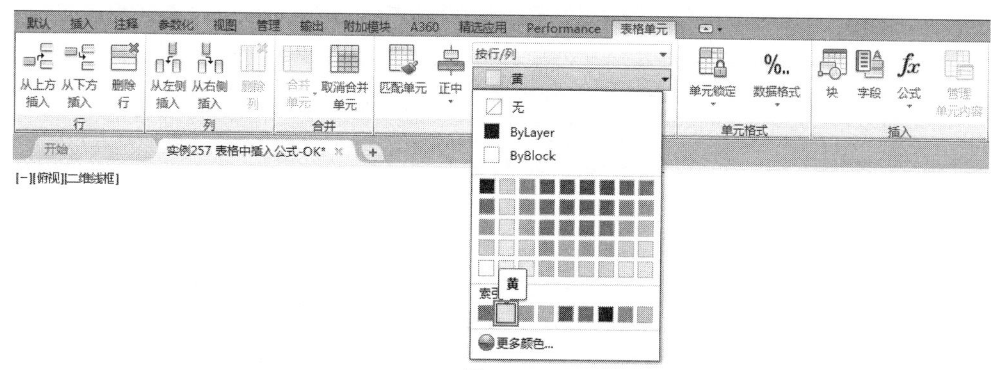

图2-182

04_ 按Esc键退出【表格单元】选项卡，即可设置表格底纹，效果如图2-183所示。

05_ 按相同方法，将“序号”“名称”所在的行2设置为绿色，效果如图2-184所示。

材料明细表					
序号	名称	材料	数量	单重（kg）	总重（kg）
1	活塞杆	40Cr	1	7.6	7.6
2	缸头	QT-400	1	2.3	2.3
3	活塞	6020	2	1.7	3.4
4	底端法兰	45	2	2.5	5.0
5	缸筒	45	1	4.9	4.9

图2-183

材料明细表					
序号	名称	材料	数量	单重（kg）	总重（kg）
1	活塞杆	40Cr	1	7.6	7.6
2	缸头	QT-400	1	2.3	2.3
3	活塞	6020	2	1.7	3.4
4	底端法兰	45	2	2.5	5.0
5	缸筒	45	1	4.9	4.9

图2-184

实战101　修改表格的对齐方式

材料明细表					
序号	名称	材料	数量	单重（kg）	总重（kg）
1	活塞杆	40Cr	1	7.6	7.6
2	缸头	QT-400	1	2.3	2.3
3	活塞	6020	2	1.7	3.4
4	底端法兰	45	2	2.5	5.0
5	缸筒	45	1	4.9	4.9

在AutoCAD中，用户可以根据设计需要对表格中的内容调整对齐方式。

难度：☆☆

及格时间：4′00″

优秀时间：2′00″

读者自评：/ / / / / /

01_ 延续【实战100】进行操作，也可以打开“第2章/实战100 修改表格底纹-OK.dwg”素材文件。

02_ 将“名称”和“材料”两列的对齐方式设置为【左中】，可以在表格中进行修改，操作同Word。选择“名称”和“材料”两列中的10个内容单元格（B3～B7、C3～C7），使之呈现选中状态，如图2-185所示。

	A	B	C	D	E	F
1	材料明细表					
2	序号	名称	材料	数量	单重（kg）	总重（kg）
3	1	活塞杆	40Cr	1	7.6	7.6
4	2	缸头	QT-400	1	2.3	2.3
5	3	活塞	6020	2	1.7	3.4
6	4	底端法兰	45	2	2.5	5.0
7	5	缸筒	45	1	4.9	4.9

图2-185

03_ 功能区中弹出【表格单元】选项卡，然后在【表格单元】面板中单击【正中】按钮，展开对齐方式的下拉列表，选择其中的【左中】选项（即左对齐），如图2-186所示。

图2-186

04_ 执行上述操作后，即可将所选单元格的内容按新的对齐方式对齐，效果如图2-187所示。

材料明细表					
序号	名称	材料	数量	单重（kg）	总重（kg）
1	活塞杆	40Cr	1	7.6	7.6
2	缸头	QT-400	1	2.3	2.3
3	活塞	6020	2	1.7	3.4
4	底端法兰	45	2	2.5	5.0
5	缸筒	45	1	4.9	4.9

图2-187

实战102 修改表格的单位精度

材料明细表					
序号	名称	材料	数量	单重（kg）	总重（kg）
1	活塞杆	40Cr	1	7.60	7.60
2	缸头	QT-400	1	2.30	2.30
3	活塞	6020	2	1.70	3.40
4	底端法兰	45	2	2.50	5.00
5	缸筒	45	1	4.90	4.90

AutoCAD 中的表格功能十分强大，除了常规的操作外，还可以设置不同的显示内容和显示精度。

难度：☆☆

及格时间：4'00"

优秀时间：2'00"

读者自评：/ / / / / /

01_ 延续【实战101】进行操作，也可以打开“第2章/实战101 修改表格的对齐方式-OK.dwg”素材文件。

02_ 表格中“单重”和“总重”列显示的精度为一位小数，但工程设计中需保留至两位小数，因此可对其进行修改。

03_ 选择“单重”列中的5个内容单元格（E3～E7），使之呈现选中状态，如图2-188所示。

	A	B	C	D	E	F
1	材料明细表					
2	序号	名称	材料	数量	单重（kg）	总重（kg）
3	1	活塞杆	40Cr	1	7.6	7.6
4	2	缸头	QT-400	1	2.3	2.3
5	3	活塞	6020	2	1.7	3.4
6	4	底端法兰	45	2	2.5	5.0
7	5	缸筒	45	1	4.9	4.9

图2-188

04_ 功能区中弹出【表格单元】选项卡，然后在【单元格式】面板中单击【数据格式】按钮，展开其下拉列表，选择最后的【自定义表格单元格式】选项，如图2-189所示。

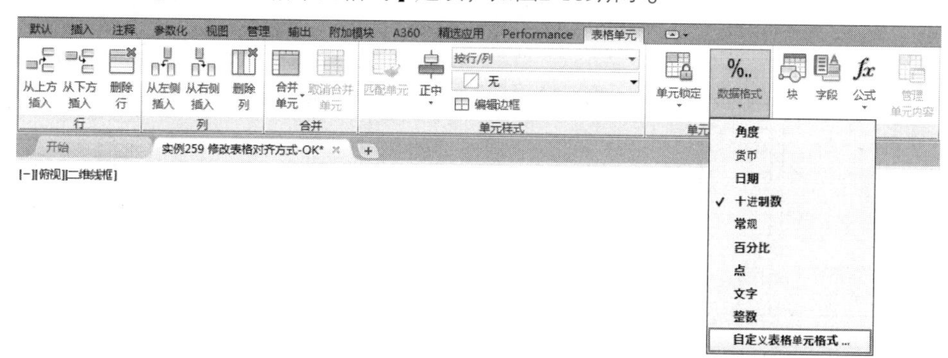

图2-189

05_ 弹出【表格单元格式】对话框，然后在【精度】下拉列表中选择【0.00】选项，即表示保留两位小数，如图2-190所示。

06_ 单击【确定】按钮，返回绘图区，可见表格“单重”列中的内容已得到更新，如图2-191所示。

07_ 按相同方法，选择“总重”列中的5个内容单元格（F3～F7），将其显示精度修改为两位小数，效果如图2-192所示。

本例不可像【实战 101】一样直接选取10个单元格，因为“总重”列中的单元格内容为函数运算结果，与“单重”列中的文本性质不同，因此AutoCAD无法将它们混在一起识别。

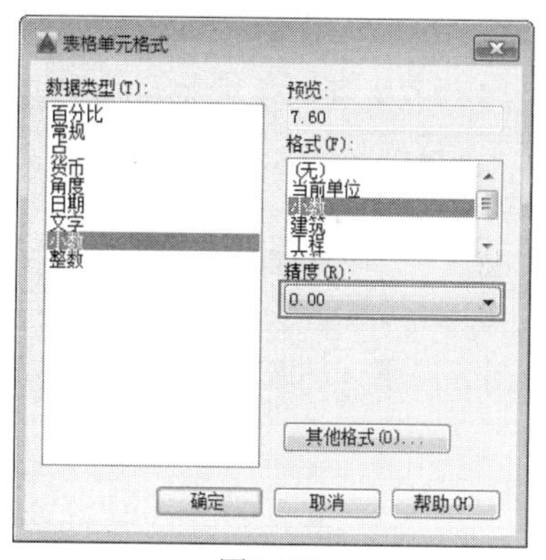

图2-190

材料明细表					
序号	名称	材料	数量	单重（kg）	总重（kg）
1	活塞杆	40Cr	1	7.60	7.6
2	缸头	QT-400	1	2.30	2.3
3	活塞	6020	2	1.70	3.4
4	底端法兰	45	2	2.50	5.0
5	缸筒	45	1	4.90	4.9

图2-191

材料明细表					
序号	名称	材料	数量	单重（kg）	总重（kg）
1	活塞杆	40Cr	1	7.60	7.60
2	缸头	QT-400	1	2.30	2.30
3	活塞	6020	2	1.70	3.40
4	底端法兰	45	2	2.50	5.00
5	缸筒	45	1	4.90	4.90

图2-192

实战103 多重引线标注

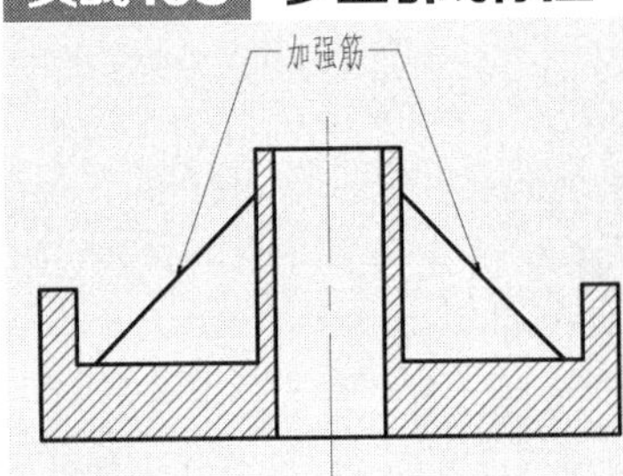

引线标注对象是两端分别带有箭头和注释内容的一段或多段引线，引线可以是直线或样条曲线，使用一般多重引线命令引出文字注释、倒角标注、标注零件号和引出公差等，便于对图形进行解释。

难度：☆☆

及格时间：4′00″

优秀时间：2′00″

读者自评： / / / / / /

01_ 打开“第2章/实战103 多重引线标注.dwg”素材文件，如图2-193所示。

02_ 单击【修改】面板中的【多重引线样式】按钮，弹出【多重引线样式管理器】对话框，如图2-194所示。

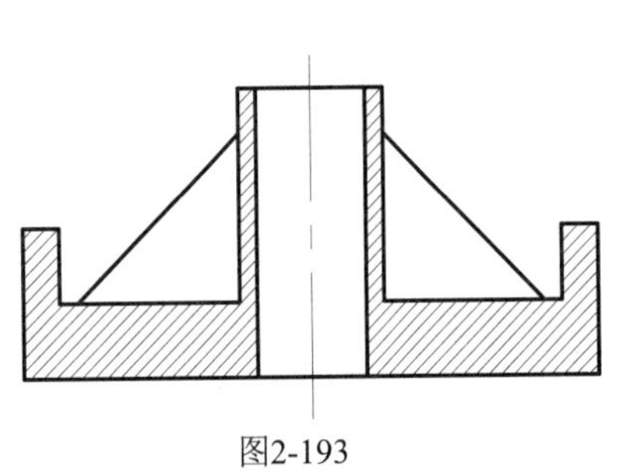

图2-193

图2-194

03_ 选择“Standard”模式，单击【修改】按钮，弹出【修改多重引线样式】对话框；在【内容】选项卡中修改文字样式为“机械设计文字样式”，【文字高度】设置为10，如图2-195所示。

04_ 单击【引线】按钮，在斜线上单击确定箭头位置，然后在合适的位置单击，输入文字“加强筋”，如图2-196所示。

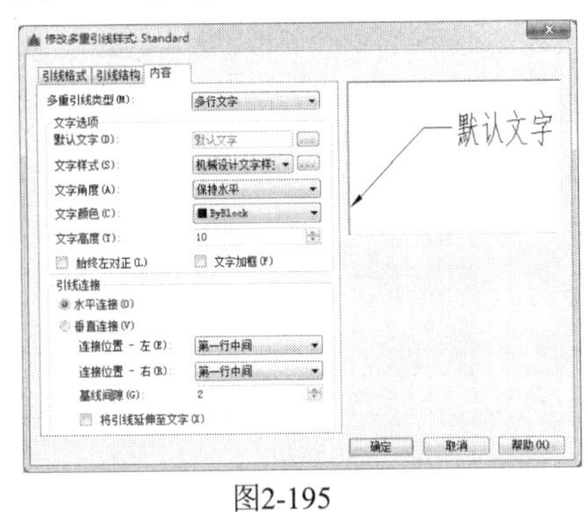

图2-195

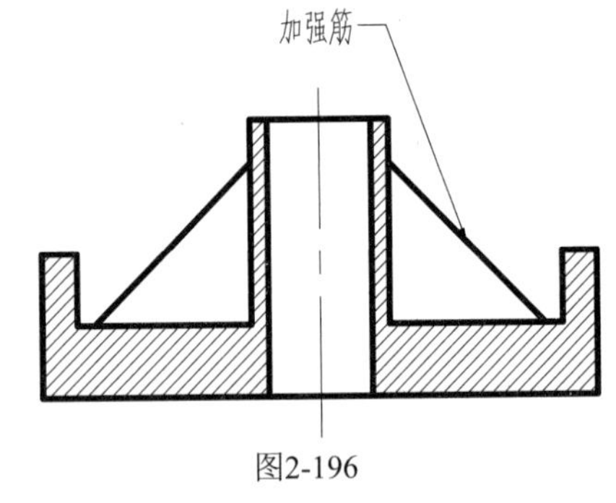

图2-196

05_ 单击【添加引线】按钮，添加一条引线，如图2-197所示。

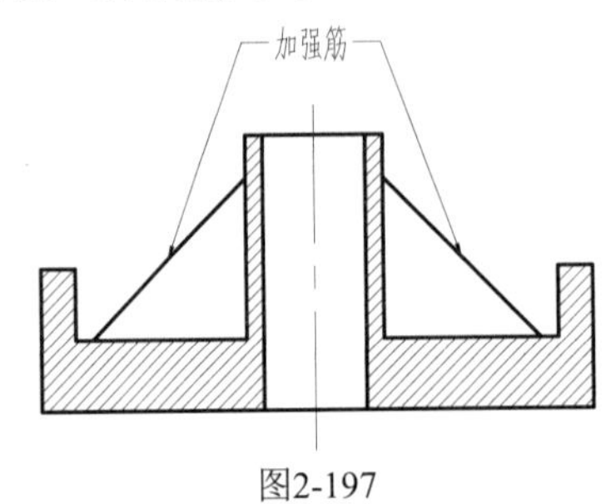

图2-197

实战104　添加多重引线

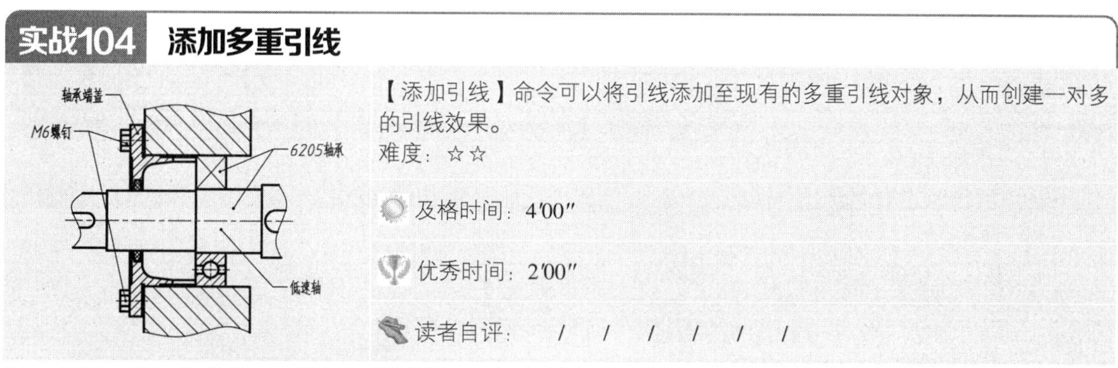

【添加引线】命令可以将引线添加至现有的多重引线对象，从而创建一对多的引线效果。

难度：☆☆

及格时间：4′00″

优秀时间：2′00″

读者自评：　/　/　/　/　/　/

01_ 打开“第2章/实战104 添加多重引线.dwg”素材文件，如图2-198所示，已经创建好了若干多重引线标注。

02_ 在【默认】选项卡中，单击【注释】面板中的【添加引线】按钮，如图2-199所示，执行【添加引线】命令。

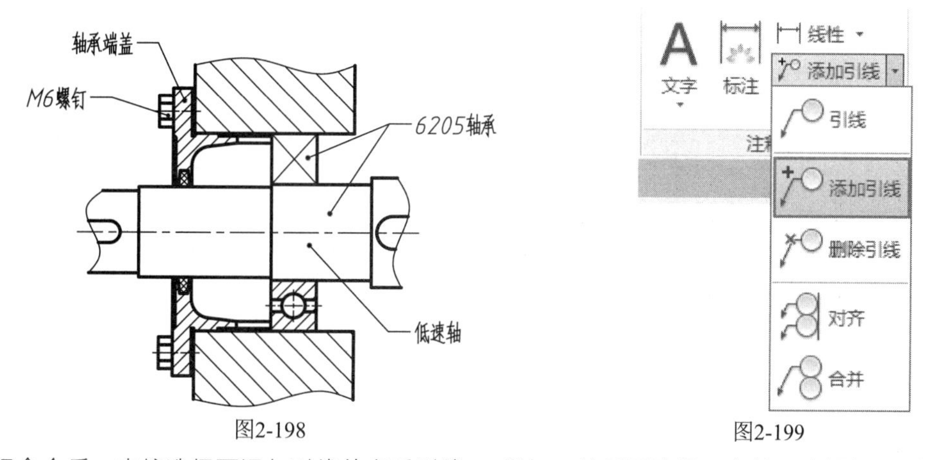

图2-198　　　　图2-199

03_ 执行命令后，直接选择要添加引线的多重引线M6螺钉，然后再选择下方的一个螺钉图形，作为新引线的箭头放置点，如图2-200所示，命令行操作如下。

```
选择多重引线:                                  //选择要添加引线的多重引线
找到 1 个
指定引线箭头位置或 [删除引线(R)]: ↙           //在下方螺钉图形中指定新引线箭头位置，单击Enter键完成操作
```

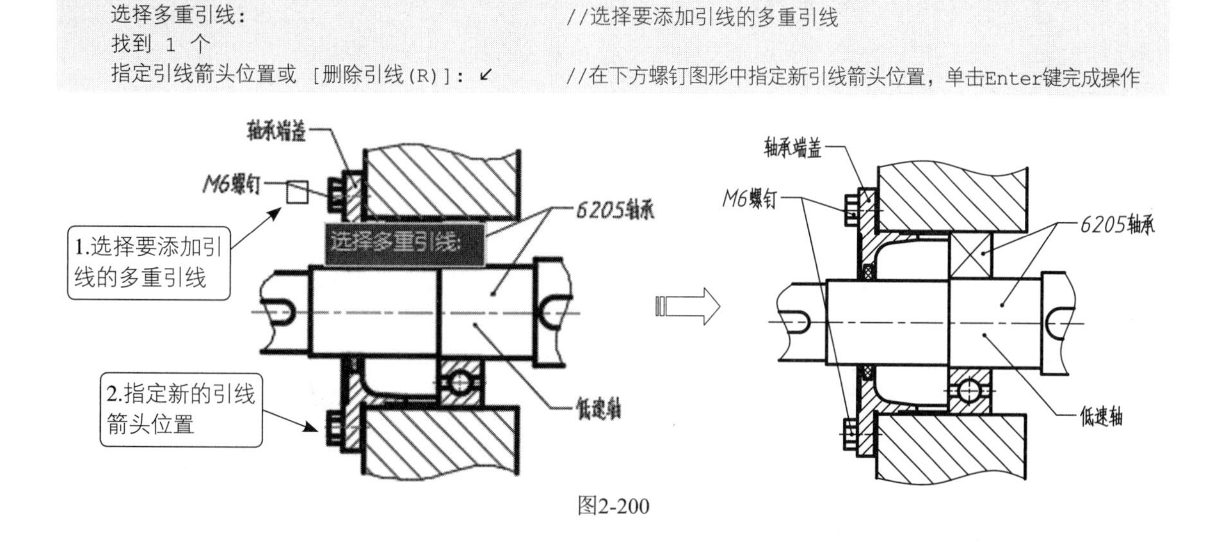

图2-200

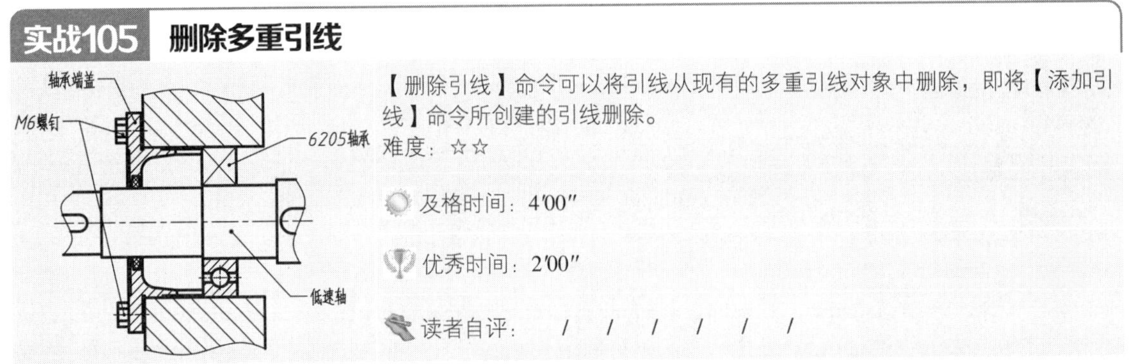

实战105 删除多重引线

【删除引线】命令可以将引线从现有的多重引线对象中删除，即将【添加引线】命令所创建的引线删除。

难度：☆☆

及格时间：4′00″

优秀时间：2′00″

读者自评： / / / / / /

01_ 延续【实战104】进行操作，也可以打开“第2章/实战104 添加多重引线-OK.dwg”素材文件。可见图中右侧的“6205轴承”标注有一根多余的引线，如图2-201所示。

02_ 在【默认】选项卡中，单击【注释】面板中的【删除引线】按钮，如图2-202所示，执行【删除引线】命令。

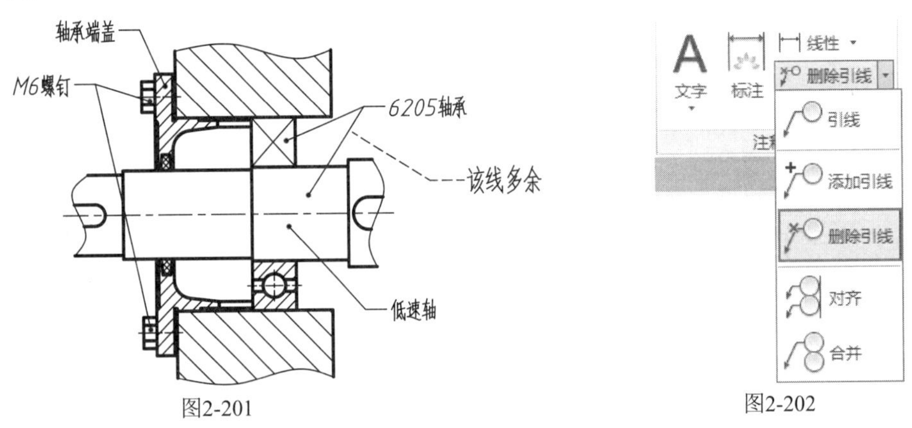

图2-201 图2-202

03_ 执行命令后，直接选择要删除的引线，再单击Enter键即可删除，如图2-203所示，命令行操作如下。

```
命令： AIMLEADEREDITREMOVE                    //执行【删除引线】命令
选择多重引线:                                  //选择“6205轴承”多重引线
找到 1 个
指定要删除的引线或 [添加引线(A)]:               //选择下方多余的一条多重引线
指定要删除的引线或 [添加引线(A)]: ↙             //单击Enter键结束命令
```

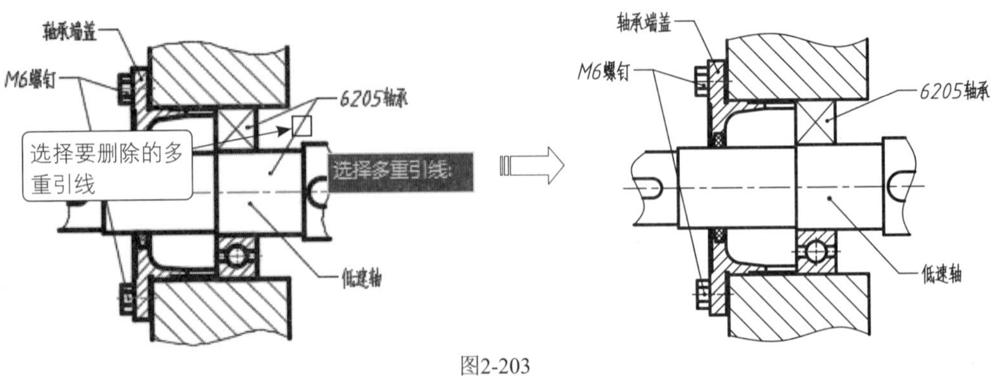

图2-203

实战106　对齐多重引线

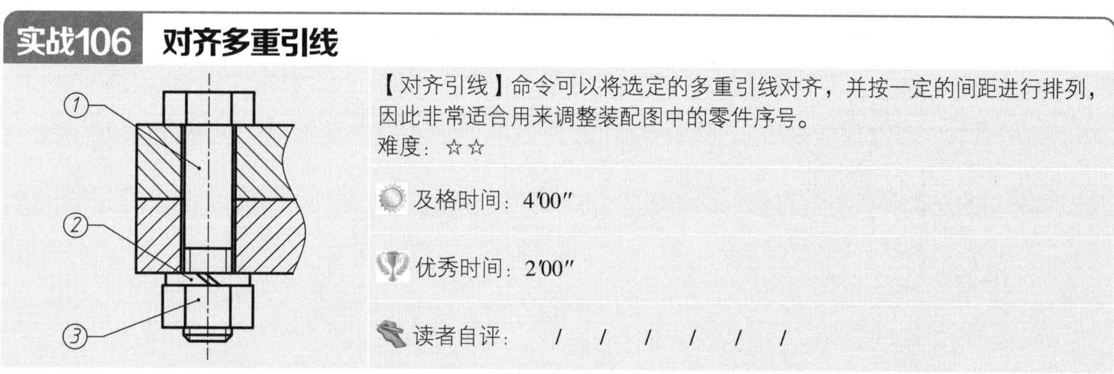

【对齐引线】命令可以将选定的多重引线对齐，并按一定的间距进行排列，因此非常适合用来调整装配图中的零件序号。

难度：☆☆

及格时间：4′00″

优秀时间：2′00″

读者自评：/ / / / / /

01_ 打开“第2章/实战106 对齐多重引线.dwg”素材文件，如图2-204所示，已经对各零件创建好了多重引线标注，但没有整齐排列。

02_ 在【默认】选项卡中单击【注释】面板中的【对齐】按钮，如图2-205所示。

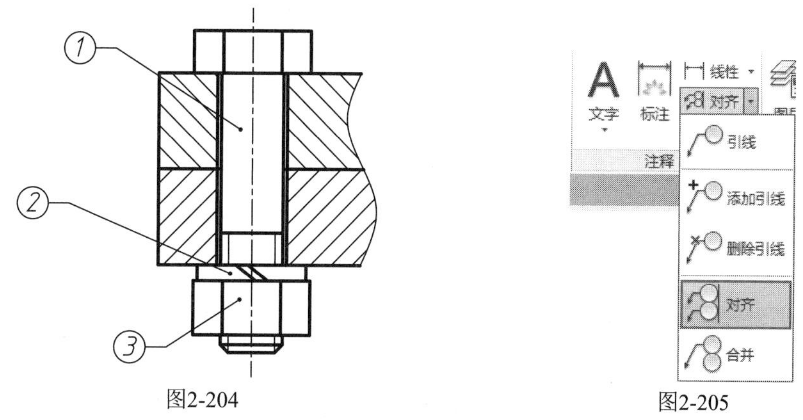

图2-204　　图2-205

03_ 执行【对齐引线】命令，选择所有要进行对齐的多重引线，然后单击Enter键确认，接着根据提示指定一基准多重引线1，则其余多重引线均对齐至该多重引线，如图2-206所示，命令行操作如下。

```
命令: _mleaderalign                          //执行【对齐引线】命令
选择多重引线: 指定对角点: 找到 3 个          //选择所有要进行对齐的多重引线
选择多重引线: ↙                              //单击Enter键完成选择
当前模式: 使用当前间距                       //显示当前的对齐设置
选择要对齐到的多重引线或 [选项(O)]:          //选择作为对齐基准的多重引线1
指定方向:                                    //移动光标指定对齐方向，单击左键结束命令
```

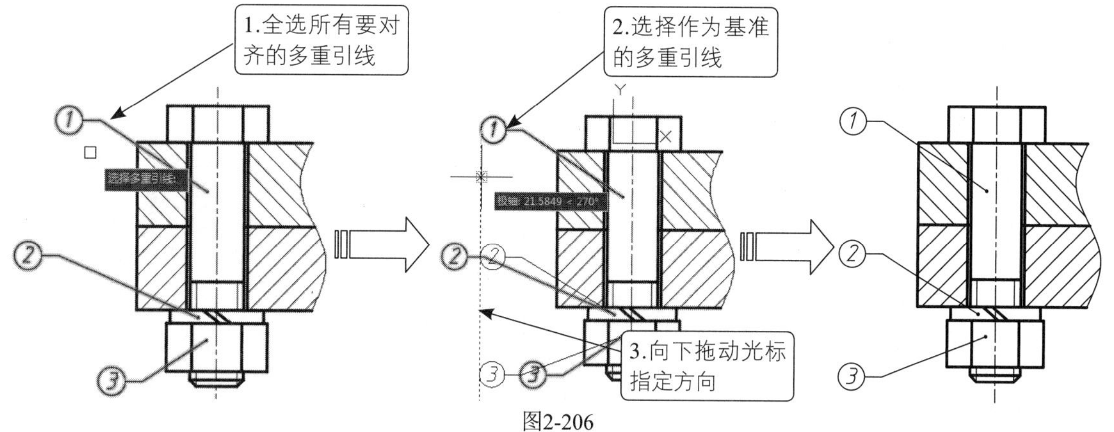

图2-206

实战107 合并多重引线

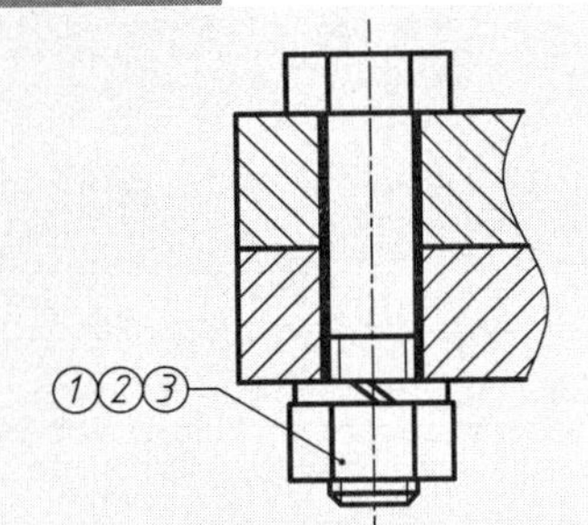

【合并引线】命令可以将包含“块”的多重引线组织成一行或一列，并使用单引线显示结果，多见于机械行业中的装配图。

难度：☆☆

及格时间：4′00″

优秀时间：2′00″

读者自评：/ / / / / /

在装配图中，有时会遇到若干个零部件成组出现的情况，如1个螺栓，就可能配有2个弹性垫圈和1个螺母。如果都一一对应一条多重引线来表示，那图形就非常凌乱，因此一组紧固件以及装配关系清楚的零件组，可采用公共指引线，如图2-207所示。

01_ 延续【实战106】进行操作，也可以打开“第2章/实战106 对齐多重引线-OK.dwg”素材文件。

02_ 在【默认】选项卡中，单击【注释】面板中的【合并】按钮，如图2-208所示。

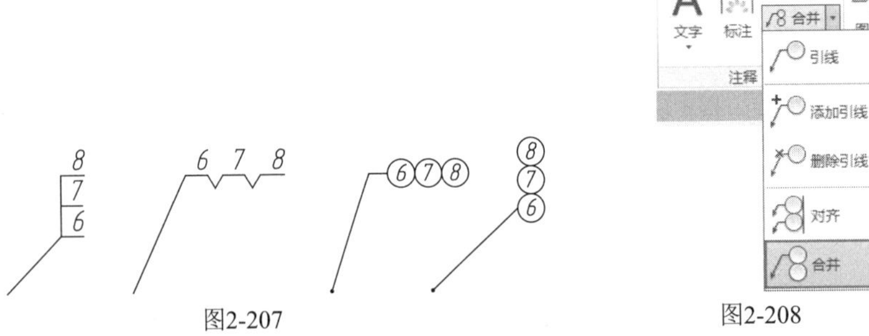

图2-207　　图2-208

03_ 执行【合并引线】命令后，选择所有要合并的多重引线，然后单击Enter确认，接着根据提示选择多重引线的排列方式，或直接单击放置多重引线，如图2-209所示，命令行操作如下。

```
命令: _mleadercollect                                        //执行【合并引线】命令
选择多重引线: 指定对角点: 找到 3 个                          //选择所有要进行对齐的多重引线
选择多重引线: ↙                                              //单击Enter键完成选择
指定收集的多重引线位置或 [垂直(V)/水平(H)/缠绕(W)] <水平>:   //选择引线排列方式，或单击左键结束命令
```

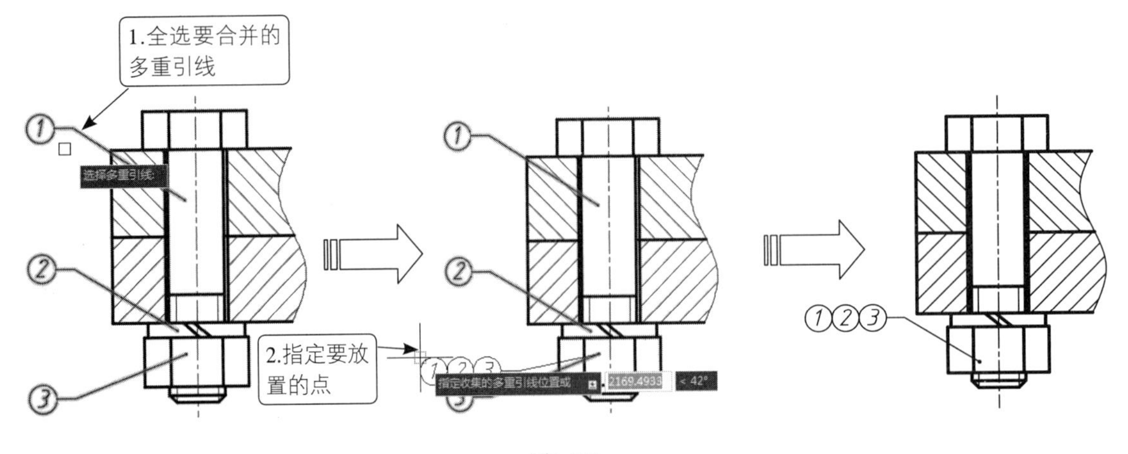

图2-209

执行【合并】命令的多重引线，其注释的内容必须是“块”；如果是多行文字，则无法操作。最终的引线序号应按顺序依次排列，不能出现数字颠倒、错位的情况。错位现象的出现是由于用户在操作时没有按顺序选择多重引线所致，因此，无论是单独点选还是一次性框选，都需要考虑各引线的选择先后顺序，如图2-210所示。

图2-210

2.5 键盘、鼠标混合绘图

前面已经介绍过了如何通过输入指令或单击软件面板上的按钮来执行命令，掌握这些方法可以满足绝大多数的操作需要。但是有一些特殊情况，不能单纯通过执行命令来解决，如绘制任意直线的平行线、垂线、相切线等。如果没有掌握正确的绘图方法，在绘制这些图形时会相当吃力。本节便介绍如何使用键盘配合鼠标的方式，快速解决AutoCAD中的这些“疑难杂症”。

实战108 指定虚拟起点绘图

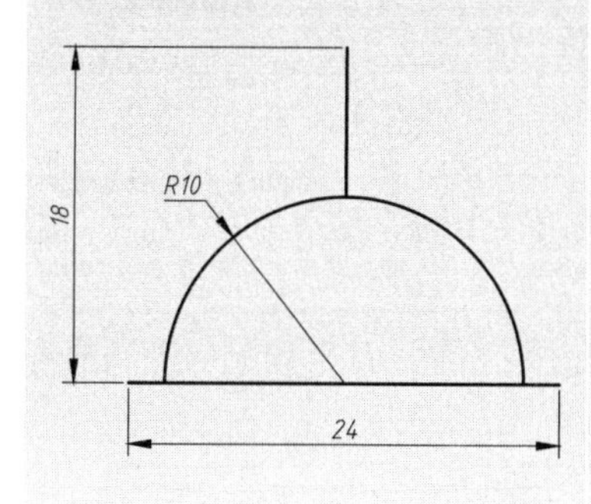

在执行如【直线】【圆弧】等绘图命令时，软件会提示用户指定起点。这时如果用户在绘图区中任意单击一点，则后续图形便会以此点为起点。而如果只移动光标至特定的位置，不单击左键进行确定，则可以指定该点为虚拟起点，并引出延伸线作为参考，用以确定真正的起点。该方法在绘制一些起点特征不好捕捉的图形时尤其有用。

难度：☆☆☆

及格时间：10′00″

优秀时间：6′00″

读者自评：/ / / / / /

01_ 打开“第2章/实战108 指定虚拟起点绘图.dwg”素材文件，如图2-211所示。

图2-211

02_ 右击状态栏中的【对象捕捉】按钮，在弹出的快捷菜单中选择【对象捕捉设置】选项，弹出【草图设置】对话框，显示【对象捕捉】选项卡，然后选择其中的【启用对象捕捉】【启用对象捕捉追踪】和【圆心】选项，如图2-212所示。

03_ 单击【绘图】面板中的【直线】按钮，当命令行中提示“指定第一点”时，移动鼠标捕捉至圆弧的圆心，然后单击鼠标将其指定为第一个点，如图2-213所示。

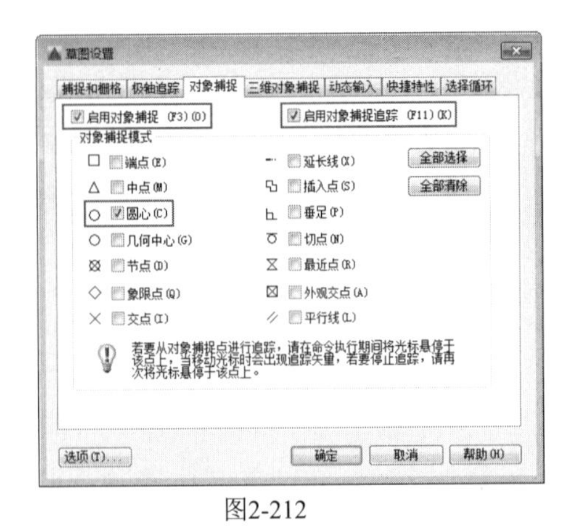

图2-212

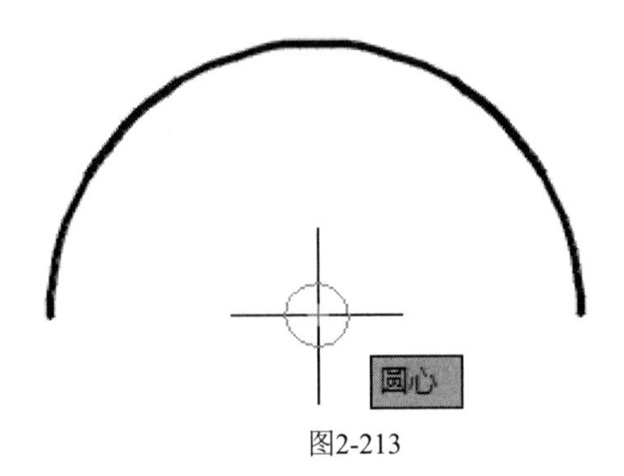

图2-213

04_ 将鼠标光标向左移动，引出水平追踪线，然后在动态输入框中输入12，再单击空格键，即可确定直线的第一个点，如图2-214所示。

05_ 此时将鼠标光标向右移动，引出水平追踪线，在动态输入框中输入24，单击空格键，即可绘制出直线，如图2-215所示。

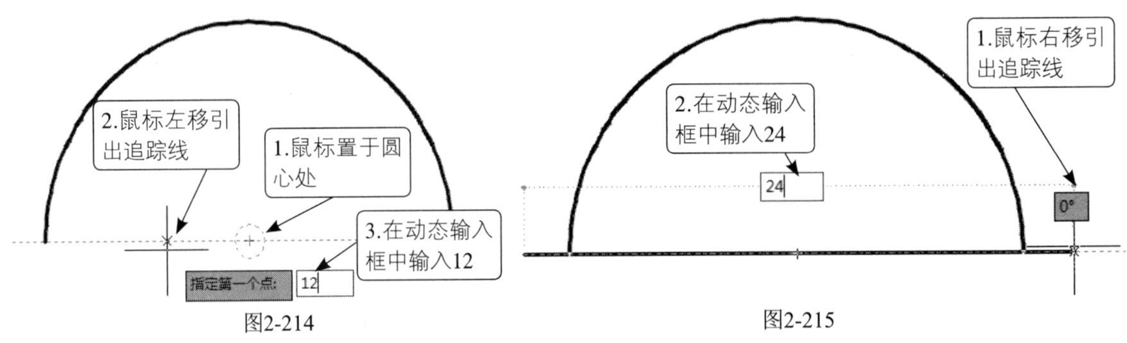

图2-214

图2-215

06_ 单击【绘图】面板中的【直线】按钮，当命令行中提示"指定第一点"时，移动鼠标捕捉至圆弧的圆心，然后向上移动引出垂直追踪线，在动态输入框中输入10，单击空格键，确定直线的起点，如图2-216所示。

07_ 再将鼠标沿着垂直追踪线向上移动，在动态输入框中输入8，单击空格键，即可绘制出垂直的直线，如图2-217所示。

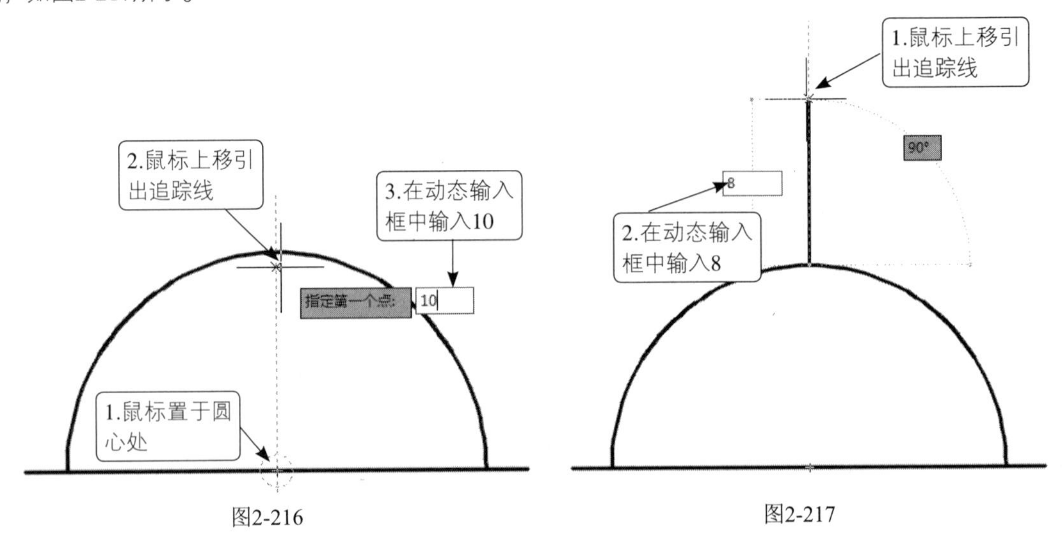

图2-216

图2-217

实战109 虚拟辅助线绘图

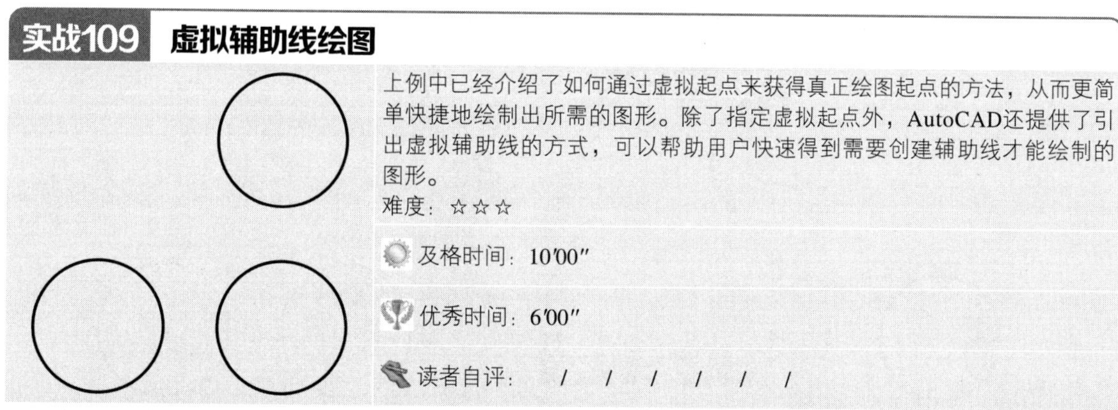

上例中已经介绍了如何通过虚拟起点来获得真正绘图起点的方法，从而更简单快捷地绘制出所需的图形。除了指定虚拟起点外，AutoCAD还提供了引出虚拟辅助线的方式，可以帮助用户快速得到需要创建辅助线才能绘制的图形。

难度：☆☆☆

及格时间：10′00″

优秀时间：6′00″

读者自评：/ / / / / /

01_ 打开“第2章/实战109 虚拟辅助线绘图.dwg”素材文件，如图2-218(a)所示。在不借助辅助线的情况下，如果要绘制如图2-218(b)所示的圆3，便可以借助【对象捕捉追踪】来完成。

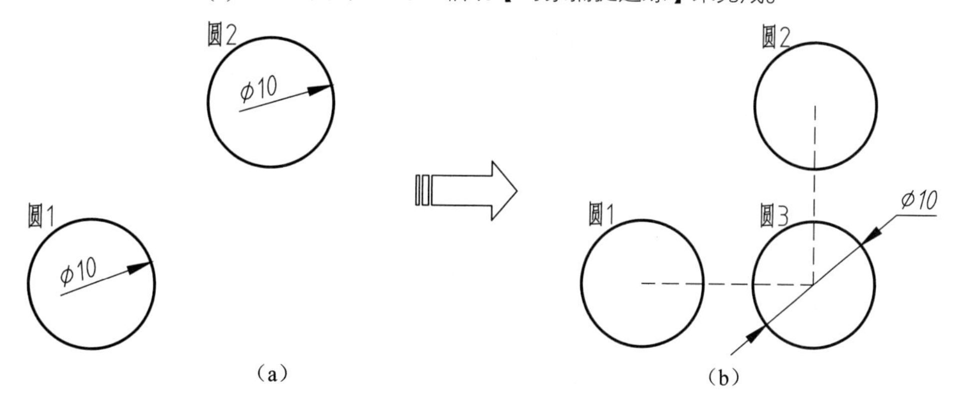

图2-218

02_ 默认情况下，状态栏中的【对象捕捉追踪】按钮亮显，为开启状态。单击该按钮，让其淡显，如图2-219所示。

显示捕捉参照线 - 关
对象捕捉追踪 - AUTOSNAP (F11)

图2-219

03_ 单击【绘图】面板中的【圆】按钮，执行【圆】命令。将光标置于圆1的圆心处，然后移动光标，可见除了在圆心处有一个“+”号标记外，并没有其他提示出现，如图2-220所示。这便是关闭了【对象捕捉追踪】的效果。

04_ 重新开启【对象捕捉追踪】可再次单击按钮，或按F11键。这时再将光标移动至圆心，便可以发现在圆心处显示出了相应的水平、垂直或指定角度的虚线状的延伸辅助线，如图2-221所示。

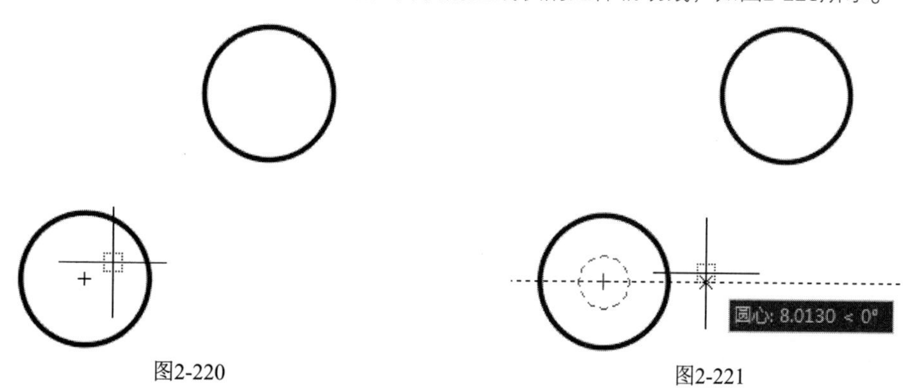

图2-220　　图2-221

05_ 再将光标移动至圆2的圆心处，待同样出现“+”号标记后，便将光标移动至圆3的大概位置，即可得到由延伸辅助线所确定的圆3圆心点，如图2-222所示。

06_ 此时单击，即可指定该点为圆心，然后输入半径5，便得到最终图形，效果如图2-223所示。

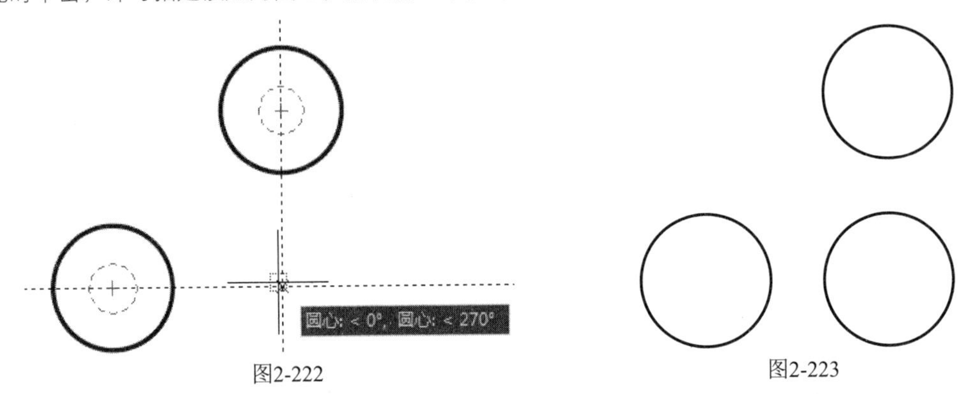

图2-222　　图2-223

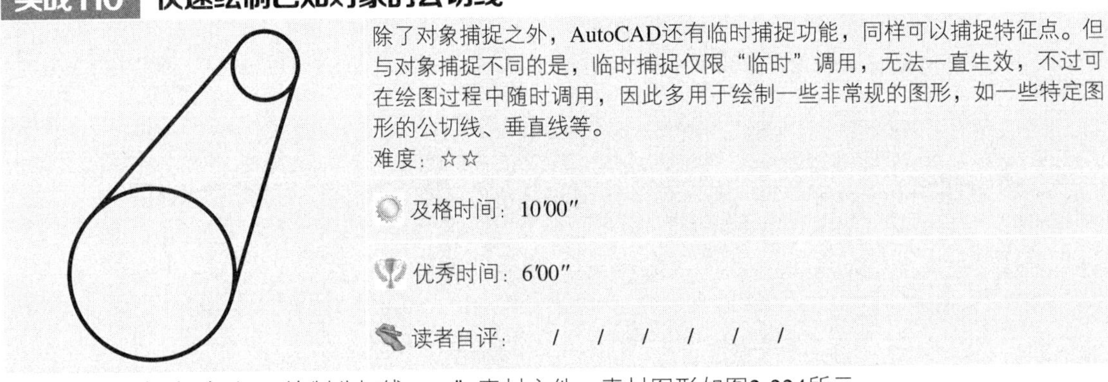

实战110 快速绘制已知对象的公切线

除了对象捕捉之外，AutoCAD还有临时捕捉功能，同样可以捕捉特征点。但与对象捕捉不同的是，临时捕捉仅限“临时”调用，无法一直生效，不过可在绘图过程中随时调用，因此多用于绘制一些非常规的图形，如一些特定图形的公切线、垂直线等。

难度：☆☆

及格时间：10′00″

优秀时间：6′00″

读者自评：/ / / / / /

01_ 打开“第2章/实战110绘制公切线.dwg”素材文件，素材图形如图2-224所示。

02_ 在【默认】选项卡中，单击【绘图】面板中的【直线】按钮，命令行提示指定直线的起点。

03_ 此时按住Shift键右击，在弹出的快捷菜单中选择【切点】选项，如图2-225所示。

图2-224　　图2-225

04_ 将光标移到大圆上，出现切点捕捉标记，如图2-226所示，在此位置单击确定直线第一点。

05_ 确定第一点之后，临时捕捉失效。再重复执行步骤03，选择【切点】临时捕捉，将指针移到小圆上，出现切点捕捉标记时单击，完成公切线绘制，如图2-227所示。

06_ 重复上述操作，绘制另外一条公切线，如图2-228所示。

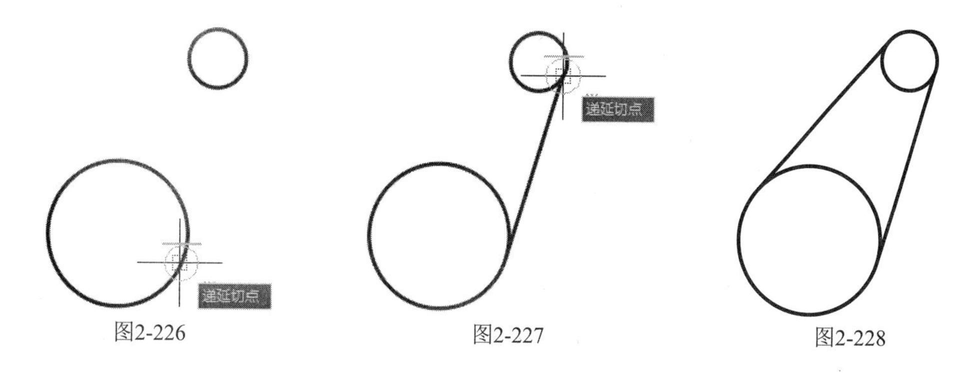

图2-226　　图2-227　　图2-228

实战111　快速绘制已知对象的垂直线

对于初学者来说，“绘制已知直线的垂直线”是一个看似简单，实则非常棘手的问题。其实仍然可以通过临时捕捉来完成。上例介绍了使用临时捕捉绘制公切线的方法，本例便介绍如何绘制特定的垂直线。

难度：☆☆

及格时间：10′00″

优秀时间：6′00″

读者自评：/ / / / / /

01_ 打开“第2章/实战111绘制垂直线.dwg”素材文件，素材图形如图2-229所示，为△ABC。从素材图形中可知线段AC的水平夹角为无理数，因此不可能通过输入角度的方式来绘制它的垂直线。

02_ 在【默认】选项卡中，单击【绘图】面板中的【直线】按钮，命令行提示指定直线的起点。

03_ 按住Shift键右击，在弹出的快捷菜单中选择【垂直】选项，如图2-230所示。

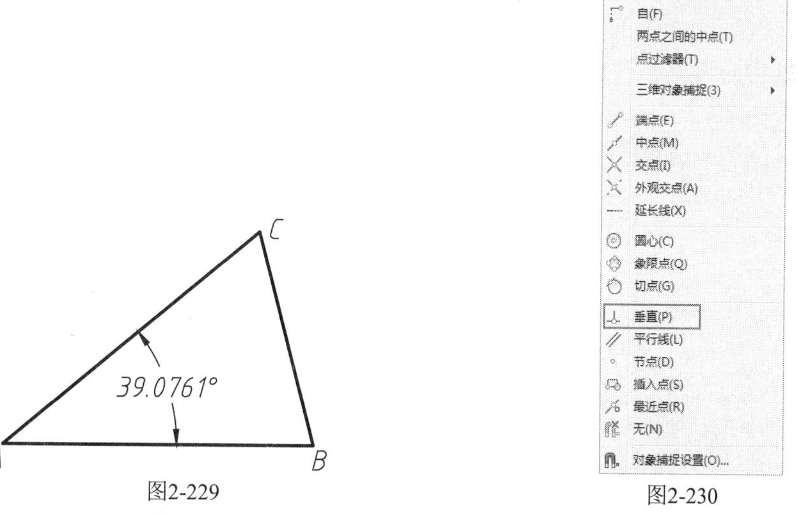

图2-229　　图2-230

04_ 然后将光标移至AC上，可见出现垂足点捕捉标记，如图2-231所示，在任意位置单击，即可确定所绘制直线与AC垂直。

05_ 此时命令行提示指定直线的下一点，同时可以观察到所绘直线在AC上可以自由滑动，如图2-232所示。

06_ 在图形任意处单击，指定直线的第二点后，即可确定该垂直线的具体长度与位置，最终结果如图2-233所示。

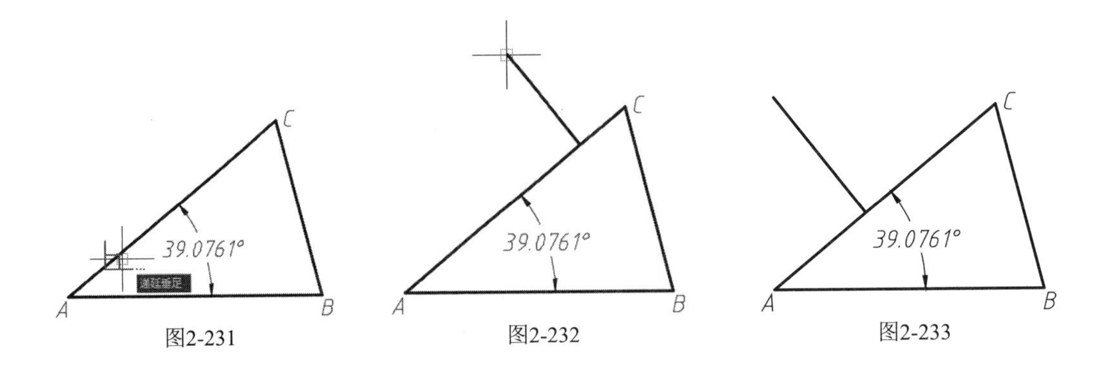

图2-231　　图2-232　　图2-233

实战112 绘制临时追踪点

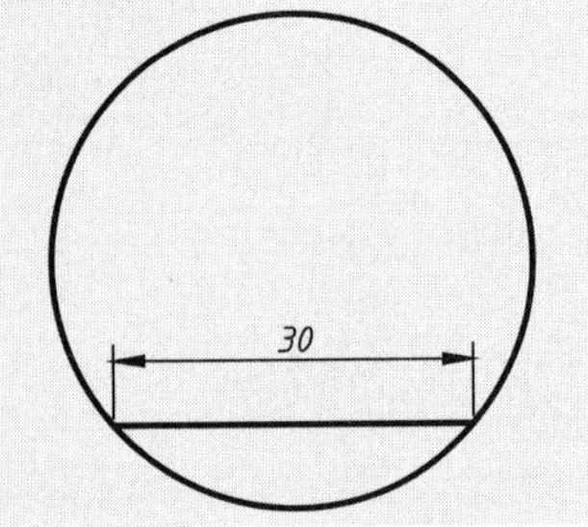

【临时追踪点】是在进行图像编辑前临时建立的、一个暂时的捕捉点，以供后续绘图参考。在绘图时可通过指定【临时追踪点】来快速指定起点，而无须借助辅助线。

难度：☆☆☆

及格时间：10′00″

优秀时间：6′00″

读者自评：　/　/　/　/　/　/

如果要在半径为20的圆中绘制一条指定长度为30的弦，通常情况下，都是以圆心为起点，分别绘制2条辅助线，才可以得到最终图形，如图2-234所示。

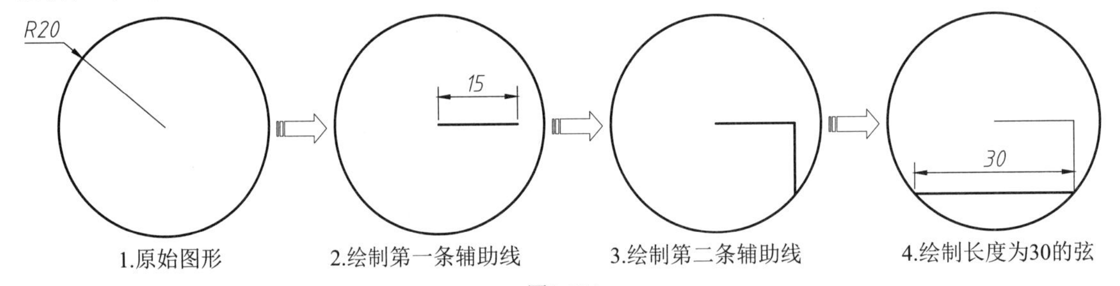

图2-234

而如果使用【临时追踪点】进行绘制，则可以跳过2、3步辅助线的绘制，直接从第1步原始图形跳到第4步，绘制出长度为30的弦。该方法详细步骤如下。

01_ 打开“第2章/实战112临时追踪点绘图.dwg”素材文件，其中已经绘制好了半径为20的圆，如图2-235所示。

02_ 在【默认】选项卡中，单击【绘图】面板中的【直线】按钮，执行【直线】命令。

03_ 命令行出现“指定第一点”的提示时，在命令行输入tt执行【临时追踪点】命令，如图2-236所示。也可以在绘图区中右击，在弹出的快捷菜单中选择【临时追踪点】选项。

图2-235　　图2-236

04_ 指定临时追踪点。将光标移动至圆心处，然后水平向右移动光标，引出0°的极轴追踪虚线，接着输入15，即将临时追踪点指定为圆心右侧距离为15的点，如图2-237所示。

05_ 指定直线起点。垂直向下移动光标，引出270°的极轴追踪虚线，到达与圆的交点处，作为直线的起点，如图2-238所示。

06_ 指定直线终点。水平向左移动光标，引出180°的极轴追踪虚线，到达与圆的另一交点处，作为直线的终点，该直线即为所绘制长度为30的弦，如图2-239所示。

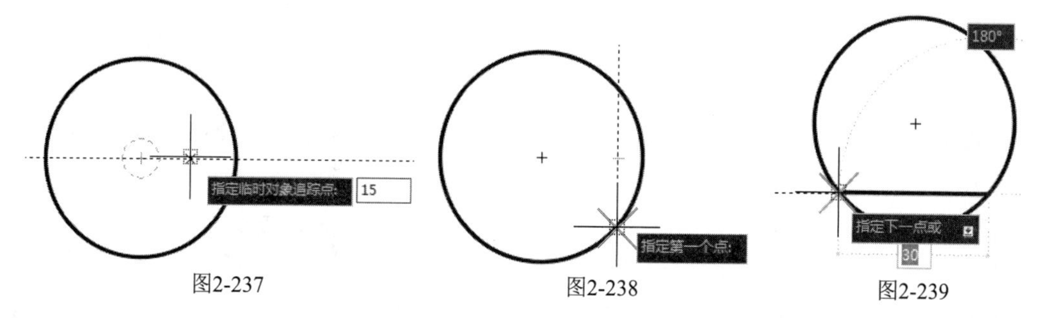

图2-237　　图2-238　　图2-239

操作技巧　**要执行【临时追踪点】操作，除了本例所述的方法外，还可以按使用【临时捕捉】的方法，即在执行命令时，按Shift键然后右击，在弹出的快捷菜单中选择【临时追踪点】选项。**

实战113　【自】功能绘图

【自】功能可以帮助用户在正确的位置绘制新对象。当需要指定的点不在任何对象捕捉点上，但在X、Y方向上距现有对象捕捉点的距离是已知的，就可以使用【自】功能来进行捕捉。

难度：☆☆☆

及格时间：10′00″

优秀时间：6′00″

读者自评：　/　/　/　/　/　/

假如要在如图2-240(a)所示的正方形中绘制一个小长方形，如图2-240(b)所示。一般情况下只能借助辅助线来进行绘制，因为对象捕捉只能捕捉到正方形每个边上的端点和中点，这样即使通过对象捕捉的追踪线也无法定位至小长方形的起点（图中A点）。这时就可以用到【自】功能进行绘制，操作步骤如下。

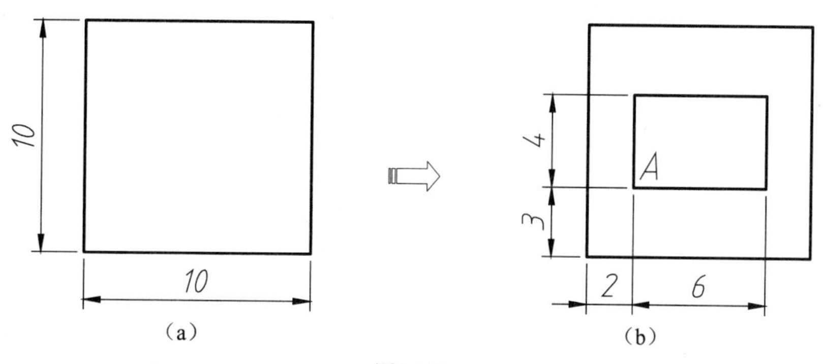

图2-240

01_ 打开“第2章/实战113【自】功能绘图.dwg”素材文件，其中已经绘制好了边长为10的正方形，如图2-240(a)所示。

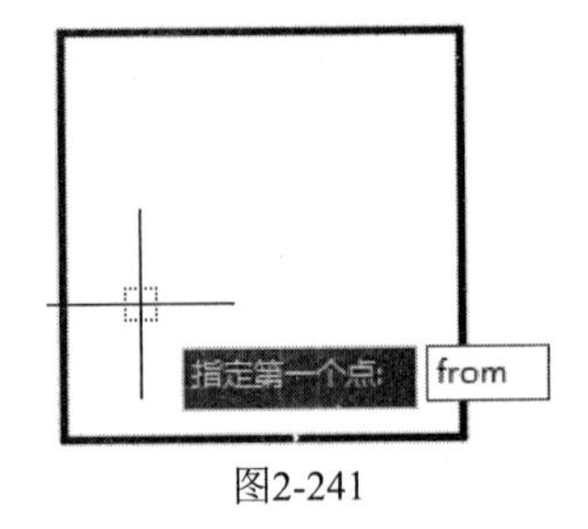

图2-241

02_ 在【默认】选项卡中，单击【绘图】面板中的【直线】按钮╱，执行【直线】命令。

03_ 执行【自】命令，命令行出现“指定第一点”的提示时，输入from，如图2-241所示。也可以在绘图区中右击，在弹出的快捷菜单中选择【自】选项。

04 指定基点。此时提示需要指定一个基点，选择正方形的左下角点作为基点，如图2-242所示。

05_ 输入偏移距离。指定完基点后，命令行出现“<偏移:>”提示，此时输入小长方形起点A与基点的相对坐标(@2,3)，如图2-243所示。

06_ 绘制图形。输入完毕后即可将直线起点定位至A点处，然后按给定尺寸绘制图形即可，如图2-244所示。

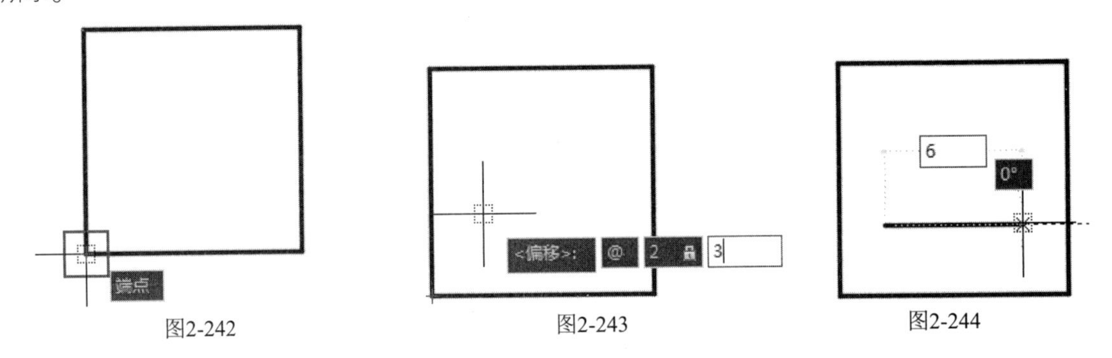

图2-242　图2-243　图2-244

操作技巧

在为【自】命令指定偏移点的时候，即使动态输入中默认的设置是相对坐标，也需要在输入时加上“@”来表明这是一个相对坐标值。动态输入的相对坐标设置仅适用于指定第二点的时候，例如，绘制一条直线时，输入的第一个坐标被当作绘对坐标，随后输入的坐标才被当作相对坐标。

实战114 【两点之间的中点】绘图

10

10

【两点之间的中点】（命令行：MTP）命令可以在执行对象捕捉或对象捕捉替代时使用，用以捕捉两定点之间连线的中点。【两点之间的中点】命令使用较为灵活，熟练掌握的话可以快速绘制出众多独特的图形。

难度：☆☆☆

及格时间：10′00″

优秀时间：6′00″

读者自评：/ / / / / /

如图2-245所示，在已知圆的情况下，要绘制出对角长为半径的正方形，通常只能借助辅助线或【移动】【旋转】等编辑功能实现，但如果使用【两点之间的中点】命令，则可以一次性解决，详细步骤介绍如下。

01_ 打开“第2章/实战114 两点之间的中点绘制图形.dwg”素材文件，其中已经绘制好了直径为20的圆，如图2-246所示。

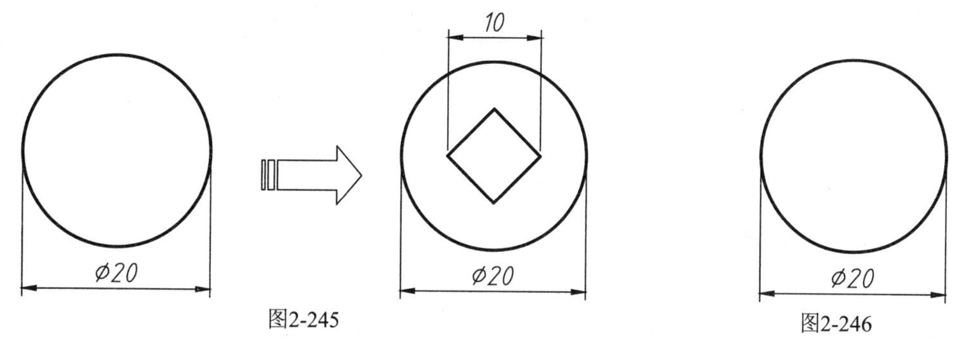

图2-245　　图2-246

02_ 在【默认】选项卡中，单击【绘图】面板中的【直线】按钮，执行【直线】命令。

03_ 执行【两点之间的中点】命令。命令行出现“指定第一点”的提示时，在命令行输入mtp执行【两点之间的中点】命令，如图2-247所示。也可以在绘图区中右击，在弹出的快捷菜单中选择【两点之间的中点】选项。

04_ 指定中点的第一个点。将光标移动至圆心处，捕捉圆心为中点的第一个点，如图2-248所示。

05_ 指定中点的第二个点。将光标移动至圆最右侧的象限点处，捕捉该象限点为第二个点，如图2-249所示。

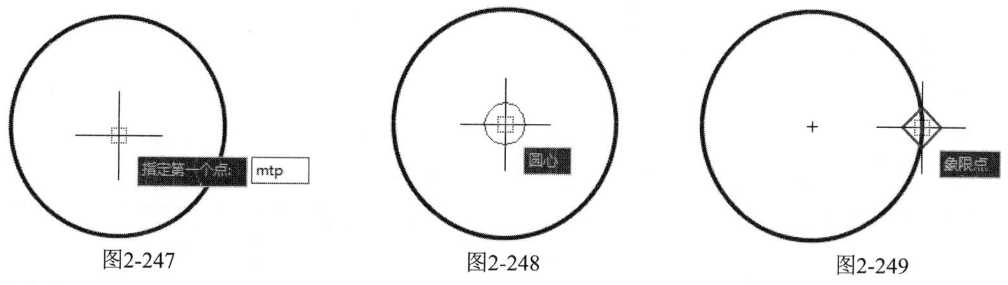

图2-247　　图2-248　　图2-249

06_ 直线的起点自动定位至圆心与象限点之间的中点处，接着按相同方法将直线的第二点定位至圆心与象限点的中点处，如图2-250所示。

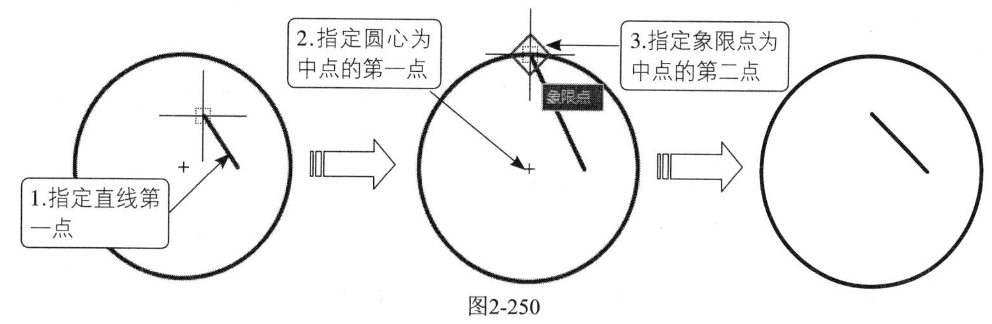

图2-250

07_ 按相同方法，绘制其余段的直线，最终效果如图2-251所示。

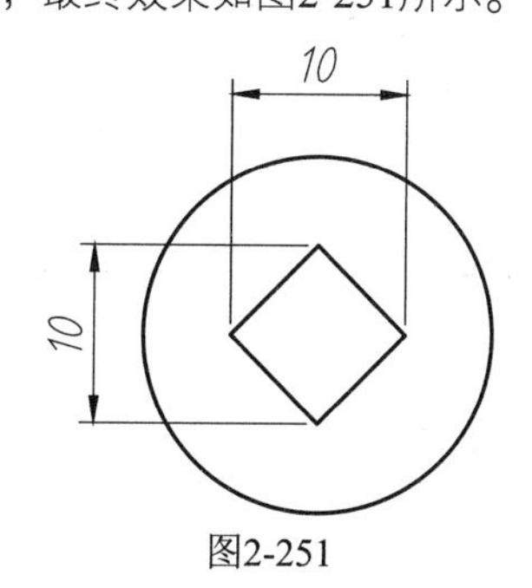

图2-251

2.6 综合实战

熟悉以上绘图、编辑、操作命令后，接下来就需要将上述所学知识综合运用到绘图中来，通过灵活运用各个命令绘制图形往往能起到事半功倍的效果。

实战115 按键绘制轴

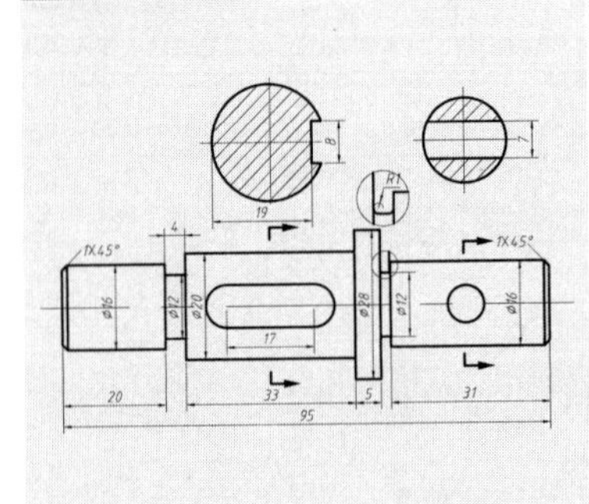

轴通常是指旋转的、传递动力的相对比较长的零件，是机械中普遍使用的重要零件之一，它的图形绘制通常需要运用大量的【直线】【偏移】和【圆】等命令。本例便结合本章所学的单击命令按钮知识，灵活结合各个命令，从各个命令的配合中来绘制此图，提高绘图效率。

难度：☆☆☆☆

及格时间：10′00″

优秀时间：6′00″

读者自评：/ / / / / /

01_ 启动AutoCAD，新建空白文件。

02_ 设置【图层】为【中心线】，单击【直线】按钮，绘制一条水平中心线；将【图层】设置为【轮廓线】，绘制轴的轮廓线，如图2-252所示。

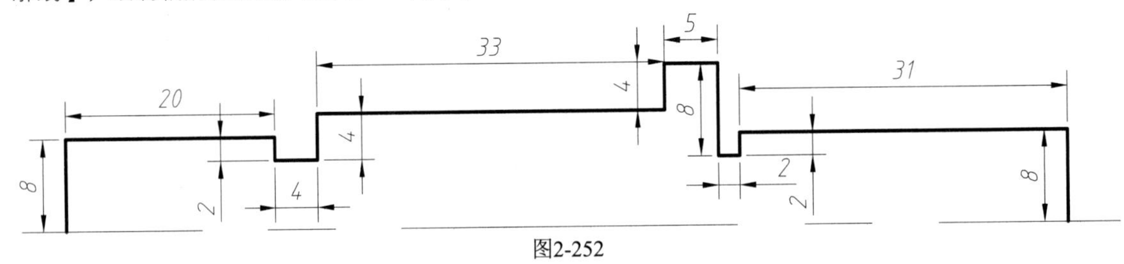

图2-252

03_ 单击【镜像】按钮，选择轮廓线为镜像对象，中心线为镜像线，如图2-253所示。

04_ 单击【直线】按钮，连接线段，如图2-254所示。

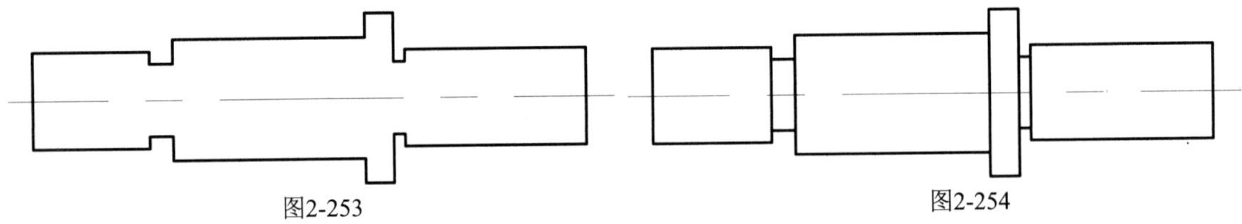

图2-253　　图2-254

05_ 单击【修改】面板中的【倒角】按钮，输入D，设置倒角距离都为1，对轴的四角倒角，如图2-255所示。

06_ 单击【直线】按钮，连接线段，如图2-256所示。

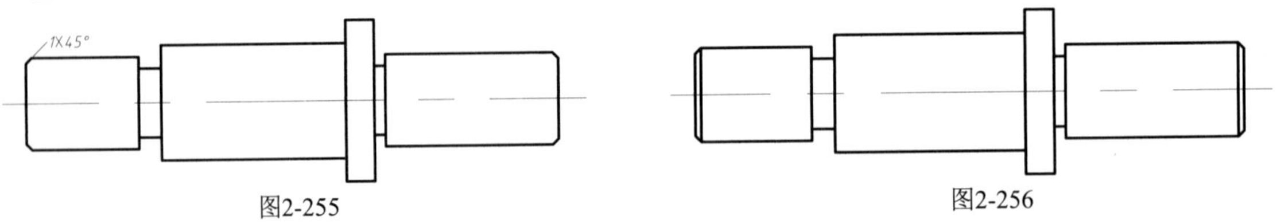

图2-255　　图2-256

07_ 单击【圆】按钮，绘制3个圆，如图2-257所示。

08_ 单击【直线】按钮／，连接两圆，且与两圆相切，如图2-258所示。

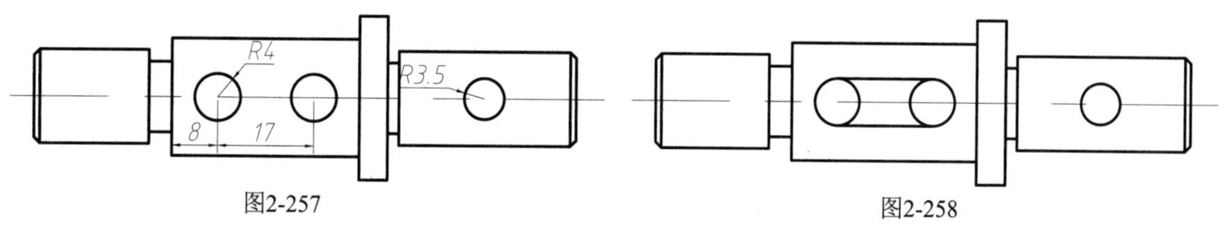

图2-257　　图2-258

09_ 单击【修剪】按钮-/--，删除多余的线条，如图2-259所示。

10_ 设置【图层】为【中心线】，单击【直线】按钮／，在轴的上方绘制4条直线，如图2-260所示。

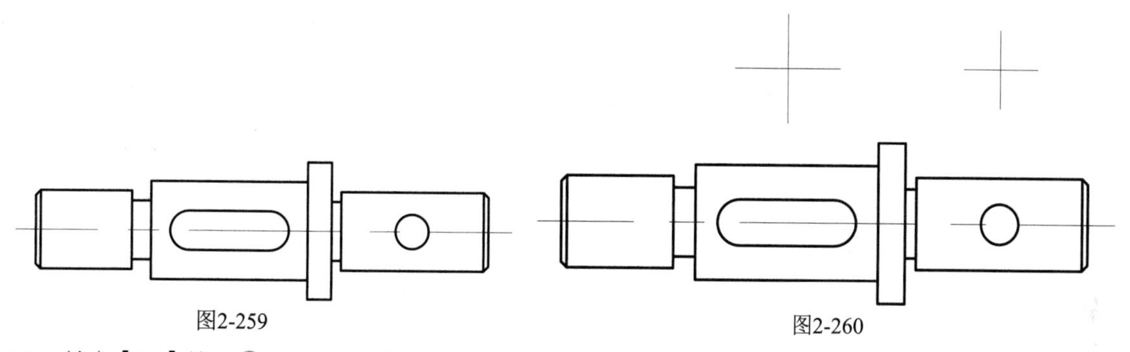

图2-259　　图2-260

11_ 单击【圆】按钮◎，以上一步的中心线交点为圆心，绘制半径为11和8的圆，如图2-261所示。

12_ 单击【偏移】按钮⊆，将左边的竖直线向右偏移8、水平线向上下偏移4，右边的竖直线向上下偏移3.5，如图2-262所示。

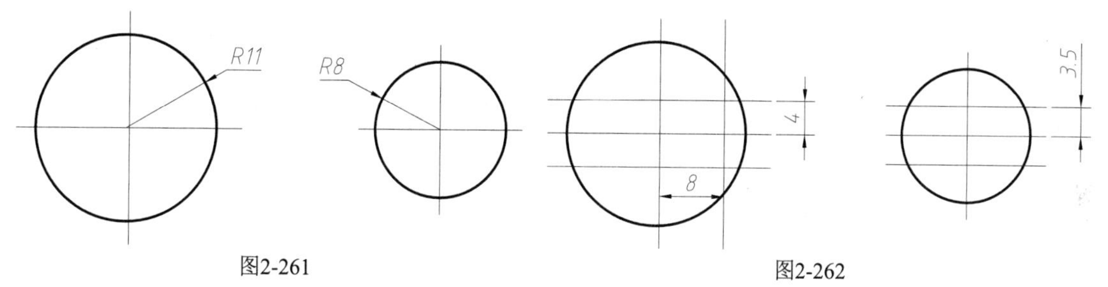

图2-261　　图2-262

13_ 执行【删除】和【修剪】命令，修剪图形，如图2-263所示。

14_ 单击【绘图】面板中的【图案填充】按钮▨，对图形剖面进行填充，如图2-264所示。

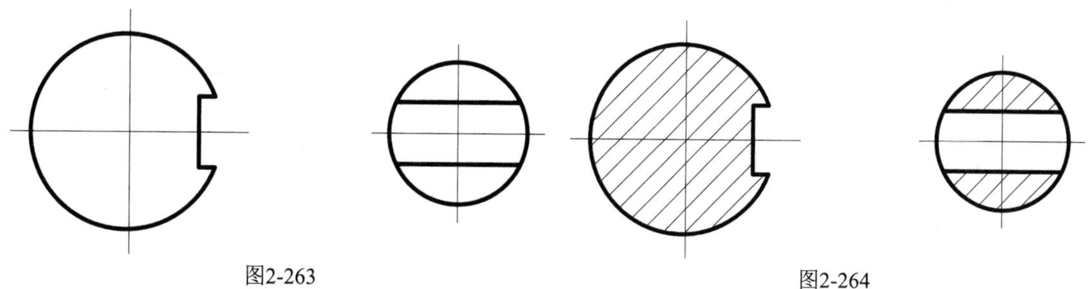

图2-263　　图2-264

15_ 单击【绘图】面板中的【多段线】按钮⊃，绘制一条直线和一个箭头，表示剖面位置，如图2-265所示。

16_ 执行【复制】和【镜像】命令，复制移动箭头，如图2-266所示。

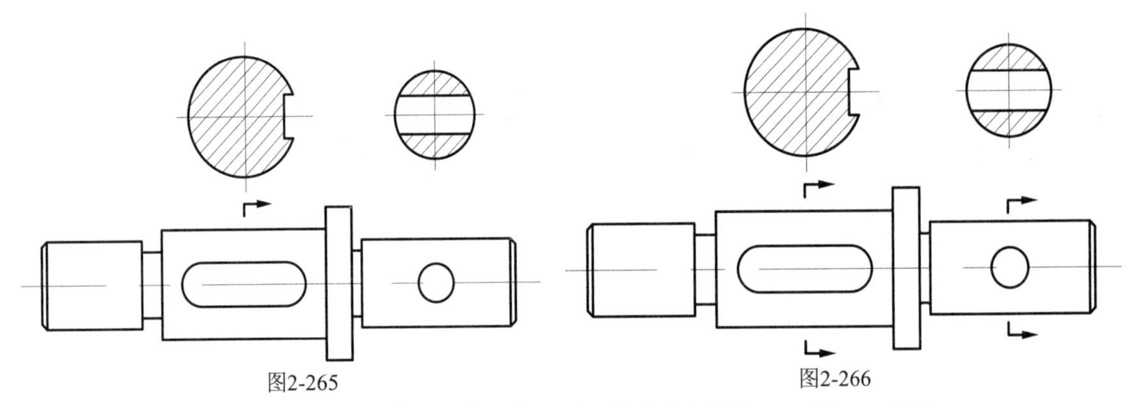

图2-265　　图2-266

17_ 单击【修改】面板中的【圆角】按钮，将图形凹槽内直角圆角，如图2-267所示。

18_ 设置【图层】为【细实线】，单击【圆】按钮，在凹槽处绘制一个小圆，如图2-268所示。

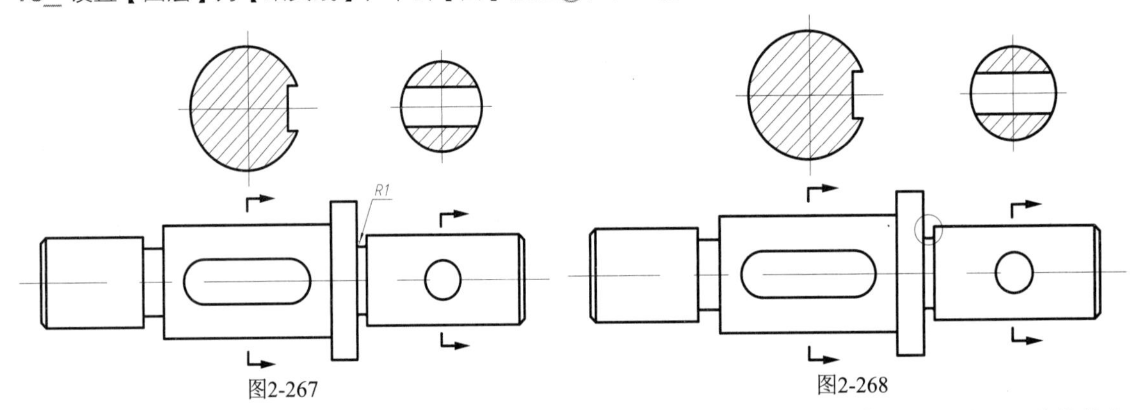

图2-267　　图2-268

19_ 执行【复制】命令，将圆圈内的线条一同复制移动上去，然后执行【修剪】命令，将圆圈外的线条剪裁，如图2-269所示。

20_ 单击【修改】面板中的【缩放】按钮，选择上一步绘制的图形为缩放对象，放大2倍，如图2-270所示。

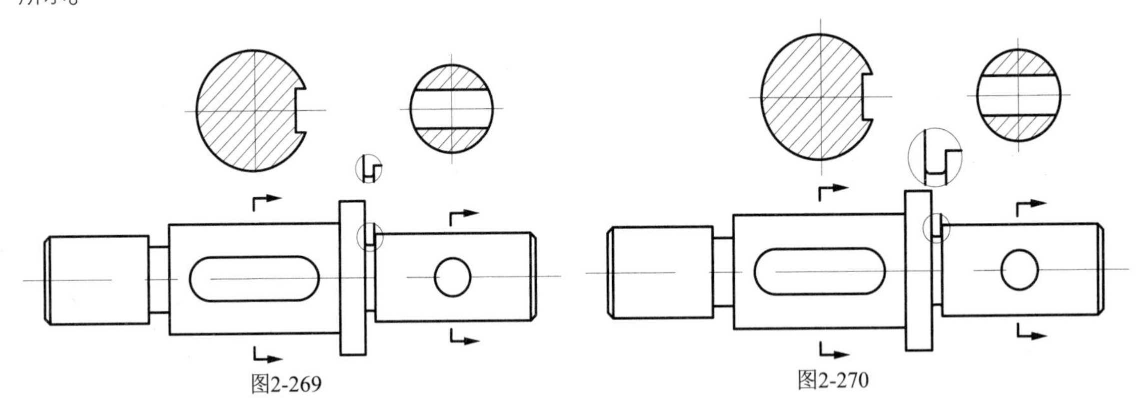

图2-269　　图2-270

21_ 单击【注释】面板中的【标注】按钮，对图形进行初步线性标注，如图2-271所示。

22_ 继续使用相同的方法对圆轴距离进行标注，双击尺寸，在尺寸前面添加直径“Ø”符号，如图2-272所示。

23_ 执行【半径标注】命令标注圆角，执行【直线】和【多行文字】命令标注倒角，最终效果如图2-273所示。

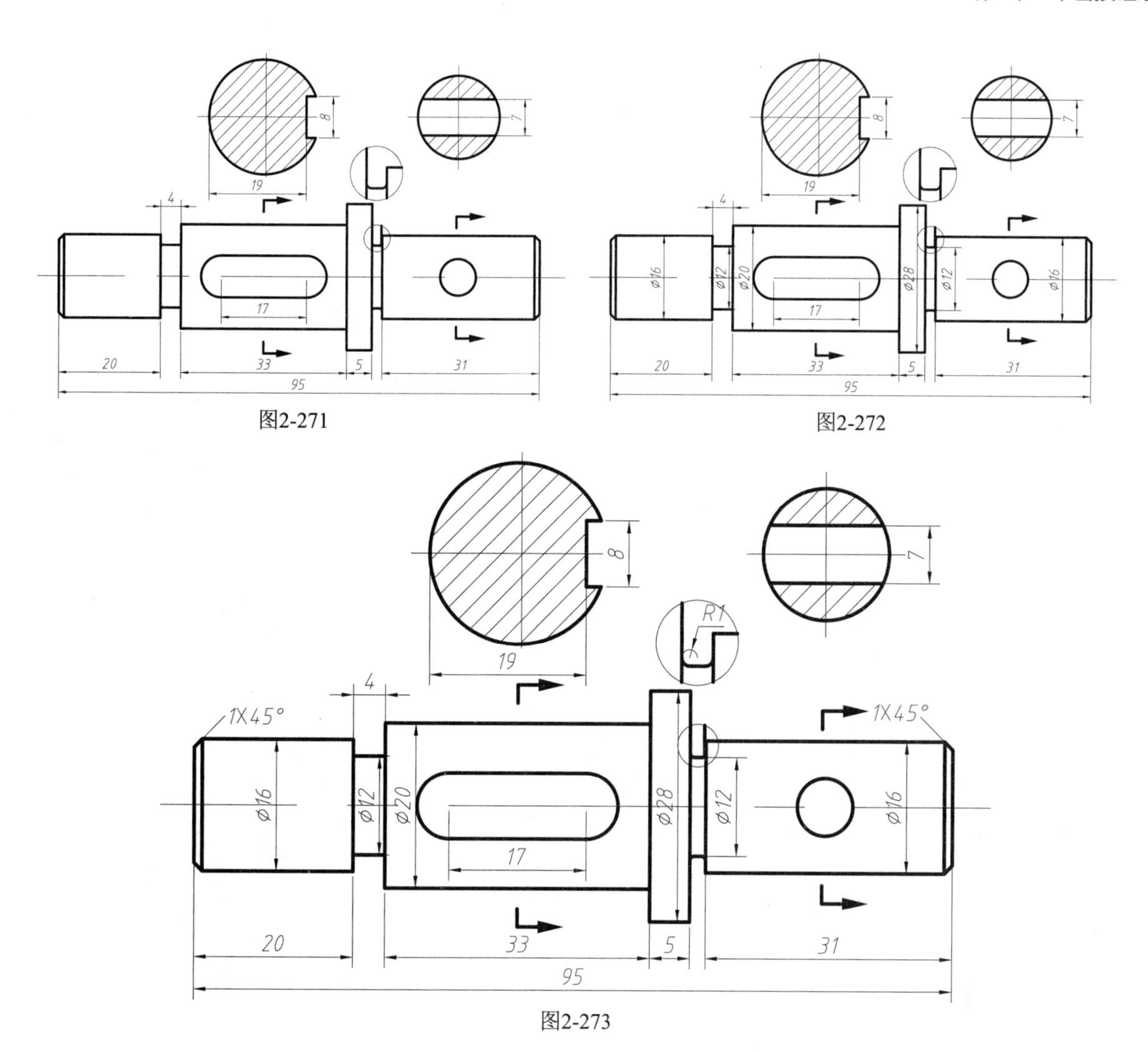

图2-271

图2-272

图2-273

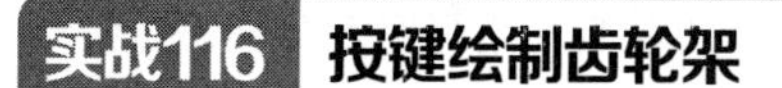

实战116　按键绘制齿轮架

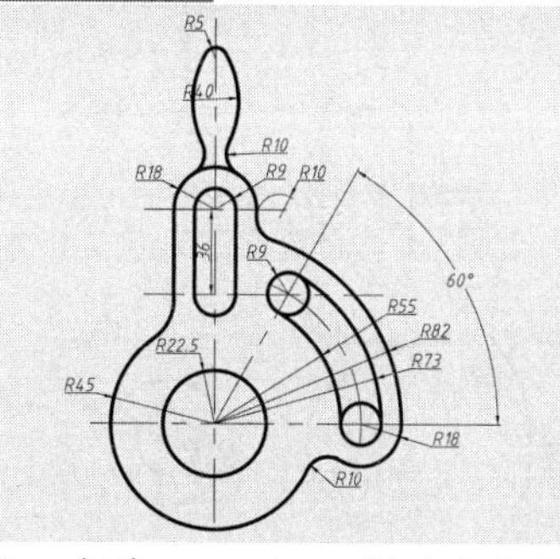

本实战绘制齿轮轮廓图，主要练习【直线】【偏移】【圆】【图层】和【修剪】等命令，其中涉及大量的圆弧相切情况，是练习绘制圆弧的经典案例。

难度：☆☆☆☆

及格时间：8′00″

优秀时间：4′00″

读者自评：　/　/　/　/　/　/

01_ 启动AutoCAD，新建空白文件。

02_ 设置【图层】为【中心线】，执行【直线】和【偏移】命令，绘制5条中心线，如图2-274所示。

03_ 将【图层】改为【轮廓线】，单击【绘图】面板中的【圆】按钮，下端绘制半径为22.5和45的圆，上端绘制两组半径为9和18的圆，如图2-275所示。

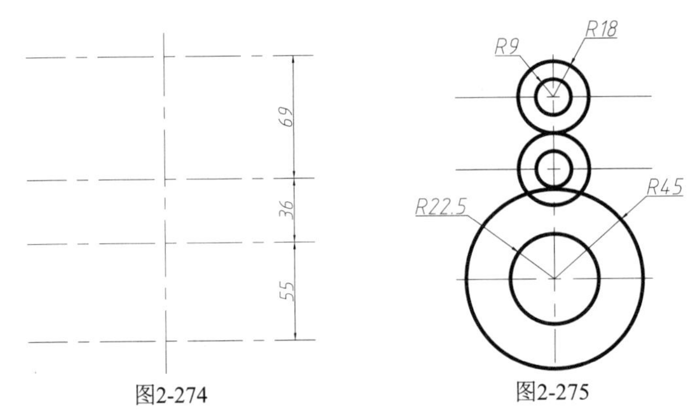

图2-274　　图2-275

04_ 执行【直线】命令，连接两小圆且相切小圆，如图2-276所示。

05_ 单击【绘图】面板中的【相切，相切，半径】按钮，选择相切圆1和圆2，设置【半径】为20，如图2-277所示。

06_ 执行【删除】和【修剪】命令，修剪图形，如图2-278所示。

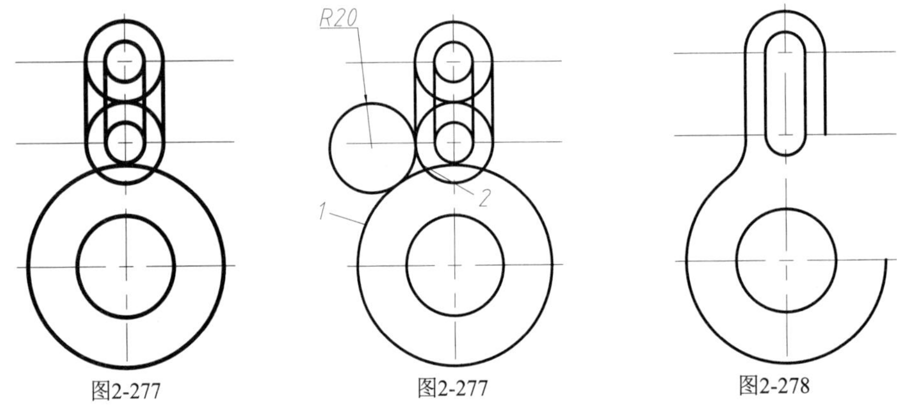

图2-277　　图2-277　　图2-278

07_ 设置【图层】为【中心线】，绘制一条斜线，与水平线相交60°，如图2-279所示。

08_ 单击【圆】按钮，绘制一个半径为64的圆，如图2-280所示。

09_ 将【图层】改为【轮廓线】，继续单击【圆】按钮，以中心线交点为圆心，绘制多个圆，如图2-281所示。

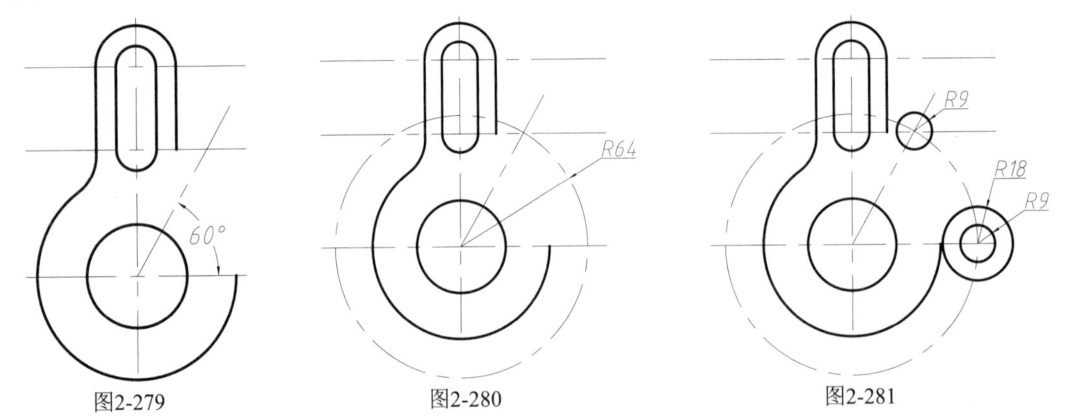

图2-279　　图2-280　　图2-281

10_ 单击【绘图】面板中的【相切，相切，半径】按钮，选择相切圆3和圆4，设置【半径】为10，绘制的相切图如图2-282所示。

11_ 单击【圆】按钮，绘制各个圆，其圆与大圆同心，且相切于各个圆，如图2-283所示。

12_ 执行【删除】和【修剪】命令，修剪图形，如图2-284所示。

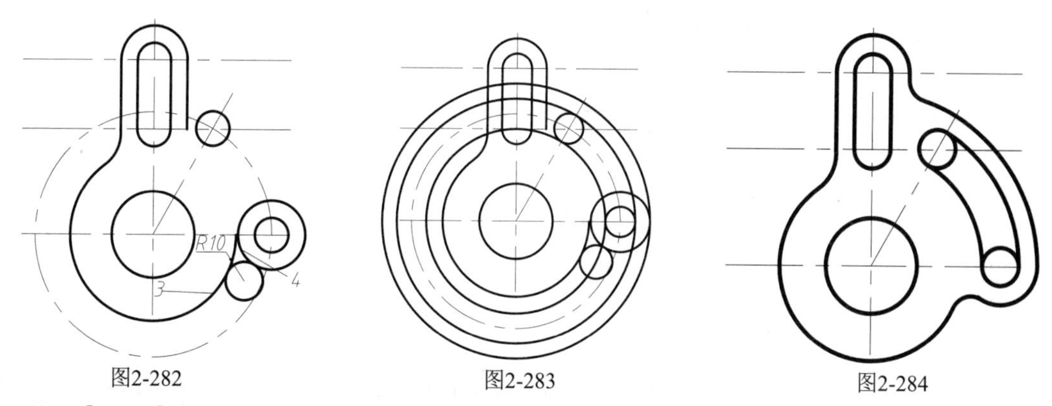

图2-282　　图2-283　　图2-284

13_ 执行【偏移】命令，将上端中心线依次向下偏移5和18，效果如图2-285所示。

14_ 单击【圆】按钮，以向下偏移5的偏移线与竖直中心线的交点为圆心，绘制半径为5和35的圆，如图2-286所示。

15_ 单击【圆】按钮，以半径为35的圆与中心线的交点为圆心，绘制半径为40的圆，如图2-287所示。

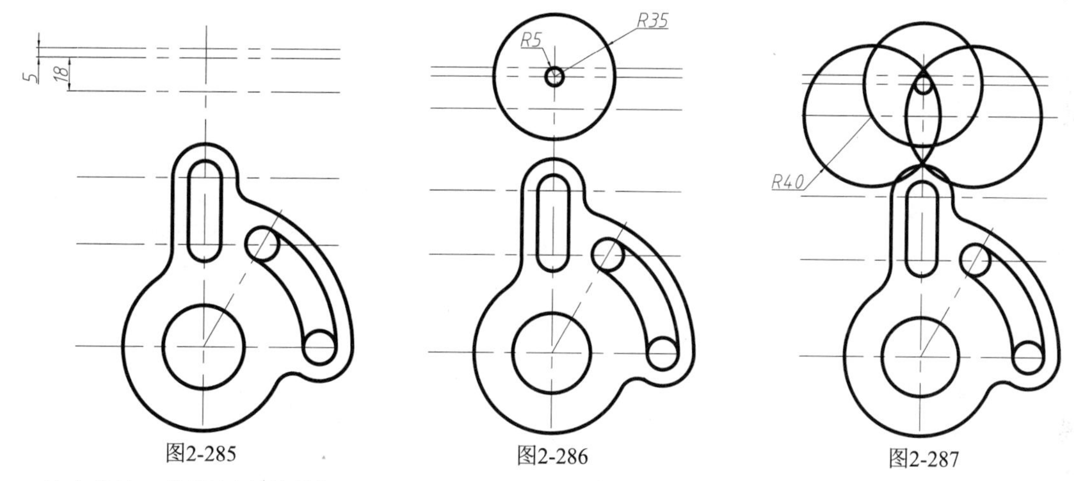

图2-285　　图2-286　　图2-287

16_ 单击【绘图】面板中的【相切，相切，半径】按钮，选择相切圆5和圆6，设置【半径】为10，同样的方法绘制另一半的圆，如图2-288所示。

17_ 执行【删除】和【修剪】命令，修剪图形，如图2-289所示。

18_ 进一步修剪直线，添加圆弧，调整中心线的长度，如图2-290所示。

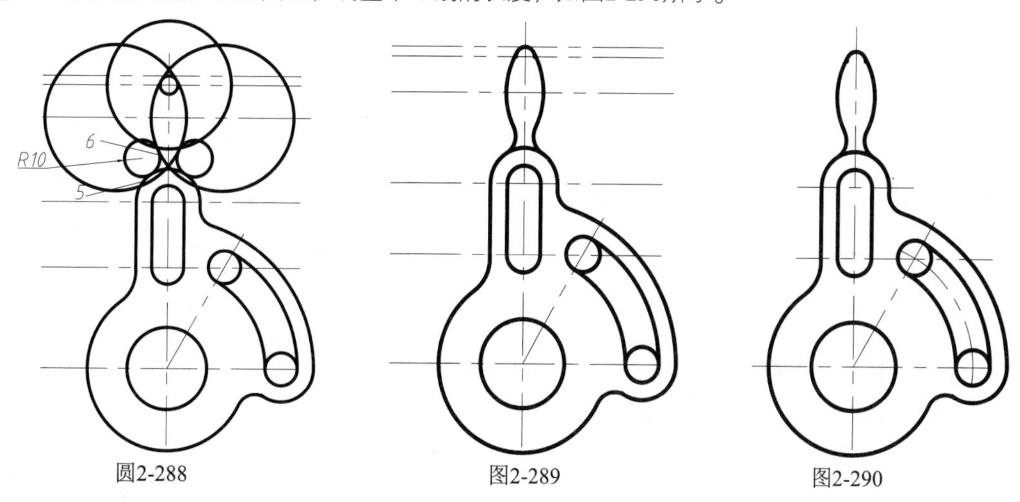

圆2-288　　图2-289　　图2-290

实战117 按键绘制小汽车正面图

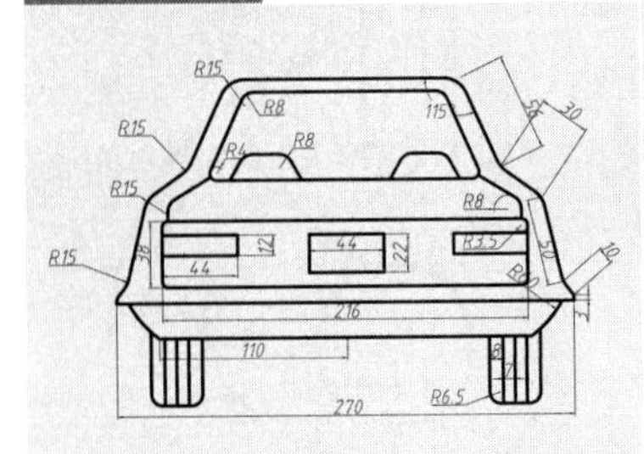

绘制小汽车正面图形，主要练习【直线】【偏移】【镜像】和【倒角】等命令，难点在于直线与圆弧相交的线段的绘制，要灵活运用光标捕捉相应的角度，下面详细介绍绘制过程。

难度：☆☆☆

及格时间：8′00″

优秀时间：4′00″

读者自评：/ / / / / /

01_ 启动AutoCAD，新建空白文件。

02_ 设置【图层】为【中心线】；单击【绘图】面板中的【直线】按钮和【修改】面板中的【偏移】按钮，绘制4条中心线，如图2-291所示。

03_ 将【图层】改为【轮廓线】，单击【直线】按钮，绘制一条长度为110的线段，接着单击【圆弧】按钮，绘制半径为60的圆弧，如图2-292所示。

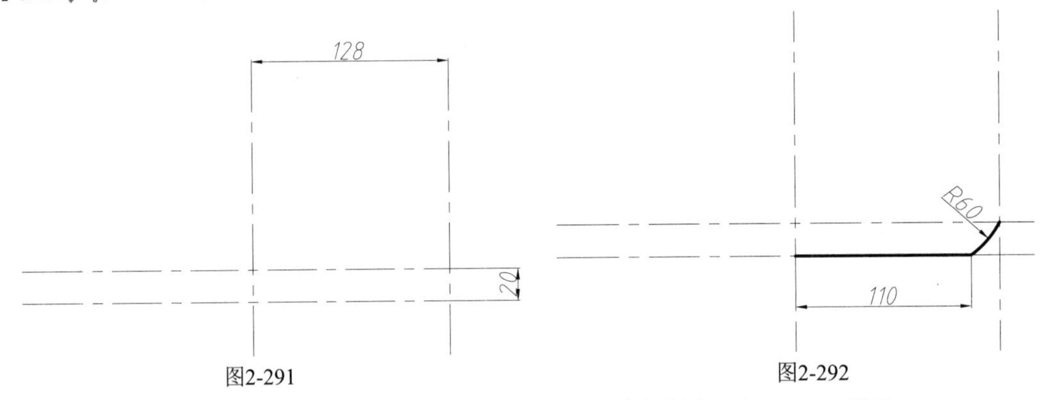

图2-291　　图2-292

04_ 执行【直线】命令，绘制多条直线，注意角度的捕捉和线段长度，如图2-293所示。

05_ 单击【修改】面板中的【圆角】按钮，在命令行输入R设置圆角半径，为图形逐一设置倒角，如图2-294所示。

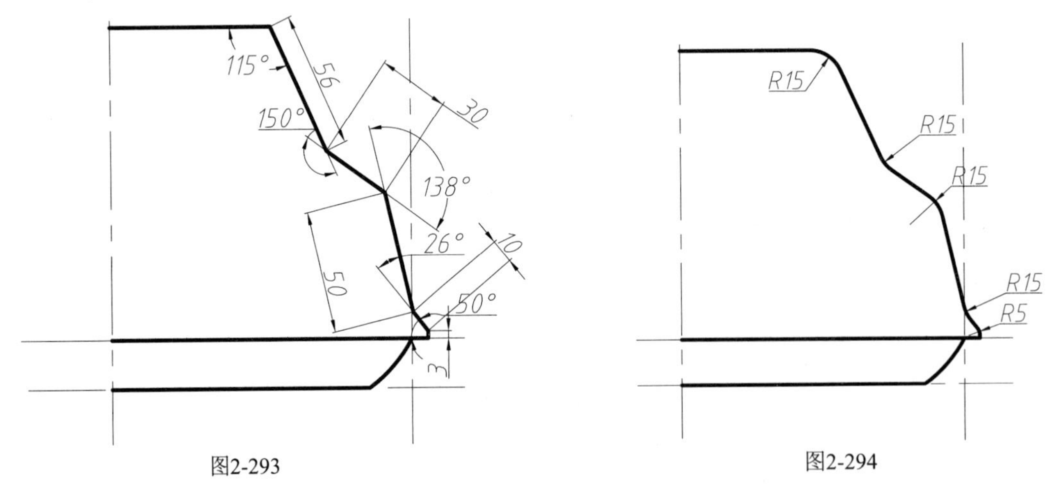

图2-293　　图2-294

06_ 执行【直线】和【偏移】命令，绘制车轮的轮廓线，如图2-295所示。

07_ 单击【修改】面板中的【圆角】按钮，在命令行输入R设置半径为6.5，为图形设置倒角，如图2-296所示。

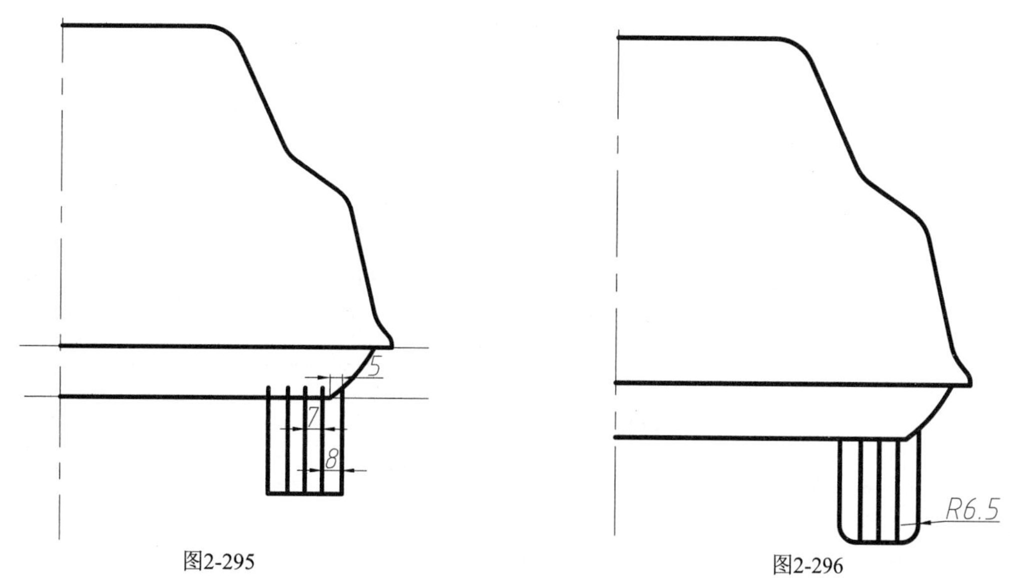

图2-295　　　　图2-296

08_ 执行【偏移】命令，将水平中心线向上偏移9，竖直中心线向左偏移108；单击【绘图】面板中的【矩形】按钮，在命令行输入F设置圆角为3.5，绘制一个长为216、宽为38的矩形，如图2-297所示。

09_ 单击【直线】按钮和【修改】面板中的【镜像】按钮，绘制3个矩形，如图2-298所示。

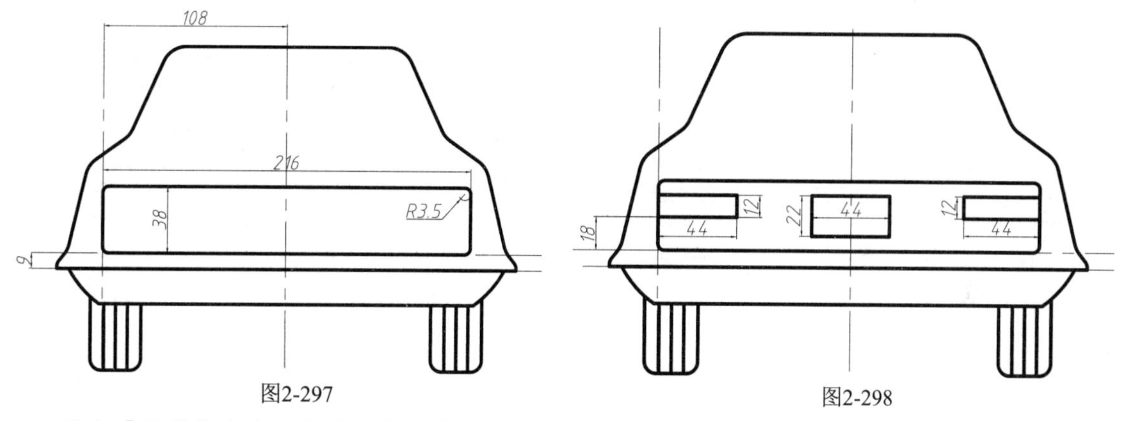

图2-297　　　　图2-298

10_ 执行【偏移】命令，将水平中心线依次向上偏移70和50，竖直中心线向右偏移26，如图2-299所示。

11_ 单击【直线】按钮，绘制后窗的轮廓线，如图2-300所示。

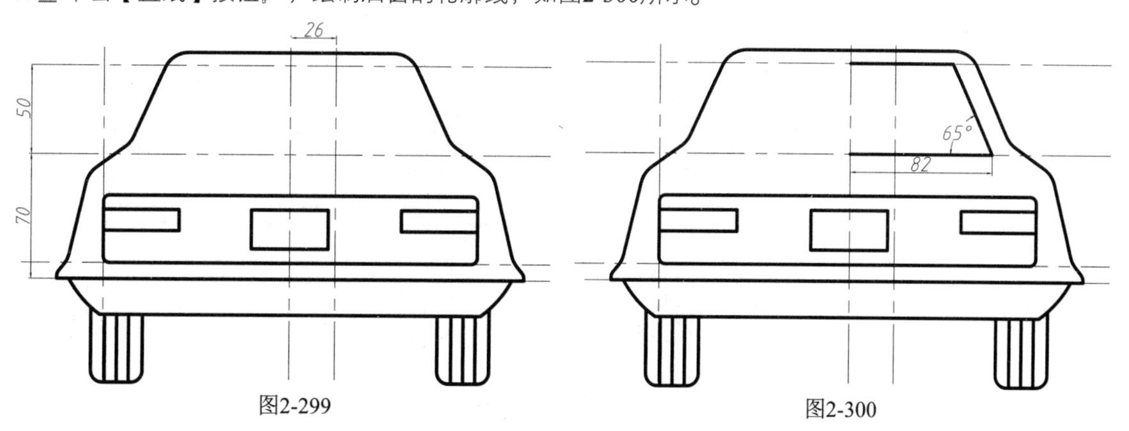

图2-299　　　　图2-300

12_ 使用相同的方法，绘制后座枕头的轮廓线，如图2-301所示。

13_ 执行【圆角】命令，设置圆角半径，对图形逐一进行倒角设置，如图2-302所示。

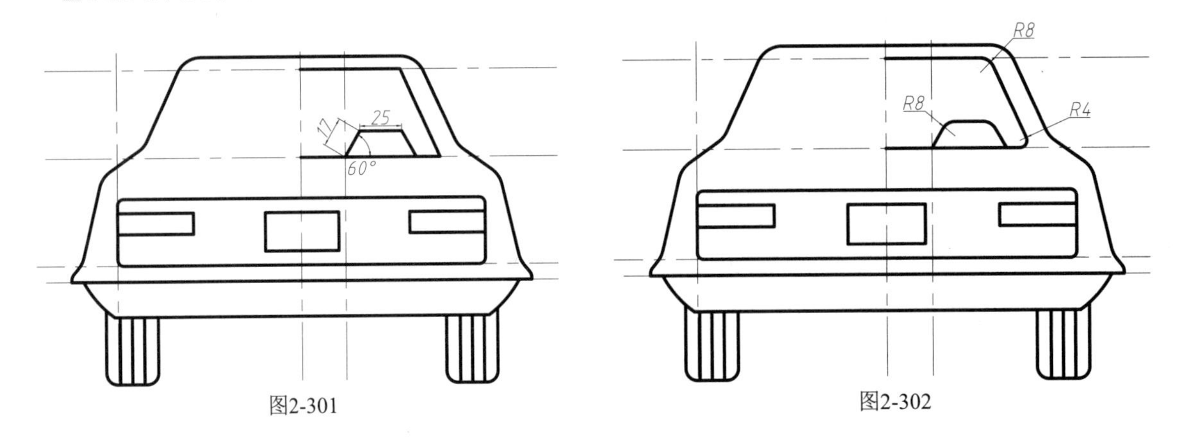

图2-301　　图2-302

14_ 单击【镜像】按钮，将绘制的窗户和后座枕头镜像，如图2-303所示。

15_ 单击【直线】按钮，在图形右侧点上，绘制一条竖直向上的直线，长为10，然后连接到圆弧的圆心，效果如图2-304所示。

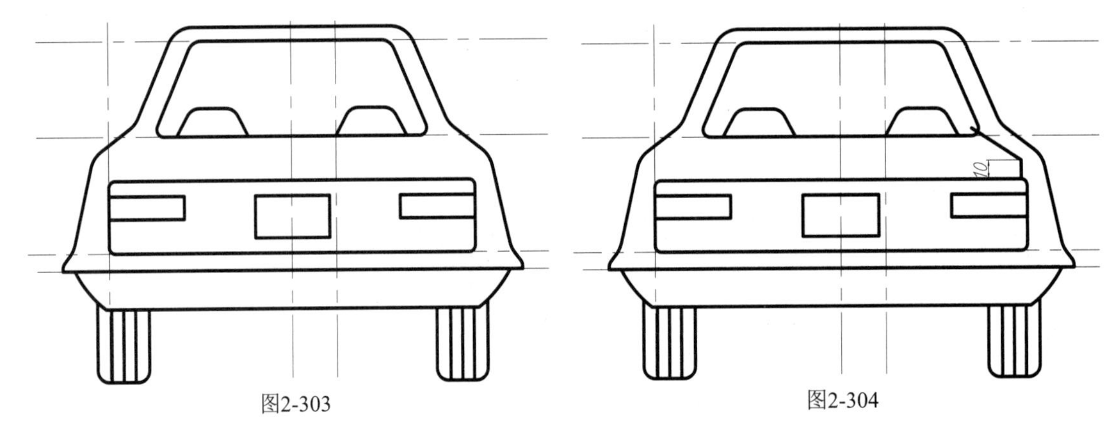

图2-303　　图2-304

16_ 执行【圆角】命令，设置圆角半径为8，对图形倒角，如图2-305所示。

17_ 单击【镜像】按钮，镜像上几步绘制的线条，然后删除中心辅助线，最终如图2-306所示。

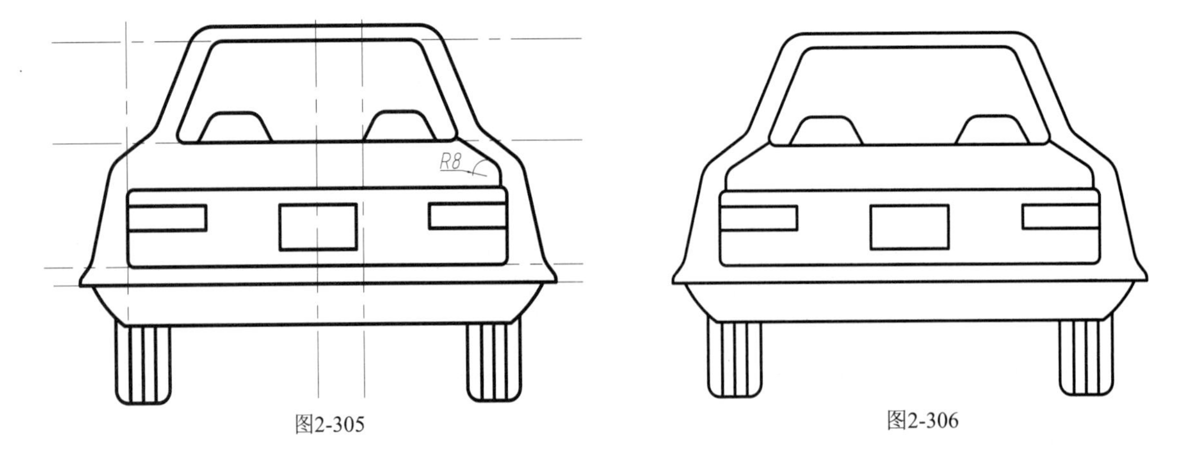

图2-305　　图2-306

实战118 绘制建筑平面图

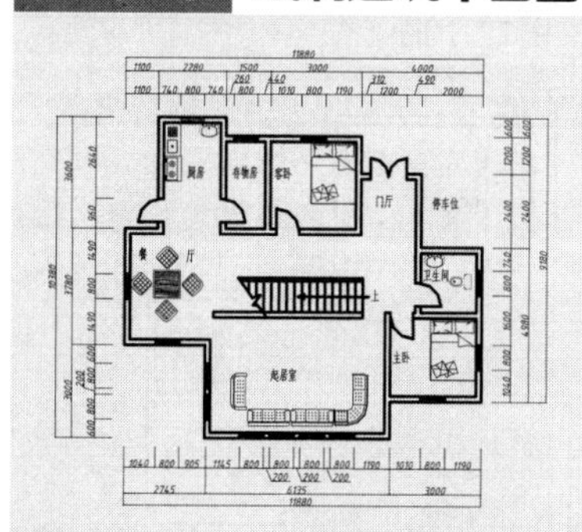

建筑平面图，是将新建建筑物或构筑物的墙、门窗、楼梯、地面及内部功能布局等建筑情况，以水平投影方法和相应的图例所组成的图纸。建筑平面图是相对比较复杂的图形，其图形往往涉及大量的轮廓绘制、尺寸标注、图层和图形引用等，所以要利用快捷键和按钮的综合操作，灵活运用好各个命令的功能，才能事半功倍，减少工作量，提高绘图效率。

难度：☆☆☆☆☆

及格时间：12′00″

优秀时间：6′00″

读者自评：　/　/　/　/　/　/

01_ 启动Auto CAD新建空白文件。

02_ 设置【图层】为【细实线】；在命令行输入XL执行【构造线】命令，按下F8键打开“正交”模式，绘制一条水平构造线和竖直构造线，如图2-307所示。

03_ 在命令行输入O执行【偏移】命令，将水平构造线连续向上偏移1200、1800、900、2100、600、1800、1200和600，得到水平方向的辅助线。将竖直构造线连续往右偏移1100、1600、500、1500、3000、1000、1000和2000，得到竖直方向的辅助线，它们和水平辅助线一起构成正交的辅助网，如图2-308所示。

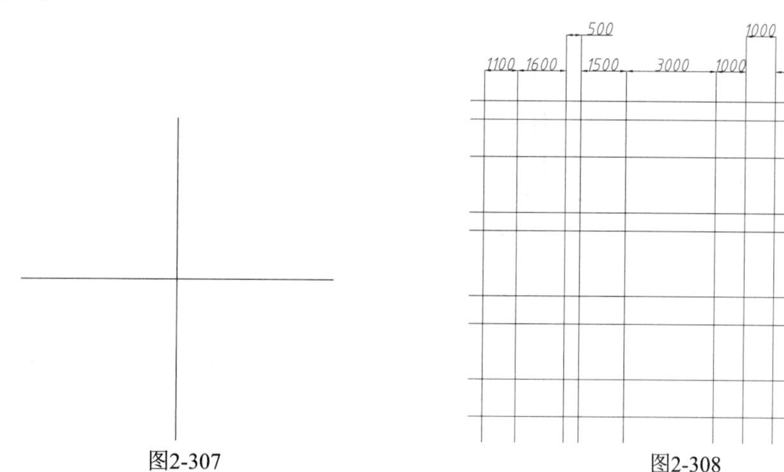

图2-307　　图2-308

04_ 设置【图层】为【轮廓线】，在命令行输入ML执行【多线】命令，根据命令提示设置对齐方式为“无”，多线比例设置为“180”，根据辅助网格绘制外墙，如图2-309所示。

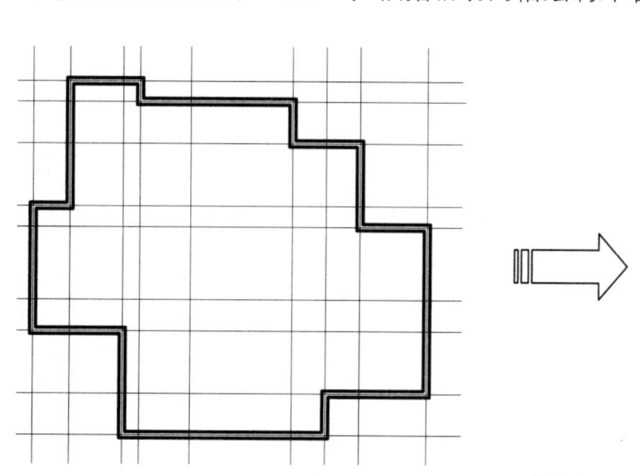

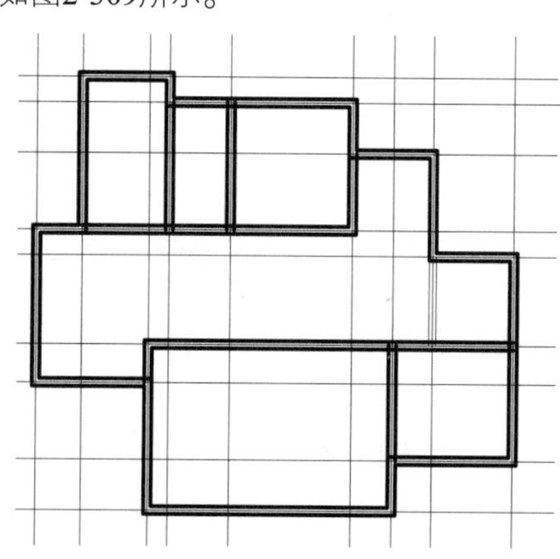

图2-309

05_ 在命令行输入E执行【删除】命令，删除构造线；在命令行输入X执行【分解】命令，全选所有图形；在命令行输入TR执行【修剪】命令，使得墙体都是光滑连贯的，如图2-310所示。

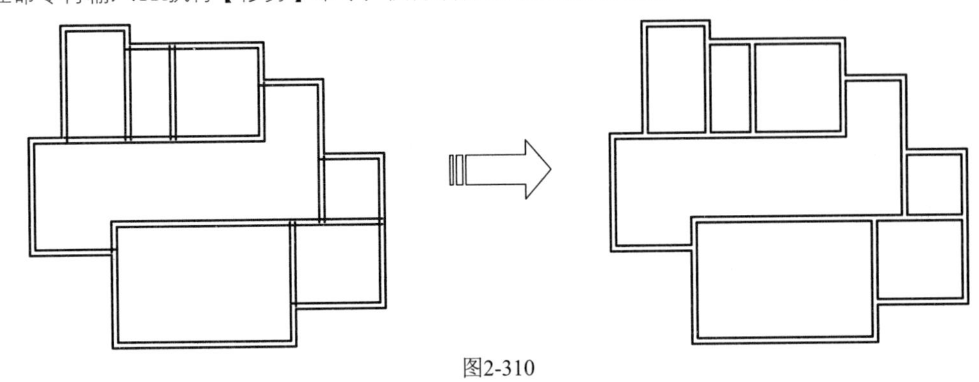

图2-310

06_ 在命令行输入L执行【直线】和【偏移】命令，绘制一个长为800、宽为180且内部两条直线的矩形作为窗的图例；单击【修改】面板中的【旋转】按钮，选择窗，复制旋转90°，如图2-311所示。

07_ 单击【修改】面板中的【复制】按钮，把窗图例复制到各个房间的墙体正中间，如图2-312所示。

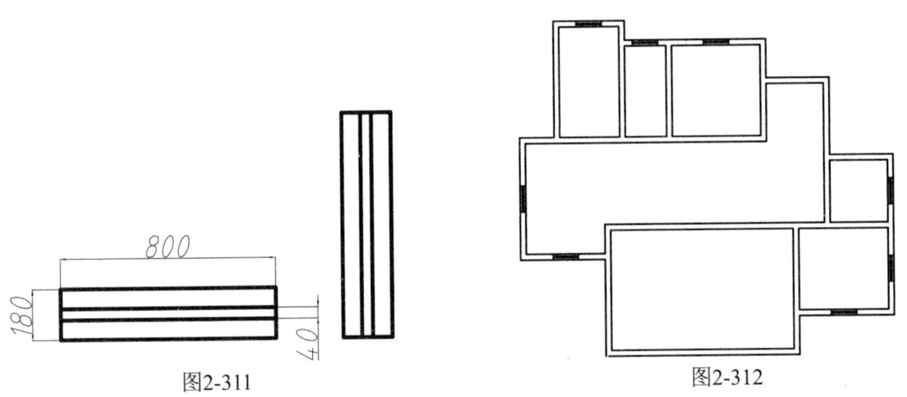

图2-311

图2-312

08_ 绘制落地窗。单击【修改】面板中的【矩形】按钮，在空白处绘制一个“200×180”的矩形，代表窗户之间的墙体，执行【移动】命令，将它移动至墙体正中间；利用【复制】命令复制窗户，如图2-313所示。

09_ 重复上一步操作，在下面墙体上复制得到4个特殊窗户，侧面复制得到2个特殊窗户，效果如图2-314所示。

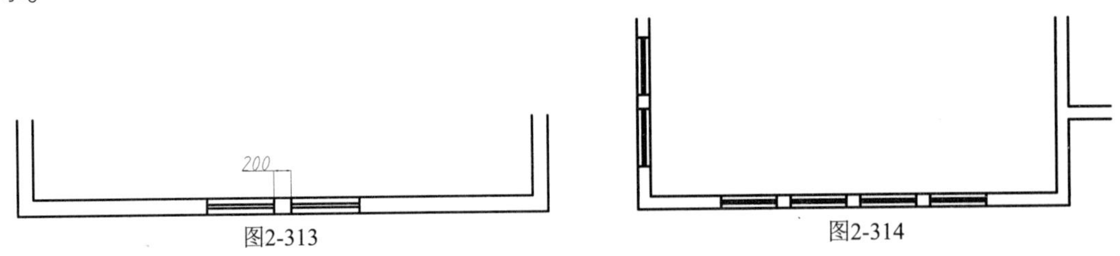

图2-313

图2-314

10_ 执行【偏移】和【修剪】命令，在大门的墙上开一个1200的门洞，其余地方都是750的门洞，效果如图2-315所示。

11_ 执行【直线】和【绘图】面板中的【圆弧】命令，在门洞上绘制一条直线表示门、一个对应半径的圆弧，表示门的开启方向，效果如图2-316所示。

12_ 单击【修改】面板中的【复制】按钮，把绘图面板中的桌子复制粘贴到餐厅，如图2-317所示。

13_ 采用同样的方法绘制一个双人床，如图2-318所示。

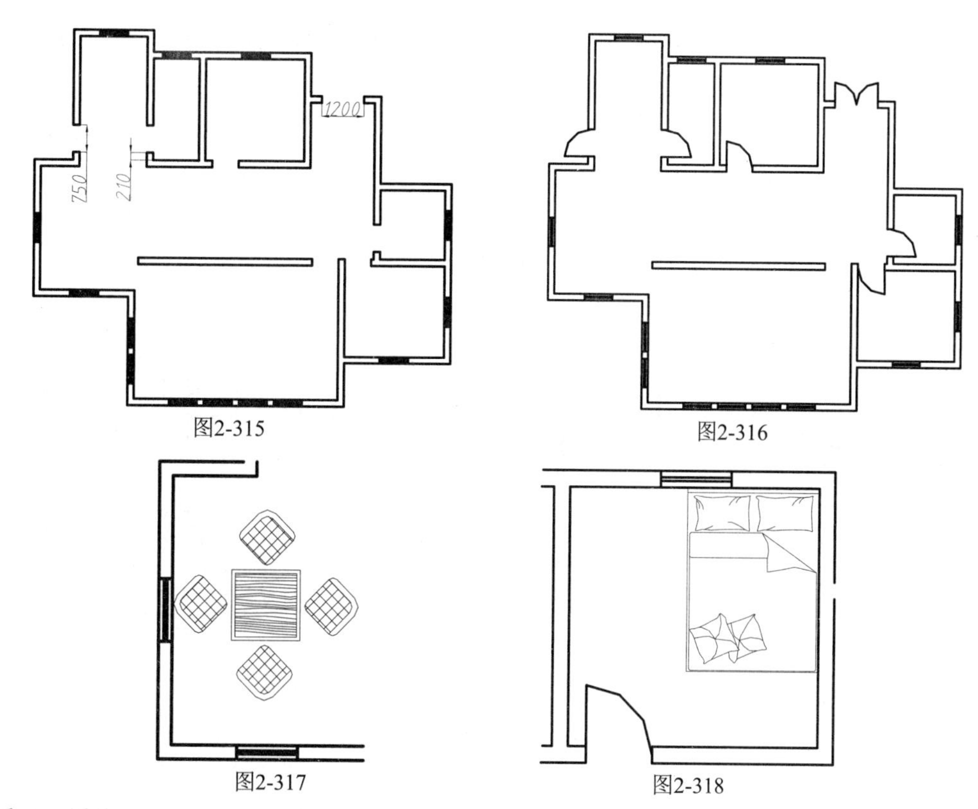

图2-315　　图2-316

图2-317　　图2-318

14_ 采用同样的方法绘制一组沙发，如图2-319所示。

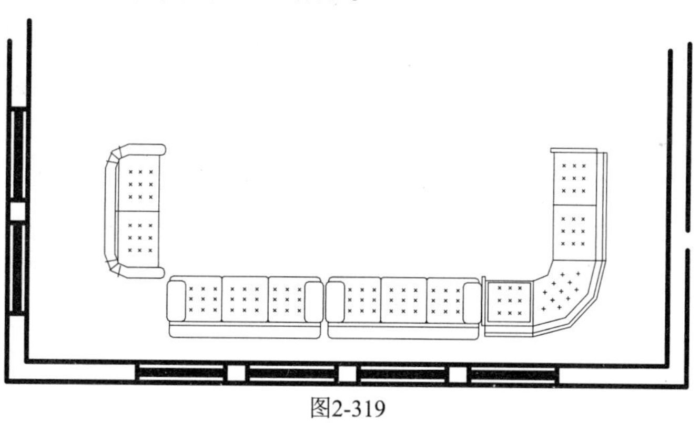

图2-319

15_ 采用同样的方法制作一套卫浴设备，如图2-320所示。

16_ 采用同样的方法制作一套厨房设备，如图2-321所示。

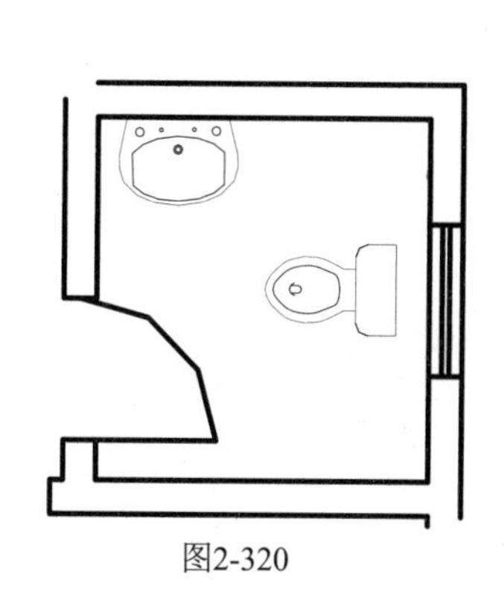

图2-320

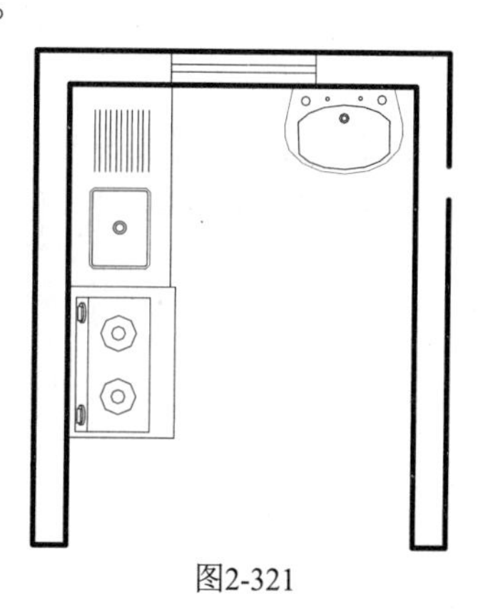

图2-321

平时注意积累和搜集一些常用建筑单元，也可以借助一些现成的建筑图库，将需要的建筑单元复制粘贴到当前图形中，这样绘制图形就非常方便快捷。

17_ 执行【偏移】命令，将墙线往上偏移1000，接着执行【直线】命令在墙线的端部绘制直线作为台阶线，然后在命令行输入O执行【偏移】命令，每隔252偏移一次，如图2-322所示。

18_ 执行【偏移】命令，将上一步中的偏移线再往上偏移100，接着执行【直线】命令封口和绘制打断符号，然后在命令行输入TR执行【修剪】命令修剪图形，如图2-323所示。

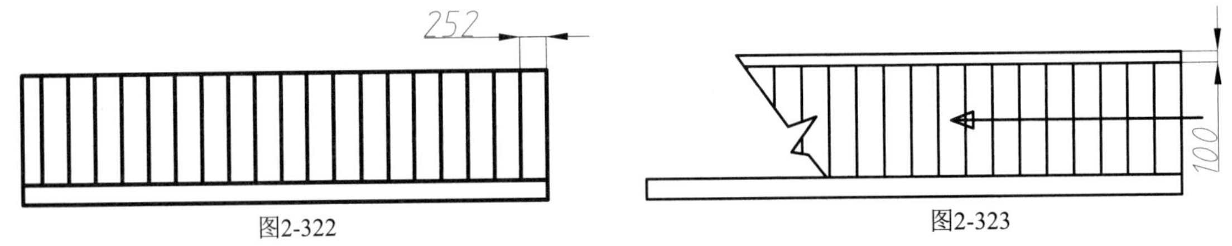

图2-322　　图2-323

19_ 单击【注释】面板中的【文字样式】按钮A，弹出【文字样式】对话框，设置文字高度为400，如图2-324所示。

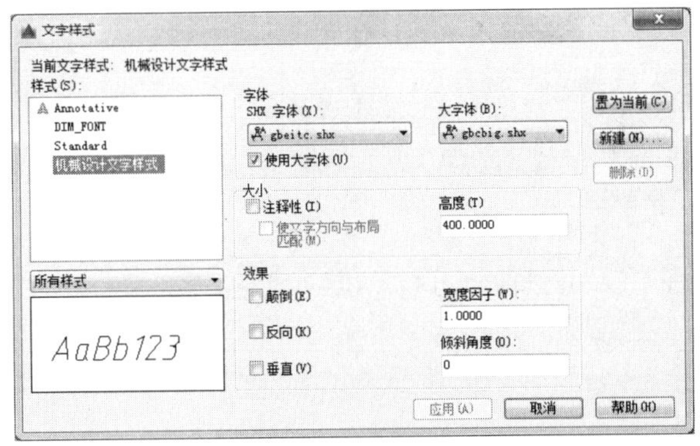

图2-324

20_ 单击【注释】面板中的【文字样式】按钮A，对房间功能用途进行文字说明，如图2-325所示。

21_ 单击【注释】面板中的【标注样式】按钮，弹出【标注样式管理器】对话框，将"建筑ISO-25"置为当前样式，如图2-326所示。

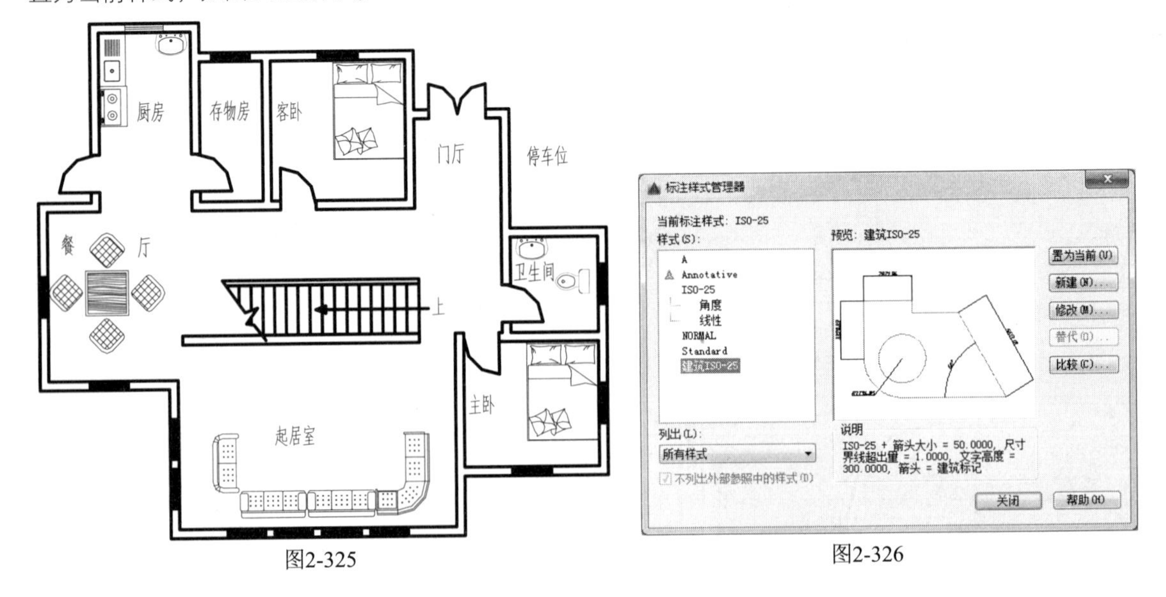

图2-325　　图2-326

22_ 单击【注释】面板中的【标注】按钮，对图形进行第一层标注，如图2-327所示。

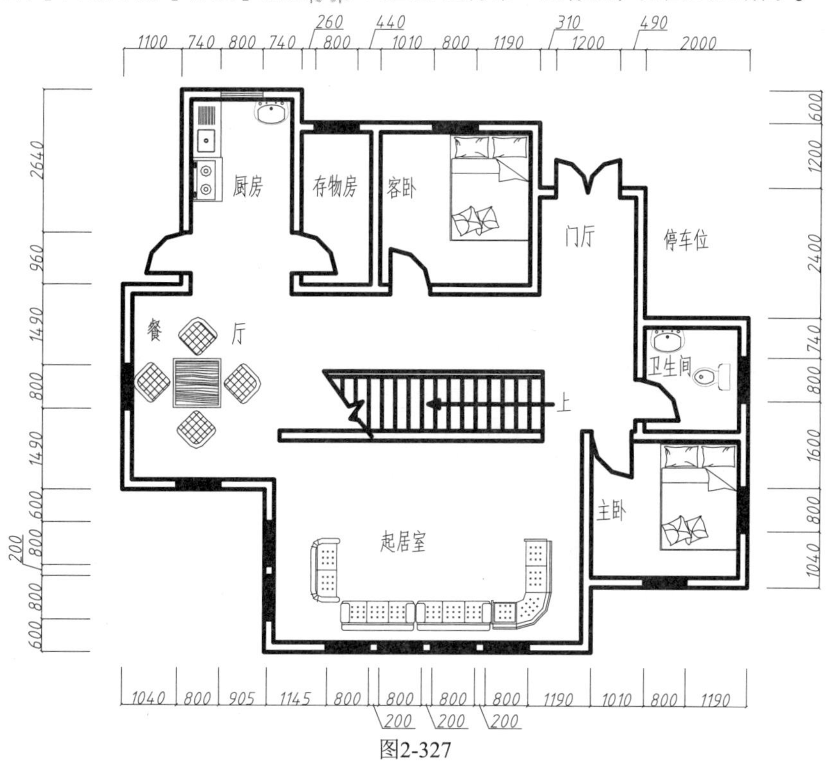

图2-327

23_ 使用相同的方法对图形进行标注，最终效果如图2-328所示。

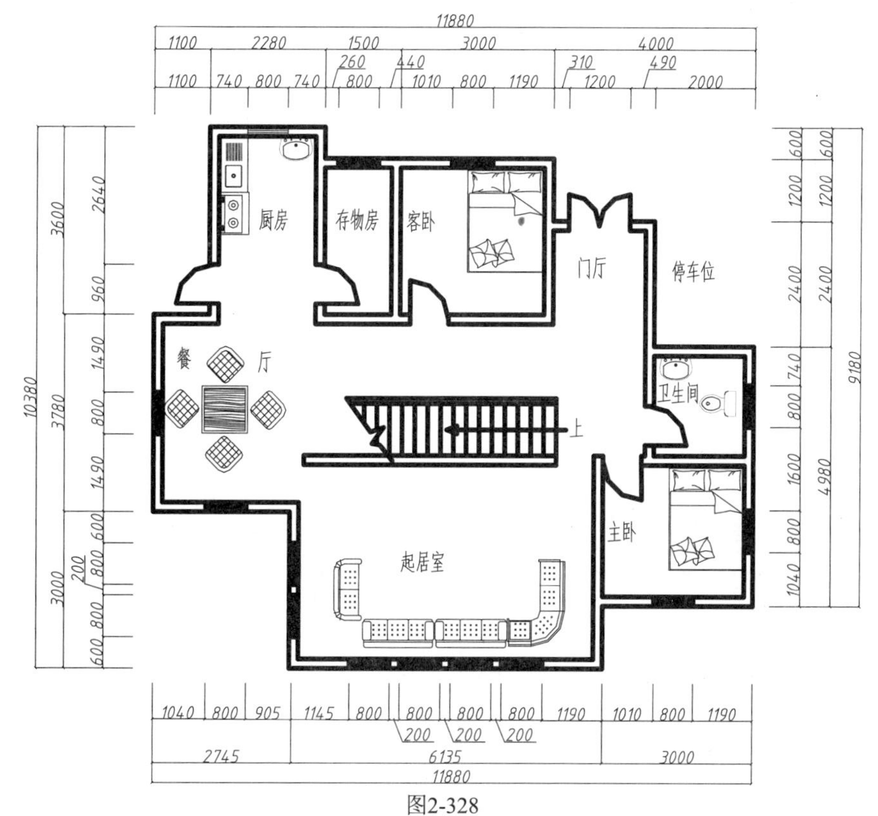

图2-328

第3章 夹点编辑

所谓夹点指的是图形对象上的一些特征点，如端点、顶点、中点、圆心点等，图形的位置和形状通常是由夹点的位置决定的。在AutoCAD中，夹点是一种集成的编辑模式，利用夹点可以编辑图形的大小、位置、方向以及对图形进行镜像复制操作等。

3.1 夹点操作的优点

夹点就像图形上可操作的手柄一样，无须选择任何命令，通过夹点就可以执行一些操作，对图形进行相应的调整。

3.2 夹点常规操作

在夹点模式下，图形对象以虚线显示，图形上的特征点（如端点、圆心、象限点等）显示为蓝色的小框，通过对夹点的操作，可以对图形进行拉伸、平移、复制、缩放和镜像等操作，下面将通过一些实战进行讲解。

实战119 通过夹点进行拉伸

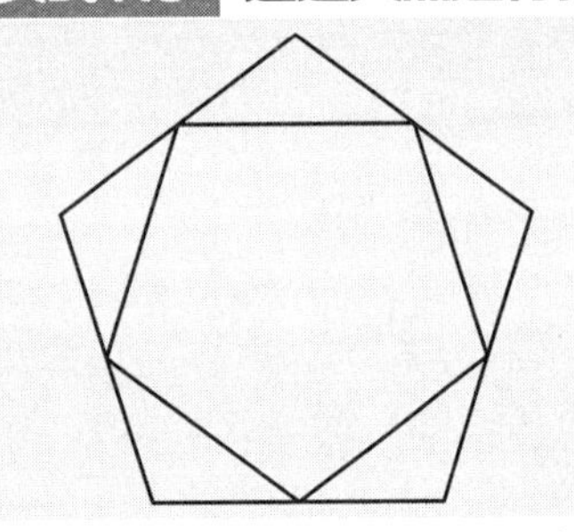

指定拉伸点后，AutoCAD可以将对象拉伸或移动到新的位置。本案例的内侧五边形原本是一个无规则的五边形，通过夹点的拖动，对图形进行简单的操作便能得到本图，下面详细讲解绘图过程。

难度：☆

及格时间：1′00″

优秀时间：0′30″

读者自评： / / / / / /

01_ 打开“第3章/实战119 通过夹点进行拉伸.dwg”素材文件，如图3-1所示。

02_ 单击内五边形，夹点被激活，如图3-2所示。

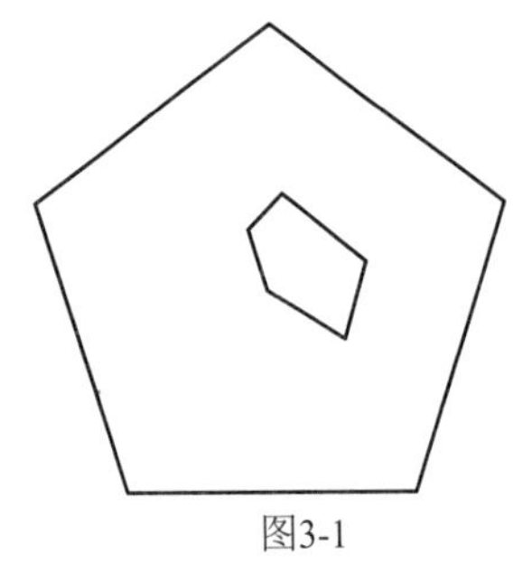

图3-1

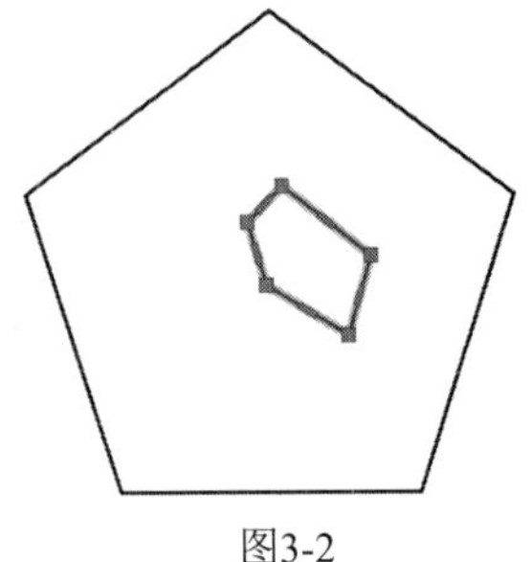

图3-2

03_ 选择内五边形上端点，连接右斜线的中点，效果如图3-3所示。

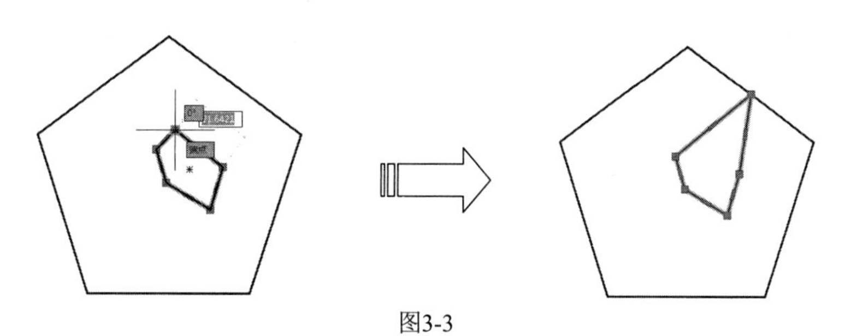

图3-3

04_ 使用相同的方法，将内五边形的五个顶点，连接到五边形的五个中点，最终效果如图3-4所示。

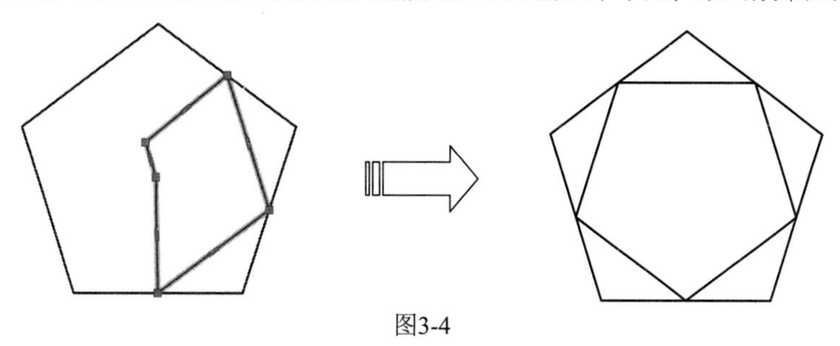

图3-4

操作技巧　**对于某些点，移动时只能移动对象而不能拉伸对象，如文字、块、直线中点、圆心、椭圆中心等点对象上的夹点。**

实战120　通过夹点进行移动

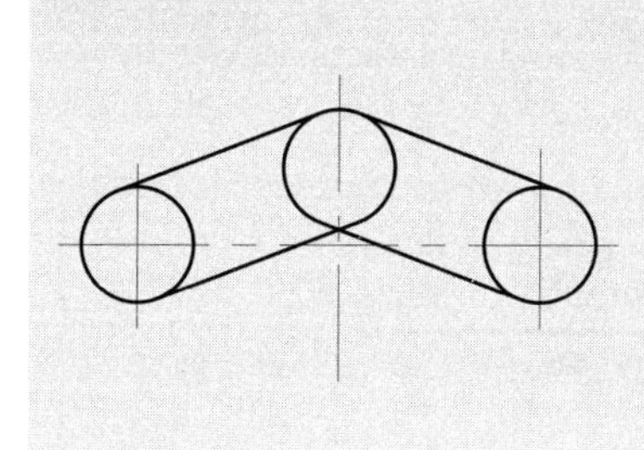

移动对象仅仅是位置上的平移，对象的方向和大小并不会改变。要精确地移动对象，可使用捕捉模式、坐标、夹点和对象捕捉模式。本例通过利用夹点移动图形，下面介绍操作过程。

难度：☆

及格时间：0′50″

优秀时间：0′25″

读者自评：/ / / / / /

01_ 打开“第3章/实战120 通过夹点进行移动.dwg”素材文件，如图3-5所示。

02_ 单击选择最左边的圆，激活圆心夹点，然后按Enter键，即可执行移动命令，同时被选中的夹点被视作移动命令的基点。

03_ 将左端圆，移动到左边中心线的交点，效果如图3-6所示。

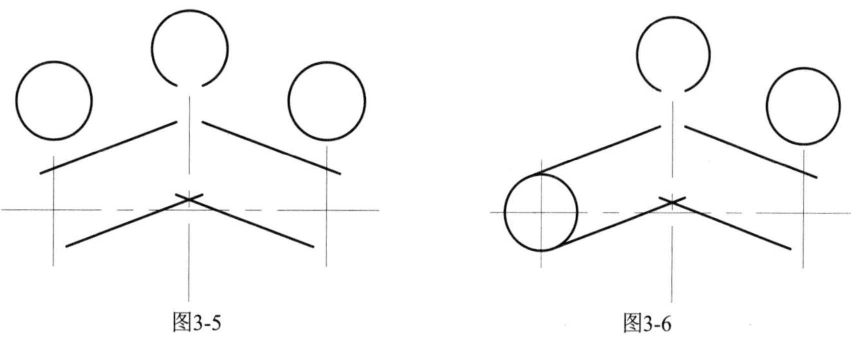

图3-5　　图3-6

04_ 以相同的办法移动右边的圆，如图3-7所示。

05_ 继续上一步命令，移动连接到斜线的端点，最终效果如图3-8所示。

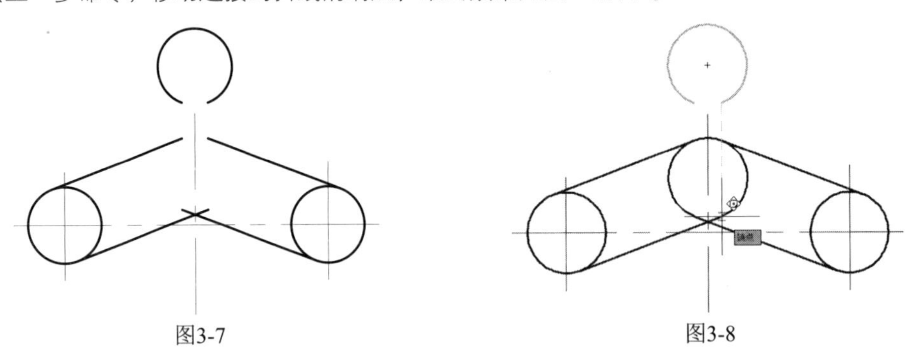

图3-7　　图3-8

实战121 通过夹点进行旋转

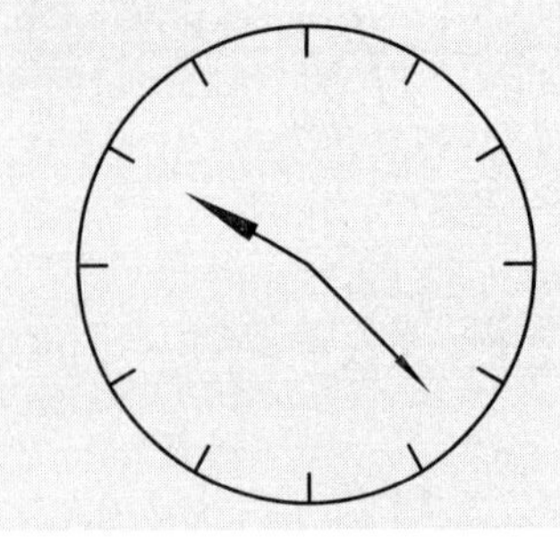

在夹点编辑模式下，确定基点后，连按两次Enter键即可进入旋转模式。默认情况下，输入旋转的角度值或通过拖动方式确定旋转角度后，即可将对象绕基点旋转指定的角度。本例通过利用夹点旋转指针，从而改变指针指向的时间，下面介绍编辑过程。

难度：☆☆

及格时间：1′20″

优秀时间：0′40″

读者自评：/ / / / / /

01_ 打开“第3章/实战121 通过夹点进行旋转.dwg”素材文件，如图3-9所示。

02_ 光标选择长指针图形，激活夹点，连按两次Enter或空格键，即可进入旋转模式，同时所选中的夹点被视作旋转命令的基点，如图3-10所示。

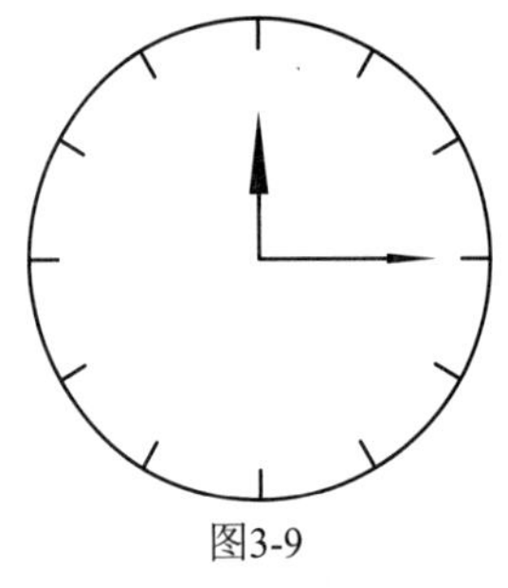

图3-9

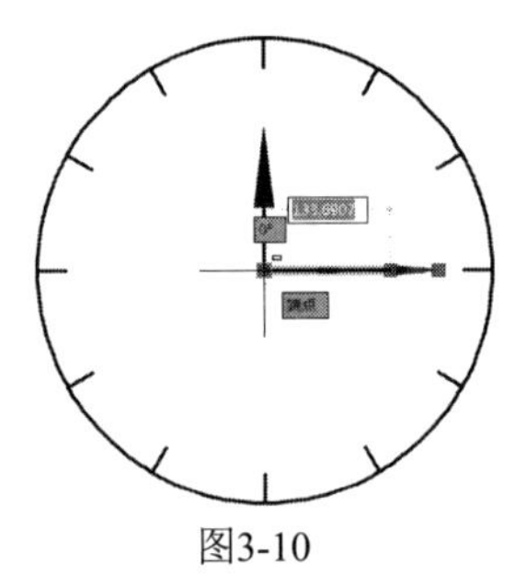

图3-10

03_ 继续上一步的操作。输入-45，长指针向下旋转了45°，如图3-11所示。

04_ 使用同样的操作编辑短指针，将短指针逆时针旋转60°，最终效果如图3-12所示。

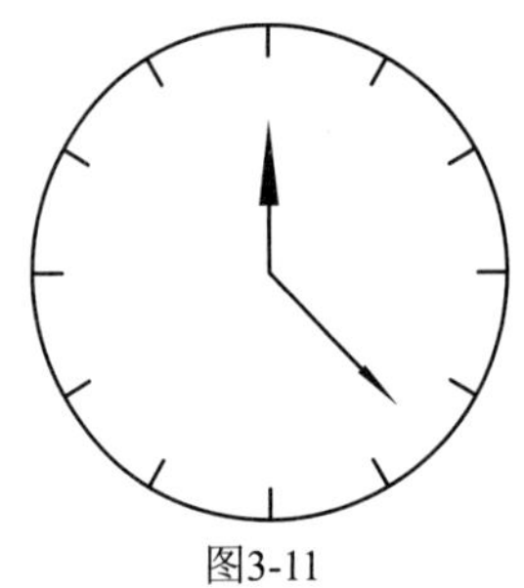

图3-11

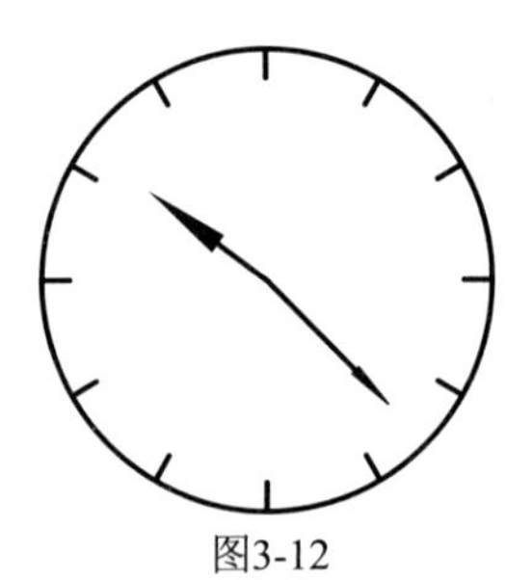

图3-12

实战122　通过夹点进行缩放

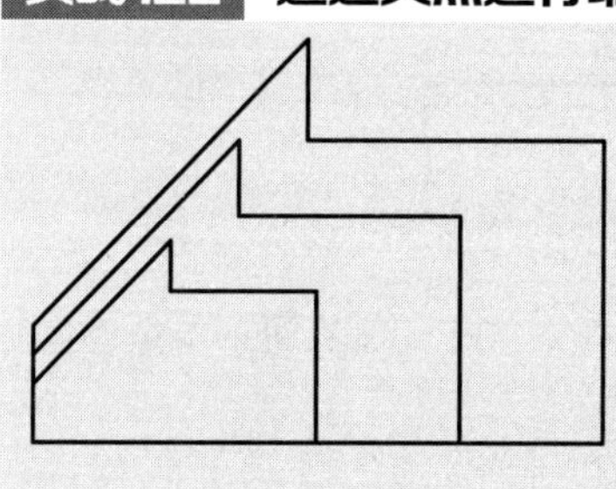

在夹点编辑模式下确定基点后，连按三次Enter键即可进入缩放模式，一般当确定了缩放的比例因子后，AutoCAD将相对于基点进行缩放对象操作，放大缩小图形，下面结合实战介绍此功能。

难度：☆☆

及格时间：1′00″

优秀时间：0′30″

读者自评：/ / / / / /

01_ 打开“第3章/实战122 通过夹点进行缩放.dwg”素材文件，如图3-13所示。

02_ 选择图形，激活夹点，单击左端夹点，连按三次Enter键，即可进入缩放模式，同时所选中的夹点被视作缩放命令的基点，如图3-14所示。

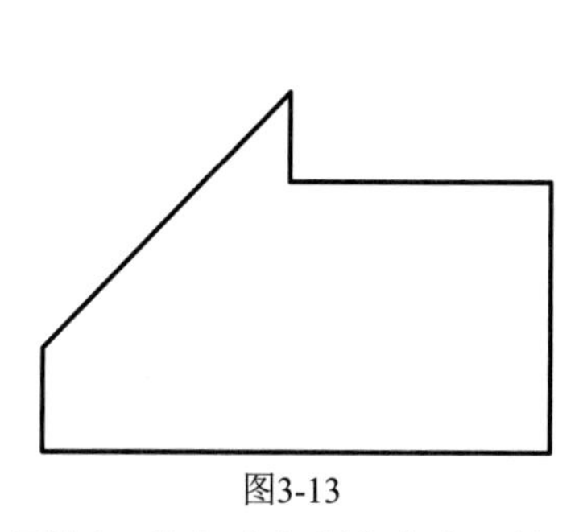

图3-13

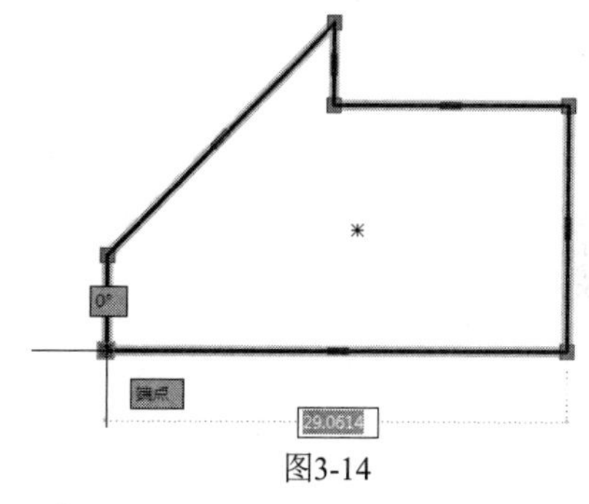

图3-14

03_ 在命令行输入C执行【复制】命令，然后输入1.5，将图形放大1.5倍，如图3-15所示。

04_ 使用相同的方法，将图形放大2倍，最终效果如图3-16所示。

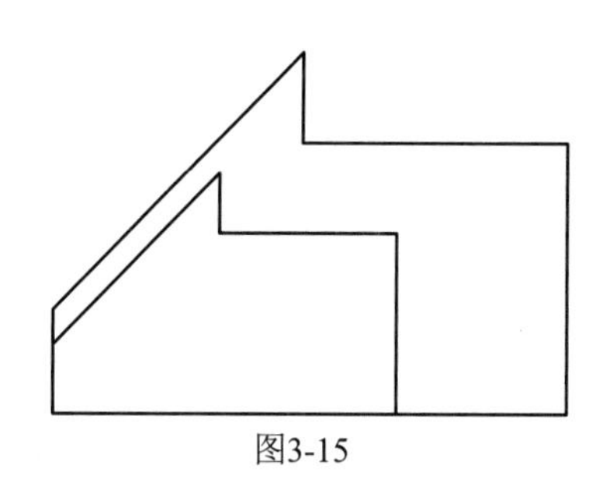

图3-15

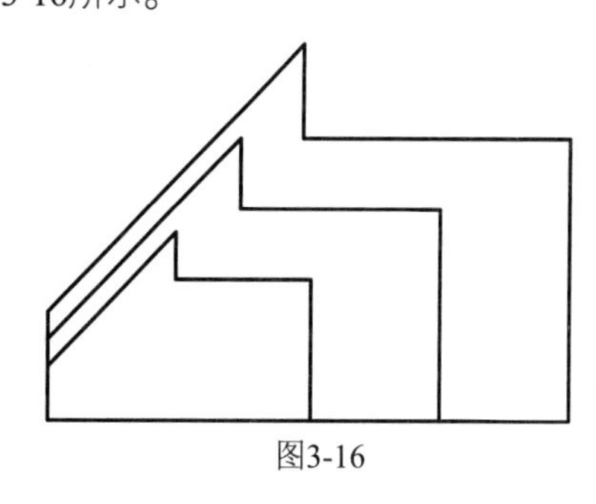

图3-16

实战123　通过夹点进行镜像

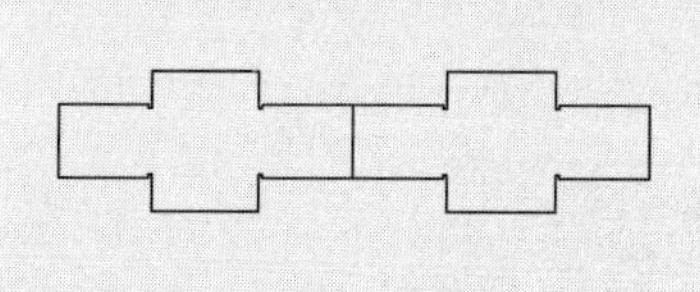

夹点镜像类似于【镜像】命令操作，将图形激活呈夹点状态后，连按4次Enter键即可进入镜像模式。AutoCAD将以基点作为镜像线上的第一点，新指定的点为镜像线上的第二个点，将对象镜像。

难度：☆☆

及格时间：1′40″

优秀时间：0′50″

读者自评：/ / / / / /

01_ 打开“第3章/实战123 通过夹点进行镜像.dwg”素材文件，如图3-17所示。

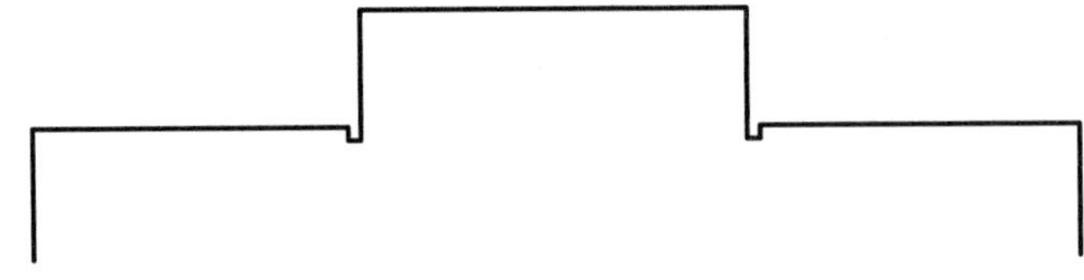

图3-17

02_ 选择图形，激活夹点，单击左端下夹点，然后连按4次Enter键（或输入MI），即可进入镜像模式，同时所选中的夹点被视作镜像中心线的起点，如图3-18所示。

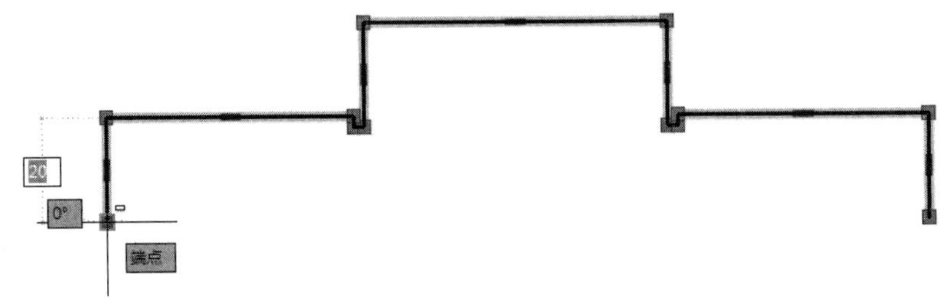

图3-18

03_ 将光标向下拖动，指定镜像线的第二点，图形沿水平线镜像，如图3-19所示。

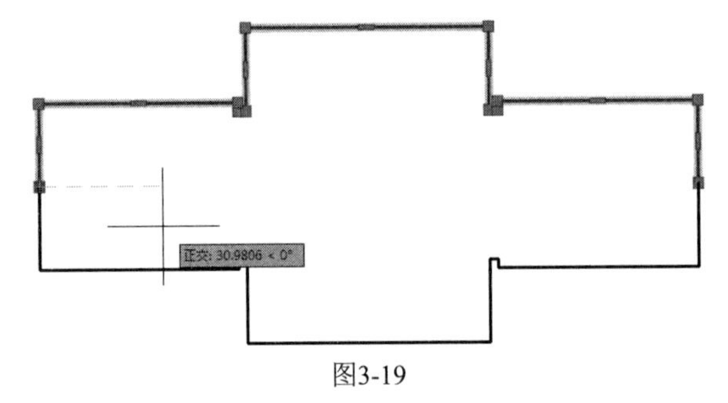

图3-19

04_ 全选图形，选择图形左端下夹点，连按4次Enter键进入镜像模式，如图3-20所示。

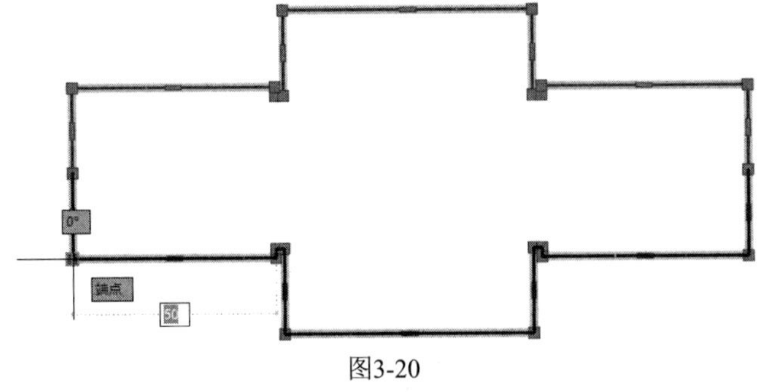

图3-20

05_ 将光标向上拖动，图形沿竖直线镜像，最终效果如图3-21所示。

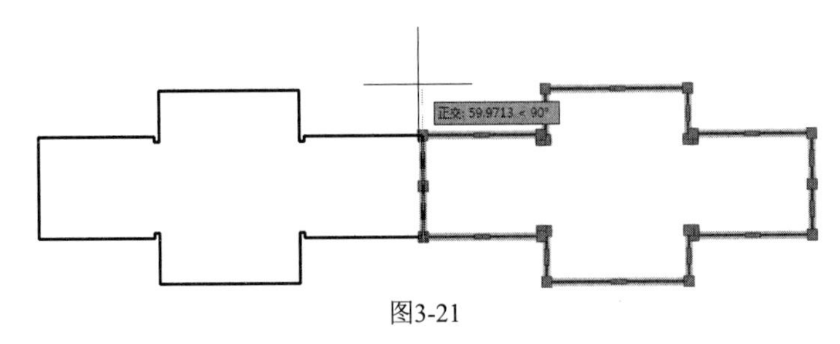

图3-21

实战124 添加顶点

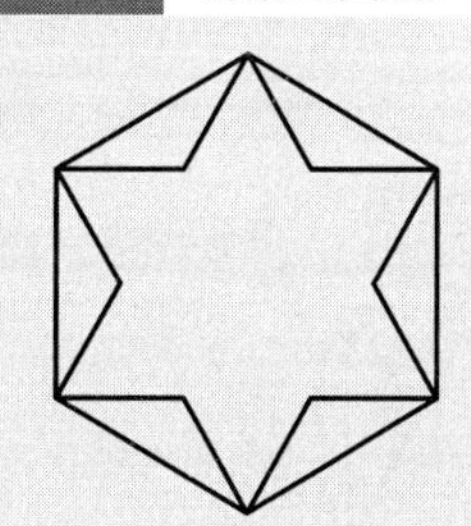

【添加顶点】命令可以为图形添加一个顶点，同时也增加一条边。本例通过对一个不规则三角形进行添加顶点操作，配合夹点的移动，最终得到一个正六边形。

难度：☆☆

及格时间：2′00″

优秀时间：1′00″

读者自评：/ / / / / /

01_ 打开“第3章/实战124 添加顶点.dwg”素材文件，如图3-22所示。

02_ 单击图中的三角形使其呈夹点状态，然后拖动一顶点连接到六角形的顶点，如图3-23所示。

03_ 继续使用相同的方法，将三角形的各个顶点连接到六角形的顶点，如图3-24所示。

图3-22

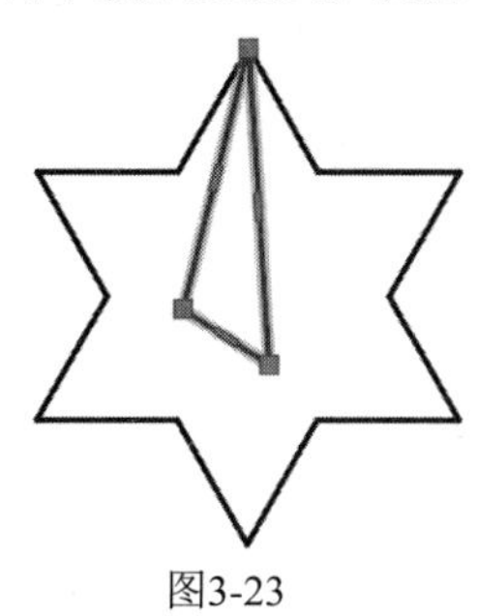

图3-23

图3-24

04_ 选择三角形呈夹点状态，然后将光标移动到直线中点的夹点处，出现快捷菜单，选择“添加顶点”命令，如图3-25所示。

05_ 三角形多出一顶点变成四边形，将新增的顶点也连接到六角形的顶点，如图3-26所示。

06_ 继续相同的操作，添加顶点并连接顶点，最终效果如图3-27所示。

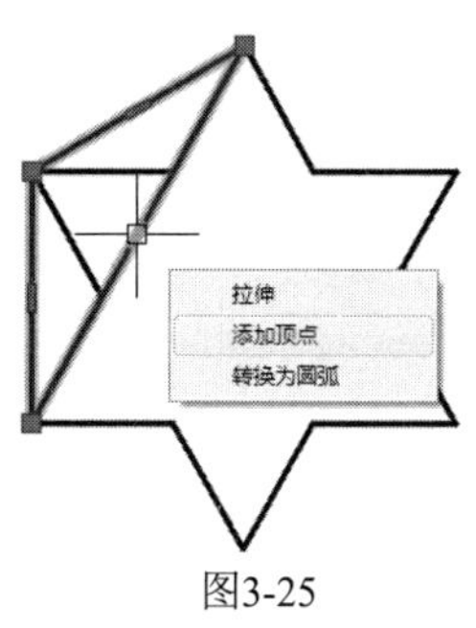

图3-25

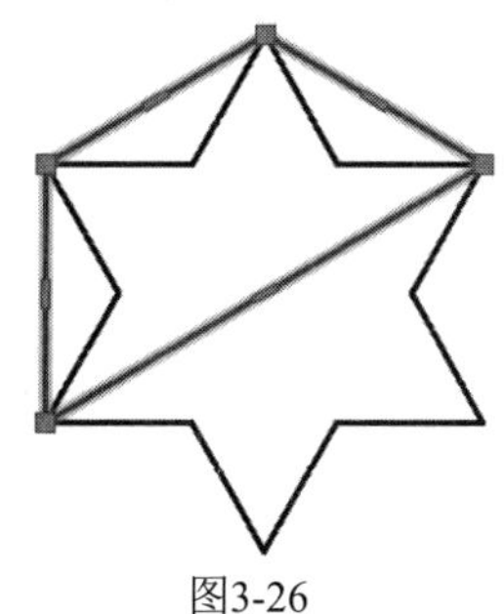

图3-26

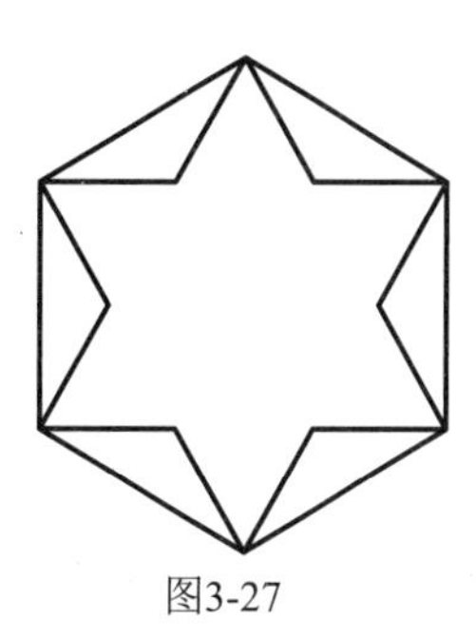

图3-27

实战125 删除顶点

【删除顶点】命令用于将不需要的顶点删除，同时图形也减少一条边，删除顶点后的对应边变成一条直线。需要注意的是，三角形是不能删除顶点的。

难度：☆☆

及格时间：0′40″

优秀时间：0′20″

读者自评：/ / / / / /

01_ 打开“第3章/实战 125 删除顶点.dwg”素材文件，如图3-28所示。

02_ 单击图中的一个四角形使其呈夹点状态，然后将光标移动到最上方的夹点处，出现快捷菜单，如图3-29所示。

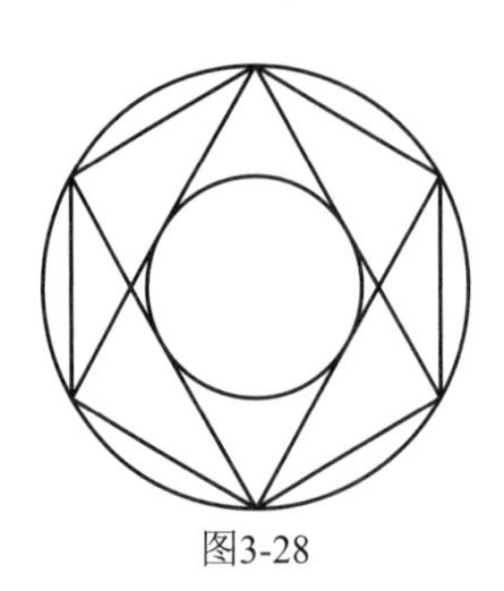

图3-28

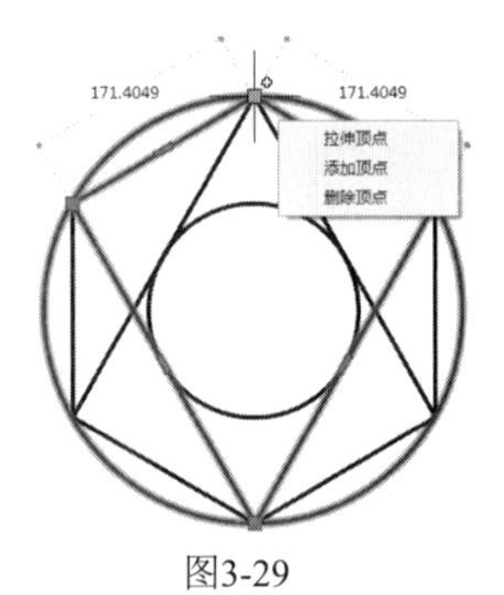

图3-29

03_ 选择【删除顶点】命令，图形效果如图3-30所示。

04_ 使用相同的方法删除另一个四边形的顶点，最终效果如图3-31所示。

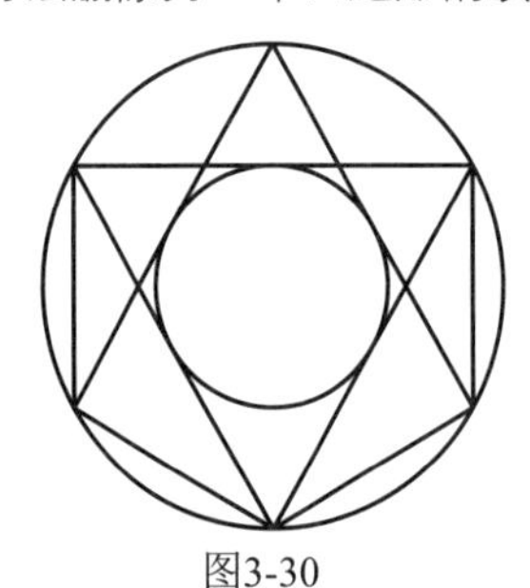

图3-30

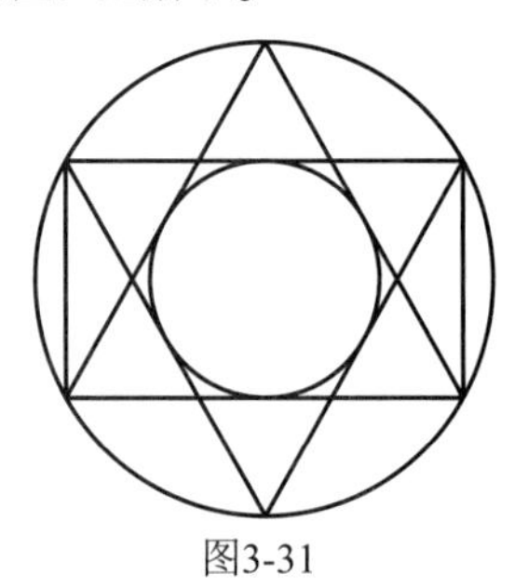

图3-31

实战126 直线转换成圆弧

通过对夹点的操作，可以直接将图形中的直线转化为圆弧，并且可以设置圆弧的大小，但圆弧的端点与直线的相同。本例介绍通过【转换为圆弧】命令将一个由半圆和正五边形组成的图形变成一个梅花图形。

难度：☆☆

及格时间：2′20″

优秀时间：1′10″

读者自评：/ / / / / /

01_ 打开“第3章/实战126 直线转换成圆弧.dwg”素材文件，如图3-32所示。

02_ 单击图中的半圆使其呈夹点状态，然后将光标移动到直线中点的夹点处，出现快捷菜单，如图3-33所示。

03_ 选择【转换为圆弧】选项，按F8键开启正交模式，光标往下移动，直线变为半圆，如图3-34所示。

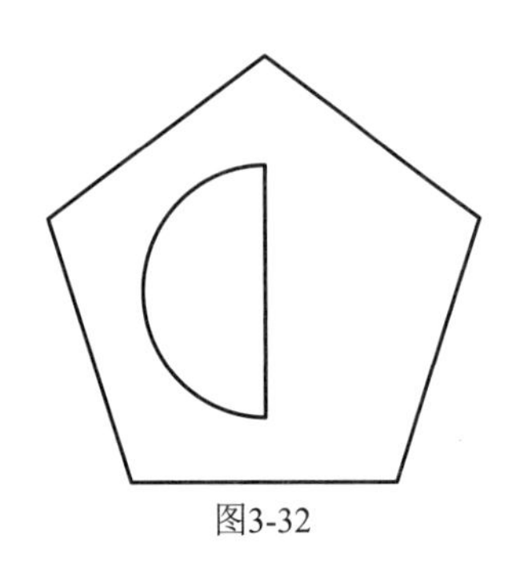

图3-32

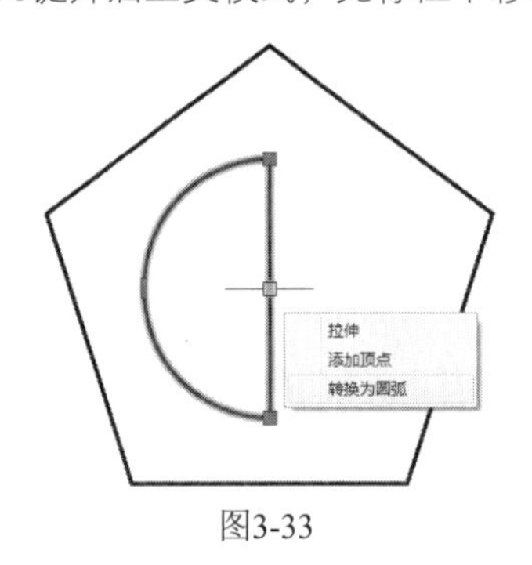

图3-33

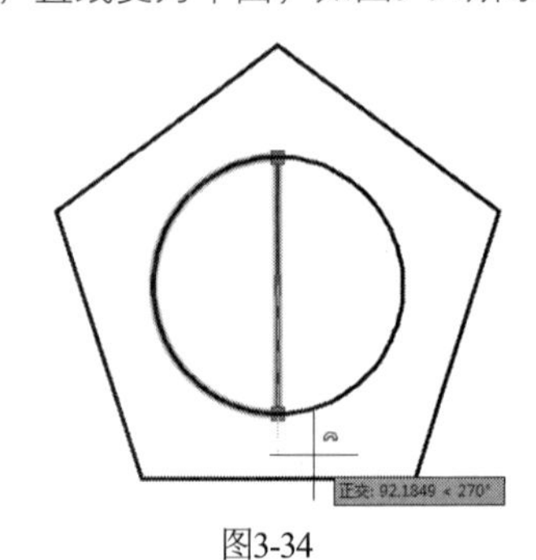

图3-34

04_ 单击图中的五边形使其呈夹点状态，然后将光标移动到其中一条直线中点的夹点处出现快捷菜单，如图3-35所示。

05_ 选择【转换为圆弧】选项，设置圆弧顶点到直线的距离为70，如图3-36所示。

06_ 使用相同的方法对余下的直线进行操作，最终效果如图3-37所示。

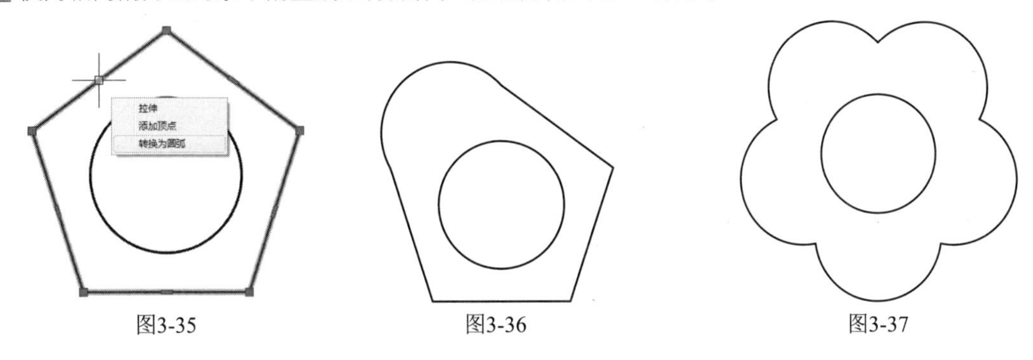

图3-35　　图3-36　　图3-37

实战127　圆弧转换成直线

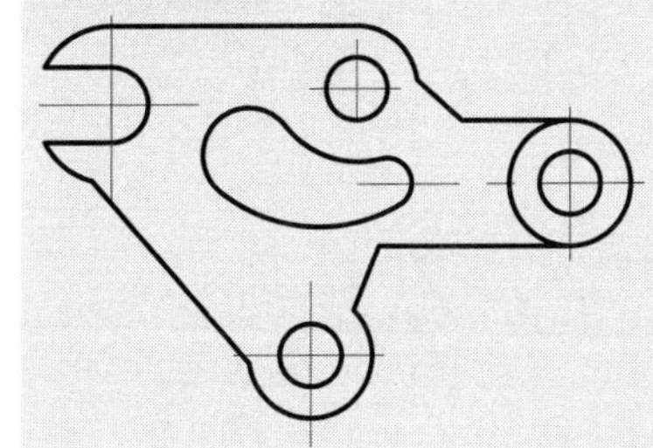

与上例相反，用户可以通过对夹点进行操作，直接将图形中的圆弧转化为直线，转化成的直线长度即为圆弧两端的距离。本例通过【转换成直线】命令将图形中的圆弧和圆角转化为直线。

难度：☆☆

及格时间：2′00″

优秀时间：1′00″

读者自评：/ / / / / /

01_ 打开“第3章/实战127 圆弧转换成直线.dwg”素材文件，如图3-38所示。

02_ 单击图形的轮廓线使其呈夹点状态，然后将光标移动到左边斜线中点的夹点处，出现快捷菜单，如图3-39所示。

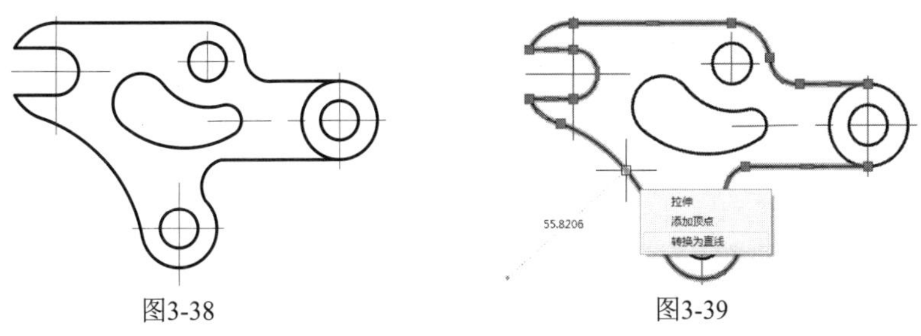

图3-38　　图3-39

03_ 选择【转换成直线】选项，效果如图3-40所示。

04_ 使用相同的方法转换余下的圆弧，最终效果如图3-41所示。

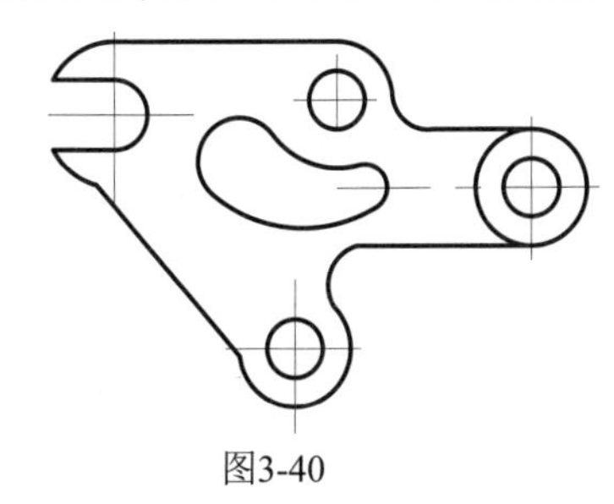

图3-40

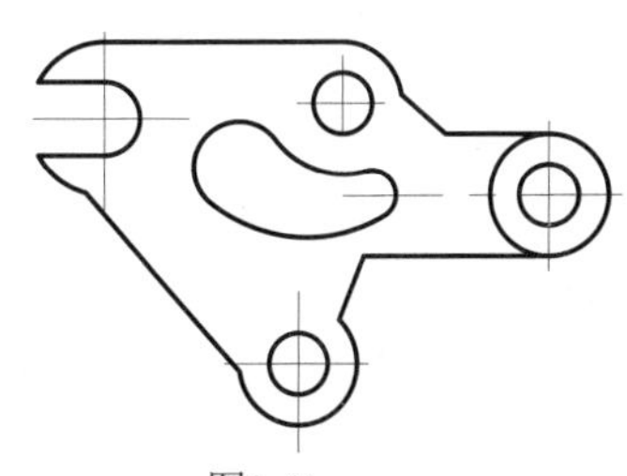

图3-41

实战128 阵列对象的夹点操作

当夹点操作的对象是阵列时，可以通过夹点的操作增加阵列项目。在拖动夹点时，需要注意拖动的距离需要大于阵列的间距，否则不会出现新的阵列对象。本例通过移动夹点增加原有的小树阵列图形。

难度：☆☆

及格时间：1′20″

优秀时间：0′40″

读者自评：/ / / / / /

01_ 打开“第3章/实战128 阵列对象的夹点操作.dwg”素材文件，如图3-42所示。

02_ 单击图形使其呈夹点状，如图3-43所示。

图3-42　　图3-43

03_ 单击上端一夹点，拖动光标向上移动，超过阵列图形的行间距时多出一排树图形，如图3-44所示。

04_ 使用相同办法单击右端的一夹点，拖动光标向右移动，超过阵列图形的两倍列间距时多出两列树图形，如图3-45所示。

图3-44　　图3-45

实战129 填充区域的夹点操作

填充区域的夹点操作与多边形夹点操作类似，填充区域呈夹点状态时，可以随着四周的线条变化而变化。本例中图形的轮廓与填充区域本来是分开的，但通过激活填充区域的夹点操作，可以将区域的夹点移动到对应轮廓图形的位置，使得轮廓图和填充区域相结合。

难度：☆☆

及格时间：2′40″

优秀时间：1′20″

读者自评：　/　/　/　/　/　/

01_ 打开"第3章/实战129 填充区域的夹点操作.dwg"素材文件，如图3-46所示。

02_ 单击左端的填充图形使其呈夹点状态，单击圆心并向右拖动到右侧圆的圆心，如图3-47所示。

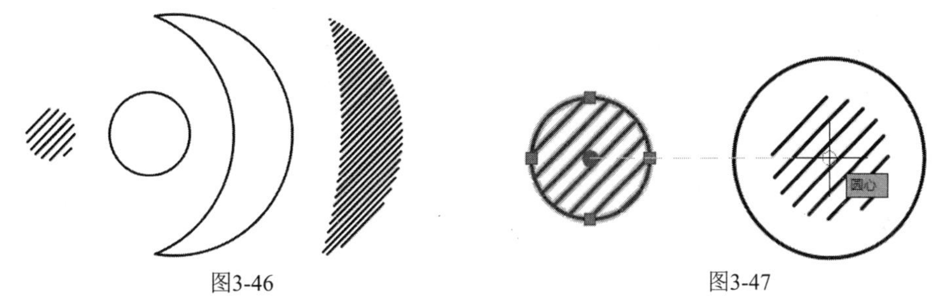

图3-46　　图3-47

03_ 单击填充区域的上夹点，拖动到与圆相交，如图3-48所示。

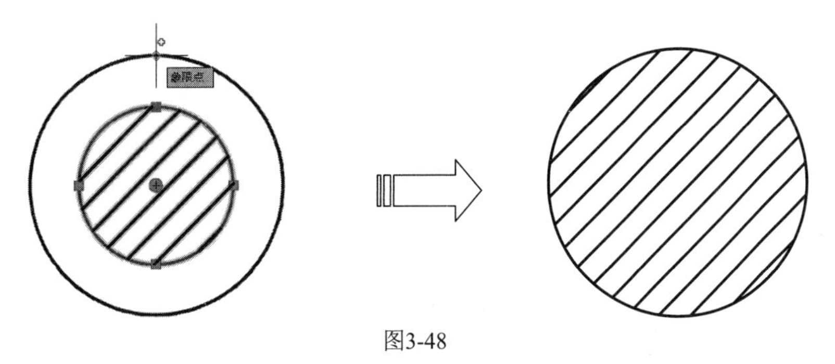

图3-48

04_ 单击右端的填充区域使其呈夹点状态，单击上端夹点并拖动到月牙图形的上顶点，如图3-49所示。

05_ 使用同样的方法，使填充区域下端点对准月牙图形的下顶点，如图3-50所示。

图3-49　　图3-50

06_ 单击填充区域的圆弧中点，拖动光标对准月牙图形中圆弧的中点，效果如图3-51所示。

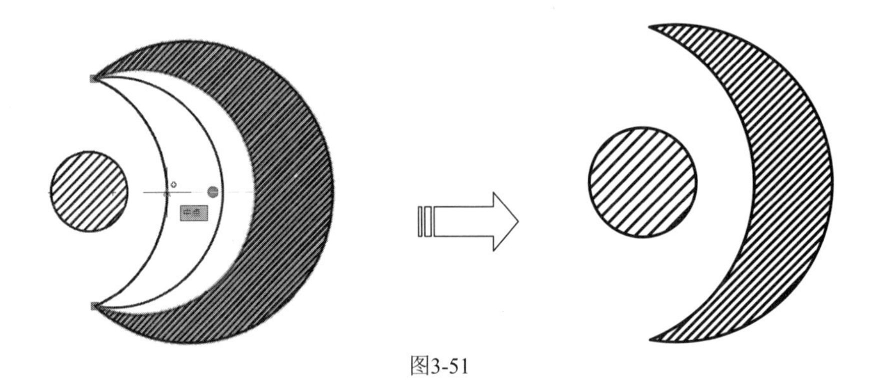

图3-51

实战130 表格的夹点操作

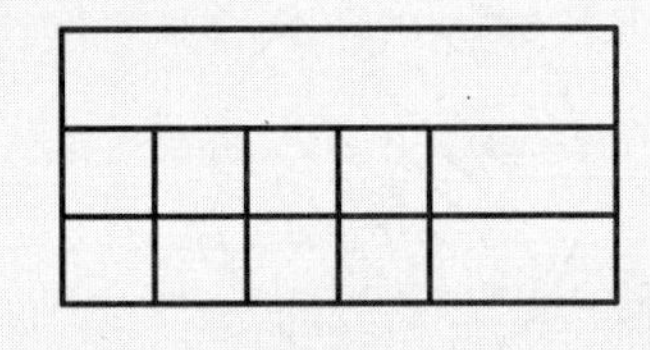

利用夹点可以对已经绘制好的表格进行修改，针对不同的情况，可以改变表格大小。本实战首先将表格的最后一列增长了20mm，之后将表格横向和竖向再整体增加20mm。当表格整体增加时，每格增长量都是相同的。

难度：☆☆

及格时间：2′40″

优秀时间：1′20″

读者自评： / / / / / /

01_ 打开“第3章/实战130 表格的夹点操作.dwg”素材文件，如图3-52所示。

02_ 单击图形使其呈夹点状态，如图3-53所示。

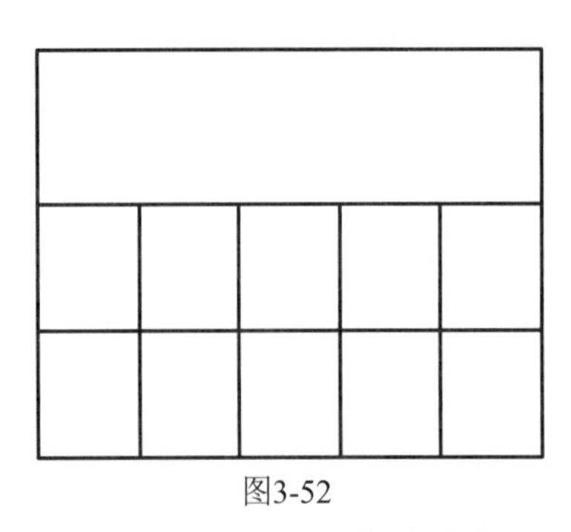

图3-52

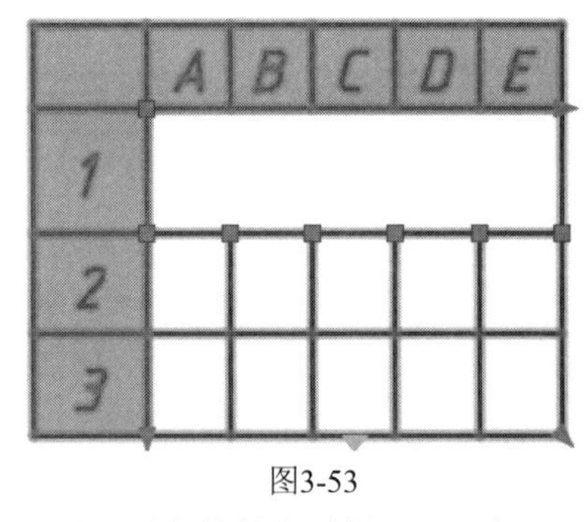

图3-53

03_ 单击右端的矩形夹点，向右拖动并输入距离为20，最后一列表格长度增长了20，如图3-54所示。

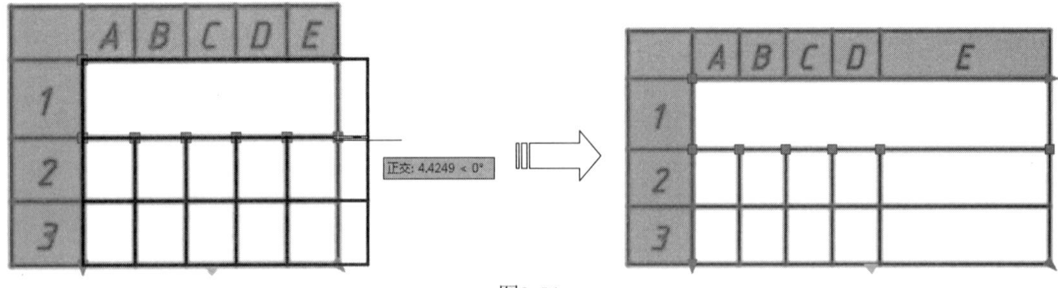

图3-54

04_ 单击右下的三角形夹点，向下拖动并输入距离为20，表格整体沿竖直方向增长了20，如图3-55所示。

05_ 单击右上的三角形夹点，水平向右拖动并输入距离为20，表格沿整体水平方向增长了20，如图3-56所示。

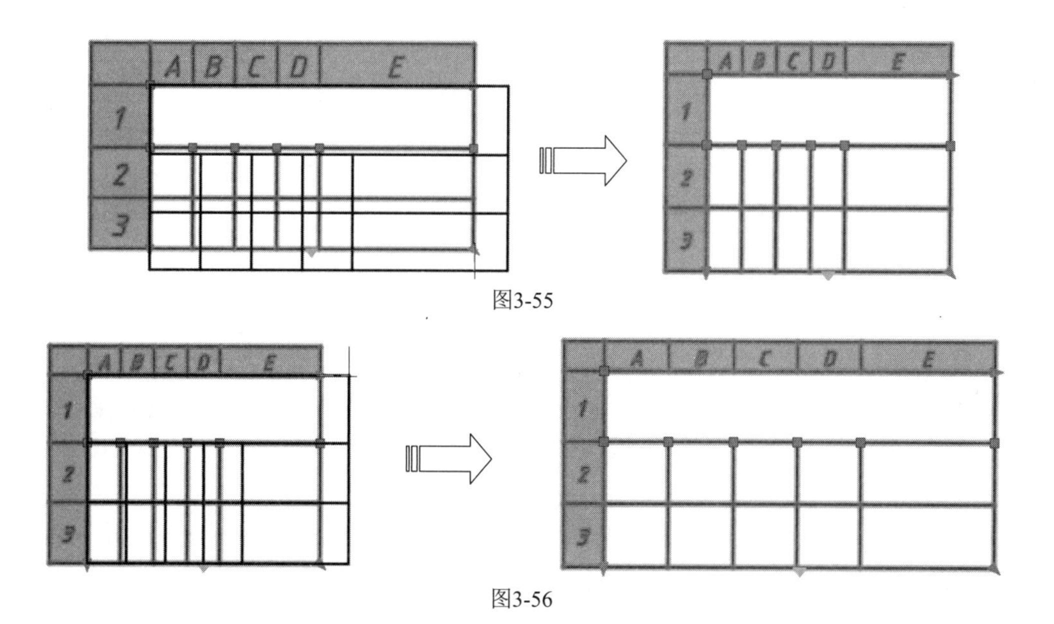

图3-55

图3-56

3.3 综合实战

下面结合以上所学的夹点操作知识进行综合实战练习。

实战131 纯夹点操作修改图形

利用夹点对图形进行修改，往往能简化修改操作，减少绘图时间。下面结合上面所学知识，综合运用夹点操作对图形进行修改。本例运用了夹点命令将图形中的圆缩小、圆弧变直线、直线变圆弧、圆弧延长以及图形镜像。

难度：☆☆☆

及格时间：5′00″

优秀时间：2′30″

读者自评：　/　/　/　/　/　/

01_ 打开“第3章/实战131 纯夹点操作修改图形.dwg”素材文件，如图3-57所示。

02_ 单击图形中的圆使其呈夹点状态，单击左端的夹点，然后输入圆的大小为10，如图3-58所示。

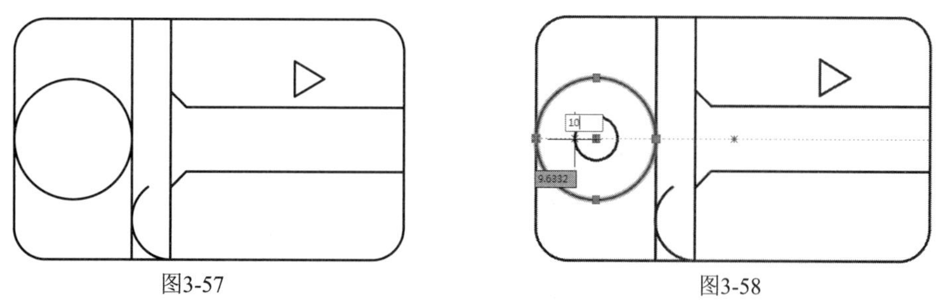

图3-57　　图3-58

03_ 单击图形的轮廓线使其呈夹点状态，然后将光标移动到左上圆弧中点的夹点处，出现快捷菜单，如图3-59所示。

04_ 选择【转换为直线】选项，效果如图3-60所示。

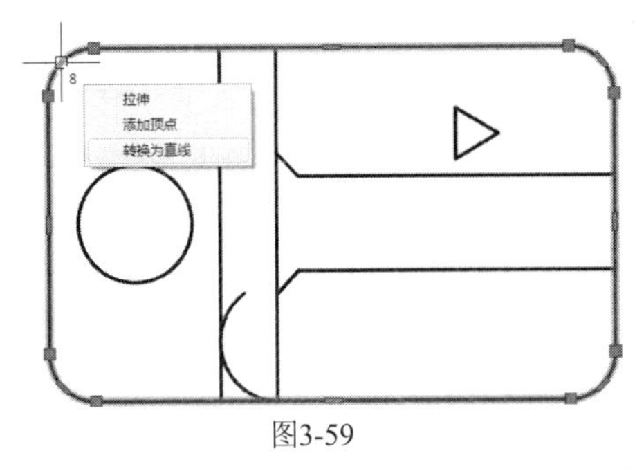

图3-59

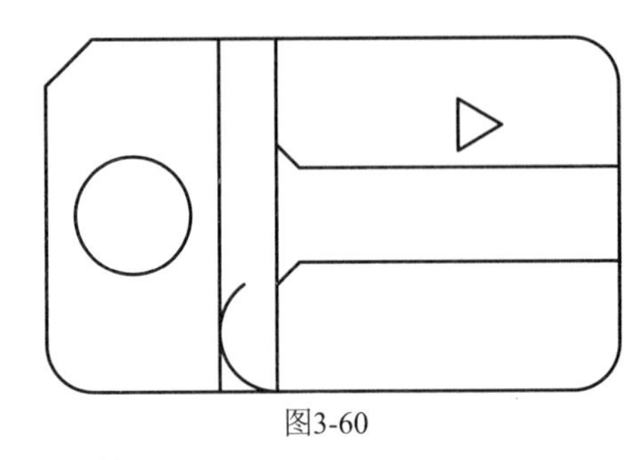
图3-60

05_ 使用相同的办法，将矩形四边的圆弧改为直线，如图3-61所示。

06_ 单击图形的大圆弧使其呈夹点状态，然后将光标移动到上端夹点处，出现快捷菜单，如图3-62所示。

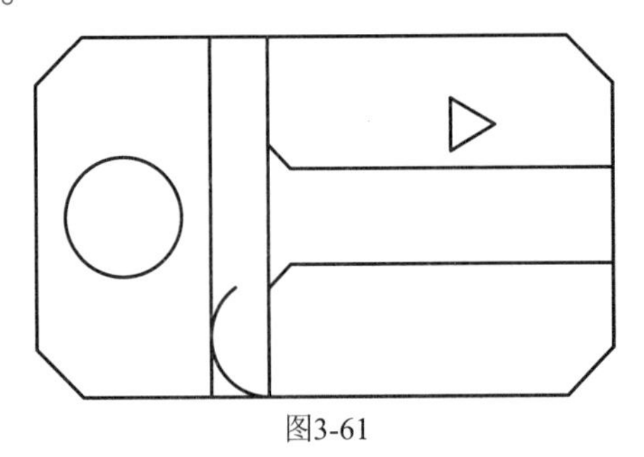
图3-61

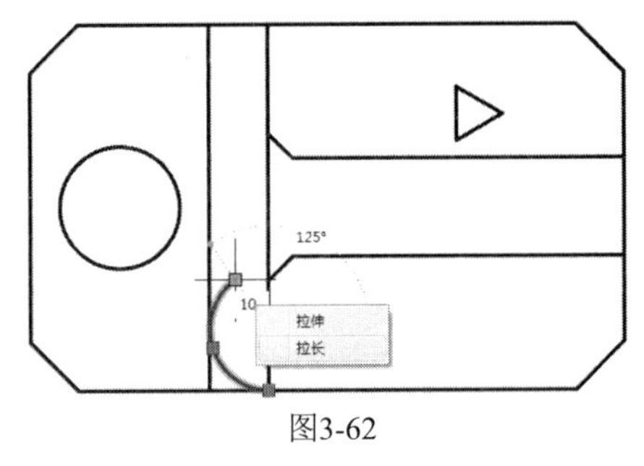

图3-62

07_ 选择【拉长】选项，将圆弧拉长延伸到竖直线上，如图3-63所示。

08_ 单击图形的左端线段使其呈夹点状态，然后将光标移动到斜线中点的夹点处，出现快捷菜单，如图3-64所示。

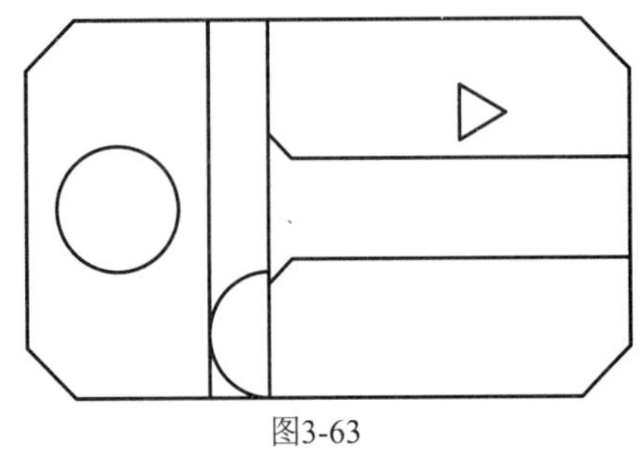
图3-63

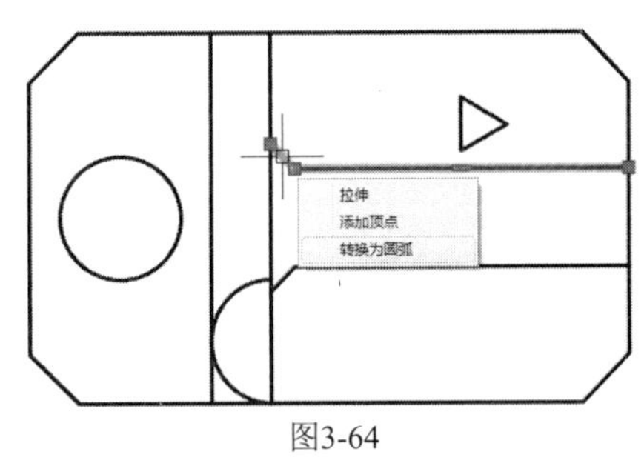

图3-64

09_ 选择【转换为圆弧】选项，设置距离为1.5，如图3-65所示。

10_ 仍然使用相同的方法将下面斜线改为圆弧，效果如图3-66所示。

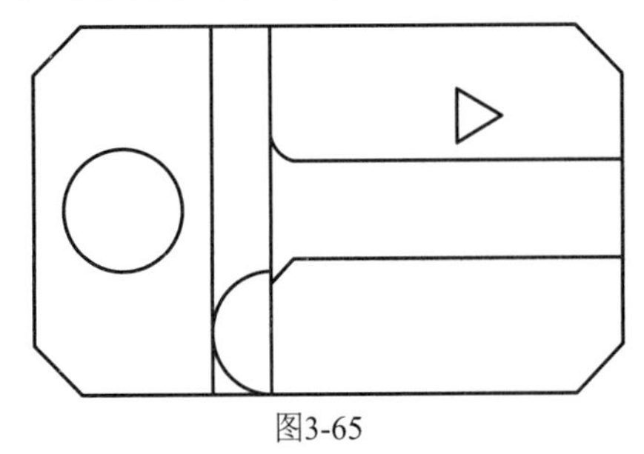
图3-65

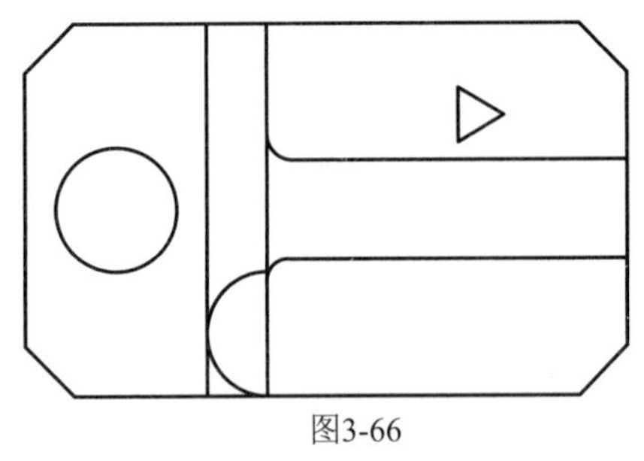
图3-66

11_ 单击图形的三角形其呈夹点状态，接着单击三角形下端夹点，然后右击弹出快捷菜单，如图3-67所示。

12_ 选择【镜像】选项，输入C保留原始图像，然后鼠标单击三角形上端点，效果如图3-68所示。

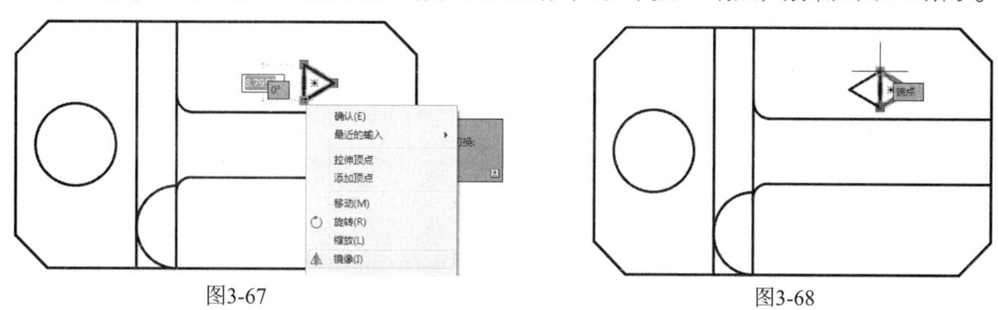

图3-67　　　　图3-68

13_ 选择圆弧和三角形使其呈夹点状态，如图3-69所示。

14_ 在命令行输入MI执行【镜像】命令，选择镜像线为两端竖直线段中点的连线，如图3-70所示。

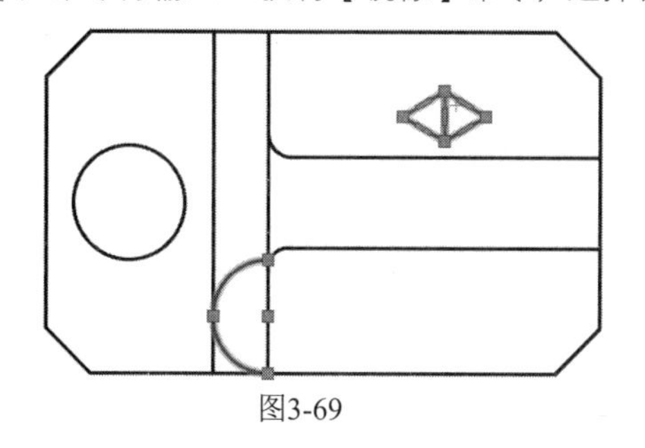

图3-69

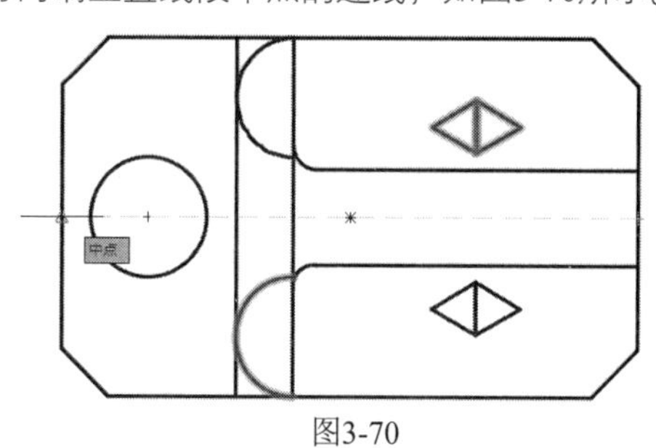

图3-70

实战132 夹点操作+按钮绘图

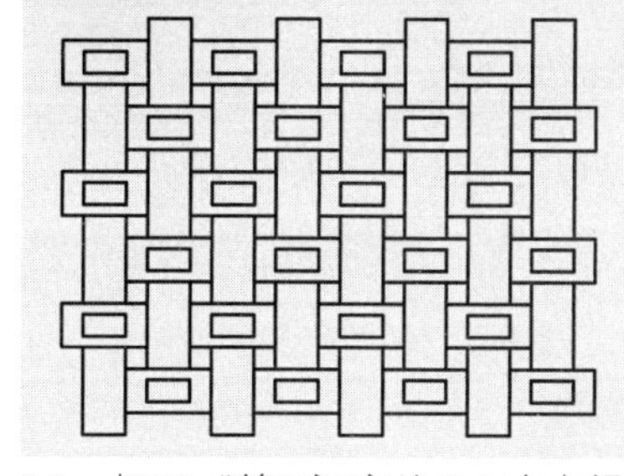

夹点是一项重要的辅助工具，夹点操作的优势只有结合绘图过程才能展现，本例介绍在已有的图形上先进行夹点操作修改图形，然后使用按钮操作进一步绘制修改图形，综合运用夹点操作和按钮绘图，提高了绘图的效率。

难度：☆☆☆

及格时间：5′00″

优秀时间：2′30″

读者自评：/ / / / / /

01_ 打开“第3章/实战132 夹点操作+按钮绘图.dwg”素材文件，如图3-71所示。

02_ 单击细实线矩形两边的竖直线，使之呈现夹点状态，将直线向下竖直拉伸，如图3-72所示。

03_ 单击左下端不规则的四边形，光标拖动四边形的右上端点到细实线与矩形的交点，如图3-73所示。

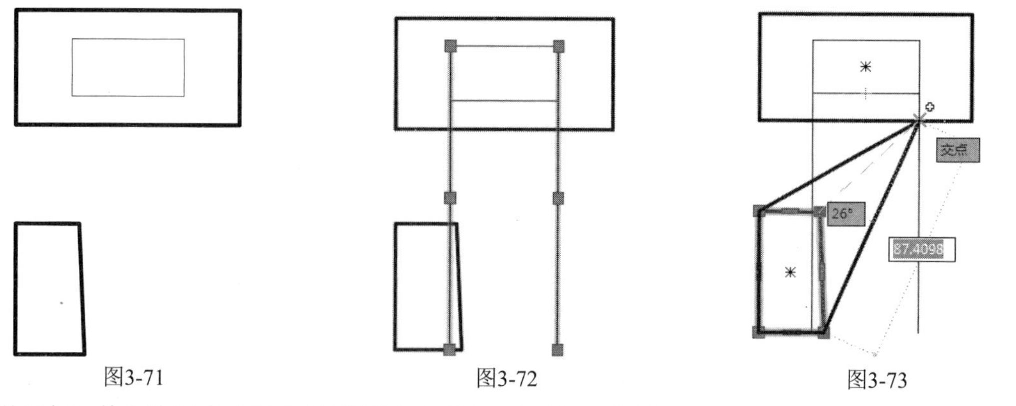

图3-71　　　　图3-72　　　　图3-73

04_ 使用相同的办法拖动不规则四边形的左上端点，如图3-74所示。

05_ 按F8键开启正交模式，选择不规则四边形，水平拖动其下端点连接到竖直细实线，效果如图3-75所示。

06_ 单击细实线矩形两边的竖直线，使之呈现夹点状态，如图3-76所示。

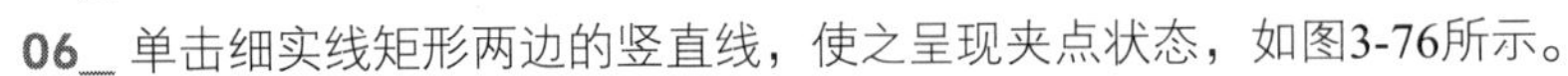

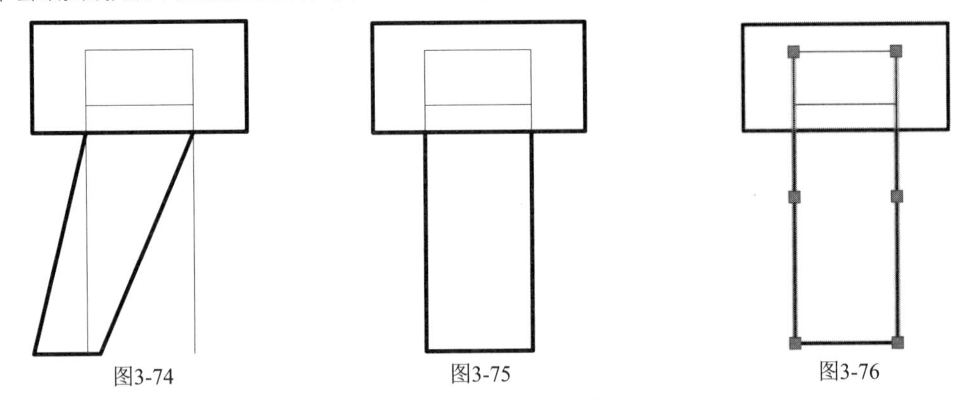

图3-74　　图3-75　　图3-76

07_ 分别拖动竖直细线，使其缩短到原来的位置，如图3-77所示。

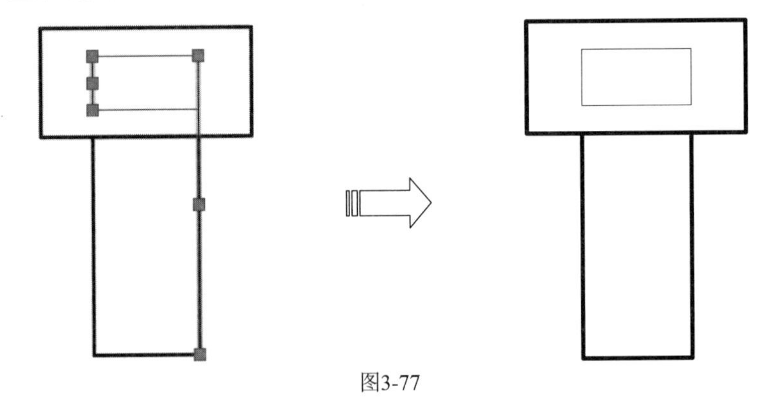

图3-77

08_ 单击【绘图】面板中的【镜像】按钮，以上水平线为镜像线，镜像整个图形，如图3-78所示。

09_ 单击【绘图】面板中的【移动】按钮，选择对象为镜像图形，基点为左端竖直线段的中点，如图3-79所示。

10_ 拖动基点到原图形下矩形右端竖直线的中点，如图3-80所示。

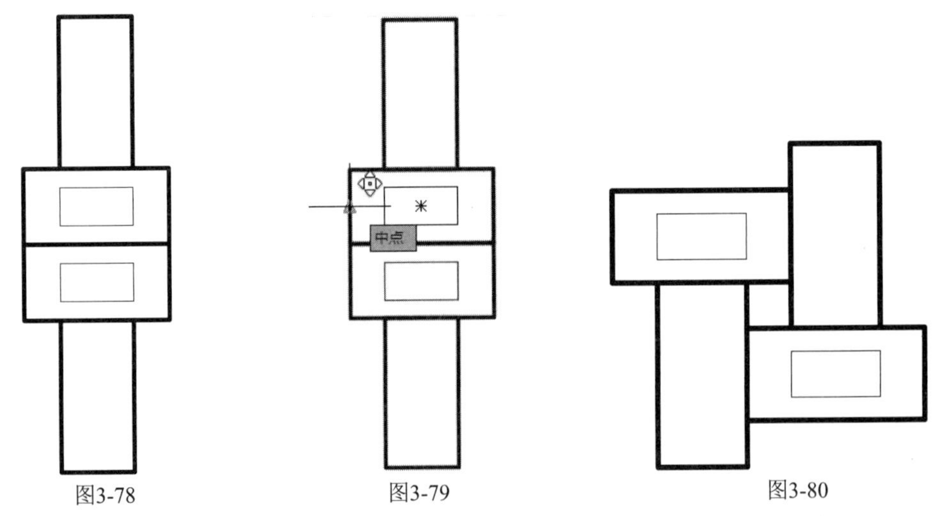

图3-78　　图3-79　　图3-80

11_ 单击【修改】面板中的【矩形阵列】按钮，选择阵列对象为整个图形，设置参数如图3-81所示。

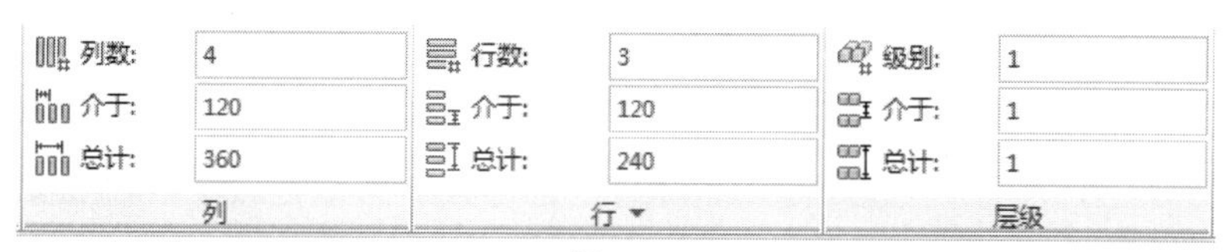

图3-81

12_ 最终效果如图3-82所示。

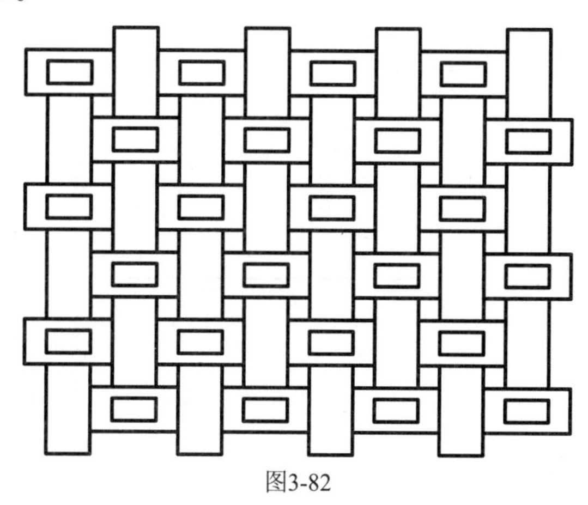

图3-82

实战133 夹点操作+快捷键绘图

与夹点操作和按钮绘图综合运用一样，结合夹点操作和快捷键绘图二者优点同样可提高绘图效率，并且在某些图形中，运用快捷键绘图往往比按钮绘图更加节省制图时间。

难度：☆☆☆

及格时间：5′00″

优秀时间：2′30″

读者自评： / / / / / /

01_ 打开“第3章/实战133 夹点操作+快捷键绘图.dwg”素材文件，如图3-83所示。

02_ 单击图形的三角形使其呈夹点状态，然后单击左端点将光标向左水平拖动，输入直线长为80，如图3-84所示。

03_ 单击图形的圆弧使其呈夹点状态，然后将光标移动到右边夹点处，出现快捷菜单，如图3-85所示。

图3-83

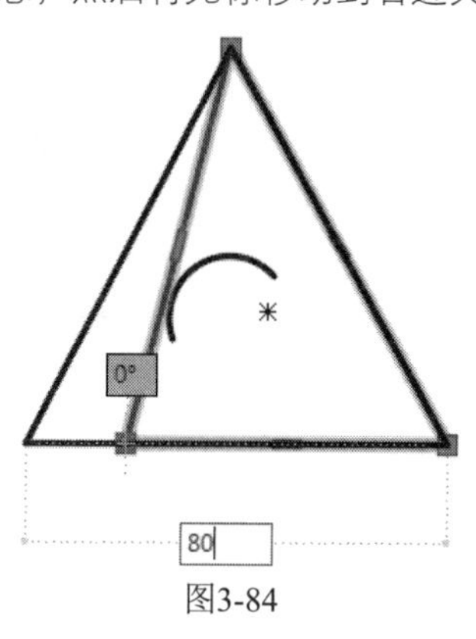

图3-84

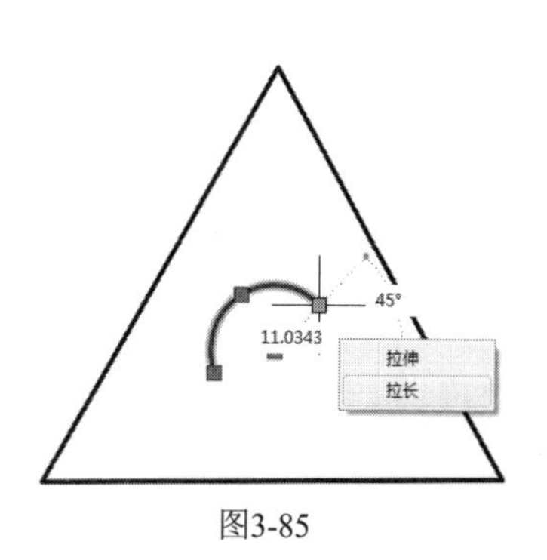

图3-85

04_ 选择【拉长】，拖动光标拉长圆弧，如图3-86所示。

05_ 在命令行输入L执行【直线】命令，以圆弧左端点为起始点，绘制一条水平的线段，端点连接到圆弧，如图3-87所示。

06_ 在命令行输入TR执行【修剪】命令，删除多余的线条，如图3-88所示。

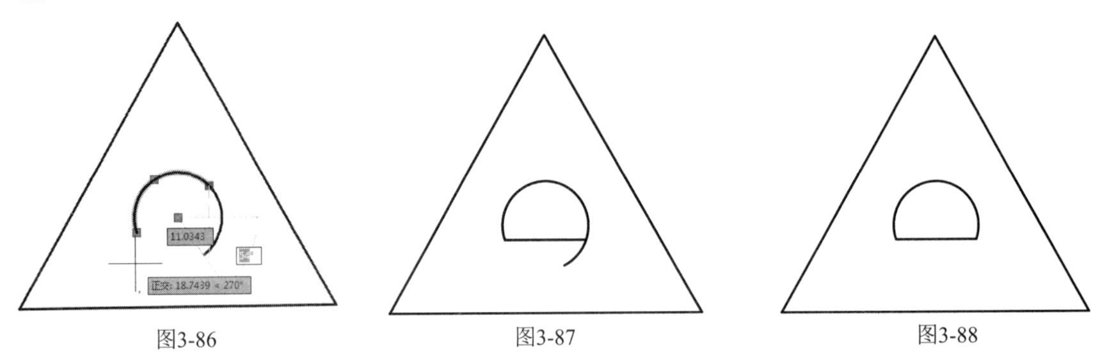

图3-86　　图3-87　　图3-88

07_ 在命令行输入O执行【偏移】命令，将三角形依次向内偏移3和5，如图3-89所示。

08_ 在命令行输入L执行【直线】命令，连接大三角形各个边的中点，如图3-90所示。

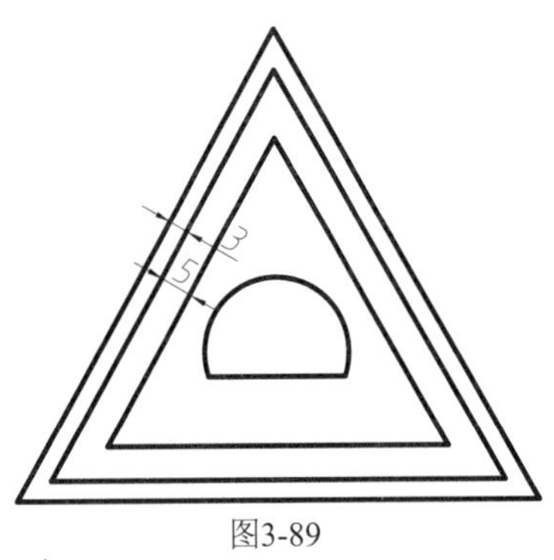

图3-89

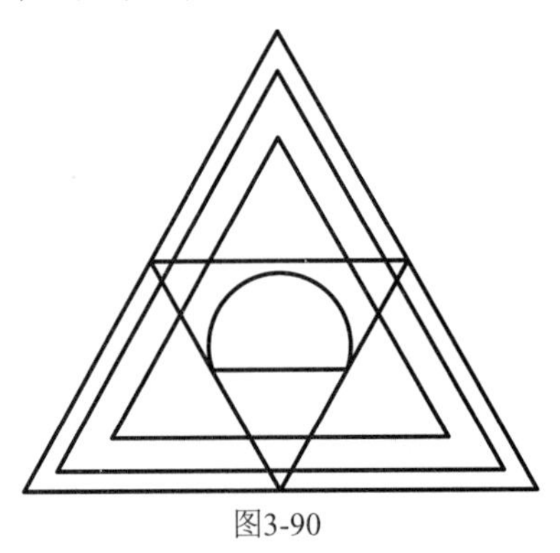

图3-90

09_ 在命令行输入O执行【偏移】命令，将上一步中绘制的直线依次向外偏移5，如图3-91所示。

10_ 在命令行输入TR执行【修剪】命令和在命令行输入E执行【删除】命令，删除多余的线条，最终效果如图3-92所示。

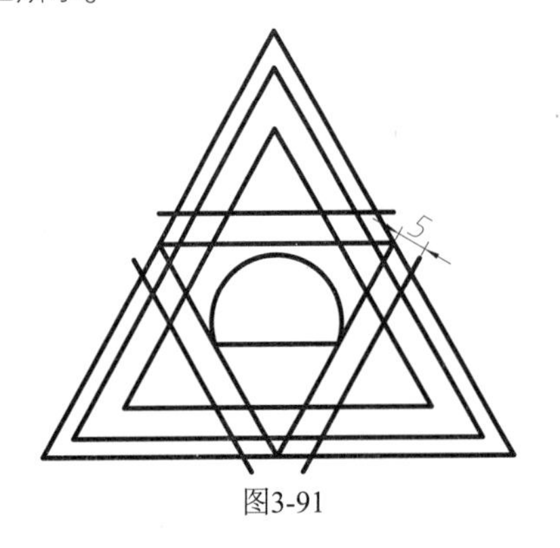

图3-91

图3-92

第4章 图形规范

用AutoCAD绘制零件图时要注意的是，各种线条要分层，这样便于管理和更改，尤其是图形复杂时。因此要建立几个常用的图层，设置每个图层上的线条类型不同，或者宽度不同。

4.1 图层设置合理的好处

图层是AutoCAD中查看和管理图形的强有力工具。利用图层的特性，如颜色、线宽、线性等，可以非常方便地区分不同的对象。此外，AutoCAD还提供了大量的图层管理工具，如打开/关闭，冻结/解冻、加锁/解锁等，这些功能使用户在管理对象时非常方便。

4.2 设置图层特性

图层特性是属于该图层的图形对象所共有的外观特性，包括颜色、线型、线宽等。用户对图形的这些特性进行设置后，该图层上的所有图形对象特性将会随之发生改变。

实战134 新建图层

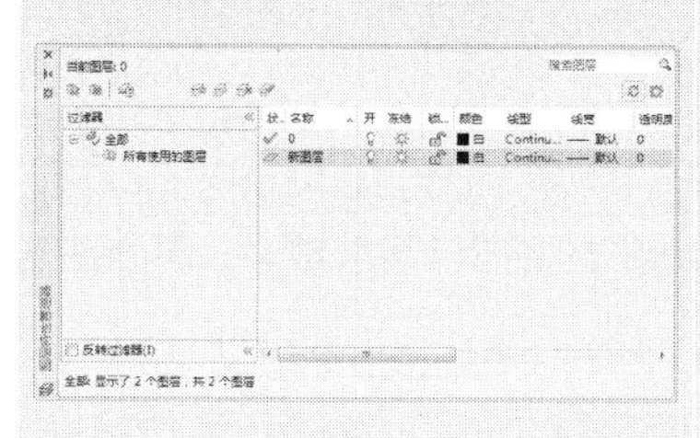

在使用AutoCAD绘图前，用户首先需要创建图层，对图层进行命名。AutoCAD的图层创建和设置在【图层特性管理器】选项板中进行，下面通过实战介绍创建过程。

难度：☆

及格时间：1′00″

优秀时间：0′30″

读者自评： / / / / / /

01_ 在新建文件中，单击【图层】面板中的【图层特性】按钮，如图4-1所示。

02_ 弹出【图层特性管理器】选项板，如图4-2所示。

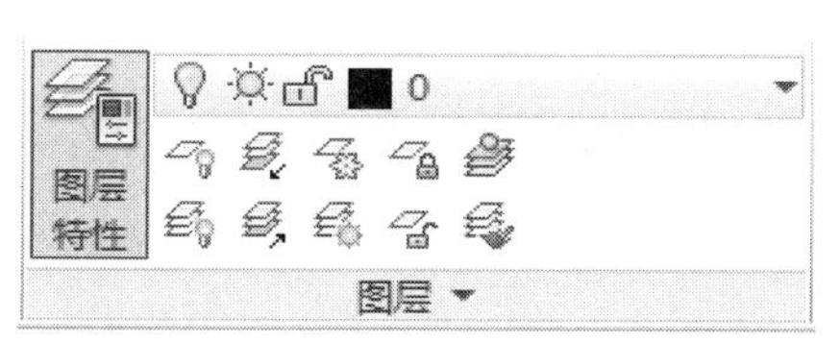

图4-1

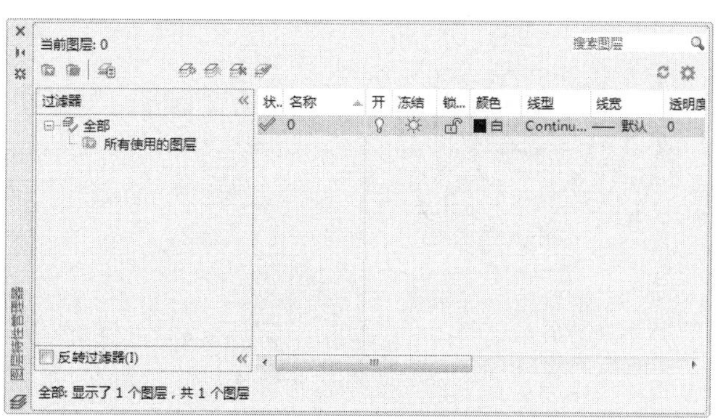

图4-2

03_ 单击【新建图层】按钮，创建出一个新的图层，如图4-3所示。

04_ 右击“图层1”，在弹出的快捷菜单中选择【重命名图层】命令，如图4-4所示。

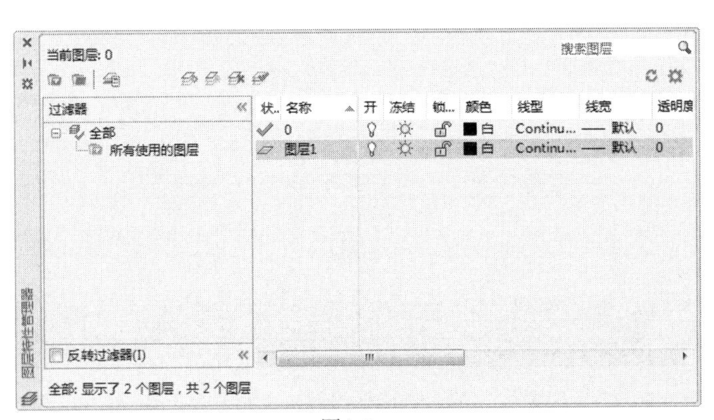

图4-3

显示过滤器树
显示图层列表中的过滤器
置为当前
新建图层
重命名图层 F2
删除图层
修改说明
从组过滤器中删除
在所有视口中都被冻结的新图层视口
视口冻结图层
视口解冻所有视口中的图层
隔离选定的图层
将选定图层合并到...
全部选择
全部清除
除当前对象外全部选择
反转选择
反转图层过滤器
图层过滤器
保存图层状态...
恢复图层状态...

图4-4

05_ 设置新图层的名称为“新图层”，如图4-5所示。

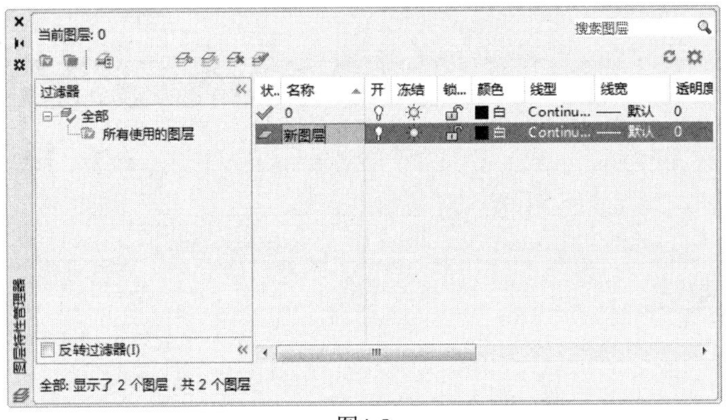

图4-5

操作技巧 **在创建多个图层时，要注意图层名称必须是唯一的，不能和其他任何图层重名。另外图层中不允许有特殊字符出现。**

实战135 设置图层线型

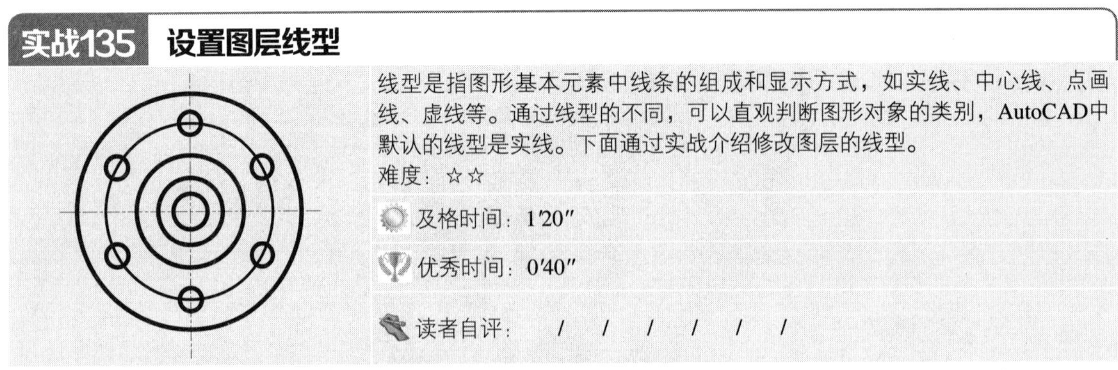

线型是指图形基本元素中线条的组成和显示方式，如实线、中心线、点画线、虚线等。通过线型的不同，可以直观判断图形对象的类别，AutoCAD中默认的线型是实线。下面通过实战介绍修改图层的线型。

难度：☆☆

及格时间：1′20″

优秀时间：0′40″

读者自评： / / / / / /

01_ 打开“第4章/实战135 设置图层线型.dwg”素材文件，如图4-6所示。

02_ 单击【图层】面板中的【图层特性】按钮，如图4-7所示。

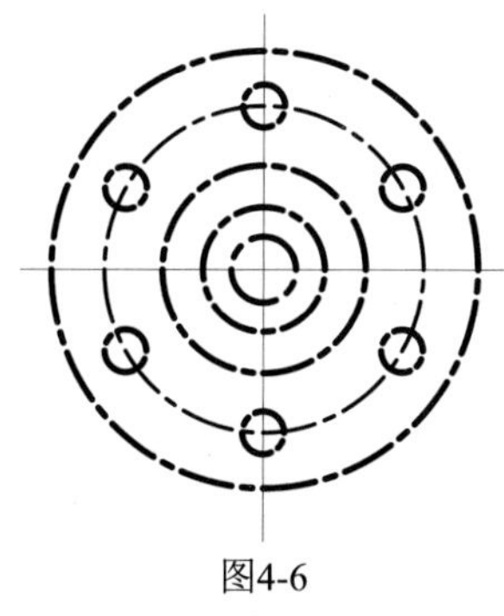

图4-6

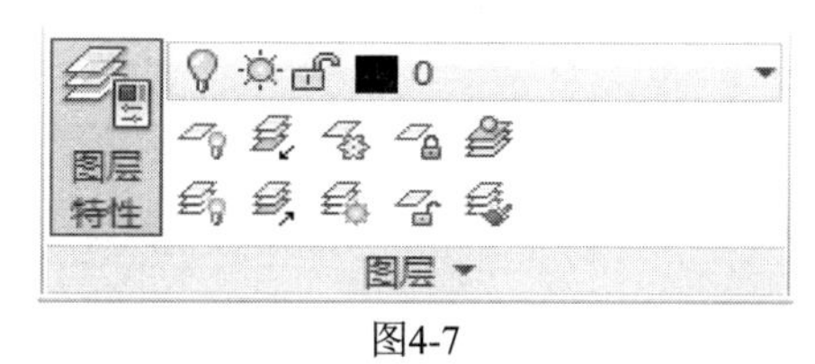

图4-7

03_ 弹出【图层特性管理器】选项板，单击中心线的线型，如图4-8所示。

04_ 弹出【选择线型】对话框，选择打开“CENTER”线型，如图4-9所示。

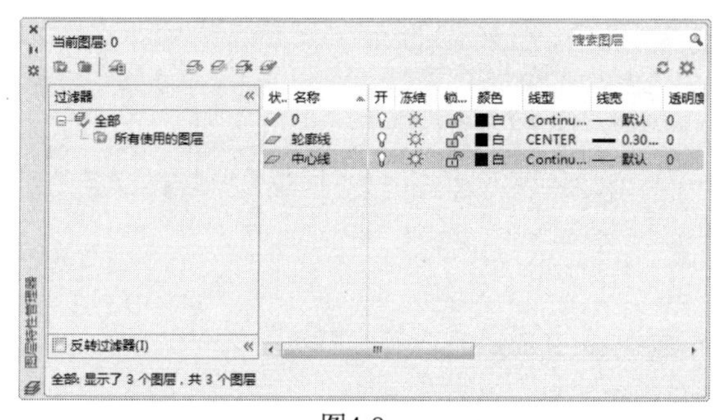

图4-8

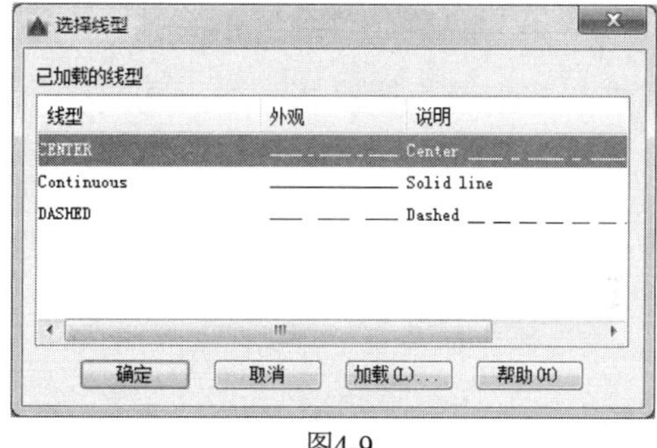

图4-9

05_ 两直线线型变为【中心线】，如图4-10所示。

06_【轮廓线】的线型选择“Continous”，如图4-11所示。

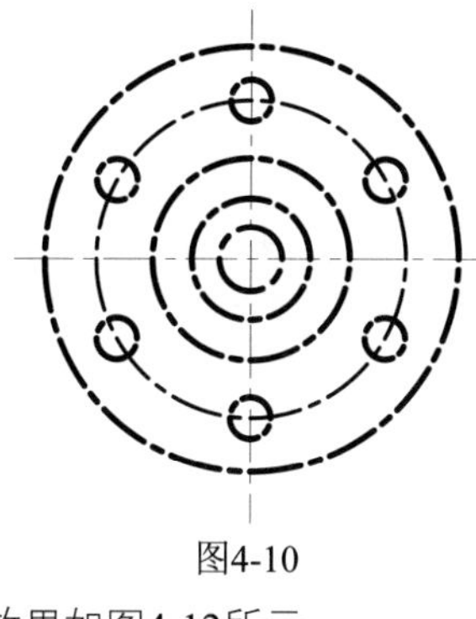

图4-10

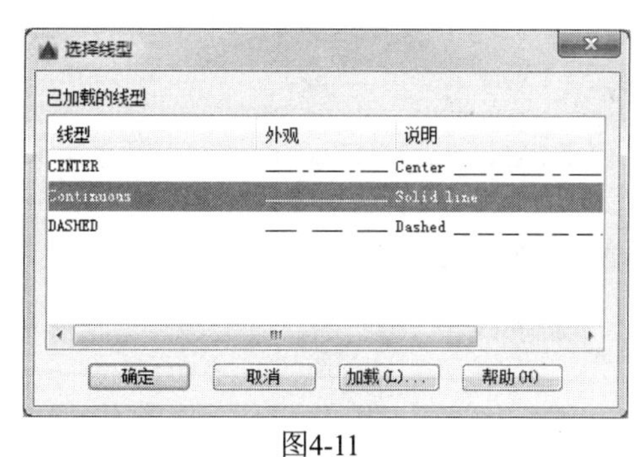

图4-11

07_ 最终效果如图4-12所示。

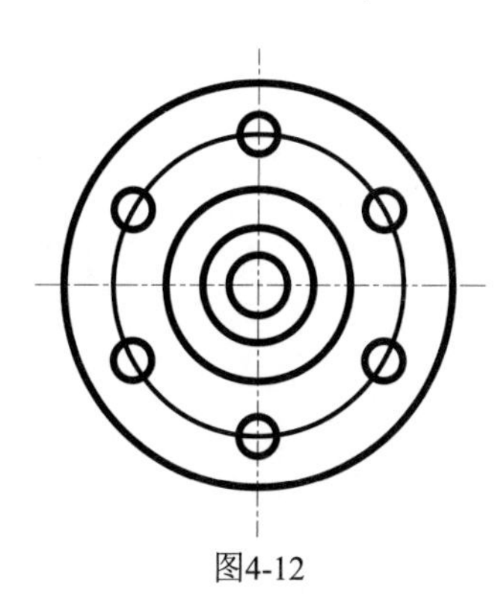

图4-12

实战136 设置图层颜色

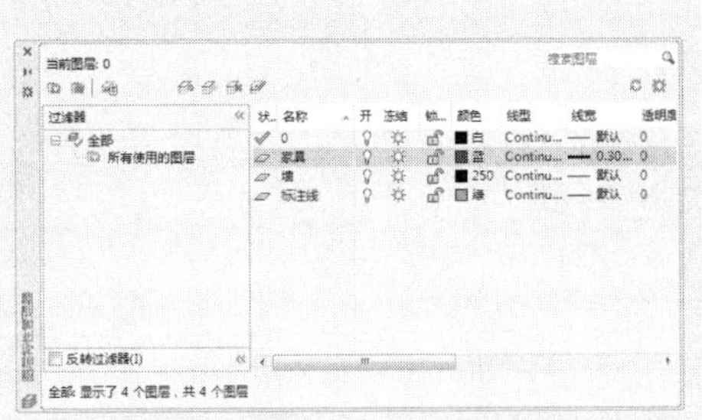

在实际绘图中，为了区分不同的图层，可将不同图层设置为不同的颜色。设置图层颜色之后，该图层上的所有对象均显示为该颜色（修改了对象特性的图形除外）。下面通过实战介绍设置图层颜色的方法。

难度：☆☆

及格时间：0'50"

优秀时间：0'25"

读者自评： / / / / / /

01_ 打开“第4章/实战136 设置图层颜色.dwg”素材文件，单击【图层】面板中的【图层特性】按钮，如图4-13所示。

02_ 弹出【图层特性管理器】选项板，如图4-14所示。

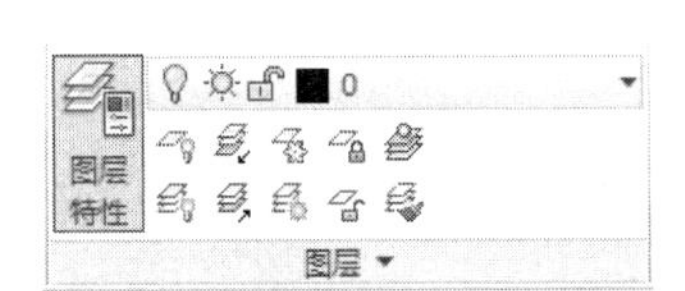

图4-13

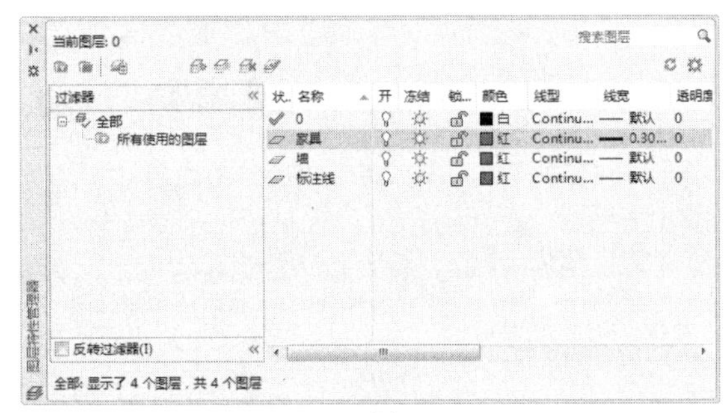

图4-14

03_ 单击“家具”的颜色，弹出【选择颜色】对话框，如图4-15所示。

04_ 选择蓝色后，单击【确定】按钮，如图4-16所示。

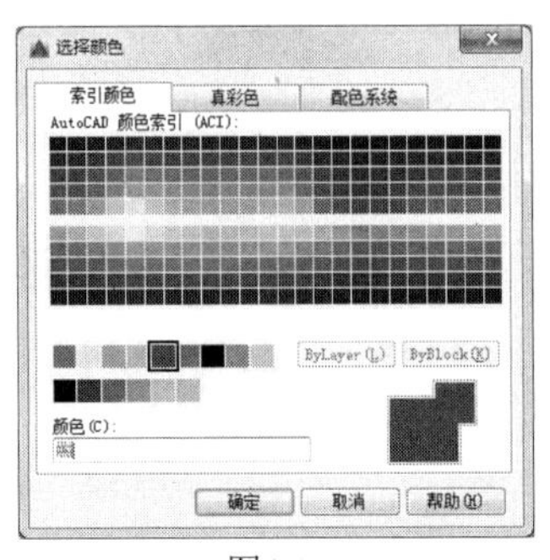

图4-15

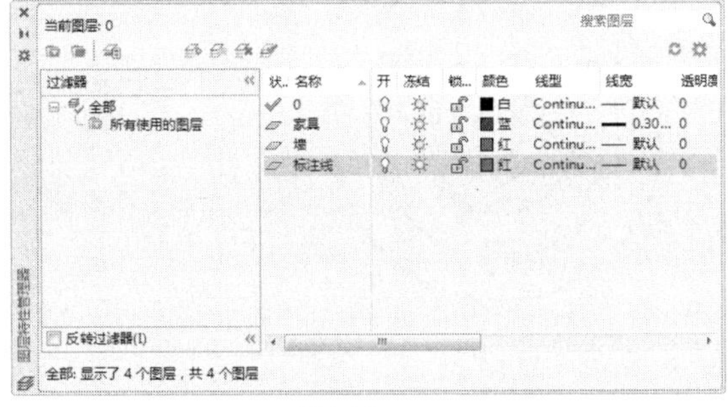

图4-16

05_ 使用相同的方法，将“墙”的颜色改为黑色，“标注线”的颜色改为绿色，如图4-17所示。

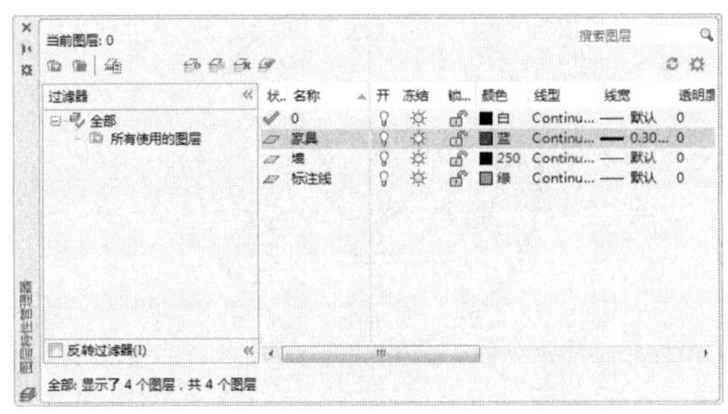

图4-17

实战137　设置图层线宽

线宽即线条显示的宽度。使用不同宽度的线条表现对象的不同部分，可以提高图形的表达能力和可读性。

难度：☆☆

及格时间：2′20″

优秀时间：1′10″

读者自评：　/　/　/　/　/　/

01_ 打开“第4章/实战137 设置图层线宽.dwg”素材文件，如图4-18所示。

02_ 单击【图层】面板中的【图层特性】按钮，弹出【图层特性管理器】选项板，如图4-19所示。

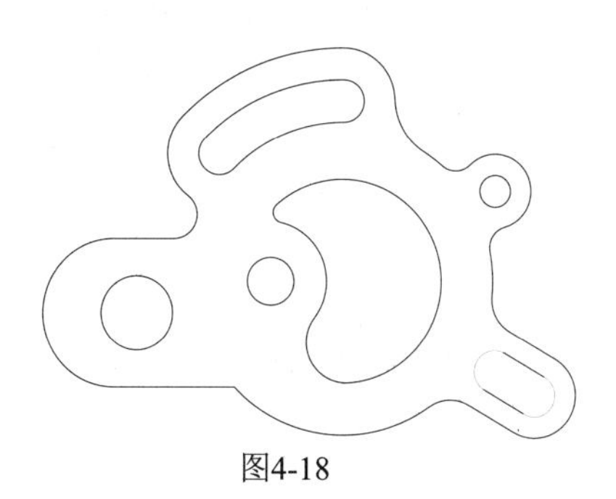

图4-18

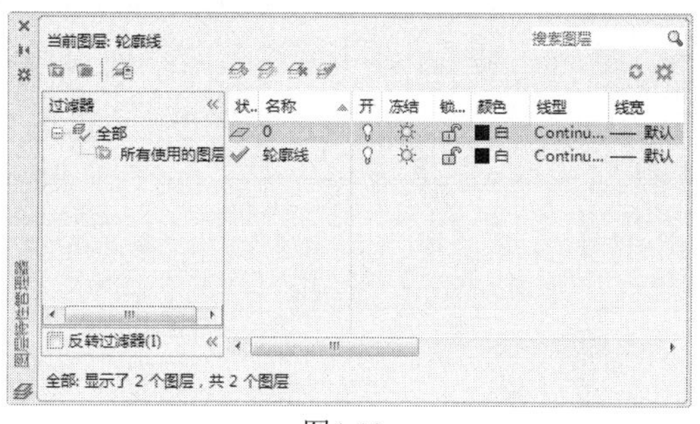

图4-19

03_ 单击“轮廓线”的线宽，弹出【线宽】对话框，设置线宽为“0.3mm”，如图4-20所示。

04_ 全选图形，然后将【图层】改为【轮廓线】图层，最终效果如图4-21所示。

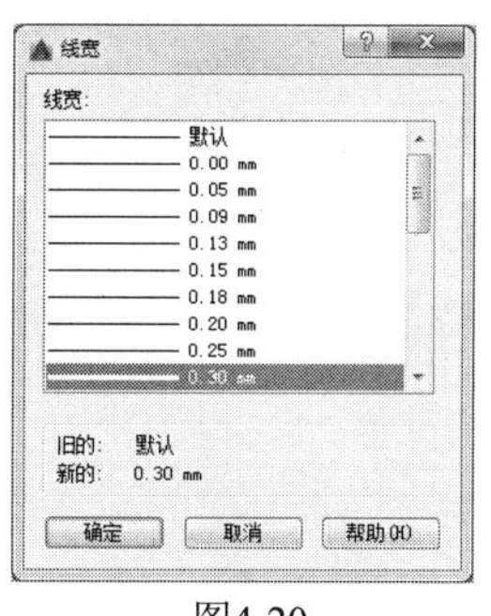

图4-20

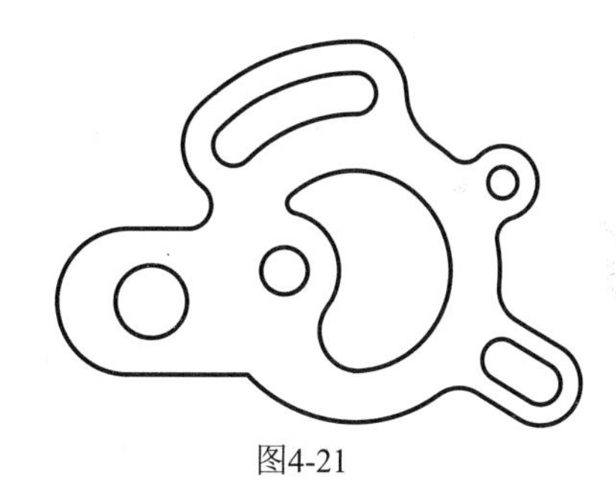

图4-21

实战138　创建图层样式

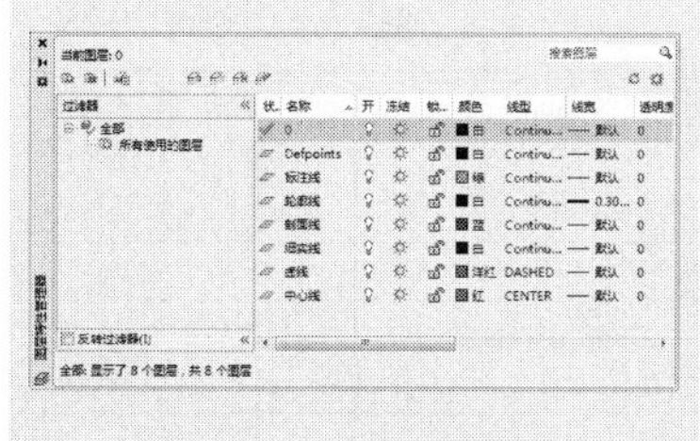

本实战结合以上所学知识，综合运用图层特性，创建轮廓线、中心线、剖面线、虚线、标注线和细实线的图层样式。创建好的图层样式可以保存为文件，待到下次绘图时直接引用，提高工作效率。

难度：☆☆

及格时间：1′00″

优秀时间：0′30″

读者自评：　/　/　/　/　/　/

01_ 启动AutoCAD，新建名为“创建图层.dwg”的文件，在【图层】面板中单击【图层特性】按钮，弹出【图层特性管理器】选项板，单击【新建图层】按钮，如图4-22所示。

02_ 输入新图层名称“细实线”，单击Enter键确认，然后单击“细实线”图层【线型】选项下Continuous图标，线宽默认，如图4-23所示。

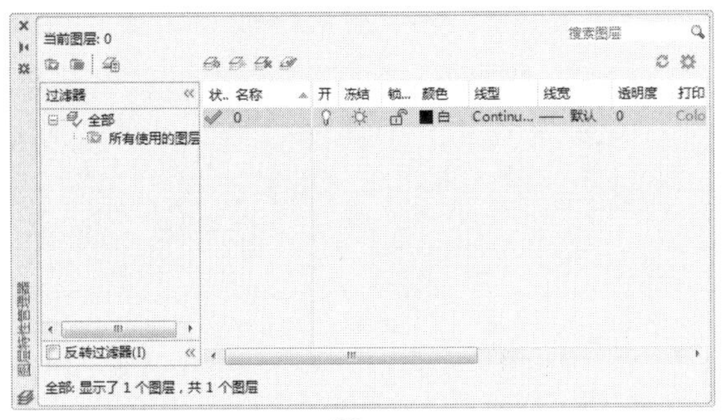

图4-22

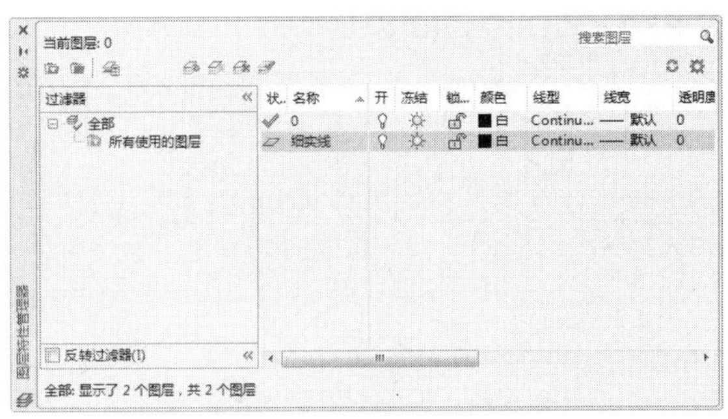

图4-23

03_ 创建“轮廓线”图层，【线型】选项为Continuous，单击【线宽】按钮，选择0.3mm，如图4-24所示。

04_ 创建“中心线”图层，单击【颜色】按钮，选择“红”，如图4-25所示；单击【线型】按钮，弹出【选择线型】对话框，单击【加载】按钮，弹出【加载或重载线性】对话框，选择“CENTER”线型如图4-26所示；在【选择线型】对话框，选择“CENTER”，单击【确定】按钮，如图4-27所示。

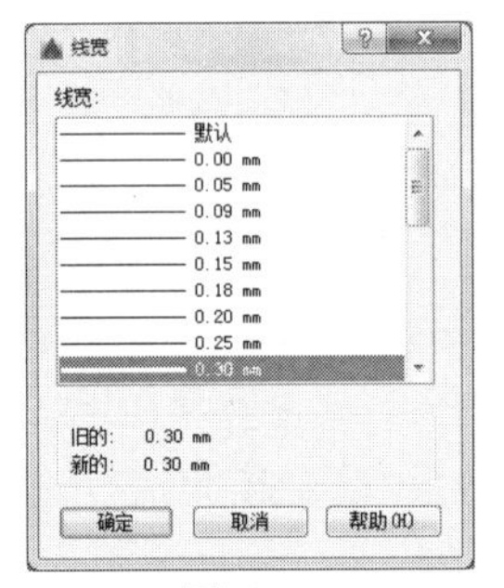

图4-24

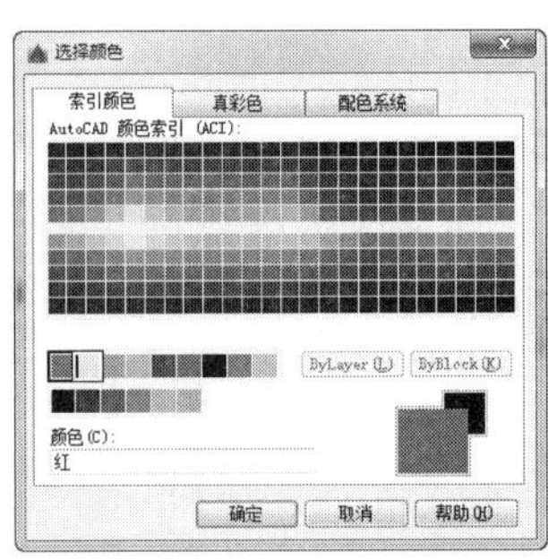

图4-25

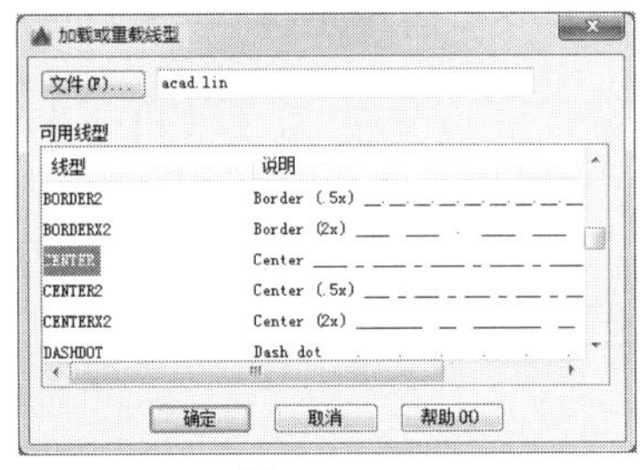

图4-26

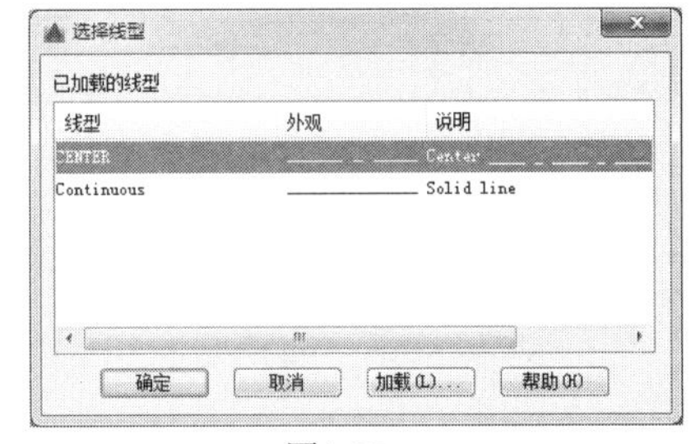

图4-27

05_ 创建“剖面线”“虚线”“标注线”等，参数见表4-1。

表4-1　参数表

序号	图层名	描述内容	线宽	线型	颜色	打印属性
1	轮廓线	绘制图形轮廓	0.3mm	实线(CONTINUOUS)	白色	打印
2	细实线	绘制辅助线或断面线	默认	实线(CONTINUOUS)	白色	打印
3	中心线	绘制中心线或辅助线	默认	点画线(CENTER)	红色	打印
4	标注线	绘制标注、文字等内容	默认	实线(CONTINUOUS)	绿色	打印
5	虚线	绘制隐藏对象或运动轮廓	默认	虚线(DASHED)	紫色	打印
6	剖面线	绘制剖面线	默认	实线(CONTINUOUS)	蓝色	打印

06_ 最终效果如图4-28所示。

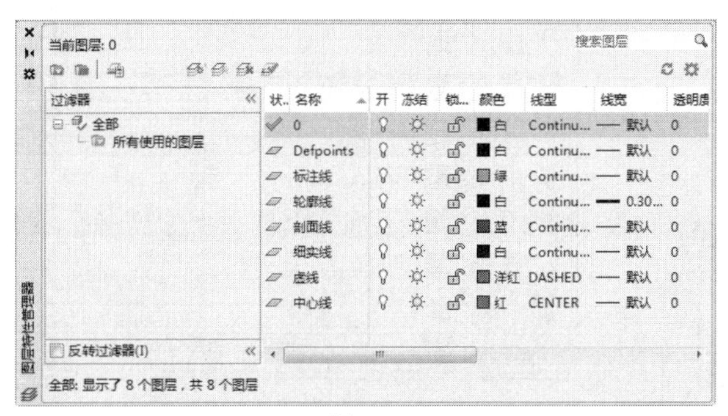

图4-28

4.3 图层管理

图层的设置、删除、状态控制等操作通常在【图层特性管理器】选项板或图层工具栏中进行。

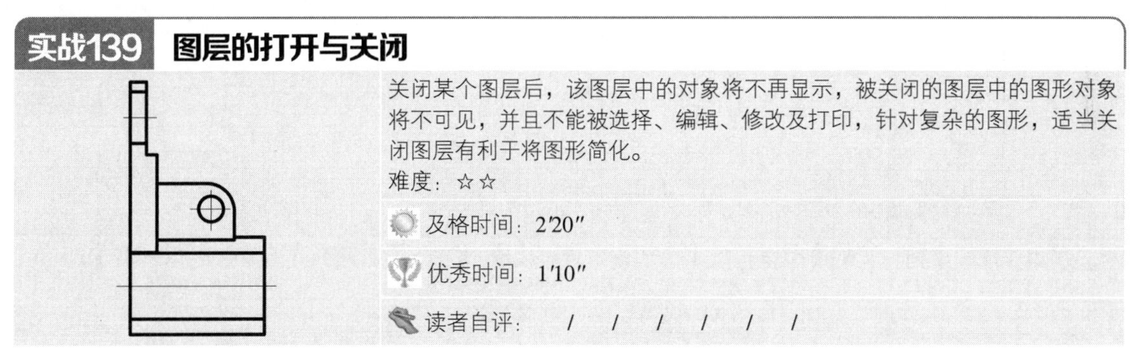

实战139 图层的打开与关闭

关闭某个图层后，该图层中的对象将不再显示，被关闭的图层中的图形对象将不可见，并且不能被选择、编辑、修改及打印，针对复杂的图形，适当关闭图层有利于将图形简化。

难度：☆☆

及格时间：2′20″

优秀时间：1′10″

读者自评：/ / / / / /

01_ 打开“第4章/实战139 图层的打开与关闭.dwg”素材文件，如图4-29所示。

02_ 单击【图层】面板中【标注线】图层前面的【开/关图层】按钮，如图4-30所示。

03_ 弹出【关闭当前图层】对话框，单击【关闭当前图层】选项，如图4-31所示。

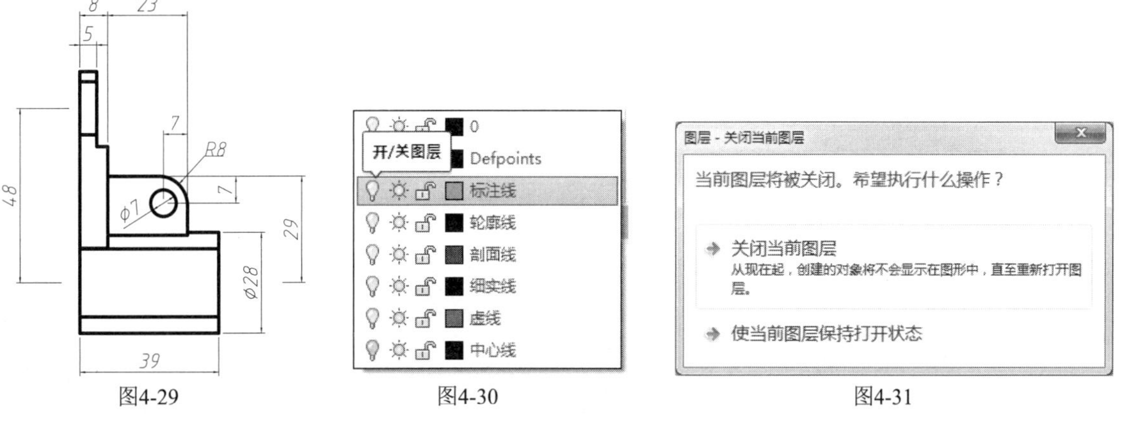

图4-29　图4-30　图4-31

04_ 图形中的标注全部消失，如图4-32所示。

05_ 单击【图层】面板中【中心线】图层前面的【开/关图层】按钮，如图4-33所示。

06_ 图形中出现中心线，如图4-34所示。

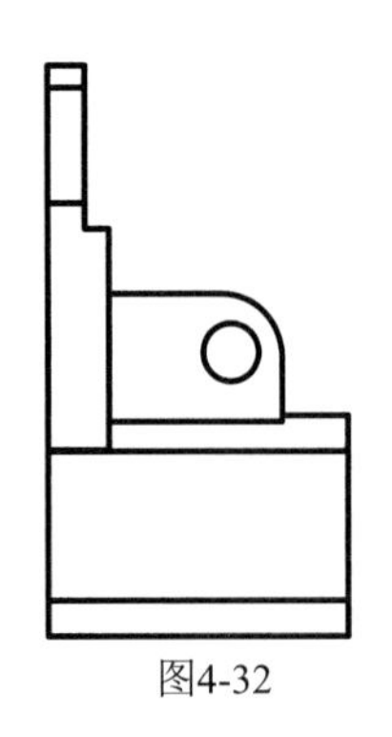

图4-32

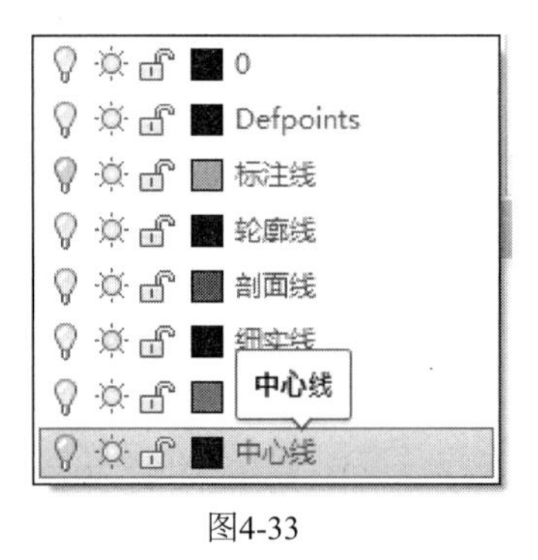

图4-33

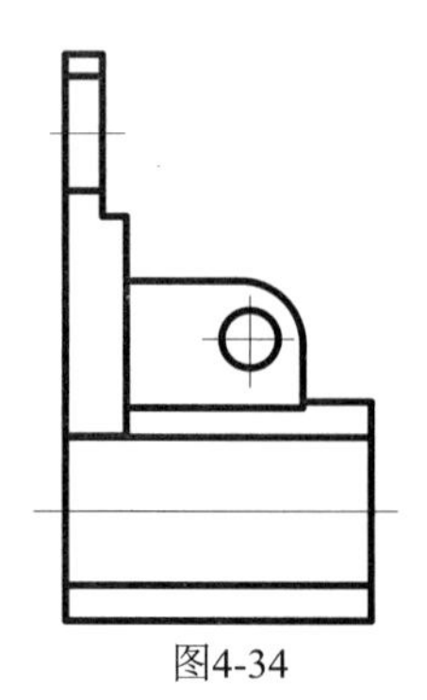

图4-34

实战140 快速还原所有关闭的图层

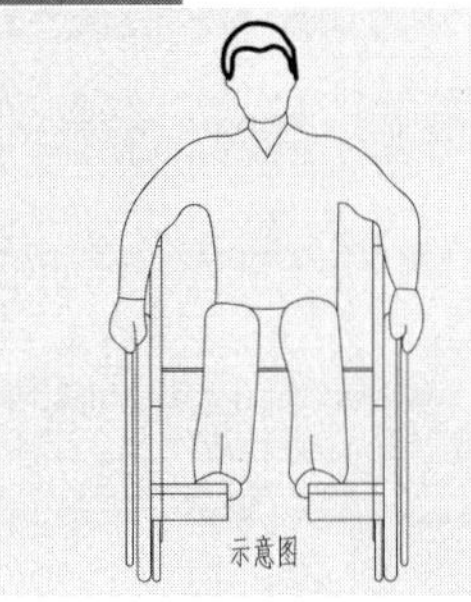

当关闭的图层需要全部打开时，针对图层较多的情况，逐一打开比较麻烦，此时可以使用一次打开操作，在【图层特性管理器】选项板中设置【所有使用的图层】的【可见性】为【开】，提高效率和准确度。

难度：☆☆

及格时间：2′00″

优秀时间：1′00″

读者自评： / / / / / /

01_ 打开“第4章/实战140 快速还原所有关闭的图层.dwg”素材文件，如图4-35所示。

02_ 单击【图层】面板中的【图层特性】按钮，弹出【图层特性管理器】选项板，如图4-36所示。

图4-35

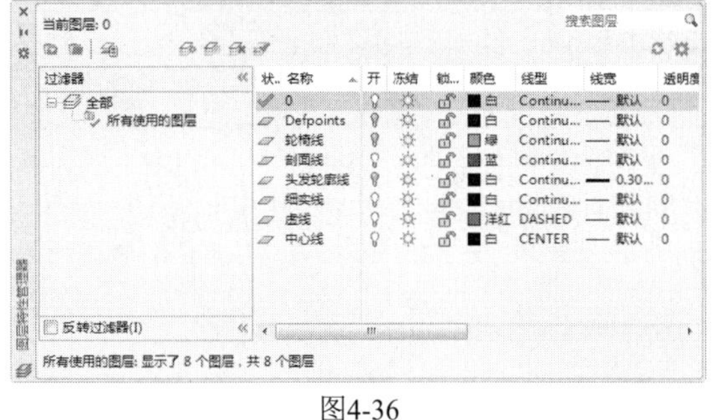

图4-36

03_ 右击【所有使用的图层】选项，然后在弹出的快捷菜单中选择【可见性】中的【开】命令，如图4-37所示。

04_ 所有图层全部打开，最终效果如图4-38所示。

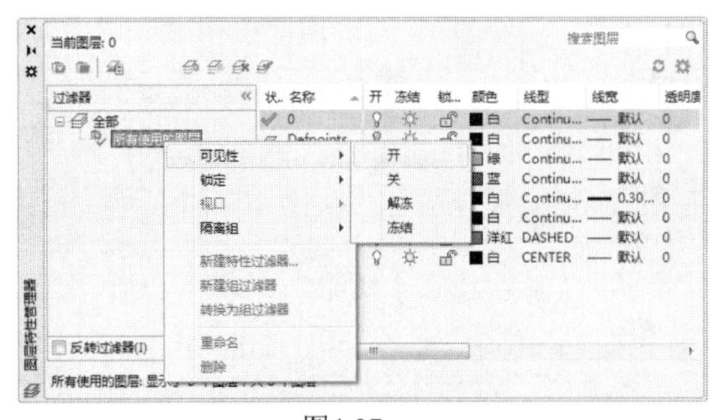

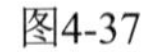

图4-37

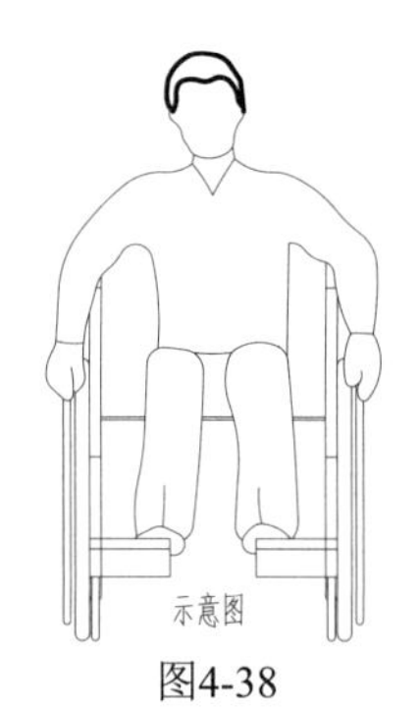

图4-38

在绘图过程中可以将暂时不用的图层关闭，被关闭的图层中的图形对象将不可见，并且不能被选择、编辑、修改以及打印。

实战141　图层的冻结与解冻

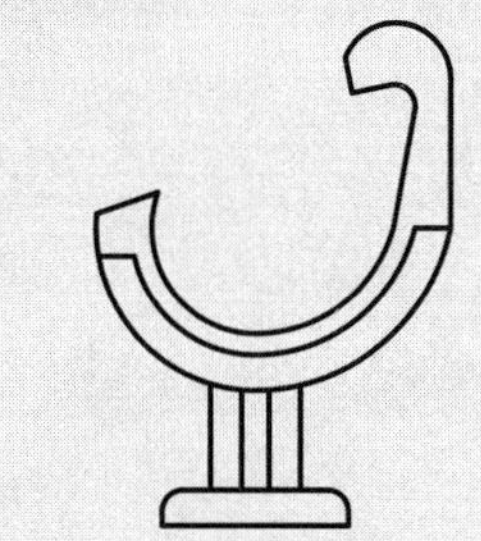

将长期不需要显示的图层冻结，可以提高系统运行速度，减少图形刷新的时间，因为这些图层不会被加载到内存中。被冻结图层上的对象不会显示、打印或重生成。

难度：☆☆

及格时间：1′00″

优秀时间：0′30″

读者自评：/ / / / / /

01_ 打开“第4章/实战141 图层的冻结与解冻.dwg”素材文件，如图4-39所示。

02_ 单击【图层】面板中【标注线】前面的【冻结/解冻】按钮，如图4-40所示。

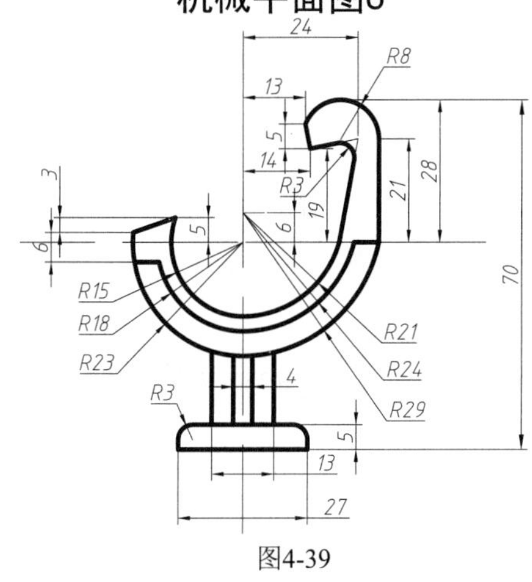

图4-39

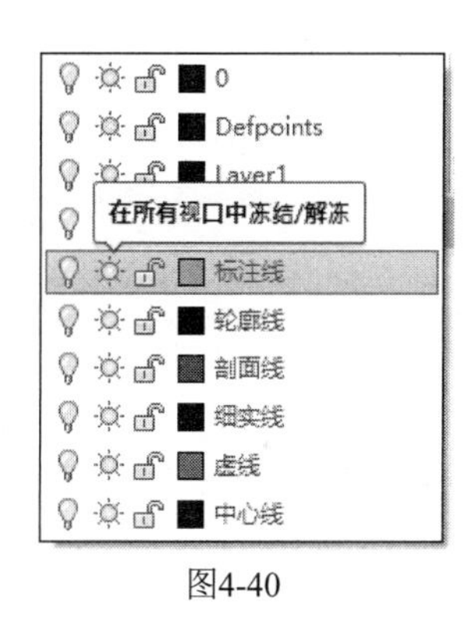

图4-40

03_ 图形中的标注全部消失，如图4-41所示。

04_ 继续使用相同的方法冻结【中心线】和【Layer2】图层，如图4-42所示。

05_ 图中的文字和中心线全部消失，最终图形效果如图4-43所示。

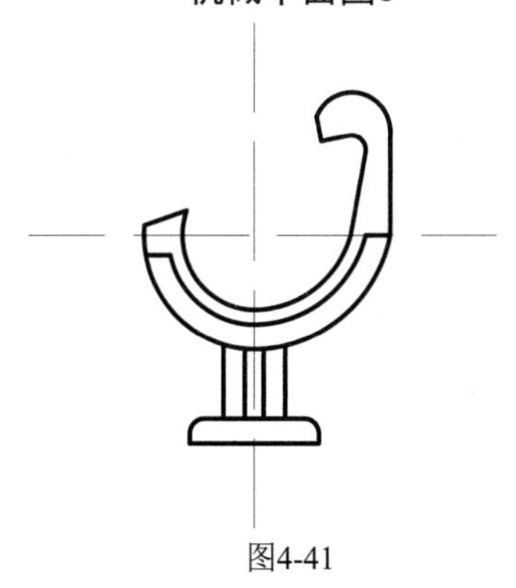

图4-41

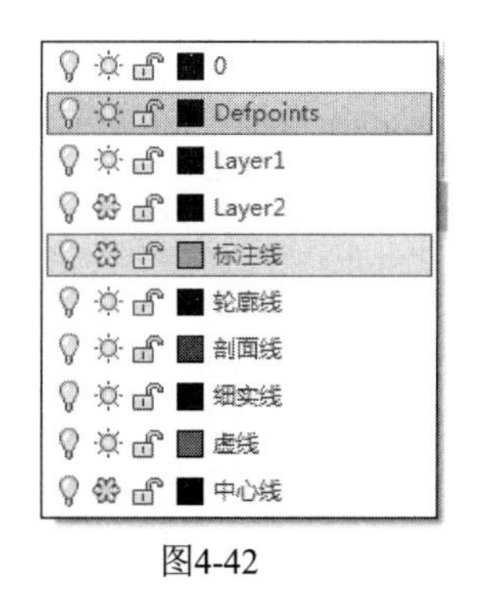

图4-42

图4-43

实战142 快速还原所有冻结的图层

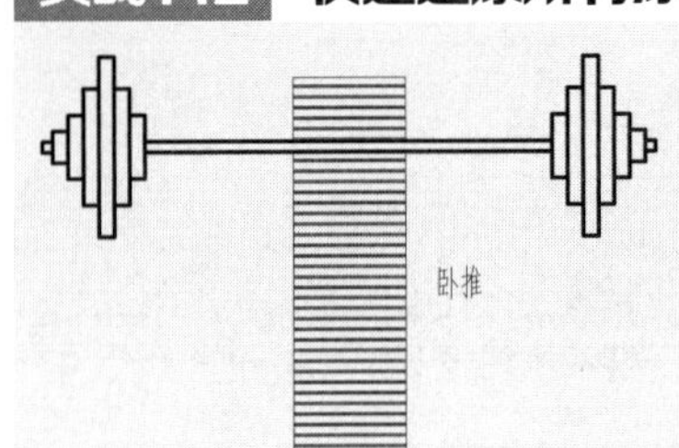

当冻结的图层需要全部解冻时，针对图层较多的情况，逐一解冻比较麻烦，此时可以使用一次性解冻操作，在【图层特性管理器】选项板中设置【所有使用的图层】的【可见性】为【解冻】即可，提高效率和准确度。

难度：☆☆

及格时间：0′40″

优秀时间：0′20″

读者自评： / / / / / /

01_ 打开“第4章/实战142 快速还原所有冻结的图层.dwg”素材文件，如图4-44所示。

02_ 单击【图层】面板中的【图层特性】按钮，弹出【图层特性管理器】选项板，如图4-45所示。

图4-44

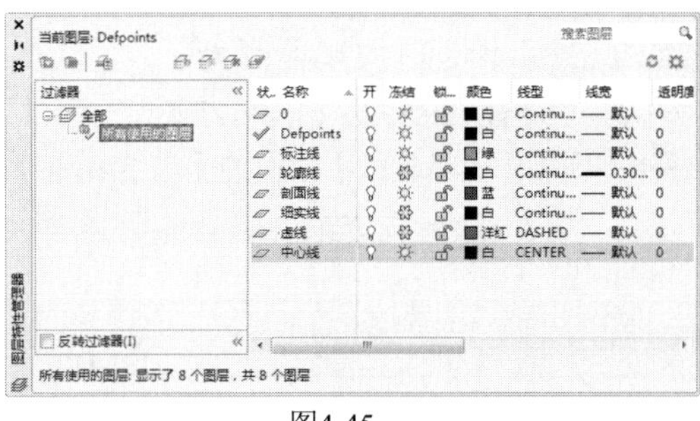

图4-45

03_ 右击【所有使用的图层】，在弹出的快捷菜单中选择【可见性】中的【解冻】选项，如图4-46所示。

04_ 所有图层全部解冻，最终效果如图4-47所示。

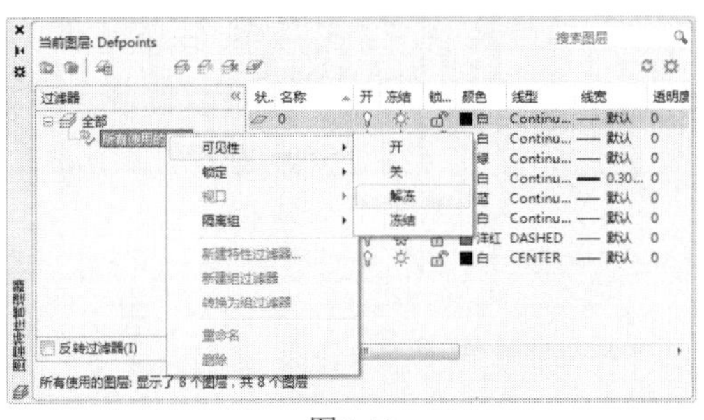

图4-46

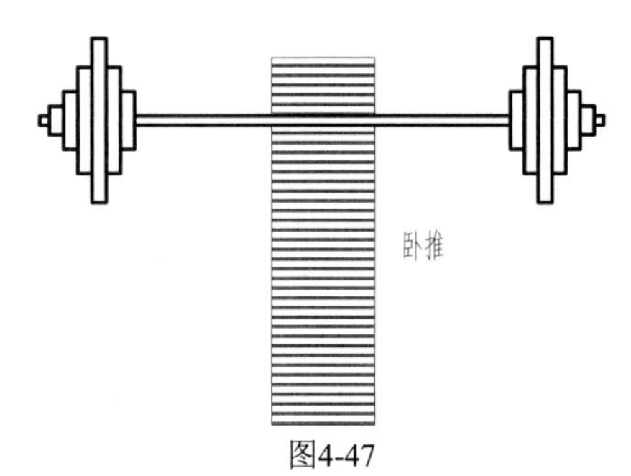

图4-47

实战143 图层的锁定与解锁

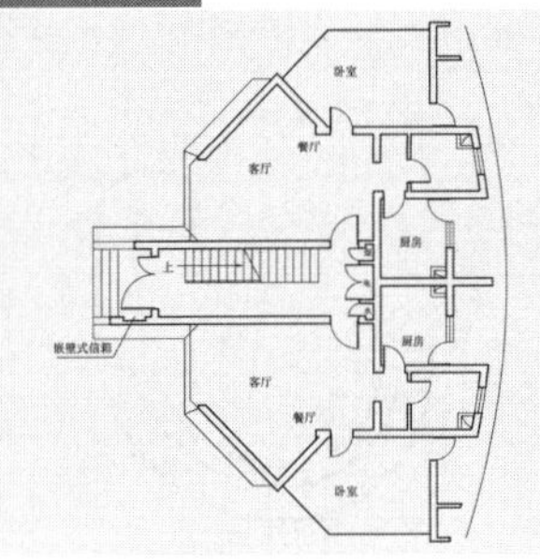

如果某个图层上的对象只需要显示、不需要选择和编辑，那么可以锁定该图层。被锁定图层上的对象不能被编辑、选择和删除，但该图层的对象仍然可见，而且可以在该图层上添加新的图形对象。

难度：☆☆☆

及格时间：4′00″

优秀时间：2′00″

读者自评： / / / / / /

01_ 打开“第4章/实战143 图层的锁定与解锁.dwg”素材文件，如图4-48所示。

02_ 点开【图层】面板中的图层列表，依次单击【0】【DEFPONINTS】【GROUNG】【PUB_HATCH】【PUB_TEXT】【STAIR】【WALL】【WINDOW】前面的【锁定/解锁】按钮，如图4-49所示。

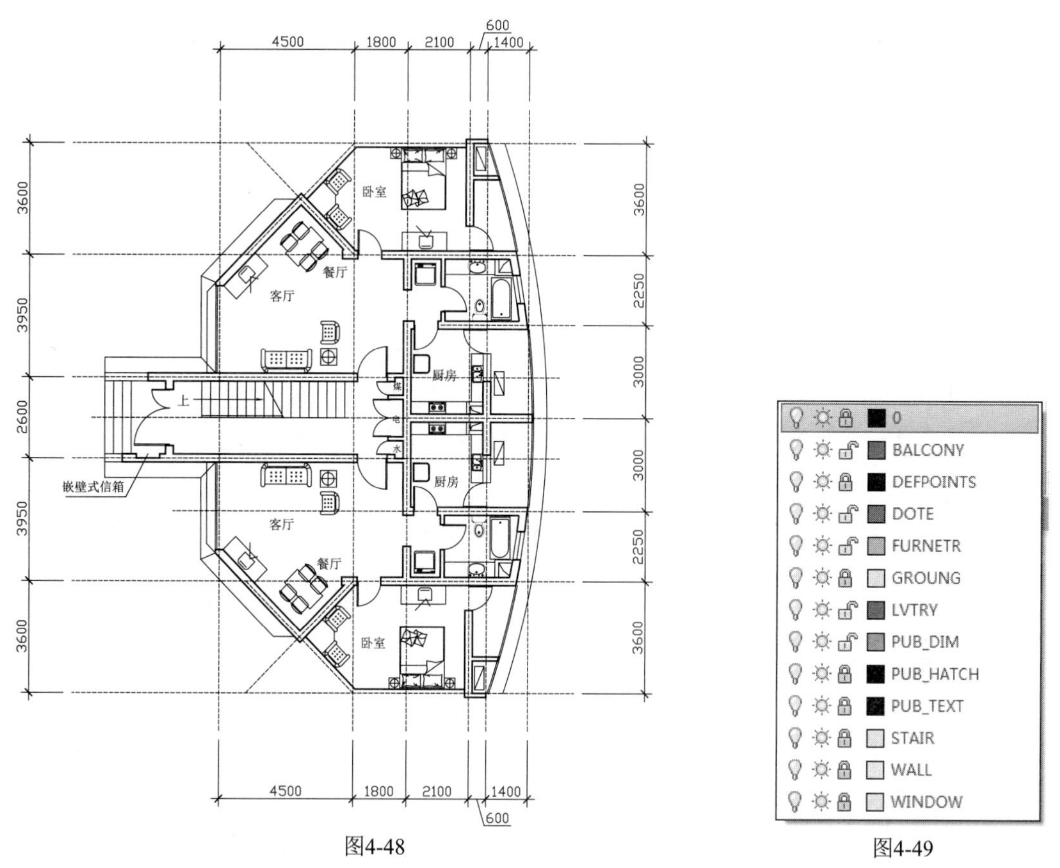

图4-48　　　　图4-49

03_ 框选整个图形，在命令行输入E执行【删除】命令，删除未锁定图层上的线条，最后将图层解除锁定，最终图形效果如图4-50所示。

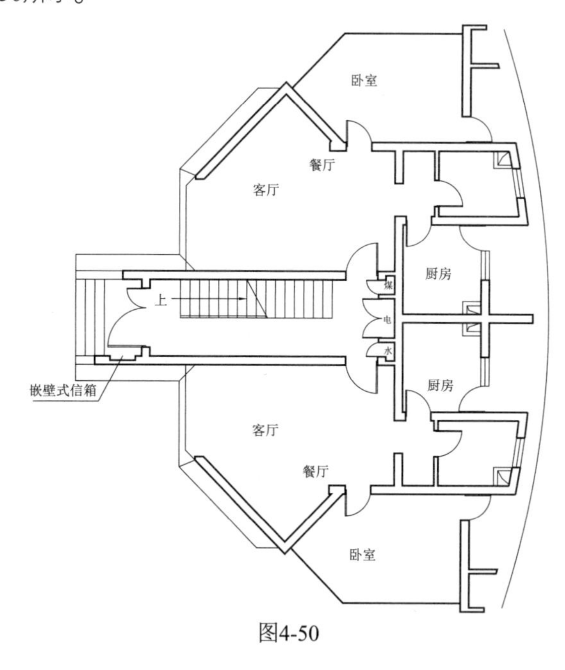

图4-50

实战144 快速还原所有锁定的图层

当锁定的图层需要全部解锁时，针对图层较多的情况，逐一解锁比较麻烦，此时可以使用一次性解锁操作，在【图层特性管理器】选项板中设置【所有使用的图层】的【锁定】为【解锁】状态，提高效率和准确度。

难度：☆☆

及格时间：1′00″

优秀时间：0′30″

读者自评： / / / / / /

01_ 打开“第4章/实战144 快速还原所有锁定的图层.dwg”素材文件，图中存在多余的线条但无法操作，如图4-51所示。

02_ 单击【图层】面板中的【图层特性】按钮，弹出【图层特性管理器】选项板，如图4-52所示。

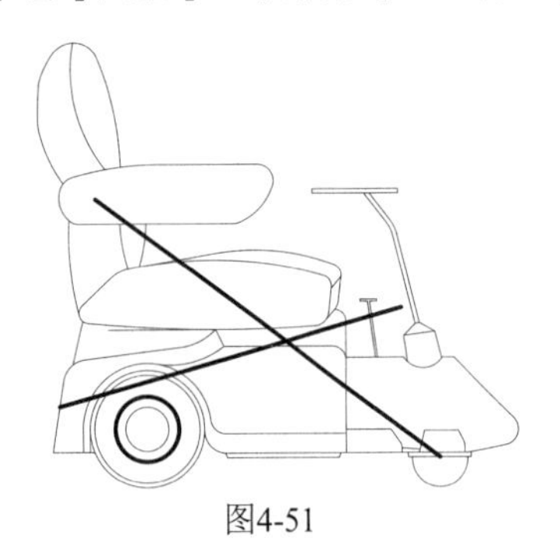

图4-51

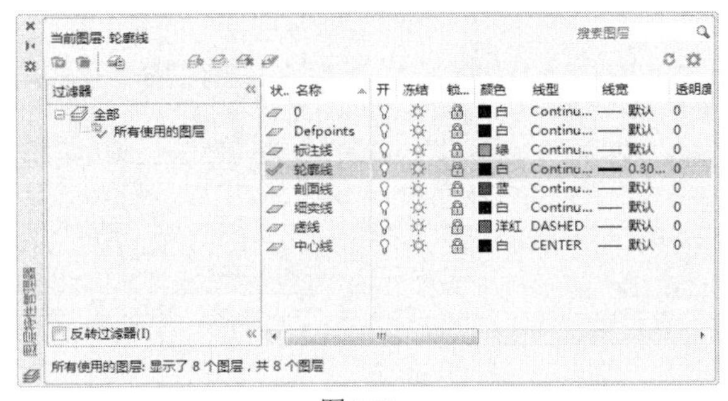

图4-52

03_ 右击【所有使用的图层】，在弹出的快捷菜单中选择【锁定】中的【解锁】选项，如图4-53所示。

04_ 单击图形中多余的斜线和圆，如图4-54所示。

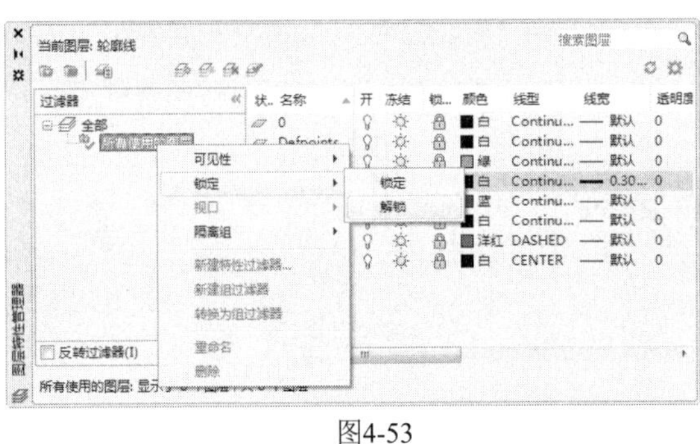

图4-53

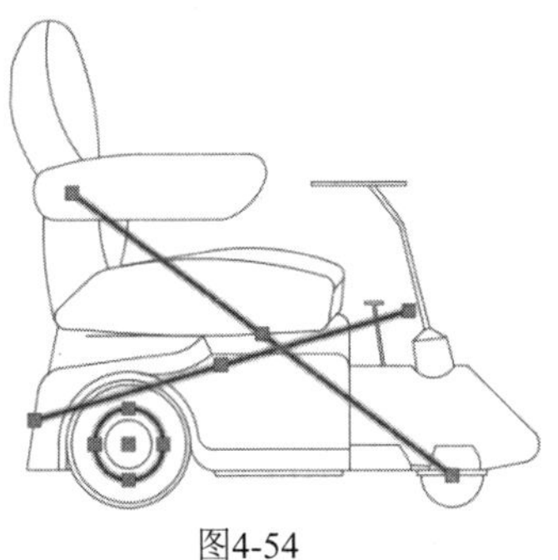

图4-54

05_ 在命令行输入E执行【删除】命令，删除线条，最终效果如图4-55所示。

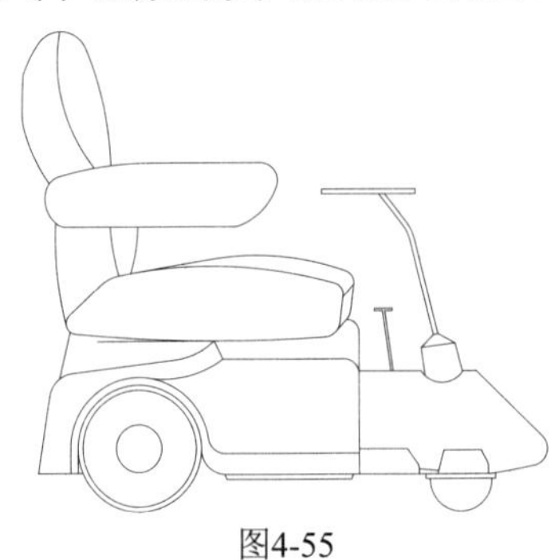

图4-55

实战145 图层匹配

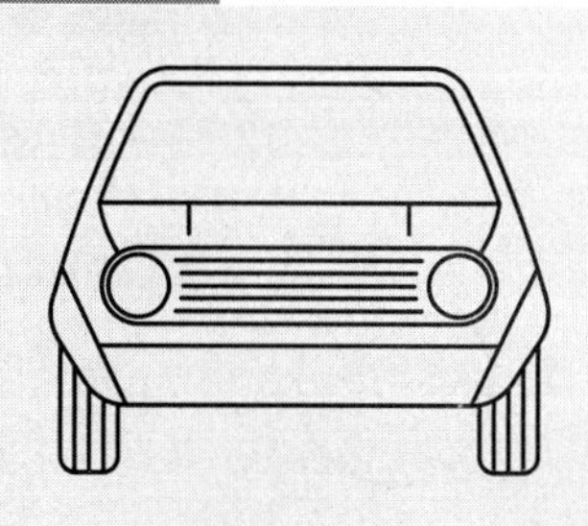

在绘图过程中，用户往往需要将某一个绘制对象的图层特性移动到另一个对象中，这时就需要图层匹配功能。本例小车正面图两边的图层不一样，为保证图层一致便可使用图层匹配功能。

难度：☆☆

及格时间：1′20″

优秀时间：0′40″

读者自评：/ / / / / /

01_ 打开"第4章/实战145 图层匹配"素材文件，如图4-56所示。

02_ 单击【图层】面板中的【匹配图层】按钮，选择图形右边的细实线为源对象，单击右键确认选择，如图4-57所示。

03_ 单击左边的轮廓线为目标对象，右边线条的图层改为轮廓线，最终效果如图4-58所示。

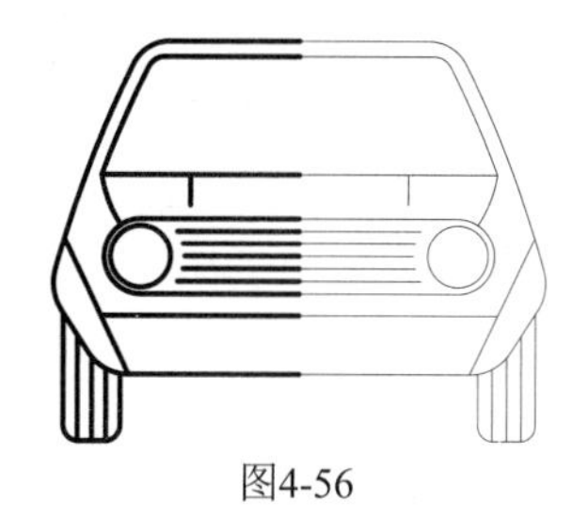

图4-56

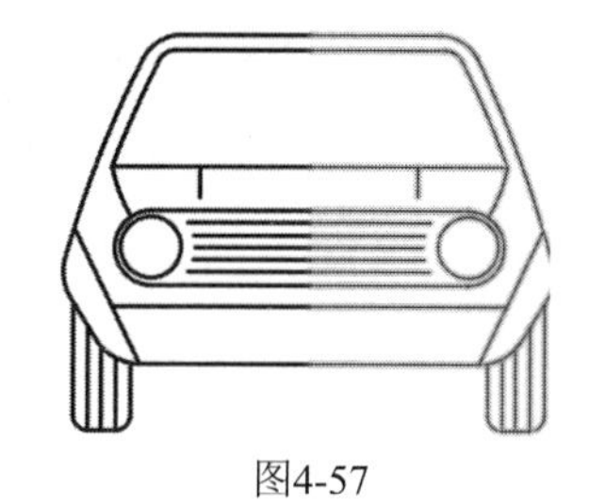

图4-57

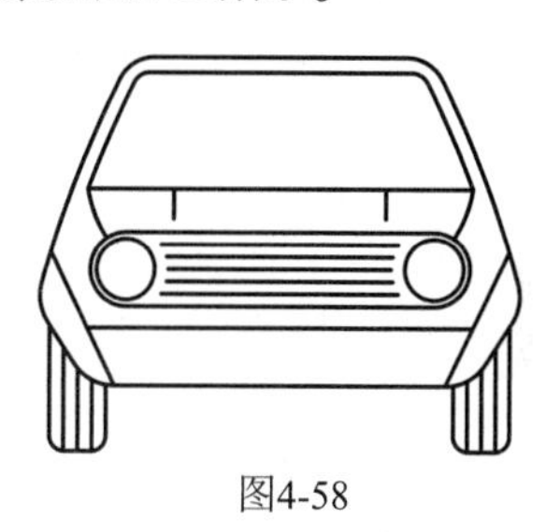

图4-58

实战146 将对象复制到新图层

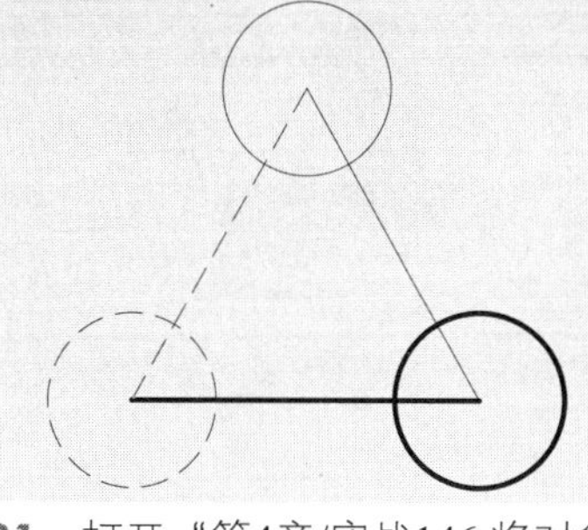

本实战讲解将一个或多个对象复制到其他图层的快速方法。本例通过将对象复制到新图层，直接将图形中的细实线圆，先后复制移动变成了虚线圆和轮廓线圆。

难度：☆☆

及格时间：2′00″

优秀时间：1′00″

读者自评：/ / / / / /

01_ 打开"第4章/实战146 将对象复制到新图层.dwg"素材文件，如图4-59所示。

02_ 单击【图层】面板中的【将对象复制到新图层】按钮，选择要复制的对象为圆，目标图层为虚线图层，如图4-60所示。

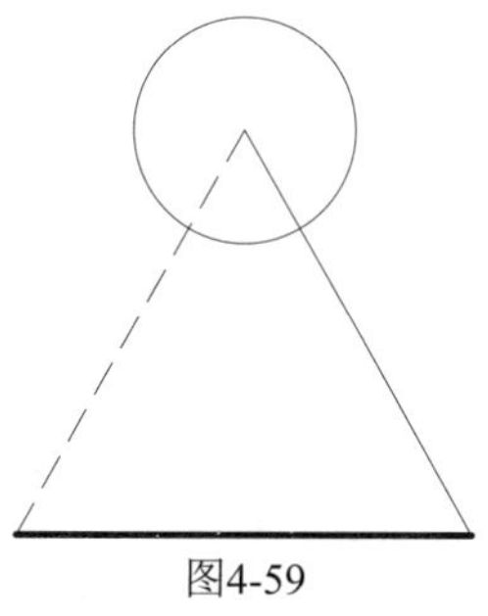

图4-59

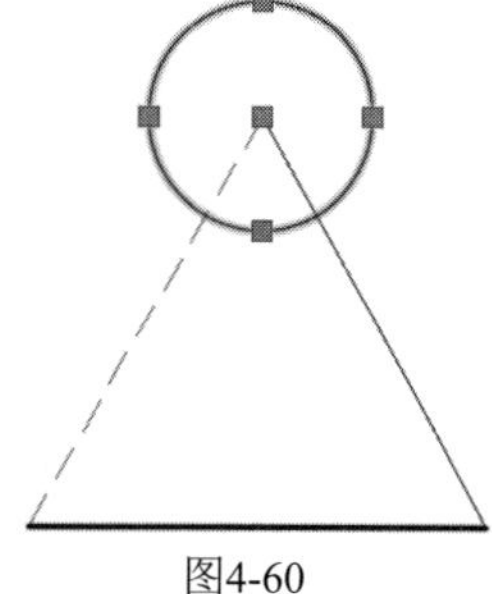

图4-60

03_ 继续上一步的操作。选择圆心为基点，移动复制圆到三角形的左端点，如图4-61所示。

04_ 仍然使用相同的办法，将圆复制移动到右端点，且图层与水平线一样，如图4-62所示。

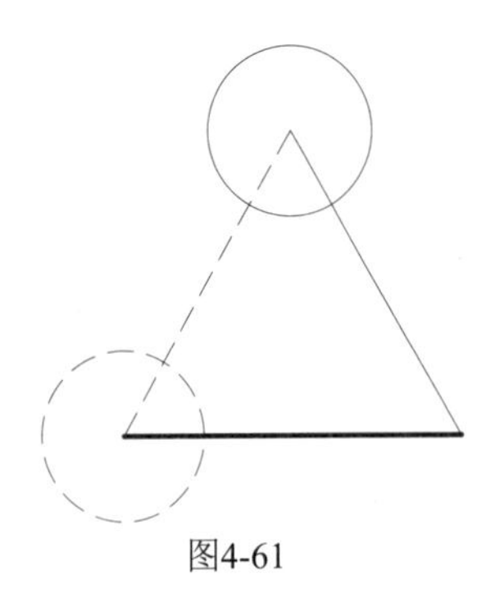

图4-61

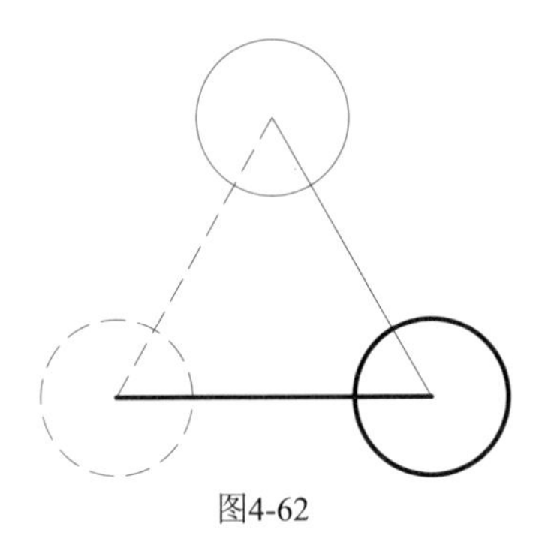

图4-62

实战147 删除多余图层

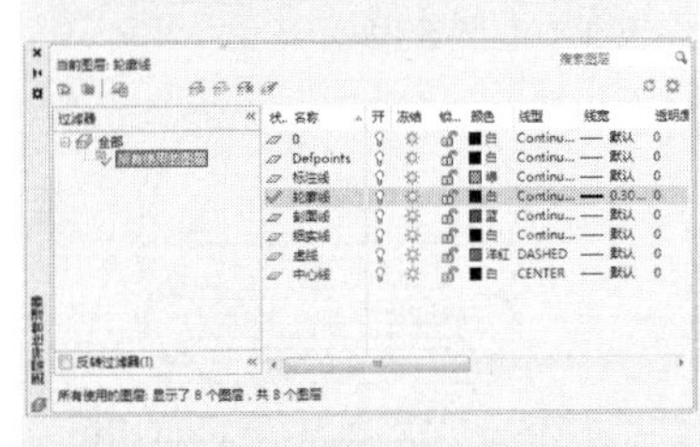

在图层创建过程中，如果新建了多余的图层，此时可以利用删除图层命令将其删除，但有4类不能被删除：①图层0和图层Defpoints；②当前图层；③包含对象的图层；④依赖外部参照的图层。

难度：☆

及格时间：0'30"

优秀时间：0'15"

读者自评： / / / / / /

01_ 打开“第4章/实战147 删除多余图层.dwg”素材文件，单击【图层】面板中的【图层特性】按钮，如图4-63所示。

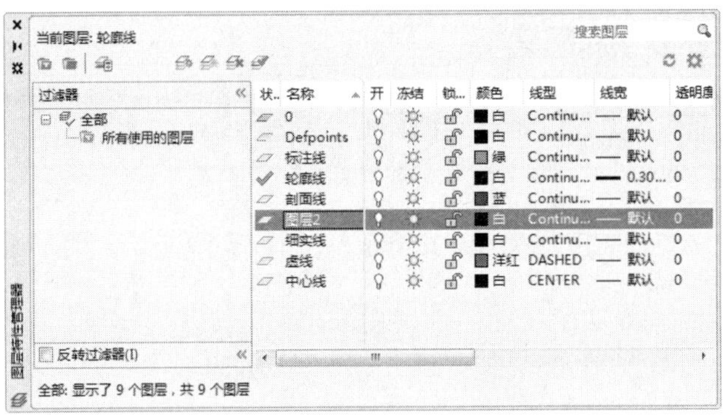

图4-63

02_ 弹出【图层特性管理器】选项板，单击【图层2】，然后单击【删除图层】按钮删除图层，效果如图4-64所示。

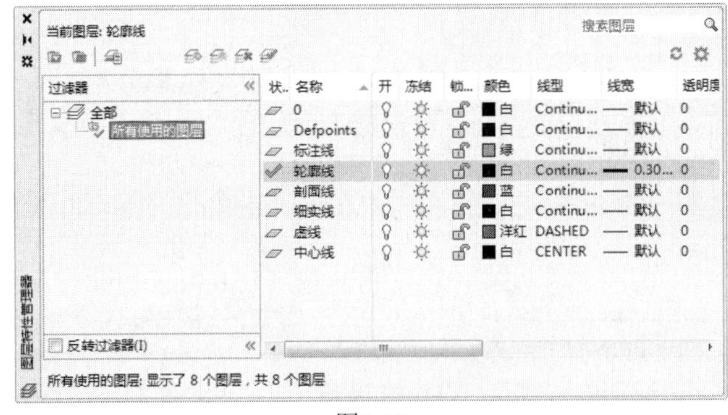

图4-64

实战148 保存并输出图层状态

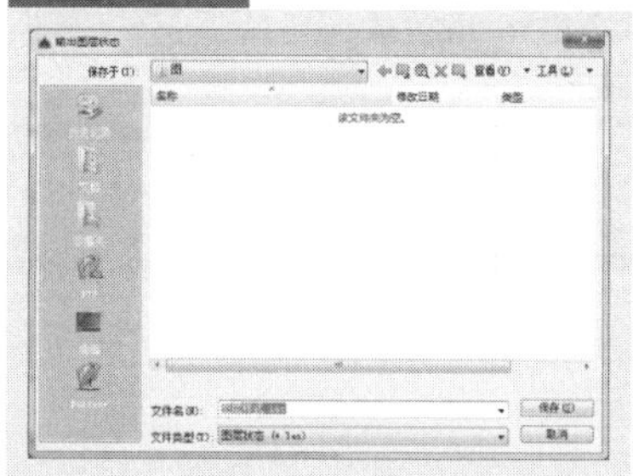

用户可以将图形的当前图层设置保存为命名图层状态，修改图层状态之后，可以随时恢复图层设置。不仅如此，还可以将已命名的图层状态输出为图形状态文件，供其他文件使用。

难度：☆☆

及格时间：3′00″

优秀时间：1′50″

读者自评：/ / / / / /

01_ 打开“第4章/实战148 保存并输出图层状态.dwg”素材文件，单击【图层】面板中的【图层特性】按钮，弹出【图层特性管理器】选项板，如图4-65所示。

02_ 在【图层特性管理器】选项板右侧空白处右击，在弹出的快捷菜单中选择【保存图层状态】命令，如图4-66所示。

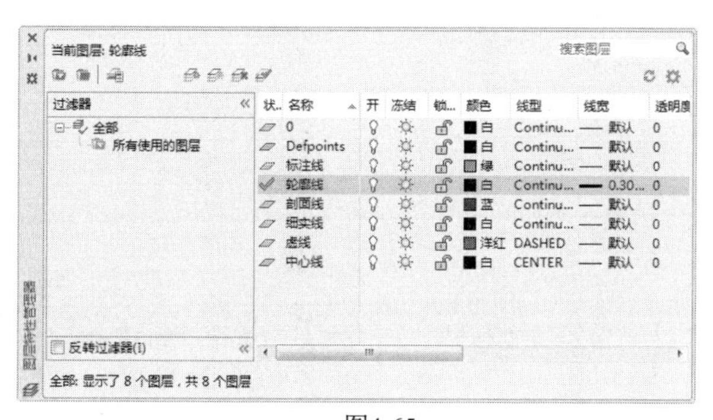

图4-65

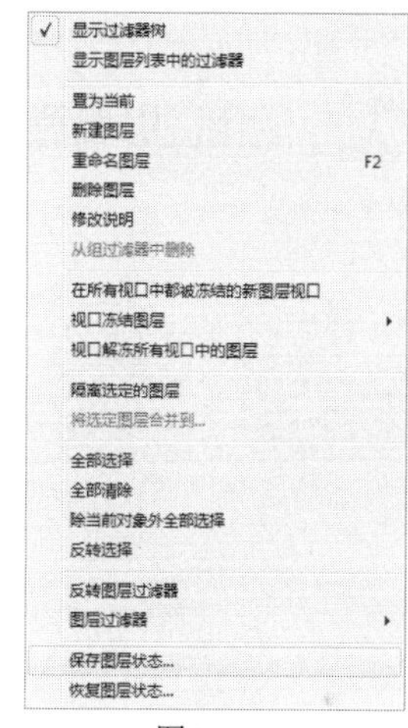

图4-66

03_ 弹出【要保存的新图层状态】对话框，设置【新图层状态名】为“图层样式”，单击【确定】按钮，如图4-67所示。

04_ 若要恢复图层设置，在【要保存的新图层状态】对话框的空白位置右击，弹出快捷菜单，如图4-68所示。

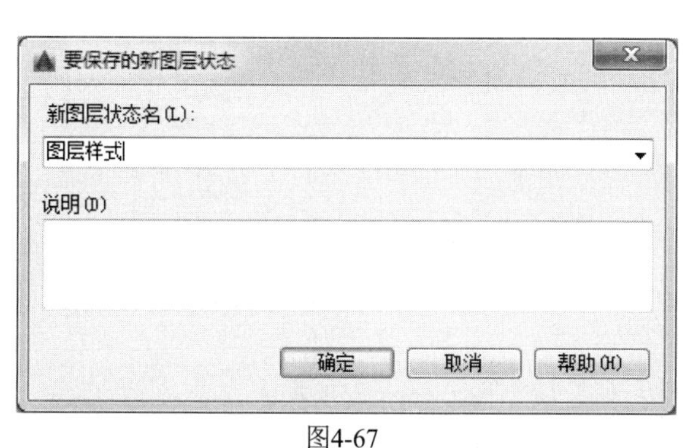

图4-67

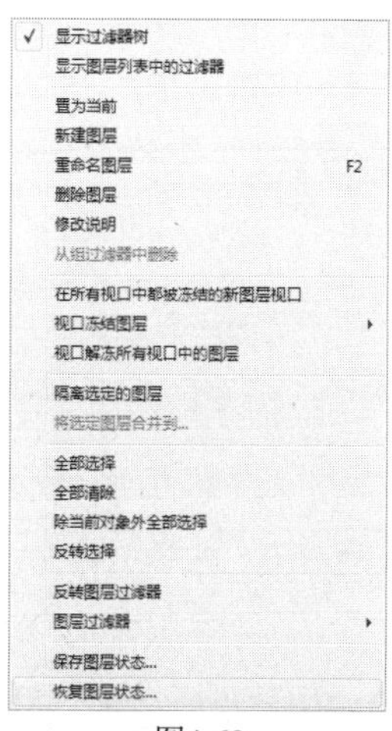

图4-68

05_ 在快捷菜单中选择【恢复图层状态】命令，弹出【图层状态管理器】对话框。单击【恢复】按钮，恢复图层设置，如图4-69所示。

06_ 保存图层状态文件。单击【图层状态管理器】对话框的【输出】按钮，弹出【输出图层状态】对话框。选择适合的路径和保存名称，即可将该图层状态保存为外部文件，如图4-70所示。

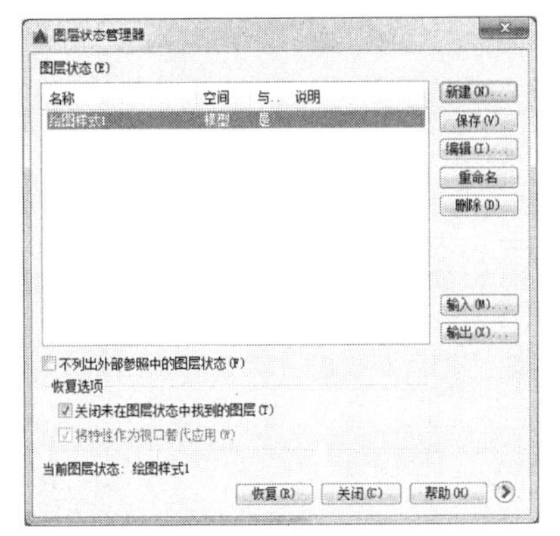

图4-69

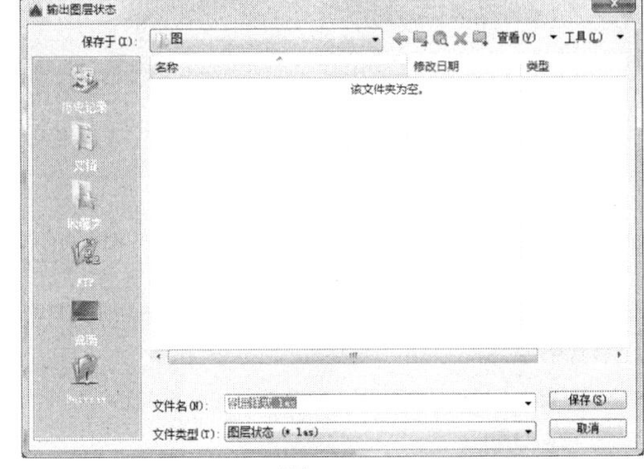

图4-70

实战149 调用图层设置

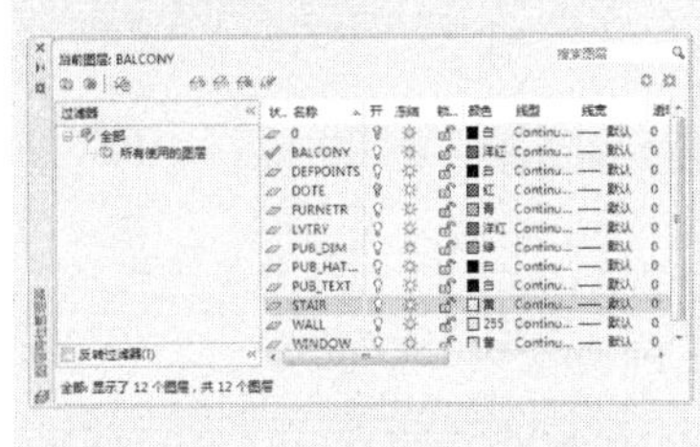

已保存的图层状态文件可以供任何图形文件使用。可以将之前创建且保存的图层直接调用出来使用，尤其在图层较多的情况下调用图层状态文件，可以大大减少绘图工作量。

难度：☆☆☆

及格时间：2′40″

优秀时间：1′20″

读者自评：/ / / / / /

01_ 新建一个文件，单击【图层】面板中的【图层特性】按钮，弹出【图层特性管理器】选项板，如图4-71所示。

02_ 在【图层特性管理器】选项板右侧空白处右击，弹出快捷菜单，选择【恢复图层状态】选项，如图4-72所示。

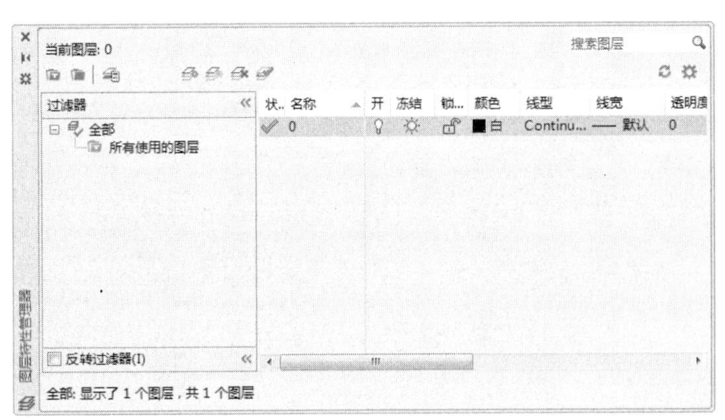

图4-71

图4-72

03_ 弹出【图层状态管理器】对话框，单击【输入】按钮，如图4-73所示。

04_ 弹出【输入图层状态】对话框，选择素材中的“建筑图层.las”，单击【打开】按钮，如图4-74所示。

图4-73

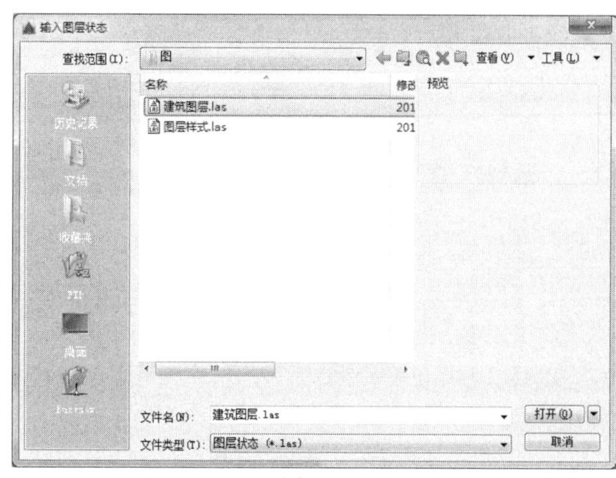

图4-74

05_ 导入图层，最终效果如图4-75所示。

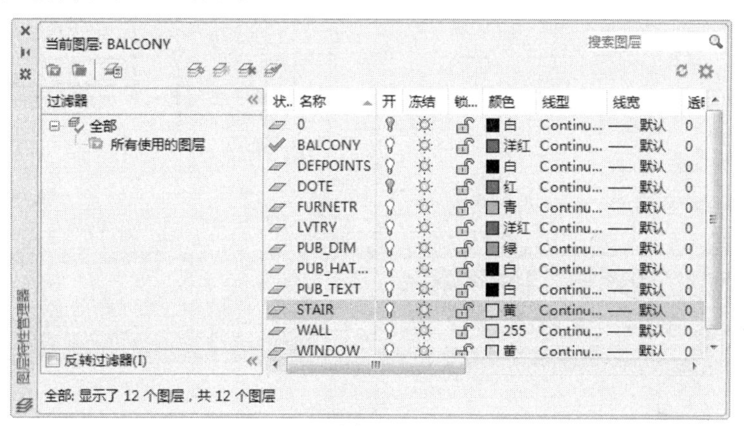

图4-75

4.4 综合实战

本节通过实战介绍图层在实际绘图中的运用。

实战150　设置对象图层

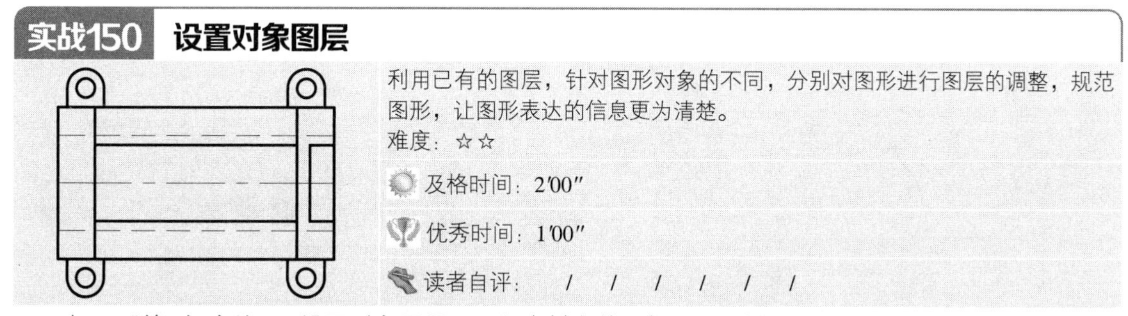

利用已有的图层，针对图形对象的不同，分别对图形进行图层的调整，规范图形，让图形表达的信息更为清楚。

难度：☆☆

及格时间：2′00″

优秀时间：1′00″

读者自评：/ / / / / /

01_ 打开“第4章/实战150 设置对象图层.dwg”素材文件，如图4-76所示。

02_ 单击选择图形中间的水平线，如图4-77所示。

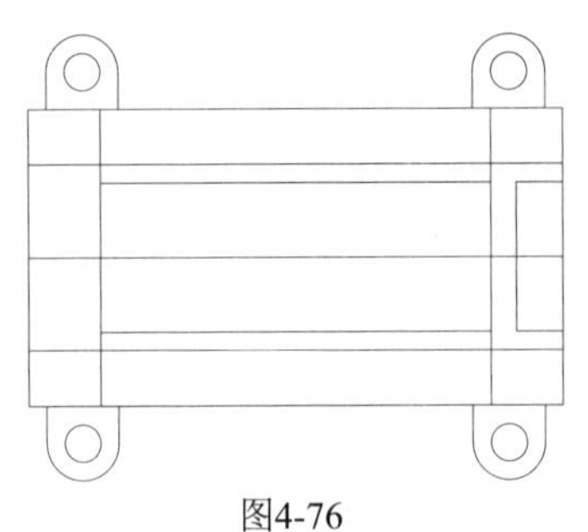

图4-76

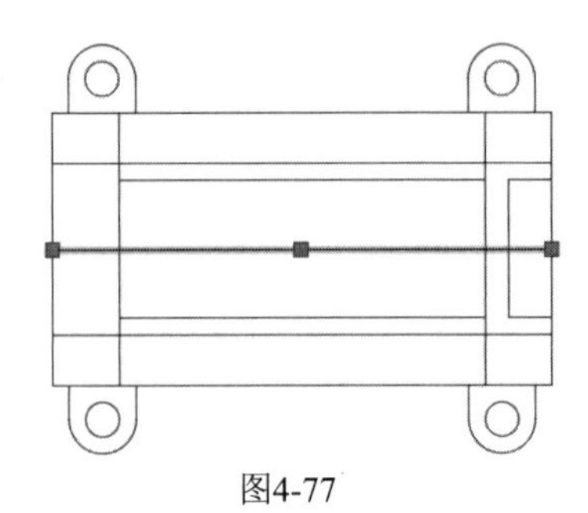

图4-77

03_ 将【图层】改为【中心线】，如图4-78所示。

04_ 然后单击两条较长的水平线，将【图层】设置为【虚线】，如图4-79所示。

05_ 用相同的方法，将余下的图形图层改为【轮廓线】，如图4-80所示。

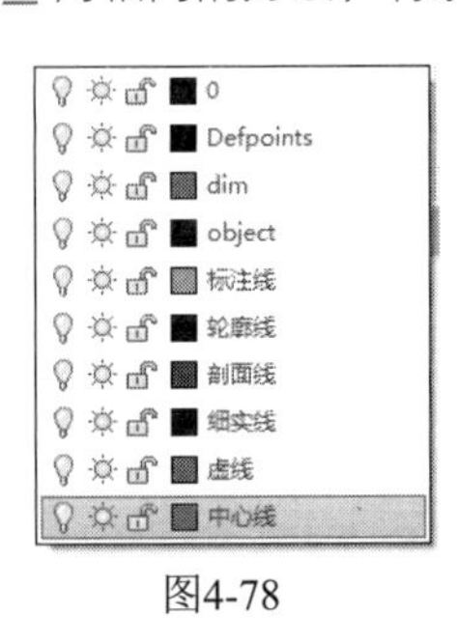

图4-78

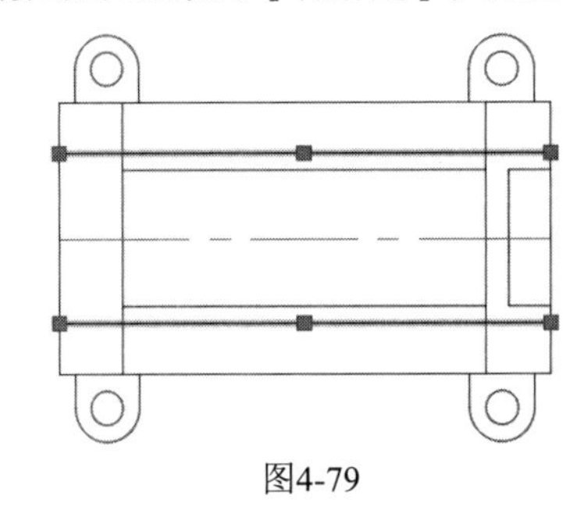

图4-79

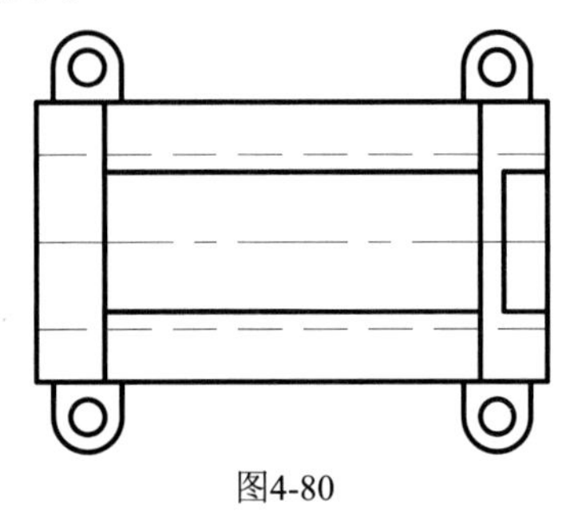

图4-80

实战151 应用图层管理与控制零件图

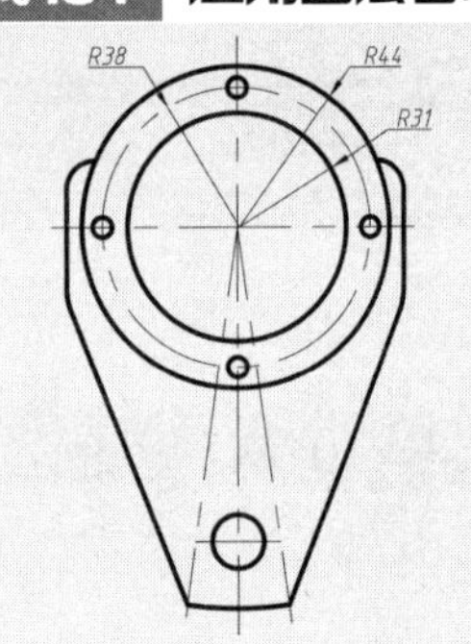

图层是用来组织和规划复杂图形的有效工具。本例通过创建图层和控制图层状态对图形进行编辑，将原本图层混乱的图形进行规范，使得图形表达的信息更为清楚。

难度：☆☆☆☆

及格时间：6′00″

优秀时间：3′00″

读者自评： / / / / / /

01_ 打开“第4章/实战151 应用图层管理与控制零件图.dwg”素材文件，如图4-81所示。

02_ 单击【图层】面板中的【图层特性】按钮，弹出【图层特性管理器】选项板，如图4-82所示。

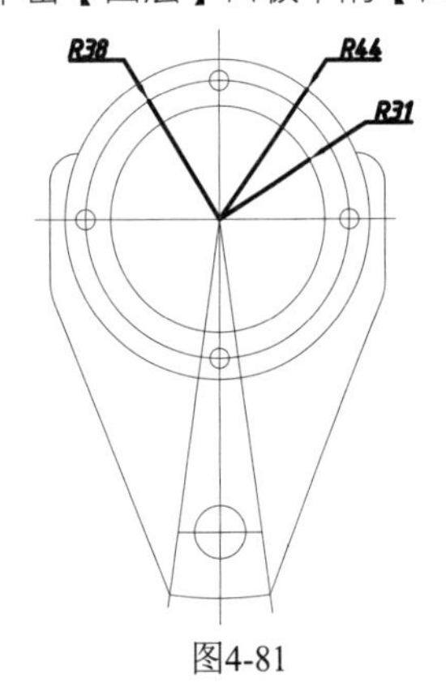

图4-81

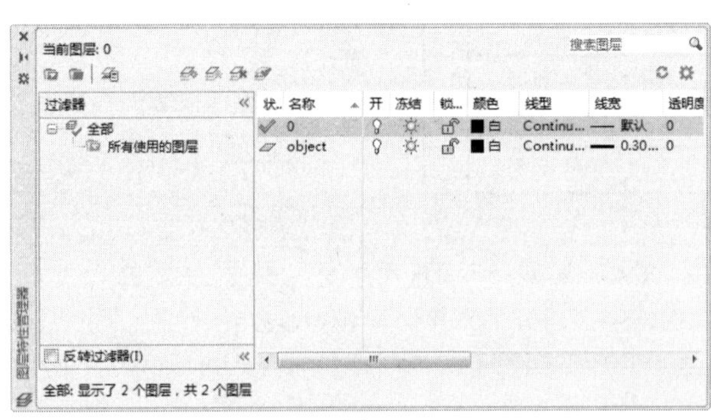

图4-82

03_ 单击【新建图层】按钮，创建出一个新的图层，如图4-83所示。

04_ 在呈黑白显示的【图层1】位置上输入新图层名称【轮廓线】，如图4-84所示。

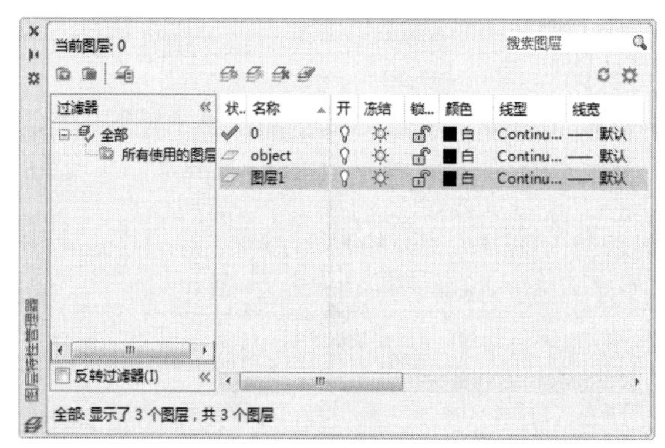

图4-83

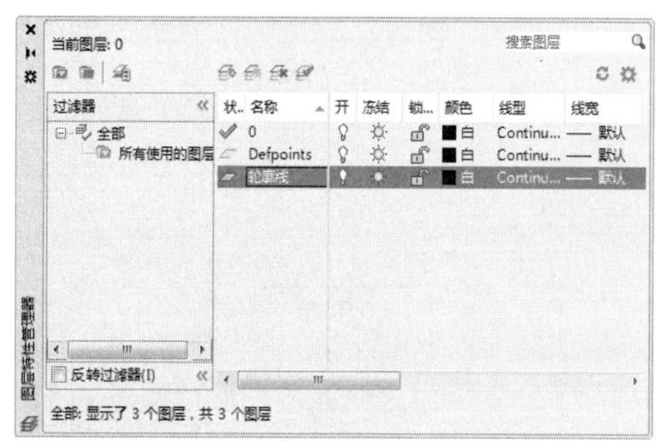

图4-84

05_ 继续相同的操作，创建【尺寸线】和【中心线】图层，如图4-85所示。

06_ 单击【中心线】的颜色图标，弹出【选择颜色】对话框，设置【中心线】图层的颜色为红色，如图4-86所示。

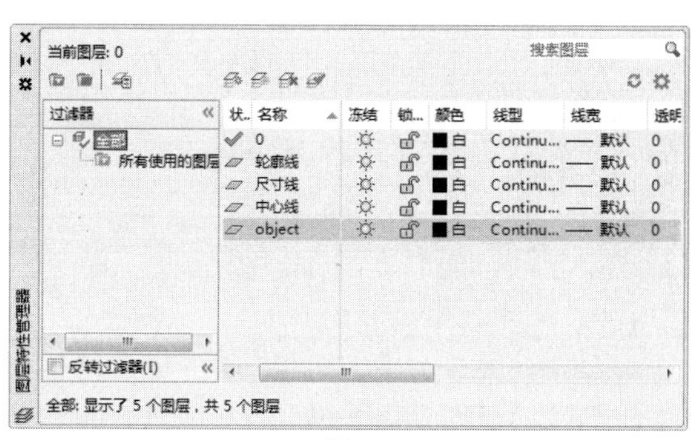

图4-85

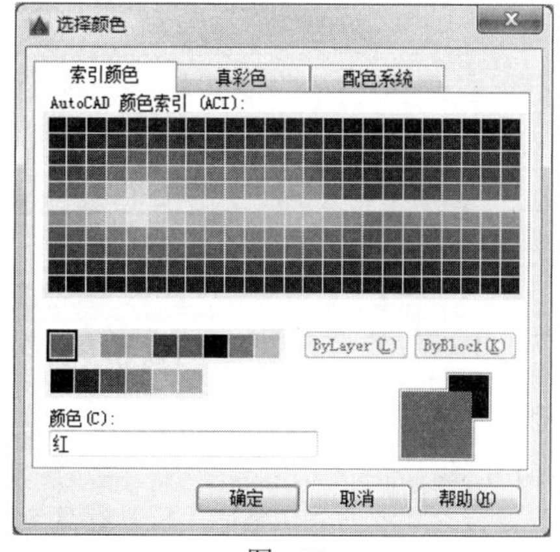

图4-86

07_ 使用相同的办法，设置【尺寸线】的颜色为绿色，如图4-87所示。

08_ 单击【中心线】的线型，弹出【选择线型】对话框，设置【中心线】图层的线型为“CENTER”，如图4-88所示。

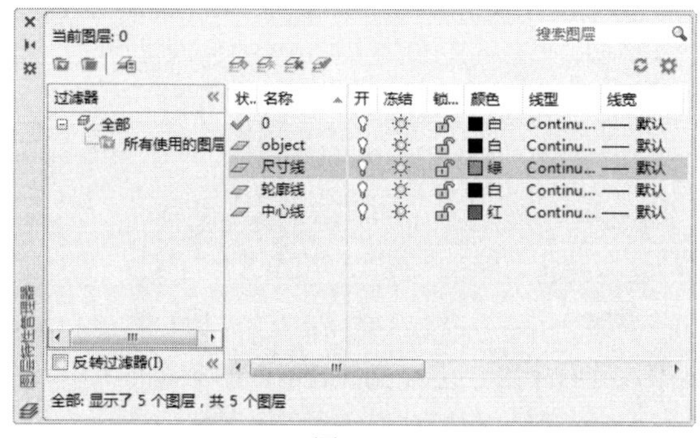

图4-87

选择线型

已加载的线型

线型	外观	说明
CENTER		Center
Continuous		Solid line

确定　取消　加载(L)...　帮助(H)

图4-88

09_ 返回【图层特性管理器】选项板，效果如图4-89所示。

10_ 单击【轮廓线】图层中的【线宽】，弹出【线宽】对话框，选择“0.30mm”，如图4-90所示。

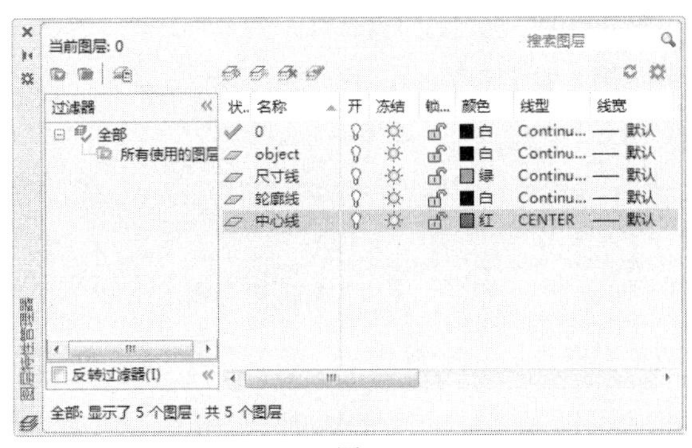

图4-89 图4-90

11_ 图层设置完毕，效果如图4-91所示。

12_ 选择图中的直线，使其呈夹点显示，效果如图4-92所示。

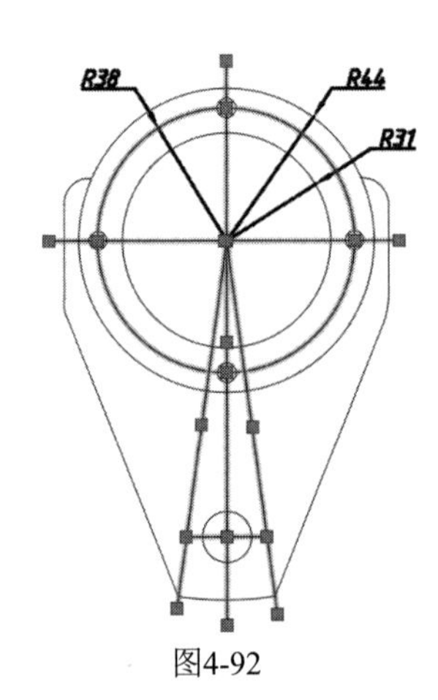

图4-91 图4-92

13_ 将【图层】设置为【中心线】图层，如图4-93所示。

14_ 按Esc键取消对象的夹点显示，如图4-94所示。

15_ 仍使用相同的方法，将图中尺寸线的图层改为【尺寸线】图层，如图4-95所示。

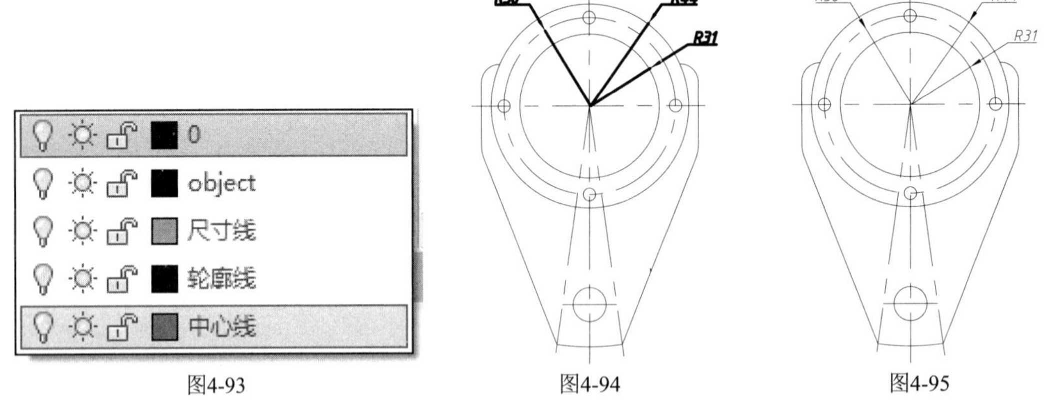

图4-93 图4-94 图4-95

16_ 在【图层控制】列表内分别单击【中心线】和【尺寸线】图层左端的按钮💡，如图4-96所示，将两个图层暂时关闭。

17_ 两个图层关闭后，图形效果如图4-97所示。

18_ 全选图形，设置【图层】为【轮廓线】，如图4-98所示。

19_ 展开【图层控制】列表，打开被隐藏的图层，如图4-99所示。最终效果如图4-100所示。

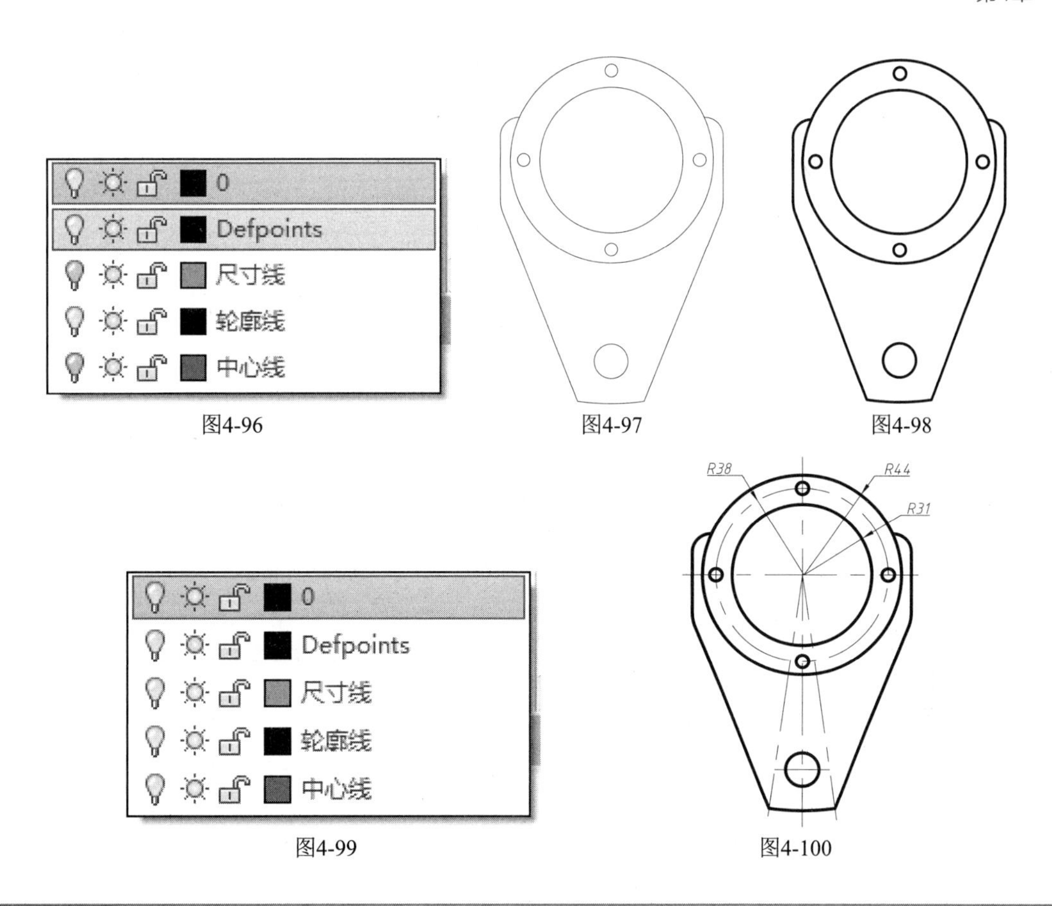

图4-96 图4-97 图4-98

图4-99 图4-100

实战152 图层操作综合实战

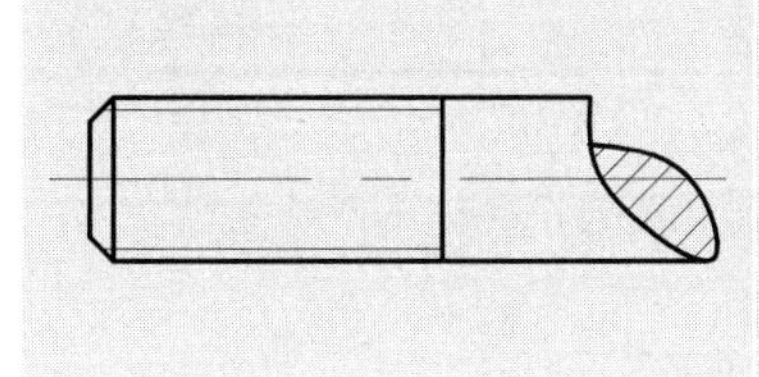

结合以上所学知识，首先创建所需图层，然后使用不同的图层绘制不同的线条，最终完成螺杆零件图绘制。本例介绍从创建图层到绘制图形的整个过程。

难度：☆

及格时间：1′40″

优秀时间：0′50″

读者自评： / / / / / /

01_ 新建AutoCAD文件。单击【图层】面板中的【图层特性】按钮，新建【轮廓线】【细实线】【中心线】【剖面】4个图层，如图4-101所示。

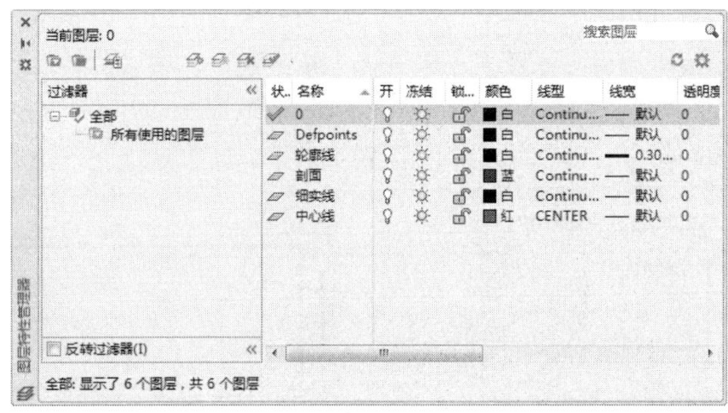

图4-101

02_ 将【图层】中的【轮廓线】设置为当前层，如图4-102所示。

03_ 单击【绘图】面板中的【矩形】按钮▭，绘制一个矩形，如图4-103所示。

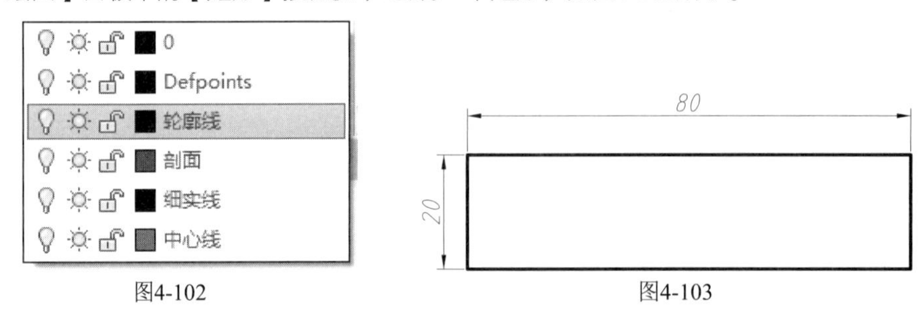

图4-102 图4-103

04_ 单击【修改】面板中的【分解】按钮，将矩形分解为4条直线。

05_ 单击【修改】面板中的【偏移】按钮，将矩形上下两条线段向内偏移1.5，将矩形左侧边向右偏移45，如图4-104所示。

06_ 单击【修改】面板中的【倒角】按钮，在矩形左侧两个角点倒角，倒角距离为3，如图4-105所示。

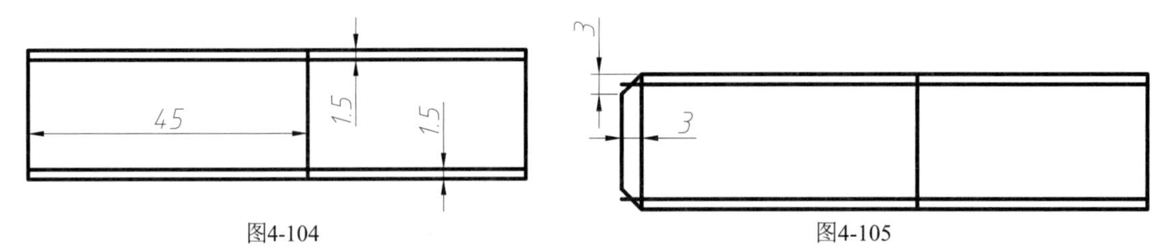

图4-104 图4-105

07_ 单击【绘图】面板中的【样条曲线】按钮，绘制样条曲线，如图4-106所示。

08_ 单击【修改】面板中的【修剪】按钮，修剪图形，如图4-107所示。

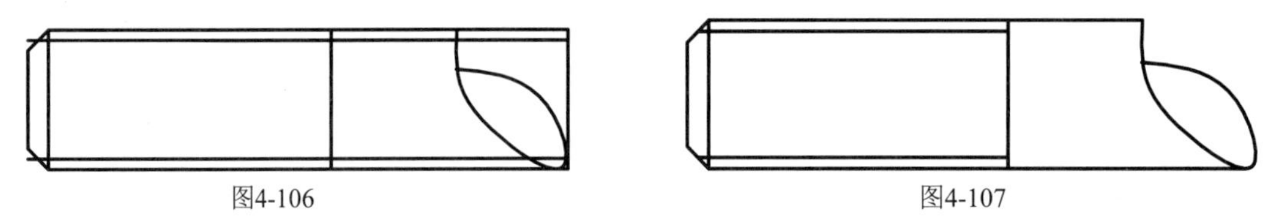

图4-106 图4-107

09_ 单击【绘图】面板中的【图案填充】按钮，选择ANSI31图案，设置比例为20，如图4-108所示。

10_ 填充断面部分，如图4-109所示。

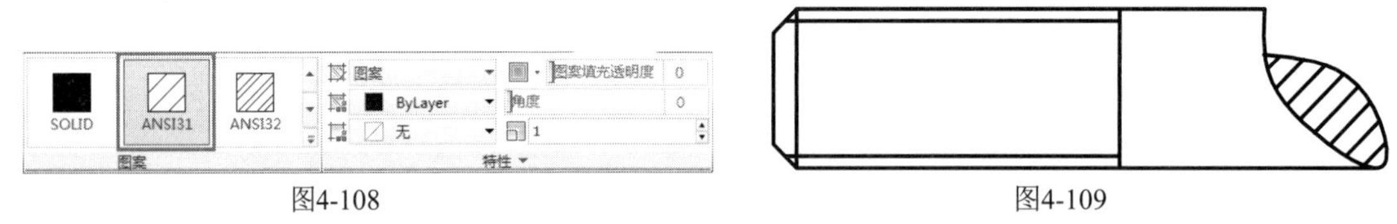

图4-108 图4-109

11_ 选择螺杆的两条小径线，然后在【图层】中选择【细实线】，将线条转换到细实线层；同样的方法将填充图案转换到【剖面】图层，如图4-110所示。

12_ 将【图层】改为【中心线】，单击【绘图】面板中的【直线】按钮，绘制一条水平中心线，最终效果如图4-111所示。

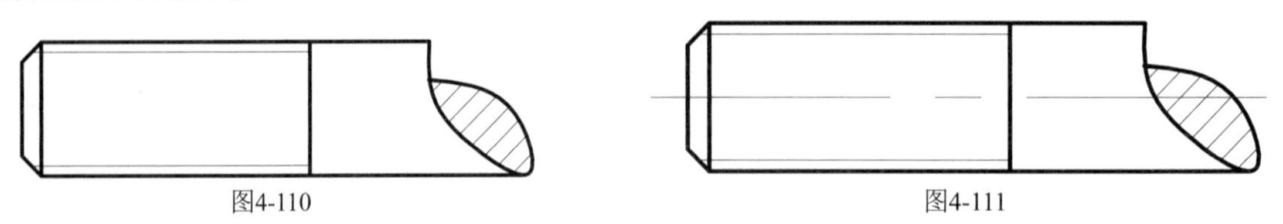

图4-110 图4-111

第5章 图块

图块可以是由多个绘制在不同图层上的不同特性对象组合的集合，并具有块名。块创建后，用户可以将其作为单一的对象插入零件图或装配图的图形中。块是系统提供给用户的重要绘图工具之一。

5.1 图块对于快速绘图的意义

在绘制图形时，如果图形中有大量相同或相似的内容，或者所绘制的图形与已有的图形文件相同，可以把重复绘制的图形创建成块（也称为图块），并可以根据需要为块创建属性，指定块的名称、用途及设计者等信息，在需要时直接插入它们，从而提高绘图效率。

5.2 创建基础图块

本节讲解AutoCAD基础的图块命令，下面通过实战介绍创建图块的过程。

实战153 创建基准符号图块

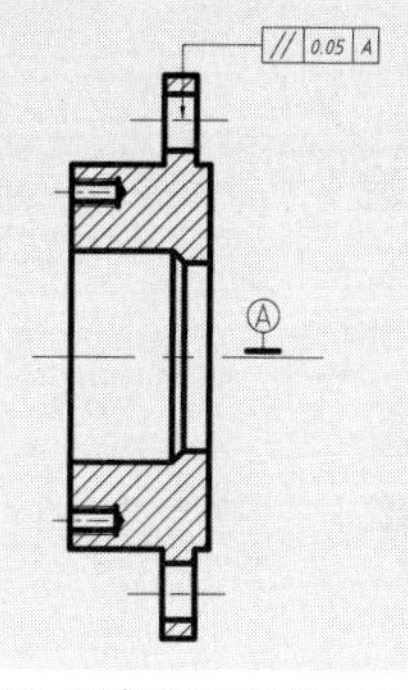

基准符号由圆圈、字母和直线组成，当基准符号对准的是面及面的延伸线或该面的尺寸界限时，表示是以该面为基准。当基准符号对准的是尺寸线，表示是以该尺寸标注的实体中心线为基准。基准符号是工程绘图中常用的符号，借助图块的功能，把绘制好的符号保存，以便在绘图过程中重复使用，下面介绍创建基准符号图块的方法。

难度：☆☆

及格时间：3′00″

优秀时间：1′50″

读者自评： / / / / / /

01_ 打开“第5章/实战153 创建基准符号图块.dwg”素材文件，如图5-1所示。

02_ 在空白处绘制基准符号，如图5-2所示。

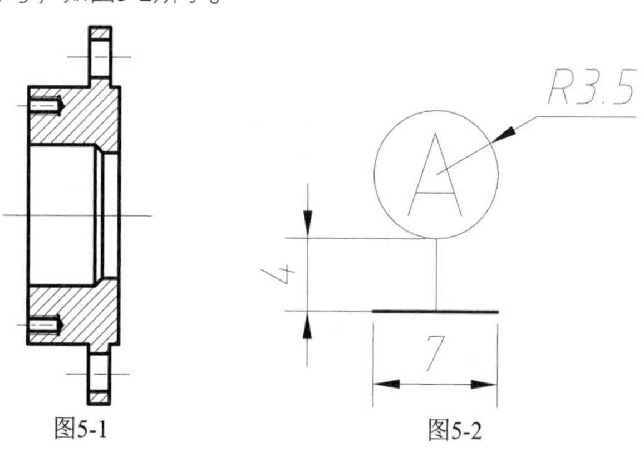

图5-1　　图5-2

03_ 单击【块】面板中的【创建块】按钮，弹出【块定义】对话框，设置【名称】为“基准符号”，如图5-3所示。

04_ 单击【选择对象】按钮，框选绘制的整个图形，单击【拾取点】按钮选择图形点1，然后单击【确定】按钮，如图5-4所示。

图5-3

图5-4

05_ 单击【块】面板中的【插入块】按钮，选择【基准符号】，如图5-5所示。

06_ 将基准符号添加入素材图形中，如图5-6所示。

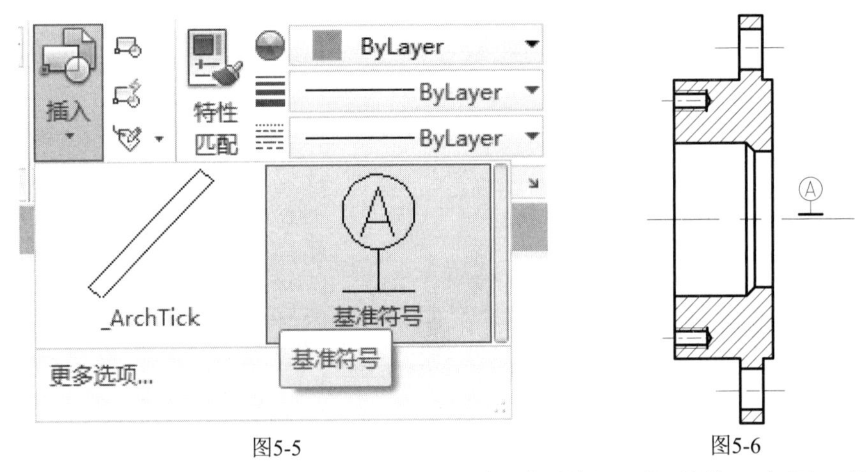

图5-5　图5-6

07_ 在命令行输入LE执行【快速引线】命令，输入S，弹出【引线设置】对话框，如图5-7所示。

08_ 选择上中心线为起点，折弯直线，单击弹出【形位公差】对话框，设置【符号】为平行符号，【公差1】为0.05，公差2为A，如图5-8所示。

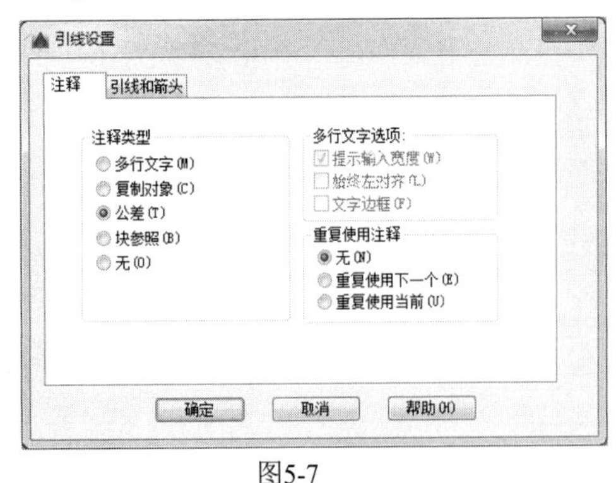

图5-7

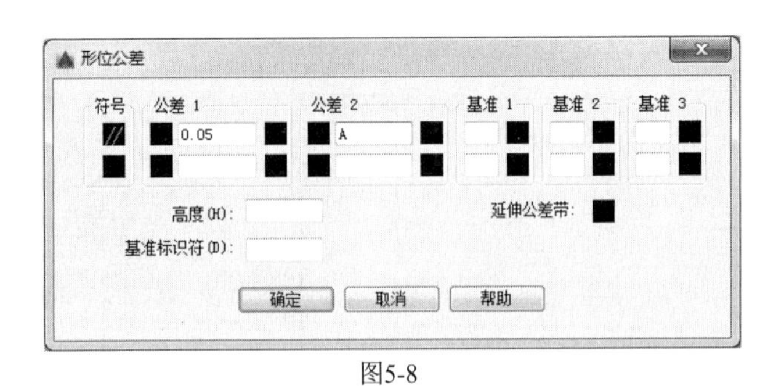

图5-8

09_ 单击【确定】按钮，最终图形效果如图5-9所示。

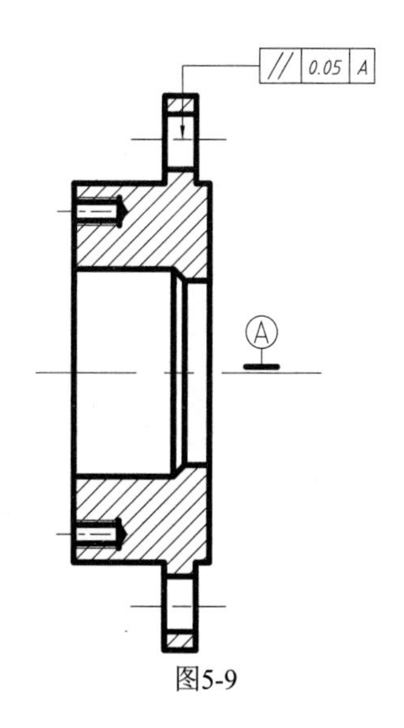

图5-9

实战154 创建粗糙度符号图块

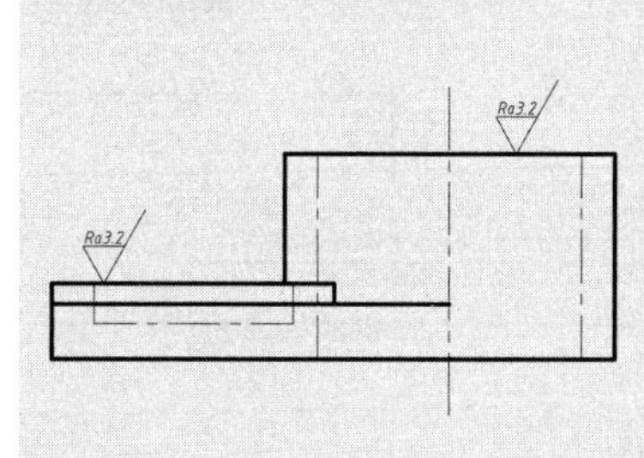

表面粗糙度是指零件的加工表面上具有的较小间距和峰谷所形成的微观几何形状误差。粗糙度符号在机械绘图工作中是常用的符号，借助图块的功能，把绘制好的符号保存，以便在绘图过程中重复使用，下面介绍创建粗糙度符号图块的方法。

难度：☆☆

及格时间：2′40″

优秀时间：1′20″

读者自评： / / / / / /

01_ 打开“第5章/实战154 创建粗糙度符号图块.dwg”素材文件，如图5-10所示。

02_ 执行【直线】命令，绘制粗糙度符号，效果如图5-11所示。

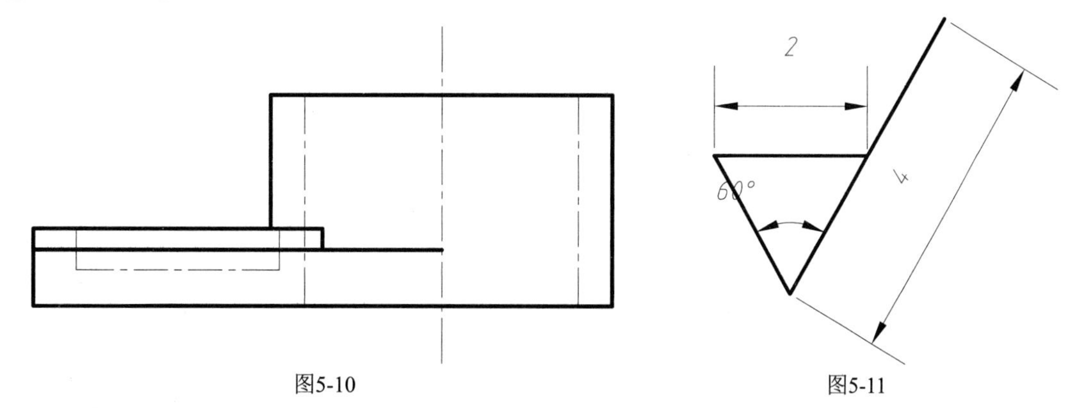

图5-10　图5-11

03_ 单击【注释】面板中的【多行文字】按钮A，在粗糙度符号上方添加文字 “Ra3.2”，设置字高为0.7，如图5-12所示。

04_ 单击【块】面板中的【创建块】按钮，弹出【块定义】对话框，设置【名称】为“粗糙度符号”，如图5-13所示。

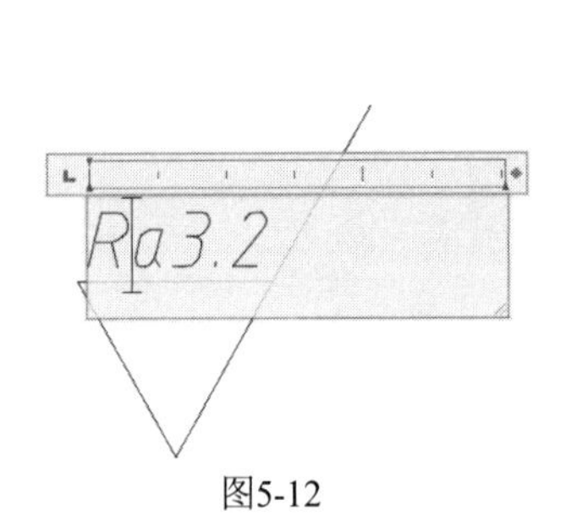

图5-12

图5-13

05_ 单击【选择对象】按钮，框选绘制的整个图形，单击【拾取点】按钮，选择图形下端点作为图块插入基点，然后单击【确定】按钮，如图5-14所示。

06_ 单击【块】面板中的【插入块】按钮，选择【粗糙度符号】，如图5-15所示。

07_ 将粗糙符号添加至素材图形中，如图5-16所示。

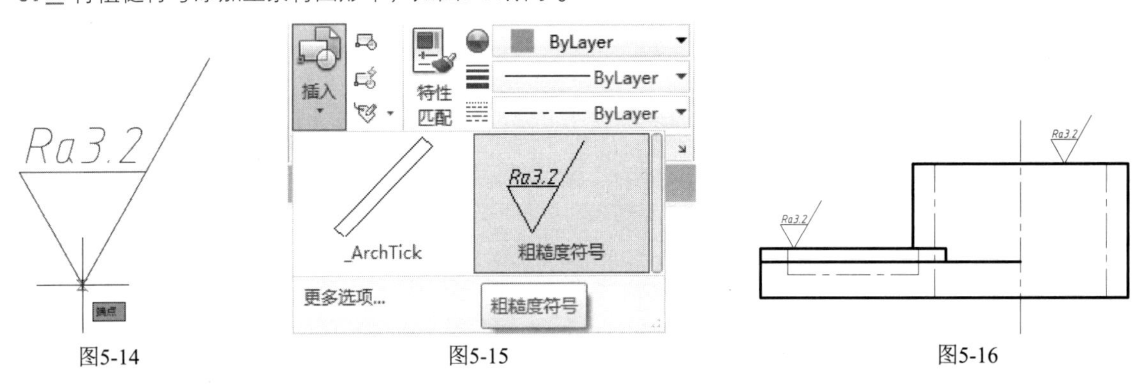

图5-14　　图5-15　　图5-16

实战155　创建标高符号图块

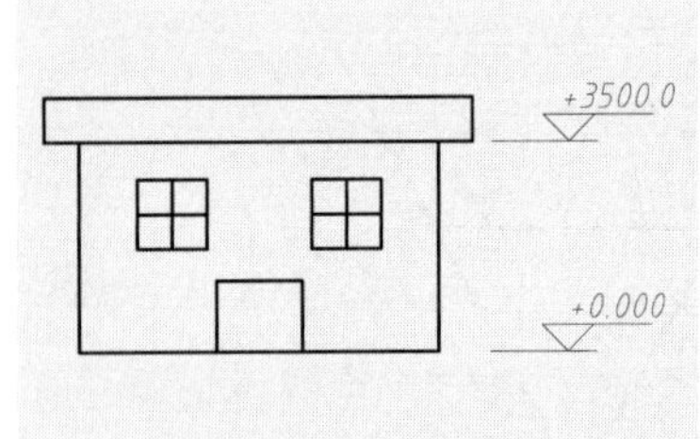

标高表示建筑物各部分的高度，是建筑物某一部位相对于基准面（标高的零点）的竖向高度，是竖向定位的依据。在施工图中经常有一个小小的直角等腰三角形，三角形的尖端或向上或向下，这是标高的符号。标高符号在建筑行业中常常需要使用，绘制人员利用图块将图形保存，然后重复使用，从而提高了绘制工作效率。

难度：☆☆

及格时间：4′00″

优秀时间：2′00″

读者自评：/ / / / / /

01_ 打开“第5章/实战155 创建标高符号图块.dwg”素材文件，如图5-17所示。

02_ 在空白处绘制标高符号，如图5-18所示。

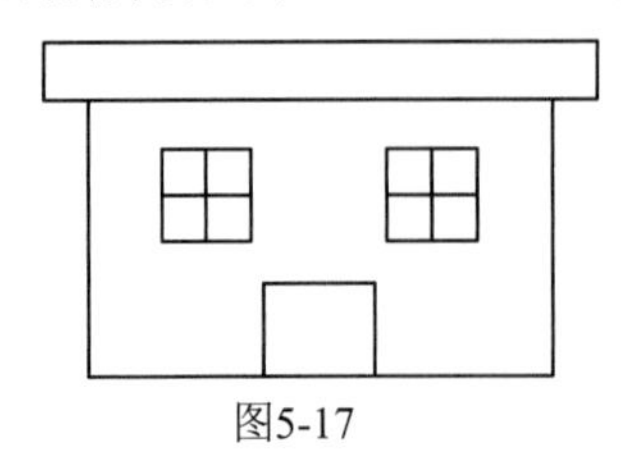

图5-17

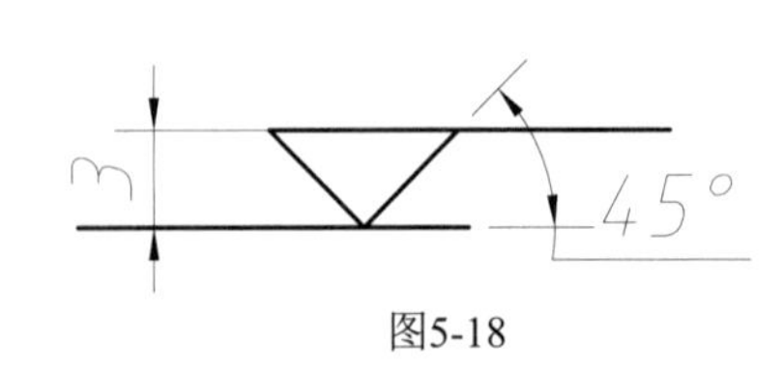

图5-18

03_ 在命令行输入ATT，弹出【属性定义】对话框，设置【标记】为“标高”、【提示】为“输入标高值”、【默认】为“+0.000”，如图5-19所示。

04_ 将属性块移动到标高符号上方，如图5-20所示。

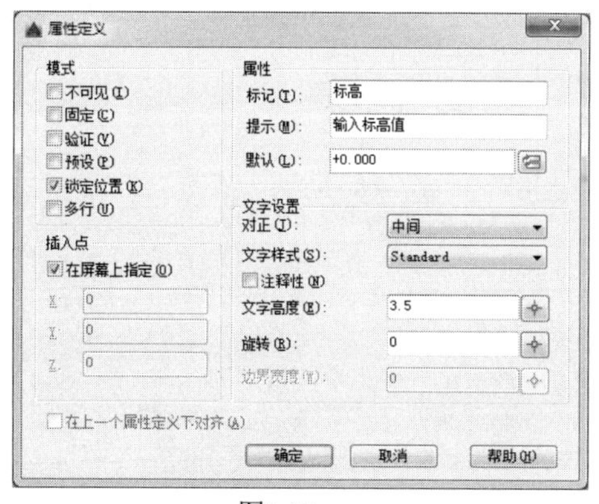

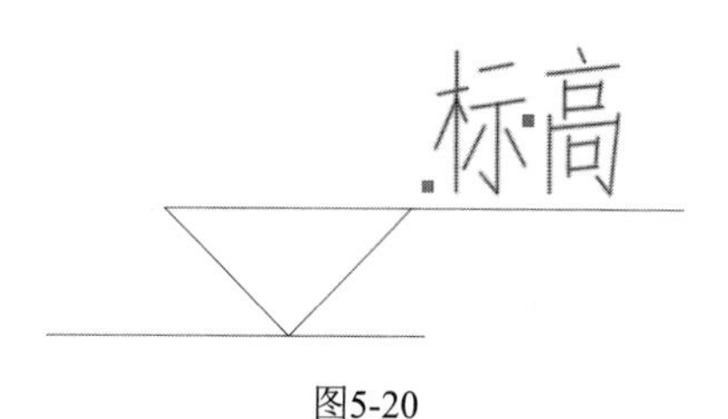

图5-19　　　　图5-20

05_ 单击【块】面板中的【创建块】按钮，弹出【块定义】对话框，设置【名称】为“标高”，如图5-21所示。

06_ 单击【选择对象】按钮，框选绘制的整个图形，单击【拾取点】按钮，选择图形的下端点，如图5-22所示。

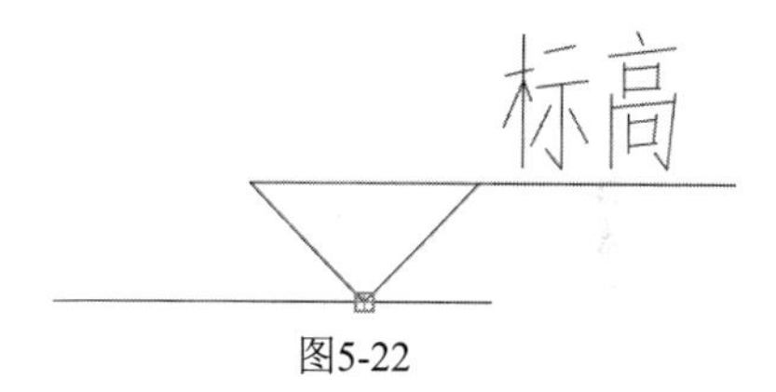

图5-21　　　　图5-22

07_ 单击【确定】按钮后弹出【编辑属性】对话框，然后单击【确定】按钮，如图5-23所示。

08_ 单击【块】面板中的【插入块】按钮，选择【标高】，如图5-24所示。

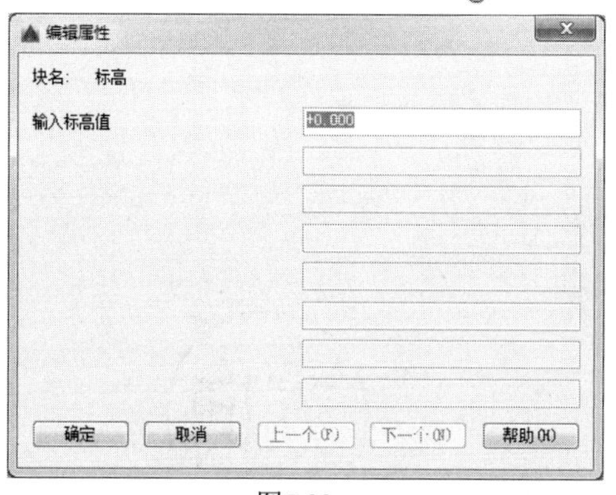

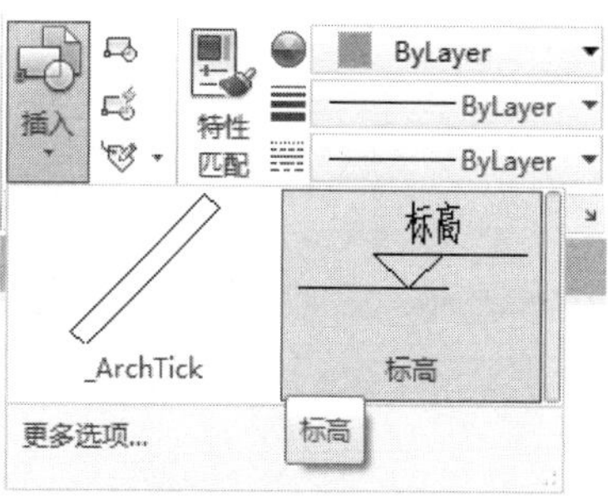

图5-23　　　　图5-24

09_ 将标高符号移动到适合的位置，单击后弹出【编辑属性】对话框，改变属性块的数值，如图5-25所示。

10_ 继续添加标高符号，最终效果如图5-26所示。

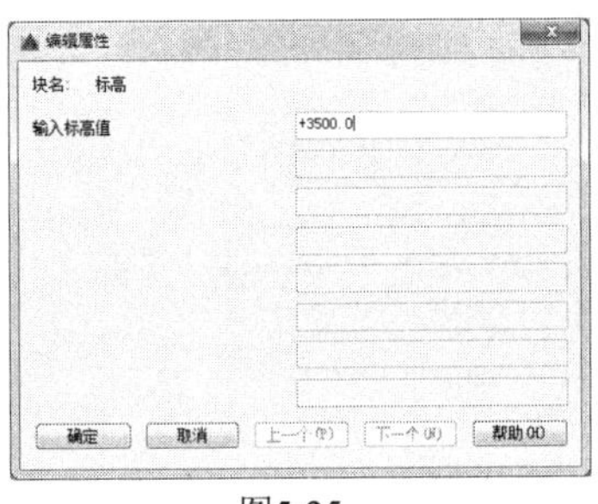

图5-25

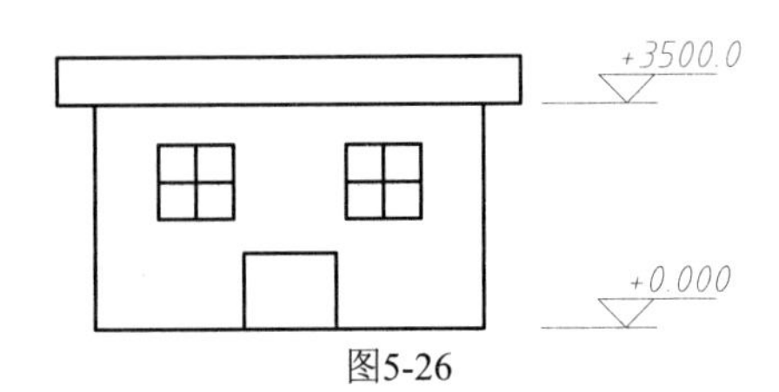

图5-26

实战156 创建属性图块

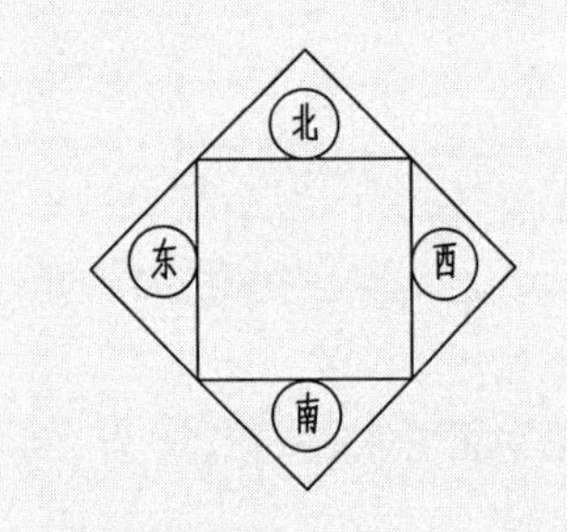

要创建带有属性的块，一般先绘制作为块元素的图形，然后创建作为块元素的属性，最后同时选中图形和属性，将其统一定义为块并保存为块文件。块的属性在插入过程中是可以修改的，所以针对不同的情况，可以对块的属性做出改变，提高工作效率。

难度：☆☆

及格时间：1′40″

优秀时间：0′50″

读者自评： / / / / / /

01_ 打开“第5章/实战156 创建属性图块.dwg”素材文件，如图5-27所示。

02_ 在命令行输入C执行【圆】命令，在空白处绘制一个半径为9的圆，如图5-28所示。

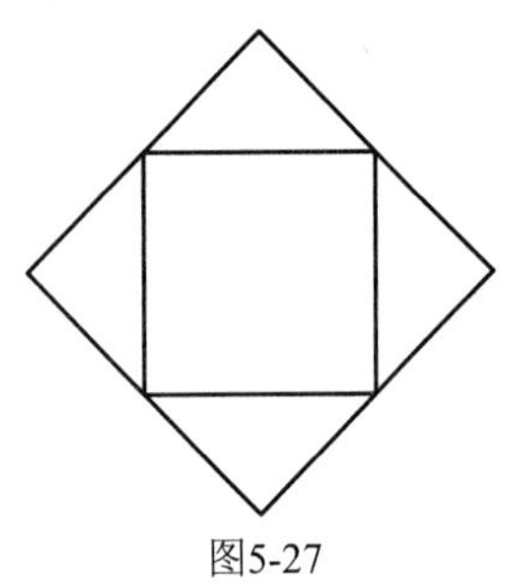
图5-27

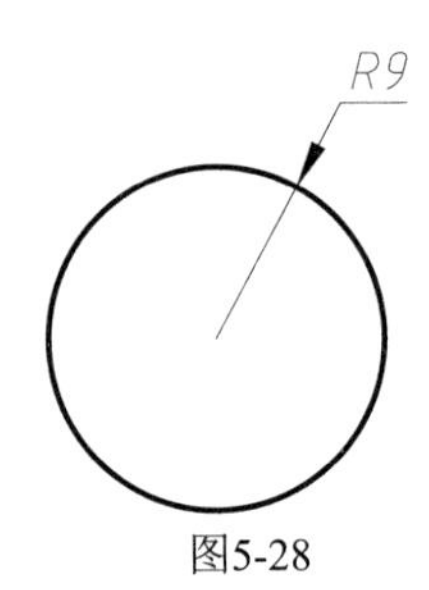

图5-28

03_ 在命令行输入ATT，弹出【属性定义】对话框，设置【标记】为 “方向”、【提示】为“输入方向”、【默认】为“北”，如图5-29所示。

04_ 将属性块移动到圆的中心，如图5-30所示。

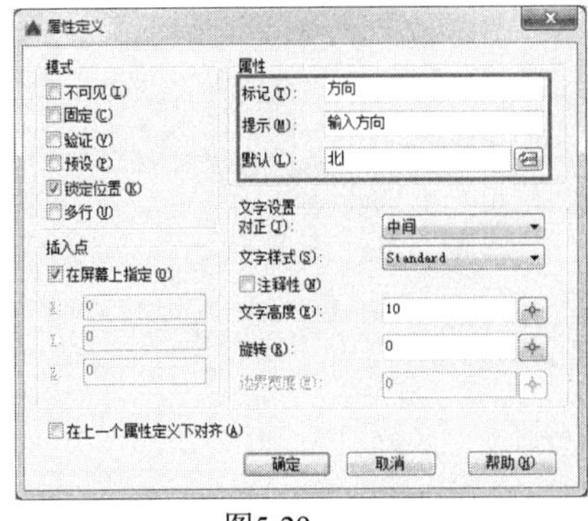

图5-29

图5-30

05_ 单击【块】面板中的【创建块】按钮，弹出【块定义】对话框，设置【名称】为“方向”，如图5-31所示。

06_ 单击【选择对象】按钮，框选绘制的整个图形，然后再单击【拾取点】按钮，选择图形的下端点，如图5-32所示。

图5-31

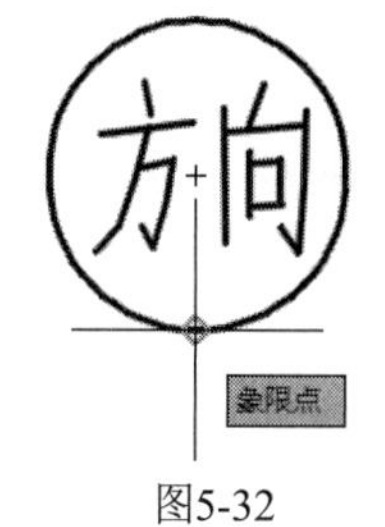

图5-32

07_ 退回到【块定义】对话框，单击【确定】按钮后弹出【编辑属性】对话框，输入方向文字“北”如图5-33所示。

08_ 单击【块】面板中的【插入块】按钮，选择【方向】图块，默认【输入方向】参数，插入图形中，如图5-34所示。

09_ 仍然使用相同的方法，添加【方向】图块，改变属性块内容，效果如图5-35所示。

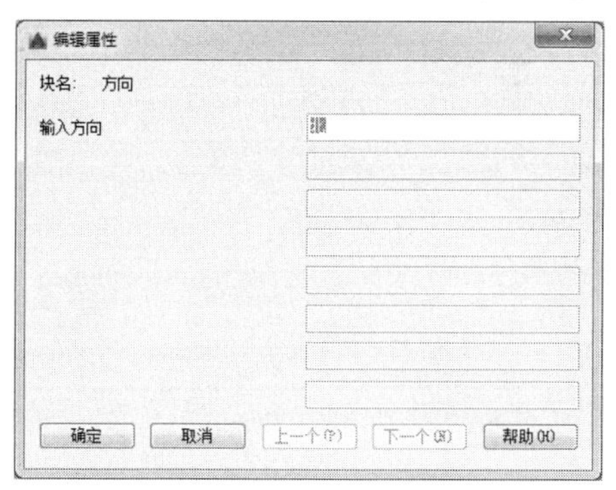

图5-33

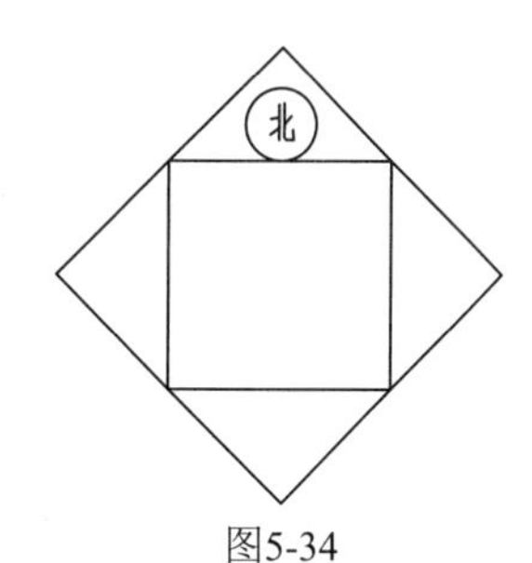

图5-34

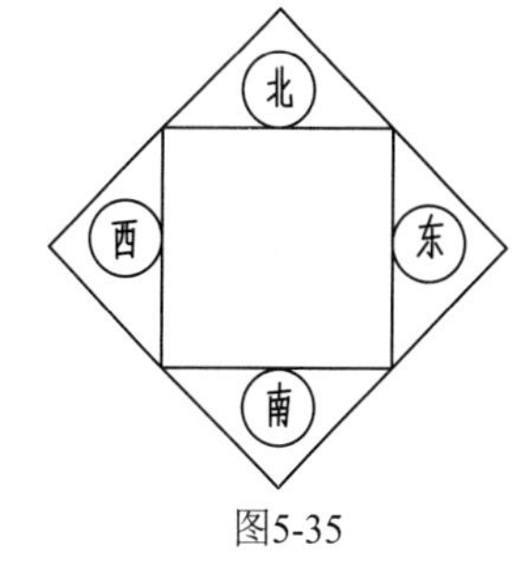

图5-35

实战157　删除块

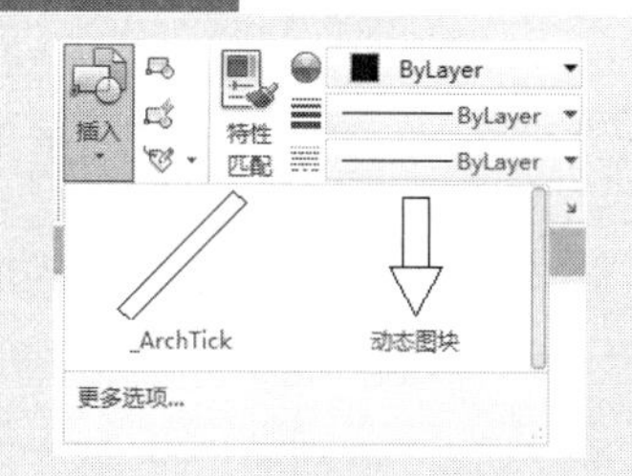

在创建的众多的图块中，也许有些已经不再使用，这时可以删除图块，减少内存，本案例介绍使用【清理】命令删除图块的操作过程。

难度：☆☆

及格时间：1′00″

优秀时间：0′30″

读者自评：　/　/　/　/　/　/

01_ 打开“第5章/实战157 删除块.dwg”素材文件，单击【块】面板中的【插入块】按钮，显示已有的图块，如图5-36所示。

02_ 选择【菜单栏】中的【文件】选项，接着选择【图形实用程序】中的【清理】选项，如图5-37所示。

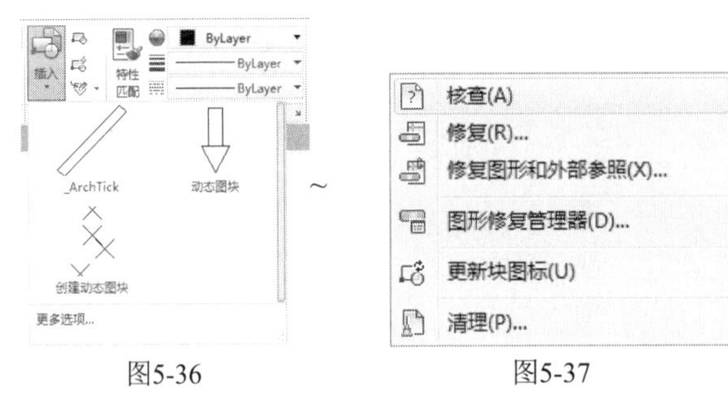

图5-36　　图5-37

03_ 弹出【清理】对话框，单击【块】选项前面的加号，选择【创建动态图块】选项，如图5-38所示。

04_ 单击【清理】按钮，弹出【清理-确认清理】对话框，单击【清理此项目】选项，如图5-39所示。

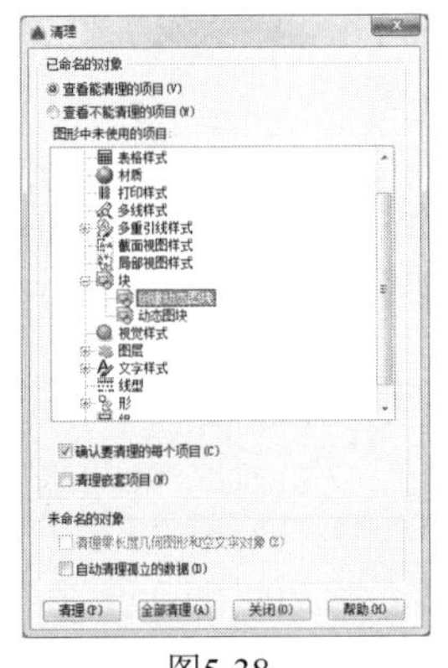

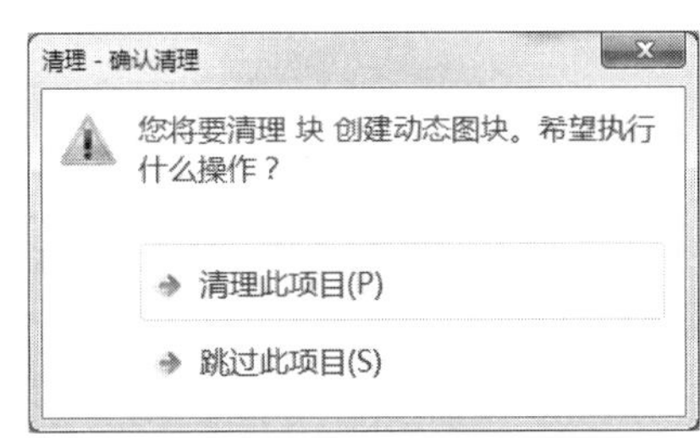

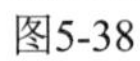

图5-38　　图5-39

05_ 单击【插入】按钮，会发现多余的“创建动态图块”已经被删除，如图5-40所示。

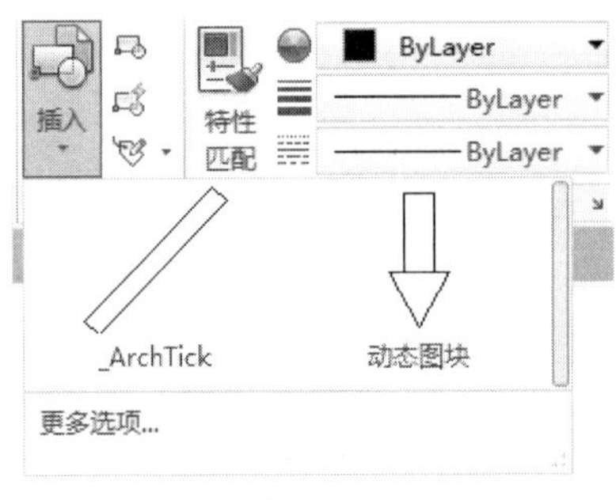

图5-40

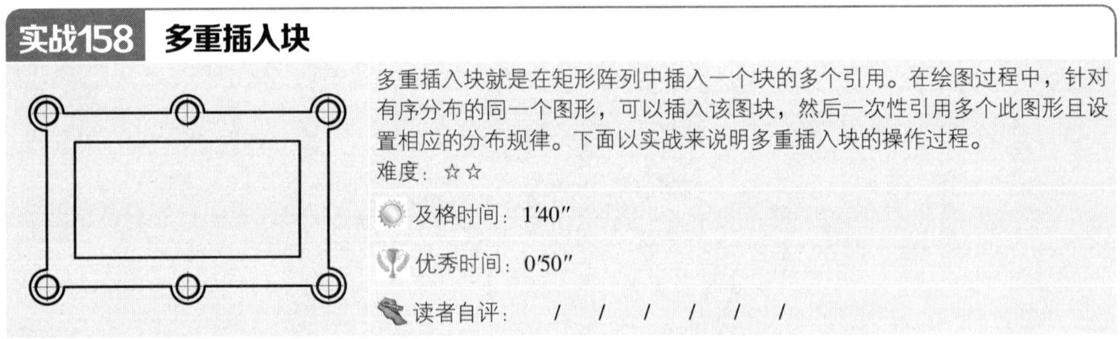

实战158 多重插入块

多重插入块就是在矩形阵列中插入一个块的多个引用。在绘图过程中，针对有序分布的同一个图形，可以插入该图块，然后一次性引用多个此图形且设置相应的分布规律。下面以实战来说明多重插入块的操作过程。

难度：☆☆

及格时间：1′40″

优秀时间：0′50″

读者自评：/ / / / / /

01_ 打开“第5章/实战158 多重插入块.dwg”素材文件，如图5-41所示。

02_ 在命令行输入MINSERT执行【多重插入块】命令，默认插入块名为“螺纹孔”，将块移动到下圆弧圆心，如图5-42所示。

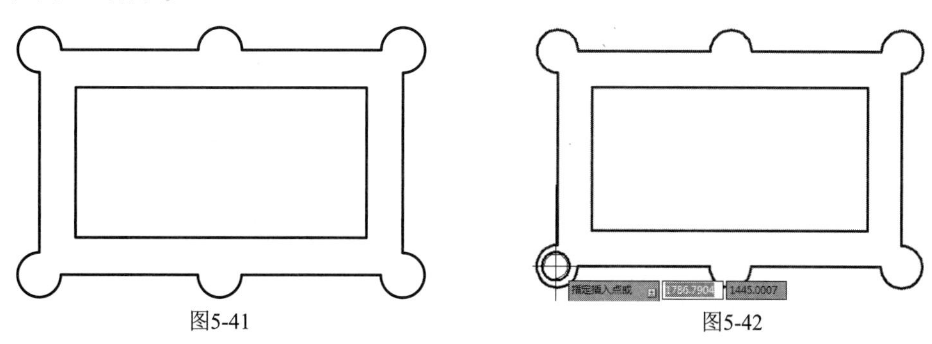

图5-41　　　　图5-42

03_ 设置比例全部为1，角度为0°，2行3列，其行距为30、列距为25，最终图形效果如图5-43所示。

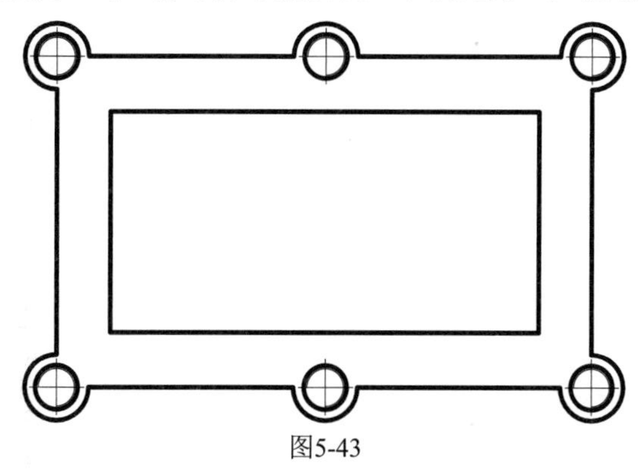
图5-43

5.3 动态图块

通俗地说，动态块就是“会动”的块，所谓“会动”，是指可以根据需要对块的整体或局部进行动态调整。“会动”使动态块不但像块一样有整体操作的优势，而且拥有块所没有的局部调整功能。

实战159 创建动态图块

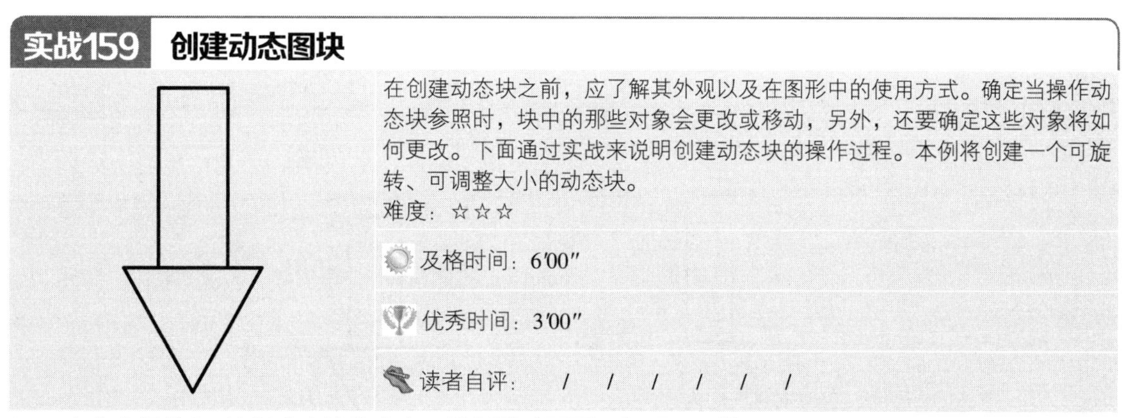

在创建动态块之前，应了解其外观以及在图形中的使用方式。确定当操作动态块参照时，块中的那些对象会更改或移动，另外，还要确定这些对象将如何更改。下面通过实战来说明创建动态块的操作过程。本例将创建一个可旋转、可调整大小的动态块。

难度：☆☆☆

及格时间：6′00″

优秀时间：3′00″

读者自评：/ / / / / /

01_ 在命令行输入L执行【直线】命令，绘制基础图形，如图5-44所示。

02_ 单击【块】面板中的【块编辑】按钮，弹出【编辑块定义】对话框，输入新块名“动态图块”，如图5-45所示。

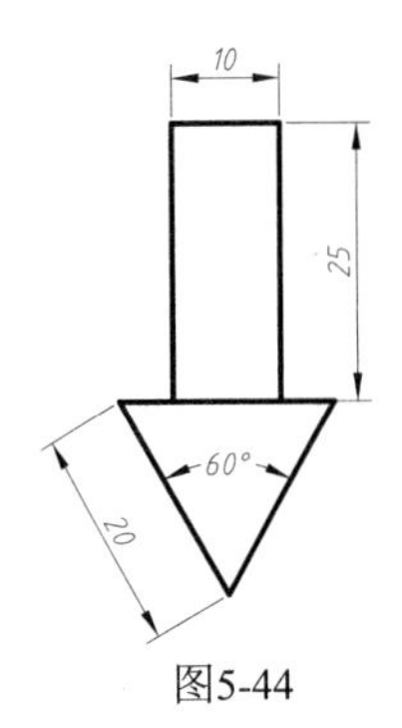

图5-44

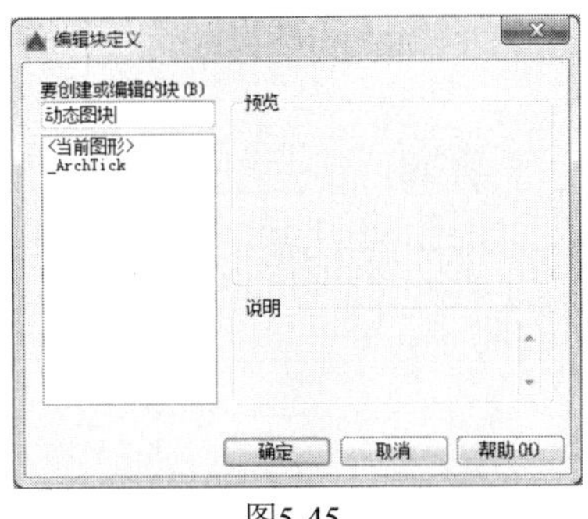

图5-45

03_ 在【块编写选项板】的【参数】选项卡中单击【点】按钮，输入L，设置标签为“基点”，选择起始点为下端点，如图5-46所示。

04_ 指定选项卡位置，如图5-47所示。

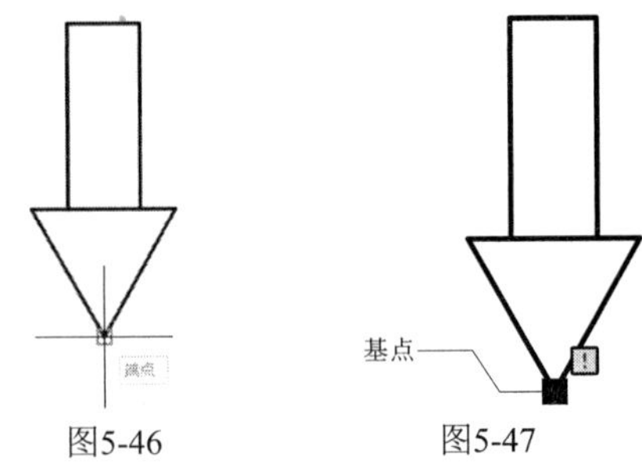

图5-46　　图5-47

05_ 在【块编写选项板】的【参数】选项卡中单击【线性】按钮，输入L，设置标签为“拉伸”，选择起始点为下端点，如图5-48所示。

06_ 指定选项卡位置，如图5-49所示。

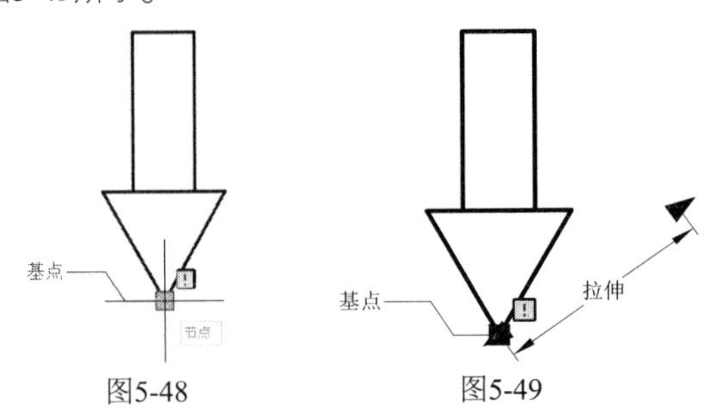

图5-48　　图5-49

07_ 在【块编写选项板】的【参数】选项卡中单击【角度】按钮，输入L，设置标签为“旋转”，选择圆心为下端点，如图5-50所示。

08_ 设置半径为10，角度为270°，如图5-51所示。

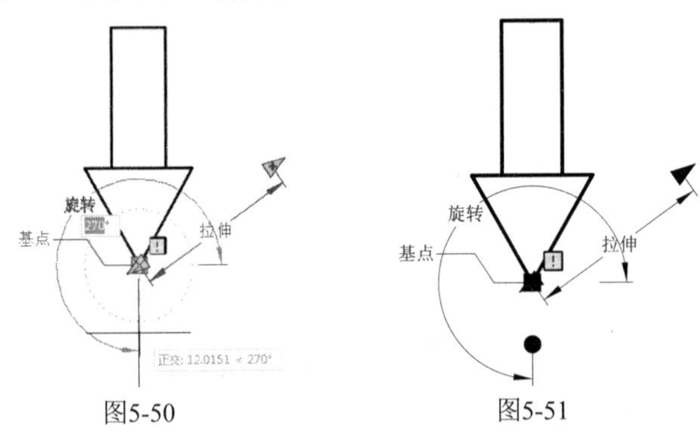

图5-50　　图5-51

09_ 在【块编写选项板】的【动作】选项卡中单击【缩放】按钮，选择参数为拉伸标签，如图5-52所示。

10_ 选择整个图形，如图5-53所示。

11_ 右击，设置完成，如图5-54所示。

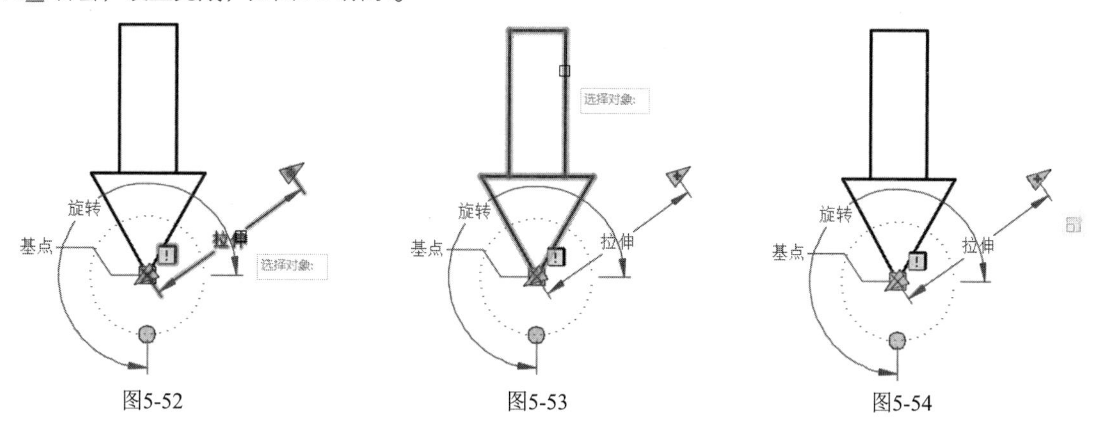

图5-52　　图5-53　　图5-54

12_ 在【块编写选项板】的【动作】选项卡中单击【旋转】按钮，选择参数为旋转标签，如图5-55所示。

13_ 选择整个图形，如图5-56所示。

14_ 右击，设置完成，如图5-57所示。

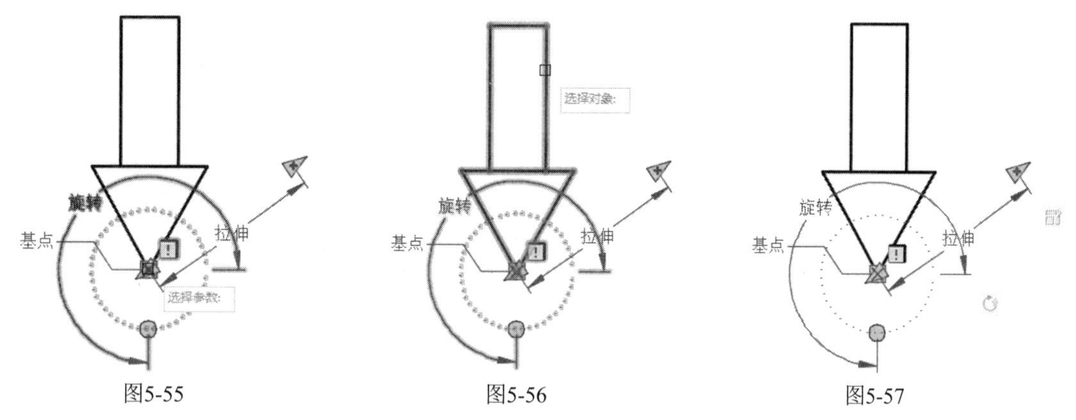

图5-55　　图5-56　　图5-57

15_ 单击【块编辑器】菜单栏中的【保存】按钮，将定义的动态块保存。

16_ 单击【块】面板中的【插入】按钮，在绘图区域中插入动态图块。单击块，然后使用夹点来缩放和旋转块，如图5-58和图5-59所示。

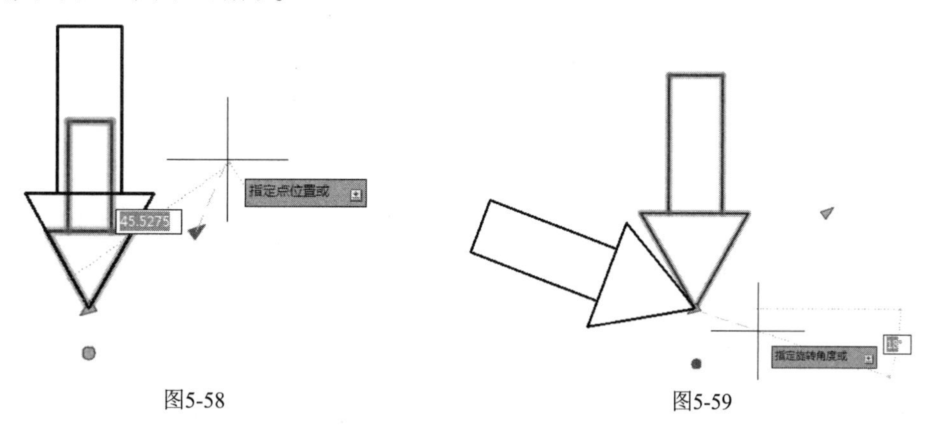

图5-58　　图5-59

实战160 创建带动作的螺钉图块

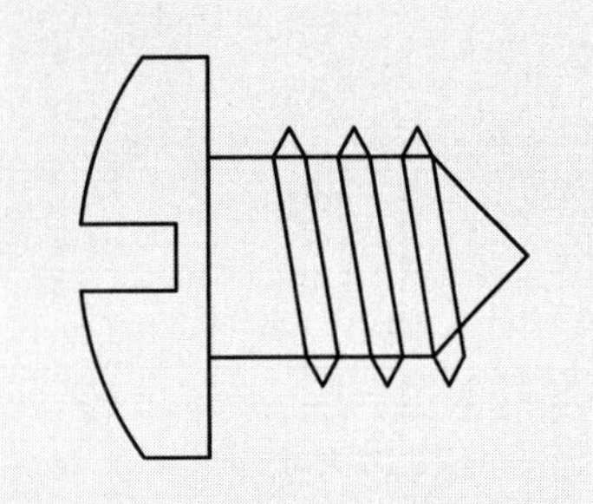

【动作】选项卡提供块编辑器中的动态定义中添加动作的工具。参照【参数】中指定的位置、角度和距离来定义块的动作，本例的螺钉图块，在创建过程中设置好变化的参数，在使用时便可根据需求更改参数，变化图形，提高绘图效率。

难度：☆☆

及格时间：4′00″

优秀时间：2′00″

读者自评：/ / / / / /

01_ 打开“第5章/实战160 创建带动作的螺钉图块.dwg”素材文件，如图5-60所示。

02_ 单击【块】面板中的【块编辑】按钮，弹出【编辑块定义】对话框，选择【当前图形】并单击【确定】按钮，如图5-61所示。

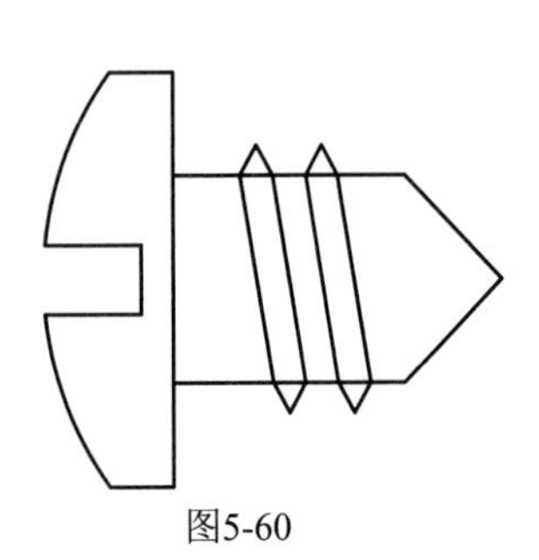

图5-60

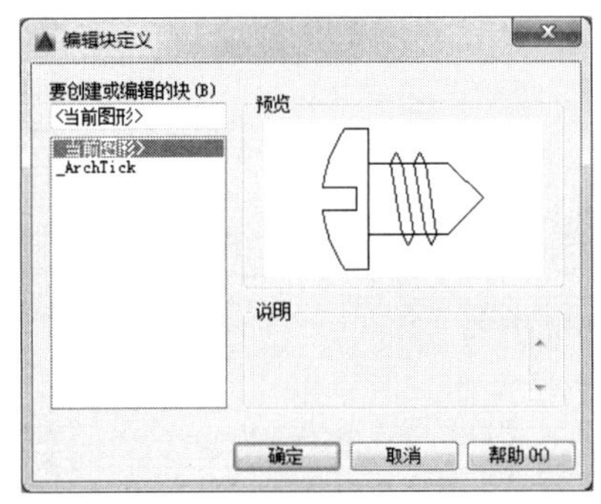

图5-61

03_ 弹出【块编写选项板】，如图5-62所示。

04_ 在【块编写选项板】的【参数】选项卡中单击【线性】按钮，指定“距离1”的位置，如图5-63所示。

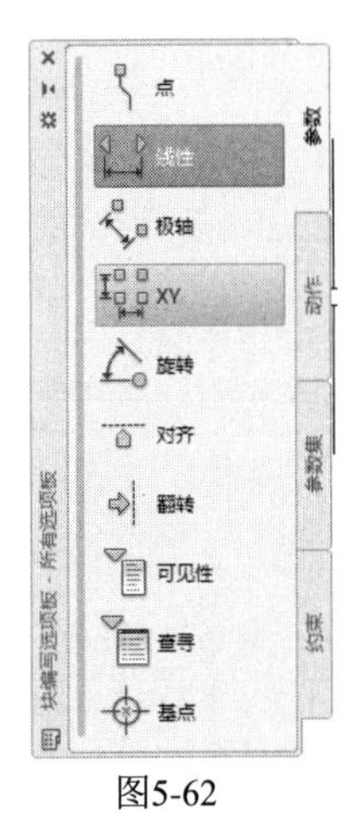

图5-62

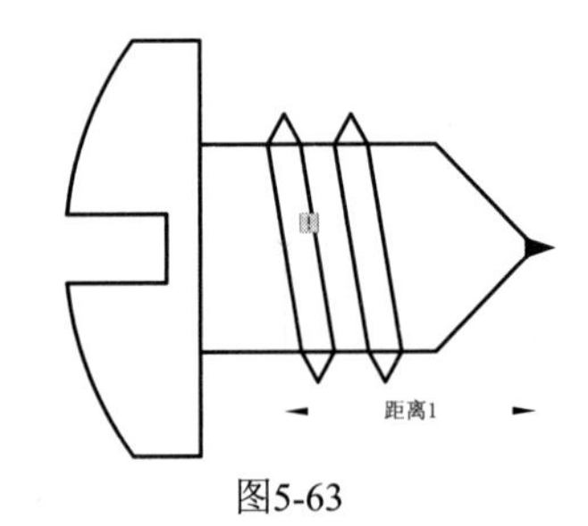

图5-63

05_ 在【块编写选项板】的【动作】选项卡中单击【拉伸】按钮，选择参数为“距离1”，设置“指定要与动作关联的参数点”为图形右端点，如图5-64所示。

06_ 分别指定拉伸框架的第一角点和第二角点，形成虚线方框，如图5-65所示。

07_ 选择拉伸对象，框选尖头部分，如图5-66所示。

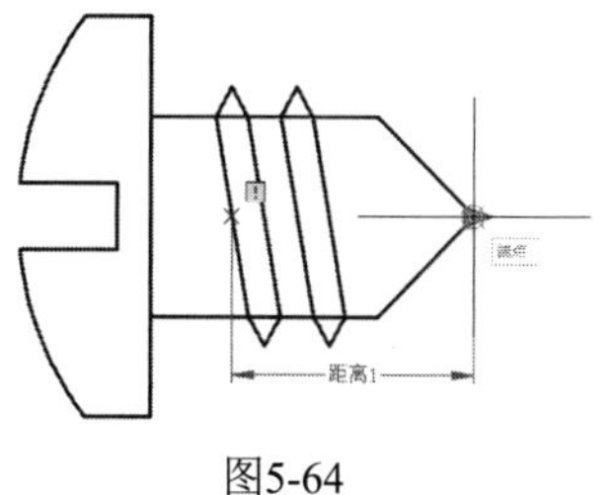

图5-64

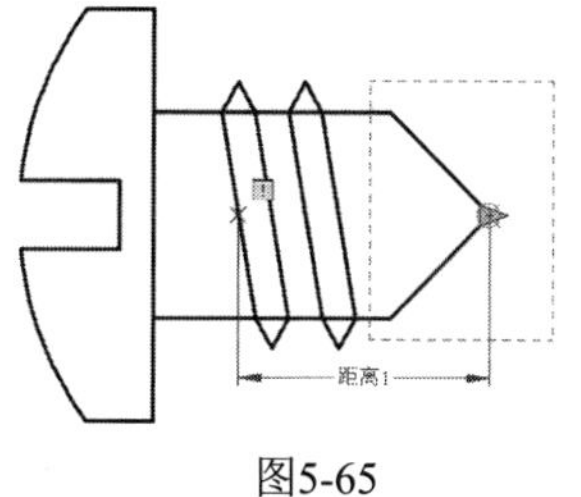

图5-65

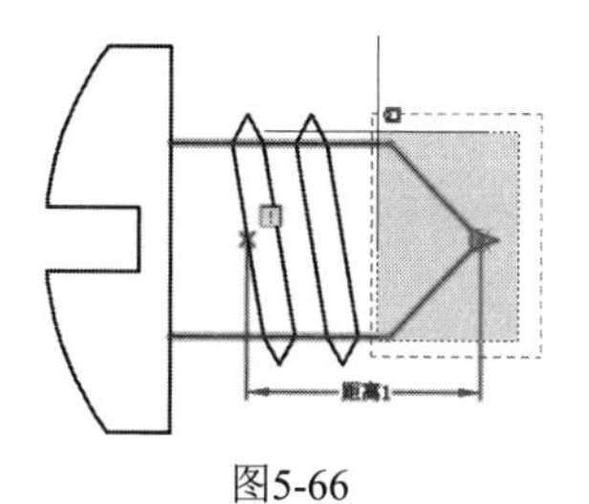

图5-66

08_ 在【块编写选项板】的【动作】选项卡中单击【阵列】按钮，选择参数为“距离1”，选择对象为左端螺纹图形，如图5-67所示。

09_ 设置阵列距离为10，右击确认，如图5-68所示。

10_ 单击【打开/保存】面板中的【测试块】，单击选择图形，如图5-69所示。

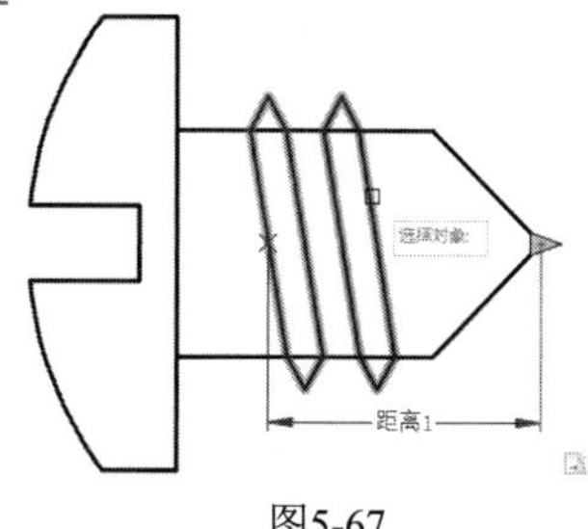

图5-67

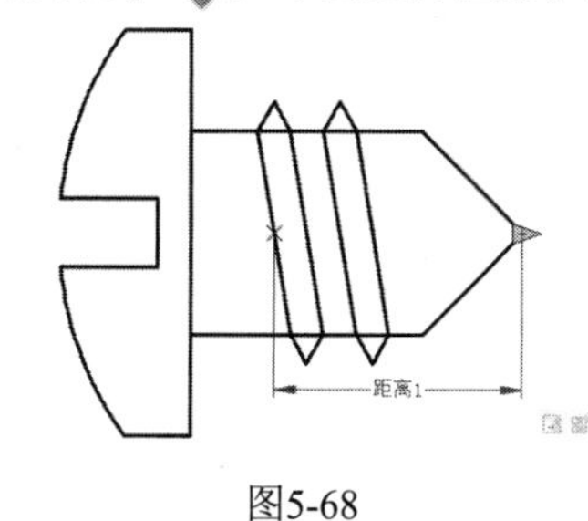

图5-68

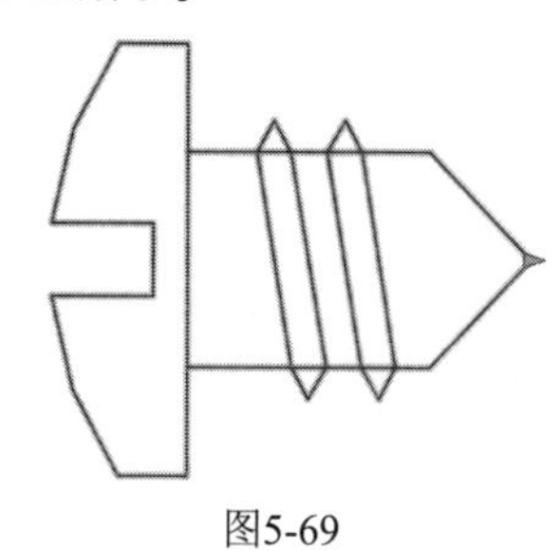

图5-69

11_ 单击左端夹点，向右拖动，测试图块是否设置成功，如图5-70所示。

12_ 测试成功后，单击【打开/保存】面板中的【将块另存为】按钮，弹出对话框，设置【块名】为“螺钉”，如图5-71所示。

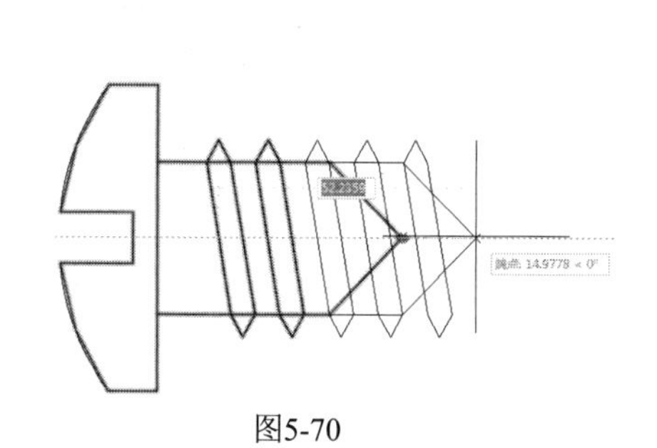

图5-70

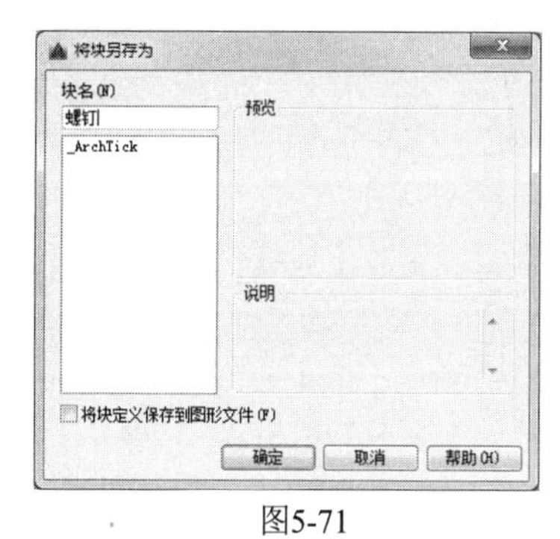

图5-71

实战161　创建带动作的指北针图块

指北针图形是一种用于指示方向的符号，在使用过程中可能因需求的不同，而指针方向不同，这时便可创建带【旋转】动作的图块，旋转图形的角度，使得引用图块的同时可以灵活改变指针方向。

难度：☆☆

及格时间：4′00″

优秀时间：2′00″

读者自评：/ / / / / /

01_ 在命令行输入C执行【圆】命令，绘制一个半径为30的圆，如图5-72所示。

02_ 在命令行输入L执行【直线】命令，以圆心为起点，竖直向上绘制一条线段，连接到圆，如图5-73所示。

03_ 继续使用【直线】命令，以直线上端点为起点，绘制一条斜线，连接到圆且与竖直线夹角为10°，如图5-74所示。

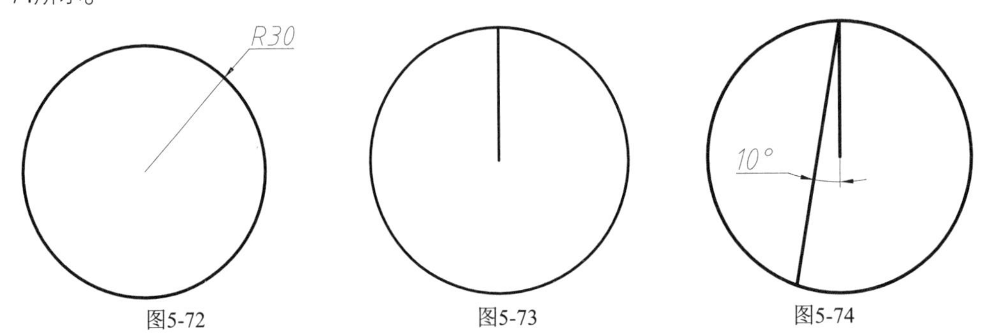

图5-72　　图5-73　　图5-74

04_ 在命令行输入MI执行【镜像】命令，选择斜线为镜像对象，竖直线为镜像线，镜像图形如图5-75所示。

05_ 单击【绘图】面板中的【图案填充】按钮，选择“SOLID”图案，填充箭头，如图5-76所示。

06_ 单击【注释】面板中的【多行文字】按钮A，输入“N”，调整文字高度，将其移动到适当位置，如图5-77所示。

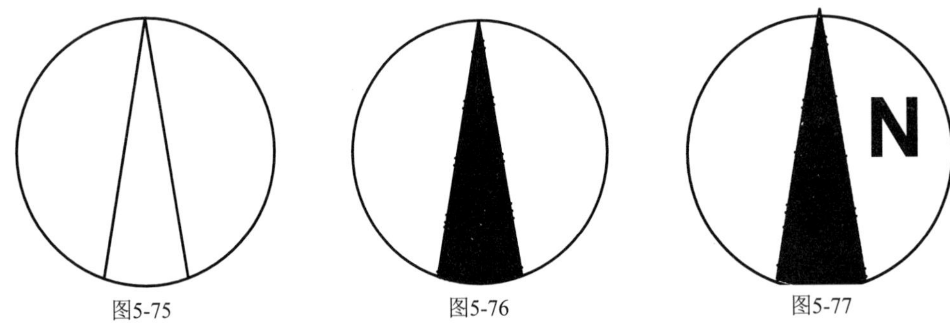

图5-75　　图5-76　　图5-77

07_ 单击【块】面板中的【块编辑】按钮，弹出【编辑块定义】对话框，选择【当前图形】并单击【确定】按钮，如图5-78所示。

08_ 在【块编写选项板】的【参数】选项卡中单击【角度】按钮，选择圆的圆心，输入半径为30，设置角度为360°，如图5-79所示。

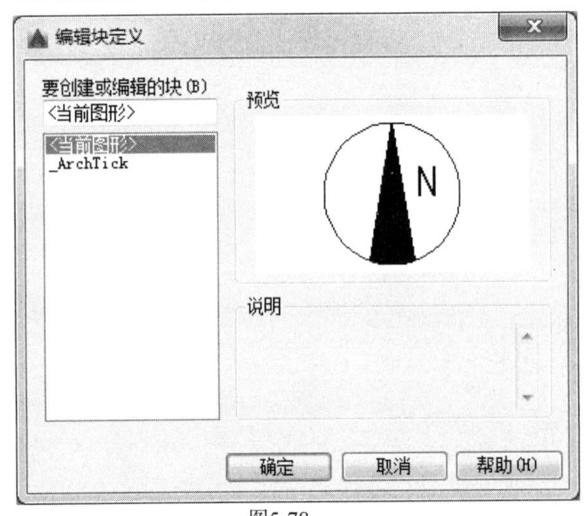

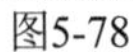

图5-78

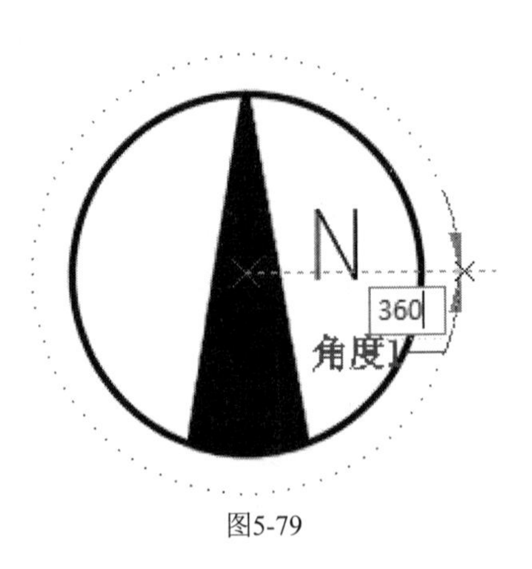

图5-79

09_ 在【块编写选项板】的【动作】选项卡中单击【旋转】按钮，选择参数为“角度”，对象为圆内指针和文字，如图5-80所示。

10_ 单击【打开/保存】面板中的【测试块】按钮，单击图形，如图5-81所示。

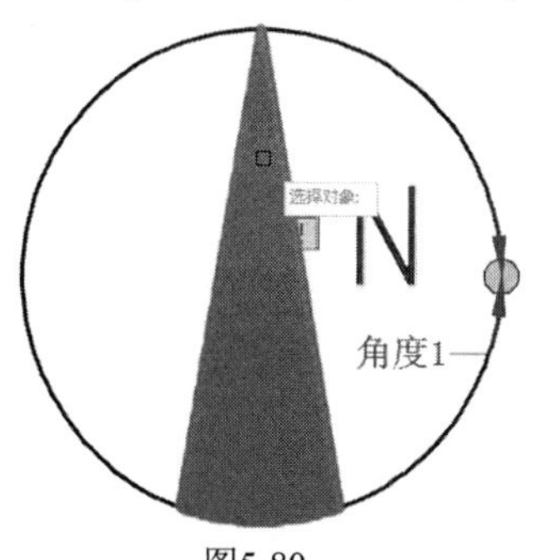

图5-80

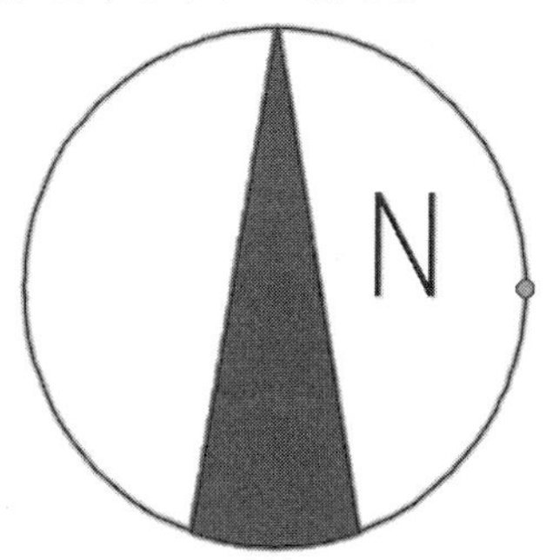

图5-81

11_ 单击左端夹点并拖动，测试图块是否设置成功，如图5-82所示。

12_ 测试成功后，单击【打开/保存】面板中的【将块另存为】按钮，弹出对话框，设置【块名】为“指北针”，如图5-83所示。

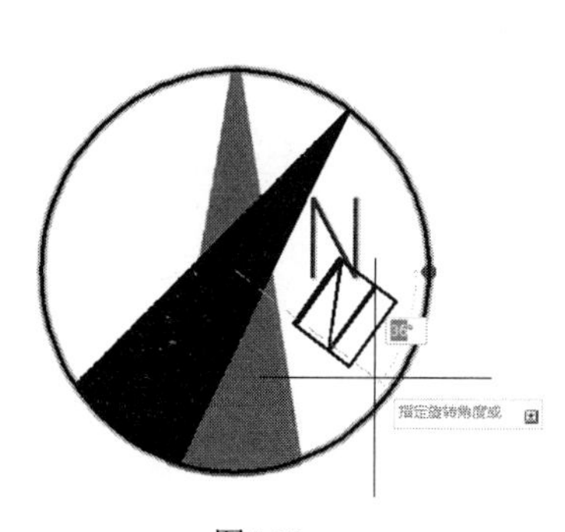

图5-82

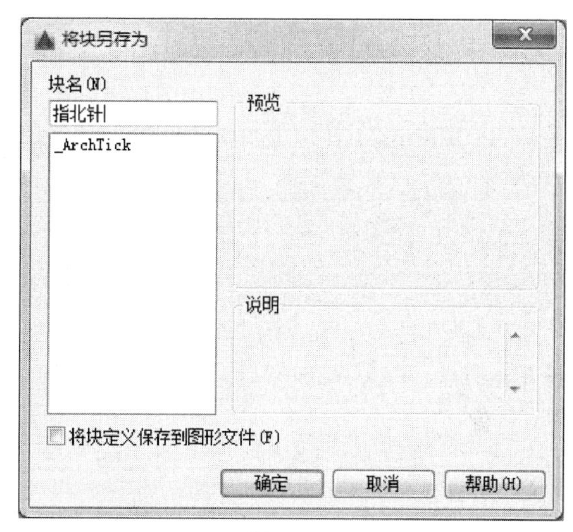

图5-83

实战162 创建带动作的阶梯轴图块

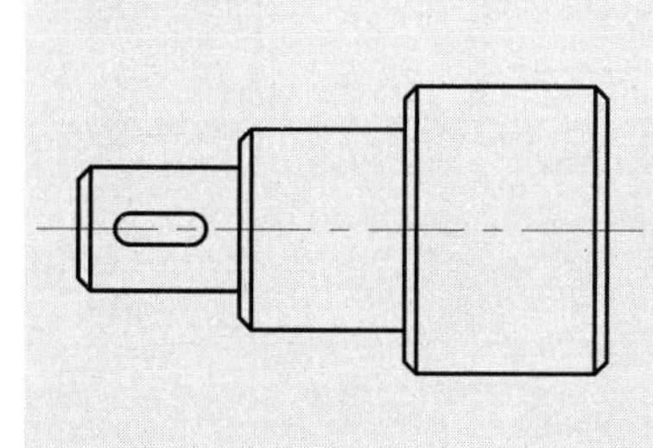

阶梯轴图形是机械制图中经常需要绘制的图形，绘制过程中往往需要绘制键槽，但键槽的图形位置可能不一定，这时便可设置阶梯轴图块，给键槽添加【移动】动作，使得创建的阶梯轴图块的键槽可以进行局部调整。

难度：☆☆☆

及格时间：5′00″

优秀时间：2′50″

读者自评： / / / / / /

01_ 打开“第5章/实战162 创建带动作的阶梯轴图块.dwg”素材文件，如图5-84所示。

02_ 单击【块】面板中的【块编辑】按钮，弹出【编辑块定义】对话框，选择【当前图形】并单击【确定】按钮，如图5-85所示。

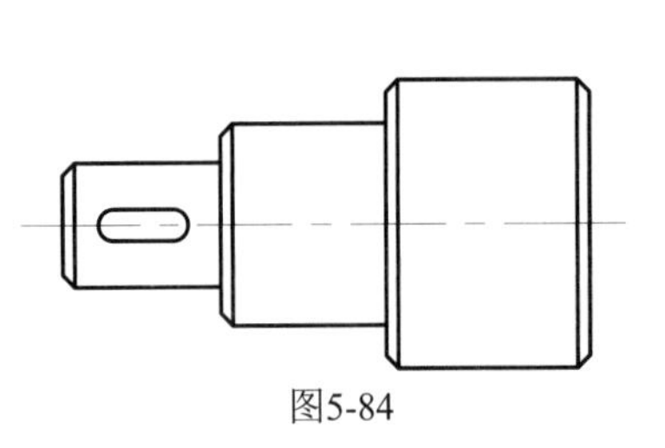

图5-84

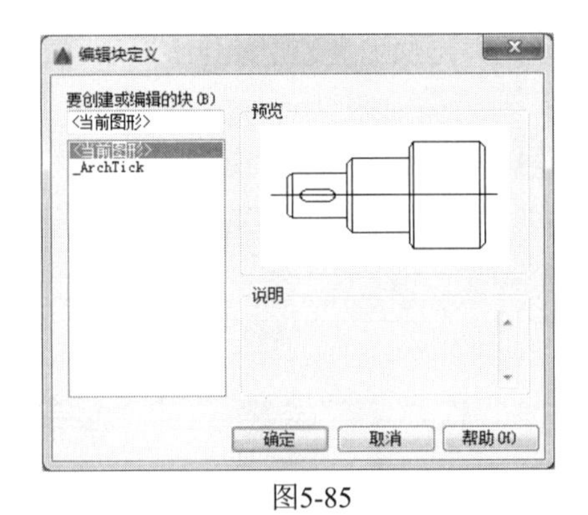

图5-85

03_ 弹出【块编写选项板】，如图5-86所示。

04_ 右击【线性】按钮，选择【特性】，弹出【工具特性】对话框，设置夹点数为1，如图5-87所示。

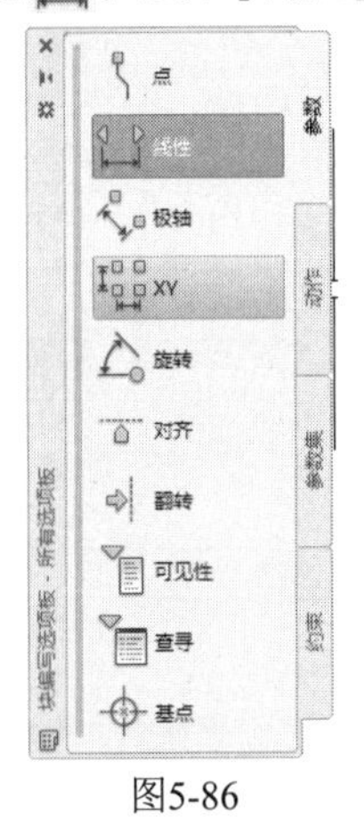

图5-86

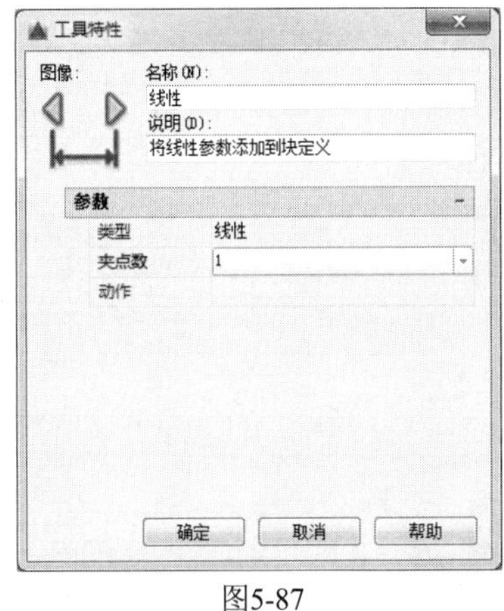

图5-87

05_ 在【块编写选项板】的【参数】选项卡中单击【线性】按钮，选择两圆弧中心点为“距离1”，如图5-88所示。

06_ 在【块编写选项板】的【动作】选项卡中单击【移动】按钮，选择参考对象为“距离1”，选取关联参数点为右圆弧圆心，如图5-89所示。

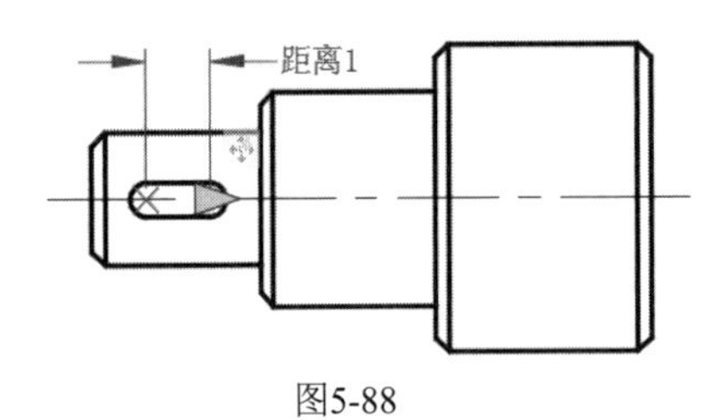

图5-88

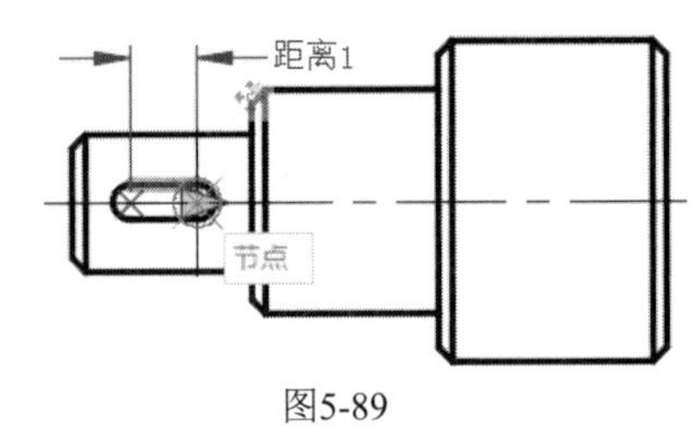

图5-89

07_ 选择对象为键槽的图形，如图5-90所示。

08_ 单击【打开/保存】面板中的【测试块】按钮，拖动图形，测试图块是否设置成功，如图5-91所示。

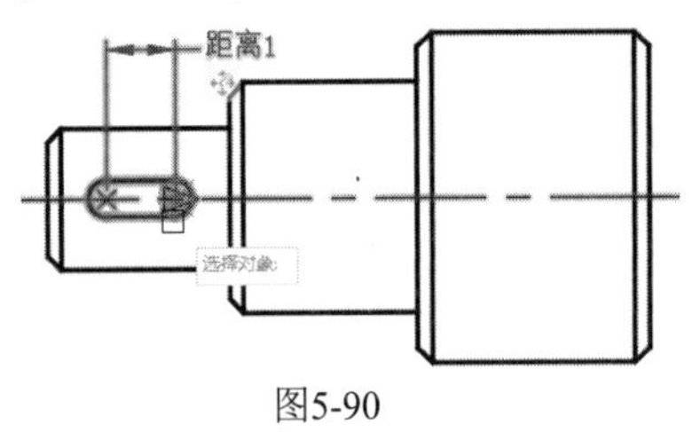

图5-90

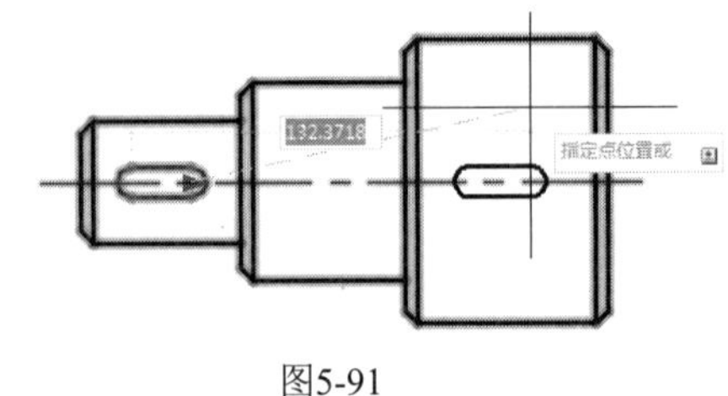

图5-91

09_ 测试成功后，单击【打开/保存】面板中的【将块另存为】按钮，设置【块名】为“阶梯轴”保存，如图5-92所示。

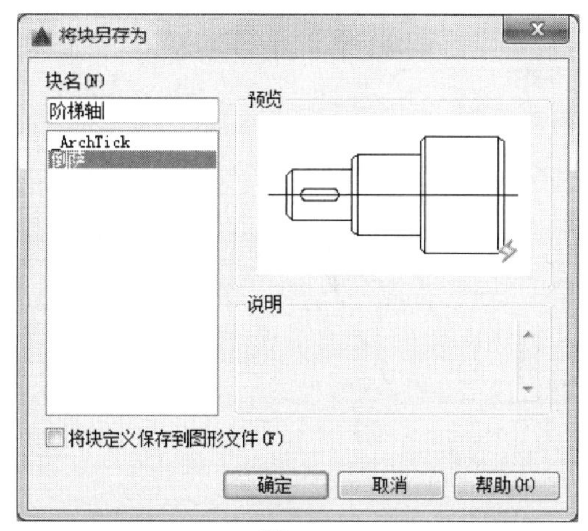

图5-92

实战163 创建带动作的螺母图块

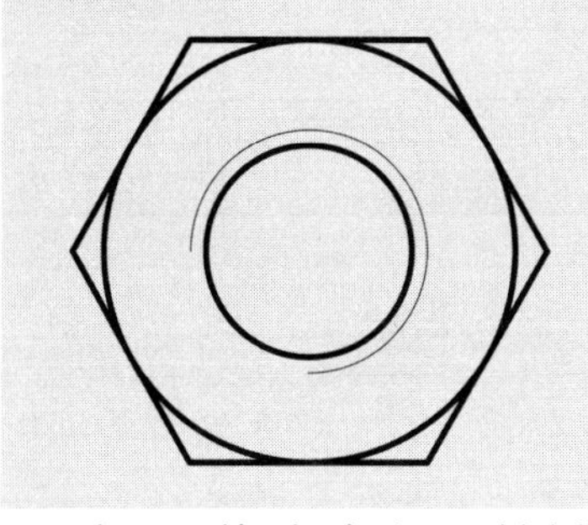

螺母即螺帽，是与螺栓或螺杆拧在一起用来起紧固作用的零件。一般常用的螺母都有着特定的大小或型号，所以在创建螺母的动态图块时，往往螺母图块的缩放大小是一定的，这时便可以通过利用【线性】参数的值集规定线性范围，再配合【缩放】动作，便可创建适应不同情况的螺母图块。

难度：☆☆☆

及格时间：4′00″

优秀时间：2′00″

读者自评：/ / / / / /

01_ 打开“第5章/实战163 创建带动作的螺母图块.dwg”素材文件，如图5-93所示。

02_ 单击【块】面板中的【块编辑】按钮，弹出【编辑块定义】对话框，选择【当前图形】并单击【确定】按钮，如图5-94所示。

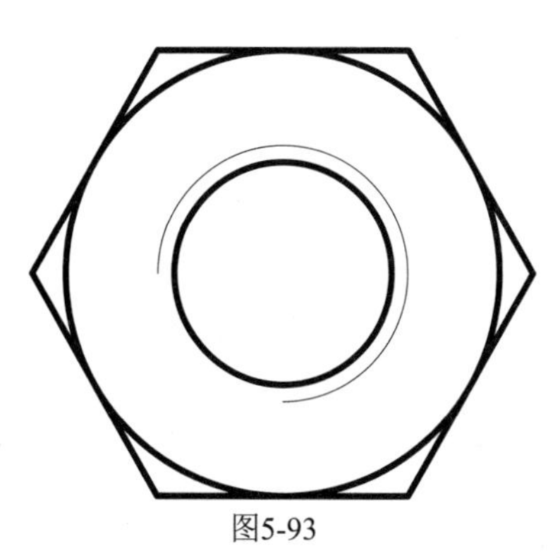

图5-93

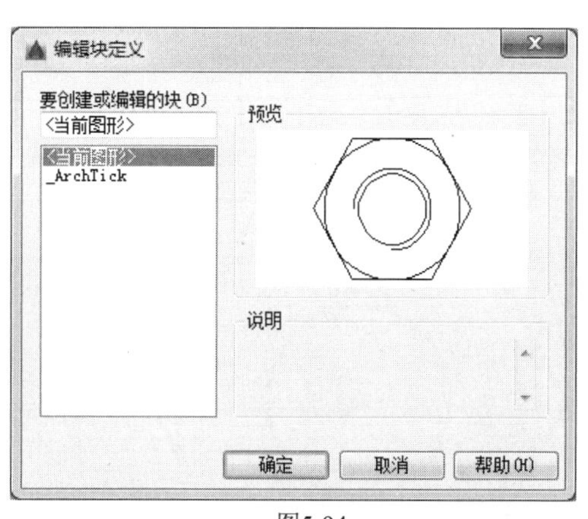

图5-94

03_ 在【块编写选项板】的【参数】选项卡中单击【线性】按钮，选择“距离1”位置，如图5-95所示。

04_ 单击“距离1”激活，然后右击，在弹出的快捷菜单中选择【特性】选项，弹出【特性】选项板，如图5-96所示。

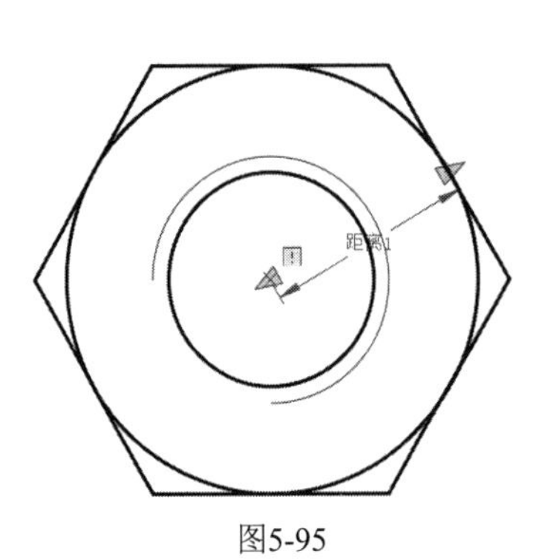

图5-95

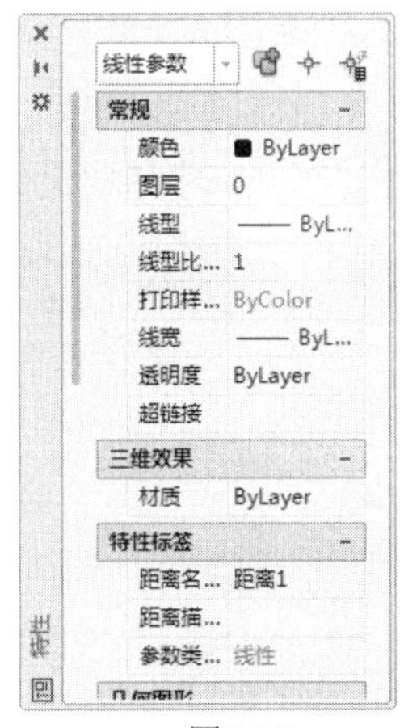

图5-96

05_ 下拉滚动条，在【值集】中【距离类型】列表中选择“列表”选项，如图5-97所示。

06_ 单击【距离值列表】下拉按钮▭，弹出【添加距离值】对话框，设置距离40、50、60，如图5-98所示。

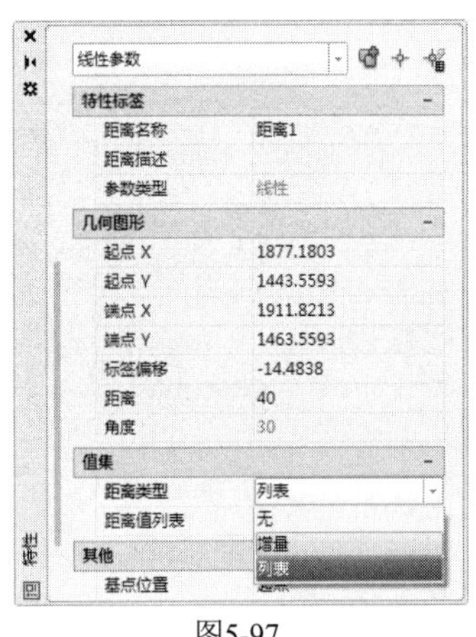

图5-97

图5-98

07_ 在【块编写选项板】的【动作】选项卡中单击【缩放】按钮，选择参数为“距离1”，全选图形，如图5-99所示。

08_ 单击【打开/保存】面板中的【测试块】按钮，单击图形，如图5-100所示。测试成功后，单击【打开/保存】面板中的【将块另存为】按钮，弹出对话框，设置【块名】为“螺母”并保存。

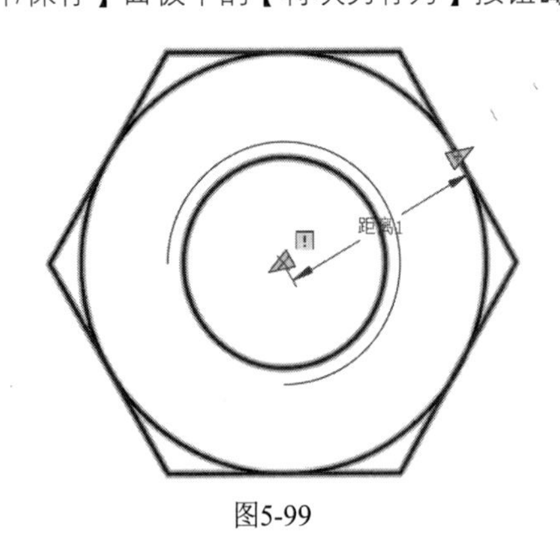

图5-99

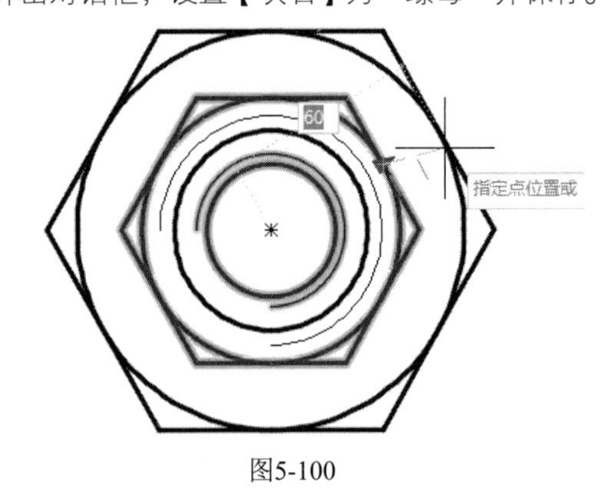

图5-100

实战164 动态图块的编辑

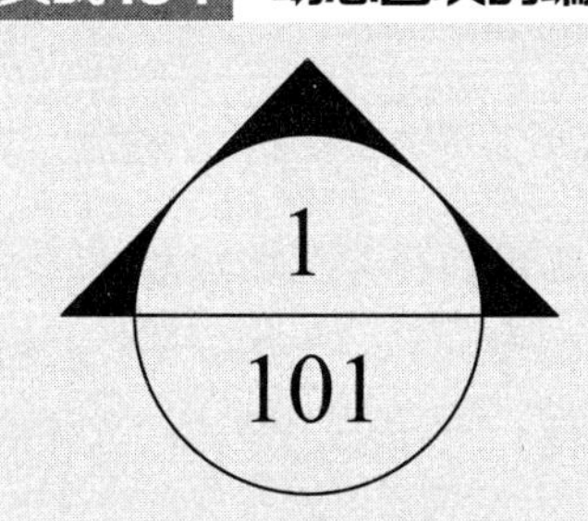

已创建的动态图块中可能存在动作错误或多于动作的情况，为了避免影响用户的正常绘图，就需要对此动态图块进行编辑，将错误的动作设置删除，加入正确的动作。

难度：☆☆

及格时间：5′00″

优秀时间：2′30″

读者自评：/ / / / / /

01_ 打开“第5章/实战164 动态图块的编辑.dwg”素材文件。

02_ 单击【块】面板中的【块编辑】按钮，弹出【编辑块定义】对话框，如图5-101所示。选择【引索符号】并单击【确定】按钮，如图5-102所示。

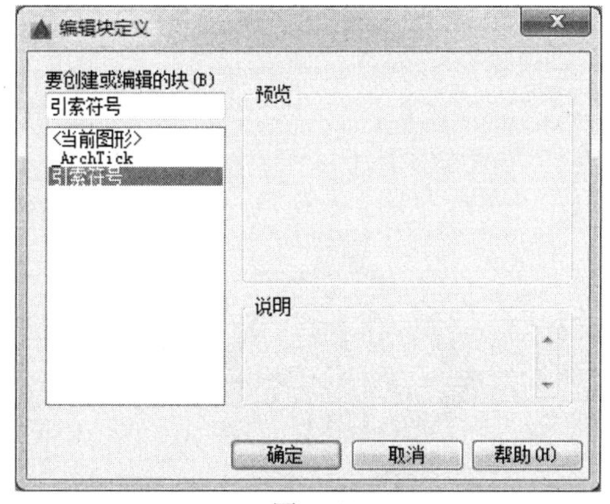

图5-101

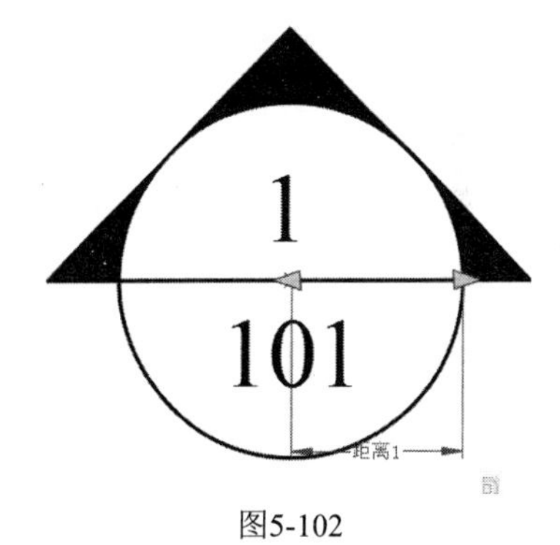

图5-102

03_ 右击右下角的【缩放】按钮，选择【删除】选项，如图5-103所示。

04_ 单击“距离1”，右键删除，如图5-104所示。

05_ 在【块编写选项板】的【参数】选项卡中单击【角度】按钮，设置半径为40、角度为360°，如图5-105所示。

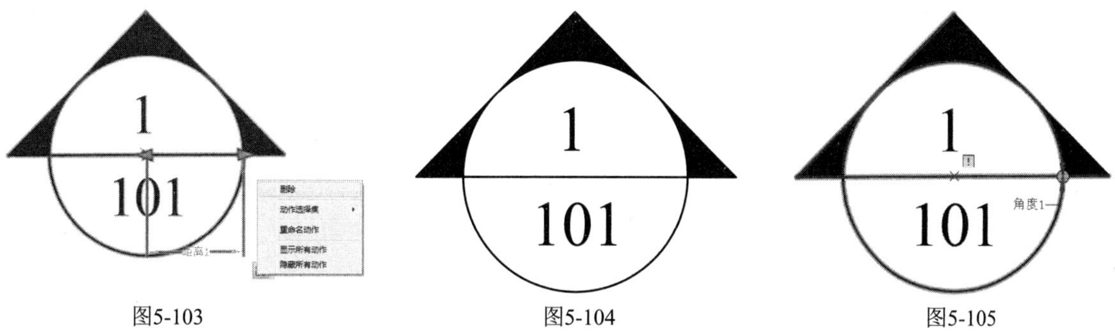

图5-103　　图5-104　　图5-105

06_ 单击“角度1”激活，然后右击，在弹出的快捷菜单中选择【特性】选项，弹出【特性】选项板，如图5-106所示。

07_ 下拉滚动条，在【值集】中【角度类型】选择“列表”，如图5-107所示。

08_ 单击【角度值列表】按钮，弹出【添加角度值】对话框，设置距离为0、90、180、270，如图5-108所示。

图5-106

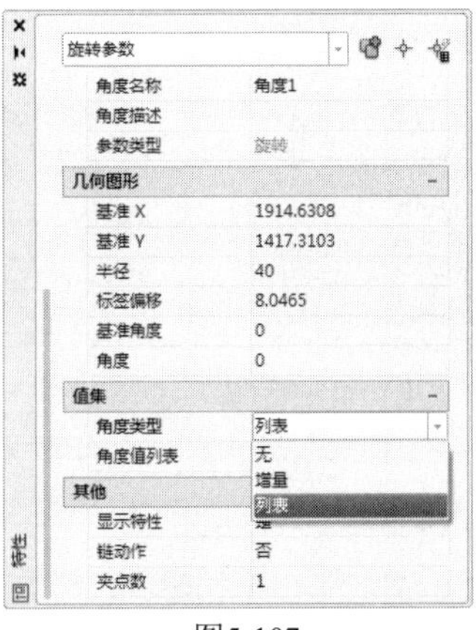
图5-107

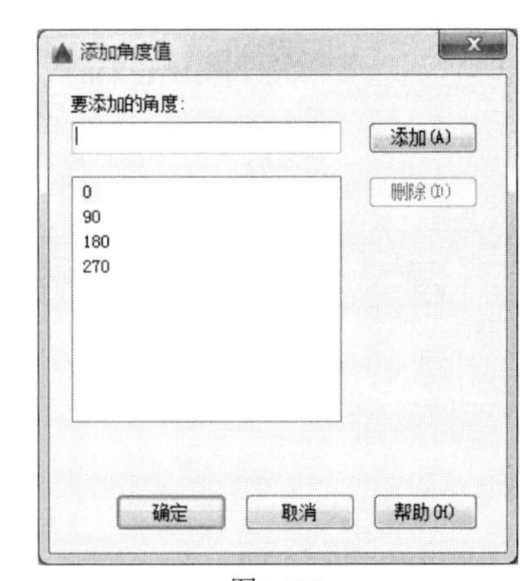
图5-108

09_ 在【块编写选项板】的【动作】选项卡中单击【旋转】按钮，选择参数 “角度1”，全选图形，如图5-109所示。

10_ 单击【打开/保存】面板中的【测试块】按钮，单击图形，如图5-110所示。测试成功后，单击【块编辑器】面板中的【保存】按钮，将编辑好的动态块保存。

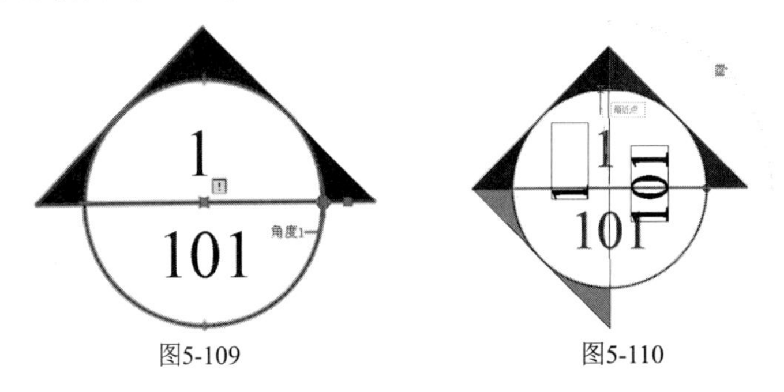
图5-109　　图5-110

5.4 综合实战

熟悉完以上的命令，接下来本节进行综合实战训练，灵活运用各个命令，往往能起到事半功倍的效果。

实战165 摇臂升降电动机

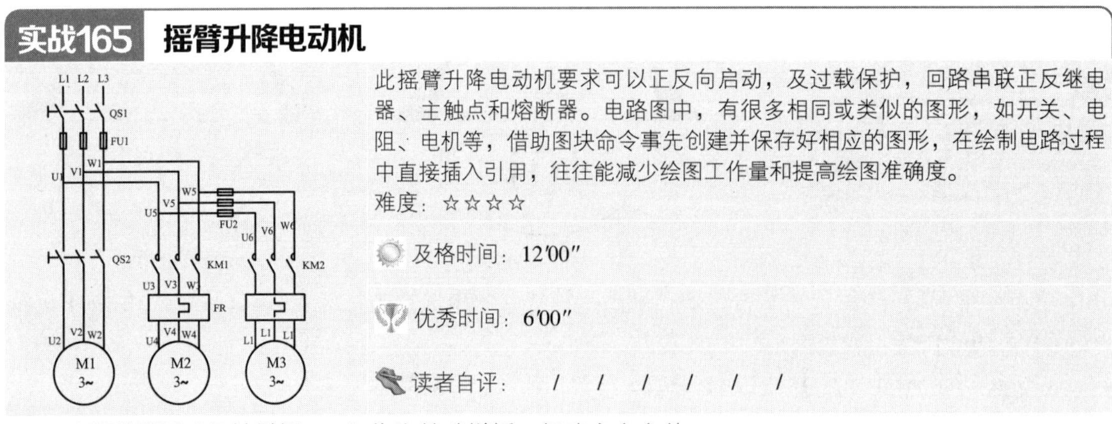

此摇臂升降电动机要求可以正反向启动，及过载保护，回路串联正反继电器、主触点和熔断器。电路图中，有很多相同或类似的图形，如开关、电阻、电机等，借助图块命令事先创建并保存好相应的图形，在绘制电路过程中直接插入引用，往往能减少绘图工作量和提高绘图准确度。

难度：☆☆☆☆

及格时间：12′00″

优秀时间：6′00″

读者自评：/ / / / / /

01_ 以附赠样板“机械样板.dwt”作为基础样板，新建空白文件。

02_ 绘制电动机图块。在命令行输入C执行【圆】命令，绘制半径为30的圆；单击【注释】面板中的【多行文字】按钮A，输入文字“3～”，设置字高为10，如图5-111所示。

03_ 在命令行输入ATT，弹出【属性定义】对话框，设置【标记】为“电动机”、【提示】为“型号”、【默认】为“M1”以及其他参数，如图5-112所示。

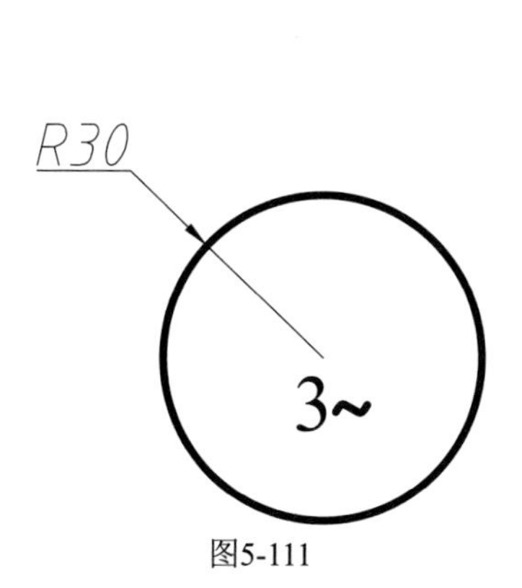

图5-111

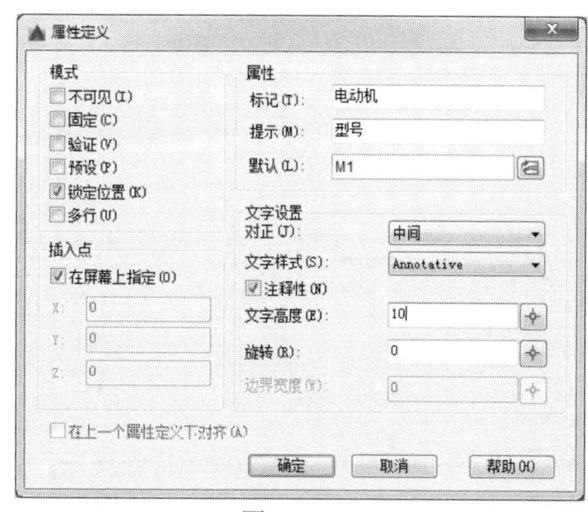

图5-112

04_ 单击【确定】按钮后，将“电动机”移动到适当的位置，如图5-113所示。

05_ 单击【块】中的【创建块】按钮，弹出【块定义】对话框，设置【名称】为“电动机”，如图5-114所示。

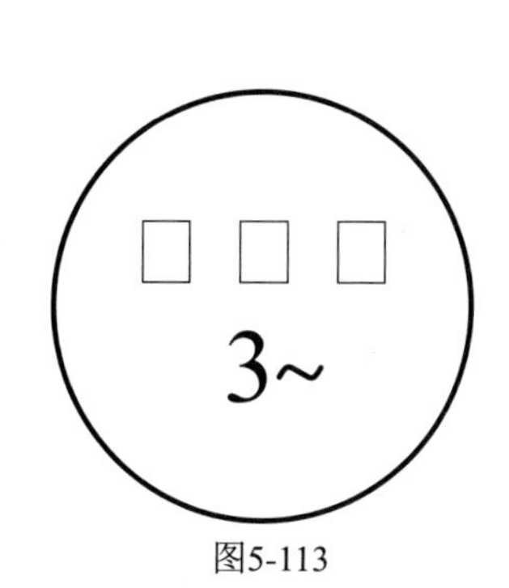

图5-113

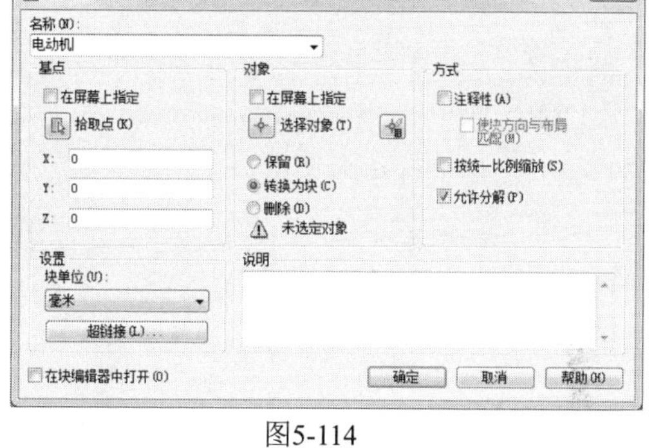

图5-114

06_ 选择整个图形，拾取点为圆心，如图5-115所示。

07_ 单击【确定】按钮后，弹出【编辑属性】对话框，单击【确定】按钮，如图5-116所示。

图5-115

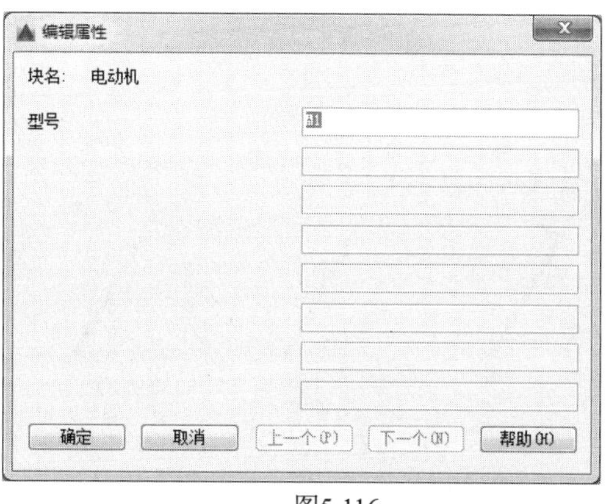

图5-116

08_ 绘制熔断器。单击【绘图】面板中的【矩形】按钮，在空白处绘制一矩形，如图5-117所示。

09_ 绘制热继电器。单击【绘图】面板中的【矩形】按钮，在空白处绘制一长为60、宽为25的矩形，如图5-118所示。

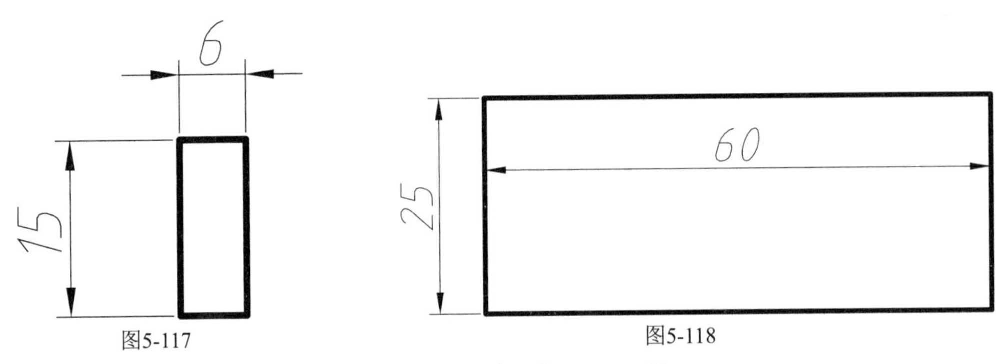

图5-117　　图5-118

10_ 在命令行输入L执行【直线】命令，绘制相关直线，如图5-119所示。

11_ 绘制主触点控制开关。在命令行输入L执行【直线】命令，绘制一条斜线，如图5-120所示。

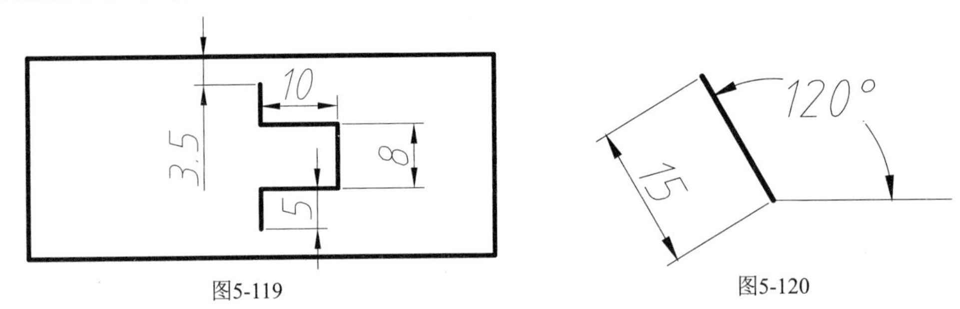

图5-119　　图5-120

12_ 在命令行输入L执行【直线】命令、在命令行输入C执行【圆】命令和在命令行输入TR执行【修剪】命令，绘制触点图形，如图5-121所示。

13_ 在命令行输入CO执行【复制】命令，将图形向右复制平移20和40，如图5-122所示。

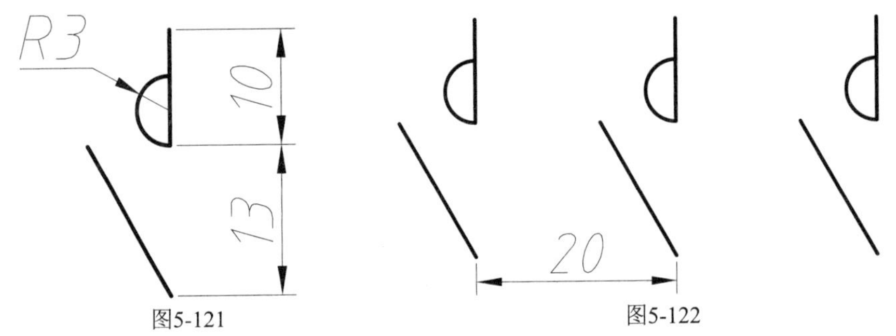

图5-121　　图5-122

14_ 绘制手动开关。在命令行输入L执行【直线】命令和在命令行输入CO执行【复制】命令，绘制3条斜线，如图5-123所示。

15_ 在命令行输入L执行【直线】命令，绘制按钮图形，如图5-124所示。

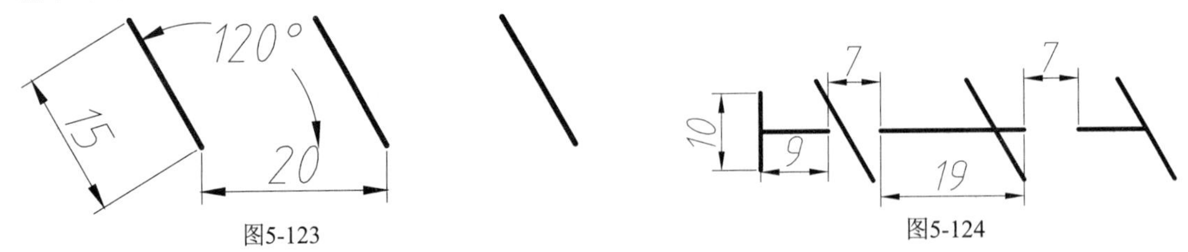

图5-123　　图5-124

16_ 图形绘制完毕，开始创建图块。单击【块】中的【创建块】按钮，弹出【块定义】对话框，设置【名称】为“熔断器”，如图5-125所示。

17_ 单击【选择对象】按钮，框选绘制的熔断器图形，单击【拾取点】按钮，选择图形的水平线中点，单击【确定】按钮，如图5-126所示。

图5-125

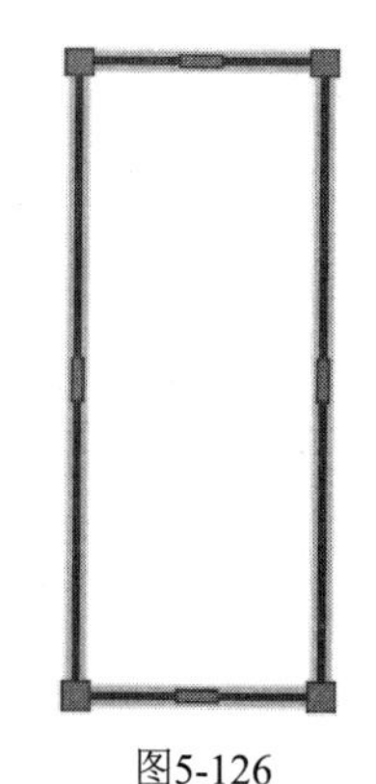

图5-126

18_ 继续定义块操作。从左至右名称分别为热继电器、主触点控制开关和手动控制开关，如图5-127所示。

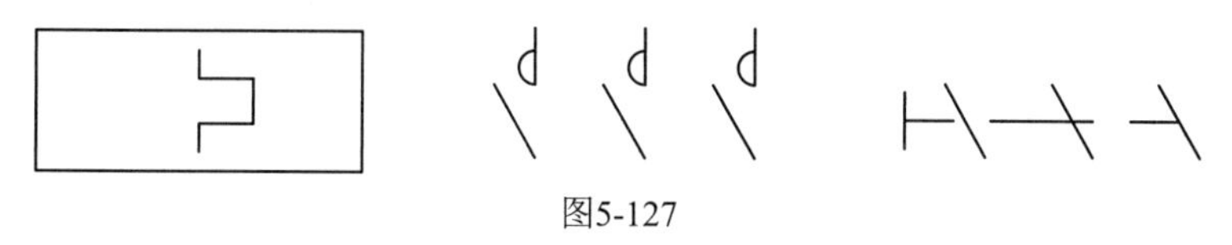

图5-127

19_ 单击【块】中的【插入块】按钮，选择电动机图块，弹出【编辑属性】对话框，设置好型号，如图5-128所示。

20_ 插入3个电动机图块，如图5-129所示。

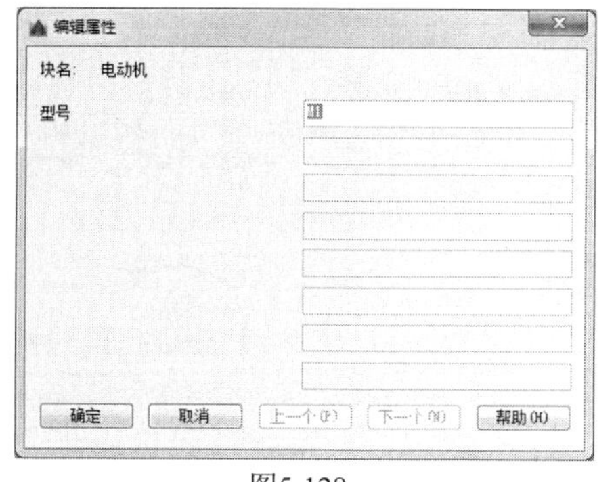

图5-128

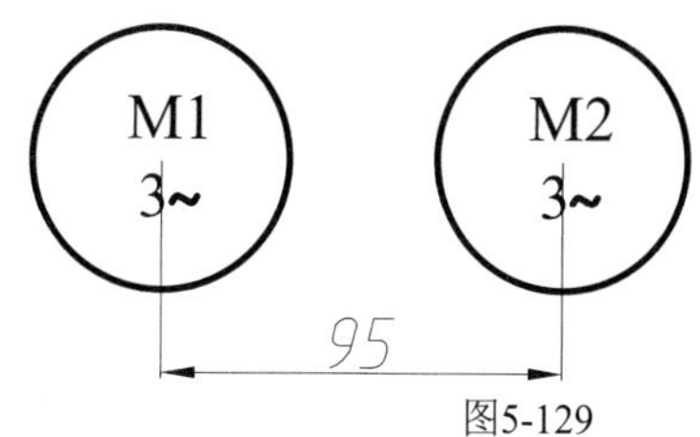

图5-129

21_ 执行【直线】和【偏移】命令绘制线路，如图5-130所示。

22_ 单击【块】中的【插入块】按钮，插入手动控制开关和热继电器图块，如图5-131所示。

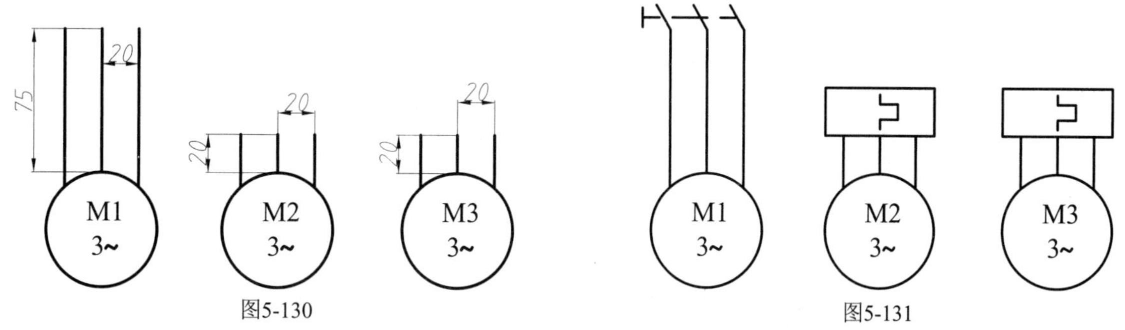

图5-130

图5-131

23_ 继续执行【直线】和【偏移】命令，绘制线路，如图5-132所示。

24_ 单击【块】中的【插入块】按钮，插入熔断器和主触点控制开关图块，如图5-133所示。

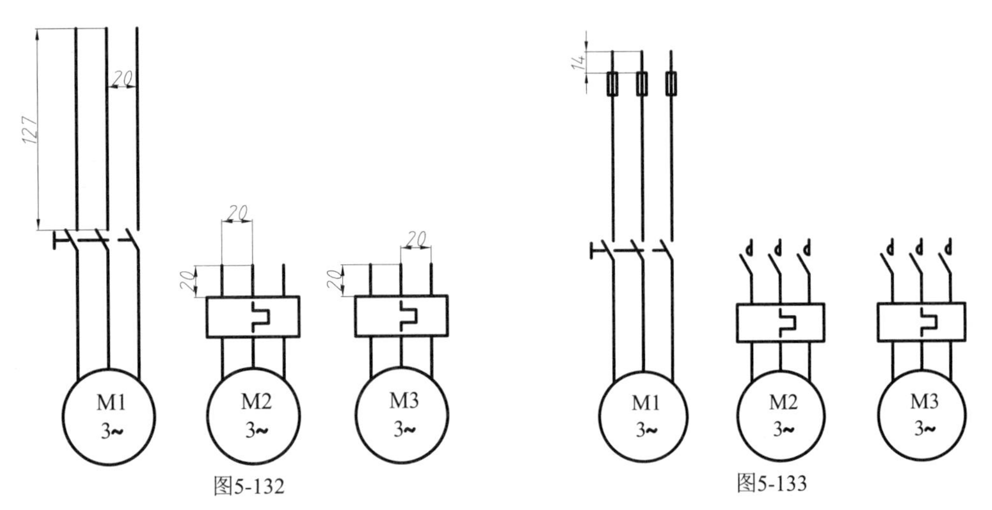

图5-132 图5-133

25_ 继续执行【直线】和【偏移】命令，绘制线路，如图5-134所示。

26_ 在命令行输入L执行【直线】命令，连接线路；单击【块】中的【插入块】按钮，插入熔断器图块，如图5-135所示。

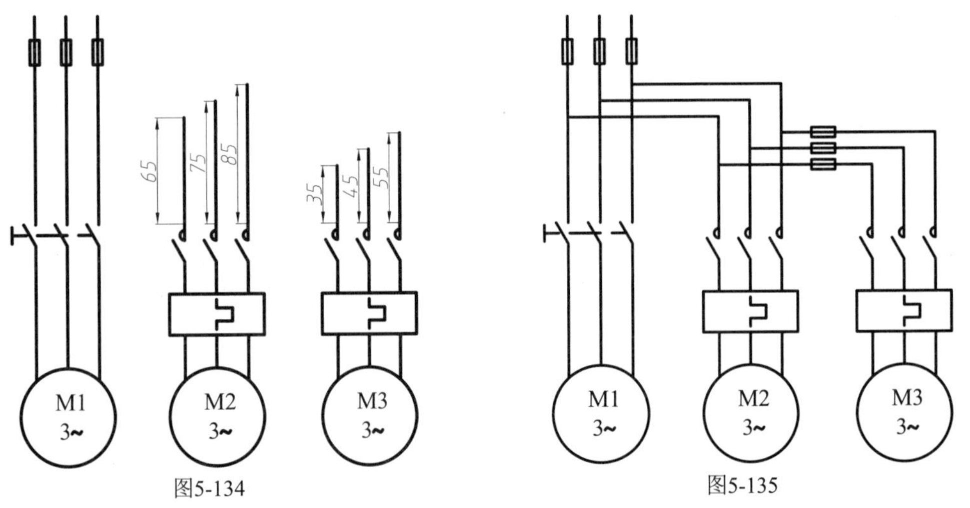

图5-134 图5-135

27_ 在命令行输入L执行【直线】命令，绘制线路，如图5-136所示。

28_ 单击【注释】面板中的【多行文字】按钮A，标记各个线路和零件代号，如图5-137所示。

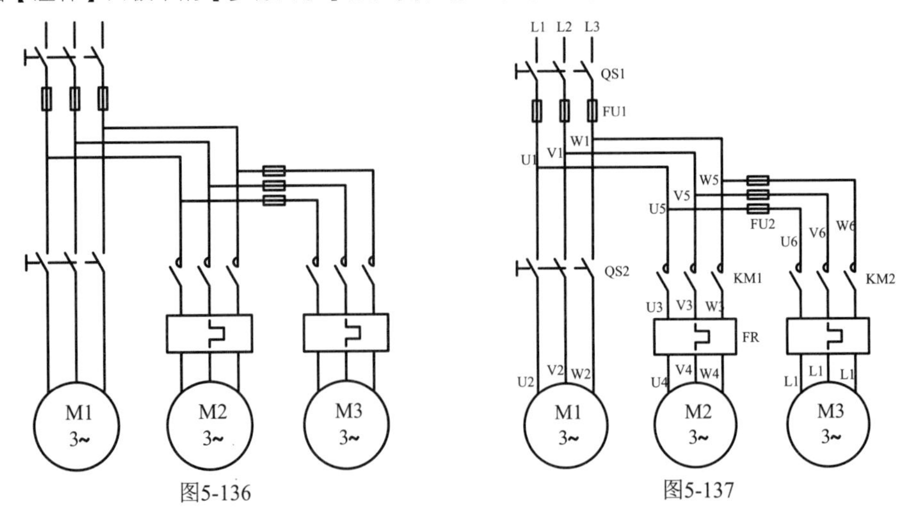

图5-136 图5-137

实战166 将图块运用在宅户平面图中

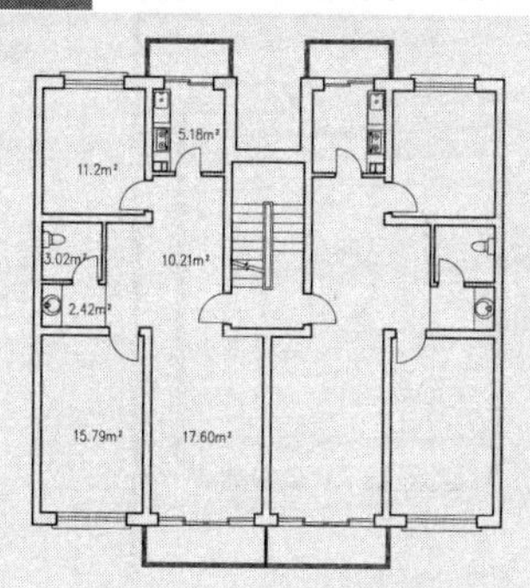

宅户平面图是将宅户内布局展现的效果图，图中有很多相同或类似的家具图形，如床、椅子、洗脸盆等，逐一绘制往往会耗费大量的精力，合理利用图块命令创建好相应的家具图块，在绘图过程中加以引用，不仅减少绘图工作量，而且提高绘图准确度。

难度：☆☆☆☆

及格时间：12′00″

优秀时间：6′00″

读者自评：/ / / / / /

01_ 打开“第5章/实战166 将图块运用在宅户平面图中.dwg”素材文件，如图5-138所示。

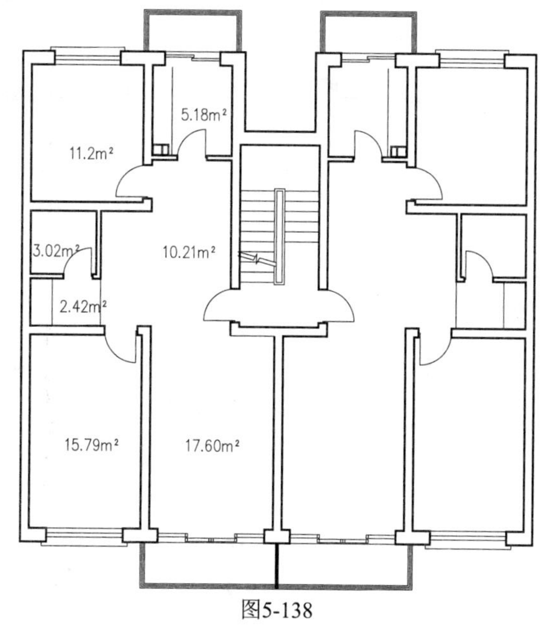

图5-138

02_ 绘制清洗盆。单击【绘图】面板中的【矩形】按钮，在空白位置绘制一矩形，如图5-139所示。

03_ 执行【矩形】命令，绘制一小矩形，如图5-140所示。

04_ 单击【修改】面板中的【倒角】按钮，设置倒角距离为10，为小矩形四角进行倒角操作，如图5-141所示。

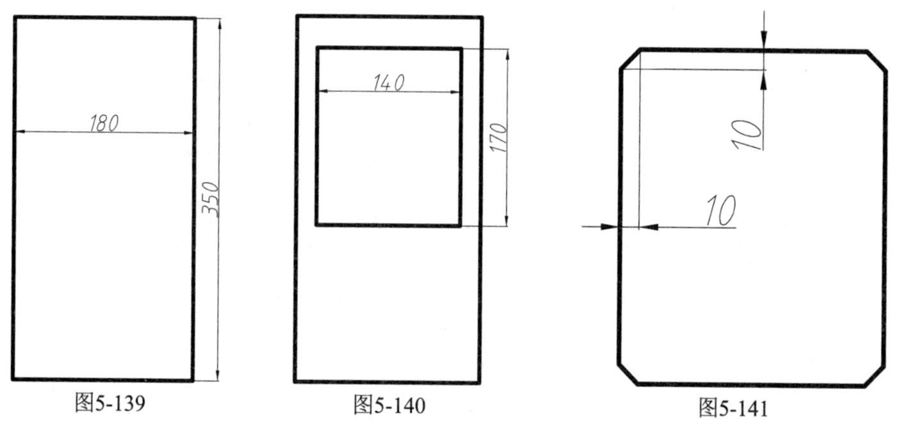

图5-139　图5-140　图5-141

05_ 在命令行输入L执行【直线】命令，绘制一个等腰梯形，如图5-142所示。

06_ 在命令行输入C执行【圆】命令，绘制半径为15的圆，如图5-143所示。

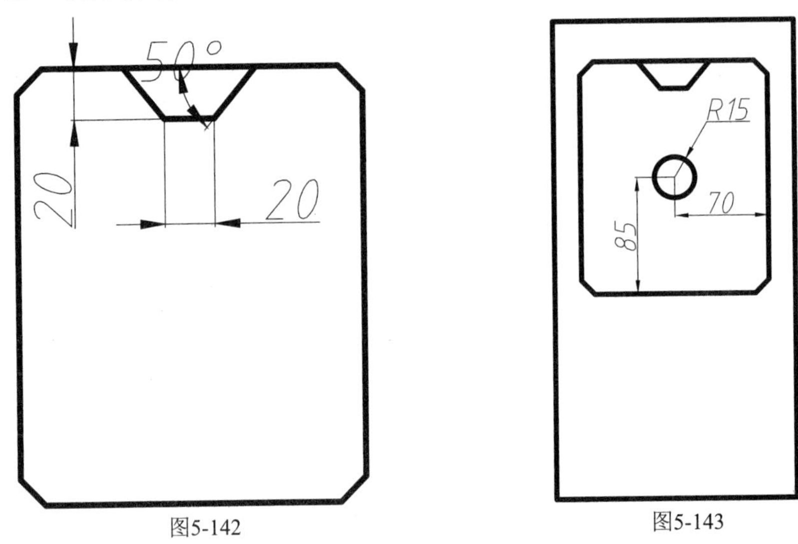

图5-142 图5-143

07_ 绘制大便器。单击【绘图】面板中的【矩形】按钮，在空白位置绘制一矩形，如图5-144所示。

08_ 在命令行输入L执行【直线】命令，绘制一条长为82.5的直线，在命令行输入O执行【偏移】命令，向上下偏移52.5，如图5-145所示。

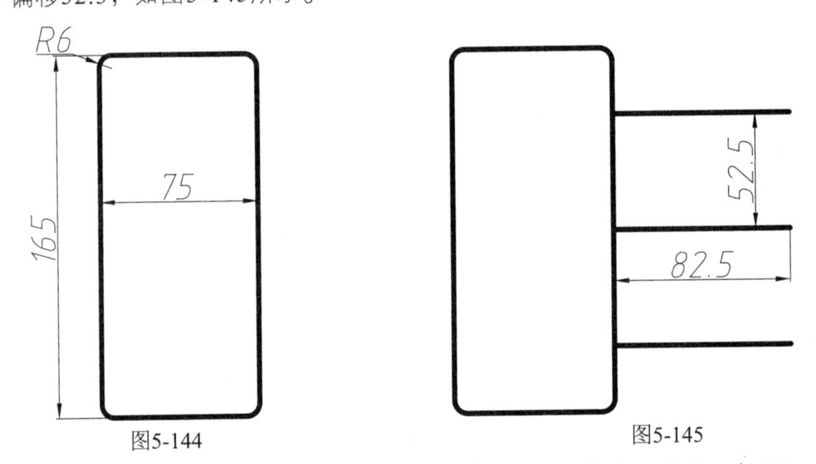

图5-144 图5-145

09_ 单击【绘图】面板中的【椭圆】按钮，以直线右端为圆心，绘制一椭圆，如图5-146所示。

10_ 在命令行输入L执行【直线】命令，绘制一条竖直线，图5-147所示。

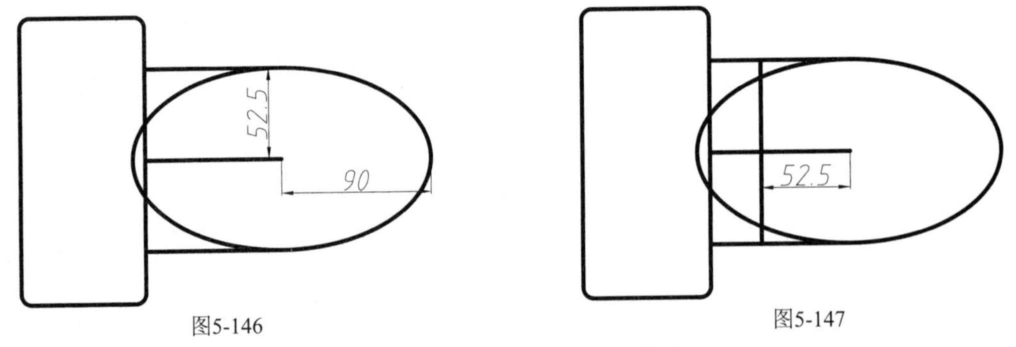

图5-146 图5-147

11_ 执行【修剪】和【删除】命令删除多余的线条，如图5-148所示。

12_ 绘制洗脸盆。在命令行输入L执行【直线】命令，绘制两条中心线，然后在命令行输入C执行【圆】命令，绘制半径为75和105的圆，如图5-149所示。

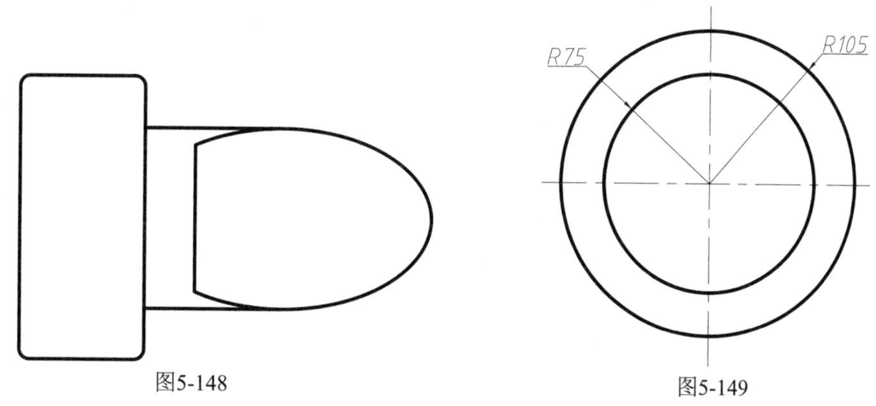

图5-148　　图5-149

13_ 在命令行输入M执行【移动】命令，选择小圆，向右移动15，如图5-150所示。

14_ 在命令行输入O执行【偏移】命令，竖直中心线向左偏移37.5，如图5-151所示。

15_ 在命令行输入TR执行【修剪】命令和在命令行输入E执行【删除】命令，删除多余的线条，如图5-152所示。

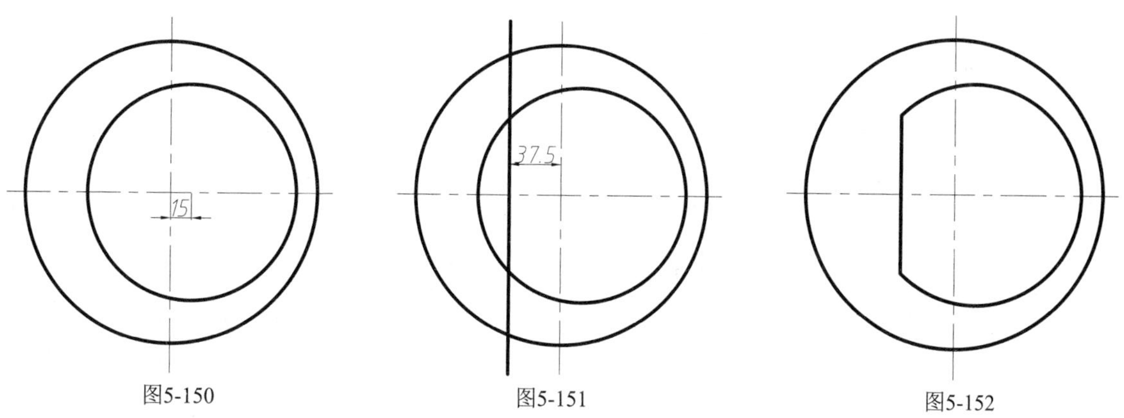

图5-150　　图5-151　　图5-152

16_ 在命令行输入L执行【直线】命令，绘制一个矩形，如图5-153所示。

17_ 在命令行输入C执行【圆】命令，绘制半径为10.5的圆，然后在命令行输入【MI】执行【镜像】命令，选择镜像对象为小圆，镜像线为水平中心线，如图5-154所示。

18_ 在命令行输入TR执行【修剪】命令和在命令行输入E执行【删除】命令，删除多余的线条，如图5-155所示。

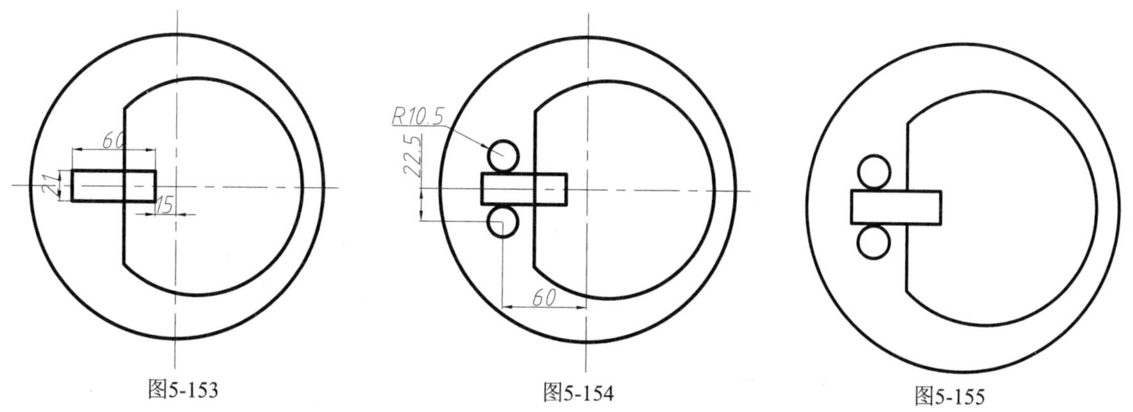

图5-153　　图5-154　　图5-155

19_ 绘制炉灶。单击【绘图】面板中的【矩形】按钮，在空白位置绘制一矩形，如图5-156所示。

20_ 在命令行输入L执行【直线】命令，绘制一矩形，如图5-157所示。

21_ 执行【直线】命令，绘制一水平中心线，在命令行输入C执行【圆】命令，绘制半径为11和30的圆，如图5-158所示。

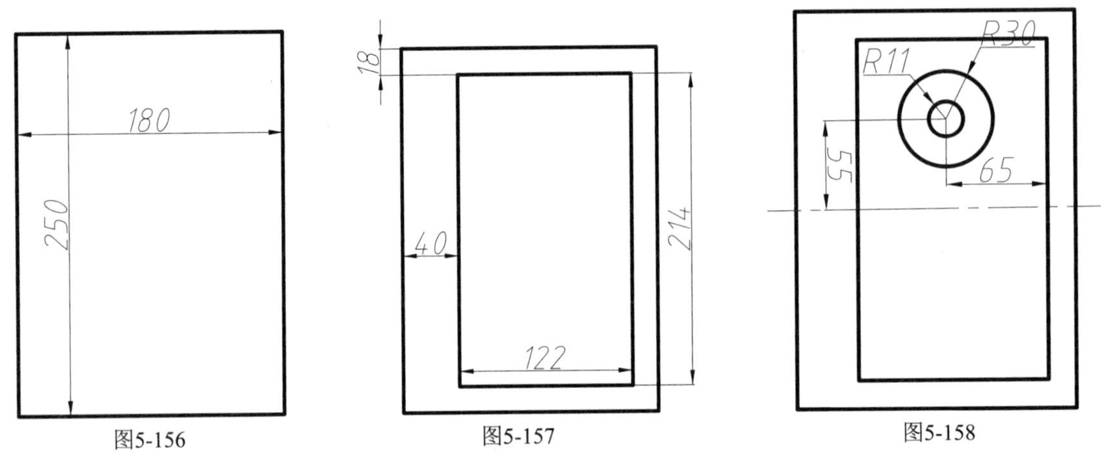

图5-156　　图5-157　　图5-158

22_ 在命令行输入MI执行【镜像】命令，将两圆以水平线进行镜像，如图5-159所示。

23_ 在命令行输入L执行【直线】命令，绘制一竖直线，如图5-160所示。

24_ 单击【绘图】面板中的【椭圆】按钮，绘制一椭圆；在命令行输入L执行【直线】命令，以椭圆上下端点为起点，绘制两条长为3的直线；在命令行输入CO执行【复制】命令，复制椭圆并向右移动3，然后修剪图形，如图5-161所示。

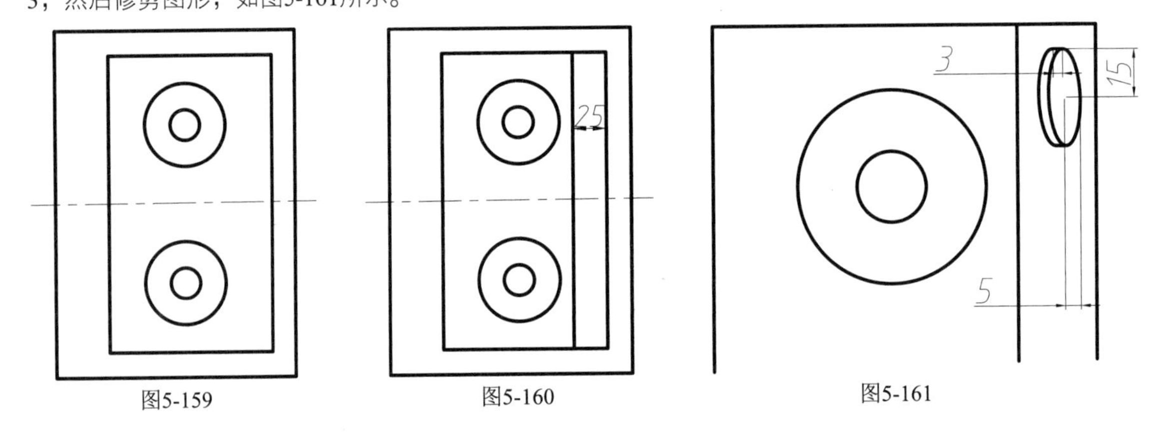

图5-159　　图5-160　　图5-161

25_ 在命令行输入L执行【直线】命令，绘制一矩形，如图5-162所示。

26_ 在命令行输入MI执行【镜像】命令，将上几步绘制的图形以水平线镜像，然后修剪图形，图形绘制完毕，如图5-163所示。

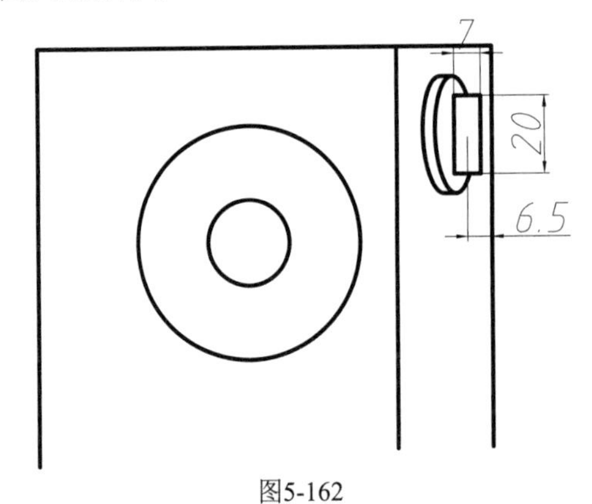

图5-162

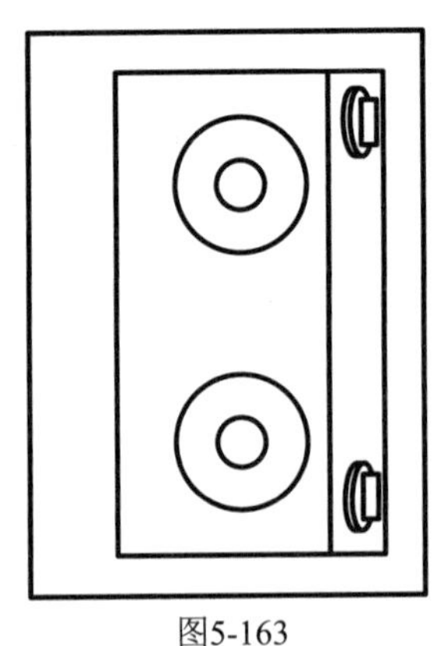

图5-163

27_ 单击【块】中的【创建块】按钮，弹出【块定义】对话框，设置【名称】为“清洗盆”，如图5-164所示。

28_ 单击【选择对象】按钮，框选绘制的整个图形，单击【拾取点】按钮，选择图形的左上端点，单击【确定】按钮，如图5-165所示。

图5-164

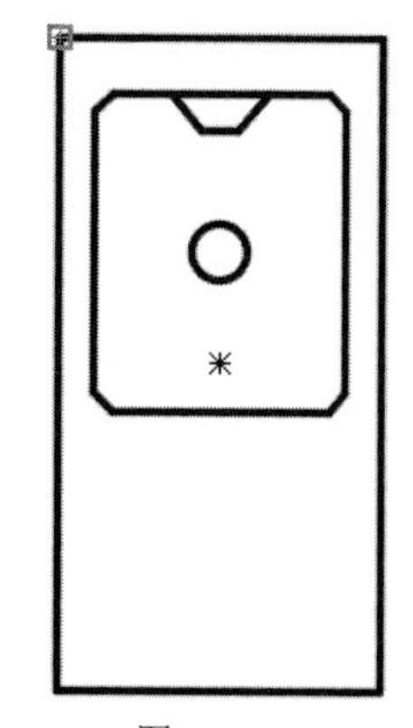

图5-165

29_ 继续定义块操作。从左至右名称分别为座便器、洗脸盆和炉灶，如图5-166所示。

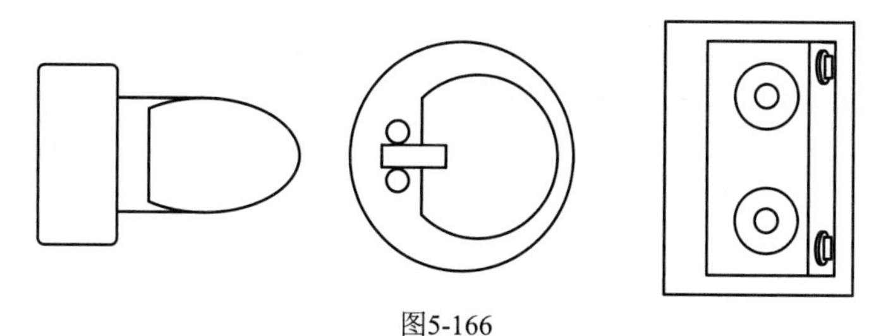

图5-166

30_ 单击【块】中的【插入块】按钮，选择图块插入素材图形中，如图5-167～图5-169所示。

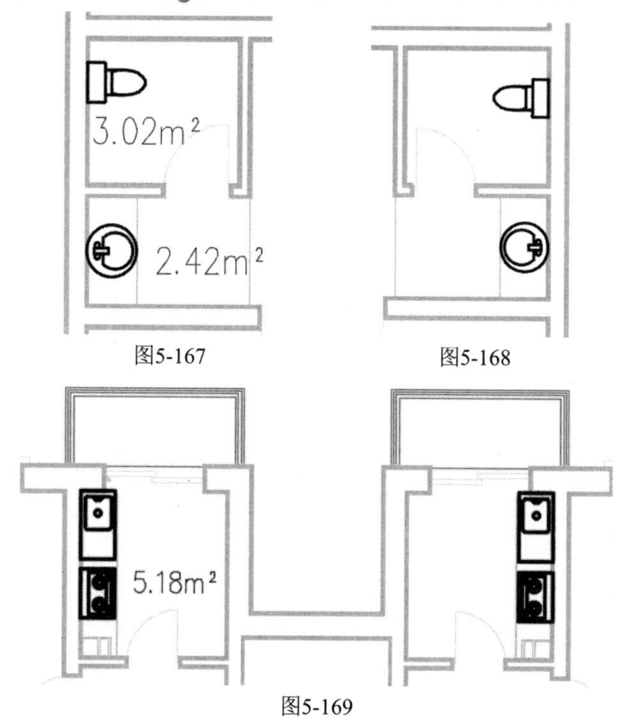

图5-167

图5-168

图5-169

31_ 图块插入完成，最终效果如图5-170所示。

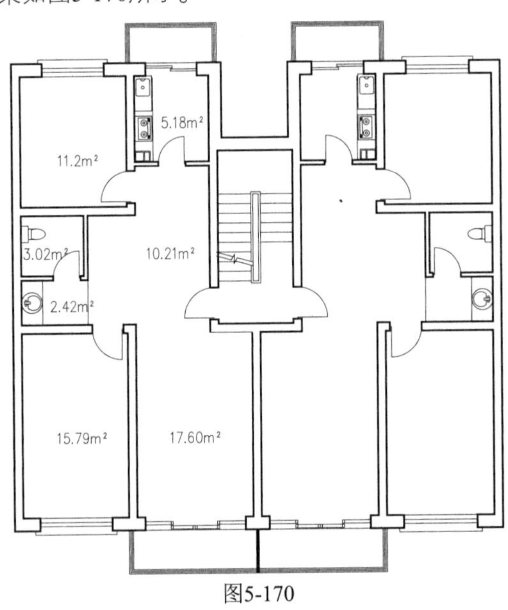

图5-170

实战167 创建吊钩图块库导入工具选项板

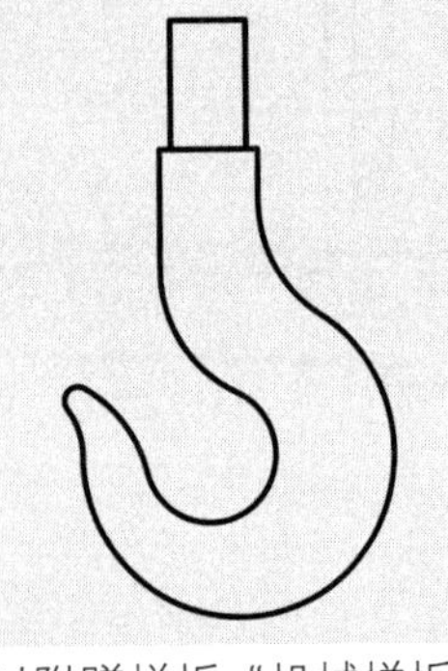

工具选项板是一个比设计中心更加强大的帮手，它能够将“块”图形、几何图形（如直线、圆、多段线）、填充、外部参照、光栅图像以及命令都组织到工具选项板里面创建成工具，以便将这些工具应用于当前正在设计的图纸。事先将绘制好的动态图块导入工具选项板，准备好需要的零件图块甚至零件图块库，待使用时选出，大大提高了绘图效率。

难度：☆☆☆☆☆

及格时间：10′00″

优秀时间：5′00″

读者自评：/ / / / / /

01_ 以附赠样板“机械样板.dwt”作为基础样板，新建空白文件。

02_ 设置【图层】为【中心线】，在命令行输入L执行【直线】命令，绘制5条直线，如图5-171所示。

03_ 将【图层】改为【轮廓线】，在命令行输入L执行【直线】命令，绘制长为23、宽为38的矩形，如图5-172所示。

04_ 在命令行输入O执行【偏移】命令，将竖直中心线向右偏移9，如图5-173所示。

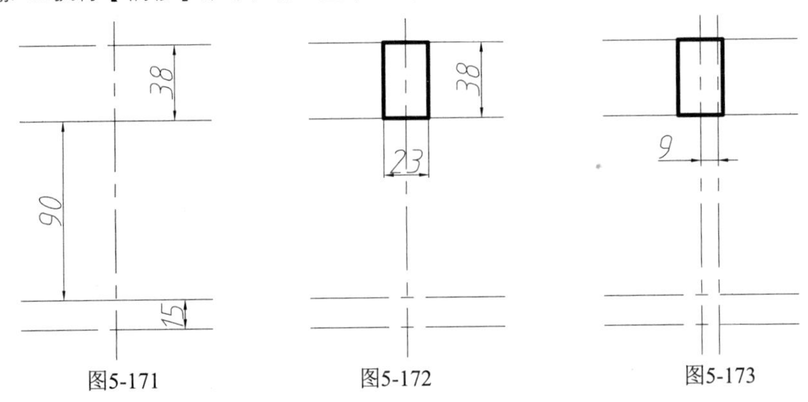

图5-171 图5-172 图5-173

05_ 在命令行输入C执行【圆】命令，捕捉中心交点为圆心，绘制半径为20和48的圆，如图5-174所示。

06_ 在命令行输入O执行【偏移】命令，将竖直中心线向左右分别偏移15，如图5-175所示。

07_ 单击【修改】面板中的【圆角】按钮，输入R设置半径为40，选择最右边的竖直中心线和半径48的圆，如图5-176所示。

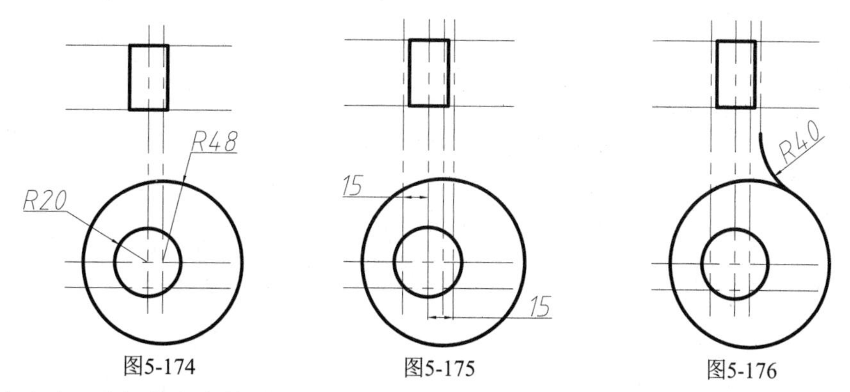

图5-174　　图5-175　　图5-176

08_ 继续圆角命令，选择最左边的竖直中心线和半径20的圆，如图5-177所示。

09_ 在命令行输入O执行【偏移】命令，将半径20的圆向外偏移40，如图5-178所示。

10_ 在命令行输入C执行【圆】命令，以上一步偏移的圆与水平中心线的交点为圆心，绘制半径为40的圆，如图5-179所示。

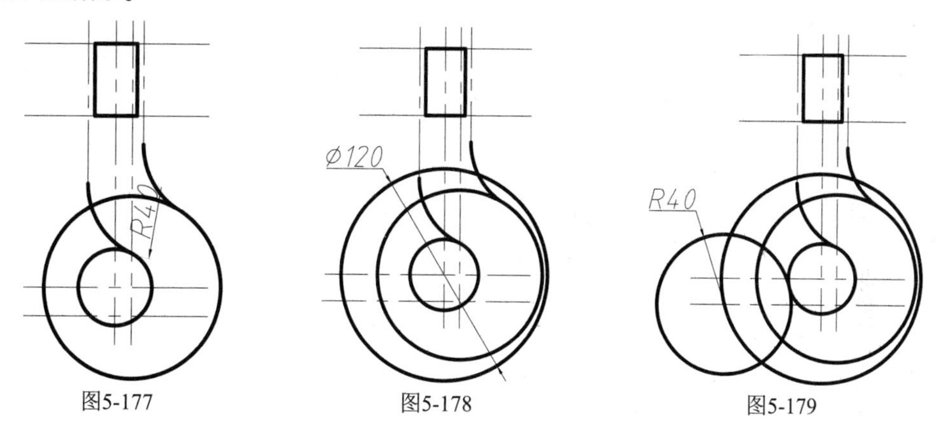

图5-177　　图5-178　　图5-179

11_ 在命令行输入E执行【删除】命令，删除多余的线条，如图5-180所示。

12_ 在命令行输入O执行【偏移】命令，将半径48的圆向外偏移23，如图5-181所示。

13_ 在命令行输入C执行【圆】命令，以上一步偏移的圆与水平中心线的交点为圆心，绘制半径为23的圆，如图5-182所示。

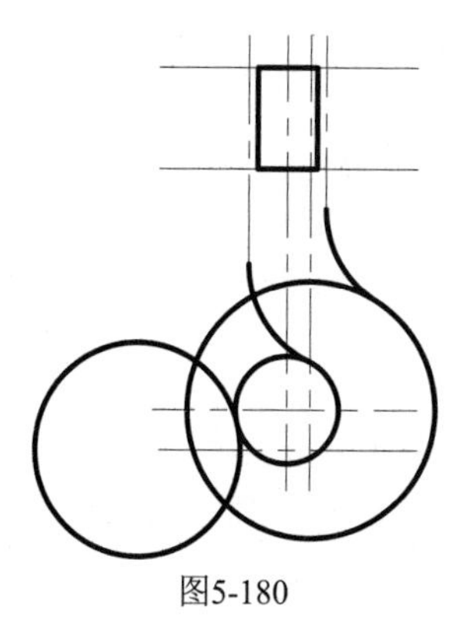

图5-180

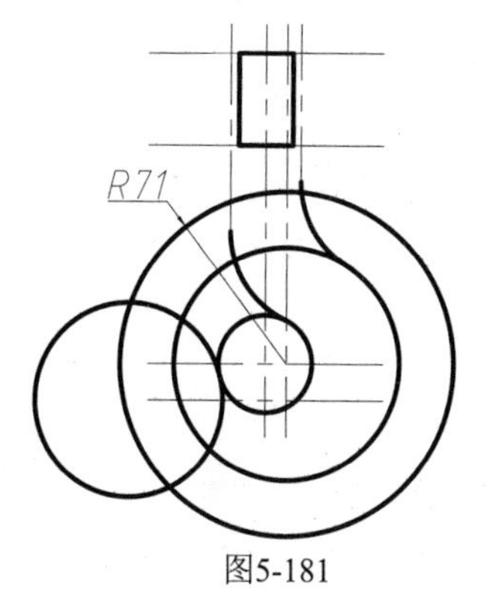

图5-181

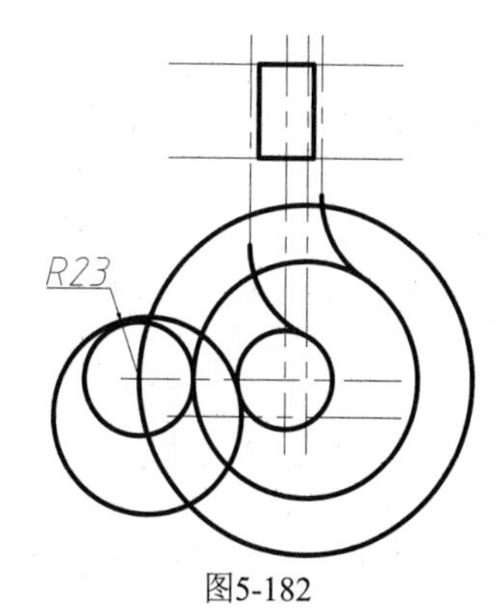

图5-182

14_ 在命令行输入E执行【删除】命令，删除多余的线条，效果如图5-183所示。

15_ 单击【绘图】面板中的【相切、相切、相切】按钮，绘制相切圆，效果如图5-184所示。

16_ 在命令行输入E执行【删除】和【修剪】命令，删除多余的线条，效果如图5-185所示。

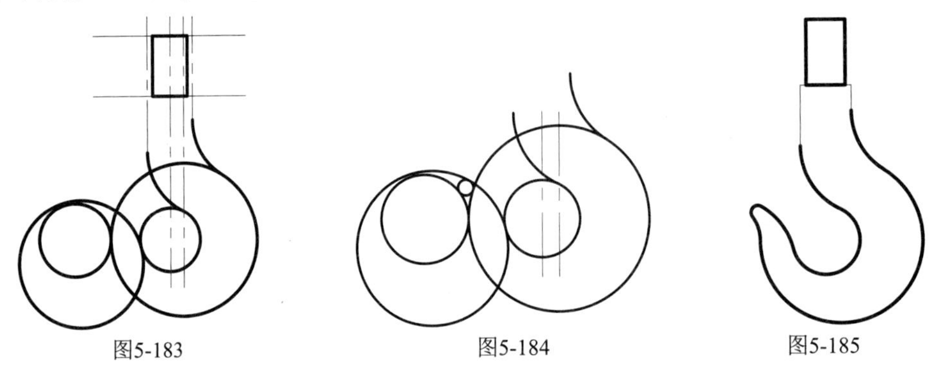

图5-183　　图5-184　　图5-185

17_ 全选图形，将【图层】改为轮廓线，如图5-186所示。

18_ 单击【块】中的【创建块】按钮，弹出【块定义】对话框，设置【名称】为“吊钩”；单击【选择对象】按钮，框选绘制的整个图形，单击【拾取点】按钮，选择图形的上端线段的中点，单击【确定】按钮，如图5-187所示。

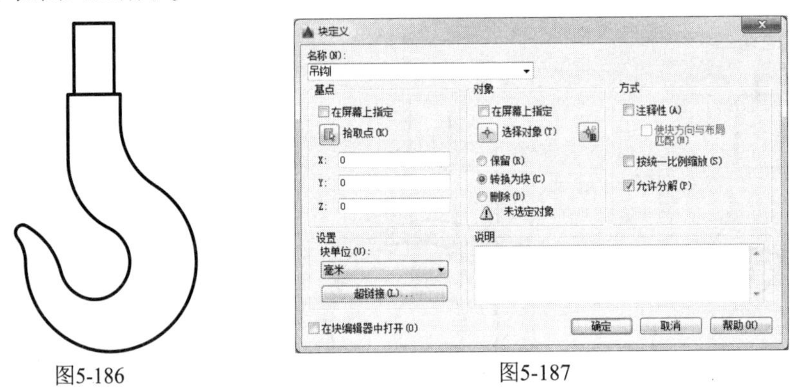

图5-186　　图5-187

19_ 单击【选择对象】按钮，框选绘制的整个图形，单击【拾取点】选择图形的上端线段的中点，单击【确定】按钮，如图5-188所示。

20_ 单击【块】面板中的【块编辑】按钮，弹出【编辑块定义】对话框，选择【吊钩】选项，单击【确定】按钮，如图5-189所示。

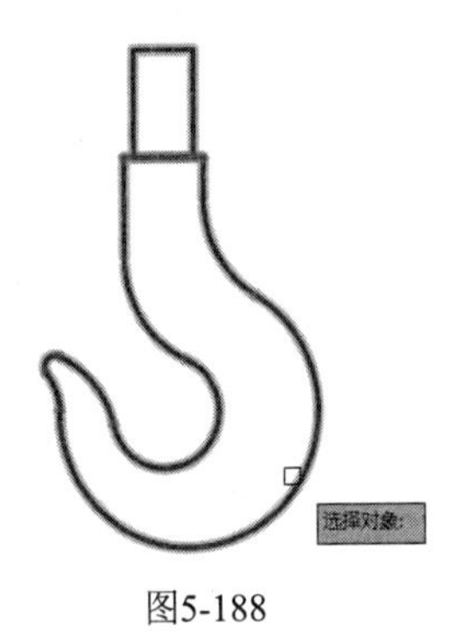

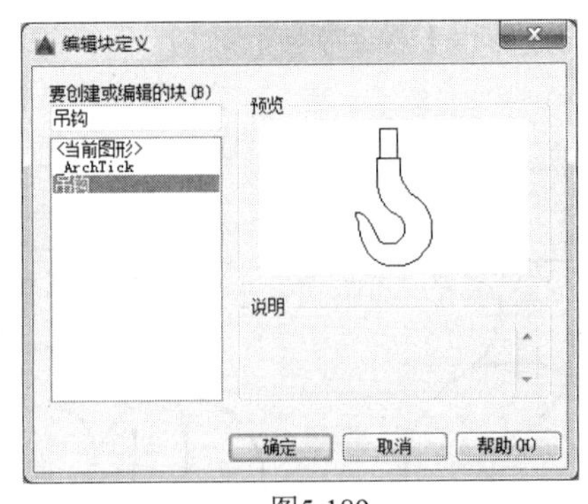

图5-188　　图5-189

21_ 在【块编写选项板】的【参数】选项卡中单击【角度】按钮，选择基点为圆弧圆心，输入半径为50、角度为360°，如图5-190所示。

22_ 在【块编写选项板】的【动作】选项卡中单击【旋转】按钮，选择参数为“角度1”，对象全选图形，如图5-191所示。

23_ 在【块编写选项板】的【参数】选项卡中单击【线性】按钮，选择“距离1”位置，如图5-192所示。

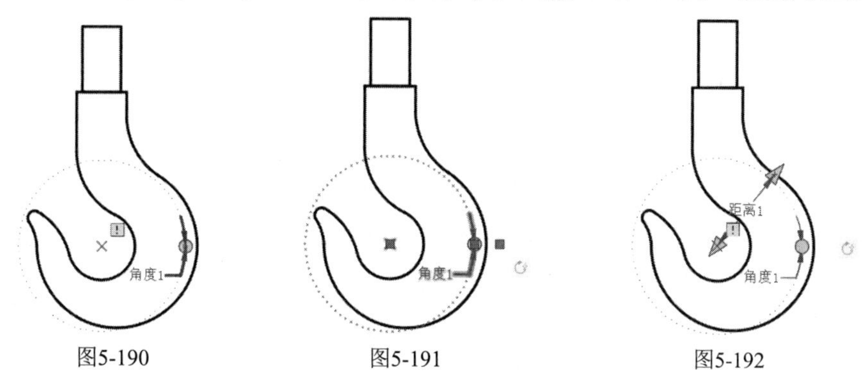

图5-190　　图5-191　　图5-192

24_ 单击“距离1”激活，然后右击，在弹出的快捷菜单中选择【特性】选项，弹出【特性】选项板，下拉滚动条，在【值集】中【距离类型】选择“列表”，如图5-193所示。

25_ 单击【距离值列表】按钮，弹出【添加距离值】对话框，在其中添加距离值50、53.2601、60、70、80，如图5-194所示。

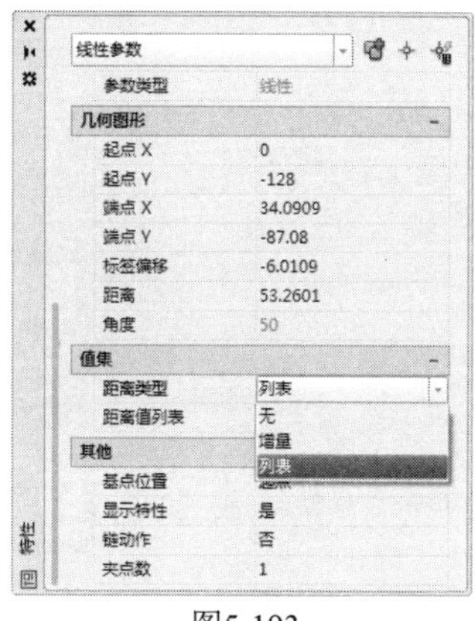

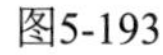

图5-193

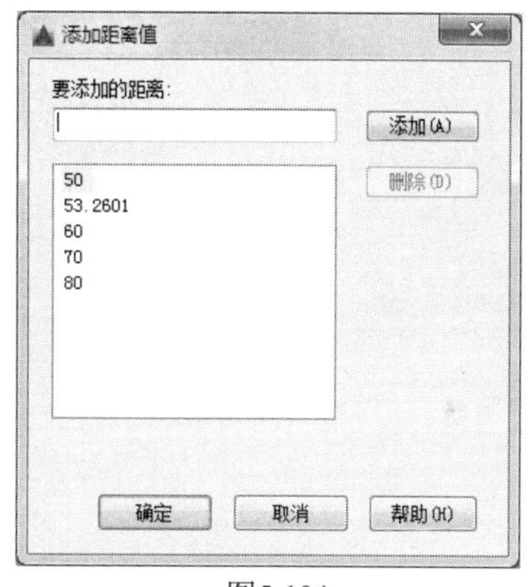

图5-194

26_ 在【块编写选项板】的【动作】选项卡中单击【缩放】按钮，选择参数 “距离1”，对象全选图形，如图5-195所示。

27_ 单击【打开/保存】面板中的【测试块】按钮，单击图形，如图5-196所示。

28_ 单击夹点，拖动图形，测试图块是否设置成功，如图5-197所示。测试成功后，单击【块编辑器】面板中的【保存】按钮，将编辑好的动态块保存。

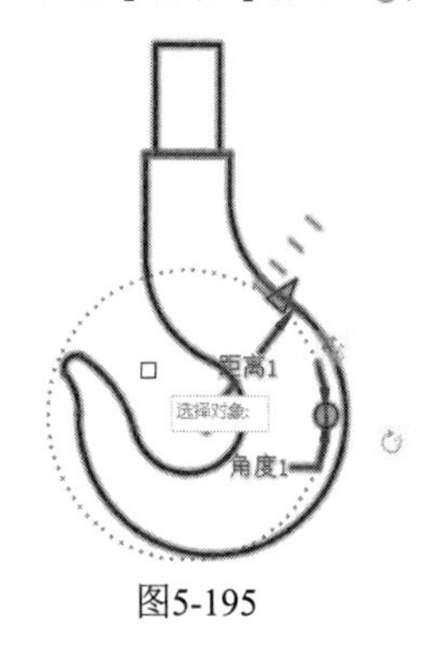

图5-195

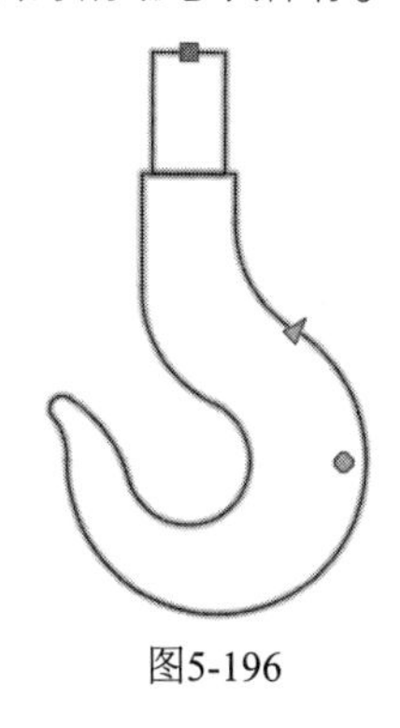

图5-196

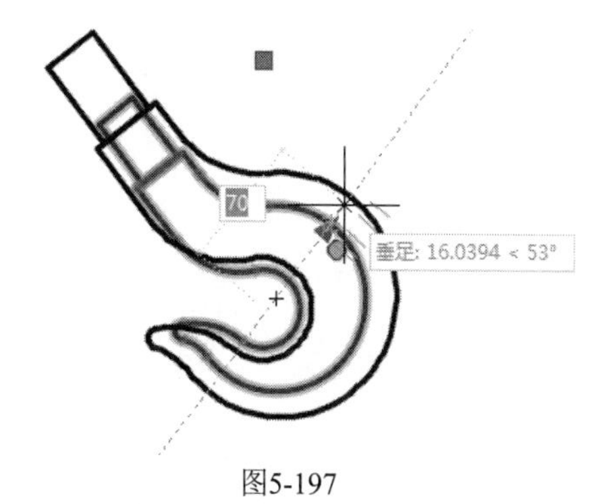

图5-197

29_ 输入Ctrl+3，弹出【工具】选项板，右键左列的按钮，选择【新建选项板】，如图5-198所示。

30_ 设置新选项板名字“自制图块”，光标选择“吊钩”图块，按住左键将图块拖入【工具选项板】中，如图5-199所示。

31_ 创建完毕，最终效果如图5-200所示。

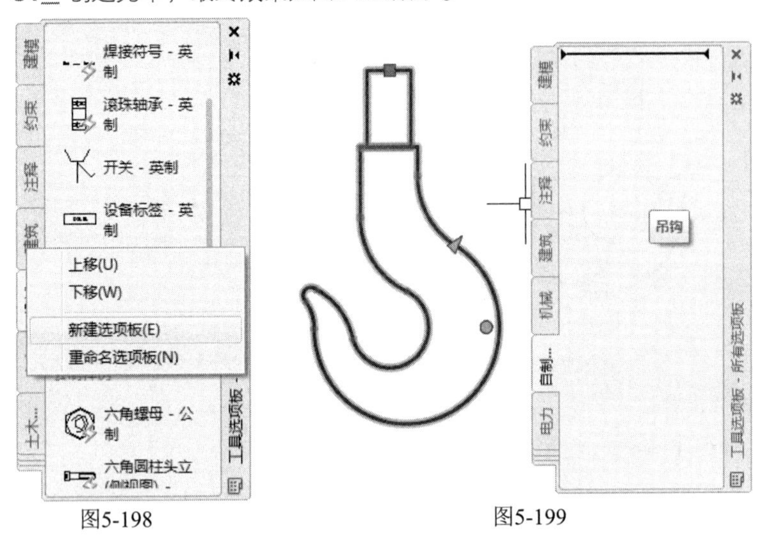

图5-198　　图5-199

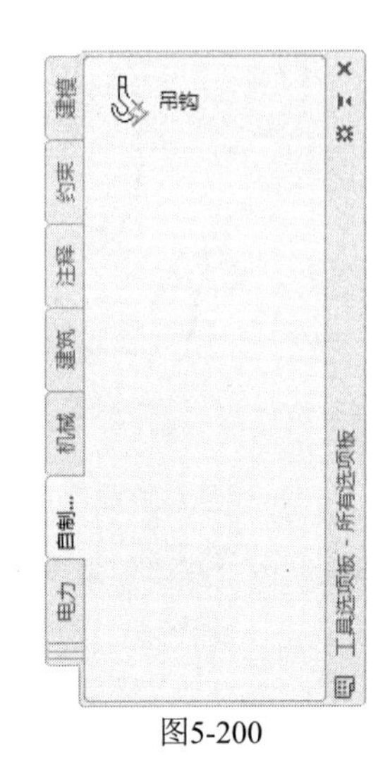

图5-200

第6章 参数化绘图

图形参数化是从AutoCAD 2010版本开始新增的一大功能，这将大大改变在AutoCAD中绘制图形的思路和方式。所谓参数化绘图，即使用图形约束功能编辑图形，能够使设计更加方便，也是今后设计领域的发展趋势。常用的约束有几何约束和尺寸约束两种，其中几何约束用于控制对象的关系；尺寸约束用于控制对象的距离、长度、角度和半径值。

6.1 几何约束

常用的对象约束有几何约束和尺寸约束两种，其中几何约束用于控制对象的位置关系，包括重合、共线、平行、垂直、同心、相切、相等、对称、水平和竖直等；尺寸约束用于控制对象的距离、长度、角度和半径值，包括对齐约束、水平约束、竖直约束、半径约束、直径约束以及角度约束等。

实战168 创建重合约束

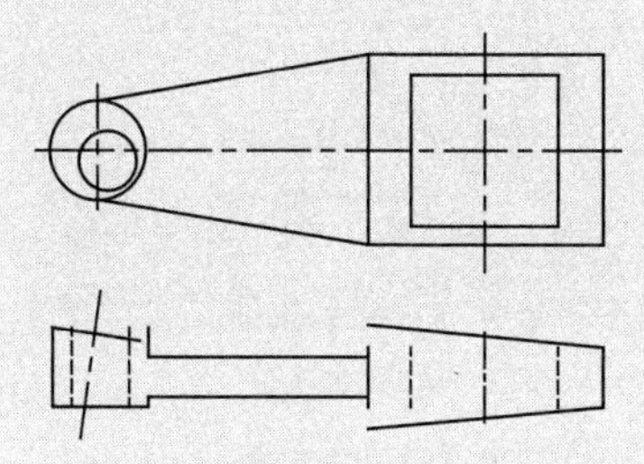

重合约束用于约束两点使其重合，或约束一个点使其位于曲线（或曲线的延长线）上。可以使对象上的约束点与某个对象重合，也可以使其与另一对象上的约束点重合。通过重合约束连接在一起的图形，无论再进行何种操作，都会保持相连的状态，这是其他命令所不能达到的效果。

难度：☆☆

及格时间：2′40″

优秀时间：1′20″

读者自评： / / / / / /

01_ 打开"第6章/实战168 创建重合约束"素材文件，如图6-1所示。

02_ 在【参数化】选项卡中，单击【几何】面板中的【重合】按钮，如图6-2所示，执行【重合】约束命令。

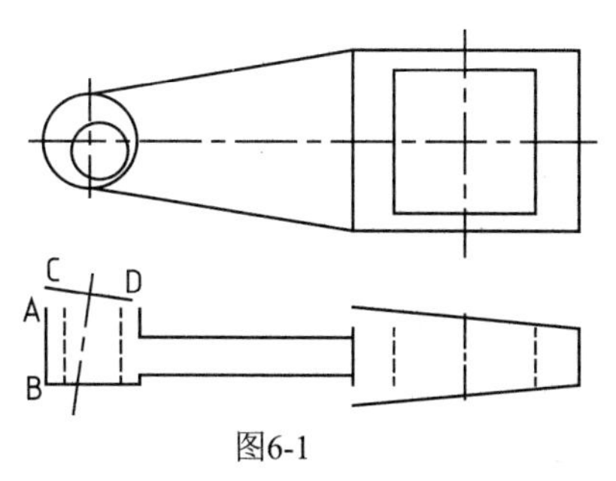

图6-1

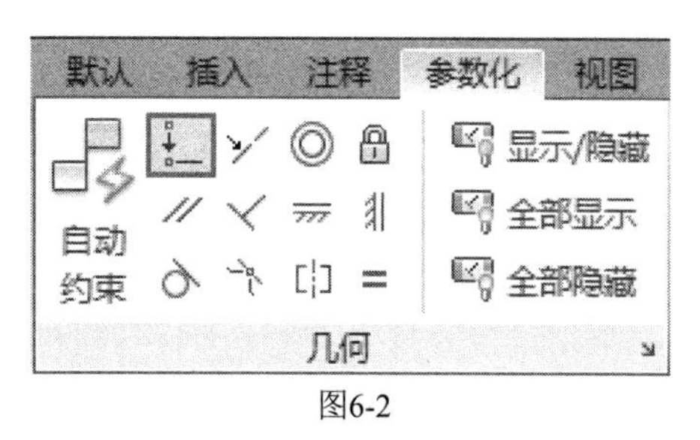

图6-2

03_ 使线AB和线CD在A点重合，如图6-3所示。命令行操作如下。

```
命令: _GcCoincident                              //执行【重合】约束命令
选择第一个点或 [对象(O)/自动约束(A)] <对象>:       //捕捉并单击A点
选择第二个点或 [对象(O)] <对象>:                  //捕捉并单击C点，完成约束
```

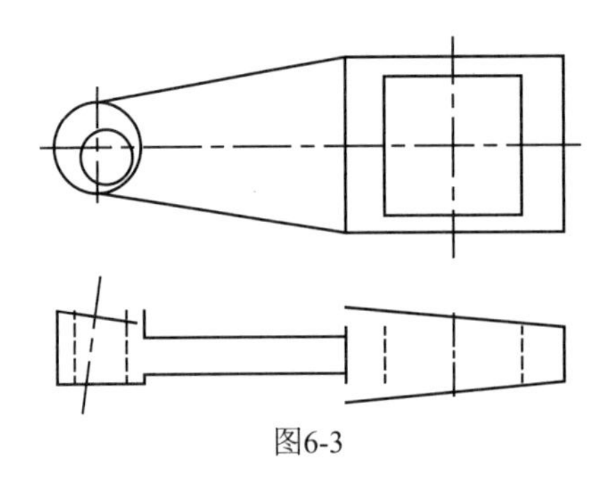

图6-3

实战169 创建垂直约束

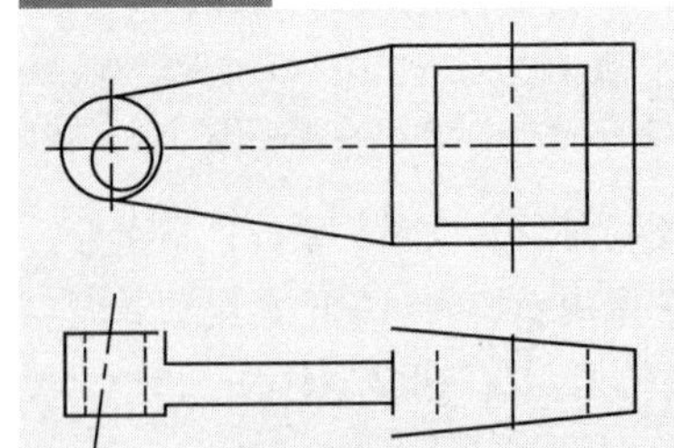

垂直约束使选定的直线彼此垂直，垂直约束可以应用在两个直线对象之间，也可以使用约束的方法强制将某一条直线垂直于另一对象。

难度：☆☆

及格时间：2′40″

优秀时间：1′20″

读者自评： / / / / / /

01_ 打开“第6章/实战169 创建垂直约束”素材文件，如图6-4所示。

02_ 在【参数化】选项卡中，单击【几何】面板中的【垂直】按钮，如图6-5所示，执行【垂直约束】命令。

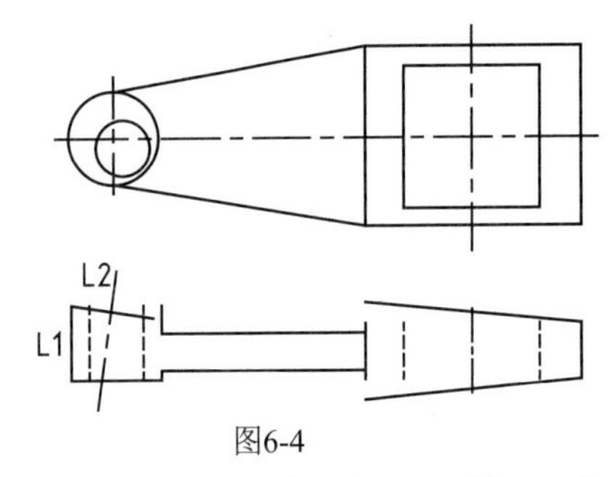

图6-4

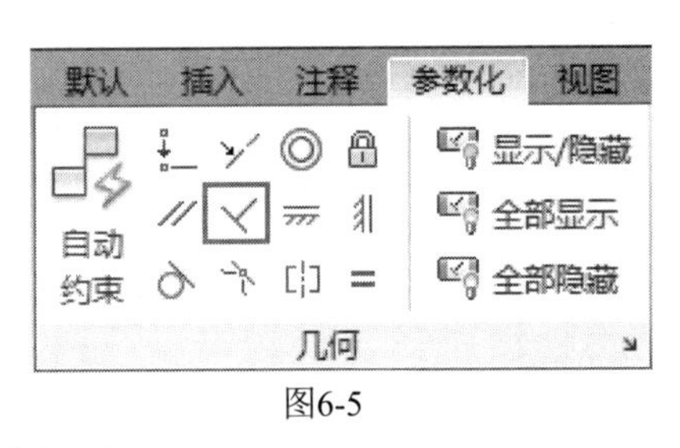

图6-5

03_ 使直线L1和L2相互垂直，如图6-6所示。命令行操作如下。

```
命令: _GcPerpendicular                    //执行【垂直】约束命令
选择第一个对象:                           //选择直线L1
选择第二个对象:                           //选择直线L2
```

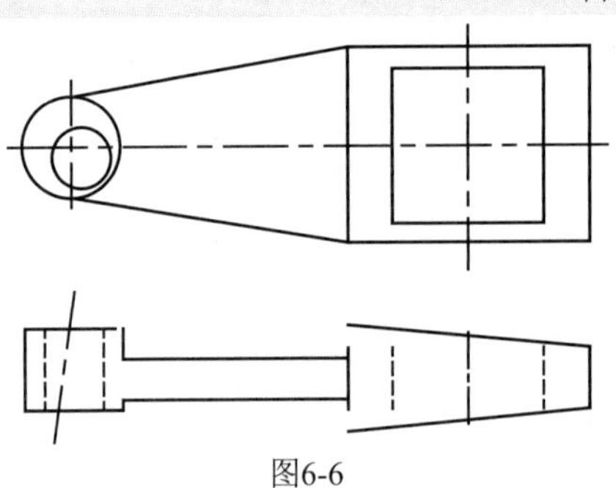

图6-6

实战170 创建共线约束

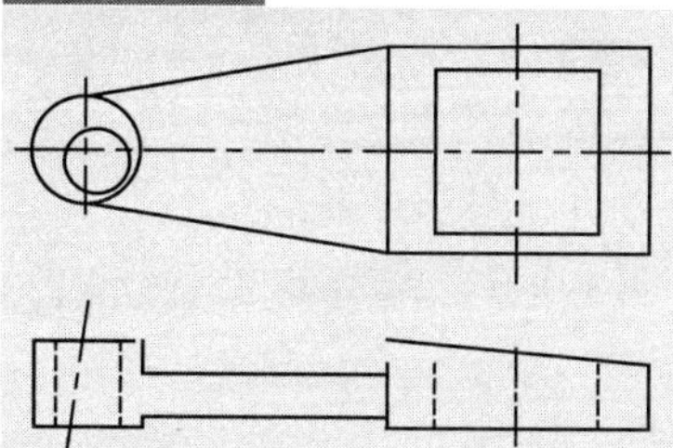

共线约束可以控制两条或多条直线到同一直线方向，常用来创建空间共线的对象。如果要将一根直线对齐至另一直线，使用共线约束无疑是最快捷的方法。

难度：☆☆

及格时间：2′40″

优秀时间：1′20″

读者自评：　/　/　/　/　/　/

01_ 打开“第6章/实战170 创建共线约束.dwg”素材文件，如图6-7所示。

02_ 在【参数化】选项卡中，单击【几何】面板中的【共线】按钮，如图6-8所示，执行【共线约束】命令。

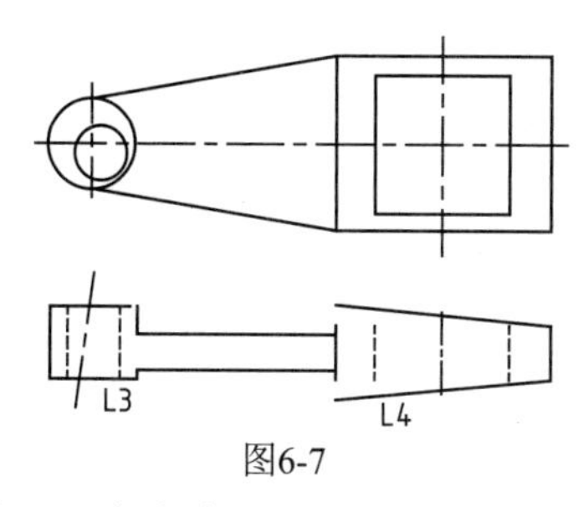

图6-7

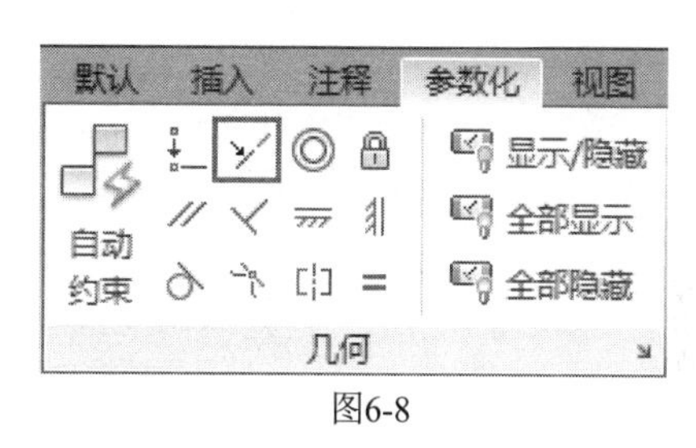

图6-8

03_ 选择L3和L4两条直线，使两条直线共线，如图6-9所示。命令行操作如下。

```
命令: _GcCollinear                          //执行【共线】约束命令
选择第一个对象或 [多个(M)]:                  //选择直线L3
选择第二个对象:                              //选择直线L4
```

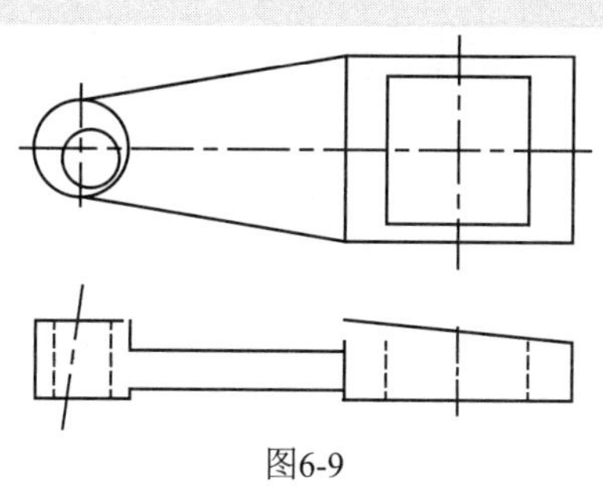

图6-9

实战171 创建相等约束

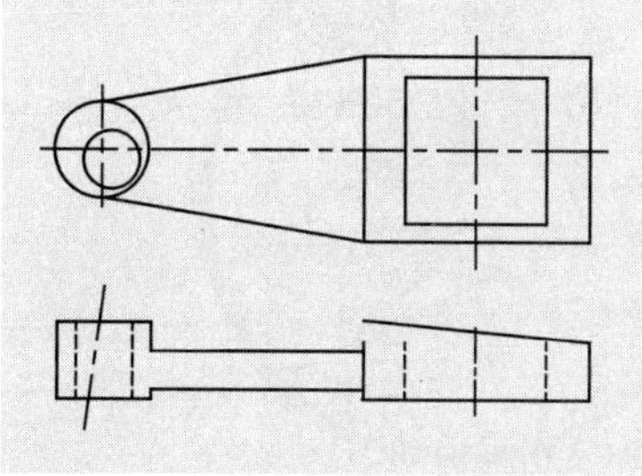

相等约束是将选定圆弧和圆约束到半径相等，或将选定直线约束到长度相等。如果要将不同的图形修改至相同大小，使用相等约束的方法无疑要比手动修改尺寸迅速很多。

难度：☆☆

及格时间：2′40″

优秀时间：1′20″

读者自评：　/　/　/　/　/　/

01_ 打开“第6章/实战171 创建相等约束.dwg”素材文件，如图6-10所示。

02_ 在【参数化】选项板中，单击【几何】面板中的【相等】按钮，如图6-11所示，执行【相等约束】命令。

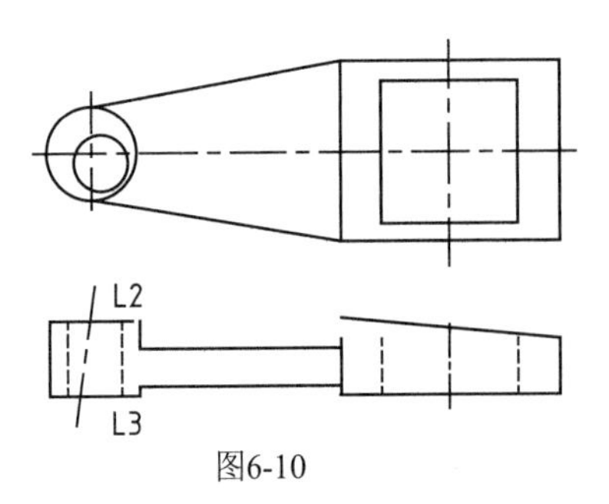

图6-10

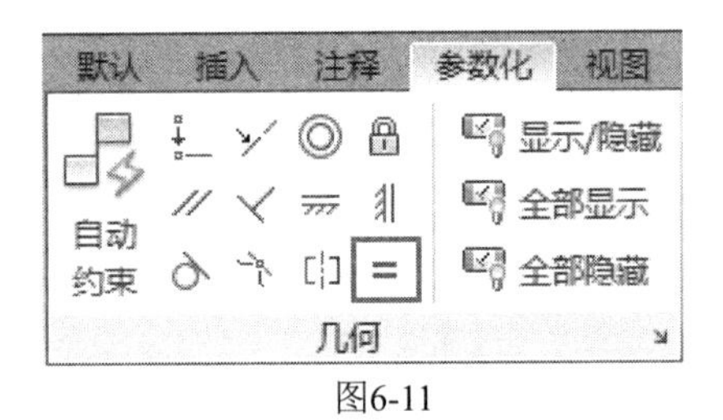

图6-11

03_ 选择直线L2和L3，创建相等约束，如图6-12所示。命令行操作如下。

```
命令: _GcEqual                          //执行【相等】约束命令
选择第一个对象或 [多个(M)]:              //选择L3直线
选择第二个对象:                          //选择L2直线
```

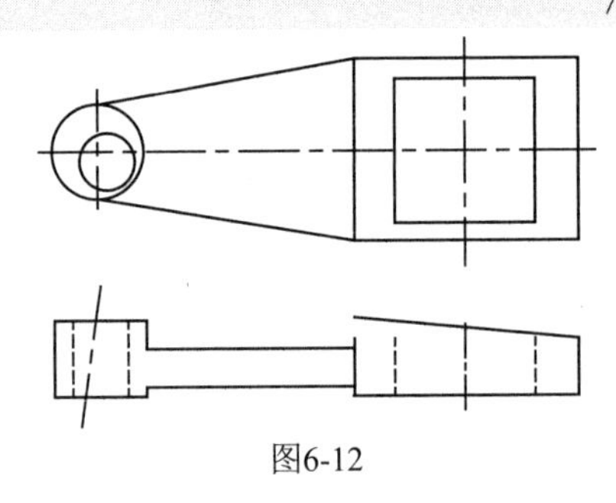
图6-12

实战172 创建同心约束

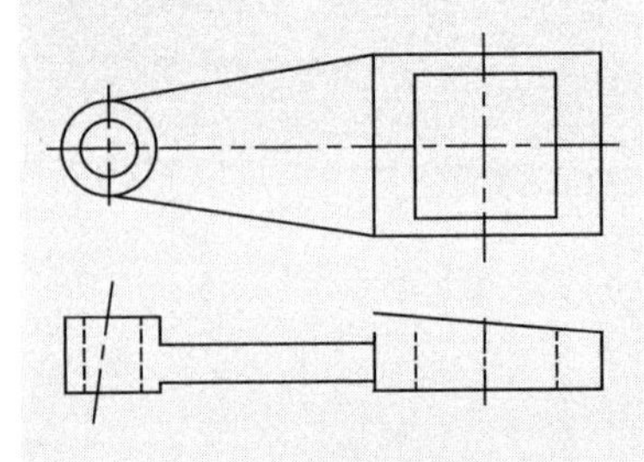

同心约束是将两个圆弧、圆或椭圆约束到同一个中心点，效果相当于为圆弧和另一圆弧的圆心添加重合约束。如果要将多个圆对象设为同心，相较于夹点编辑和【移动】命令来说，使用同心约束的方法更能一劳永逸。

难度：☆☆

及格时间：2′40″

优秀时间：1′20″

读者自评： / / / / / /

01_ 打开“第6章/实战172 创建同心约束.dwg”素材文件，如图6-13所示。

02_ 在【参数化】选项卡中，单击【几何】面板中的【同心】按钮◎，如图6-14所示，执行【同心约束】命令。

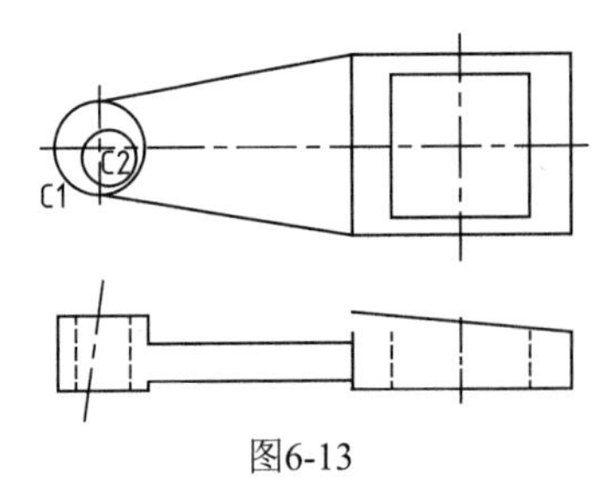

图6-13

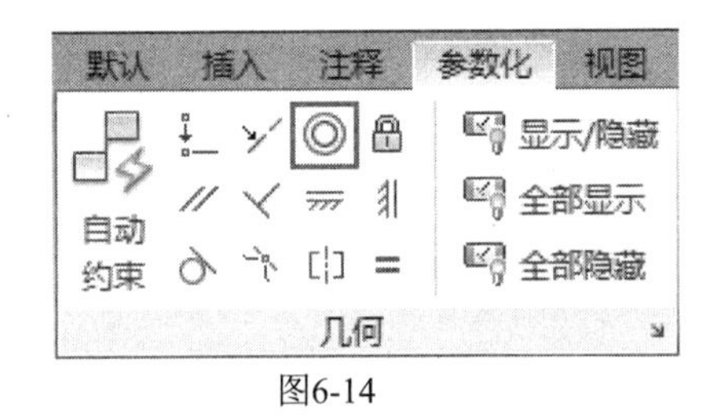

图6-14

03_ 选择素材图形中的圆C1和圆C2，约束两圆同心，如图6-15所示。命令行操作如下。

```
命令: _GcConcentric                     //执行【同心】约束命令
选择第一个对象:                          //选择圆C1
选择第二个对象:                          //选择圆C2
```

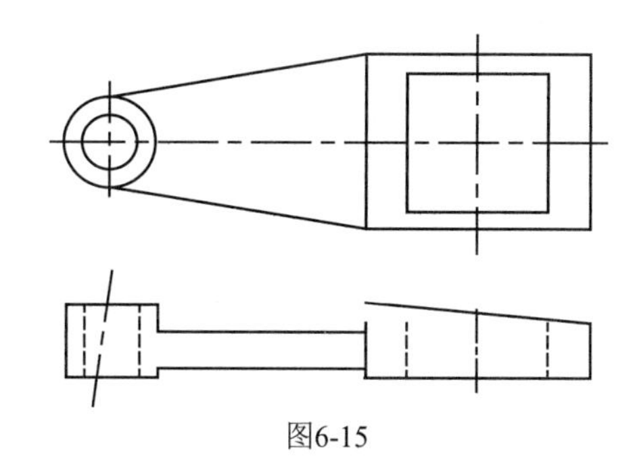

图6-15

实战173　创建竖直约束

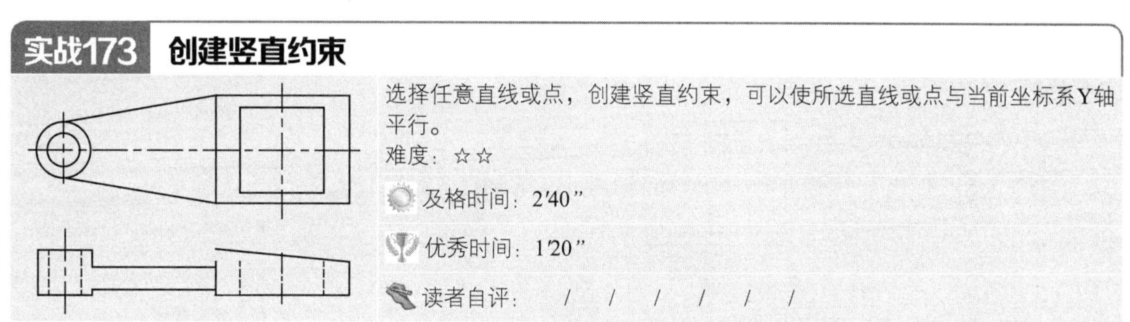

选择任意直线或点，创建竖直约束，可以使所选直线或点与当前坐标系Y轴平行。

难度：☆☆

及格时间：2'40"

优秀时间：1'20"

读者自评：/ / / / / /

01_ 打开“第6章/实战173 创建竖直约束.dwg”素材文件，如图6-16所示。

02_ 在【参数化】选项板中，单击【几何】面板中的【竖直】按钮，如图6-17所示，执行【竖直约束】命令。

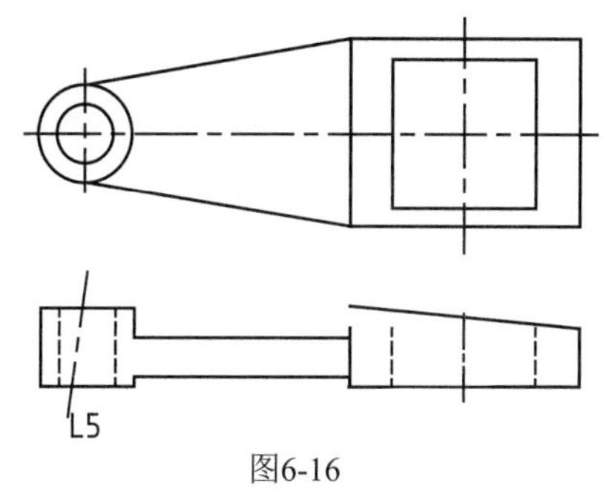

图6-16

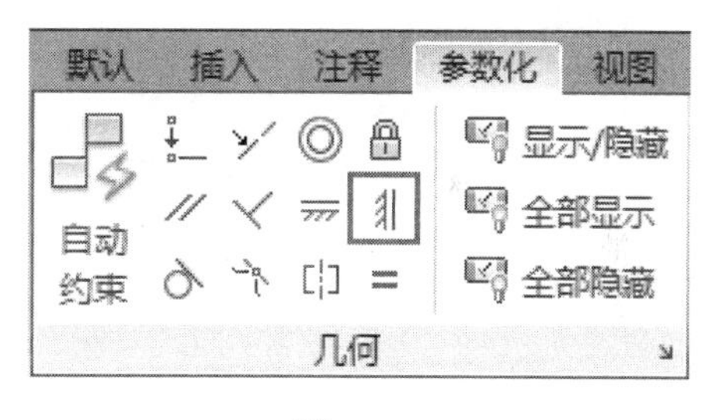

图6-17

03_ 选择中心线L5，将中心线调整到竖直位置，如图6-18所示。命令行操作如下。

```
命令: _GcVertical                                  //执行【竖直】约束命令
选择对象或 [两点(2P)] <两点>:                        //选择中心线L5
```

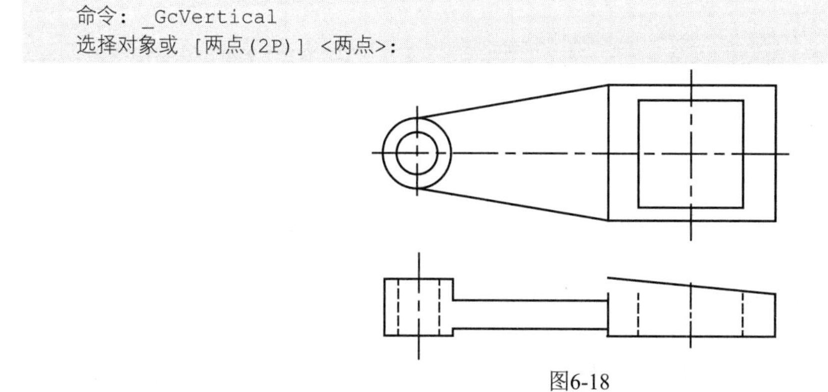

图6-18

实战174 创建水平约束

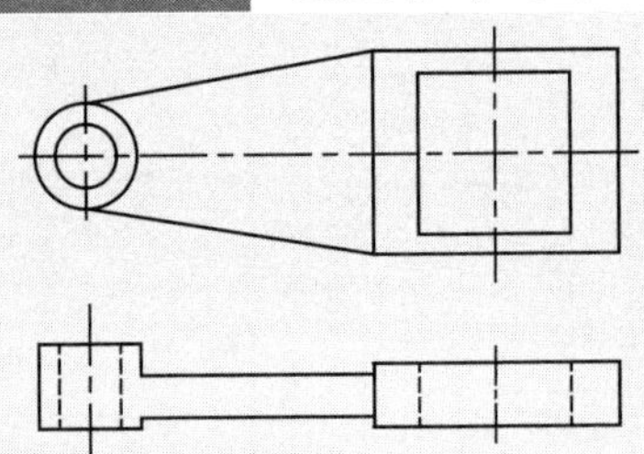

选择任意直线或点，创建水平约束，可以使所选直线或点与当前坐标系的X轴平行。

难度：☆☆

及格时间：2′40″

优秀时间：1′20″

读者自评：/ / / / / /

01_ 打开“第6章/实战174 创建水平约束dwg”素材文件，如图6-19所示。

02_ 在【参数化】选项卡中，单击【几何】面板中的【水平】按钮，如图6-20所示，执行【水平约束】命令。

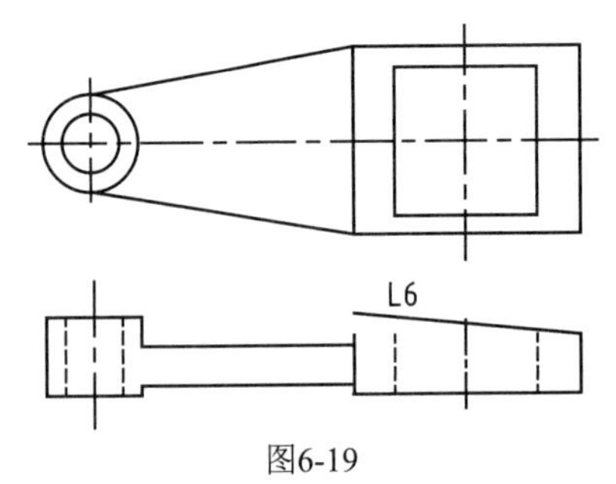

图6-19

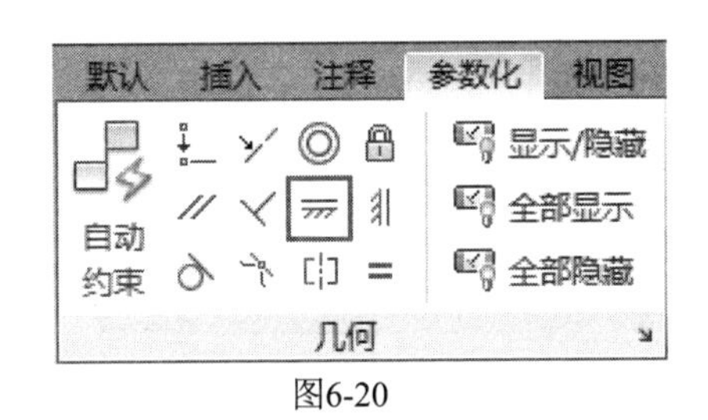

图6-20

03_ 选择直线L6，将其调整到水平位置，如图6-21所示。命令行操作如下。

```
命令: _GcHorizontal                      //执行【水平】约束命令
选择对象或 [两点(2P)] <两点>:              //在直线L6右半部分单击
```

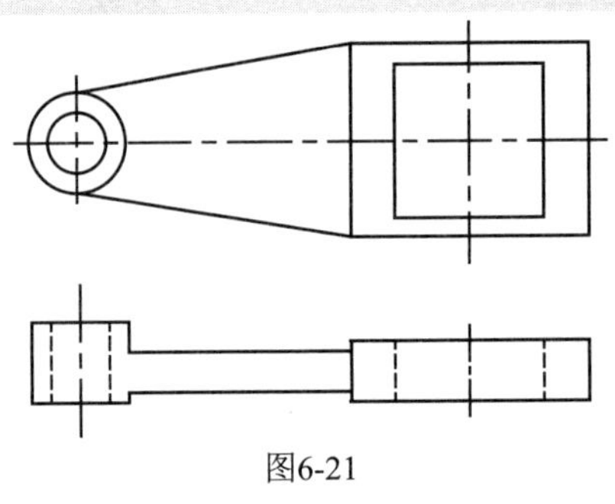

图6-21

实战175 创建平行约束

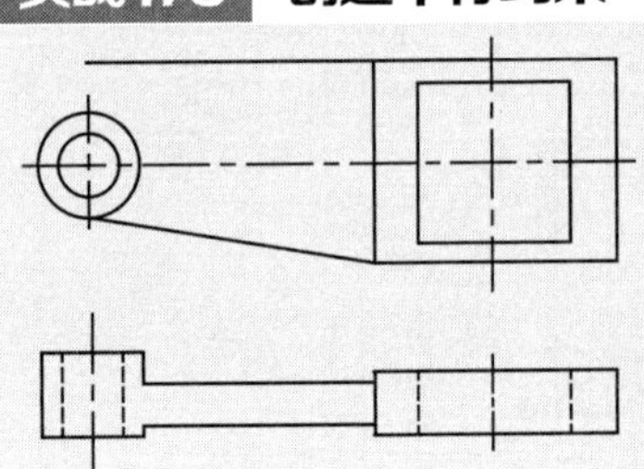

执行平行约束，可以将两条直线设置为彼此平行。通常用来编辑相交的直线。

难度：☆☆

及格时间：2′40″

优秀时间：1′20″

读者自评：/ / / / / /

01_ 打开“第6章/实战175 创建平行约束.dwg”素材文件，如图6-22所示。

02_ 在【参数化】选项卡中，单击【几何】面板中的【平行】按钮，如图6-23所示，执行【平行约束】命令。

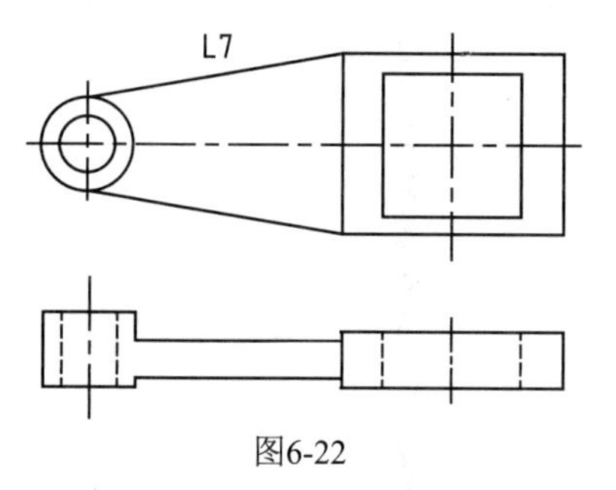

图6-22

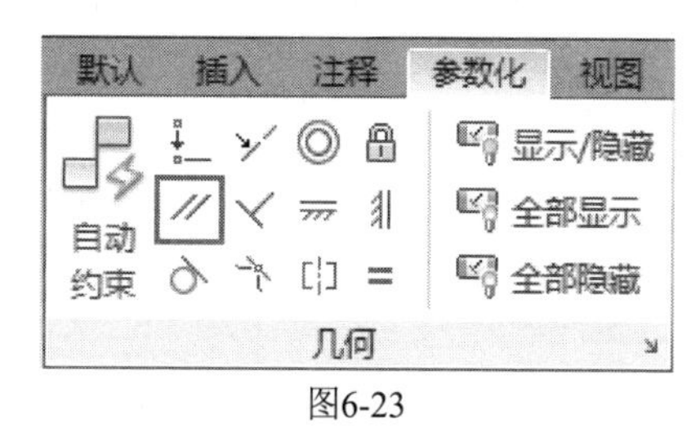

图6-23

03_ 使直线L7与中心辅助线相互平行，如图6-24所示。命令行操作如下。

```
命令: _GcParallel                                  //执行【平行】约束命令
选择第一个对象:                                     //选择中心辅助线
选择第二个对象:                                     //选择直线L7
```

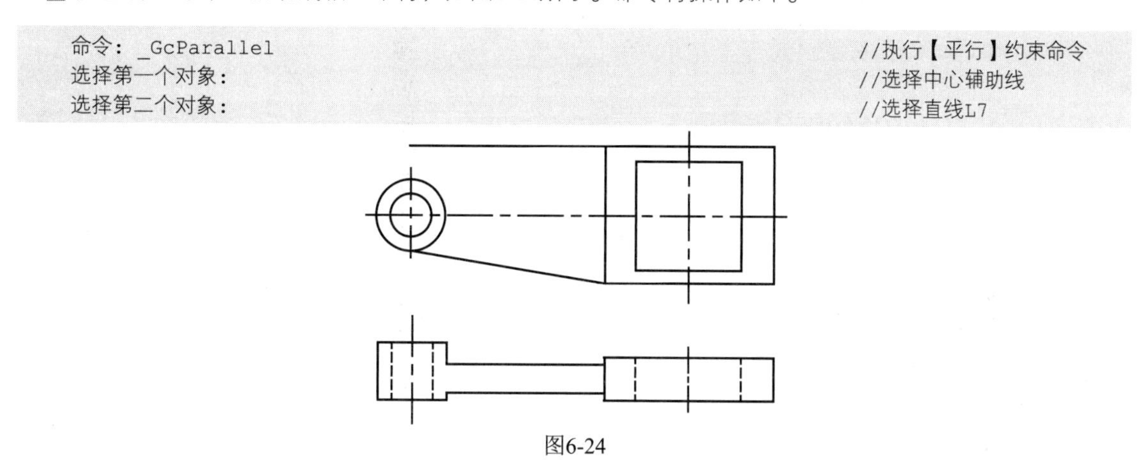

图6-24

实战176 创建相切约束

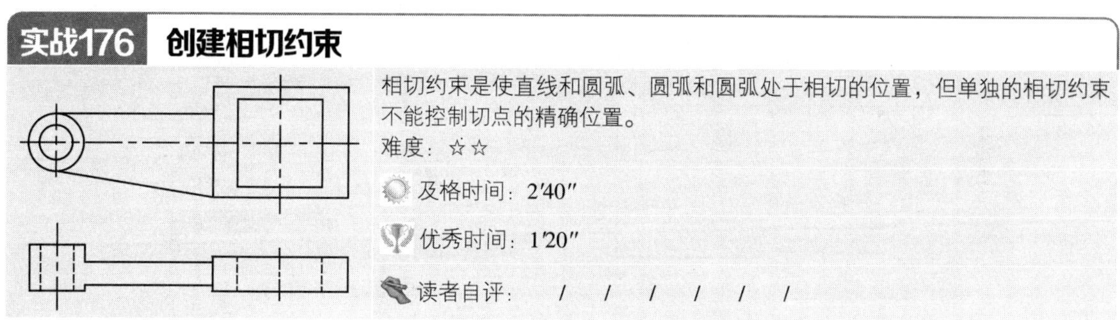

相切约束是使直线和圆弧、圆弧和圆弧处于相切的位置，但单独的相切约束不能控制切点的精确位置。

难度：☆☆

及格时间：2′40″

优秀时间：1′20″

读者自评：　/　/　/　/　/　/

01_ 打开“第6章/实战176 创建相切约束.dwg”素材文件，如图6-25所示。

02_ 在【参数化】选项卡中，单击【几何】面板中的【相切】按钮，如图6-26所示，执行【相切约束】命令。

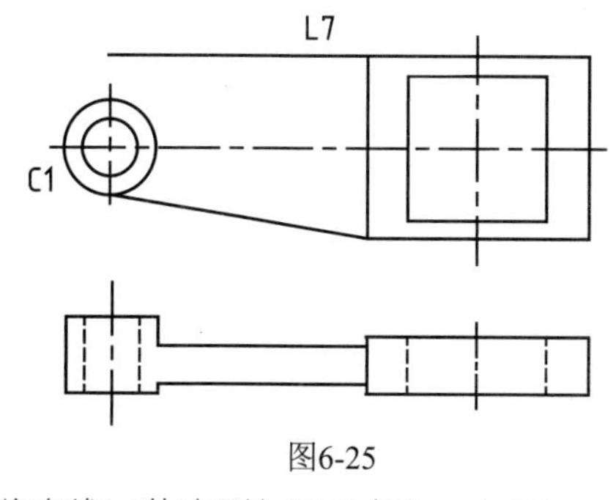

图6-25

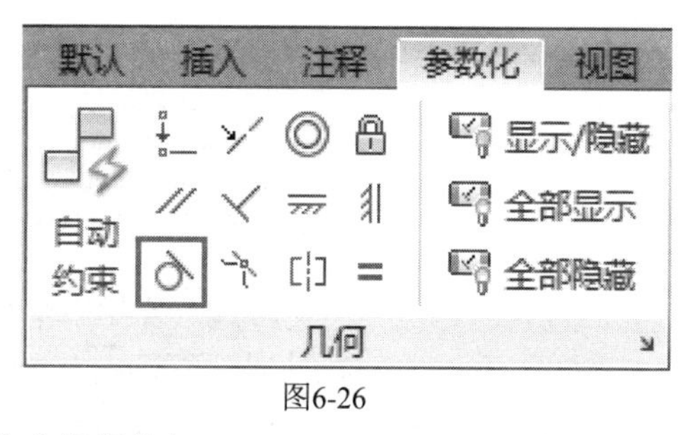

图6-26

03_ 将直线L7约束到与圆C1相切，如图6-27所示。命令行操作如下。

```
命令: _GcTangent                        //执行【相切】约束命令
选择第一个对象:                          //选择圆C1
选择第二个对象:                          //选择直线L7
```

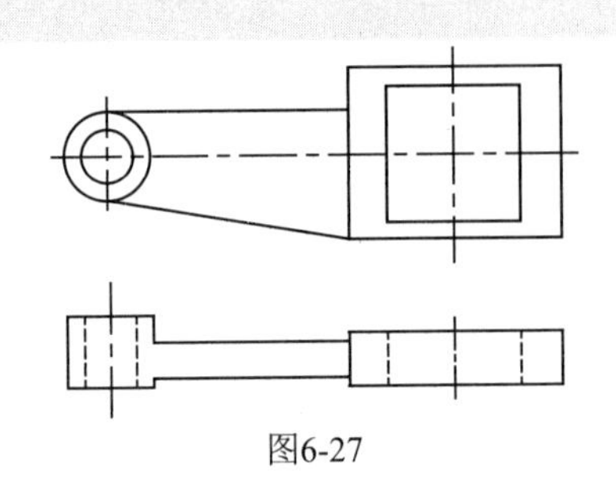

图6-27

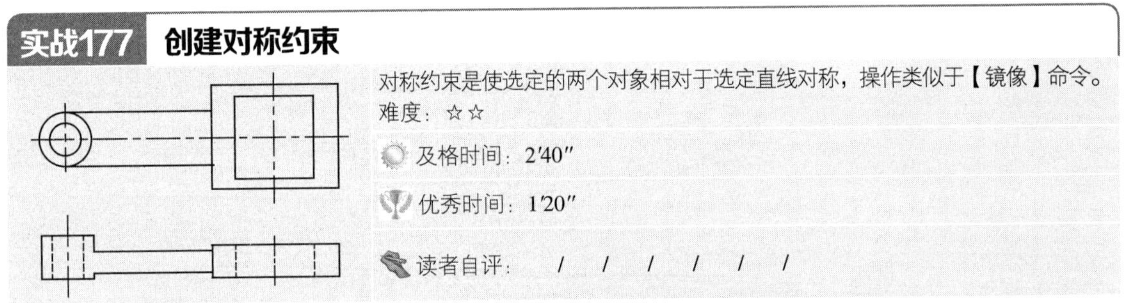

实战177 创建对称约束

对称约束是使选定的两个对象相对于选定直线对称，操作类似于【镜像】命令。

难度：☆☆

及格时间：2'40"

优秀时间：1'20"

读者自评： / / / / / /

01_ 打开“第6章/实战177 创建对称约束.dwg”素材文件，如图6-28所示。

02_ 在【参数化】选项卡中，单击【几何】面板中的【对称】按钮，如图6-29所示，执行【对称约束】命令。

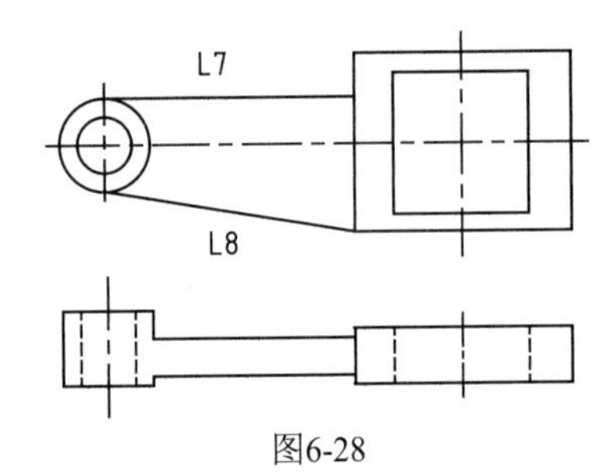

图6-28

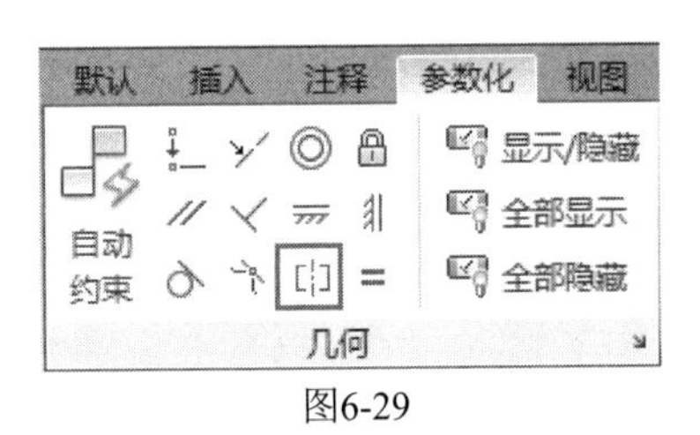

图6-29

03_ 将直线L8约束到与直线L7对称，如图6-30所示。命令行操作如下。

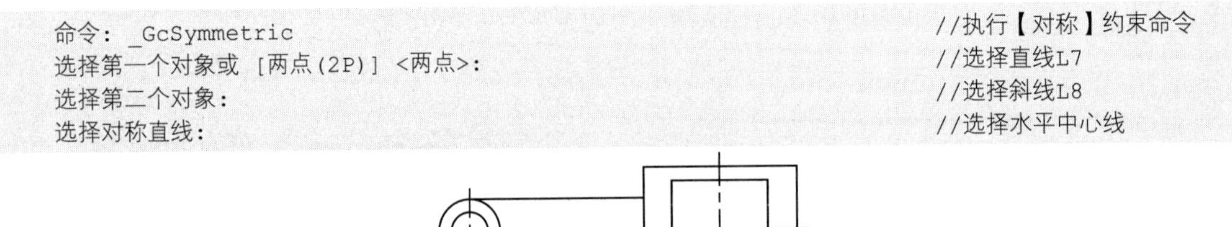

```
命令: _GcSymmetric                              //执行【对称】约束命令
选择第一个对象或 [两点(2P)] <两点>:              //选择直线L7
选择第二个对象:                                  //选择斜线L8
选择对称直线:                                    //选择水平中心线
```

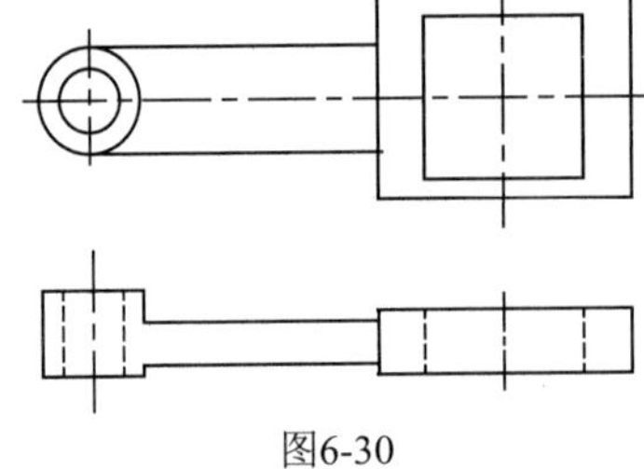

图6-30

实战178 创建固定约束

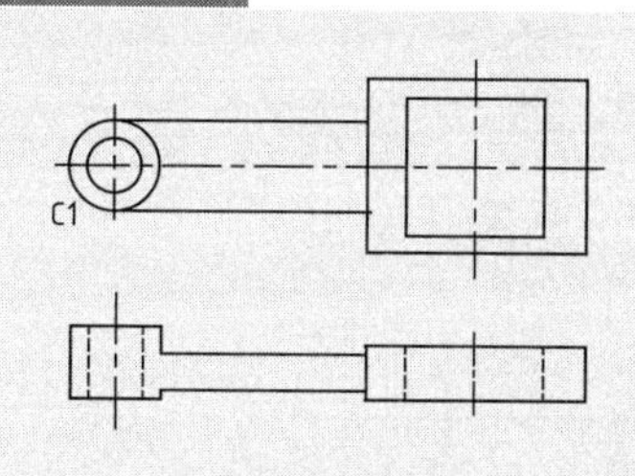

在添加约束之前，为了防止某些对象产生不必要的移动，可以添加固定约束。添加固定约束之后，该对象将保持不动，不能被移动或修改。

难度：☆☆

及格时间：2′40″

优秀时间：1′20″

读者自评：/ / / / / /

01_ 打开“第6章/实战178 创建固定约束.dwg”素材文件，如图6-31所示。

02_ 在【参数化】选项卡中，单击【几何】面板中的【固定】按钮，如图6-32所示，执行【固定约束】命令，选择圆C1将其固定。命令行操作如下。

```
命令: _GcFix                                //执行【固定】约束命令
选择点或 [对象(O)] <对象>:                   //单击Enter键使用默认选项
选择对象:                                    //选择圆C1
```

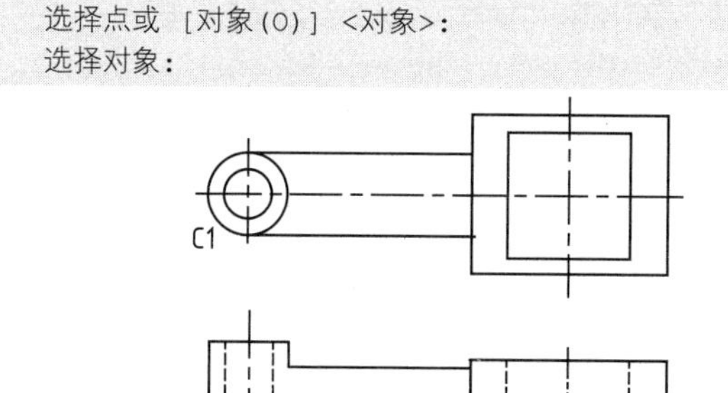

图6-31

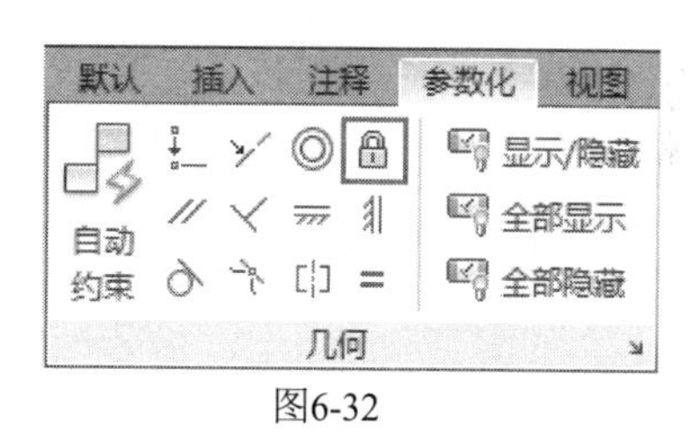

图6-32

6.2 尺寸约束

尺寸约束用于控制二维对象的大小、角度以及两点之间的距离，改变尺寸约束将驱动对象发生相应变化。尺寸约束类型包括对齐约束、水平约束、竖直约束、半径约束、直径约束以及角度约束等。

实战179 添加竖直尺寸约束

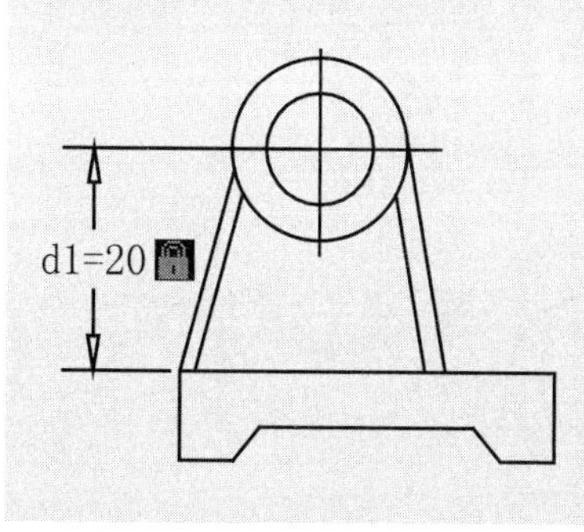

竖直尺寸约束是线性约束中的一种，用于约束两点之间的竖直距离，约束之后的两点将始终保持该距离。通过添加竖直尺寸约束，可以有效地修改图形高度方向尺寸。尤其在以后的工作中要对图形进行修改时，只需更改竖直约束中的尺寸数值，便能对图形进行相应的修改，达到【拉伸】或【移动】命令的效果，十分方便。

难度：☆☆

及格时间：2′40″

优秀时间：1′20″

读者自评：/ / / / / /

01_ 打开“第6章/实战179 添加竖直尺寸约束.dwg”素材文件，如图6-33所示。

02_ 在【参数化】选项卡中，单击【标注】面板中的【竖直】按钮，如图6-34所示，执行【竖直尺寸约束】命令。

03_ 选择圆C1圆心与素材图形底边，添加竖直距离约束。命令行操作如下。

```
命令：_DcVertical                              //执行【竖直】约束命令
指定第一个约束点或 [对象(O)] <对象>:            //捕捉圆C1的圆心
指定第二个约束点:                               //捕捉直线L1左侧端点
指定尺寸线位置:                                 //拖动尺寸线，在合适位置单击放置尺寸
标注文字 = 18.12                                //该尺寸的当前值
```

04_ 清除尺寸文本框，然后输入数值20，单击Enter键确认。尺寸约束效果如图6-35所示。

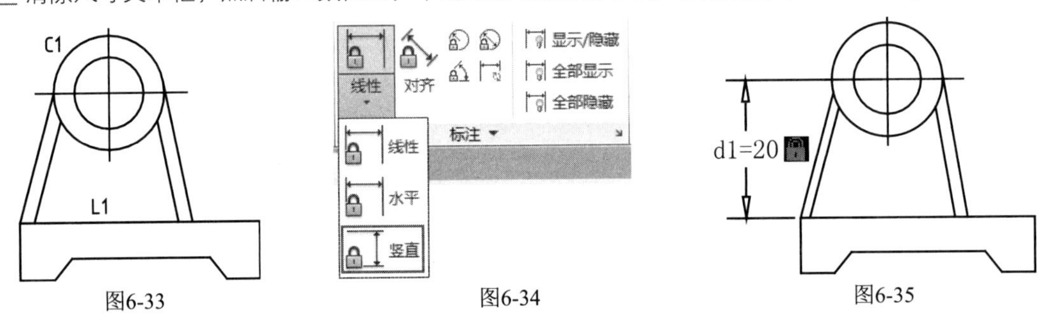

图6-33　　图6-34　　图6-35

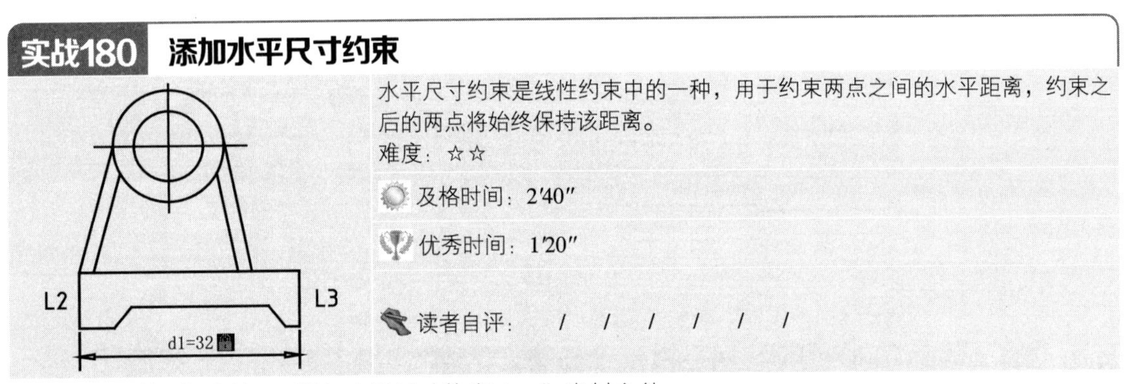

实战180　添加水平尺寸约束

水平尺寸约束是线性约束中的一种，用于约束两点之间的水平距离，约束之后的两点将始终保持该距离。

难度：☆☆

及格时间：2′40″

优秀时间：1′20″

读者自评：/ / / / / /

01_ 打开“第6章/实战180 添加水平尺寸约束.dwg”素材文件。

02_ 在【参数化】选项卡中，单击【标注】面板中的【水平】按钮，如图6-36所示，执行【水平尺寸约束】命令。

03_ 对底座宽度进行水平尺寸约束。命令行操作如下。

```
命令：_DcHorizontal                            //执行【水平】约束命令
指定第一个约束点或 [对象(O)] <对象>:            //捕捉直线L2下端点
指定第二个约束点:                               //捕捉直线L3下端点
指定尺寸线位置:                                 //指定尺寸线位置
标注文字 = 35
```

04_ 在文本框中输入文字32，最终效果如图6-37所示。

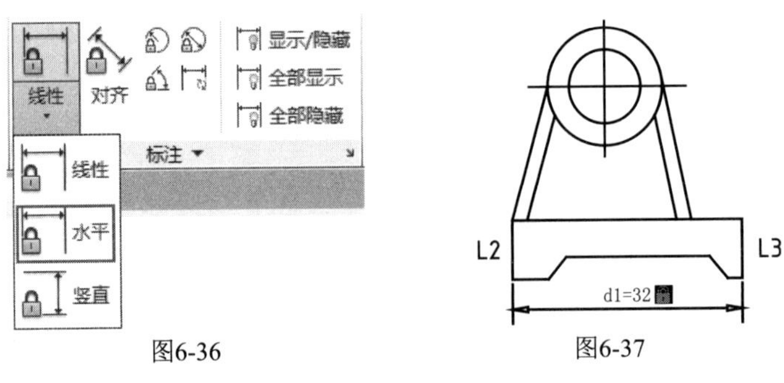

图6-36　　图6-37

实战181 添加对齐尺寸约束

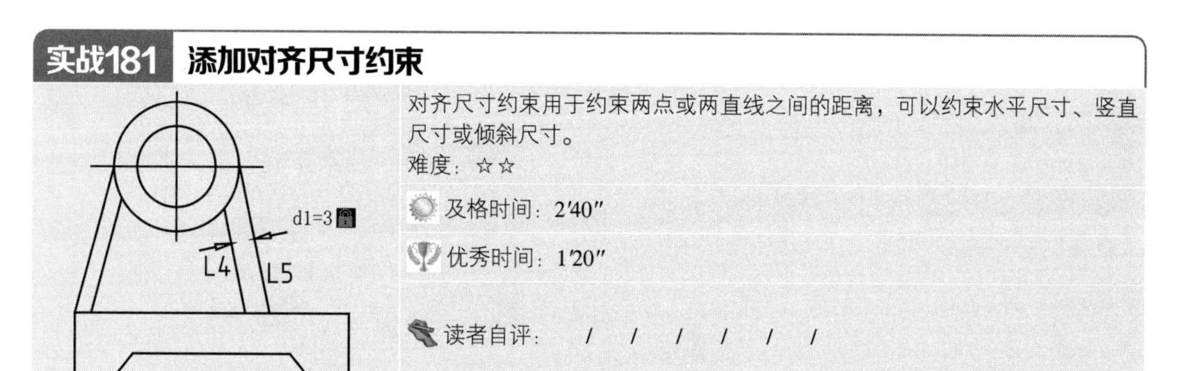

对齐尺寸约束用于约束两点或两直线之间的距离，可以约束水平尺寸、竖直尺寸或倾斜尺寸。

难度：☆☆

及格时间：2′40″

优秀时间：1′20″

读者自评：　/　/　/　/　/　/

01_ 打开“第6章/实战181 添加对齐尺寸约束.dwg”素材文件。

02_ 在【参数化】选项卡中，单击【标注】面板中的【对齐】按钮，如图6-38所示，执行【对齐尺寸约束】命令。

03_ 约束两平行直线L4和L5的距离。命令行操作如下。

```
命令: _DcAligned                                              //执行【对齐】约束命令
指定第一个约束点或 [对象(O)/点和直线(P)/两条直线(2L)] <对象>: 2L  //选择标注两条直线
选择第一条直线:                                                //选择直线L4
选择第二条直线，以使其平行:                                      //选择直线L5
指定尺寸线位置:                                                //指定尺寸线位置
标注文字 = 2
```

04_ 在文本框中输入数值3，最终效果如图6-39所示。

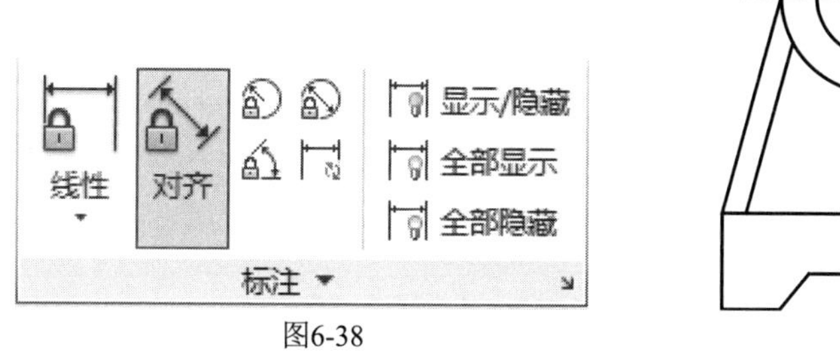

图6-38

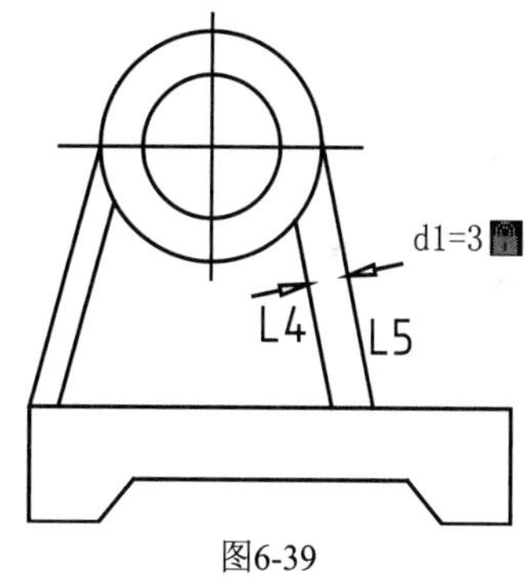

图6-39

实战182 添加半径尺寸约束

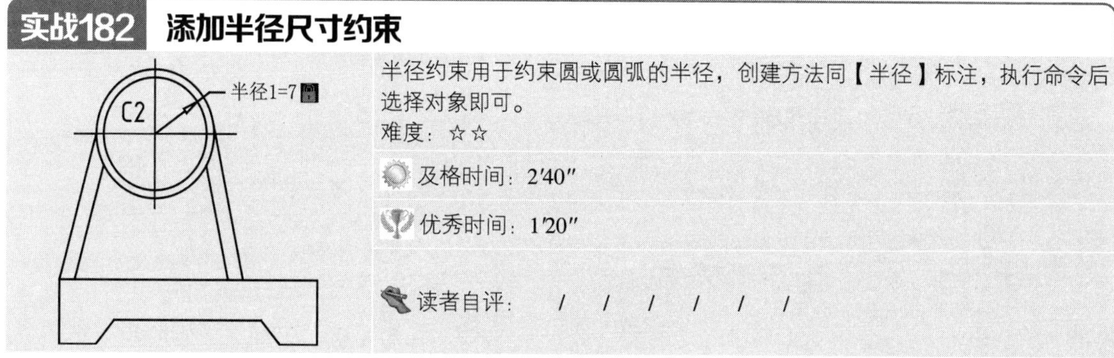

半径约束用于约束圆或圆弧的半径，创建方法同【半径】标注，执行命令后选择对象即可。

难度：☆☆

及格时间：2′40″

优秀时间：1′20″

读者自评：　/　/　/　/　/　/

01_ 打开“第6章/实战182 添加半径尺寸约束.dwg”素材文件。

02_ 在【参数化】选项卡中，单击【标注】面板中的【半径】按钮，如图6-40所示，执行【半径尺寸约束】命令。

03_ 约束圆C2的半径尺寸。命令行操作如下。

```
命令：_DcRadius                    //执行【半径】约束命令
选择圆弧或圆：                      //选择圆C2
标注文字 = 5
指定尺寸线位置：                    //指定尺寸线位置
```

04_ 在文本框中输入半径值7，最终效果如图6-41所示。

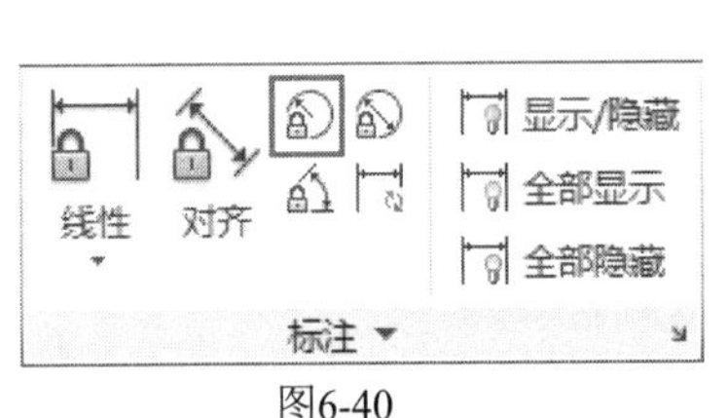

图6-40

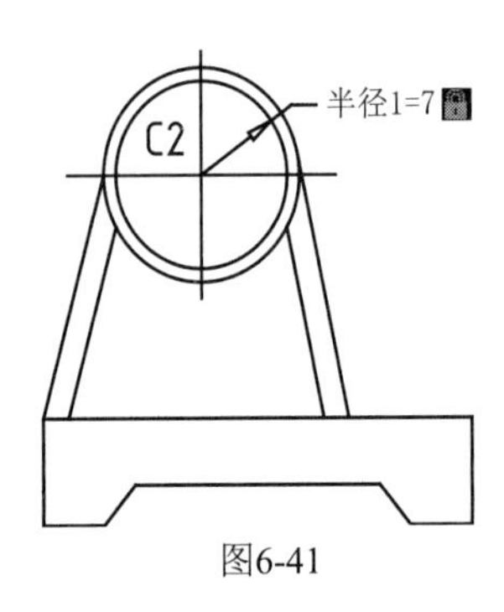

图6-41

实战183 添加直径尺寸约束

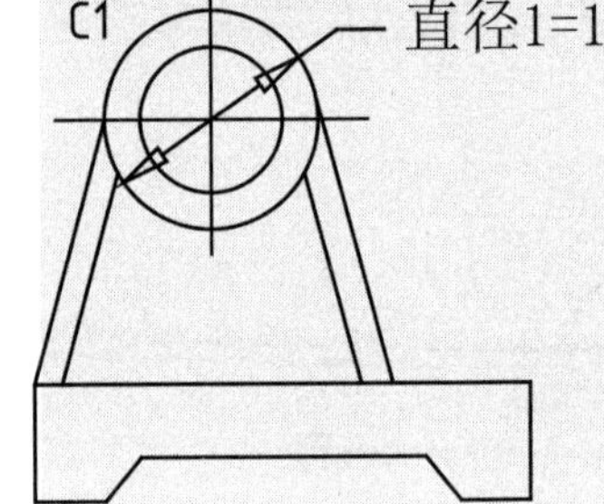

直径约束用于约束圆或圆弧的直径，创建方法同【直径】标注，执行命令后选择对象即可。

难度：☆☆

及格时间：2′40″

优秀时间：1′20″

读者自评：/ / / / / /

01_ 打开“第6章/实战183 添加直径尺寸约束.dwg”素材文件。

02_ 在【参数化】选项卡中，单击【标注】面板中的【直径】按钮，如图6-42所示，执行【直径尺寸约束】命令。

03_ 约束圆C1的尺寸。命令行操作如下。

```
命令：_DcDiameter                  //执行【直径】约束命令
选择圆弧或圆：                      //选择圆C1
标注文字 =16
指定尺寸线位置：                    //指定尺寸线位置
```

04_ 在文本框中输入数值15，最终效果如图6-43所示。

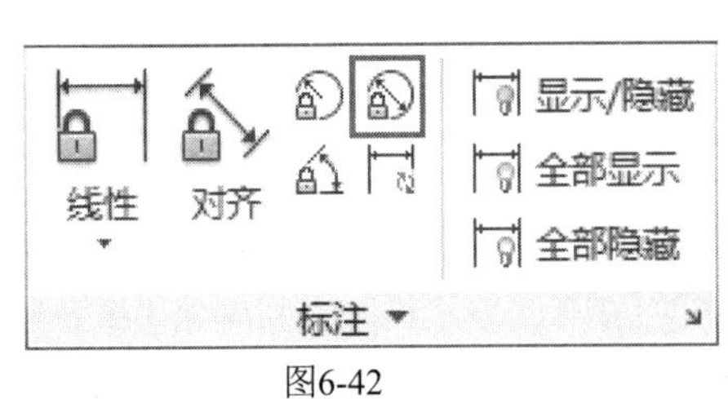

图6-42

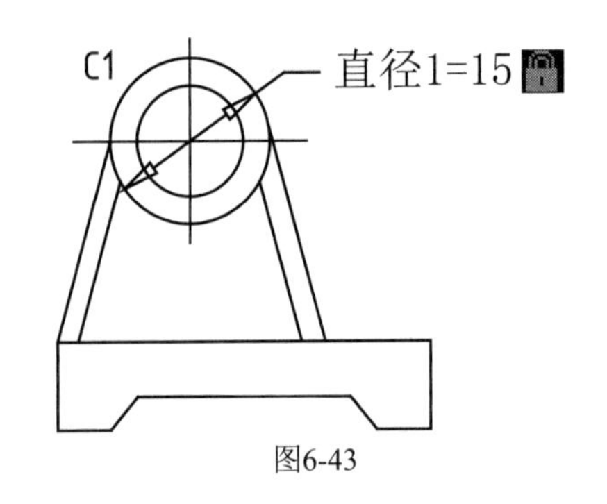

图6-43

实战184 添加角度尺寸约束

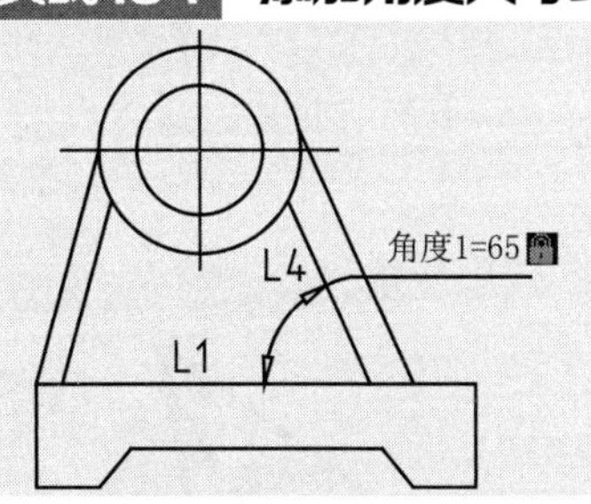

角度约束用于约束直线之间的角度或圆弧的包含角。创建方法同【角度】标注，执行命令后选择对象即可。

难度：☆☆

及格时间：2′40″

优秀时间：1′20″

读者自评：/ / / / / /

01_ 打开“第6章/实战184 添加角度尺寸约束.dwg”素材文件。

02_ 在【参数化】选项卡中，单击【标注】面板中的【角度】按钮，如图6-44所示，执行【角度尺寸约束】命令。

03_ 约束倾斜直线L4与水平线L1的夹角。命令行操作如下。

```
命令: _DcAngular                                   //执行【角度】约束命令
选择第一条直线或圆弧或 [三点(3P)] <三点>:           //选择水平直线L1
选择第二条直线:                                    //选择倾斜直线L4
指定尺寸线位置:                                    //指定尺寸线位置
标注文字 = 78
```

04_ 在文本框中输入数值65，最终效果如图6-45所示。

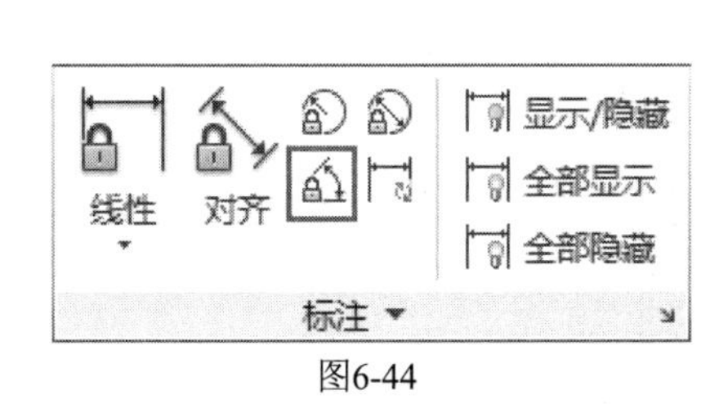

图6-44

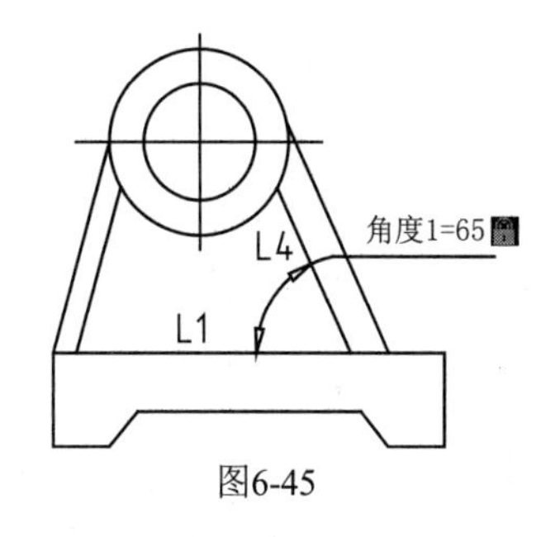

图6-45

6.3 综合实战

熟悉以上约束命令后，接下来就需要将上述所学知识综合运用到绘图中，灵活运用各个约束命令，在绘制图形或编辑图形时都能起到事半功倍的效果。

实战185 通过几何约束修改图形

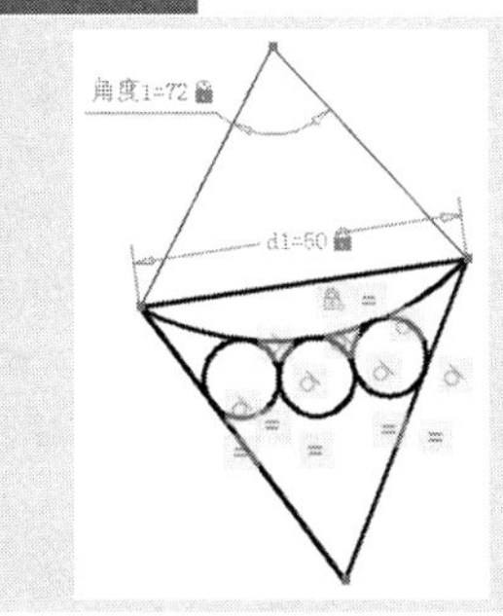

现在的设计绘图工作相较于十几年前要更为复杂，很大一部分原因便是因为目前的设计软件种类繁多，因此有些图纸在数据转换过程中，会遗失部分数据，这时就可以通过本节所介绍的约束命令来快速完善。

难度：☆☆☆☆

及格时间：10′00″

优秀时间：6′00″

读者自评：/ / / / / /

01_ 打开“第6章/实战185 通过几何约束修改图形.dwg”素材文件，如图6-46所示。

02_ 在【参数化】选项卡中，单击【几何】面板中的【自动约束】按钮，对图形添加重合约束，如图6-47所示。

03_ 在【参数化】选项卡中，单击【几何】面板中的【固定】按钮，选择直线上任意一点，为三角形的一边创建固定约束，如图6-48所示。

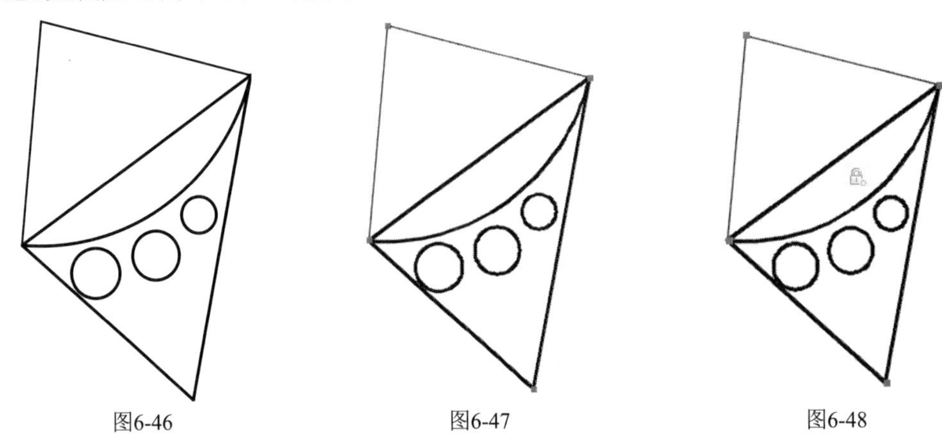

图6-46　　图6-47　　图6-48

04_ 在【参数化】选项卡中，单击【几何】面板中的【相等】按钮，为三个圆创建相等约束，如图6-49所示。

```
命令: _GcEqual                                  //执行【相等】约束命令
选择第一个对象或 [多个(M)]: M                    //激活【多个】对象选项
选择第一个对象:                                  //选择左侧圆为第一个对象
选择对象以使其与第一个对象相等:                  //选择第二个圆
选择对象以使其与第一个对象相等:                  //选择第三个圆，并单击Enter键结束操作
```

05_ 按空格键重复命令操作，将三角形的边创建相等约束，如图6-50所示。

06_ 在【参数化】选项卡中，单击【几何】面板中的【相切】按钮，选择相切关系的圆、直线边和圆弧，将其创建相切约束，如图6-51所示。

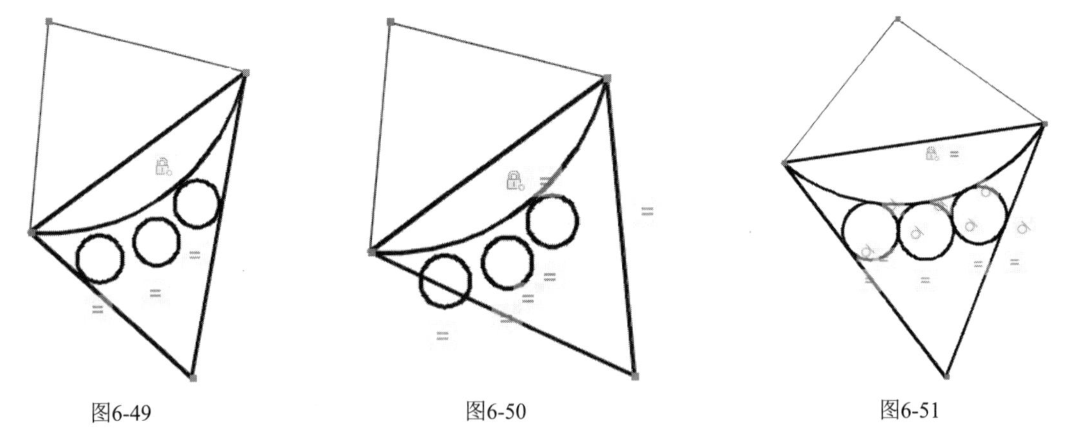

图6-49　　图6-50　　图6-51

07_ 在【参数化】选项卡中，单击【标注】面板中的【对齐】按钮和【角度】按钮，对三角形边创建对齐约束、圆弧圆心辅助线的角度约束，结果如图6-52所示。

08_ 在【参数化】选项卡中，单击【管理】面板中的【参数管理器】按钮 *fx*，在弹出【参数管理器】选项板中修改标注约束参数，结果如图6-53所示。

09_ 关闭【参数管理器】选项板，此时可以看到绘图区中图形也发生了相应的变化，完善几何图形结果如图6-54所示。

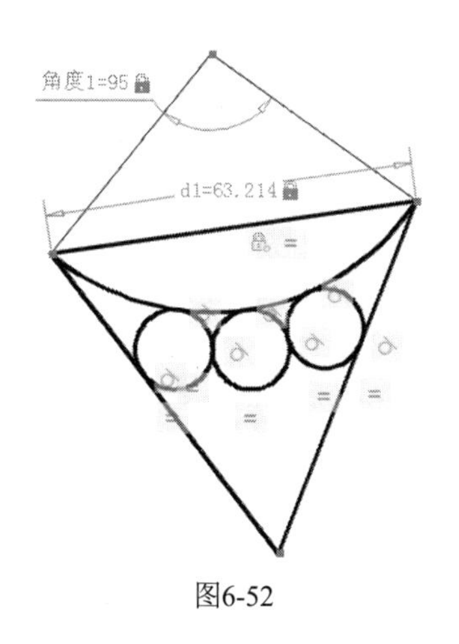

图6-52

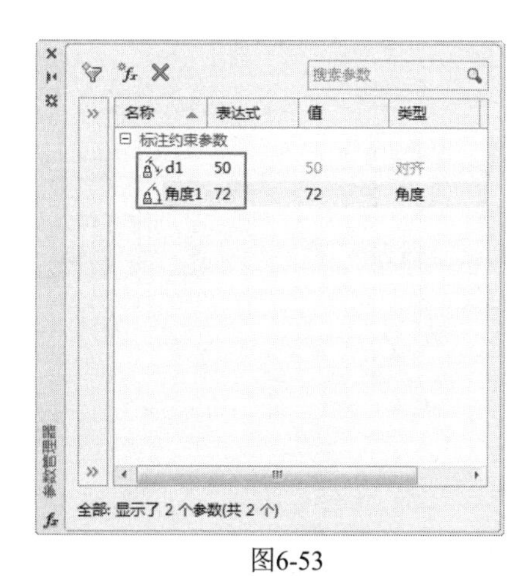

图6-53

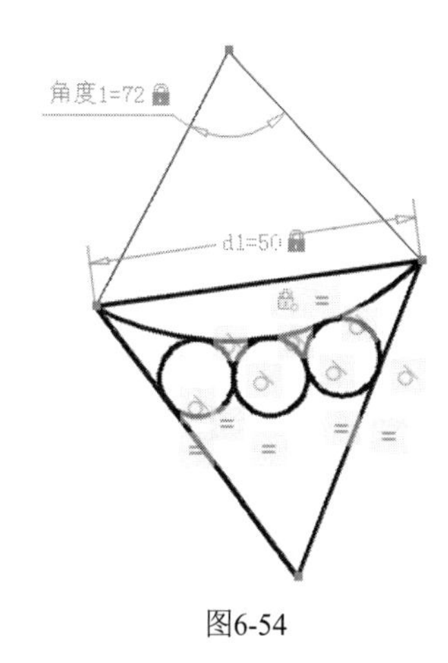

图6-54

实战186　通过尺寸约束修改图形

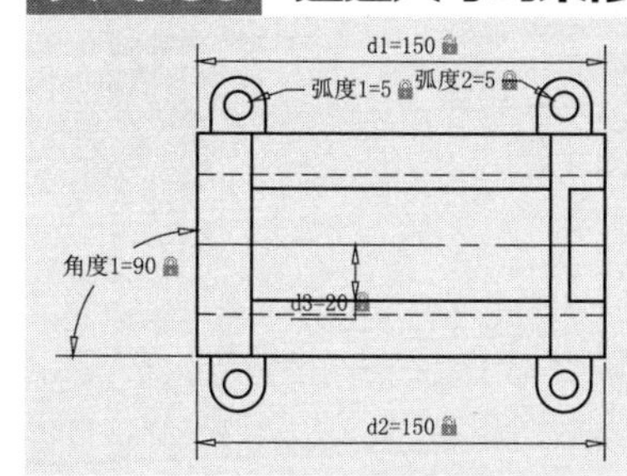

本例图形的原始素材较为凌乱，如果使用常规的编辑命令进行修改，会消耗比较多的时间，而如果使用尺寸约束的方法，则可以在修改尺寸的同时，调整各图形的位置，达到事半功倍的效果。

难度：☆☆☆☆

及格时间：10′00″

优秀时间：6′00″

读者自评：/ / / / / /

01_ 打开“第6章/实战186 通过尺寸约束修改图形.dwg”素材文件，如图6-55所示。

02_ 在【参数化】选项卡中，单击【标注】面板中的【水平】按钮，水平约束图形，结果如图6-56所示。

03_ 在【参数化】选项卡中，单击【标注】面板中的【竖直】按钮，竖直约束图形，结果如图6-57所示。

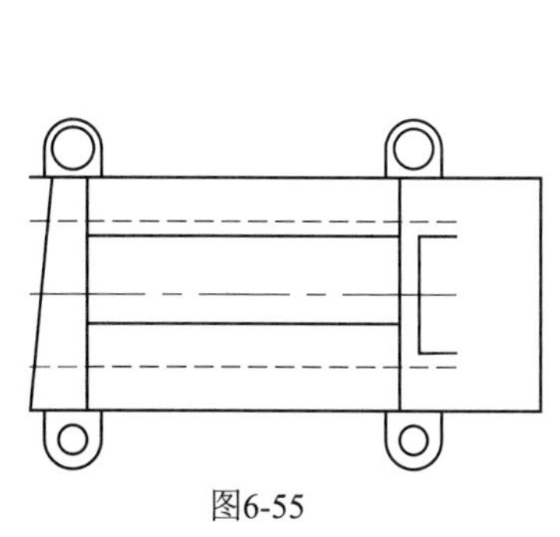
图6-55

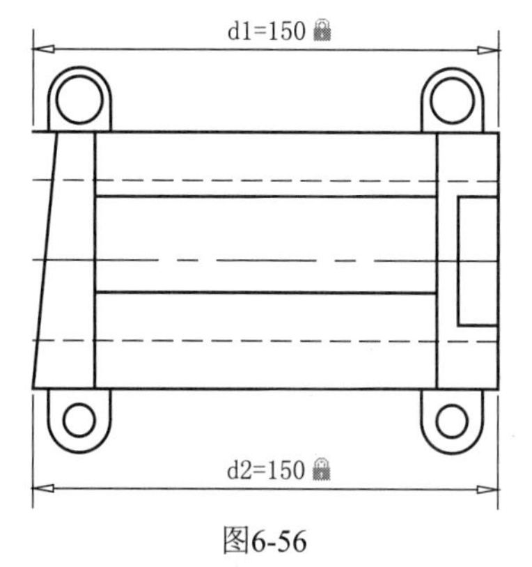

图6-56

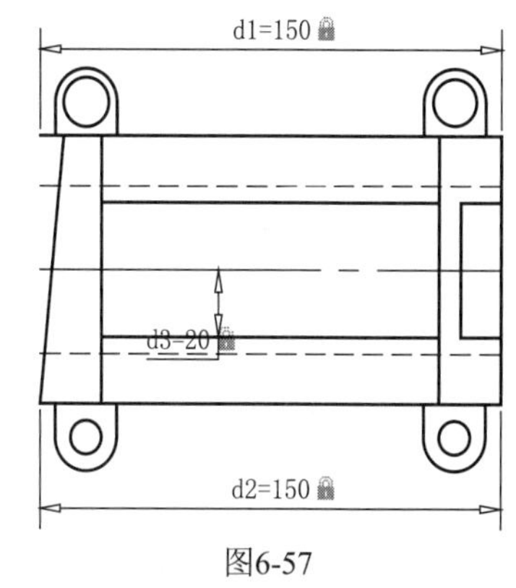

图6-57

04_ 在【参数化】选项卡中，单击【标注】面板中的【半径】按钮，半径约束圆孔并修改相应参数，如图6-58所示。

05_ 在【参数化】选项卡中，单击【标注】面板中的【角度】按钮，为图形添加角度约束，结果如图6-59所示。

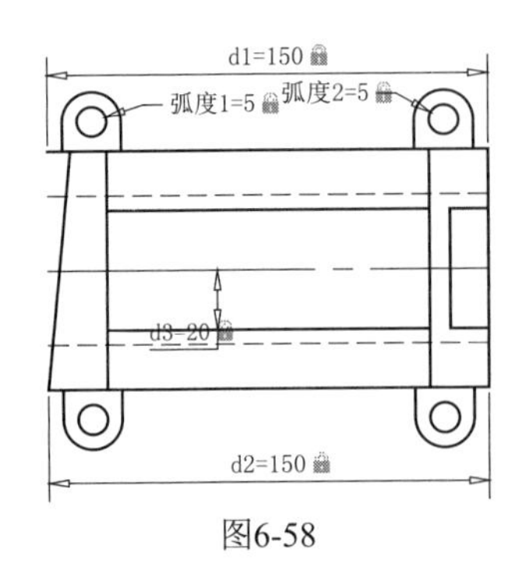

图6-58

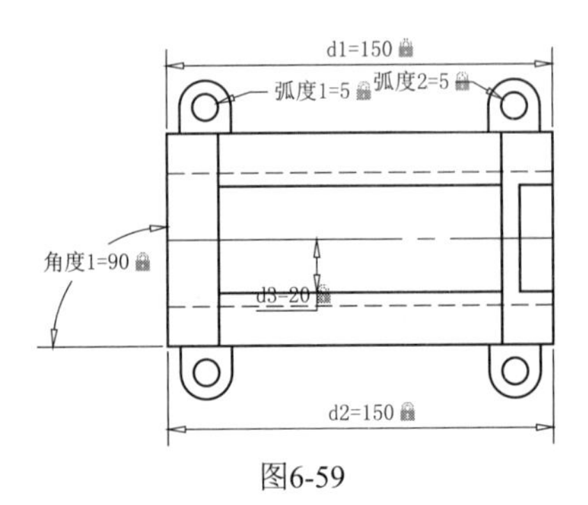

图6-59

实战187 创建参数化图形

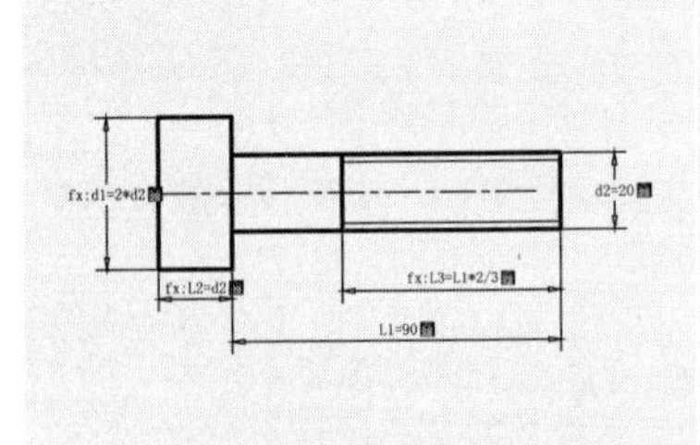

通过常规方法绘制好的图形，在进行修改的时候，只能操作一步、修改一步，不能达到“一改俱改”的目的。对于日益激烈的工作竞争来说，这种效率绝对是难以满足要求的。因此可以考虑将大部分图形进行参数化，使得各个尺寸互相关联，这样就可以做到“一改俱改”。

难度：☆☆☆☆

及格时间：10'00"

优秀时间：6'00"

读者自评： / / / / / /

01_ 打开“第6章/实战187 创建参数化图形.dwg”素材文件，其中已经绘制好了一螺钉示意图，如图6-60所示。

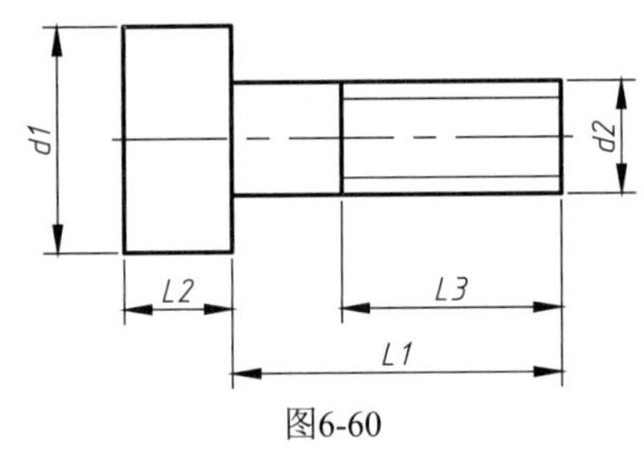

图6-60

02_ 该图形即是使用常规方法创建的图形，对图形中的尺寸进行编辑修改时，不会对整体图形产生影响。如调整d2部分尺寸大小时，d1不会发生改变，即使出现d2＞d1这种不合理的情况。而对该图形进行参数化后，即可避免这种情况。

03_ 删除素材图中的所有尺寸标注。

04_ 在【参数化】选项卡中，单击【几何】面板中的【自动约束】按钮，框选整个图形并单击Enter键确认，即可为整个图形快速添加约束，操作结果如图6-61所示。

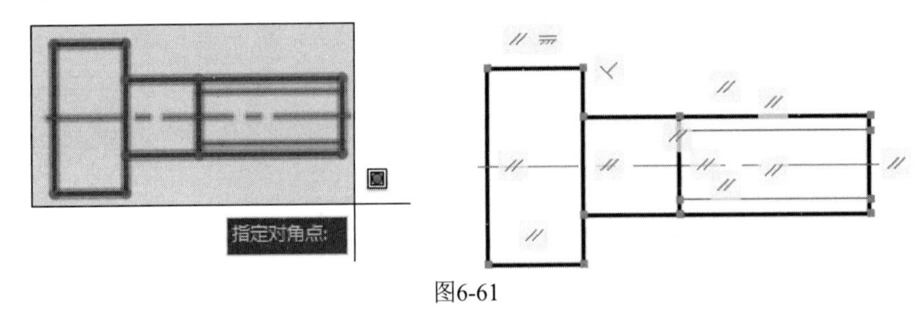

图6-61

05_ 在【参数化】选项卡中，单击【标注】面板中的【线性】按钮，根据图6-62所示的尺寸，依次添加线性尺寸约束，并修改其参数名称，结果如图6-62所示。

06_ 在【参数化】选项卡中，单击【管理】面板中的【参数管理器】按钮 *fx*，打开【参数管理器】选项板，在L3栏中输入表达式“L1*2/3”，再在d1栏中输入表达式“2*d2”、L2栏中输入“d2”，如图6-63所示。

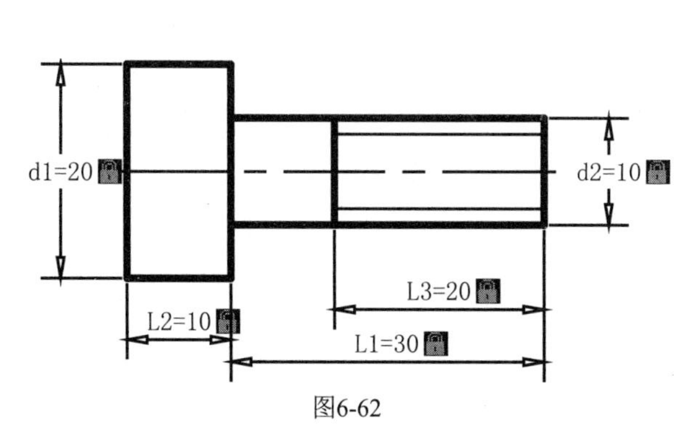

图6-62

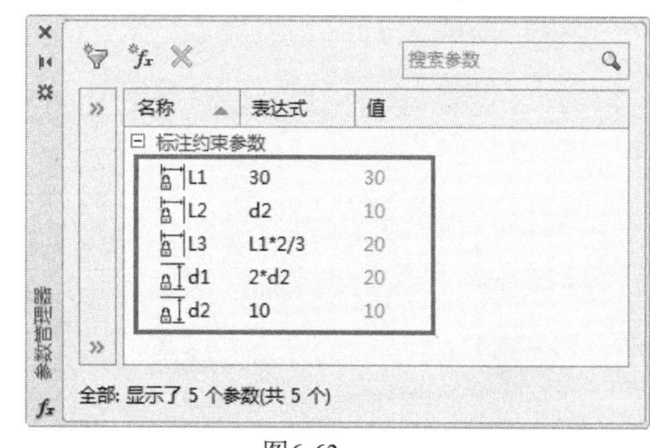

图6-63

07_ 这样添加的表达式，即表示L3的长度始终为L1的2/3，d1的尺寸始终为d2的两倍，同时L2段的长度数值与d2数值相等。

08_ 单击【参数管理器】选项板左上角的“关闭”按钮，退出参数管理器，此时可见图形的约束尺寸变成了fx开头的参数尺寸，如图6-64所示。

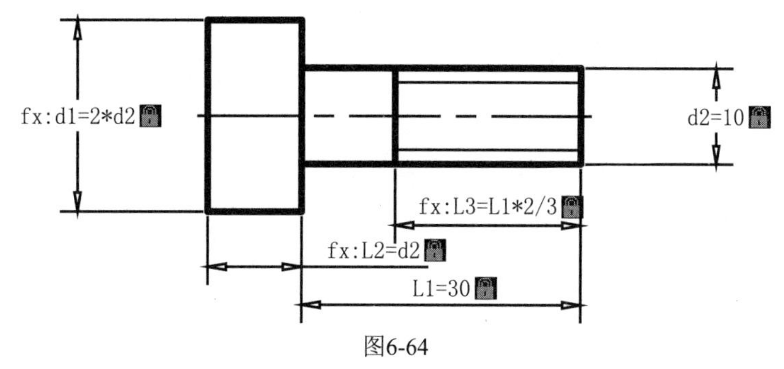

图6-64

09_ 此时可以双击L1或d2处的尺寸约束，然后输入新的数值，如d2=20、L1=90，则可以快速得到新图形如图6-65所示。

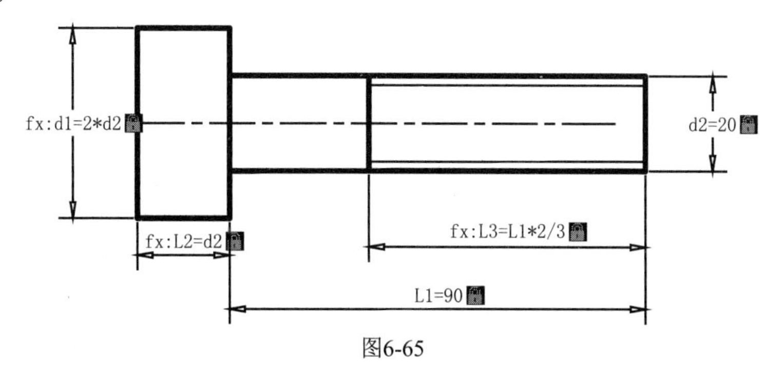

图6-65

10_ 可以看到只需输入不同的数值，便可以得到全新的正确图形，无疑大大提高了绘图效率，对于标准化图纸来说尤其有效。

综合应用篇

第7章 机械图纸绘图技法

机械制图是用图样确切表示机械的结构形状、尺寸大小、工作原理和技术要求的学科。图样由图形、符号、文字和数字组成，是表达设计意图和制造要求及交流经验的技术文件，常被称为工程界的语言。

本章将介绍一些典型的机械图纸绘制方法，通过本章的学习，让读者掌握实用绘图技巧的同时，对AutoCAD绘图有更深入的理解，进一步提高解决实际问题的能力。

实战188 设置机械绘图环境

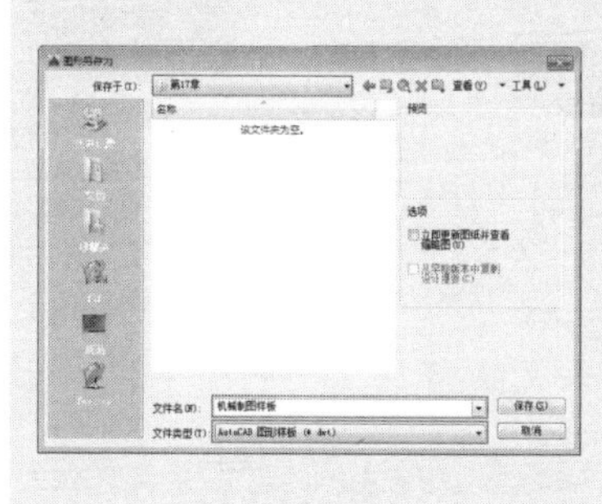

事先设置好绘图环境，可以使用户在绘制机械图时更加方便、灵活、快捷。设置绘图环境，包括绘图区域界限及单位的设置、图层的设置、文字和标注样式的设置等。用户可以先创建一个空白文件，然后设置好相关参数后将其保存为模板文件，以后如需再绘制机械图纸，则可直接调用。本章所有实例皆基于该模板。

难度：☆☆☆

及格时间：2′40″

优秀时间：1′20″

读者自评： / / / / / /

01_ 启动AutoCAD软件，新建一空白文件。

02_ 选择【格式】|【单位】选项，弹出【图形单位】对话框。将长度单位类型设定为【小数】，精度为【0.00】；角度单位类型设定为【十进制度数】，精度精确到【0】。如图7-1所示。

03_ 规划图层。机械制图中的主要图线元素有轮廓线、标注线、中心线、剖面线、细实线、虚线等，因此在绘制机械图纸之前，最好先创建如图7-2所示的图层。

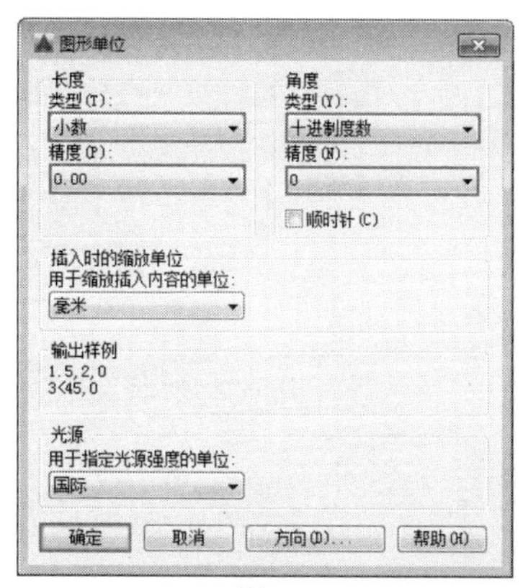

图7-1

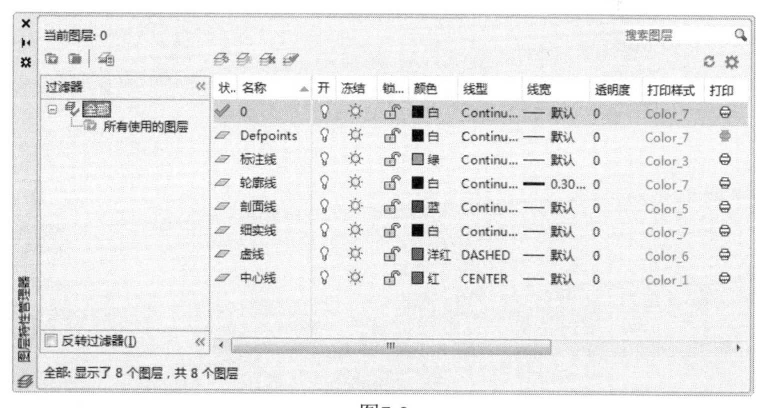

图7-2

04_ 设置文字样式。机械制图中的文字有图名文字、尺寸文字、技术要求说明文字等，也可以直接创建一种通用的文字样式，然后应用时修改具体大小即可。根据机械制图标准，机械图文字样式的规划如表 7-1所示。

表 7-1　文字样式

文字样式名	打印到图纸上的文字高度	图形文字高度（文字样式高度）	宽度因子	字体 | 大字体
图名	5	5	0.7	Gbeitcr.shx：gbcbig.shx
尺寸文字	3.5	3.5		Gbeitc.shx
技术要求说明文字	5	5		仿宋

05_ 选择【格式】|【文字样式】选项，弹出【文字样式】对话框，单击【新建】按钮，弹出【新建文字样式】对话框，样式名定义为“机械设计文字样式”，如图7-3所示。

06_ 在【字体】下拉框中选择字体“gbeitc.shx”，勾选【使用大字体】复选框，并在【大字体】下拉框中选择字体“gbcbig.shx”，在【高度】文本框中输入3.5，【宽度因子】文本框中输入0.7，单击【应用】按钮，从而完成该文字样式的设置，如图7-4所示。

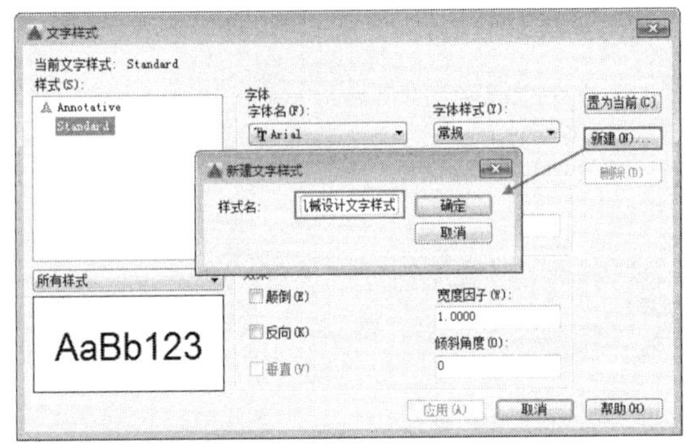

图7-3

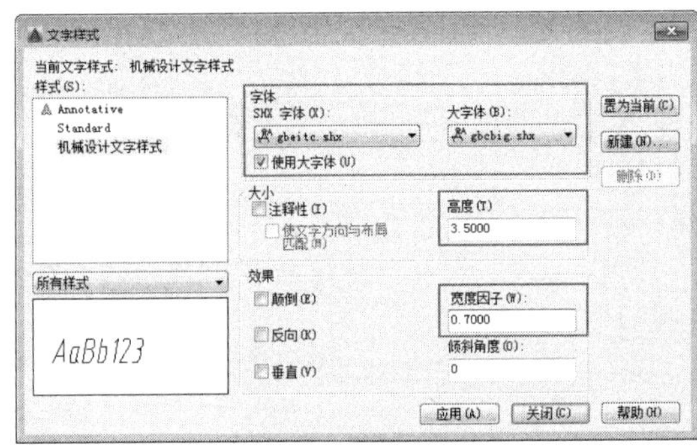

图7-4

07_ 设置标注样式。选择【格式】|【标注样式】选项，弹出【标注样式管理器】对话框，如图7-5所示。

08_ 单击【新建】按钮，弹出【创建新标注样式】对话框，在【新样式名】文本框中输入“机械图标注样式”，如图7-6所示。

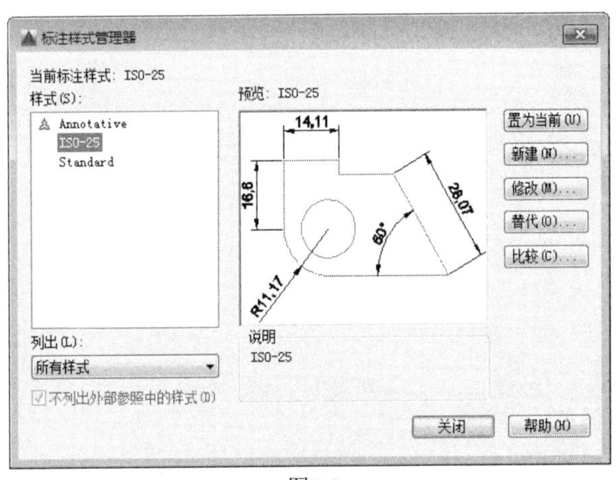

图7-5

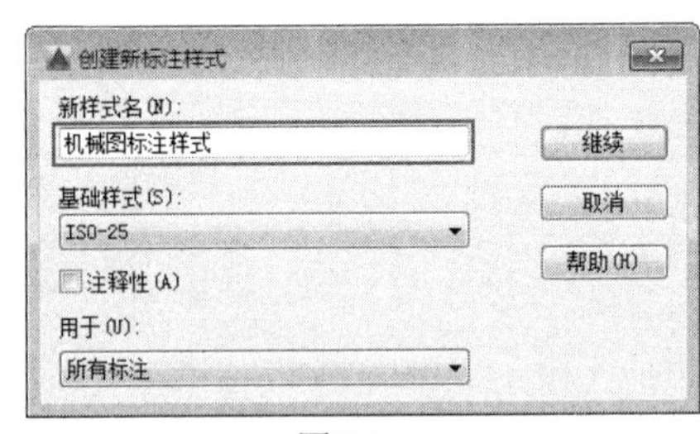

图7-6

09_ 单击【继续】按钮，弹出【新建标注样式：机械图标标注样式】对话框，切换到【线】选项卡，设置【基线间距】为8，设置【超出尺寸线】为2.5，设置【起点偏移量】为2，如图7-7所示。

10_ 切换到【符号和箭头】选项卡，设置【引线】为【无】，设置【箭头大小】为2.5，设置【圆心标记】为2.5，设置【弧长符号】为【标注文字的上方】，设置【半径折弯角度】为90，如图7-8所示。

11_ 切换到【文字】选项卡，单击【文字样式】中的按钮[...]，设置文字为gbenor.shx，设置【文字高度】为2.5，设置【文字对齐】为【ISO标准】，如图7-9所示。

12_ 切换到【主单位】选项卡，设置【线性标注】中的【精度】为0.00，设置【角度标注】中的精度为0.0，【消零】都设为【后续】，如图7-10所示。然后单击【确定】按钮，选择【置为当前】，单击【关闭】按钮，创建完成。

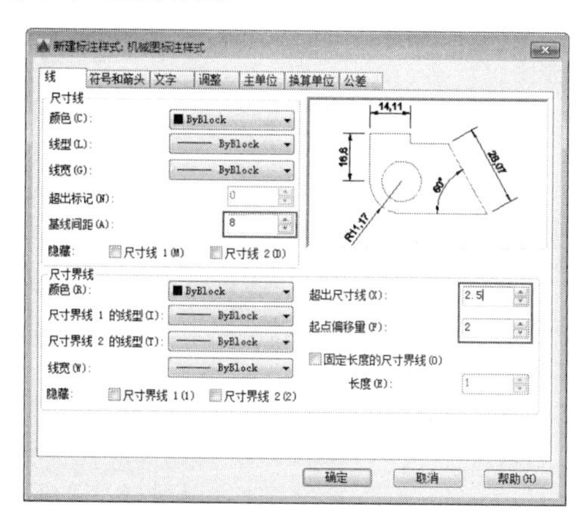

图7-7

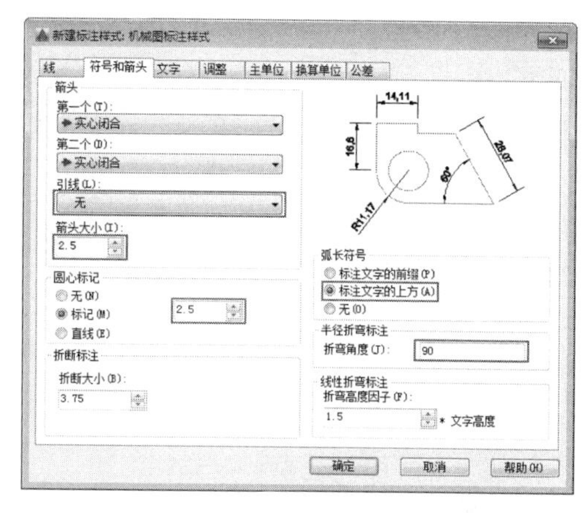

图7-8

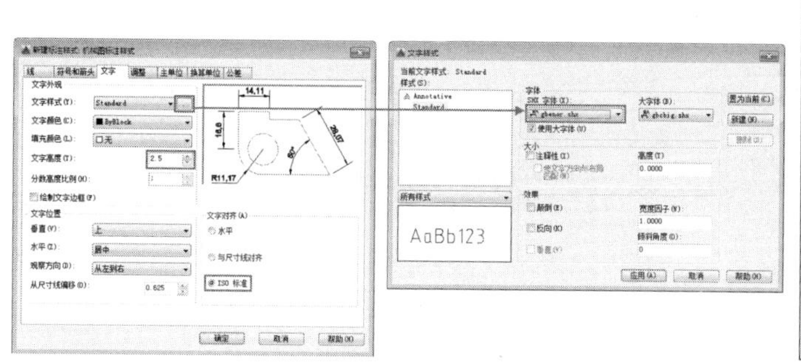

图7-9

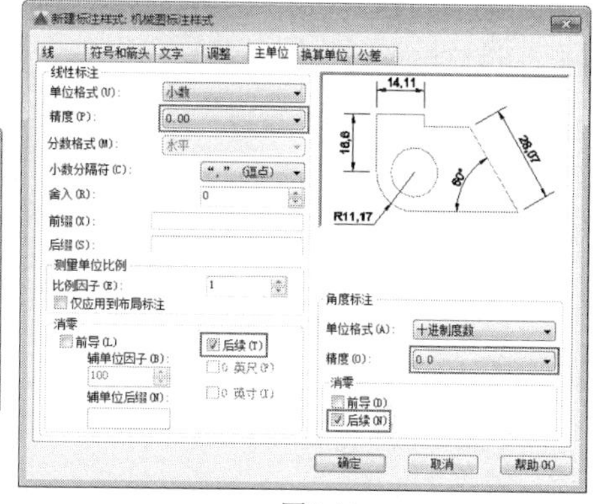

图7-10

13_ 保存为样板文件。选择【文件】|【另存为】选项，弹出【图形另存为】对话框，保存为"第7章\机械制图样板.dwt"文件，如图 7-11所示。

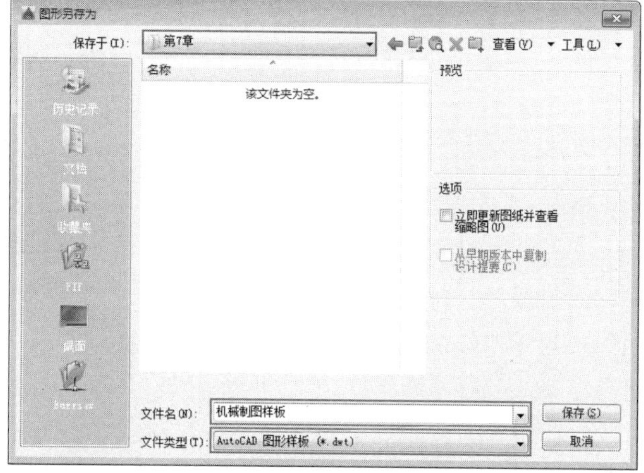

图 7-11

实战189 绘制齿轮类零件图

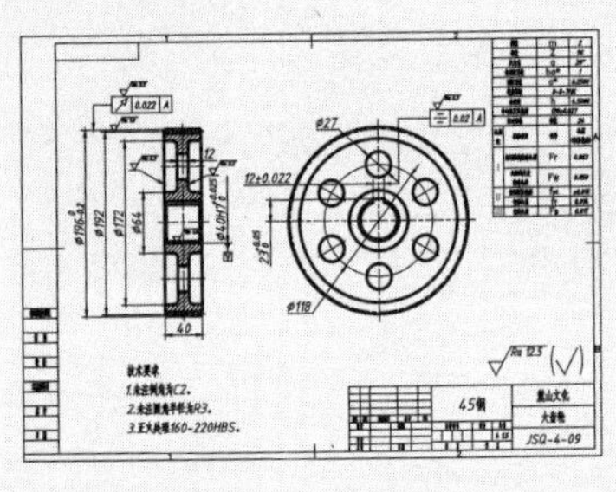

轮盘类零件包括端盖、阀盖、齿轮等，一般需要两个以上基本视图表达。除主视图外，为了表示零件上均匀分布的孔、槽、肋、轮辐等结构，还需选用一个端面视图（左视图或右视图），以表达凸缘和均布的通孔。此外，为了表达细小结构，有时还常采用局部放大图。

难度：☆☆☆☆

及格时间：2′40″

优秀时间：1′20″

读者自评： / / / / / /

01_ 打开“第7章/实战189 绘制齿轮类零件图.dwg”素材文件，素材右上角提供了齿轮参数表（见图7-12），并且已经绘制好了一1:1.5大小的A3图纸框，可供读者参考，如图7-13所示。

齿数		Z	96
压力角		α	20°
齿顶高系数		ha*	1
顶隙系数		c*	0.2500
精度等级		8-8-7HK	
全齿高		h	4.5000
中心距及其偏差		120±0.027	
配对齿轮		齿数	24
公差组	检验项目	代号	公差（极限偏差）
I	齿圈径向跳动公差	Fr	0.063
	公法线长度变动公差	Fw	0.050
II	齿距极限偏差	fpt	±0.016
	齿形公差	ff	0.014
III	齿向公差	FB	0.011

图7-12

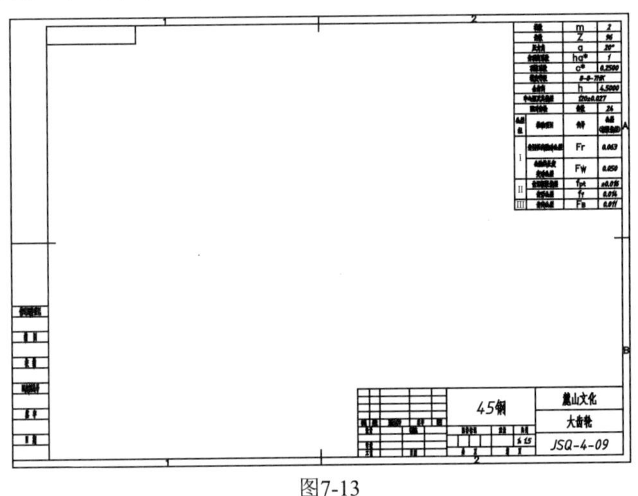

图7-13

02_ 将【中心线】图层设置为当前图层，在命令行输入XL执行【构造线】命令，在合适的地方绘制水平的中心线，如图7-14所示。

03_ 重复【构造线】命令，在合适的地方绘制2条垂直的中心线，如图7-15所示。

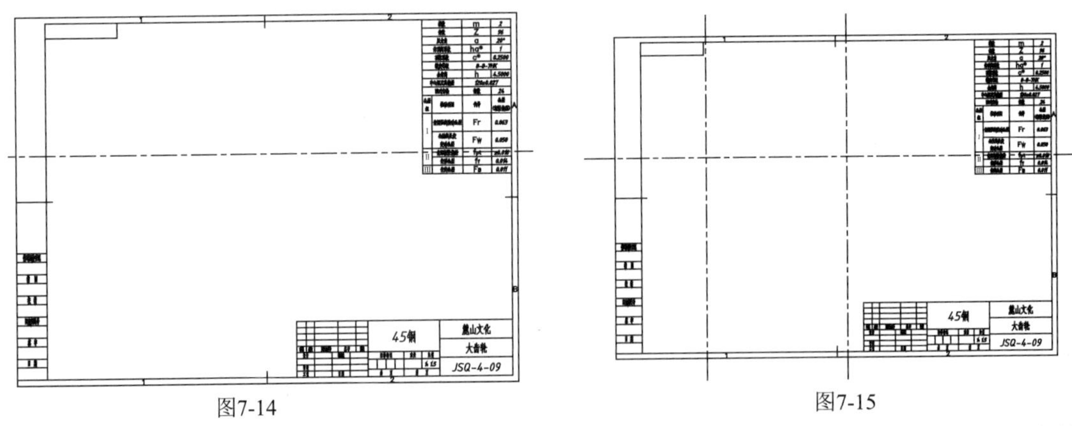

图7-14　　图7-15

04_ 绘制齿轮轮廓。将【轮廓线】图层设置为当前图层，在命令行输入C执行【圆】命令，以右边的垂直-水平中心线的交点为圆心，绘制直径为40、44、64、118、172、192、196的圆，绘制完成后将ϕ118和ϕ192的圆图层转换为【中心线】层，如图7-16所示。

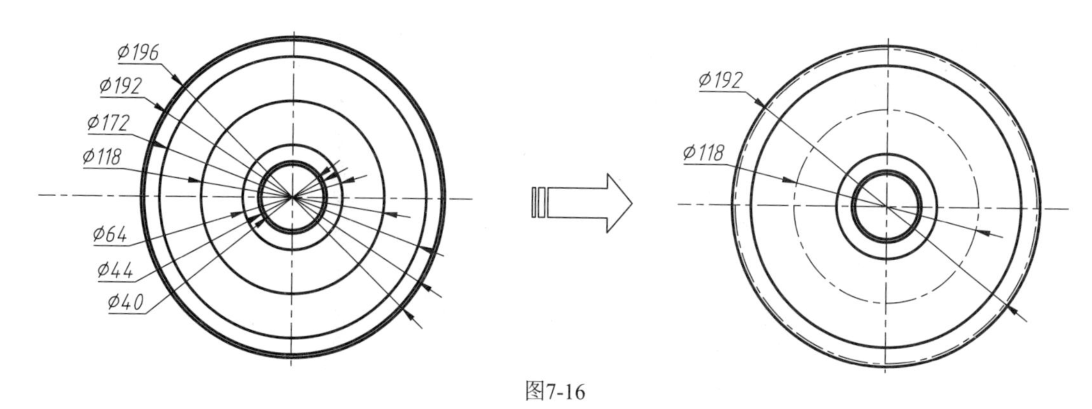

图7-16

05_ 绘制键槽。在命令行输入O执行【偏移】命令，将水平中心线向上偏移23mm，将该图中的垂直中心线分别向左、右偏移6mm，结果如图7-17所示。

06_ 切换到【轮廓线】图层，在命令行输入L执行【直线】命令，绘制键槽的轮廓，在命令行输入TR执行【修剪】命令，修剪多余的辅助线，结果如图7-18所示。

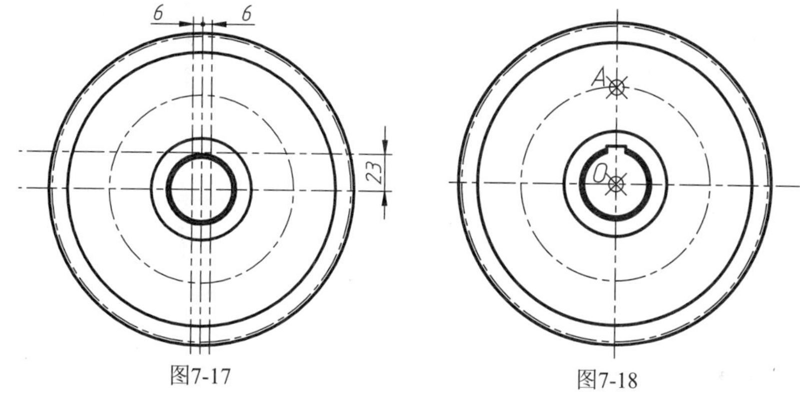

图7-17　　图7-18

07_ 绘制腹板孔。将【轮廓线】图层设置为当前图层，在命令行输入C执行【圆】命令，以ϕ118中心线与垂直中心线的交点（即图7-18中的A点）为圆心，绘制ϕ27的圆，如图7-19所示。

08_ 选中绘制好的ϕ27的圆，然后单击【修改】面板中的【环形阵列】按钮，设置阵列总数为6，填充角度360°，选择同心圆的圆心（即图7-18中中心线的交点O点）为中心点，进行阵列，阵列效果如图7-20所示。

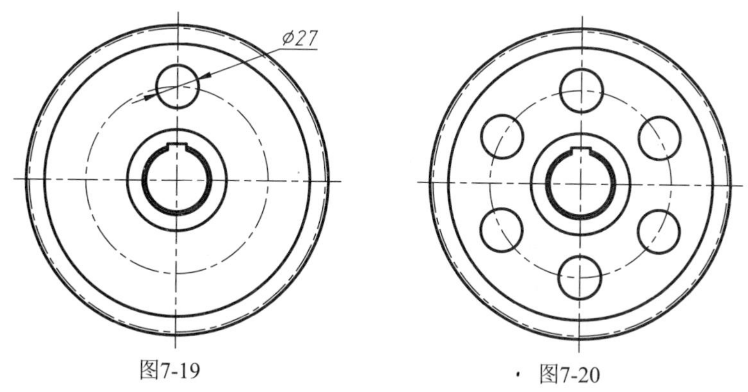

图7-19　　图7-20

09_ 在命令行输入O执行【偏移】命令，将主视图位置的水平中心线对称偏移6、20，结果如图7-21所示。

10_ 切换到【虚线】图层，按“长对正，高平齐，宽相等”的原则向主视图绘制投影线，如图7-22所示。

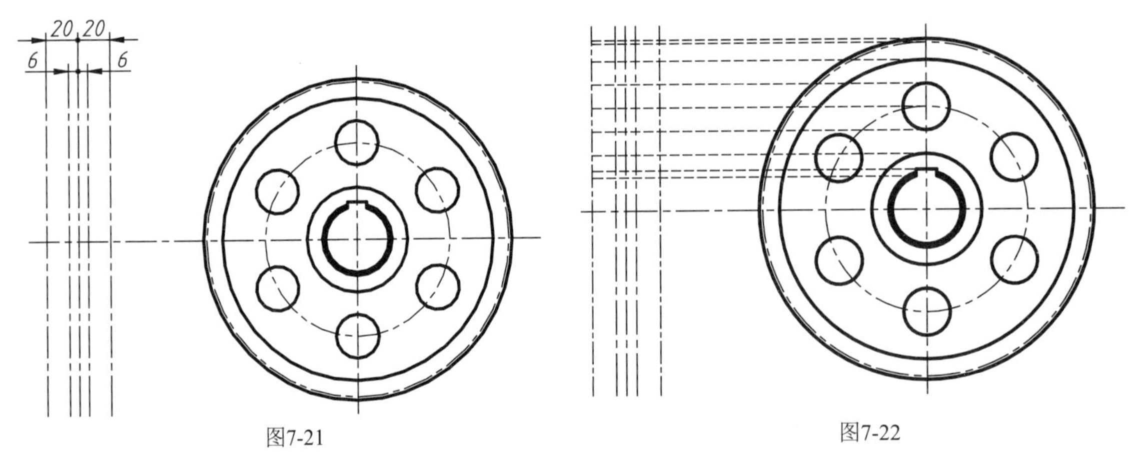

图7-21　　　　图7-22

11_ 切换到【轮廓线】图层，在命令行输入L执行【直线】命令，绘制主视图的轮廓，在命令行输入TR执行【修剪】命令，修剪多余的辅助线，结果如图7-23所示。

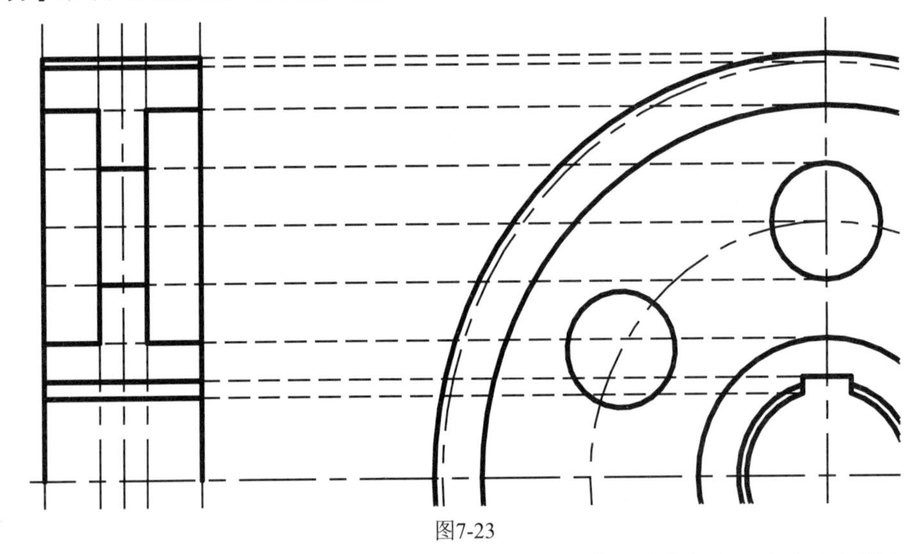

图7-23

12_ 在命令行输入E执行【删除】命令、在命令行输入TR执行【修剪】命令、在命令行输入S执行【延伸】命令，整理图形，将中心线对应的投影线同样改为中心线，并修剪至合适的长度。分度圆线同样如此操作，结果如图7-24所示。

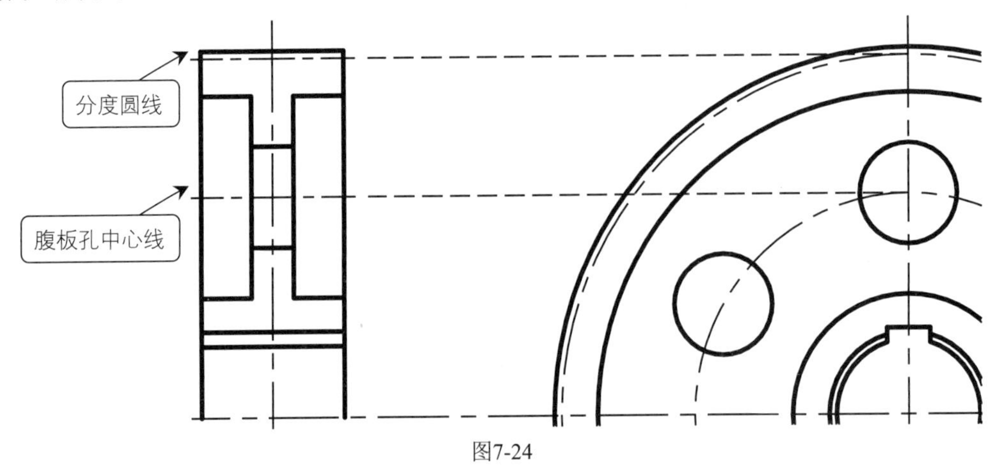

图7-24

13_ 在命令行输入CHA执行【倒角】命令，对齿轮的齿顶倒角C1.5，对齿轮的轮毂部位进行倒角C2；在命令行输入F执行【倒圆角】命令，对腹板圆处倒圆角R5，如图7-25所示。

14_ 在命令行输入L执行【直线】命令，在倒角处绘制连接线，并删除多余的线条，图形效果如图7-26所示。

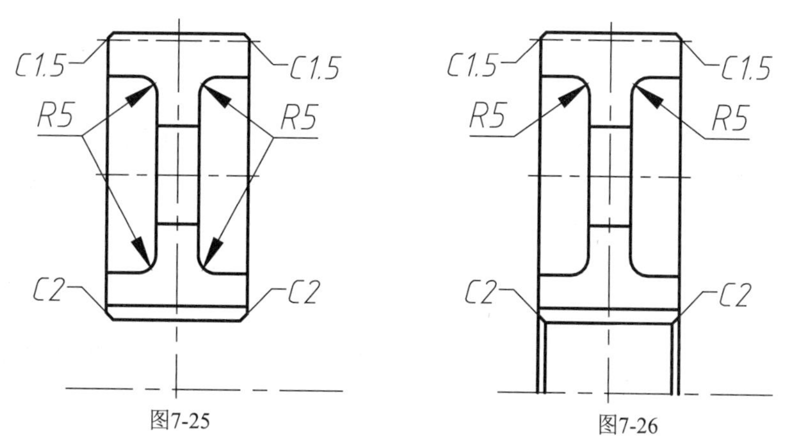

图7-25　　图7-26

15_ 选中绘制好的半边主视图，然后单击【修改】面板中的【镜像】按钮 镜像 ，以水平中心线为镜像线，镜像图形，结果如图7-27所示。

16_ 将镜像部分的键槽线段全部删除，如图7-28所示。轮毂的下半部分不含键槽，因此该部分不符合投影规则，需要删除。

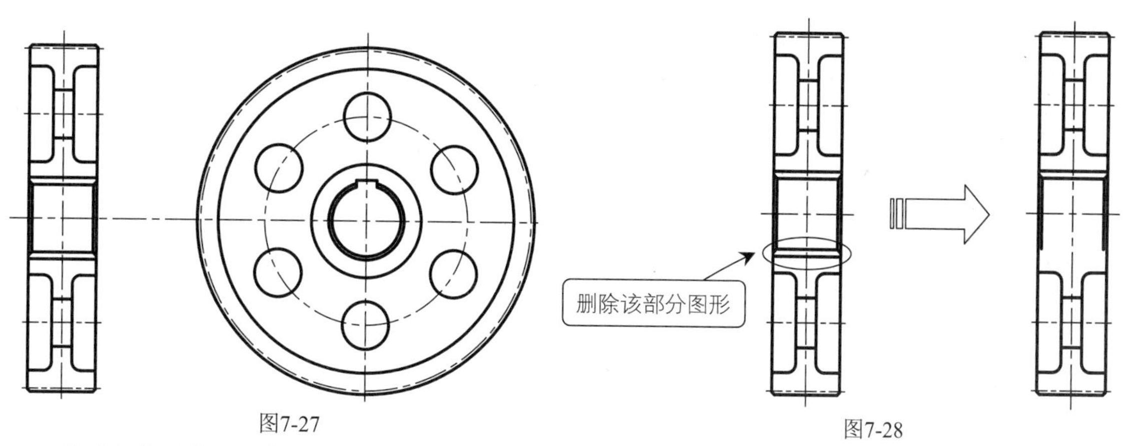

图7-27　　图7-28

17_ 然后切换到【虚线】图层，按“长对正，高平齐，宽相等”的原则，在命令行输入L执行【直线】命令，由左视图向主视图绘制水平的投影线，如图7-29所示。

18_ 切换到【轮廓线】图层，在命令行输入L执行【直线】命令、在命令行输入S执行【延伸】命令整理下半部分的轮毂部分，如图7-30所示。

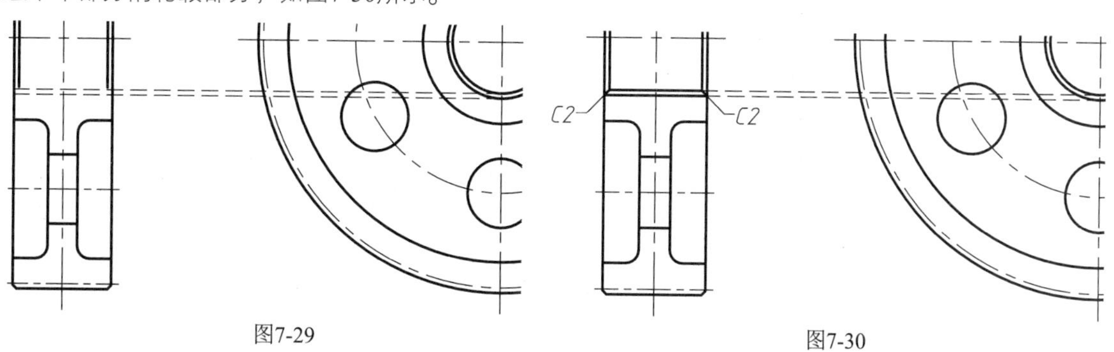

图7-29　　图7-30

19_ 在主视图中补画齿根圆的轮廓线，如图7-31所示。

20_ 切换到【剖切线】图层，在命令行输入H执行【图案填充】命令，选择图案为ANSI31，比例为1，角度为0°，填充图案，结果如图7-32所示。

21_ 在左视图中补画腹板孔的中心线，然后调整各中心线的长度，最终的图形效果如图7-33所示。

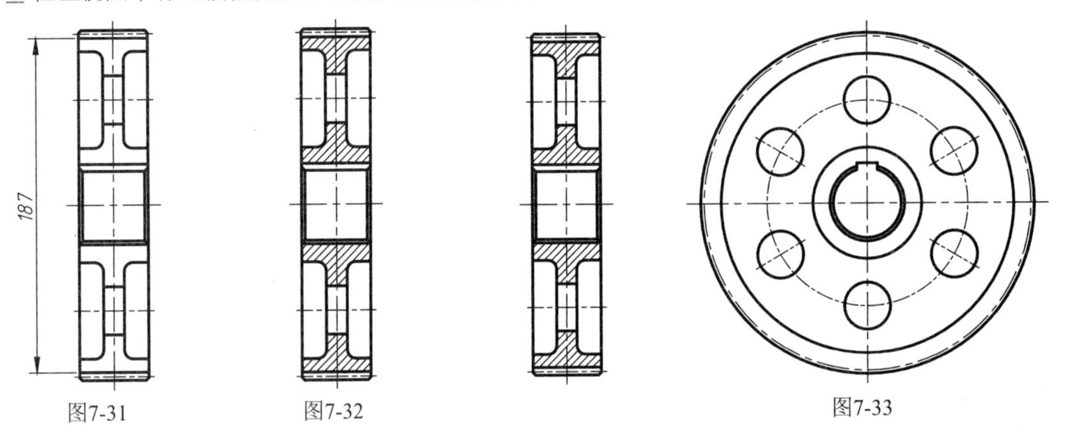

图7-31　　图7-32　　图7-33

实战190 标注齿轮类零件图

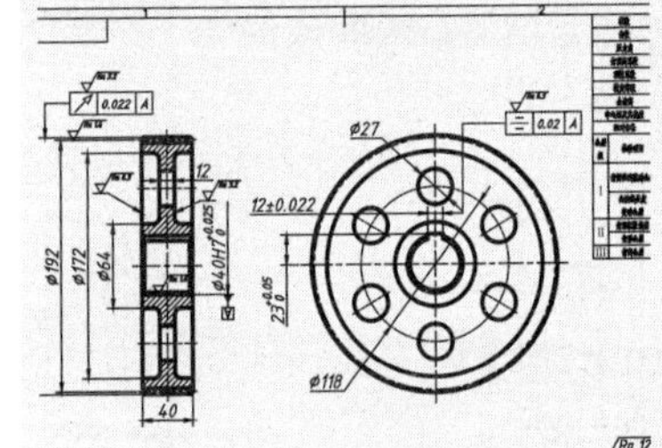

齿轮图形在标注时应根据不同尺寸的重要程度按先后顺序一一进行标注。一般来说，可先标注齿宽，然后标注分度圆、齿根圆等径向尺寸，最后标注幅孔圆等辅助尺寸。

难度：☆☆☆

及格时间：2′40″

优秀时间：1′20″

读者自评：/ / / / / /

01_ 延续【实战189】进行操作，也可以打开“实战189 绘制齿轮类零件图-OK.dwg”素材文件。

02_ 将标注样式设置为【ISO-25】，可自行调整标注的【使用全局比例】，如图7-34所示。用以控制标注文字的显示大小。

03_ 标注线性尺寸。切换到【标注线】图层，在命令行输入DLI执行【线性】标注命令，在主视图上捕捉最下方的两个倒角端点，标注齿宽的尺寸，如图7-35所示。

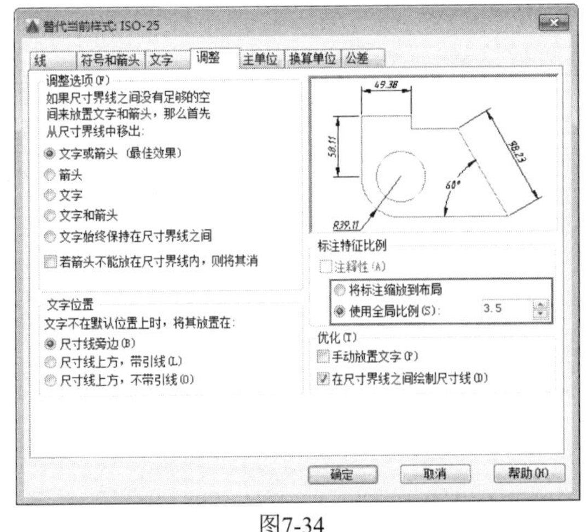

图7-34

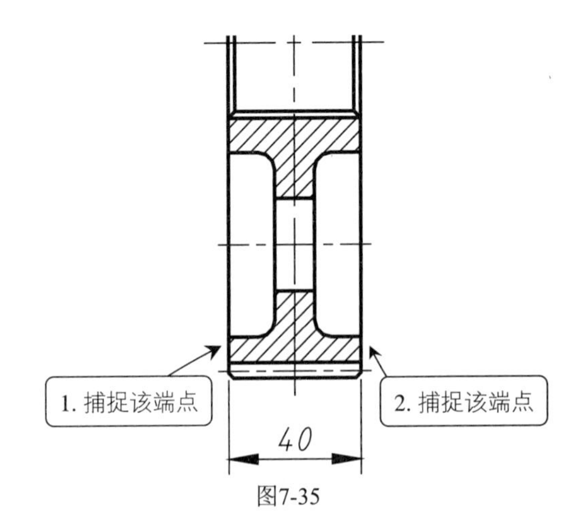

图7-35

04_ 使用相同方法，对其他的线性尺寸进行标注。主要包括主视图中的齿顶圆、分度圆、齿根圆（可以不标）、腹板圆等尺寸，线性标注后的图形如图7-36所示。注意按之前学过的方法添加直径符号（标注文字前方添加“%%C”）。

05_ 标注直径尺寸。在【注释】面板中单击【直径】按钮，执行【直径】标注命令，选择左视图上的腹板圆孔进行标注，如图7-37所示。

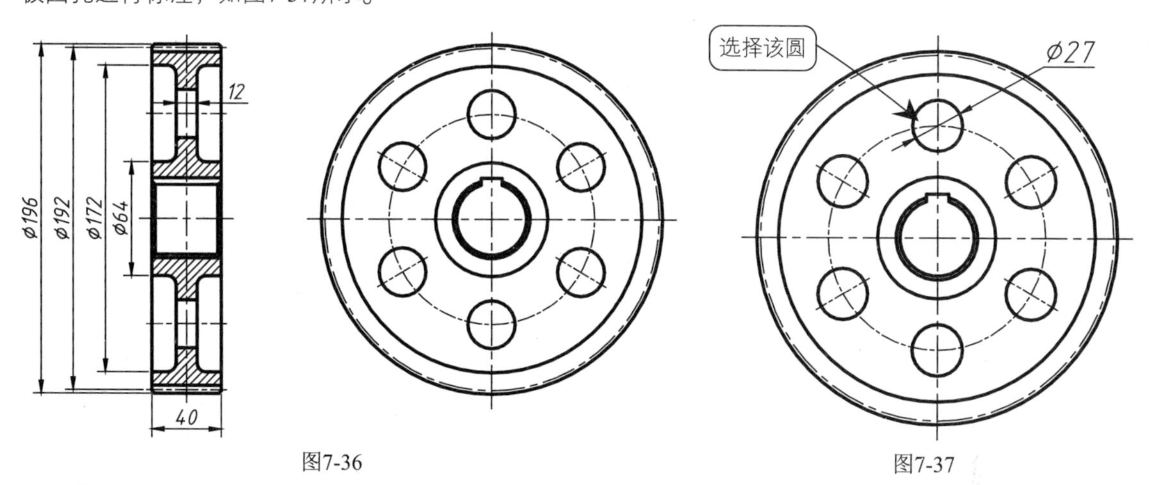

图7-36　　　　图7-37

06_ 使用相同方法，对其他的直径尺寸进行标注。主要包括左视图中的腹板圆以及腹板圆的中心圆线，如图7-38所示。

07_ 标注键槽部分。在左视图中执行【线性】标注命令，标注键槽的宽度与高度，如图7-39所示。

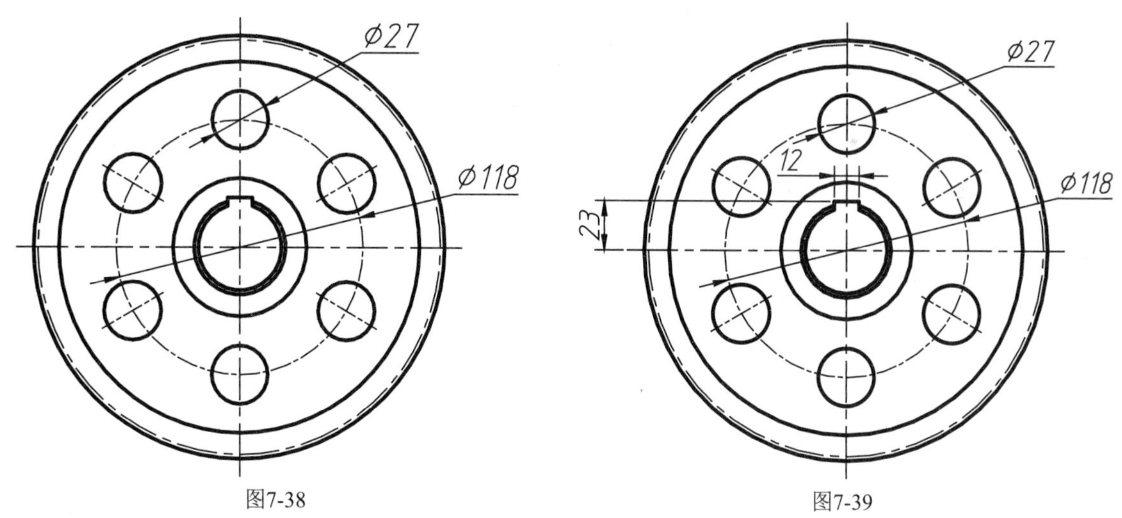

图7-38　　　　图7-39

08_ 再次执行【线性】标注命令标注主视图中的键槽部分。不过由于键槽的存在，主视图的图形并不对称，因此无法捕捉到合适的标注点，这时可以先捕捉主视图上的端点，然后手动在命令行中输入尺寸40，进行标注，如图7-40所示，命令行操作如下。

```
命令: _dimlinear
指定第一个尺寸界线原点或 <选择对象>:                    //指定第一个点
指定第二条尺寸界线原点: 40                              //光标向上移动，引出垂直追踪线，输入数值40
指定尺寸线位置或                                        //放置标注尺寸
[多行文字(M)/文字(T)/角度(A)/水平(H)/垂直(V)/旋转(R)]:
标注文字 = 40
```

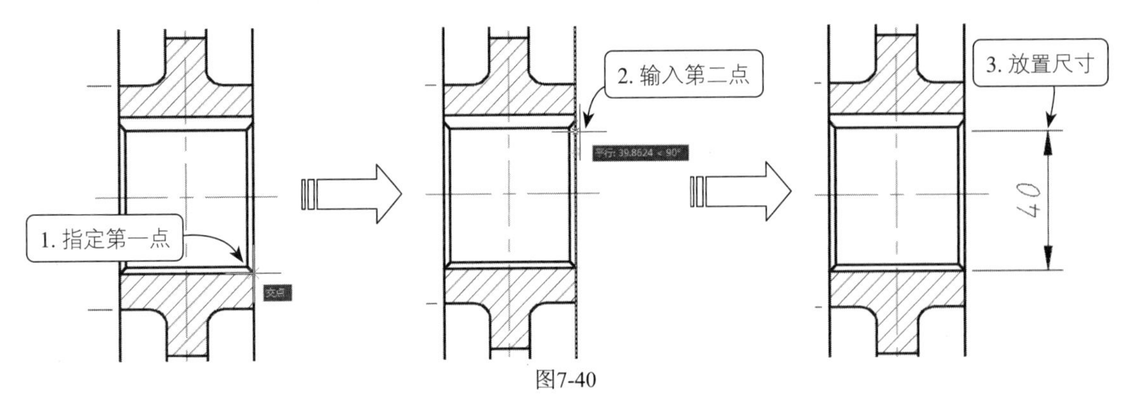

图7-40

09_ 选中新创建的ϕ40尺寸，右击，在弹出的快捷菜单中选择【特性】选项，在打开的【特性】面板中，将“尺寸线2”和“尺寸界线2”设置为“关”，如图7-41所示。

10_ 为主视图中的线性尺寸添加直径符号，此时的图形应如图7-42所示，确认没有遗漏任何尺寸。

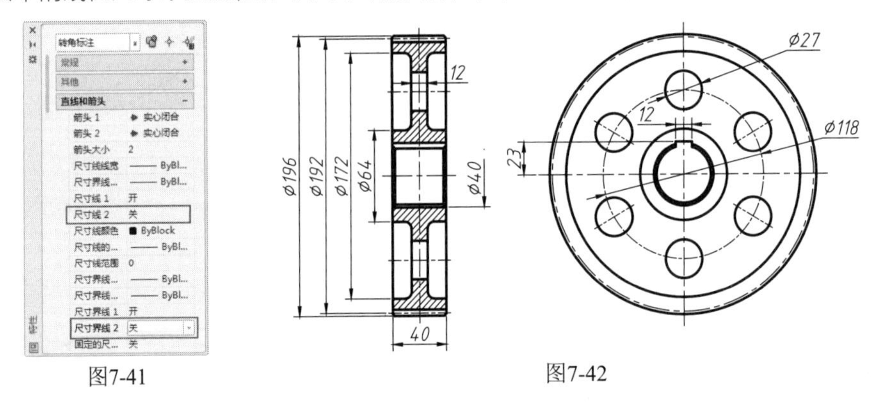

图7-41

图7-42

实战191 为齿轮类图形添加精度

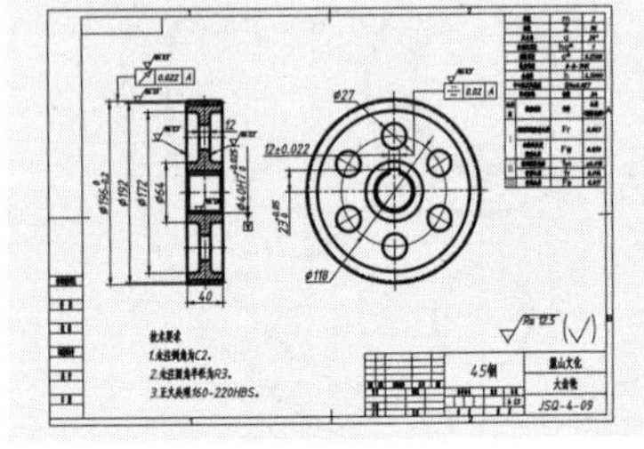

齿轮上的精度尺寸主要集中在齿顶圆尺寸、键槽孔尺寸上，因此需要对该部分尺寸添加合适的精度。具体的精度值可按生产需要进行选取。

难度：☆☆☆

及格时间：2′40″

优秀时间：1′20″

读者自评： / / / / / /

01_ 延续【实战190】进行操作，也可以打开“实战190 齿轮类零件图-OK.dwg”素材文件。

02_ 添加齿顶圆精度。齿顶圆的加工很难保证精度，而对于减速器来说，也不是非常重要的尺寸，因此精度可以适当放宽，但尺寸宜小勿大，以免啮合时受到影响。双击主视图中的齿顶圆尺寸ϕ196，选择【文字编辑器】选项卡，然后将鼠标移动至ϕ196之后，依次输入“ 0^-0.2”，如图7-43所示。

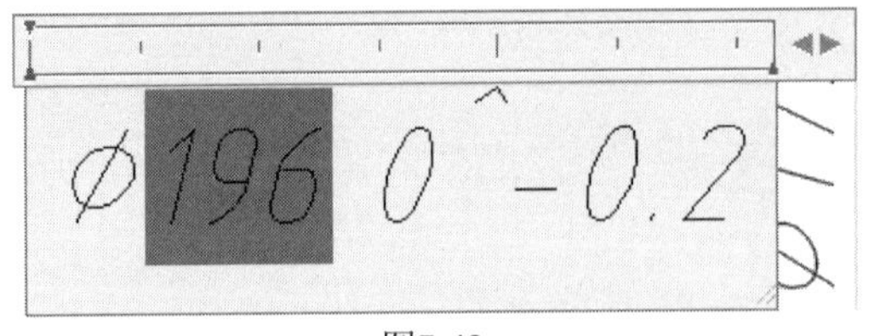

图7-43

03_ 创建尺寸公差。接着按住鼠标左键，向后拖移，选中“0^-0.2”文字，然后单击【文字编辑器】选项卡【格式】面板中的【堆叠】按钮，即可创建尺寸公差，如图7-44所示。

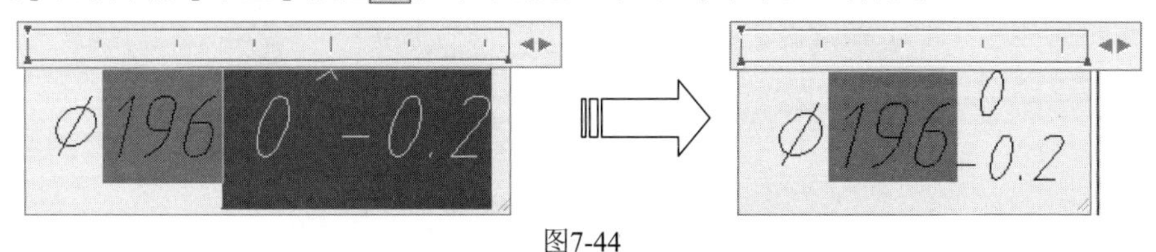

图7-44

04_ 按相同方法，对键槽部分添加尺寸精度，添加后的图形如图7-45所示。

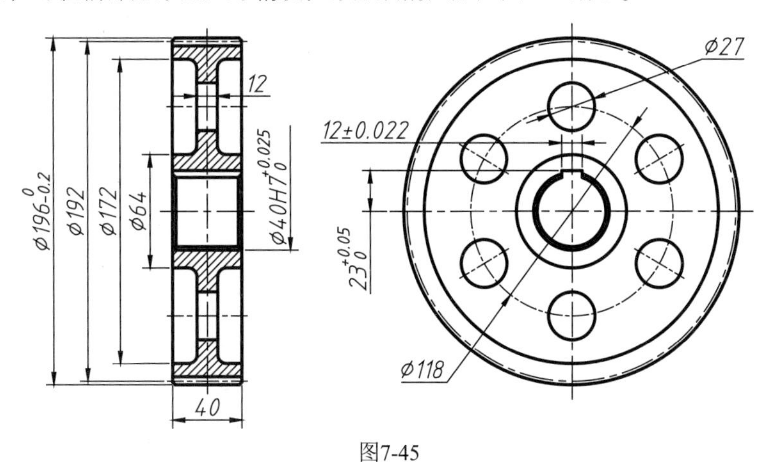

图7-45

实战192　为齿轮类图形添加形位公差

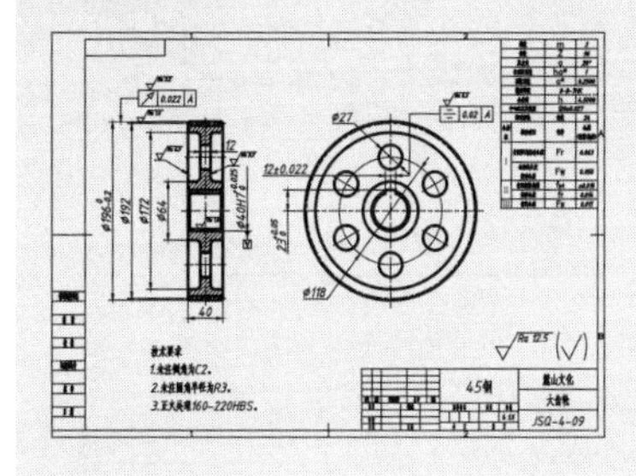

齿轮是典型的回转体零件，在实际中主要的工作状态也是回转形式，因此齿轮的内、外两圆跳动度即是最主要的形位公差，此外还有插入键的键槽两壁部分。总之，零件可能与其他外来物件相接触的部分，都应该加上合适的形位公差以保证配合。

难度：☆☆☆

及格时间：2′40″

优秀时间：1′20″

读者自评：　/　/　/　/　/　/

01_ 延续【实战191】进行操作，也可以打开“实战191 为齿轮类图形添加精度-OK.dwg”素材文件。

02_ 创建基准符号。切换至【细实线】图层，在图形的空白区域绘制一基准符号，如图7-46所示。

03_ 放置基准符号。齿轮零件一般以键槽的安装孔为基准，因此选中绘制好的基准符号，然后在命令行输入M执行【移动】命令，将其放置在键槽孔ϕ40尺寸上，如图7-47所示。

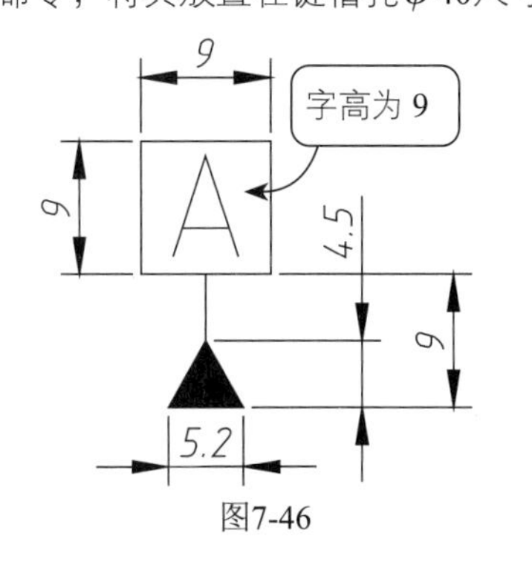

图7-46

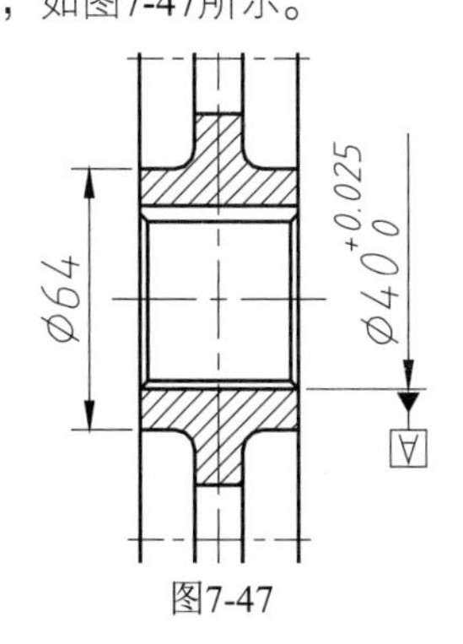

图7-47

04_ 选择【标注】|【公差】选项，弹出【形位公差】对话框，选择公差类型为【圆跳动】，然后输入公差值0.022和公差基准A，如图7-48所示。

05_ 单击【确定】按钮，在要标注的位置附近单击，放置该形位公差，如图7-49所示。

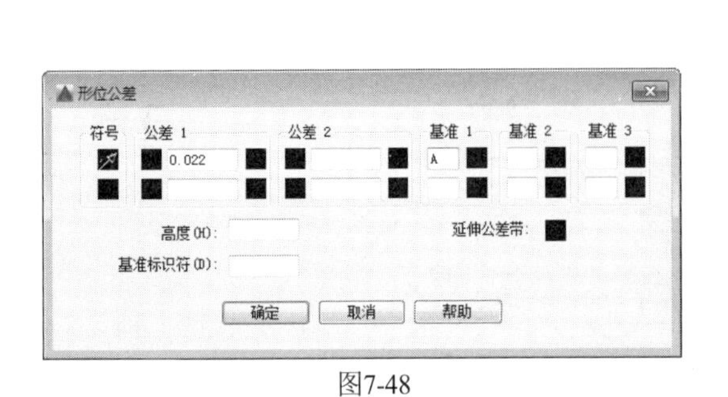

图7-48

图7-49

06_ 单击【注释】面板中的【多重引线】按钮，绘制多重引线并指向公差位置，如图7-50所示。

07_ 按相同方法，对键槽部分添加对称度，添加后的图形如图7-51所示。

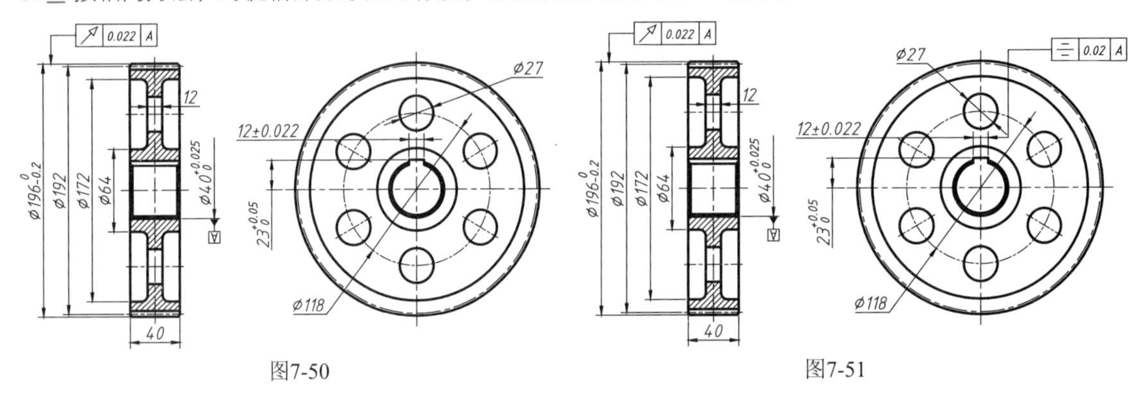

图7-50

图7-51

实战193 齿轮类图形的粗糙度

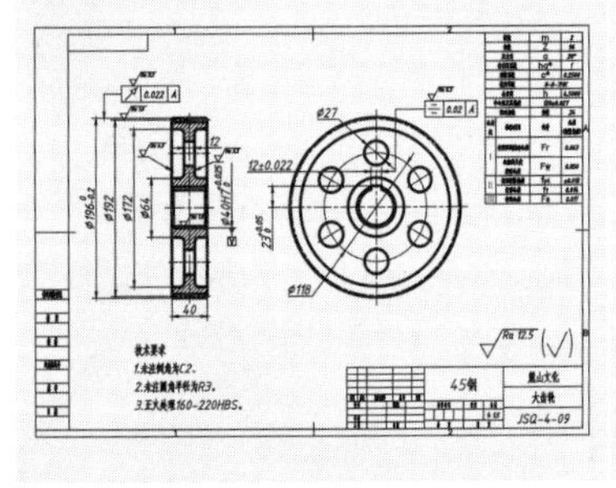

齿轮的加工方式比较广泛，从车削、铣削到挤压成型，都可以制作齿轮，而不同的加工方式对应的粗糙度也不一样。因此在标注齿轮的粗糙度时，应先确定齿轮的加工方式，然后在技术要求中注明，并根据加工方式标注合理的粗糙度值。

难度：☆☆☆

及格时间：2′40″

优秀时间：1′20″

读者自评： / / / / / /

01_ 延续【实战192】进行操作，也可以打开“实战192 为齿轮类图形添加形位公差-OK.dwg”素材文件。

02_ 切换至【细实线】图层，在图形的空白区域绘制一粗糙度符号，如图7-52所示。

03_ 单击【默认】选项卡【块】面板中的【定义属性】按钮，弹出【属性定义】对话框，按图7-53进行设置。

04_ 单击【确定】按钮，光标便变为标记文字的放置形式，在粗糙度符号的合适位置放置即可，如图7-54所示。

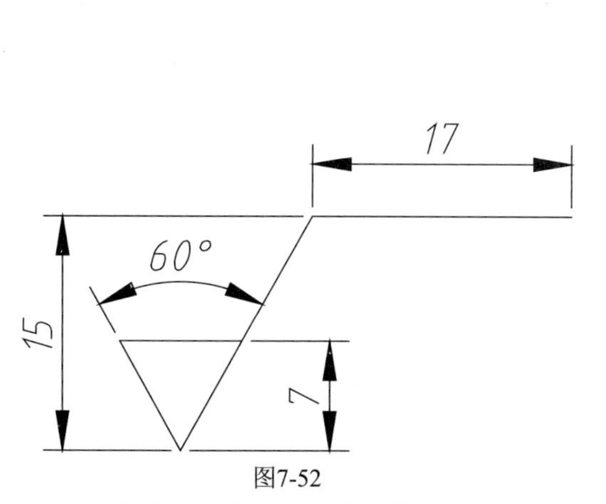

图7-52

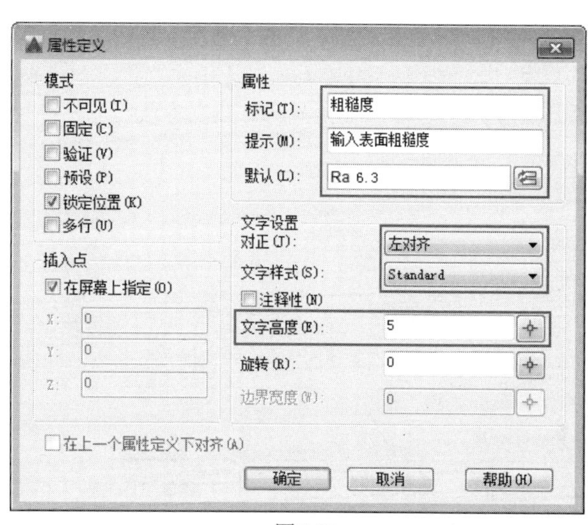

图7-53

05_ 单击【默认】选项卡【块】面板中的【创建】按钮，弹出【块定义】对话框，选择粗糙度符号的最下方的端点为基点，然后选择整个粗糙度符号（包含上步放置的标记文字）作为对象，在【名称】文本框中输入“粗糙度”，如图7-55所示。

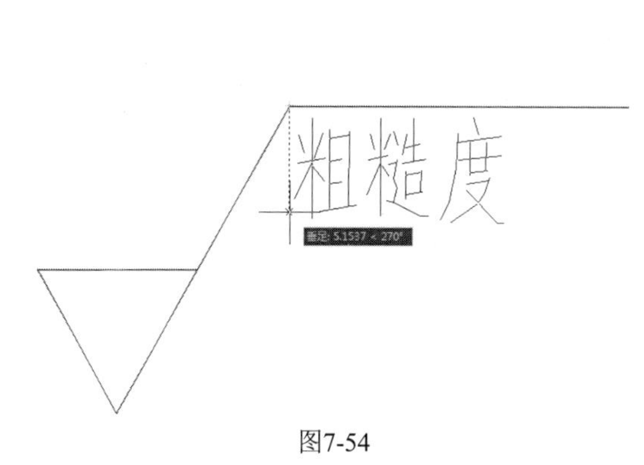

图7-54

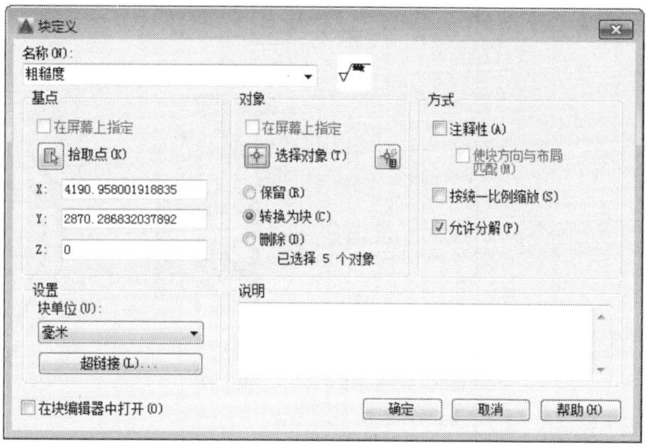

图7-55

06_ 单击【确定】按钮，便会弹出【编辑属性】对话框，在其中便可以灵活输入所需的粗糙度数值，如图7-56所示。

07_ 在【编辑属性】对话框中单击【确定】按钮，然后单击【默认】选项卡【块】面板中的【插入】按钮，弹出【插入】对话框，在【名称】下拉列表中选择“粗糙度”，如图7-57所示。

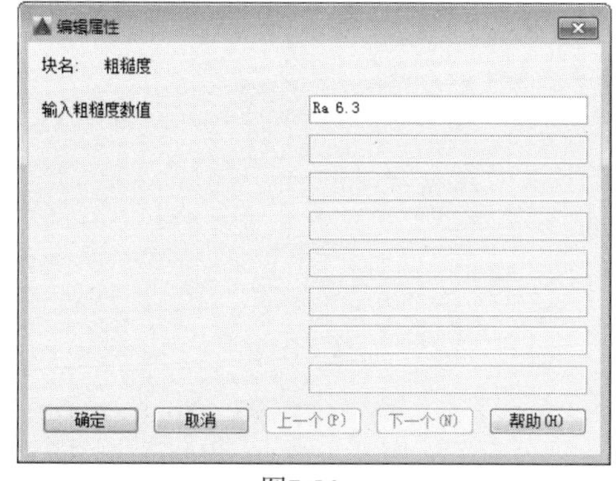

图7-56

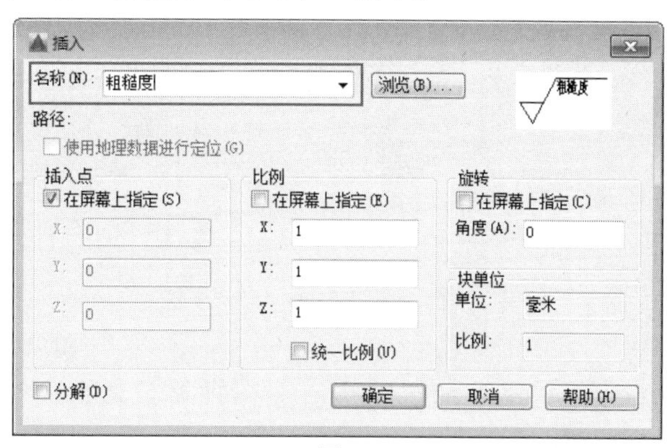

图7-57

08_ 在【插入】对话框中单击【确定】按钮，光标便变为粗糙度符号的放置形式，在图形的合适位置放置即可，放置之后系统自动打开【编辑属性】对话框，如图7-58所示。

09_ 在对应的文本框中输入所需的数值“Ra 3.2”，然后单击【确定】按钮，即可标注粗糙度，如图7-59所示。

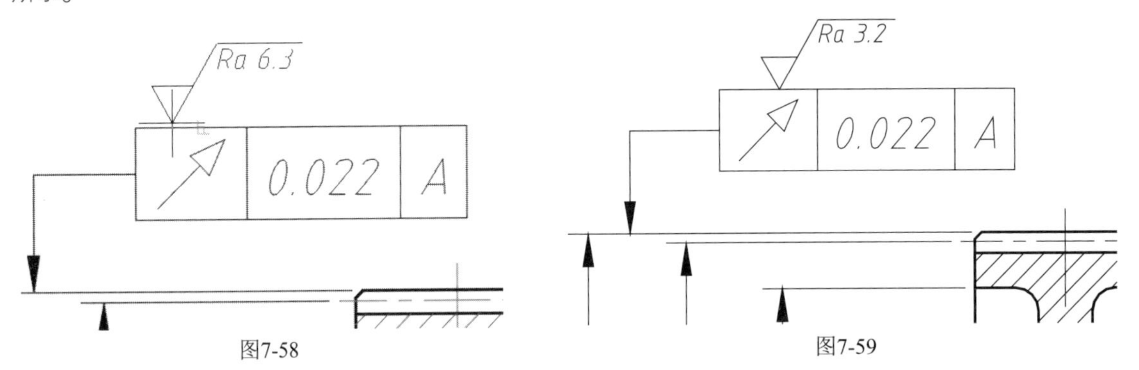

图7-58　　　　图7-59

10_ 按相同方法，对图形的其他部分标注粗糙度，然后将图形调整至A3图框的合适位置，如图7-60所示。

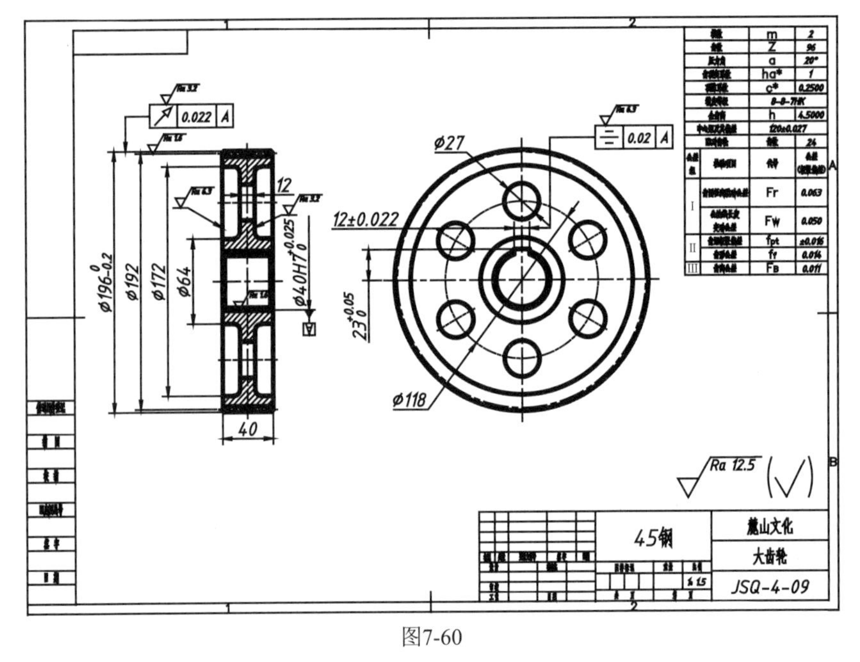

图7-60

11_ 填写技术要求。单击【默认】选项卡【注释】面板中的【多行文字】按钮，在图形的左下方空白部分插入多行文字，输入技术要求如图7-61所示。

技术要求

1.未注倒角为C2。

2.未注圆角半径为R3。

3.正火处理160-220HBS。

图7-61

12_ 大齿轮零件图绘制完成，最终的图形效果如图7-62所示（详见素材文件“第7章/实战193 绘制齿轮类零件图-OK”）。

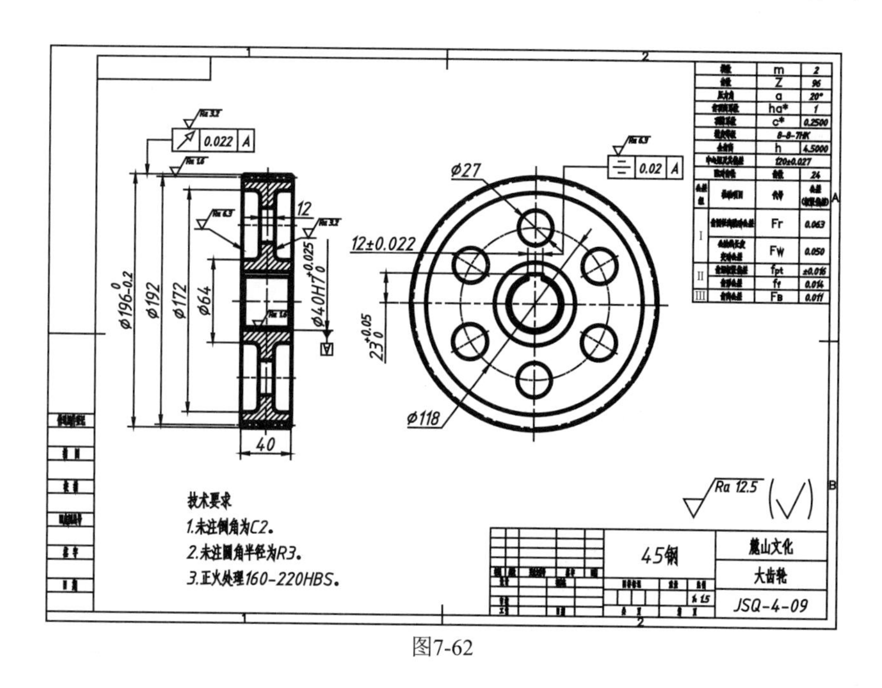

图7-62

实战194　绘制轴类零件图

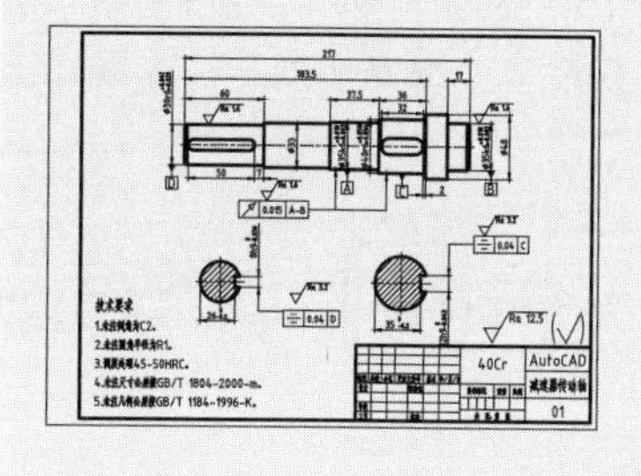

轴套类零件主要结构形状是回转体，一般只画一个主视图。确定了主视图后，由于轴上的各段形体的直径尺寸在其数字前加注符号“ϕ”表示，因此不必画出其左（或右）视图。对于零件上的键槽、孔等结构，一般可采用局部视图、局部剖视图、移出断面和局部放大图。

难度：☆☆☆

及格时间：2′40″

优秀时间：1′20″

读者自评：　/　/　/　/　/　/

01_ 以【实战188】创建好的“机械制图样板.dwt”为样板文件，新建一空白文档，插入“素材/第7章/A3图框”，如图7-63所示。

02_ 将【中心线】图层设置为当前图层，在命令行输入XL执行【构造线】命令，在合适的地方绘制水平的中心线，以及一条垂直的定位中心线，如图7-64所示。

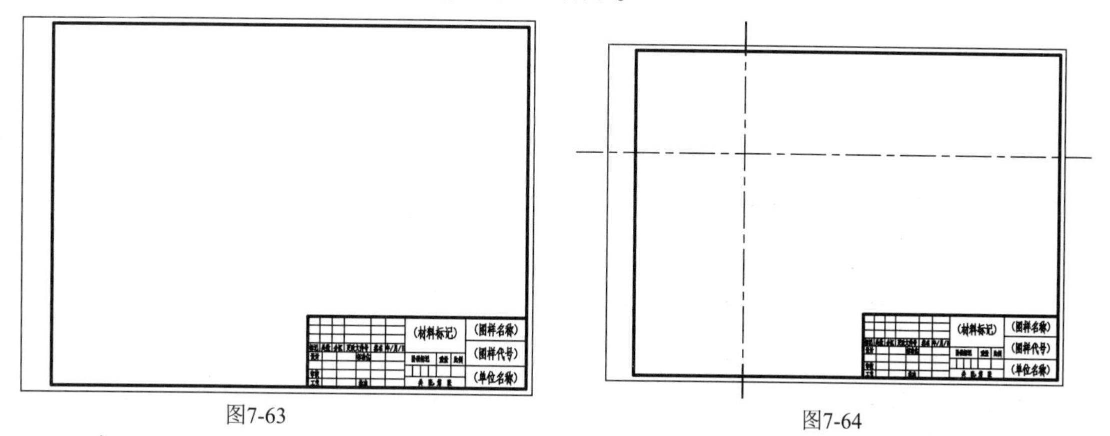

图7-63　　图7-64

03_ 使用快捷键O激活【偏移】命令，将垂直的中心线向右偏移60、50、37.5、36、16.5、17，如图7-65所示。

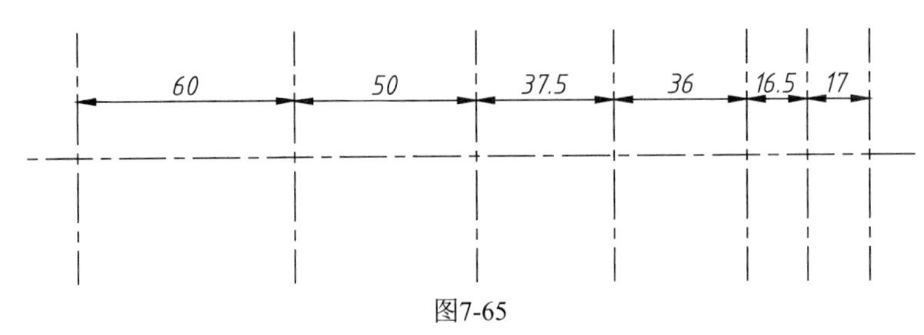

图7-65

04_ 在命令行输入O执行【偏移】命令，将水平的中心线向上偏移15、16.5、17.5、20、24，如图7-66所示。

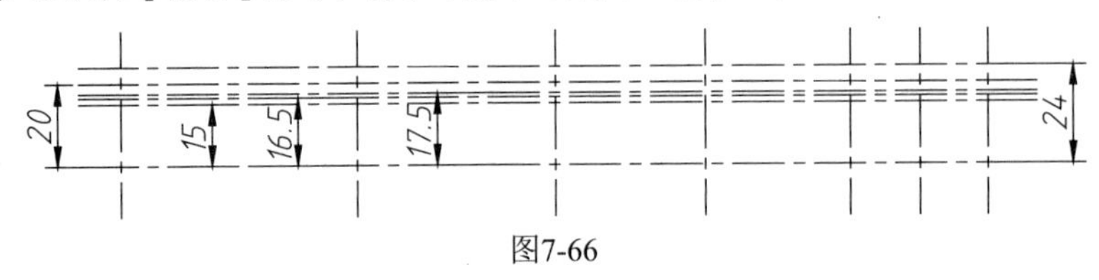

图7-66

05_ 切换到【轮廓线】图层，在命令行输入L执行【直线】命令，绘制轴体的半边轮廓，再在命令行输入TR执行【修剪】命令、在命令行输入E执行【删除】命令，修剪多余的辅助线，结果如图7-67所示。

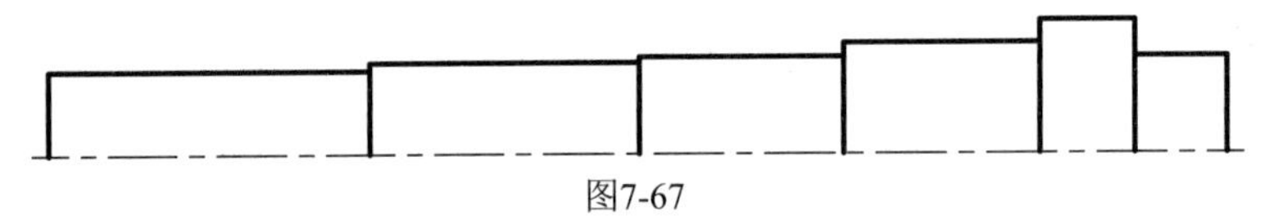

图7-67

06_ 单击【修改】面板中的按钮，在命令行输入CHA执行【倒角】命令，对轮廓线进行倒角，倒角尺寸为C2，然后在命令行输入L执行【直线】命令，配合捕捉与追踪功能，绘制倒角的连接线，结果如图7-68所示。

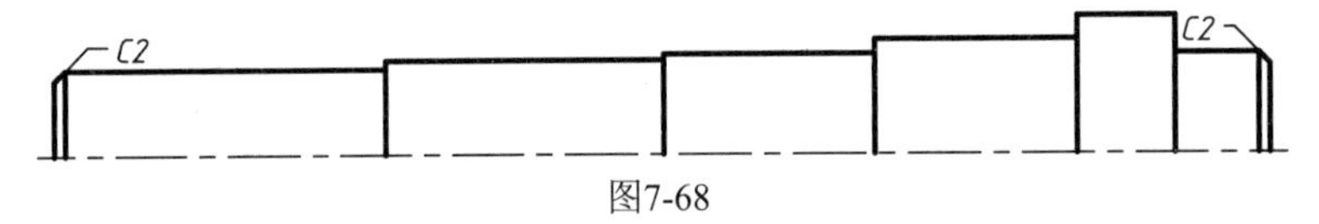

图7-68

07_ 在命令行输入MI执行【镜像】命令，对轮廓线进行镜像复制，结果如图7-69所示。

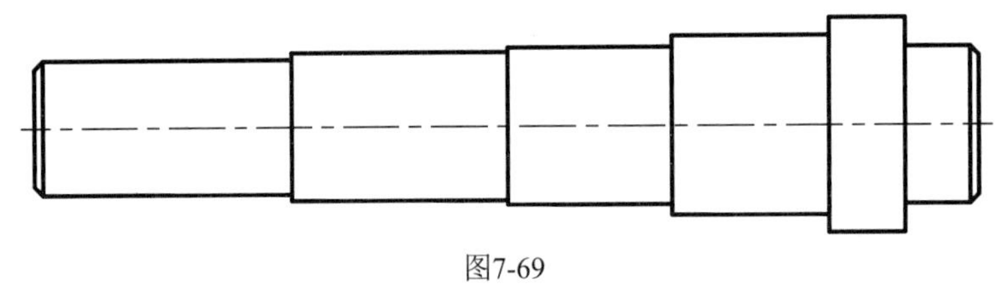

图7-69

08_ 绘制键槽。在命令行输入O执行【偏移】命令，创建如图7-70所示的垂直辅助线。

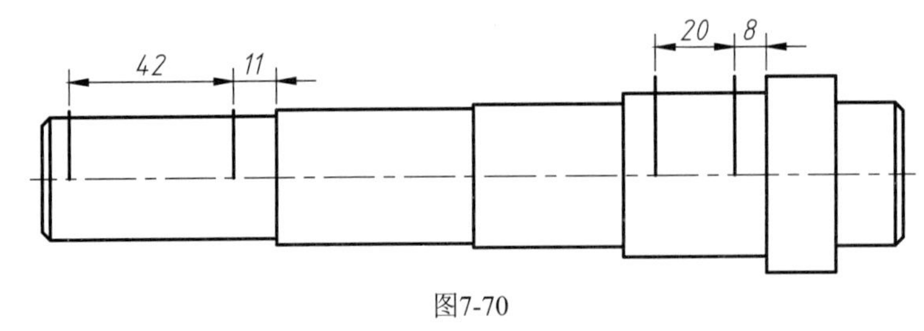

图7-70

09_ 将【轮廓线】设置为当前图层，在命令行输入C执行【圆】命令，以刚偏移的垂直辅助线的交点为圆心，绘制直径为12和8的圆，如图7-71所示。

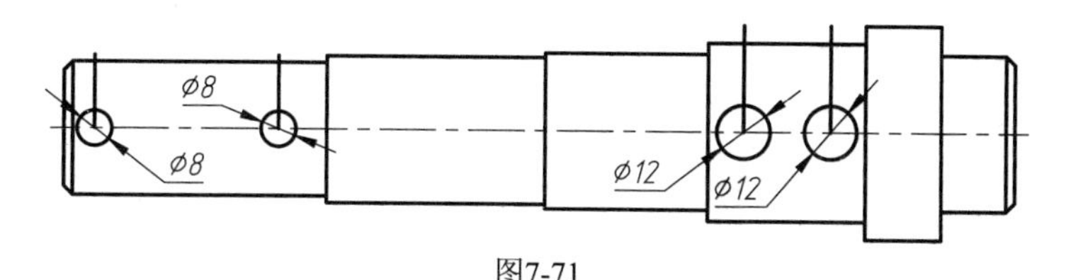

图7-71

10_ 在命令行输入L执行【直线】命令，配合【捕捉切点】功能，绘制键槽轮廓，如图7-72所示。

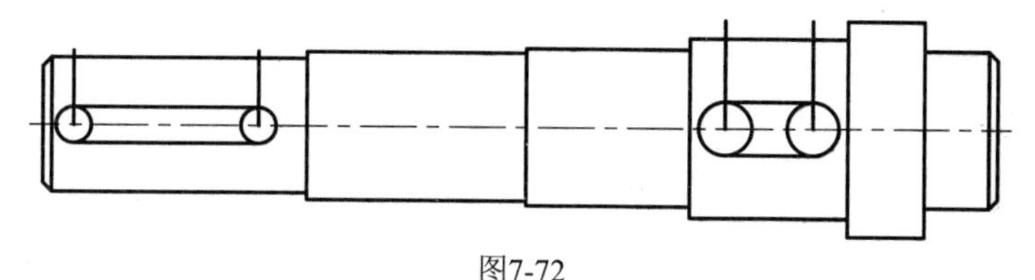

图7-72

11_ 在命令行输入TR执行【修剪】命令，对键槽轮廓进行修剪，并删除多余的辅助线，结果如图7-73所示。

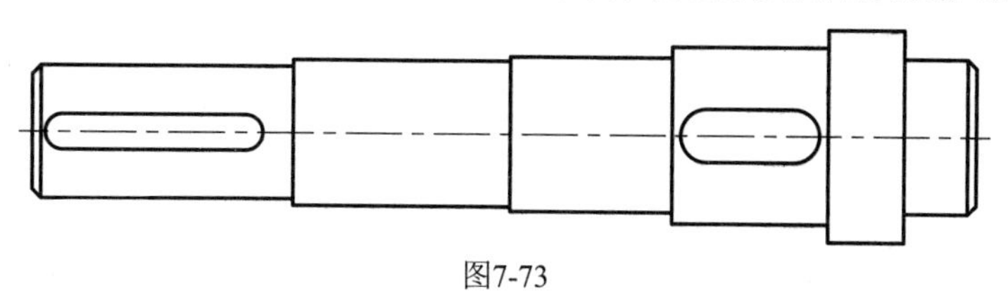

图7-73

实战195　绘制移出断面图

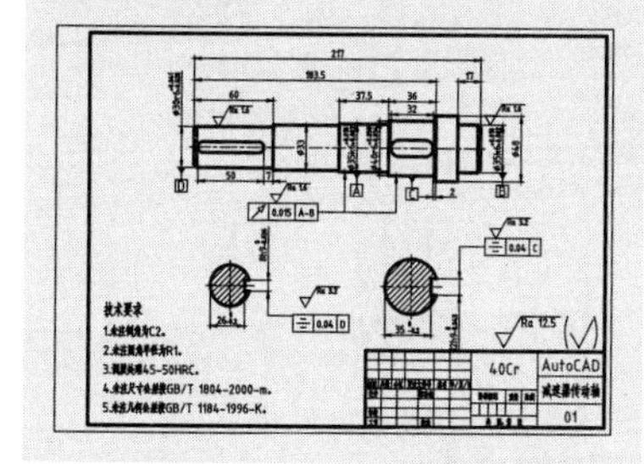

对于轴与其他零件上的键槽、孔等结构，一般可采用局部视图、局部剖视图、移出断面和局部放大图。这些辅助视图的绘制方法比较类似，因此本节便通过移出断面图的绘制来进行介绍。

难度：☆☆☆

及格时间：2′40″

优秀时间：1′20″

读者自评：/ / / / / /

01_ 延续【实战194】进行操作，或者打开“实战194 绘制轴类零件图-OK.dwg”素材文件。

02_ 绘制断面图。将【中心线】设置为当前层，使用快捷键XL激活【构造线】命令，绘制如图7-74所示的水平和垂直构造线，作为移出断面图的定位辅助线。

03_ 将【轮廓线】设置为当前图层，在命令行输入C执行【圆】命令，以构造线的交点为圆心，分别绘制直径为30和40的圆，结果如图7-75所示。

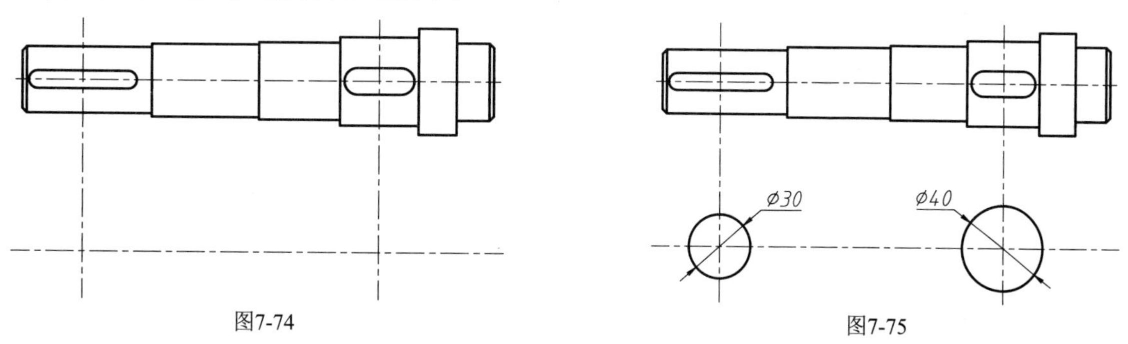

图7-74　　图7-75

04_ 单击【修改】面板中的【偏移】按钮，对ϕ30圆的水平和垂直中心线进行偏移，结果如图7-76所示。

图7-76

05_ 将【轮廓线】设置为当前图层，在命令行输入L执行【直线】命令，绘制键深，结果如图7-77所示。

06_ 在命令行输入E执行【删除】命令和在命令行输入TR执行【修剪】命令，去掉不需要的构造线和轮廓线，整理ϕ30断面图如图7-78所示。

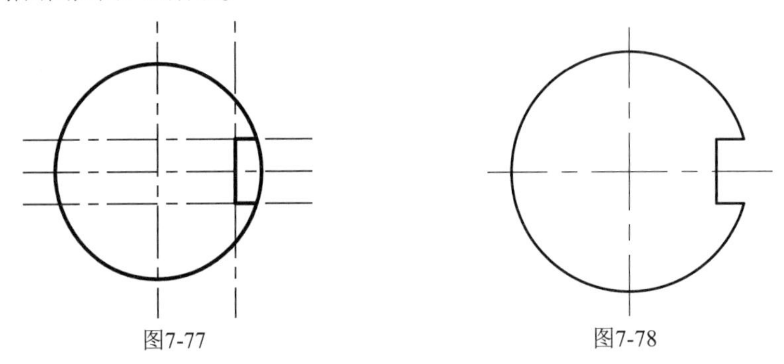

图7-77　　图7-78

07_ 按相同方法绘制ϕ40圆的键槽图，如图7-79所示。

08_ 将【剖面线】设置为当前图层，单击【绘图】面板中的【图案填充】按钮，为此剖面图填充【ANSI31】图案，填充比例为1，角度为0，填充结果如图7-80所示。

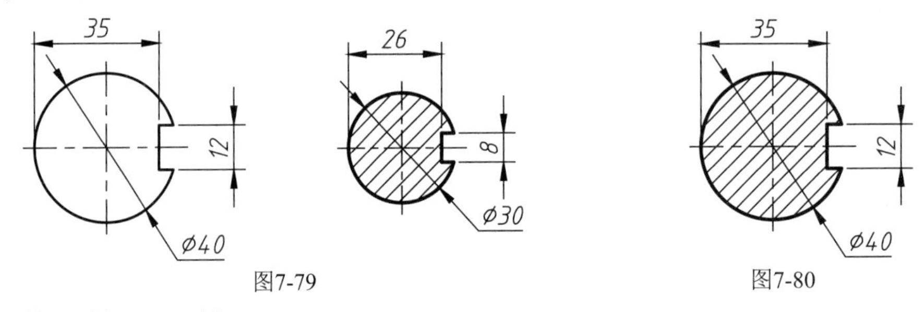

图7-79　　图7-80

09_ 绘制好的图形如图7-81所示。

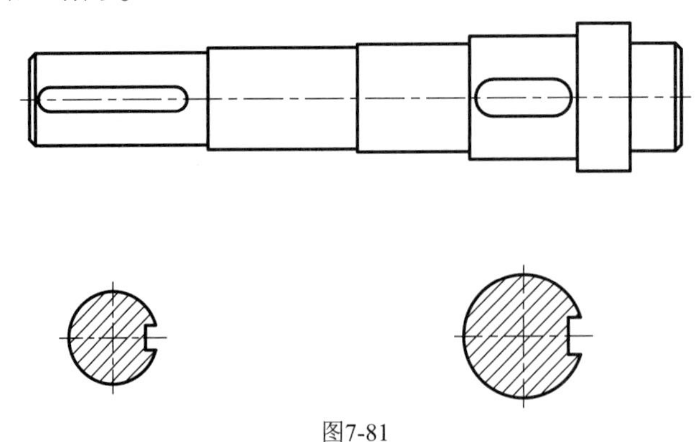

图7-81

10_ 标注轴向尺寸。切换到【标注线】图层，在命令行输入DLI执行【线性】标注命令，标注轴的各段长度如图7-82所示。

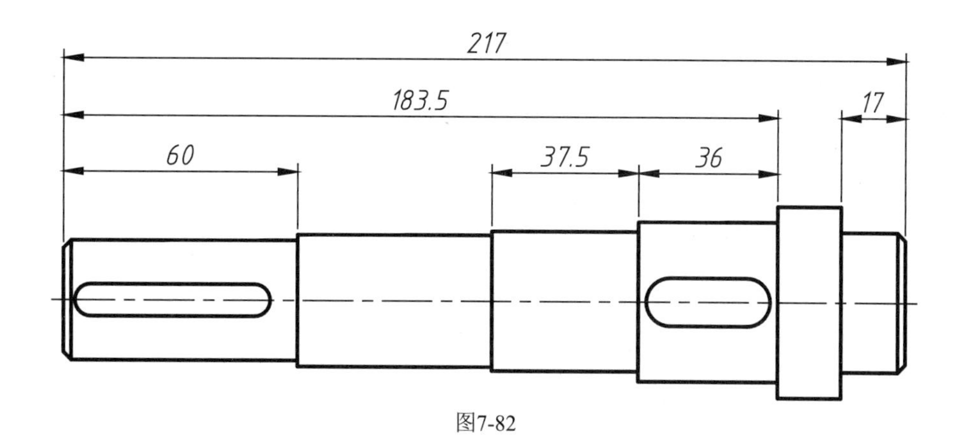

图7-82

提示 标注轴的轴向尺寸时，应根据设计及工艺要求确定尺寸基准，通常有轴孔配合端面基准面及轴端基准面。应使尺寸标注反映加工工艺要求，同时满足装配尺寸链的精度要求，不允许出现封闭的尺寸链。如图7-82所示，基准面1是齿轮与轴的定位面，为主要基准，轴段长度36、183.5都以基准面1作为基准尺寸；基准面2为辅助基准面，最右端的轴段长度17为轴承安装要求所确定；基准面3同基准面2，轴段长度60为联轴器安装要求所确定；而未特别标明长度的轴段，其加工误差不影响装配精度，因而取为闭环，加工误差可积累至该轴段上，以保证主要尺寸的加工误差。

11_ 标注径向尺寸。在命令行输入DLI执行【线性】标注命令，标注轴的各段直径长度，尺寸文字前注意添加“ϕ”，如图7-83所示。

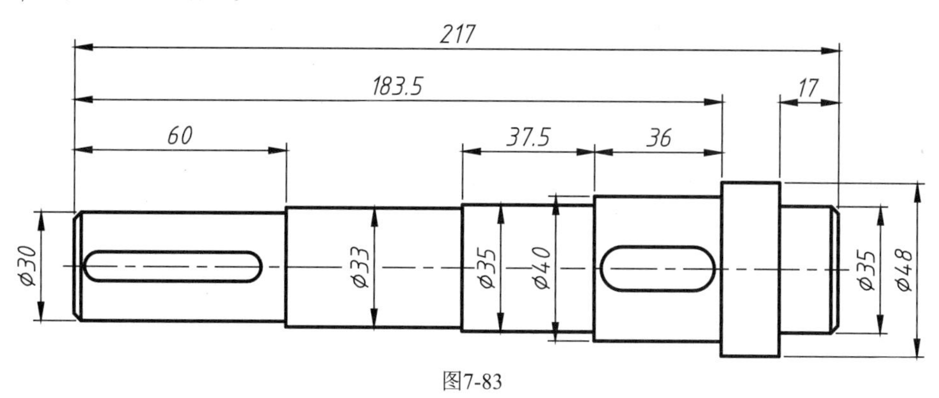

图7-83

12_ 标注键槽尺寸。在命令行输入DLI执行【线性】标注命令来标注键槽的移出断面图，如图7-84所示。

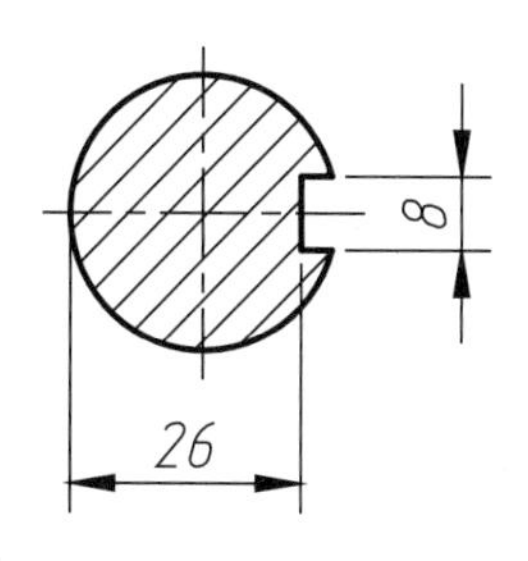

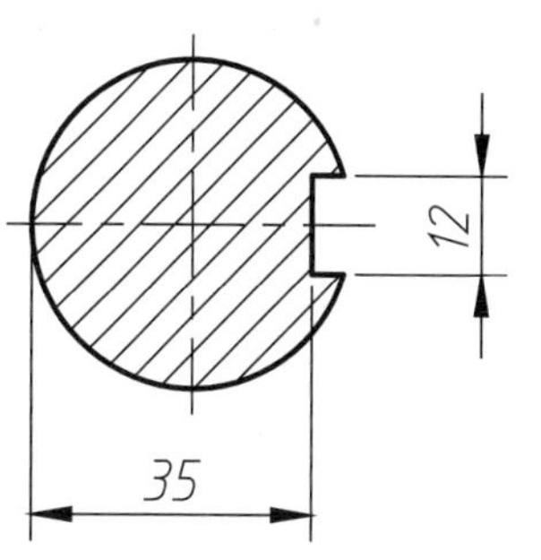

图7-84

实战196 为轴类图形添加精度

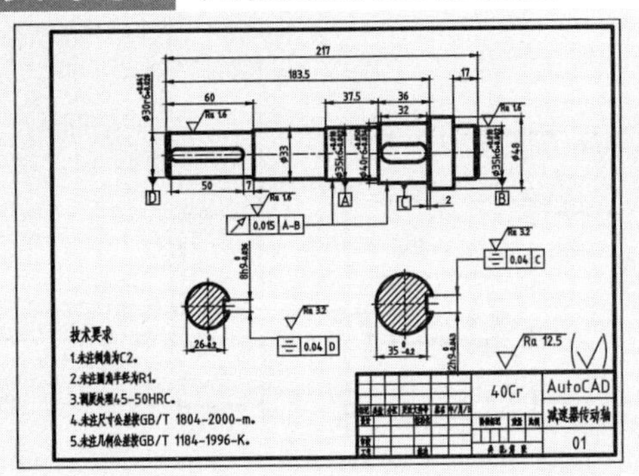

轴类图形的尺寸精度主要集中在各径向尺寸上，与其他零部件的配合有关。而部分结构轴段与总长尺寸等，并不需要添加精度。不添加精度的尺寸均按GB/T 1804-2000、GB/T 1184-1996处理，需在技术要求中说明。

难度：☆☆☆

及格时间：2′40″

优秀时间：1′20″

读者自评： / / / / / /

01_ 延续【实战195】进行操作，或者打开“实战195 绘制移出断面图-OK.dwg”素材文件。

02_ 添加轴段1的精度。轴段1上需安装HL3型弹性柱销联轴器，因此尺寸精度可按对应的配合公差选取，此处由于轴径较小，因此可选用r6精度，然后查得ϕ30mm对应的r6公差为+0.028~+0.041，即双击ϕ30mm标注，然后在文字后输入该公差文字，如图7-85所示。

03_ 创建尺寸公差。接着按住鼠标左键，向后拖移，选中“+0.041^+0.028”文字，然后单击【文字编辑器】选项卡【格式】面板中的【堆叠】按钮，即可创建尺寸公差，如图7-86所示。

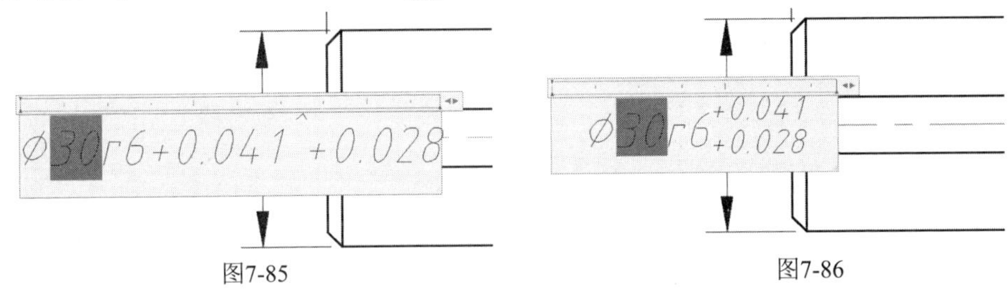

图7-85　　图7-86

04_ 添加轴段2的精度。轴段2上需要安装端盖，以及一些防尘的密封件（如毡圈），总的来说精度要求不高，因此可以不添加精度。

05_ 添加轴段3的精度。轴段3上需安装6207的深沟球轴承，因此该段的径向尺寸公差可按该轴承的推荐安装参数进行取值，即k6，然后查得ϕ35mm对应的k6公差为+0.018~+0.002，再按相同标注方法标注即可，如图7-87所示。

06_ 添加轴段4的精度。轴段4上需安装大齿轮，而轴、齿轮的推荐配合为H7/r6，因此该段的径向尺寸公差即r6，然后查得ϕ40mm对应的r6公差为+0.050~+0.034，再按相同标注方法标注即可，如图7-88所示。

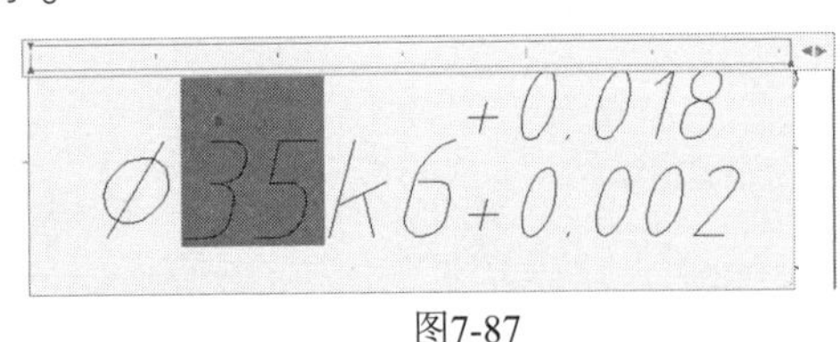

图7-87

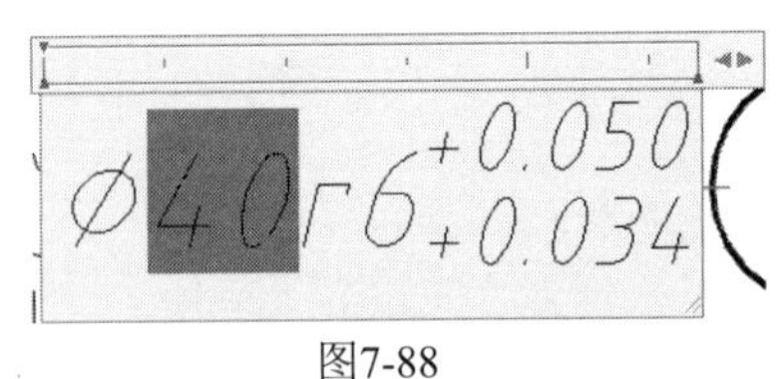

图7-88

07_ 添加轴段5的精度。轴段5为闭环，无尺寸，无须添加精度。

08_ 添加轴段6的精度。轴段6的精度同轴段3，按轴段3进行添加，如图7-89所示。

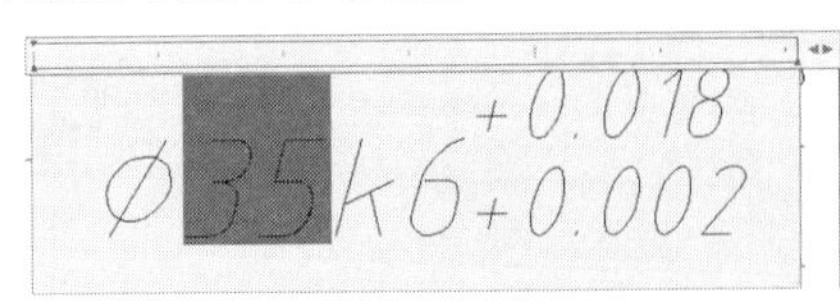

图7-89

09_ 添加键槽公差。取轴上的键槽的宽度公差为h9，长度均向下取值-0.2，如图7-90所示。

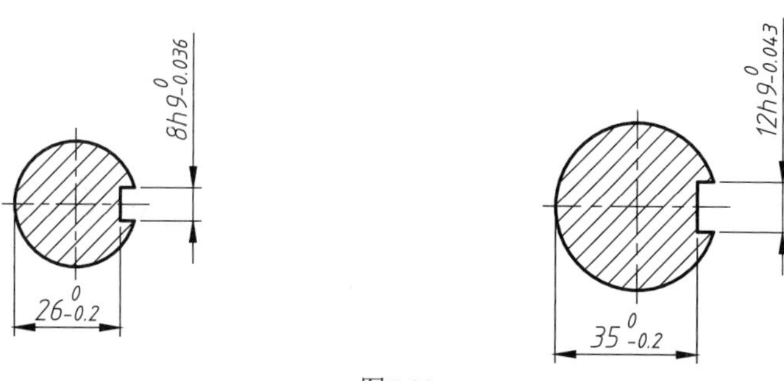

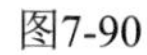
图7-90

提示 **由于在装配减速器时，一般是先将键敲入轴上的键槽，然后再将齿轮安装在轴上，因此轴上的键槽需要稍紧密，所以取负公差；而齿轮轮毂上键槽与键之间，需要轴向移动的距离，要超过键本身的长度，因此间隙应大一点，易于装配。**

10_ 标注完尺寸精度的图形如图7-91所示。

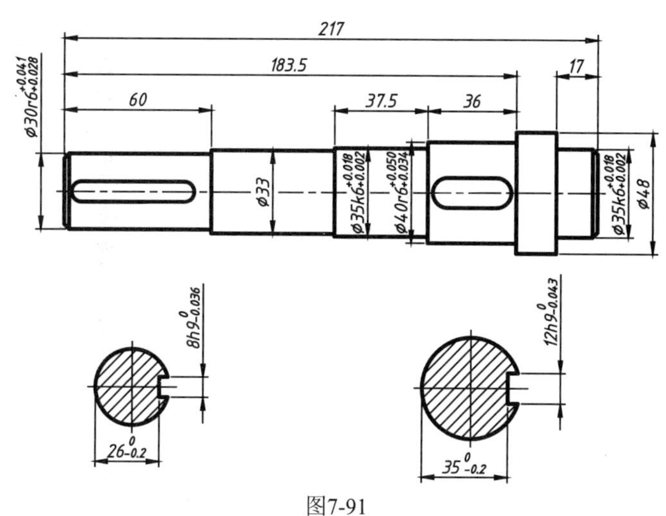

图7-91

实战197　轴类图形的形位公差

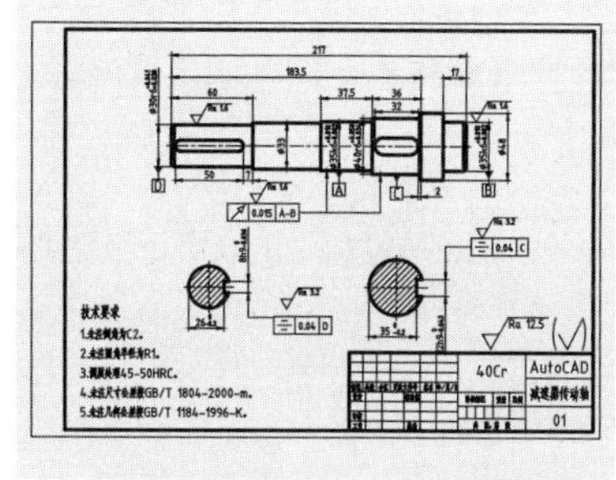

轴类图形的公差与齿轮类似，同样是以旋转为主要工作状态，较少受径向力。因此轴的公差同样需要在与齿轮配合的轴段上添加跳动度，以及键槽部分的对称度。此外，如果有比较高的要求，轴的两个端面也可以添加与主轴线的垂直度。

难度：☆☆☆

及格时间：2′40″

优秀时间：1′20″

读者自评：/ / / / / /

01_ 延续【实战196】进行操作，或者打开“实战196 为轴类图形添加精度-OK.dwg”素材文件。

02_ 放置基准符号。调用样板文件中创建好的基准图块，分别以各重要的轴段为基准，即标明尺寸公差的轴段上放置基准符号，如图7-92所示。

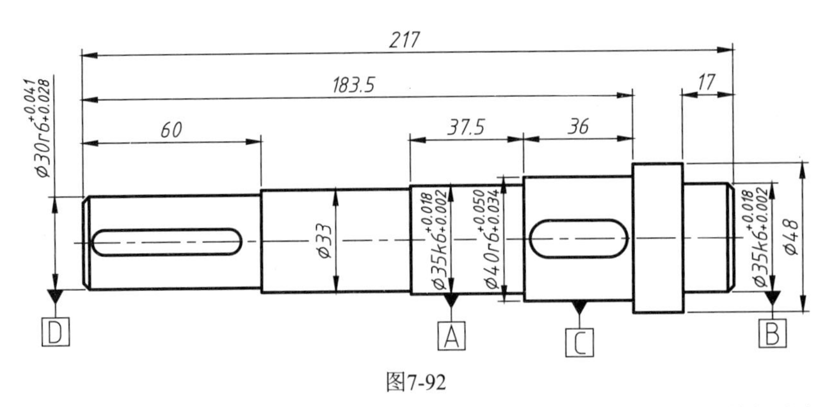

图7-92

03_ 添加轴上的形位公差。轴上的形位公差主要为轴承段、齿轮段的圆跳动，具体标注如图7-93所示。

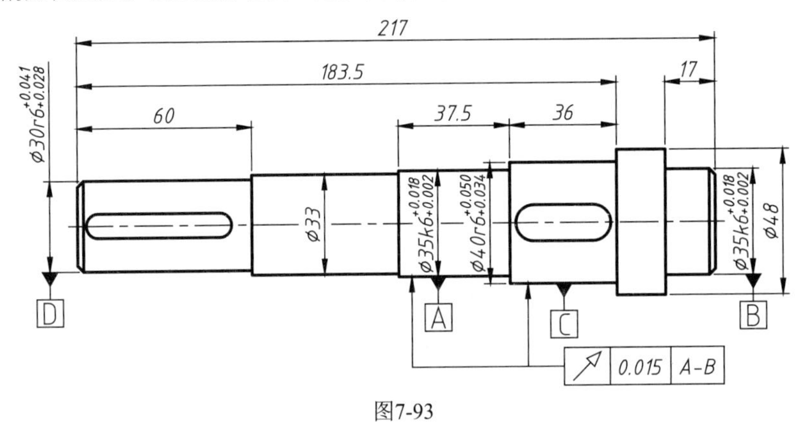

图7-93

04_ 添加键槽上的形位公差。键槽上主要为相对于轴线的对称度，具体标注如图7-94所示。

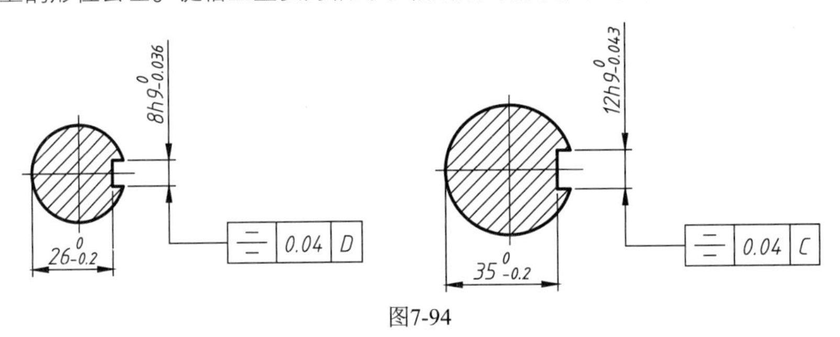

图7-94

实战198 轴类图形的粗糙度

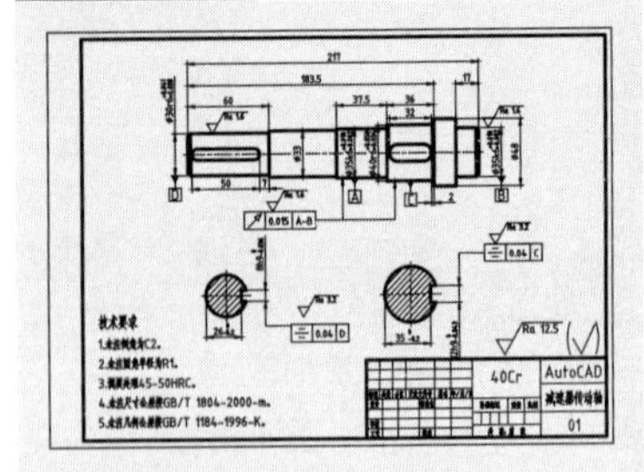

轴类图形的粗糙度同样集中在与其他零件配合的表面，至于其他部分只需给一个全局粗糙度即可，无须过多处理。一般来说，转动配合的表面，粗糙度值应取1.6或3.2。

难度：☆☆☆

及格时间：2′40″

优秀时间：1′20″

读者自评：/ / / / / /

01_ 延续【实战197】进行操作，或者打开“实战197 轴类图形的形位公差-OK.dwg”素材文件。

02_ 标注轴上的表面粗糙度。调用样板文件中创建好的表面粗糙度图块，在齿轮与轴相互配合的表面上标注相应粗糙度，具体标注如图7-95所示。

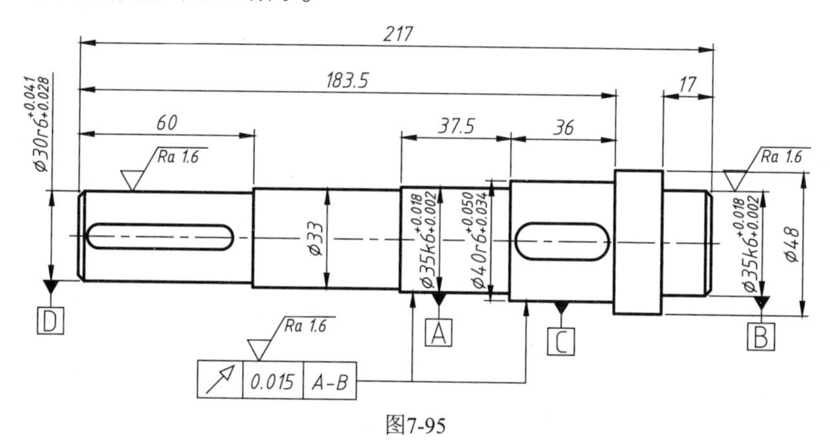

图7-95

03_ 标注断面图上的表面粗糙度。键槽部分表面粗糙度可按相应键的安装要求进行标注，本例中的标注如图7-96所示。

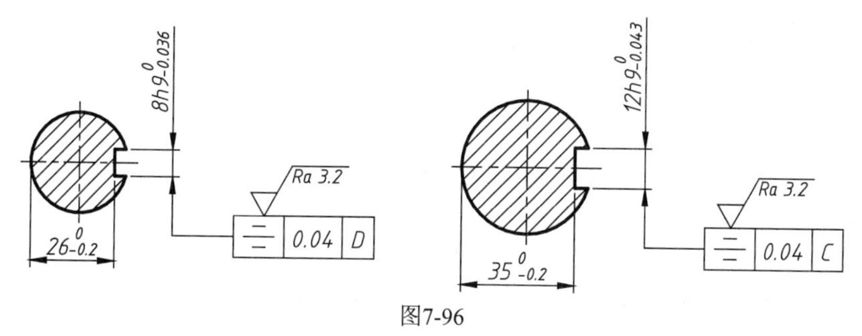

图7-96

04_ 标注其余粗糙度，然后对图形一些细节进行修缮，再将图形移动至A4图框中的合适位置，如图7-97所示。

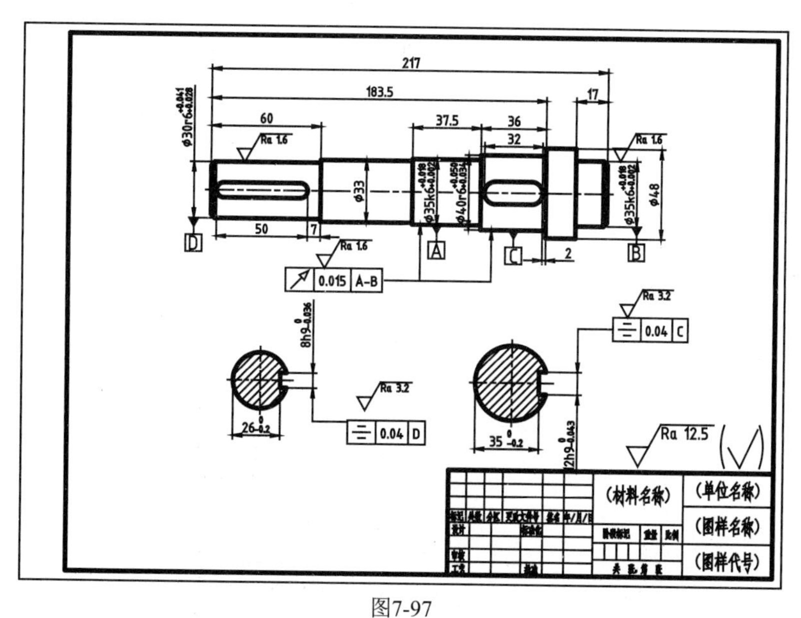

图7-97

05_ 单击【默认】选项卡【注释】面板中的【多行文字】按钮，在图形的左下方空白部分插入多行文字，输入技术要求如图7-98所示。

技术要求

1.未注倒角为C2。

2.未注圆角半径为R1。

3.调质处理45-50HRC。

4.未注尺寸公差按GB/T 1804-2000-m。

5.未注几何公差按GB/T 1184-1996-K。

图7-98　填写技术要求

实战199　直接绘制法绘制装配图

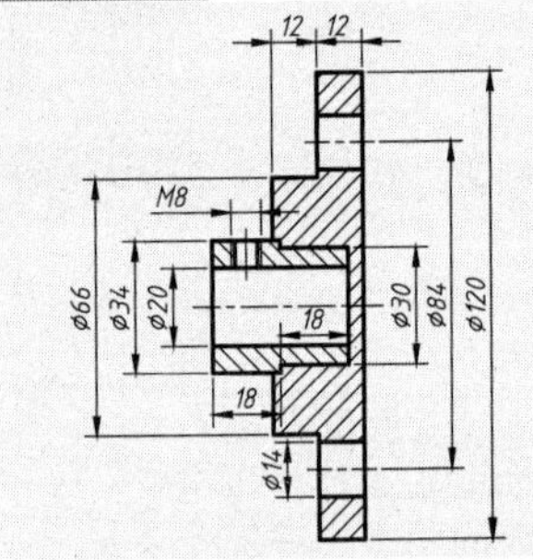

直接绘制法即根据装配体结构直接绘制整个装配图，适用于绘制比较简单的装配图。

难度：☆☆☆

及格时间：15′00″

优秀时间：6′30″

读者自评：/ / / / / /

01_ 单击快速访问工具栏中的【新建】按钮，以【实战188】创建好的“机械制图样板.dwt”为样板，新建一个图形文件。

02_ 将【中心线】图层置为当前图层，执行【直线】命令，绘制中心线，如图7-99所示。

03_ 执行【偏移】命令，将水平中心线向上偏移5、7.5、8.5、16.5、21、24.5、30，将垂直中心线向左偏移4、12、22、24、40，结果如图7-100所示。

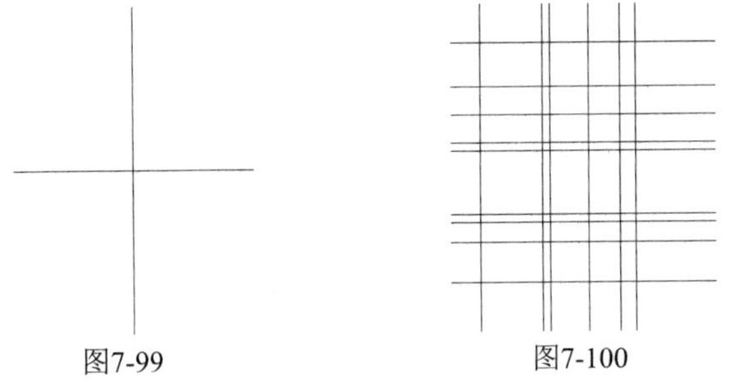

图7-99　　图7-100

04_ 执行【修剪】命令，对图形进行修剪，结果如图7-101所示。

05_ 选择相关线条，转换到【轮廓线】图层，调整中心线长度，结果如图7-102所示。

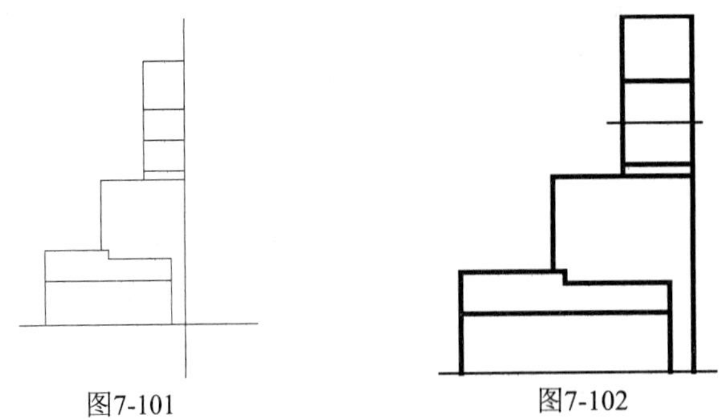

图7-101　　图7-102

06_ 执行【镜像】命令，以水平中心线为镜像线，镜像图形，结果如图7-103所示。

07_ 执行【偏移】命令，将左侧边线向右偏移5、6、9、12、13，如图7-104所示。

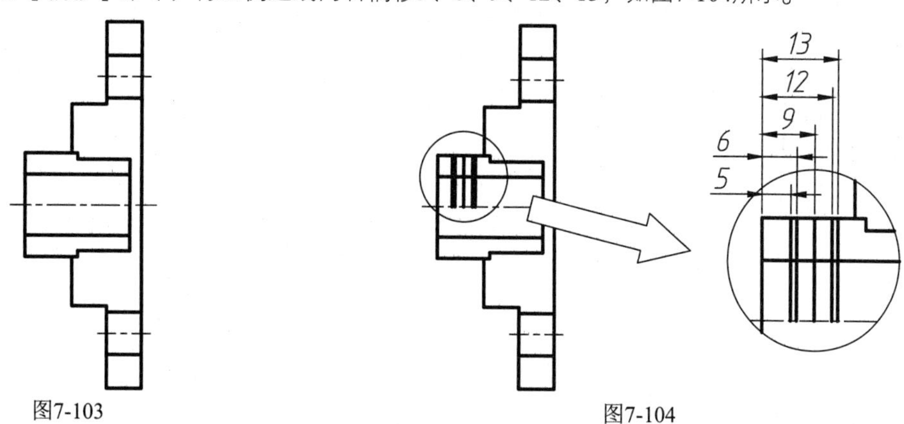

图7-103　　图7-104

08_ 执行【修剪】命令，修剪图形并将孔中心线切换到【中心线】图层，将孔的大径线切换到【细实线】图层，结果如图7-105所示。

09_ 执行【图案填充】命令，选择填充图案为ANSI31，设置填充比例为1，角度为0°，填充图案，结果如图7-106所示。

10_ 重复执行【图案填充】命令，选择填充图案为ANSI31，设置填充比例为1，角度为0°，填充另一零件剖面，结果如图7-107所示。

11_ 按快捷键Ctrl+S，保存文件，完成绘制。

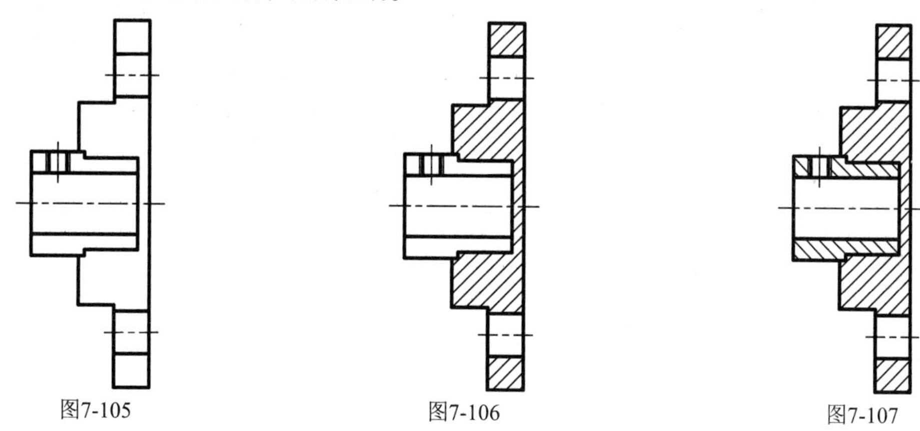
图7-105　　图7-106　　图7-107

实战200 图块插入法绘制装配图

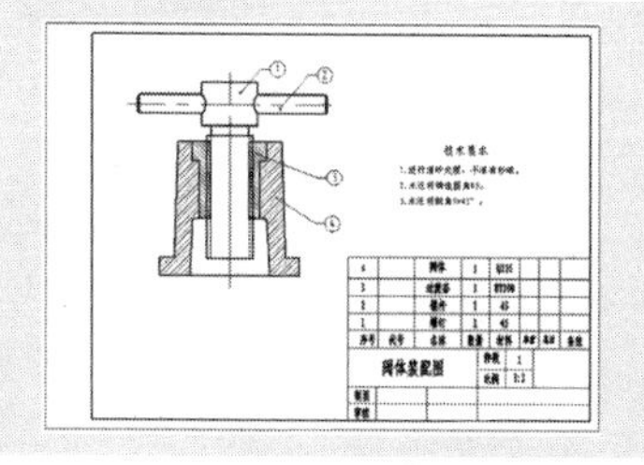

图块插入法是指将各种零件均存储为外部图块，以插入图块的方法来添加零件图，然后使用【旋转】【复制】【移动】等命令组合成装配图。

难度：☆☆☆☆

及格时间：40′00″

优秀时间：20′00″

读者自评： / / / / / /

01_ 新建AutoCAD图形文件，绘制如图7-108所示的零件图形。执行【写块】命令，将该图形创建为【阀体】外部块，保存在计算机中。

02_ 绘制如图7-109所示的零件图形，并创建为【螺钉】外部块。

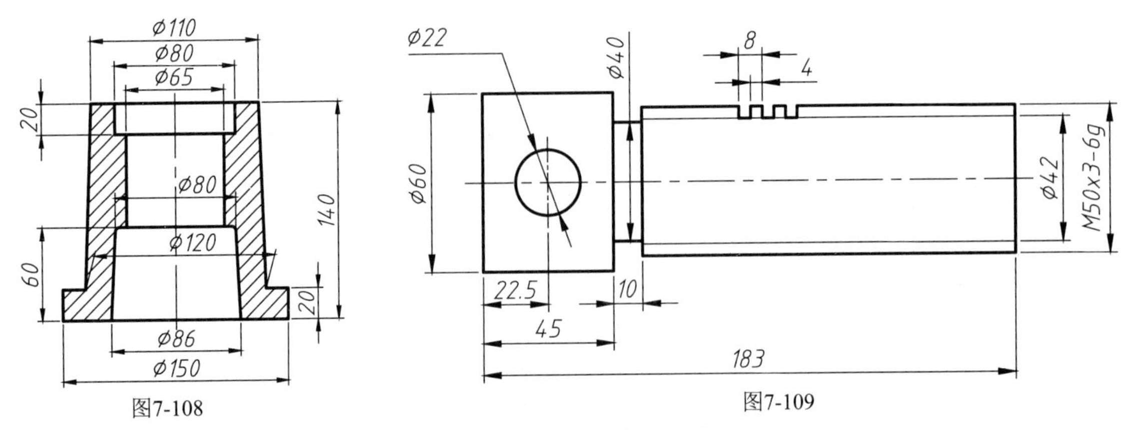

图7-108　　图7-109

03_ 绘制如图7-110所示的零件图形，并创建为【过渡套】外部块。

04_ 绘制如图7-111所示的零件图形，并创建为【销杆】外部块。

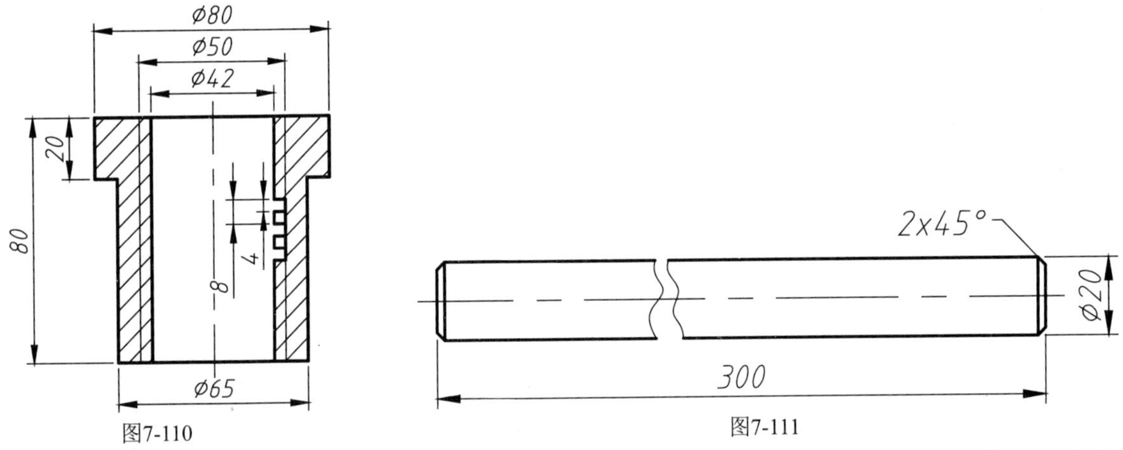

图7-110　　图7-111

05_ 单击快速访问工具栏中的【新建】按钮，在【选择样板】对话框中选择素材文件夹中的“第7章/机械制图样板.dwt”样板文件，新建图形。

06_ 执行【插入块】命令，弹出【插入】对话框，如图7-112所示。

07_ 单击【浏览】按钮，弹出【选择图形文件】对话框，如图7-113所示。

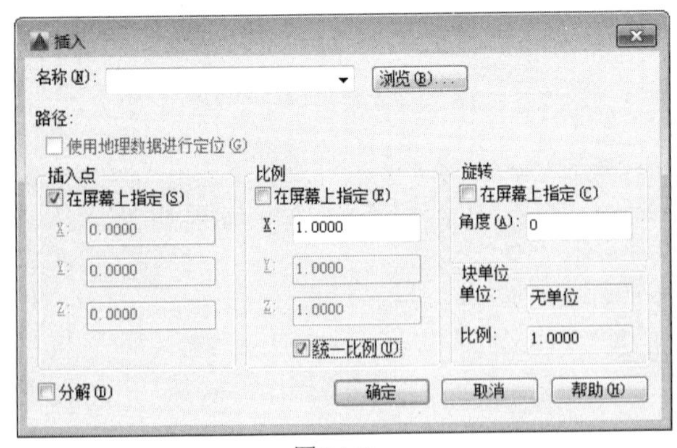

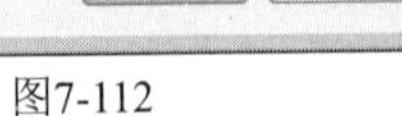

图7-112

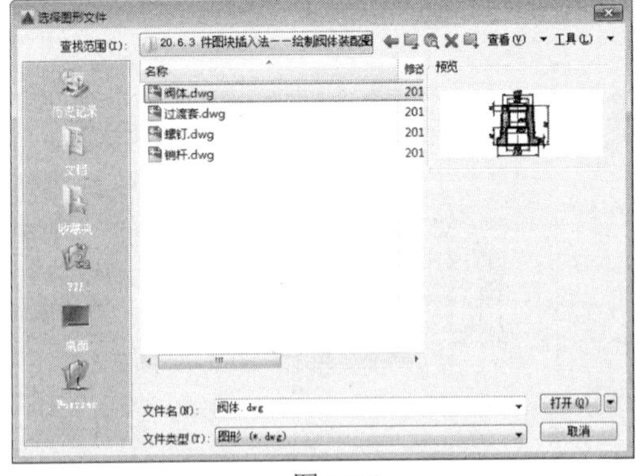

图7-113

08_ 选择“阀体.dwg”文件，设置插入比例为0.5，单击【打开】按钮，将其插入绘图区中，结果如图7-114所示。

09_ 执行【插入块】命令，设置插入比例为0.5，插入“过渡套块.dwg”文件，以A作为配合点，结果如图7-115所示。

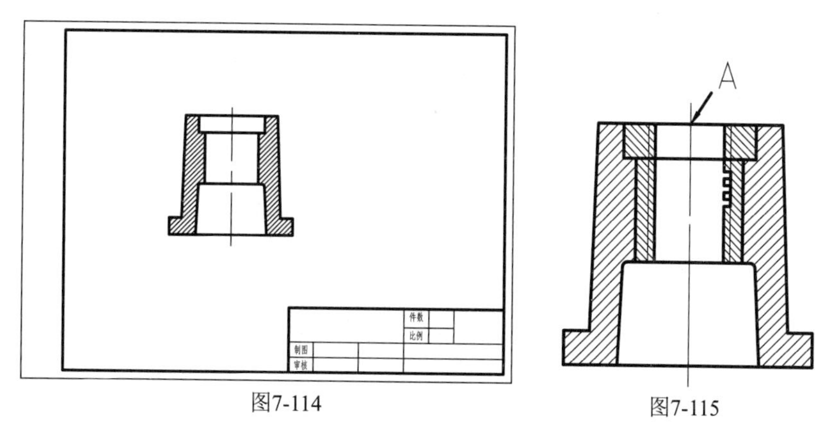

图7-114　　图7-115

10_ 执行【插入块】命令，设置插入比例为0.5，旋转角度为-90°，插入“螺钉.dwg”；并执行【移动】命令，以螺纹配合点为基点装配到阀体上，结果如图7-116所示。执行【插入块】命令，设置插入比例为0.5，插入“销杆.dwg”，然后执行【移动】命令，将销杆中心与螺钉圆心重合，结果如图7-117所示。

11_ 执行【分解】命令，分解图形；然后执行【修剪】命令，修剪整理图形，结果如图7-118所示。

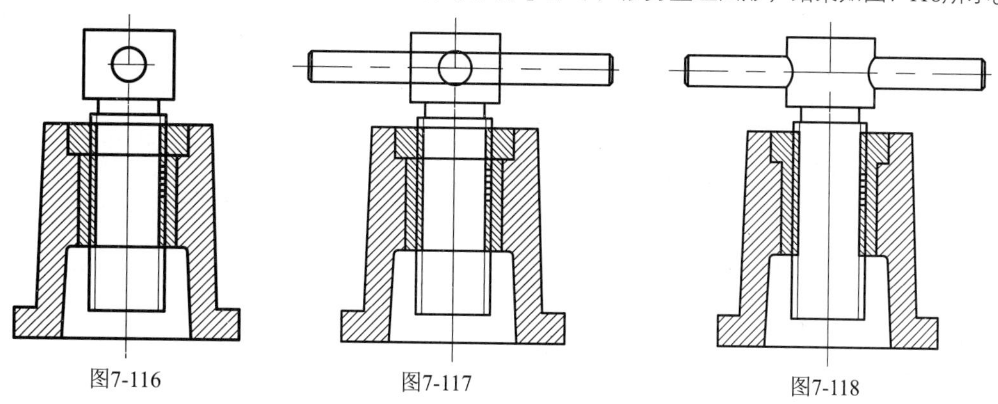

图7-116　　图7-117　　图7-118

12_ 将“零件序号引线”多重引线样式设置为当前引线样式，执行【多重引线】命令，标注零件序号，如图7-119所示。

13_ 执行【插入表格】命令，设置表格参数，如图7-120所示。

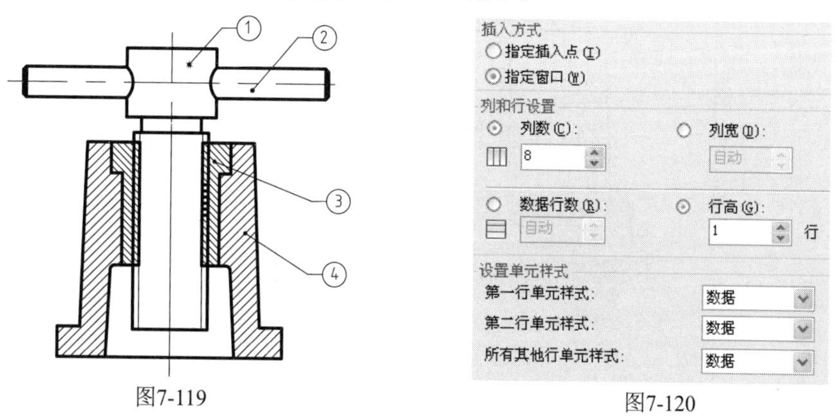

图7-119　　图7-120

14_ 单击【确定】按钮，然后在绘图区指定宽度范围与标题栏对齐，向上拖动调整表格的高度为5行。创建的表格如图7-121所示。

15_ 选中创建的表格，拖动表格夹点，修改各列的宽度，如图7-122所示。

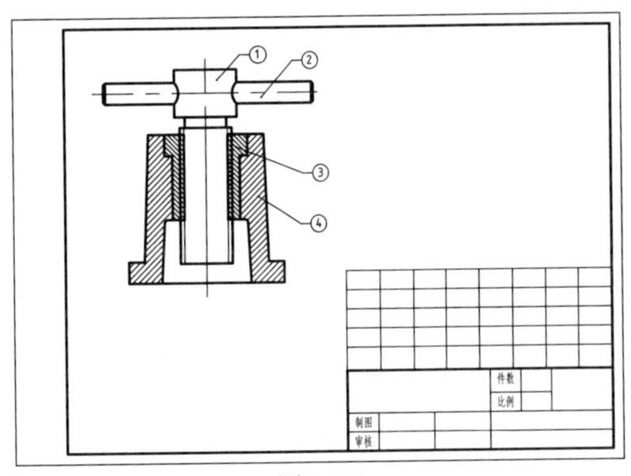

图7-121

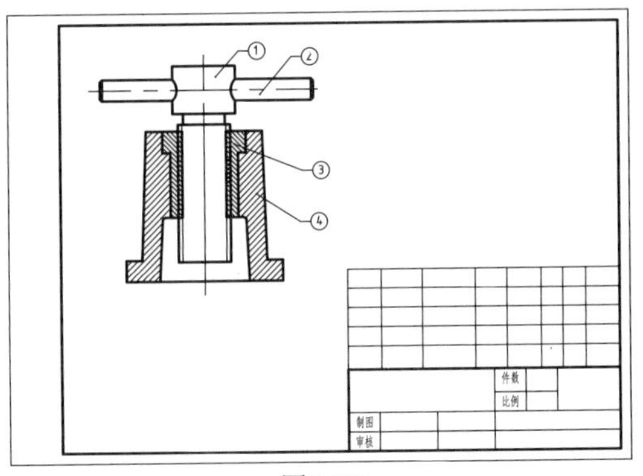

图7-122

16_ 分别双击标题栏和明细表各单元格，输入文字内容，填写结果如图7-123所示。

17_ 将“机械文字”文字样式设置为当前文字样式，执行【多行文字】命令，填写技术要求，如图7-124所示。

4		阀体	1	Q235			
3		过渡套	1	HT200			
2		销杆	1	45			
1		螺钉	1	45			
序号	代号	名称	数量	材料	单重	总计	备注

阀体装配图			件数	1	
			比例	1:2	
制图					
审核					

图7-123

技术要求

1. 进行清砂处理，不允许有砂眼。
2. 未注明铸造圆角R3。
3. 未注明倒角1×45° 。

图7-124

18_ 调整装配图图形和技术要求文字的位置，如图7-125所示。按快捷键Ctrl+S，保存文件，完成阀体装配图的绘制。

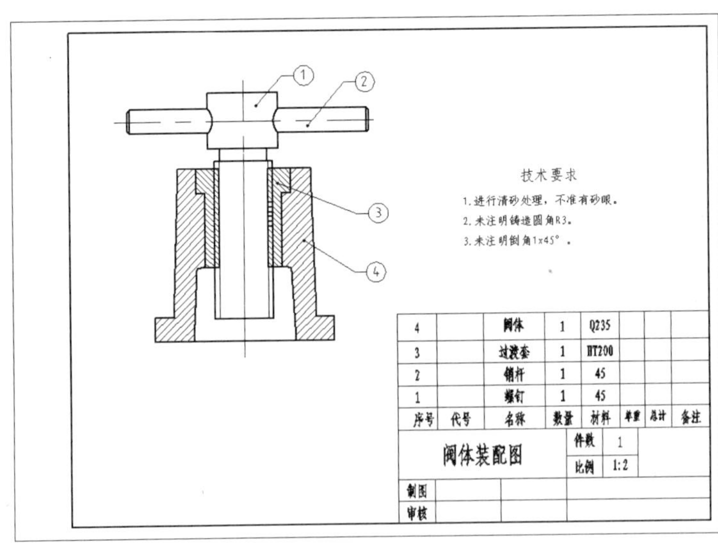

图7-125

第8章 建筑图纸绘图技法

本章主要讲解建筑设计的概念及建筑制图的内容和流程，并通过具体的实例来对各种建筑图形进行实战演练。通过本章的学习，能够了解建筑设计的相关理论知识，并掌握建筑制图的流程和实际操作。

建筑图形所涉及的内容较多，绘制起来比较复杂。使用AutoCAD绘制建筑图纸时，除了要保证图纸的专业性，还要保证制图质量，提高制图效率，做到图面清晰、简明。

实战201 设置建筑绘图环境

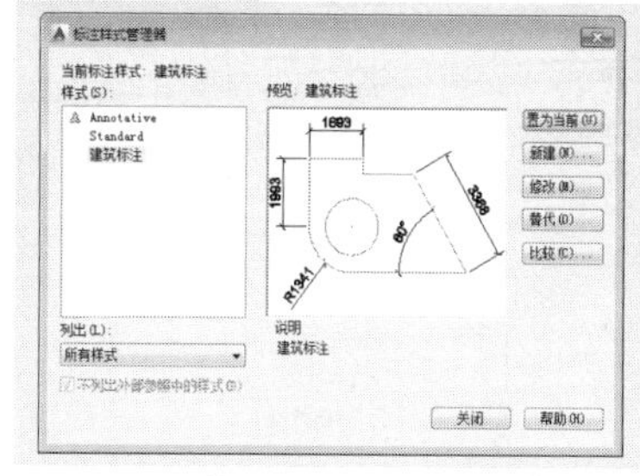

事先设置好绘图环境，可以使用户在绘制各类建筑图时更加方便、灵活、快捷。本章所有实例皆基于该模板。

难度：☆☆

及格时间：2′40″

优秀时间：1′20″

读者自评：/ / / / / /

01_ 单击【快速访问工具栏】中的【新建】按钮，新建一空白文档。

02_ 调用UN命令，弹出【图形单位】对话框，设置单位，如图8-1所示。

03_ 单击【图层】面板中的【图层特性管理器】按钮，设置图层，如图8-2所示。

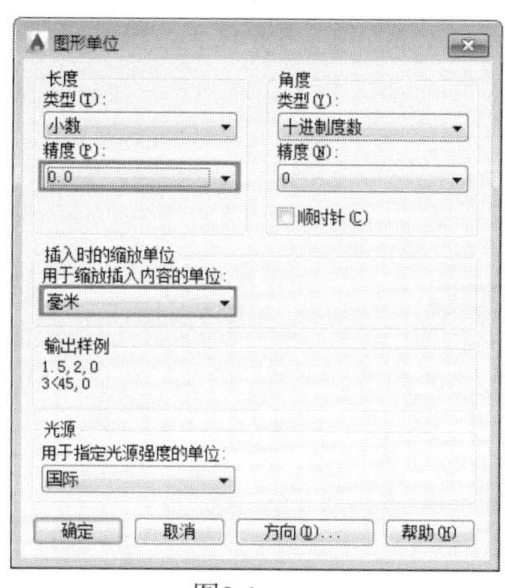

图8-1

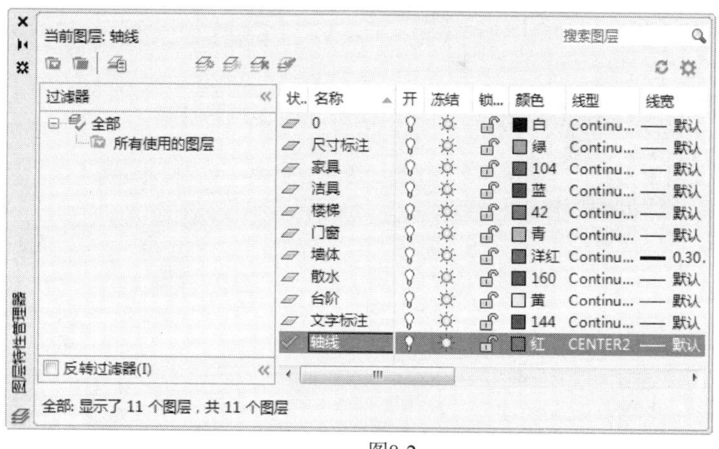

图8-2

04_ 在命令行输入LIMITS执行【图形界限】命令，设置图形界限。命令行提示如下。

```
命令: LIMIts                                        //执行【图形界限】命令
重新设置模型空间界限:
指定左下角点或 [开(ON)/关(OFF)] <0.0,0.0>:          //单击Enter键确定
指定右上角点 <420.0,297.0>: 29700,21000             //指定界限单击Enter键确定
```

05_ 单击【注释】面板中的【文字样式】按钮，弹出【文字样式】对话框，如图8-3所示。

06_ 单击【新建】按钮，新建【标注】文字样式，如图8-4所示。

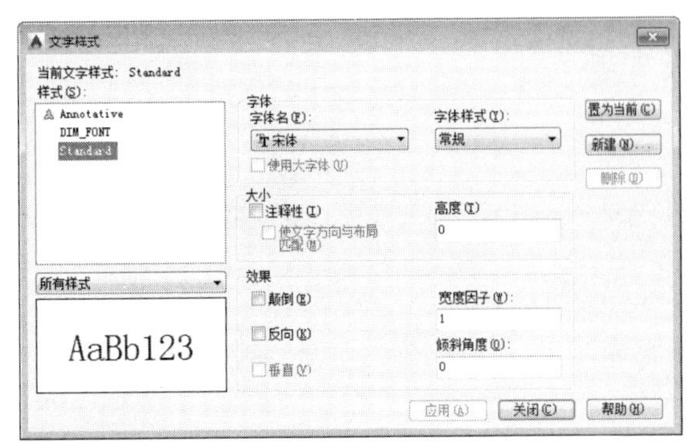

图8-3

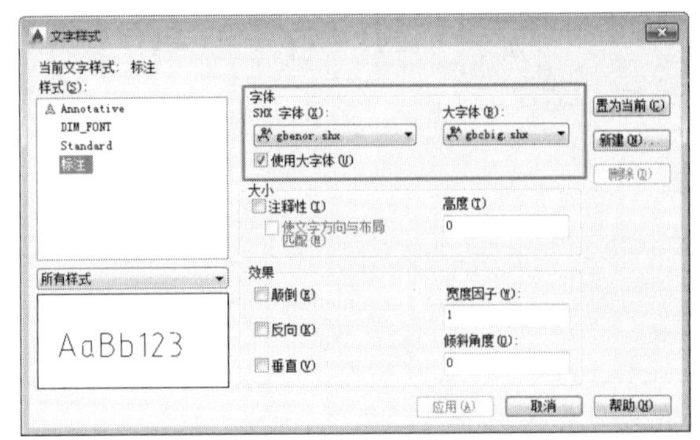

图8-4

07_ 使用相同方法新建如图8-5所示的【文字说明】样式及如图8-6所示的【轴号】样式。

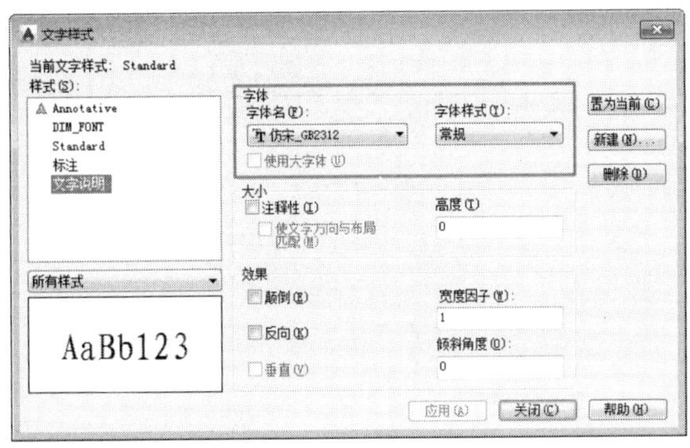

图8-5

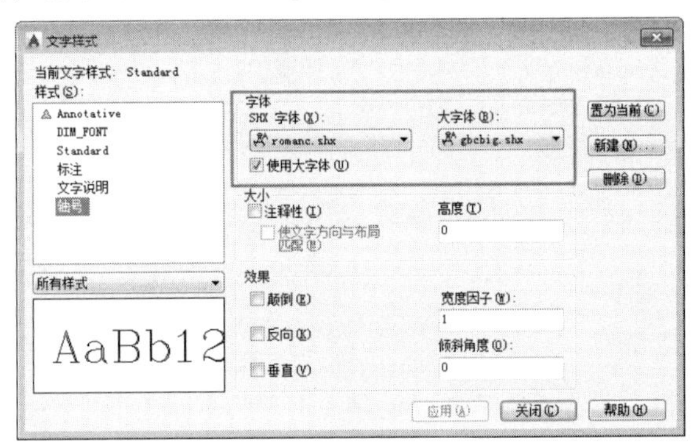

图8-6

08_ 单击【注释】面板中的【标注样式】按钮，弹出【标注样式管理器】对话框，如图8-7所示。

09_ 单击【新建】按钮，弹出如图8-8所示的【创建新标注样式】对话框，在【新样式名】文本框中输入“建筑标注”。

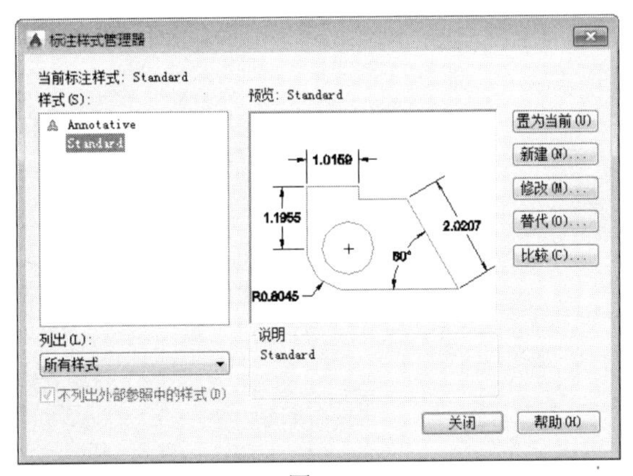

图8-7

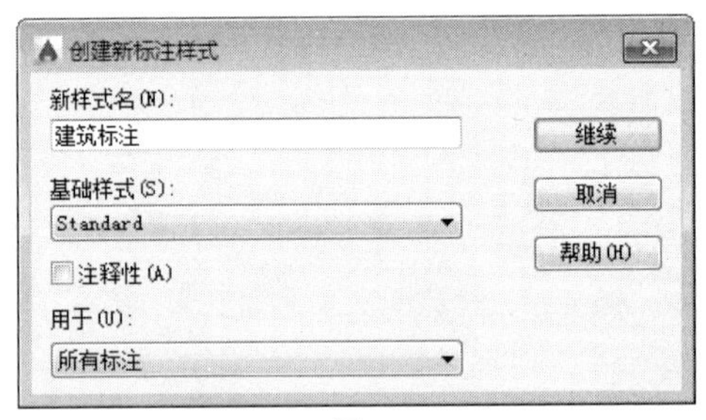

图8-8

10_ 单击【创建新标注样式】对话框中的【继续】按钮，弹出【新建标注样式：建筑标注】对话框。【线】选项卡参数设置如图8-9所示，【超出尺寸线】设置为200，【起点偏移量】设置为100，其他保持默认值不变。

11_ 在【符号和箭头】选项卡中设置箭头符号为【建筑标记】，【箭头大小】为200，如图8-10所示。

12_ 单击【文字】选项卡，【文字样式】设置为“标注”，【文字高度】设置为300，【从尺寸线偏移】设置为100，【文字位置】中【垂直】选择【上】，【文字对齐】设置为【与尺寸线对齐】，如图8-11所示。

13_ 单击【调整】选项卡，【文字位置】设置为【尺寸线上方，带引线】，其他保持默认不变，如图8-12所示。

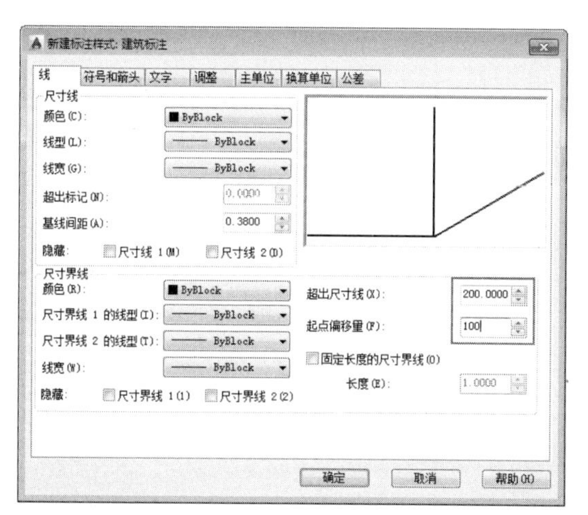

图8-9

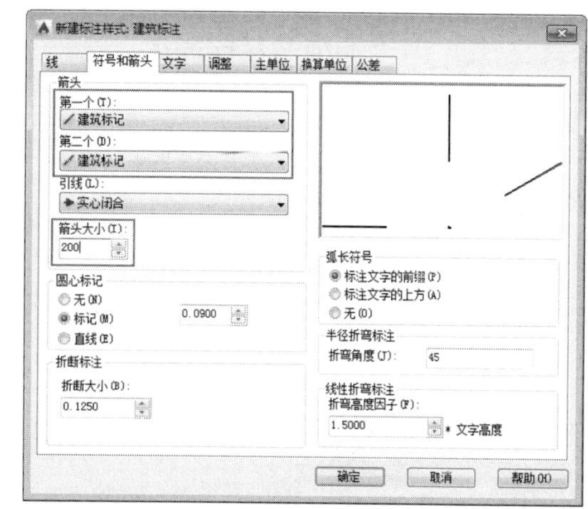

图8-10

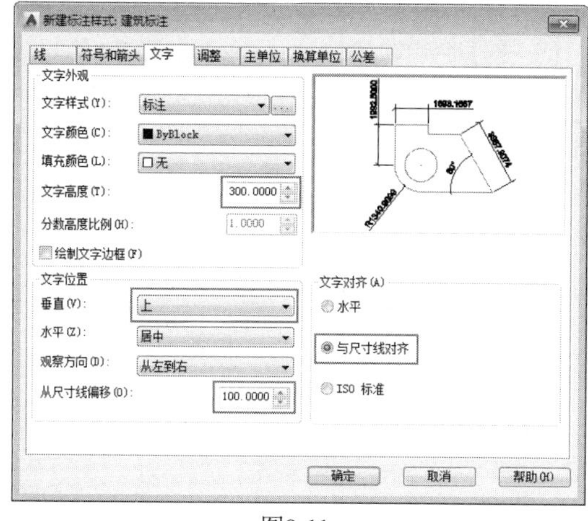

图8-11

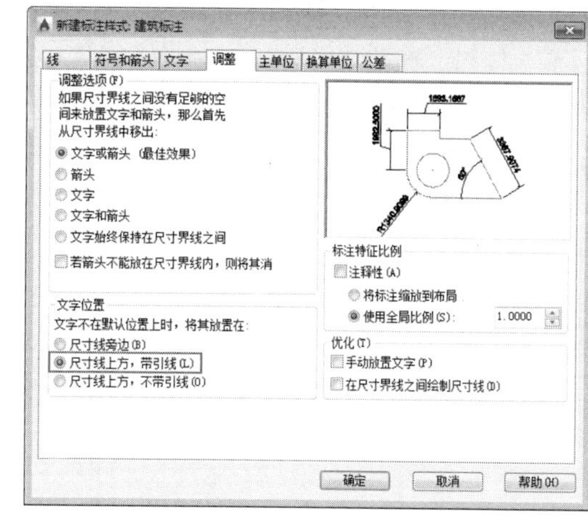

图8-12

14_ 单击【主单位】选项卡，【精度】设置为0，【小数分隔符】设置为【句点】，如图8-13所示。

15_ 设置完毕，单击【确定】按钮返回到【标注样式管理器】对话框，单击【置为当前】按钮，然后单击【关闭】按钮，完成新样式的创建，如图8-14所示。

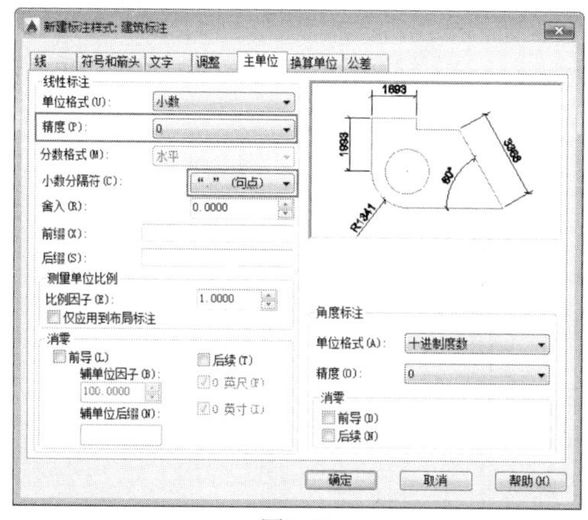

图8-13

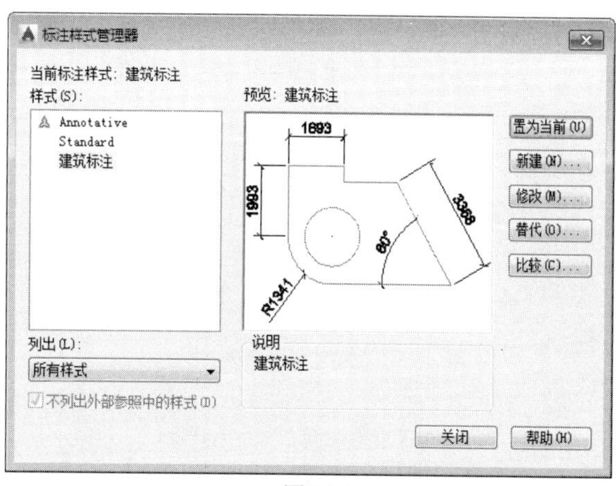

图8-14

16_ 选择【文件】|【另存为】选项，弹出【图形另存为】对话框，保存为“第8章\建筑制图样板.dwt”文件。

实战202 窗类图形的立面画法

现代窗户由窗框、玻璃和活动构件(铰链、执手、滑轮等)三部分组成。窗框负责支撑窗体的主结构，可以是木材、金属、陶瓷或塑料材料，透明部分依附在窗框上，可以是纸、布、丝绸或玻璃材料。活动构件主要以金属材料为主，在人手触及的地方也可能包裹以塑料等绝热材料。窗户在外形上可分为古典窗、平开窗、推拉窗、倒窗、百叶窗、天窗等几大类，本例主要讲解利用AutoCAD多种命令绘制西式窗型，它主要包括窗框、玻璃和装饰三部分。

难度：☆☆

及格时间：2′40″

优秀时间：1′20″

读者自评： / / / / / /

01_ 绘制窗框。新建空白文件，在命令行输入REC执行【矩形】命令，绘制尺寸为1200×2300的矩形，作为窗户的外框，如图8-15所示。

02_ 将矩形分别向内偏移10、40、50、60、100，如图8-16所示。

03_ 在命令行输入X执行【分解】命令，将所有矩形分解，删除偏移得到的所有矩形的下边，然后在命令行输入EX执行【延伸】命令，将所有矩形的左右两侧边向第一个矩形的下边延伸，结果如图8-17所示。

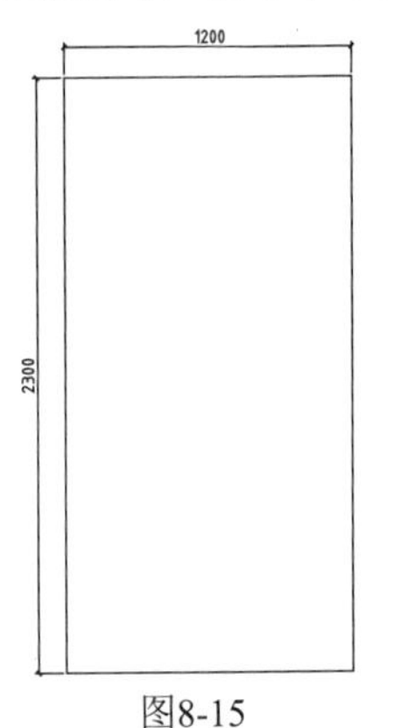

图8-15

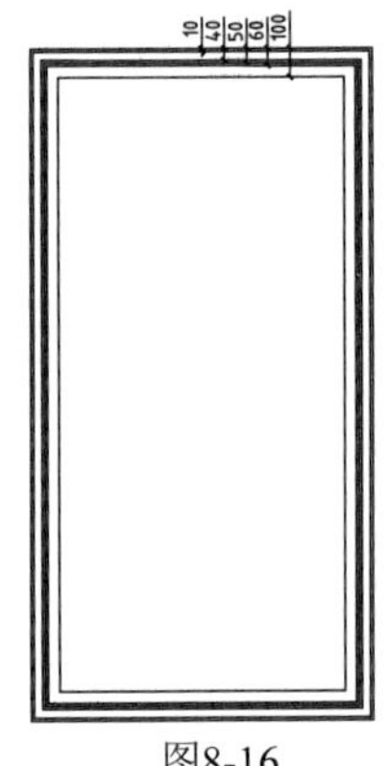

图8-16

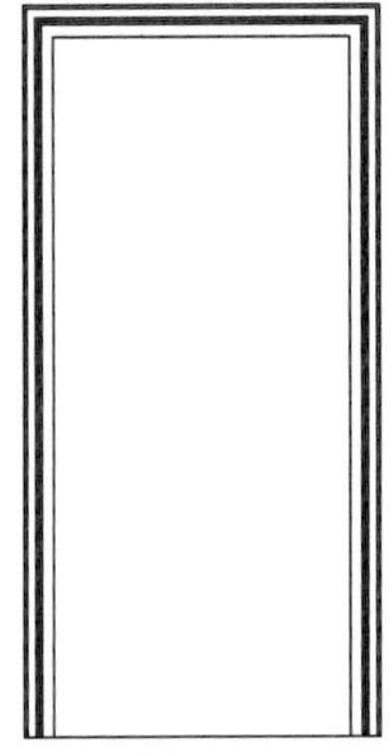

图8-17

04_ 在命令行输入O执行【偏移】命令，将第一个矩形的下边分别向上偏移530、550、600、640，结果如图8-18所示。

05_ 在命令行输入TR执行【修剪】命令，对图形进行修剪，结果如图8-19所示。

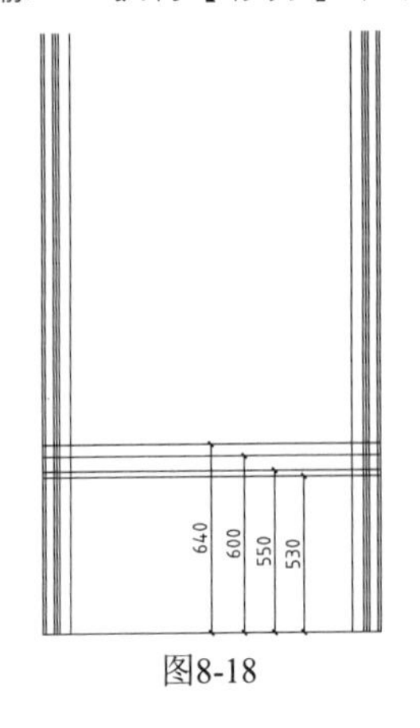

图8-18

图8-19

06_ 单击功能区【实用工具】面板中的【点样式】按钮，对点的样式进行设置，如图8-20所示。在命令行输入DIV执行【等分】命令，输入等分数目为3，对最内侧的左右两边进行等分，结果如图8-21所示。

07_ 在命令行输入REC执行【矩形】命令，配合捕捉功能捕捉到内侧矩形左右两边的等分点和上下两边的中点，绘制矩形，如图8-22所示。

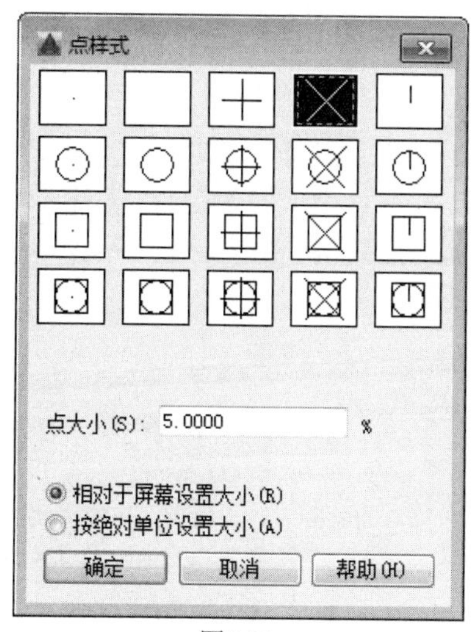

图8-20

图8-21

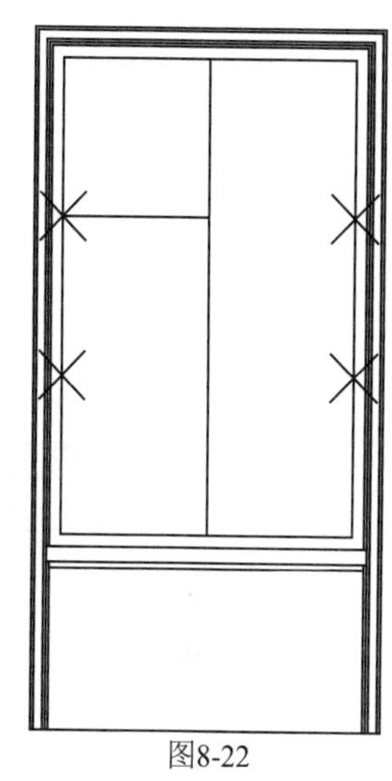
图8-22

08_ 在命令行输入O执行【偏移】命令，设置偏移距离为40，将刚才所绘制的两个矩形向内偏移，并删掉原有矩形和等分点，结果如图8-23所示。

09_ 在命令行输入MI执行【镜像】命令，将两个矩形进行镜像，调用L【直线】命令连接图形内部线段，细化窗户轮廓，结果如图8-24所示。

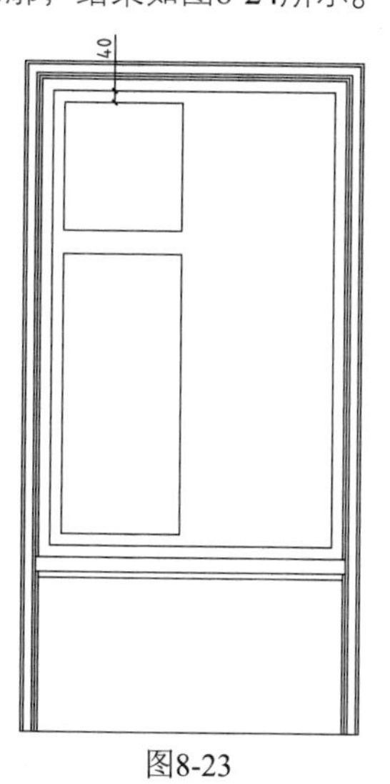

图8-23

图8-24

10_ 在命令行输入H执行【图案填充】命令，选择图案为ar-rroof，设置填充角度为45，比例为600，单击绘图区域，对玻璃部分进行填充，结果如图8-25所示。

11_ 在命令行输入I执行【插入】命令，弹出【插入】对话框，如图8-26所示，单击【浏览】按钮，打开“装饰柱.dwg”素材文件，单击【确定】按钮，返回绘图界面，将块移动到合适位置，并对其进行复制，结果如图8-27所示。至此，西式窗的绘制过程就完成了。

图8-25

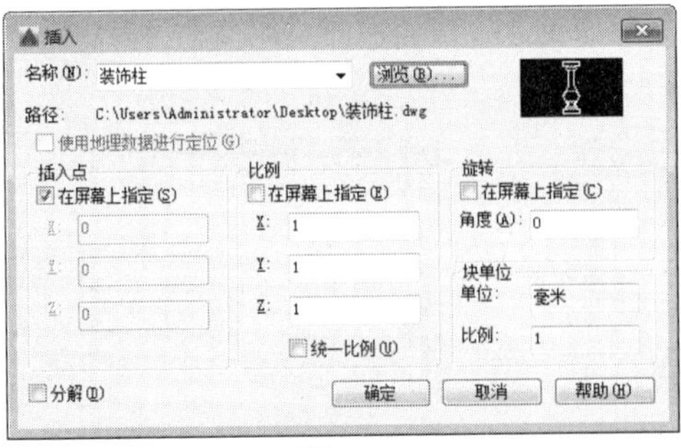

图8-26

图8-27

实战203 门类图形的立面画法

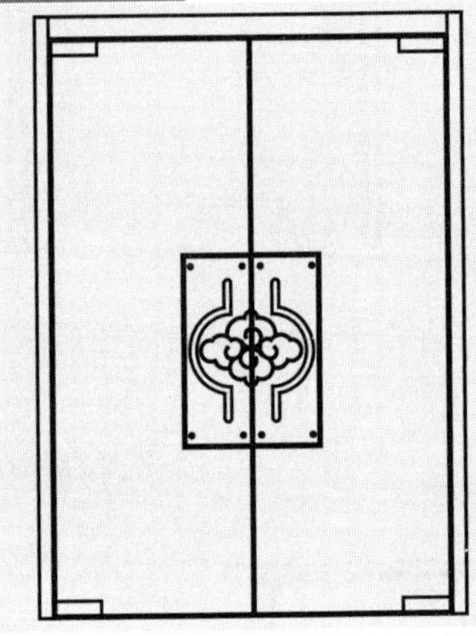

门是建筑物中不可缺少的部分。主要用于交通和疏散，同时也起采光和通风作用。门的尺寸、位置、开启方式和立面形式，应考虑人流疏散、安全防火、家具设备的搬运安装以及建筑艺术等方面的要求综合确定。门的宽度按使用要求可做成单扇、双扇及四扇等多种。本例主要向大家讲解钢化玻璃装饰门的绘制，其主要组成部分包括玻璃门、把手和装饰。

难度：☆☆

及格时间：2′40″

优秀时间：1′20″

读者自评： / / / / / /

01_ 启动AutoCAD，新建一空白文件，并设置捕捉模式为【端点】【中点】和【象限点】。

02_ 绘制门框。选择【绘图】|【矩形】选项，绘制长度为1870、宽度为2490的矩形，如图8-28所示。

03_ 在命令行输入X执行【分解】命令，分解矩形，将矩形的左侧竖直边向右分别偏移60、70、635、645、930，如图8-29所示。

04_ 在命令行输入MI执行【镜像】命令，捕捉到矩形水平边的中点作为镜像线，镜像所有竖直边，结果如图8-30所示。

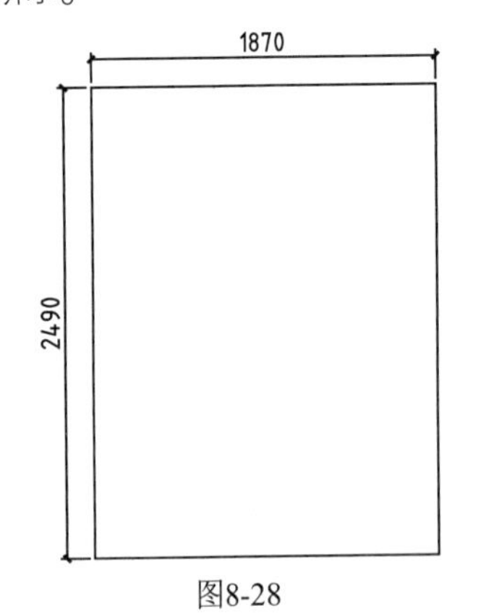

图8-28

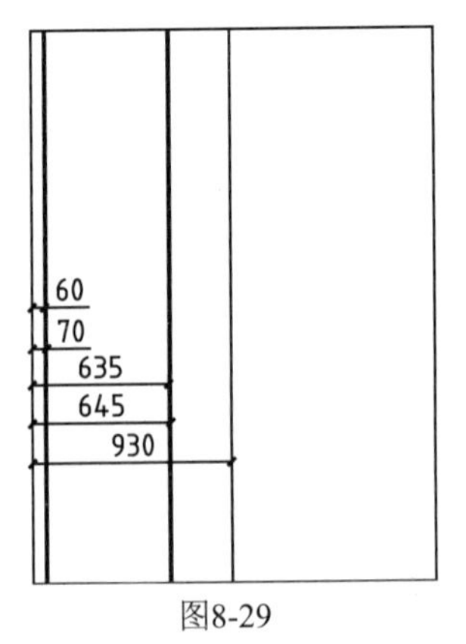

图8-29

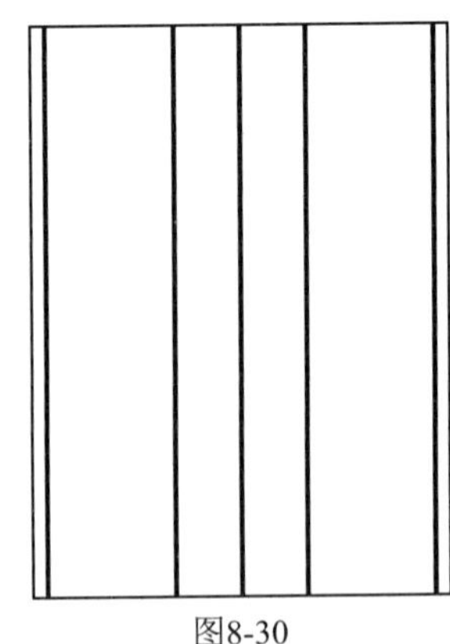

图8-30

05_ 在命令行输入O执行【偏移】命令，将矩形下侧水平边分别向上偏移10、700、710、1490、

1500、2390、2400，如图8-31所示。

06_ 修剪图形，结果如图8-32所示。

07_ 绘制铰链。在命令行输入REC执行【矩形】命令，以内侧线段的交点为角点绘制四个尺寸为200×60的矩形，如图8-33所示。

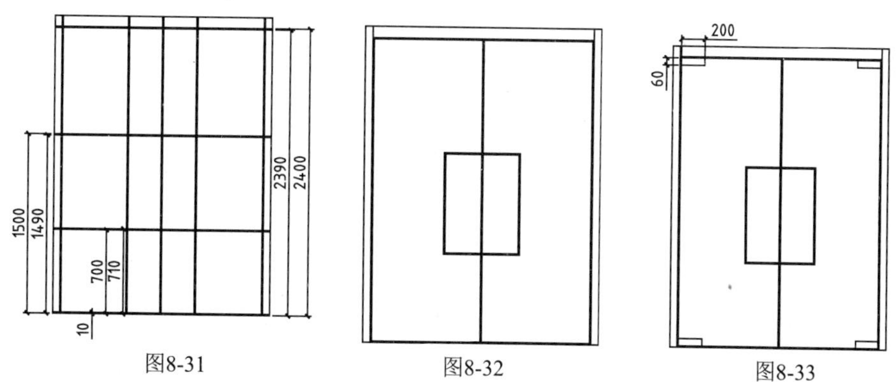

图8-31　　图8-32　　图8-33

08_ 在命令行输入REC执行【矩形】命令，以刚才所绘制的四个小矩形上边中点为角点，打开正交模式，绘制尺寸为28×10的矩形，如图8-34所示。

09_ 绘制把手。在命令行输入C执行【圆】命令，配合捕捉自功能，捕捉到如图8-35所示的A点，输入相对坐标@(195,120)确定圆心，绘制半径为15的圆，在命令行输入MI执行【镜像】命令，镜像该圆，结果如图8-35所示。

10_ 在命令行输入L执行【直线】命令，连接两个圆的左右象限点。以右侧线段的中点为圆心分别绘制半径为150和180的圆，如图8-36所示。

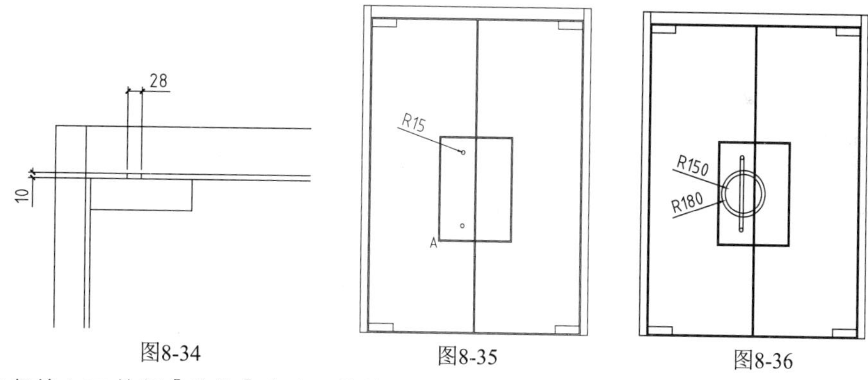

图8-34　　图8-35　　图8-36

11_ 在命令行输入TR执行【修剪】命令，修剪图形，结果如图8-37所示。

12_ 在命令行输入MI执行【镜像】命令，镜像门把手，结果如图8-38所示。

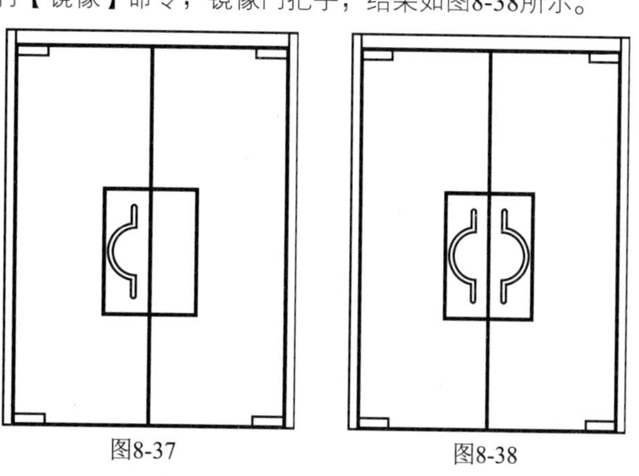

图8-37　　图8-38

13_ 在命令行输入I执行【插入】命令，弹出【插入】对话框，如图8-39所示，单击【浏览】按钮，打开“祥云.dwg”素材文件，单击【确定】按钮，返回绘图界面，单击鼠标将图案插入到合适位置，如图8-40所示。

14_ 在命令行输入TR执行【修剪】命令，修剪门缝部分的祥云图案，结果如图8-41所示。装饰门绘制完成。

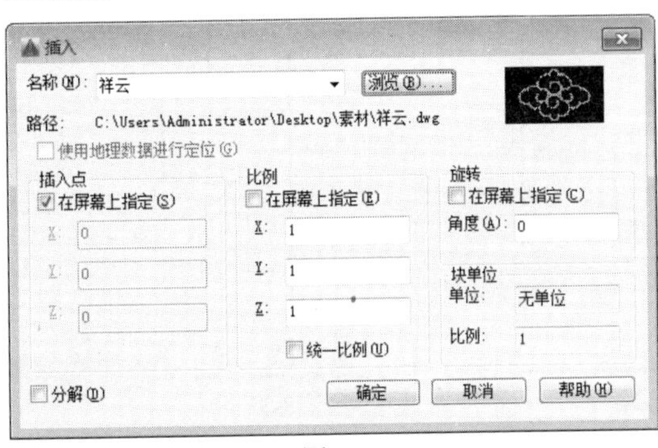

图8-39

图8-40

图8-41

实战204 栏杆类图形的详图画法

从形式上看，栏杆可分为节间式与连续式两种。前者由立柱、扶手及横挡组成，扶手支撑于立柱上；后者具有连续的扶手，由扶手、栏杆柱及底座组成。常见种类有：木制栏杆、石栏杆、不锈钢栏杆、铸铁栏杆、铸造石栏杆、水泥栏杆、组合式栏杆。本例通过绘制铁艺栏杆让读者更好地掌握AutoCAD各项命令的运用。

难度：☆☆

及格时间：2′40″

优秀时间：1′20″

读者自评： / / / / / /

01_ 新建空白文件，在命令行输入REC执行【矩形】命令，设置线宽为10，绘制长度为1840、宽度为900的矩形作为外框。

02_ 选择【绘图】|【直线】命令，捕捉到矩形的左上角点，向下移动鼠标，输入数值70，作为直线的起点，然后向右移动鼠标，捕捉到矩形右侧边上的垂直点，单击确定直线终点。

03_ 选择【绘图】|【多线】命令，设置多线比例为10，绘制长度为1840的多线，如图 8-42所示。

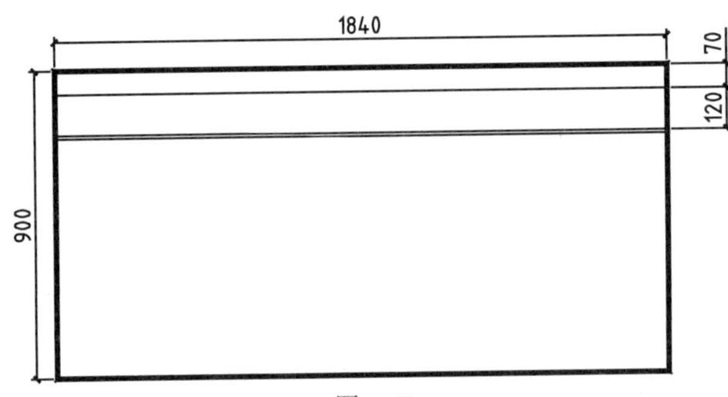

图 8-42

04_ 选择【修改】|【复制】选项，将刚绘制的多线垂直向下复制两份，距离分别为470和600，结果如图 8-43所示。

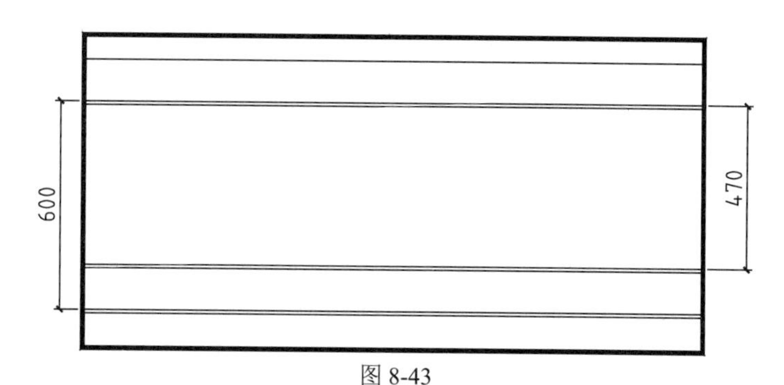

图 8-43

05_ 在命令行输入ML执行【多线】命令，设置多线比例为20，绘制长度为830的垂直多线，结果如图 8-44所示。

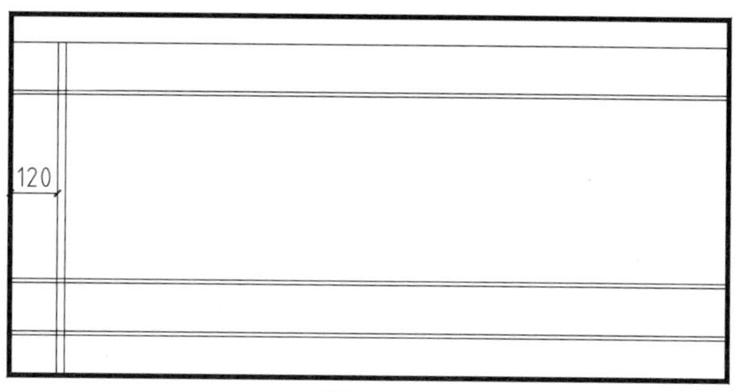

图 8-44

06_ 将垂直多线向右复制720，然后以交点B为圆心，绘制半径为350的圆，如图 8-45所示。

07_ 在命令行输入TR执行【修剪】命令，对圆进行修剪，结果如图 8-46所示。

08_ 将修剪后产生的圆弧向内侧偏移100和200，向外偏移110，结果如图 8-47所示。

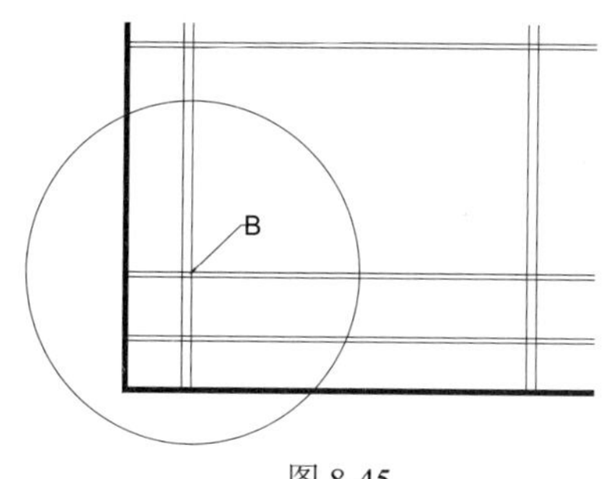

图 8-45

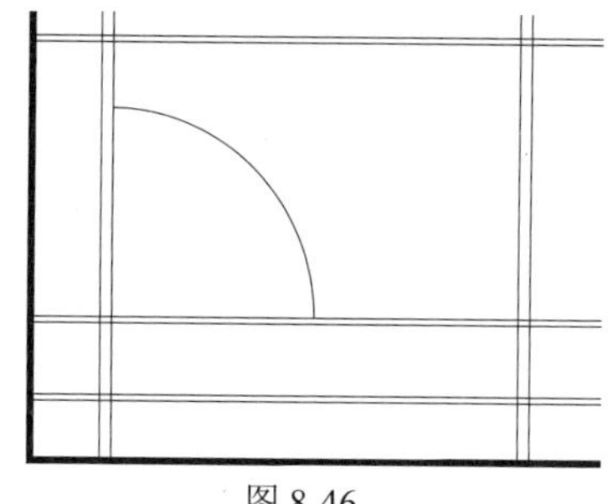

图 8-46

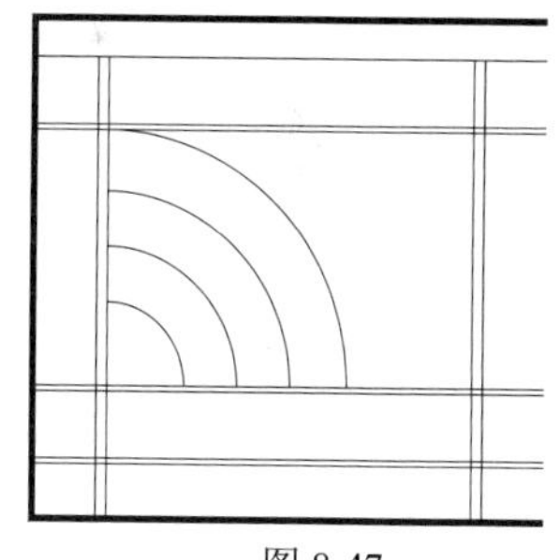

图 8-47

09_ 在命令行输入MI执行【镜像】命令，将四条圆弧进行镜像，结果如图 8-48所示。

10_ 选择【绘图】|【圆】|【相切、相切、相切】选项，绘制如图 8-49所示的相切圆。

11_ 在命令行输入TR执行【修剪】命令，对圆弧进行修剪，结果如图 8-50所示。

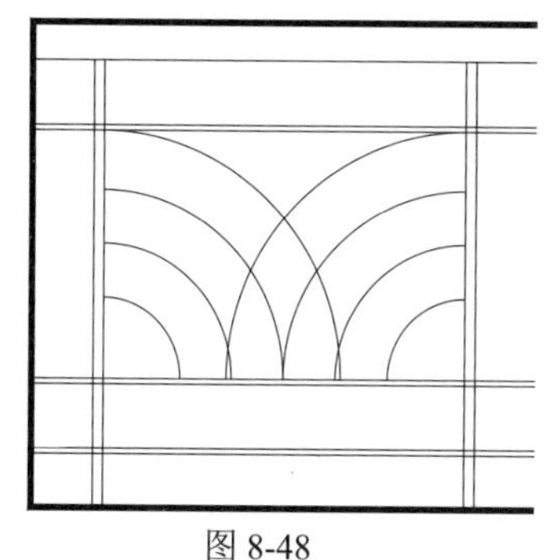

图 8-48

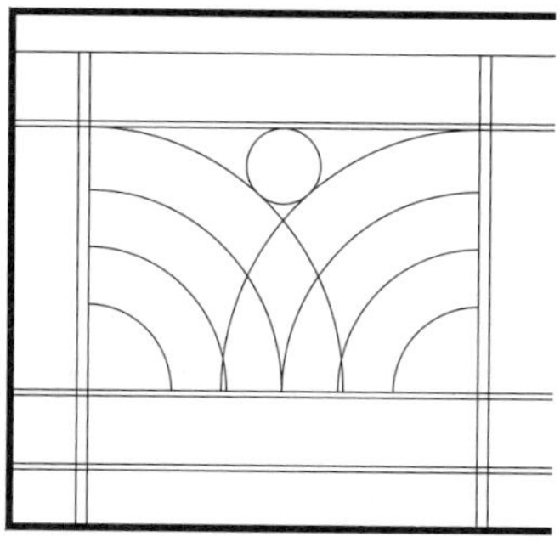

图 8-49

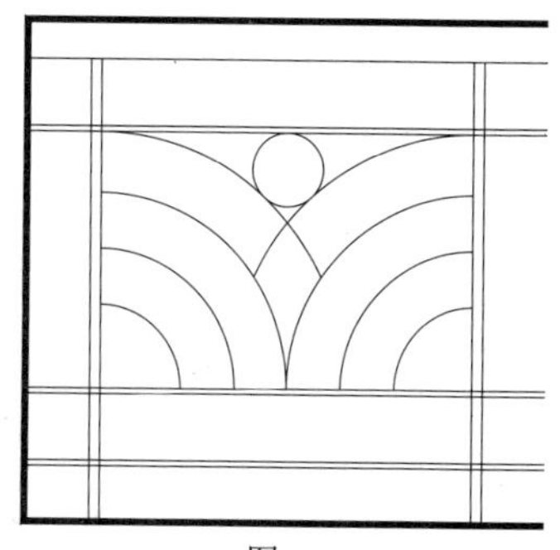

图 8-50

12_ 在命令行输入CO执行【复制】命令，将内部的图形结构进行复制，结果如图 8-51所示。

13_ 选择【修改】|【对象】|【多线】选项，使用“十字闭合”选项功能，对十字相交的多线进行编辑，结果如图 8-52所示。

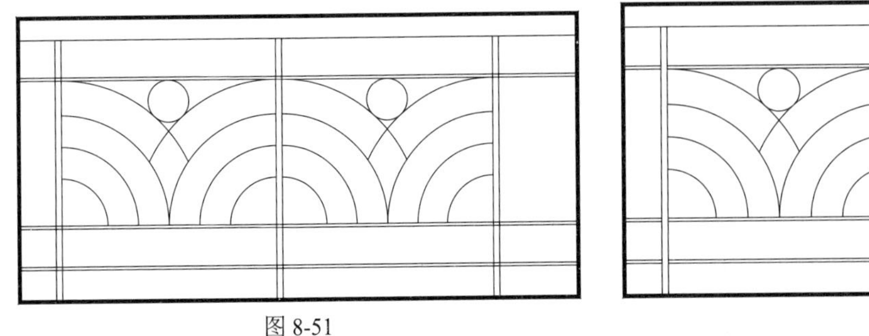

图 8-51

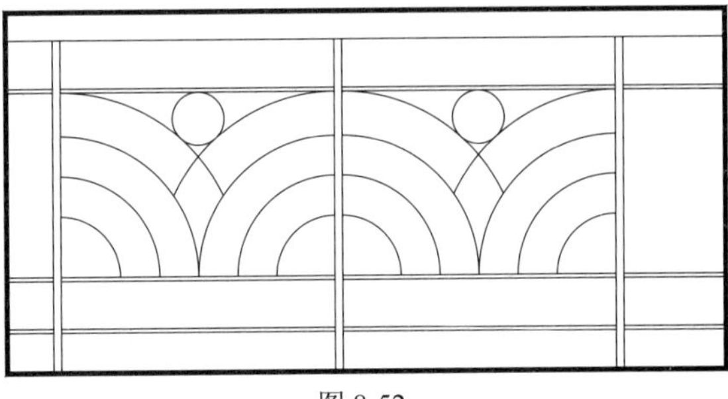

图 8-52

14_ 在命令行输入MI执行【镜像】命令，配合两点之间的中点捕捉功能对所有对象进行镜像，结果如图 8-53所示。

图 8-53

15_ 选择外侧的两条多段线边框进行分解，然后删除多余图线，结果如图 8-54所示。

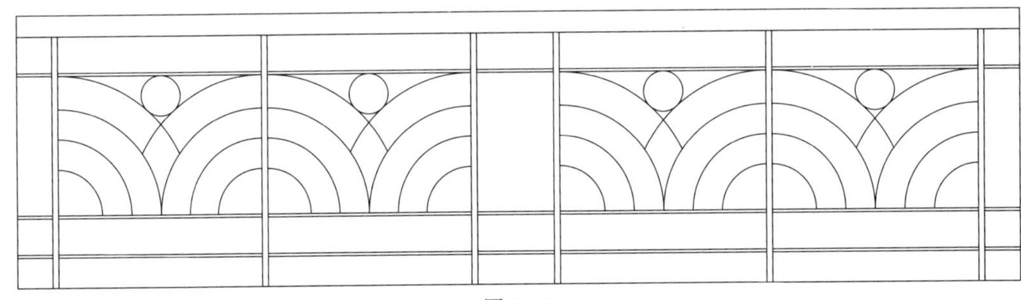

图 8-54

16_ 夹点显示外侧的轮廓线，修改其线宽为0.30mm，然后打开线宽显示功能，结果如图 8-55所示。

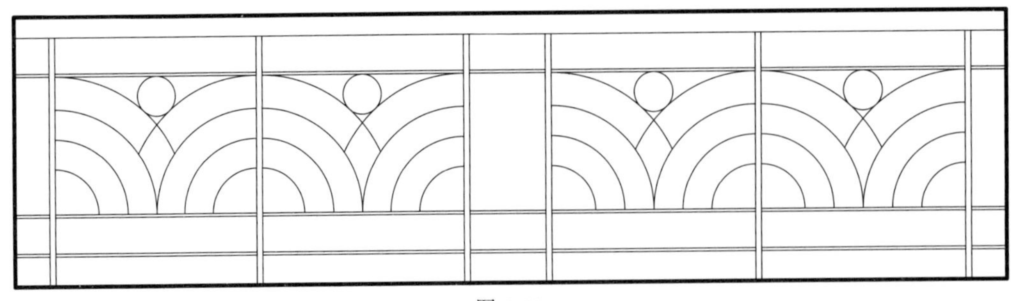

图 8-55

17_ 最后在命令行输入SAVE执行【保存】命令，将图形命名存储为“铁艺栏杆.dwg”。

实战205 建筑平面图的轮廓绘制

建筑平面图的一般绘制步骤为：先绘制轴线，然后依据轴线绘制墙体，再绘制门、窗，再插入图例设施，最后添加文字标注。

难度：☆☆

及格时间：2′40″

优秀时间：1′20″

读者自评：/ / / / / /

1. 绘制轴线

01_ 新建空白文档，新建【轴线】图层，指定线型为【ACAD_IS004W100】，颜色为红色，并将其置为当前图层。

02_ 绘制轴线。执行【直线】和【偏移】命令，绘制横竖5×6条直线，其关系如图8-56所示。

03_ 修剪轴线。执行【修剪】和【擦除】命令，整理轴线，结果如图8-57所示。

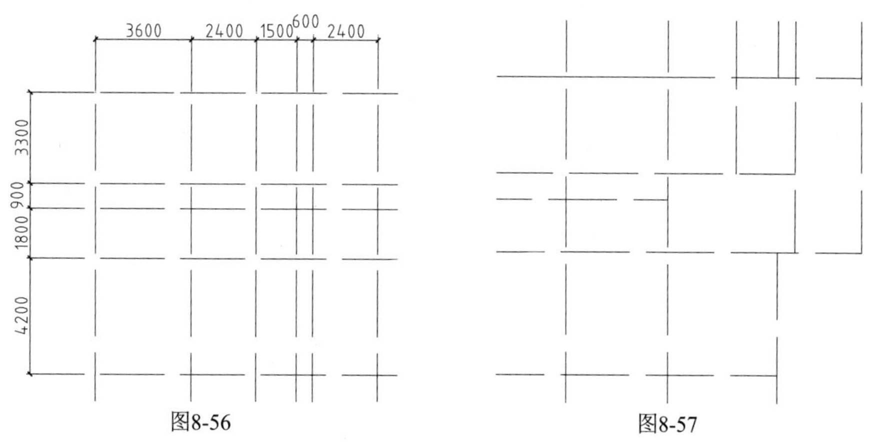

图8-56　　　　图8-57

04_ 新建【墙体】图层，设置其颜色、线型、线宽为默认。并将其置为当前层。

05_ 创建【墙体样式】。新建【墙体】多线样式，设置参数如图8-58所示，并将其置于当前。

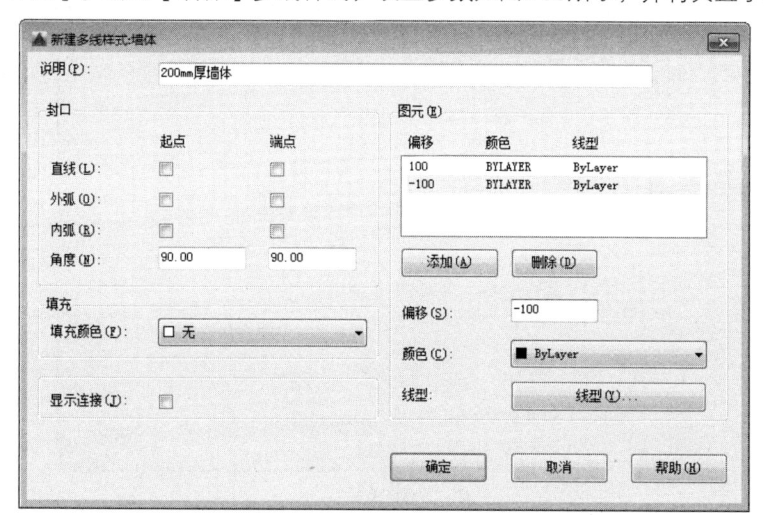

图8-58

06_ 绘制墙体。执行【多段线】命令，指定比例为1，沿轴线交点绘制墙体，如图8-59所示。

07_ 整理图形。执行【分解】和【修剪】命令，整理墙体，结果如图8-60所示。

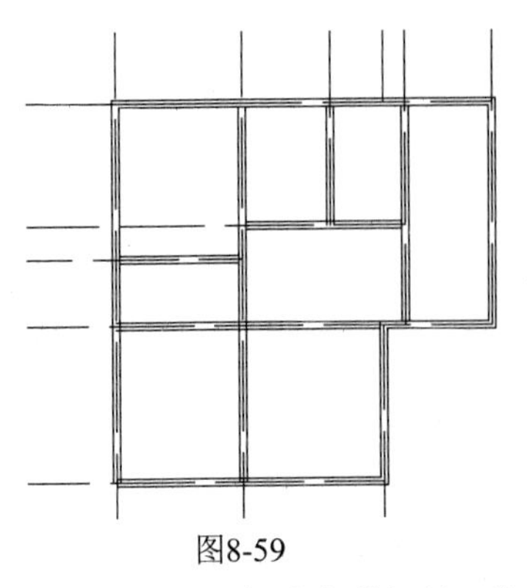

图8-59

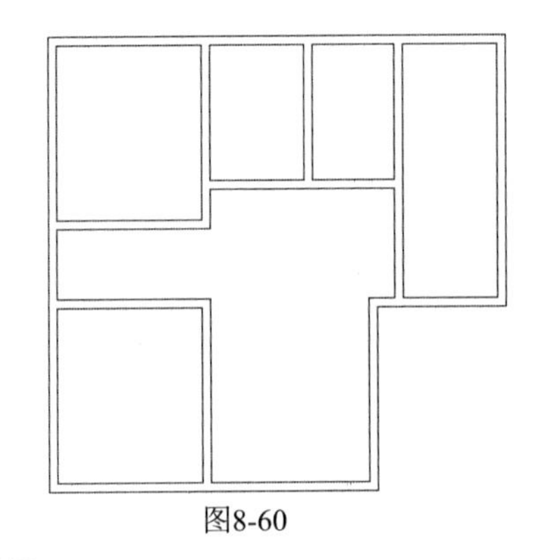

图8-60

08_ 新建【门】图层，将其颜色改为洋红并置为当前层。

09_ 开门洞。执行【直线】命令，依据设计的尺寸绘制门与墙的分割线并修剪掉多余的线条，结果如图8-61所示。

10_ 插入门图块。插入素材文件中“普通门”与“推拉门”图块，如图8-62所示。

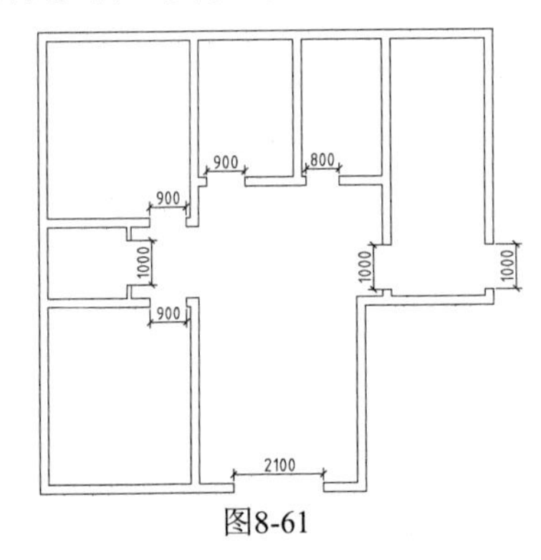

图8-61

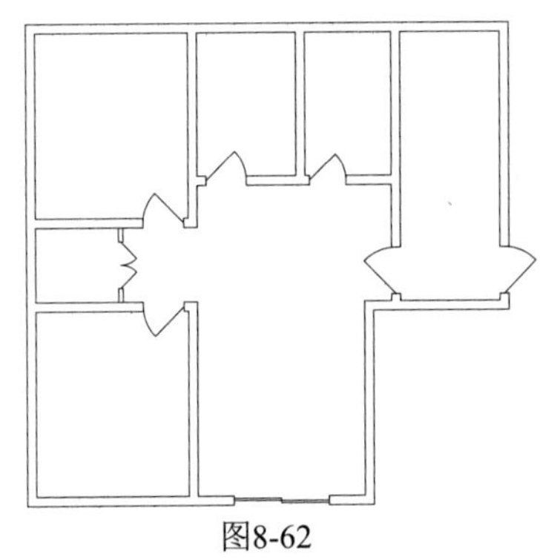

图8-62

2. 绘制窗

11_ 新建【窗】图层，将其颜色改为青色并置为当前图层。

12_ 建立【窗户】样式。新建【窗】多线样式，设置参数并将其置为当前多线样式，如图8-63所示。

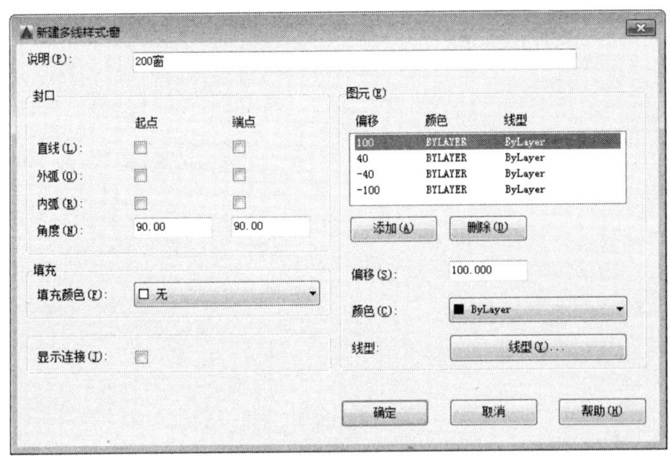

图8-63

13_ 开窗洞。执行【直线】命令，绘制窗墙分割线并修剪多余的线段，结果如图8-64所示。

14_ 执行【多线】命令，绘制窗户，效果如图8-65所示。

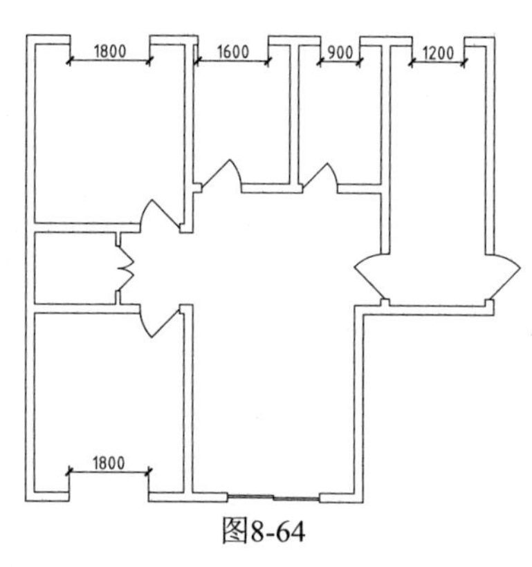

图8-64

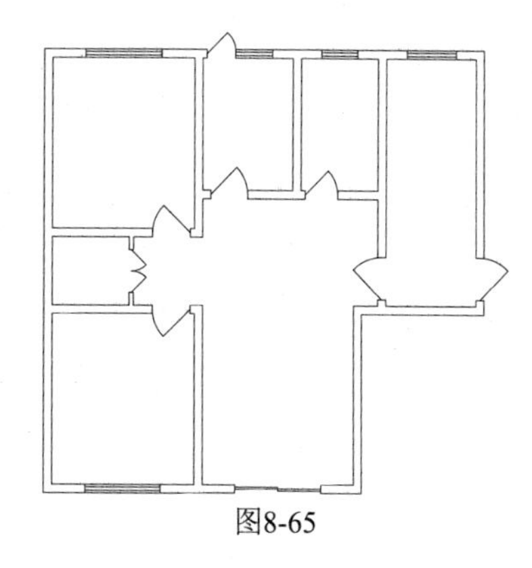

图8-65

3. 绘制楼梯、阳台

15_ 新建【楼梯、台阶、散水】图层，设置为默认属性并将其置为当前图层。

16_ 执行【多段线】命令，绘制开放式阳台，效果如图8-66所示。

4. 添加文字说明

17_ 新建【文字注释】图层，设置属性为默认并置为当前图层。

18_ 新建【GBCIG】字体样式，设置字体如图8-67所示，并将其置为当前文字样式。

19_ 对图形添加文字说明，效果如图8-68所示。

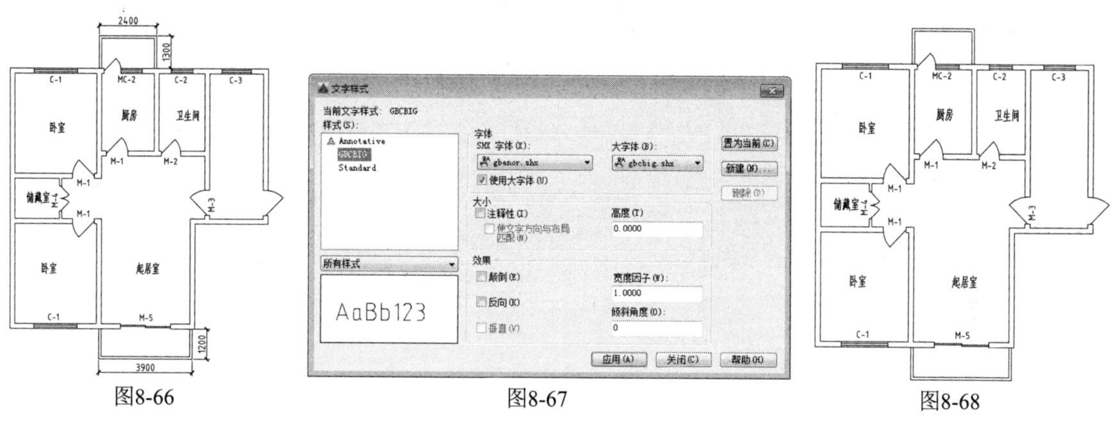

图8-66　　图8-67　　图8-68

5. 镜像复制户型

20_ 沿着墙体中心处绘制一条中心线，如图8-69所示。

21_ 执行【偏移】命令，向右侧偏移1200个绘图单位，如图8-70所示。

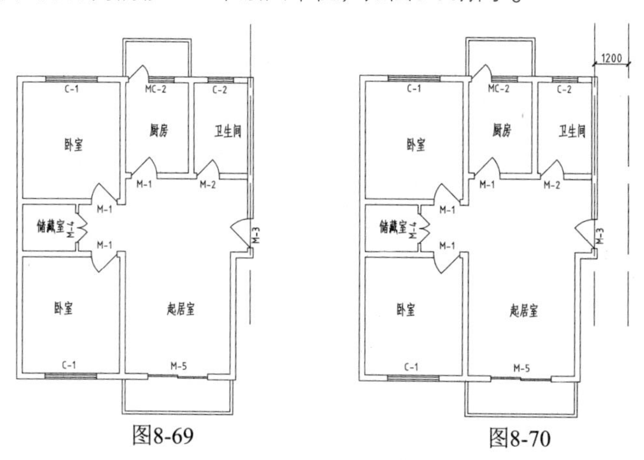

图8-69　　图8-70

22_ 镜像图形。执行【镜像】命令，以偏移之后的辅助线为轴，镜像户型，并绘制墙体与窗户，结果如图8-71所示。

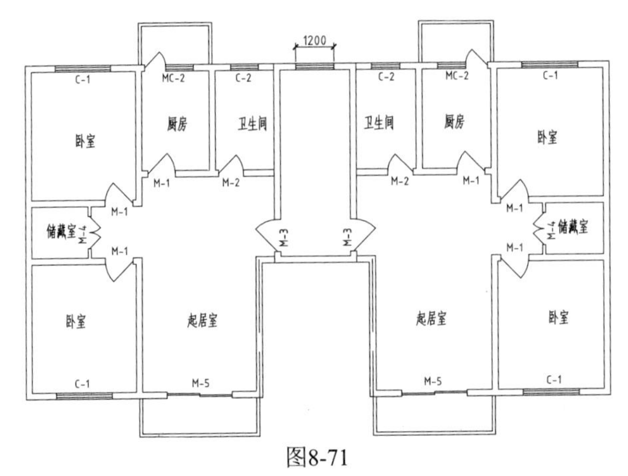

图8-71

23_ 整理图形。执行【修剪】和【删除】命令，删除户型间重复的地方。

24_ 插入楼梯。执行【插入块】命令，插入素材文件“楼梯平面图.dwg”图块并将其放置于【楼梯、台阶、散水】图层，如图8-72所示。

25_ 绘制卧室墙、窗。执行【直线】和【多线】命令，绘制两阳台间卧室墙与窗并添加文字说明，如图8-73所示。

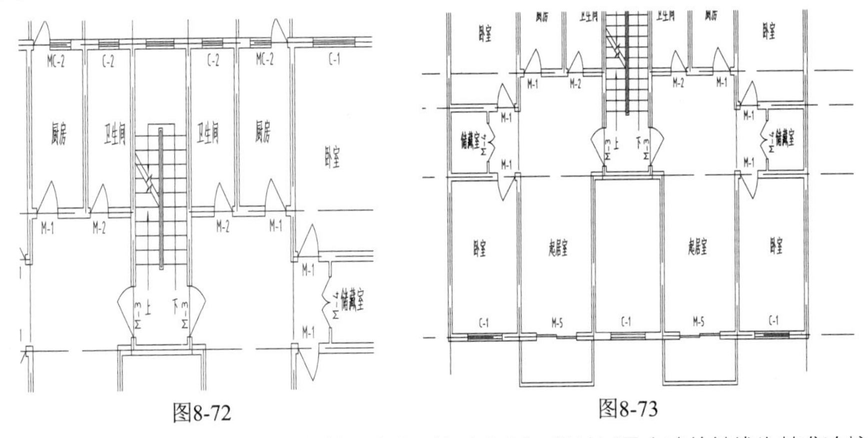

图8-72

图8-73

26_ 复制图形。执行【复制】命令，将整理好的两个户型向右复制一份并以最右端的轴线为基准连接两部分。

27_ 整理图形。执行【修剪】命令，修剪相连接两部分之间多余的线段，并绘制轴线，结果如图8-74所示。

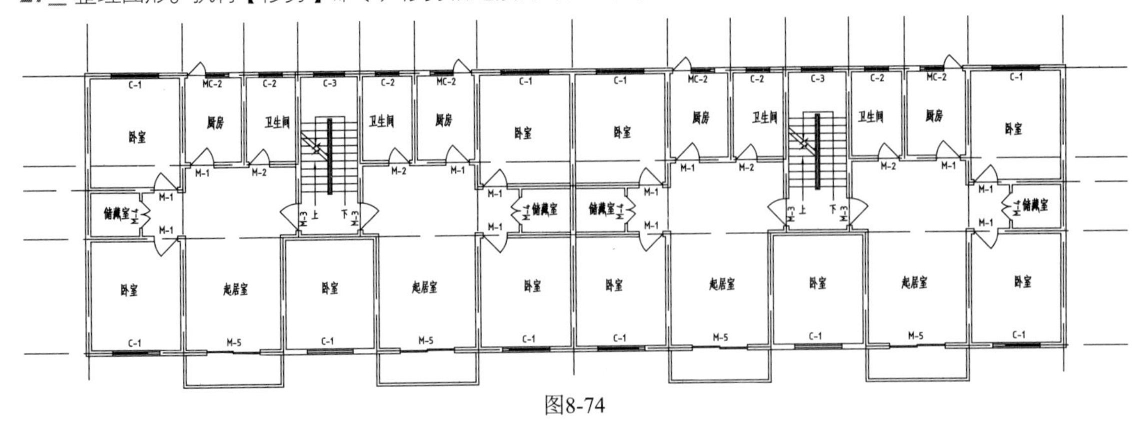

图8-74

实战206　建筑平面图的标注方法

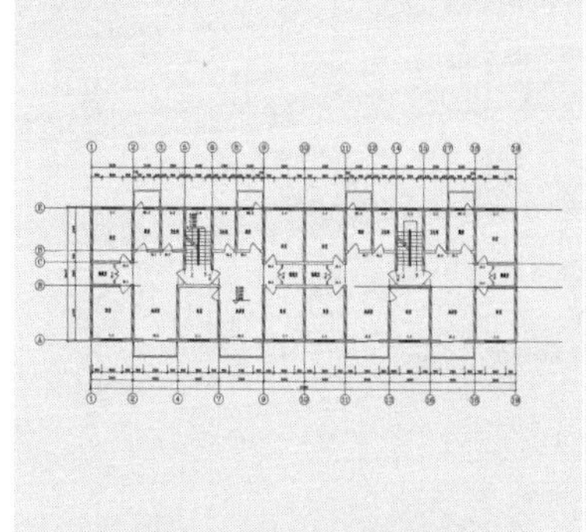

建筑平面图标注的尺寸有外部尺寸和内部尺寸之分。外部尺寸在水平方向和竖直方向各标注三道，最外一道尺寸标注房屋水平方向的总长、总宽，称为总尺寸；中间一道尺寸标注房屋的开间、进深，称为轴线尺寸；最里边一道尺寸标注房屋外墙的墙段及门窗洞口尺寸，称为细部尺寸。如果建筑平面图图形对称，宜在图形的左边、下边标注尺寸；如果图形不对称，则需在图形的各个方向标注尺寸，或在局部不对称的部分标注尺寸。内部尺寸应标注各房间长、宽方向的净空尺寸，墙厚及轴线的关系、柱子截面、房屋内部门窗洞口、门垛等细部尺寸。

难度：☆☆

及格时间：2′40″

优秀时间：1′20″

读者自评：　/　/　/　/　/　/

1. 标注常规尺寸

01_ 新建【尺寸标注】图层，将其颜色改为蓝色并置为当前图层。

02_ 新建【尺寸标注】标注样式，将标注文字更改为GBCBIG文字样式，设置参数如图8-75所示。并将其置为当前标注样式。

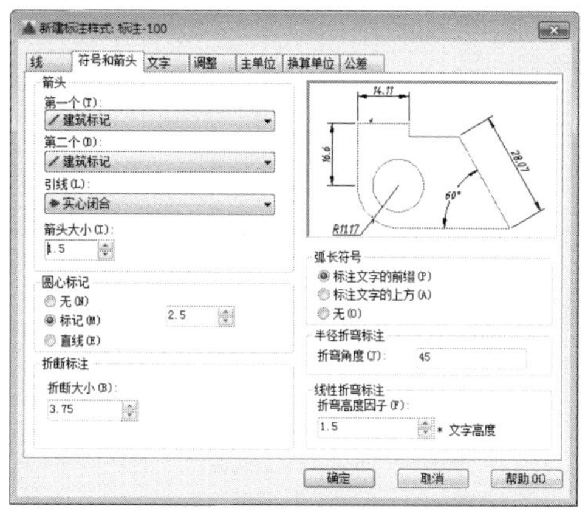

【符号和箭头】选项卡设置

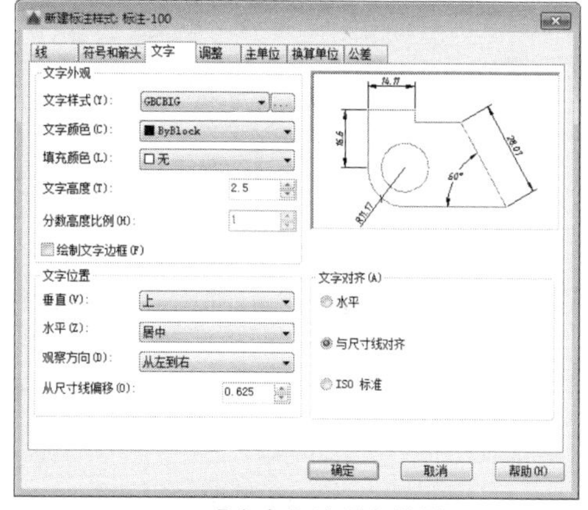

【文字】选项卡设置

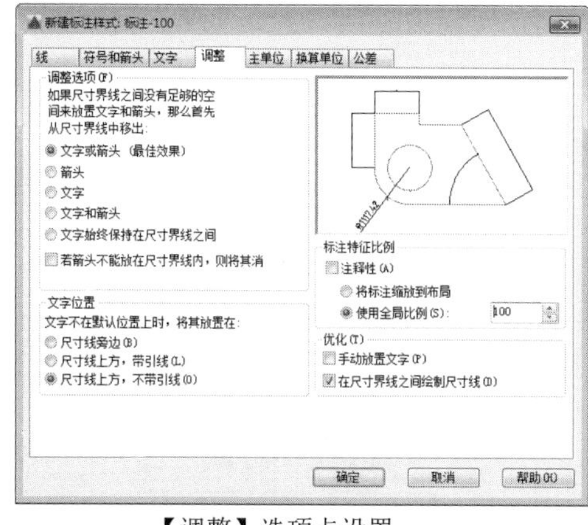

【调整】选项卡设置

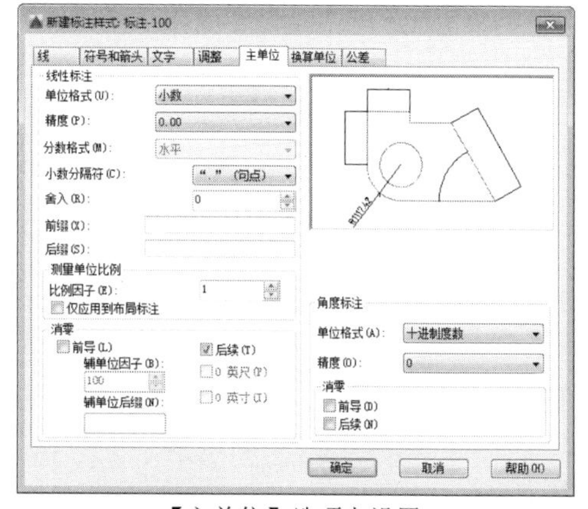

【主单位】选项卡设置

图8-75

03_ 尺寸标注。执行【线性】【连续】和【基线】标注命令，对图形进行尺寸标注，结果如图8-76所示。

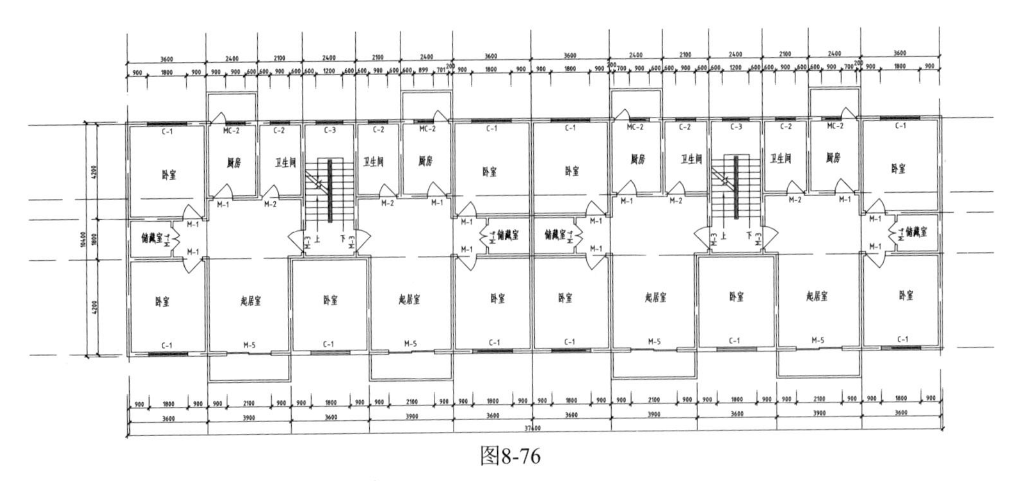

图8-76

2. 添加标标高注

本例中标准层标高有两处需要标注，一是楼梯间平台标高，二是室内地面标高。插入素材文件“标高符号.dwg”文件并修改高度。结果如图8-77所示。

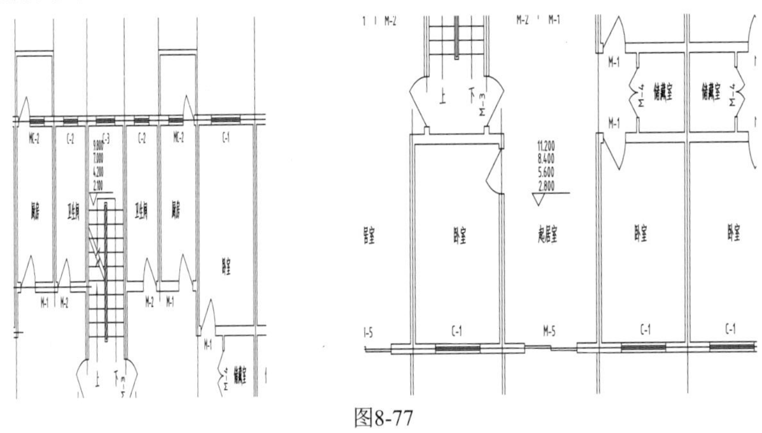

图8-77

3. 添加轴号标注

04_ 设置轴号标注字体。新建“COMPLEX”文字样式，设置如图8-78所示。

05_ 设置属性块。执行【圆】命令，绘制一个直径为800的圆，并将其定义为属性块，属性参数设置如图8-79所示。

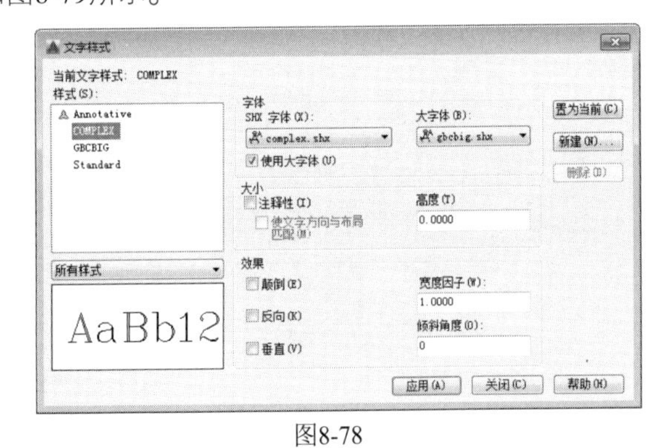

图8-78

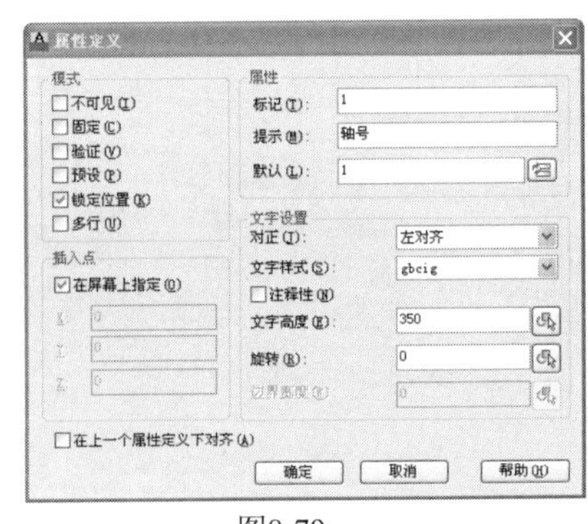

图8-79

06_ 执行【插入】命令，插入属性块，完成轴号的标注，结果如图8-80所示。至此，平面图绘制完成。

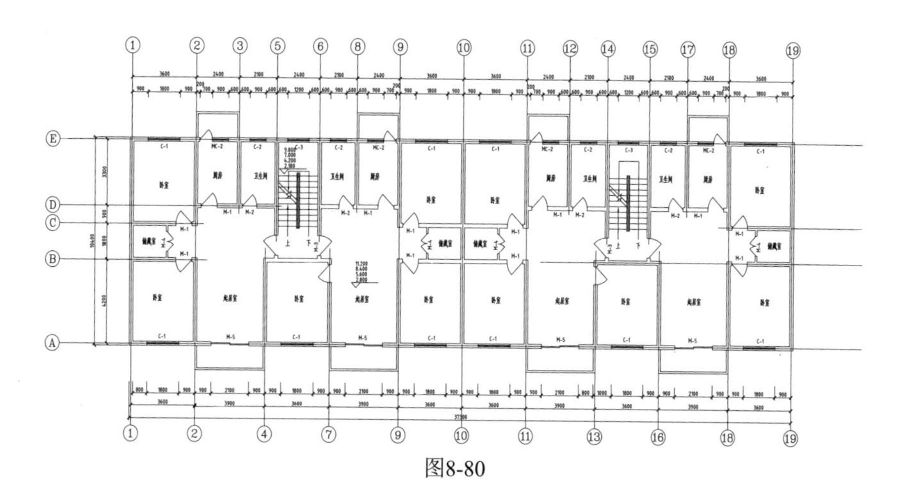

图8-80

设计点拨　平面图上定位轴线的编号，横向编号应用阿拉伯数字，从左至右顺序编写，竖向编号应用大写英文字母，从下至上顺序编写。英文字母的I、Z、O不得用作编号，以免与数字1、2、0混淆。编号应写在定位轴线端部的圆内，该圆的直径为800～1000mm，横向、竖向的圆心各自对齐在一条线上。

实战207　建筑立面图的绘制

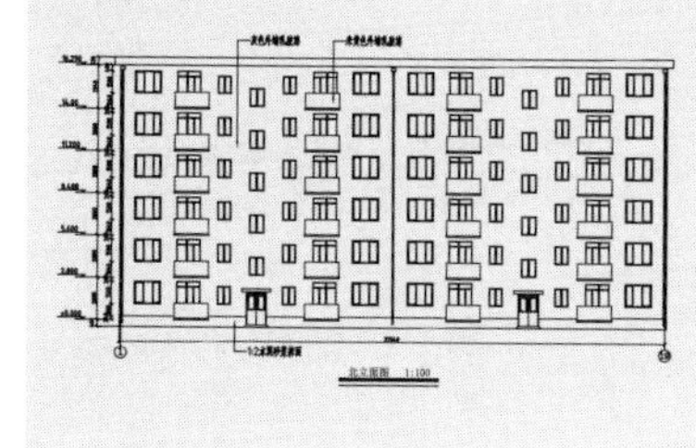

建筑立面图主要用来表示建筑物的体型和外貌、外墙装修、门窗的位置与形式，以及遮阳板、窗台、窗套、屋顶水箱、檐口、雨蓬、雨水管、水斗、勒脚、平台、台阶等构配件各部位的标高和必要尺寸。

难度：☆☆

及格时间：2′40″

优秀时间：1′20″

读者自评：/ / / / / /

1. 绘制外部轮廓

01_ 延续【实战206】进行操作，也可以打开“第8章/实例206 建筑平面图的标注方法-OK.dwg”素材文件。

02_ 复制平面图，执行【删除】和【修剪】等命令，整理出一个户型图，结果如图8-81所示。

03_ 绘制轮廓线。将【墙体】层置为当前图层，执行【构造线】命令，过墙体及门窗边缘绘制如图8-82所示11条构造线，进行墙体和窗体的定位。

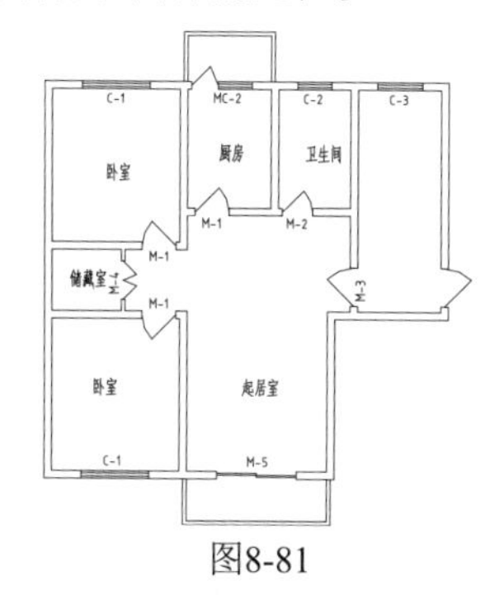

图8-81

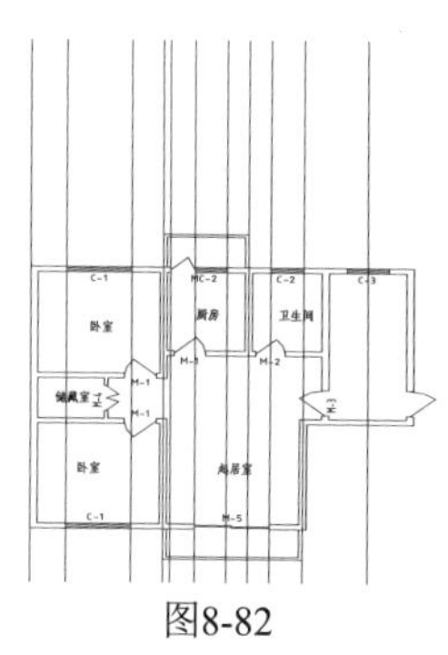

图8-82

最右侧的构造线位于窗线中点的位置，户型关于此线对称。

2. 绘制阳台

04_ 执行【直线】和【偏移】命令，绘制标高线位置，并删除多余的线条，结果如图8-83所示。

05_ 绘制线脚。执行【矩形】命令，绘制一个110×2400大小的矩形，并将其移动定位于0标高线下方30个单位处，如图8-84所示。

图8-83　　图8-84

06_ 执行【矩形】命令，绘制一个1000×2340大小的矩形，捕捉中点对齐上一步所绘矩形，如图8-85所示。

07_ 插入门窗。插入素材文件中的“立面C1样式窗.dwg”“立面MC2样式门连窗.dwg”“立面C2样式窗.dwg”并修剪图形多余部分，结果如图8-86所示。

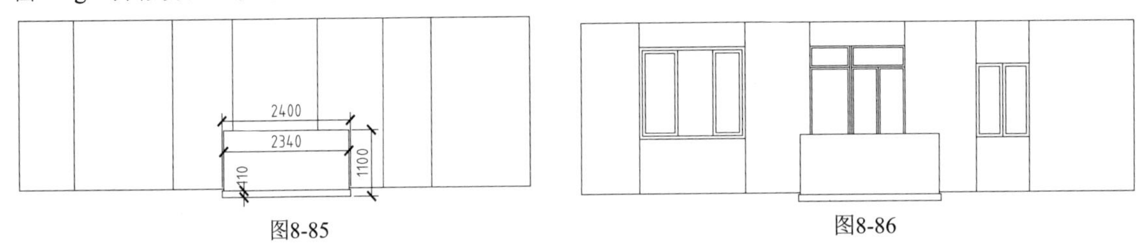

图8-85　　图8-86

3. 复制、镜像户型立面

08_ 执行【复制】命令，捕捉标高处辅助线依次向上复制六层立面，如图8-87所示。

09_ 执行【镜像】命令，以右边轮廓线为轴线将立面户型镜像两次并删除多余的线条，如图8-88所示。

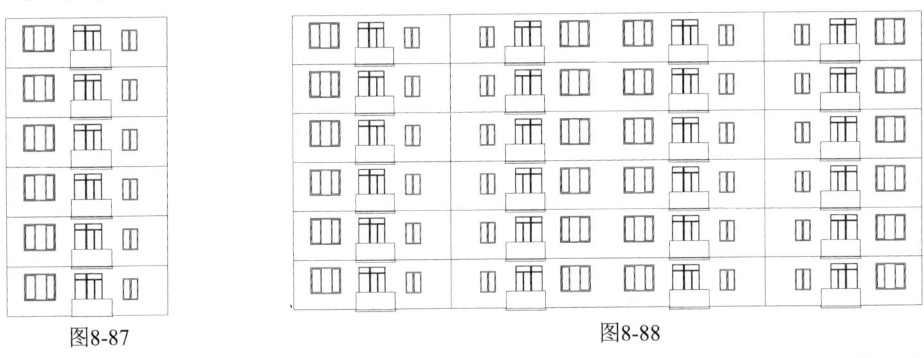

图8-87　　图8-88

10_ 插入楼梯间门窗。插入素材文件“立面入户门.dwg”与“立面C3样式窗”并通过辅助线定位，如图8-89所示。

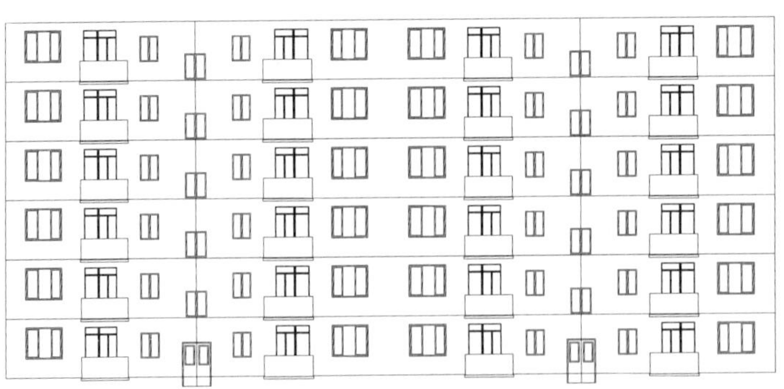

图8-89

4. 完善图形

11_ 将【墙体】图层置为当前图层。

12_ 绘制屋顶。执行【矩形】命令，绘制长宽为38400×520的矩形，捕捉矩形左下角点移动至户型立面图左上角点左侧400个单位处，如图8-90所示。

13_ 将【楼梯、台阶、散水】图层置为当前层。

14_ 绘制地面线脚。执行【矩形】命令，绘制长宽为37640×700的矩形并打断，通过中点对齐方式对齐0标高线下700单位处，修剪掉线脚与门窗相交处的线条，并向两端拉伸地面线，如图8-91所示。

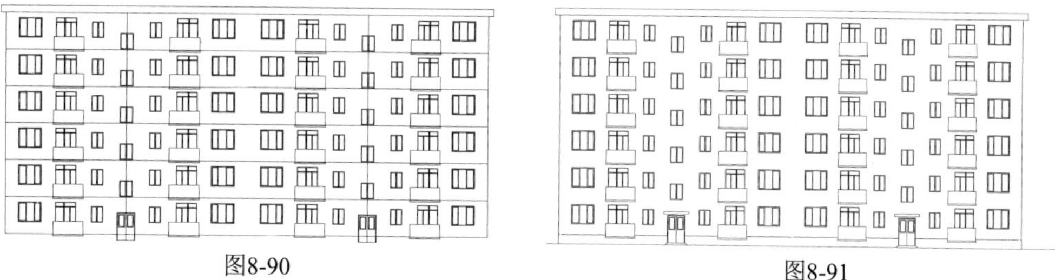

图8-90　　　　图8-91

15_ 执行【直线】和【矩形】命令，绘制入口坡道与挡板，如图8-92所示。

16_ 绘制雨水管。插入素材文件“立面雨水管.dwg”文件，如图8-93所示。

图8-92　　　　图8-93

实战208　建筑立面图的标注

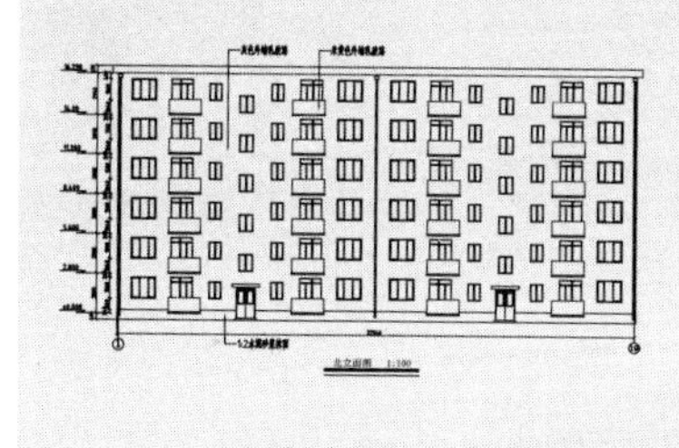

建筑立面图主要用来表示建筑物的体型和外貌、外墙装修、门窗的位置与形式，以及遮阳板、窗台、窗套、屋顶水箱、檐口、雨蓬、雨水管、水斗、勒脚、平台、台阶等构配件各部位的标高和必要尺寸。

难度：☆☆

及格时间：2′40″

优秀时间：1′20″

读者自评：/ / / / / /

01_ 参照平面图标高、轴号与文字的标注方法标注立面图，其结果如图8-94所示。

图8-94

02_ 执行【引线】命令，设置引线箭头为实心闭合，大小为2.5进行标注。

03_ 执行【单行文字】命令，在引线末输入文字说明，在图形下方输入图名及比例，如图8-95所示。至此，正立面图绘制完毕。

图8-95

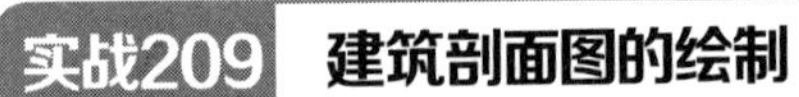

实战209 建筑剖面图的绘制

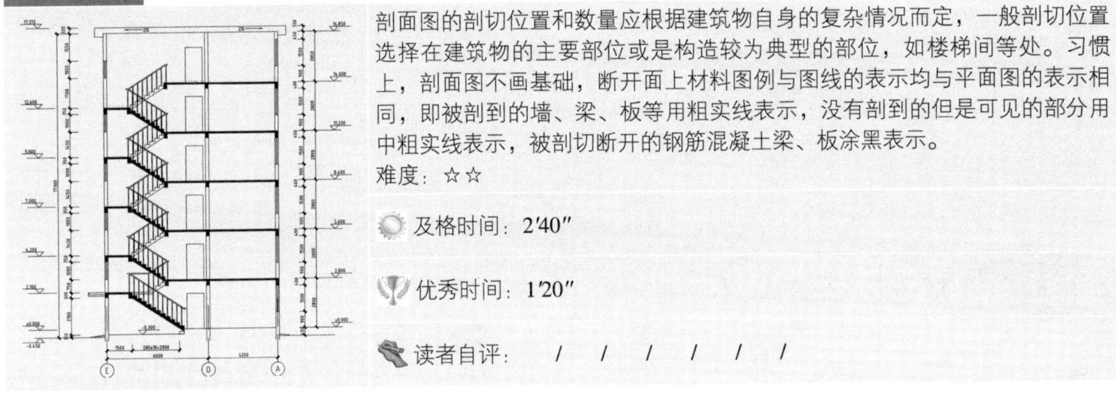

剖面图的剖切位置和数量应根据建筑物自身的复杂情况而定，一般剖切位置选择在建筑物的主要部位或是构造较为典型的部位，如楼梯间等处。习惯上，剖面图不画基础，断开面上材料图例与图线的表示均与平面图的表示相同，即被剖到的墙、梁、板等用粗实线表示，没有剖到的但是可见的部分用中粗实线表示，被剖切断开的钢筋混凝土梁、板涂黑表示。

难度：☆☆

及格时间：2′40″

优秀时间：1′20″

读者自评：/ / / / / /

1. 绘制外部轮廓

01_ 复制平面图和立面图于绘图区空白处，并对图形进行清理，保留主体轮廓，并将平面图旋转90°，使其呈如图8-96所示分布。

02_ 绘制辅助线。指定【墙】图层为当前层。执行【构造线】命令，过墙体、楼梯、楼层分界线及阳台，绘制如图8-97所示4条水平构造线和6条垂直构造线，进行墙体和梁板的定位。

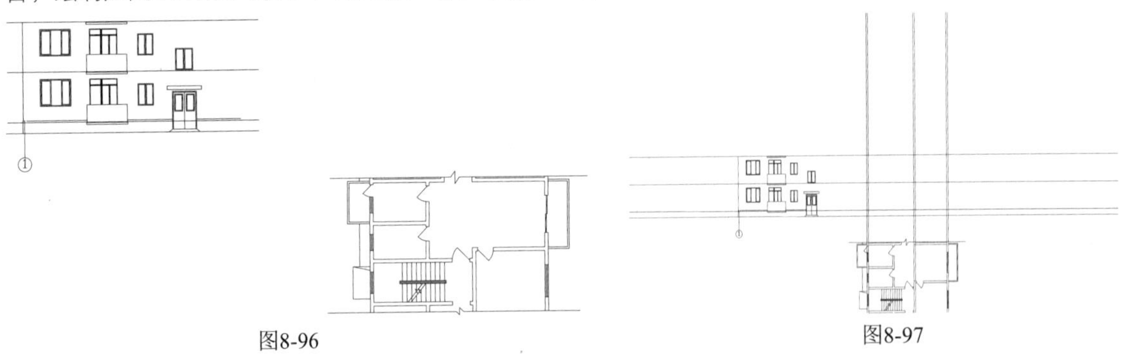

图8-96　　图8-97

03_ 执行【修剪】命令，修剪轮廓线，结果如图8-98所示。

2. 绘制楼板结构

04_ 新建【梁、板】图层，指定图层颜色为【24】，并将图层置为当前层。

05_ 执行【直线】命令，打开正交模式，沿中间墙体向左绘制一条长1880的直线，再向下绘制一条长300个单位的直线，然后向左绘制直线延伸到墙体。

06_ 绘制二层起居室楼板。执行【偏移】命令，将一、二层标高线及上一步所绘1880长直线向下偏移100个单位，修剪并整理相交部分图形，如图8-99所示。

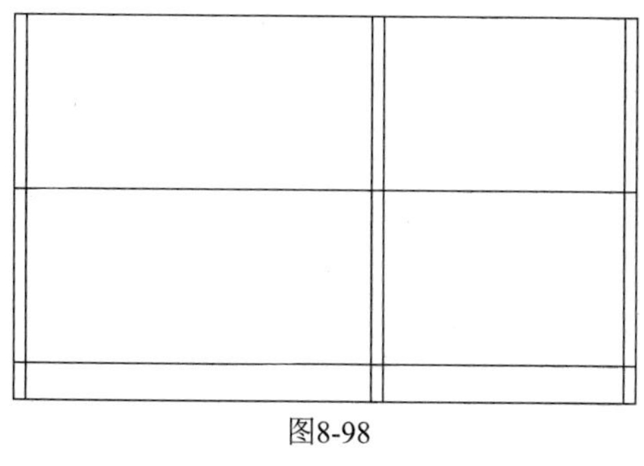
图8-98

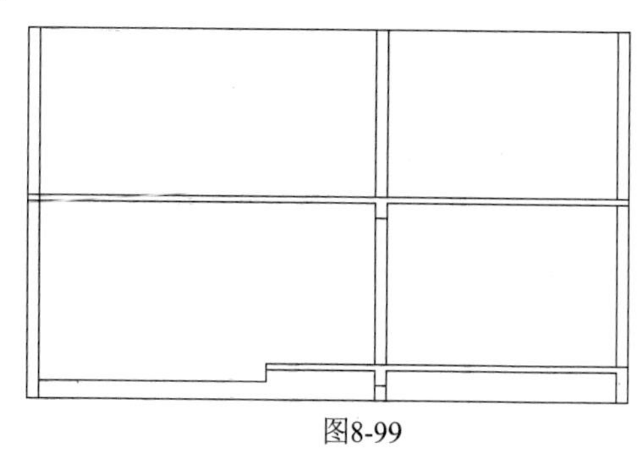
图8-99

3. 绘制楼梯

07_ 将【楼梯、台阶、散水】图层置为当前层。

08_ 绘制楼梯第一跑。执行【直线】命令，绘制两级宽为280，高为150的踏步，如图8-100所示。

09_ 绘制楼梯第二跑及平台。执行【直线】命令，绘制12级高宽为175×280的台阶，通过延伸捕捉从墙体处画长为1960个单位的直线，对齐最上边的台阶，如图8-101所示。

10_ 绘制楼梯第三跑。执行【直线】命令，向右绘制4级高宽为175×280的台阶，修剪掉二层楼面板中多出的部分，如图8-102所示。

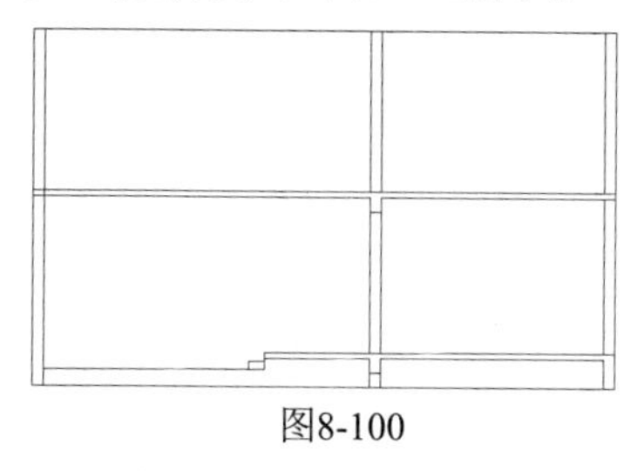
图8-100

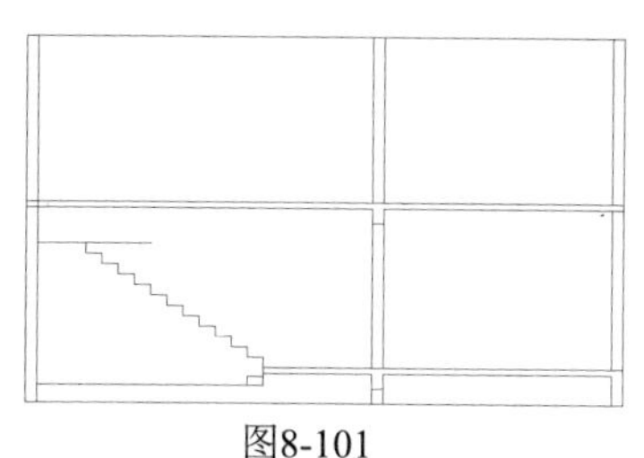
图8-101

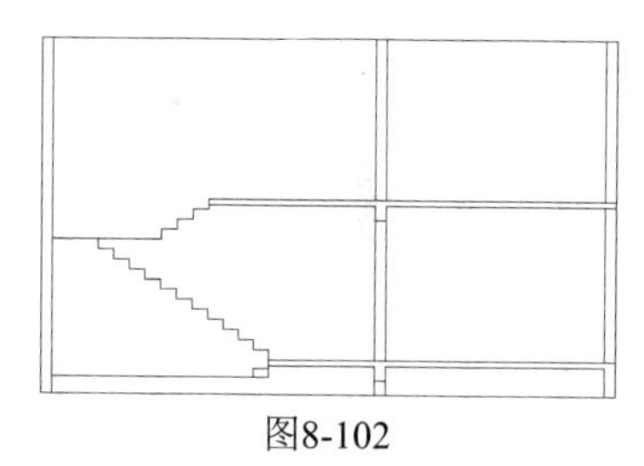
图8-102

11_ 绘制楼梯第四跑。执行【直线】命令，向左绘制8级高宽为175×280的台阶，如图8-103所示。

12_ 绘制楼梯第五跑，执行【直线】命令，向右绘制8级高宽为175×280的台阶，修剪掉三层楼面板中多出的部分，如图8-104所示。

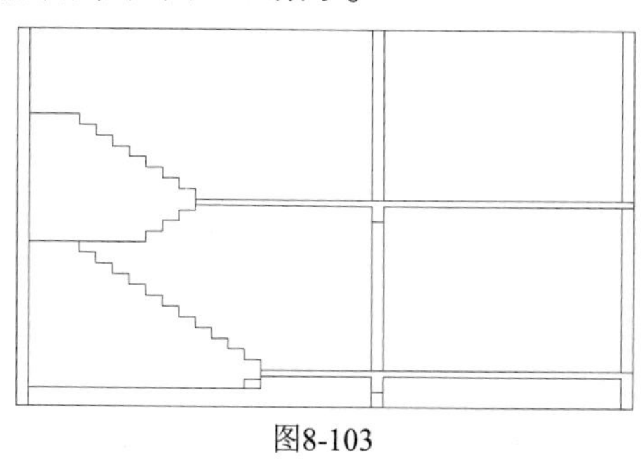
图8-103

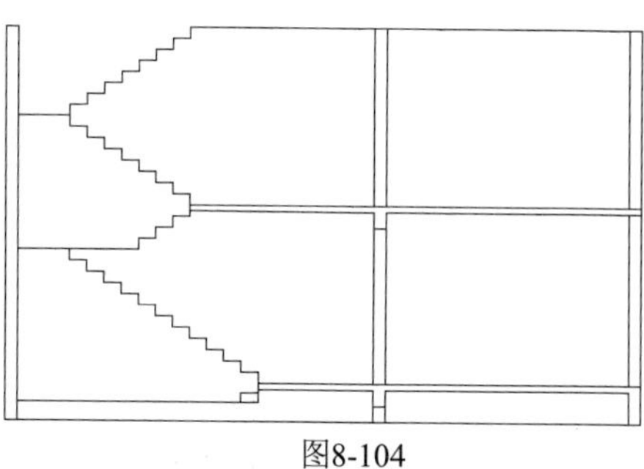
图8-104

13_ 完善楼梯。执行【多段线】命令，绘制如图8-105所示的多段线。

14_ 填充楼梯。执行【图案填充】命令，选择【SOLID】图案对楼梯进行填充，结果如图8-106所示。

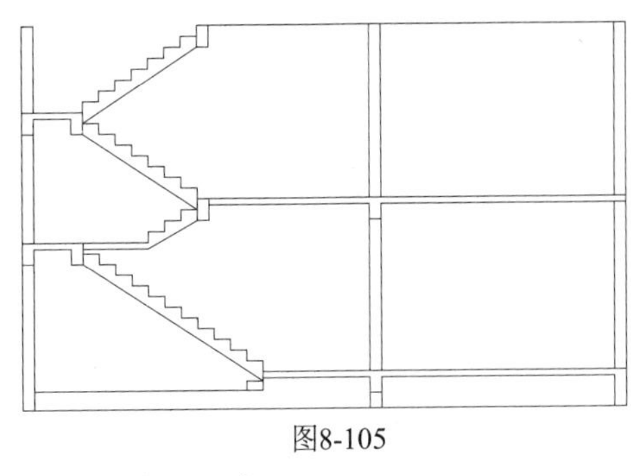

图8-105

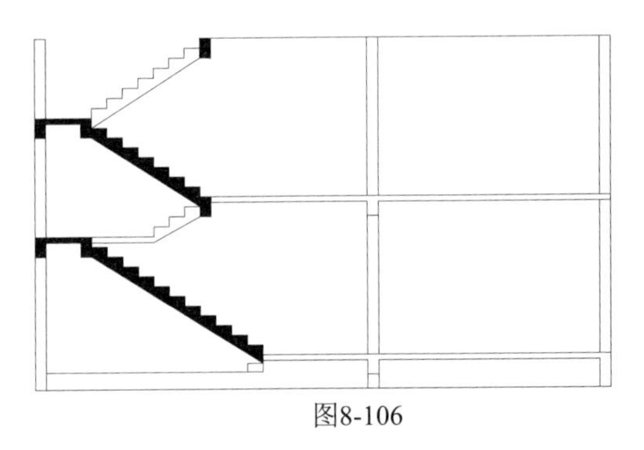

图8-106

4. 添加门窗、阳台

15_ 指定【门】图层置为当前图层。执行【矩形】命令，绘制1000×2000，900×2000矩形门，通过平面图对齐位置，如图8-107所示。

16_ 指定【窗】图层为当前图层。插入素材文件“剖面C3样式窗.dwg”和“剖面C4样式窗.dwg”，如图8-108所示。

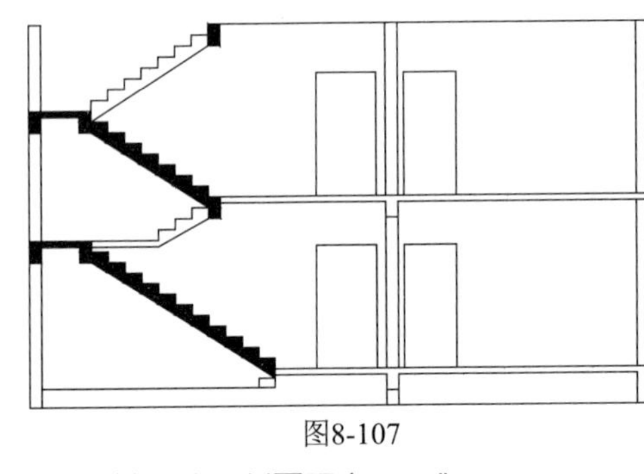

图8-107

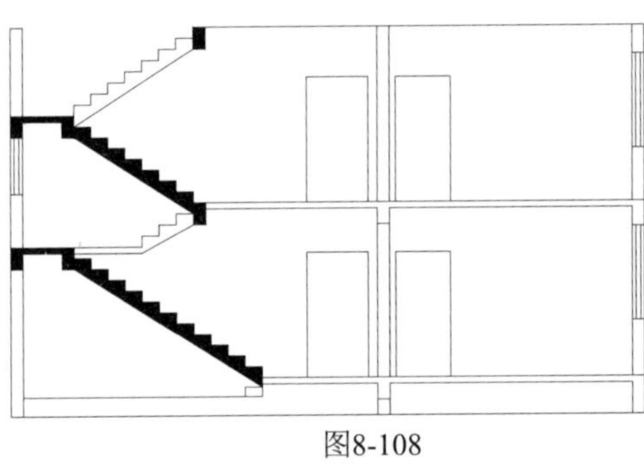

图8-108

17_ 插入素材文件“剖面阳台.dwg”。

5. 绘制细部

18_ 指定【梁、板】图层为当前图层，执行【图案填充】命令，选择【SOLID】图案对楼梯进行填充，结果如图8-109所示。

19_ 指定【楼梯、台阶、散水】图层为当前图层，绘制入口坡道及入户门上的遮雨板，如图8-110所示。

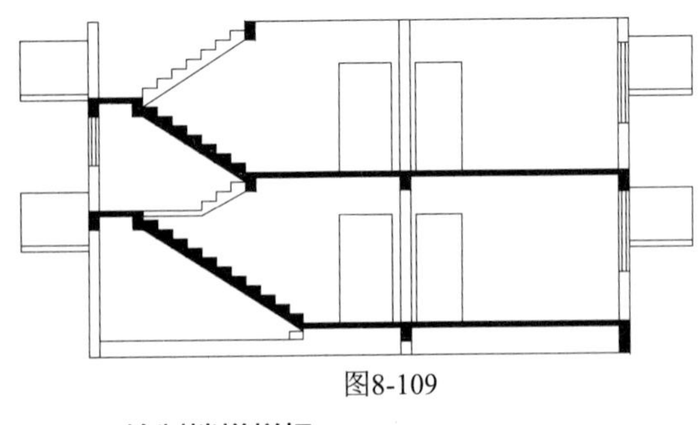

图8-109

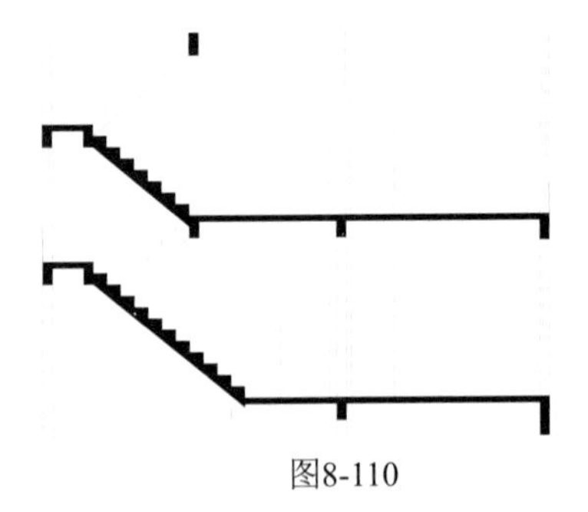

图8-110

6. 绘制楼梯栏杆

20_ 指定【楼梯、台阶、散水】图层为当前层。

21_ 绘制扶手。执行【直线】命令，在楼面板与楼梯平台台阶处分别向上绘制高1000的直线，如图8-111所示。

22_ 执行【偏移】命令，将扶手偏移50个单位，并在每个转角处向外延伸100个单位，结果如图8-112所示。

23_ 执行【偏移】命令，将栏杆线偏移30个单位，并复制至每级台阶中点处，修剪整理图形。最终结果如图8-113所示。

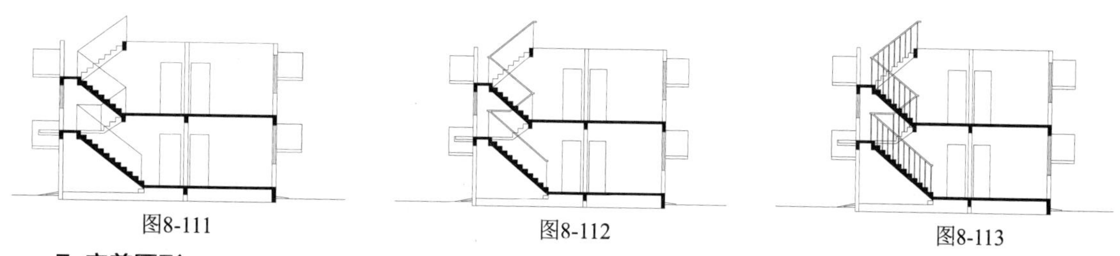

图8-111　　图8-112　　图8-113

7. 完善图形

24_ 复制图形。执行【复制】命令，选择第二层楼板、墙体、门、阳台及整个楼梯及其中间平台，以一层楼梯间左上角点为基点，上一层门左上角点为第二点，向上复制5次，并修剪多余的线条，结果如图8-114所示。

25_ 绘制屋顶。执行【多段线】命令，在图形顶部绘制多段线，如图8-115所示。设置两端屋檐伸出屋顶距离为500，高为520，屋顶高为320。

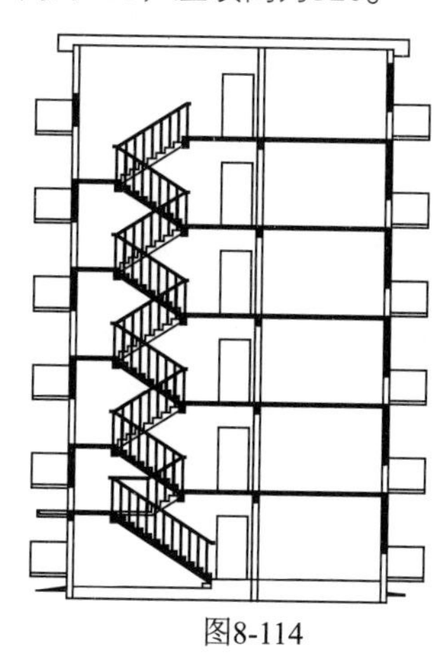

图8-114

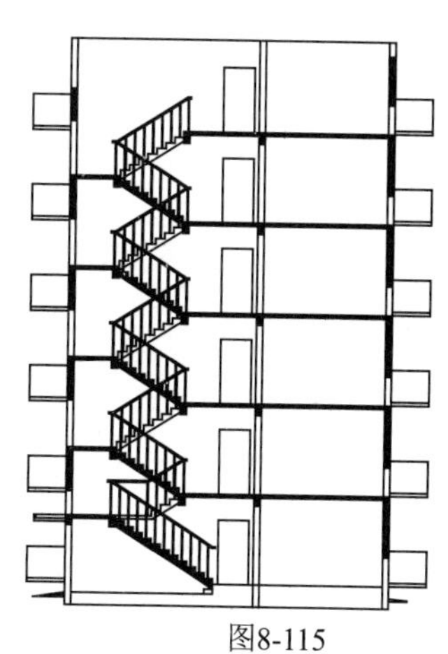

图8-115

实战210　建筑剖面图的标注

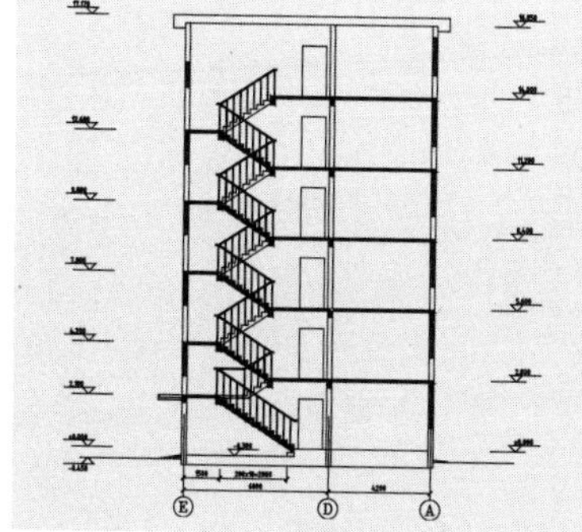

建筑立面图主要用来表示建筑物的体型和外貌、外墙装修、门窗的位置与形式，以及遮阳板、窗台、窗套、屋顶水箱、檐口、雨蓬、雨水管、水斗、勒脚、平台、台阶等构配件各部位的标高和必要尺寸。

难度：☆☆

及格时间：2′40″

优秀时间：1′20″

读者自评：/ / / / / /

01_ 标标高注。参照立面图标标高注办法，将标高图形复制，对齐并修改其高度，结果如图8-116所示。

02_ 标注轴号，结果如图8-117所示。

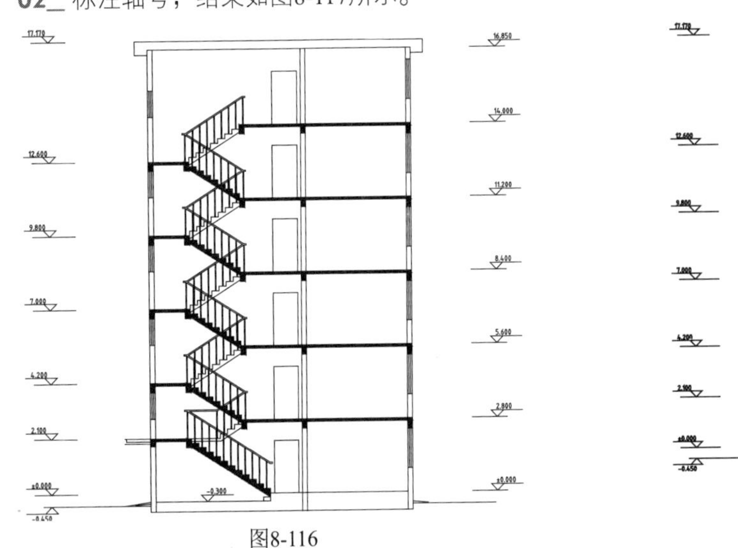

图8-116

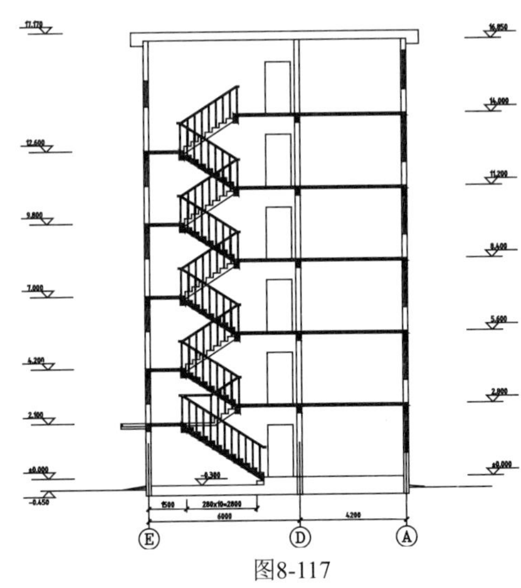

图8-117

03_ 标注屋顶排水方向，并将其置为当前标注样式。执行【引线】命令，绘制两个带方向的箭头。执行【单行文字】命令，输入坡度大小，结果如图8-118所示。

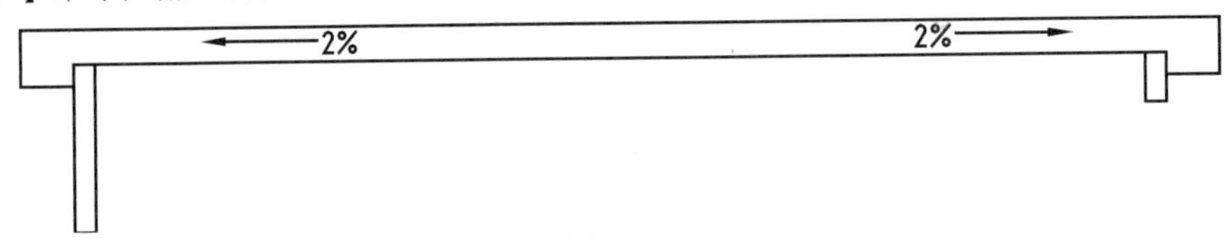

图8-118

04_ 标注文字。执行【单行文字】命令标注图形说明文字，并在文字下端绘制一条宽为60的多段线，如图8-119所示。

1-1剖面图　1:100

图8-119

第9章 室内设计绘图技法

对建筑内部空间所进行的设计称为室内设计，是运用物质技术手段和美学原理，为满足人类生活、工作的物质和精神要求，根据空间的使用性质、所处环境的相应标准所营造出美观舒适、功能合理、符合人类生理与心理要求的内部空间环境，与此同时还应该反映相应的历史文脉、环境风格和气氛等文化内涵。

室内设计一般分为方案设计阶段和施工图设计阶段。方案设计阶段形成方案图，多用手工绘制方式表现，而施工图阶段则形成施工图。施工图是施工的主要依据，它需要详细、准确地表示出室内布置、各部分的形状、大小、材料做法及相互关系等各项内容，因此绘制时要尤其注意图纸的文字注释部分。

实战211 设置室内绘图环境

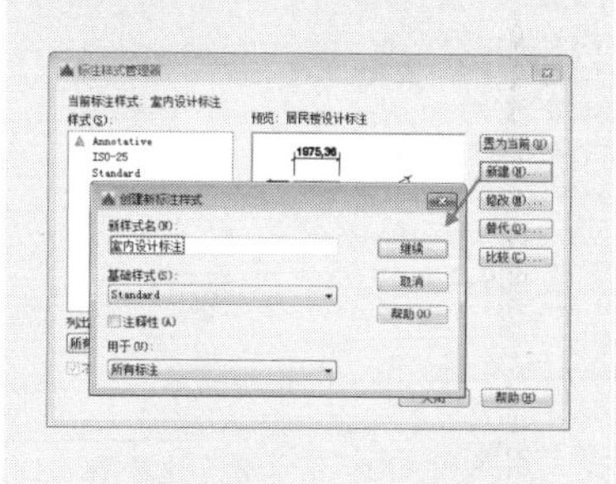

为了避免绘制每一张施工图都重复地设置图层、线型、文字样式和标注样式等内容，我们可以预先将这些相同部分一次性设置好，然后将其保存为样板文件。创建了样板文件后，在绘制施工图时，就可以在该样板文件基础上创建图形文件，从而加快了绘图速度，提高了工作效率。本章所有实例皆基于该模板。

难度：☆☆

及格时间：2′40″

优秀时间：1′20″

读者自评： / / / / / /

1. 设置图形单位与图层

01_ 单击【快速访问工具栏】中的【新建】按钮，新建图形文件。

02_ 在命令行中输入UN，弹出【图形单位】对话框。【长度】选项组用于设置线性尺寸类型和精度，这里设置【类型】为【小数】，【精度】为0。

03_ 【角度】选项组用于设置角度的类型和精度。这里取消【顺时针】复选框勾选，设置角度【类型】为【十进制度数】，精度为0。

04_ 在【插入时的缩放比例】选项组中选择【用于缩放插入内容的单位】为【毫米】，这样当调用非毫米单位的图形时，图形能够自动根据单位比例进行缩放。最后单击【确定】按钮关闭对话框，完成单位设置，如图9-1所示。

05_ 单击【图层】面板中的【图层特性管理器】按钮，设置图层，如图9-2所示。

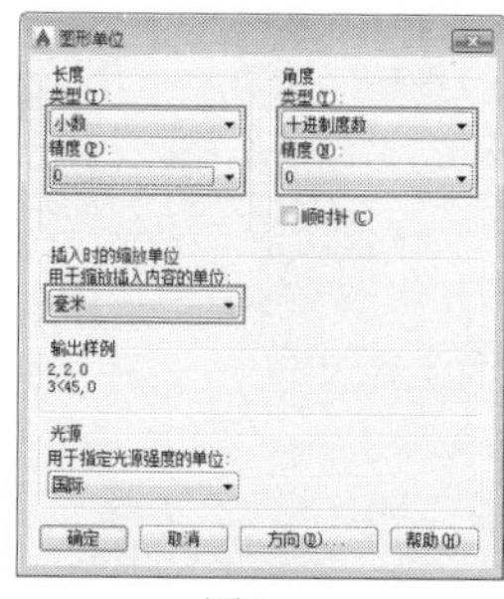

图9-1

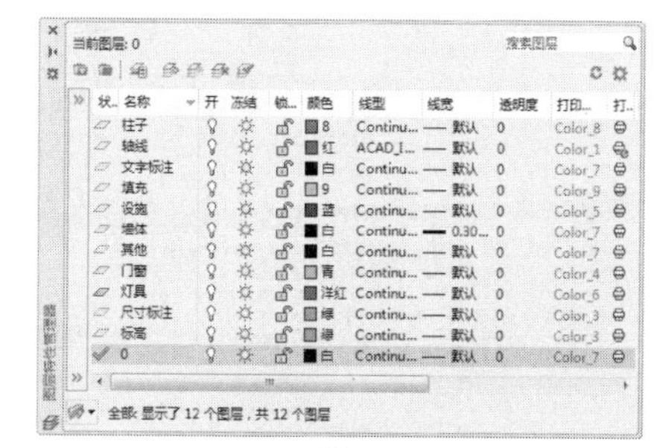

图9-2

06_ 在命令行输入LIMITS执行【图形界限】命令，设置图形界限。命令行提示如下。

```
命令: LIMIts                                    //执行【图形界限】命令
重新设置模型空间界限:
指定左下角点或 [开(ON)/关(OFF)] <0.0,0.0>:         //单击Enter键确定
指定右上角点 <420.0,297.0>: 42000,29700          //指定界限单击Enter键确定
```

2. 设置文字样式

07_ 选择【格式】|【文字样式】选项，弹出【文字样式】对话框，单击【新建】按钮，弹出【新建文字样式】对话框，样式名定义为“图内文字”，如图9-3所示。

08_ 在【字体】下拉框中选择字体“gbenor.shx”，勾选【使用大字体】选择项，并在【大字体】下拉框中选择字体“gbcbig.shx”，在【高度】文本框中输入350，【宽度因子】文本框中输入0.7，单击【应用】按钮，完成该样式的设置，如图9-4所示。

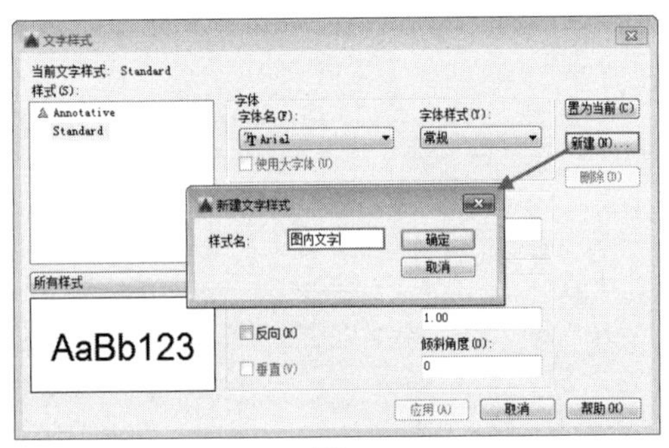

图9-3

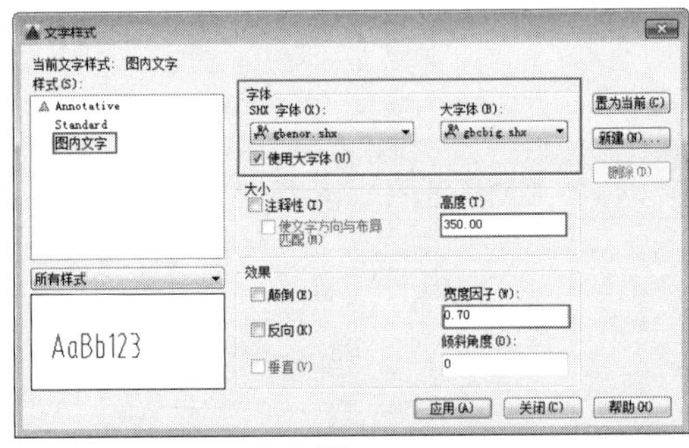

图9-4

09_ 重复前面的步骤，建立如表9-1所示中其他各种文字样式。

表9-1 文字样式

<table>
<tr><th>文字样式名</th><th>打印到图纸上的文字高度</th><th>图形文字高度（文字样式高度）</th><th>宽度因子</th><th>字体 | 大字体</th></tr>
<tr><td>图内文字</td><td>3.5</td><td>350</td><td rowspan="3">1</td><td>gbenor.shx;
gbcbig.shx</td></tr>
<tr><td>图名</td><td>5</td><td>500</td><td>gbenor.shx;
gbcbig.shx</td></tr>
<tr><td>尺寸文字</td><td>3.5</td><td>0</td><td>gbenor.shx</td></tr>
</table>

3. 设置标注样式

10_ 选择【格式】|【标注样式】选项，弹出【标注样式管理器】对话框，单击【新建】按钮，弹出【创建新标注样式】对话框，新建样式名定义为“室内设计标注”，如图9-5所示。

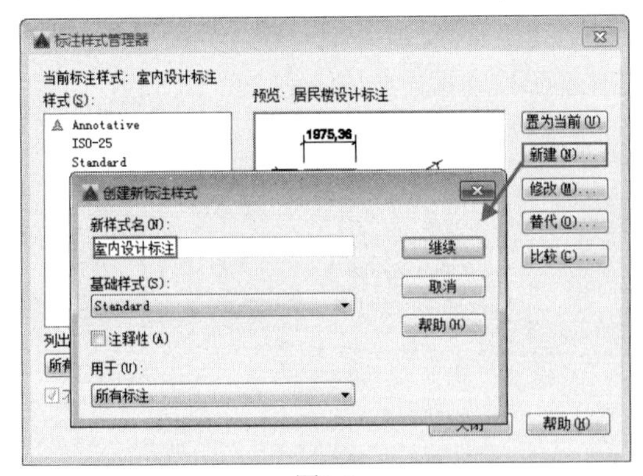

图9-5

11_ 单击【继续】按钮过后，则进入到【新建标注样式】对话框，然后分别在各选项卡中设置相应的参数，其设置后的效果如表9-2所示。

表9-2　标注样式的参数设置

【线】选项卡	【符号和箭头】选项卡	【文字】选项卡	【调整】选项卡

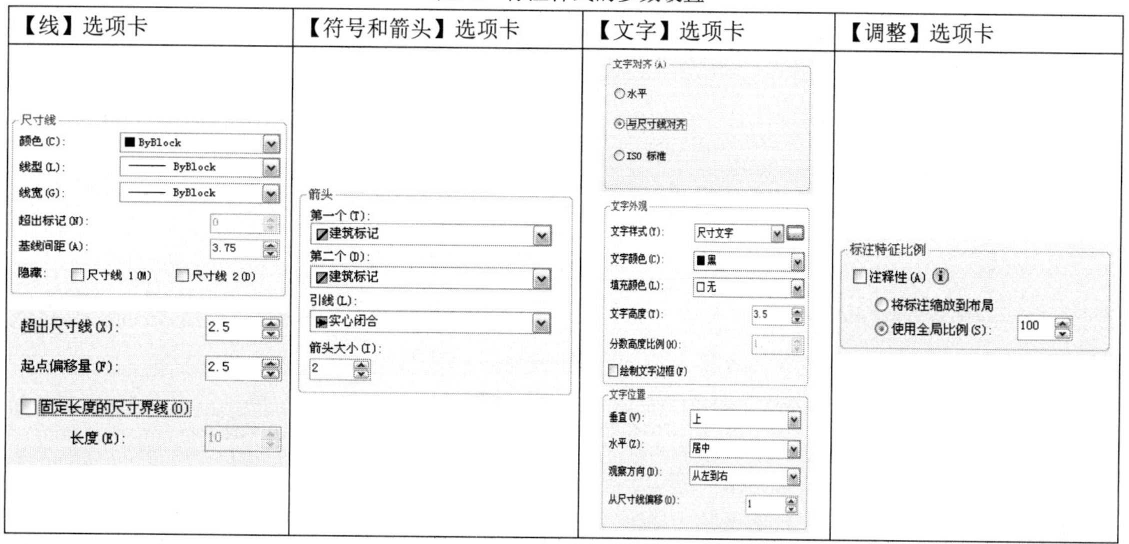

4. 设置引线样式

12_ 选择【格式】|【多重引线样式】选项，弹出【多重引线样式管理器】对话框，如图9-6所示。

13_ 在对话框中单击【新建】按钮，弹出【创建新多重引线样式】对话框，设置新样式名为“室内标注样式”，如图9-7所示。

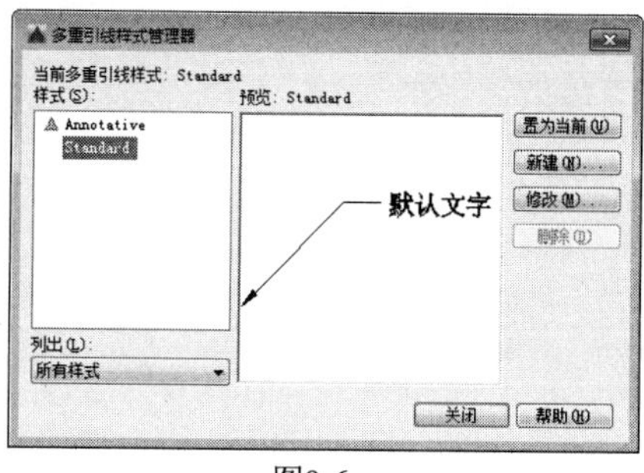

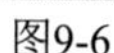

图9-6

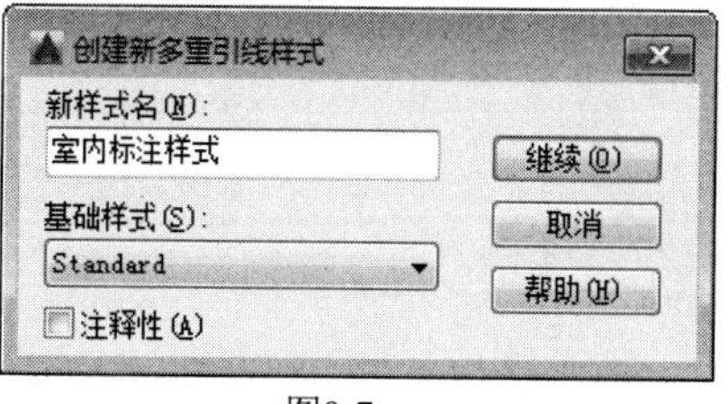

图9-7

14_ 在对话框中单击【继续】按钮，弹出【修改多重引线样式：室内标注样式】对话框；选择【引线格式】选项卡，设置参数如图9-8所示。

15_ 选中【引线结构】选项卡，设置参数如图9-9所示。

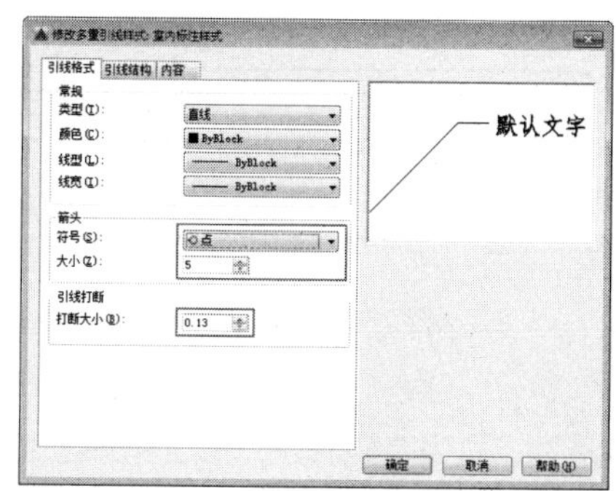

图9-8

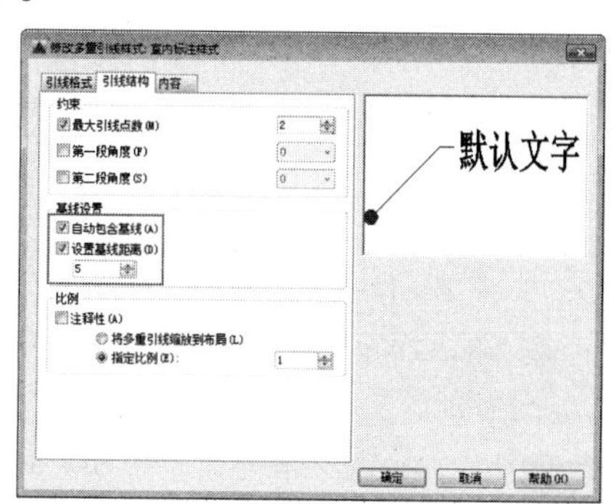

图9-9

16_ 选择【内容】选项卡，设置参数如图9-10所示。

17_ 单击【确定】按钮，关闭【修改多重引线样式：室内标注样式】对话框；返回【多重引线样式管理器】对话框，将【室内标注样式】置为当前，单击【关闭】按钮，关闭【多重引线样式管理器】对话框。

18_ 多重引线的创建结果如图9-11所示。

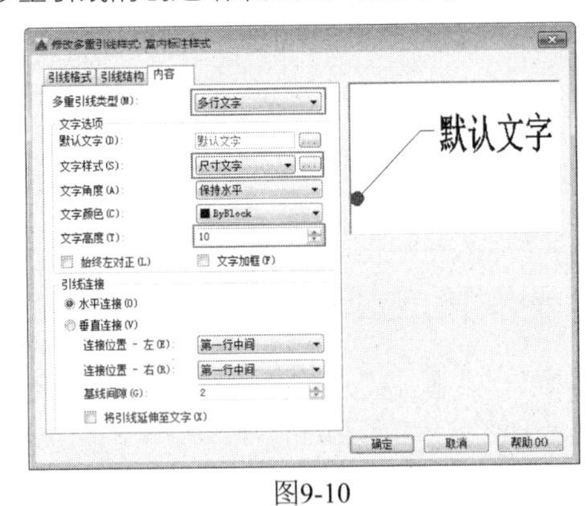

图9-10

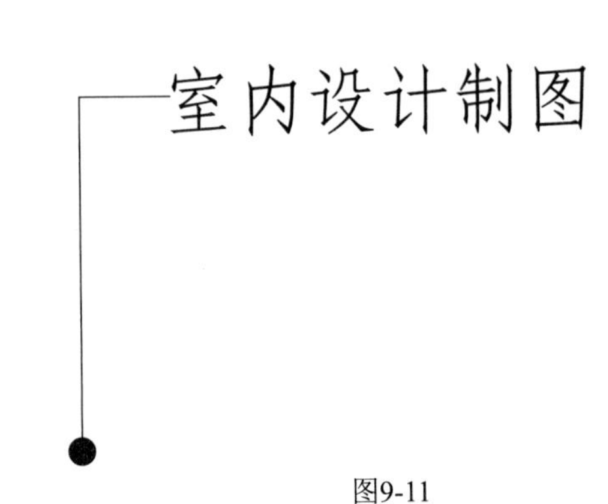

图9-11

5. 保存为样板文件

19_ 选择【文件】|【另存为】选项，弹出【图形另存为】对话框，保存为“第9章\室内制图样板.dwt”文件。

实战212 绘制钢琴

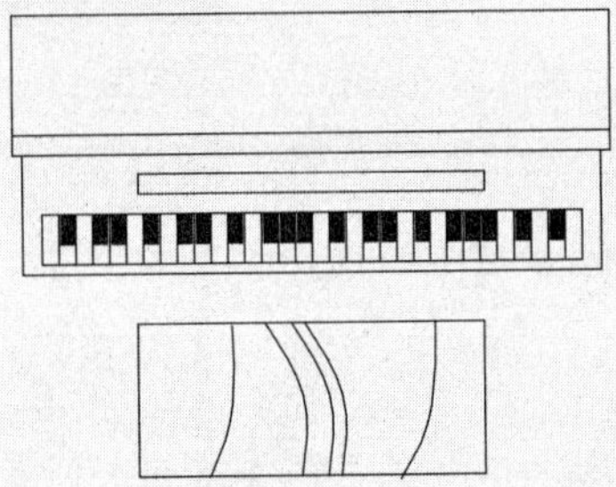

钢琴（意大利语：pianoforte）是西洋古典音乐中的一种键盘乐器，由88个琴键（52个白键，36个黑键）和金属弦音板组成。随着现代人们生活水平的提高，越来越多的家庭都乐意在家中添置一台钢琴以陶冶情操。

难度：☆☆

及格时间：2'40"

优秀时间：1'20"

读者自评： / / / / / /

01_ 启动AutoCAD，新建一空白文档。

02_ 在命令行输入REC执行【矩形】命令，分别绘制尺寸为1575×356、1524×305的矩形，如图9-12所示。

03_ 在命令行输入L执行【直线】命令，绘制直线。在命令行输入REC执行【矩形】命令，分别绘制尺寸为914×50的矩形，如图9-13所示。

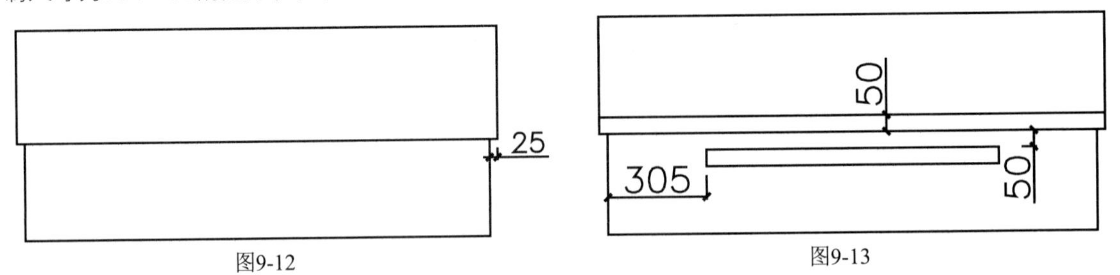

图9-12

图9-13

04_ 在命令行输入REC执行【矩形】命令，分别绘制尺寸为1408×127的矩形。在命令行输入X执行【分解】命令，分解矩形。

05_ 选择【绘图】|【点】|【定距等分】选项，选取矩形的上边为等分对象，指定等分距离为44。在命令行输入L执行【直线】命令，根据等分点绘制直线，结果如图9-14所示。

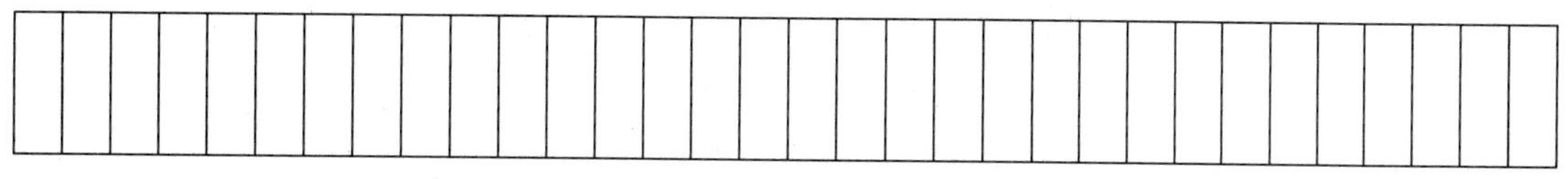

图9-14

06_ 在命令行输入REC执行【矩形】命令，绘制尺寸为38×76的矩形。

07_ 在命令行输入H执行【填充】命令，在弹出的【图案填充和渐变色】对话框中设置参数，如图9-15所示。单击【添加：拾取点】按钮，拾取尺寸为38×76的矩形为填充区域，填充结果如图9-16所示。在命令行输入M执行【移动】命令将琴键放置到合适的位置。

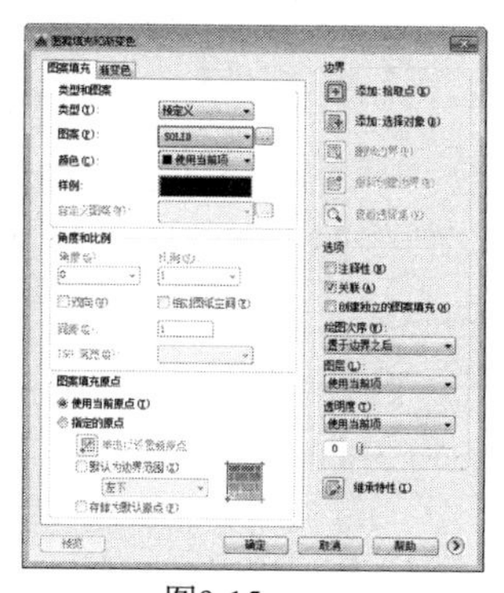

图9-15

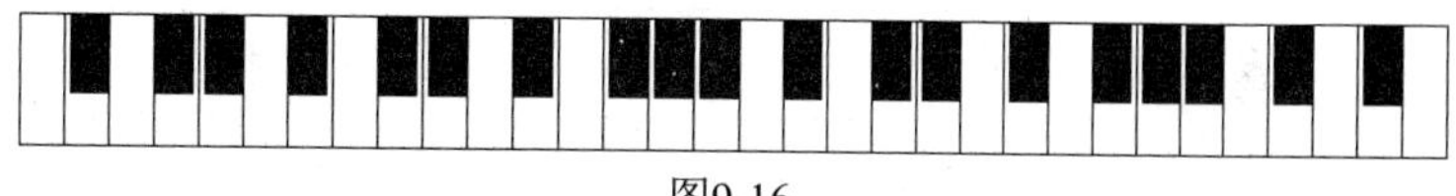

图9-16

08_ 在命令行输入REC执行【矩形】命令，绘制尺寸为914×390的矩形。在命令行输入SPL执行【样条曲线】命令，绘制曲线，完成座椅的绘制。钢琴的绘制结果如图9-17所示。

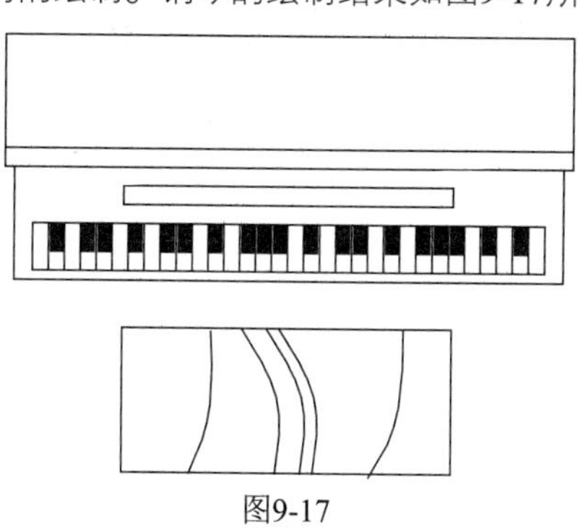

图9-17

实战213 绘制洗衣机

洗衣机可以减少人们的劳动量，一般放置在阳台或者卫生间。洗衣机也是室内设计中最常见的家具图块。洗衣机图形主要调用矩形命令、圆角命令、圆形命令来绘制。

难度：☆☆

及格时间：2′40″

优秀时间：1′20″

读者自评：/ / / / / /

01_ 启动AutoCAD，新建一空白文档。

02_ 绘制洗衣机外轮廓。在命令行输入REC执行【矩形】命令，绘制矩形，结果如图 9-18所示。

03_ 在命令行输入F执行【圆角】命令，设置圆角半径为19，对绘制完成的图形进行圆角处理，结果如图 9-19所示。

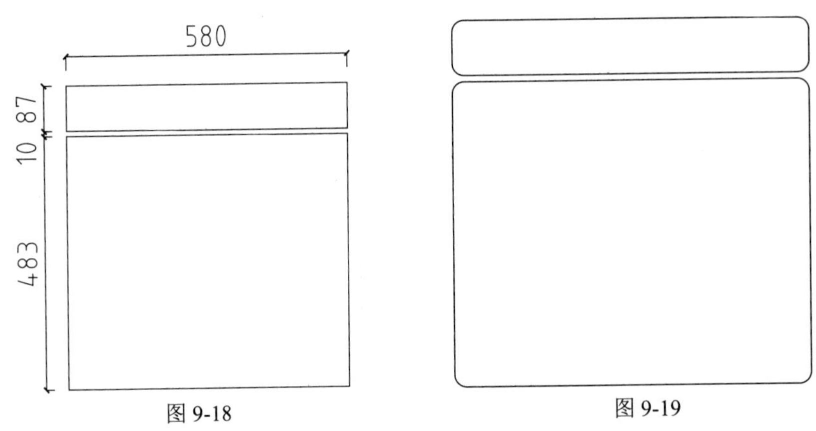

图 9-18　　图 9-19

04_ 在命令行输入L执行【直线】命令，绘制直线，结果如图 9-20所示。

05_ 在命令行输入REC执行【矩形】命令，绘制尺寸为444×386矩形，结果如图 9-21所示。

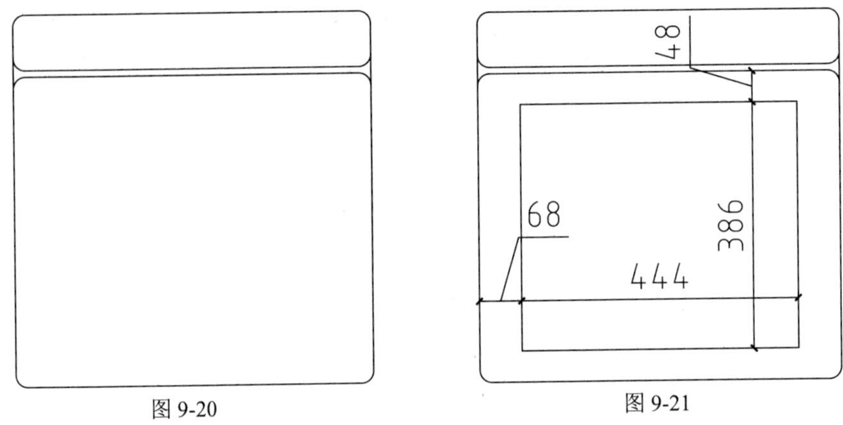

图 9-20　　图 9-21

06_ 在命令行输入F执行【圆角】命令，设置圆角半径为19，对绘制完成的图形进行圆角处理，结果如图 9-22所示。

07_ 绘制液晶显示屏。在命令行输入REC执行【矩形】命令，绘制矩形，结果如图 9-23所示。

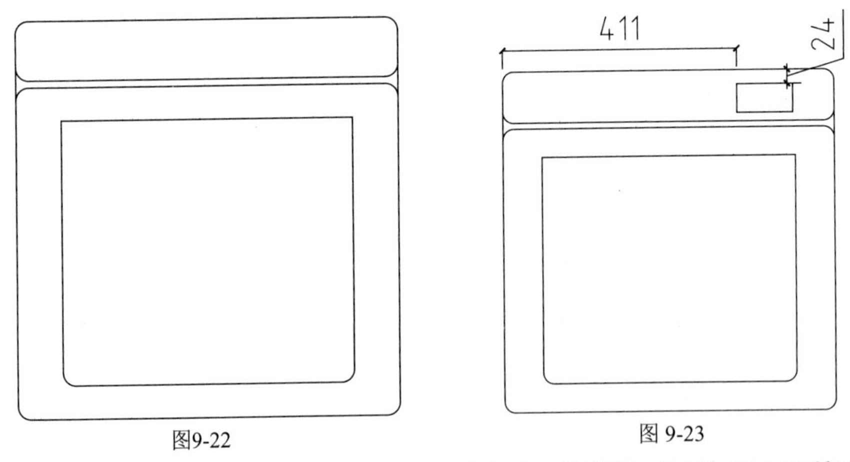

图9-22　　图 9-23

08_ 绘制按钮。在命令行输入C执行【圆】命令，绘制半径为12的圆形，结果如图 9-24所示。

09_ 在命令行输入L执行【直线】命令，绘制直线，结果如图 9-25所示。

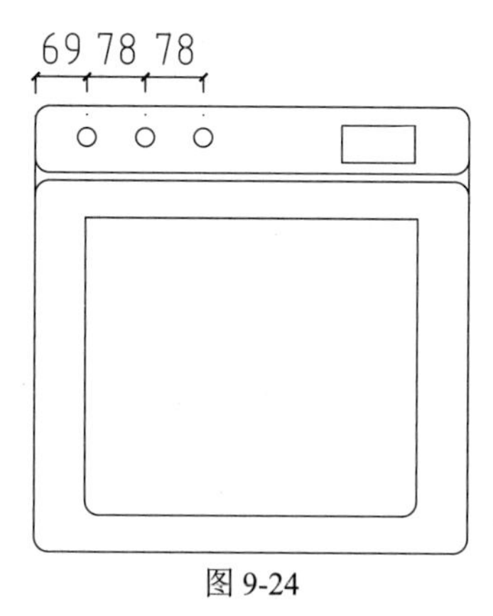

图 9-24

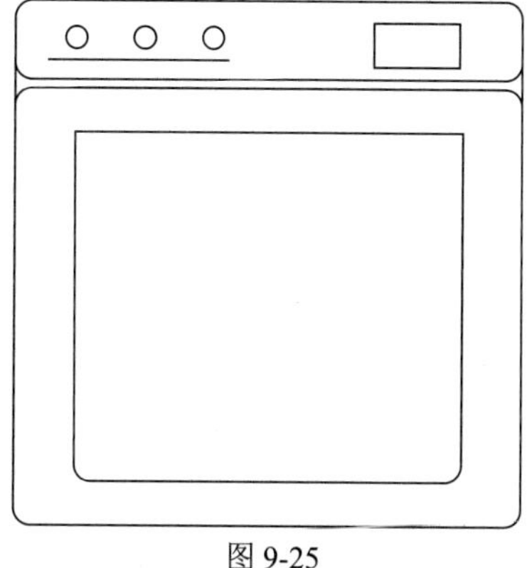
图 9-25

10_ 创建成块。在命令行输入B执行【块】命令，弹出【块定义】对话框；框选绘制完成的洗衣机图形，设置图形名称，单击【确定】按钮，即可将图形创建成块，方便以后调用。

实战214　绘制座椅

座椅是一种有靠背、有的还有扶手的坐具，在室内设计中，常需要绘制其立面图或平面图，以配各个不同的设计情况。下面讲解绘制方法。

难度：☆☆

及格时间：2′40″

优秀时间：1′20″

读者自评：　/　/　/　/　/　/

01_ 启动AutoCAD，新建一空白文档。

02_ 绘制靠背。在命令行输入L执行【直线】命令，绘制长度为550的线段，如图9-26所示。

03_ 在命令行输入A执行【圆弧】命令，绘制圆弧，如图9-27所示。

04_ 在命令行输入MI执行【镜像】命令，将圆弧镜像到另一侧，如图9-28所示。

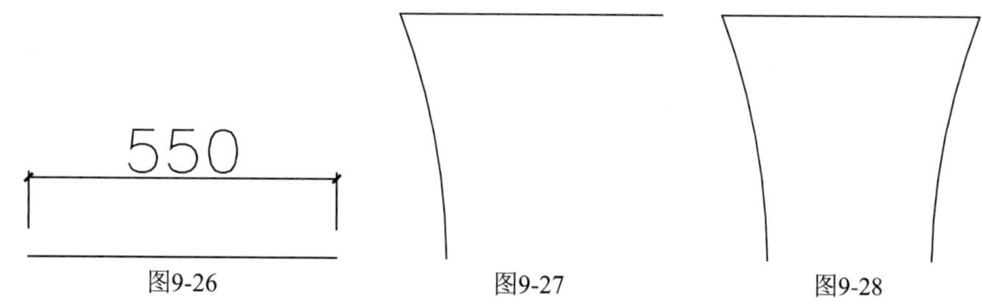

图9-26　图9-27　图9-28

05_ 在命令行输入O执行【偏移】命令，将线段和圆弧向内偏移50，并对线段进行调整，如图9-29所示。

06_ 在命令行输入L执行【直线】命令和在命令行输入O执行【偏移】命令，绘制线段，如图9-30所示。

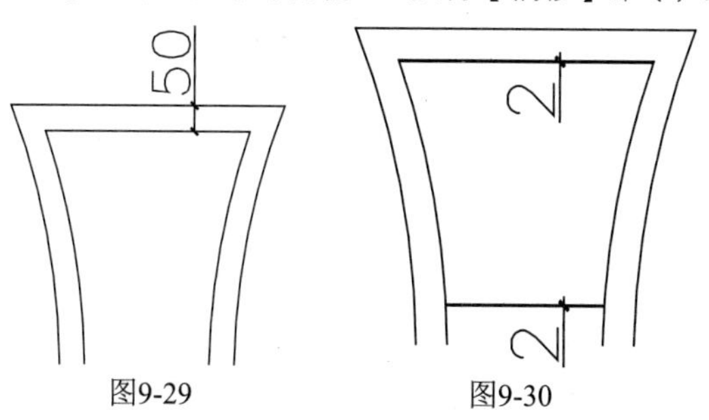

图9-29　图9-30

07_ 绘制坐垫。在命令行输入REC执行【矩形】命令，绘制尺寸为615×100的矩形，如图9-31所示。

08_ 在命令行输入F执行【圆角】命令，对矩形进行圆角，圆角半径为40，如图9-32所示。

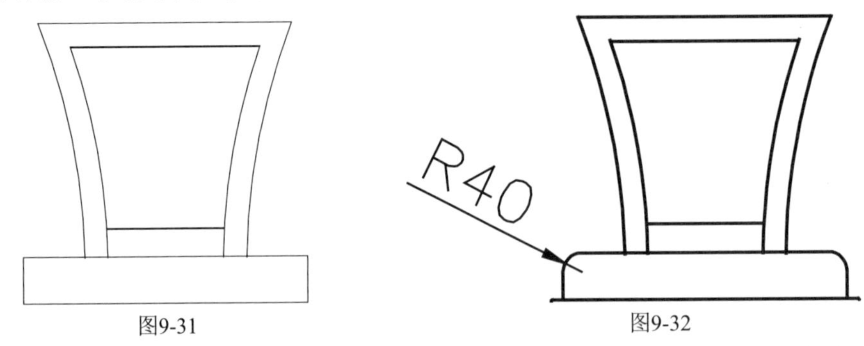

图9-31　　图9-32

09_ 在命令行输入H执行【填充】命令，在靠背和坐垫区域填充GRASS图案，填充参数设置和效果如图9-33所示。

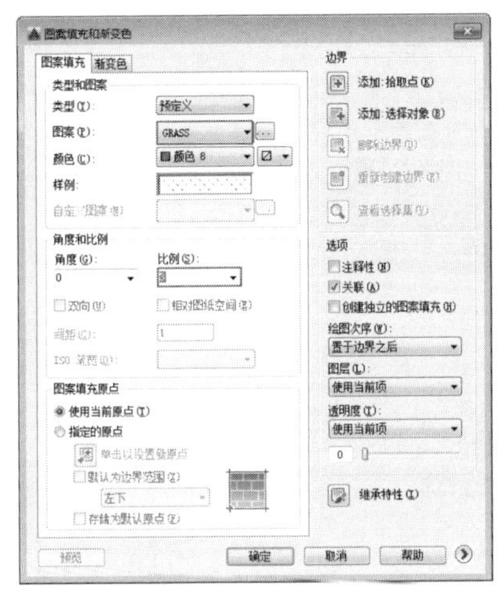

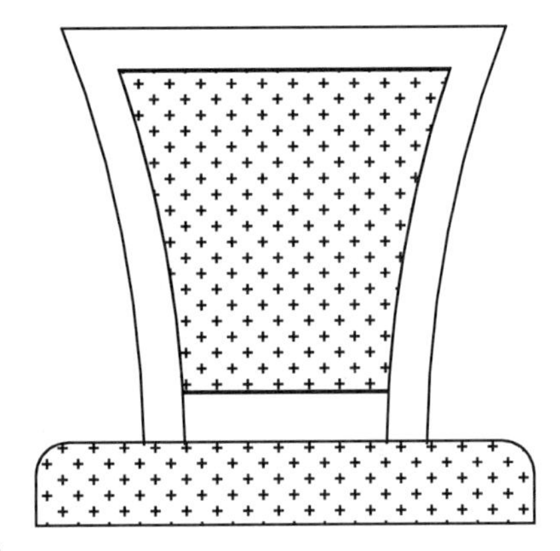

图9-33

10_ 绘制椅脚。在命令行输入PL执行【多段线】命令、在命令行输入A执行【圆弧】命令和在命令行输入L执行【直线】命令，绘制椅脚，如图9-34所示。

11_ 在命令行输入MI执行【镜像】命令，将椅脚镜像到另一侧，如图9-35所示。

12_ 在命令行输入L执行【直线】命令和在命令行输入O执行【偏移】命令，绘制线段，如图9-36所示，完成座椅的绘制。

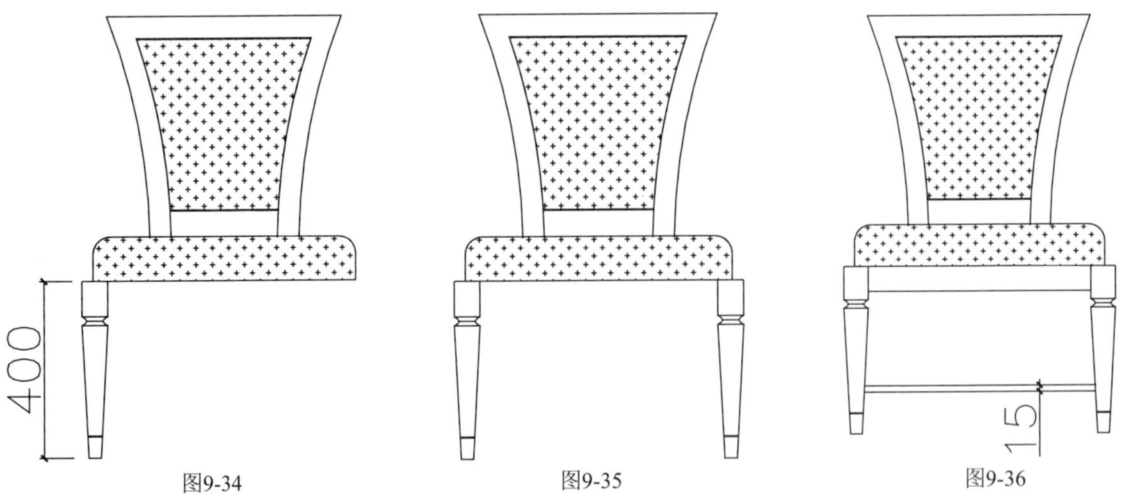

图9-34　　图9-35　　图9-36

实战215 绘制欧式门

门是室内制图中最常用的图元之一，它大致可以分为平开门、折叠门、推拉门、推杠门、旋转门和卷帘门等，其中，平开门最为常见。门的名称代号用M表示，在门立面图中，开启线实线为外开，虚线为内开，具体形式应根据实际情况绘制。

难度：☆☆

及格时间：2′40″

优秀时间：1′20″

读者自评：/ / / / / /

01_ 启动AutoCAD，新建一空白文档。

02_ 绘制门套。在命令行输入REC执行【矩形】命令，绘制一个大小为1400×2350的矩形，如图9-37所示。

03_ 在命令行输入O执行【偏移】命令，将矩形依次向内偏移40、20、40，删除和延伸线段，对其进行调整，结果如图9-38所示。

04_ 绘制踢脚线。在命令行输入O执行【偏移】命令，将底线向上偏移200，结果如图9-39所示。

05_ 绘制门装饰图纹。在命令行输入REC执行【矩形】命令，绘制大小为400×922的矩形，如图9-40所示。

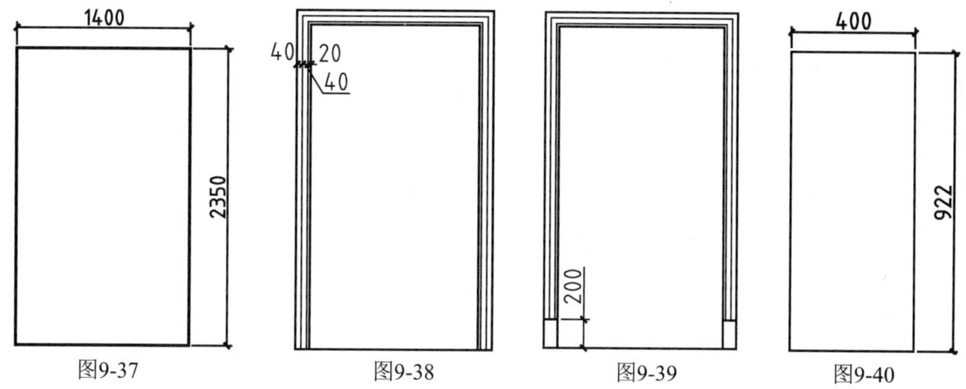

图9-37　图9-38　图9-39　图9-40

06_ 在命令行输入ARC执行【圆弧】命令，分别绘制半径为150、350的圆弧，并修剪多余的线段，结果如图9-41与图9-42所示。

07_ 在命令行输入O执行【偏移】命令，将门装饰框图纹依次向内偏移15、30，在命令行输入L执行【直线】命令、在命令行输入EX执行【延伸】命令、在命令行输入TR执行【修剪】命令完善图形，门装饰图纹绘制结果如图9-43所示。

08_ 在命令行输入REC执行【矩形】命令、在命令行输入C执行【圆】命令，绘制门把手，如图9-44所示。

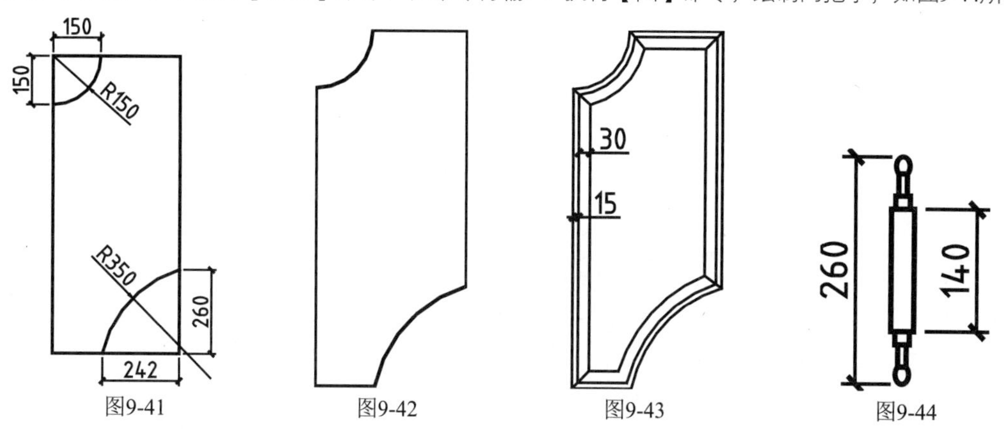

图9-41　图9-42　图9-43　图9-44

09_ 完善门。在命令行输入M执行【移动】命令，将装饰图纹移动至合适位置，在命令行输入L执行【直线】命令，分割出门扇，结果如图 9-45所示。

10_ 在命令行输入MI执行【镜像】命令，镜像装饰纹图形，完善门，如图 9-46所示。

11_ 在命令行输入M执行【移动】命令，将门把手移动至合适位置，结果如图 9-47所示。

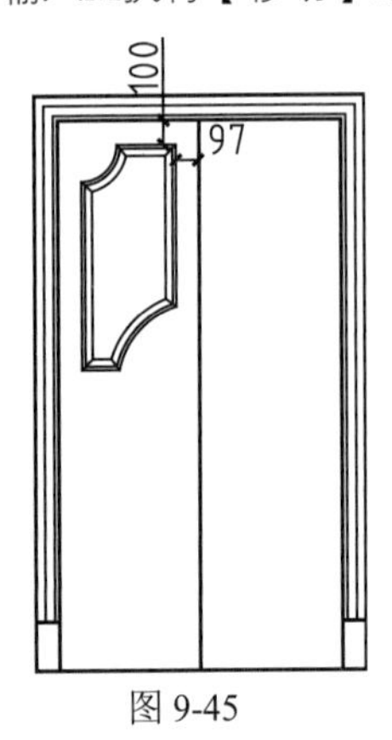

图 9-45

图 9-46

图 9-47

实战216 绘制矮柜

矮柜是指收藏衣物、文件等用的器具，方形或长方形，一般为木制或铁制。本例介绍矮柜的构造及绘制方法。

难度：☆☆

及格时间：2′40″

优秀时间：1′20″

读者自评： / / / / / /

01_ 启动AutoCAD，新建一空白文档。

02_ 绘制柜头。在命令行输入REC执行【矩形】命令，绘制尺寸为1519×354mm的矩形。并在命令行输入O执行【偏移】命令，将水平线段向下偏移34mm、51mm、218mm，结果如图9-48所示。

03_ 重复在命令行输入O执行【偏移】命令，将竖直线段向右偏移42mm、43mm、58mm，结果如图9-49所示。

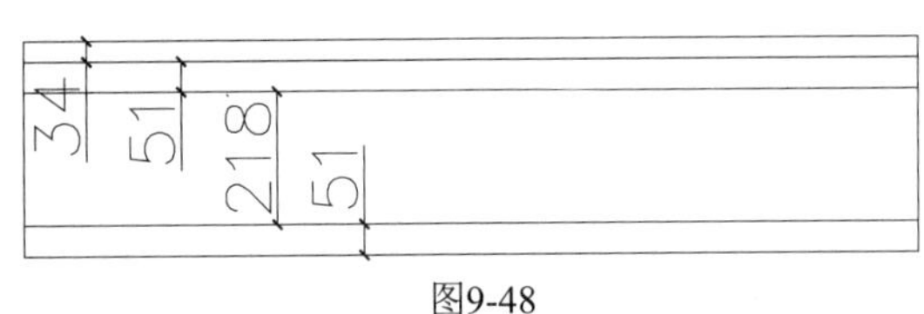

图9-48

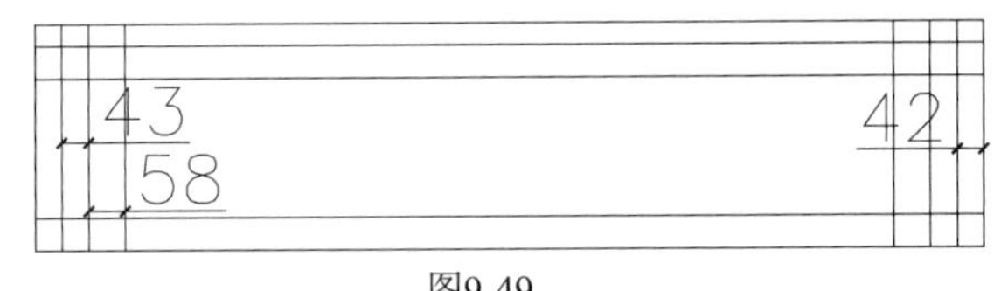

图9-49

04_ 在命令行输入TR执行【修剪】命令，修剪多余线段，结果如图9-50所示。

05_ 细化柜头。在命令行输入ARC执行【圆弧】命令，绘制圆弧，结果如图9-51所示。

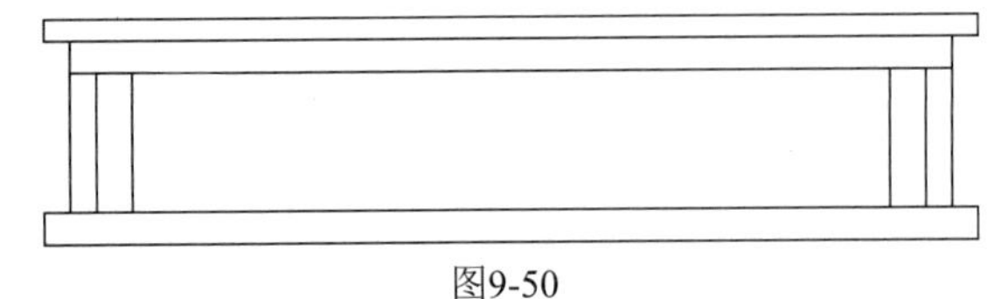
图9-50

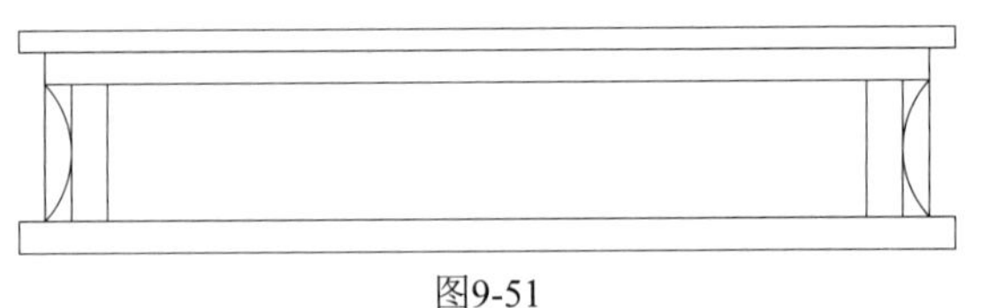
图9-51

06_ 在命令行输入E执行【删除】命令，删除多余线段，结果如图9-52所示。

07_ 绘制柜体。在命令行输入REC执行【矩形】命令，绘制尺寸为1326×633mm的矩形。在命令行输入

X执行【分解】命令，分解绘制完成的矩形。

08_ 在命令行输入O执行【偏移】命令，将线段向下偏移219mm、51mm、219mm、60mm、20mm，向左偏移47mm。在命令行输入TR执行【修剪】命令，修剪多余线段，结果如图9-53所示。

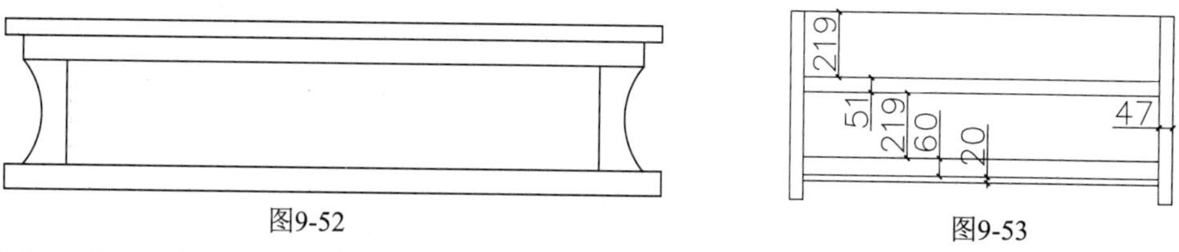

图9-52　　　　图9-53

09_ 绘制矮柜装饰。按Ctrl+O组合键，打开“素材/第9章/家具图例.dwg”素材文件，将其中的“雕花”等图形复制粘贴到图形中，结果如图9-54所示。欧式矮柜绘制完成。

图9-54

实战217 绘制平面布置图

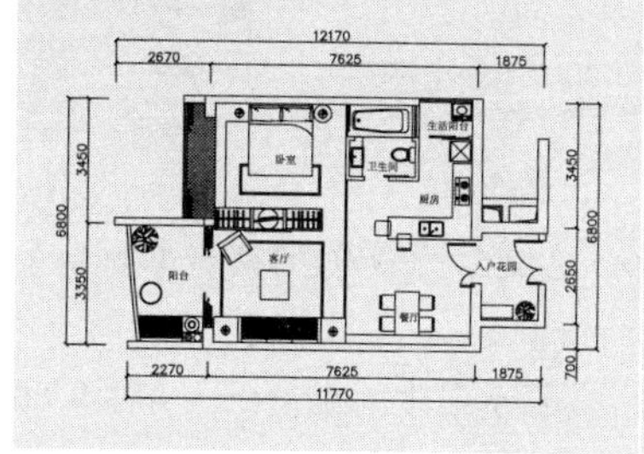

平面布置图是室内装饰施工图纸中的关键性图纸。它是在原建筑结构的基础上，根据业主的要求和设计师的设计意图，对室内空间进行详细的功能划分和室内设施定位。

难度：☆☆

及格时间：2′40″

优秀时间：1′20″

读者自评：/ / / / / /

本例以原始平面图为基础绘制如图9-55所示的平面布置图。其一般绘制步骤为：先对原始平面图进行整理和修改，然后分区插入室内家具图块，最后进行文字和尺寸等标注。

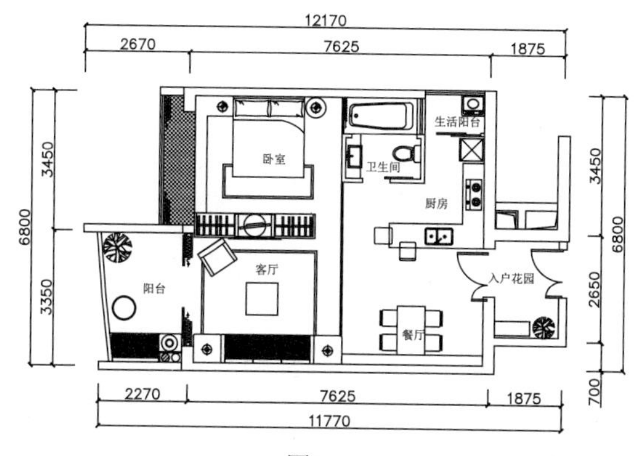

图9-55

01_ 启动AutoCAD，打开“第9章/实战217 原始平面图.dwg”素材文件，如图9-56所示。

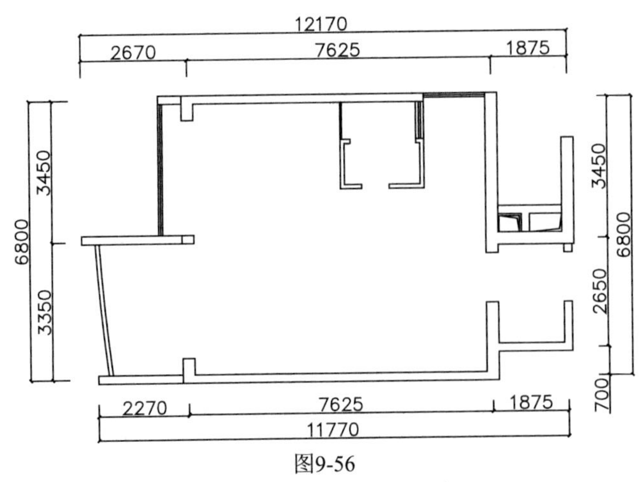

图9-56

02_ 绘制橱柜台面。在命令行输入L执行【直线】命令，绘制直线；在命令行输入O执行【偏移】命令，偏移直线；在命令行输入TR执行【修剪】命令，修剪线段，绘制橱柜如图9-57所示。

03_ 在命令行输入REC执行【矩形】命令，绘制尺寸为100×80的矩形，如图9-58所示。

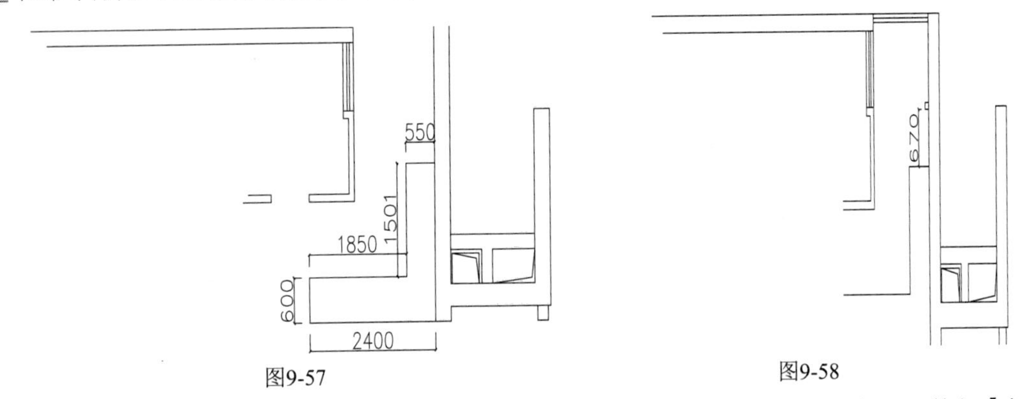

图9-57　　图9-58

04_ 在命令行输入REC执行【矩形】命令，绘制尺寸为740×40的矩形；在命令行输入CO执行【复制】命令，移动复制矩形，绘制厨房与生活阳台之间的推拉门，如图9-59所示。

05_ 在命令行输入REC执行【矩形】命令，绘制尺寸为700×40的矩形，表示卫生间推拉门，如图9-60所示。

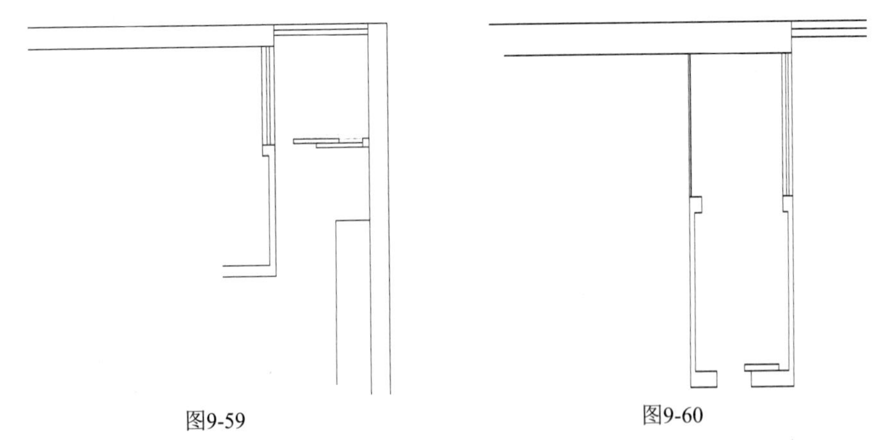
图9-59　　图9-60

06_ 在命令行输入L执行【直线】命令，绘制直线，表示卫生间沐浴区与洗漱区地面有落差，如图9-61所示。

07_ 重复在命令行输入L执行【直线】命令，绘制分隔卧室和厨房的直线，结果如图9-62所示。

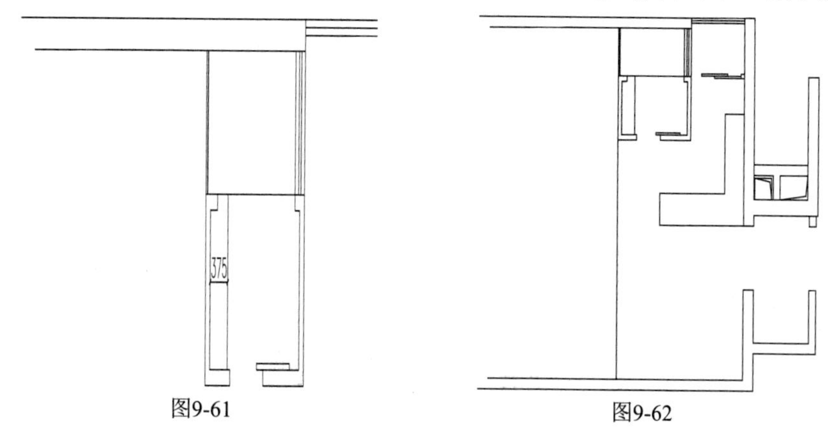

图9-61　　图9-62

08_ 在命令行输入O执行【偏移】命令，设置偏移距离分别为23、11、7，向右偏移直线，结果如图9-63所示，完成卧室、客厅与厨房之间的地面分隔绘制。

09_ 在命令行输入REC执行【矩形】命令，绘制尺寸为740×40的矩形；在命令行输入CO执行【复制】命令，移动复制矩形。阳台推拉门的绘制结果如图9-64所示。

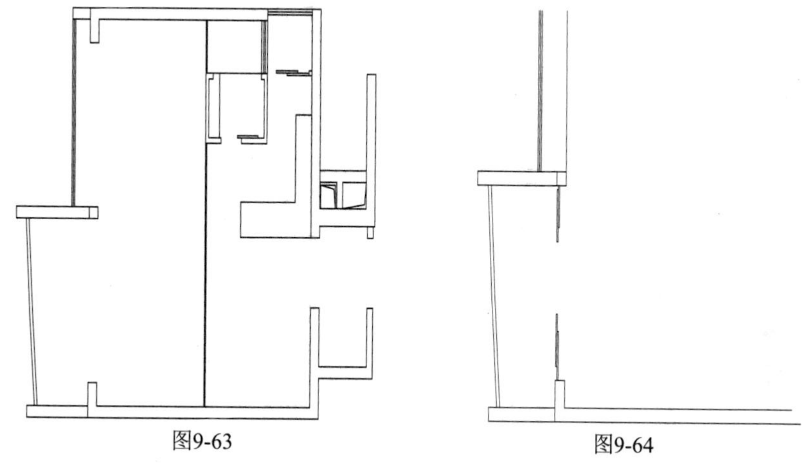

图9-63　　图9-64

10_ 绘制装饰墙体。在命令行输入REC执行【矩形】命令，绘制尺寸为600×40的矩形；在命令行输入CO执行【复制】命令，移动复制矩形，绘制结果如图9-65所示，在装饰墙体和推拉门之间将安装窗帘。

11_ 绘制卧室衣柜。在命令行输入L执行【直线】命令、在命令行输入O执行【偏移】命令、在命令行输入TR执行【修剪】命令，绘制如图9-66所示的图形。

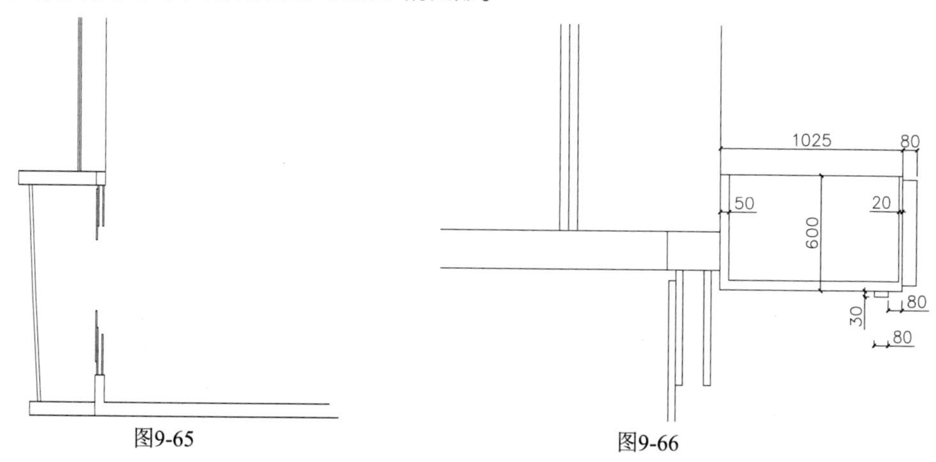

图9-65　　图9-66

12_ 绘制挂衣杆。在命令行输入L执行【直线】命令，绘制直线；在命令行输入O执行【偏移】命令，偏移直线，结果如图9-67所示。

13_ 绘制衣架图形。在命令行输入REC执行【矩形】命令，绘制尺寸为450×40的矩形；在命令行输入CO执行【复制】命令，移动复制矩形，绘制结果如图9-68所示。

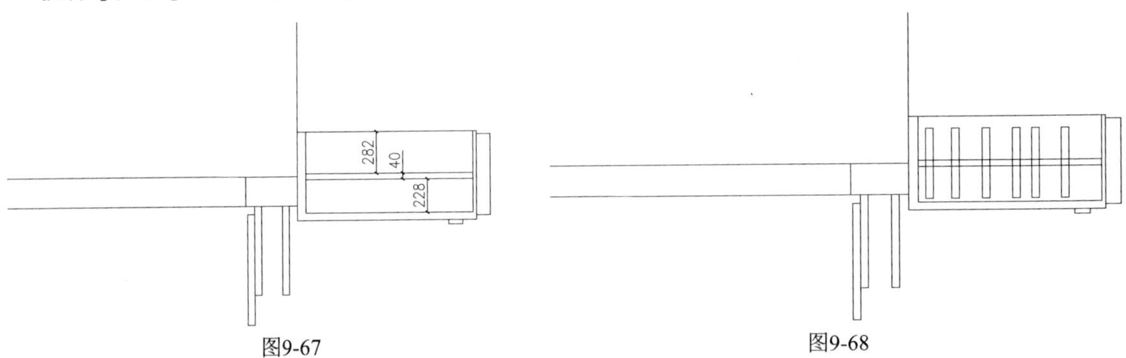

图9-67　　图9-68

14_ 在命令行输入MI执行【镜像】命令，镜像复制完成的衣柜图形，结果如图9-69所示。

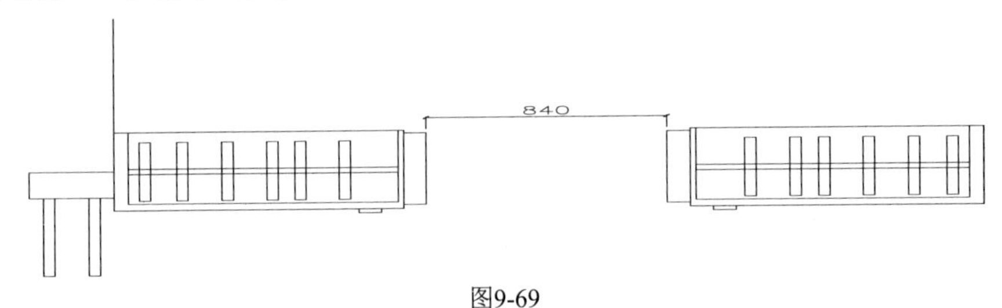

图9-69

15_ 在命令行输入L执行【直线】命令，绘制直线，结果如图9-70所示。

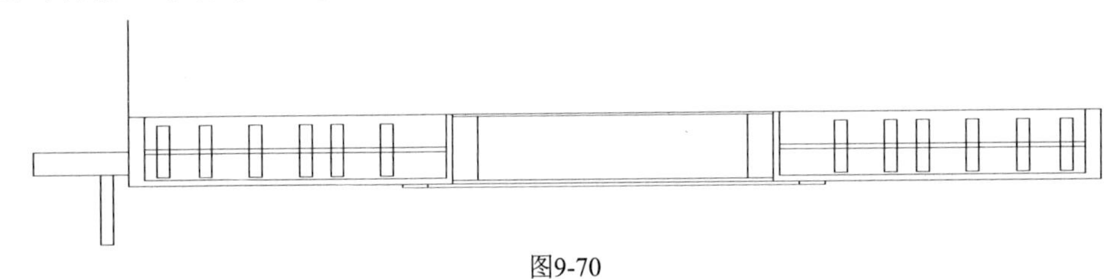

图9-70

16_ 在命令行输入H执行【填充】命令，在弹出的【图案填充和渐变色】对话框中设置参数，如图9-71所示。

17_ 单击【添加：拾取点】按钮，在绘图区中拾取填充区域，完成卧室窗台填充，结果如图9-72所示。

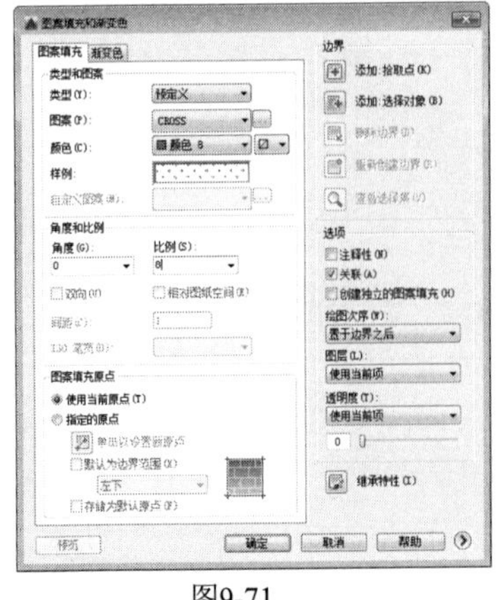

图9-71

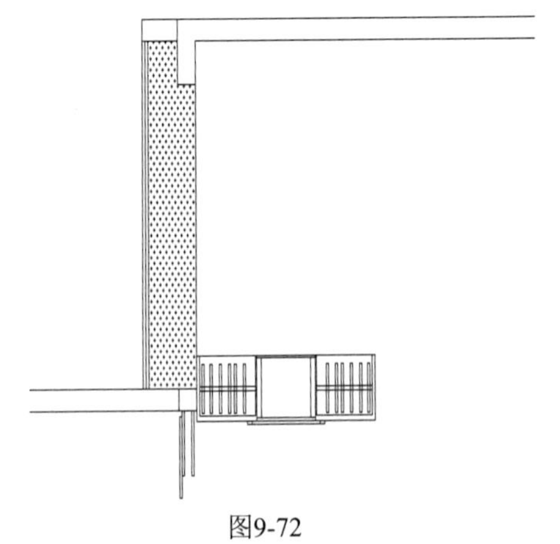

图9-72

18_ 按Ctrl+O组合键，打开“第9章/家具图例.dwg”文件，将其中的家具图形复制粘贴到图形中。调用【修剪】命令修剪多余线段，结果如图9-73所示。

19_ 在命令行输入MT执行【多行文字】命令，在绘图区指定文字标注的两个对角点，在弹出的【文字格式】对话框中输入功能区的名称；单击【确定】按钮，关闭【文字格式】对话框，文字标注结果如图9-74所示。

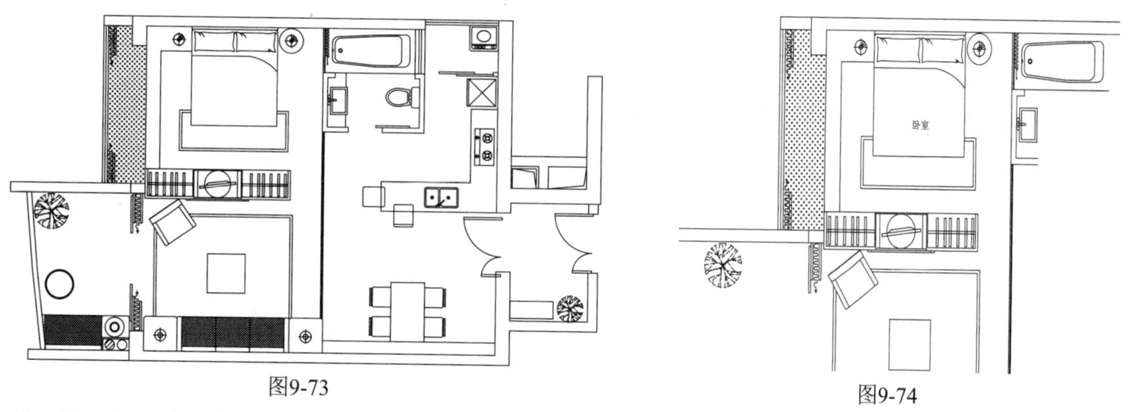

图9-73　　　图9-74

20_ 沿用相同的方法，为其他功能区标注文字，完成小户型平面布置图的绘制，结果如图9-75所示。

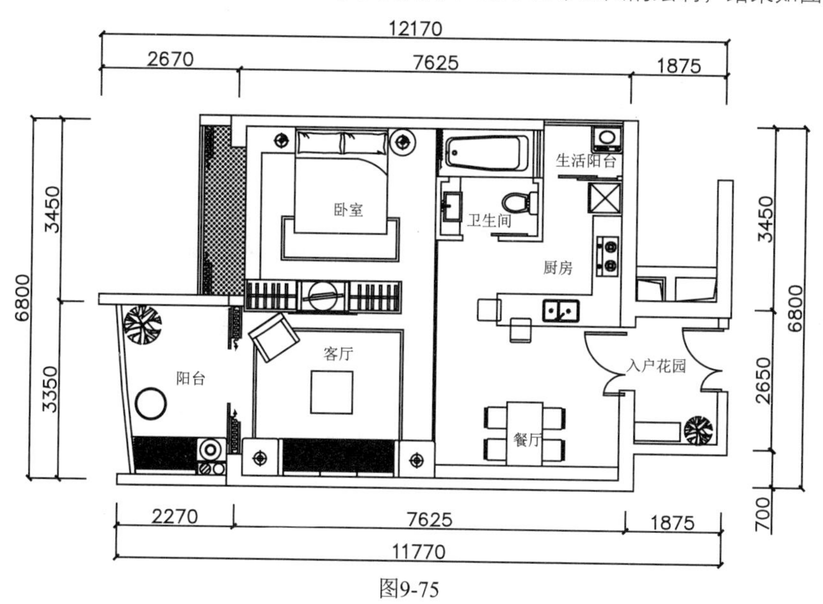

图9-75

实战218　绘制地面布置图

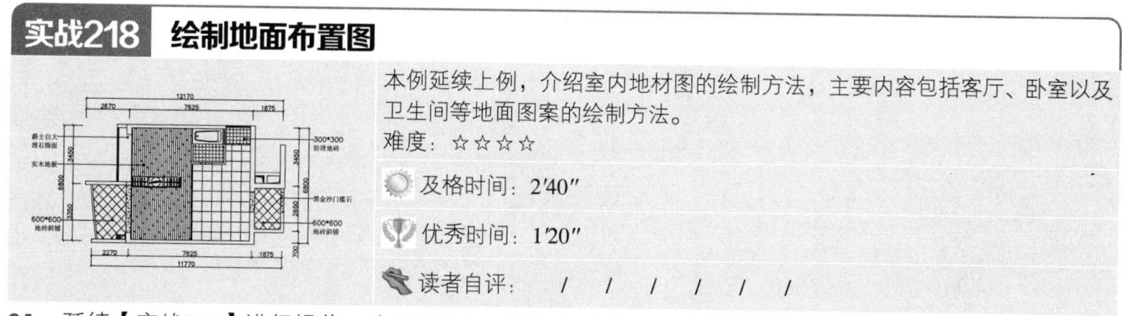

本例延续上例，介绍室内地材图的绘制方法，主要内容包括客厅、卧室以及卫生间等地面图案的绘制方法。

难度：☆☆☆☆

及格时间：2′40″

优秀时间：1′20″

读者自评：/ / / / / /

01_ 延续【实战217】进行操作，也可以打开“第9章/实战217 绘制平面布置图-OK.dwg”素材文件。

02_ 在命令行输入CO执行【复制】命令，移动复制一份平面布置图到一旁；在命令行输入E执行【删除】命令，删除不必要的图形；在命令行输入L执行【直线】命令，在门口处绘制直线，整理结果如图9-76所示。

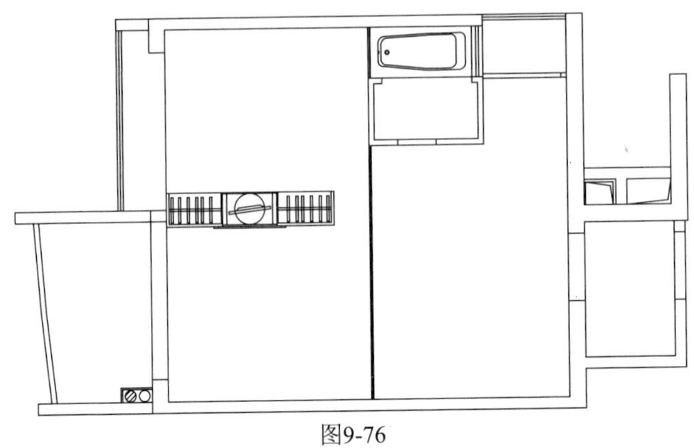

图9-76

03_ 填充入户花园。在命令行输入H执行【填充】命令，在弹出的【图案填充和渐变色】对话框中设置参数，如图9-77所示。

04_ 单击【添加：拾取点】按钮，在绘图区中拾取填充区域。入户花园地面填充结果如图9-78所示。

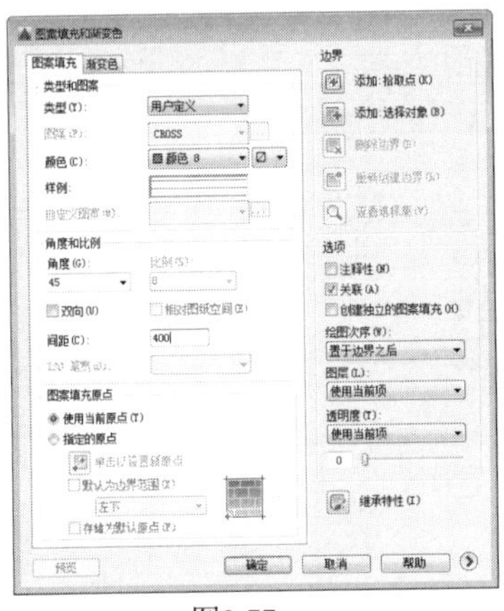

图9-77

图9-78

05_ 填充阳台。沿用相同的参数，为阳台地面填充图案，结果如图9-79所示。

06_ 填充客厅。在命令行输入H执行【填充】命令，在弹出的【图案填充和渐变色】对话框中设置参数，如图9-80所示。

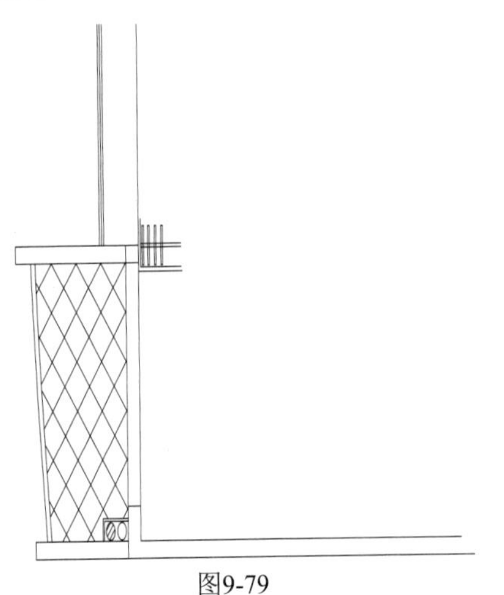

图9-79

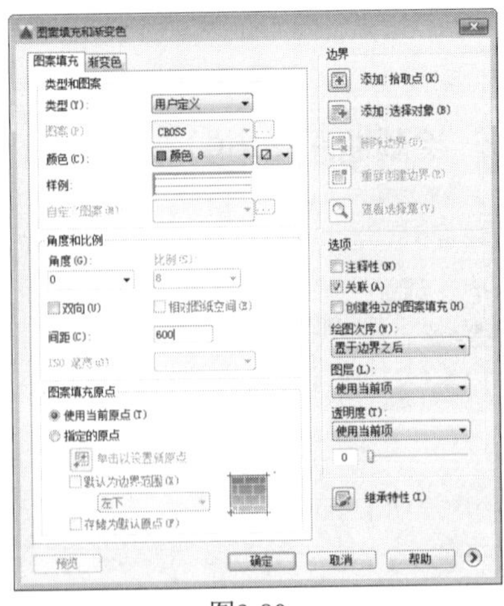

图9-80

07_ 单击【添加：拾取点】按钮，在客厅区域中拾取填充区域，完成地面的填充，结果如图9-81所示。

08_ 填充卫生间和生活阳台。在命令行输入H执行【填充】命令，在弹出的【图案填充和渐变色】对话框中设置参数，如图9-82所示。

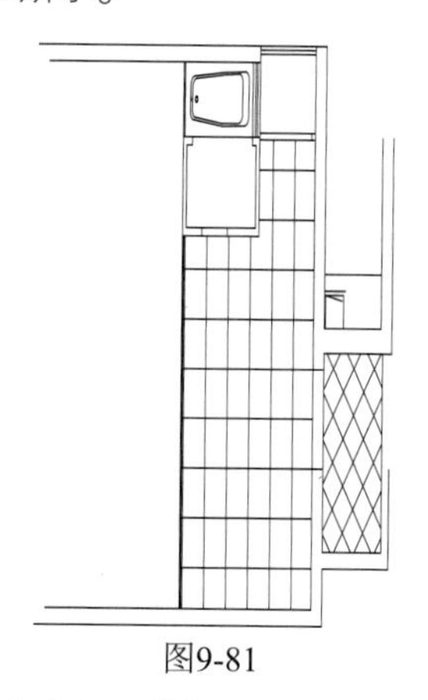

图9-81

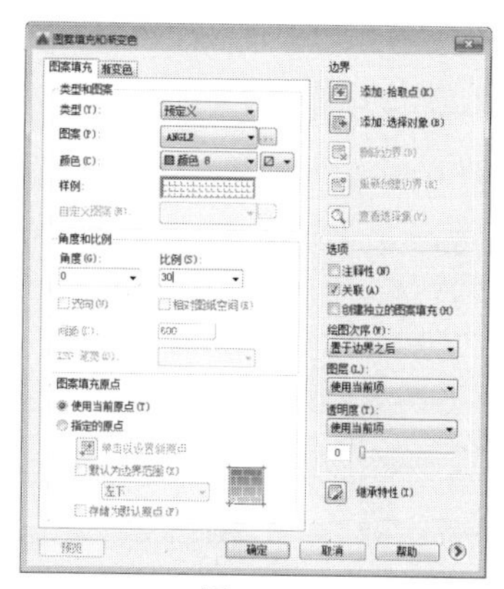

图9-82

09_ 单击【添加：拾取点】按钮，在绘图区中拾取填充区域，完成卫生间及生活阳台地面的填充，结果如图9-83所示。

10_ 填充卧室。在命令行输入H执行【填充】命令，在弹出的【图案填充和渐变色】对话框中设置参数，如图9-84所示。

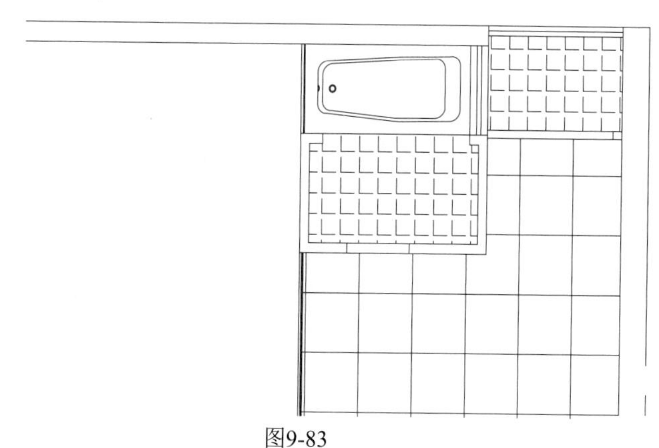

图9-83

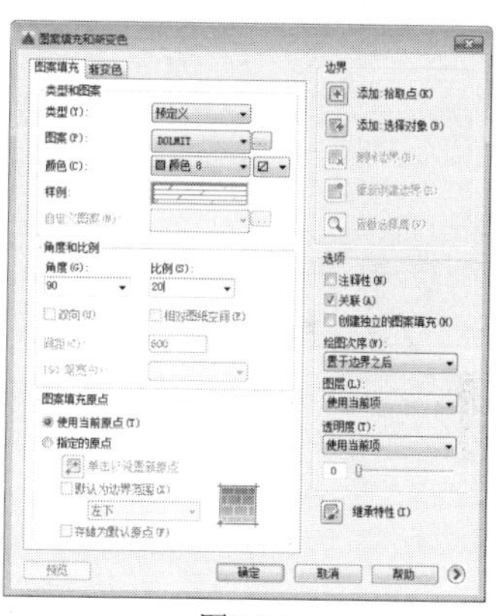

图9-84

11_ 单击【添加：拾取点】按钮，在绘图区中拾取填充区域，完成卧室地面的填充，结果如图9-85所示。

12_ 填充飘窗窗台。在命令行输入H执行【填充】命令，在弹出的【图案填充和渐变色】对话框中设置参数，如图9-86所示。

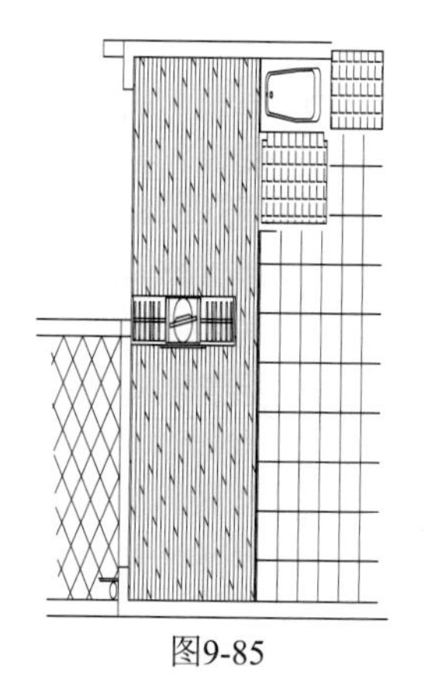

图9-85

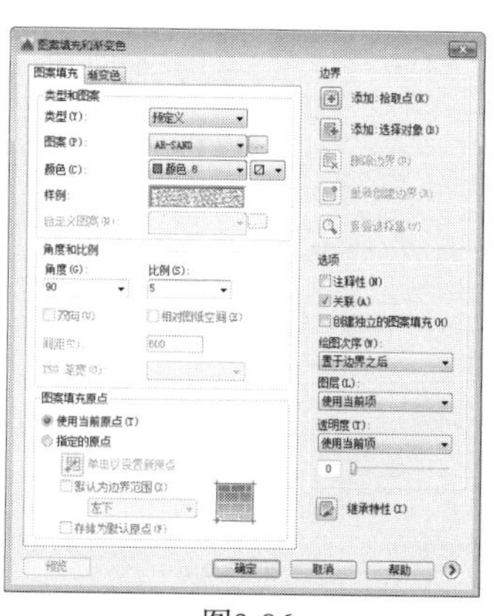

图9-86

13_ 单击【添加：拾取点】按钮，在绘图区中拾取填充区域，完成卧室飘窗台面的填充，结果如图9-87所示。

14_ 在命令行输入H执行【填充】命令，在弹出的【图案填充和渐变色】对话框中设置参数，如图9-88所示。

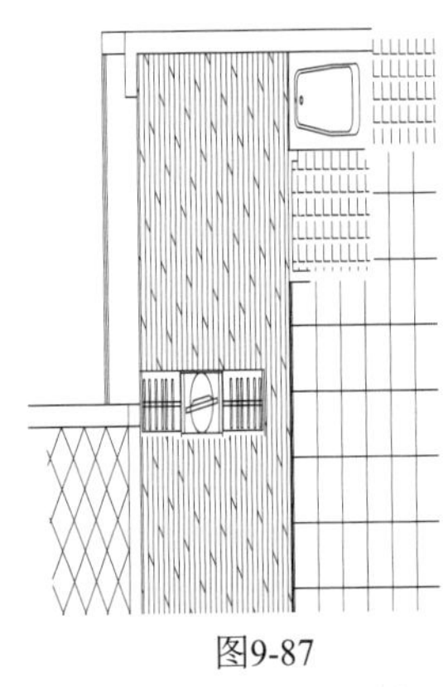

图9-87

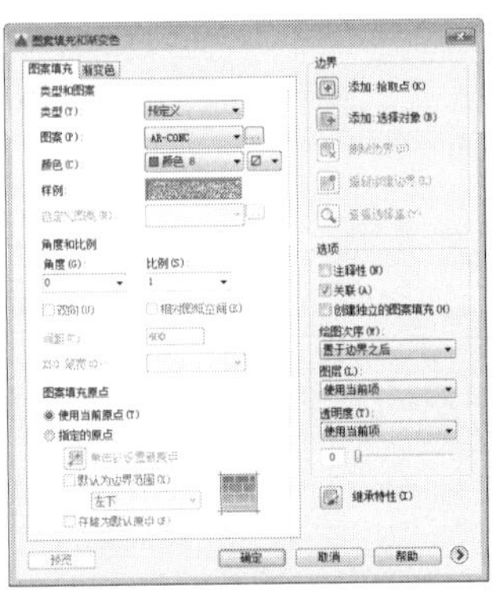

图9-88

15_ 单击【添加：拾取点】按钮，在绘图区中拾取填充区域，完成门槛石的填充，结果如图9-89所示。

16_ 在命令行输入MLD执行【多重引线】标注命令，在填充图案上单击，指定引线标注对象，然后水平移动光标，绘制指示线，弹出【文字格式】对话框，在其中输入地面铺装材料名称。单击【确定】按钮，关闭对话框，标注结果如图9-90所示。

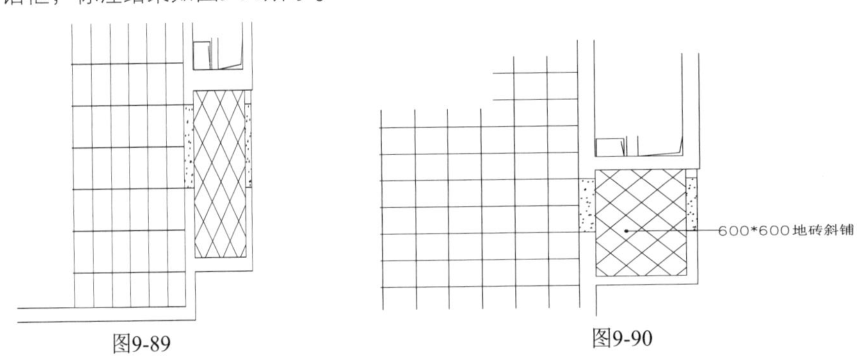

图9-89

图9-90

17_ 重复在命令行输入MLD执行【多重引线】标注命令，标注其他地面铺装材料名称，结果如图9-91所示。小户型地面布置图绘制完成。

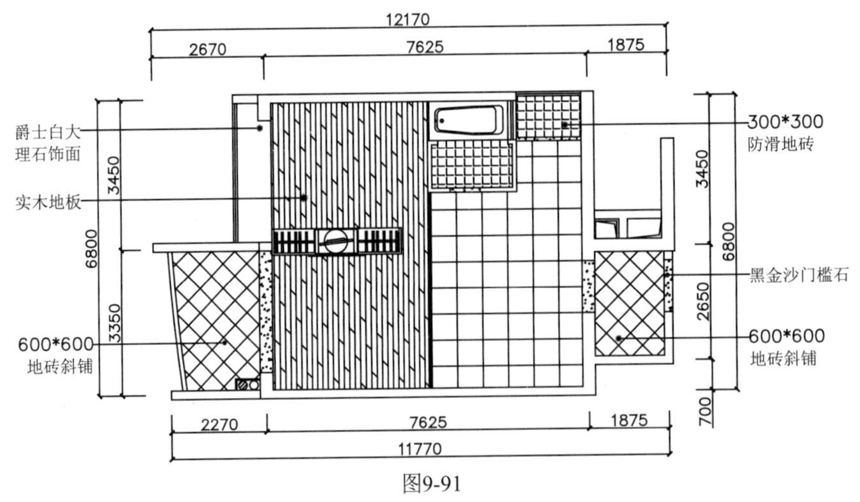

图9-91

实战219 绘制顶棚图

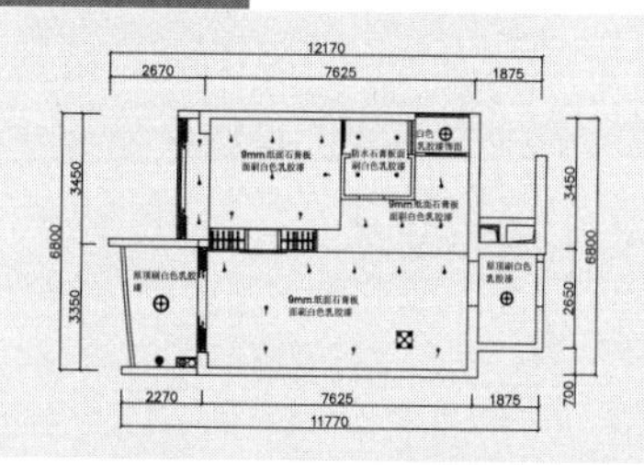

本例延续上例，介绍室内设计中顶棚图的绘制方法，主要内容包括灯具图形的插入及布置尺寸。

难度：☆☆☆☆

及格时间：2′40″

优秀时间：1′20″

读者自评：/ / / / / /

01_ 延续【实战218】进行操作，也可以打开“第9章/实战218 绘制地面布置图-OK.dwg”素材文件。

02_ 在命令行输入CO执行【复制】命令，移动复制一份平面布置图到一旁；在命令行输入E执行【删除】命令，删除不必要的图形；在命令行输入L执行【直线】命令，在门口处绘制直线，整理结果如图9-92所示。

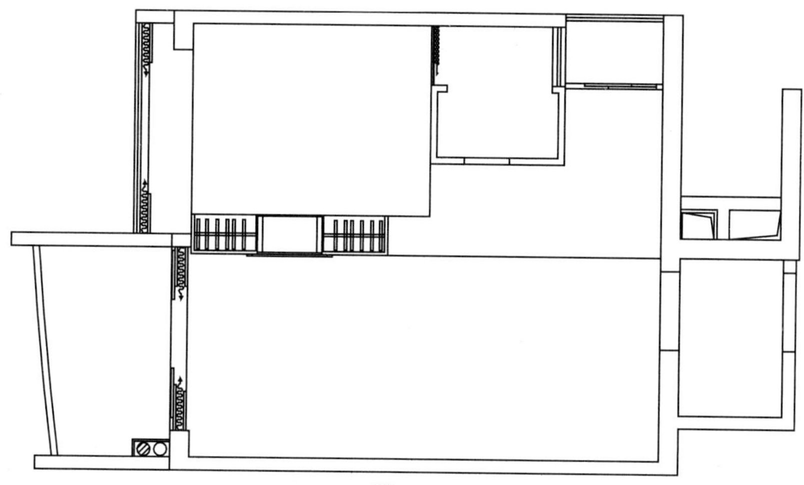

图9-92

03_ 按Ctrl+O组合键，打开“第9章/家具图例.dwg”素材文件，将其中的“角度射灯”图形复制粘贴到客餐厅图形中，结果如图9-93所示。

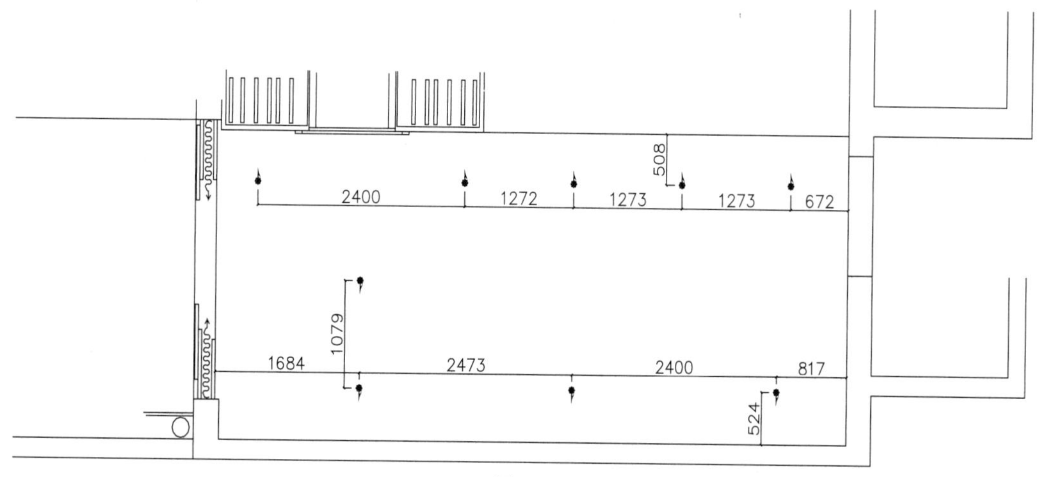

图9-93

04_ 按Ctrl+O组合键，打开“第9章/家具图例.dwg”素材文件，将其中的“角度射灯”图形复制粘贴到厨房图形中，结果如图9-94所示。

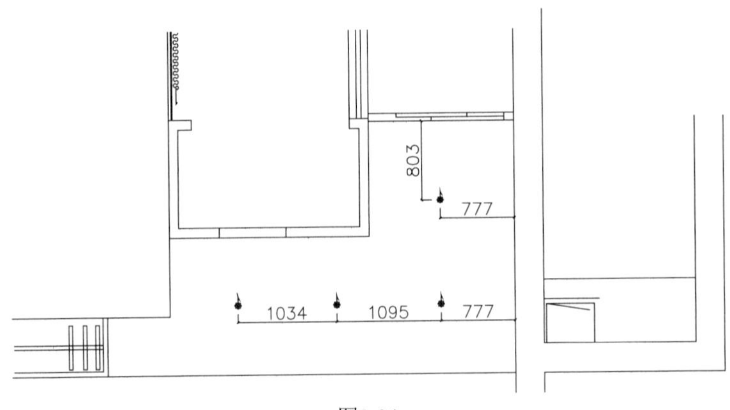

图9-94

05_ 按Ctrl+O组合键，打开“第9章/家具图例.dwg”素材文件，将其中的“暗藏灯”图形复制粘贴到卫生间图形中，结果如图9-95所示。

06_ 使用同样的方法，将其中的“角度射灯”图形复制粘贴到卧室图形中，结果如图9-96所示。

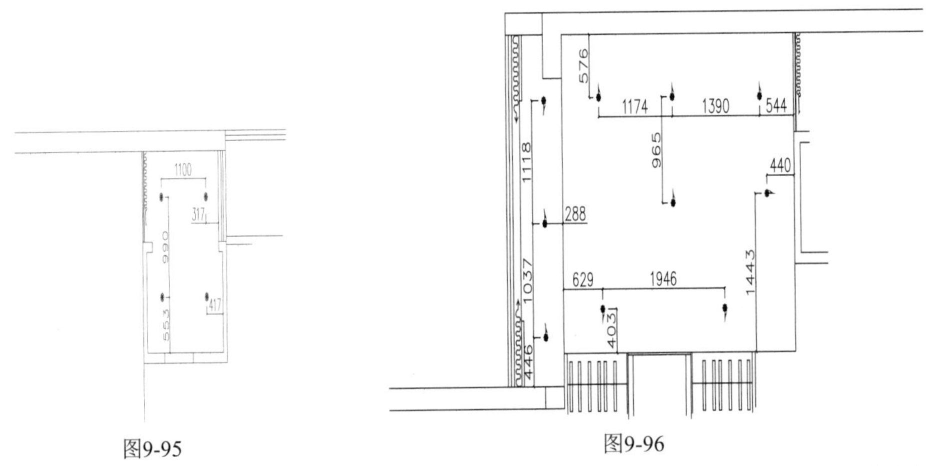

图9-95

图9-96

07_ 研命令行输入MT执行【多行文字】命令，弹出【文字格式】对话框，在其中输入顶面铺装材料的名称。单击【确定】按钮关闭对话框，标注结果如图9-97所示。

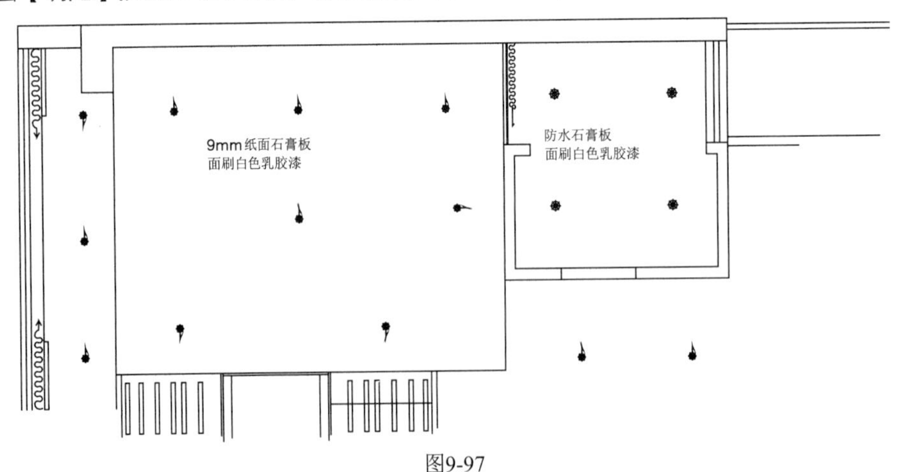

图9-97

08_ 重复在命令行输入MT执行【多行文字】命令，标注其他顶面铺装材料名称，结果如图9-98所示。小户型顶面布置图绘制完成。

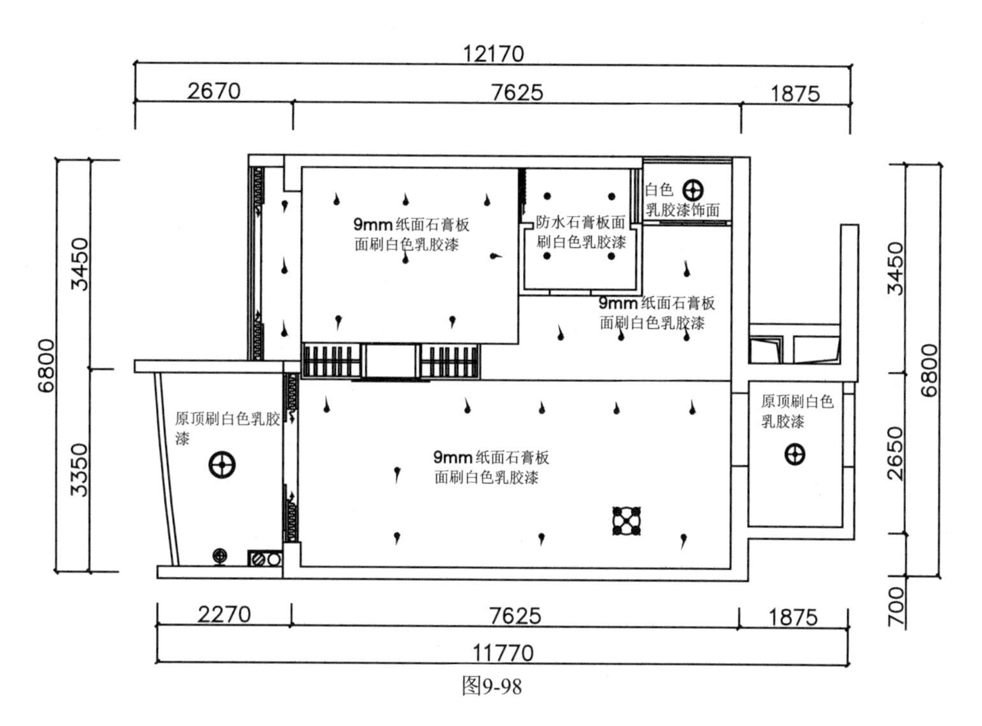

图9-98

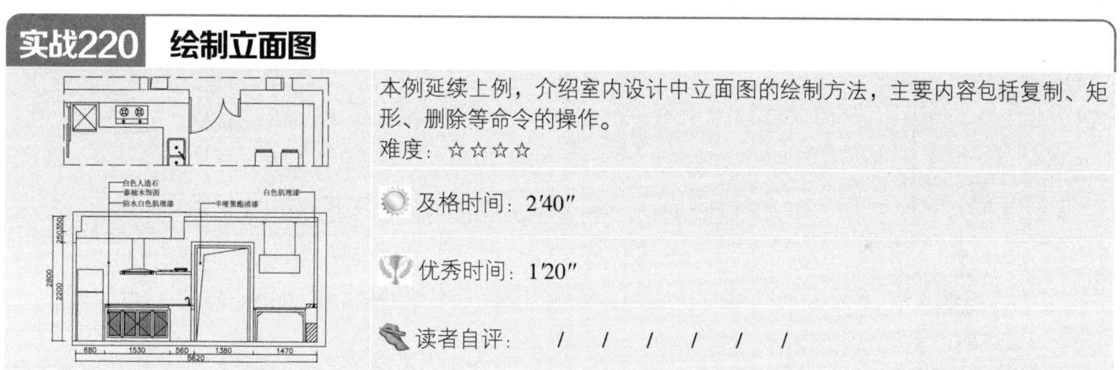

实战220 绘制立面图

本例延续上例，介绍室内设计中立面图的绘制方法，主要内容包括复制、矩形、删除等命令的操作。

难度：☆☆☆☆

及格时间：2′40″

优秀时间：1′20″

读者自评：/ / / / / /

01_ 延续【实战219】进行操作，也可以打开“第9章/实战219 绘制顶棚图-OK.dwg”素材文件。

02_ 在命令行输入CO执行【复制】命令，移动复制厨房餐厅立面图的平面部分到一旁；在命令行输入RO执行【旋转】命令，翻转图形的角度，整理结果如图9-99所示。

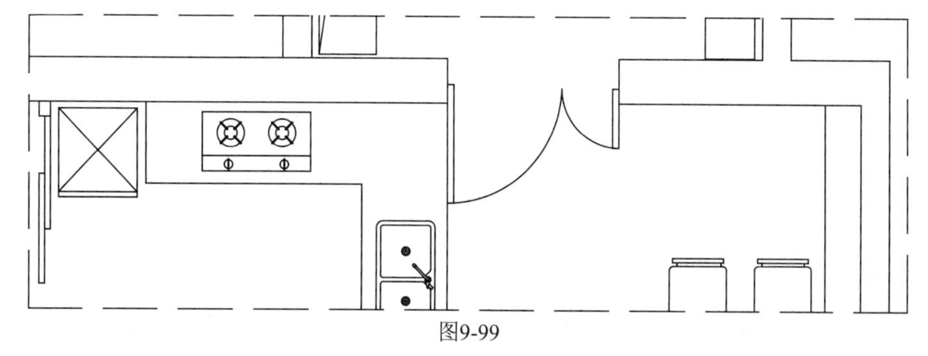

图9-99

03_ 在命令行输入REC执行【矩形】命令，绘制尺寸为5900×3000的矩形；在命令行输入X执行【分解】命令，分解所绘制的矩形。

04_ 在命令行输入O执行【偏移】命令，偏移矩形边；在命令行输入TR执行【修剪】命令，修剪多余线段，如图9-100所示。

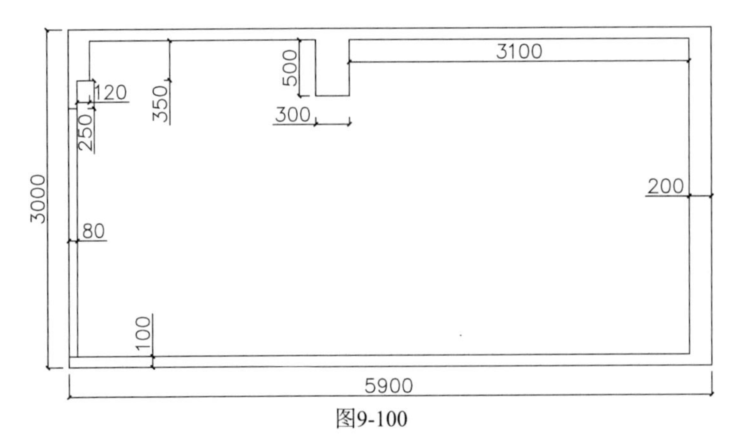

图9-100

05_ 在命令行输入REC执行【矩形】命令，绘制一个尺寸大小为1460×2230的矩形表示门套外形，在命令行输入M执行【移动】命令；在命令行输入X执行【分解】命令，分解矩形；在命令行输入O执行【偏移】命令，偏移矩形边；在命令行输入TR执行【修剪】命令，修剪多余线段，得到门套图形，结果如图9-101所示。

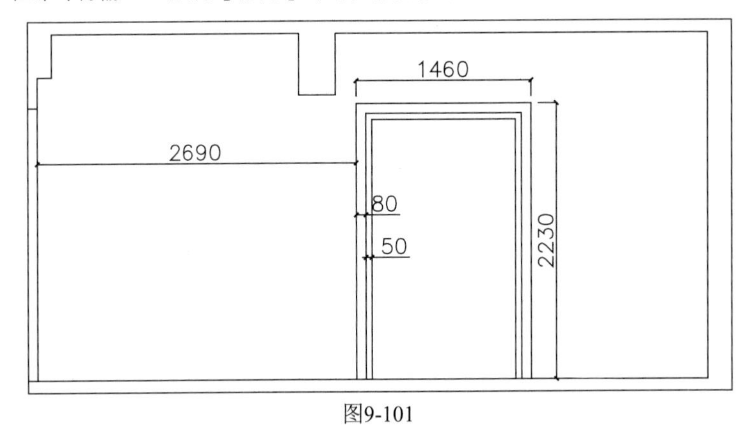

图9-101

06_ 在命令行输入L执行【直线】命令，绘制直线；在命令行输入O执行【偏移】命令，偏移线段；在命令行输入TR执行【修剪】命令，修剪多余线段，得到橱柜立面，如图9-102所示。

07_ 在命令行输入REC执行【矩形】命令，绘制尺寸为818×63的矩形，表示墙面搁板，用于放置厨房用具，以有效利用空间；在命令行输入PL执行【多段线】命令，在门套内绘制折断线，表示镂空，结果如图9-103所示。

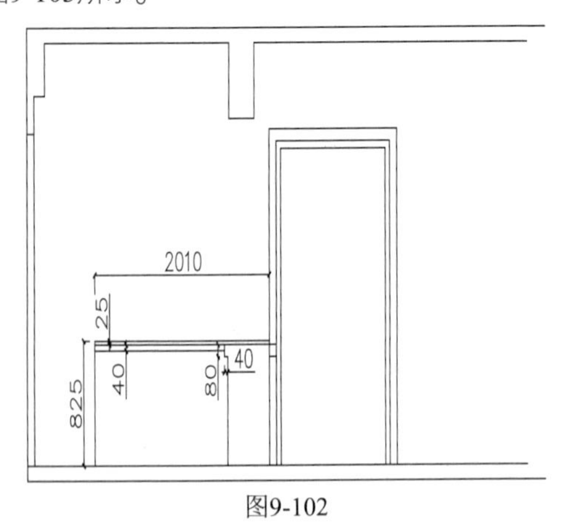

图9-102

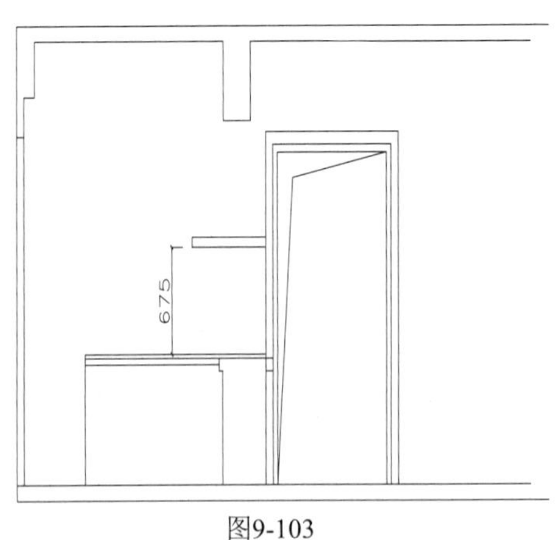

图9-103

08_ 在命令行输入REC执行【矩形】命令，绘制尺寸为620×353的矩形，在命令行输入CO执行【复制】命令，移动复制矩形，结果如图9-104所示。

09_ 在命令行输入O执行【偏移】命令、在命令行输入TR执行【修剪】命令，绘制出如图9-105所示的橱柜面板。

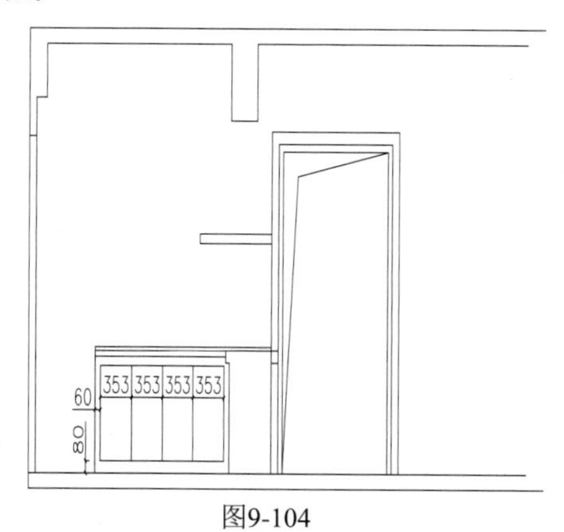

图9-104

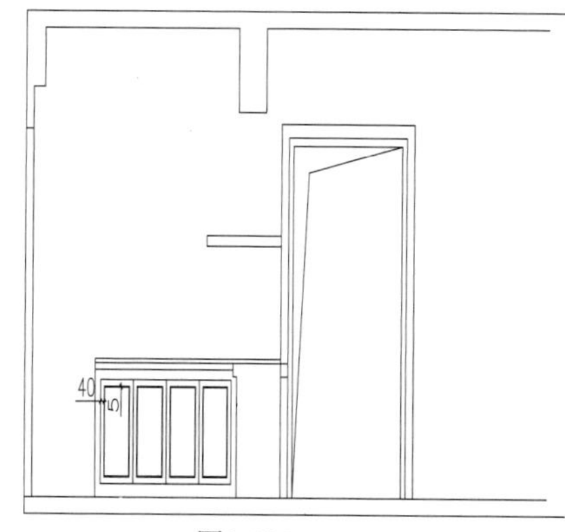

图9-105

10_ 在命令行输入H执行【填充】命令，在弹出的【图案填充和渐变色】对话框中设置参数，如图9-106所示。

11_ 单击【添加：拾取点】按钮，在橱柜面板内拾取填充区域，填充结果如图9-107所示。

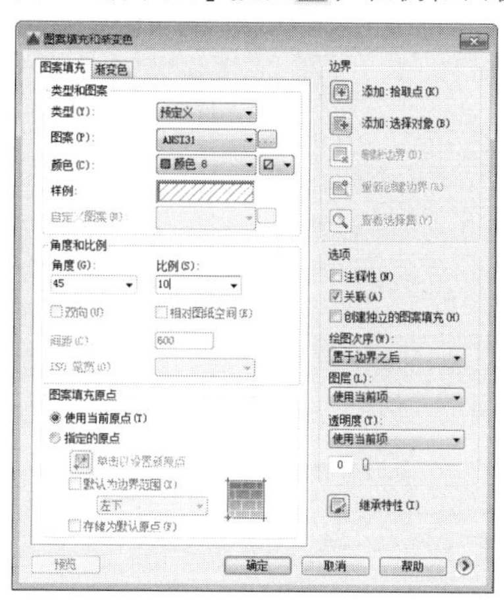

图9-106

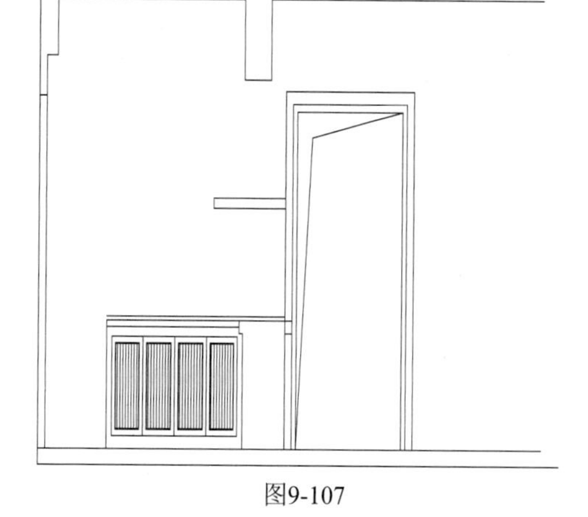

图9-107

12_ 在命令行输入REC执行【矩形】命令，绘制尺寸为250×80、250×420的矩形，表示餐厅墙面装饰的剖面轮廓，如图9-108所示。

13_ 在命令行输入H执行【填充】命令，在弹出的【图案填充和渐变色】对话框中选择ANSI31图案，设置填充比例为20，填充结果如图9-109所示，表示该处为剖面结构。

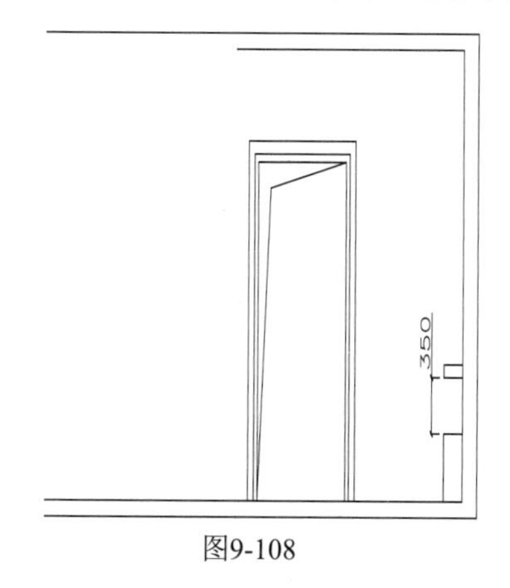

图9-108

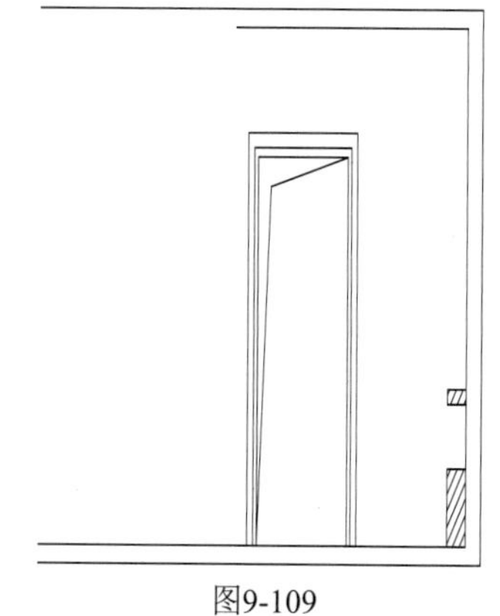

图9-109

14_ 按Ctrl+O组合键，打开“第9章/家具图例.dwg”文件，将其中的家具图形复制粘贴到立图中，结果如图9-110所示。

15_ 在命令行输入MLD执行【多重引线】标注命令，弹出【文字格式】对话框，输入立面材料的名称，单击【确定】按钮，关闭对话框，标注结果如图9-111所示。

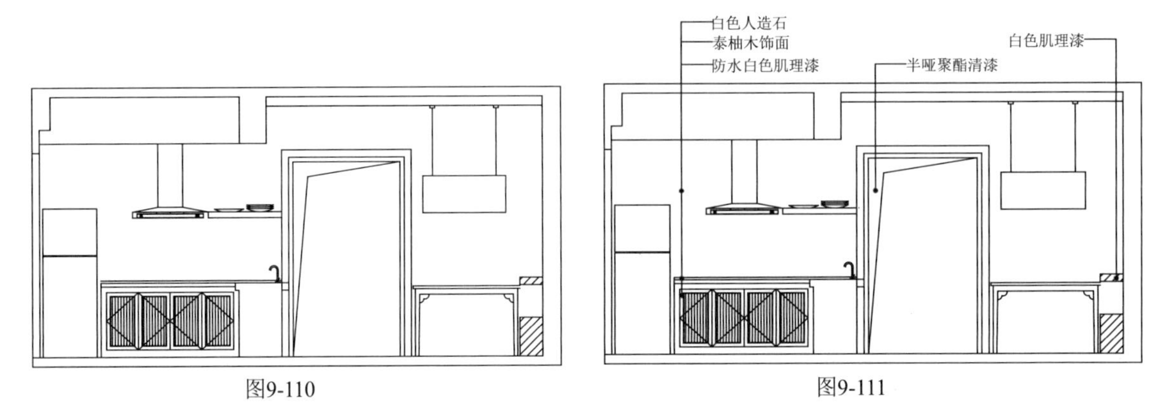

图9-110　　图9-111

16_ 在命令行输入DLI执行【线性】标注命令，标注立面图尺寸，结果如图9-112所示。

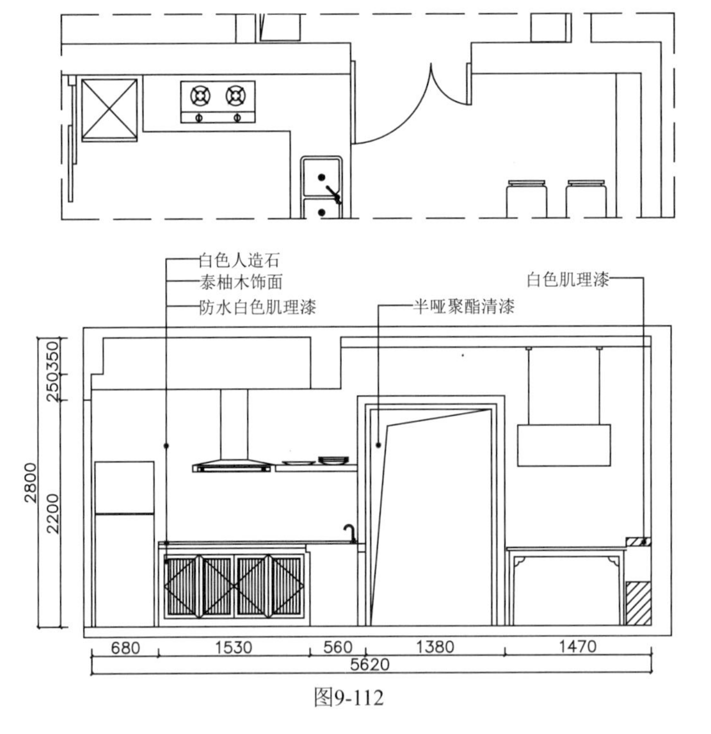

图9-112

设计技巧 立面图是一种与垂直界面平行的正投影图，它能够反映垂直界面的形状、装修做法和其上的陈设。

第10章 电气设计绘图技法

电气工程图是一类示意性图纸，它主要用来表示电气系统、装置和设备各组成部分的相互关系和连接关系，用以表达其功能、用途、原理、装接和使用信息的电气图。

电气图是电气工程中各部门进行沟通、交流信息的载体，由于电气图所表达的对象不同，提供信息的类型及表达方式也不同，这样就使电气图具有多样性。

实战221 绘制热敏开关

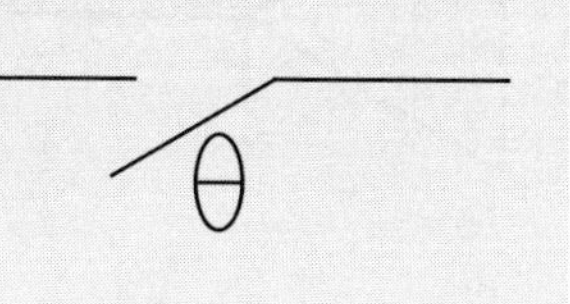

热敏开关，就是利用双金属片各组元层的热膨胀系数不同，当温度变化时，主动层的形变要大于被动层的形变，从而双金属片的整体就会向被动层一侧弯曲，则这种复合材料的曲率发生变化从而产生形变的这个特性来实现电流通断的装置。

难度：☆☆

及格时间：2′40″

优秀时间：1′20″

读者自评： / / / / / /

01_ 在命令行输入L执行【直线】命令，绘制一条长度为50的直线，如图10-1所示。

02_ 再次执行【直线】命令，捕捉直线右边端点绘制长度为40的直线，接着绘制长度为50的直线，如图10-2所示。

图10-1

图10-2

03_ 在命令行输入RO执行【旋转】命令， 选择中间长度为40的直线，以直线左边端点为旋转基点，旋转30°，如图10-3所示。

04_ 选择【绘图】|【椭圆】选项，绘制一个长轴为20，短轴为10的椭圆，如图10-4所示。

05_ 在命令行输入L执行【直线】命令，捕捉椭圆两个轴的端点绘制一条连接直线，如图10-5所示。

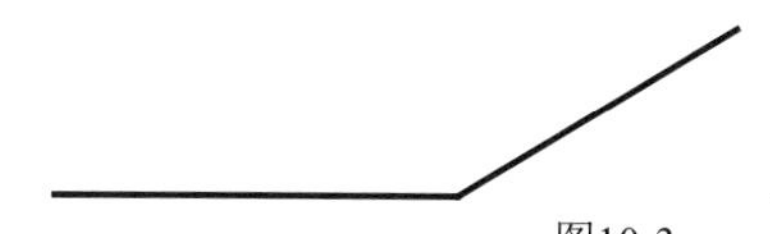

图10-3

图10-4

图10-5

06_ 在命令行输入M执行【移动】命令，选中图10-5中的图形移动到旋转直线上方，如图10-6所示。

07_ 在命令行输入RO执行【旋转】命令， 选择中间长度为40的直线，以直线左边端点为旋转基点，旋转180°，如图10-7所示。

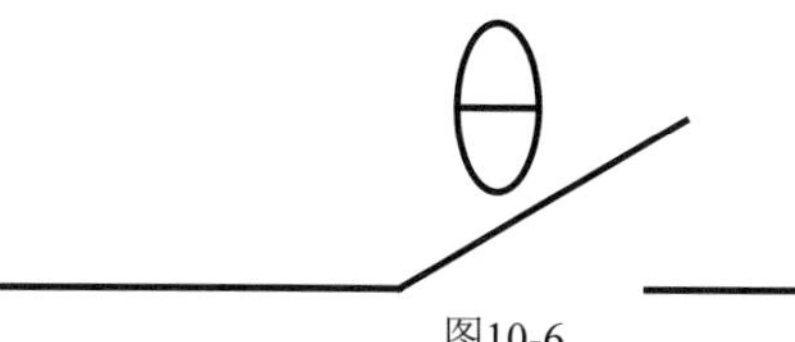

图10-6

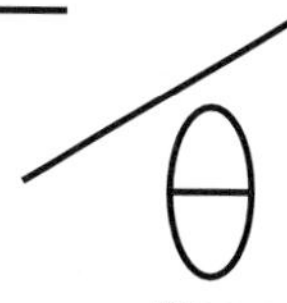

图10-7

08_ 在命令行输入B执行【创建块】命令，选择绘制好的电气符号，制作成块，将其命名为“热敏开关”。

实战222 绘制发光二极管

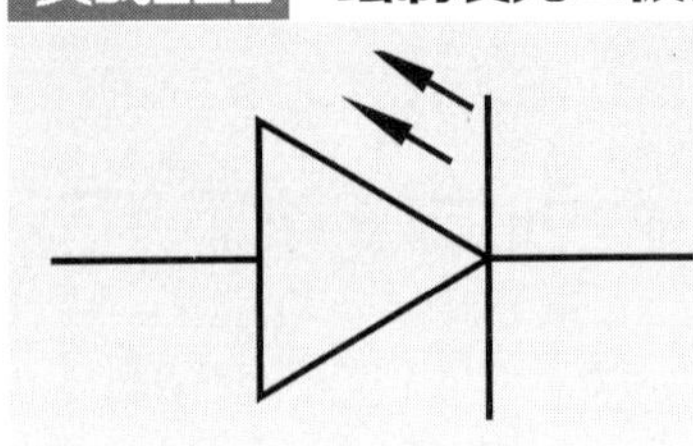

发光二极管简称为LED。由含镓(Ga)、砷(As)、磷(P)、氮(N)等的化合物制成。

难度：☆☆

及格时间：2'40"

优秀时间：1'20"

读者自评： / / / / / /

01_ 新建一空白文档。

02_ 在命令行输入PL执行【多段线】命令，设置起点宽度为2，端点宽度为0，绘制箭头线，如图10-8所示。

03_ 在命令行输入RO执行【旋转】命令，将多段线旋转150度，如图10-9所示。

04_ 在命令行输入CO执行【复制】命令，复制绘制好的二极管，如图10-10所示。

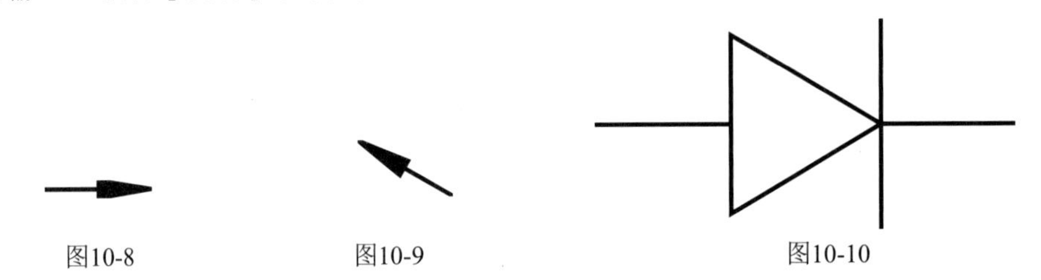

图10-8　　图10-9　　图10-10

05_ 在命令行输入M执行【移动】命令，将箭头线移动到合适的位置，如图10-11所示。

06_ 在命令行输入CO执行【复制】命令，向下复制箭头多段线，如图10-12所示。

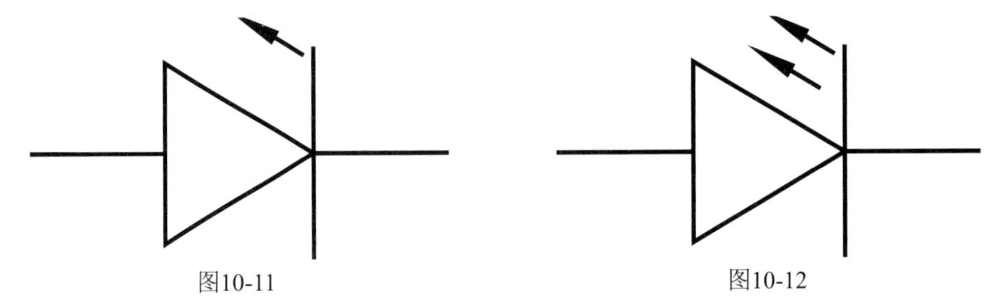

图10-11　　图10-12

07_ 在命令行输入B执行【创建块】命令，选择绘制好的电气符号，制作成块，将其命名为“发光二极管”。

实战223 绘制防水防尘灯

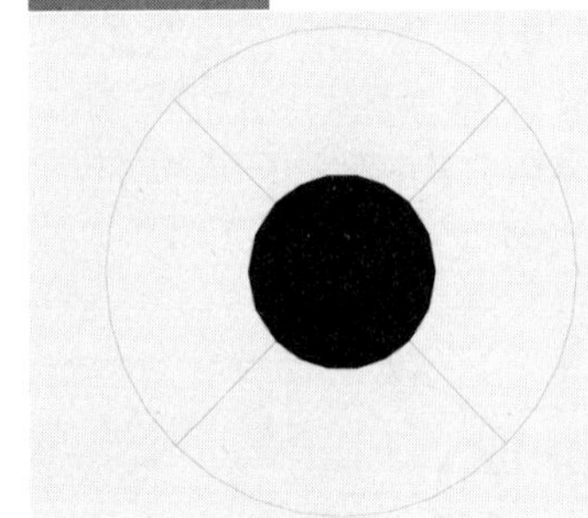

防水防尘灯又叫做防爆油站灯，主要用在油站、油库等场所，是一种较为常用的电器图例。

难度：☆☆

及格时间：2'40"

优秀时间：1'20"

读者自评： / / / / / /

01_ 启动AutoCAD，新建一空白文档。

02_ 在命令行输入REC执行【矩形】命令，绘制一个500×500的矩形，如图 10-13所示。

03_ 在命令行输入L执行【直线】命令，绘制矩形对角线，结果如图 10-14所示。

图 10-13

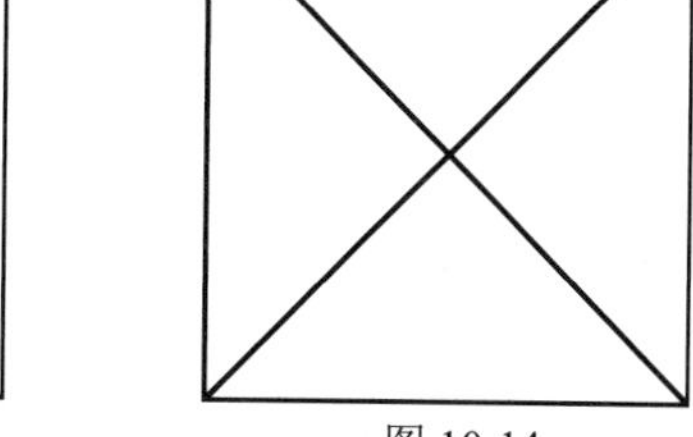
图 10-14

04_ 在命令行输入C执行【圆】命令，捕捉对角线交点，绘制半径分别为250和100的同心圆，如图 10-15所示。

05_ 在命令行输入TR执行【修剪】命令，修剪多余的线段，结果如图 10-16所示。

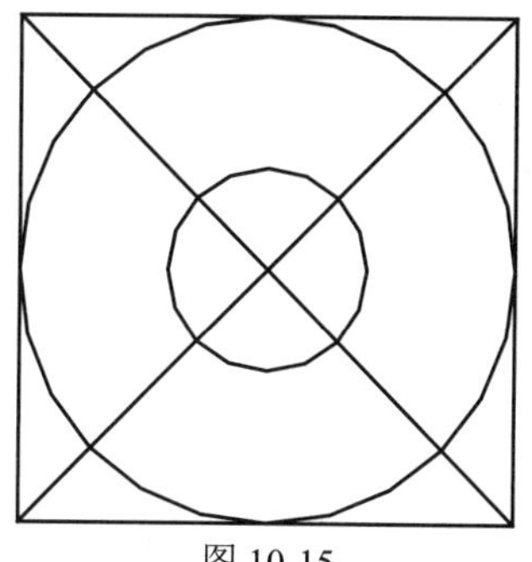
图 10-15

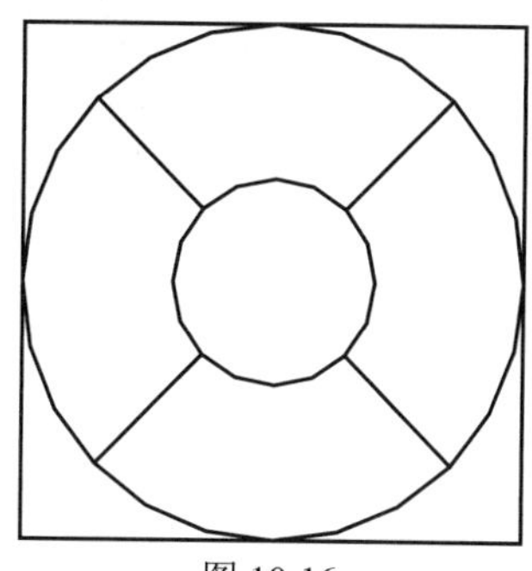
图 10-16

06_ 在命令行输入E执行【删除】命令，删除矩形，结果如图 10-17所示。

07_ 在命令行输入H执行【填充】命令，将绘制好的半径为100的圆，填充图案为SOLID，结果如图 10-18所示。

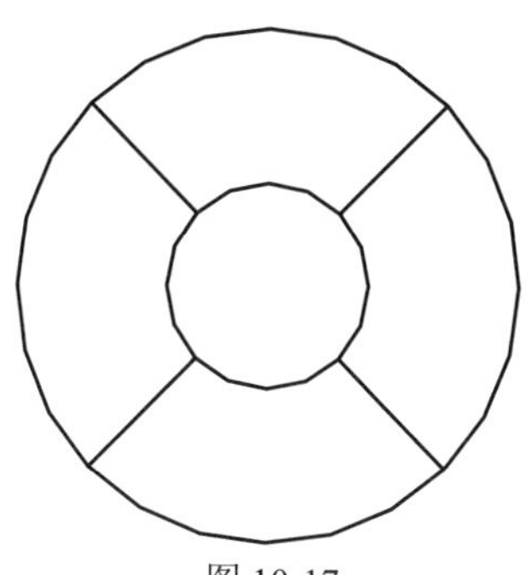
图 10-17

图 10-18

实战224 绘制天棚灯

天棚灯，光伞系列大功率节能灯，集多项专利于一身，伞形光源比U型光源照度提高30%左右，量身研发的灯具效率可达95%以上用于各种工厂厂房车间、车站、码头、仓库、展览馆、大型商场、超市或其他高大厅房照明场所。

难度：☆☆

及格时间：2′40″

优秀时间：1′20″

读者自评：/ / / / / /

01_ 在命令行输入L执行【直线】命令，绘制长度为500的水平直线，如图 10-19所示。

02_ 在命令行输入A执行【圆弧】命令，绘制以刚绘制好的直线中点为圆心的圆弧，如图 10-20所示。

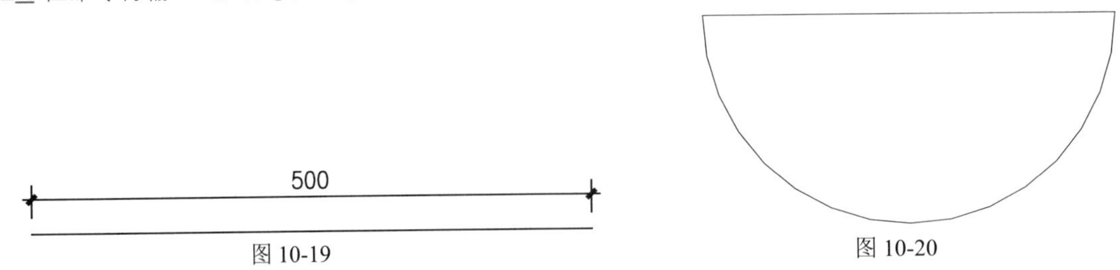

图 10-19　　图 10-20

03_ 在命令行输入H执行【填充】命令，填充半圆图形，结果如图 10-21所示。

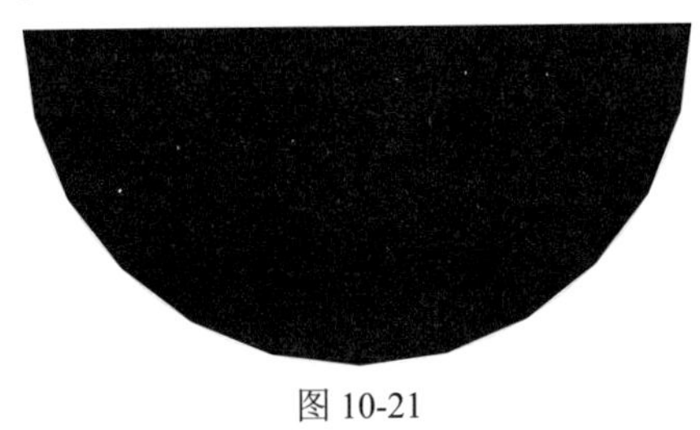

图 10-21

实战225 绘制熔断器箱

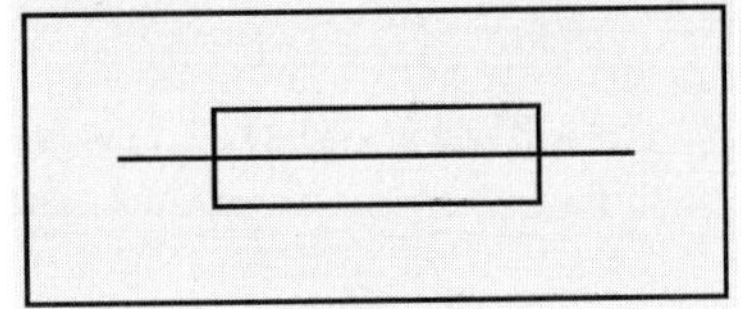

熔断器是根据电流超过规定值一定时间后，以其自身产生的热量使熔体熔化，从而使电路断开的原理制成的一种电流保护器。熔断器广泛应用于低压配电系统和控制系统及用电设备中，作为短路和过电流保护，是应用最普遍的保护器件之一。

难度：☆☆

及格时间：2′40″

优秀时间：1′20″

读者自评：/ / / / / /

01_ 在命令行输入REC执行【矩形】命令，捕捉任一点为起点，绘制750×300的矩形，如图 10-22所示。

02_ 在命令行输入L执行【直线】命令，绘制矩形两边中点连接线，如图 10-23所示。

图 10-22　　图 10-23

03_ 在命令行输入REC执行【矩形】命令，绘制350×100的矩形，如图 10-24所示。

04_ 在命令行输入L执行【直线】命令，绘制两条长度为100的直线以及小矩形的连接线，如图 10-25所示。

图 10-24　　图 10-25

05_ 在命令行输入M执行【移动】命令，将绘制好的小矩形内部直线中点移动到大矩形连接线中点上，如图 10-26所示。

06_ 在命令行输入E执行【删除】命令，删除大矩形内部辅助线，如图 10-27所示。

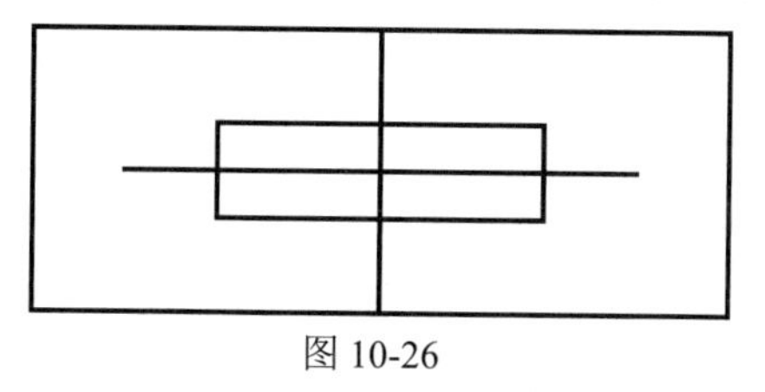

图 10-26

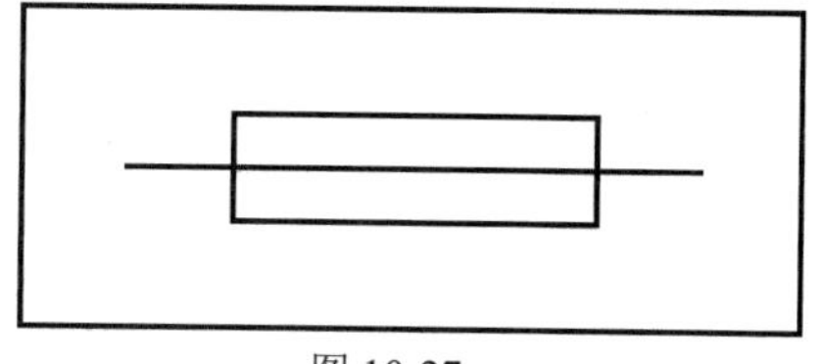

图 10-27

07_ 在命令行输入B执行【创建块】命令，选择绘制好的电气符号创建块，将其命名为“熔断器箱”。

实战226 绘制单相插座

单相插座是在交流电力线路中具有的单一交流电动势，对外供电时一般有两个接头的插座。单相插座的电压是220伏。一般家庭用插座均为单相插座。分单相二孔插座、单相三孔插座和单相二三孔插座。单相三孔插座比单相二孔插座多一个地线接口，即平时家用的三孔插座。单相二三孔插座即使二孔插座和三孔插座结合在一起的插座。住宅中常用的单相插座分为普通型、安全型、防水型、安全防水型等类型。

难度：☆☆

及格时间：2′40″

优秀时间：1′20″

读者自评：/ / / / / /

01_ 在命令行输入L执行【直线】命令，绘制一条长度为500的水平直线。

02_ 继续执行【直线】命令，捕捉水平直线的中点绘制一条长度为250的垂直直线，如图10-28所示。

03_ 在命令行输入A执行【圆弧】命令，绘制一段圆弧，如图10-29所示。

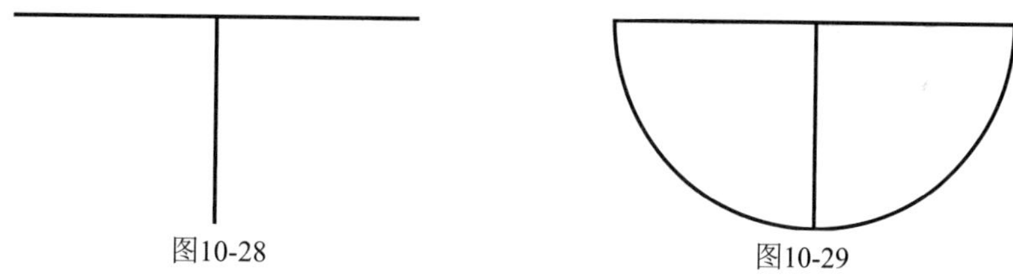

图10-28　　图10-29

04_ 在命令行输入M执行【移动】命令，将绘制好的圆弧移动到两直线的交点处，如图10-30所示。

05_ 在命令行输入DT执行【单行文字】命令，选择文字字体为Simplex.shx，文字高度为200，在圆弧上方输入文字1P，如图10-31所示。

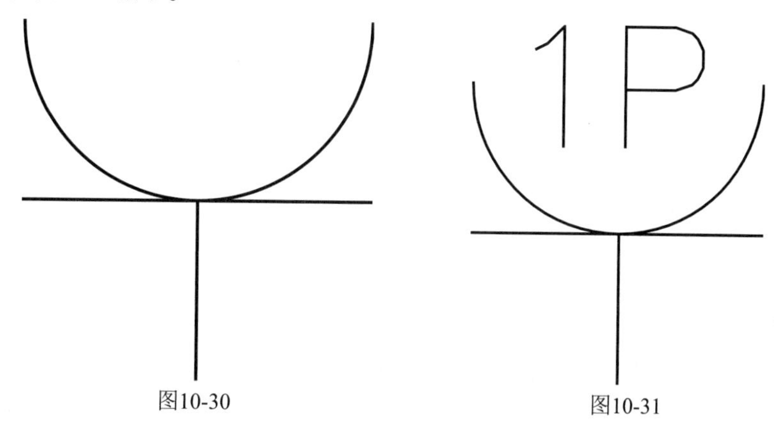

图10-30　　图10-31

实战227 绘制插座平面图

本实例介绍小户型插座平面图的绘制方法，主要内容为调用复制命令布置各个房间的插座。

难度：☆☆

及格时间：2′40″

优秀时间：1′20″

读者自评：/ / / / / /

01_ 启动AutoCAD，打开“第10章/实战227 绘制插座平面图.dwg”素材文件，如图10-32所示。

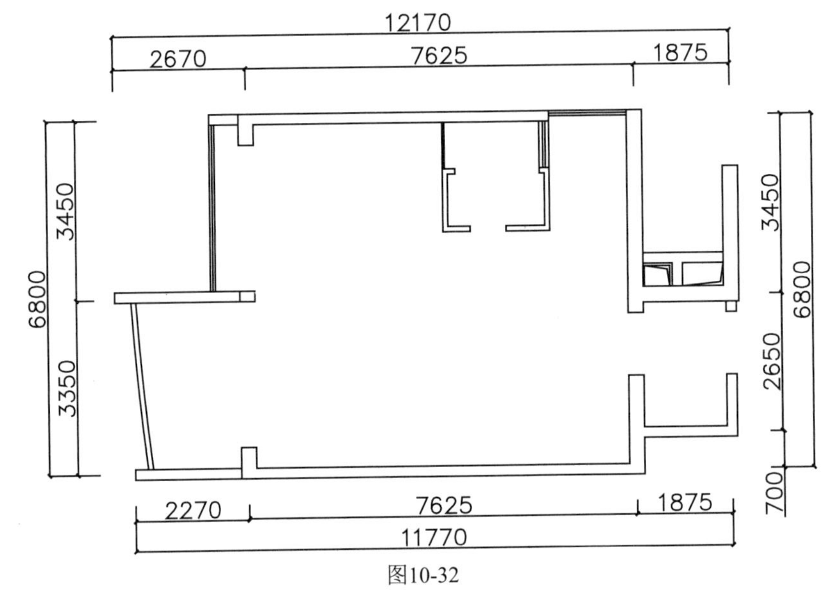

图10-32

02_ 在命令行输入CO执行【复制】命令，移动复制一份小户型平面布置图到一旁。

03_ 在命令行输入CO执行【复制】命令，从电气图例表中移动复制插座图形到平面布置图中，结果如图10-33所示。

04_ 重复前面的操作，将镜前灯图形、浴霸及排气扇图形移动到平面图中，结果如图10-34所示。

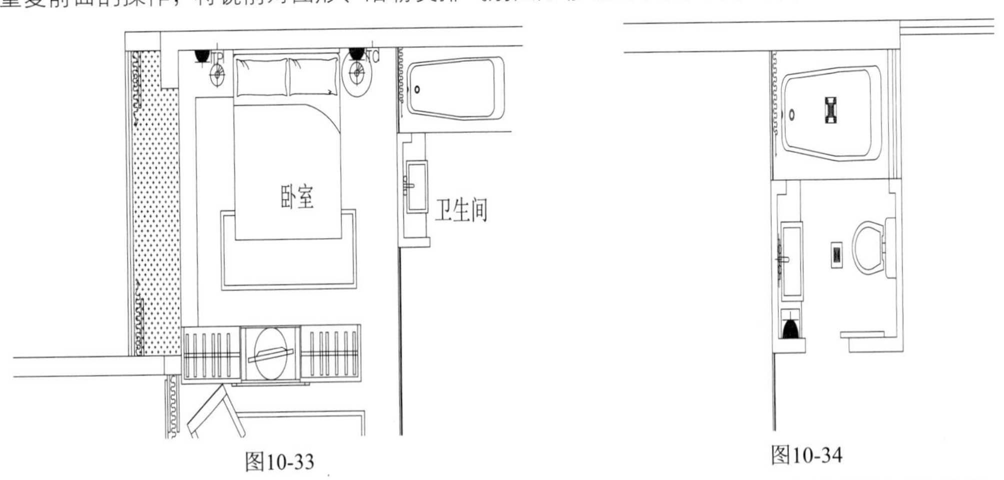

图10-33　　图10-34

05_ 将插座图形移动复制到平面图中后，关闭“JJ_家具”图层，完成小户型插座平面图的绘制，结果如图10-35所示。

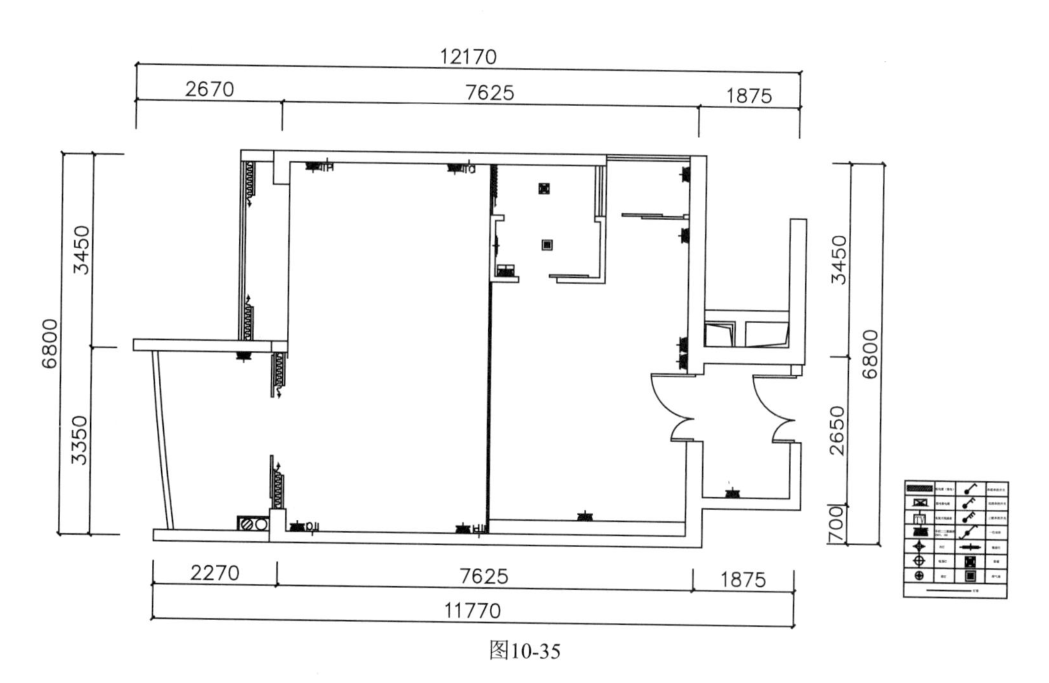

图10-35

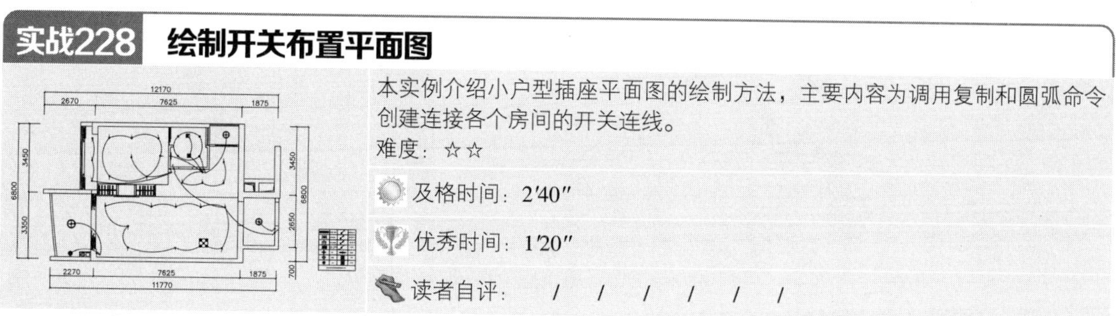

实战228　绘制开关布置平面图

本实例介绍小户型插座平面图的绘制方法，主要内容为调用复制和圆弧命令创建连接各个房间的开关连线。

难度：☆☆

及格时间：2'40"

优秀时间：1'20"

读者自评：/ / / / / /

01_ 延续【实战227】进行操作，也可以打开“第10章/实战227 绘制插座平面图-OK.dwg”素材文件。

02_ 在命令行输入CO执行【复制】命令，移动复制一份小户型顶面布置图到一旁。

03_ 在命令行输入CO执行【复制】命令，从电气图例表中移动复制开关图形到平面布置图中，结果如图10-36所示。

04_ 在命令行输入A执行【圆弧】命令，绘制圆弧，用以表示电线的连接，结果如图10-37所示。

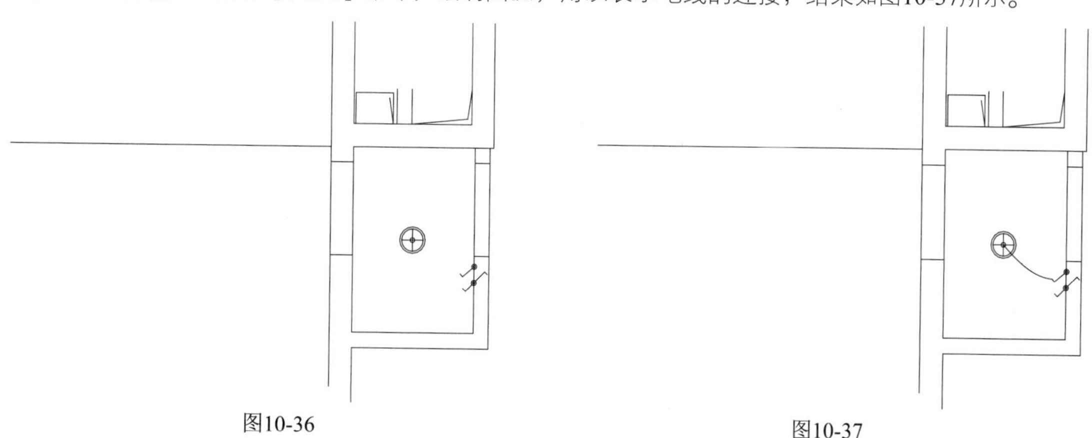

图10-36　　　　图10-37

05_ 在命令行输入A执行【圆弧】命令，在灯具图形之间绘制圆弧，结果如图10-38所示。

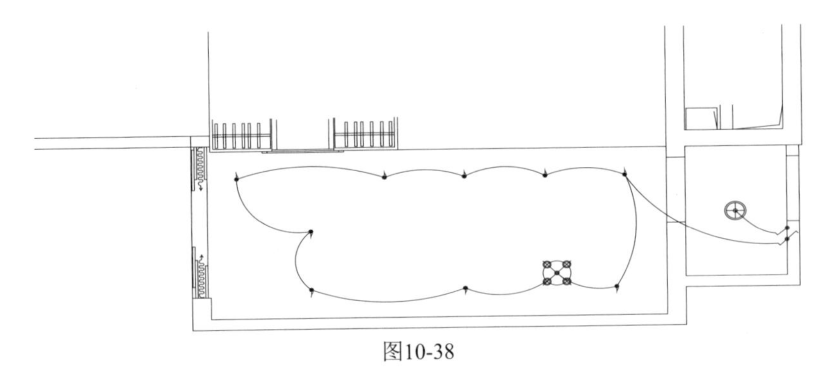

图10-38

06_ 使用同样的方法，完成小户型开关布置图的绘制，结果如图10-39所示。

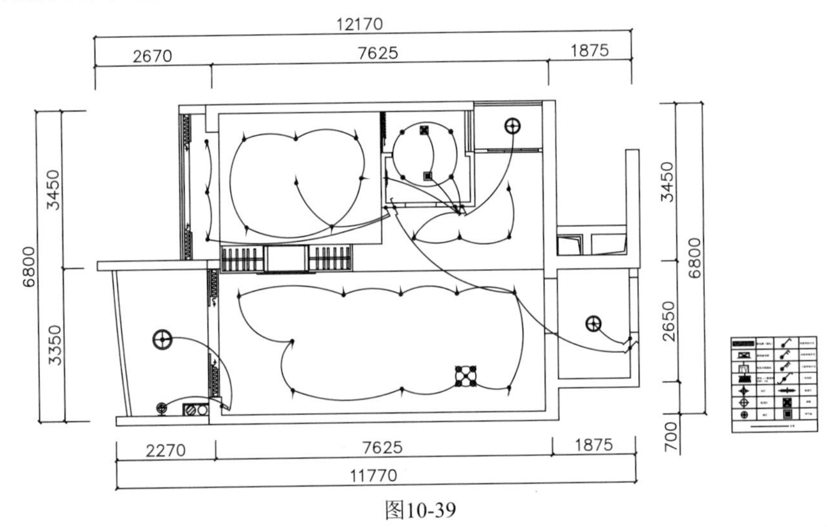

图10-39

第11章 园林设计绘图技法

本章主要讲解园林设计的概念及园林设计制图的内容和流程，并通过具体的实例来对各种园林图形绘制进行实战演练。通过本章的学习，能够了解园林设计的相关理论知识，并掌握园林制图的流程和实际操作。

实战229 绘制桂花图例

本例绘制桂花图例。其绘制步骤一般为：先绘制外围轮廓，再绘制内部枝叶。

难度：☆☆

及格时间：2'40"

优秀时间：1'20"

读者自评： / / / / / /

01_ 启动AutoCAD，新建一空白文件。

02_ 绘制外部轮廓。单击【绘图】面板中的【圆心，半径】按钮，绘制一个半径为730的圆。

03_ 单击【绘图】面板中的【修订云线】按钮，将绘制的圆转换为修订云线，最小弧长为221，结果如图11-1所示。

04_ 绘制内部树叶。执行【圆弧】命令，绘制大致如图11-2所示的弧线。

图11-1

图11-2

05_ 重复执行【圆弧】命令，绘制其他的弧线，如图11-3所示。

06_ 执行【修订云线】命令，用同样的方法将绘制的弧线转换为云线，结果如图11-4所示。

07_ 绘制树枝。单击【绘图】面板中的【直线】按钮，在图形中心位置绘制两条相互垂直的直线，结果如图11-5所示。至此，桂花图例绘制完成。

图11-3

图11-4

图11-5

实战230 绘制湿地松图例

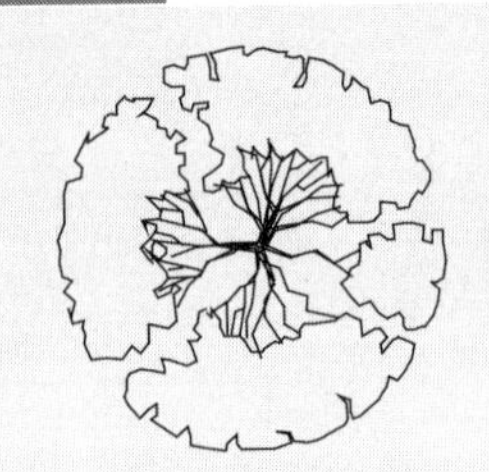

本例绘制湿地松图例。其一般绘制方法为：先绘制外部辅助轮廓，再绘制树叶，然后绘制树枝，最后完善修改图例。

难度：☆☆

及格时间：2′40″

优秀时间：1′20″

读者自评： / / / / / /

01_ 启动AutoCAD，新建一空白图形。

02_ 绘制辅助轮廓。单击【绘图】面板中的【圆心，半径】按钮，绘制一个半径为650的圆。

03_ 单击【绘图】面板中的【直线】按钮，过圆心和90°的象限点，绘制一条直线，并以圆心为中心点，将直线环形阵列3条，如图11-6所示。

04_ 绘制树叶。在命令行输入SKETCH命令，使用徒手画线工具绘制树叶，在“记录增量”的提示下，输入最小线段长度为15，按照图11-7所示绘制图形。

05_ 绘制树枝。执行【多段线】命令，绘制树枝。删除辅助线及圆，结果如图11-8所示。至此，湿地松图例绘制完成。

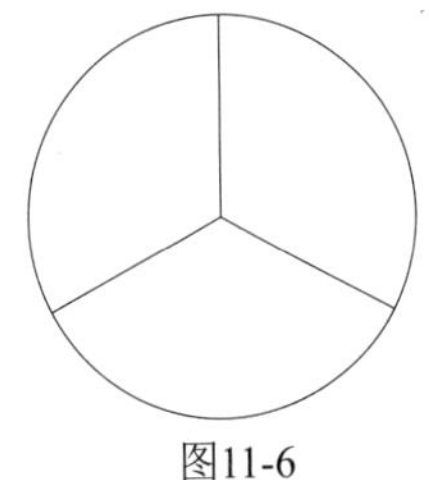

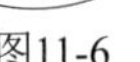

图11-6

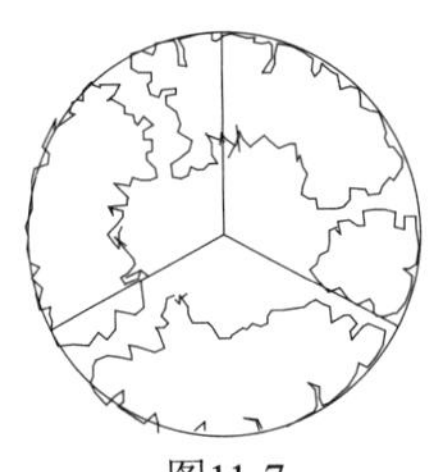

图11-7

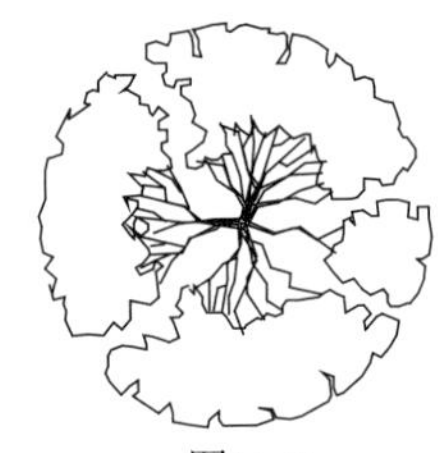

图11-8

实战231 绘制苏铁图例

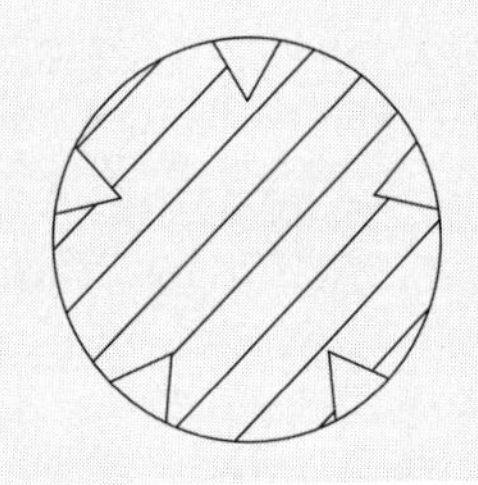

苏铁为热带植物，生长速度非常缓慢，因此在园林中，将其作为自然生长的灌木来种植。本例绘制苏铁图例。

难度：☆☆

及格时间：2′40″

优秀时间：1′20″

读者自评： / / / / / /

01_ 启动AutoCAD，新建一空白图形。

02_ 绘制外部轮廓。执行【圆】命令，绘制一个半径为600的圆。绘制辅助线。使用【直线】工具，过圆心和90°的象限点，绘制一条直线，如图11-9所示。

03_ 绘制短线。重复执行【直线】命令，绘制一条过辅助直线与圆相交的直线，并将其以直线为对称轴镜像复制，结果如图11-10所示。单击【修改】面板中的【删除】按钮，删除辅助线。

04_ 复制短线。单击【修改】面板中的【矩形阵列】按钮，选择绘制的两条短线，将其以圆心为中心点环形阵列，项目总数为5，结果如图11-11所示。

05_ 填充图案。单击【绘图】面板中的【图案填充】按钮，选择ANSI31填充图案，设置填充比例为50，用拾取点的方法在圆心位置处单击鼠标，填充结果如图11-12所示。

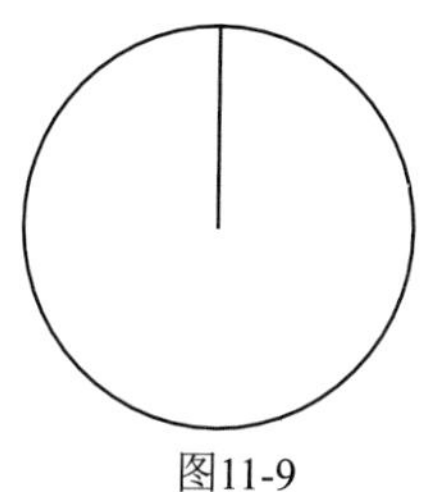
图11-9

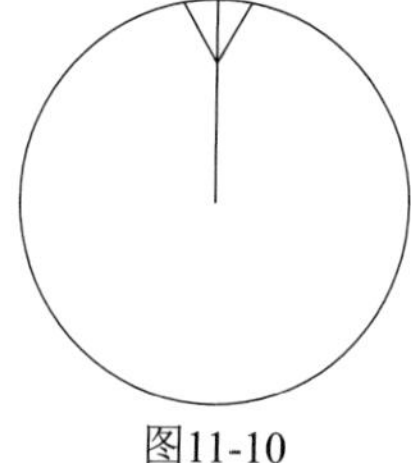
图11-10

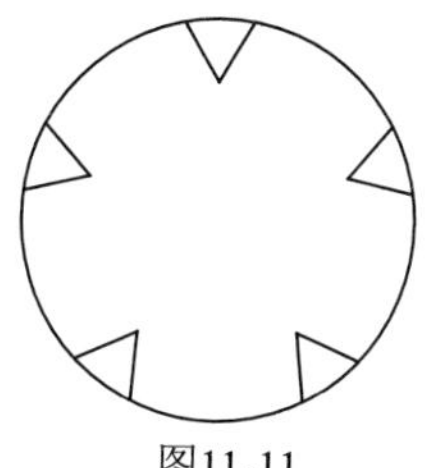
图11-11

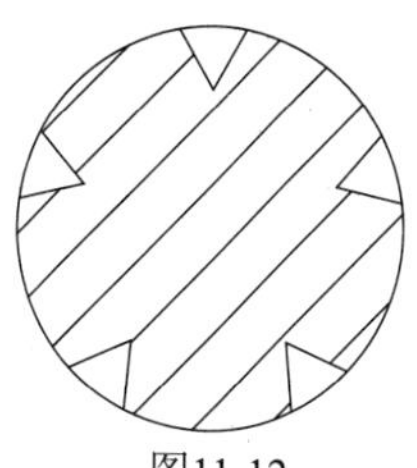
图11-12

实战232　绘制绿篱图例

绿篱一般种植于绿地边缘或建筑墙体下面，起到分隔空间、保护绿地和软化硬质景观的作用。本例绘制绿篱图例。其绘制步骤也是先绘制外部辅助轮廓，然后完善内部图案，最后删除辅助线。

难度：☆☆

及格时间：2′40″

优秀时间：1′20″

读者自评：　/　/　/　/　/　/

01_ 启动AutoCAD，新建一空白图形。

02_ 绘制辅助轮廓。单击【绘图】面板中的【矩形】按钮，绘制尺寸为2340×594的矩形。

03_ 绘制绿篱轮廓。执行【多段线】命令，绘制如图11-13所示的绿篱轮廓。

04_ 重复执行【多段线】命令，绘制绿篱的内部轮廓，如图11-14所示。

05_ 执行【删除】命令，删除辅助矩形，结果如图11-15所示。至此，绿篱图例绘制完成。

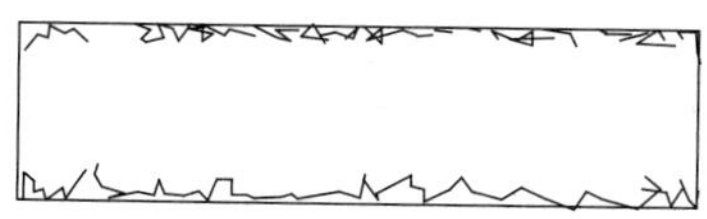
图11-13

图11-14

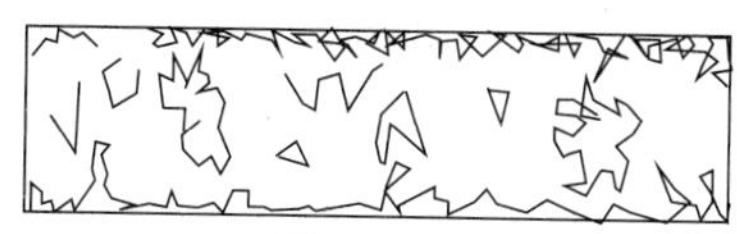
图11-15

实战233　绘制景石图例

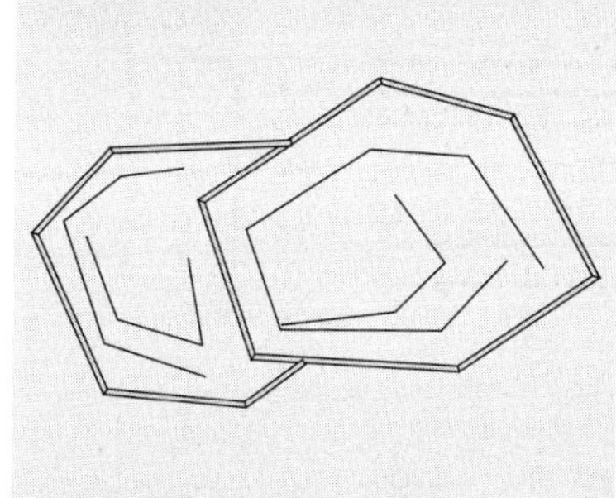

景石是园林设计中出现频率较高的一种园林设施，它可以散置于林下、池岸周围等，也可以孤置于某个显眼的地方，形成主景，还可以与植物搭配在一起，形成一种独特的景观。本例绘制的是散置于林下的小景石图例，如图11-16所示，它是由两块形状不同的景石组合在一起形成的一组景石。其一般绘制步骤为：先绘制景石外部轮廓，再绘制内部纹理。

难度：☆☆

及格时间：2′40″

优秀时间：1′20″

读者自评：　/　/　/　/　/　/

01_ 启动AutoCAD，新建一空白图形。

02_ 绘制外部轮廓。单击【绘图】面板中的【多段线】按钮，设置线宽为10，绘制如图11-17所示的景石外部轮廓。

03_ 重复执行【多段线】命令，设置线宽为0，绘制景石的内部纹理，结果如图11-18所示。至此，景石绘制完成。

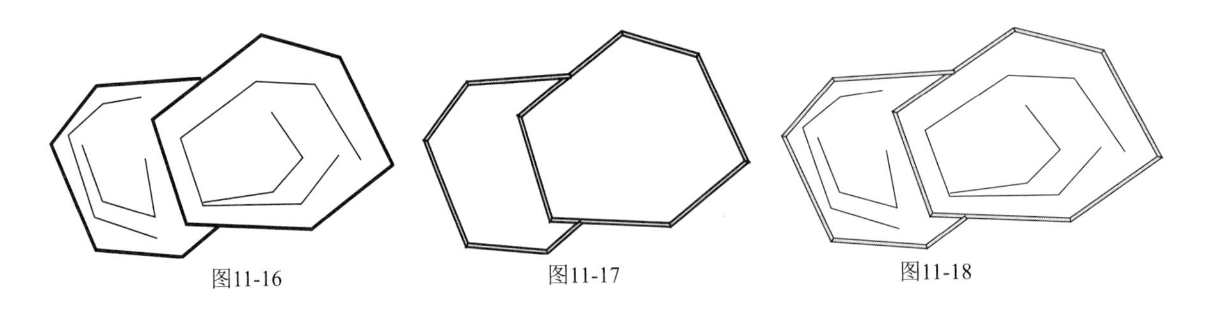

图11-16　　图11-17　　图11-18

实战234　绘制总体平面图

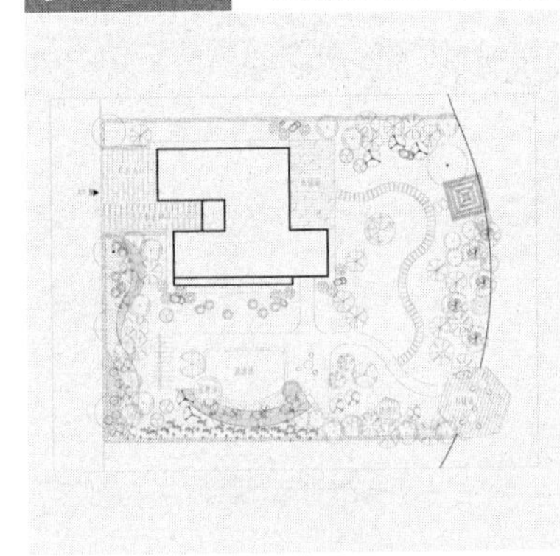

总体平面图又称总平图，它表明了各类园林要素（建筑、道路、植物及水体）在图纸上的尺寸大小与空间分布关系。因此，它是设计者设计思路最直接的反映。在进行绘制时，只要简单地绘制各要素，表明其形式、尺度及在空间中的位置即可，而不需要精确详细地绘制每一个要素。其一般绘制方法为：先在原始平面图的基础上绘制园路铺装系统，再绘制园林建筑和小品，接下来绘制植物，然后对总平图进行各种标注。

难度：☆☆☆

及格时间：2′40″

优秀时间：1′20″

读者自评：　/　/　/　/　/　/

1. 绘制园路铺装

01_ 打开“第11章\实战234 绘制总体平面图.dwg”素材文件。

02_ 新建“园路”图层，设置图层颜色为42号黄色，并将其置为当前图层。

03_ 绘制别墅周边园路。执行【多段线】命令，绘制如图11-19所示的多段线，并保证园路最窄处距建筑外墙的距离为800。

04_ 绘制庭院主园路。执行PLINE / PL命令，过别墅周边园路下边的右端点，绘制如图11-20所示的多段线，并修剪多余的线条。

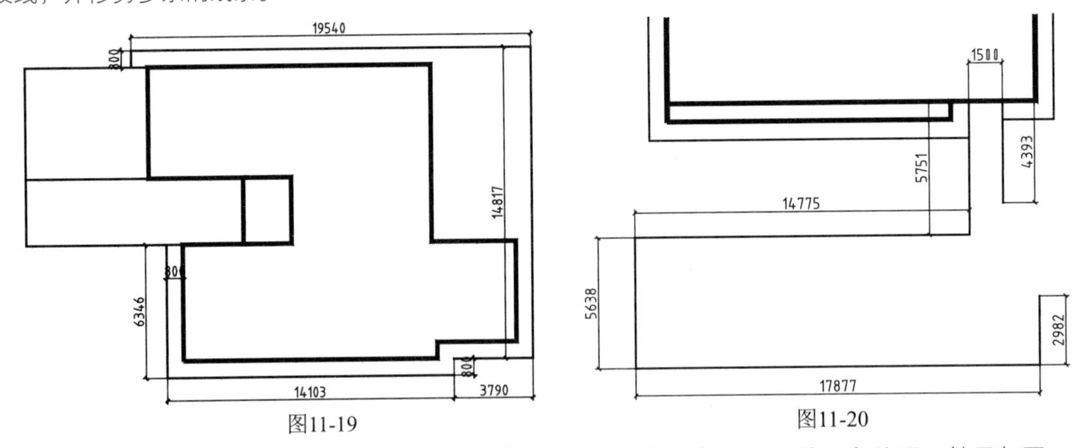

图11-19　　图11-20

05_ 圆角操作，执行FILLET / F命令，对绘制的园路一角进行半径为1500的圆角处理，结果如图11-21所示。

06_ 完善园路。使用【样条曲线】工具，绘制如图11-22所示的两条样条曲线。

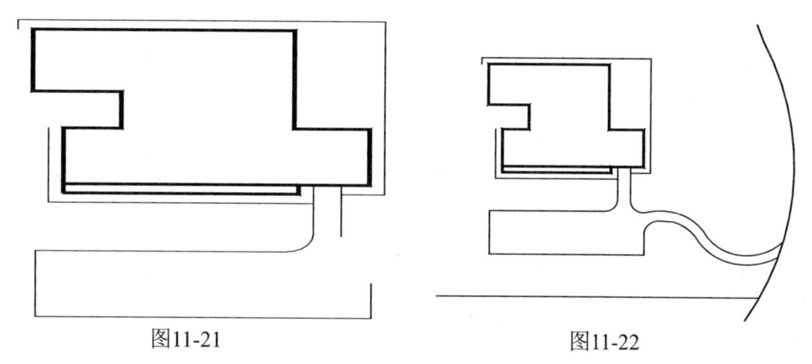

图11-21　　图11-22

2. 绘制园林建筑

07_ 将“建筑”图层置为当前图层。

08_ 绘制景观亭。单击【块】面板中的【插入】按钮，插入“第11章\原文件”配套资源中的“亭”图块，并旋转至合适的角度，结果如图11-23所示。

09_ 绘制花架。单击【块】面板中的【插入】按钮，插入“第11章\原文件”配套资源中的“花架”图块，结果如图11-24所示。

10_ 绘制休息平台一。单击【绘图】面板中的【矩形】按钮，绘制如图11-25所示的休息平台，与建筑墙体相接。

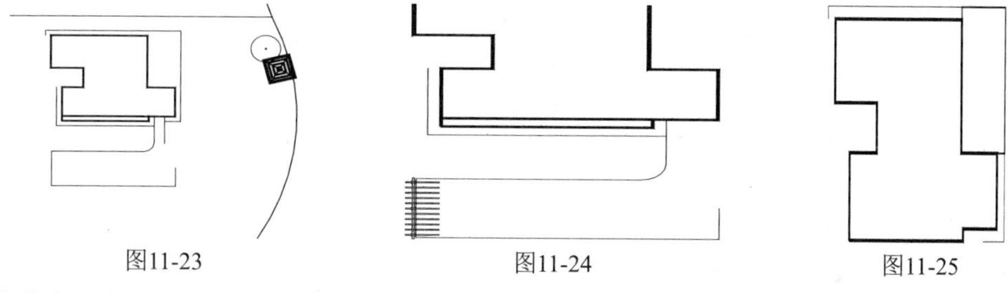

图11-23　　图11-24　　图11-25

11_ 填充休息平台。将“填充”图层置为当前图层。单击【绘图】面板中的【图案填充】按钮，选择DOLMIT图案类型，设置比例为1500，填充休息平台，结果如图11-26所示。

12_ 绘制休息平台二。将“建筑”图层置为当前图层，执行【正多边形】命令，绘制一个内接圆半径为4000的正六边形，并将其移动至如图11-27所示的园路与湖面相交的位置。

13_ 填充休息平台。将【填充】图层置为当前图层，执行【图案填充】命令，用填充休息平台一的方法填充休息平台二，设置角度为70°，并修剪多余的线条，结果如图11-28所示。

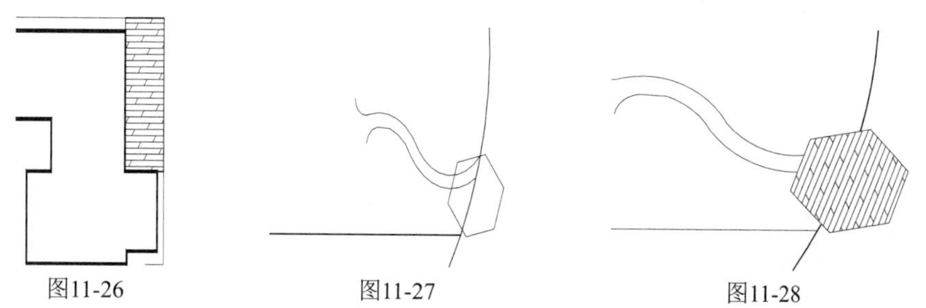

图11-26　　图11-27　　图11-28

14_ 绘制游泳池。将“水体”图层置为当前图层，执行【多段线】命令，绘制如图11-29所示的多段线。

15_ 圆角操作。单击【修改】面板中的【圆角】按钮，将游泳池上面的两个端点进行半径为900的圆角操作，并将圆角后的线条向内偏移300，修剪多余的线条，结果如图11-30所示。

16_ 绘制按摩池。执行【圆】命令，在如图11-31所示的位置绘制一个半径为1500的圆，并将其向内偏移300，修剪多余的线条。

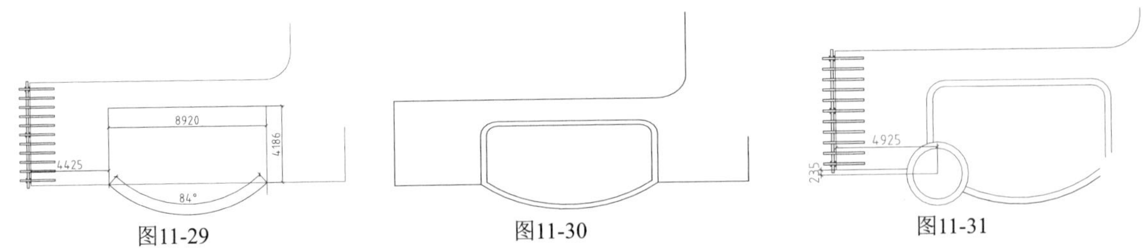

图11-29　　图11-30　　图11-31

17_ 绘制烧烤平台。将“园路”图层置为当前图层，单击【绘图】面板中的【多边形】按钮，绘制一个内接圆半径为1500的正六边形。

18_ 绘制烧烤台。将“建筑”图层置为当前图层，单击【绘图】面板中的【矩形】按钮，绘制一个尺寸为1500×500的矩形，用直线连接其上下两边的中点，并以其右下角点为基点，以平台右下角点为第二点，进行移动，结果如图11-32所示。

19_ 填充烧烤台。将“填充”图层置为当前图层，执行【图案填充】命令，选择NET图案类型，设置比例为2500，填充烧烤平台，结果如图11-33所示。

20_ 移动烧烤台。单击【修改】面板中的【移动】按钮，选择如图11-33所示的图形，将其移动至庭院相应的位置，并旋转至合适的角度，结果如图11-34所示。

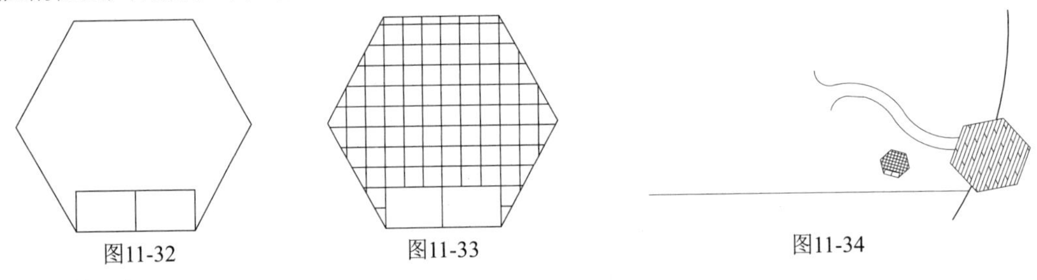

图11-32　　图11-33　　图11-34

3. 绘制汀步

21_ 新建“汀步”图层，设置图层颜色为33号黄色，并将其置为当前图层。

22_ 绘制规则汀步。执行【样条曲线】命令，绘制大致如图11-35所示的样条曲线作为辅助线。

23_ 绘制一块汀步。执行【矩形】命令，绘制一个尺寸为400×900的矩形，并将其定义为“汀步”图块，指定矩形的中心为拾取基点。

24_ 插入汀步。执行MEASURE命令，插入汀步，设置等分距离为500，结果如图11-36所示。

25_ 绘制不规则汀步。执行【多段线】命令，绘制一系列大致如图11-37所示的封闭多段线图形，形成流畅的汀步小路，连接烧烤区、园路和休息平台。

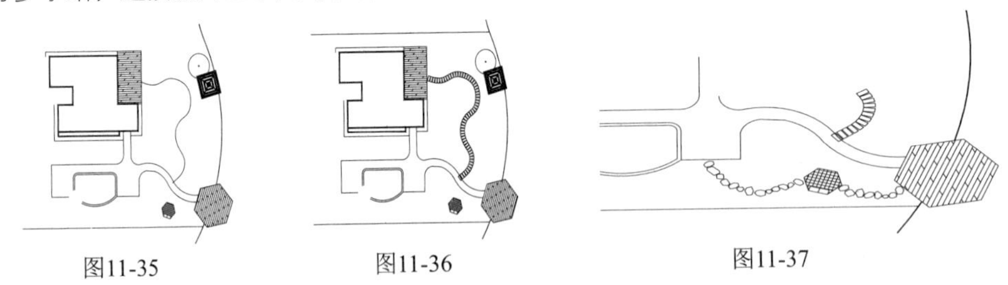

图11-35　　图11-36　　图11-37

26_ 用同样的方法连接景观亭与规则汀步路，结果如图11-38所示。

4. 绘制园林小品

27_ 新建“小品”图层，设置颜色为黄色，并将其置为当前图层。

28_ 绘制景石。单击【块】面板中的【插入】按钮，插入配套资源中的“景石”图块，放置于合适的位置，并旋转至合适的角度，结果如图11-39所示。

29_ 复制景石。单击【修改】面板中的【复制】按钮，将插入的景石复制至其他位置，并调整其大小和方向，结果如图11-40所示。

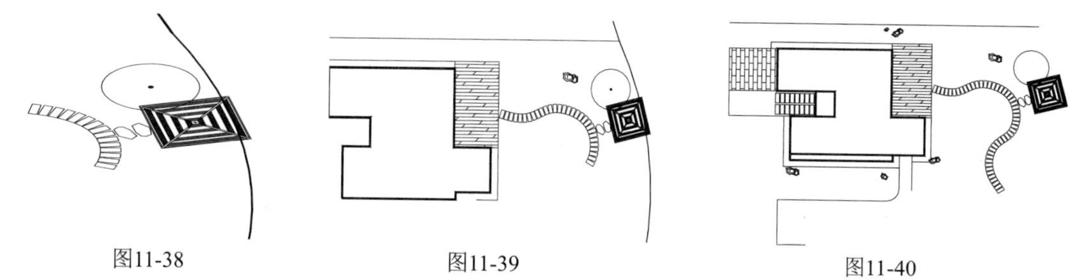

图11-38　　图11-39　　图11-40

30_ 绘制树池。调用【圆】命令，在如图11-41所示的位置绘制一个半径为1000的圆，并将其向内偏移300，修剪多余的图形。

31_ 绘制其他园设施。单击【块】面板中的【插入】按钮，插入配套资源中的“躺椅”“休闲椅”图块，如图11-42所示。

32_ 修改填充效果。双击休闲平台二的填充图案，在打开的选项板中单击【选择对象】按钮，在绘图区选择平台上的“休闲椅”图块，按空格键返回对话框，单击【确定】按钮，结果如图11-43所示。

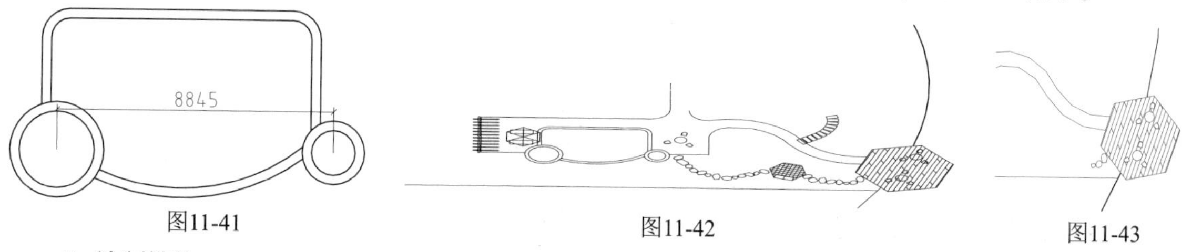

图11-41　　图11-42　　图11-43

5. 绘制植物

33_ 新建“灌木”图层，设置图层颜色为绿色，并将其置为当前图层。

34_ 绘制绿篱轮廓。执行【多段线】命令，在庭院周边绘制如图11-44所示的宽度为400的绿篱轮廓。

35_ 新建“描边”图层，设置图层颜色为8号灰色，并将其置为当前图层。

36_ 描边轮廓。调用【多段线】命令，描边绿篱轮廓。

37_ 填充绿篱。将“灌木”图层置为当前图层。执行【图案填充】命令，选择ANSI38图案类型，设置比例为2000，为绿篱填充图案，并隐藏“描边”图层，结果如图11-45所示。

38_ 用同样的方法绘制模纹轮廓，如图11-46所示，并对其进行填充，结果如图11-47所示。

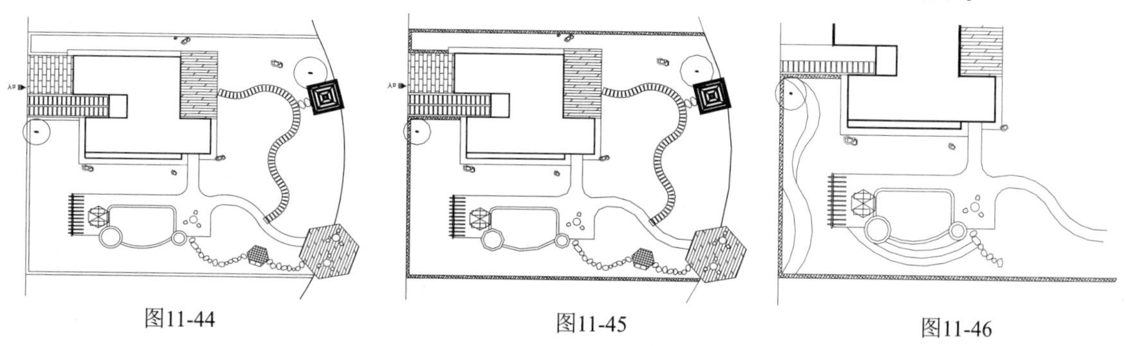

图11-44　　图11-45　　图11-46

39_ 插入“红花继木”图例。单击【块】面板中的【插入】按钮，插入配套资源中的“第11章\红花继木”图块，结果如图11-48所示。

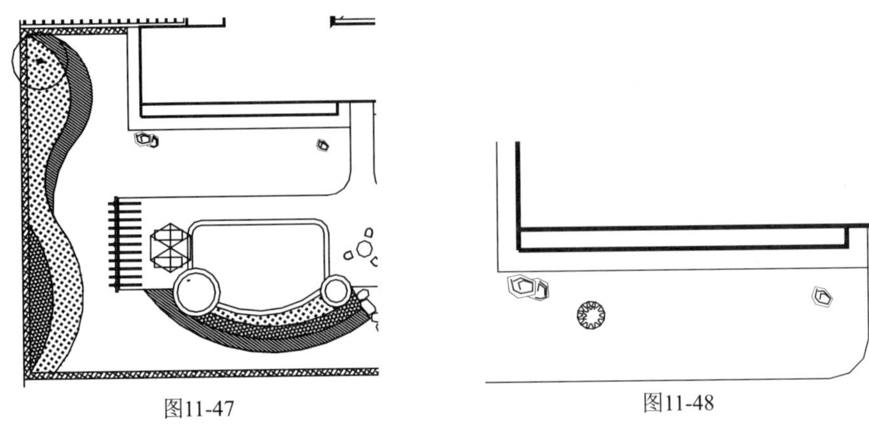

图11-47　　图11-48

40_ 复制图块。执行【复制】命令，将插入的图块复制到相应的位置，结果如图11-49所示。

41_ 用同样的方法插入配套资源中的其他植物图例，并调节其大小，结果如图11-50所示。

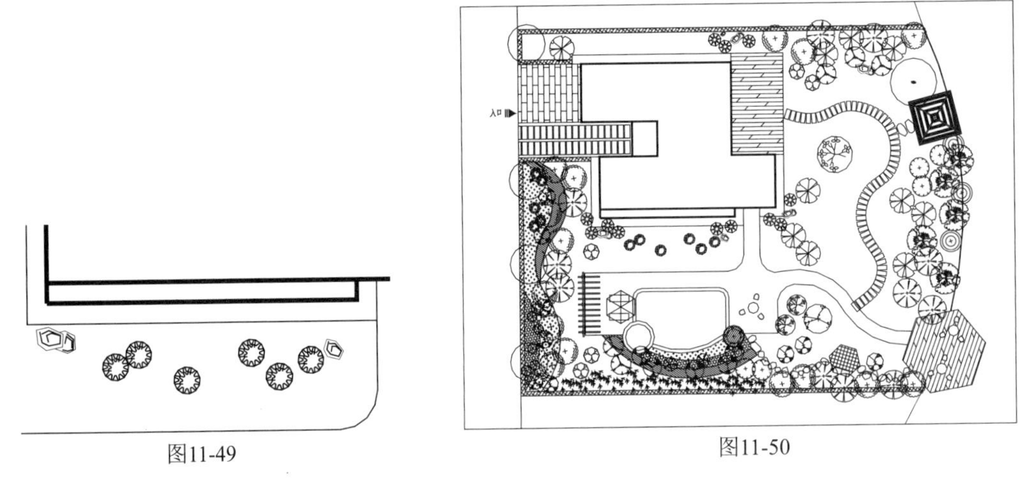

图11-49　　图11-50

6. 文字标注

42_ 新建“标注”图层，设置图层颜色为蓝色，并将其置为当前图层。

43_ 设置文字标注样式。执行【文字样式】命令，新建“样式1”，其设置如图11-51所示，并将其置为当前图层。

44_ 标注文字。执行TEXT / DT命令，设置文字高度为1000，在图中相应的位置进行文字标注，并修改文字效果，使文字不被填充图案遮挡，结果如图11-52所示。至此，总体平面图绘制完成。

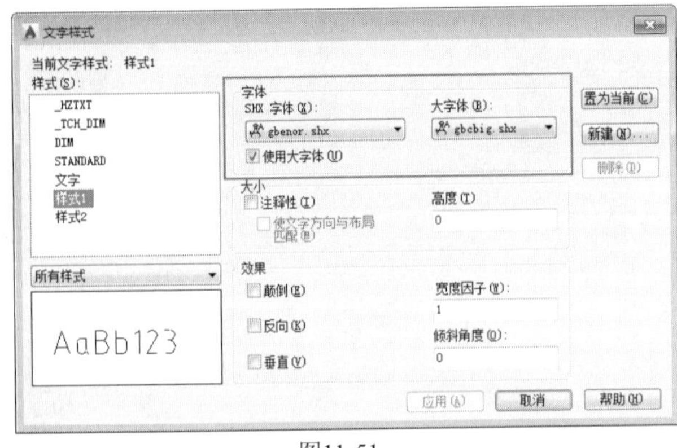

图11-51

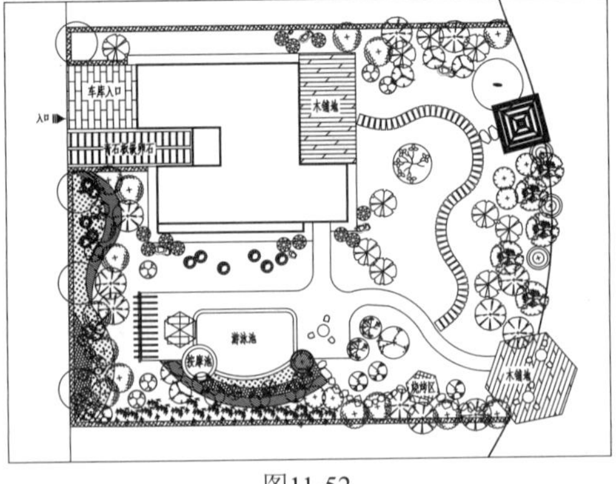

图11-52

实战235　绘制植物配置图

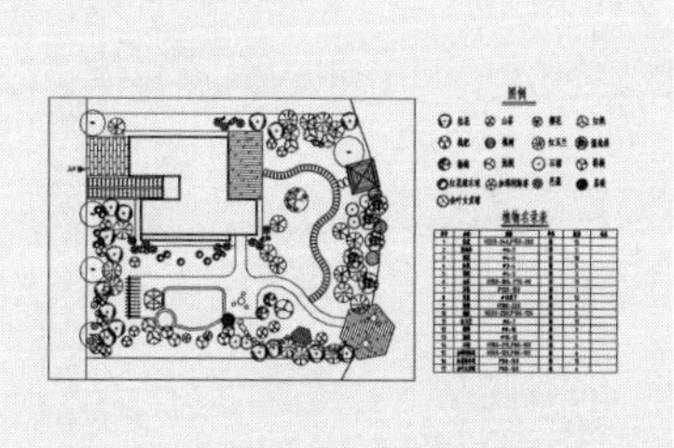

本例将植物配置图分成乔木种植图和灌木种植图。在绘制时，可以在总平图的基础上进行植物位置的调整和数量的增减，其方法与总平图中植物的绘制方法相同，然后增加植物名录表即可。为了避免重复，这里就省去植物调整的过程，直接在总平图中植物的基础上进行其他方面的修改，然后绘制植物名录表。

难度：☆☆☆

及格时间：2′40″

优秀时间：1′20″

读者自评：/ / / / / /

1. 绘制乔木种植图

01_ 延续【实战234】进行操作，也可以打开“实战234 绘制总体平面图-OK.dwg”素材文件。

02_ 复制图形。单击【修改】面板中的【复制】按钮，将绘制完成的总平图复制一份到绘图区空白处。

03_ 删除文字标注。执行【删除】命令，删除图形中除了“入口”以外的其他文字标注，并将图形中的填充图案补充完整，结果如图11-53所示。

04_ 删除灌木。执行【删除】命令，删除图形中的模纹、绿篱、竹子等灌木，结果如图11-54所示。

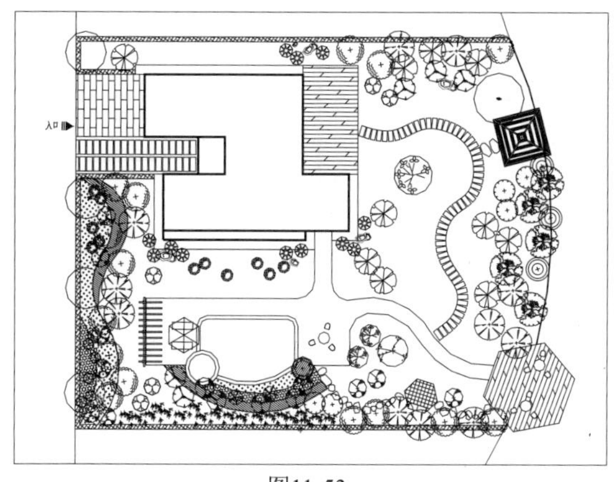

图11-53

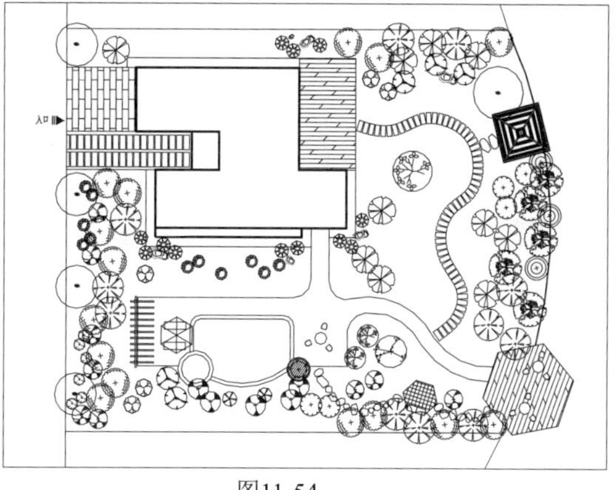

图11-54

05_ 标注桂花图例。将“标注”图层置为当前图层，执行【复制】命令，复制一个桂花图例至绘图区空白处。执行TEXT / DT命令，在命令行中指定文字高度为750，输入文字，标注结果如图11-55所示。

06_ 用同样的方法标注其他乔木图例，并调节图例大小，以排列整齐，并为其加上标题，结果如图11-56所示。

图11-55

图例

桂花　山茶　樱花　红枫

枇杷　桃树　红玉兰　湿地松

杨梅　泡桐　石榴　棕榈

红花继木球　加那利海枣　芭蕉　苏铁

金叶女贞球

图11-56

07_ 设置表格样式。执行【表格样式】命令，新建【乔木种植表样式】，各参数设置如图11-57所示，并将其置为当前样式。

（“常规”选项卡设置）

（“文字”选项卡设置）

（“边框”选项卡设置）

图11-57

08_ 设置表格范围。执行【矩形】命令，绘制一个尺寸为22000×16000的矩形，以指定表格范围。

09_ 插入表格。单击【注释】面板中的【表格】按钮，在弹出的【插入表格】对话框中进行如图11-58所示的设置。单击【确定】按钮，在绘图区中单击矩形的两对角点，以指定表格的范围。在弹出的【文字格式】对话框中单击【确定】按钮，结果如图11-59所示。

10_ 输入文字。双击表格，在弹出的对话框中输入相应的文字，结果如图11-60所示。

11_ 用相同的方法输入其他文字，结果如图11-61所示。

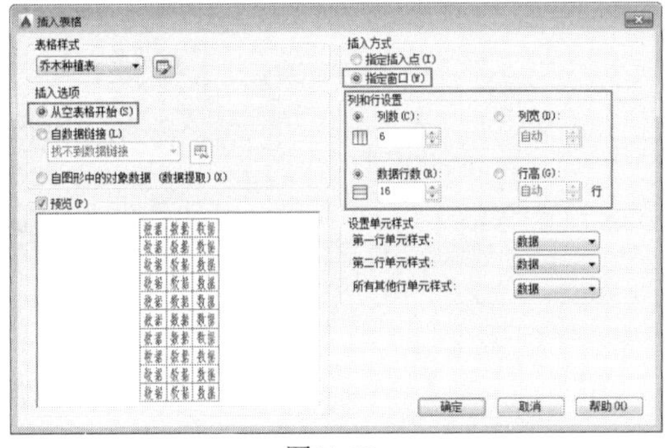
图11-58

图11-59

序号	名称	规格	单位	数量	备注
1					
2					
3					
4					
5					
6					
7					
8					
9					
10					
11					
12					
13					
14					
15					
16					
17					

图11-60

序号	名称	规格	单位	数量	备注
1	桂花	H220-240,P150-200	株	15	
2	湿地松	Φ6-7	株	5	
3	樱花	Φ4-5	株	10	
4	红枫	Φ3-4	株	5	
5	桃树	Φ4-5	株	3	
6	山茶	H150-180，P70-90	株	11	
7	苏铁	P120-150	株	1	
8	芭蕉	Φ10以下	株	12	
9	棕榈	H180-220	株	6	
10	枇杷	H200-250,P100-120	株	5	
11	红玉兰	Φ6-7	株	11	
12	杨梅	Φ8-10	株	3	
13	泡桐	Φ10-12	株	1	
14	石榴	H180-210,P80-100	株	5	
15	加那利海枣	H100-120,P80-100	株	6	
16	红花继木球	P80-100	株	11	
17	金叶女贞球	P80-100	株	6	

图11-61

12_ 将标注的植物图例和植物名录表移动至合适的位置，乔木种植图绘制完成，结果如图11-62所示。

13_ 在乔木种植图中选择一个红枫图例，然后执行【快速选择】命令，弹出【快速选择】对话框。

14_ 单击对话框中“应用到”右侧的【选择对象】按钮，在绘图区中框选乔木种植图，对话框中的其他设置如图11-63所示。

15_ 单击【确定】按钮，命令行显示选择图形中红枫的数量，绘图区中红枫图例也将被标记。

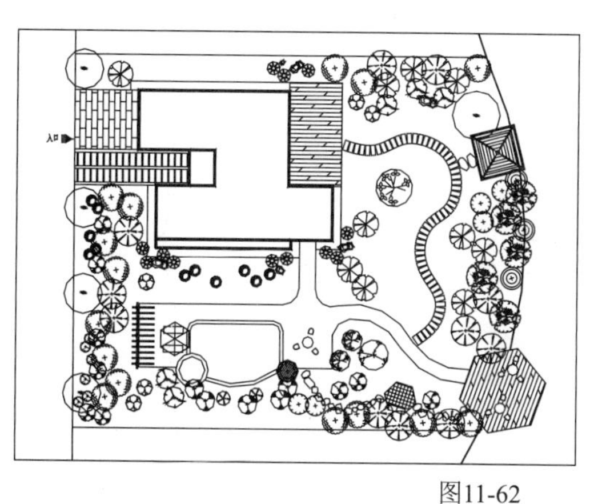

图11-62

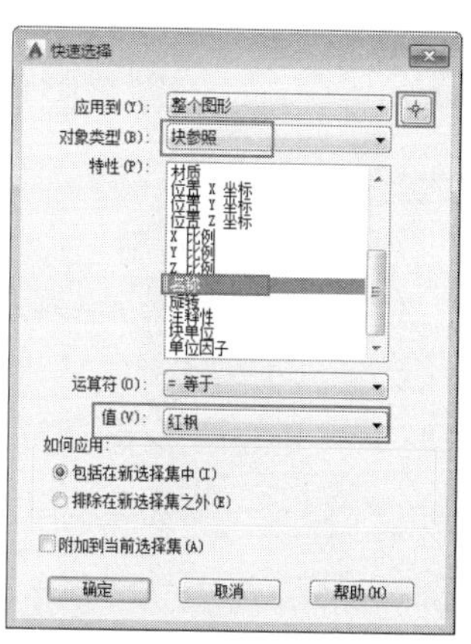

图11-63

2. 绘制灌木种植图

16_ 标注红叶石楠图例。执行【矩形】命令，绘制一个尺寸为2700×1800的矩形。

17_ 填充矩形，单击【绘图】面板中的【图案填充】按钮，选择STARS填充图案，设置比例为900。然后执行TEXT / DT命令，设置文字高度为1000，输入文字，结果如图11-64所示。

18_ 用同样的方法标注其他灌木图例，并调节图例大小，排列整齐，并为其加上标题，结果如图11-65所示。

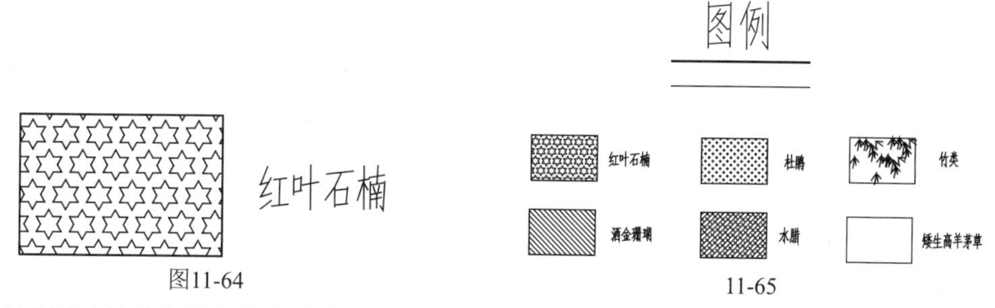

图11-64　　11-65

19_ 用绘制乔木植物名录表的方法绘制灌木植物名录表，并为其加上标题，结果如图11-66所示。

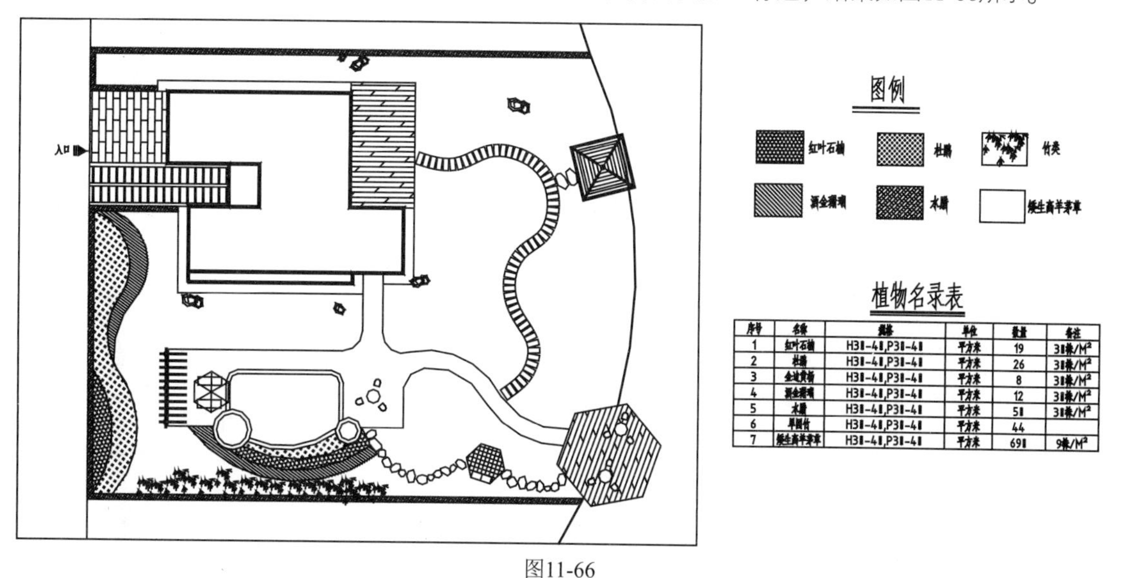

图11-66

20_ 灌木种植图绘制完成。

实战236 绘制竖向设计图

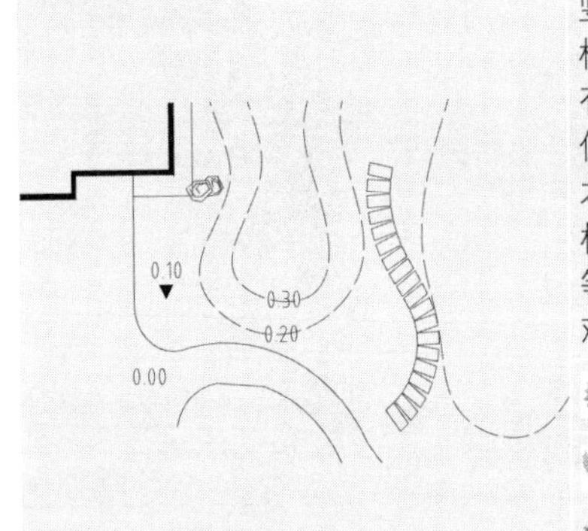

竖向设计一般指地形在垂直方向上的起伏变化，由等高线、路面坡度方向、标高等要素共同组成。本例绘制的竖向设计图（如图11-67所示）其路面没有变坡，只在路与路交接的地方有等高线上的变化。而绿地地形比较丰富，但起伏不大，均呈缓坡状。同时，路面与绿地、平台之间有一定的高差。在本例中，我们以入口处路面标高为相对零点。其一般绘制步骤为：先绘制路面标高，再绘制等高线，然后根据路面高度和等高线的分布，来确定绿地标高和等高线的高度变化。

难度：☆☆☆

及格时间：2′40″

优秀时间：1′20″

读者自评： / / / / / /

1. 修改备份图形

01_ 延续【实战235】进行操作，也可以打开“实战235 绘制植物配置图-OK.dwg”素材文件。

02_ 使用【复制】工具，复制备份的总平修改图，删除所有植物，保留建筑和小品，结果如图11-68所示。

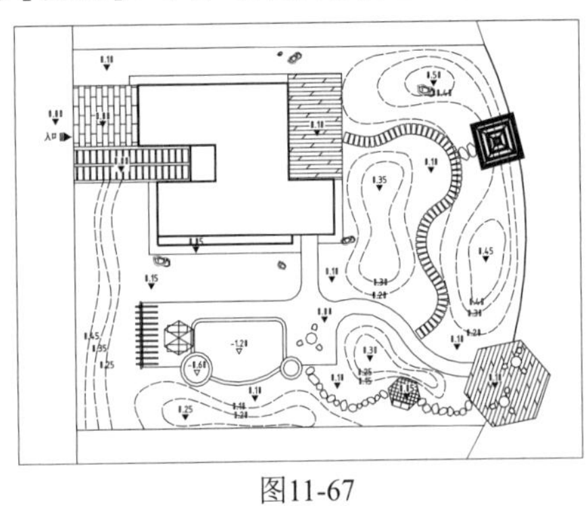

图11-67

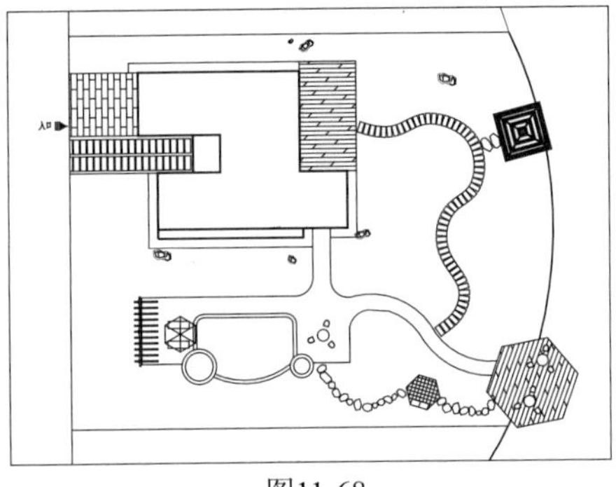

图11-68

2. 路面和水池标高

一般室外绿地、路面等的标高用实心倒三角形表示，而水体标高则用空心倒三角形表示，其方法都一样。

03_ 绘制标高符号。执行【多边形】命令，绘制一个外接圆半径为300的正三角形，对其填充SOLID图案，并将其设置为属性块，其参数设置如图11-69所示。

04_ 绘制车库入口处的标高。单击【块】面板中的【插入】按钮，将配套资源中的“第11章\标高符号”属性块插入车库入口位置（图块/第11章/原始文件），并根据命令行的提示输入高度值。这里保持默认值，并调整填充图案的显示，结果如图11-70所示。

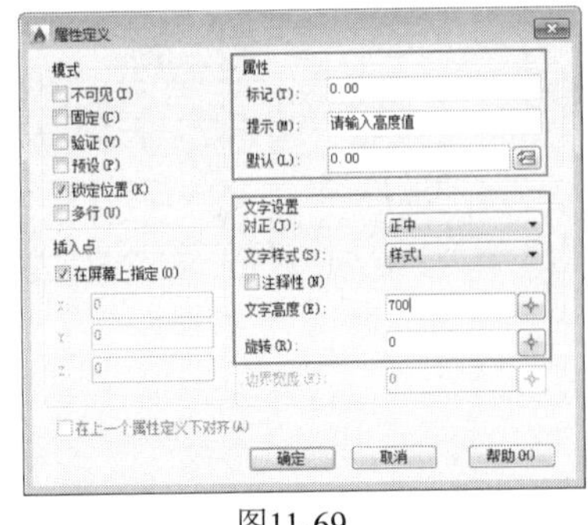

图11-69

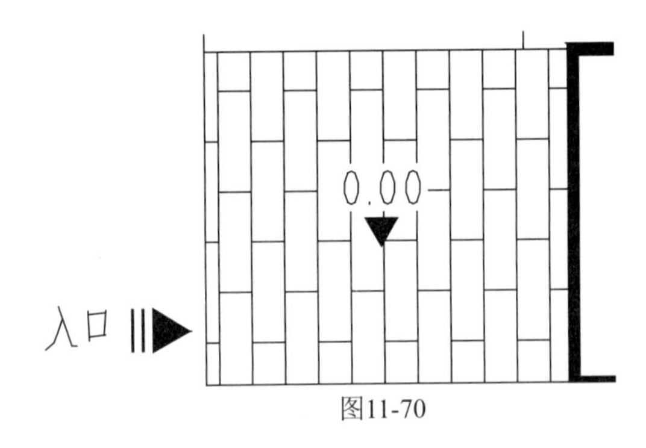

图11-70

05_ 绘制休闲平台标高。单击【块】面板中的【插入】按钮，将配套资源中的“第11章\标高符号”属性块插入休闲平台位置（图块/第11章/原始文件），并根据命令行提示输入高度值为0.10，并调整填充图案的显示，结果如图11-71所示。

06_ 用同样的方法插入水池和路面其他位置的标高，结果如图11-72所示。

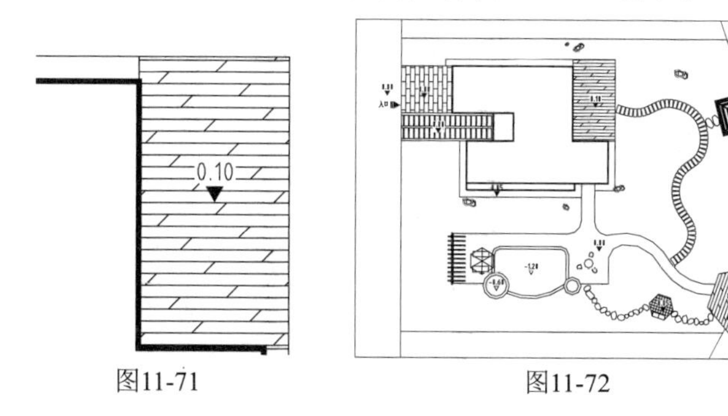

图11-71　　图11-72

3. 绘制等高线

07_ 新建“等高线”图层，设置图层颜色为白色，图层线型设为“ACAD_IS002W100”，并将其置为当前图层。

08_ 绘制等高线。使用【样条曲线】工具，绘制如图11-73所示的等高线。

09_ 执行【样条曲线】命令，在绘制的等高线外围再绘制一段如图11-74所示的样条曲线。

10_ 用同样的方法绘制其他位置的等高线，结果如图11-75所示。

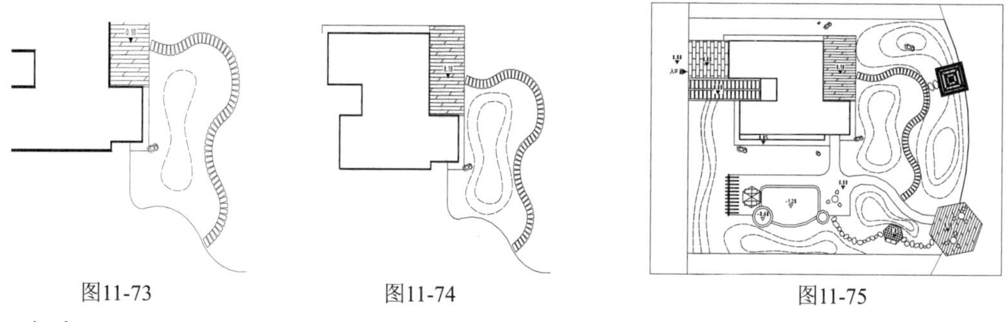

图11-73　　图11-74　　图11-75

4. 标高

11_ 绘制绿地标高。将“标注”图层置为当前图层，用标注路面标高的方法标注绿地标高，结果如图11-76所示。

12_ 绘制等高线标高。执行TEXT/DT命令，设置文字高度为700，在等高线位置处标注如图11-77所示的数值。

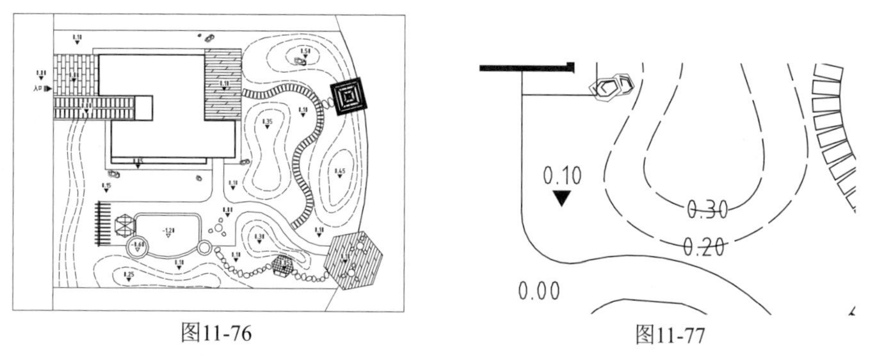

图11-76　　图11-77

13_ 用同样的方法标注其他等高线位置的高度，竖向设计图绘制完成。

实战237 绘制网格定位图

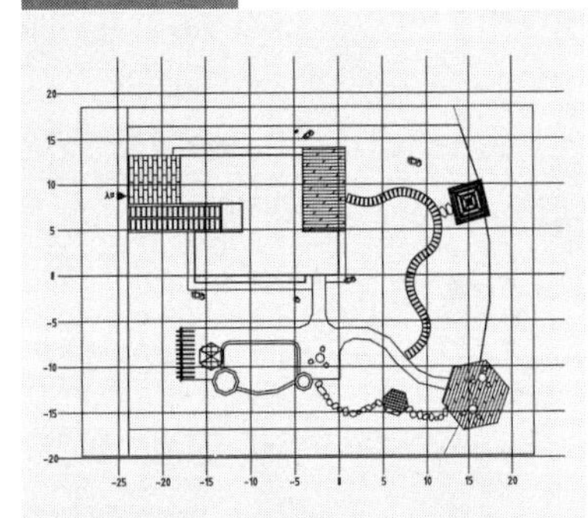

网格定位图就是在图纸上绘制的一系列间距相等的垂直和水平的线条。本例绘制的网格定位图是在竖向修改图的基础上绘制而得的，定位了别墅建筑与园林建筑、路面等硬质景观之间的位置。本例的坐标原点位于别墅建筑的右下角端点，网格之间的间距为5m。其一般绘制步骤为：先过坐标原点位置绘制两条相互垂直的线条，再偏移线条，完成方格网的绘制，然后对其进行标注。

难度：☆☆☆

及格时间：2′40″

优秀时间：1′20″

读者自评： / / / / / /

01_ 延续【实战236】进行操作，也可以打开"实战236 绘制竖向设计图-OK.dwg"素材文件。

02_ 新建"方格网"图层，图层颜色设置为红色，并将其置为当前图层。

03_ 使用【复制】工具，复制一份"竖向修改图"至绘图区空白处，在此基础上绘制图形。

04_ 使用【直线】工具，过别墅右下角端点绘制如图11-78所示的水平和垂直直线。

05_ 单击【修改】面板中的【偏移】按钮，将绘制的水平线条分别向上、向下偏移4次，偏移量为5000；垂直线条分别向左偏移5次、向右偏移4次，偏移量均为5000，结果如图11-79所示。

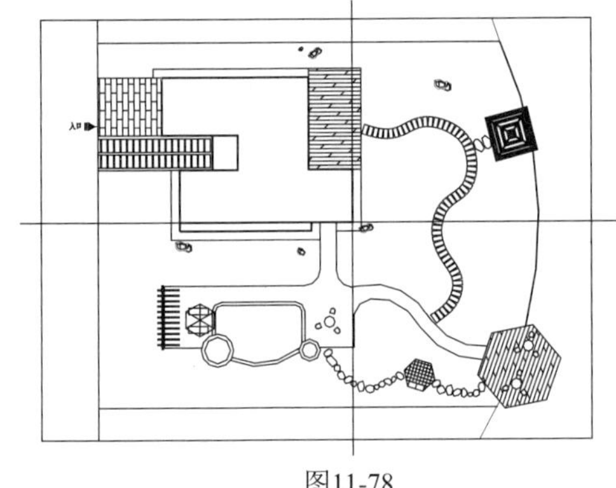

图11-78

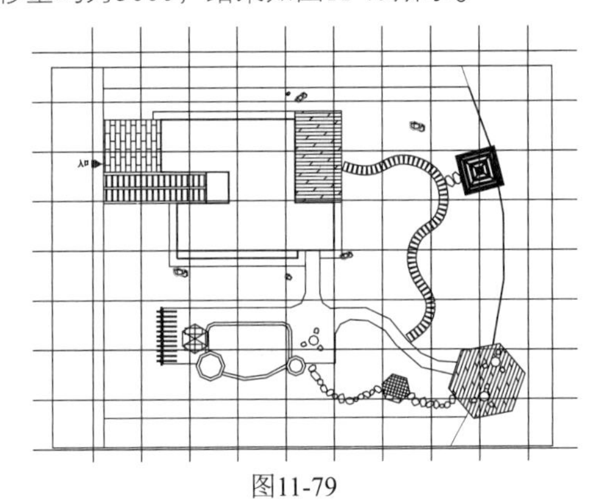

图11-79

06_ 坐标标注。执行TEXT / DT命令，设置文字高度为1000，在图形的左边和下方进行原点的标注，结果如图11-80所示。

07_ 用同样的方法，以5m为间距，进行其他位置的标注，结果如图11-81所示。网格定位图绘制完成。

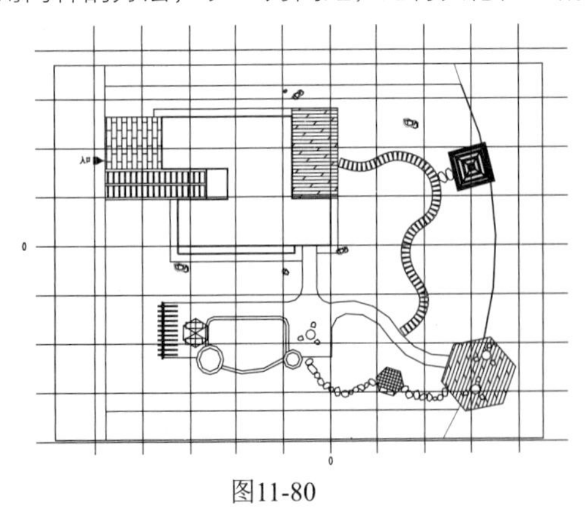

图11-80

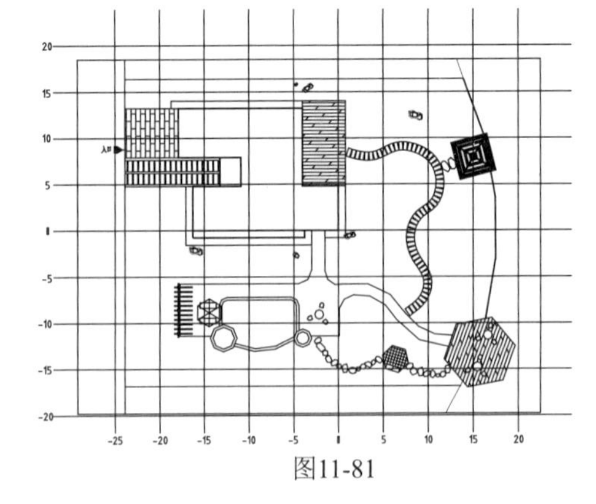

图11-81

第12章 给排水设计绘图技法

建筑给排水工程是现代城市基础建设的重要组成部分，其在城市生活、生产及城市发展中的作用及意义重大。给排水工程是指城市或工业单位从水源取水到最终处理的整个工业流程，其一般包括给水工程（即水源取水工程）、净水工程（水质净化、净水输送、配水使用）、排水工程（污水净化工程、污泥处理工程、污水最终处置工程等）；整个给排水工程由主要枢纽工程及给排水管道网工程组成。

本章以一栋别墅给排水图纸为例，分别介绍了给排水平面图、系统图以及雨水提升系统图的绘制流程。

实战238 设置绘图环境

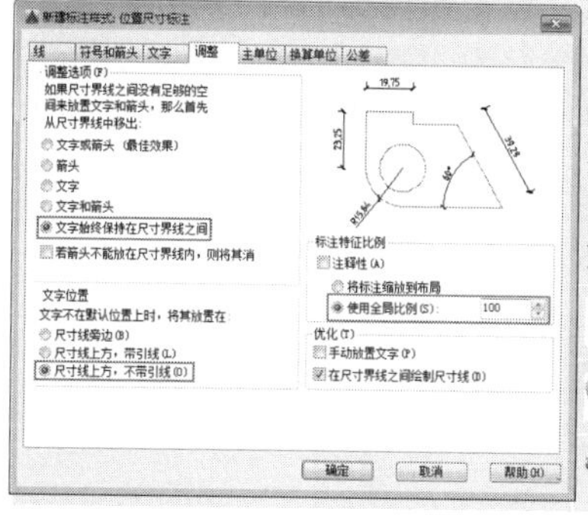

事先设置好绘图环境，可以使用户在绘制机械图时更加方便、灵活、快捷。设置绘图环境，包括绘图区域界限及单位的设置、图层的设置、文字和标注样式的设置等。用户可以先创建一个空白文件，然后设置好相关参数后将其保存为模板文件，以后如需再绘制机械图纸，则可直接调用。本章所有实例皆基于该模板。

难度：☆☆☆

及格时间：2′40″

优秀时间：1′20″

读者自评： / / / / / /

01_ 启动AutoCAD 软件，选择【文件】|【打开】选项，将“素材\第12章\实战238 别墅地下一层平面图.dwg”文件打开，如图 12-1所示。

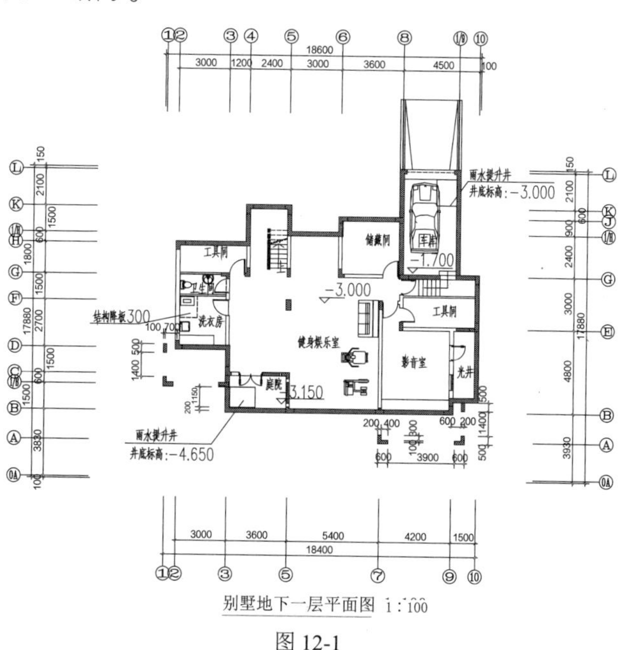

图 12-1

02_ 选择【文件】|【另存为】选项，将该文件另存为“素材\第12章\实战238别墅地下一层给排水平面

图.dwg”文件。以防止原平面图文件被修改。

03_ 该别墅地下一层给排水平面图主要由给水管、污水管、雨水管、给排水设备、图框、文本标注组成，因此绘制给排水平面图形时，应新建如表 12-1所示的图层。

表 12-1 图层设置

序号	图层名	描述内容	线宽	线型	颜色	打印属性
1	给水管	生活给水管线	默认	实线(CONTINUOUS)	洋红色	打印
2	污水管	污水管线	默认	虚线(DASHED)	青色	打印
3	雨水管	雨水管线	默认	点画线(DASHDOT)	黄色	打印
4	给排水设备	潜污泵、雨水提升器等	默认	实线(CONTINUOUS)	白色	打印
5	图框	图框、图签	默认	实线(CONTINUOUS)	白色	打印
6	文本标注	图内文字、图名、比例	默认	实线(CONTINUOUS)	绿色	打印

04_ 选择【格式】|【图层】选项，将打开【图层特性管理器】选项板，根据表 12-1所示来设置图层的名称、线宽、线型和颜色等，如图 12-2所示。

05_ 选择【格式】|【线型】选项，弹出【线型管理器】对话框，单击【显示细节】按钮，打开细节选项组，设置【全局比例因子】为1000，然后单击【确定】按钮，如图 12-3所示。

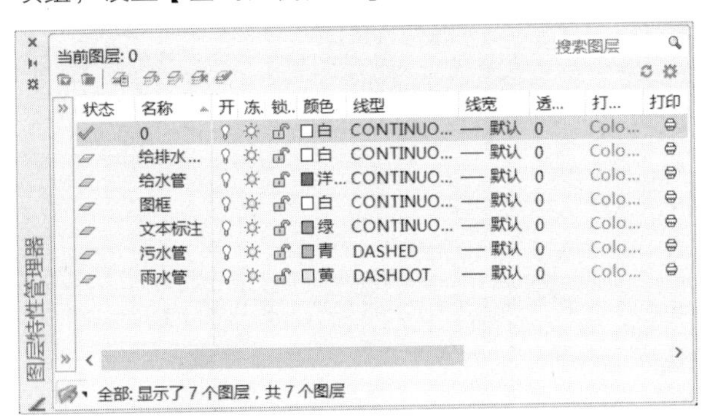

图 12-2

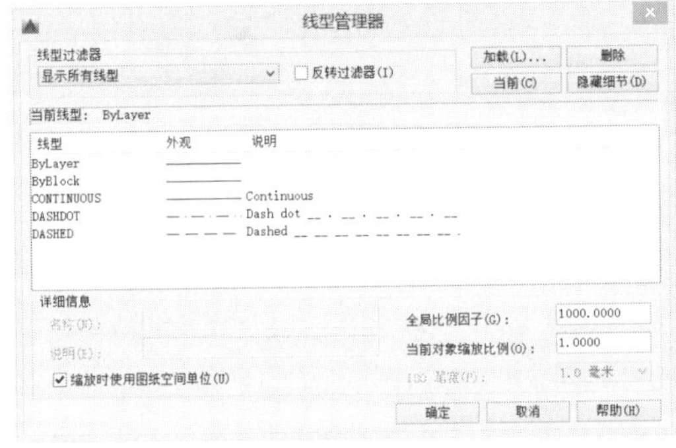

图 12-3

06_ 选择【格式】|【文字样式】选项，弹出【文字样式】对话框，单击【新建】按钮，弹出【新建文字样式】对话框，样式名定义为“图内文字”，如图 12-4所示。

07_ 在【字体】下拉列表中选择字体“gbenor.shx”，勾选【使用大字体】复选框，并在【大字体】下拉列表中选择字体“gbcbig.shx”，在【高度】文本框中输入500，【宽度因子】文本框中输入0.7，单击【应用】按钮，从而完成该文字样式的设置，如图 12-5所示。

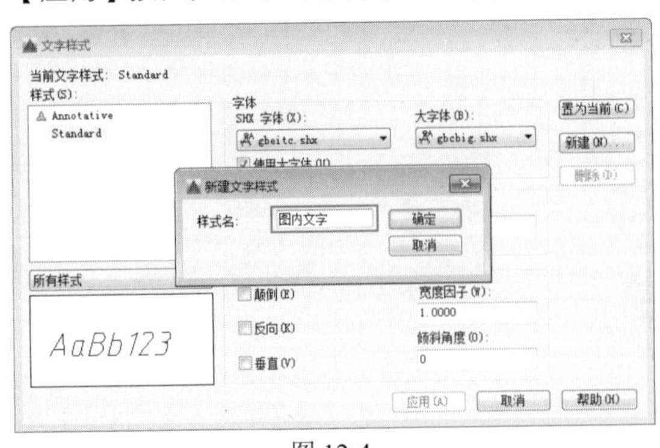

图 12-4

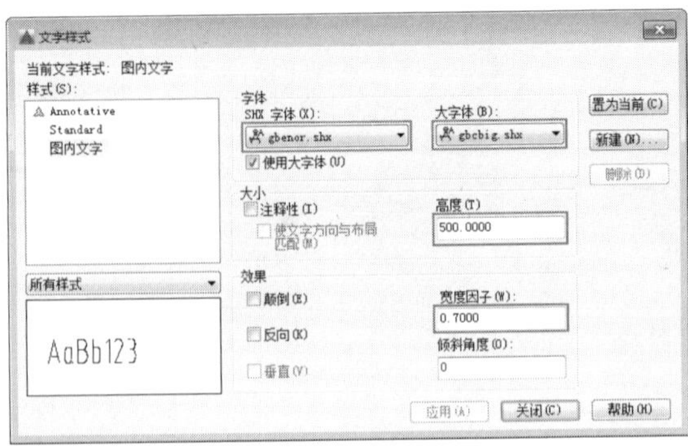

图 12-5

08_ 重复前面的步骤，建立“图名”文字样式，设置字体为“宋体”，高度为700，宽度因子为1，如图 12-6所示。

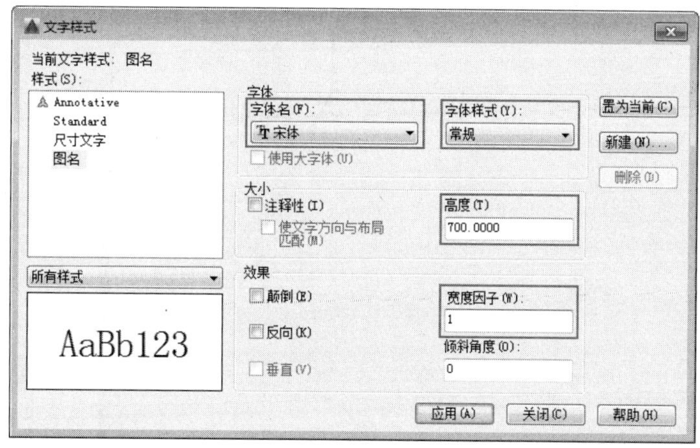

图 12-6

09_ 选择【格式】|【标注样式】选项，弹出【标注样式管理器】对话框，单击【新建】按钮，弹出【创建新标注样式】对话框，输入新样式名为“位置尺寸标注”，如图 12-7所示。

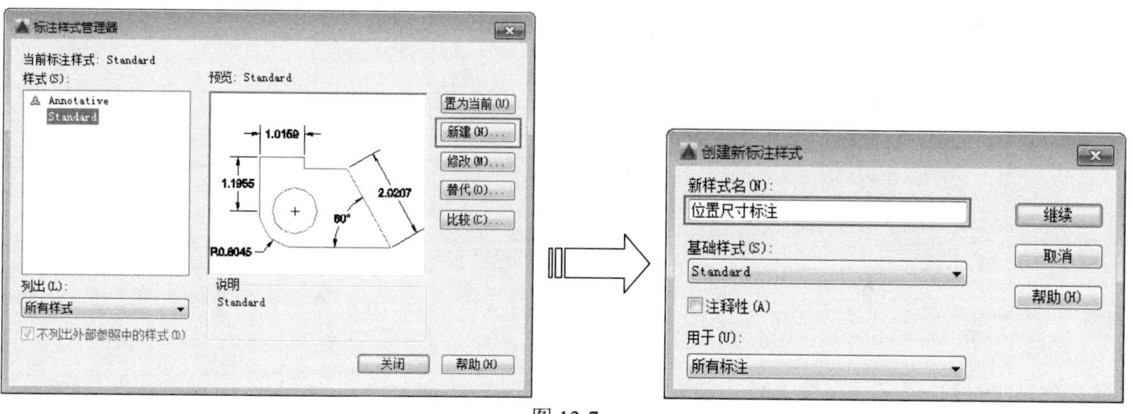

图 12-7

10_ 在【线】【符号和箭头】【文字】【调整】选项卡中设置相应的参数，如图 12-8所示。

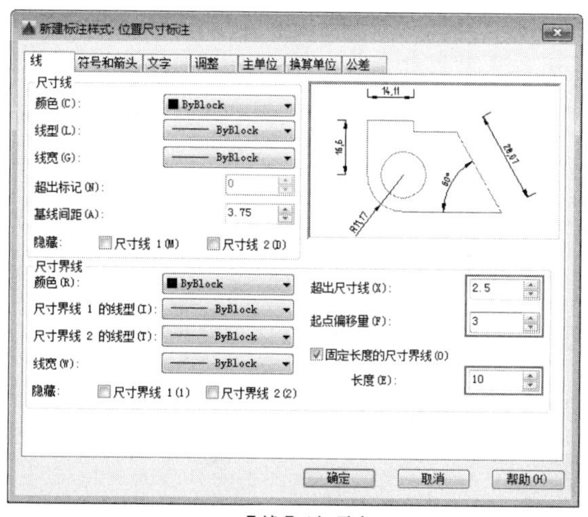

【线】选项卡

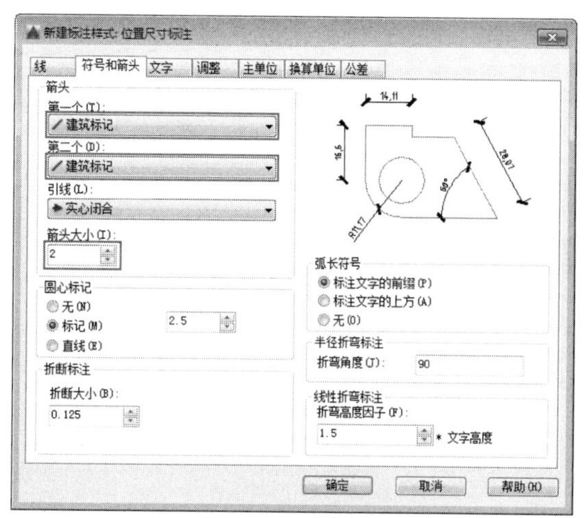

【符号和箭头】选项卡

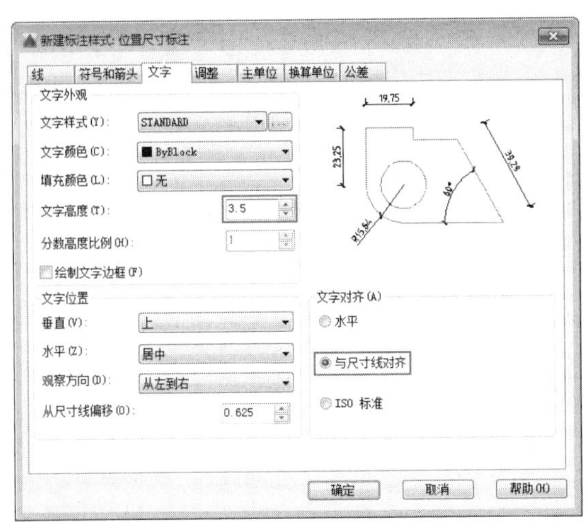

【文字】选项卡

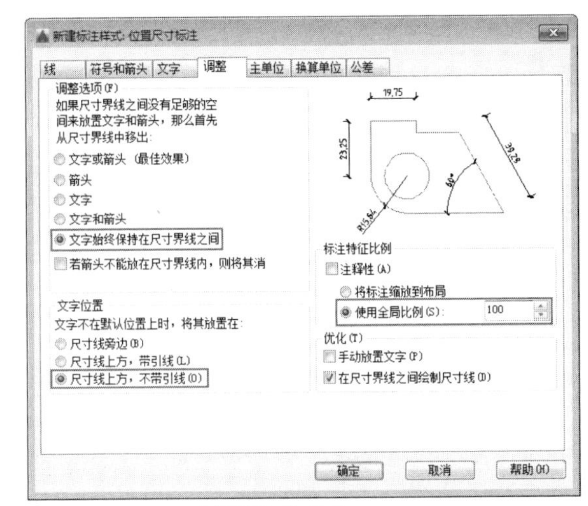

【调整】选项卡

图 12-8

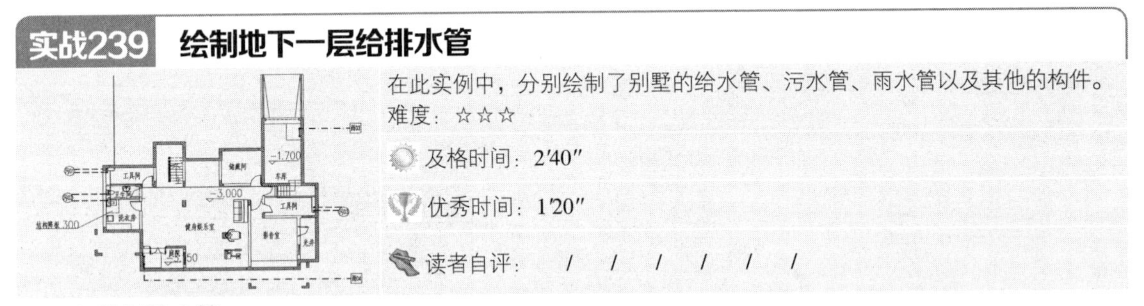

实战239 绘制地下一层给排水管

在此实例中，分别绘制了别墅的给水管、污水管、雨水管以及其他的构件。

难度：☆☆☆

及格时间：2′40″

优秀时间：1′20″

读者自评： / / / / / /

1. 绘制给水管

01_ 延续【实战238】进行操作，在【图层】面板的【图层控制】下拉列表中，将【给水管】图层置为当前图层。

02_ 在命令行输入C执行【圆】命令，绘制直径为80的圆作为给水立管，将给水立管分别布置在洗衣房、卫生间以及两个工具间内，如图 12-9所示。

03_ 在命令行输入PL执行【多线段】命令，设置全局宽度为50，从室外水井处引出连接至洗衣房、卫生间以及工具间内给水立管的管线，如图 12-10所示。

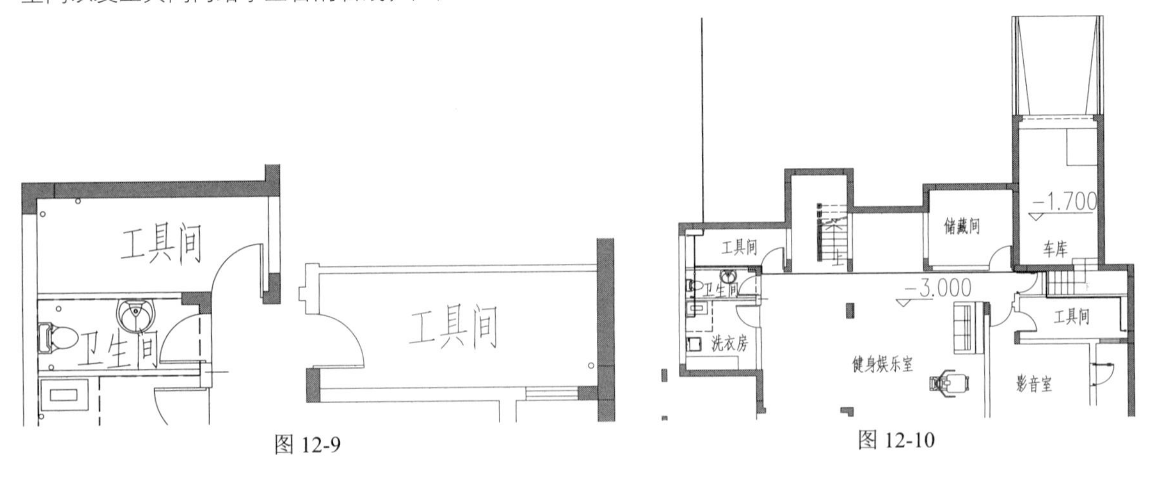

图 12-9

图 12-10

2. 绘制污水管

04_ 在【图层】面板的【图层控制】下拉列表中，将【污水管】图层置为当前图层。在命令行输入C执行【圆】命令，绘制直径为900的圆作为室外污水井。

05_ 在【图层】面板的【图层控制】下拉列表中，将【文字标注】图层置为当前图层，并在命令行输入MT执行【多行文字】命令，选择【图内文字】文字样式，在污水井内标注名称编号，如图 12-11所示。

06_ 回到【污水管】图层，在命令行输入C执行【圆】命令，绘制直径为150的圆，再在命令行输入O执行【偏移】命令，将圆向内偏移75，以作为污水立管，如图 12-12所示。

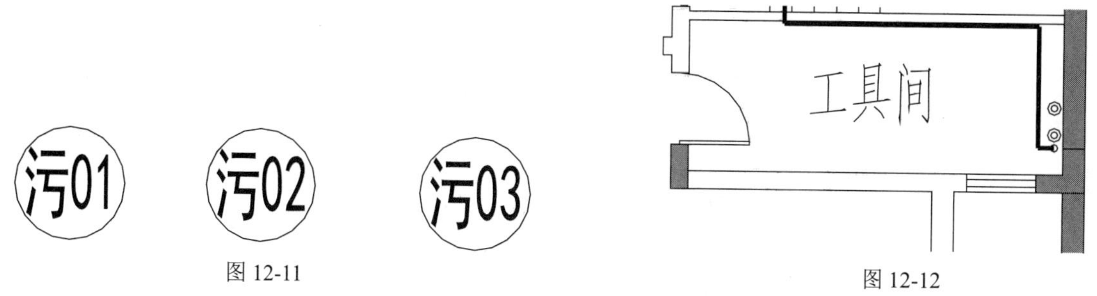

图 12-11　　图 12-12

07_ 在命令行输入PL执行【多线段】命令，设置全局宽度为50，分别从室外3个污水井处引出连接至各排水点的管线，管线布置如图 12-13所示。

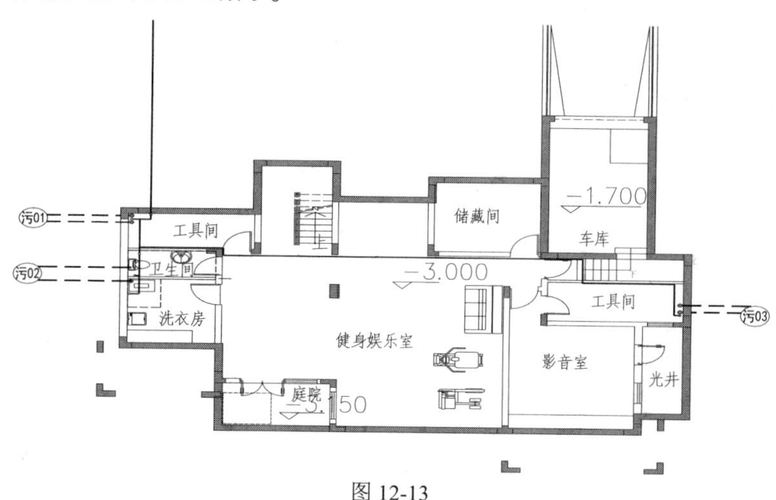

图 12-13

3. 绘制雨水管

08_ 在【图层】面板的【图层控制】下拉列表中，将【雨水管】图层置为当前图层，在命令行输入REC执行【矩形】命令，绘制900×900的矩形作为室外雨水井。

09_ 在【图层】面板的【图层控制】下拉列表中，将【文字标注】图层置为当前图层，并在命令行输入MT执行【多行文字】命令，选择“图内文字”文字样式，在雨水井内标注名称编号，如图 12-14所示。

10_ 回到【雨水管】图层，绘制雨水立管。在命令行输入C执行【圆】命令，绘制直径为150的圆；在命令行输入L执行【直线】命令，捕捉象限点绘制水平和垂直的线段；在命令行输入RO执行【旋转】命令，选择两条线段，指定圆心为旋转基点，输入45，将两线段同时旋转45°，如图 12-15所示。

图 12-14

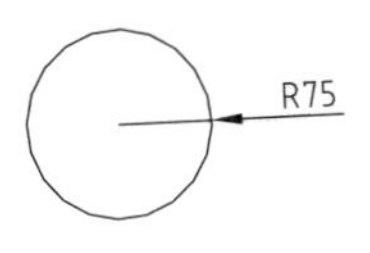

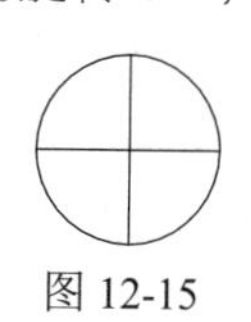

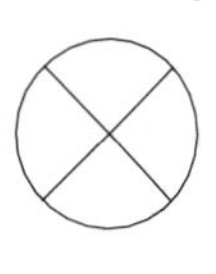

图 12-15

11_ 布置雨水立管，然后在命令行输入PL执行【多线段】命令，设置全局宽度为50，分别从室外两个雨水井处引出连接至雨水立管的管线，管线布置如图 12-16所示。

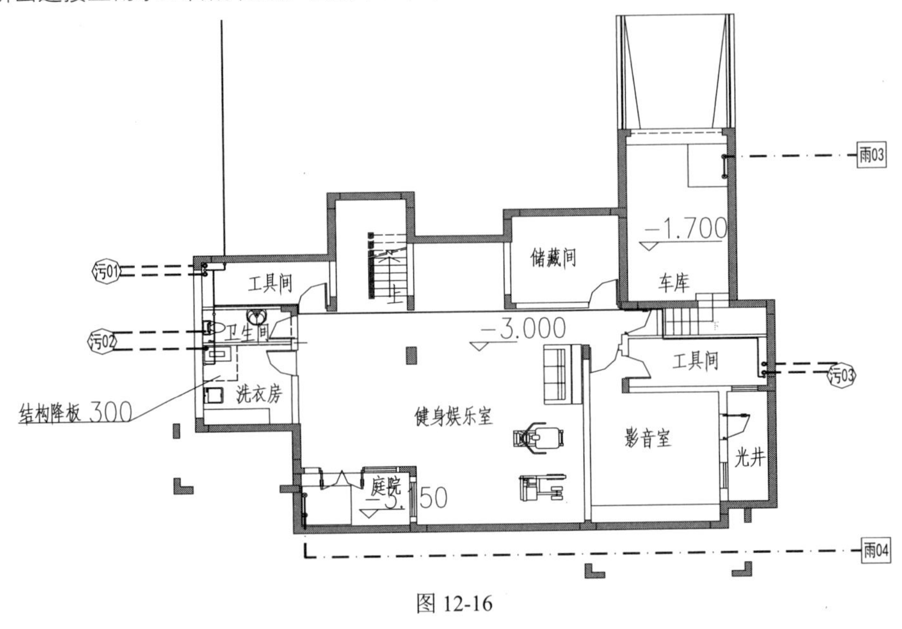

图 12-16

实战240 布置地下一层给排水设施

绘制好了给排水管线后，接下来应将给排水设施布置到平面图的相应位置。可以通过插入图块的方法来提高布置的效率。

难度：☆☆☆

及格时间：2′40″

优秀时间：1′20″

读者自评： / / / / / /

01_ 延续【实战239】进行操作，在【图层】面板的【图层控制】下拉列表中，将【给排水设备】图层置为当前图层。

02_ 打开素材文件“第12章\给排水设施图例.dwg”，将如表 12-2所示的图例粘贴复制到图形当中。

表 12-2 给排水设施图例

图例	名称
	潜污泵
	球阀
	钢性防水套管
	水表井

03_ 在命令行输入M执行【移动】命令、在命令行输入CO执行【复制】命令和在命令行输入SC执行【缩放】命令，将潜污泵放置到平面图相应的位置，结果如图 12-17所示。

04_ 在命令行输入M执行【移动】命令，将球阀图例放置到平面图相应的位置，结果如图 12-18所示。

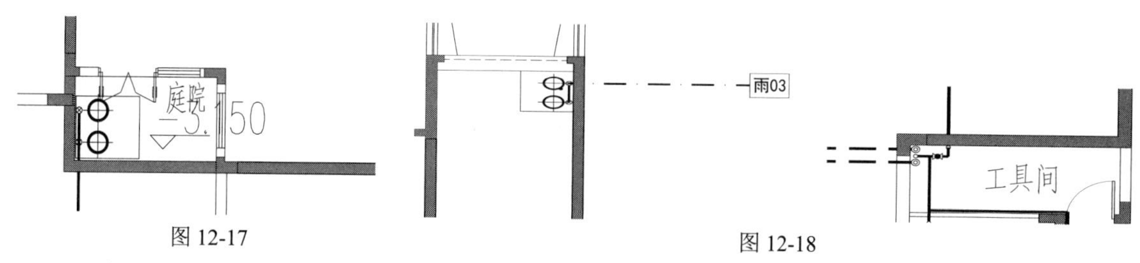

图 12-17　　图 12-18

05_ 在命令行输入M执行【移动】命令、在命令行输入CO执行【复制】命令、在命令行输入MI执行【镜像】命令、在命令行输入RO执行【旋转】命令和在命令行输入SC执行【缩放】命令，将给排水设施布置到平面图相应的位置，结果如图 12-19所示。

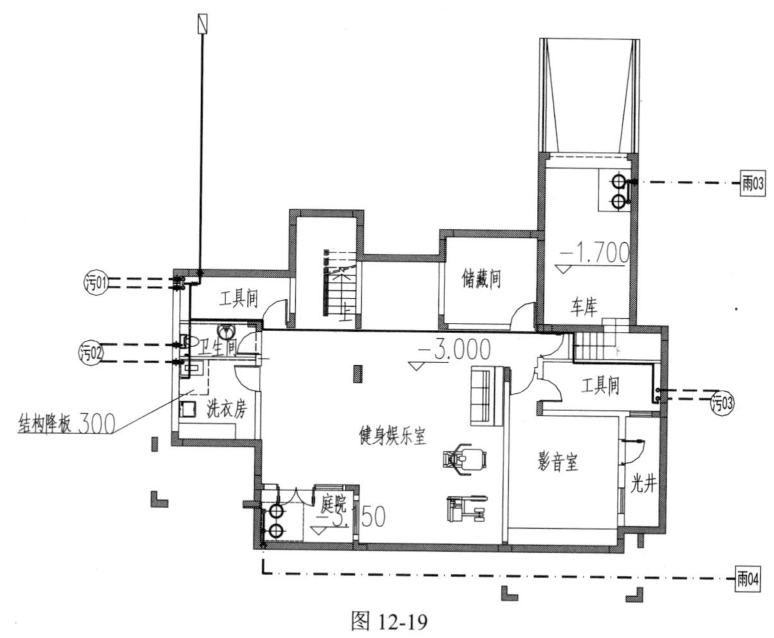

图 12-19

实战241 添加地下一层的说明文字

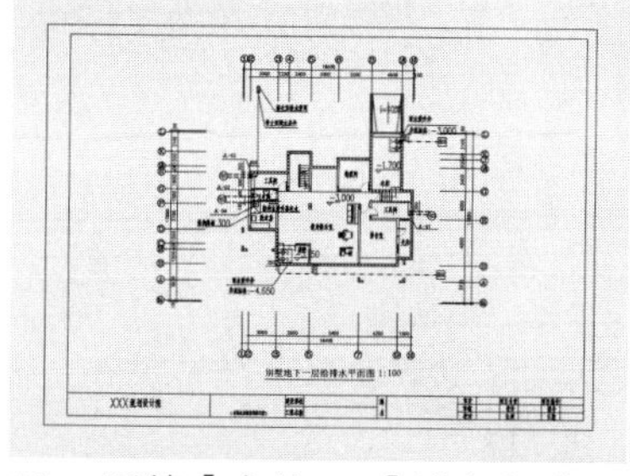

在前面绘制好了别墅地下一层平面图内的所有管线及构件，下面为给排水平面图内的相关内容进行文字标注，其中包括立管名称标注、管道尺寸标注、图名标注等。

难度：☆☆☆

及格时间：2′40″

优秀时间：1′20″

读者自评：/ / / / / /

01_ 延续【实战240】进行操作，在【图层】面板的【图层控制】下拉列表中，将【文本标注】图层置为当前图层。

02_ 在命令行输入MT执行【多行文字】命令，选择文字样式为“图内文字”，对平面图中的给水立管进行名称标注，在命令行输入L执行【直线】命令，在文字处分别绘制指引线至给水立管，如图 12-20所示。

03_ 在【注释】面板的【标注样式】下拉列表中，选择【位置尺寸标注】样式为当前标注样式。在命令行输入DLI执行【线性标注】命令和在命令行输入DCO执行【连续标注】命令，对管线的位置进行定位尺寸的标注，如图 12-21所示。

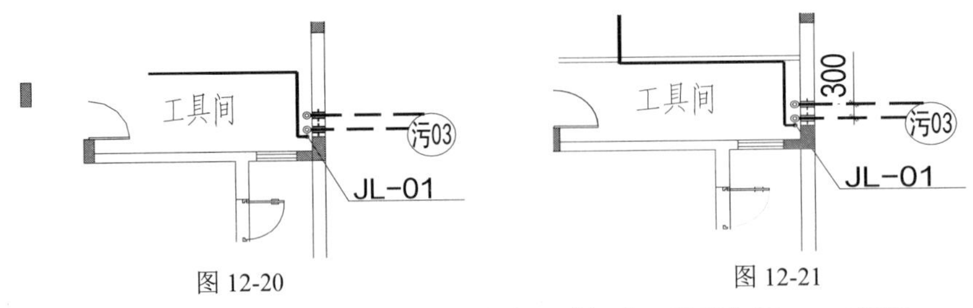

图 12-20　　　　图 12-21

04_ 用同样的方法，对其他管道进行立管标注以及定位尺寸标注，效果如图 12-22所示。

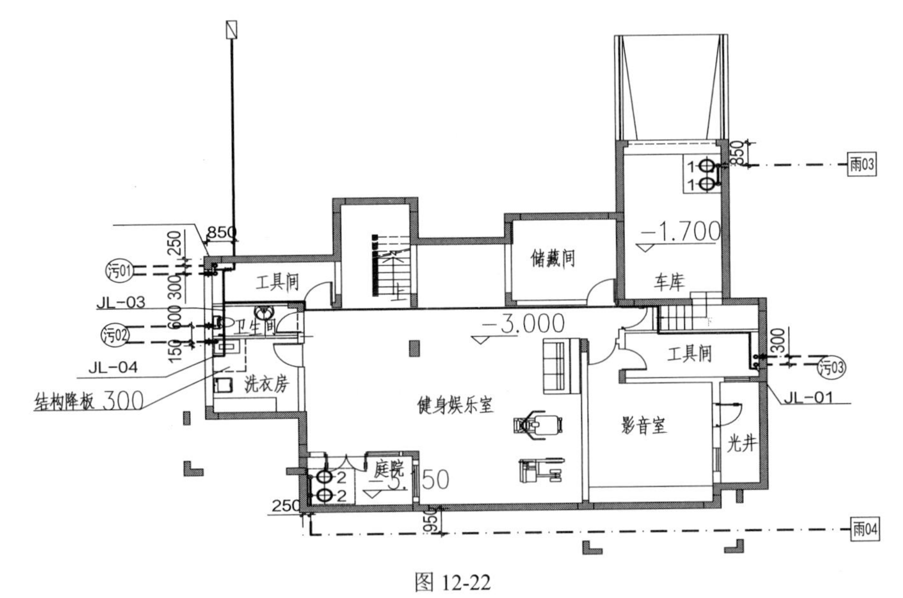

图 12-22

05_ 在命令行输入MT执行【多行文字】命令，对图形进行相应的文字注释，效果如图 12-23所示。

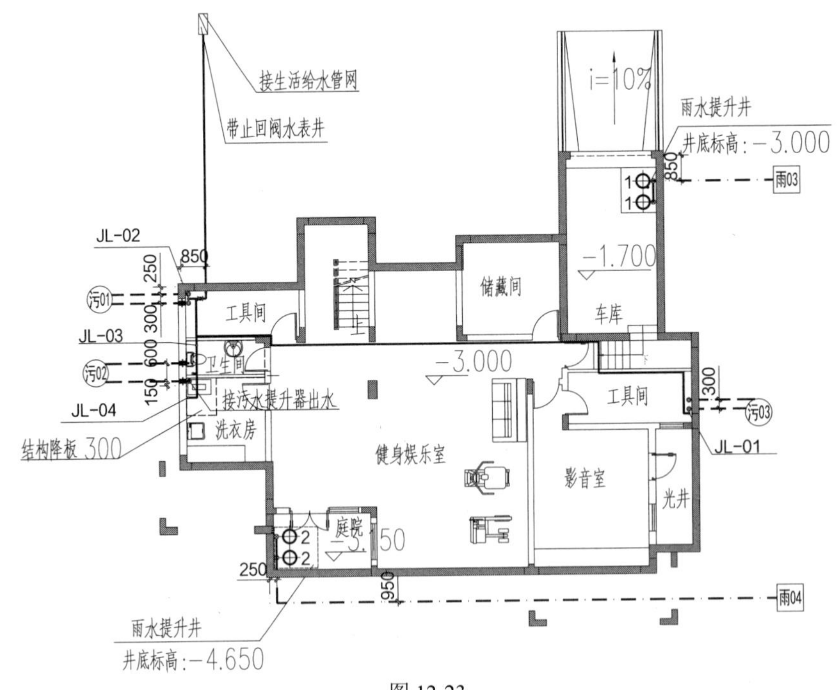

图 12-23

06_ 在命令行输入MT执行【多行文字】命令，选择【图名】文字样式，设置文字高度为1000，在图形下方标注图名“别墅地下一层给排水平面图”，再设置文字高度为850，标注比例“1：100”；在命令行输入PL执行【多线段】命令，设置全局宽度为100，绘制一条与图名同长的多线段，效果如图 12-24所示。

别墅地下一层给排水平面图 1：100

图 12-24

07_ 在命令行输入M执行【移动】命令，将绘制好的图框移动以框住给排水平面图，最终完成了别墅地下一层给排水平面图的绘制，效果如图 12-25所示。

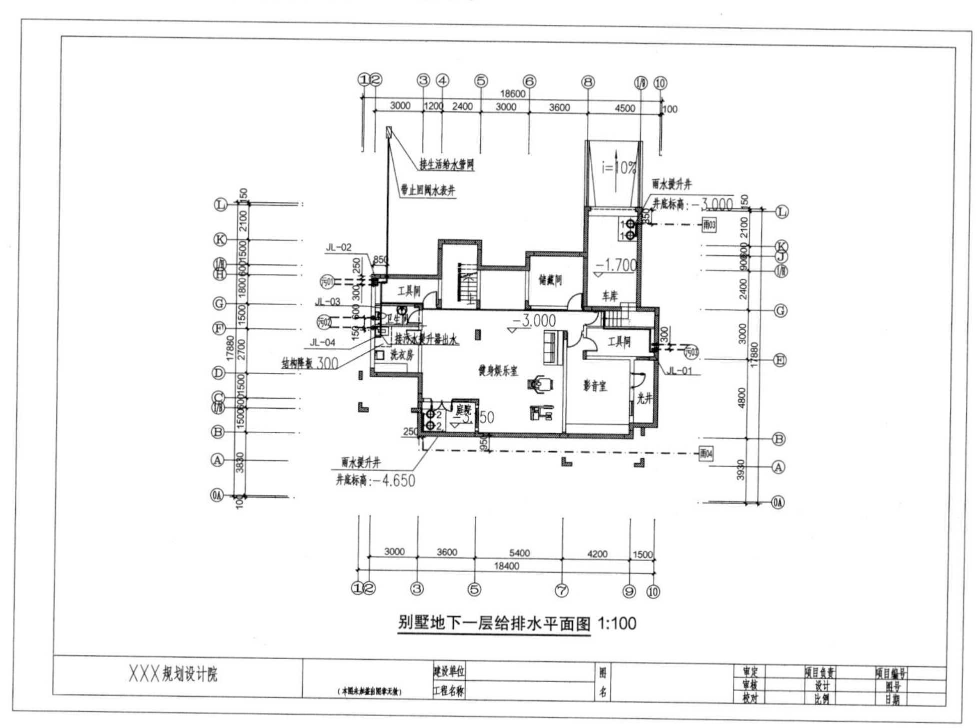

图 12-25

实战242　绘制别墅二层给排水平面图

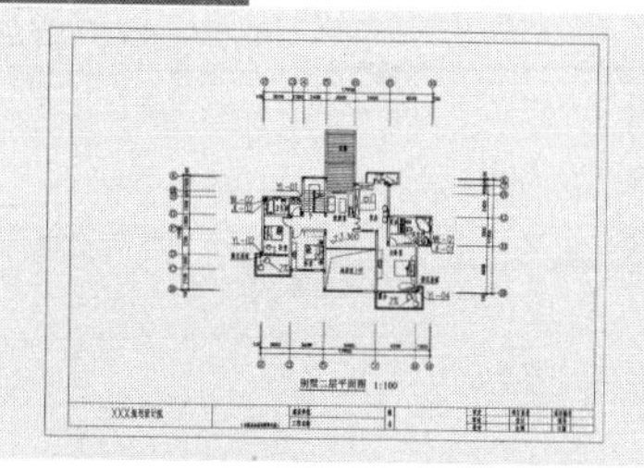

本节主要介绍某别墅二层的给排水平面图的绘制流程，其绘制方法与地下一层给排水平面图的绘制方法大致相同。

难度：☆☆☆

及格时间：2′40″

优秀时间：1′20″

读者自评：/ / / / / /

1. 绘制水管

01_ 选择【文件】|【打开】选项，将“素材\第12章\实战242 别墅二层平面图.dwg”文件打开，如图 12-26所示。

02_ 选择【文件】|【另存为】选项，将该文件另存为“素材\第12章\实战242 别墅二层给排水平面图.dwg”文件，以防止原始平面图被修改。

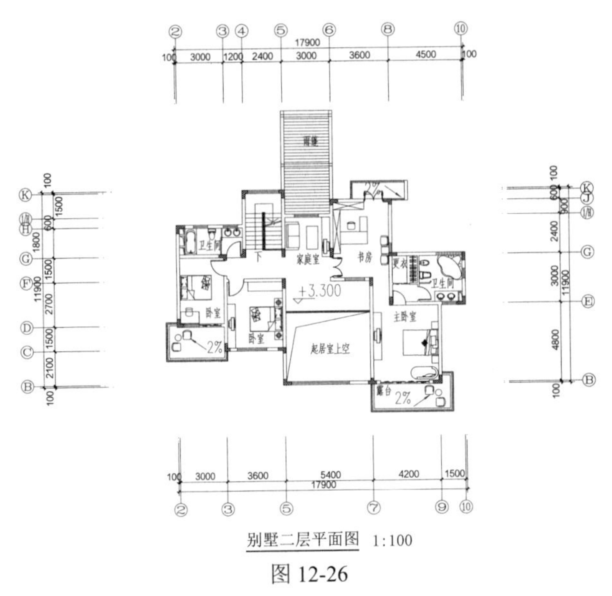

别墅二层平面图 1:100

图 12-26

03_ 在命令行输入C执行【圆】命令，绘制直径为80的圆作为给水立管；绘制直径为150的圆，在命令行输入O执行【偏移】命令，将圆向内偏移75，以作为污水立管。

04_ 绘制直径为150的圆，在命令行输入L执行【直线】命令，捕捉象限点绘制水平和垂直的线段，在命令行输入RO执行【旋转】命令，选择两条线段，指定圆心为旋转基点，输入45，将两线段同时旋转45°，以作为雨水立管。

05_ 在命令行输入C执行【圆】命令，绘制一个半径为218的圆，在命令行输入H执行【图案填充】命令，选择“ANSI-31”图案，绘制圆形地漏，如图 12-27所示。

06_ 在命令行输入PL执行【多线段】命令，设置全局宽度为50，连接各立管间的管线，如图 12-28所示。

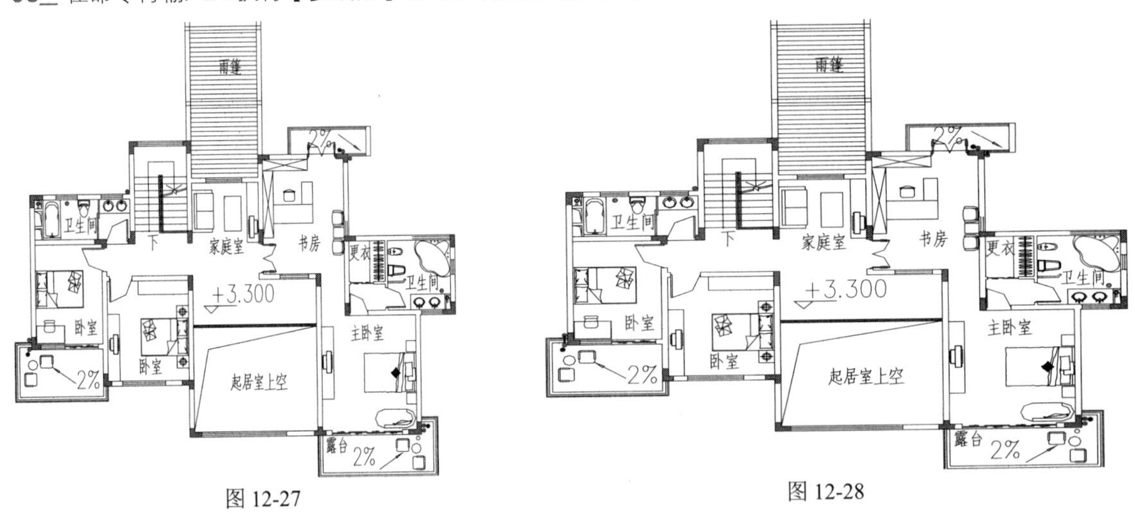

图 12-27　　图 12-28

2. 添加文字说明

在前面绘制好了别墅二层平面图内的所有管线及构件，下面为给排水平面图内的相关内容进行文字标注。

07_ 选择【格式】|【图层】命令，将【文本标注】图层置为当前图层。

08_ 在命令行输入MT执行【多行文字】命令，选择文字样式为【图内文字】，对平面图中的给水立管进行名称标注，再在命令行输入L执行【直线】命令，在文字处分别绘制指引线至给水立管；对图形进行相应的文字注释，效果如图 12-29所示。

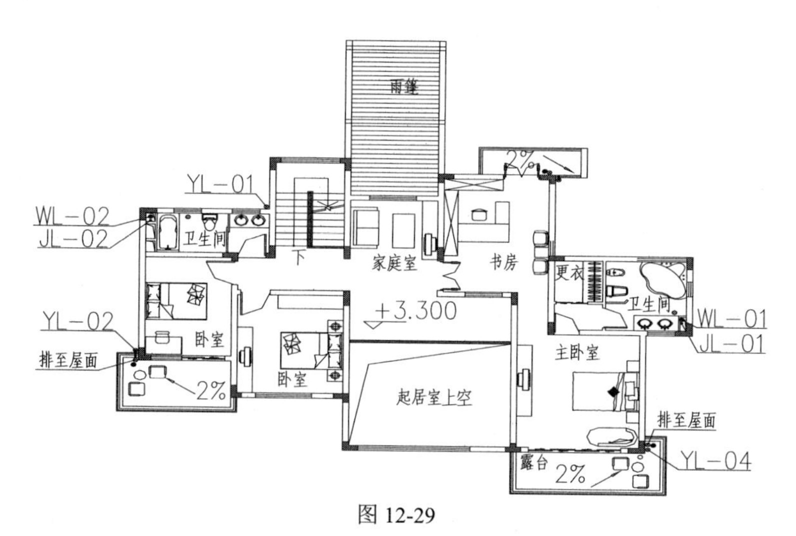

图 12-29

09_ 在命令行输入MT执行【多行文字】命令，选择【图名】文字样式，标注图名为“别墅二层给排水平面图”。

10_ 在命令行输入I执行【插入】命令，插入图框块，最终完成了别墅二层给排水平面图的绘制，效果如图 12-30所示。

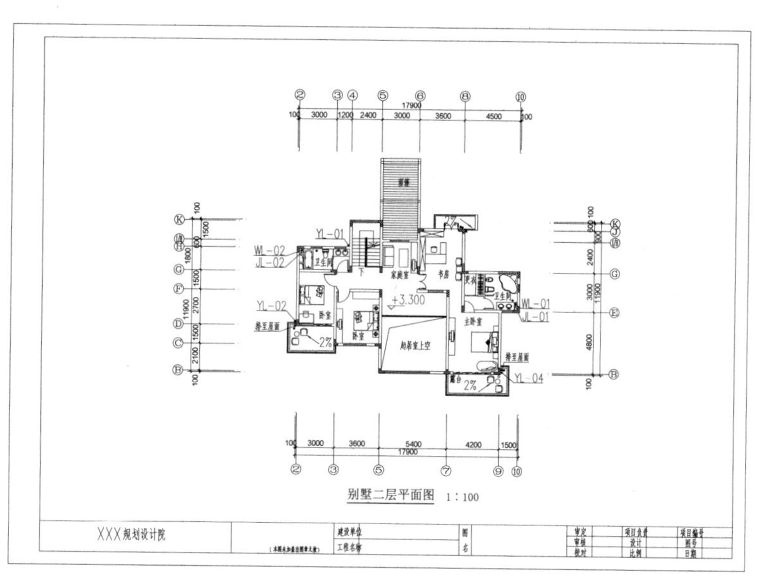

图 12-30

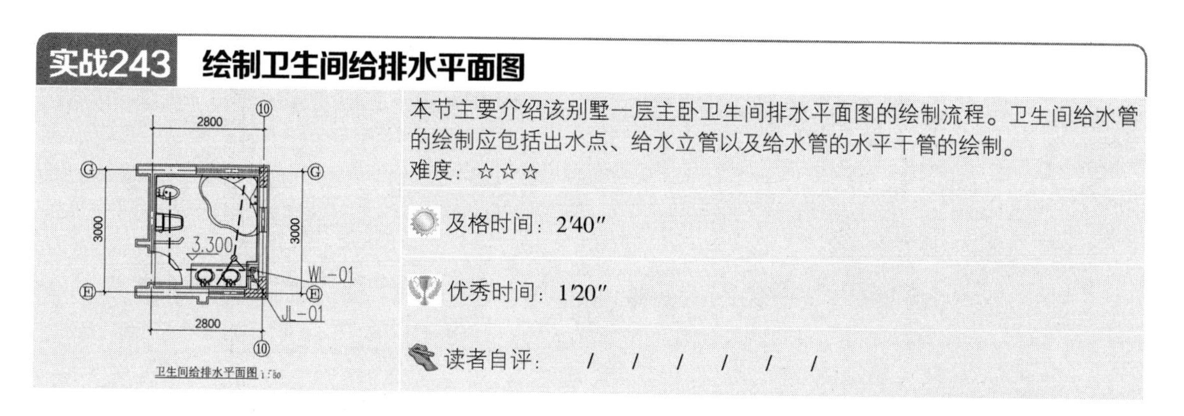

实战243 绘制卫生间给排水平面图

本节主要介绍该别墅一层主卧卫生间排水平面图的绘制流程。卫生间给水管的绘制应包括出水点、给水立管以及给水管的水平干管的绘制。

难度：☆☆☆

及格时间：2′40″

优秀时间：1′20″

读者自评： / / / / / /

1. 绘制给水管

01_ 选择【文件】|【打开】选项，将“素材\第12章\实战243 别墅卫生间平面图.dwg”文件打开，如图 12-31所示。

02_ 选择【文件】|【另存为】选项，将该文件另存为“素材\第12章\实战243 别墅卫生间给排水平面图.dwg”文件，以防止原始平面图被修改。

2. 绘制出水点

03_ 在【图层】面板的【图层控制】下拉列表中，将【给水管】图层置为当前图层。

04_ 在命令行输入PL执行【多线段】命令，设置全局宽度为50，绘制一条长为130的水平多线段。

05_ 在命令行输入L执行【直线】命令，在多线段上绘制一条垂直线段，以此作为出水点。

06_ 在命令行输入M执行【移动】命令，将绘制好的出水点图形移动到用水设备上，如图 12-32所示。

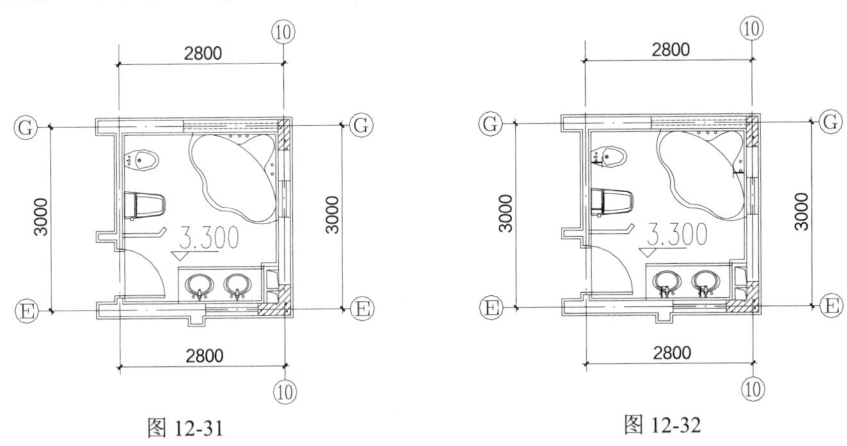

图 12-31　　图 12-32

3. 绘制给水管线

07_ 在命令行输入C执行【圆】命令，绘制直径为80的圆作为给水立管。

08_ 在命令行输入PL执行【多线段】命令，设置全局宽度为50，连接给水立管与各出水点，绘制给水管线，如图 12-33所示。

4. 绘制排水管

09_ 在【图层】面板的【图层控制】下拉列表中，将【污水管】图层置为当前图层。

10_ 在命令行输入C执行【圆】命令，绘制直径为150的圆，在命令行输入O执行【偏移】命令，将圆向内偏移75，以作为污水立管；在命令行输入C执行【圆】命令，绘制一个半径为218的圆，在命令行输入H执行【图案填充】命令，选择“ANSI-31”图案，绘制圆形地漏，如图 12-34所示。

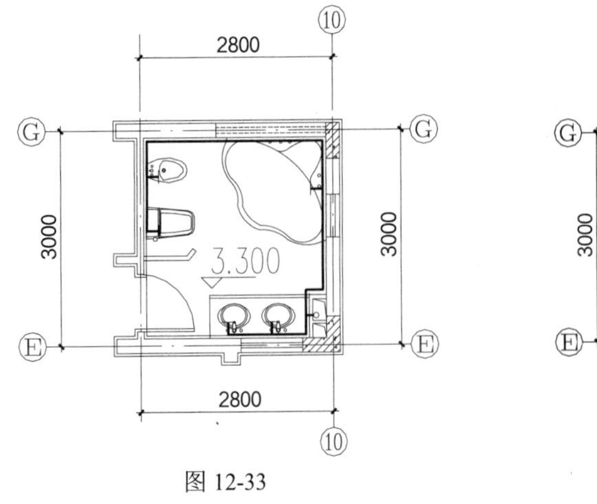

图 12-33

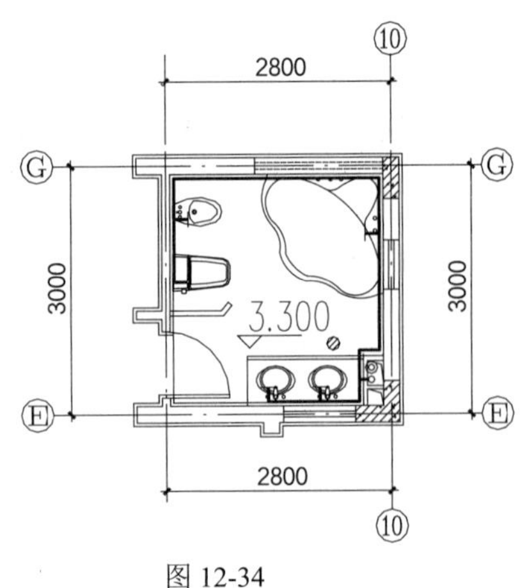

图 12-34

11_ 在命令行输入PL执行【多线段】命令，设置全局宽度为50，绘制如图12-35所示的排水管线。

5. 添加文字说明

在前面绘制好了别墅二层平面图内的所有管线及构件，下面为给排水平面图内的相关内容进行文字标注。

12_ 在【图层】面板的【图层控制】下拉列表中，将【文本标注】图层置为当前图层。

13_ 在命令行输入MT执行【多行文字】命令，分别选择文字样式为【图内文字】和【图名】对平面图中的立管和图名进行相应的标注，如图 12-36所示。

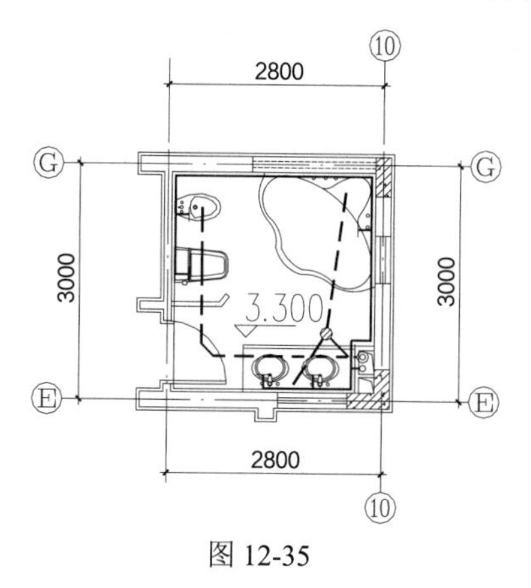

图 12-35

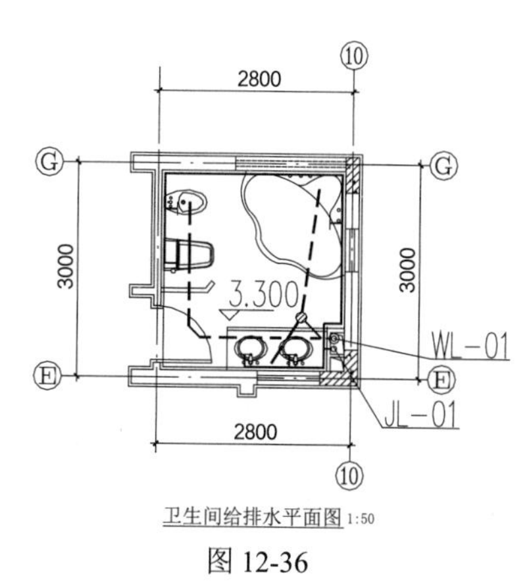

图 12-36

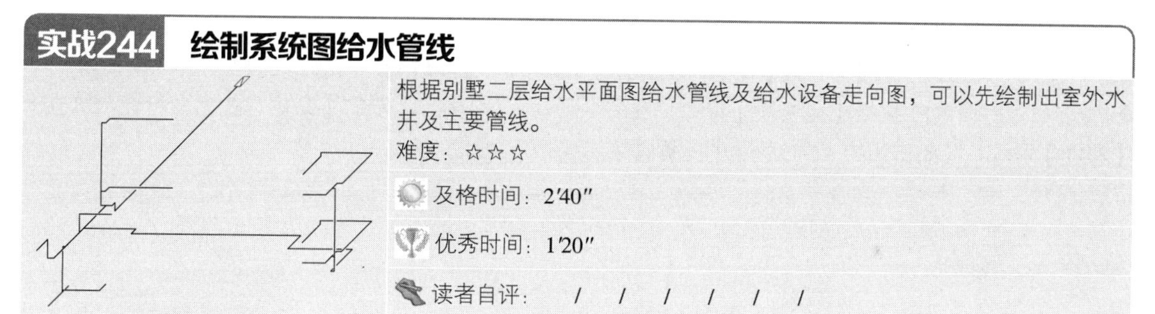

实战244 绘制系统图给水管线

根据别墅二层给水平面图给水管线及给水设备走向图，可以先绘制出室外水井及主要管线。

难度：☆☆☆

及格时间：2′40″

优秀时间：1′20″

读者自评：/ / / / / /

1. 绘制室外水表井

01_ 选择【文件】|【打开】选项，将“素材\第12章\实战242别墅二层给排水平面图.dwg”文件打开，在【图层】面板的【图层控制】下拉列表中，将【给排水设备】图层置为当前图层。

02_ 在状态栏中单击【极轴追踪】按钮，以启用极轴追踪功能，然后右击该按钮，在弹出的快捷菜单中选择“45”选项，以设置45° 的增量角，如图 12-37所示。

03_ 在命令行输入PL执行【多线段】命令，绘制边长分别为625、1375的平行四边形，在命令行输入L执行【直线】命令，连接平行四边形的对角线，如图 12-38所示。

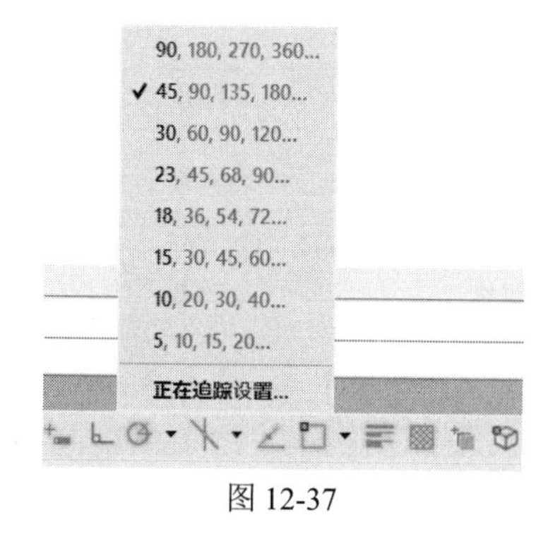

图 12-37

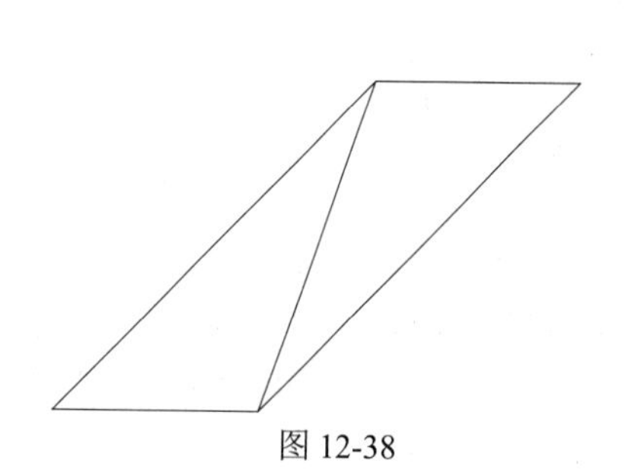
图 12-38

2. 绘制给水主管线

04_ 在【图层】面板的【图层控制】下拉列表中，将【给水管】图层置为当前图层。

05_ 在命令行输入PL执行【多线段】命令，设置全局宽度为50，以绘制好的水表井为起点，然后鼠标移动自动捕捉到45° 的极轴追踪线，最后单击极轴上一点以确定下一点的起点，如图 12-39所示。

06_ 鼠标光标继续竖直向上引出一段距离并单击，以确定下一点的起点，如图 12-40所示。

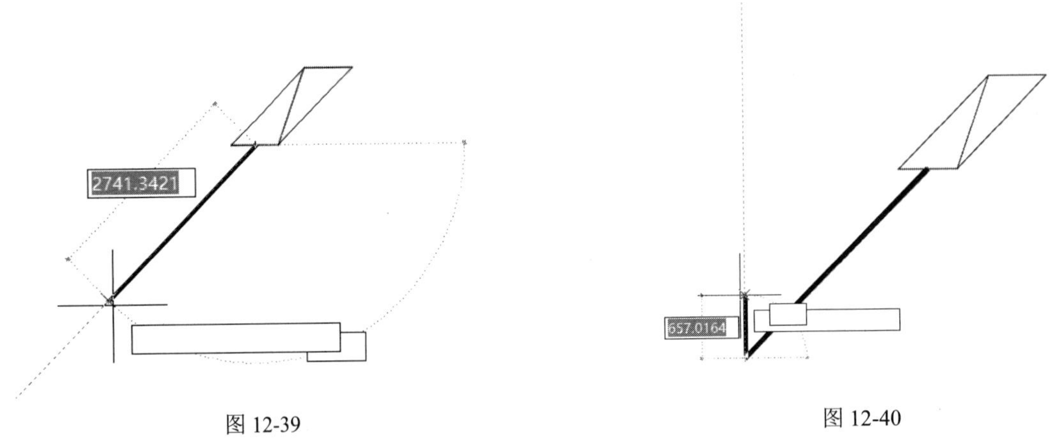

图 12-39　　图 12-40

07_ 待一根管线绘制完成后按空格键，最后绘制出如图 12-41所示的图形。

3. 绘制别墅各层支管线

08_ 在命令行输入PL执行【多线段】命令，设置全局宽度为50，绘制5根竖直的给水立管，如图 12-42所示。

09_ 在命令行输入PL执行【多线段】命令、在命令行输入CO执行【复制】命令、在命令行输入M执行【移动】命令，绘制出如图 12-43所示的支管管线。

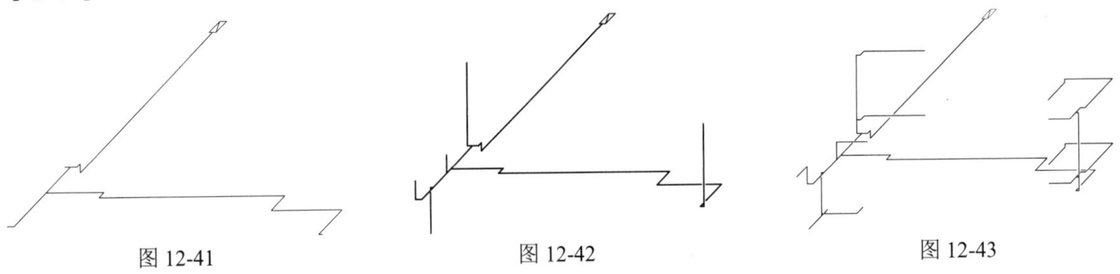

图 12-41　　图 12-42　　图 12-43

10_ 在【图层】面板的【图层控制】下拉列表中，将【给排水设备】图层置为当前图层。

11_ 打开素材文件“第12章\给排水设备及阀门图例.dwg”，将如表 12-3所示的给水设备复制粘贴至图形中。

表 12-3　给水设备及阀门图例

图例	名称
	旋转水龙头
	斜球阀
	截止阀
	钢性防水套管轴测图

12_ 通过在命令行输入CO执行【复制】命令、在命令行输入M执行【移动】命令、在命令行输入MI执行【镜像】命令和在命令行输入RO执行【旋转】命令等，将旋转水龙头布置在系统图的相应位置，效果如图 12-44所示。

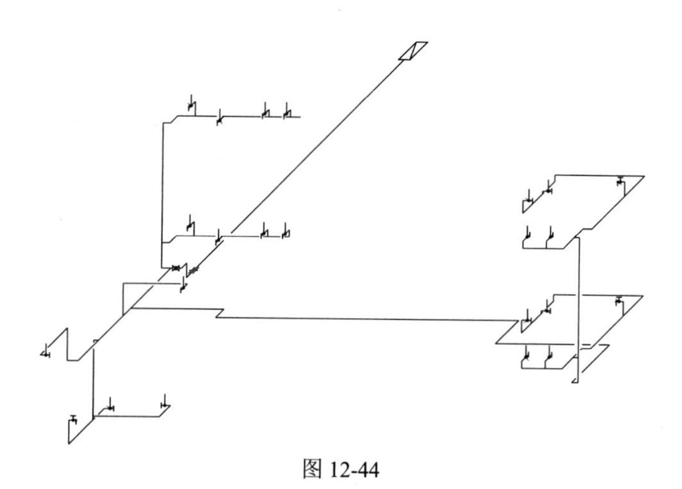

图 12-44

实战245　给水系统图的标注

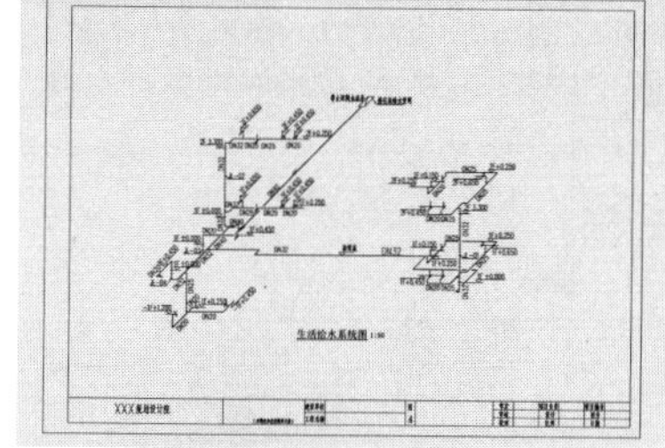

绘制完成给水系统图后，接下来应对给水系统图进行文字标注说明。
难度：☆☆☆

及格时间：2′40″

优秀时间：1′20″

读者自评：　/　/　/　/　/　/

1. 立管标注

01_ 延续【实战244】进行操作，在【图层】面板的【图层控制】下拉列表中，将【文字标注】图层置为当前图层。

02_ 在命令行输入MT执行【多行文字】命令，选择【图内文字】文字样式，在立管出标注出立管名称（JL—＊）。

03_ 在命令行输入L执行【直线】命令，绘制文字的引出线至立管处，如图 12-45所示。

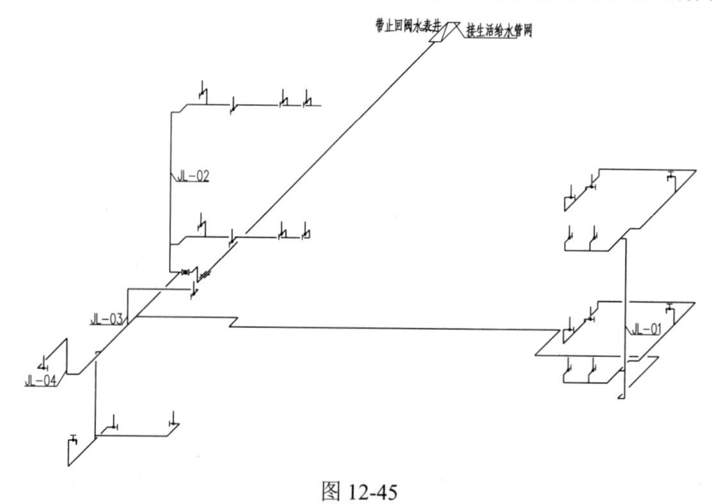

图 12-45

2. 楼层、管线标高

04_ 绘制标高指引线，在命令行输入L执行【直线】命令、在命令行输入PL执行【多线段】命令等，绘制出如图12-46所示的标高指引线。

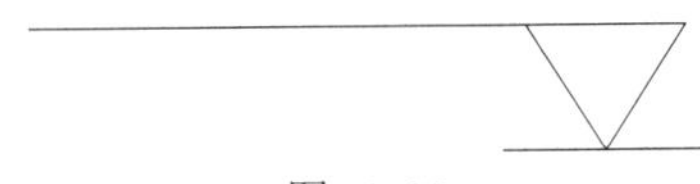

图 12-46

05_ 选择【绘图】|【块】|【创建】选项，将绘制好的指引线全部选中，创建为块。

06_ 在命令行输入I执行【插入】命令、在命令行输入M执行【移动】命令、在命令行输入RO执行【旋转】命令，在需要标高的位置插入指引线。

07_ 在命令行输入MT执行【多行文字】命令，选择“图内文字”文字样式，在指引线的位置标出管线高度。

08_ 在相应位置输入文字说明，效果如图 12-47所示。

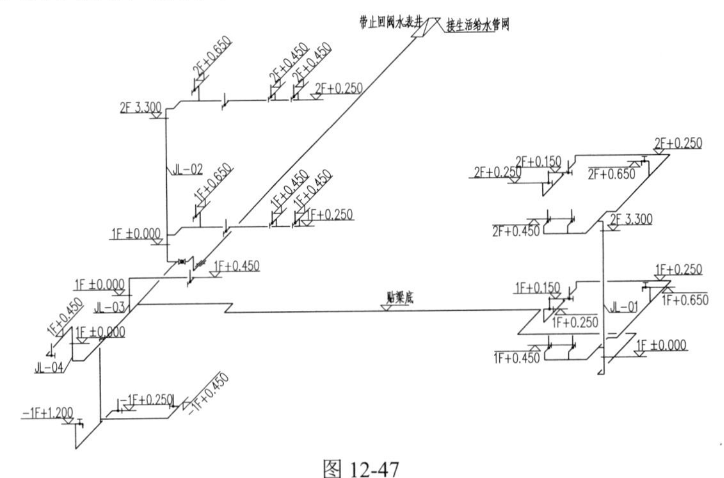

图 12-47

3. 管径标注

09_ 在命令行输入MT执行【多行文字】命令，选择“图内文字”文字样式，标注管线的管径（DN＊＊）。

10_ 在命令行输入CO执行【复制】命令和在命令行输入RO执行【旋转】命令，将管径标注复制到其他需要标注管径的管线位置，再逐一双击文字，修改为不同的管径大小标注，效果如图 12-48所示。

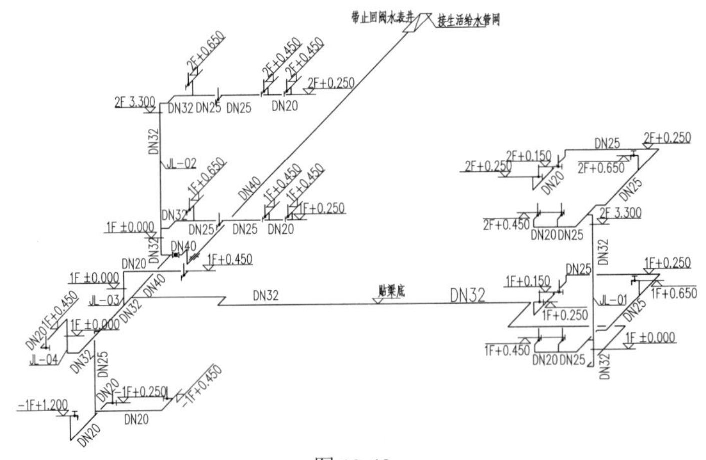

图 12-48

标注文字中“DN20”“DN25”表示立管的公称直径为DN20与DN25，即管道的管径大小为20mm与25mm。

4. 图名标注

11_ 在命令行输入MT执行【多行文字】命令，选择“图名”文字样式，标注图名为“生活给水系统图”，如图 12-49所示。

<u>生活给水系统图</u> 1:50

图 12-49

12_ 在命令行输入I执行【插入】命令，插入图框块，最终完成了别墅给水系统图的绘制，效果如图 12-50所示。

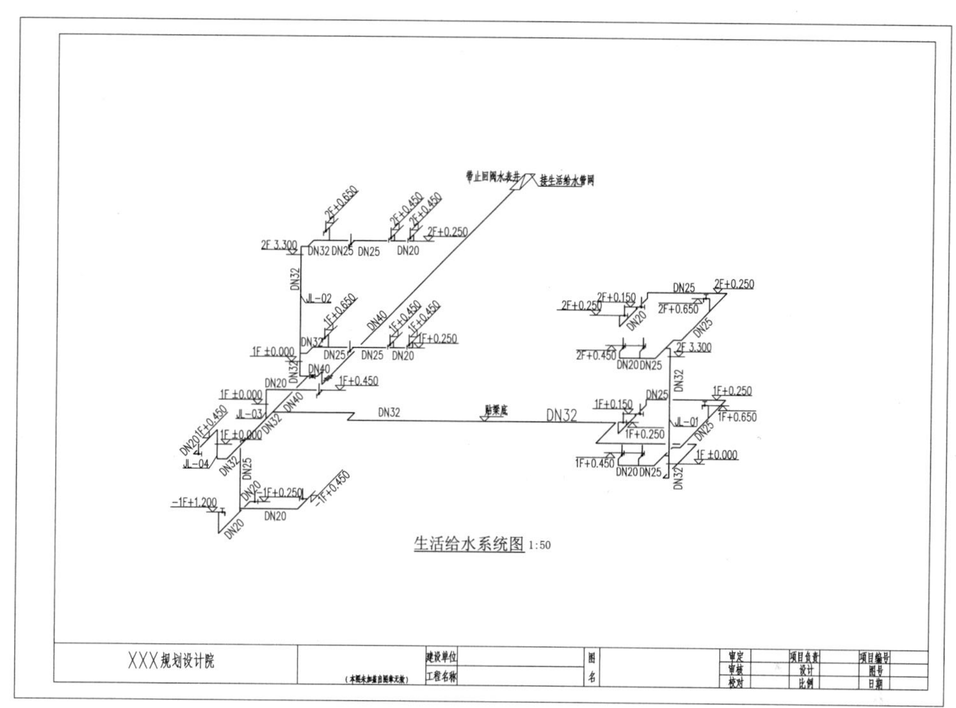

图 12-50

实战246　绘制系统图排水管线

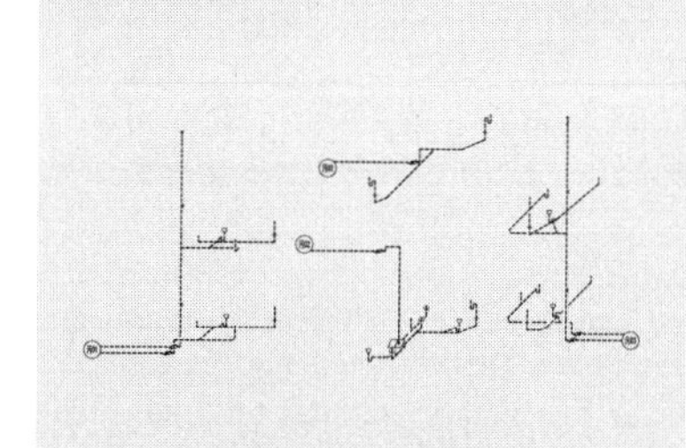

由别墅给排水平面图可以看出有3个排污水井：其中污水井1连接至污水立管2，污水井3连接的是污水立管1，污水井1、污水井2和污水井3并不相连，因此单独绘制3个污水井的管路。

难度：☆☆☆

及格时间：2′40″

优秀时间：1′20″

读者自评：/ / / / / /

1. 绘制室外污水井

01_ 延续【实战245】进行操作，在【图层】面板的【图层控制】下拉列表中，将【污水管】图层置为当前图层。

02_ 在命令行输入C执行【圆】命令，绘制直径为900的圆作为室外污水井，选择【格式】|【图层】选项，将【文字标注】图层置为当前图层，并在命令行输入MT执行【多行文字】命令，选择“图内文字”文字样式，在污水井内标注名称编号。

2. 绘制排水主管线

03_ 选择【格式】|【图层】选项，回到【污水管】图层。

04_ 在状态栏中单击【极轴追踪】按钮，启用极轴追踪功能，然后右击该按钮，在弹出的快捷菜单中选择“45”选项，以设置45° 的增量角。

05_ 在命令行输入PL执行【多线段】命令，设置全局宽度为50，绘制从室外污水井引入连接至各污水立管的主要管线，如图 12-51所示。

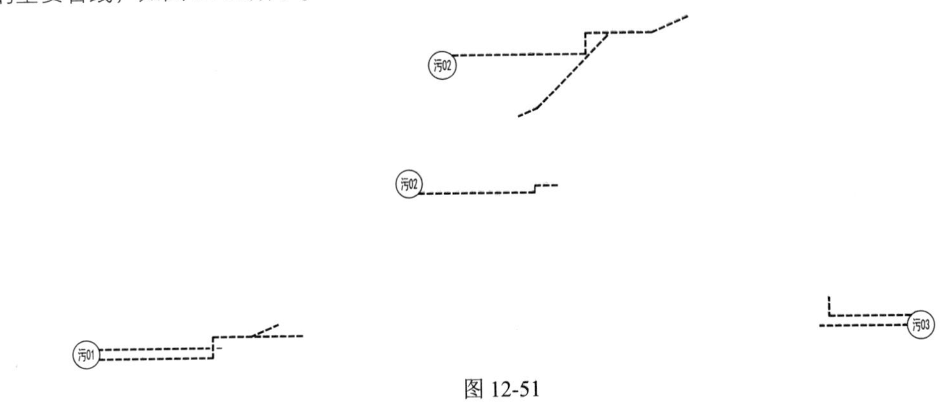

图 12-51

3. 绘制别墅各层支管线

06_ 在命令行输入PL执行【多线段】命令，设置全局宽度为50，绘制排水立管，如图 12-52所示。

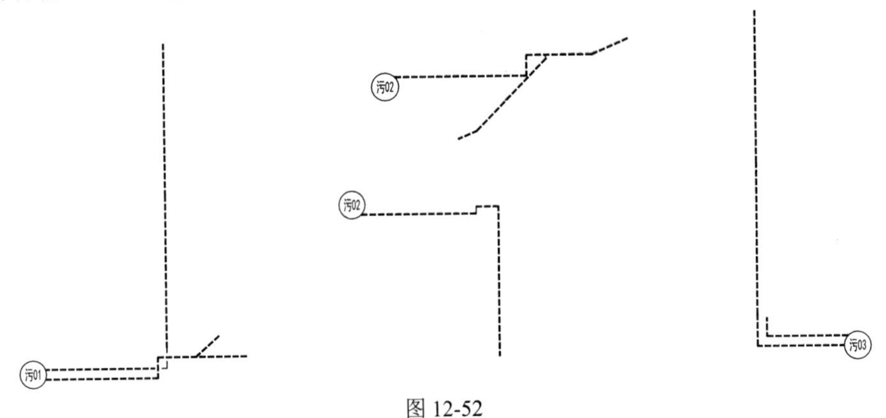

图 12-52

07_ 在命令行输入PL执行【多线段】命令、在命令行输入CO执行【复制】命令、在命令行输入M执行【移动】命令等，绘制出如图 12-53所示的支管管线。

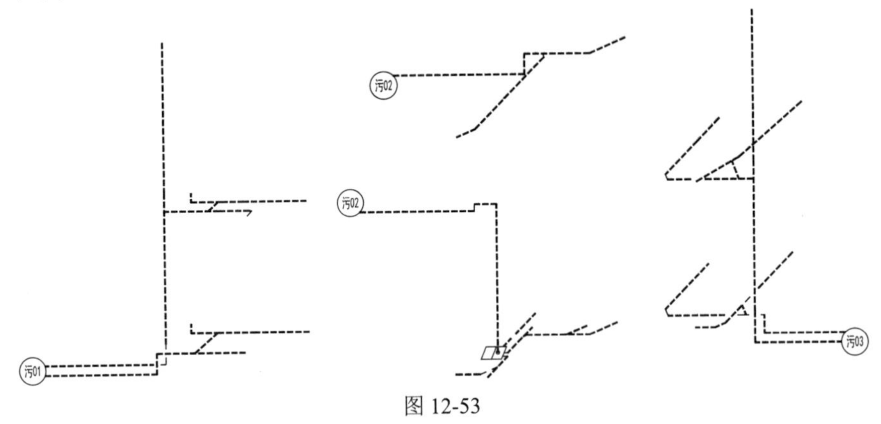

图 12-53

4. 布置排水设备及附件

08_ 在【图层】面板的【图层控制】下拉列表中，将【给排水设备】图层置为当前图层。

09_ 打开“第12章\给排水设备及阀门图例.dwg”素材文件，将如表 12-4所示的图例复制粘贴至图形中。

表 12-4　排水设备及附件图例

图例	名称
	S形、P形存水弯
	通气帽
	立管检查口
	圆形地漏
	清扫口
	污水提升器

10_ 将绘制好的排水阀门及构件通过在命令行输入CO执行【复制】命令、在命令行输入M执行【移动】命令、在命令行输入MI执行【镜像】命令和在命令行输入RO执行【旋转】命令，移动到对应的位置，如图 12-54所示。

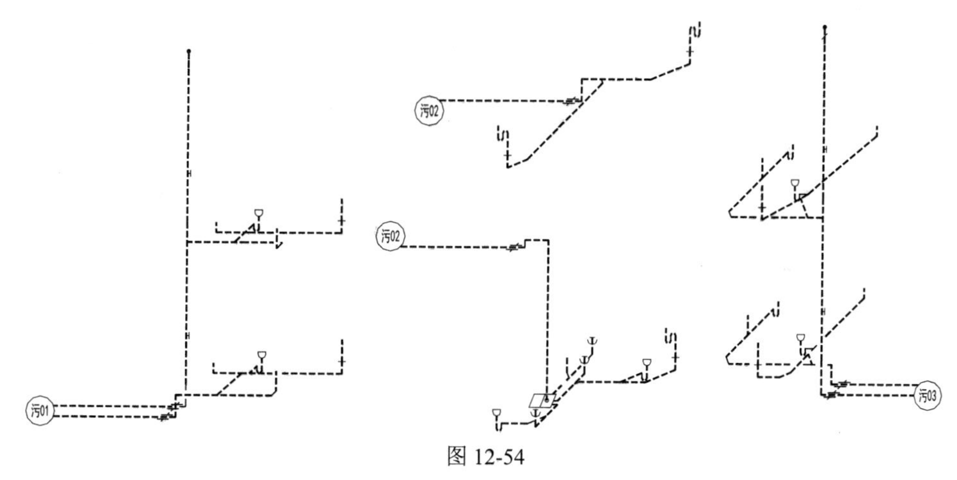

图 12-54

实战247　排水系统图的标注

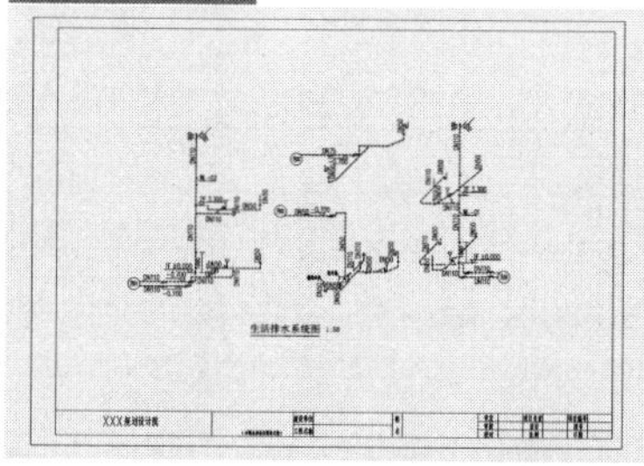

绘制完成排水系统图后，接下来应对排水系统进行文字标注说明。

难度：☆☆☆

及格时间：2′40″

优秀时间：1′20″

读者自评：/ / / / / /

01_ 延续【实战246】进行操作，在命令行输入MT执行【多行文字】命令和在命令行输入L执行【直线】，选择“图内文字”文字样式，标注出管名、管径、楼层标高和相应的文字标注，如图 12-55所示。

02_ 在命令行输入MT执行【多行文字】命令，选择“图名”文字样式，在图形下侧标注图名“生活排水系统图”，如图 12-56所示。

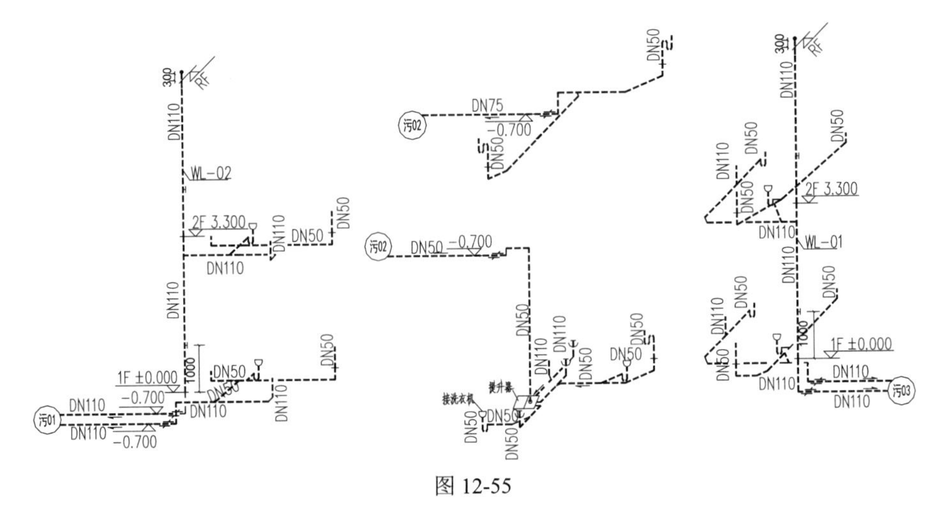

图 12-55

生活排水系统图 1:50

图 12-56

03_ 在命令行输入I执行【插入】命令，插入图框块，完成别墅给水系统图的绘制，效果如图 12-57所示。

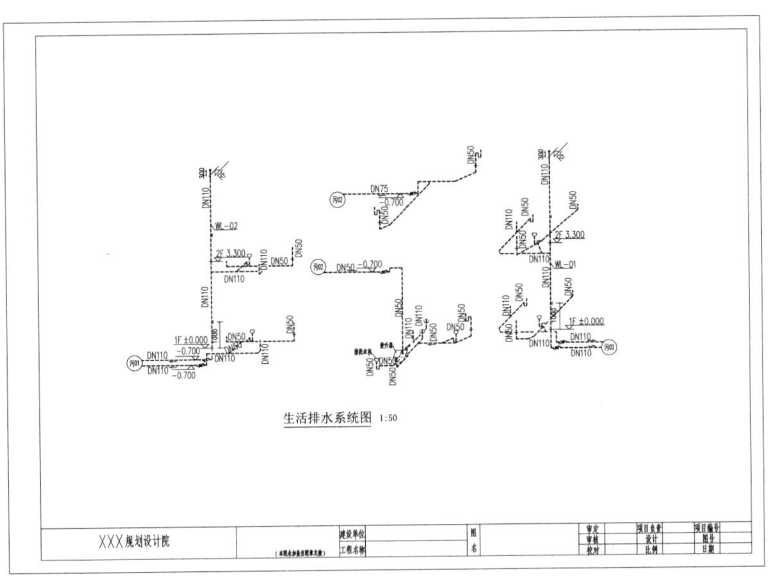

图 12-57

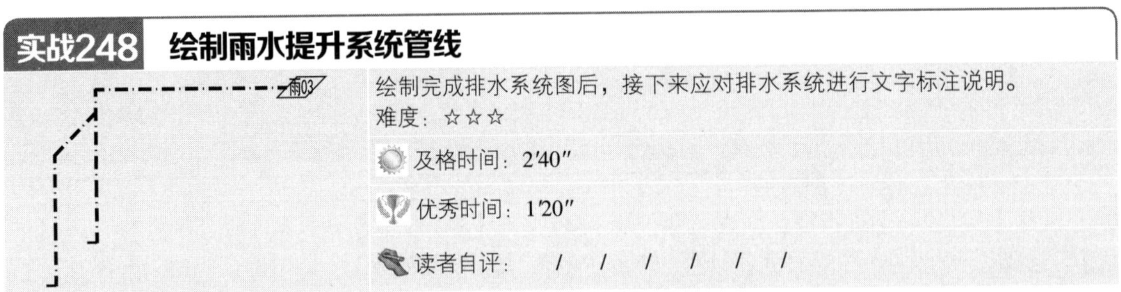

实战248 绘制雨水提升系统管线

绘制完成排水系统图后，接下来应对排水系统进行文字标注说明。

难度：☆☆☆

及格时间：2′40″

优秀时间：1′20″

读者自评： / / / / / /

01_ 打开“实战248 绘制雨水提升管线.dwg”素材文件，选择【格式】|【图层】选项，将【雨水管】图层置为当前图层。

02_ 绘制室外雨水井。在命令行输入PL执行【多线段】命令，捕捉45° 极轴，绘制平行四边形。

03_ 选择【格式】|【图层】选项，将【文字标注】图层置为当前图层，并在命令行输入MT执行【多行文字】命令，选择"图内文字"文字样式，在雨水井内标注名称编号。

04_ 回到【雨水管】图层，在命令行输入PL执行【多线段】命令，设置全局宽度为50，分别从室外雨水井处引出雨水管的管线，管线布置如图 12-58所示。

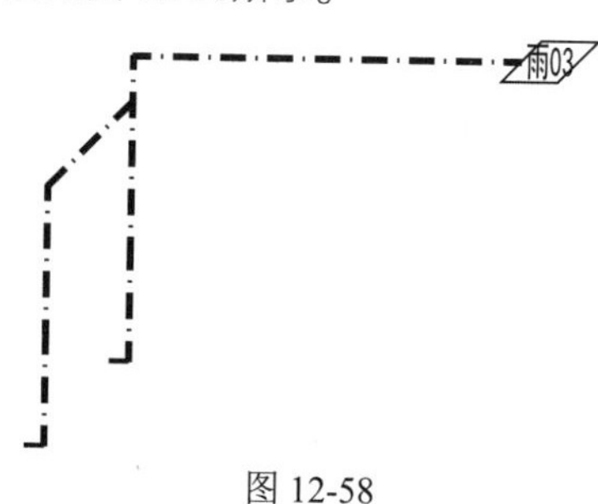

图 12-58

实战249　绘制雨水提升设备及阀门构件

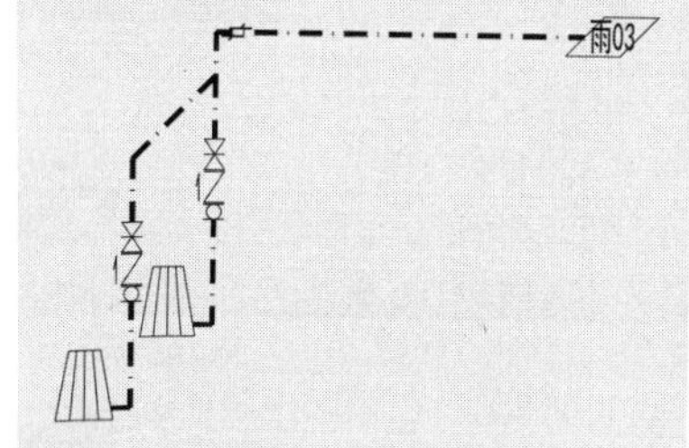

前面已经绘制完了雨水提升系统图的管线，接下来绘制相应的雨水提升设备及阀门附件，其中包括集水井底部的潜水排污泵、可曲挠橡胶接头、止回阀闸阀等图例，然后将各个图例布置到相应的位置管线上。

难度：☆☆☆

及格时间：2′40″

优秀时间：1′20″

读者自评：/ / / / / /

01_ 延续【实战248】进行操作，选择【格式】|【图层】选项，将【给排水设备】图层置为当前图层。

02_ 在命令行输入I执行【插入块】命令，将"案例\12\给排水设备及阀门图例.dwg"文件插入图形中，图例如表 12-5所示。

表 12-5　雨水提升设备及阀门构件图例

图例	名称
	潜污泵
	软接头
	止回阀
	截止阀

03_ 将绘制好的排水阀门及构件通过在命令行输入CO执行【复制】命令、在命令行输入M执行【移动】命令、在命令行输入MI执行【镜像】命令和在命令行输入RO执行【旋转】命令，移动到绘制的管线系统图中，如图 12-59所示。

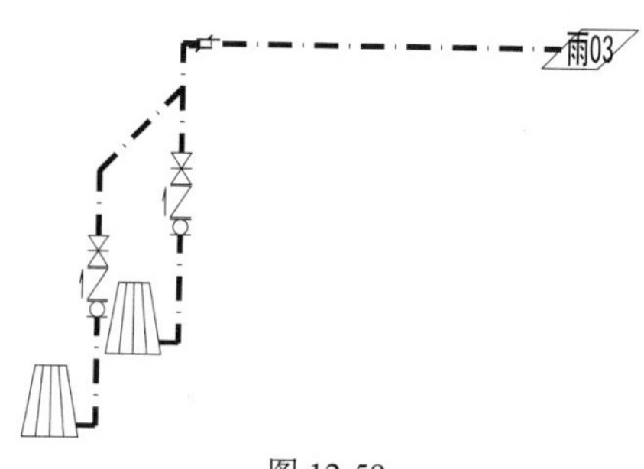

图 12-59

实战250 标注雨水提升系统图

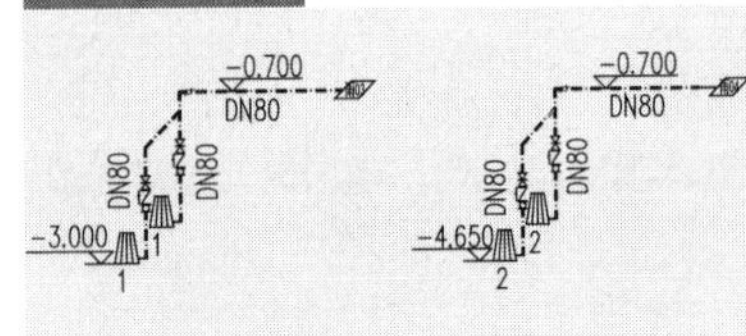

绘制完成雨水提升系统图后，接下来应对雨水提升系统进行文字标注说明。

难度：☆☆☆

及格时间：2′40″

优秀时间：1′20″

读者自评： / / / / / /

01_ 延续【实战249】进行操作，选择【格式】|【图层】选项，将【文字标注】图层置为当前图层。

02_ 在命令行输入MT执行【多行文字】命令和在命令行输入L执行【直线】命令，选择“图内文字”文字样式，标注出管名、管径、楼层标高和相应的文字标注。

03_ 在命令行输入CO执行【复制】命令，绘制另一条管线系统图，并将相应的标注更改，如图 12-60所示。

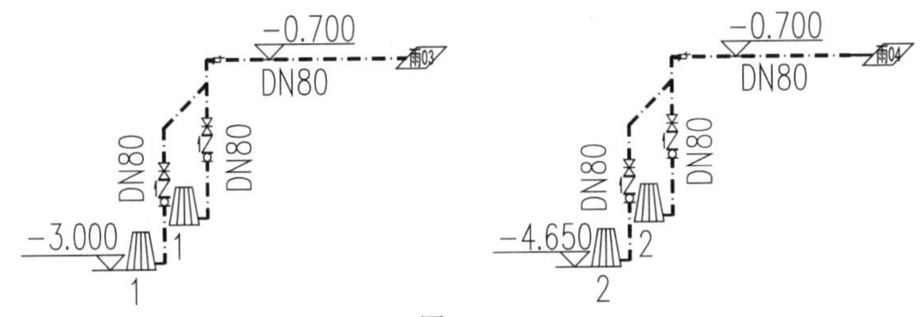

图 12-60

04_ 在命令行输入MT执行【多行文字】命令，选择【图名】文字样式，在图形下侧标注图名“雨水提升系统图”，如图 12-61所示。

雨水提升系统图 1:100

图 12-61

05_ 最终完成的度别墅雨水提升系统图绘制效果如图 12-62所示。

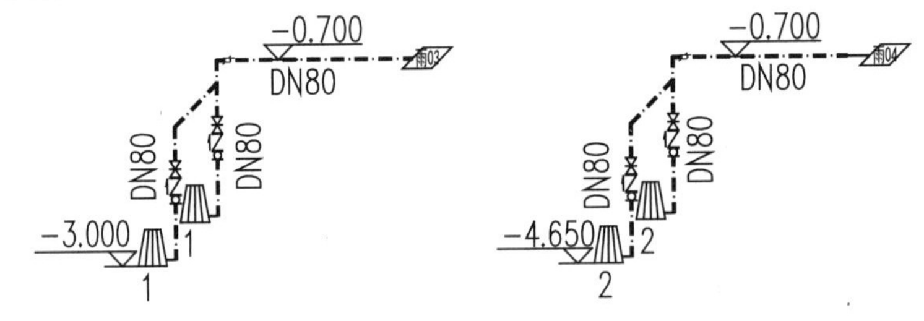

雨水提升系统图 1:100

图 12-62